欧美数学
经典著作译丛

解析数论

Analytic Number Theory

[美] 亨里克·伊万尼克（Henryk Iwaniec）
[瑞士] 伊曼纽尔·科瓦尔斯基（Emmanuel Kowalski） 著
陶利群 译

哈尔滨工业大学出版社
HARBIN INSTITUTE OF TECHNOLOGY PRESS

黑版贸登字 08-2023-004 号

内容简介

本书的内容涵盖解析数论的经典与现代方向，全书共有 26 章，主要介绍了算术函数、素数的初等理论、特征、求和公式、L 函数的经典解析理论、初等筛法、双线性型与大筛法、指数和、Dirichlet 多项式、零点密度估计、有限域上的和、特征和、关于素数的和、全纯模形式、自守型的谱理论、等差数列中的素数、等差数列中的最小素数等内容.

本书可供高等院校师生参考阅读.

图书在版编目(CIP)数据

解析数论/(美)亨里克·伊万尼克，(瑞士)伊曼纽尔·科瓦尔斯基著；陶利群译. —哈尔滨：哈尔滨工业大学出版社，2024. 10. —ISBN 978-7-5767-1625-2

Ⅰ. O156.4

中国国家版本馆 CIP 数据核字第 20241DY060 号

JIEXI SHULUN

策划编辑　刘培杰　张永芹
责任编辑　宋　淼
封面设计　孙茵艾
出版发行　哈尔滨工业大学出版社
社　　址　哈尔滨市南岗区复华四道街 10 号　邮编 150006
传　　真　0451-86414749
网　　址　http://hitpress. hit. edu. cn
印　　刷　哈尔滨市工大节能印刷厂
开　　本　787 mm×1 092 mm　1/16　印张 34. 25　字数 899 千字
版　　次　2024 年 10 月第 1 版　2024 年 10 月第 1 次印刷
书　　号　ISBN 978-7-5767-1625-2
定　　价　58. 00 元

(如因印装质量问题影响阅读，我社负责调换)

前　言

本书内容涵盖了解析数论的经典与现代方向, 但是我们没有给出它们的分界线. 事实上, 我们特别希望向初学者展示二者之间交织而成的千丝万缕的关系. 当然, 我们描述的解析数论的内容并不完整, 但是已经尽力将所选的素材控制在一个合理的篇幅内, 并且力求书中叙述的内容自完备.

我们是在对Rutgers大学、Bordeaux大学以及Courant研究所的研究生进行课程教学的过程中和教学结束后写作这本书的, 对这些提供给我们一起工作机会的机构深表谢意. 我们与许多同事分享了本书的构想, Étienne Fouvry, John Frielander, Philippe Michel与Peter Sarnak等人就此提出了批判性建议. 在为本书出版所做的文字输入以及其他准备工作的漫长过程中, 得到了Sergei Gelfand的激励和技术上的建议, 我们对他提供的所有帮助表示感谢. Carol Hamer对我们的某些英文词句进行了润色, 尽管她的几个年幼的儿子差点毁了我们的TeX文档. 最后要感谢为本书出版提供帮助的所有人.

Henryk Iwaniec

Emmaneul Kowalski

2003年12月15日

引　　言

解析数论以它得到结果所用到工具的广泛性, 并且其中许多工具都属于算术的主流而著称. 解析数论不是分析中的部分, 也不是任何特定的数学学科中的部分, 但是实际上它与数学中的各个领域相互影响. 因此每个人似乎都对这一学科有着不同的看法. 这种对解析数论的观念的巨大差异正是它的魅力所在. 我们写作本书的目的是展现解析数论的丰富内容与广阔前景以及其中的迷人定理和强有力的技巧. 然而, 我们的主要目标不是对最强的结论给出证明, 尽管在许多场合我们给出的结果非常接近最强结论. 我们更愿意在清晰性、完整性与一般性之间保持平衡. 我们设想本书的阅读对象为研究生, 所以读者经常会发现我们强调的是证明过程中的推理. 我们的阐述当然是主观的, 现在回顾这种做法可能觉得没有意义. 可以确定的是, 我们并不总是遵循结论发现的原始顺序, 偶尔也会简单介绍一下发展历史.

Leonhard Euler当之无愧地被公认为第一个使用解析方法——具体来说是通过构造生成幂函数的办法研究整数性质的人. Euler 在证明素数的无限性时利用了ζ函数的发散性和相应的关于素数的乘积, 我们称之为Euler乘积, 这就是加性数论的开始. 接下来是J.P.G.L. Dirichlet, 他创造了关于特征的L函数理论, 由此得到了等差数列中素数的无限性, 这一结果奠定了他成为真正意义上解析数论之父的地位. 从这些初期阶段直到今天, 素数的分布都是这一学科的核心, 从本书的内容可以明显看到这一点. 本书前两章的内容为限于P.L. Tchebychev的初等方法所能解决的素数问题.

第3章提供了Dirichlet特征与Gauss和的定义及其基本性质. 我们还介绍了虚二次域中理想的特征, 因为它们不仅在后面的章节中起到支撑作用, 还使我们由此看到在传统的有理整数范围之外的一点解析数论. 本书还讲到了其他例子, 例如椭圆曲线.

Poisson求和公式在数论中的作用就像汽车在当今社会中对人们的用处一样(汽车可以将货物运到其他地方, 还能将你带回家, 人们离不开汽车). 第4章是对基本技术的经典描述. 许多读者现在开始意识到(而其他人以后会明白)我们已经谈到了模形式的思想, 但是在模观点占据主导地位前, 我们仍然延续传统的(包括经典的与近期的两方面)思考路线.

我们将G.F.B. Riemann关于ζ函数的著名论文插入第5章抽象L函数的背景之中. 用非必要的一般术语考虑事情不是我们的写作风格, 所以在为适应将来应用的最低要求定义一类L函数时, 我们也有过困难和犹豫. 我们用这一方式或许能够向潜心研究者传递一个信息: 推广未必都是直接进行的. 例如, 要建立大于1次的L函数的无零区域, 我们不能依赖Dirichlet L函数的相同原理, Rankin-Selberg卷积是要素. 另一方面, 例外零点问题对于许多大于1次的自守L函数得到了解决(不乏巧妙的构造), 但是对于实特征的L函数依然无解. 此外, 我们在第5章还释放了一个信息: 与1次L函数的混乱情形相比, 自守形世界的生活让人感觉更美好.

解析数论并不意味着非初等. 第一作者想起他通过阅读钟爱的A.O. Gelfond与Yu.V. Linnik的著作*Elementary Methods of Analytic Number Theory*, 由此首次正式接触解析数论的情景. 当一位志存高远的初学者从此开始, 他(她)对这门学科的热爱就永恒不变了. 自己试试吧! 你会瞬间被筛法迷住的. 我们在本书中已经没有空间对这一奇妙思想详加说明了, 但是第6章应该可以充当它的一个基本应用.

接下来是大筛法, 它不是筛法, 因此名不符实. 它的确起源于Linnik关于一个筛法问题的短文, 但是人们用很长的时间才认清这些思想的本质. 我们在第7章将展示我们的观点, 揭示大筛法的重要属性(谱的完全性与正交性), 然后指出它在选定的新老问题中的惊人力量. 在仔细察看大筛法的其他特点时, 人们发现了它好与坏的双面特性. 例如, 利用对偶原理的方法在研究1次特征的调和性时富有成效, 但是对高次特征的调和性只能得到很差的结果(就像Hecke算子的特征值的情形). 对大筛法处于何种地位的争议是学术性的. 简单地说, 大筛法不等式是双线性型理论的一部分.

指数和的估计是深入到解析数论问题的自然结构之外的首批工具. 仅靠调和分析并不能理解这些工具, 看一看人们是如何聪明地利用一个平移区间仍然是区间以及将一个整数加到一个整数集上仍然得到一个整数集这些性质的(遗憾的是该性质对于素数集不能保持). 我们请代数学家对这种推理的威力找到一个结构性解释. 他们应该读一读第8章, 看看H. Weyl从这些思考中得到了什么. van der Corput与Vinogradov也是这一分支早期的主要人物. 在讲述Vinogradov的方法时, 我们做了大量的工作加以说明, 因为在许多文献中都没有对它进行很正确的解释. Vinogradov在某个时刻放弃了Weyl使用差分过程的做法, 取而代之的是将多维指数和当作双线性型(这也是我们考虑它的方式).

后面两章是对近年来发展的用于替代素数分布中用到的未经证明的Riemann猜想的技术加以说明. 我们要介绍的是对L函数在距离临界带为正数的竖直带的零点数估计. 希望有一天人们会说我们是在对一个空集浪费时间. 推理的极其复杂性掩盖了伟大的思想, 所以一开始大家对此可能会感到情绪低落. 但是, 如果你想到Riemann猜想在你的有生之年不能得到证明, 那么就请读一读这些无条件的替代品并表示赞赏吧. 在此特别提到Hugh Montgomery, Martin Huxley以及Matti Jutila做出的最具原创性的贡献.

尽管我们主要对有理整数感兴趣, 但我们也能够从其他领域的算术中学到很多, 并且受益匪浅. 我们不仅能从数域或p进域中受益, 还能间接地从特征有限的域中受益. 有限域上指数和的方法所取得的成果尤其突出. 我们在第11章证明(当然还包含其他结果)关于特殊曲线的Riemann假设, 由此得到Weil关于Kloosterman和的著名估计. 自从1926年创立Kloosterman和以来, 人们用它解决了解析数论中的各种问题. 我们还要简单提及目前关于代数簇上的指数和与特征和的知识水平. 要应用这些知识更困难, 但是文献中有不少例子. 在本书中将它们排除在外, 仅保留最简单的形式是我们做出的一个痛苦的决定, 否则为了将这些高度成熟的思想进行合理的解释, 我们将被迫选择非常复杂的应用, 但是我们没有空间做这件事. 可以说准备用簇上的特征和的估计解决解析数论中的一个给定问题本身就是一种先进的水平, 不要介意最终的推理由外来的代数几何力量决定.

我们在第3章已经讨论了Dirichlet特征, 在第12章用它处理很短的特征和. 我们仍然需要创新, 敢于打破自然结构的限制, Burgess定理就是一个很好的例子.

第13章讨论关于素数的和. 当Vinogradov为了解决三元Goldbach问题利用圆法成功地估计加法特征关于素数的和时, 世人为之震惊. 此前, 利用广义Riemann猜想能得到这个结果, 但是注意Riemann猜想仍然没有得到证明. Vinogradov的最初想法是从组合筛法中借用的, 并且相当复杂. 近来开发的等式为关于素数的更一般和式的讨论提供了简单得多的处理方法. 因为这些等式遵循相同的基本原理(将和式归结于双线性型), 这些结果非常类似, 所以方法的选取取决于个人喜好和技术难度. 为了抓住第13章中的要素, 我们推导了多个等式.

判定为解析数论的一个通行法则是利用了复分析的研究方法, 可能说调和分析更准确些, 因为后者的影响更深远. 长期以来, 解析数论仅因为Abel调和分析, 即$\mathbb{R}^n$中的Fourier变换得以发扬光大. 经典分析中有待探索的潜力仍然巨大, 但是有更强的工具开始在解析数论领域中发挥作用, 那就是自守函数. 当然, 模形式促进数论在代数方面发展的时间更长, 但是范围有限(局限于全纯函数). 人们在H. Maass与A. Selberg于20世纪40年代初领导创立的谱分析(实解析尖形式、Eisenstein级数、迹公式)中发现了自守理论的新的资源. 简单地说, 非Abel调和分析在解析数论中找到了用途. 大约开始于25年前的谱方法在解析数论中的真正有效拓展正在不可逆转地改变这两个学科的面貌. 第14、15、16章自始至终几乎都没有谈及这个新方向中吸引人的问题, 其中有特色的应用是估计Kloosterman和的和. 这是一个好的选择(如果不能容纳更多的内容), 因为读者对比此前在第11章中用代数方法得到的结果就会欣赏新的工具. 第21 章介绍了自守形的谱理论在算术问题中的另一个应用, 即素数模的二次同余式的根的均匀分布. 谱理论仍然在发展壮大, 所以很难在该理论成熟前将它全面总结在本书或其他任何一本书中. 关于进一步的阅读, 我们推荐[152, 275].

尽管自守形的谱方法在当前的解析数论研究中占据统治地位, 传统问题在剩余的章节中仍然以适当的强度引起我们的注意. 这个学科的珍宝不能就永久地被埋葬在过去. 首先, 初学者应该知道关于大模的等差数列中素数的基本事实. 读者在第17章会发现E. Bombieri与A.I. Vinogradov(利用大筛法和其他工具)绕过Riemann猜想建立的无条件结果及其应用与用Riemann猜想得到的结果一样的好. 当然, 我们的证明不同于1965年的原始证明, 因为我们利用了后来的简化证明, 它在很大程度上归功于P.X. Gallagher.

第18章进一步上溯到1944年, 当时Linnik对等差数列中的最小素数给出了意义非凡的界. 长期以来, 这个界被公认为解析数论中最难的定理. 的确, 即便按照当前的标准, 它依旧很难, 但我们仍然能够从证明所运用的技术中学到很多! 对于例外零点的障碍, Linnik 将排斥效果(他称之为Deuring-Heilbronn现象)带到新的层次. 令人惊奇的是, 他使问题变得对自己有利了! 这是解析数论历史上的一个惊人的发展, 我们推荐大家掌握它, 以便更好地了解当前例外零点的地位.

求解著名的Goldbach问题的奖金一度高达百万美元. 在应用上, 这个问题(将偶数表示成两个素数的和)没有什么大的用处, 但是作为智力难题, 攻克它的人会感到很自豪. 也许那时会有关于素数的新东西呈现于世人面前. 读读第19章可能会提高你攻克该问题的机会.

第20章需要大家严肃对待. 在这里, 解析方法席卷了从古希腊起就是算术的专属业务的Diophantine方程领域. 从Hardy-Ramanujan开始, Hardy-Littlewood延续, 进一步由Kloosterman大力发展的圆法利用加性特征的正交性去侦测方程, 它不仅能解代数方程, 还能解决一大类关于特殊整数的加性问题. 最困难的是二元加性问题. 利用Kloosterman 方法并不能完全解决这些问题, 但是我们至少得到了一幅解数的真正渐近式应该是什么的可靠画面. 我们在前面的章节中讲到的Kloosterman和在圆法中具有重要意义. 我们在上面的经典想法的基础上提出一个原则上能得到同样结果, 但是不用Kloosterman和的更直接的变体. 我们在阅读第20章时应该开放思想, 将技术元素(仍然吸引人)从观念方法上分离去看清楚圆法与模形式的联系. Kloosterman与Rademacher当然意识到它们之间的内在联系, 但是它们被圆法方面的一些专家忽视了.

特殊整数列的均匀分布、各种域中的格点、Diophantine方程的解等构成了解析数论的重要问题来源. 我们在这里遗憾地表示本书没有空间全力探讨这些问题. M. N. Huxley的著作[145]仅仅处理了格点问题, 但是很深入. 我们在第21章讨论了一个模素数的约化二次方程的根的分布问题. 当素数模趋于无穷大, 我们证明这些根是一致分布的. 证明中几乎包含了我们目前在本书发展的所有技巧, 从而说明这个领域活力十足.

由于代数整数不一定满足唯一分解性, 数域中的算术不像有理整数那么简单, 甚至有时候让人困惑. 这个复杂性由理想类群的阶度量. 首先得到最多关注的自然是虚二次域, 因为这时的单位容易处理. 我们已经知道类数会趋于无穷大(所以只有有限个二次域具有固定的类数), 但是有效估计类数是一个严肃的问题. 我们在第22章完整地描述了这个问题, 并且为第23章取得进展做好了准备. 类数的有效下界(归功于D. Goldfeld)对要求高的研究者来说可能不够强, 但是对于从其他来源得到的结果而言, 它是很深刻的. 首先, 它利用了椭圆曲线在中心点的L函数的Gross-Zagier公式. 我们确实提供了大量的对椭圆曲线中相关结论的回顾, 尽管它们更多的是具有几何的属性, 而不是解析的属性. 这些解析论证本身十分精致. 实际上它们最先出场, 椭圆曲线的L函数是补充材料. 我们实际上得到了类数的有效下界, 它依赖于一般的二次L函数的零点的阶, 我们怀疑这些函数中相当多数都满足这个条件.

我们在第24章证明了Selberg的一个非常经典的结果: Riemann ζ函数的临界线上存在正比例的零点. 这是学习软化技巧(一种光滑化技巧)的好地方, 如今许多研究工作中都用到了它, 它在第26章还会出现.

假设Riemann猜想成立, H.L. Montgomery在1974年证明了$\zeta(s)$的零点分布满足某个酉矩阵的特征值的性状. 最近发生了一件令人激动的事, 物理学家加入了数论团队, 希望找到一条证明Riemann猜想的道路. 这就是所谓的随机矩阵论的主要目标, 该理论是最受欢迎的科目之一, 并且是当前解析数论的驱动力, 它为预测长期以来被神秘笼罩的算术量的表现提供了可靠模型. 随机矩阵论与整数和谐性的一致性似乎仍然令人惊讶. 不管这项事业的未来如何, 由于当前的合作, 分析比以前更接近于算术了. 我们不可能在本书如此短小的篇幅中完整介绍这种数量级的科目, 因此我们在第25章坚持最初的主题: $\zeta(s)$的零点与它在中心点附近的自守L函数族的零点的变化之间的相互关系. 至于用随机矩阵论去攻克Riemann猜想的想法是否现实, 请读者去评判吧!

在最近的研究中, L函数的中心值在为零或不为零的假设下出现在大量的公式中. 以[167]为例, 与之前的研究中要求值为零不同, 该文本质上是在L函数的中心值不为零的情况下推出了虚二次域的类数的有效下界. 另一个例子是T. Watson公式[332], 由此可以将量子遍历性猜想(即Maass尖形式的均匀分布)约化为某个四次L函数的亚凸界. 我们将详细考虑一个可以应用于算术几何的非零假设的结论.

我们希望通过本书呈现出解析数论五彩斑斓的画面, 但是我们必须指出许多重要的课题没有包含进来. 遗漏的有分散法、放大法(见[226])和来自Diophantine逼近以及超越数理论的一些解析技巧. 此外, 我们几乎没有涉及概率方法, 并且也没有触及遍历理论, 人们在过去几年里已经强烈地感觉到后者对数论的影响.

我们也在尽力对正在发展为最有用的解析数论新工具的强有力定理, 特别是高次自守形及其L函数的理论与代数几何给出一些细节. 我们尤其鼓励年轻的研究者们在这些学科展现能力. 当然令人瞩目的应用才刚开始, 更多的应用有待具有两方面能力的学者去开拓. 从两方面来看, 算术几何与代数数论也给出并预示着一大批新问题, 或旧问题的新视角, 而解析数论的各种手段与技巧在这些地方也将得到彻底的检验. 希望它们会给奋力来到这些空白领域的人们带来丰厚的回报. 我们几乎没有提到与椭圆曲线相关的问题, 但是我们相信有更多的问题等待发现. Lang与Trotter[202]的深刻猜想已经广为人知, 其他的一些难题可以在[186]中找到.

每一节的习题有两方面的目的, 有一些是为了提高读者的技能, 另一些是为该主题提供额外的信息. 简要的历史注记是为了给出事物的一些发展方向, 而不是对创造者竭力赞美. 我们对初级研究者的唯一建议是: 阅读! 阅读! 阅读大量有完整证明的论文! 知道解析数论中的一个结果只是喜欢它的第一步, 理解它的证明中的推理才是更重要的和有收获的. 我们的观点是: 不应该像打破运动记录那样去评价数学研究. 有时候最强的结果无趣, 而稍微弱一点的结果反而给人带来极大的快乐.

阅读本书的大部分内容所需要认真准备的知识很少, 不超过微积分、复分析与积分, 尤其是Fourier级数与Fourier积分的范围. 更重要的是需要读者对不等式(而不是简单的等式)如何运算有很好的理解或逐步学会理解它们.

在后面的几章中, 自守形变得重要, 其中有两章是综述性的, 但是我们希望读者已经具备关于这个重要课题的一些知识, 或者愿意去独立学习它.

一些小节(例如§5.13, §5.14)是为了方便读者参考某些不容易在文献中找到适当形式的事实和结果. 我们假定读者对其他课题, 例如群表示和代数几何也有一定程度的熟悉.

本书写作的时间有些长, 因此读者会注意到风格的轻微变化和某些内容的重复出现. 我们认为少许重复对阅读长篇论证有好处. 我们偶尔在不同的章节中介绍同一对象时会用当时特定的语境下读者更熟悉的术语. 我们相信这种灵活性会因为让人舒适而显得合理, 即使付出了前后不统一的代价.

我们用到的记号大多是标准的, 但由于带有不确定常数的不等式是解析数论的命脉, 并且在这门学科的使用中时有争议, 故我们指出不同的比较符号$O(\ ), o(\ ), \sim, \asymp, \ll$的含义. 最重要的是我们用的Landau符号$f = O(g)$与Vinogradov符号$f \ll g$表示的意思相同. 因此, 对于$x \in X$有$f(x) \ll g(x)$(其中$X$必须明确或隐性指定)的意思是存在常数$C \geqslant 0$使得对于所有的$x \in X$有$|f(x)| \leqslant Cg(x)$. 任意使得这个不等式成立的值$C$称为隐性常数. 因为常数大多被看作不带自变量的函数, 这个"隐性常数"有时会依赖其他参数, 我们会在最重要的地方明确指出这些参数(但是有时候从上下文易见). 如果不依赖参数, 我们就称之为"绝对常数". 例如就$O(\ )$而言, 我们的这个用法是不同于Landau或Bourbaki的用法的. 我们用$f \asymp g$表示两个关系$f \ll g, g \ll f$都成立, 当然涉及的隐形常数可能不同.

但是当$x \to x_0$时, $f = o(g)$的意思是: 对于任意的$\varepsilon > 0$, 存在x_0的某个(不指定的)邻域U_ε, 使得对$x \in U_\varepsilon$ 有$|f(x)| \leqslant \varepsilon g(x)$. 由此可知$h \sim g$表示$h = g + o(g)$. 这些符号与Landau或Bourbaki的符号表示的意思相同.

在对初学者来说可能不熟悉的少数符号中, 我们提到$p^k || m$, 其中p为素数, k为整数, 它的意思是p^k恰好整除m(即p^{k+1}不整除m). 整数部分$[x]$是满足$n \leqslant x < n + 1$的整数n.

我们有时用符号Σ^*表示限制到"原始"对象的一个子集上求和, 这时会指出这个子集; 用$\Sigma^\flat$表示限制到平方数上求和.

目　录

第 1 章　算术函数

§1.1　记号与定义

本书中用$\mathbb{Z},\mathbb{Q},\mathbb{R},\mathbb{C}$分别表示整数集、有理数集、实数集和复数集. 复数的加法使得$\mathbb{C}$成为群, $\mathbb{Z}\subset\mathbb{Q}\subset\mathbb{R}\subset\mathbb{C}$是子群的包含关系. 加群$\mathbb{R}$上的Lebesgue测度$\mathrm{d}\,x$是不变测度(关于加法平移). 非零数集$\mathbb{Q}^*\subset\mathbb{R}^*\subset\mathbb{C}^*$关于乘法封闭, 它们可以视为乘群. 我们在$\mathbb{R}^*$中将正实数子群$\mathbb{R}^+$分离出来, 对它赋予不变测度$x^{-1}\,\mathrm{d}\,x$(关于乘法平移).

正整数称为自然数. 自然数集$\mathbb{N}=\{1,2,3,\ldots\}$包含素数集$\mathbb{P}=\{2,3,5,7,\ldots\}$. 这些素数是算术的基本元素, 因为每个自然数都可以唯一分解成不同的素数幂的乘积(不计置换). 素数的分布是解析数论的基本问题之一. 常用p表示素数.

首先, 一个人要想在解析数论方面有所建树, 他必须能够相当熟练地进行算术函数运算. 我们从一些初等运算开始谈起.

称定义于$\mathbb{N}$上的复值函数f为算术函数. 在某些环境中, 最好将算术函数$f:\mathbb{N}\to\mathbb{C}$看作数列$\mathcal{A}=(a_n)$, 其中$a_n=f(n)$. 这时$\mathcal{A}$往往由原本感兴趣的数支撑, 而$a_n$就是重数, 或者是在对这些数计数时引入的某种权. 对某些我们称之为“算术和谐物”的函数$f:\mathbb{N}\to\mathbb{C}$(例如Dirichlet特征或Hecke特征值), 则指派了不同的任务. 它们在分析原数列$\mathcal{A}=(a_n)$时将发挥重要的作用. 本质上人们将算术和谐物用于原数列$\mathcal{A}=(a_n)$产生一族缠绕数列$\mathcal{A}_f=(a_nf(n))$, 从适当的和谐物缠绕的数列中能够选出我们需要的特殊子列(想想用Dirichlet特征找出等差数列中的素数).

利用整数集的加性和乘性可以将两大类算术函数区分开来. 称$f:\mathbb{N}\to\mathbb{C}$为加性函数, 如果对互素的$m,n$有

$$f(mn)=f(m)+f(n). \tag{1.1}$$

若上述性质对所有的m,n成立, 则称f为完全加性函数. 例如$f(n)=\log n$是完全加性的. 类似地, 称$f:\mathbb{N}\to\mathbb{C}$ 为乘性函数, 如果对互素的m,n有

$$f(mn)=f(m)f(n). \tag{1.2}$$

若(1.2)对所有的m,n成立, 则称f为完全乘性函数. 例如$f(n)=n^{-s},s\in\mathbb{C}$是完全乘性的. 显然, 加性函数与乘性函数由它们在素数幂处的值决定. 若f为加性函数, 则$f(1)=0$; 若f为不恒为零的乘性函数, 则$f(1)=1$.

§1.2　生成级数

对算术函数f, 我们关联两个最自然的无限级数

(1.3) $$E_f(z)=\sum_n f(n)z^n,$$

(1.4) $$D_f(s)=\sum_n f(n)n^{-s},$$

其中z, s是复变量(对于幂级数$E_f(z)$, 若$f(0)$有定义, 我们在求和时也包含$n=0$). 它们称为f的生成级数或者生成函数. 其他类型的生成函数在探究f的不同性质时也十分有用. 许多函数对应的生成级数在一个小的区域内绝对收敛, 一个有趣的问题是: 如何将该级数解析延拓? 若我们能将生成级数延拓到绝对收敛的区域外, 则该性质往往表明这些系数$f(n)$中存在某个群结构(“随机”级数不能延拓). 例如, Artin L函数的解析延拓与数域的互反律密切相关(至少在Abel情形是如此), Hasse-Weil L函数的解析延拓是得到对应($\mathbb{Q}$上)的椭圆曲线的模性的重要一步等.

L. Euler(1707—1783)在研究特殊的加性问题时引入了生成级数(这件事使他成为首位将分析与算术结合在一起的人). 令$E_f(z), E_g(z)$为f, g的级数, 则由乘积

(1.5) $$E_f(z)E_g(z)=\sum_n h(n)z^n$$

得到关于函数的幂级数, 其中h为加性卷积:

(1.6) $$h(n)=\sum_{\ell+m=n} f(\ell)g(m).$$

应用Cauchy定理, 我们将系数$h(n)$表示成围道积分

(1.7) $$h(n)=\frac{1}{2\pi\mathrm{i}}\int_{|z|=r} E_f(z)E_g(z)z^{-n-1}\,\mathrm{d}\,z.$$

因此, 假设$E_f(z)E_g(z)$有合理的解析性质, 我们能够推出$h(n)$的好的估计, 甚至可以得到$n\to\infty$时的一个渐近公式. 当然, Euler不知道Cauchy定理, 所以他的想法局限于只能间接得到表达式的幂级数, 给出$f(n)$的准确公式, 而不是逼近(这仍然不是赘述). 我们在这里给出三个漂亮的例子. 第一个是等式

$$\sum_{n=0}^{\infty} z^n=\prod_{m=1}^{\infty}(1+z^{2^m})=(1-z)^{-1},$$

这不过是自然数的二进展开式的解析陈述而已. 另一个等式是

$$\sum_{n=0}^{\infty} p(n)z^n=\prod_{m=1}^{\infty}(1-z^m)^{-1},$$

其中$p(n)$是分拆函数. 不太明显的是下面的Jacobi公式:

(1.8) $$\sum_{n=-\infty}^{\infty} z^{n^2}=\prod_{m=1}^{\infty}(1-z^m)(1-z^{\frac{m+1}{2}})^2.$$

大约90年前, 关于加性等式(1.6)的积分表示(1.7)孕育了圆法. 这些思想将在第20章阐述.

将变量z改成

(1.9) $$e(z)=\mathrm{e}^{2\pi\mathrm{i}\,z},$$

则可以将幂级数(1.3)视为Fourier级数, 这是现代解析数论的通常做法.

在Dirichlet将生成级数$D_f(s)$用于关于等差数列中素数的重要工作后，人们将该级数称为Dirichlet级数，尽管其特殊情形

$$\zeta(s)=\sum_{n=1}^{\infty} n^{-s} \tag{1.10}$$

已经被Euler考虑过了.

Dirichlet级数对乘性函数特别有用(但是不局限于这种情形). 因为当f是乘性函数时，有

$$D_f(s)=\prod_p(1+f(p)p^{-s}+f(p^2)p^{-2s}+\cdots), \tag{1.11}$$

只要关于素数幂的级数以及关于素数的乘积(称为Euler乘积)绝对收敛. 特别地，当$\mathrm{Re}(s)>1$时有

$$\zeta(s)=\prod_p(1-p^{-s})^{-1}. \tag{1.12}$$

这个将$\zeta(s)$写成Euler乘积的表示是自然数可以唯一分解为不同素数幂的乘积的解析语言表达式.

§1.3 Dirichlet卷积

假设Dirichlet级数$D_f(s), D_g(s)$绝对收敛，可知乘积$D_f(s)D_g(s)$也由Dirichlet级数给出，即

$$D_f(s)D_g(s)=\sum_{n=1}^{\infty} h(n)n^{-s},$$

其中系数为

$$h(n)=\sum_{d|n} f(d)g(\tfrac{n}{d}). \tag{1.13}$$

(1.13)定义的算术函数(不计较生成函数的收敛性)称为f与g的Dirichlet(或乘性)卷积，记为$f*g$.

算术函数集在通常的加法运算“$+$”和上面定义的运算“$*$”下成为交换环. Dirichlet级数为$D_\delta(s)=1$的函数$\delta:\mathbb{N}\to\mathbb{C}$ 是这个环的单位元，即

$$\delta(n)=\begin{cases} 1, & 若n=1, \\ 0, & 若n>1. \end{cases} \tag{1.14}$$

由(1.10)定义的在$\mathrm{Re}(s)>1$上的函数$\zeta(s)$称为Riemann ζ函数(因影响深远的论文[266]命名)，它的Dirichlet系数为常函数$1(n)=1, \forall n\geqslant 1$. 由(1.12)可知$\zeta(s)$的逆也有Dirichlet级数展开式，即

$$\tfrac{1}{\zeta(s)}=\prod_p(1-\tfrac{1}{p^s})=\sum_{m=1}^{\infty}\tfrac{\mu(m)}{m^s}, \tag{1.15}$$

其中的系数为

$$\mu(m)=\begin{cases} (-1)^r, & 若m=p_1\cdots p_r\ (p_1,\ldots,p_r为不同的素数), \\ 0, & 否则. \end{cases} \tag{1.16}$$

函数$\mu(m)$由A. F. Möbius于1832年引入，由此得名并沿用至今. 此外，由Euler乘积(1.12)可知$\zeta(s)$的对数有Dirichlet 级数展开式

$$\log\zeta(s)=\sum_{\ell=1}^{\infty}\sum_p \ell^{-1}p^{-\ell s}. \tag{1.17}$$

回顾Dirichlet卷积“$*$”对应生成函数间的乘法运算, 因此等式$\zeta(s)\cdot\zeta^{-1}(s)=1$可改写成

$$\delta(m)=\sum_{d|m}\mu(d)=\begin{cases}1, & 若m=1,\\ 0, & 若m>1.\end{cases} \tag{1.18}$$

利用这个公式, 我们得到下面的结论.

(Möbius反转公式) 对任意的函数$f,g:\mathbb{N}\to\mathbb{C}$, 下面两个关系式等价:

$$g(n)=\sum_{d|n}f(d), \tag{1.19}$$

$$f(n)=\sum_{d|n}\mu(d)g(\tfrac{n}{d}). \tag{1.20}$$

注记: 真实的情况是上述形式的反转公式直到1857年才由R. Dedekind给出. Möbius提出的最初版本有些不同, 它相当于说, 对任意的实变函数$F,G:[1,x]\to\mathbb{C}$, 下面两个关系式等价:

$$G(x)=\sum_{n\leqslant x}F(\tfrac{x}{n}), \tag{1.21}$$

$$F(x)=\sum_{m\leqslant x}\mu(m)G(\tfrac{x}{m}). \tag{1.22}$$

Möbius函数是乘性的. 若f,g是乘性的, 则$f\cdot g$与$f*g$都是乘性的. 若g是乘性的, 则

$$\sum_{d|n}\mu(d)g(d)=\prod_{p|n}(1-g(p)). \tag{1.23}$$

这个乘积有一个概率意义上的解释: 若将$g(p)$看成某些独立事件在p处可能发生的概率, 则(1.23)可视为与n的素因子相关的事件都不发生的概率.

§1.4 例子

现在我们给出一大批解析数论中经常见到的算术函数的例子, 许多其他的函数在适当的时候再引入.

因子函数$\tau(n)$表示n的正因子的个数, 所以我们有

$$\zeta^2(s)=\sum_{n=1}^{\infty}\tau(n)n^{-s}. \tag{1.24}$$

更一般地, $\tau_k(n)$表示将n写成k个自然数乘积的方法数, 所以它的Dirichlet级数是$\zeta^k(s)$. 确切地说, 若$n=p_1^{a_1}\cdots p_r^{a_r}$, 则有

$$\tau_k(n)=\binom{a_1+k-1}{k-1}\cdots\binom{a_r+k-1}{k-1}. \tag{1.25}$$

对任意的$\nu\in\mathbb{C}$, 定义$\sigma_\nu(n)$满足

$$\zeta(s)\zeta(s-\nu)=\sum_{n=1}^{\infty}\sigma_\nu(n)n^{-s}, \tag{1.26}$$

所以它是因子幂的和, 即

$$\sigma_v(n) = \sum_{d|n} d^v. \tag{1.27}$$

我们有Ramanujan公式:

$$\zeta(s)\zeta(s-\alpha)\zeta(s-\beta)\zeta(s-\alpha-\beta)\zeta^{-1}(2s-\alpha-\beta) = \sum_{n=1}^{\infty} \sigma_\alpha(n)\sigma_\beta(n)n^{-s}. \tag{1.28}$$

特别地,

$$\zeta^4(s)\zeta^{-1}(2s) = \sum_{n=1}^{\infty} \tau(n)^2 n^{-s}. \tag{1.29}$$

我们可以将上面的Ramanujan级数视为与模形式相关的Rankin-Selberg卷积L函数(见§5.1)的特殊情形. 在(1.29)中除以$\zeta(s)$得到

$$\zeta^3(s)\zeta^{-1}(2s) = \sum_{n=1}^{\infty} \tau(n^2)n^{-s}, \tag{1.30}$$

然后乘以$\zeta(2s)$得到

$$\zeta^3(s) = \sum_{n=1}^{\infty} \Big(\sum_{d^2m=n} \tau(m^2)\Big)n^{-s}.$$

这是与$\zeta^2(s)$相关的对称平方L函数. 在(1.30)中除以$\zeta(s)$得到

$$\zeta^2(s)\zeta^{-1}(2s) = \sum_{n=1}^{\infty} 2^{\omega(n)}n^{-s}, \tag{1.31}$$

其中$\omega(n)$表示n的不同素因子的个数. 接下来我们得到

$$\zeta(s)\zeta^{-1}(2s) = \sum_{n=1}^{\infty} |\mu(n)|n^{-s}. \tag{1.32}$$

注意$|\mu(n)| = \mu^2(n)$是无平方因子数的特征函数. 由(1.32)得到

$$\mu^2(n) = \sum_{d^2|n} \mu(d). \tag{1.33}$$

将(1.32)反转得到另一个Dirichlet级数

$$\zeta^{-1}(s)\zeta(2s) = \sum_{n=1}^{\infty} \lambda(n)n^{-s},$$

系数为

$$\lambda(n) = (-1)^{\Omega(n)}, \tag{1.34}$$

其中$\Omega(n)$表示n的素因子总数(计算重数), 称为Liouville函数. 因此, $\lambda(n)$ 是完全乘性的, 并且在n无平方因子时等于$\mu(n)$. Euler函数$\varphi(n)$由级数

$$\zeta(s-1)\zeta^{-1}(s) = \sum_{n=1}^{\infty} \varphi(n)n^{-s} \tag{1.35}$$

定义, 所以可得

$$\varphi(n) = n\prod_{p|n}\Big(1-\frac{1}{p}\Big) = n\sum_{d|n}\frac{\mu(d)}{d}. \tag{1.36}$$

我们可以将$\frac{\varphi(n)}{n}$视为随机挑选的整数m与n互素的概率. 换句话说, $\varphi(n)$表示满足$(a,n)=1$的剩余类$a \bmod n$的个数.

通过微分可以得到非常重要的算术函数. 我们从

$$-\zeta'(s) = \sum_{n=1}^{\infty} (\log n) n^{-s}$$

开始, 由此得到对数函数

$$L(n) = \log n. \tag{1.37}$$

因为$L(n)$是加性的, 可得$L \cdot (f * g) = (L \cdot f) * g + f * (L \cdot g)$. 这就是说乘$L$是算术函数的Dirichlet环的导函数.

接下来, 可以将函数$\Lambda(n)$定义为对数导数$-(\log \zeta(s))' = -\zeta'(s)\zeta^{-1}(s)$的Dirichlet级数, 所以

$$-\frac{\zeta'}{\zeta}(s) = \sum_{n=1}^{\infty} \Lambda(n) n^{-s}. \tag{1.38}$$

由Euler乘积(1.12)可以得到

$$\Lambda(n) = \begin{cases} \log p, & 若n = p^{\alpha}, \alpha \geqslant 1, \\ 0, & 否则. \end{cases} \tag{1.39}$$

因此, $\Lambda(n)$只是在素数幂上非零. 我们可以将(1.38)写成$\Lambda = \mu * L$. 更确切地说,

$$\Lambda(n) = \sum_{d|n} \mu(d) \log \frac{n}{d} = -\sum_{d|n} \mu(d) \log d. \tag{1.40}$$

由Möbius反转公式可得$L = 1 * \Lambda$, 或者等价地, 有

$$\log n = \sum_{d|n} \Lambda(d). \tag{1.41}$$

函数$\Lambda(n)$为P. Chebyshev所熟知, 并且被他广泛使用, 但是它被称为von Mangoldt函数. 还有一个在初等素数论中有用的等式:

$$\Lambda - 1 = \mu * (L - \tau). \tag{1.42}$$

von Mangoldt函数Λ已经被推广为任意$k \geqslant 0$次的von Mangoldt函数$\Lambda_k = \mu * L^k$, 即

$$\Lambda_k(n) = \sum_{d|n} \mu(d) \log^k \frac{n}{d}, \tag{1.43}$$

注意$\Lambda_0 = \delta$. 我们有递归公式

$$\Lambda_{k+1} = L\Lambda_k + \Lambda * \Lambda_k. \tag{1.44}$$

由此利用归纳法可知$\Lambda_k(n)$在最多有k个不同素因子的数处非零, 即若$\omega(n) > k$, 则$\Lambda_k(n) = 0$. 此外有

$$0 \leqslant \Lambda_k(n) \leqslant \log^k n, \tag{1.45}$$

其中下界可利用归纳法由(1.44)得到, 上界由公式$L^k = 1 * \Lambda_k$得到, 或者更确切地说, 利用Möbius反转公式由(1.43)得到

$$\log^k n = \sum_{d|n} \Lambda_k(d). \tag{1.46}$$

当然, Λ_k不是乘性的, 但是我们有下面易于应用的公式(见(1.44)): 若$(m, n) = 1$, 则

$$\Lambda_k(mn) = \sum_{0\leqslant j\leqslant k} \binom{k}{j}\Lambda_j(m)\Lambda_{k-j}(n).$$

习题1.1 对任意的整数$k \geqslant 0$和实数$x > 0$, 定义

$$\Lambda_k(n,x) = \sum_{d|n} \mu(d)\log^k \tfrac{x}{d}. \tag{1.47}$$

注意$\Lambda_k(n,x)$只依赖于n的无平方因子核. 证明:

$$\Lambda_k(n,x) = \sum_{0\leqslant j\leqslant k} \binom{k}{j}\Lambda_j(n)\log^{k-j} \tfrac{x}{n}.$$

然后利用$\Lambda_j \leqslant L^{j-k}\Lambda_k$, 对$n \leqslant x$推出:

$$\Lambda_k(n,x)(\tfrac{\log n}{\log x})^k \leqslant \Lambda_k(n) \leqslant \Lambda_k(n,x). \tag{1.48}$$

因此, $\Lambda_k(n,x)$只在最多有k个素因子的整数n处非零, 并且当$n \leqslant x$时满足$0 \leqslant \Lambda_k(n,x) \leqslant \log^k x$.

接下来证明: 若$(m,n) = 1$, 则

$$\Lambda_k(mn,x) = \sum_{0\leqslant j\leqslant k} \binom{k}{j}\Lambda_j(n)\Lambda_{k-j}(m,\tfrac{x}{n}).$$

因此, 对$n = p_1^{\alpha_1}\cdots p_r^{\alpha_r}$, 其中$p_1,\cdots,p_r$为不同的素数, 有

$$\Lambda_k(n,x) \leqslant r!\binom{k}{r}\log^{k-r} x(\log p_1)\cdots(\log p_r). \tag{1.49}$$

我们能对任意乘性函数关联一个Möbius函数和一个von Mangoldt函数. 若$D_f(s)$为f的有Euler乘积的Dirichlet生成级数, 则μ_f, Λ_f可以定义为

$$\begin{aligned} \frac{1}{D_f(s)} &= \sum_{m=1}^{\infty} \mu_f(m)m^{-s} \\ -\frac{D_f'(s)}{D_f(s)} &= \sum_{n=1}^{\infty} \Lambda_f(n)n^{-s} \end{aligned} \tag{1.50}$$

的系数. 因此, $f * \Lambda_f = f \cdot L$, $\Lambda_f = \mu_f * (f \cdot L)$. 显然, Λ_f在素数幂外为零. 若f是完全乘性的, 则$\mu_f(n) = \mu(n)f(n), \Lambda_f(n) = \Lambda(n)f(n)$.

存在大量真正有趣的算术函数, 其中乘性函数的基本来源是模形式理论. 我们挑选$a^2+b^2=n(a,b\in\mathbb{Z})$的解数$r(n)$ 作为简单的函数模型. $r(n)$的Dirichlet生成级数等于$4\zeta_K(s)$, 其中

$$\zeta_K(s) = \sum_{\mathfrak{a}} (N\mathfrak{a})^{-s}$$

是虚二次域$K = \mathbb{Q}(\sqrt{-1})$的$\zeta$函数, 因子4是$K$中单位的个数, $\mathfrak{a}$过K中的非零整理想. 所有的这些理想都是由非零Gauss整数$\alpha = a + b\,\mathrm{i} \in \mathbb{Z}[\sqrt{-1}]$生成的主理想, 并且若$\mathfrak{a} = (\alpha)$, 则$N\mathfrak{a} = a^2 + b^2$. 因此, 实际上有

$$4\zeta_K(s) = \sum_{n\geqslant 1} r(n)n^{-s}.$$

显然, $\frac{1}{4}r(n)$是乘性函数. 能表示成两个平方数的和的素数由Fermat的一个精美的定理所刻画. 易见素数$p \equiv -1 \bmod 4$没有这样的表示, 并且Fermat证明了所有其他的素数都有这样的表示(不计a, b的符号和次序, 表示是唯一的). 用现代数学的语言来说, Fermat的这个定理就是Gauss整环$\mathbb{Z}[\sqrt{-1}]$中的分解律, 它指出$p = 2$是素理想的平方, $p \equiv 1 \bmod 4$分裂成两个不同素理想(复共轭)的乘积, $p \equiv -1 \bmod 4$仍然是素元. 利用这个分解律, 我们能够通过局部因子验证说明

$$\zeta_K(s) = \zeta(s)L(s,\chi_4),$$

其中χ_4是模4的非平凡特征(我们有$\chi_4(n) = \sin\frac{n\pi}{2}$), $L(s,\chi_4)$是相关的Dirichlet L函数

$$L(s,\chi_4) = \sum_{n=1}^{\infty}\chi_4(n)n^{-s}.$$

因此,

$$r(n) = 4\sum_{d|n}\chi_4(d). \tag{1.51}$$

除了Dirichlet级数, 由于方程$a^2+b^2=n$具有加性特征, 研究$r(n)$的Fourier级数也非常有趣. 我们有

$$\sum_{n=0}^{\infty} r(n)e(nz) = \theta^2(z)$$

(回顾(1.9): $e(z) = \mathrm{e}^{2\pi\mathrm{i}z}$), 其中$\theta(z)$为$\theta$函数

$$\theta(z) = \sum_{n=-\infty}^{\infty} e(n^2 z). \tag{1.52}$$

这个级数在$\mathrm{Im}(z)>0$时是绝对收敛的. 更一般地, 令$r_k(n)$为n写成k个平方数的和的方法数, 则有

$$\sum_{n=0}^{\infty} r_k(n)e(nz) = \theta^k(z).$$

一方面, θ函数$\theta(z)$因其挑选平方数的能力在解析数论中为人所知; 另一方面, $\theta(z)$由于有下面的变换法则

$$\theta(\tfrac{az+b}{cz+d}) = \nu(c,d)(cz+d)^{\frac{1}{2}}\theta(z) \tag{1.53}$$

变得有用, 其中$\mathrm{Im}(z)>0, a,b,c,d\in\mathbb{Z}$且满足$ad-bc=1, c\equiv 0 \bmod 4, \nu(c,d)$仅依赖于$c,d$. 我们有$\nu^2(c,d)=\chi_4(d)$, 所以$\nu(c,d)$的取值仅有4个: $\pm1,\pm\mathrm{i}$(准确的描述见(3.42)). 换句话说, $\theta(z)$是权为$\frac{1}{2}$, 乘数为$\nu(c,d)$的模形式, 而$\theta^2(z)$是权为1的模形式, χ_4为$\Gamma_0(4)$上的特征. 除了模关系(1.53), θ函数满足下面的对合等式

$$\theta(-\tfrac{1}{2z}) = (\tfrac{z}{\mathrm{i}})^{\frac{1}{2}}\theta(\tfrac{z}{2}). \tag{1.54}$$

注意由Jacobi乘积(1.8)可知$\theta(z)$不为零.

更一般地, 我们可以将θ函数与多变量的正定二次型以及相应的调和不等式联系起来(见§14.3).

还有其他类型的算术函数可由$\mathbb{Z}/m\mathbb{Z}$或者$(\mathbb{Z}/m\mathbb{Z})^*$上的指数函数给出. 对解析数论来说, 最重要的一些函数有Gauss和、Ramanujan和以及Kloosterman和. 我们在这里只提及二次Gauss和(一般的Gauss和见§3.4)

$$G(m) = \sum_{x \bmod m} e(\tfrac{x^2}{m}).$$

Gauss将它们作为二次互反律的推论求出了值(见定理3.3):

$$\overline{G}(m) = \tfrac{1+\mathrm{i}^m}{1+\mathrm{i}}\sqrt{m}. \tag{1.55}$$

Kloosterman和$S(a,b;c)$包括Ramanujan和, 其定义为

$$S(a,b;c)=\sum_{x \bmod c}^{*} e\left(\frac{ax+b\bar{x}}{c}\right), \tag{1.56}$$

其中$a,b,c\in\mathbb{Z},c\geqslant 1$. 符号$\sum^*$表示限制到对与$c$互素的$x$求和, $\bar{x}$表示$x \bmod c$的乘性逆, 即$x\bar{x}\equiv 1 \bmod c$. 注意$S(a,b,c)$是实数, 并且有下面的对称性:

$$S(a,b;c)=S(b,a;c), \tag{1.57}$$

$$S(aa',b;c)=S(a,ba';c), 若(a',c)=1. \tag{1.58}$$

它还具有可乘性质(由中国剩余定理可得)

$$S(a,b;cd)=S(a\bar{c},b\bar{c};d)S(a\bar{d},b\bar{d};c), 若(c,d)=1. \tag{1.59}$$

Kloosterman和在本书中多次出现. 由于与自守形的谱理论的联系, 它们对现代解析数论非常重要. 尽管不存在"简单的"公式(对比关于二次Gauss和的公式(1.55)), 但是由于A. Weil的贡献, 我们知道单个的Kloosterman和有一个很好的界:

$$|S(a,b;c)|\leqslant\tau(c)(a,b;c)^{\frac{1}{2}}\sqrt{c}. \tag{1.60}$$

我们将在第11章证明这个结论(见推论11.12), 并且多次利用它.

当$b=0$(或者$a=0$, 见(1.57))时, Kloosterman和$S(n,0;m)$称为Ramanujan和, 有时候也记为$c_m(n)$. 有一个关于$c_m(n)$的确切公式, 见(3.2)和(3.3).

§1.5 算术函数的均值

在解析数论的发展过程中, 随处可见各种算术函数的均值. 第一个任务是对形如

$$\mathcal{M}_f(x)=\sum_{n\leqslant x}f(n) \tag{1.61}$$

的有限和建立估计式. 我们将在本节说明一些初等思想.

第一个常用工具是分部求和公式, 即

$$\mathcal{M}_{fg}(x)=\sum_{n\leqslant x}f(n)g(n)=\mathcal{M}_f(x)g(x)-\int_1^x\mathcal{M}_f(t)g'(t)\,\mathrm{d}t$$

及其显然的变体. 这个公式往往能够让我们在已知$\mathcal{M}_f$并且g光滑而不振荡时估计$\mathcal{M}_{fg}(x)$.

若f在$[1,x]$上有定义且单调连续, 则$\mathcal{M}_f(x)$可以用相应的积分很好的逼近, 确切地说有

$$\mathcal{M}_f(x)=\int_1^x f(y)\,\mathrm{d}y+O(|f(x)|+|f(1)|). \tag{1.62}$$

例如, 我们得到

$$\sum_{n\leqslant x}\log^k n=xP_k(\log x)+O(\log^k x), \tag{1.63}$$

其中$P_k(X)$是k次多项式:

$$P_k(X) = \sum_{0\leqslant\ell\leqslant k} (-1)^{k-\ell}\tfrac{k!}{\ell!}X^\ell,$$

并且有

$$\sum_{n\leqslant x} \log^k \tfrac{x}{n} = k!x + O(\log^k x). \tag{1.64}$$

若$f(y)$连续递减且趋于0, 我们可以得到比(1.62)更好的估计. 事实上, 令

$$[x] = \max\{\ell \in \mathbb{Z} | \ell \leqslant x\} \tag{1.65}$$

(x的整数部分),

$$\{x\} = x - [x] \tag{1.66}$$

(x的小数部分), 则f的均值由Stieltjes积分给出:

$$\mathcal{M}_f(x) = f(1) + \int_1^x f(y)\,\mathrm{d}[y] = f(1) + \int_1^x f(y)\,\mathrm{d}\,y - \int_1^x f(y)\,\mathrm{d}\{y\}.$$

因此,

$$\mathcal{M}_f(x) = \int_1^x f(y)\,\mathrm{d}\,y + \gamma_f + O(f(x)), \tag{1.67}$$

其中常数γ_f由

$$\gamma_f = f(1) - \int_1^{+\infty} f(y)\,\mathrm{d}\{y\} = f(1) + \int_1^{+\infty} \{y\}\,\mathrm{d}\,f(y)$$

给出. 例如, 我们可得

$$\sum_{n\leqslant x} \frac{\log^k n}{n} = \tfrac{1}{k+1}\log^{k+1} x + (-1)^k k!\gamma_k + O(\tfrac{\log^k x}{x}), \tag{1.68}$$

其中γ_k称为Stieltjes常数. 对于$k = 0$, 我们得到Euler常数

$$\gamma = 1 - \int_1^{+\infty} \{y\}y^{-2}\,\mathrm{d}\,y = 0.577\,215\ldots. \tag{1.69}$$

类似地, 我们可以通过反复应用积分逼近方法估计多变量光滑函数的均值. 用这个方法可以导出圆内格点的Gauss公式:

$$\sum_{n\leqslant x} r(n) = \pi x + O(\sqrt{x}). \tag{1.70}$$

事实上, Gauss的证明本质上是几何性的, 他通过用单位正方形填充圆的方法导出(1.70)(与积分的做法道理相同). 同理可得

$$\sum_{n\leqslant x} r_k(n) = \rho_k x^{\frac{k}{2}} + O(x^{\frac{k-1}{2}}), \tag{1.71}$$

其中$\rho_k = \frac{\pi^{\frac{k}{2}}}{\Gamma(\frac{k}{2}+1)}$是$k$维单位球的体积.

大多数有趣的算术函数不是在全体实数上定义的, 否则(1.67)中用积分逼近$\mathcal{M}_f(x)$的做法就没有意义了. 但是若f由两个函数的卷积给出, 其中一个函数为光滑实函数, 另一个函数在自然数集上快速趋于0, 我们仍然可以利用积分和收敛级数的办法估计$\mathcal{M}_f(x)$. 具体来说, 若$f = g * h$, 其中h单调有界, 我们将$\mathcal{M}_f(x)$写成

$$\mathcal{M}_f(x) = \sum_{m \leqslant x} g(m)\mathcal{M}_h(\tfrac{x}{m}),$$

用$\int_0^y h(t)\,\mathrm{d}\,t + O(1)$替换$\mathcal{M}_h(y)$可得

$$\mathcal{M}_f(x) = \int_0^x \sum_{m \leqslant x} \tfrac{g(m)}{m} h(\tfrac{y}{m})\,\mathrm{d}\,y + O(\sum_{m \leqslant x} |g(m)|).$$

由$y < m \leqslant x$上的部分和的显然估计可得

$$\mathcal{M}_f(x) = \int_0^x F(y)\,\mathrm{d}\,y + O(\mathcal{M}_{|g|}(x)), \tag{1.72}$$

其中

$$F(y) = \sum_{m \leqslant x} \tfrac{g(m)}{m} h(\tfrac{y}{m}). \tag{1.73}$$

若假设级数$\sum \frac{g(m)}{m}$绝对收敛, 则上述公式是A. Wintner的一个定理略加修改后的形式. 作为例子, 我们对$f(n) = \frac{\varphi(n)}{n}$应用(1.72)(见(1.36))得到

$$\sum_{n \leqslant x} \tfrac{\varphi(n)}{n} = \tfrac{x}{\zeta(2)} + O(\log x). \tag{1.74}$$

对于因子函数$\tau(n)$, $\mathcal{M}_\tau(x)$有一个几何解释, 即它表示双曲线$mn \leqslant x$下方的格点$(m,n) \in \mathbb{N} \times \mathbb{N}$的个数. 此时, 一般公式(1.72)给出

$$\mathcal{M}_\tau(x) = \sum_{n \leqslant x} \tau(n) = \sum_{n \leqslant x} [\tfrac{x}{n}] = x \log x + O(x),$$

这就说明$\tau(n)$的均值是$\log n$. 为了改进因子问题的误差项, Dirichlet使用了简单但有力的转换因子办法. 首先, 由等式$m_1 m_2 = n$的对称性得到

$$\mathcal{M}_\tau(x) = 2 \sum_{m \leqslant \sqrt{x}} [\tfrac{x}{m}] - [\sqrt{x}]^2.$$

我们这里的求和项比之前推理得到的项少, 这种方法称为双曲线法. 现在去掉整数部分的符号得到误差$O(\sqrt{x})$, 由(1.69)得到

$$\sum_{n \leqslant x} \tau(n) = x \log x + (2\gamma - 1)x + O(\sqrt{x}). \tag{1.75}$$

习题1.2 用Dirichlet方法证明:

$$\sum_{n \leqslant x} \tau_k(n) = x P_k(\log x) + O(x^{1-\frac{1}{k}}),$$

其中P_k是$k-1$次多项式($P_k(x)$是$\zeta(s)^k x^s s^{-1}$在$s=1$处的留数).

Dirichlet的双曲线法对维数为$k \geqslant 4$的球内格点问题非常有效. Lagrange证明了任一自然数都可以表示成四平方数的和, 即$r_4(n) > 0$, Jacobi对表示数建立了精确的公式:

$$r_4(n) = 8(2 + (-1)^n) \sum_{d|n, 2\nmid d} d.$$

因此我们推出

$$\begin{aligned}
\sum_{n\leqslant x} r_4(n) &= 8\sum_{m\leqslant x}(2+(-1)^m)\sum_{dm\leqslant x, 2\nmid d} d \\
&= 8\sum_{m\leqslant x}(2+(-1)^m)\left(\tfrac{x^2}{4m^2}+O(\tfrac{x}{m})\right) \\
&= 2x^2\sum_{m=1}^{\infty}(2+(-1)^m)m^{-2}+O(x\log x) \\
&= 3\zeta(2)x^2+O(x\log x) \\
&= \tfrac{1}{2}(\pi x)^2+O(x\log x).
\end{aligned}$$

容易将这个结果推广到任意的$k\geqslant 4$上(将r_k写成r_4与r_{k-4}的加性卷积, 对r_4应用上述结果, 对剩余的$k-4$个平方数的和利用积分)

$$\sum_{n\leqslant x} r_k(n)=\frac{(\pi x)^{\frac{k}{2}}}{\Gamma(\frac{k}{2}+1)}+O(x^{\frac{k}{2}-1}\log x). \tag{1.76}$$

注意这个结果改进了用单位正方形填充法得到的公式(1.71). (1.76)中的指数$\frac{k}{2}-1$是最佳的, 因为和式中的单项可能和误差项同样大(除去因子$\log x$). 事实上对于$k=4$, 若n是奇数, 由Jacobi公式可知$r_4(n)\geqslant 16n$. 球内格点问题还没有解决的情形(即最佳误差项没有确定)为圆内问题($k=2$)和3维球问题($k=3$). 我们将在适当的时候讨论这些迷人的问题.

习题1.3 用双曲线法证明:

$$\sum_{n\leqslant x}\tau(n^2+1)=\frac{3}{\pi}x\log x+O(x).$$

§1.6 乘性函数的和

本节中的f为乘性函数. 因为f由它在素数幂处的值决定, 我们或许可以用局部和

$$\sigma_p(f)=\sum_{\nu=0}^{\infty}f(p^\nu)p^{-\nu} \tag{1.77}$$

来估计$\mathcal{M}_f(x)$. 首先, 我们在f非负时给出简单的界. 下面的估计是显然的:

$$\mathcal{M}_f(x)\leqslant x\sum_{n\leqslant x}f(n)n^{-1}\leqslant x\prod_{p\leqslant x}\sigma_p(f). \tag{1.78}$$

如果f在素数幂上不减, 那么我们可以得到更好的估计. 这时, $h=\mu*f$非负(实际上, 对$\nu\geqslant 1$有$h(p^\nu)=f(p^\nu)-f(p^{\nu-1})\geqslant 0$). 记$f=1*h$, 我们有

$$\mathcal{M}_f(x)=\sum_{m\leqslant x}h(m)[\tfrac{x}{m}]\leqslant x\sum_{m\leqslant x}h(m)m^{-1}\leqslant x\prod_{p\leqslant x}\sigma_p(h)=x\prod_{p\leqslant x}\sigma_p(f)(1-\tfrac{1}{p}). \tag{1.79}$$

下面是(1.79)对$f(m)=\tau_k(m)^\ell$的一个粗糙但有用的应用. 易知$f(p)=k^\ell$, 从而

$$\sigma_p(f)\leqslant(1+\tfrac{1}{p})^{k^\ell}(1+\tfrac{1}{p^2})^c,$$

其中$c=c(k,\ell)$是正常数. 我们也有初等估计: 对任意的$x\geqslant 2$,

$$\prod_{p\leqslant x}(1+\tfrac{1}{p})\ll\log x,$$

见(2.15). 因此由(1.79)得到

$$\sum_{n\leqslant x}\tau_k(n)^\ell \ll x\log^{k^\ell-1}x, \tag{1.80}$$

其中隐性常数仅依赖于k,ℓ. 这是一个粗糙的估计, 但是数量级正确. 由此可知: 对任意的$\varepsilon>0$有

$$\tau_k(n)\ll n^\varepsilon, \tag{1.81}$$

其中隐性常数依赖于ε, k. 我们经常不加说明地引用这些关于因子函数$\tau_k(n)$的界.

若在无平方因子数上考虑$f(n)$, 这相当于假设f的支集为无平方因子数(即f在无平方因子数外为零), 则在假设对所有的p满足$f(p)\geqslant 1$时, 由上述推理可得

$$\mathcal{M}_f(x)\leqslant x\prod_{p\leqslant x}(1+\tfrac{f(p)-1}{p}). \tag{1.82}$$

我们可以要求仅对某个集合中的素数p满足$f(p)\geqslant 1$, 则结果变为

$$\mathcal{M}_f(x)\leqslant x\prod_{\substack{p\leqslant x\\ f(p)<1}}(1+\tfrac{f(p)}{p})\prod_{\substack{p\leqslant x\\ f(p)>1}}(1+\tfrac{f(p)-1}{p}). \tag{1.83}$$

还有一个初等方法. 我们只假设f非负和完全次乘性, 即对所有的$m,n\geqslant 1$有$f(mn)\leqslant f(m)f(n)$. 此外, 假设$f(p)$的均值有界, 所以对任意的$x\geqslant 2$有

$$\sum_{m\leqslant x}f(m)\Lambda(m)\leqslant cx, \tag{1.84}$$

其中$c\geqslant 1$为常数(见Chebyshev界(2.12)). 于是我们得到

$$\sum_{n\leqslant x}f(n)\log n=\sum_{mn\leqslant x}f(mn)\Lambda(m)\leqslant cx\sum_{n\leqslant x}f(n)n^{-1}.$$

因此由分部求和公式得到

$$\mathcal{M}_f(x)\leqslant\frac{3cx}{\log x}\sum_{n\leqslant x}\frac{f(n)}{n}\leqslant\frac{3cdx}{\log x}\prod_{p\leqslant x}(1+\tfrac{f(p)}{p}), \tag{1.85}$$

其中

$$d=\sum_{n\leqslant x}(\tfrac{f(n)}{n})^2.$$

为了解释这个结果的用处, 我们取乘性函数$f(n)$为能表示成两个平方数的和的特征函数$b(n)$. 因此当$p\equiv -1 \bmod 4$ 时, $f(p)=0$; 当$p\equiv 1 \bmod 4$时, $f(p)=1$. 这时对任意的$x\geqslant 2$有

$$\prod_{p\leqslant x}(1+\tfrac{f(p)}{p})\ll\log^{\frac12}x$$

(见(2.30)). 于是由(1.85)可得

$$B(x)=|\{n\leqslant x|n=a^2+b^2\}|\ll x\log^{-\frac12}x, \tag{1.86}$$

其中每个能表示成两个平方数的和的数只计算一次. 由此可知(1.86)中的上界比圆$a^2+b^2\leqslant x$的面积稍微小一点(见(1.70)). E. Landau[198]利用解析方法建立了渐近式

$$B(x)=\sum_{n\leqslant x}b(n)\sim Cx\log^{-\frac12}x, x\to+\infty, \tag{1.87}$$

其中C为正常数. 也可以由初等方法得到Landau公式, 其中C由(1.102)给出.

还是用初等方法, 但是非常不同的是, [157]利用半维数筛法证明了公式(1.87). 这种筛法的好处在于能得到一致性很高的结果. 例如, 对任意的$\varepsilon>0$, 只要y仅相对ε充分大, 就有

$$B(x+y)-B(x)<(1+\varepsilon)B(y),$$

其中x为任意的正数. 若x与y相比非常大, 则用解析方法只能对$B(x+y)-B(x)$得到很弱的结果.

接下来我们介绍一种可以对一大类乘性函数得到渐近式的初等方法. 它需要f在素数幂处的分布具有某种正则性. 令Λ_f 为与f相关的von Mangoldt函数(见(1.50)), 我们假设

$$\sum_{n\leqslant x}\Lambda_f(n)=\kappa\log x+O(1), \tag{1.88}$$

其中κ为常数. 这个条件意味着$f(p)$的均值现在大约是κp^{-1}, 而原来是κ. 对许多实际中的乘性函数, 可以用初等方法建立(1.88)(这个条件类似Mertens公式(2.14), 它比素数定理弱). 在应用时我们允许$f(p)$稍微取一点负值. 准确地说, 若(1.88)对$\kappa>-\frac{1}{2}$成立, 这个方法仍然有效. 此外, 我们需要一个粗糙的估计

$$\sum_{n\leqslant x}|f(n)|\ll\log^{|\kappa|}x. \tag{1.89}$$

这个方法从对数光滑化的和式估计开始:

$$\sum_{n\leqslant x}f(n)\log\tfrac{x}{n}=\textstyle\int_1^x\mathcal{M}_f(y)y^{-1}\,\mathrm{d}\,y. \tag{1.90}$$

因为$f\cdot L=f*\Lambda_f$, 我们从(1.88)导出

$$\sum_{n\leqslant x}f(n)\log n=\sum_{d\leqslant x}f(d)\sum_{m\leqslant\frac{x}{d}}\Lambda_f(m)=\sum_{d\leqslant x}f(d)(\kappa\log\tfrac{x}{d}+O(1)).$$

利用(1.89)估计误差项的和得到

$$(\kappa+1)\sum_{n\leqslant x}f(n)\log n=\kappa\mathcal{M}_f(x)\log x+O(\log^{|\kappa|}x).$$

代入(1.90), 我们证明了函数差

$$\Delta(x)=\mathcal{M}_f(x)\log x-(\kappa+1)\textstyle\int_2^x\mathcal{M}_f(y)y^{-1}\,\mathrm{d}\,y \tag{1.91}$$

相对较小, 即

$$\Delta(x)\ll\log^{|\kappa|}x. \tag{1.92}$$

将(1.91)除以$x\log^{\kappa+2}x$并积分得到

$$\begin{aligned}\textstyle\int_2^x\Delta(y)y^{-1}\log^{-\kappa-2}y\,\mathrm{d}\,y\ &=\ \textstyle\int_2^x\mathcal{M}_f(y)y^{-1}\log^{-\kappa-1}y\,\mathrm{d}\,y\\&\quad-(\kappa+1)\textstyle\int_2^x y^{-1}\log^{-\kappa-2}y(\int_2^y\mathcal{M}_f(u)u^{-1}\,\mathrm{d}\,u)\,\mathrm{d}\,y.\end{aligned}$$

交换二重积分的次序得到

$$\textstyle\int_2^x\mathcal{M}_f(y)y^{-1}\log^{-\kappa-1}y\,\mathrm{d}\,y+\int_2^x(\log^{-\kappa-1}x-\log^{-\kappa-1}u)\mathcal{M}_f(u)u^{-1}\,\mathrm{d}\,u.$$

第一个积分与第二个积分的后一部分抵消, 所以我们得到

$$\textstyle\int_2^x\Delta(y)y^{-1}\log^{-\kappa-2}y\,\mathrm{d}\,y=\log^{-\kappa-1}x\int_2^x\mathcal{M}_f(u)u^{-1}\,\mathrm{d}\,u.$$

结合(1.91)得到下面的恒等式

$$\mathcal{M}_f(x) = -\log^\kappa x \int_2^x \Delta(y)\,\mathrm{d}(\log^{-\kappa-1} y) + \Delta(x)\log^{-1} x.$$

因为上述积分绝对收敛, 我们可以令$x \to +\infty$得到等式

$$\mathcal{M}_f(x) = (c_f + r_f(x))\log^\kappa x, \tag{1.93}$$

其中c_f为下面的定积分给出的常数:

$$c_f = -\int_2^{+\infty} \Delta(y)\,\mathrm{d}(\log^{-\kappa-1} y), \tag{1.94}$$

而$r_f(x)$由下面的函数给出:

$$r_f(x) = \int_x^{+\infty} (\Delta(y) - \Delta(x))\,\mathrm{d}(\log^{-\kappa-1} y). \tag{1.95}$$

它在$x \to +\infty$时趋于0, 事实上由(1.92)有

$$r_f(x) \ll \log^{|\kappa|-\kappa-1} x. \tag{1.96}$$

但是, 常数(1.94)看起来不太自然.

现在建立了渐近式(1.93)与误差项(1.96), 我们将用这些结果借助f的Dirichlet级数

$$D_f(s) = \sum_{n=1}^{\infty} f(n) n^{-s}$$

推出c_f的另一个表达式. 由(1.89)可知上述级数绝对收敛. 我们由分部求和公式计算可得:

$$\begin{aligned} D_f(s) &= \int_1^{+\infty} y^{-s}\,\mathrm{d}\,\mathcal{M}_f(y) = -\int_1^{+\infty} \mathcal{M}_f(y)\,\mathrm{d}\,y^{-s} \\ &= -\int_0^{+\infty} \mathcal{M}_f(\mathrm{e}^t)\,\mathrm{d}\,\mathrm{e}^{-st} = -\int_0^{+\infty} (c_f + O(t^{-\varepsilon}))t^\kappa\,\mathrm{d}\,\mathrm{e}^{-st} \\ &= (c_f + O(s^\varepsilon))s^{-\kappa}\Gamma(\kappa+1), s \to 0^+ \end{aligned}$$

对比Riemann ζ函数的κ次幂可得

$$\zeta(s+1)^{-\kappa} D_f(s) \sim c_f \Gamma(\kappa+1).$$

另一方面, 我们有Euler乘积

$$\zeta(s+1)^{-\kappa} D_f(s) = \prod_p (1 - p^{-s-1})^\kappa \Big(\sum_{\nu=0}^{\infty} f(p^\nu) p^{-\nu s}\Big),$$

由(1.88)可知它在$s > 0$时绝对收敛, 并且在$s \to 0^+$时极限存在. 所以常数c_f为

$$c_f = \frac{1}{\Gamma(\kappa+1)} \prod_p \Big(1 - \frac{1}{p}\Big)^\kappa (1 + f(p) + f(p^2) + \cdots). \tag{1.97}$$

我们已经得到了下面的结论(若$\kappa \geqslant 0$, 该结论属于E. Wirsing[338]).

定理 1.1 假设f是满足(1.88)与(1.89)的乘性函数, 其中$\kappa > -\frac{1}{2}$, 则有

$$\sum_{n \leqslant x} f(n) = c_f \log^\kappa x + O(\log^{|\kappa|-1} x), \tag{1.98}$$

其中c_f为(1.97)给出的常数.

我们通过解决一个简单的筛法问题来解释这个公式的用处. 令$\mathcal{P}$为一个素数集. 我们的问题是: 有多少个数$n \leqslant x$没有$\mathcal{P}$中的数作为因子? 令f为完全乘性函数, 使得

$$f(p)=\begin{cases}1, & 若 p\in\mathcal{P},\\ 0, & 否则.\end{cases}$$

于是

$$g(n)=\prod_{p|n}(1-f(p))$$

是上述问题的特征函数. 因此我们需要对

$$S(\mathcal{P},x)=\sum_{n\leqslant x}g(n)$$

估值. 注意到卷积$g=\mu f*1$, 可得

$$S(\mathcal{P},x)=\sum_{d\leqslant x}\mu(d)f(d)[\tfrac{x}{d}]=x\sum_{d\leqslant x}\mu(d)\tfrac{f(d)}{d}+O(\mathcal{M}_f(x)).$$

为了下一步的进行, 我们要假设$\mathcal{P}$中素数比不在$\mathcal{P}$中素数的比例小. 更确切地说, 我们需要条件

$$\sum_{p\leqslant x}\tfrac{f(p)}{p}\log p=\kappa\log x+O(1), \tag{1.99}$$

其中常数$\kappa<\frac{1}{2}$. 于是由(1.85)推出$\mathcal{M}_f(x)\ll x\log^{\kappa-1}x$, 并且由(1.98)可得

$$\sum_{d\leqslant x}\mu(d)\tfrac{f(d)}{d}=c(\mathcal{P})\log^{-\kappa}x+O(\log^{\kappa-1}x),$$

其中$c(\mathcal{P})$为依赖于集合$\mathcal{P}$的常数:

$$c(\mathcal{P})=\tfrac{1}{\Gamma(1-\kappa)}\prod_{p}(1-\tfrac{f(p)}{p})^{-1}(1-\tfrac{1}{p})^{-\kappa}. \tag{1.100}$$

综合以上结果得到

推论 1.2 令$\mathcal{P}$为密度$\kappa<\frac{1}{2}$的素数集(即(1.99)成立), 则$1\leqslant n\leqslant x$的整数中没有$\mathcal{P}$中素因子的个数满足

$$S(\mathcal{P},x)=c(\mathcal{P})x\log^{-\kappa}x(1+O(\log^{2\kappa-1}x)), \tag{1.101}$$

其中$c(\mathcal{P})$为(1.100)给出的常数.

习题1.4 利用(1.98)推导Landau公式(1.87), 其中常数C为

$$C=\tfrac{1}{\sqrt{2}}\prod_{p\equiv-1\bmod 4}(1-\tfrac{1}{p^2})^{-\frac{1}{2}}. \tag{1.102}$$

§1.7 加性函数的分布

本节中的f都是加性函数, 所以f由它在素数幂处的值决定, 确切地说有

$$f(n)=\sum_{p^\alpha||n}f(p^\alpha).$$

因此f的均值为

$$\mathcal{M}_f(x) = \sum_{p^\alpha \leqslant x} f(p^\alpha)([\tfrac{x}{p^\alpha}] - [\tfrac{x}{p^{\alpha+1}}]).$$

去掉取整符号得到

$$\mathcal{M}_f(x) = xE(x) + O(x^{\frac{1}{2}}D(x)), \tag{1.103}$$

其中

$$E(x) = \sum_{p^\alpha \leqslant x} f(p^\alpha)p^{-\alpha}(1-p^{-1}), \tag{1.104}$$

$$D^2(x) = \sum_{p^\alpha \leqslant x} |f(p^\alpha)|^2 p^{-\alpha}. \tag{1.105}$$

实际上(1.103)中的误差项为$\sum |f(p^\alpha)|$, 我们利用Cauchy不等式以及$p^\alpha \leqslant x$得到估计$x^{\frac{1}{2}}D(x)$. 这个结果显示$E(x)$近似等于f的均值.

同理可以估计f^2的均值. 我们有

$$\mathcal{M}_{f^2}(x) = \sum_{p^\alpha}\sum_{q^\beta} f(p^\alpha)f(q^\beta) \sum_{\substack{n\leqslant x \\ p^\alpha || n, q^\beta || n}} 1,$$

其中p, q遍历素数. 若$p \neq q$, 内和等于

$$[\tfrac{x}{p^\alpha q^\beta}] - [\tfrac{x}{p^{\alpha+1}q^\beta}] - [\tfrac{x}{p^\alpha q^{\beta+1}}] + [\tfrac{x}{p^{\alpha+1}q^{\beta+1}}] = \tfrac{x}{p^\alpha q^\beta}(1-\tfrac{1}{p})(1-\tfrac{1}{q}) + O(1).$$

对于$p = q$的情形, 此时一定有$\alpha = \beta$, 从而内和等于

$$[\tfrac{x}{p^\alpha}] - [\tfrac{x}{p^{\alpha+1}}] = \tfrac{x}{p^\alpha}(1-\tfrac{1}{p}) + O(1).$$

因此我们推出

$$\begin{aligned}\mathcal{M}_{f^2}(x) &= x \sum_{\substack{p^\alpha, q^\beta \leqslant x \\ p\neq q}}\sum f(p^\alpha)f(q^\beta)p^{-\alpha}q^{-\beta}(1-p^{-1})(1-q^{-1}) \\ &\quad + x\sum_{p^\alpha \leqslant x} f^2(p^\alpha)p^{-\alpha}(1-p^{-1}) + O(\sum_{p^\alpha, q^\beta \leqslant x}\sum |f(p^\alpha)f(q^\beta)|).\end{aligned}$$

若去掉$p \neq q$的条件, 并且对$p = q$时多余的项利用$|f(p^\alpha)f(q^\beta)| \leqslant |f(p^\alpha)|^2 + |f(q^\beta)|^2$估计, 我们得到

$$\mathcal{M}_{f^2}(x) = xE^2(x) + O(xD^2(x)). \tag{1.106}$$

这个结果说明$E^2(x)$近似等于f^2的均值.

(1.103)与(1.106)中的两个近似暗示: $n \leqslant x$时的这些单值$f(n)$被$E(x)$很好地逼近应该是合理的. 事实上在如下意义下, 这个想法是正确的.

定理 1.3 对于加性函数$f : \mathbb{N} \to \mathbb{C}$, 我们有

$$\sum_{n\leqslant x} |f(n) - E(x)|^2 \leqslant cxD^2(x), \tag{1.107}$$

其中c是绝对常数.

证明: 我们可以假设f是实值函数, 因为f的实部和虚部都是加性的, 并且它们可以分别处理. 我们还可以假设x是正整数. 首先我们估计变差

$$V(x) = \sum_{n \leqslant x} (f(n) - x^{-1}\mathcal{M}_f(x))^2 = \mathcal{M}_{f^2}(x) - x^{-1}\mathcal{M}_f^2(x).$$

由(1.103)和(1.106)可得

$$V(x) \ll x^{\frac{1}{2}}|E(x)|D(x) + xD^2(x) \ll xD^2(x).$$

用$E(x)$替代$x^{-1}\mathcal{M}_f(x)$会得到容许的误差, 从而(1.107)成立. □

定理1.3归功于P. Túran[318]和J. Kubilius[194]. 如果愿意的话, 我们可以用(1.107)中常数c作为代价将期望值$E(x)$简化为

$$\mathcal{A}(x) = \sum_{p \leqslant x} f(p)p^{-1}. \tag{1.108}$$

我们上面的推理在x充分大时可以得到$c = 4$. 但是, J. Kubilius[195](在得到H. L. Montgomery的建议后)证明了(1.107)在$c = c(x) \sim \frac{3}{2}(x \to +\infty)$时成立. 他和其他人还证明了不能用更小的常数替代$\frac{3}{2}$(参见A. Hildebrand的[134]).

我们选取对n的不同素因子计数的加性函数$\omega(n)$作为例子. 因此$\omega(p^\alpha) = 1$, 从而由(2.15)可知$E(x) = \log\log x + O(1), D^2(x) = \log\log x + O(1)$, 所以Túran-Kubilius定理给出

$$\sum_{n \leqslant x} (\omega(n) - \log\log x)^2 \ll x \log\log x. \tag{1.109}$$

因此对几乎所有的n有$\omega(n) \sim \log\log n$(这是Hardy与Ramanujan的一个定理). 确切地说, 我们有

推论 1.4 对任意的$x \geqslant 3$和$z \geqslant 1$, 有

$$\left|\left\{n \leqslant x \middle| |\omega(n) - \log\log x| > z(\log\log x)^{\frac{1}{2}}\right\}\right| \ll z^{-2}x, \tag{1.110}$$

其中的隐性常数是绝对的.

我们进一步会问: 如何将一个给定的加性函数f用$A(x)$和某个$B(x)$标准化使得频率

$$\nu(x; z) = \frac{1}{x}\left|\left\{n \leqslant x \middle| \frac{f(n) - A(x)}{B(x)} \leqslant z\right\}\right| \tag{1.111}$$

在$x \to +\infty$时对于任意的$z \in \mathbb{R}$存在极限? 这个问题在概率数论中得到了说明. 我们只对中心结果稍作留意. 最初的一个结果是由P. Erdös和M. Kac[80]建立的.

定理 1.5 令$f(n)$为加性函数, 满足$-1 \leqslant f(p^\alpha) = f(p) \leqslant 1$, 并且当$x \to +\infty$时,

$$B(x) = \sum_{p \leqslant x} f^2(p)p^{-1} \to +\infty, \tag{1.112}$$

则对任意的$z \in \mathbb{R}$有$\nu(x; z) \sim G(z)$, 其中$G(z)$是Gauss分布函数:

$$G(z) = \frac{1}{\{}\sqrt{2\pi}\int_{-\infty}^{z} \mathrm{e}^{-\frac{t^2}{2}}\,\mathrm{d}\,t\}. \tag{1.113}$$

特别地, 由Erdös-Kac定理可知: 对任意的$z \in \mathbb{R}$, 当$x \to +\infty$时,

$$|\{n \leqslant x : \omega(n) - \log\log x \leqslant z(\log\log x)^{\frac{1}{2}}\}| \sim G(z)x.$$

许多其他的算术函数(不一定是加性的)遵循Gauss极限分布法则. 例如, H. Halberstam[115]证明了移位素数的素因子个数满足性质: 当$x \to +\infty$时,

$$|\{p \leqslant x | \omega(p+1) - \log\log x \leqslant z(\log\log x)^{\frac{1}{2}}\}| \sim G(z)\pi(x) \tag{1.114}$$

对任意固定的$z \in \mathbb{R}$成立.

第 2 章　素数的初等理论

§2.1　素数定理

差不多200年前, Legendre与Gauss(独立)注意到不超过x的素数的密度为$\log^{-1} x$, 确切地说是他们提出了猜想:

(素数定理) 令$\pi(x)$表示不超过x的素数个数, 则当$x \to +\infty$时有

$$\pi(x) \sim \frac{x}{\log x}. \tag{2.1}$$

Gauss指出奇异积分

$$\mathrm{Li}(x) = \int_0^x \frac{\mathrm{d}\, y}{\log y} = \int_1^x (1 - \frac{1}{y}) \frac{\mathrm{d}\, y}{\log y} + \log\log x + \gamma \tag{2.2}$$

能更好地逼近$\pi(x)$. 对$x > 1$, 我们有渐近式

$$\mathrm{Li}(x) = \frac{x}{\log x}\{ \sum_{0 \leqslant \ell < m} \ell \log^{-\ell} x + O(\log^{-m} x)\}. \tag{2.3}$$

有些人在$x \geqslant 2$时用$\mathrm{li}(x) = \mathrm{Li}(x) - \mathrm{Li}(2)$替代$\mathrm{Li}(x)$. 后来, Chebyshev通过对带权$\log p$的素数$p$计数使问题变得更简单, 所以他研究的是

$$\theta(x) = \sum_{p \leqslant x} \log p,$$

而不是$\pi(x)$. 对von Mangoldt函数的均值

$$\psi(x) = \sum_{n \leqslant x} \Lambda(n) \tag{2.4}$$

进行估计更方便. 注意通过分部求和法以及对$n = p^\alpha \leqslant x (\alpha \geqslant 2)$在和式中的贡献做显然估计, 可知(2.1)等价于下面两个式子中的任一个:

$$\theta(x) \sim x,\ \psi(x) \sim x. \tag{2.5}$$

尽管Λ由卷积(1.40)给出, 由公式(1.72)并不能得到(2.5), 因为误差项超过了主项. 利用Dirichlet的因子转换技巧(即双曲线法), 我们可以减少误差项数, 但是这样做并不能完全奏效, 因为这时问题转化为估计Möbius函数的和. 实际上, 我们可以用双曲线法证明素数定理等价于估计

$$M(x) = \sum_{m \leqslant x} \mu(m) = o(x), x \to +\infty. \tag{2.6}$$

要从(2.6)推出(2.5), 我们考虑

$$\Delta(x) = \sum_{n \leqslant x} (\log n - \tau(n) + 2\gamma).$$

在(1.63)中取$k = 1$代入(1.75)得到

$$\Delta(x) \ll \sqrt{x}. \tag{2.7}$$

现在利用(1.42)可知对任意的$1 \leqslant K \leqslant x$有

$$\begin{aligned} \psi(x) - x + 2\gamma &= \sum\sum_{dk \leqslant x} \mu(d)(\log k - \tau(k) + 2\gamma) \\ &= \sum_{k \leqslant K} (\log k - \tau(k) + 2\gamma) M(\tfrac{x}{k}) + \sum_{d \leqslant xK^{-1}} \mu(d)(\Delta(\tfrac{x}{d}) - \Delta(K)). \end{aligned} \tag{2.8}$$

利用(2.7)可知最后一个和式为$O(xK^{-\frac{1}{2}})$, 而由假设(2.6)可知对任意的K, 前面一个和式为$o(x)$. 因为K可以取任意大的数, 所以(2.6)意味(2.5)成立. 要证明反方向的结论, 我们利用等式

$$\sum_{n \leqslant x} \mu(n) \log \tfrac{x}{n} = M(x) \log x + \sum\sum_{mn \leqslant x} \mu(m)\Lambda(n),$$

它可以由$(\frac{1}{\zeta})' = -\frac{\zeta'}{\zeta}\frac{1}{\zeta}$得到. 左边显然为$O(x)$(在(1.64)中取$k = 1$), 所以

$$M(x) \log x = -\sum_{m \leqslant x} \mu(m)\psi(\tfrac{x}{m}) + O(x).$$

利用(2.18)得到

$$M(x) \log x = \sum_{m \leqslant x} \mu(m)(\tfrac{x}{m} - \psi(\tfrac{x}{m})) + O(x).$$

现在利用假设(2.5)即由上式得到(2.6).

§2.2 Chebyshev方法

Chebyshev于1848–1852年间对素数定理的证明首先作出重要尝试. 回顾历史, 我们会说他的方法本质上是建立在乘积公式

$$N = \prod_p p^{\nu_p(N)}$$

的基础上. 乘积公式表达的意思是Archimede赋值等于p进赋值的乘积. 在对阶乘$N = 1 \cdot 2 \cdots n$利用这个显然的公式时效果特别好. 我们像Chebyshev那样用更为友好的解析格式介绍这些证明. 首先有

$$L(x) = \sum_{n \leqslant x} \log n = x \log x - x + O(\log x). \tag{2.9}$$

另一方面, 利用(1.41)可得

$$L(x) = \sum_{d \leqslant x} \Lambda(d)[\tfrac{x}{d}] = \sum_{m \leqslant x} \psi(\tfrac{x}{m}). \tag{2.10}$$

因此用两种方法对$L(x) - 2L(\frac{x}{2})$可得

$$\psi(x) - \psi(\tfrac{x}{2}) + \psi(\tfrac{x}{3}) - \psi(\tfrac{x}{4}) + \cdots = x \log 2 + O(\log x). \tag{2.11}$$

利用$\psi(y)$的单调性, 我们从(2.11)推出第一个Chebyshev估计

$$x\log 2+O(\log x)<\psi(x)<x\log 4+O(\log x). \tag{2.12}$$

Chebyshev利用$L(\frac{x}{m})$的更复杂的线性组合好几次改进了上述估计. 例如, 考虑$\psi_f(x)=L(x)-L(\frac{x}{2})-L(\frac{x}{3})-L(\frac{x}{5})+L(\frac{x}{30})$. 由(2.9)可得

$$\psi_f(x)=\alpha x+O(\log x),$$

其中$\alpha=\frac{1}{2}\log 2+\frac{1}{3}\log 3+\frac{1}{5}\log 5-\frac{1}{30}\log 30=0.921\,2\ldots$. 另一方面,

$$\psi_f(x)=\sum_{n\leqslant x}\Lambda(n)f(\tfrac{x}{n}),$$

其中

$$f(x)=[x]-[\tfrac{x}{2}]-[\tfrac{x}{3}]-[\tfrac{x}{5}]+[\tfrac{x}{30}].$$

因为$1-\frac{1}{2}-\frac{1}{3}-\frac{1}{5}+\frac{1}{30}=0$, $f(x)$是以30为周期的函数. 容易验证$f(x)$ 只取两个值0和1, 并且在$1\leqslant x<6$时, $f(x)=1$. 所以

$$\psi_f(x)\leqslant\psi(x)\leqslant\psi_f(x)+\psi(\tfrac{x}{6}).$$

因此我们推出

$$\alpha x+O(\log x)<\psi(x)<\tfrac{6}{5}\alpha x+O(\log x). \tag{2.13}$$

因为(2.13)中的上、下界之间的差距很小, 我们可以从(2.13)推出: 若x充分大, 则任意的2倍区间$[x,2x]$包含素数(事实上, Chebyshev对所有的$x\geqslant 1$证明了该结论, 它是由Bertrand提出来的猜想). 但是, Chebyshev没能证明素数定理, 他证明的是: 若$\lim\limits_{x\to\infty}\frac{\psi(x)}{x}$存在, 则这个极限等于1(由(2.11)即可得到这个结论, 因为$1-\frac{1}{2}+\frac{1}{3}-\frac{1}{4}+\cdots=\log 2$).

Mertens从Chebyshev的工作推出了有趣的结果. 首先, 让(2.10)中的$[\frac{x}{d}]$近似$\frac{x}{d}$, 我们得到

$$\sum_{n\leqslant x}\frac{\Lambda(n)}{n}=\log x+O(1). \tag{2.14}$$

然后用分部求和公式从(2.14)推出

$$\sum_{p\leqslant x}\frac{1}{p}=\log\log x+\beta+O(\tfrac{1}{\log x}), \tag{2.15}$$

其中β为常数. 最后利用$\log(1-\frac{1}{p})=-\frac{1}{p}+O(\frac{1}{p^2})$, 我们得到Mertens公式:

$$\prod_{p\leqslant x}(1-\tfrac{1}{p})=\tfrac{\mathrm{e}^{-\gamma}}{\log x}(1+O(\tfrac{1}{\log x})). \tag{2.16}$$

Mertens证明了(2.16)中的这个指数γ就是Euler常数(1.69).

同理, 利用$\delta=1*\mu$取代$L=1*\Lambda$, 我们可以从Möbius函数推出几个结果. 首先取代(2.10)的是: 对任意的$x\geqslant 1$有

$$\sum_{m\leqslant x}\mu(m)[\tfrac{x}{m}]=\sum_{d\leqslant x}M(\tfrac{x}{d})=1. \tag{2.17}$$

然后令$\frac{x}{m}$近似$[\frac{x}{m}]$, 得到

$$|\sum_{m\leqslant x}\frac{\mu(m)}{m}|\leqslant 1. \tag{2.18}$$

§2.3 等差数列中的素数

每个自然数$n \equiv -1 \bmod 3$都有素因子$p \equiv -1 \bmod 3$, 因此存在无限多个素数$p \equiv -1 \bmod 3$. 用同样的方式可以证明: 对于$q = 4, 5$, 存在无限多个素数$p \equiv -1 \bmod q$.

令$q > 1$为任意的整数. 考虑$\varphi(q)$次分圆多项式

$$\Phi_q(x) = \prod_{\substack{a \bmod q \\ (a,q)=1}} (x - e(\tfrac{a}{q})) \in \mathbb{Z}[x].$$

利用乘群$(\mathbb{Z}/q\mathbb{Z})^*$的初等性质很容易证明$\Phi_q(n)$的每个与$q$互素的素因子$p$满足$p \equiv 1 \bmod q$. 若$q$为素数, 则这个性质很容易说明. 实际上这时有

$$\Phi_q(x) = \tfrac{x^q - 1}{x - 1} = 1 + x + \cdots + x^{q-1}.$$

若$p | \Phi_q(x)$, 则$x^q \equiv 1 \bmod p$. 对比Fermat小定理$x^{p-1} \equiv 1 \bmod p$即可推出$p \equiv 1 \bmod q$. 然后像Euclid那样推出有无限多个素数$p \equiv 1 \bmod q$.

每个满足$(a, q) = 1$的类$a \bmod q$自然也应该有无限多个素数. 正是为了证明这个定理, L. Dirichlet于1837年创造了乘性特征$\chi \bmod q$(见第3章). 他将每个这样的特征关联上Dirichlet级数

$$L(s, \chi) = \sum_{n=1}^{\infty} \chi(n) n^{-s}. \tag{2.19}$$

就像ζ函数那样, Dirichlet L函数有Euler乘积

$$L(s, \chi) = \prod_p (1 - \chi(p) p^{-s})^{-1}, \tag{2.20}$$

它在$s > 1$时绝对收敛. 因此$L(s, \chi)$在$s > 1$时不为0. 取对数得到

$$\log L(s, \chi) = \sum_p \chi(p) p^{-s} + O(1). \tag{2.21}$$

由特征的正交性(见§3.2)可得

$$\sum_{p \equiv a \bmod q} p^{-s} = \tfrac{1}{\varphi(q)} \sum_{\chi \bmod q} \bar{\chi}(a) \log L(s, \chi) + O(1), \tag{2.22}$$

其中误差项$O(1)$在$s > 1$时关于s一致有界. 对于主特征, 我们可以将$L(s, \chi_0)$与$\zeta(s)$联系起来:

$$L(s, \chi_0) = \zeta(s) \prod_{p | q} (1 - p^{-s}).$$

因为

$$\zeta(s) = \sum_{n=1}^{\infty} n^{-s} = \int_1^{+\infty} x^{-s} \, \mathrm{d}\, x + O(1) = \tfrac{1}{s-1} + O(1),$$

我们推出主特征在(2.22)中的贡献值为

$$\tfrac{1}{\varphi(q)} \log L(s, \chi_0) = \tfrac{1}{\varphi(q)} \log \tfrac{1}{s-1} + O(1). \tag{2.23}$$

下面考虑$\chi \neq \chi_0$. 因为χ以q为周期, 所以在任意完全剩余类上的和为0, 由此可知在任意区间上的特征和有界, 即

$$|\sum_{x<n\leqslant y}\chi(n)|<q.$$

因此级数(2.19)在$s>0$时收敛, 并且由分部求和公式可知$|L(s,\chi)|<q$. 若我们已知

$$L(1,\chi)\neq 0, \tag{2.24}$$

则$\log L(s,\chi)$在$s\to 1^+$时存在有限极限. 所以我们推出在$s>1$时, 有

$$\sum_{p\equiv a \bmod q} p^{-s}=\frac{1}{\varphi(q)}\log\frac{1}{s-1}+O(1). \tag{2.25}$$

Dirichlet用这个方法证明了在任意本原(或简化)剩余类中存在无限多个素数. 事实上, (2.25) 说明素数在本原剩余类$a \bmod q$中(在某种意义下)是均匀分布的.

还需要证明对每个$\chi\neq\chi_0$, $L(s,\chi)\neq 0$, 这是该问题的核心. 我们没有完全按照Dirichlet原来的证明思路进行, 而是在他的想法中掺杂了更熟悉的Chebyshev变换. 首先有

$$\begin{aligned}\sum_{n\leqslant x}\chi(n)n^{-1}\log n &= \sum_{n\leqslant x}\chi(n)n^{-1}\sum_{d|n}\Lambda(d)\\ &= \sum_{d\leqslant x}\chi(d)\Lambda(d)d^{-1}\sum_{m\leqslant\frac{x}{d}}\chi(m)m^{-1}\\ &= \sum_{d\leqslant x}\chi(d)\Lambda(d)d^{-1}(L(1,\chi)+O(\tfrac{d}{x}))\\ &= L(1,\chi)\sum_{d\leqslant x}\chi(d)\Lambda(d)d^{-1}+O(1),\end{aligned}$$

其中误差项$O(1)$与x有关(但与q无关). 左边也有界(利用Abel判别法), 这是因为$\chi(n)$在任意区间上的均值有界. 因此我们证明了: 若$L(1,\chi)\neq 0$, 则

$$\sum_{d\leqslant x}\chi(d)\frac{\Lambda(d)}{d}\ll 1. \tag{2.26}$$

同理可得

$$\begin{aligned}\log x+\sum_{n\leqslant x}\chi(n)\frac{\Lambda(n)}{n} &= \sum_{n\leqslant x}\frac{\chi(n)}{n}\sum_{d|n}\mu(d)\log\frac{x}{d}\\ &= \sum_{d\leqslant x}\mu(d)\frac{\chi(d)}{d}\log\frac{x}{d}\sum_{m\leqslant\frac{x}{d}}\frac{\chi(m)}{m}\\ &= L(1,\chi)\sum_{d\leqslant x}\mu(d)\frac{\chi(d)}{d}\log\frac{x}{d}+O(1).\end{aligned}$$

因此, 若$L(1,\chi)=0$, 则有

$$\sum_{n\leqslant x}\chi(n)\frac{\Lambda(n)}{n}=-\log x+O(1). \tag{2.27}$$

利用Mertens公式(2.14), 在上述假设下得到的公式可以写成

$$\sum_{p\leqslant x}(1+\chi(p))\frac{\log p}{p}\ll 1.$$

这就说明对几乎所有的素数p有$\chi(p)=-1$. 换句话说, 若$L(1,\chi)=0$, 则在无平方因子的数上, 特征$\chi(n)$ 与Möbius函数$\mu(n)$非常像, 这是不太可能的(虽然两个函数都是乘性的, 但是$\mu(n)$是非周期函数). 不管怎样, 我们严格地证明了

$$\sum_{n\leqslant x}\chi(n)\frac{\Lambda(n)}{n}=\delta_\chi\log x+O(1), \tag{2.28}$$

其中δ_χ在$\chi\neq\chi_0$时根据$L(1,\chi)=0$或$L(1,\chi)\neq 0$分别取值$-1,0$, 在$\chi=\chi_0$时为1. 将(2.28)对所有特征求和得到

$$\sum_{\substack{n\leqslant x\\ n\equiv 1 \bmod q}}\frac{\Lambda(n)}{n}=\frac{1}{\varphi(q)}(\sum_{\chi \bmod q}\delta_\chi)\log x+O(1),$$

从而$\sum_\chi\delta_\chi\geqslant 0$. 这就说明最多有一个$\chi\neq\chi_0$使得$L(1,\chi)=0$. 如果这样的例外特征存在, 它一定是实特征, 因为$L(1,\chi)=0$意味着$L(1,\bar{\chi})=0$(复共轭是$\mathbb{C}$ 的连续自同构).

要证明对实特征$\chi\neq\chi_0$有$L(1,\chi)$非零需要不同的论证. 为达到这个目的, 我们考虑

$$T(x)=\sum_{n\leqslant x}\tau(n,\chi)n^{-\frac{1}{2}},$$

其中

$$\tau(n,\chi)=\sum_{d|n}\chi(d). \tag{2.29}$$

注意对所有的n有

$$\tau(n,\chi)=\prod_{p^\alpha||n}(1+\chi(p)+\cdots+\chi(p^\alpha))\geqslant 0,$$

并且$\tau(m^2,\chi)\geqslant 1$. 于是,

$$T(x)\geqslant\sum_{m\leqslant\sqrt{x}}m^{-1}>\frac{1}{2}\log x.$$

另一方面, 对(2.29)利用卷积, 我们像Dirichlet处理因子问题(1.75)那样(即双曲线法)估计$T(x)$, 我们得到

$$\begin{aligned}T(x)&=\sum\sum_{mn\leqslant x}\chi(m)(mn)^{-\frac{1}{2}}\\&=\sum_{m\leqslant\sqrt{x}}\chi(m)m^{-\frac{1}{2}}\sum_{n\leqslant\frac{x}{m}}n^{-\frac{1}{2}}+\sum_{n<\sqrt{x}}n^{-\frac{1}{2}}\sum_{\sqrt{x}<m\leqslant\frac{x}{n}}\chi(m)m^{-\frac{1}{2}}\\&=\sum_{m\leqslant\sqrt{x}}\chi(m)m^{-\frac{1}{2}}(\frac{1}{2}(\frac{x}{m})^{\frac{1}{2}}+c+O((\frac{m}{x})^{\frac{1}{2}}))+O(\sum_{n<\sqrt{x}}n^{-\frac{1}{2}}x^{-\frac{1}{4}})\\&=\frac{1}{2}L(1,\chi)x^{\frac{1}{2}}+O(1).\end{aligned}$$

比较两个估计式得到$\log x<L(1,\chi)x^{\frac{1}{2}}+O(1)$, 令$x\to+\infty$可知$L(1,\chi)\neq 0$.

定理 2.1 (Dirichlet) 对每个非主特征$\chi \bmod q$有$L(1,\chi)\neq 0$.

由定理2.1, 我们完成了(2.25)的证明. 此外, 我们证明了(2.26)对任意的$\chi\neq\chi_0$成立. 在(2.28)中对所有的特征求和可得

定理 2.2 对任意满足$(a,q)=1$的a有

$$\sum_{\substack{n\leqslant x\\ n\equiv a \bmod q}}\frac{\Lambda(n)}{n}=\frac{\log x}{\varphi(q)}+O(1), \tag{2.30}$$

其中的误差项仅依赖于q.

注记: Dirichlet最初对实特征χ证明$L(1,\chi)\neq 0$时是将它作为他的类数公式的简单推论得到的. 令$K=\mathbb{Q}(\sqrt{D})$为二次域, 其中$D\equiv 0,1 \bmod 4$是K的判别式. 存在相关的实本原特征χ使得

$$\zeta_K(s)=\sum_{\mathfrak{a}}(\mathrm{N}\,\mathfrak{a})^{-s}=\zeta(s)L(s,\chi),$$

每个模$q \neq 1$的实本原特征都是以这种方式从$K = \mathbb{Q}(\sqrt{\chi(-1)q})$中产生的. Dirichlet证明了

$$L(1,\chi) = \begin{cases} \frac{2\pi h}{w\sqrt{q}}, & 若\chi(-1) = -1, \\ \frac{2h\log\varepsilon}{\sqrt{q}}, & 若\chi(-1) = 1, \end{cases} \tag{2.31}$$

其中h为K的类数, 当$\chi(-1) = -1$时w为K的整数环中单位的个数, 当$\chi(-1) = 1$时ε为K的基本单位. 因此$L(1,\chi) > \frac{1}{\sqrt{q}}$. (在奇特征的情形见(22.59).)

我们在第5、22、23章会利用愈加成熟的技巧发展$L(1,\chi)$的下界. 关于实二次域的类数的一些结果也可见§15.9.

§2.4 回顾素数定理的初等证明

素数定理是由Hadamard与de la Valleé Poussin于1896年用解析方法独立证明的. 大约50 年后, Erdös与Selberg首先发现了初等证明. 他们证明的核心是公式(归功于Selberg):

$$\sum_{p\leqslant x}\log^2 p + \sum\sum_{pq\leqslant x}\log p\log q = 2x\log x + O(x). \tag{2.32}$$

要证明这个公式, 我们首先考虑

$$\begin{aligned} \sum_{n\leqslant x}\log^2 n &= x(\log^2 x - 2\log x + 2) + O(\log^2 x) \\ &= x\log x\sum_{k\leqslant x}\frac{1}{k} - \sum_{k\leqslant x}(\gamma + (\gamma+2)\log k) + O(\log^2 x), \end{aligned}$$

其中γ是Euler常数. 利用卷积$\Lambda_2 = \mu * L^2$, 由Mertens公式(2.14)和Chebyshev上界(2.12)(回顾1.18))得到

$$\begin{aligned} \sum_{n\leqslant x}\Lambda_2(n) &= \sum\sum_{mn\leqslant x}\mu(m)\log^2 n \\ &= \sum_{\ell\leqslant x}\frac{x}{\ell}(\sum_{m|\ell}\mu(m)\log\frac{x}{m}) - \sum_{l\leqslant x}\sum_{m|\ell}\mu(m)(\gamma + (\gamma+2)\log\frac{\ell}{m}) + O(x) \\ &= \sum_{n\leqslant x}\frac{x}{n}(\delta(n)\log x + \Lambda(n)) + \sum_{n\leqslant x}(\gamma\delta(n) + (\gamma+2)\Lambda(n)) + O(x) \\ &= x\log x + x\log x + O(x) \\ &= 2x\log x + O(x). \end{aligned}$$

习题2.1 用归纳法(利用递归式(1.47))从(2.32)证明: 对$k \geqslant 2$有

$$\sum_{n\leqslant x}\Lambda_k(n) = kx\log^{k-1}x(1 + O(\frac{1}{\log x})). \tag{2.33}$$

Postnikov与Romanov[258]利用Selberg公式(2.32)推出了如下优美的不等式:

$$|M(x)|\log x < \sum_{n\leqslant x}|M(\frac{x}{n})| + O(x\log\log 3x). \tag{2.34}$$

将它与(2.17)的第二部分对比, 现在由(2.32)可得素数定理的一种形式: $\psi(x) \sim x$, 或者从(2.34)出发通过初等但是更冗长的Tauber型论证得到另一种形式: $M(x) = o(x)$.

E. Bombieri[14]与E. Wirsing[339]改进了Erdös-Selberg方法证明了: 对任意的$A > 0$有

$$\psi(x) = x + O(x\log^{-A}x), \tag{2.35}$$

其中的隐性常数依赖于A. H. Diamond与J. Steinig[60]沿着同一思路证明了: 对所有的$x \geqslant e^{e^{100}}$有

$$(2.36) \qquad |\psi(x)-x| \leqslant x\exp\{-\log^{\frac{1}{7}} x(\log\log x)^{-2}\}.$$

Erdös-Selberg的证明确实初等(证明过程中没有涉及复数), 但是我们想要表达的心情很复杂, 因为之前以Riemann ζ函数的无零区域内的围道积分为基础的解析方法相当简单, 并且得到的结果更好(见§5.4和§5.6). de la Vallée Poussin于1899年非常轻松地证明了

$$(2.37) \qquad \psi(x) = x + O(x\exp(-c\sqrt{\log x})),$$

其中$c > 0$, 并且隐性常数是绝对的. 之后对素数定理的改进来自$\zeta(s)$在直线$\mathrm{Re}(s) = 1$附近的更好的上界, 特别是Vinogradov对指数和的估计(见第8章). 但是, 我们想说的是Vinogradov的指数和方法不应该被看作关于ζ函数的非零性的新技巧. 事实上, 所有已知的将上界转化为下界, 从而得到无零区域的方法原则上与Hadamard和de la Vallée Poussin 首创的方法相同. 但是, 一些变体在读取信息方面比别的方法更敏感, 因此在估计与零点之间给出更紧密的联系. 例如, 复变函数中的Borel-Caratheodory定理在这方面的作用就很明显. 到目前为止, (2.37)中最好的误差项是由Korobov[193]与Vinogradov[323]给出的(见推论8.30).

渐近公式$\psi(x) \sim x$等价于$\zeta(s)$在直线$\mathrm{Re}(s) = 1$上非零, 要得到后一结论相对简单, 并不需要$\zeta(s)$的解析性质.

下面说明如何整理解析思想得到形如(2.35)的素数定理的证明, 对于见多识广的读者而言, 这个方法依然是初等的. 我们避免使用复变分析法, 尽管为了简明起见, 我们并不介意利用复变函数$\zeta(s)(s = \sigma + \mathrm{i}t \in \mathbb{C})$, 但是仅限于在$\sigma > 1$的区域使用, 此时Dirichlet级数与Euler乘积都绝对收敛. 我们首先考虑函数$G(s) = (-1)^k(\frac{1}{\zeta(s)})^{(k)}$, 它由以下级数给出:

$$(2.38) \qquad G(s) = \sum_m \frac{\mu(m)}{m^s}\log^k m.$$

我们由此转向有限和:

$$(2.39) \qquad F(x) = \sum_{m\leqslant x} \mu(m)\log^k m \log\frac{x}{m},$$

其中因子$\log\frac{x}{m}$起到让分叉点处平整的作用. 这个特别的分叉点是由于利用了积分公式

$$\log^+ y = \frac{1}{2\pi\mathrm{i}}\int_{(\sigma)} y^s s^{-2}\,\mathrm{d}\,s \ (\sigma > 1)$$

造成的, 由此得到

$$(2.40) \qquad F(x) = \frac{1}{2\pi\mathrm{i}}\int_{(\sigma)} x^s G(s) s^{-2}\,\mathrm{d}\,s.$$

为了估计$G(s)$, 我们考虑$\zeta^*(s) = (s-1)\zeta(s)$. 注意

$$(2.41) \qquad (\tfrac{1}{\zeta(s)})^{(k)} = (s-1)(\tfrac{1}{\zeta^*(s)})^{(k)} + k(\tfrac{1}{\zeta^*(s)})^{(k-1)}.$$

下面我们利用微积分中的公式:

$$(2.42) \qquad (\tfrac{1}{f})^{(k)} = \frac{k!}{f}\sum\sum_{a_1+2a_2+\cdots=k} \frac{(a_1+a_2+\cdots)!}{a_1!a_2!\cdots}(\tfrac{-f'}{1!f})^{a_1}(\tfrac{-f''}{2!f})^{a_2}\cdots,$$

其中$a_1, a_2, \ldots$遍历非负整数. 在公式中取$f(s) = \zeta^*(s)$将问题转化为$\zeta^*(s)$的各阶导数的上界与$|\zeta^*(s)|$的下界. 我们首先在$\mathrm{Re}(s) > 1$时利用分部求和公式得到

$$\begin{aligned}(-1)^\ell\zeta^{(\ell)}(s) &= \sum_{n\leqslant X} n^{-s}\log^t n + \int_X^{+\infty} x^{-s}\log^\ell x\,\mathrm{d}\,x + O(\tfrac{|s|}{X}\log^{\ell+1} X)\\ &= \int_1^{+\infty} x^{-s}\log^\ell x\,\mathrm{d}\,x + O((1+\tfrac{|s|}{X})\log^{\ell+1} X).\end{aligned}$$

取$X=2|s|$得到

$$(2.43)\qquad (-1)^\ell\zeta^{(\ell)}(s) = \tfrac{\ell!}{(s-1)^{\ell+1}} + O(\log^{\ell+1}(2|s|)).$$

因此,

$$(2.44)\qquad (\zeta^*(s))^{(\ell)} = (s-1)\zeta^{(\ell)}(s) + l\zeta^{(\ell-1)}(s) \ll |s|\log^{(\ell+1)}(2|s|).$$

我们由Euler乘积的正值性可知

$$\begin{aligned}1 &\leqslant \prod_p(1+(1+p^{\mathrm{i}\,t}+p^{-\mathrm{i}\,t})^2p^{-\sigma})\\ &= \prod_p(1+(3+2p^{\mathrm{i}\,t}+2p^{-\mathrm{i}\,t}+p^{2\,\mathrm{i}\,t}+p^{-2\,\mathrm{i}\,t})p^{-\sigma})\\ &\asymp \zeta^3(\sigma)|\zeta(\sigma+\mathrm{i}\,t)|^4|\zeta(\sigma+2\,\mathrm{i}\,t)|^2,\end{aligned}$$

其中隐性常数是绝对的(类似的推理也出现在Hadamard与de la Vallée Poussin的推理中, 见定理5.26). 因此从(2.43)得到下界

$$(2.45)\qquad |\zeta^*(s)| \gg (\sigma-1)^{\frac{3}{4}}|s|\log^{-\frac{1}{2}}(2|s|).$$

利用(2.42), 从(2.44)和(2.45)得到

$$(\tfrac{1}{\zeta^*(s)})^{(k)} \ll (\sigma-1)^{-\frac{3}{4}(k+1)}|s|^{-1}\log^\kappa(2|s|),$$

其中κ与隐性常数仅依赖于k(事实上, 通过上述论证可得$\kappa=\frac{5k+1}{2}$, 但是在应用时不重要). 于是由(2.41) 可得

$$G(s) \ll (\sigma-1)^{-\frac{3}{4}(k+1)}\log^\kappa(2|s|).$$

将它代入(2.40)并对积分做显然估计得

$$F(x) \ll x^\sigma(\sigma-1)^{-\frac{3}{4}(k+1)}.$$

最后取$\sigma = 1+\log^{-1}x$可得和式(2.39)的估计:

$$(2.46)\qquad F(x) \ll x(\log x)^{\frac{3}{4}(k+1)}.$$

注意这个结果在$k>3$时非平凡.

现在由(2.46)推出素数定理是一个完全初等的练习. 首先, 我们考虑和式

$$(2.47)\qquad H(x) = \sum_{m\leqslant x}\mu(m)\log^k m.$$

它是通过对$F(x)$作差分得到的, 因为

$$\begin{aligned}F(x+y)-F(x) &= H(x)\log\tfrac{x+y}{x} + \sum_{x<m\leqslant x+y}\mu(m)\log^k m\log\tfrac{x+y}{m}\\ &= [H(x)+O(y\log^k x)]\log\tfrac{x+y}{x}.\end{aligned}$$

因此,

$$H(x) \ll y \log^k x + y^{-1} x^2 \log^{\frac{3}{4}(k+1)} x = 2x \log^{k-A} x,$$

其中取$y = x \log^{-A} x, A = \frac{k-3}{8}$. 最后我们通过分部求和法得到

$$\sum_{m \leqslant x} \mu(m) \ll x \log^{-A} x, \tag{2.48}$$

其中隐性常数仅依赖于k. 因为k是任意的, 所以A也如此. 这就证明了关于Möbius函数形式的素数定理, 从而由公式(2.8)知von Mangoldt形式的素数定理成立.

第 3 章　特征

§3.1　引言

剩余类上的加性特征和乘性特征在解析数论中都能起到重要的作用. 其他特征例如数域上的Hecke特征, 有限域上的特征在现代数论中也是必不可少的, 我们会在适当的时候介绍它们. 但是为了避免重复, 我们从给出有限Abel群这个一般背景下的基本定义开始. (非Abel群的特征也会出现, 但是作为Galois群更自然地出现, 并且在解析数论中最好是从自守型的角度看.)

令G为有限Abel群, 称同态$\chi : G \to \mathbb{C}^*$为$G$的特征. 因此(用乘法符号)$\chi$满足性质: 对任何的$x, y \in G$有

$$\chi(xy) = \chi(x)\chi(y),$$

$\chi(1) = 1, \chi(x)^m = 1$, 其中$m = |G|$为$G$的阶, 因此$\chi(x)$为单位根.

G的特征构成群$\hat{G}$, 其乘法运算为: 对任何的$x \in G$有

$$(\chi_1\chi_2)(x) = \chi_1(x)\chi_2(x).$$

称$\hat{G}$为对偶群, 它的单位圆是平凡特征χ_0:

$$\chi_0(x) = 1,\ \forall x \in G.$$

本章中用$\bar{\chi}$表示复共轭特征, 因此也是χ的逆元. 若G是m阶循环群, g为生成元, 则G的每个特征形如

$$\chi_a(g^y) = \mathrm{e}^{\frac{2\pi\,\mathrm{i}\,ay}{m}},$$

其中$a \bmod m$为某个剩余类. 这些特征互不相同, 因此$\hat{G}$也是m阶循环群, 从而$\hat{G}$与G同构. 对于任意的有限Abel群G, 可以通过将G写成循环群的直积建立同构$\hat{G} \simeq G$. 在G和$\hat{\hat{G}}$之间存在典型同构$x \mapsto \hat{\hat{x}}$, 其中

$$\hat{\hat{x}}(\chi) = \chi(x),\ \forall \chi \in \hat{G}.$$

这些特征的意义可以从下面的正交关系看出:

$$\sum_{x \in G} \chi(x) = \begin{cases} |G|, & 若\chi = \chi_0, \\ 0, & 若\chi \neq \chi_0, \end{cases}$$

$$\sum_{\chi \in \hat{G}} \chi(x) = \begin{cases} |\hat{G}|, & 若x = 1, \\ 0, & 若x \neq 1, \end{cases}$$

这就使得我们能够找出群的单位元.

假设d整除G的阶. 称d为元素$g \in G$的一个指数, 若g^d为单位元. g的阶为它的最小指数. 具有指数d的特征即为那些在子群

$$G^d = \{x^d | x \in G\}$$

上取值为1的特征, 因此可以将它们视为商群G/G^d上的特征. 正交关系变成

$$\sum_{\chi^d = \chi_0} \chi(y) = \begin{cases} [G : G^d], & 若 y \in G^d, \\ 0, & 若 y \notin G^d, \end{cases}$$

这就让我们能够找出G中d次幂元.

§3.2 Dirichlet特征

我们首先考虑模m的剩余类的加群$\mathbb{Z}/m\mathbb{Z}$上的特征, 它们由

$$\psi_a(n) = e(\tfrac{an}{m})$$

给出, 其中$e(z) = \mathrm{e}^{2\pi \mathrm{i} z}$. 这个公式使一个加性特征变成$\mathbb{Z}$上以$m$ 为周期的函数. 正交性质变成

$$\sum_{a \bmod m} e(\tfrac{an}{m}) = \begin{cases} m, & 若 n \equiv 0 \bmod m, \\ 0, & 否则. \end{cases}$$

我们称$\psi_a(n) = e(\frac{an}{m})$为本原特征, 若$(a, m) = 1$. 将所有的本原特征相加得到Ramanujan和

$$S(n, 0; m) = c_m(n) = \sum_{a \bmod m}^{*} e(\tfrac{an}{m}) \tag{3.1}$$

(见(1.56)). 回顾本书中$\sum^*$表示限于对“本原”元求和, 在上面的情形就表示对模m的加性特征做限制. 由Möbius反转公式可得

$$c_m(n) = \sum_{d | (m,n)} d\mu(\tfrac{m}{d}). \tag{3.2}$$

因此

$$c_m(n) = \mu(\tfrac{m}{(m,n)}) \frac{\varphi(m)}{\varphi(\frac{m}{(m,n)})}. \tag{3.3}$$

特别地, 当$(m, n) = 1$时, 有

$$c_m(n) = \mu(m). \tag{3.4}$$

一般地有

$$|c_m(n)| \leqslant (m, n). \tag{3.5}$$

我们接下来考虑满足$(a, m) = 1$的剩余类$a \bmod m$构成的乘群上的特征

$$\chi : (\mathbb{Z}/m\mathbb{Z})^* \to \mathbb{C}.$$

就像加性特征那样, 我们希望将χ视为$\mathbb{Z}$上的函数, 所以在$(n,m)\neq 1$时令$\chi(n)=0$. 这就使得χ成为Dirichlet特征, 它是$\mathbb{Z}$上以m为周期的函数, 并且是完全乘性的. 称平凡特征$\chi_0 \bmod m$的相应延拓为模m的主特征. 群$(\mathbb{Z}/m\mathbb{Z})^*$及其对偶有$\varphi(m)$个元. 正交关系为

$$\sum_{a \bmod m} \chi(a) = \begin{cases} \varphi(m), & 若\chi=\chi_0, \\ 0, & 否则, \end{cases}$$

$$\sum_{\chi \bmod m} \chi(a) = \begin{cases} \varphi(m), & 若a \equiv 1 \bmod m, \\ 0, & 否则, \end{cases}$$

若$m=m_1m_2, (m_1,m_2)=1$, 则$(\mathbb{Z}/m\mathbb{Z})^* \simeq (\mathbb{Z}/m_1\mathbb{Z})^* \times (\mathbb{Z}/m_2\mathbb{Z})^*$, 所以每个乘性特征$\chi \bmod m$是乘性特征$\chi_1 \bmod m_1$与$\chi_2 \bmod m_2$的乘积$\chi_1\chi_2$.

与Dirichlet特征相关的Dirichlet级数在解析数论中极为重要, 我们称之为Dirichlet L函数, 记为$L(s,\chi)$(或在强调点不同时记为$L(\chi,s)$):

$$L(s,\chi) = \sum_{n\geqslant 1} \chi(n) n^{-s} = \prod_p (1-\chi(p)p^{-s})^{-1}, \tag{3.6}$$

级数与Euler乘积在$\mathrm{Re}(s)>1$时均绝对收敛. 众所周知, 这些函数可以解析延拓到$\mathbb{C}$上(证明见§4.6). 其他的许多解析性质, Dirichlet L函数的应用与推广将在全书中得到考虑.

注意由完全乘性, (1.15)和(1.38)给出:

$$\tfrac{1}{L(s,\chi)} = \sum_{n\geqslant 1} \mu(n)\chi(n)n^{-s}, \ -\tfrac{L'}{L}(s,\chi) = \sum_{n\geqslant 1} \Lambda(n)\chi(n)n^{-s},$$

其中$\mathrm{Re}(s)>1$.

§3.3 本原特征

与每个特征相关的除了它的模m外, 还有一个自然数, 即它的导子. 导子是使得χ能够写成$\chi=\chi_0\chi^*$的m的最小因子, 其中χ_0为模m 的主特征, χ^*是模m^*的导子. 对于某些特征, 导子等于模, 称这样的特征为本原的. 在上述分解中, χ^*是由χ唯一确定的本原特征. 我们称χ由χ^*诱导, 或者χ^*诱导χ. 我们有

$$\chi(a) = \chi^*(a), \ (a,m)=1.$$

模m的本原特征的个数为

$$\varphi^*(m) = m \prod_{p\|m} (1-\tfrac{2}{p}) \prod_{p^2|m} (1-\tfrac{1}{p})^2. \tag{3.7}$$

证明是Möbius反转公式的一个简单习题. 实际上, 我们有$\varphi = 1*\varphi^*$, 因此$\varphi^*=\mu*\varphi$, 即

$$\varphi^*(m) = \sum_{d|m} \mu(d)\varphi(\tfrac{m}{d}),$$

由乘性得到(3.7). 利用特征的正交性, 同理可得更一般的结果

$$\sideset{}{^*}\sum_{\chi \bmod m} \chi(a) = \sum_{d|(a-1,m)} \varphi(d)\mu(\frac{m}{d}), \ (a,m)=1. \tag{3.8}$$

公式(3.7)附带地说明了仅当$m \not\equiv 2 \bmod 4$时, 本原特征$\chi \bmod m$存在.

本原特征很好处理. 例如, 我们有使用方便的公式(它在χ非本原时无效):

$$\frac{1}{m}\sum_{c \bmod m}\chi(ac+b)=\begin{cases}\chi(b), & 若m|a,\\ 0, & 若m\nmid a.\end{cases} \tag{3.9}$$

事实上, 令S为上述和. 对任意的x有$\chi(1+m_1x)=1$, 其中$m_1=\frac{m(a,m)}{(a^2,m)}$. 若$S\neq 0$, 则对任意的$x$有$\chi(1+m_1x)=1$, 从而$\chi$以$m_1$为周期. 由于$\chi$是本原特征, 可知$m_1=m$, 即$m|a$[†]. 因此$m\nmid a$时有$S=0$; $m|a$时, 结论显然成立.

指数为2的Dirichlet特征是实特征(即取实值). 它们以多种方式发挥着特殊的作用, 尤其在二次型理论中起到根本性的作用. 下面我们完整地列出实本原特征. 若$m=p$是奇素数, 则只存在一个导子为p的实本原特征, 即二次剩余符号(Legendre符号)

$$\chi_p(n)=\left(\frac{n}{p}\right).$$

可以这样定义: $1+\chi_p(n)$为$x^2\equiv n \bmod p$的解$x \bmod p$的个数.

对$m=4$, 只有一个实本原特征:

$$\chi_4(n)=(-1)^{\frac{n-1}{2}},\ 2\nmid n.$$

若$m=8$, 有两个实本原特征:

$$\chi_8(n)=(-1)^{\frac{1}{8}(n-1)(n+1)},\ 2\nmid n,$$

$$\chi_4\chi_8(n)=(-1)^{\frac{1}{8}(n-1)(n+5)},\ 2\nmid n,$$

若m为素数幂, 除了$\chi_4,\chi_8,\chi_4\chi_8$和$\chi_p$, 没有其他导子为$m$的实本原特征. 每个实本原特征$\chi \bmod m$都是上述特征的乘积. 因此实本原特征的导子是形如$1,k,4k,8k$的数, 其中$k$为无平方因子的正奇数.

§3.4 Gauss和

让我们暂时回到一般的有限Abel群G. G的特征构成完全的正交系, 所以任意函数$f:G\to\mathbb{C}$有Fourier展开式:

$$f=\frac{1}{|G|}\sum_{\psi\in\hat{G}}\langle f,\psi\rangle\psi,$$

其系数为

$$\langle f,\psi\rangle=\sum_{g\in G}f(g)\bar{\psi}(g).$$

习题3.1 (Dedekind) 证明:

$$\prod_{\psi\in\hat{G}}\langle f,\psi\rangle=\det(f(gh^{-1}))_{g,h\in G}.$$

[†]译者注: 此处有误. 不妨设对任何的素数p有$p|a\Rightarrow p|m$, 还需要考虑$m=a'q, a'|a, (a,q)=1$的情形, 记$c=c_1q+c_2a'$, 其中c_1,c_2分别过模a',q的完全剩余系, 由于$\chi(ac+b)=\chi(aa'c_2+b)$, 利用特征分解即得结论.

对于剩余类上的函数和有限域上的函数, 加性特征与乘性特征都出现了, 我们经常需要将一个系统的Fourier展开式转变为另一个系统的Fourier展开式. 这样做时会遇到Gauss和$\langle\chi,\psi\rangle$, 其中χ,ψ分别为乘性特征和加性特征. 以后我们将讨论有限域上的Gauss和.

现在我们考虑与模m的剩余类上的特征相关的Gauss和. 对任意的乘性特征$\chi \bmod m$, 令

$$\tau(\chi)=\sum_{b \bmod m}\chi(b)e(\tfrac{b}{m}). \tag{3.10}$$

用$\bar{\chi}(a)$乘以(3.10), 对χ求和并利用正交性得到

$$e(\tfrac{a}{m})=\tfrac{1}{\varphi(m)}\sum_{\chi \bmod m}\bar{\chi}(a)\tau(\chi),\ (a,m)=1. \tag{3.11}$$

这是加性特征关于乘性特征所作的Fourier展开式. 同理,

$$\chi(a)\tau(\bar{\chi})=\sum_{b \bmod m}\bar{\chi}(b)e(\tfrac{ab}{m}),\ (a,m)=1, \tag{3.12}$$

若$\tau(\bar{\chi})\neq 0$, 则我们给出了用加性特征表示的χ的Fourier展开式. 注意(3.12)中的条件$(a,m)=1$可以去掉, 因为χ是本原特征, 所以在$(a,m)\neq 1$时, 由(3.9)[†]可知等式的两边都为0.

引理 3.1 设特征$\chi \bmod m$由本原特征$\chi^* \bmod m^*$诱导, 则

$$\tau(\chi)=\mu(\tfrac{m}{m^*})\chi^*(\tfrac{m}{m^*})\tau(\chi^*). \tag{3.13}$$

若$\chi \bmod m$是本原特征, 则

$$|\tau(\chi)|=\sqrt{m}. \tag{3.14}$$

证明: 我们有

$$\tau(\chi)=\sideset{}{^*}\sum_{a \bmod m}\chi^*(a)e(\tfrac{a}{m})=\sum_{d|m}\mu(d)\chi^*(d)\sum_{a \bmod \frac{m}{d}}\chi^*(a)e(\tfrac{ad}{m}).$$

内和在$d=\frac{m}{m^*}$外为0, 从而得到(3.13). 要证明(3.14), 先改写和式

$$|\tau(x)|^2=\sum\sum_{a,b \bmod m}\chi(a)\bar{\chi}(b)e(\tfrac{a-b}{m})=\sum_{a \bmod m}\chi(a)\sideset{}{^*}\sum_{b \bmod m}e(\tfrac{(a-1)b}{m}).$$

内和是Ramanujan和(也是主特征的Gauss和). 代入(3.2)即得

$$|\tau(\chi)|^2=\sum_{d|m}d\mu(\tfrac{m}{d})\sum_{\substack{a \bmod m\\ a\equiv 1 \bmod d}}\chi(a).$$

若χ是导子为m的本原特征, 则最后的和式除了$d=m$外为0(利用(3.9)), 从而(3.14)成立. □

从引理3.1可知$\tau(\chi)$为0仅当$\frac{m}{m^*}$无平方因子并且与m^*互素. 这时(3.12)真正成为$\chi(a)$的一个公式.

我们现在考虑更一般的和

$$\tau(\chi,\psi_a)=\sum_{b \bmod m}\chi(b)\psi_a(b),$$

其中$\psi_a(b)=e(\frac{ab}{m})$为加性特征.

[†]译者注: 参见Davenport所著*Multiplicative Number Theory*, pp.65-66.

引理 3.2 设$\chi \bmod m$为本原特征$\chi^* \bmod m^*$诱导的非主特征, $a \geqslant 1$, 我们有

$$\tau(\chi,\psi_a)=\tau(\chi)\sum_{d|(a,\frac{m}{m^*})} d\bar{\chi}^*(\tfrac{a}{d})\mu(\tfrac{m}{dm^*}).$$

特别地, 若$(a,m)=1$, 即ψ_a是本原加性特征, 则

$$\tau(\chi,\psi_a)=\bar{\chi}(a)\tau(\chi),$$

注意$\bar{\tau}(\chi)=\chi(-1)\tau(\bar{\chi})$, 因此若$\chi \bmod m$是本原的, 则(3.14)可以写成

$$\tau(\chi)\tau(\bar{\chi})=\chi(-1)m. \tag{3.15}$$

对于任意的特征$\chi_1 \bmod m_1, \chi_2 \bmod m_2, (m_1,m_2)=1$, 我们有

$$\tau(\chi_1\chi_2)=\chi_1(m_2)\chi_2(m_1)\tau(\chi_1)\tau(\chi_2). \tag{3.16}$$

若$(m_1,m_2)\neq 1$, 上述乘性法则不成立. 对于同一模的两个特征, 因子需要改为Jacobi和

$$J(\chi_1,\chi_2)=\sum_{a \bmod m}\chi_1(a)\chi_2(1-a). \tag{3.17}$$

确切地说, 若χ_1,χ_2是模m的两个特征使得$\chi_1\chi_2$是本原的, 则

$$\tau(\chi_1)\tau(\chi_2)=J(\chi_1,\chi_2)\tau(\chi_1,\chi_2). \tag{3.18}$$

因此若$\chi_1,\chi_2,\chi_1\chi_2$都是模$m$的本原特征, 则

$$|J(\chi_1,\chi_2)|=\sqrt{m}. \tag{3.19}$$

若$\chi \bmod m$是本原的, 则

$$J(\chi,\bar{\chi})=\chi(-1)\mu(m). \tag{3.20}$$

§3.5 实特征

对于本原特征$\chi \bmod m$, 我们知道有$|\tau(\chi)|=\sqrt{m}$, 但是要确定$\tau(\chi)$的幅角是个困难的问题. 利用Deligne对多重Kloosterman和的估计可以证明: 当$\chi \bmod m$取遍本原特征, m沿素数趋于无穷时, $\frac{\tau(x)}{\sqrt{m}}$ 在单位圆上是近似等分布的(见第21章).

在实特征的情形, Gauss完全确定了$\tau(\chi)$的值. 容易得到$\tau(\chi_4)=2\mathrm{i}, \tau(\chi_8)=2\sqrt{2}, \tau(\chi_4\chi_8)=2\sqrt{2}\mathrm{i}$.

定理 3.3 (Gauss) 对于无平方因子的奇数m有

$$\tau(\chi)=\varepsilon_m\sqrt{m}, \tag{3.21}$$

其中

$$\varepsilon_m=\begin{cases}1, & \text{若} m\equiv 1 \bmod 4,\\ \mathrm{i}, & \text{若} m\equiv -1 \bmod 4.\end{cases} \tag{3.22}$$

我们将对(3.21)给出一个解析证明. 我们首先对其他形如

$$G(m)=\sum_{n \bmod m} e\left(\frac{n^2}{m}\right) \tag{3.23}$$

的Gauss和进行估计, 其中m为任意正整数. 若m是偶数, 将n换为$n+\frac{m}{2}$, 则由于$\frac{1}{m}(n+\frac{m}{2})^2 \equiv \frac{n^2}{m}+\frac{m}{4} \bmod 1$, 得到$G(m)=\mathrm{i}^m G(m)$. 因此

$$G(m)=0,\ m\equiv 2 \bmod 4. \tag{3.24}$$

下面证明

$$G(m^3)=mG(m),\ m\not\equiv 2 \bmod 4. \tag{3.25}$$

可以将$G(m^3)$中的和式分成两种情形: 若$2\nmid m$, 则利用$n\equiv a+bm^2 \bmod m^3$; 若$4|m$, 则利用$n\equiv a+b\frac{m^2}{2} \bmod m^3$. 现在我们开始证明

定理 3.4 (Dirichlet) 对任意的$m\in\mathbb{N}$, 有

$$\bar{G}(m)=\frac{1+\mathrm{i}^m}{1+\mathrm{i}}\sqrt{m}. \tag{3.26}$$

证明: 我们有

$$G(m)=2\sum_{0<n<\frac{m}{2}} e\left(\frac{n^2}{m}\right)+O(1).$$

在区间$(\frac{m}{4},\frac{m}{2})$上将$n$变为$[\frac{m}{2}]-n=\frac{m}{2}-\{\frac{m}{2}\}-n$. 因为

$$\frac{1}{m}([\tfrac{m}{2}]-n)^2=\frac{1}{m}(n+\{\tfrac{m}{2}\})^2-\frac{m}{4}+[\tfrac{m}{2}]-n\equiv\frac{1}{m}(n+\{\tfrac{m}{2}\})^2-\frac{m}{4} \bmod 1,$$

所以

$$G(m)=2\sum_{0<n<\frac{m}{4}} e\left(\frac{n^2}{m}\right)+2\,\mathrm{i}^{-m}\sum_{0<n<\frac{m}{4}} e\left(\frac{(n+\{\frac{m}{2}\})^2}{m}\right)+O(1),$$

我们这里像往常一样将和式中没有出现的项(最多两项)包含在误差项$O(1)$中了. 由引理8.8, 上面两个短区间上的和可以由以下积分逼近(不计有界误差项):

$$\int_0^{\frac{m}{4}} e\left(\frac{x^2}{m}\right)\mathrm{d}\,x=\int_0^{+\infty} e\left(\frac{x^2}{m}\right)\mathrm{d}\,x+O(1)=\frac{1+\mathrm{i}}{4}\sqrt{m}+O(1).$$

将上述结果合在一起得到

$$G(m)=\frac{1+\mathrm{i}^{-m}}{1+\mathrm{i}^{-1}}\sqrt{m}+O(1).$$

剩下说明误差项$O(1)$为零. 当$m\not\equiv 2 \bmod 4$时, 反复应用(3.25)即得结论; 若$m\equiv 2 \bmod 4$, 结论显然成立, 因为等式的两边都为零. □

我们将$G(m)$推广: 对任意满足$(a,m)=1$的a, 设

$$G\left(\frac{a}{m}\right)=\sum_{n \bmod m} e\left(\frac{an^2}{m}\right). \tag{3.27}$$

特别地, $G(\frac{1}{m})=G(m)$. 若$m=m_1m_2,(m_1,m_2)=1$, 将n写成$n=n_1m_2+n_2m_1$, 其中n_1,n_2 分别过模m_1,m_2的完全剩余系, 可得

$$G(\frac{a}{m_1m_2})=G(\frac{am_2}{m_1})G(\frac{am_1}{m_2}). \tag{3.28}$$

这个公式将对广义Gauss和$G(\frac{a}{m})$的估计归结于素幂模的广义Gauss和的估计. 若$m=p$为奇素数, 我们可以写成

$$G(\tfrac{a}{p})=\sum_{b \bmod p}(1+\tfrac{b}{p})e(\tfrac{ab}{p}),$$

因为$1+(\frac{b}{p})$是$n^2\equiv b \bmod p$的解数. 因此通过变量变换并利用(3.26)得到

$$G(\tfrac{a}{p})=\sum_{b \bmod p}(\tfrac{b}{p})e(\tfrac{ab}{p})=(\tfrac{a}{p})G(\tfrac{1}{p})=(\tfrac{a}{p})\varepsilon_p\sqrt{p}. \tag{3.29}$$

对于不同的奇素数p,q, 我们从(3.26),(3.28),(3.29)推出

$$\varepsilon_{pq}\sqrt{pq}=G(\tfrac{1}{pq})=G(\tfrac{p}{q})G(\tfrac{q}{p})=(\tfrac{p}{q})(\tfrac{q}{p})\varepsilon_p\varepsilon_q\sqrt{pq}.$$

注意到

$$\varepsilon_{pq}=\varepsilon_p\varepsilon_q(-1)^{\frac{p-1}{2}\frac{q-1}{2}}. \tag{3.30}$$

综合这些公式得到

定理 3.5 (二次互反律) 对任意的奇素数$p\neq q$有

$$(\tfrac{p}{q})(\tfrac{q}{p})=(-1)^{\frac{p-1}{2}\frac{q-1}{2}}. \tag{3.31}$$

因为$G(\frac{-1}{p})=\bar{G}(\frac{1}{p})$, 由(3.29)知对奇素数$p$有

$$(\tfrac{-1}{p})=\varepsilon_p^2=(-1)^{\frac{p-1}{2}}=\chi_4(p). \tag{3.32}$$

习题3.2 证明: 对奇素数p有

$$(\tfrac{2}{p})=(-1)^{\frac{p^2-1}{8}}=\chi_8(p). \tag{3.33}$$

现在可以得到(3.21)了. 若$m=p$为奇素数, 则$\tau(\chi)=G(p)=\varepsilon_p\sqrt{p}$. 一般的情形利用乘性由(3.16), (3.30), (3.31)得到结论.

注意我们已经证明了: 若m是无平方因子的奇数, 则

$$\sum_{x \bmod m}(\tfrac{x}{m})e(\tfrac{x}{m})=\sum_{x \bmod m}e(\tfrac{x^2}{m}).$$

若m为奇数但有平方因子, 左边为零, 而右边不为零.

为了方便起见, 我们将Legendre符号$(\frac{a}{p})$推广到$p=2$的情形, 令

$$(\tfrac{a}{2})=\begin{cases}1, & 若2\nmid a,\\ 0, & 若2|a.\end{cases} \tag{3.34}$$

对任意的$b>0$, 定义

$$(\tfrac{a}{b})=\prod_{p^\nu||b}(\tfrac{a}{p})^\nu. \tag{3.35}$$

若b为奇数, 符号$(\frac{a}{b})$是由Jacobi引入的.

习题3.3 从(3.31)推出: 对任意互素的奇数a, b有

$$(\tfrac{a}{|b|})(\tfrac{b}{|a|}) = (-1)^{\frac{a-1}{2}\frac{b-1}{2}}(a,b)_\infty, \tag{3.36}$$

其中$(x,y)_\infty$为对$xy \neq 0$定义的Hilbert符号:

$$(x,y)_\infty = \begin{cases} -1, & 若x<0, y<0, \\ 1, & 否则. \end{cases} \tag{3.37}$$

注意$2(x,y)_\infty = 1 + \operatorname{sign} x + \operatorname{sign} y - \operatorname{sign}(xy)$.

最后我们将符号$(\frac{a}{b})$推广到除了$a = b = 0$以外的所有整数a, b上. 若$ab \neq 0$, 设

$$(\tfrac{a}{b}) = (\tfrac{a}{|b|})(a,b)_\infty. \tag{3.38}$$

设

$$(\frac{1}{0}) = (\frac{0}{1}) = (\frac{0}{-1}) = -(\frac{-1}{0}) = 1. \tag{3.39}$$

若$(a,b) \neq 1$, 令

$$(\tfrac{a}{b}) = 0. \tag{3.40}$$

习题3.4 证明: 对任意满足$(2a, m) = 1$的a, m有

$$G(\tfrac{a}{m}) = (\tfrac{a}{m})\varepsilon_m\sqrt{m}. \tag{3.41}$$

在$b \neq 0$时, 这个符号是由Shimura[297]在半整权的模形式的背景下引入的. 他证明了(1.53)满足

$$\nu(c,d) = \varepsilon_d(\tfrac{c}{d}). \tag{3.42}$$

习题3.5 验证上述定义的相容性. 证明: 对任意的$b \geqslant 1$, 映射$a \mapsto (\frac{a}{b})$是模b的Dirichlet特征; 对任意的$a \neq 0$, 映射$b \mapsto (\frac{a}{b})$是导子为$a^*|4a$的Dirichlet特征.

我们称上述对对$(\frac{a}{b})$的推广为Jacobi符号.

称满足$\Delta \equiv 0, 1 \bmod 4$的非零整数$\Delta$为判别式. 若$\Delta = 1$或$\Delta$为二次域的判别式, 则称之为基本判别式. 任意判别式可以唯一地写成$\Delta = e^2D$, 其中D为基本判别式, $e \geqslant 1$. 只有一个素因子的基本判别式称为素判别式, 因此它是形如$-4, -8, 8, \chi_4(p)p(p > 2)$的数. 每个基本判别式能分解为素判别式.

对任意的判别式Δ, 我们关联Kronecker符号$(\frac{\Delta}{c})_K$, 它是通过Jacobi符号对任意$c \neq 0$定义的:

$$(\tfrac{\Delta}{c})_K = (\tfrac{2^\nu}{\Delta})(\tfrac{\Delta}{b}), \tag{3.43}$$

其中$c = 2^\nu b, 2 \nmid b$. 注意$(\frac{\Delta}{2}) = (\frac{2}{\Delta}) = \chi_8(\Delta)$, 我们可以清楚地得到

$$(\tfrac{\Delta}{2})_K = \begin{cases} 1, & 若\Delta \equiv 1 \bmod 8, \\ -1, & 若\Delta \equiv 5 \bmod 8, \\ 0, & 若\Delta \equiv 0 \bmod 4. \end{cases} \tag{3.44}$$

我们也将Kronecker符号的定义推广到$c=0$上: 设

$$(\tfrac{\Delta}{0})_K = \begin{cases} 1, & 若\Delta = 1, \\ 0, & 否则. \end{cases} \tag{3.45}$$

因此$(\frac{\Delta}{c})_K$对所有的整数c和$\Delta \neq 0, \Delta \equiv 0, 1 \bmod 4$有定义.

我们将在Kronecker符号中去掉下标K, 并且在以后用到该符号的任何时候都会解释清楚. 记住Kronecker符号仅对判别式Δ有定义. 在未加说明的情况下$(\frac{\Delta}{c})$表示Jacobi符号.

习题3.6 证明: 对于基本判别式Δ, Kronecker符号$(\frac{\Delta}{c})$是导子为$|\Delta|$的本原特征.

§3.6 四次剩余特征

下面我们构造某些4阶特征, 它们与判别式$D=-4$的虚二次域$\mathbb{Q}(\mathrm{i})$有关. $\mathbb{Q}(\mathrm{i})$的整数环为

$$\mathbb{Z}[\mathrm{i}] = \{z = a + b\,\mathrm{i}\,|a, b \in \mathbb{Z}\},$$

$\mathbb{Z}[\mathrm{i}]$的单位群是$\{1, \mathrm{i}, \mathrm{i}^2, \mathrm{i}^3\}$. $\mathbb{Z}[\mathrm{i}]$的不可约元(不计单位)为: $1+\mathrm{i}(\mathrm{N}(1+\mathrm{i})=2)$, 有理素数$q \equiv -1 \bmod 4$ $(\mathrm{N}(q)=q^2)$, 以及复数$\pi = a + b\,\mathrm{i}$, 其中

$$\mathrm{N}\,\pi = \pi\bar{\pi} = a^2 + b^2 = p \equiv 1 \bmod 4. \tag{3.46}$$

注意$\pi, \bar{\pi}$互素, 称为Gauss素数. $\mathbb{Z}[\mathrm{i}]$中的每个非零元能唯一分解成不可约元幂的乘积(不计单位和次序).

对每个Gauss素数π, 我们定义映射(四次剩余符号)

$$(\tfrac{\alpha}{\pi}) : \mathbb{Z}[\mathrm{i}] \to \{0, 1, \mathrm{i}, \mathrm{i}^2, \mathrm{i}^3\} \tag{3.47}$$

使得

$$(\tfrac{\alpha}{\pi}) \equiv \alpha^{\frac{p-1}{4}} \bmod \pi. \tag{3.48}$$

注意$\pi|\alpha$时, $(\frac{\alpha}{\pi})=0$. 若$\pi \nmid \alpha$, 则$\alpha^{p-1} \equiv 1 \bmod \pi$, 因为剩余类环$\mathbb{Z}/[\mathrm{i}]/\pi\mathbb{Z}[\mathrm{i}]$是有$p = \mathrm{N}\,\pi$个元的有限域. 这个性质(Fermat小定理)意味着(3.48)存在唯一解使得对某个$0 \leqslant m < 4$ 有$(\frac{\alpha}{\pi}) = \mathrm{i}^m$. 特别地, 若$p = \pi\bar{\pi} \equiv 1 \bmod 4$, 则

$$(\tfrac{\mathrm{i}}{\pi}) = \mathrm{i}^{\frac{p-1}{4}}. \tag{3.49}$$

习题3.7 证明下面的四次剩余符号的性质:

$$(\tfrac{\alpha\beta}{\pi}) = (\tfrac{\alpha}{\pi})(\tfrac{\beta}{\pi}), \tag{3.50}$$

$$\alpha \equiv \beta \bmod \pi \Rightarrow (\frac{\alpha}{\pi}) = (\frac{\beta}{\pi}), \tag{3.51}$$

$$\pi' = \pi\,\mathrm{i}^m \Rightarrow (\tfrac{\alpha}{\pi'}) = (\tfrac{\alpha}{\pi}), \tag{3.52}$$

$$(\tfrac{\bar{\alpha}}{\bar{\pi}}) = \overline{(\tfrac{\alpha}{\pi})}, \tag{3.53}$$

$$(\frac{\alpha}{\pi}) = 1当且仅当z^4 \equiv \alpha \bmod \pi在\mathbb{Z}[\mathrm{i}]^*中有解. \tag{3.54}$$

若$\gamma = \pi_1 \cdots \pi_r$是Gauss素数(允许因子相同)的乘积, 则我们定义

$$(3.55) \qquad (\tfrac{\alpha}{\gamma}) = (\tfrac{\alpha}{\pi_1}) \cdots (\tfrac{\alpha}{\pi_r}).$$

显然用γ替换π后, 性质(3.50)-(3.53)仍然成立. 特别地, 由(3.53)可知: 若$(\alpha, p) = 1$, 则

$$(\tfrac{\alpha}{p}) = 1.$$

注意$(1+\mathrm{i})^2 = 2\mathrm{i}$. 我们称$\alpha \in \mathbb{Z}[\mathrm{i}]$为奇整数, 若$(1+\mathrm{i}) \nmid \alpha$; 称之为奇准数, 若$\alpha \equiv 1 \bmod 2(1+\mathrm{i})$. $\mathbb{Z}[\mathrm{i}]$中的每个奇整数正好与一个奇准数相伴, 即恰好存在一个单位$\varepsilon = \mathrm{i}^m$ 使得$\varepsilon\alpha \equiv 1 \bmod 2(1+\mathrm{i})$. 一个奇准数可以唯一地写成不可约奇准数的乘积(不计次序). 我们有如下结论:

定理 3.6 (四次互反律) 若π_1, π_2为不同的奇原Gauss素数, 则

$$(3.56) \qquad (\tfrac{\pi_1}{\pi_2})(\tfrac{\pi_2}{\pi_1}) = (-1)^{\frac{p_1-1}{4}\frac{p_2-1}{4}},$$

其中$p_1 = \mathrm{N}\,\pi_1, p_2 = \mathrm{N}\,\pi_2$. 若$\pi = a + b\,\mathrm{i}$为奇准数, 则

$$(\tfrac{\mathrm{i}}{\pi}) = \mathrm{i}^{\frac{1-a}{2}},\ (\tfrac{1+\mathrm{i}}{\pi}) = \mathrm{i}^{\frac{a-1-b-b^2}{4}},\ (\tfrac{2}{\pi}) = \mathrm{i}^{\frac{-b}{2}}.$$

四次剩余符号$(\frac{\alpha}{\pi})$是有限域$\mathbb{F}_p \simeq \mathbb{Z}[\mathrm{i}]/\pi\mathbb{Z}[\mathrm{i}]$的乘性特征. 这个特征的Gauss和为

$$(3.57) \qquad g(\pi) = \sum_{a \bmod p} (\tfrac{\alpha}{\pi}) e(\tfrac{a}{p}),$$

其中a遍历模p的有理剩余类, α是a在$\mathbb{Z}[\mathrm{i}]/\pi\mathbb{Z}[\mathrm{i}]$中的代表元. 若$\pi$是奇准数, 则

$$(3.58) \qquad g^2(\pi) = -(-1)^{\frac{p-1}{4}} \pi \sqrt{p}.$$

我们对有理整数的四次剩余符号感兴趣:

$$(3.59) \qquad \chi_\pi(n) = (\frac{n}{\pi}),\ n \in \mathbb{Z}.$$

这是导子为$p = \pi\bar{\pi}$的四次Dirichlet特征. 因为$(\pi, \bar{\pi}) = 1$, 所以$\chi_\pi^2(n) \equiv n^{\frac{p-1}{2}} \bmod p$. 因此

$$(3.60) \qquad \chi_\pi^2(n) = (\tfrac{n}{p})$$

是二次剩余符号. 显然$\chi_\pi(n)$与$\chi_{\bar{\pi}}(n)$是不同的Dirichlet特征, 但是它们的平方给出同一个二次特征. 更一般地, 若$q = p_1 \cdots p_r$是不同素数$p_j \equiv 1 \bmod 4$的乘积, 则有2^r个不同的Dirichlet特征$\chi \bmod q$ 满足$\chi^2 = \chi_q$, 即对任意满足$\gamma\bar{\gamma} = q$的$\gamma = \pi_1 \cdots \pi_r$有$\chi = \chi_{\pi_1} \cdots \chi_{\pi_r} = \chi_\gamma$.

§3.7 Jacobi-Dirichlet与Jacobi-Kubota符号

令q为模4余1的素数的乘积(允许素因子相同). 根据q写成两平方数的和

$$(3.61) \qquad q = u^2 + v^2,\ (u, v) = 1$$

的方法, 我们可以将Jacobi符号$\chi_q(n) = (\frac{n}{q})$相应地推广到Gauss整环$\mathbb{Z}[\mathrm{i}]$上. 我们通过要求$w = u + v\,\mathrm{i}$为奇准数区分$u, v$, 并且还固定$v$的符号($u$的符号是确定的). 注意$u \equiv 1 \bmod 2, v \equiv u - 1 \bmod 4$.

称Gauss整数$w=u+v\,\mathrm{i}$为本原数, 若$(u,v)=1$. 因此奇整数w是本原数当且仅当$(w,\bar{w})=1$. 对于任意的本原奇准数w, 定义符号$(\frac{z}{w}):\mathbb{Z}[\mathrm{i}]\to\{0,1,-1\}$为

$$(3.62)\qquad (\tfrac{z}{w})=(\tfrac{\mathrm{Re}(wz)}{|w|^2}),$$

其中右边是Jacobi符号. 确切地说, 若$z=r+s\,\mathrm{i}$, 则有

$$(3.63)\qquad (\tfrac{z}{w})=(\tfrac{ur-vs}{q}),$$

其中$q=w\bar{w}$. 若$q\equiv 1 \bmod 4$为素数, 则有两个不同的符号$(\frac{z}{w})$和$(\frac{z}{\bar{w}})$, 它们都被Dirichlet[61]考虑过. 当w是本原奇准数时, 我们称$(\frac{z}{w})$为Jacobi-Dirichlet符号.

我们也能够用二次同余式的根来引入Jacobi-Dirichlet符号: 在同余式

$$(3.64)\qquad \omega^2+1\equiv 0 \bmod q$$

的根与分解式$q=w\bar{w}$(其中$w=u+v\,\mathrm{i}$为奇准数)之间存在一一对应:

$$(3.65)\qquad \omega\equiv -\bar{u}v \bmod q,$$

其中$\bar{u}$表示$u \bmod q$的乘性逆. 由于$(\frac{u}{q})=(\frac{|u|}{q})=(\frac{q}{|u|})=(\frac{v^2}{|u|})=1$, 可得

$$(3.66)\qquad (\tfrac{z}{w})=(\tfrac{r+\omega s}{q}),\ z=r+s\,\mathrm{i}.$$

对于$r\in\mathbb{Z}$, 显然有

$$(3.67)\qquad (\tfrac{r}{w})=(\tfrac{r}{q}).$$

对$z=i$, 我们有

$$(3.68)\qquad (\tfrac{\mathrm{i}}{w})=\mathrm{i}^{\frac{p-1}{2}}.$$

显然$(\frac{z}{w})$关于z是以q为周期的函数, 并且是乘性的, 因为

$$(r_1+\omega s_1)(r_2+\omega s_2)\equiv r_1r_2-s_1s_2+\omega(r_1s_2+r_2s_1) \bmod q.$$

习题3.8 从二次互反律(3.31)推出下面关于Jacobi-Dirichlet符号的互反律: 对任意的本原奇准数z,w有

$$(3.69)\qquad (\tfrac{z}{w})=(\tfrac{w}{z}).$$

对Gauss整数$z=r+\mathrm{i}\,s\equiv 1 \bmod 2$, 可得

$$(3.70)\qquad [z]=\mathrm{i}^{\frac{z-1}{2}}(\tfrac{s}{|r|}),$$

其中$(\frac{s}{|r|})$表示Jacobi符号. 注意若z非本原, 则$[z]$为零. 我们感兴趣的是$[z]$在Gauss整环$\mathbb{Z}[\mathrm{i}]$中, 而不是关于坐标$(r,s)\in\mathbb{Z}\times\mathbb{Z}$的乘性结构. 由于这个原因, 我们称$[z]$为Jacobi-Kubota符号. 实际上, 这个符号与Kubota同态$\mathrm{SL}(2,\mathbb{Z})\to\{\pm1\}$有关, 该同态与超变(metaplectic)模形式有很大关系. 当然, 严格来说$[z]$不是乘性的, 但是它近乎乘性(不计一个Jacobi-Dirichlet符号的因子).

习题3.9 证明: 若w是本原奇准数, $z \equiv 1 \bmod 2$, 则

$$[wz] = \varepsilon[w][z](\tfrac{z}{w}), \tag{3.71}$$

其中$\varepsilon = \pm 1$仅依赖于z, w, wz所属的象限(详情见[88]).

Jacobi-Dirichlet符号与Jacobi-Kubota符号都曾用于证明素数$p = x^2 + y^2$的渐近公式, 它们在估计一般的双线性型时发挥作用(见[88]中的命题21.4).

§3.8 Hecke特征

E. Hecke[131]将Dirichlet特征推广到任意数域上, 这种特征是关于理想的乘性函数. 我们仅限于考虑虚二次域, 每个这样的域都是通过在有理数域上添加$\sqrt{d}$得到的, 其中$d < 0$是无平方因子的整数. 记$K = \mathbb{Q}(\sqrt{d})$, 则K 的整数环是自由$\mathbb{Z}$模$\mathcal{O} = \mathbb{Z} + \omega\mathbb{Z}$, 其中

$$\omega = \begin{cases} \sqrt{d}, & 若 d \equiv 2 \bmod 4, \\ \frac{1}{2}(1 + \sqrt{d}), & 若 d \equiv 1 \bmod 4. \end{cases}$$

$K = \mathbb{Q}(\sqrt{d})$的判别式为

$$D = \left(\det \begin{pmatrix} 1 & \omega \\ 1 & \bar{\omega} \end{pmatrix}\right)^2 = \begin{cases} 4d, & 若 d \equiv 2, 3 \bmod 4, \\ d, & 若 d \equiv 1 \bmod 4. \end{cases}$$

注意我们总有$K = \mathbb{Q}(\sqrt{D}), \mathcal{O} = \mathbb{Z} + \frac{1}{2}(D + \sqrt{D})\mathbb{Z}$. 域扩张$K/\mathbb{Q}$有两个自同构: 恒等映射与复共轭. 单位群$U \subset \mathcal{O}$是由单位根$\zeta_w = \mathrm{e}^{\frac{2\pi \mathrm{i}}{w}}$生成的有限循环群, 其中$w = 4, 6, 2$. 确切地说,

$$U = \begin{cases} \{\pm 1, \pm \mathrm{i}\}, & 若 d = -1, \\ \{\pm 1, \pm\omega, \pm\omega^2\}, & 若 d = -3, \\ \{\pm 1\}, & 若 d < -3. \end{cases} \tag{3.72}$$

Kronecker符号$\chi_D(n) = (\frac{D}{n})$是导子为$-D$的实本原特征, 我们称之为域特征. 注意$\chi_D(-1) = -1$(见(3.39)). $\mathcal{O}$中的每个理想$\mathfrak{a} \neq 0$ 是自由$\mathbb{Z}$-模, 剩余类环$\mathcal{O}/\mathfrak{a}$有限, 其元数个数为$\mathfrak{a}$的范数

$$\mathrm{N}\,\mathfrak{a} = |\{\alpha \bmod \mathfrak{a} | \alpha \in \mathcal{O}\}|. \tag{3.73}$$

范数是可乘的. 若$\mathfrak{a} = (\alpha)$是主理想, 则$\mathrm{N}\,\mathfrak{a} = \mathrm{N}\,\alpha = |\alpha|^2$. 每个理想$\mathfrak{a} \neq 0$能够唯一分解为素理想幂的乘积. K的每个素理想都是有理素数的因子. 由有理素数分解为K中素理想的乘积法则可知:

(1) 若$\chi_D(p) = 0$, 则p分歧; $(p) = \mathfrak{p}^2, \mathrm{N}\,\mathfrak{p} = p$.

(2) 若$\chi_D(p) = 1$, 则p分裂; $(p) = \mathfrak{p}\bar{\mathfrak{p}} (\mathfrak{p} \neq \bar{\mathfrak{p}}), N\mathfrak{p} = p$.

(3) 若$\chi_D(p) = -1$, 则p惯性, $(p) = \mathfrak{p}, \mathrm{N}\,\mathfrak{p} = p^2$.

若整理想$\mathfrak{a} \neq 0$没有除了± 1之外的有理整数因子, 则称$\mathfrak{a}$为本原理想. 每个本原理想可以唯一地写成$\mathbb{Z}$-模:

$$\mathfrak{a} = a\mathbb{Z} + \tfrac{1}{2}(b + \sqrt{D})\mathbb{Z} = [a, \tfrac{1}{2}(b + \sqrt{D})], \tag{3.74}$$

其中$a = \mathrm{N}\,\mathfrak{a}, b$为整数且满足$-a < b \leqslant a, b^2 \equiv D \bmod (4a)$. 注意$b^2 - 4ac = D, (a, b, c) = 1$. 由下面的计算可以看清这一点:

$$
\begin{aligned}
(a) = (\mathfrak{a}\bar{\mathfrak{a}}) &= [a, \tfrac{1}{2}(b+\sqrt{D})][a, \tfrac{1}{2}(b-\sqrt{D})] \\
&= [a^2, \tfrac{a}{2}(b+\sqrt{D}), \tfrac{a}{2}(b-\sqrt{D}), ac] \\
&\subseteq [a^2, ab, ac] = a[a,b,c] \subseteq (a).
\end{aligned}
$$

对本原理想$\mathfrak{a}$, 设

$$
z_{\mathfrak{a}} = \frac{b+\sqrt{D}}{2a} \in \mathbb{H} \tag{3.75}
$$

为上半平面中的点. $\mathfrak{a}$的逆理想是$1, \overline{z_{\mathfrak{a}}}$生成的自由$\mathbb{Z}$模:

$$
\mathfrak{a}^{-1} = \mathbb{Z} + \frac{b-\sqrt{D}}{2a}\mathbb{Z}. \tag{3.76}
$$

令$\mathfrak{d}$为K的差分, 所以由定义可知$\mathfrak{d}^{-1}$为分式理想

$$
\mathfrak{d}^{-1} = \{\alpha \in K \mid \operatorname{Tr}\alpha \in \mathbb{Z}\}.
$$

在目前的情形, 二次域$K = \mathbb{Q}(\sqrt{D})$的差分为主理想$\mathfrak{d} = (\sqrt{D})$. 注意$\bar{\mathfrak{d}} = \mathfrak{d}, \mathrm{N}\,\mathfrak{d} = |D|$.

令I为非零分式理想构成的群:

$$
I = \{\tfrac{\mathfrak{a}_1}{\mathfrak{a}_2} | \mathfrak{a}_1, \mathfrak{a}_2 \subseteq \mathcal{O}, \mathfrak{a}_1\mathfrak{a}_2 \neq 0\},
$$

$P \subseteq I$为主分式理想$(\alpha) = \alpha\mathcal{O}(\alpha \in K^*)$构成的子群. 称商群$H = I/P$为$K$的类群, 它是一个有限群, 其阶$h = |H| = [I:P]$称为$K$的类数(也称为判别式$D$的类数). 每个类$\mathcal{A}$由$z_{\mathfrak{a}}$在标准基本区域$F = F^- \cup F^+$的唯一本原理想表示(这个区域中的理想称为约化理想), 其中

$$
\begin{cases}
F^- = \{z = x + y\,\mathrm{i} \in \mathbb{H} | -\frac{1}{2} < x < 0, |z| > 1\}, \\
F^+ = \{z = x + y\,\mathrm{i} \in \mathbb{H} | 0 \leqslant x \leqslant \frac{1}{2}, |z| = 1\}.
\end{cases} \tag{3.77}
$$

因此类数$h = h(D)$等于本原约化理想的个数. 对于能写成$\mathfrak{a} = [a, \frac{1}{2}(b+\sqrt{D}], b^2 - 4ac = D$的本原理想, 我们有$|z_{\mathfrak{a}}|^2 = \frac{c}{a}$, 因此$\mathfrak{a}$约化相当于说$-a < b \leqslant a < c$，或者$0 \leqslant b \leqslant a = c$. 反过来, $b^2 - 4ac = D$的任意满足上述不等式的整数解给出(3.74)定义的一个本原约化理想.

现在我们介绍特征. 首先考虑$\mathcal{O}$上的Dirichlet特征. 令$\mathfrak{m}$为$\mathcal{O}$中的非零整理想. 剩余类$\alpha \bmod \mathfrak{m}$, $\mathfrak{a} \in \mathcal{O}, (\alpha, \mathfrak{m}) = 1$构成乘群$(\mathcal{O}/\mathfrak{m})^*$. 称同态

$$
\chi : (\mathcal{O}/\mathfrak{m})^* \to \mathbb{C}^*
$$

为模$\mathfrak{m}$的Dirichlet特征. 当$(\alpha, \mathfrak{m}) \neq 1$时, 令$\chi(\alpha) = 0$, 则我们自然地将$\chi$延拓到$\mathcal{O}$上. 若$\chi$是模$\mathfrak{m}$的特征, 通过自然限制也可以将它视为任意子模$\mathfrak{n} \subseteq \mathfrak{m}$上的特征(回顾这个理想包含关系意味着$\mathfrak{m}|\mathfrak{n}$). 对任意的$\chi \bmod \mathfrak{m}$和$\beta \in (\mathfrak{d}\mathfrak{m})^{-1}$, 定义Gauss和

$$
\tau_\chi(\beta) = \sum_{\alpha \bmod \mathfrak{m}} \chi(\alpha) e(\operatorname{Tr}(\alpha\beta)). \tag{3.78}
$$

这个定义是合理的. 因为若$\alpha_1 \equiv \alpha_2 \bmod \mathfrak{m}$, 则$\beta(\alpha_1 - \alpha_2) \in (\mathfrak{d}\mathfrak{m})^{-1}\mathfrak{m} = \mathfrak{d}^{-1}, \operatorname{Tr}(\beta(\alpha_1 - \alpha_2)) \in \mathbb{Z}$. 同理可知$\tau_\chi(\beta)$仅依赖于$\beta \bmod \mathfrak{d}^{-1}$, 即若$\gamma - \beta \in \mathfrak{d}^{-1}$, 则有$\tau_\chi(\gamma) = \tau_\chi(\beta)$. 显然, 当$(\alpha, \mathfrak{m}) = 1$时有

$$
\tau_\chi(\alpha\beta) = \bar{\chi}(\alpha)\tau_\chi(\beta).
$$

$\chi \bmod \mathfrak{m}$的导子是使得χ经过$(\mathcal{O}/\mathfrak{f})^*$分解的最大理想$\mathfrak{f} \supseteq \mathfrak{m}$(即$\mathfrak{m}$的最小因子$\mathfrak{f}$). 若$\mathfrak{f} = \mathfrak{m}$, 则称该特征为本原的.

命题 3.7 若$\chi \bmod \mathfrak{m}$为本原特征, 则

$$|\tau_\chi(\beta)|^2 = \begin{cases} \mathrm{N}\,\mathfrak{m}, & 若(\beta\mathfrak{d}, \mathfrak{m}) = 1, \\ 0, & 否则. \end{cases} \tag{3.79}$$

在引入$(\mathcal{O}/\mathfrak{m})^*$的特征后, 我们来寻找$\mathbb{C}^*$的(酉)特征. 由定义, 这些特征是$\mathbb{C}^*$到单位圆

$$S^1 = \{\alpha \in \mathbb{C} \big| |\alpha| = 1\}$$

上的连续同态. 每个这样的特征$\chi_\infty : \mathbb{C}^* \to S^1$由

$$\chi_\infty(\alpha) = (\tfrac{\alpha}{|\alpha|})^\ell$$

给出, 其中$\ell \in \mathbb{Z}$. 我们称ℓ为χ_∞的频率.

接下来我们转向理想类的特征. 回顾我们已经介绍过的以下群:

-I: 非零分式理想构成的乘群.

-P: 主分式理想构成的子群.

-$H = I/P$: 理想类群.

现在对整理想$\mathfrak{m} \subsetneq \mathcal{O}$, 令

$$I_\mathfrak{m} = \{\mathfrak{a} \in I | (\mathfrak{a}, \mathfrak{m}) = 1\} \subseteq I,$$

$$P_\mathfrak{m} = \{(\alpha) \in P | (\alpha, \mathfrak{m}) = 1\} \subseteq P,$$

其中$(\mathfrak{a}, \mathfrak{m}) = 1$表示存在$\mathfrak{b}, \mathfrak{c} \subseteq \mathcal{O}$使得$\mathfrak{a} = \mathfrak{b}\mathfrak{c}^{-1}, (\mathfrak{b}\mathfrak{c}, \mathfrak{m}) = 1$.

习题3.10 证明: $(\alpha, \mathfrak{m}) = 1$等价于存在$\beta, \gamma \in \mathcal{O}$使得$\alpha = \beta\gamma^{-1}, (\beta\gamma, \mathfrak{m}) = 1$.

商群$I_\mathfrak{m}/P_\mathfrak{m}$同构于$I/P = H$. 从$H$到$S^1$的任意同态称为类群特征, 恰好有$h = |H| = |\hat{H}|$个类群特征.

最后我们介绍Hecke特征(大特征). 模$\mathfrak{m}$的Hecke特征是连续同态$\psi : I_\mathfrak{m} \to S^1$, 使得存在特征

$$\chi : (\mathcal{O}/\mathfrak{m})^* \to S^1$$

$$\chi_\infty : \mathbb{C}^* \to S^1$$

对每个$\alpha \in \mathcal{O}, (\alpha, \mathfrak{m}) = 1$满足

$$\psi((\alpha)) = \chi(\alpha)\chi_\infty(\alpha).$$

注意$\chi \bmod \mathfrak{m}$和χ_∞由ψ唯一确定. 事实上, 当$\alpha \equiv 1 \bmod \mathfrak{m}$时有

$$\chi_\infty(\alpha) = \psi((\alpha)).$$

此外, 群$\{\alpha \in K^* | \alpha \equiv 1 \bmod \mathfrak{m}\}$在$\mathbb{C}^*$中稠密, 所以由连续性可知上述公式在$\mathbb{C}^*$上唯一定义了$\chi_\infty$. 定义好$\chi_\infty$后, 可知$\chi$的定义为

$$\chi(\alpha) = \psi((\alpha))/\chi_\infty(\alpha).$$

并非每对特征$\chi \bmod \mathfrak{m}, \chi_\infty$都来自Hecke特征$\psi \bmod \mathfrak{m}$. 实际上, 若$\varepsilon \in U$, 则$\chi(\varepsilon)\chi_\infty(\varepsilon) = \psi((\varepsilon)) = 1$. 我们可以证明: 若对所有的$\varepsilon \in U$有

$$\chi(\varepsilon)\chi_\infty(\varepsilon) = 1, \tag{3.80}$$

则$\chi \bmod \mathfrak{m}, \chi_\infty$一定由某个Hecke特征$\psi \bmod \mathfrak{m}$确定. 但是, 满足上述"单位可容性条件"的一对特征$\chi \bmod \mathfrak{m}$和χ_∞只能在不计类群特征的意义下确定$\psi \bmod \mathfrak{m}$, 即所得的ψ诱导h个Hecke特征.

在目前的情形, U是由单位根$\zeta = \mathrm{e}^{\frac{2\pi \mathrm{i}}{w}}$生成的阶数为$w = 4, 6, 2$的循环群. 因此条件(3.80)归结于$\varepsilon = \zeta$时成立, 即

$$\chi(\zeta) = \zeta^{-\ell}. \tag{3.81}$$

换句话说, 这是个关于$\ell \bmod w$的条件. 若$D < -4$, 则$\zeta = -1$, 从而单位可容性条件变成

$$\ell \equiv \tfrac{1}{2}(\chi(-1) - 1) \bmod 2. \tag{3.82}$$

Hecke特征$\psi \bmod \mathfrak{m}$的导子是$\mathfrak{m}$的因子$\mathfrak{f}$中使得ψ成为某个模ℓ的Hecke特征的限制的最小值. $\psi \bmod \mathfrak{m}$与$\chi \bmod \mathfrak{m}$的导子相同. 若$\mathfrak{f} = \mathfrak{m}$, 则称$\psi$为本原的. 故$\psi \bmod \mathfrak{m}$是本原的当且仅当$\chi \bmod \mathfrak{m}$是本原的. 模$\mathfrak{m} = (1)$和频率$\ell = 0$的Hecke特征都对应类群特征. 因此有许多导子为1 的本原特征.

令ψ是导子为$\mathfrak{m}$, 频率为ℓ的本原Hecke特征. 若$(\mathfrak{a}, \mathfrak{m}) \neq 1$, 令$\psi(\mathfrak{a}) = 0$, 则我们可以将$\psi$视为所有非零理想上的乘性函数. 我们将$\psi$关联Hecke L函数

$$L(s, \psi) = \sum_{0 \neq \mathfrak{a} \subseteq \mathcal{O}} \psi(\mathfrak{a})(\mathrm{N}\,\mathfrak{a})^{-s}.$$

这个级数在$\mathrm{Re}(s) > 1$时绝对收敛, 并且有关于素理想的Euler乘积:

$$L(s, \psi) = \prod_{\mathfrak{p}} (1 - \psi(\mathfrak{p})(\mathrm{N}\,\mathfrak{p})^{-s})^{-1}.$$

我们还要引入无穷远处的局部因子:

$$L_\infty(s, \psi) = (|D|\,\mathrm{N}\,\mathfrak{m})^{\frac{s}{2}} (2\pi)^{-s} \Gamma(s + \tfrac{1}{2}|\ell|). \tag{3.83}$$

定理 3.8 (Hecke) 设$\psi \bmod \mathfrak{m}$为本原特征, 则完全乘积$\Lambda(s, \psi) = L_\infty(s, \psi) L(s, \psi)$能解析延拓到整个复$s$平面上, 除了在$\psi = \psi_0$为平凡特征时, $s = 1$为单极点的情形. 当$\mathfrak{m} = (1), \ell = 0$时, $L(s, \psi_0) = \zeta_K(s) L(s, \chi_D)$就是$K$的Dedekind ζ函数, 所以

$$\operatorname*{res}_{s=1} \Lambda(s, \psi_0) = h w^{-1}.$$

此外, $\Lambda(s, \psi)$满足函数方程

$$\Lambda(s, \psi) = W(\psi) \Lambda(1 - s, \bar{\psi}), \tag{3.84}$$

其中根数$W(\psi)$由相应的Gauss和

$$W(\psi) = \mathrm{i}^{-\ell}\, \tau(\psi)(\mathrm{N}\,\mathfrak{m})^{-\frac{1}{2}} \tag{3.85}$$

给出. 与$\psi \bmod \mathfrak{m}$相关的Gauss和$\tau(\psi)$的定义为

$$\tau(\psi) = \frac{\chi_\infty(\gamma)}{\psi(\mathfrak{c})} \sum_{\alpha \in \mathfrak{c}/\mathfrak{c}\mathfrak{m}} \chi(\alpha) e(\mathrm{Tr}\, \tfrac{\alpha}{\gamma}), \tag{3.86}$$

其中$\gamma \in \mathcal{O}$和$\mathfrak{c} \subseteq \mathcal{O}$满足$(\mathfrak{c}, \mathfrak{m}) = 1, \mathfrak{c}\mathfrak{d}\mathfrak{m} = (\gamma)$. 注意由于单位相容性条件(3.80), $\tau(\psi)$ 的定义不依赖于γ和$\mathfrak{c}$的选取.

习题3.11 证明: 对于Dirichlet分支为$\chi \bmod \mathfrak{m}$的本原Hecke特征$\psi \bmod \mathfrak{m}$, 存在$(\mathfrak{a},\mathfrak{m})=1, \beta\in(\mathfrak{d}\mathfrak{m})^{-1}$使得

$$\tau(\psi)=\psi(\mathfrak{a})\tau_{\chi}(\beta). \tag{3.87}$$

习题3.12 证明: 对于本原Hecke特征$\psi \bmod \mathfrak{m}$有

$$|\tau(\psi)|=(\mathrm{N}\,\mathfrak{m})^{\frac{1}{2}}. \tag{3.88}$$

习题3.13 若$\psi \bmod \mathfrak{m}, \xi \bmod \mathfrak{n}$是本原Hecke特征, $(\mathfrak{m},\mathfrak{n})=1$, 则

$$\tau(\psi\xi)=\psi(\mathfrak{n})\xi(\mathfrak{m})\tau(\psi)\tau(\xi).$$

注记: 若ψ是导子$\mathfrak{m}=(1)$, 频率为ℓ的本原Hecke特征, 则$\tau(\chi)=\mathrm{i}^{\ell}$. 在这种情形, 函数方程(3.84)的根数$W(\psi)=1$. 因为$\bar{\psi}(\mathfrak{a})=\psi(\bar{\mathfrak{a}})$, 通过在Dirichlet级数中将$\mathfrak{a}$变为$\bar{\mathfrak{a}}$可得$L(s,\psi)=L(s,\bar{\psi})$.

若$\psi \bmod \mathfrak{m}$的频率为ℓ, 则它的复共轭$\bar{\psi} \bmod \bar{\mathfrak{m}}$的频率为$-\ell$. 因此, 不失一般性, 我们可以假设$\psi \bmod \mathfrak{m}$的频率$\ell\geqslant 0$. 于是如下给出的函数$f:\mathbb{H}\to\mathbb{C}$:

$$f(z)=\sum_{\mathfrak{a}}\psi(\mathfrak{a})(\mathrm{N}\,\mathfrak{a})^{\frac{\ell}{2}}e(z\,\mathrm{N}\,\mathfrak{a}) \tag{3.89}$$

是级为$N=|D|\,\mathrm{N}\,\mathfrak{m}$的群$\Gamma_0(N)$上权为$k=\ell+1$的自守形, 其中特征$\chi \bmod N$ 的定义为:

$$\chi(n)=\chi_D(n)\psi(n),\ n\in\mathbb{Z}. \tag{3.90}$$

若$\ell>0$, 则f为尖形式. 当$\psi \bmod \mathfrak{m}$为本原特征时, f是本原的. 特别地, 若$\mathfrak{m}=(1)$, 则$N=|D|, \chi=\chi_D$.

注记: 我们对上述结果的证明做些说明. 首先, 将Fourier级数(3.89)分成理想类上的有限和. 在每个类上, 我们得到等价理想上的无限级数, 它是关于一个被适当的调和多项式缠绕的正定二元二次型的θ函数(见§4.3). 利用Poisson求和公式可以证明这些单个的θ函数是同一种类型的自守形(参见[153]的第10章). 因此f作为这些θ函数的线性组合也是这种类型的自守形. 再次利用Poisson求和公式可知这些θ函数满足Jacobi类型的卷积公式. 对这些类求和, 由这些公式得到

$$z^k f\left(\frac{z}{\sqrt{N}}\right)=\frac{\mathrm{i}\,\tau(\psi)}{\sqrt{\mathrm{N}\,\mathfrak{m}}}\bar{f}\left(\frac{-1}{z\sqrt{N}}\right)$$

(这时$\psi \bmod \mathfrak{m}$是本原的起到重要的作用), 其中$\tau(\psi)$是Gauss和, $N=|D|\,\mathrm{N}\,\mathfrak{m}$. 由此通过作关于$z=\mathrm{i}\,y$ 的Mellin 变换得到函数方程(3.84). 也可参见第14章.

我们通过给出虚二次域上的Hecke特征的具体例子来结束本章.

例 3.1 对$K=\mathbb{Q}(\mathrm{i})$, 判别式为$D=-4$, 整数环为$\mathcal{O}=\mathbb{Z}[\mathrm{i}]$, 单位群为$U=\{\pm1,\pm\mathrm{i}\}$, 类数为$h=1$, 从而每个理想都是主理想. 固定整数$\ell$, 根据$4|\ell$或$4\nmid\ell$分别令$\mathfrak{m}=(1)$和$\mathfrak{m}=2(1+\mathrm{i})$. 定义$\xi:I_m\to\mathbb{C}^*$为

$$\xi(\mathfrak{a})=\left(\frac{\alpha}{|\alpha|}\right)^{\ell}, \tag{3.91}$$

其中α为生成$\mathfrak{a}$的唯一奇准数, 即$\alpha\equiv1 \bmod 2(1+\mathrm{i})$. 于是$\xi$为频率是$\ell$, 导子为$\mathfrak{m}$的本原特征.

例 3.2 令$K=\mathbb{Q}(\mathrm{i})$如上. 取正整数$q\equiv 0 \bmod 4, \chi:(\mathbb{Z}[\mathrm{i}]/q\mathbb{Z}[\mathrm{i}])^*\to\mathbb{C}^*$为$\mathbb{Z}[\mathrm{i}]$中模$q$的本原剩余类的乘群上的特征. 定义$\xi: I_q\to\mathbb{C}^*$为

$$\xi(\mathfrak{a})=\chi(\alpha)(\tfrac{\alpha}{|\alpha|})^{\ell},$$

其中α为生成$\mathfrak{a}$的唯一奇准数. 于是$\xi \bmod q$是频率为ℓ的Hecke特征(不一定是本原的).

例 3.3 令$K=\mathbb{Q}(\sqrt{D})$, 判别式$D<-3, D\equiv 1 \bmod 4$, 则整数环为

$$\mathcal{O}=\{\tfrac{1}{2}(m+n\sqrt{D})|m,n\in\mathbb{Z}, m\equiv n \bmod 2\}, \tag{3.92}$$

单位群为$U=\{\pm1\}$, 类数$h=h(D)$可以为任意大. 因为主理想$(\sqrt{D})$的范数为$|D|$, 环包含$\mathbb{Z}\subseteq\mathcal{O}$定义了同构映射:

$$\mu:\mathcal{O}/(\sqrt{D})\to\mathbb{Z}/|D|\mathbb{Z},\ \tfrac{m+n\sqrt{D}}{2}\mapsto\tfrac{m}{2} \bmod |D|. \tag{3.93}$$

将μ与Jacobi符号合成清楚地得到二次特征$\varepsilon:\mathcal{O}\to\{0,\pm1\}$:

$$\varepsilon(\tfrac{m+n\sqrt{D}}{2})=(\tfrac{2m}{|D|}). \tag{3.94}$$

注意ε是奇函数, 即$\varepsilon(-\alpha)=-\varepsilon(\alpha)$, 因为$D\equiv -1 \bmod 4$. 给定奇数$\ell$, 我们有$h$个Hecke特征$\xi: I\to\mathbb{C}$使得在主理想$\mathfrak{a}=(\alpha)$上有

$$\xi(\mathfrak{a})=\varepsilon(\alpha)(\tfrac{\alpha}{|\alpha|})^{\ell}. \tag{3.95}$$

它们是频率为ℓ, 导子为$\mathfrak{m}=(\sqrt{D})$的本原特征.

例 3.4 令$K=\mathbb{Q}(\sqrt{D})$是单位数为w的虚二次域. 给定$\ell\equiv 0 \bmod w$, 我们有$h=h(D)$个Hecke特征$\xi: I\to\mathbb{C}^*$使得在主理想$\mathfrak{a}=(\alpha)$上有$\xi(\mathfrak{a})=(\frac{\alpha}{|\alpha|})^{\ell}$. 它们是频率为$\ell$, 导子为$\mathfrak{m}=(1)$ 的本原特征. 这里面有一个频率为$\ell=hw$的特殊特征: $\xi(\mathfrak{a})=(\frac{\alpha}{|\alpha|})^{w}$, 其中$\mathfrak{a}\in I, (\alpha)=\mathfrak{a}^h$.

例 3.5 令$K=\mathbb{Q}(\sqrt{D})$为判别式是D的虚二次域, $\chi \bmod q$为导子是q的本原Dirichlet特征, $(q,D)=1$. 定义同态$\chi\circ N: I_q\to\mathbb{C}^*$为

$$(\chi\circ\mathrm{N})(\mathfrak{a})=\chi(\mathrm{N}\,\mathfrak{a}), \tag{3.96}$$

则$\xi=\chi\circ\mathrm{N}$为频率是0的Hecke特征, 它是导子为$\mathfrak{m}=(q)$的本原特征. 此时有

$$\tau(\xi)=\chi_D(q)\chi(|D|)\tau^2(\chi), \tag{3.97}$$

其中$\tau(\chi)$为关于Dirichlet特征$\chi \bmod q$的Gauss和.

第 4 章　求和公式

§4.1 引言

算术函数的级数往往经历了某种对合变换. 这些变换不能靠对求和项重组和改变求和项的次序导出, 而是要利用Fourier分析进行深入的变化才能得到. 例如, 我们不能仅仅通过组合推理验证等式

$$\sum_{m\in\mathbb{Z}} \mathrm{e}^{-\frac{\pi m^2}{y}} = \sqrt{y}\sum_{n\in\mathbb{Z}} \mathrm{e}^{-\pi n^2 y}. \tag{4.1}$$

这种关系式在自守理论中比比皆是. 例如, 对于Fourier级数为

$$f(z) = \sum_{n=1}^{\infty} \lambda(n) n^{\frac{k-1}{2}} e(nz) \tag{4.2}$$

的模群$\Gamma = \mathrm{SL}_2(\mathbb{Z})$上的权为$k$的经典尖形式$f(z)$来说, 自守方程$f(z) = z^{-k} f(-\frac{1}{z})$给出(通过沿直线$z = \mathrm{i}\,y$积分)公式

$$\sum_{m=1}^{\infty} \lambda(m) g(m) = \sum_{n=1}^{\infty} \lambda(n) h(n), \tag{4.3}$$

其中$g(z)$为$\mathbb{R}^+$的紧支集上的任意光滑函数, 并且

$$h(y) = 2\pi\,\mathrm{i}^k \int_0^{+\infty} J_{k-1}(4\pi\sqrt{xy}) g(x)\,\mathrm{d}\,x. \tag{4.4}$$

更多的一般结果见(4.71)和(4.72).

模变换是典型的变换, 但是还有许多其他重要的变换. 例如, 公式(15.30)(Selberg迹公式)或(16.34)(Kloosterman和的和的Kuznetsov公式)并非来自自守方程. 将算术函数的一个级数(权为某一类待测函数)与另一个级数联系起来的方程自然被称为求和公式. 我们在本章发展一些这样的公式, 并且给出它们的标准应用.

§4.2 Euler-Maclaurin公式

我们首先考虑定义于$\mathbb{R}$中的区间上的函数. 假设$a, b \in \mathbb{Z}$, f在$[a, b]$上连续. 于是$f(n)$的和可以写成Stieltjes积分

$$\sum_{a<n\leqslant b} f(n) = \int_a^b f(x)\,\mathrm{d}[x], \tag{4.5}$$

其中$[x]$表示x的整数部分(见(1.65)). 设

$$\psi(x) = x - [x] - \tfrac{1}{2}, \tag{4.6}$$

我们通过分部积分得到下面的Euler-Maclaurin公式:

引理 4.1 对于函数$f \in C^1[a,b], a<b, a,b \in \mathbb{Z}$有

$$\sum_{a<n\leqslant b} f(n) = \int_a^b (f(x)+\psi(x)f'(x))\,\mathrm{d}\,x + \tfrac{1}{2}(f(b)-f(a)). \tag{4.7}$$

当$f'(x)$相对小时, 由此公式可以得到好的结果. 若f的高阶导数存在并且很小, 连续使用分部积分会有好处. 为此, 我们需要Bernoulli多项式$B_k(x)$.

我们通过下面的递归条件定义$B_k(x) \in \mathbb{Q}[x]$:

$$B_0(x) = 1, \tag{4.8}$$

$$B_k'(x) = kB_{k-1}(x), \tag{4.9}$$

$$\int_0^1 B_k(x)\,\mathrm{d}\,x = 0, k>1. \tag{4.10}$$

条件(4.9)通过$B_{k-1}(x)$定义了$B_k'(x)$(不计常数), 而最后一个条件(4.10)(即$B_k(x)$关于常数的正交性)确定了前面的常数. 单项式x^k满足前两个条件, 但不满足最后一个条件. 我们发现$B_k(x) = x^k - \frac{k}{2}x^{k-1} + \cdots$. 特别地, 我们得到$B_1(x) = x - \frac{1}{2}, B_2(x) = x^2 - x + \frac{1}{6}$. Bernoulli多项式的生成幂级数是

$$F(t,x) = \sum_{k=0}^{\infty} B_k(x)\frac{t^k}{k!} = \frac{t\,\mathrm{e}^{tx}}{e^t - 1}. \tag{4.11}$$

最后一个等式成立是因为

$$\tfrac{\partial}{\partial x}F(t,x) = \sum_{k=1}^{\infty} B_{k-1}(x)\tfrac{t^k}{(k-1)!} = tF(t,x).$$

习题4.1 证明:

$$B_k(1-x) = (-1)^k B_k(x),$$

$$B_k(x+1) - B_k(x) = kx^{k-1},$$

$$\sum_{0\leqslant a<q} B_k(x+\tfrac{a}{q}) = q^{1-k}B_k(qx).$$

接下来我们定义Bernoulli数为Bernoulli多项式的常数项:

$$B_k = B_k(0). \tag{4.12}$$

Bernoulli数的生成幂级数为

$$F(t) = \sum_{k=0}^{\infty} B_k \tfrac{t^k}{k!} = \tfrac{t}{\mathrm{e}^t - 1}. \tag{4.13}$$

因为$F(-t) = t + F(t)$, 所以当$k>1$为奇数时, $B_k = 0$.

习题4.2 证明:

$$B_k(x) = \sum_{\ell=0}^{k} \tbinom{k}{\ell} B_\ell x^{k-\ell}. \tag{4.14}$$

注记: Bernoulli多项式和Bernoulli数已经被推广到带特征$\chi \bmod q$的情形:

$$\sum_{k=0}^{\infty} B_{k,\chi}(X)\tfrac{t^k}{k!} = \sum_{1\leqslant a\leqslant q} \chi(a)\tfrac{t\,\mathrm{e}^{at(X+1)}}{\mathrm{e}^{at}-1}.$$

称$B_{k,\chi}(x)$的常数项为广义Bernoulli数, 即

$$B_{k,\chi} = B_{k,\chi}(0) = q^{k-1} \sum_{1\leqslant a\leqslant q} \chi(a) B_k(\tfrac{a}{q}).$$

广义Bernoulli数出现在L函数在特殊点的值中, 它们实际上属于p进L函数理论(这归功于Leopoldt, 参见[337]).

对任意的$k \geqslant 0$, 令

$$\psi_k(x) = B_k(\{x\}), \tag{4.15}$$

其中$\{x\} = x - [x]$为x的小数部分. 这些函数是以1为周期的函数, 它的生成函数

$$\sum_{k=0}^{\infty} \psi_k(x)\tfrac{t^k}{k!} = \tfrac{t\,\mathrm{e}^{t\{x\}}}{\mathrm{e}^t-1}$$

也是如此, 因此可以将它们展开成Fourier级数. 该生成函数的第n个Fourier系数是

$$\int_0^1 (\sum_{k=0}^{\infty} \psi_k(x)\tfrac{t^k}{k!}) e(-nx)\,\mathrm{d}\,x = \tfrac{t}{\mathrm{e}^t-1} \int_0^1 \mathrm{e}^{(t-2\pi\,\mathrm{i}\,n)x}\,\mathrm{d}\,x = \tfrac{t}{t-2\pi\,\mathrm{i}\,n} = -\sum_{k=1}^{\infty} (\tfrac{t}{2\pi\,\mathrm{i}\,n})^k,$$

从而$\psi_k(x)$的第n个Fourier系数是$-k!(2\pi\,\mathrm{i}\,n)^{-k}$, 所以Fourier展开式为

$$\psi_k(x) = -k! \sum_{n\neq 0} (2\pi\,\mathrm{i}\,n)^{-k} e(nx) \tag{4.16}$$

(由(4.10)可知没有$n = 0$这一项). 该级数在$k \geqslant 2$时绝对收敛. 当$k = 1$时, 我们需要对称地安排求和项得到级数

$$\psi(x) = -\sum_{n=1}^{\infty} (\pi n)^{-1} \sin(2\pi n x), \tag{4.17}$$

它在$\mathbb{R}$上点态收敛且有界收敛†.

习题4.3 证明: 对任意的$N \geqslant 1$和$x \in \mathbb{R}$,

$$\psi(x) = -\sum_{n=1}^{N} (\pi n)^{-1} \sin(2\pi n x) + O((1 + ||x||N)^{-1}), \tag{4.18}$$

其中$||x||$是x到最近的整数的距离:

$$||x|| = \min\{|x - m| : m \in \mathbb{Z}\}. \tag{4.19}$$

注记: 在(4.16)中取$x = 0$得到

$$\zeta(2m) = -\tfrac{(2\pi\,\mathrm{i})^{2m}}{(2m)!} B_{2m},\ m \geqslant 1.$$

由函数方程(4.75)可知这个结论对$m = 0$也成立. 此外, 由函数方程(4.75)可知

$$\zeta(1 - 2m) = -\tfrac{1}{2m} B_{2m},\ m \geqslant 1.$$

---

†译者注: 参见[314], pp.40-43.

进一步, 对导子$q>1$的本原特征χ, 当$m\geqslant 1$且满足$m\equiv\frac{1}{2}(1-\chi(-1)) \bmod 2$时有

$$L(m,\chi)=\tfrac{-1}{2m!}(\tfrac{-2\pi\mathrm{i}}{q})^m\tau(\chi)B_{m,\bar{\chi}},$$

$$L(1-m,\chi)=\tfrac{-1}{m}B_{m,\chi},$$

参见[148, 337].

在(4.7)中做$k-1$次分部积分, 并利用(4.9)可以导出k阶Euler-Maclaurin公式:

定理 4.2 假设$f\in C^k[a,b], a<b, a,b\in\mathbb{Z}$, 则

$$\sum_{a<n\leqslant b}f(n)=\int_a^b\big(f(x)-\tfrac{(-1)^k}{k!}\psi_k(x)f^{(k)}(x)\big)\,\mathrm{d}\,x+\sum_{\ell=1}^{k}\tfrac{(-1)^\ell}{\ell!}\big(f^{(\ell-1)}(b)-f^{(\ell-1)}(a)\big)B_\ell. \tag{4.20}$$

大多数时候, 1阶Euler-Maclaurin公式(4.7)与(4.20)一样的好. 将(4.18)代入(4.7), 然后做分部积分得到

推论 4.3 对$f\in C^1[a,b], a<b, a,b\in\mathbb{Z}$有

$$\sideset{}{'}\sum_{a\leqslant n\leqslant b}f(n)=\sum_{|n|\leqslant N}\int_a^b f(x)e(nx)\,\mathrm{d}\,x+O\Big(\int_a^b\tfrac{|f'(x)|\,\mathrm{d}\,x}{1+N||x||}\Big), \tag{4.21}$$

其中N是任意的正整数, 隐性常数是绝对的. 今后Σ'表示求和时, 函数在端点处取半值.

§4.3 Poisson求和公式

本节内容以本章附录中描述的经典Fourier分析为基础. 回顾任意函数$f\in L^1(\mathbb{R})$的Fourier变换的定义为

$$\hat{f}(y)=\int_{\mathbb{R}}f(x)e(-xy)\,\mathrm{d}\,x. \tag{4.22}$$

定理 4.4 假设$f,\hat{f}\in L^1(\mathbb{R})$, 并且都是有界变差函数, 则

$$\sum_{m\in\mathbb{Z}}f(m)=\sum_{n\in\mathbb{Z}}\hat{f}(n), \tag{4.23}$$

其中两个级数绝对收敛.

证明: 考虑以1为周期的函数

$$F(x)=\sum_{m\in\mathbb{Z}}f(x+m).$$

$F(x)$有绝对收敛的Fourier级数展开式:

$$F(x)=\sum_{n\in\mathbb{Z}}c_F(n)e(nx),$$

其Fourier系数为

$$c_F(n)=\int_0^1F(t)e(-nt)\,\mathrm{d}\,t=\int_{-\infty}^{+\infty}f(t)e(-nt)\,\mathrm{d}\,t=\hat{f}(n).$$

考察$F(0)$即得Poisson求和公式(4.23). □

习题4.4 从(4.21)导出(4.23).

将$f(x)$变为$f(vx+u), v\in\mathbb{R}^+, u\in\mathbb{R}$, 可以将公式(4.23)推广为

$$\sum_{m\in\mathbb{Z}} f(vm+u) = \frac{1}{v}\sum_{n\in\mathbb{Z}} \hat{f}(\tfrac{n}{v})e(\tfrac{un}{v}). \tag{4.24}$$

由Fourier反转公式$\hat{\hat{f}}(x)=f(-x)$, 上述公式也可以写成

$$\sum_{n\in\mathbb{Z}} f(\tfrac{n}{v})e(\tfrac{un}{v}) = v\sum_{m\in\mathbb{Z}} \hat{f}(vm-u). \tag{4.25}$$

习题4.5 利用(4.24)证明: 对于本原特征$\chi(\mathrm{mod}\, q)$有

$$\sum_{m\in\mathbb{Z}} f(m)\chi(m) = \frac{\tau(\chi)}{q}\sum_{n\in\mathbb{Z}} \hat{f}(\tfrac{n}{q})\bar{\chi}(n), \tag{4.26}$$

其中$\tau(\chi)$是Gauss和.

例 4.1 从Fourier函数对(4.83), (4.84), (4.85)可得到下面的等式:

$$\sum_{|n|\leqslant y}(1-\tfrac{|n|}{y})e(nx) = y\sum_m(\tfrac{\sin\pi y(m+x)}{\pi y(m+x)})^2, \tag{4.27}$$

$$\sum_n e(nx)e^{-2\pi|n|y} = (\pi y)^{-1}\sum_m|m+x+\mathrm{i}\,y|^{-2}, \tag{4.28}$$

$$\sum_n e(nx)e^{-\frac{\pi n^2}{y}} = \sqrt{y}\sum_m e^{-\pi(m+x)^2y}, \tag{4.29}$$

其中$x\in\mathbb{R}, y\in\mathbb{R}^+$. 第三个等式推广了(4.1). 第二个等式的左边是几何级数, 所以直接求和得

$$\sum_n e(nx)e^{-2\pi|n|y} = \frac{\sinh 2\pi y}{\cosh 2\pi y-\cos 2\pi x}.$$

第一个级数的左边也可以用几何级数求和得到

$$\sum_{|n|\leqslant y}(1-\tfrac{|n|}{y})e(nx) = \frac{1}{y}(\frac{\sin\pi x[y]}{\sin\pi x})^2+\frac{\{y\}}{y}\frac{\sin\pi x(2[y]+1)}{\sin\pi x}.$$

若y是正整数, 则结果变为$\frac{1}{y}(\frac{\sin\pi xy}{\sin\pi x})^2$.

对多元函数采用同样的方法(即作整性平移的均值)得到:

定理 4.5 设f在Schwartz函数类$S(\mathbb{R}^\ell)$中, 则

$$\sum_{m\in\mathbb{Z}^\ell} f(m) = \sum_{n\in\mathbb{Z}^\ell}\hat{f}(n). \tag{4.30}$$

用同样的方式可以将公式(4.24), (4.25)推广到多元函数上. f为Schwartz函数的假设可以大幅减弱. 2维Poisson公式(4.30)就是关于Laplace算子和环面$\mathbb{R}^2/\mathbb{Z}^2$上的不变积分算子的迹公式, 见[153].

§4.4 对球体的求和公式

若f为径向函数, 则$\hat{f}$也是如此(参见引理4.17). 此时Poisson公式(4.30)变成对算术函数

$$r_\ell(m) = |\{m_1, \ldots, m_\ell \in \mathbb{Z} : m_1^2 + \cdots + m_\ell^2 = m\}|$$

的求和公式. 确切地说, 若$g(x)$是$\mathbb{R}^+$上有紧支集的光滑函数, 则

$$\sum_{m=0}^{\infty} r_{2k}(m) g(m) m^{\frac{1-k}{2}} = \sum_{n=0}^{\infty} r_{2k}(n) h(n) n^{\frac{1-k}{2}}, \tag{4.31}$$

其中$h(y)$是(4.103)给出的$g(x)$的Hankel变换. 我们在本节假设$\ell = 2k$是大于1的整数, 所以k是半整数.

注记: g有紧支集的条件可以大幅减弱. 只需假设g, h都是(α, β)型, 其中$\alpha < \frac{k}{2} + \frac{1}{2} < \beta$(见(4.104)). 为此, 注意到对$m \geqslant 1$有

$$r_{2k}(m) \ll m^{k-1+\varepsilon},$$

其中的隐性常数依赖于ε, k(若$k \geqslant 2$, 去掉ε不等式也成立).

尽管(4.31)的左边$m = 0$没有贡献, $n = 0$在右边有贡献, 因为即使$g(x)$在$\mathbb{R}^+$上有紧支集, $h(y)$没有. 实际上, 这时贡献的值得到一个主项, 所以需要把这个第0项挑出来. 我们有$r_{2k}(0) = 1$, 由$J_\nu(x) \sim x^\nu / 2^\nu \Gamma(\nu+1)$可得

$$h(y) \sim \frac{\pi^k}{\Gamma(k)} \int_0^{+\infty} g(x)(xy)^{\frac{k-1}{2}} \,\mathrm{d}\,x, \ y \to 0.$$

因此(4.31)可以写成

定理 4.6 (对球面的求和公式) 设g是$\mathbb{R}^+$上有紧支集的光滑函数, 则

$$\sum_{m=1}^{\infty} r_{2k}(m) g(m) m^{\frac{1-k}{2}} = \frac{\pi^k}{\Gamma(k)} M(g) + \sum_{n=1}^{\infty} r_{2k}(n) h(n) n^{\frac{1-k}{2}}, \tag{4.32}$$

其中$M(g)$是g在$s = \frac{k+1}{2}$处的Mellin变换, 即

$$M(g) = \int_0^{+\infty} g(x) x^{\frac{k-1}{2}} \,\mathrm{d}\,x, \tag{4.33}$$

$h(y)$是g的Hankel型变换

$$h(g) = \pi \int_0^{+\infty} g(x) J_{k-1}(2\pi\sqrt{xy}) \,\mathrm{d}\,x. \tag{4.34}$$

推论 4.7 (对圆周的求和公式) 设g是$\mathbb{R}^+$上有紧支集的光滑函数, 则

$$\sum_{m=1}^{\infty} r(m) g(m) = \pi \int_0^{+\infty} g(x) \,\mathrm{d}\,x + \sum_{m=1}^{\infty} r(m) h(m), \tag{4.35}$$

其中

$$h(y) = \pi \int_0^{+\infty} g(x) J_0(2\pi\sqrt{xy}) \,\mathrm{d}\,x, \tag{4.36}$$

两个级数都绝对收敛.

Hardy-Landau[117]与Voronoi[330]以这种或那种方式建立了对于圆周的求和公式. (4.36)的核中的Bessel函数有许多表达式, 我们挑选了以下几个特别有用的积分表示:

$$\begin{aligned}\pi J_0(z) &= \int_0^{\pi}\cos(z\sin\theta)\,\mathrm{d}\,\theta\\ &= 2\int_1^{+\infty}(t^2-1)^{-\frac{1}{2}}\sin(zt)\,\mathrm{d}\,t\\ &= 2\int_0^{+\infty}\sin(z\,\mathrm{ch}\,t)\,\mathrm{d}\,t\\ &= 2\int_0^{+\infty}\sin\tfrac{zw}{2}\cos\tfrac{z}{2w}\tfrac{\mathrm{d}\,w}{w}.\end{aligned}$$

此外, 我们有下面的渐近展开式(见[105]的(23.45.1)):

$$\pi J_0(z) = (\tfrac{2\pi}{z})^{\frac{1}{2}}(\cos(z-\tfrac{\pi}{4})+\tfrac{1}{8z}\sin(z-\tfrac{\pi}{4})+O(\tfrac{1}{z^2})), z>0. \tag{4.37}$$

将它代入(4.36)得到

$$\begin{aligned}h(y) &= \int_0^{+\infty}(xy)^{-\frac{1}{4}}g(x)\cos(2\pi\sqrt{xy}-\tfrac{\pi}{4})\,\mathrm{d}\,x\\ &\quad+\tfrac{1}{16\pi}\int_0^{+\infty}(xy)^{-\frac{3}{4}}g(x)\sin(2\pi\sqrt{xy}-\tfrac{\pi}{4})\,\mathrm{d}\,x+O(\int_0^{+\infty}(xy)^{-\frac{5}{4}}|g(x)|\,\mathrm{d}\,x).\end{aligned}$$

对第二个积分做分部积分得到

$$h(y) = \int_0^{+\infty}(xy)^{-\frac{1}{4}}g(x)\cos(2\pi\sqrt{xy}-\tfrac{\pi}{4})\,\mathrm{d}\,x+O(R(y)), \tag{4.38}$$

其中

$$R(y) = \int_0^{+\infty}(xy)^{-\frac{5}{4}}(|g(x)|+x|g'(x)|)\,\mathrm{d}\,x. \tag{4.39}$$

接下来对第一个积分做分部积分得到

$$h(y) = -\tfrac{1}{\pi y}\int_0^{+\infty}(xy)^{\frac{1}{4}}g'(x)\sin(2\pi\sqrt{xy}-\tfrac{\pi}{4})\,\mathrm{d}\,x+O(R(y)). \tag{4.40}$$

在球面的情形($\ell=3, k=\frac{3}{2}$), 我们见到$\frac{1}{2}$阶Bessel函数, 这是一个初等函数, 即$J_{\frac{1}{2}}(z)=(\frac{2}{\pi z})^{\frac{1}{2}}\sin z$, 从而(4.34)简化为

$$h(y) = \int_0^{+\infty}(xy)^{-\frac{1}{4}}g(x)\sin(2\pi\sqrt{xy})\,\mathrm{d}\,x.$$

设$G(x)=g(x)x^{-\frac{1}{4}}, H(y)=h(y)y^{\frac{1}{4}}$, 在公式(4.32)中取$k=\frac{3}{2}$得到:

推论 4.8 (对2维球面的求和公式) 设G是$\mathbb{R}^+$上有紧支集的光滑函数, 则

$$\sum_{m=1}^{\infty}r_3(m)G(m) = 2\pi\int_0^{+\infty}x^{\frac{1}{2}}G(x)\,\mathrm{d}\,x+\sum_{n=1}^{\infty}r_3(n)n^{-\frac{1}{2}}H(n), \tag{4.41}$$

其中

$$H(y) = \int_0^{+\infty}G(x)\sin(2\pi\sqrt{xy})\,\mathrm{d}\,x, \tag{4.42}$$

两个级数都绝对收敛.

为了说明这些结果的用途, 我们利用求和公式(4.35)去改进Gauss圆内问题的误差项(参见(1.70)).

推论 4.9 我们有

$$\sum_{m\leqslant X}r(m) = \pi X+O(X^{\frac{1}{3}}). \tag{4.43}$$

证明: 我们将对考虑的和式建立上界, 同理可得下界. $r(n)$的非负性在下面的讨论中很关键, 由此我们可以通过扩大取值范围使和式中的问题得到解决. 为此, 我们选取以$0 \leqslant x \leqslant X+Y$为支集的测试函数$g(x) \geqslant 0$, 使得它在该区间上满足$g(x) = \min\{x, 1, (X+Y-x)Y^{-1}\}$. 函数$g(x)$不光滑, 但是(4.35)仍然成立. 这里的$Y$是我们后面可以适当选取使得产生的上界最小的参数. 假设$1 \leqslant Y \leqslant X^{\frac{1}{2}}$. 由(4.35)可得

$$\sum_{m \leqslant X} r(m) \leqslant \sum_{m} r(m)g(m) = \pi(X + \tfrac{Y+1}{2}) + \sum_{n} r(n)h(n),$$

其中$h(n)$是由(4.36)给出的g的积分变换. 利用(4.40)和(4.39), 我们可以证明

$$h(y) \ll y^{-\frac{3}{4}} X^{\frac{1}{4}} (1 + \tfrac{y}{Z})^{-\frac{1}{2}}, \tag{4.44}$$

其中$Z = XY^{-2}$. 因此

$$\sum_{n=1}^{\infty} r(n)h(n) = \sum_{a}\sum_{b} h(a^2+b^2) \ll (XZ)^{\frac{1}{4}} = (\tfrac{X}{Y})^{\frac{1}{2}},$$

从而

$$\sum_{m \leqslant X} r(m) \leqslant \pi X + O(Y + X^{\frac{1}{2}} Y^{-\frac{1}{2}}).$$

选取$Y = X^{\frac{1}{3}}$, 我们将误差项确定为$O(X^{\frac{1}{3}})$. 同理可对下确界确定相同的主项和误差项. 这就完成了(4.43)的证明. □

习题4.6 证明:

$$\sum_{m \leqslant x} r(m)(1 - \tfrac{m}{x}) = \tfrac{\pi}{2}x + \sum_{n=1}^{\infty} \tfrac{r(n)}{\pi n} J_2(2\pi\sqrt{nx}) = \tfrac{\pi}{2}x + O(x^{-\frac{1}{4}}). \tag{4.45}$$

注意由于做了光滑化处理, 误差项很小.

与(4.43)类似, 我们可以从(4.41)推出下面的近似结果:

$$\sum_{m \leqslant X} r_3(m) = \tfrac{4\pi}{3} X^{\frac{3}{2}} + O(X^{\frac{3}{4}}). \tag{4.46}$$

Chamizo-Iwaniec[36]与Heath-Brown[128]得到了最强的误差项. 有意思的是特征和在两篇论文中独立地发挥了作用, 分别用指数$\frac{29}{44}$和$\frac{21}{32}$取代了$\frac{3}{4}$.

§4.5 对双曲线的求和公式

首先我们建立因子函数$\tau(n)$的求和公式. 这些公式本质上属于Voronoi[330], 我们对积分变换做了些整理工作.

定理 4.10 设$g(x)$是$\mathbb{R}^+$上有紧支集的光滑函数, $ad \equiv 1 \bmod c$, 则

$$\sum_{m=1}^{\infty} \tau(m) g(\tfrac{m}{c}) \cos \tfrac{2\pi a m}{c} = \int_0^{+\infty} (\log \tfrac{x}{c} + 2\gamma) g(x) \,\mathrm{d}\,x + \sum_{n=1}^{\infty} \tau(n) p(\tfrac{n}{c}) \cos \tfrac{2\pi d n}{c}, \tag{4.47}$$

$$\sum_{m=1}^{\infty} \tau(m) g(\tfrac{m}{c}) \sin \tfrac{2\pi a m}{c} = \sum_{n=1}^{\infty} \tau(n) q(\tfrac{n}{c}) \sin \tfrac{2\pi d n}{c}, \tag{4.48}$$

其中$p(y), q(y)$是积分变换:

$$p(y) = \int_0^{+\infty} C(2\pi\sqrt{xy})g(x)\,\mathrm{d}\,x,$$

$$q(y) = \int_0^{+\infty} S(2\pi\sqrt{xy})g(x)\,\mathrm{d}\,x,$$

核为

$$C(z) = 4\int_0^{+\infty} \cos(zw)\cos\tfrac{z}{w}\tfrac{\mathrm{d}\,w}{w},$$

$$S(z) = 4\int_0^{+\infty} \sin(zw)\sin\tfrac{z}{w}\tfrac{\mathrm{d}\,w}{w}.$$

这些核也可以由

$$C(z) = 4K_0(2z) - 2\pi Y_0(2z),$$

$$S(z) = 4K_0(2z) + 2\pi\, Y_0(2z)$$

给出([105]的(3.864.1)和(3.864.2)), 因此定理中的两个结果也可以写成下面统一的形式:

$$\begin{aligned}\sum_{m=1}^{\infty}\tau(m)e(\tfrac{am}{c})g(m) \;=\;& \tfrac{1}{c}\int_0^{+\infty}(\log x + 2\gamma - 2\log c)g(x)\,\mathrm{d}\,x\\ &-\tfrac{2\pi}{c}\sum_{n=1}^{\infty}\tau(n)e(-\tfrac{dn}{c})\int_0^{+\infty} Y_0(\tfrac{4\pi}{c}\sqrt{nx})g(x)\,\mathrm{d}\,x\\ &+\tfrac{4}{c}\sum_{n=1}^{\infty}\tau(n)e(\tfrac{dn}{c})\int_0^{+\infty} K_0(\tfrac{4\pi}{c}\sqrt{nx})g(x)\,\mathrm{d}\,x.\end{aligned}\tag{4.49}$$

我们将从关于改良的因子函数

$$\tau_g(m) = \sum_{m_1 m_2 = m} g(m_1, m_2)\tag{4.50}$$

的更一般求和公式推出(4.49), 这里的$g(x,y)$是$\mathbb{R}^2$上有紧支集的C^1类函数. 顺便提一下, 算术函数$\tau_g(m)$是连续谱空间中的自守形的Fourier系数的原型.

命题 4.11 设g是$\mathbb{R}^2$上有紧支集的C^1类函数. 令$ad \equiv 1 \bmod c$, 则

$$\sum_{m\in\mathbb{Z}}\tau_g(m)e(\tfrac{am}{c}) = \sum_{n\in\mathbb{Z}}\tau_h(n)e(-\tfrac{dn}{c}),\tag{4.51}$$

其中h由g的Fourier变换给出, 即

$$h(x,y) = \tfrac{1}{c}\hat{g}(\tfrac{x}{c},\tfrac{y}{c}).\tag{4.52}$$

对$n=0$有

$$\tau_h(0) = \int_{\mathbb{R}^2}(\tfrac{1}{c} + \{\tfrac{x}{c}\}\tfrac{\partial}{\partial x} + \{\tfrac{y}{c}\}\tfrac{\partial}{\partial y})g(x,y)\,\mathrm{d}\,x\,\mathrm{d}\,y\tag{4.53}$$

$$= -\int_{\mathbb{R}^2}(\tfrac{1}{c} + [\tfrac{x}{c}]\tfrac{\partial}{\partial x} + [\tfrac{y}{c}]\tfrac{\partial}{\partial y})g(x,y)\,\mathrm{d}\,x\,\mathrm{d}\,y.\tag{4.54}$$

证明: 首先, 我们像(4.50)那样将(4.51)左边中的$\tau_g(m)$展开, 并按照剩余类$(m_1,m_2)\equiv(u_1,u_2) \bmod c$分组求和. 对每个剩余类应用Poisson求和公式得到

$$
\begin{aligned}
\sum_m \tau_g(m)e(\tfrac{am}{c}) &= \sum\sum_{u_1,u_2 \bmod c} e(\tfrac{a}{c}u_1u_2)\sum_{v_1}\sum_{v_2} g(u_1+cv_1,u_2+cv_2)\\
&= c^{-2}\sum_{n_1}\sum_{n_2}\sum\sum_{u_1,u_2 \bmod c} e_c(au_1u_2+n_1u_1+n_2u_2)\hat{g}(\tfrac{n_1}{c},\tfrac{n_2}{c})\\
&= c^{-1}\sum_{n_1}\sum_{n_2} e(-\tfrac{d}{c}n_1n_2)\hat{g}(\tfrac{n_1}{c},\tfrac{n_2}{c})\\
&= \sum_n \tau_h(n)e(-\tfrac{dn}{c}).
\end{aligned}
$$

$n=0$的项比较特殊, 因为有无限多个零因子. 我们将上述分析过程反转来计算$\tau_h(0)$(当然, 这种分析可以完全避免, 但是有时为了节省叙述, 反复应用对合是有道理的). 我们首先将n_1,n_2上的求和整理如下:

$$
r_h(0) = \tfrac{1}{c}\sum_{n_1n_2=0}\hat{g}(\tfrac{n_1}{c},\tfrac{n_2}{c}) = -\tfrac{1}{c}\hat{g}(0,0) + \tfrac{1}{c}\sum_n \hat{g}(0,\tfrac{n}{c}) + \tfrac{1}{c}\sum_n \hat{g}(\tfrac{n}{c},0).
$$

然后我们应用Poisson求和公式与Euler-Maclaurin公式(4.7)得到

$$
\tfrac{1}{c}\sum_n \hat{g}(0,\tfrac{n}{c}) = \int(\sum_m g(x,cm))\,\mathrm{d}\,x = \iint(\tfrac{1}{c}+\{\tfrac{y}{c}\}\tfrac{\partial}{\partial y})g(x,y)\,\mathrm{d}\,x\,\mathrm{d}\,y.
$$

同理可得$\hat{g}(\frac{n}{c},0)$的和. 综合以上结果得到(4.53). □

(4.49)的证明: 我们很想在(4.51)中直接取$g(x,y)$为$g(xy)$, 但是这是不可行的, 因为这样的函数在$\mathbb{R}^2$中没有紧支集, 即使$g(t)$在$\mathbb{R}$中没有紧支集. 由于这个原因, 我们将多余的因子$\eta(m_1),\eta(m_2)$添加到$g(m_1m_2)$ 上使得$\mathbb{R}^+$中的闭区间中的实变量x,y局部化. 确切地说, 令$g(x,y)=\eta(x)\eta(y)g(xy)$, 其中$\eta(t)=\min\{\frac{t}{\varepsilon},1\}(0<\varepsilon<1)$满足$\tau_g(m)=\tau(m)g(m)$. 注意$\eta'(t)$在$t=\varepsilon$处间断, 但是不妨碍我们应用命题4.11, 从该命题的证明可以看出这一点(我们要是选取光滑函数$\eta(t)$, 则复杂的计算会显得不清楚). 对于上述选择, 由(4.53)可得

$$
\tau_h(0) = \iint(\tfrac{1}{c}+\{\tfrac{x}{c}\}\tfrac{\partial}{\partial x}+\{\tfrac{y}{c}\}\tfrac{\partial}{\partial y})\eta(x)\eta(y)g(xy)\,\mathrm{d}\,x\,\mathrm{d}\,y = \tfrac{1}{c}\int g(y)L(y)\,\mathrm{d}\,y,
$$

其中

$$
L(y) = \int(\tfrac{\eta(x)}{x}\eta(\tfrac{y}{x}) + 2c\{\tfrac{x}{c}\}\tfrac{\partial}{\partial x}\tfrac{\eta(x)}{x}\eta(\tfrac{y}{x}))\,\mathrm{d}\,x.
$$

因为y有界, ε很小, 我们通过查看相关函数的支集得到下面的表示:

$$
L(y) = \int(1-2\tfrac{c}{x}\{\tfrac{x}{c}\})\eta(x)\eta(\tfrac{y}{x})\tfrac{\mathrm{d}\,x}{x} - 2cy\int\{\tfrac{x}{c}\}\eta'(\tfrac{y}{x})\tfrac{\mathrm{d}\,x}{x^3}.
$$

最后一个积分中的$x>\frac{y}{\varepsilon}$, 所以显然可知它由$O(\frac{\varepsilon c}{y})$界定. 于是,

$$
\int_0^{+\infty}\eta(x)\eta(\tfrac{y}{x})\tfrac{\mathrm{d}\,x}{x} = 2\int_0^{\sqrt{y}}\eta(x)\tfrac{\mathrm{d}\,x}{x} = 2+\log y-2\log\varepsilon,
$$

$$
\int_0^{+\infty}\tfrac{c}{x}\{\tfrac{x}{c}\}\eta(x)\eta(\tfrac{y}{x})\tfrac{\mathrm{d}\,x}{x} = 1+\int_\varepsilon^{+\infty}\tfrac{c}{x}\{\tfrac{x}{c}\}\eta(\tfrac{y}{x})\tfrac{\mathrm{d}\,x}{x} = 1+\int_{\frac{\varepsilon}{c}}^{+\infty}\{x\}\eta(\tfrac{y}{cx})\tfrac{\mathrm{d}\,x}{x^2} = 1+\int_{\frac{\varepsilon}{c}}^{+\infty}\{x\}\tfrac{\mathrm{d}\,x}{x^2}+O(\tfrac{\varepsilon c}{y}).
$$

最后一个积分满足$\frac{\varepsilon}{c}<x<1$的部分等于$\log\frac{c}{\varepsilon}$, 剩下的部分等于$1-\gamma$, 其中$\gamma$是Euler常数(见(1.69)). 我们从这些估计得到

$$
L(y) = \log y + 2\gamma - 2\log c + O(\tfrac{\varepsilon c}{y}),
$$

从而

$$(4.55) \qquad \tau_h(0) = \frac{1}{c}\int g(y)(\log y + 2\gamma - 2\log c)\,\mathrm{d}\,y + O(\varepsilon).$$

令$\varepsilon \to 0$即得(4.49)右边的首项.

现在我们对$n \neq 0$计算$\tau_h(n)$. 因为分解式$n = n_1 n_2$中允许n_1, n_2都改变符号, 我们可以用余弦Fourier变换替换(4.52)中的$\hat{g}$, 即我们可以取

$$h(u,v) = \tfrac{2}{c}\iint \eta(x)\eta(y)g(xy)\cos\tfrac{2\pi}{c}(ux+vy)\,\mathrm{d}\,x\,\mathrm{d}\,y.$$

换元得到

$$h(u,v) = \tfrac{2}{c}\int g(y)(\int \eta(x)\eta(\tfrac{y}{x})\cos(\tfrac{2\pi}{c}(ux+\tfrac{vy}{x}))\tfrac{\mathrm{d}\,x}{x})\,\mathrm{d}\,y.$$

如果我们略去$\eta(x)\eta(\frac{y}{x})$, 则纯余弦积分等于

$$\int_0^{+\infty}\cos(\tfrac{2\pi}{c}(ux+\tfrac{vy}{x})\tfrac{\mathrm{d}\,x}{x} = \begin{cases} -\pi Y_0(\frac{4\pi}{c}\sqrt{uvy}), & \text{若}uv>0, \\ 2K_0(\frac{4\pi}{c}\sqrt{|uv|y}), & \text{若}uv<0, \end{cases}$$

(参见[105]的(3.871.2)和(3.871.4), 或本章附录§4.7.) 得到的正是(4.49)右边的剩余项.

现在我们只需证明由$\eta(x)\eta(\frac{y}{x})$带来的变形可以忽略. 我们将它们的差记为$h_0(u,v) = h_1(u,v) + h_1(v,u)$, 其中

$$h_1(u,v) = \tfrac{2}{c}\int_0^{\varepsilon}(1-\tfrac{x}{\varepsilon})\int_0^{+\infty} g(xy)\cos\tfrac{2\pi}{c}(ux+vy)\,\mathrm{d}\,y\,\mathrm{d}\,x.$$

对y做两次分部积分, 然后利用Fubini定理得到

$$h_1(u,v) = \tfrac{c}{2\pi^2 v^2}\int_0^{+\infty}\int_0^{\varepsilon}(1-\tfrac{x}{\varepsilon})x^2 g''(xy)\cos\tfrac{2\pi}{c}(ux+vy)\,\mathrm{d}\,x\,\mathrm{d}\,y.$$

现在对x做两次分部积分, 我们估计内积分为$O(\varepsilon u^{-2})$. 也可以对内积分做显然估计得到

$$\int_0^{+\infty} x^2|g''(xy)|\,\mathrm{d}\,x \ll y^{-3}.$$

综合两个估计得到

$$h_1(u,v) \ll v^{-2}\int_0^{+\infty}\min\{\varepsilon u^{-2}, y^{-3}\}\,\mathrm{d}\,y = \tfrac{3}{2}\varepsilon^{\frac{2}{3}}|u|^{-\frac{4}{3}}v^{-2}.$$

然后加上对应$h_1(v,u)$的界得到$h_0(u,v) \ll \varepsilon^{\frac{2}{3}}|uv|^{-\frac{4}{3}}$. 因此由于在左边引入局部化因子$\eta(x)\eta(y)$对(4.51)的右边造成的全部变形由$O(\varepsilon^{\frac{2}{3}})$界定, 因为$\sum\tau(n)n^{-\frac{4}{3}}$收敛. 令$\varepsilon \to 0$, 这个变形为0. 这就完成了(4.49)的证明, 从而定理4.10证毕. □

对于改良的因子函数(4.50)的求和公式(4.51)在[59]中建立. (4.49)的特殊情形不太灵活, 但是在应用时非常有效(M. Jutila[170]给出了一个不同的非常含蓄的证明). 下面我们给出(4.49)的一些变化.

首先, 我们给出某些Kloosterman和的级数的求和公式: 若$(c,q)=1$, 则对任意的整数h有

$$(4.56) \qquad \begin{aligned} \sum_{m\geqslant 1}\tau(m)S(h,m;c)g(m) &= \tfrac{2}{c}S(h,0;c)\int_0^{+\infty}(\log\tfrac{\sqrt{x}}{c}+\gamma)g(x)\,\mathrm{d}\,x \\ &\quad -\tfrac{2\pi}{c}\sum_{n\geqslant 1}\tau(n)S(h-n,0;c)\int_0^{+\infty}Y_0(\tfrac{4\pi}{c}\sqrt{nx})g(x)\,\mathrm{d}\,x \\ &\quad +\tfrac{4}{c}\sum_{n\geqslant 1}\tau(n)S(h+n,0;c)\int_0^{+\infty}K_0(\tfrac{4\pi}{c}\sqrt{nx})g(x)\,\mathrm{d}\,x. \end{aligned}$$

要证明这一点, 我们展开Kloosterman和(1.56)

$$S(h,m;c)=\sum_{a \bmod c}^{*} e\left(\frac{h\bar{a}+ma}{c}\right),$$

然后对每个a应用(4.49), 并交换求和次序. 注意到左边的Kloosterman和退化为左边的Ramanujan和. 这个特点在应用中很重要, 参见[68, 188, 190].

接下来, 我们利用加性特征从(4.49)推出关于等差数列中的因子函数的求和公式.

推论 4.12 令$(q,r)=1$, g为$\mathbb{R}^+$上有紧支集的光滑函数, 则

$$\begin{aligned}\sum_{m\equiv r \bmod q}\tau(m)g(m) &= \frac{\varphi(q)}{q^2}\int_0^{+\infty}(\log x+2\gamma-2\eta(q))g(x)\,\mathrm{d}\,x\\ &\quad+\frac{1}{q}\sum_{c|q}\frac{1}{c}\sum_n\tau(n)\{S(r,n;c)T^+(\tfrac{n}{c^2})+S(r,-n;c)T^-(\tfrac{n}{c^2})\},\end{aligned}\tag{4.57}$$

其中$\eta(q)$是加性函数

$$\eta(q)=\sum_{p|q}\frac{\log p}{p-1}.\tag{4.58}$$

$S(r,n;c)$是Kloosterman和, $T^+(y),T^-(y)$是积分变换:

$$T^+(y)=-2\pi\int_0^{+\infty}Y_0(4\pi\sqrt{xy})g(x)\,\mathrm{d}\,x,\tag{4.59}$$

$$T^-(y)=4\int_0^{+\infty}K_0(4\pi\sqrt{xy})g(x)\,\mathrm{d}\,x.\tag{4.60}$$

注记: 因为在(4.37)中交换cos与sin即得$Y_0(z)$的渐近展开式(参见[105]的(23.451.2)), 所以我们采用导出(4.40)的同样方法得到近似公式

$$T^+(y)=\frac{2}{\pi y}\int_0^{+\infty}(xy)^{\frac14}g'(x)\cos(4\pi\sqrt{xy}-\tfrac{\pi}{4})\,\mathrm{d}\,x+O(R(y)),$$

其中$R(y)$由(4.39)给出. 类似可得

$$T^-(y)=\frac{2}{\pi y}\int_0^{+\infty}(xy)^{\frac14}g'(x)\,\mathrm{e}^{-4\pi\sqrt{xy}}\,\mathrm{d}\,x+O(R(y)).$$

习题4.7 利用Kloosterman和的Weil界(11.16)和(4.42)的证明中的测试函数$g(x)$, 从(4.57)推出: 对$(q,r)=1$和$X\geqslant 2$有

$$\sum_{\substack{m\leqslant X\\ m\equiv r \bmod q}}\tau(m)=\frac{\varphi(q)}{q^2}X(\log X+2\gamma-1-2\eta(q))+O(\tau^2(q)(q^{\frac12}+X^{\frac13})\log X),\tag{4.61}$$

其中隐性函数是绝对的. 特别地,

$$\sum_{m\leqslant X}\tau(m)=X(\log X+2\gamma-1)+O(X^{\frac13}\log X).\tag{4.62}$$

这样就改进了Dirichlet因子问题(1.75)中的误差项.

习题4.8 证明: 对于任意的本原特征$\chi \bmod q\,(q>1)$和任意在$\mathbb{R}^+$上有紧支集的光滑函数$g(x)$有

$$\sum_{m=1}^{\infty}\tau(m)\chi(m)g(m)=\tau^2(\chi)q^{-2}\sum_{n=1}^{\infty}\tau(n)\bar{\chi}(n)h(nq^{-2}),\tag{4.63}$$

其中$\tau(\chi)$是Gauss和, $h(y)$是积分变换

$$h(y) = \int_0^{+\infty} K(2\pi\sqrt{xy})g(x)\,\mathrm{d}\,x, \tag{4.64}$$

其核为

$$K(z) = 4\chi(-1)K_0(2z) - 2\pi Y_0(2z). \tag{4.65}$$

提示: 将χ用加性特征表示(见(3.12)).

接下来我们推导关于

$$\tau_\nu(n,\chi) = \sum_{n_1 n_2 = n} \chi(n_1)(\tfrac{n_1}{n_2})^\nu \tag{4.66}$$

的求和公式, 其中$\chi \bmod q$是导子为$q > 1$的本原特征, ν是固定的复数. 它们是Hecke算子T_n^χ在关于$\Gamma_0(q)$和特征χ的Eisenstein级数的空间的特征值. 原则上我们用于$\tau(n)$ 的方法适用于$\tau_\nu(n,\chi)$, 尽管一些算术推理需要修订, 还需要对积分变换做一些修改. 但是, 收敛性分析是一样的, 所以我们不再重复做这件事. 我们只对$q|c$和$(q,c)=1$的极端情形讨论. 其他类似的公式也可参见[190].

定理 4.13 令$ad \equiv 1 \bmod c$, χ为导子为$q > 1(q|c)$的本原特征, 则对$\mathbb{R}^+$上任意有紧支集的光滑函数g有

$$\begin{aligned}\sum_{m=1}^{\infty} \tau_\nu(m,\chi)e(\tfrac{am}{c})g(m) &= \tfrac{\chi(d)}{c}(\tfrac{q}{c})^{2\nu}\tau(\chi)L(1+2\nu,\bar{\chi})\int_0^{+\infty} g(x)x^\nu\,\mathrm{d}\,x \\ &\quad + \tfrac{\chi(d)}{c}\sum_{n=1}^{\infty} \tau_\nu(n,\chi)e(-\tfrac{dn}{c})\int_0^{+\infty} g(x)J_{2\nu}^{\pm}(\tfrac{4\pi}{c}\sqrt{nx})\,\mathrm{d}\,x \\ &\quad + \tfrac{\chi(d)}{c}\sum_{n=1}^{\infty} \tau_\nu(n,\chi)e(\tfrac{dn}{c})\int_0^{+\infty} g(x)K_{2\nu}^{\pm}(\tfrac{4\pi}{c}\sqrt{nx})\,\mathrm{d}\,x,\end{aligned} \tag{4.67}$$

其中$\tau(\chi)$为Gauss和, $L(1+2\nu,\chi)$是Dirichlet L函数, 并且

$$J_{2\nu}^{+}(z) = \tfrac{-\pi}{\sin\pi\nu}(J_{2\nu}(z) - J_{-2\nu}(z)),\ \chi(-1)=1,$$

$$J_{2\nu}^{-}(z) = \tfrac{\pi\,\mathrm{i}}{\cos\pi\nu}(J_{2\nu}(z) + J_{-2\nu}(z)),\ \chi(-1)=-1,$$

$$K_{2\nu}^{+}(z) = 4\cos(\pi\nu)K_{2\nu}(z),\ \chi(-1)=1,$$

$$K_{2\nu}^{-}(z) = 4\,\mathrm{i}\sin(\pi\nu)K_{2\nu}(z),\ \chi(-1)=-1.$$

注记: 对$\nu=0$有

$$\tau(n,\chi) = \sum_{d|n}\chi(d). \tag{4.68}$$

若χ为奇特征(权为1的模形式的情形), 公式简化为

$$\begin{aligned}\sum_{m=1}^{\infty} \tau(m,\chi)e(\tfrac{am}{c})g(m) &= \tfrac{\chi(d)}{c}\tau(\chi)L(1,\bar{\chi})\int_0^{+\infty} g(x)\,\mathrm{d}\,x \\ &\quad + 2\pi\,\mathrm{i}\,\tfrac{\chi(d)}{c}\sum_{n=1}^{\infty}\tau(n,\chi)e(-\tfrac{dn}{c})\int_0^{+\infty} g(x)J_0(\tfrac{4\pi}{c}\sqrt{nx})\,\mathrm{d}\,x.\end{aligned}$$

证明: 我们在(4.67)的左边按照剩余类$(m_1,m_2) \equiv (u_1,u_2) \bmod c$分组求和, 对每个类应用Poisson求和公式(4.24) 得到

$$\frac{1}{c^2}\sum_{n_1}\sum_{n_2}\sum_{u_1,u_2}\sum_{\bmod c}\chi(u_1)e_c(au_1u_2-n_1u_1-n_2u_2)I(n_1,n_2),$$

其中$I(n_1,n_2)$是Fourier积分

$$I(n_1,n_2)=\int_0^{+\infty}\int_0^{+\infty}(\tfrac{x}{y})^\nu g(xy)e_c(xn_1+yn_2)\,\mathrm{d}\,x\,\mathrm{d}\,y.$$

在$u_2 \bmod c$上的和为0, 除了$au_1\equiv u_2 \bmod c$的情形, 此时和为c. 因此我们证明了(4.67)的左边等于

$$\frac{\bar\chi(a)}{c}\sum_{n_1}\sum_{n_2}\chi(n_2)e(-\tfrac{d}{c}n_1n_2)I(n_1,n_2).$$

注意到$\bar\chi(a)=\chi(d)$, 由$n_1n_2=0$得到

$$\begin{aligned}&\frac{\chi(d)}{c}\sum_{n=1}^{\infty}\chi(n)(I(0,n)+\chi(-1)I(0,-n))\\=\ &\frac{\chi(d)}{c}(\tfrac{2\pi}{c})^{2\nu}L(-2\nu,\chi)\int_0^{+\infty}g(x)x^\nu\,\mathrm{d}\,x\int_0^{+\infty}(\mathrm{e}^{\mathrm{i}\,y}+\chi(-1)\,\mathrm{e}^{-\mathrm{i}\,y})y^{-1-2\nu}\,\mathrm{d}\,y.\end{aligned}$$

由(4.108)和(4.109)可知根据$\chi(-1)=1$或$\chi(-1)=-1$, 上式最后一个积分分别等于$2\Gamma(-2\nu)\cos\pi\nu$和$-2\,\mathrm{i}\,\Gamma(-2\nu)\sin\pi\nu$. 此时通过函数方程

$$L(-2\nu,\chi)=\frac{\tau(\chi)}{\sqrt{\pi}}(\tfrac{q}{\pi})^{2\nu}L(1+2\nu,\bar\chi)\begin{cases}\Gamma(\frac12+\nu)/\Gamma(-\nu), & \text{若}\chi(-1)=1,\\ -\,\mathrm{i}\,\Gamma(1+\nu)/\Gamma(\frac12-\nu), & \text{若}\chi(-1)=-1,\end{cases}$$

我们将$L(-2\nu,\chi)$变为$L(1+2\nu,\bar\chi)$(见(4.73)). 我们在偶特征的情形遇到

$$\frac{2\Gamma(\frac12+\nu)}{\Gamma(-\nu)}\Gamma(-2\nu)\cos\pi\nu=2^{-2\nu}\sqrt{\pi};$$

在奇特征的情形遇到

$$\frac{-2\Gamma(1+\nu)}{\Gamma(\frac12+\nu)}\Gamma(-2\nu)\sin\pi\nu=2^{-2\nu}\sqrt{\pi}.$$

因此我们在这两种情形可知$n_1n_2=0$的项贡献的值相同, 正是(4.67)右边的第一项. 对于$n_1n_2\neq0$的项, 我们得到

$$\begin{aligned}&\frac{\chi(d)}{c}\sum_{n_2=1}^{\infty}\sum_{n_1=1}^{\infty}\chi(n_2)e(-\tfrac{d}{c}n_1n_2)(I(n_1,n_2)+\chi(-1)I(-n_1-n_2))\\+\ &\frac{\chi(d)}{c}\sum_{n_2=1}^{\infty}\sum_{n_1=1}^{\infty}\chi(n_2)e(\tfrac{d}{c}n_1n_2)(I(-n_1,n_2)+\chi(-1)I(n_1-n_2)).\end{aligned}$$

作变量变换$(x,y)\to(u\sqrt{\frac{vn_2}{n_1}},u^{-1}\sqrt{\frac{vn_1}{n_2}})$得到

$$I(\pm n_1,\pm n_2)=(\tfrac{n_2}{n_1})^\nu\int_0^{+\infty}g(v)(\int_0^{+\infty}e_c(\sqrt{vn_1n_2}(\pm u\pm u^{-1}))u^{2\nu-1}\,\mathrm{d}\,u)\,\mathrm{d}\,v.$$

因此应用(4.112)-(4.115)可见(4.67)右边剩余的项. □

注记: 在定理4.13的证明中, 我们假定$-\nu$是小正数, 但是可以将结果解析延拓到所有复数ν上.

定理 4.14 令$ad\equiv1 \bmod c$, $\chi \bmod q$是导子为$q>1$的本原特征, $(c,q)=1$, 则对$\mathbb{R}^+$上有紧支集的任意光滑函数有

(4.69)

$$\begin{aligned}\sum_{m=1}^{\infty}\tau_\nu(m,\chi)e(\tfrac{am}{c})g(m)\ =\ &\chi(c)c^{2\nu-1}L(1-2\nu,\chi)\int_0^{+\infty}g(x)x^{-\nu}\,\mathrm{d}\,x\\&+\frac{\chi(-c)}{c}\tau(\chi)q^{\nu-1}\sum_{n=1}^{\infty}\tau_{-\nu}(n,\bar\chi)e(-\tfrac{d\bar qn}{c})\int_0^{+\infty}g(x)J_{2\nu}^{\pm}(\tfrac{4\pi\sqrt{nx}}{c\sqrt{q}})\,\mathrm{d}\,x\\&+\frac{\chi(c)}{c}\tau(\chi)q^{\nu-1}\sum_{n=1}^{\infty}\tau_{-\nu}(n,\bar\chi)e(\tfrac{d\bar qn}{c})\int_0^{+\infty}g(x)K_{2\nu}^{\pm}(\tfrac{4\pi\sqrt{nx}}{c\sqrt{q}})\,\mathrm{d}\,x,\end{aligned}$$

其中$\bar{q}q \equiv 1 \bmod c$, $J_\nu^\pm, K_\nu^\pm$的意义与定理4.13中的相同.

注记: 对$\nu = 0$和奇特征χ, 上述公式变成

$$(4.70)\qquad \begin{aligned}\sum_{m=1}^{\infty} \tau(m,\chi) e(\tfrac{am}{c}) g(m) &= \tfrac{\chi(c)}{c} L(1,\chi) \int_0^{+\infty} g(x)\,\mathrm{d}\,x \\ &\quad -2\pi \tfrac{\chi(c)}{c} \tfrac{\tau(\chi)}{q} \sum_{n=1}^{\infty} \tau(n,\bar{\chi}) e(-\tfrac{d\bar{q}n}{c}) \int_0^{+\infty} g(x) J_0(\tfrac{4\pi\sqrt{nx}}{c\sqrt{q}})\,\mathrm{d}\,x.\end{aligned}$$

证明: 我们在(4.69)的左边按剩余类$m_1 \equiv u_1 \bmod cq, m_2 \equiv u_2 \bmod c$分组求和, 对每个类应用Poisson求和公式(4.21)得到

$$\tfrac{1}{c^2q} \sum_{n_1}\sum_{n_2} \sum_{u_1 \bmod cq}\sum_{u_2 \bmod cq} \chi(u_1) e_c(au_1u_2 - \tfrac{n_1}{q}u_1 - n_2u_2) I_\nu(\tfrac{n_1}{q}, n_2),$$

其中$I_\nu(z_1,z_2)$与定理4.13的证明中的积分相同. 注意

$$I_\nu(\tfrac{n_1}{q}, n_2) = q^\nu I_v(\tfrac{n_1}{\sqrt{q}}, \tfrac{n_2}{\sqrt{q}}) = q^\nu I_{-\nu}(\tfrac{n_2}{\sqrt{q}}, \tfrac{n_1}{\sqrt{q}}).$$

关于$u_2 \bmod c$的和为0, 除了$au_1 \equiv n_2 \bmod c$的情形, 此时和为c. 令$u_1 = dn_2q\bar{q} + ct$, 其中t遍历模q的剩余系, 可得

$$\sum_{u_1}\sum_{u_2} = ae(-\tfrac{d\bar{q}}{c}n_1n_2)\chi(-c\bar{n_1})\tau(\chi).$$

从而(4.69)的左边等于

$$\tfrac{\chi(-c)}{c}\tau(\chi)q^{\nu-1}\sum_{n_1}\sum_{n_2}\bar{\chi}(n_1)e(-\tfrac{d\bar{q}}{c}n_1n_2)I_{-\nu}(\tfrac{n_2}{\sqrt{q}}, \tfrac{n_1}{\sqrt{q}}).$$

这个式子与我们证明定理(4.13)时处理的和式类似, 因此在适当的地方作变换$(\chi,\nu,d) \to (\bar{\chi},-\nu,d\bar{q})$即可由(4.67)推出(4.69). □

定理4.6, 4.10, 4.13和4.14是模形式的Fourier形式的求和公式的特殊情形. 事实上, 这些结果本身证实了相关形式的模性. 事实上, 我们只需应用2维Poisson求和公式就能直接建立这样的模关系, 因为在每种情形, 我们的算术函数都是作为GL_1模形式的提升的某个GL_2模形式(即对于的L 函数分解为两个Dirichlet L函数)的Fourier系数出现的. 对于真正的尖形式系数, 我们不能应用普通的Poisson求和公式. 如果我们知道Fourier级数

$$f(z) = \sum_n \lambda_f(n) n^{\frac{k-1}{2}} e(nz)$$

是模形式, 例如$f \in S_k(q,\chi)$(相关的符号和全纯模形式的综述见第14章), 那么关于Fourier系数$\lambda_f(n)$的相应公式就是对等式

$$f(\tfrac{az+b}{cz+d}) = \chi(d)(cz+d)^k f(z)$$

的另一种表示.

习题4.9 设f是权为$k \geqslant 1$, $\chi \bmod q$为特征的$q \geqslant 1$级尖形式. 令$c \geqslant 1, c \equiv 0 \bmod q, ad \equiv 1 \bmod c$. 证明: 对于$\mathbb{R}^+$上任意有紧支集的光滑函数$g$, f的Fourier系数满足

$$(4.71)\qquad \sum_{m=1}^{\infty} \lambda_f(m) e(\tfrac{am}{c}) g(m) = \tfrac{\chi(d)}{c} \sum_{n=1}^{\infty} \lambda_f(n) e(-\tfrac{dn}{c}) h(n),$$

其中

$$h(y)=2\pi \mathrm{i}^k\int_0^{+\infty} g(x)J_{k-1}(\tfrac{4\pi}{c}\sqrt{xy})\,\mathrm{d}\,x.$$

提示: 在模等式中取$z=-\frac{d}{c}+\frac{\mathrm{i}}{cy}$, 取适当的测试函数$G(y)$, 两边对得到的Fourier级数关于$y$积分.

若f是本原的(见§14.7), 使得它满足Fricke对合等式

$$f(-\tfrac{1}{qz})=\eta_f q^{\frac{k}{2}} z^k \bar{f}(z),$$

其中$|\eta_f|=1$(见命题14.14), 则我们也有

$$\sum_{m=1}^{\infty}\lambda_f(m)g(m)=\eta_f q^{-\frac{1}{2}}\sum_{n=1}^{\infty}\bar{\lambda}_f(n)h(n), \tag{4.72}$$

其中h与上面的g的Hankel型积分变换相同, $c=\sqrt{q}$(对

$$\begin{pmatrix} a & b\\ c & d\end{pmatrix}=\begin{pmatrix} 0 & -\frac{1}{\sqrt{q}}\\ \sqrt{q} & 0\end{pmatrix}$$

应用(4.71), 将$\chi(d)$变为η_f得到(4.72)).

在现代解析数论中, 对形如$\gamma(m)=\alpha(m)\beta(m+h)$的算术函数的求和公式有着大量的需求, 其中$\alpha(m),\beta(n)$本质上是模形式的系数, h为固定的整数(但是h的一致性很重要). 当我们对临界线上的一族L函数的幂矩进行估计时经常会遇到这种问题. 参见[67, 225, 273].

§4.6 Dirichlet L函数的函数方程

算术函数的求和公式经常作为相应的生成Dirichlet级数的函数方程出现. 反过来, 将两个Dirichlet级数联系起来的函数方程(通过取Mellin变换的逆)导出系数列的求和公式. 我们在本节利用Riemann的原始方法对Dirichlet L函数(3.6)的这种对应关系详细说明. 这些想法由Hecke[131]在数域的L函数和自守L函数中进一步发展, 并且在Tate的博士论文[309]中被置于一般的加性理想元环境中. 此外, 通过求和公式将缠绕L 函数的函数方程与模性联系起来一般来说是所谓的自守型理论的逆定理的本质. 我们在这里没有讨论相容性这些微妙的问题, 参见定理14.21关于GL_2模形式的Weil逆定理, 或者[153].

令$q\geqslant 1$, χ为模q的本原特征. 设$q\neq 1$时, $\delta(\chi)=0$; $q=1$时, $\delta(\chi)=1$, 此时$\chi=1, L(\chi,s)=\zeta(s)$. 我们还设$\kappa=\frac{1}{2}(1-\chi(-1))$, 所以若$\chi$是偶特征时, $\kappa=0$; χ是奇特征时, $\kappa=1$.

定理 4.15 记号如上. $L(s,\chi)$可以解析延拓为$\mathbb{C}$上的亚纯函数, 在$\chi\neq 1$时为整函数, 在$\chi=1$时在$s=1$ 处有唯一的单极点, 留数为1. 完全L函数

$$\Lambda(s,\chi)=(\tfrac{q}{\pi})^{\frac{s}{2}}\Gamma(\tfrac{s+\kappa}{2})L(s,\chi)$$

在$q\neq 1$时是整函数, 在$q=1$时, $s=0$与$s=1$为单极点, 留数都是1. 此外有函数方程

$$\Lambda(s,\chi)=\varepsilon(\chi)\Lambda(1-s,\bar{\chi}), \tag{4.73}$$

其中

$$\varepsilon(\chi)=\mathrm{i}^{-\kappa}\frac{\tau(\chi)}{\sqrt{q}}. \tag{4.74}$$

回顾: 对本原特征χ有Gauss和$\tau(\chi)$的模为$\sqrt{q}$(见(3.10), (3.14)), 所以“根数”$\varepsilon(\chi)$的模为1. Gauss定理3.3证明了对任意实本原特征χ有$\varepsilon(\chi)=1$.

因此Riemann ζ函数的函数方程为

$$\Lambda(s)=\pi^{-\frac{s}{2}}\Gamma(\frac{s}{2})\zeta(s)=\Lambda(1-s). \tag{4.75}$$

证明: 我们仅对$q\neq 1$时证明, $\zeta(s)$的情形只是由于极点$s=1$稍有不同. 令$\theta(y,\chi)$为θ函数

$$\theta(y,\chi)=\sum_{n\in\mathbb{Z}}\chi(n)n^{\kappa}e^{-\frac{\pi n^2 y}{q}},\ y>0.$$

按模q分组得到

$$\theta(y,\chi)=\sum_{a \bmod q}\chi(a)\theta(y;q,a),$$

其中

$$\theta(y;q,a)=\sum_{n\equiv a \bmod q}n^{\kappa}e^{-\frac{\pi n^2 y}{q}}.$$

我们对$\theta(y;q,a)$的这个和应用Poisson公式(见(4.24)). 由(4.29)可知函数$e^{-\pi x^2}$是它自身的Fourier变换. 对相应的Fourier积分微分, 则$f_y(x)=x^{\kappa}e^{-\pi x^2 y}$的Fourier变换为

$$\hat{f}_y(t)=\mathrm{i}^{-\kappa}\,y^{-\kappa-\frac{1}{2}}f_{y^{-1}}(t).$$

再次对模q分组求和, 由(4.24)得到

$$\theta(y;q,a)=\mathrm{i}^{-\kappa}\,y^{-\kappa-\frac{1}{2}}q^{-\frac{1}{2}}\sum_{b \bmod q}e(\tfrac{ab}{q})\theta(\tfrac{1}{y};q,b).$$

利用关于本原特征的公式(3.12)得到

$$\theta(y,\chi)=\varepsilon(\chi)y^{-\kappa-\frac{1}{2}}\theta(\tfrac{1}{y},\bar{\chi}). \tag{4.76}$$

现在我们需要利用Mellin变换公式(见(4.107))

$$(\tfrac{q}{\pi})^{\frac{s+\kappa}{2}}\Gamma(\tfrac{s+\kappa}{2})n^{-s}=\int_0^{+\infty}n^{\kappa}e^{-\frac{\pi n^2 y}{q}}y^{\frac{s+\kappa}{2}}\frac{\mathrm{d}\,y}{y}$$

导出

$$(\tfrac{q}{\pi})^{\frac{\kappa}{2}}\Lambda(s,\chi)=\tfrac{1}{2}\int_0^{+\infty}\theta(y,\chi)y^{\frac{s+\kappa}{2}}\frac{\mathrm{d}\,y}{y},\ \mathrm{Re}(s)>1.$$

在$y=1$处将积分分开, 对$0<y<1$应用(4.76)得到

$$(\frac{q}{\pi})^{\frac{\kappa}{2}}\Lambda(s,\chi)=\frac{1}{2}\int_1^{+\infty}(\varepsilon(\chi)\theta(y,\bar{\chi})y^{\frac{1-s+\kappa}{2}}+\theta(y,\chi)y^{\frac{s+\kappa}{2}})\frac{\mathrm{d}\,y}{y}, \tag{4.77}$$

由此可得$\Lambda(s,\chi)$(从而有$L(s,\chi)$)的解析延拓以及函数方程(4.73), 因为$\theta(y,\chi)$在$+\infty$处呈指数型急降. □

注记: 这个证明应该与定理14.7关于Hecke L函数的函数方程的证明作对比.

我们经常会发现算术函数$\lambda(n)$在截断$n\leqslant x$上的求和公式比没有截断的求和公式在应用时更方便. 这时导出有一个好的误差项的近似公式比得到只是条件收敛的确切级数更好. 我们在这里指出一个关于缠绕因子函数的经典结果, 它可以由Dirichlet L级数的函数方程导出(见[89]).

定理 4.16 令$\chi_1, \dots, \chi_d$分别为模$q_1, \dots, q_d$的本原特征. 对$1 \leqslant y \leqslant x$, 设

$$\lambda(n) = \sum_{n_1 \cdots n_d = n} \chi_1(n_1) \cdots \chi_d(n_d),$$

我们有

$$\sum_{1 \leqslant n \leqslant x} \lambda(n) = R(x) + w\sqrt{\frac{x}{\pi d}} \sum_{1 \leqslant n \leqslant y} \frac{\bar{\lambda}(n)}{\sqrt{n}} (\tfrac{q}{nx})^{\frac{1}{2d}} \cos(2\pi d(\tfrac{nx}{q})^{\frac{1}{d}} + \tfrac{\pi u}{4}) + O((\tfrac{q}{xy})^{\frac{1}{d}} x^{1+\varepsilon}),$$

其中$q = q_1 \cdots q_d, u = d - 3 - 2(\kappa_1 + \cdots + \kappa_d), w$是$L$函数$L(s) = L(s, \chi_1) \cdots L(s, \chi_d)$的根数($w$是标准Gauss和的乘积). 主项$R(x)$等于$s^{-1}x^s L(s)$在$s = 1$处的留数, 所以$R(x) = xP(\log x)$, $P(x)$是次数不超过d的多项式. 隐性常数仅依赖于d和ε.

由对偶和的显然估计, 并选取$y = q^{\frac{1}{d+1}} x^{\frac{d-1}{d+1}}$可得

$$\sum_{1 \leqslant n \leqslant x} \lambda(n) = R(x) + O(q^{\frac{1}{d+1}} x^{\frac{d-1}{d+1}+\varepsilon}),$$

其中隐性常数仅依赖于d和ε. 当然这不是最好的误差项, 利用指数和方法可以稍微改进这个结果. 我们所希望得到的最好误差项是$O(x^{\frac{1}{2}-\frac{1}{2d}+\varepsilon})$. 实际上, 对偶和的第一项差不多大. 注意由指数对猜想(见第8章)可以得到这个最好的估计, 而由Riemann猜想却得不到这个估计!

§4.7 附录: Fourier积分与Fourier级数

令$L^1(\mathbb{R})$表示$\mathbb{R}$上Lebesgue可积函数的空间. 定义$f \in L^1(\mathbb{R})$的Fourier变换为

$$\mathcal{F}f(y) = \hat{f}(y) = \int_{\mathbb{R}} f(x)e(-xy)\,\mathrm{d}\,x. \tag{4.78}$$

尽管$f(x)$不一定连续, 它的Fourier变换$\hat{f}(y)$一致连续, 并且当$|y| \to +\infty$时, $\hat{f}(y) \to 0$(Riemann-Lebesgue 引理). 对几乎所有的x可定义两个函数$f, g \in L^1(\mathbb{R})$的卷积:

$$(f * g)(x) = \int_{\mathbb{R}} f(x - y)g(y)\,\mathrm{d}\,y, \tag{4.79}$$

并且$f * g \in L^1(\mathbb{R})$. 实际上, L^1范数满足$||f * g||_1 \leqslant ||f||_1||g||_1$. 卷积是平滑算子, 确切地说, 若$g$的前$j$阶导数在$L^1(\mathbb{R})$中, 则对任意的$f \in L^1(\mathbb{R})$, $f * g$ 也有同样的性质.

Fourier变换$\hat{f}(y)$能确定原来的$f(x)$. 确切地说, 若$f \in L^1(\mathbb{R})$, 则当$Y \to +\infty$时,

$$\int_{-Y}^{Y} (1 - \tfrac{|y|}{Y}) \hat{f}(y)e(xy)\,\mathrm{d}\,y \to f(x)$$

依L^1范数收敛. 若$f, \hat{f} \in L^1(\mathbb{R})$, 则上述积分关于$x$一致收敛, 从而得到

$$f(x) = \int_{\mathbb{R}} \hat{f}(y)e(xy)\,\mathrm{d}\,y. \tag{4.80}$$

换句话说, $\hat{\hat{f}}(x) = f(-x)$, 它成为Fourier变换的反转公式. 称$\rho(Y) = \max\{1 - \frac{|y|}{Y}, 0\}$的Fourier变换为Fejér核:

$$\varphi(x) = \int_{-Y}^{Y} (1 - \frac{|y|}{Y})e(xy)\,\mathrm{d}\,y = (\frac{\sin \pi x Y}{\pi x Y})^2. \tag{4.81}$$

我们有$\hat{\hat{f}} * g = \hat{f} \cdot \hat{g}$. 特别地, $\hat{\varphi} * f = \rho \cdot \hat{f}$, 这就说明$L^1(\mathbb{R})$中有紧支集Fourier变换的函数线性空间稠密.

下面是一些基本的Fourier函数对:

$$f(x) = \begin{cases} 1, & 若|x| < 1, \\ \frac{1}{2}, & 若|x| = \frac{1}{2}, \\ 0, & 若|x| > 1, \end{cases} \quad \hat{f}(y) = \frac{\sin 2\pi y}{\pi y}, \tag{4.82}$$

$$f(x) = \max\{1 - |x|, 0\}, \ \hat{f}(y) = (\tfrac{\sin \pi y}{\pi y})^2, \tag{4.83}$$

$$f(x) = \mathrm{e}^{-2\pi|x|}, \ \hat{f}(y) = \pi^{-1}(1 + y^2)^{-1}, \tag{4.84}$$

$$f(x) = \mathrm{e}^{-\pi x^2}, \ \hat{f}(y) = \mathrm{e}^{-\pi y^2}, \tag{4.85}$$

$$f(x) = \frac{1}{\operatorname{ch} \pi x}, \ \hat{f}(y) = \frac{1}{\operatorname{ch} \pi y}. \tag{4.86}$$

圆周$T = \mathbb{R}/\mathbb{Z}$上的函数有相应的Fourier分析, 我们可以将它们视为$\mathbb{R}$上周期为2π的函数. 定义函数$f \in L^1(T)$ 的Fourier系数为

$$c_n(f) = \int_0^1 f(x) e(-nx) \,\mathrm{d}\, x. \tag{4.87}$$

它们构成f的Fourier级数:

$$f(x) \sim \sum_{n \in \mathbb{Z}} c_n(f) e(nx), \tag{4.88}$$

在没有确定收敛性时, 这个级数不过是一种形式表达式而已. Riemann-Lebesgue引理指出: 当$|n| \to \infty$时, $c_n(f) \to 0$. 当然这个结论不足以说明(4.88)的收敛性. 但是, 这些Fourier系数$c_n(f)$能确定f. 确切地说, 若对所有的n有$c_n(f) = 0$, 则$f = 0$几乎处处成立.

卷积

$$(f * g)(x) = \int_0^1 f(x - y) g(y) \,\mathrm{d}\, y \tag{4.89}$$

几乎处处有定义, 并且其Fourier系数等于乘积:

$$c_n(f * g) = c_n(f) c_n(g).$$

特别地, 将$f \in L^1(T)$与三角多项式

$$P_N(x) = \sum_{|n| \leqslant N} c_n(P) e(nx)$$

作卷积得到三角多项式

$$(f * P_N)(x) = \sum_{|n| \leqslant N} c_n(f) c_n(P_N) e(nx).$$

这个小技巧解决了许多可和性问题. 最受欢迎的是Fejér核

$$F_N(x)=\sum_{|n|\leqslant N}(1-\tfrac{|n|}{N})e(nx)=N(\tfrac{\sin\pi Nx}{\pi Nx})^2. \tag{4.90}$$

由此得到的Fejér部分和

$$\sum_{|n|\leqslant N}(1-\tfrac{|n|}{N})c_n(f)e(nx) \tag{4.91}$$

确实依T上的L^1范收敛于$f(x)$. f的Fourier级数本身的部分和可以通过将f与Dirichlet核

$$D_N(x)=\sum_{|n|\leqslant N}e(nx)=\tfrac{\sin\pi(2N+1)x}{\sin\pi x},\ N\in\mathbb{N} \tag{4.92}$$

作卷积做类似的裁剪.

关于对称部分和的点态收敛, 我们有: 若$f\in L^1(T)$为有界变差函数, 则对所有的$x\in T$ 有

$$\sum_{|n|\leqslant N}c_n(f)e(nx)\to\tfrac{1}{2}(f(x+0)+f(x-0)), \tag{4.93}$$

它在f连续的闭区间上一致收敛.

周期函数f在平方可积时被它的Fourier级数表示的问题在许多方面可以得到简化, 因为$L^2(T)$是Hilbert空间, 内积为

$$\langle f,g\rangle=\int_T f(x)\bar{g}(x)\,\mathrm{d}\,x,$$

这些加性特征$e_n(x)=e(nx)$构成完全正交系. 注意由Cauchy-Schwarz不等式有$||f||_1\leqslant||f||_2$, 所以$L^2(T)\subseteq L^1(T)$. 对于任意的$f,g\in L^2(T)$, 我们有Parseval公式

$$\sum_n c_n(f)\bar{c}_n(g)=\langle f,g\rangle. \tag{4.94}$$

因此, Fourier系数是平方可和的. Fourier级数的对称部分和依L^2范收敛于某个函数.

下面我们考虑关于多变量$x=(x_1,\dots,x_k)\in\mathbb{R}^k$的函数. 称$f:\mathbb{R}^k\to\mathbb{C}$为Schwartz函数, 如果对任意的$a=(a_1,\dots,a_k)$和$A\geqslant 0$有

$$f^{(a)}(x)\ll|x|^{-A}, \tag{4.95}$$

其中$|x|^2=x_1^2+\cdots+x_k^2$. 令$\mathcal{S}(\mathbb{R}^k)$表示Schwartz函数类. 对于任意的$f\in\mathcal{S}(\mathbb{R}^k)$, 定义它的Fourier变换为

$$\mathcal{F}(f)(y)=\hat{f}(y)=\int_{\mathbb{R}^k}f(x)e(-x\cdot y)\,\mathrm{d}\,x, \tag{4.96}$$

其中$x\cdot y=x_1y_1+\cdots+x_ky_k$是$\mathbb{R}^k$中的数量积. Fourier变换将空间$\mathcal{S}(\mathbb{R}^k)$变为自身(通过分部积分对$\hat{f}(y)$验证(4.95)), 它满足性质: $\hat{\hat{f}}(x)=f(-x),\langle\hat{f},g\rangle=\langle f,\hat{g}\rangle$. 确切地说,

$$f(x)=\int_{\mathbb{R}^k}\hat{f}(y)e(x\cdot y)\,\mathrm{d}\,y, \tag{4.97}$$

$$\int_{\mathbb{R}^k}\hat{f}(x)g(x)\,\mathrm{d}\,x=\int_{\mathbb{R}^k}f(y)\hat{g}(y)\,\mathrm{d}\,y. \tag{4.98}$$

换句话说, Fourier变换是$\mathcal{S}(\mathbb{R}^k)$中的等距变换. 卷积

$$(f*g)(x)=\int_{\mathbb{R}^k}f(x-y)g(y)\,\mathrm{d}\,y \tag{4.99}$$

在此变换下变成乘积: $\mathcal{F}(f*g)=\hat{f}\cdot\hat{g}$.

我们可以将$\mathbb{R}^k$视为被变换群$G=\mathbb{R}^k$作用的齐次空间. 除了平移, 正交群$\mathrm{SO}(\mathbb{R}^k)$通过旋转作用于$\mathbb{R}^k$使它成为Euclid空间. $\mathbb{R}^k$上(曲率为0)的Riemann度量由微分$\mathrm{d}\,s^2=\mathrm{d}\,x_1^2+\cdots+\mathrm{d}\,x_k^2$给出, 相应的Laplace算子为

$$D=\frac{\partial^2}{\partial x_1^2}+\cdots+\frac{\partial^2}{\partial x_k^2}. \tag{4.100}$$

指数函数$\varphi(x)=e(x\cdot y),y\in\mathbb{R}^k$是$D$的特征函数, 即$(D+\lambda(\varphi))\varphi=0$, 特征值为$\lambda(\varphi)=4\pi^2|y|^2$. 重要的一点是Laplace算子是旋转不变量(即旋转是$\mathbb{R}^k$的等距映射), 因此径向函数的Fourier变换也是径向的. 准确地说, 我们利用Fourier变换(4.97)可以证明

引理 4.17 令$k\geqslant 2,\nu=\frac{k}{2}-2$. 设

$$f(x)=g(|x|^2)|x|^{-\nu}, \tag{4.101}$$

其中g是$\mathbb{R}^+$上有紧支集的光滑函数, 则

$$\hat{f}(y)=h(|y|^2)|y|^{-\nu}, \tag{4.102}$$

其中

$$h(y)=\pi\int_0^{+\infty}J_\nu(2\pi\sqrt{xy})g(x)\,\mathrm{d}\,x, \tag{4.103}$$

$J_\nu(x)$为ν阶Bessel函数.

若P是k元复系数齐次多项式使得$DP=0$(称为球形调和函数), 则我们有Fourier函数对

$$F(x)=P(x)\,\mathrm{e}^{-\pi|x|^2},\ \hat{F}(y)=\mathrm{i}^d\,P(y)\,\mathrm{e}^{-\pi|y|^2},$$

其中$d=\deg P$. 这个自对偶(归功于Hecke)事实上刻画了球形调和函数. 原则上, 它说的是用球形调和函数相乘对Fourier变换几乎不产生影响. 例如, 引理4.17推广了下述等式(归功于Bochner)

$$\mathcal{F}(P(x)g(|x|^2)|x|^{-\nu})=P(y)h(|y|^2)|y|^{-\nu},$$

其中h由(4.103)给出, Bessel函数的阶由ν增加到$\nu+d$(回顾$\nu=\frac{k}{2}-1$). 这些事实自然地出现在西表示中.

我们在结束经典Fourier分析的综述之际对$\mathbb{R}^+$上的Mellin变换做一些说明. 称$f:\mathbb{R}^+\to\mathbb{C}$为$(\alpha,\beta)$型的, 如果对$\alpha<\mathrm{Re}(s)<\beta$有

$$f(y)y^{s-1}\in L^1(\mathbb{R}^+). \tag{4.104}$$

对这样的f, Mellin变换

$$M(f)(s)=\int_0^{+\infty}f(y)y^{s-1}\,\mathrm{d}\,y \tag{4.105}$$

对竖直带$\alpha < \mathrm{Re}(s) < \beta$上的复变量$s$有定义. 显然$M(f)(s)$在这条带上全纯. 因为通过作换元: $y = \mathrm{e}^x, s = \mathrm{i}\,t$ 可知$\mathbb{R}^+$上的Mellin变换不过是$\mathbb{R}$上Fourier变换的一个版本, 后者的结果能够适当地平移到前者. 例如, 若f是(a, β)型连续函数, 并且是有界变差的, 则Mellin变换公式成立:

$$f(y) = \frac{1}{2\pi\mathrm{i}} \int_{(\sigma)} M(f)(s) y^{-s}\,\mathrm{d}\,s\,\mathrm{d}\,y, \tag{4.106}$$

其中(σ)表示在竖直线$\mathrm{Re}(s) = \sigma$上积分.

下面是选自[105]第3章的Mellin变换(分别对应公式(381.4), (761.9), (761.4), (411.3), (523.3), (222.2), (293.3), (871.4), (871.3), (871.2), (871.1)):

$$\textstyle\int_0^{+\infty} \mathrm{e}^{-y}\, y^{s-1}\,\mathrm{d}\,y = \Gamma(s),\ \sigma > 0. \tag{4.107}$$

$$\textstyle\int_0^{+\infty} (\cos y) y^{s-1}\,\mathrm{d}\,y = \Gamma(s)\cos\frac{\pi s}{2},\ 0 < \sigma < 1. \tag{4.108}$$

$$\textstyle\int_0^{+\infty} (\sin y) y^{s-1}\,\mathrm{d}\,y = \Gamma(s)\sin\frac{\pi s}{2},\ -1 < \sigma < 1. \tag{4.109}$$

$$\textstyle\int_0^{+\infty} (1+y)^{-1} y^{s-1}\,\mathrm{d}\,y = \frac{\pi}{\sin\pi s},\ 0 < \sigma < 1. \tag{4.110}$$

$$\textstyle\int_0^{+\infty} \log(1+y) y^{s-1}\,\mathrm{d}\,y = \frac{\pi}{s\sin\pi s},\ -1 < \sigma < 0. \tag{4.111}$$

对$x > 0$有

$$\textstyle\int_0^{+\infty} \cos(\frac{x}{2}(y - \frac{1}{y})) y^{s-1}\,\mathrm{d}\,y = 2K_s(x)\cos\frac{\pi s}{2}, \tag{4.112}$$

$$\textstyle\int_0^{+\infty} \sin(\frac{x}{2}(y - \frac{1}{y})) y^{s-1}\,\mathrm{d}\,y = 2K_s(x)\sin\frac{\pi s}{2}, \tag{4.113}$$

$$\textstyle\int_0^{+\infty} \cos(\frac{x}{2}(y + \frac{1}{y})) y^{s-1}\,\mathrm{d}\,y = -\pi J_s(x)\sin\frac{\pi s}{2} - \pi Y_s(x)\cos\frac{\pi s}{2}, \tag{4.114}$$

$$\textstyle\int_0^{+\infty} \sin(\frac{x}{2}(y + \frac{1}{y})) y^{s-1}\,\mathrm{d}\,y = \pi J_s(x)\cos\frac{\pi s}{2} - \pi Y_s(x)\sin\frac{\pi s}{2}, \tag{4.115}$$

其中最后四个公式中$-1 < \sigma < 1$, J_s, K_s, Y_s是标准的Bessel函数.

在最后的两个公式中, 我们也有

$$\textstyle J_s(x)\sin\frac{\pi s}{2} + Y_s(x)\cos\frac{\pi s}{2} = \frac{J_s(x) - J_{-s}(x)}{2\sin\frac{\pi s}{2}}. \tag{4.116}$$

$$\textstyle J_s(x)\cos\frac{\pi s}{2} - Y_s(x)\sin\frac{\pi s}{2} = \frac{J_s(x) + J_{-s}(x)}{2\cos\frac{\pi s}{2}}. \tag{4.117}$$

第 5 章　L函数的经典解析理论

我们现在讨论解析数论中非常经典的一部分. 实际上, 本章讨论的大多数结果可以追溯到Riemann关于ζ函数的论文中的某种形式. 它们随后被推广到Dirichlet特征, 随之出现的是两个本质上全新的现象. 一个是关于导子估计的一致性起到重要作用, 另一个(与之相关)是总是出现所谓二次特征的例外零点(或Landau-Siegel零点). 排除这些零点的存在性, 剩下的是数论的主要问题之一.

如今经常出现许多改进的L函数(见第14, 15章关于L函数源头之一的自守形的综述), 但是熟知经典解析数论在极大的一般性上仍然有效. 然而从文献中找到对所有参数一致的确定结果有时并不容易. 由于这个原因, 我们在一般的抽象背景下证明所有结果. 然后我们从§5.9开始对实际应用中出现的最重要的L函数类进行综述:

(1) Dirichlet L函数, 见§5.9.

(2) Dedekind ζ函数与数域的Hecke大特征的L函数, 见§5.10.

(3) 经典尖形式(即GL(2)上的全纯Maass形)的自守L函数, 见§5.11.

(4) GL$(m), m \geqslant 1$上的一般自守L函数, 见§5.12.

(5) 代数簇和Galois表示的L函数(尽管它们中大多数只是适合本章讨论框架的猜想), 见§5.13和§5.14.

我们在每种情形都指出抽象结果的具体意义, 并且另外还给出一些结果.

§5.1　定义与预备知识

为了一举讨论完所有感兴趣的L函数, 我们引入一些抽象的定义, 尽管我们无意创立公理. 另一种做法是一开始就引入自守L函数(见§5.12), 但是对最经典的情形仍然需要做一些解释工作(并且Rankin-Selberg卷积将需要单独处理). 我们尽量在众所周知和非常一般的地方保持平衡. 不熟悉L函数或者只知道Dirichlet L函数的读者应该先阅读§5.9的引言段落, 然后在记住这个重要情形后往下读. 基本思想已经在Dirichlet L函数的背景下讲解过了. 我们在此鼓励读者熟悉自守L函数(参见[12]). 与Dirichlet特征或数域中理想上的Hecke特征的类比并不能很好地揭示真正的模形式的美和深度. 在Rankin-Selberg L函数出现后尤其能看出这一点, 它们在建立无零区域时起到重要作用.

用$L(f,s), L(g,s)$表示L函数, 尽管符号f, g在§5.9之前没有具体的含义. 使用它们只是为了暗示L函数通常是附于某个有趣的算术对象而出现.

称$L(f,s)$为L函数, 如果我们有下面的数据和条件:

(1) 有次数$d \geqslant 1$的Euler乘积的Dirichlet级数:

$$L(f,s)=\sum_{n\geqslant 1}\lambda_f(n)n^{-s}=\prod_p(1-\alpha_1(p)p^{-s})^{-1}\cdots(1-\alpha_d(p)p^{-s})^{-1}, \tag{5.1}$$

其中$\lambda_f(1)=1, \lambda_f(n)\in\mathbb{C}, \alpha_i(p)\in\mathbb{C}$. 上述级数和Euler乘积在$\mathrm{Re}(s)>1$时必须绝对收敛. $\alpha_i(p)(1\leqslant i\leqslant d)$称为局部根或$L(f,s)$在$p$处的局部参数, 它们满足

$$|\alpha_i(p)|<p,\ \forall p. \tag{5.2}$$

(2) γ因子

$$\gamma(f,s)=\pi^{-\frac{ds}{2}}\prod_{j=1}^{d}\Gamma(\tfrac{s+\kappa_j}{2}), \tag{5.3}$$

其中$\kappa_j\in\mathbb{C}$称为$L(f,s)$在无穷远处的局部参数: 我们假定这些数是实数或者共轭成对出现. 此外, $\mathrm{Re}(\kappa_j)>-1$. 最后一个条件告诉我们$\gamma(f,s)$在$\mathbb{C}$中没有零点, 并且在$\mathrm{Re}(s)\geqslant 1$时没有极点.

(3) 整数$q(f)\geqslant 1$(称为$L(f,s)$的导子): 对$p\nmid q(f)$有$\alpha_i(p)\neq 0(1\leqslant i\leqslant d)$, 称素数$p\nmid q(f)$为非分歧的.

由此可定义完全L函数

$$\Lambda(f,s)=q(f)^{\frac{s}{2}}\gamma(f,s)L(f,s). \tag{5.4}$$

显然, 它在半平面$\mathrm{Re}(s)>1$上是全纯的, 但是它需要解析延拓为$s\in\mathbb{C}$的1阶亚纯函数(参见§5.15的附录), 并且最多在$s=0,1$处有极点. 此外, 它需要满足函数方程

$$\Lambda(f,s)=\varepsilon(f)\Lambda(\bar{f},1-s), \tag{5.5}$$

其中$\bar{f}$是与f相关的对象(称为f的对偶)满足$\lambda_{\bar{f}}(n)=\bar{\lambda}_f(n), \gamma(\bar{f},s)=\gamma(f,s), q(\bar{f})=q(f)$, 绝对值为1的复数$\varepsilon(f)$称为$L(f,s)$的“根数”. 令$r(f)$表示$\Lambda(f,s)$在$s=0$处(或$s=1$处, 由(5.5)可知它们相等)的极点的阶(如果为正数)或零点的阶(如果为负数). 因为$\gamma(f,1)\neq 0,\infty$, $r(f)$也是$L(f,s)$在$s=1$处的极点或零点. 我们以后在所有具体的例子中将证明$L(f,s)$在$s=1$处不为0, 所以$r(f)\geqslant 0$.

我们将对与$L(f,s)$相关的各种解析量寻求一致的估计. 对于单个的L函数, 唯一的参数是$s\in\mathbb{C}$, 但是当$L(f,s)$变化时, 我们也必须讨论次数、导子和局部参数, 不管是单独研究还是组合研究. 结果发现对$L(f,s)$的大多数结果而言, 用解析导子表达更方便. 首先设

$$\mathfrak{q}_\infty(s)=\prod_{j=1}^{d}(|s+\kappa_j|+3). \tag{5.6}$$

将它用$q(f)$相乘得到解析导子

$$\mathfrak{q}(f,s)=q(f)\mathfrak{q}_\infty(s)=q(f)\prod_{j=1}^{d}(|s+\kappa_j|+3). \tag{5.7}$$

我们还记

$$\mathfrak{q}(f)=\mathfrak{q}(f,0)=q(f)\prod_{j=1}^{d}(|\kappa_j|+3).$$

注意$\mathfrak{q}(f)\geqslant 3^d q(f)$, 所以$d<\log \mathfrak{q}(f)$, 并且

$$\mathfrak{q}(f,s)\leqslant \mathfrak{q}(f)(|s|+3)^d, \tag{5.8}$$

所以用最后定义的量进行估计并没有在强度上损失太多.

从定义可知, 若$L(f,s)$和$L(g,s)$是L函数, 则$L(f,s)L(g,s)$以$q(f)q(g)$为导子, $\mathfrak{q}(f,s)\mathfrak{q}(g,s)$为解析导子, $\gamma(f,s)\gamma(g,s)$为γ因子, $\varepsilon(f)\varepsilon(g)$为根数. 此外, 由构造可知$L(\bar{f},s)$是与$L(f,s)$有相同次数、导子、$\gamma$因子的$L$函数, 并且$\varepsilon(\bar{f}) = \bar{\varepsilon}(f)$. 若$L(f,s)$为整函数, 则对任意固定的$t \in \mathbb{R}$, 移位$L$函数$L(g,s) = L(f,s+\mathrm{i}t)L(\bar{f},s-\mathrm{i}t)$是另一个$L$函数, γ因子为$\gamma(g,s) = \gamma(f,s+\mathrm{i}t)\gamma(f,s-\mathrm{i}t)$, 导子为$q(g) = q(f)^2$, 根数为$\varepsilon(g) = 1$, 解析导子为$\mathfrak{q}(g,s) = \mathfrak{q}(f,s+\mathrm{i}t)\mathfrak{q}(f,s-\mathrm{i}t)$. 需要$L(f,s)$ 为整函数的条件是因为我们无法转移极点. 我们取两个作位移$\mathrm{i}t, -\mathrm{i}t$的$L$函数的乘积保证局部参数成对出现. 当然, 这些只是表面工作.

以后我们经常简化上述符号, 不显示对f, a的依赖性, 记$q = q(f), \mathfrak{q}_\infty = \mathfrak{q}_\infty(s), \mathfrak{q} = \mathfrak{q}(f,s), r = r(f)$.

若$f = \bar{f}$, 则称$L(f,s)$为自对偶的. 这就意味着L函数的Dirichlet级数是实系数的. 对于自对偶L函数, 根数是实数, 所以$\varepsilon(f) = \pm 1$, 于是称之为函数方程的符号. 下面的结果最初由Shimura得到, 尽管简单, 但它在许多应用中起到重要作用(见§23.6和第26章).

命题 5.1 令$L(f,s)$为自对偶的, $\varepsilon(f) = -1$, 则$L(f,\frac{1}{2}) = 0$.

证明: 由定义, $\gamma(f,\frac{1}{2}) \neq 0$. 将函数方程应用于临界线$s = \frac{1}{2}$得到$L(f,\frac{1}{2}) = -L(f,\frac{1}{2})$, 因此$L(f,\frac{1}{2}) = 0$. □

局部根在不计指标的置换时是定义合理的. 若对任意的i, 当$p \nmid q(f)$时有$|\alpha_i(p)| = 1$, 否则$|\alpha_i(p)| \leqslant 1$, 则称$L(f,s)$满足Ramanujan-Peterson猜想. 特别地, 这就意味着$|\lambda_f(n)| \leqslant \tau_d(n)$. 类似地, 若对任意的$f$有$|\operatorname{Re}(\kappa_j)| \geqslant 0$, 则称$L(f,s)$满足(广义)Selberg猜想, 或者称它在无穷远处满足Ramanujan-Peterson猜想. 在这种情形下, $\gamma(f,s)$在$\operatorname{Re}(s) > 0$时没有极点.

因为假设了$\Lambda(f,s) = \gamma(f,s)L(f,s)$全纯(可能在$s = 0$和$= 1$处例外), 可知$\gamma(f,s)$在$s \neq 0$处的极点为$L(f,s)$ 的零点. 它们称为平凡零点, 这些点为$-2m - \kappa_j \neq 0 (1 \leqslant j \leqslant d)$, 其中$m > 0$为整数. 例如, $\zeta(s)$的平凡零点是$s = -2, -4, -6, \ldots$, 而$\zeta(0) = -\frac{1}{2}$. $L(f,s)$的其他零点称为非平凡零点, 它们位于临界带$0 \leqslant \operatorname{Re}(s) \leqslant 1$上. 一些平凡零点原本也可能落在临界带上, 但是人们猜想它们不可能落在临界带的内部.

正如本章引言中提到的那样, 我们将在§5.9开始讨论例子. 值得注意的是许多有趣的L级数存在于我们设定的范围之外, 要么是因为我们没有能力证明必要的假设(例如, 一般情形下不确定非平凡不可约特征的Artin L函数是整函数, 对于一般的簇的L函数甚至不确定它是亚纯的, 见§5.13和§5.14), 要么是因为有些条件不成立. 例如, 另类的有非本原特征的Dirichlet L函数(它们有Euler乘积, 但是函数方程有额外的因子), 一般模形式的L函数(没有Euler乘积, 并且函数方程将$L(f,s)$与某个与$L(f,s)$不直接相关的函数, 见定理14.7). 更有趣的是数域的理想类的部分ζ函数(虚二次域的情形见(22.55))可能有函数方程(将理想类$\mathfrak{a}$与$\mathfrak{d} - \mathfrak{a}$联系起来, 其中$\mathfrak{d}$为差分), 但是在类数大于1时没有Euler乘积. 然而这些部分ζ函数可以作为类群特征的完全L函数的线性组合得到重建.

L函数的现代解析理论很大程度上受到两个概念: 一个是L函数族, 另一个是(Langlands)函子的影响. 前者缺乏形式化的定义, 但是具有很强的引导原则(见[226]). 当本书中函数族的例子出现时, 我们将进行提示. 注意在这个设定下, 当s的虚部t变化时, 应该视为函数族内的变化. L函数族的主要参数隐藏在解析导子中.

另一方面, 函子反映出有时通过对旧的L函数的系数$\lambda_f(n)$做一些运算(看起来简单, 但是很微妙. 例如升幂成$\lambda_f(n^k)$或$\lambda_f(n)^k$)得到新的L函数的原则. 正规的形式化定义要求很多的符号和设置, 并且那些朴素的想法都必须改变. 此外, 大量的整体设置仍然是猜测性的. 我们在这里讨论的是Rankin-Selberg型L函数的设置简单的定义, 在别的地方会提及对称平方L函数和其他对称幂L函数(见§5.12, 以及第12章关于Sato-Tate猜想的讨论).

令$L(f,s)$与$L(g,s)$分别为d次和e次L函数, 在无穷远处的局部分量分别为κ_i,ν_j, 局部根分别为$(\alpha_i(p))$和$(\beta_j(p))$. 对$p\nmid q(f)q(g)$, 令

$$L_p(f\otimes g,s)=\prod_{i,j}(1-\alpha_i(p)\beta_j(p)p^{-s})^{-1}. \tag{5.9}$$

我们称f,g有Rankin-Selberg卷积, 如果存在次数为de的L 函数$L(f\otimes g,s)$使得

$$L(f\otimes g,s)=\prod_{p\nmid p(f)q(f)}L_p(f\otimes g,s)\prod_{p|q(f)q(g)}H_p(p^{-s}),$$

其中

$$H_p(p^{-s})=\prod_{j=1}^{de}(1-\gamma_j(p)p^{-s})^{-1},\ |\gamma_j(p)|<p. \tag{5.10}$$

γ因子必须写成

$$\gamma(f\otimes g,s)=\pi^{\frac{-des}{2}}\prod_{i,j}\Gamma(\tfrac{s+\mu i,j}{2}),$$

其中$\mathrm{Re}(\mu_{i,j})\leqslant\mathrm{Re}(\kappa_i+\nu_j)$, $|\mu_{i,j}|\leqslant|\kappa_i|+|\nu_j|$, κ_i,ν_j为f,g在无穷远处的局部分量. 此外, $f\otimes g$的导子必须整除$q(f)^eq(g)^d$; 若$g=\bar{f}$, 则$L(f\otimes g,s)$在$s=1$处一定有极点. 事实上, 除非$L(f,s)$或$L(g,s)$可分解因子, 我们在具体的例子中会看到当$g\neq\bar{f}$时, $L(f\otimes g,s)$是整函数.

我们称$L(f\otimes g,s)$为Rankin-Selberg L函数或者L与g的卷积, 或者在$g=\bar{f}$时称为Rankin-Selberg平方.

注意若$L(f\otimes f,s)$存在, 或者$L(f\otimes\bar{f},s)$存在, 则对局部根和κ_j的估计可以改进为$|\alpha_i(p)|<\sqrt{p},\mathrm{Re}(\kappa_j)>-\frac{1}{2}$.

这些条件也意味着关于解析导子的不等式成立:

$$\mathfrak{q}(f\otimes g,s)\leqslant\mathfrak{q}(f)^e\mathfrak{q}(g)^d(|s|+3)^{de} \tag{5.11}$$

(见(3.8)). 尽管$L(f\otimes g,s)$是否存在决不明显, 在$L(f,s)$与$L(g,s)$是自守L函数时的确存在(见§5.12). 这就包含了解析数论中多数重要情形(包含数域的L函数). 注意对偶L函数是$L(\bar{f}\otimes g,s)$.

§5.2 L函数的近似

我们从将被广泛应用的粗糙结果开始, 以后再对这些结果改进.

引理 5.2 任意的L函数$L(f,s)$在竖直带$s=\sigma+\mathrm{i}t,a\leqslant\sigma\leqslant b,|t|\geqslant1$上具有多项式界.

证明: 由Dirichlet级数的绝对收敛性可知L函数在半平面$\sigma\geqslant1+\varepsilon$上有界, 因此我们通过函数方程和Stirling公式(5.114) 推出$L(f,s)$在半平面$\sigma<-\varepsilon$上的多项式界. 在剩余条形带上的多项式界由Phragmen-Lindelöf原理得到(见定理5.53). □

我们现在陈述下列称为“近似函数方程”的公式, 它对$L(f,s)$在级数非绝对收敛的临界带上给出了方便使用的解析表达式.

定理 5.3 令$L(f,s)$为L函数, $G(u)$为条形带$-4 < \mathrm{Re}(s) < 4$上的任意全纯有界偶函数, 设$G(0)$使之标准化, 则对条形带$0 \leqslant \sigma \leqslant 1$中的$s$有

$$L(f,s) = \sum_n \tfrac{\lambda_f(n)}{n^s} V_s\left(\tfrac{n}{X\sqrt{q}}\right) + \varepsilon(f,s) \sum_n \tfrac{\bar{\lambda}_f(n)}{n^{1-s}} V_{1-s}\left(\tfrac{nX}{\sqrt{q}}\right) + R, \tag{5.12}$$

其中$V_s(y)$是如下定义的光滑函数:

$$V_s(y) = \tfrac{1}{2\pi \mathrm{i}} \int_{(3)} y^{-u} G(u) \tfrac{\gamma(f,s+u)}{\gamma(f,s)} \tfrac{\mathrm{d}\, u}{u}, \tag{5.13}$$

$$\varepsilon(f,s) = \varepsilon(f) q(f)^{\frac{1}{2}-s} \tfrac{\gamma(f,1-s)}{\gamma(f,s)}. \tag{5.14}$$

最后一项R在$\Lambda(f,s)$是整函数时为0, 否则

$$R = \left(\operatorname*{res}_{w=1-s} + \operatorname*{res}_{w=-s} \right) \tfrac{\Lambda(f,s+u)}{q^{\frac{s}{2}} \gamma(f,s)} \tfrac{G(u)}{u} X^u.$$

证明: 考虑积分

$$I(X,f,s) = \tfrac{1}{2\pi \mathrm{i}} \int_{(3)} X^u \Lambda(f,s+u) G(u) \tfrac{\mathrm{d}\, u}{u}.$$

这个积分存在, 因为由Stirling公式(见(5.113))可知: 对固定的σ, $\Lambda(f,s)$在$t \to +\infty$时速降. 出于同样的原因, 我们利用引理5.2可以将积分平移到$\mathrm{Re}(u) = -3$ 上. 由函数方程得到

$$\Lambda(f,s) = I(X,f,s) + \varepsilon(f) I(X^{-1}, \bar{f}, 1-s) + R q^{\frac{s}{2}} \gamma(f,s), \tag{5.15}$$

其中$\Lambda(f,s)$来自$u^{-1}G(u)$的单极点, 最后一项R在$\Lambda(f,s)$不是整函数时来自可能在$u = 1-s$和$u = s$处的留数.

展开为绝对收敛的Dirichlet级数, 我们有

$$I(X,f,s) = q^{\frac{s}{2}} \sum_{n \geqslant 1} \tfrac{\lambda_f(n)}{n^s} \tfrac{1}{2\pi \mathrm{i}} \int_{(3)} \gamma(f,s+u) \left(\tfrac{X\sqrt{q}}{n}\right)^u G(u) \tfrac{\mathrm{d}\, u}{u} = q^{\frac{s}{2}} \gamma(f,s) \sum_{n \geqslant 1} \tfrac{\lambda_f(n)}{n^s} V_s\left(\tfrac{n}{X\sqrt{q}}\right).$$

我们对$I(X^{-1}, \bar{f}, 1-s)$做同样的处理, 并将它们代入(5.15), 两边除以$q^{\frac{s}{2}} \gamma(f,s)$即得(5.12). □

习题5.1 设$L(f,s)$为整的L函数. 对于$\mathbb{R}^+$上有紧支集的光滑函数F及其Mellin变换$\hat{F}$, 证明:

$$\sum_{n \geqslant 1} \lambda_f(n) F(n) = \tfrac{\varepsilon(f)}{\sqrt{q}} \sum_{n \geqslant 1} \bar{\lambda}_f(n) H(n), \tag{5.16}$$

其中

$$H(y) = \tfrac{1}{2\pi \mathrm{i}} \int_{(3)} \hat{F}(1-s) \tfrac{\gamma(f,s)}{\gamma(f,1-s)} y^{-s} \,\mathrm{d}\, s.$$

(在经典自守形的情形, §4.5中给出了更清楚的公式. 特别地, 参见(4.71), 在这个公式中测试函数经过Hankel变换).

证明: 若$L(f,s) = \zeta(s)$为Riemann ζ函数, (5.16)成立, 但在右边还要增加一项

$$R = \operatorname*{res}_{s=1} \zeta(s) \hat{F}(s) = \int_0^{+\infty} F(y) \,\mathrm{d}\, y;$$

此时

$$H(y) = 2 \int_0^{+\infty} F(y) \cos(2\pi x y) \,\mathrm{d}\, y,$$

并且(5.16)为Poisson求和公式.

习题5.2 令$L(f,s)$是权为$k=2$, 级为q的全纯本原尖形式f相关的L函数(想想椭圆曲线的Hasse-Weil ζ函数). 由(5.12)推出关于中心值的下列公式:

$$L(f,\tfrac{1}{2})=\sum_n \frac{\lambda_f(n)}{\sqrt{n}}\exp(-\tfrac{2\pi n}{X\sqrt{q}})+\varepsilon(f)\sum_n \frac{\bar{\lambda}_f(n)}{\sqrt{n}}\exp(-\tfrac{2\pi nX}{\sqrt{q}}),$$

其中X为任意正数(**提示:** 取$G(u)=1$). 对X微分得到求和公式

$$\sum_n \frac{\lambda_f(n)}{\sqrt{n}}\exp(-\tfrac{2\pi n}{X\sqrt{n}})=X^2\varepsilon(f)\sum_n \frac{\bar{\lambda}_f(n)}{\sqrt{n}}\exp(-\tfrac{2\pi nX}{\sqrt{q}}).$$

取$X=1$得到根数为$\varepsilon(f)=1$的自对偶L函数,

$$L(f,\tfrac{1}{2})=2\sum_n \frac{\lambda_f(n)}{\sqrt{n}}\exp(-\tfrac{2\pi n}{\sqrt{n}}).$$

对适当的测试函数$G(u)$, (5.12)中的两个和可以有效地限制到那些满足$n\ll\sqrt{\mathfrak{q}(f,s)}$的项. 我们在特别选定如下的$G(u)$时能清楚地看到这一点:

$$G(u)=(\cos\tfrac{\pi u}{4A})^{-4dA},$$

其中A为正整数.

命题 5.4 假设$\mathrm{Re}(s+\kappa_j)\geqslant 3a>0(1\leqslant j\leqslant d)$, 则$V_s(y)$的导数满足

$$y^aV_s^{(a)}(y)\ll(1+\tfrac{y}{\sqrt{\mathfrak{q}_\infty}})^{-A}, \tag{5.17}$$

$$y^aV_s^{(a)}(y)=\delta_a+O((\tfrac{y}{\sqrt{\mathfrak{q}_\infty}})^{\alpha}), \tag{5.18}$$

其中$\delta_0=1,\delta_a=0(a>0)$, 隐性常数仅依赖于$\alpha,a,A$和$d$. 回顾$\mathfrak{q}_\infty=\mathfrak{q}_\infty(s)$由(5.6)给出.

证明: 对于满足$\mathrm{Re}(s)=\sigma>0$和$\mathrm{Re}(u)=\beta>0$的s,u, 我们由Stirling公式(5.112)推出

$$\frac{\Gamma(s+u)}{\Gamma(s)}\ll\frac{|s+u|^{\sigma+\beta-\frac{1}{2}}}{|s|^{\sigma-\frac{1}{2}}}\exp(\tfrac{\pi}{2}(|s|-|s+u|))\ll(|s|+3)^{\beta}\exp(\tfrac{\pi}{2}|u|),$$

其中隐性常数仅依赖于σ,β. 因此

$$\frac{\gamma(f,s+u)}{\gamma(f,s)}\ll\mathfrak{q}_\infty^{\frac{\beta}{2}}\exp(\tfrac{\pi d}{2}|u|).$$

我们有

$$y^aV_s^{(a)}(y)=\frac{1}{2\pi\mathrm{i}}\int_{(3)}y^{-u}G(u)(-u)^a\frac{\gamma(f,s+u)}{\gamma(f,s)}\frac{\mathrm{d}\,u}{u}.$$

将积分平移到直线$\mathrm{Re}(u)=\beta=-\alpha$上, 我们导出(5.17); 而平移到直线$\mathrm{Re}(u)=-A$上导出界$O((\frac{\sqrt{\mathfrak{q}_\infty}}{y})^A)$. 结合(5.17)即得(5.18). □

公式(5.12)本质上将$L(f,s)$在临界带上表示为Dirichlet级数及其对偶级数的两个长度为$\sqrt{\mathfrak{q}(f,s)}$的部分和. 因此我们容易在临界带上得到估计. 我们这里给出对单个L函数的估计以及满足Ramanujan-Peterson猜想的L函数族的一致估计版本. 对于自守L函数的更强结果见§5.12.

因为$L(f,s)$在$s=1$处有r界极点或零点, 在估计前应当消灭这些极点. 因此我们经常估计的是$p_r(s)L(f,s)$, 而不是$L(f,s)$, 其中

$$p_r(s)=(\tfrac{s-1}{s+1})^r. \tag{5.19}$$

习题5.3 证明: 对满足$0 \leqslant \sigma \leqslant 1$的$s$和任意的$\varepsilon > 0$有

$$p_r(s)L(f,s) \ll \mathfrak{q}(f,s)^{\frac{1-\sigma}{2}+\varepsilon}, \tag{5.20}$$

其中隐性常数依赖于ε和f. 若$L(f,s)$满足Ramanujan-Peterson猜想, 则隐性常数仅依赖于ε和L函数的次数.

提示: 利用$L(f,s)$在$\sigma > 1$时的绝对收敛性(或利用$|\lambda_f(n)| \leqslant \tau_d(n)$)、函数方程、关于$\Gamma$函数的Stirling公式以及Phragmen-Lindelöf原理.

特别地, (5.20)给出了如下关于临界线的界:

$$L(f,s) \ll \mathfrak{q}(f,s)^{\frac{1}{4}+\varepsilon}, \tag{5.21}$$

我们称之为凸性界. 利用近似函数方程, 而不是凸性原理, 以及Ramanujan-Peterson猜想, 我们能够导出稍好的估计:

$$L(f,s) \ll \mathfrak{q}(f,s)^{\frac{1}{4}}(\log \mathfrak{q}(f,s))^{d-1}, \tag{5.22}$$

其中隐性常数仅依赖于$L(f,s)$的次数. 猜想对任意的$\varepsilon > 0$, 在$\mathrm{Re}(s) = \frac{1}{2}$上有

$$L(f,s) \ll \mathfrak{q}(f,s)^{\varepsilon},$$

其中隐性常数仅依赖于ε. 这就是所谓的Lindelöf猜想, 它是广义Riemann猜想(见推论3.20)的一个结果. 但是, 在许多应用中, 重要的一步是改进相关的L 函数的凸性界, 意思是将指数$\frac{1}{4}$ 减少一个正数, 不管这个数可能有多小. 这样的结果可以追溯到H. Weyl关于Riemann ζ函数的结果, 即

$$\zeta(s) \ll |s|^{\frac{1}{6}+\varepsilon}$$

(见(8.22)). 关于Dirichlet特征, 我们可以从Burgess关于短的特征和的估计得到

$$L(\chi,s) \ll |s| q^{\frac{3}{16}+\varepsilon}$$

(见定理12.9), 这个结果与公式(5.21)相比, 关于t要差一些, 但是关于q好得多. 后者往往是最重要的(例如应用于代数数论时).

根据(5.22)的证明, 由公式(5.12)可知任意亚凸性估计相当于证明在对波动值$\lambda_f(n)n^{-\frac{1}{2}-\mathrm{i}t}$求和时有大量的抵消, 而这是一个算术问题.

目前已知对于与经典模形式相关的任意L函数, 亚凸性界关于t和q分别成立(但并非同时成立)(参见[166, 226]的综述, 以及[68–69, 191, 225, 251]等论文).

§5.3 计算L函数的零点

L函数理论中最深刻的课题之一是$L(f,s)$的零点分布. 我们首先讨论通过Hadamard与de la Vallée Poussin的方法得到的全纯函数的基本性质能做些什么.

引理 5.5 令$L(f,s)$为L函数, $\Lambda(f,s)$的所有零点在临界带$0 \leqslant \sigma \leqslant 1$上. 对任意的$\varepsilon > 0$有

$$\sum_{\rho \neq 0,1} |\rho|^{-1-\varepsilon} < +\infty.$$

证明: 因为$L(f,s)$的Euler乘积展开式绝对数列, $\gamma(f,s)$在$\mathrm{Re}(s)>1$时不为0, 所以$\Lambda(f,s)$在这个区域中没有零点. 由函数方程, 在$\mathrm{Re}(s)<0$时有同样的结果. 第二个结果可以由复分析中关于1阶整函数的一般结果得到. □

注意若$\rho=\beta+\mathrm{i}\gamma$是$\Lambda(f,s)$的零点, 则$\bar{\rho}$是对偶函数$\Lambda(\bar{f},s)$的零点. 因此由函数方程, 该点关于临界线的对称点$\rho^*=1-\bar{\rho}=1-\beta+\mathrm{i}\gamma$也是$\Lambda(f,s)$的零点(有相应的重数). 当然, $L(f,s)$ 的来自$\Gamma(\frac{s+\kappa_j}{2})$的极点的平凡零点没有对称性.

定理 5.6 令$L(f,s)$为L函数, 存在常数$a=a(f),b=b(f)$使得

$$(s(1-s))^r\Lambda(f,s)=\mathrm{e}^{a+bs}\prod_{\rho\neq 0,1}(1-\tfrac{s}{\rho})\,\mathrm{e}^{\frac{s}{\rho}}, \tag{5.23}$$

其中ρ过$\Lambda(f,s)$的不同于$0,1$的所有零点. 因此

$$-\frac{L'}{L}(f,s)=\frac{1}{2}\log q+\frac{\gamma'}{\gamma}(f,s)-b+\frac{r}{s}+\frac{r}{s-1}-\sum_{\rho\neq 0,1}(\frac{1}{s-\rho}+\frac{1}{\rho}). \tag{5.24}$$

两个式子都在不包含零点和极点的紧子集上一致且绝对收敛(回顾: r是$L(f,s)$在$s=1$ 处的极点或零点的阶).

证明: 展开式(5.23)不过是有限阶整函数的Hadamard分解定理的应用, 取对数导数即得(5.24). □

我们将L函数的对数导数展成的以素数幂为支集的Dirichlet级数, 记为

$$-\frac{L'}{L}(f,s)=\sum_{n\geqslant 1}\Lambda_f(n)n^{-s}. \tag{5.25}$$

利用Euler乘积(5.7)的局部根$\alpha_i(p)$有

$$\Lambda_f(p^k)=\sum_{j=1}^{d}\alpha_j(p)^k\log p. \tag{5.26}$$

对于Dirichlet特征, $\Lambda_\chi(n)=\chi(n)\Lambda(n)$, 一般地对于素数$p$有$\Lambda_f(p)=\lambda_f(p)\log p$. 注意$\Lambda_{\bar{f}}(n)=\overline{\Lambda_f(n)}$.

命题 5.7 令$L(f,s)$是次数为$d\geqslant 1$的L函数, ρ表示$\Lambda(f,s)$的不同于$0,1$的零点.
(1) 使得$|\gamma-T|\leqslant 1$的零点$\rho=\beta+\mathrm{i}\gamma$的个数$m(T,f)$满足

$$m(T,f)\ll\log\mathfrak{q}(f,\mathrm{i}T), \tag{5.27}$$

其中隐性常数是绝对的.
(2) 对条形带$-\frac{1}{2}\leqslant\sigma\leqslant 2$中的任意$s$有

$$\frac{L'}{L}(f,s)+\frac{r}{s}+\frac{r}{s-1}-\sum_{|s+\kappa_j|<1}\frac{1}{s+\kappa_j}-\sum_{|s-\rho|<1}\frac{1}{s-\rho}\ll\log\mathfrak{q}(f,s), \tag{5.28}$$

其中隐性常数是绝对的.
(3) (5.23)中的常数$b(f)$满足

$$\mathrm{Re}(b(f))=-\sum_{\rho}\mathrm{Re}(\rho^{-1}). \tag{5.29}$$

证明: 我们先证明(5.29). 对函数方程$(s(1-s))^r\Lambda(f,s) = \varepsilon(f)(s(1-s))^r\Lambda(\bar{f},1-s)$求对数导数, 从(5.23) 得到

$$2\,\mathrm{Re}(b(f)) = b(f) + b(\bar{f}) = -\sum_{\rho\neq 0,1}\left(\tfrac{1}{s-\rho} + \tfrac{1}{1-s-\bar{\rho}} + \tfrac{1}{\rho} + \tfrac{1}{\bar{\rho}}\right). \tag{5.30}$$

我们有$\frac{1}{s-\rho} - \frac{1}{1-s-\bar{\rho}} \ll \frac{1}{|\rho|^2}(s\neq\rho)$, 其中隐性常数依赖于$s$. 同理$\frac{1}{\rho}+\frac{1}{\bar{\rho}} \ll \frac{1}{|\rho|^2}$, 从而由引理5.5可知级数

$$\sum_{\rho\neq 0,1}\left(\tfrac{1}{s-\rho} - \tfrac{1}{1-s-\bar{\rho}}\right),\quad \sum_{\rho\neq 0,1}\left(\tfrac{1}{\rho}+\tfrac{1}{\bar{\rho}}\right)$$

绝对收敛. 所以我们可以将它们在(5.30)中分离, 第一个级数为零(因为$\rho, 1-\bar{\rho}$是$\Lambda(f,s)$的零点, 所以这些项抵消了), 由此得到(5.29).

令$T\geqslant 2, s = 3+\mathrm{i}T$. 由(5.26)有$|\Lambda_f(n)|\leqslant dn\log n$. 因此

$$\left|\tfrac{L'}{L}(f,s)\right| \leqslant d\zeta'(2) \ll \log\mathfrak{q}(f). \tag{5.31}$$

由Stirling公式(5.16), 我们有$\frac{1}{2}\log q + \frac{\gamma'}{\gamma}(f,s) \ll \log\mathfrak{q}(f,s)$. 还注意到对任意的零点$\rho = \beta + \mathrm{i}\gamma$有

$$\tfrac{2}{9+(T-\gamma)^2} < \mathrm{Re}\left(\tfrac{1}{s-\rho}\right) < \tfrac{3}{4+(T-\gamma)^2}.$$

因此我们能在(5.24)中取实部, 并利用(5.29)将得到的绝对收敛级数重排得到

$$\sum_{\rho}\tfrac{1}{1+(T-\gamma)^2} \ll \log\mathfrak{q}(f,\mathrm{i}T). \tag{5.32}$$

这就意味着(5.27)成立. 要推出(5.28), 记$s = \sigma + \mathrm{i}t$. 由(5.31)有

$$-\tfrac{L'}{L}(f,s) = -\tfrac{L'}{L}(f,s) + \tfrac{L'}{L}(f,3+\mathrm{i}t) + O(\log\mathfrak{q}(f,s)).$$

再次利用(5.24)和(5.16)得到

$$-\tfrac{L'}{L}(f,s) = \tfrac{\gamma'}{\gamma}(f,s) + \tfrac{r}{s} + \tfrac{r}{s-1} - \sum_{\rho}\left(\tfrac{1}{s-\rho} - \tfrac{1}{3+\mathrm{i}t-\rho}\right) + O(\log\mathfrak{q}(f,s)).$$

在级数中保留满足$|s-\rho|<1$的零点, 利用

$$\left|\tfrac{1}{s-\rho} - \tfrac{1}{3+\mathrm{i}t-\rho}\right| \leqslant \tfrac{3}{1+(T-\gamma)^2}$$

和(5.32)估计关于$\log\mathfrak{q}(f,s)$的余项. 此外我们有(见(5.16))

$$\tfrac{\gamma'}{\gamma}(f,s) = -\tfrac{d}{2} - \sum_j \tfrac{1}{s+\kappa_j} + \sum_j \tfrac{\Gamma'}{\Gamma}\left(1+\tfrac{s+\kappa_j}{2}\right) = -\sum_{|s+\kappa_j|<1}\tfrac{1}{s+\kappa_j} + O(\log\mathfrak{q}_\infty(s)),$$

由此得到(5.28). □

定理 5.8 令$L(f,s)$为d次L函数, $N(T,f)$为$L(f,s)$的满足$0\leqslant\beta\leqslant 1, |\gamma|\leqslant T$的零点$\rho=\beta+\mathrm{i}\gamma$ 的个数. 对$T\geqslant 1$有

$$N(T,f) = \tfrac{T}{\pi}\log\tfrac{qT^d}{(2\pi\,\mathrm{e})^d} + O(\log\mathfrak{q}(f,\mathrm{i}T)), \tag{5.33}$$

其中隐性常数是绝对的.

证明: 令$N'(T,f)$为$\Lambda(f,s)$的满足$0\leqslant\beta\leqslant 1, 0<\gamma\leqslant T$的零点$\rho=\beta+\mathrm{i}\gamma$的个数, 我们有

$$N(T,f)=N'(T,f)+N'(T,\bar{f})+O(\log\mathfrak{q}(f)), \tag{5.34}$$

其中误差项考虑了$L(f,s)$可能存在的满足$0\leqslant\sigma<1$的实零点和平凡零点. 由(5.27), 在必要时通过对T加上任意小的数, 我们可以假设$\Lambda(f,s)$在$\mathrm{Im}(s)=T$上不为零, 然后对$N(T,f)$修改一个远小于$\log\mathfrak{q}(f,\mathrm{i}T)$的量. 选择小的$\delta>0$使得在$-\delta\leqslant\mathrm{Im}(s)<0$时$\Lambda(f,s)\neq 0$, 我们有$N(T,f)=I(T)+O(\log\mathfrak{q}(f,\mathrm{i}T))$, 其中

$$I(T)=\tfrac{1}{2\pi\mathrm{i}}\int_{\mathcal{C}}\tfrac{\Lambda'}{\Lambda}(f,s)\,\mathrm{d}\,s,$$

其中$\mathcal{C}$是顶点为$3-\mathrm{i}\delta, 3+\mathrm{i}T, -2+\mathrm{i}T, -2-\mathrm{i}\delta$的长方形. 我们在点$\frac{1}{2}-\mathrm{i}\delta$和$\frac{1}{2}+\mathrm{i}T$处将此长方形对称地分割. 由函数方程, 左边的围道积分等于右边的围道积分. 因此$I(T)$等于$\mathcal{C}$右边的积分的2倍. 我们通过观察

$$\Lambda(f,s)=q^{\frac{s}{2}}\gamma(f,s)L(f,s)=\pi^{-\frac{ds}{2}}q^{\frac{s}{2}}\prod_{j=1}^{d}\Gamma(\tfrac{s+\kappa_j}{2})L(f,s)$$

中每个因子的幅角变化来估计上述右边的围道积分. $\pi^{-\frac{ds}{2}}q^{\frac{s}{2}}$的幅角的变化在$I(T)$中的贡献值等于

$$\tfrac{T}{4\pi}\log\tfrac{q}{\pi^d}+O(1). \tag{5.35}$$

由Stirling公式(5.13), $\Gamma(\sigma+\mathrm{i}t)$的幅角在$t\geqslant 1$时为$t\log t-t+O(1)$, 所以$\gamma$因子在$I(T)$中的贡献值为

$$\tfrac{1}{2\pi}(\tfrac{dT}{2}\log\tfrac{T}{2}-\tfrac{dT}{2})+O(\log\mathfrak{q}(f)). \tag{5.36}$$

想(5.31)中那样, 对$L(f,s)$在$3-\mathrm{i}\delta$到$3+\mathrm{i}T$的竖直线段上的估计为

$$\log L(f,s)=-\sum_{n}\tfrac{\Lambda_f(n)}{\log n}n^{-s}\ll\log\mathfrak{q}(f),$$

所以这条线段上的积分$\ll\log\mathfrak{q}(f)$. 对于剩余的从$\frac{1}{2}-\mathrm{i}\delta$到$3-\mathrm{i}\delta$, 从$3+\mathrm{i}T$到$\frac{1}{2}+\mathrm{i}T$的水平线段上的部分, 我们利用(5.29)和(5.27)得到估计$O(\log\mathfrak{q}(f,\mathrm{i}T))$.

将(5.34), (5.35)和(5.36)应用于$L(f,s)$和$L(\bar{f},s)$即得(5.33). □

注记: (5.33)的主项是经过对$q^{\frac{s}{2}}\gamma(f,s)$沿右边的某条线段的幅角变化的计算得到的, L函数本身(在相关的线段上)的贡献很小. 这就说明了L函数在无穷远处是如何与伴随的项是如何内在地联系在一起的.

§5.4 无零区域

L函数的解析应用利用了对于不同的f, $L(f,s)$的无零区域中的复积分. 如果无零区域深入扩大到临界带, 结果会更强. 切割这一基本方法仍然属于Hadamard和de la Vallée Poussin. 令人称奇的是

这一方法在Deligne证明有限域上的簇的Riemann猜想的第二个证明[56]中重现(那里的基本三角不等式(5.69)有错印). 我们介绍的是传统证明, 但是从Goldfeld, Hoffstein和Liehman[103]的一个有用的一般性引理开始, 方式上更优雅一些.

引理 5.9 令$L(f,s)$为d次L函数, 当$(n,q(f))=1$时$\mathrm{Re}(\Lambda_f(n))\geqslant 0$. 假设在分歧素数处有$|\alpha_j(p)|\leqslant \frac{p}{2}$, 则$L(f,1)\neq 0$. 令$r\geqslant 0$为$L(f,s)$在$s=1$处的极点的阶. 存在绝对常数$c>0$使得$L(f,s)$在区间

$$s\geqslant 1-\frac{c}{d(r+1)\log\mathfrak{q}(f)}$$

中最多有r个实零点.

证明: 令β_j为$L(f,s)$在线段$\frac{1}{2}\leqslant\beta_j\leqslant 1$上的零点. 由(5.28), 对于$s=\sigma$有

$$\sum_j\frac{1}{\sigma-\beta_j}<\frac{r}{\sigma-1}+\mathrm{Re}\,\frac{L'}{L}(f,\sigma)+O(\log\mathfrak{q}(f)),\tag{5.37}$$

我们利用非负性忽略了β_j外的零点, 因为对于(5.28)中的任意零点$\rho=\beta+\mathrm{i}\gamma$有

$$\mathrm{Re}\,\frac{1}{\sigma-\rho}=\frac{\sigma-\beta}{|\sigma-\rho|^2}\geqslant 0.$$

又因为当$(n,\mathfrak{q}(f))=1$时有$\mathrm{Re}(\Lambda_f(n))\geqslant 0$, 所以

$$\mathrm{Re}\,\frac{L'_{\mathrm{nr}}}{L_{\mathrm{nr}}}(f,\sigma)\leqslant 0,\tag{5.38}$$

其中$L_{nr}(f,s)$是$L(f,s)$限制到非分歧素数的Euler乘积. 我们估计分歧素数的贡献值如下:

$$\Big|\sum_{p|\mathfrak{q}(f)}\sum_{1\leqslant j\leqslant d}\frac{\alpha_j(p)p^{-\sigma}\log p}{1-\alpha_j(p)p^{-\sigma}}\Big|\leqslant d\sum_{p|\mathfrak{q}(f)}\log p\leqslant d\log\mathfrak{q}(f).$$

因此由(5.37)有

$$\sum_j\frac{1}{\sigma-\beta_j}<\frac{r}{\sigma-1}+O(d\log\mathfrak{q}(f)),$$

其中r是$L(f,s)$在$s=1$处的极点或零点的阶. 上述不等式说明$\beta_j=1$不可能出现(否则$r<0$, 矛盾), 所以我们推出$L(f,1)\neq 0$, 换句话说有$r\geqslant 0$. 假设对$1\leqslant j\leqslant n$有$\beta_j>1-c(d(r+1)\log\mathfrak{q}(f))^{-1}$, 我们选取$\sigma=1+2c(d\log\mathfrak{q}(f))^{-1}$得到

$$\frac{nd\log\mathfrak{q}(f)}{2c+\frac{c}{r+1}}<\left(\frac{r}{2c}+O(1)\right)d\log\mathfrak{q}(f),$$

这就意味着$n<r+\frac{r}{2(r+1)}+O(c)$, 从而在$c$充分小时有$n\leqslant r$. □

定理 5.10 令$L(f,s)$为d次L函数使得Rankin-Selberg卷积$L(f\otimes f,s)$和$L(f\otimes\bar{f},s)$存在, 并且后者有单极点$s=1$, 前者在$f\neq\bar{f}$时为整函数. 假设在分歧素数处$|\alpha_j(p)|^2\leqslant\frac{p}{2}$, 则存在绝对常数$c>0$使得$L(f,s)$在区域

$$\sigma\geqslant 1-\frac{c}{d^4\log(\mathfrak{q}(f)(|t|+3))}\tag{5.39}$$

没有零点, 除了可能有一个单的实零点$\beta_j<1$. 若该例外零点存在, 则f一定为自对偶的.

证明: 对于$t\in\mathbb{R}$, 令$L(g,s)$为$(1+2d)^2$次L函数

$$L(g,s)=\zeta(s)L(f,s+\mathrm{i}t)^2L(\bar{f},s-\mathrm{i}t)^2L(f\otimes f,s+2\mathrm{i}t)L(\bar{f}\otimes\bar{f},s-2\mathrm{i}t)L(f\otimes\bar{f},s)^2.$$

由(5.11), 它的解析导子满足

$$\mathfrak{q}(g) \leqslant \mathfrak{q}(f, \mathrm{i}\, t)^4 \mathfrak{q}(f \otimes f, 2\mathrm{i}\, t)^4 \mathfrak{q}(f \otimes \bar{f})^2 \leqslant \mathfrak{q}(f)^{4+12d}(|t|+3)^{6d^2}. \tag{5.40}$$

上述乘积的结构保证了Dirichlet级数的系数是非负实数. 我们只需对非分歧素除子进行验证. 对于非分歧素数p, $L(g,s)$在p处的局部Euler因子形如(5.1), 根为1(重数为1), $\alpha_j p^{\mathrm{i}\, t}, \bar{\alpha}_j p^{-\mathrm{i}\, t}$(重数为2), $\alpha_j \bar{\alpha}_k$(重数为2), $\alpha_j \alpha_k p^{2\mathrm{i}\, t}, \bar{\alpha}_j \bar{\alpha}_k p^{-2\mathrm{i}\, t}$(重数为1), 其中$\alpha_j, \alpha_k$过(5.1)中$L(f,s)$的根. 因此对任意的$k \geqslant 1$, 这些根的$k$次幂的和为

$$|1 + \sum_j \alpha_j^k p^{k\mathrm{i}\, t} + \sum_j \bar{\alpha}_j^k p^{-k\mathrm{i}\, t}|^2 \geqslant 0,$$

所以对任意与$q(f)$互素的n有$\Lambda_g(n) \geqslant 0$.

令$\rho = \beta + \mathrm{i}\,\gamma$为$L(f,s)$的零点, 其中$\beta \geqslant \frac{1}{2}, \gamma \neq 0$. 取$t = \gamma$使得$L(g,s)$在$s=1$处有不超过3阶的极点, $L(g,s)$在β处有不低于4阶的零点. 因此由引理5.9得到

$$\beta < 1 - \frac{c}{d^2 \log \mathfrak{q}(g)} < 1 - \frac{c'}{d^4 \log(\mathfrak{q}(f)(|t|+3))}, \tag{5.41}$$

其中$c > 0, c' > 0$为绝对常数.

现在考虑$L(f,s)$的实零点. 为此, 我们在$L(g,s)$中取$t=0$. $L(f,s)$的任意实零点是$L(g,s)$的重数不小于4的零点. 另一方面, 若$f \neq \bar{f}$, 则$s=1$是$L(g,s)$的3阶极点; 若$f = \bar{f}$, 则$s=1$是$L(g,s)$的5阶极点. 因此由引理5.9, 我们完成了证明, 除了还需要证明自对偶函数$L(f,s)$可能的例外零点满足$\beta_j < 1$.

再考虑函数

$$L(h,s) = \zeta(s) L(f,s)^2 L(f \otimes f, s).$$

假设$L(f,1)=0$, 则由于二重零点抵消了$\zeta(s)$和$L(f \otimes f, s)$的极点, 所以$L(h,s)$是整函数. 它的系数也是非负的, 确切地说, 对于非分歧素数p和$k \geqslant 1$有

$$\Lambda_h(p^k) = (1 + \sum_j \alpha_j^k)^2 \geqslant 0, \tag{5.42}$$

所以级数

$$\log L(h,s) = \sum_p \sum_{k>0} \frac{1}{k} \Lambda_h(p^k) p^{-ks} \tag{5.43}$$

的系数非负. 令$\sigma_0 \leqslant 1$为$L(h,s)$的最大实零点, 所以当s递减时也是$\log L(h,s)$的第一个奇点. 因为$\zeta(-2)=0$, 所以σ_0存在. 由Landau引理(见引理5.56), 级数(5.43)对任意的实数$\sigma > \sigma_0$收敛, 所以由(5.42)有$\log L(h,\sigma) \geqslant 0, |L(h,\sigma)| \geqslant 1$. 令$\sigma \to \sigma_0$, 我们得到矛盾. □

注记: 若$L(f,s)$是自对偶的, 我们可以通过对$L(h,s)$更有效地推理来改进定理5.10的零点问题. 事实上, (5.42)说明对所有满足$(n, \mathfrak{q}(f)) = 1$的n有$\Lambda_h(n) \geqslant 0$. 令l表示$L(f \otimes f, s)$在$s=1$处的极点的阶, 则$L(h,s)$在$s=1$处有$l+1$阶极点, 而$L(f,s)$的任意实零点是$L(h,s)$的阶数不低于2的零点. 因此$L(f,s)$ 在(5.39)表示的区域中最多存在$\frac{l+1}{2}$个实零点.

注记: 注意Rankin-Selberg L函数存在, 但是$L(f \otimes \bar{f}, s)$在$s=1$处有>1阶的极点, $L(f,s)$往往是其他L函数的乘积. 所以对那些L函数应用定理5.10比对$L(f,s)$ 应用该定理更有效. 例如, 考虑二次域的Dedekind ζ 函数$\zeta_K(s) = \zeta(s) L(s,\chi)$, 则Rankin-Selberg L函数是$\zeta(s)^2 L(s,\chi)^2$, 它在$s=1$ 处有二重极点.

习题5.4 令$L(f,s),L(g,s)$分别为d次和e次L函数，且满足$g\neq f,g\neq \bar{f}$. 假设Rankin-Selberg L函数$L(f\otimes g,s),L(f\otimes\bar{g},s)$以及它们的对偶存在，并且在分歧素数处的局部根满足$|\alpha_i(p)|^2<\frac{p}{2}$. 证明：存在绝对常数$c>0$使得$L(f\otimes g,s)$在区域

$$\sigma\geqslant 1-\frac{c}{(d+e)^4\log(\mathfrak{q}(f)\mathfrak{q}(g)(|t|+3))}$$

内没有零点. 若$f=g$或$f=\bar{g}$, 能证明说明结论?
提示: 利用辅助函数

$$L(g,s)=L(f\otimes g,s+\tfrac{\mathrm{i}t}{2})L(f\otimes\bar{g},s)L(\bar{f}\otimes g,s)L(\bar{f}\otimes\bar{g},s-\tfrac{\mathrm{i}t}{2}),$$

并应用引理5.9.

一般来说, 没有比定理5.10更强的结果. 对于一些重要的L函数, 我们可以做得更好, 还可以考虑函数族. §5.7和§5.12中讨论了一些例子, 其中包括关于Dirichlet特征的最重要的例子.

§5.5 显式

对L函数的对数导数的Dirichlet级数积分可以推出与(5.12)有些类似的求和公式. 由于历史的原因, 这类公式常常被称作显式, 强调对L函数的零点求和与素数幂处的系数之和的联系.

定理 5.11 令$\psi:[0,+\infty)\to\mathbb{C}$为有紧支集的$C^\infty$函数,

$$\hat{\varphi}(s)=\int_0^{+\infty}\varphi(x)x^{s-1}\,\mathrm{d}\,x$$

为它的Mellin变换. 令$\psi(x)=x^{-1}\varphi(x^{-1})$, 从而$\hat{\psi}(s)=\hat{\varphi}(1-s)$, 则有

$$\begin{aligned}\sum_n(\Lambda_f(n)\varphi(n)+\overline{\Lambda_f}(n)\psi(n)) &= \varphi(1)\log\mathfrak{q}(f)+r\int_0^{+\infty}\varphi(x)\,\mathrm{d}\,x\\ &\quad+\frac{1}{2\pi\mathrm{i}}\int_{(\frac{1}{2})}(\frac{\gamma'}{\gamma}(f,s)+\frac{\gamma'}{\gamma}(\bar{f},1-s))\hat{\varphi}(s)\,\mathrm{d}\,s-\sum_\rho\hat{\varphi}(\rho),\end{aligned}\tag{5.44}$$

其中ρ过$L(f,s)$在条形带$0\leqslant\sigma\leqslant 1$上的零点(包括非平凡和平凡零点), 并计算相关的重数.

证明: 从(5.44)左边的第一项开始利用Mellin反转公式:

$$\sum_n\Lambda_f(n)\varphi(n)=\frac{1}{2\pi\mathrm{i}}\int_{(2)}-\frac{L'}{L}(f,s)\hat{\varphi}(s)\,\mathrm{d}\,s.$$

令c为小的整数使得$L(f,s)$在$-c\leqslant\mathrm{Re}(s)<0$内没有零点. 将积分直线移到$\mathrm{Re}(s)=-c$, 由(5.27)知这是可行的. 单极点$s=1$处的留数为$r\int\varphi(x)\,\mathrm{d}\,x$, 在零点$s=\rho$处的留数为$m\hat{\varphi}(\rho)$, 其中$m$为零点的重数. 所以这些留数给出(5.44)右边的第二项和第四项.

函数方程意味着对$\sigma=-c$有

$$-\frac{L'}{L}(f,s)=\log q(f)+\frac{\gamma'}{\gamma}(f,s)+\frac{\gamma'}{\gamma}(\bar{f},1-s)+\frac{L'}{L}(\bar{f},1-s).$$

在$\sigma=-c$上积分, 通过Mellin反转公式可知因子$\log q(f)$给出(5.41)右边的第一项. 此外由绝对收敛可得

$$\frac{1}{2\pi\mathrm{i}}\int_{(-c)}\frac{L'}{L}(\bar{f},1-s)\hat{\varphi}(s)\,\mathrm{d}\,s=\sum_{n\geqslant 1}\Lambda_{\bar{f}}(n)\frac{1}{2\pi\mathrm{i}}\int_{(-c)}\hat{\varphi}(s)n^{s-1}\,\mathrm{d}\,s=-\sum_{n\geqslant 1}\Lambda_{\bar{f}}(n)\psi(n).$$

最后将关于γ因子的积分线移到$\sigma = \frac{1}{2}$上得到(5.44)中的γ因子的积分, 并且没有留数($\frac{\gamma'}{\gamma}(f,s)$的极点与$\frac{\gamma'}{\gamma}(\bar{f},1-s)$的极点抵消). □

注记: 因为(5.41)右边导子$\mathfrak{q}(f)$的出现, 这个公式为它的研究提供了一个好的解析工具. 下面的定理5.32是一个例子. 但是它对其他方面也很有用. 首先可以将显式看作将素数上的和式表示成关于零点的和式, 反之亦然. 当然, 还有其他将素数与零点联系起来的显式.

习题5.5 令φ为$[1,+\infty)$上有紧支集的光滑函数. 证明:

$$\sum_{n\geqslant 1}\Lambda(n)\varphi(n) = \int_1^{+\infty}\Big(1-\tfrac{1}{(x-1)x(x+1)}\Big)\varphi(x)\,\mathrm{d}\,x - \sum_{\rho}\hat{\varphi}(\rho),$$

其中ρ过$\zeta(s)$的非平凡零点.

注记: 做法如上, 但是将积分项移到左方远处, 而不是利用函数方程. 第一项来自$s=1$处的极点和$\zeta(s)$在$s=-2k$处的显然零点, 其中$k\geqslant 1$是整数.

有时用Fourier形式的显式比Mellin形式的显式(5.44)更方便. 我们可以通过简单的代换$\varphi(x) = x^{-\frac{1}{2}}g(\log x)$和$x = \mathrm{e}^y$从(5.44)推出

定理 5.12 令$g(y)$为$\mathbb{R}$上的Schwartz偶函数, $h(t)$为$g(y)$的Fourier变换, 则有

$$\begin{aligned}\sum_n(\Lambda_f(n)+\overline{\Lambda_f}(n))\tfrac{g(\log n)}{\sqrt{n}} &= g(0)\log q(f) + rh(\tfrac{\mathrm{i}}{4\pi}) \\ &\quad + \tfrac{1}{2\pi}\int_{-\infty}^{+\infty}\Big(\tfrac{\gamma'}{\gamma}(f,\tfrac{1}{2}+\mathrm{i}\,t)+\tfrac{\gamma'}{\gamma}(\bar{f},\tfrac{1}{2}-\mathrm{i}\,t)\Big)h(\tfrac{t}{2\pi})\,\mathrm{d}\,t - \sum_{\rho}h(\tfrac{\gamma}{2\pi}),\end{aligned} \tag{5.45}$$

其中$\rho = \frac{1}{2}+\mathrm{i}\,\gamma$过$L(f,s)$在条形带$0\leqslant\sigma\leqslant 1$上的零点(包括非平凡和平凡零点), 并且计算重数.

§5.6 素数定理

L函数$L(f,s)$的素数定理首先是指和式

$$\psi(f,x) = \sum_{n\leqslant x}\Lambda_f(n) \tag{5.46}$$

的渐近性状, 本质上它就是$\lambda_f(p)\log p$在素数上的和. 若$L(f,s) = \zeta(s)$, 这事实上相当于对素数$p\leqslant x$计数. 人们在算术上的兴趣大多集中于渐近式中的误差项对其他参数的依赖性, 最显著的是当f在函数族中变化时对导子的依赖性. 因此我们寻求的是对每个可能的参数都确定的结果, 尽管不是最强的结果.

结果的强弱依赖于$L(f,s)$的无零区域的深度. 我们当前所期望的最好结果是$L(f,s)$在区域(5.39)中没有零点, 最多在f 自对偶的情形有一个单极点β_f. 由定义(只用于本节), 例外零点在线段

$$1-\frac{c}{d^4\log(3\mathfrak{q}(f))}\leqslant\beta_f<1 \tag{5.47}$$

上, 其中c是(5.39)中的绝对正常数. 这个定义对解析数论的新进爱好者可能会造成一些不适, 因为它与常数c的关系太松散了. 但是, 实践证明我们能从这样一个灵活的概念中获益. 毕竟将来可以用新的工具改进c, 更不用提我们不相信任何的L 函数存在例外零点.

我们在完全一般的情形还没有对$L(f,s)$的单个系数得到很强的界. 但是对于$\Lambda_f(n)$的均值有一个粗糙的界即可. 具体来说, 我们进行如下假设: 对$x\geqslant 1$有

$$\sum_{n\leqslant x}|\Lambda_f(n)|^2\ll xd^2\log^2(x\mathfrak{q}(f)), \tag{5.48}$$

其中隐性常数是绝对的.

习题5.6 从(5.48)推出

$$\psi(f,x)=\sum_{p\leqslant x}\lambda_f(p)\log p+O(\sqrt{x}d^2\log^2(x\mathfrak{q}(f))), \tag{5.49}$$

其中隐性常数是绝对的.

回顾: 定理5.10在Rankin-Selberg卷积$L(f\otimes\bar{f},s)$存在和在$s=1$处有单极点的条件下建立了假设的无零区域(5.39). 我们将看到同样的条件也能推出第二个假设(5.48)成立. 为此, 我们对$L(f\otimes\bar{f},s)$, 而不是$L(f,s)$应用命题5.7. 综合(5.28)和(5.27)(也可见(5.11))得到: 对$1<\sigma\leqslant 2$有

$$-\frac{L'}{L}(f\otimes\bar{f},\sigma)\ll\frac{d^2}{\sigma-1}\log\mathfrak{q}(f),$$

其中隐性常数是绝对的. 取$\sigma=1+(\log 3x)^{-1}$, 由系数的非负性得到(5.49).

我们利用Cauchy不等式从(5.49)推出

$$\sum_{x<n\leqslant x+y}|\Lambda_f(n)|\ll d\sqrt{xy}\log(x\mathfrak{q}(f)), \tag{5.50}$$

其中$x\geqslant y\geqslant 1$, 隐性常数是绝对的.

现在我们开始陈述并证明主要的素数定理.

定理 5.13 令$L(f,s)$是L函数使得(5.39)是无零区域, 并且线段(5.47)上最多有一个例外实零点β_f, 其中c是绝对正常数. 假设(5.48)成立, 其中隐性常数是绝对的, 则对$x\geqslant 1$有

$$\psi(f,x)=rx-\frac{x^{\beta_f}}{\beta_f}+O\left(x\exp\left(\frac{-cd^{-4}\log x}{\sqrt{\log x}+3\log\mathfrak{q}(f)}\right)(d\log x\mathfrak{q}(f))^4\right), \tag{5.51}$$

其中隐性常数是绝对的. 我们约定$-\frac{x^{\beta_f}}{\beta_f}$在例外零点不存在时不出现在(5.51)中.

注记: 近似公式(5.51)在误差项小于主项时有意义, 当

$$x\geqslant q^{4c^{-1}d^4\log(4\log q)}$$

时就属于这种情形, 其中$q=\mathfrak{q}(f)$为导子, d为次数, c为相关的绝对正常数. 我们可以通过稍微减弱结果的方式来简化误差项. 例如, 我们有

$$\psi(f,x)=rx-\frac{x^{\beta_f}}{\beta_f}+O\left(\sqrt{\mathfrak{q}(f)}x\exp\left(-\frac{c}{2d^4}\sqrt{\log x}\right)\right), \tag{5.52}$$

其中隐性常数是绝对的. 实际上它成立的原因是当这里的误差项小于(5.51)中的误差项时, 结果显然成立. 当$L(f\otimes\bar{f},s)$存在并求在$s=1$处有单极点时, 定理5.12的条件满足, 但是我们并没有将(5.51)只限于这种情形. 事实上, 我们将建立无零区域(5.39), 并且在许多经典情形下不需要借助L函数的Rankin-Selberg L函数直接得到粗糙的界(5.48).

定理5.12的证明: 我们首先将函数整理得

$$\psi(f,x)=\sum_n \Lambda_f(n)\phi(n)+O(d\sqrt{xy}\log(x\mathfrak{q}(f))),$$

其中$\phi(z)$是以$[0,x+y]$为支集的函数使得当$1\leqslant z\leqslant x$时, $\phi(z)=1$; 在其他值处, $|\phi(z)|\leqslant 1$. 以后我们要选择参数y使得$1\leqslant y\leqslant x$. 例如取

$$\phi(z)=\begin{cases}\min(\frac{z}{y},1,1+\frac{x-z}{y}), & 若0\leqslant z\leqslant x+y,\\ 0, & 若z>x+y.\end{cases}$$

$\phi(z)$的Mellin变换满足

$$\hat{\phi}(s)=\int_0^{x+y}\phi(z)z^{s-1}\,\mathrm{d}\,z\ll\frac{x^\sigma}{|s|}\min(1,\frac{x}{|s|y}),$$

其中$s=\sigma+\mathrm{i}\,t, \frac{1}{2}\leqslant\sigma\leqslant 2$.

现在我们从绝对收敛的积分开始:

$$\sum_n\Lambda_f(n)\phi(n)=\frac{1}{2\pi\,\mathrm{i}}\int_{(2)}-\frac{L'}{L}(f,s)\hat{\phi}(s)\,\mathrm{d}\,s.$$

我们将在区域

$$\{s=\sigma+\mathrm{i}\,t|\sigma\geqslant 1-\frac{c_1}{d^4\log(\mathfrak{q}(f)(|t|+3))}\},$$

其中c_1的值视线段(5.47)的右半部分或其他地方(可能不存在)的例外零点存在与否分别为$\frac{2c}{3}$或$\frac{c}{3}$. 令Z表示这个区域的边界. 关键是$L(f,s)$的所有零点距离Z至少为$\frac{c}{6d^4\log(\mathfrak{q}(f)(|t|+3))}$. 因此由(5.27) 和(5.28)可知对$s\in\mathbb{Z}$有

$$-\frac{L'}{L}(f,s)\ll d^4\log^2(\mathfrak{q}(f)(|t|+3)).$$

将积分项从$\mathrm{Re}(s)=2$移到Z, 由Cauchy定理得到

$$\sum_n\Lambda_f(n)\phi(n)=r\hat{\phi}(1)-\hat{\phi}(\beta_f)+\frac{1}{2\pi\,\mathrm{i}}\int_Z-\frac{L'}{L}(f,s)\hat{\phi}(s)\,\mathrm{d}\,s.$$

这里例外零点项的出现依赖于我们是否经过点$s=\beta_f$. 对$s=1$或$s=\beta_f$, 我们有

$$\hat{\phi}(s)=\int_0^x z^{s-1}\,\mathrm{d}\,z+O(y)=\frac{x^s}{s}+O(y),$$

而对Z上的围道积分估计为

$$d^4\int_Z\frac{x^\sigma}{|s|}\min(1,\frac{x}{|s|y})\log^2(\mathfrak{q}(f)(|t|+3))|\,\mathrm{d}\,s|\ll d^4x^{\sigma(T)}\log^3(\mathfrak{q}(f)T),$$

其中我们让T满足$1\leqslant T\leqslant x$. 选择$T=\exp(\frac{1}{3}\sqrt{\log x})$得到(5.51). 我们还需要解决例外零点项的问题. 如果例外零点确实存在, 并且在线段(5.47)左半部分, 我们需要解释它在所得到的公式中贡献的值. 但是这时$-\frac{x^{\beta_f}}{\beta_f}$这一项被存在的误差项覆盖了, 所以可以被忽略. 定理5.12得证. □

如果我们愿意利用$L(f,s)$的更多零点, 则沿着上述思路可以得到$\phi(f,x)$更强的近似式.

习题5.7 假设$L(f,s)$满足Ramanujan-Peterson猜想. 利用Perron公式(5.111)导出下面的近似式:

$$\psi(f,x)=rx-\sum_{|\gamma|\leqslant T}\frac{x^\rho-1}{\rho}+O(\frac{x}{T}(\log x)\log(x^d\mathfrak{q}(f))), \tag{5.53}$$

其中$\rho=\beta+\mathrm{i}\,\gamma$过$L(f,s)$在高度不超过$T(1\leqslant T\leqslant x)$的临界带上的零点, 隐性常数是绝对的.

习题5.8 假设$L(f,s)$满足Ramanujan-Peterson猜想, 并且定理5.13对f成立. 证明: $r\leqslant d$.

§5.7 广义Riemann猜想

广义Riemann猜想(简称为GRH)指的是下面关于L函数的零点的猜想性结论:

广义Riemann猜想 令$L(f,s)$为L函数, 则$L(f,s)$在临界带$0 < \mathrm{Re}(s) < 1$上的所有零点都在临界线$\mathrm{Re}(s) = \frac{1}{2}$ 上.

注记: 不用说, 我们相信每个L函数(由我们在§5.1定义)满足广义Riemann猜想. 但是, 即使对一个L函数证明这个结论对人类来说也是属于载入历史级别的成就. 注意L函数可能在直线$\mathrm{Re}(s) = 0$上有零点(当然有些是平凡零点, 可能不是真正的零点), 但是我们已经证明它们不在$\mathrm{Re}(s) = 1$上. GRH还保证了开的临界带中的平凡零点也在临界线上. 我们不清楚它们是否存在, 很可能不存在. 只考虑有Euler乘积的L函数很重要, 实际上已知没有Euler乘积的Dirichlet 级数(它们仍然是合理存在的)甚至在绝对收敛的半平面有许多零点. 算术几何学家应该不会关心这一点, 因为它们的L函数来自某种Euler乘积. 当然, 这个轻松的起点会让进一步研究L函数的解析性质更难. 例如, 直到最近才通过模方法才建立了椭圆曲线的Hasse-Weil L 函数的解析延拓. 我们不应该低估Euler乘积在绝对收敛区域外的解析延拓, 因为我们经常用这种或那种方式使用深刻的算术资源. 按照Riemann的设想, 对临界带上的这种探究能阐明素数以及建立在它们上面的相关算术对象, 只要能揭示它们的对偶相伴对象——L函数的零点. 尽管直到今天仍然神秘, 这些零点(很可能是复超越数)最终会被进一步分析攻克. 但是, 就GRH而言, 我们暂时只能确信它们恰到好处地给出令人惊奇的很强的估计. 这种能从GRH推出的用相关参数得到的估计的一致性的确惊人. 消极地说, 这种超强的一致性可能在提醒我们在有生之年证明GRH的希望有多么渺茫. 当前的解析数论工具都不能解决用GRH轻松回答的问题. 我们在本节介绍GRH的一些传统的解析结果, 重点注意的是用导子得到的一致性.

我们首先陈述几个等价的事实以便帮助大家理解Riemann猜想的解析意义.

命题 5.14 令$\frac{1}{2} \leqslant \alpha \leqslant 1$. 下面的陈述是等价的:

(1) $(s-1)^r L(f,s)$在$\sigma > \alpha$时既没有零点也没有极点, 其中r是非负整数.

(2) $(s-1)^r L(f,s)$的倒数、对数导数以及对数(将它标准化使得$\sigma \to +\infty$时, $\log L(f,s) \to 0$)在$\sigma > \alpha$时为全纯函数.

(3) 令$\mu_f(n)$表示$L(f,s)^{-1}$的Dirichlet级数展开式的系数, 则

$$M(f,x) = \sum_{n \leqslant x} \mu_f(n) \ll x^{\alpha+\varepsilon}, \tag{5.54}$$

其中隐性常数只依赖于f和$\varepsilon > 0$.

(4) 令$r > 0$为$L(f,s)$在$s = 1$处的极点的阶, 则

$$\psi(f,x) = rx + O(x^{\alpha+\varepsilon}), \tag{5.55}$$

其中隐性常数只依赖于f和$\varepsilon > 0$.

Ramanujan猜想断言上述结论在$\alpha = \frac{1}{2}$时成立. 有趣的是(对初学者可能有些奇怪)估计式(5.35)在通过零点时是自我完善的. 实际上, 首先(5.35)意味零点在临界线$\mathrm{Re}(s) = \frac{1}{2}$上, 因此在展开式(5.53)中取$T = x$, 并利用粗糙的界(5.26)得到下面的

定理 5.15 假设Riemann猜想对$L(f,s)$成立, Ramanujan-Peterson猜想对$L(f,s)$成立, 则对$x \geqslant 1$有

$$\psi(f,x) = rx + O(x^{\frac{1}{2}}(\log x)\log(x^d \mathfrak{q}(f))), \tag{5.56}$$

其中隐性常数是绝对的.

Riemann猜想说明$L(f,s)$、倒数函数$L(f,s)^{-1}$、对数导数$\frac{L'}{L}(f,s)$和对数函数$\log L(f,s)$可以用相应的Dirichlet级数的极短的部分和在$\mathrm{Re}(s)=\sigma \geqslant \alpha > \frac{1}{2}$上很好地一致逼近. 显然, 对零点所在的临界线上的s 来说是做不到这一点的. 我们开始考虑

$$-\frac{L'}{L}(f,s) = \sum_n \frac{\Lambda_f(n)}{n^s}.$$

令$\phi(y)$为$[0,+\infty)$上的连续函数, 其Mellin变换$\hat{\phi}(w)$对使得$-\frac{1}{2} \leqslant \mathrm{Re}(w) \leqslant \frac{1}{2}$ 满足

$$w(w+1)\hat{\phi}(w) \ll 1. \tag{5.57}$$

假设$\hat{\phi}(w)$在$w=0$处有单极点, 留数为1(作标准化后). 例如, $\phi(y)=\mathrm{e}^{-y}$满足$\hat{\phi}(w)=\Gamma(w)$, 或者$\phi(y)=\max(1-y,0), \hat{\phi}(w)=w^{-1}(w+1)^{-1}$.

命题 5.16 设$\frac{1}{2} < \mathrm{Re}(w) \leqslant \frac{5}{4}$, 则对任意的$X \geqslant 1$有

$$-\frac{L'}{L}(f,s) = \sum_n \frac{\Lambda_f(n)}{n^s}\phi(\tfrac{n}{X}) - r\hat{\phi}(1-s)X^{1-s} + \sum_\rho \hat{\phi}(\rho-s)X^{\rho-s} + O(\tfrac{\log \mathfrak{q}(f,s)}{(2\sigma-1)\sqrt{X}}), \tag{5.58}$$

其中隐性常数仅依赖于(5.57)中的常数.

证明: 现在对读者来说, 利用围道积分推出公式(5.58)应该是一个标准的做法, 其中误差项正好等于

$$\frac{1}{2\pi \mathrm{i}}\int_{(-\frac{1}{2})} -\frac{L'}{L}(f,s+w)\hat{\phi}(w)X^w \,\mathrm{d}\,w.$$

事实上, 从上述在直线$\mathrm{Re}(w)=\frac{1}{2}$上的积分开始, 然后移到直线$\mathrm{Re}(w)=-\frac{1}{2}$上就得到上述积分. 在$w=0,1-s,\rho-s$处的单极点在(5.58)中提供了相应的项. 现在我们在直线$\mathrm{Re}(s)=-\frac{1}{2}$上有$\mathrm{Re}(s+w)=\sigma-\frac{1}{2}$, 从而由(5.26)和(5.27)得到

$$-\frac{L'}{L}(f,s+w) \ll (2\sigma-1)^{-1}\log \mathfrak{q}(f,s+w).$$

积分并利用(5.57)中的界即得(5.58)中的误差项. □

可以利用(3.26), (3.27)和(5.57)直接估计(不需要抵消)(5.58)中关于零点的和式可得: 对任意的$X \geqslant 1$有

$$-\frac{L'}{L}(f,s) = \sum_n \frac{\Lambda_f(n)}{n^s}\phi(\tfrac{n}{X}) - r\hat{\phi}(1-s)X^{1-s} + O(\tfrac{\log \mathfrak{q}(f,s)}{2\sigma-1}X^{\frac{1}{2}-\sigma}), \tag{5.59}$$

其中隐性常数仅依赖于(5.57)中的常数.

接下来我们将要估计$\Lambda_f(n)$的和. 本质上任意粗糙的界(只要不依赖于导子, 例如$|\Lambda_f(n)| \leqslant n$)都能满足我们的需要. 但是由于我们已经假定了GRH, 忽略关于局部根的Ramanujan-Peterson猜想(由此得到$|\Lambda_f(n)| \leqslant d\Lambda(n)$)是没有道理的. 所以我们得到

$$\sum_n \frac{\Lambda_f(n)}{n^s}\phi(\tfrac{n}{X}) \ll dX^{1-\sigma} + d\log X.$$

此外, (5.59)中另一极的项为

$$-r\hat{\phi}(1-s)X^{1-s} = \tfrac{r}{s-1} + O(rX^{1-\sigma} + r\log X).$$

因此(5.59)可以简化为

$$-\tfrac{L'}{L}(f,s) = \tfrac{r}{s-1} + O(\tfrac{\log \mathfrak{q}(f,s)}{2\sigma-1}X^{\frac{1}{2}-\sigma} + dX^{1-\sigma} + d\log X).$$

最后选取$X = \log^2 \mathfrak{q}(f,s)$得到

定理 5.17 若Riemann猜想和Ramanujan-Peterson猜想对$L(f,s)$成立, 则对任意满足$\frac{1}{2} < \sigma \leqslant \frac{5}{4}$ 的s有

$$-\tfrac{L'}{L}(f,s) = \tfrac{r}{s-1} + O(\tfrac{d}{2\sigma-1}(\log \mathfrak{q}(f,s))^{2-2\sigma} + d\log\log \mathfrak{q}(f,s)),$$

其中隐性常数是绝对的.

推论 5.18 对$\sigma \geqslant \frac{1}{2} + \frac{\log\log\log \mathfrak{q}}{\log\log \mathfrak{q}}$有

$$-\tfrac{L'}{L}(f,s) = \tfrac{r}{s-1} + O(\tfrac{\log \mathfrak{q}}{\log\log \mathfrak{q}}),$$

其中$\mathfrak{q} = \mathfrak{q}(f,s)$是解析导子, 隐性常数是绝对的.

要得到L函数的对数的估计, 我们将对数导数沿水平线积分:

$$\log L(f,s) = \log L(f, \tfrac{5}{4} + \mathrm{i}\,t) - \textstyle\int_{\sigma}^{\frac{5}{4}} \tfrac{L'}{L}(f, \alpha + \mathrm{i}\,t)\,\mathrm{d}\,\alpha.$$

由(5.59)推出下面的估计:

定理 5.19 若Riemann猜想和Ramanujan-Peterson猜想对$L(f,s)$成立, 则对任意满足$\frac{1}{2} < \sigma \leqslant \frac{5}{4}$的$s$有

$$\log(p_r(s)L(f,s)) \ll \tfrac{d(\log \mathfrak{q}(f,s))^{2-2\sigma}}{(2\sigma-1)\log\log \mathfrak{q}(f,s)} + d\log\log \mathfrak{q}(f,s),$$

其中隐性常数为绝对的(回顾: $p_r(s) = (s-1)^r(s+1)^{-r}$).

作为定理5.19的直接推论, 我们得到$L(f,s)$在半平面$\sigma \geqslant \frac{1}{2} + \varepsilon$的上下界:

$$\mathfrak{q}(f,s)^{-\varepsilon} \ll p_r(s)L(f,s) \ll \mathfrak{q}(f,s)^{\varepsilon},$$

其中隐性常数依赖于ε. 通过凸性原理可以将上界推广到临界线. 特别地, 可得

推论 5.20 对满足$\mathrm{Re}(s) = \frac{1}{2}$的$s$和任意的$\varepsilon > 0$有

$$L(f,s) \ll \mathfrak{q}(f,s)^{\varepsilon}, \tag{5.60}$$

其中隐性常数仅依赖于ε.

最后的估计式受到相当多的关注(称为Lindelöf猜想), 因为利用它关于导子的一致性足以解决许多具有算术特点的重要问题. 我们刚才证明了可以从Riemann猜想推出它, 人们可能会认为Lindelöf猜想证明起来容易些, 但是人们普遍的选择是应该先证明Riemann猜想, 理由是Riemann猜想与更自然的数学结构联系在一起. 显然, Lindelöf猜想意味着下面关于L函数的系数的和的估计:

$$\sum_{n\leqslant x} \lambda_f(n) = xP_f(\log x) + O(x^{\frac{1}{2}}(x\mathfrak{q}(f))^{\varepsilon}), \tag{5.61}$$

其中$P_f(X)$是如下定义的$r-1$次多项式:

$$P_f(\log x) = \operatorname*{res}_{s=1} L(f,s)x^{s-1}.$$

一些较弱但有用的无条件结果在第4章给出(例子参见关于$\zeta(s)L(s,\chi_4)$的推论4.9和关于$\zeta^2(s)$的习题4.7).

§5.8 GRH的简单推论

除了自身有重要应用的Lindelöf猜想外, 我们还将说明GRH在算术方面的一些简单结果.

第一个问题是用f的导子估计L函数在临界线上给定的零点处的阶. 我们考虑中心点$s=\frac{1}{2}$的情形. 注意(5.27) 意味着无条件地有

$$\operatorname*{ord}_{s=\frac{1}{2}} L(f,s) \leqslant m(1,f) \ll \log \mathfrak{q}(f),$$

对此我们可以稍加改进为

命题 5.21 令$L(f,s)$为满足GRH的整的L函数, 则有

$$\operatorname*{ord}_{s=\frac{1}{2}} L(f,s) \ll \frac{\log \mathfrak{q}(f)}{\log \frac{3}{d} \log \mathfrak{q}(f)}, \tag{5.62}$$

其中隐性常数为绝对的(回顾: $\log \mathfrak{q}(f) > d$).

证明: 我们将显式(5.45)应用于以$[-2Y,2Y]$为支集的测试函数$g(y)$, 其中$0 \leqslant g(y) \leqslant 2$, 当$|y| \leqslant Y$时, $g(y) \geqslant 1$, 并且$g(y)$的Fourier变换$h(t)$在$\mathbb{R}$上非负. 由正值性, 我们可以在(5.45)中去掉所有的零点$\frac{1}{2}+\mathrm{i}\gamma \neq \frac{1}{2}$得到

$$mh(0) \leqslant -2\sum_n \operatorname{Re}(\Lambda_f(n))n^{-\frac{1}{2}} g(\log n) + O(\log \mathfrak{q}(f)),$$

其中m是零点$\rho=\frac{1}{2}$的的重数. 对于左边有$h(0) \asymp Y$. 因为由(5.2)我们有$|\Lambda_f(n)| \leqslant d\Lambda(n)$, 右边关于素数幂$n$的和式由

$$2d \sum_{\log n \leqslant 2Y} \Lambda(n) n^{\frac{1}{2}} \ll d\,\mathrm{e}^Y$$

界定, 其中隐性常数是绝对的. 选取$2Y = \log \frac{3}{d} \log \mathfrak{q}(f)$可得

$$m \ll \frac{\log \mathfrak{q}(f)}{\log(\frac{3}{d} \log \mathfrak{q}(f))},$$

其中隐性常数是绝对的. □

尽管上述对素数上的和的估计很粗糙, 因而暗示我们或许可以对该结果进行某些改进, 但是命题5.21是最佳的. 问题是对于选取的Y, 上述和式极短. 事实上有$n \leqslant \mathrm{e}^{2Y} \leqslant \frac{3}{d}\log \mathfrak{q}(f)$, 因此可以设想$\Lambda_f(n)$在这个范围不变号. 如果用$\lim\limits_{k\to+\infty} L(f,s)^k$取代$L(f,s)$, 可知(5.62)在去掉因子$\frac{3}{4}$后不能成立. 但是, 我们在许多情形可以得到更好的结果, 见下面的命题5.34和习题5.13.

对很小的n侦测$\Lambda_f(n)$的符号改变与GRH的另一个经典应用相关: 需要多少$L(f,s)$在素数处(用导子$q(f)$表示)的系数将$L(f,s)$从某一类L函数中区分开来?

命题 5.22 令$L(f,s), L(g,s)$为两个具有相同次数d和γ因子的L函数. 假设$L(f\otimes\bar{f},s)$与$L(f\otimes\bar{g},s)$存在, 后者是整函数, GRH对二者都成立, 并且二者在分歧素数处的局部根的模$\leqslant 1$, 则存在对f,g非分歧的素数$p \leqslant C(d\log \mathfrak{q}(f)\mathfrak{q}(g))^2$, 使得$L(f,s)$与$L(g,s)$在$p$处的局部根不同, 其中$C$为某个绝对正常数.

证明: 关键处在于: 由假设, L函数$L(f\otimes\bar{f},s)$在$s=1$处有极点, 而我们假设了$L(f\otimes\bar{g},s)$是整函数. 假设f,g在所有对f,g非分歧的素数$p\leqslant 2X$处的局部根相同, 则对所有满足$(n,q(f)q(g))=1$的$n\leqslant 2X$有$\Lambda_{f\otimes\bar{g}}(n)=L_{f\otimes\bar{f}}(n)$. 将显式(5.44)应用于形如$\phi(\frac{n}{X})$的函数, 其中$\phi\geqslant 0$光滑, 在$[1,2]$上为紧支集, $\phi\neq 0$, 我们有

$$\sum_n \Lambda_{f\otimes\bar{g}}(n)\phi(\tfrac{n}{X})\ll\sqrt{X}\log\mathfrak{q}(f\otimes g),$$

$$\sum_n \Lambda_{f\otimes\bar{f}}(n)\phi(\tfrac{n}{X})=\hat{\phi}(0)X+O(\sqrt{X}\log\mathfrak{q}(f\otimes\bar{f})),$$

其中$\hat{\phi}(0)=\int\varphi(t)\,\mathrm{d}\,t>0$. 这些估计是关于Rankin-Selberg卷积L函数的素数定理的光滑版本. 我们用到GRH估计关于零点的和式. 另一方面, 由假设可知除了来自分歧素数的贡献值, 上述两式左边相同. 这个贡献值很小, 实际上它

$$\ll\sum_{\substack{n\leqslant 2X\\(n,\mathfrak{q}(f)\mathfrak{q}(g))\neq 1}}|\Lambda_{f\otimes\bar{f}}(n)|+|\Lambda_{f\otimes\bar{g}}(n)|\ll d^2(\log\mathfrak{q}(f)\mathfrak{q}(g))\log X.$$

因此, $\hat{\phi}(0)X\ll\sqrt{X}\log\mathfrak{q}(f\omega\bar{f}\mathfrak{q}(f\otimes\bar{g})+d^2(\log\mathfrak{q}(f)\mathfrak{q}(g))\log X$, 或者$X\ll(d\log q(f)q(g))^2$, 其中隐性常数是绝对的(回顾: 由Rankin-Selberg卷积的定义可得不等式$\mathfrak{q}(f\otimes g)\ll(\mathfrak{q}(f)\mathfrak{q}(g))^d$). □

注记: 一般无条件的最好结果要弱很多. 假设$L(f,s)$的次数为d, 其根满足$|\alpha_i(p)|<p^{\frac{1}{4}}$, 并且$L(f\otimes\bar{f},s)$存在, 则对每个$\varepsilon>0$, 存在仅依赖于$\varepsilon$和$f$的常数$C>0$满足如下性质: 若$L(g,s)$ 与$L(f,s)$有相同的γ因子(从而次数相同), $L(f\otimes\bar{g},s)$时整函数, 并且对所有的$p\leqslant C\mathfrak{q}(g)^{\frac{d}{2}+\varepsilon}$有$\lambda_g(p)=\lambda_f(p)$, 则$g=f$.

要证明这个结论, 注意: 若$X\geqslant 1$是满足对所有的$p\leqslant X$有$\lambda_f(p)=\lambda_g(p)$的最大整数, 则由乘性可知对$n|N(x)$有$\lambda_f(n)=\lambda_g(n)$, 其中$N(X)$是所有不超过$X$ 的素数的乘积. 对$h=f$或$h=g$, 我们可以分解因式

$$L(f\otimes\bar{h},s)=L^\flat(f\otimes\bar{h},s)H(f,h,s),$$

其中$L^\flat(f\otimes\bar{h},s)$时限制到无平方因子整数的Dirichlet级数, $H(f,h,s)$在$\sigma>\frac{1}{2}$时绝对收敛. 特别地, $L^\flat(f\otimes\bar{h},s)$在$h=g$时为整函数; 在$h=f$时在$s=1$处有极点, 并且与Rankin-Selberg L函数有相同的凸性界. 在直线$\sigma=\frac{1}{2}+\delta(\delta>0$充分小$)$上做复积分得到

$$\sum_{n\geqslant 1}\lambda_{f\otimes\bar{h}}\phi(\tfrac{n}{X})=\delta(f,g)XP(\log X)+O(X^{\frac{1}{2}+\varepsilon}\mathfrak{q}(f\otimes g)^{\frac{1}{4}+\varepsilon}),$$

其中r是$L^\flat(f\otimes\bar{f},s)$在$s=1$处的极点的阶, $P\neq 0$是$r-1$次多项式:

$$P(\log X)=\operatorname*{res}_{s=1}L^\flat(f\otimes\bar{h},s)X^{s-1}.$$

比较$h=f$时的公式与$h=g$时的公式即得结果.

§5.9 Riemann ζ函数与Dirichlet L函数

Riemann ζ函数$\zeta(s)$是导子为1, γ因子为$\gamma(s)=\pi^{-\frac{s}{2}}\Gamma(\frac{s}{2})$, 根数为1的自对偶函数, 它的Rankin-Selberg平方也是$\zeta(s)$.

更一般地, 令χ为模q的Dirichlet本原特征. Dirichlet L函数$L(s,\chi)$是导子为q, γ因子为

$$\gamma(s) = \pi^{-\frac{s}{2}}\Gamma(\tfrac{s+\delta}{2}),$$

根数为$\varepsilon(\chi) = \frac{\tau(\chi)}{\sqrt{q}}$的$L$函数, 其中$\delta$在$\chi(-1)=1$时为0, 在$\chi(-1)=-1$时为1,

$$\tau(\chi) = \sum_{x \bmod q} \chi(x)\,\mathrm{e}(\tfrac{x}{q})$$

是与χ相关的Gauss和(见§3.4). 若χ非平凡, 则$L(s,\chi)$是整函数, 否则它在$s=1$处有单极点, 留数为1.

任何$L(s,\chi)$显然满足Ramanujan-Peterson猜想. 解析导子由$\mathfrak{q}(\chi,s) = q(|t+\delta|+3) \asymp q(|t|+3)$给出, 并且$\mathfrak{q}(\chi) = (2+\delta)q \asymp q$(见定理4.15).

Dirichlet L函数是自对偶的$\Leftrightarrow$ χ是二次特征. 在这种情形, 由定理3.3可知$\varepsilon(\chi)=1$.

任何两个Dirichlet特征χ_1,χ_2有Rankin-Selberg卷积, 只需令$L(\chi_1\otimes\chi_2,s) = L(\chi_3,s)$, 其中$\chi_3$ 是诱导乘积$\chi_1\chi_2$的本原特征. 在χ_1与χ_2的导子互素时, $\chi_3 = \chi_1\chi_2$, 但是一般等式不成立. 特别地, $L(s,\chi)$的Rankin-Selberg平方是$\zeta(s)$, 有限乘积(5.10)变成

$$\prod_{p|q}(1-p^{-s})^{-1}.$$

固定模q, 考虑模q的所有本原特征就给出一个L函数族的例子. 固定$X \geqslant 2$, 考虑导子$\leqslant q$的所有二次本原特征就给出另一个L函数族.

由(5.22), 我们对Dirichlet L函数推出了凸性界:

定理 5.23 令$\chi \bmod q$为本原Dirichlet特征, 若$\mathrm{Re}(s) = \frac{1}{2}$, 则有

$$L(s,\chi) \ll (q|s|)^{\frac{1}{4}}, \tag{5.63}$$

其中隐性常数是绝对的.

下面的习题提供了非常简单, 但是用起来相当方便的估计.

习题5.9 令$\chi \bmod q$为非平凡Dirichlet特征. 证明: 对$0 \leqslant \sigma \leqslant 1$有

$$L^{(k)}(\sigma,\chi) \ll q^{1-\sigma}\log^{k+1} q \ (k \geqslant 1), \tag{5.64}$$

其中隐性常数仅依赖于k.

提示: 利用$|\sum_{n\leqslant x}\chi(n)| \leqslant \min\{x,q\}$给出的界.

于是, 定理5.8变成:

定理 5.24 令$\chi \bmod q$为本原Dirichlet特征, $N(T,\chi)$为$L(s,\chi)$在临界带$0 \leqslant \beta \leqslant 1, |\gamma| \leqslant T$中的零点$\rho = \beta + \mathrm{i}\gamma$的个数, 则

$$N(T,\chi) = \frac{T}{\pi}\log\frac{qT}{2\pi\mathrm{e}} + O(q(T+3)),$$

其中隐性常数是绝对的.

除了定理5.11的一般显式, 有时下面关于

$$\psi(x,\chi) = \sum_{n\leqslant x}\Lambda(n)\chi(n)$$

的近似公式更实用.

命题 5.25 对任意特征χ有

$$\psi(x,\chi)=\delta_\chi x-\sum_{\substack{L(\rho,\chi)=0\\ |\operatorname{Im}\rho|\leqslant T}}\frac{x^\rho-1}{\rho}+O(\tfrac{x}{T}\log^2(xq)), \tag{5.65}$$

其中δ_x在$\chi=\chi_0$时为1, 否则为0, $1\leqslant T\leqslant x$, 隐性常数为绝对的.

证明: 当χ为本原特征时, 这个结论是(5.53)的特殊情形. 但是, 当χ不是本原特征时, (5.65)也成立. 事实上, 假设$\chi^*\bmod q^*(q^*|q)$是诱导$\chi\bmod q$的本原特征, 则

$$|\psi(x,\chi)-\psi(x,\chi^*)|\leqslant\sum_{\substack{p^\alpha\leqslant x\\ p|q}}\log p\ll\log^2(xq).$$

此外, $L(s,\chi)$与$L(s,\chi^*)$有相同的零点, 除了那些来自乘积

$$\prod_{p|q,p\nmid q^*}(1-p^{-s})$$

的零点$\rho=\frac{2\pi\mathrm{i}\,l}{\log p}$, 这些零点的贡献值最多为

$$\sum_{p|q}\sum_{\frac{2\pi|l|}{\log p}\leqslant T}\left|\frac{x^\rho-1}{\rho}\right|\ll\log^2(xq).$$

上面的修正值被(5.65)中的误差项吸收, 证毕. □

由(5.65), 我们利用L函数的零点导出对

$$\psi(x,q,a)=\sum_{\substack{n\leqslant x\\ n\equiv a\bmod q}}\Lambda(n)$$

的一个强的逼近式. 首先, 由特征的正交性有

$$\psi(x,q,a)=\frac{1}{\varphi(q)}\sum_{\chi\bmod q}\bar\chi(a)\psi(x,\chi).$$

利用(5.65)得到

$$\psi(x,q,a)=\frac{x}{\varphi(q)}-\frac{1}{\varphi(q)}\sum_{\chi\bmod q}\bar\chi(a)\sum_{\substack{L(\rho,\chi)=0\\ |\operatorname{Im}(\rho)|\leqslant T}}\frac{x^\rho-1}{\rho}+O(\tfrac{x}{T}\log^2(xq)), \tag{5.66}$$

其中$q\geqslant 1,(a,q)=1,1\leqslant T\leqslant x$, 隐性常数是绝对的.

定理5.10对Dirichlet L函数给出了无零区域, 仅对某个实本原特征χ可能存在例外零点. 由于该结果的重要性, 我们收入以下稍微不同的传统证明.

定理 5.26 存在绝对常数$c>0$使得对任意的本原Dirichlet特征$\chi\bmod q$, $L(s,\chi)$在区域

$$\sigma\geqslant 1-\frac{c}{\log q(|t|+3)} \tag{5.67}$$

中最多有一个零点. 例外零点仅在χ为实特征时可能存在, 此时该零点为实的单根. 若记之为β_χ, 则有

$$1-\frac{c}{\log 3q}\leqslant\beta_\chi<1. \tag{5.68}$$

证明: 假设χ非平凡($\zeta(s)$情形的证明是类似的, 但需要改变说法, 这是因为L函数的定义中不包括$\zeta(s+\mathrm{i}t), t\neq 0$这种情形, 此时函数在$s=1-\mathrm{i}t\neq 1$处有极点), 考虑8次$L$函数

$$L(f,s)=\zeta(s)^3L(s+\mathrm{i}t,\chi)^4L(s+2\mathrm{i}t,\chi_2),$$

其中$t\in\mathbb{R}$, χ_2是诱导χ^2的模$q_2|q$的本原特征. 因为$z=|z|\,\mathrm{e}^{\mathrm{i}\,\theta}$, 由de la Vallée Poussin的三角不等式

$$3|z|+4\,\mathrm{Re}(z)+\mathrm{Re}(z^2)=|z|(3+4\cos\theta+\cos 2\theta)=2|z|(1+\cos\theta)^2\geqslant 0 \tag{5.69}$$

可知: 对所有满足$(n,q)=1$的$n\geqslant 1$有$\mathrm{Re}(\Lambda_f(n))\geqslant 0$. 事实上, 利用$\chi_2$的定义经过简单的计算可以证明该结论对所有的$n\geqslant 1$成立.

令$\rho=\beta+\mathrm{i}\gamma(\beta\geqslant\frac{1}{2})$为$L(f,s)$的零点. 若$\chi$非实特征, 或者$\gamma\neq 0$, 则取$t=\gamma$可知$L(f,s)$在$s=1$处有3阶极点, 而$\beta$是$L(f,s)$的4阶实零点, 因此由引理5.9有

$$\beta<1-\tfrac{c_2}{\log \mathfrak{q}(f,\rho)}<1-\tfrac{c}{\log q(|\gamma|+3)},$$

其中c为绝对常数. 若$\chi^2=1, \rho=\beta$是实数, 则取$t=0$可知$L(f,s)$在$s=1$处有4阶极点. 再次利用引理5.9知$L(f,s)$最多有4个实零点, 并且零点的重数满足上述不等式, 这就意味着β一定是$L(s,\chi)$的单根. □

注记: 由定理2.1, 我们也能重新得到$\beta<1$的结论.

作为定理5.13的应用, 我们导出下面的素数定理.

定理 5.27 令$\chi \bmod q$为本原Dirichlet特征, 对任意的$x\geqslant 1$有

$$\sum_{n\leqslant x}\chi(n)\Lambda(n)=\delta_\chi x-\tfrac{x^{\beta_\chi}}{\beta_\chi}+O(x\exp(\tfrac{-c\log x}{\sqrt{\log x}+\log q})\log^4 q), \tag{5.70}$$

其中$c>0$为绝对实效常数, 隐性常数是绝对的.

对任意的$q\geqslant 1, (a,q)=1$, 当$x\geqslant 1$时有

$$\sum_{\substack{n\leqslant x\\ n\equiv a \bmod q}}\Lambda(n)=\tfrac{x}{\varphi(q)}-\tfrac{\bar{\chi}(a)}{\varphi(q)}\tfrac{x^{\beta_\chi}}{\beta_\chi}+O(x\exp(\tfrac{-c\log x}{\sqrt{\log x}+\log q})\log^4 q), \tag{5.71}$$

其中$\chi \bmod q$为可能的例外实特征, β_χ为相应的例外零点.

记住对于模q可能有一个或两个实本原特征. 例如当$q=8r$时, 其中r为无平方因子的奇数, $\chi_8\chi_r, \chi_4\chi_8\chi_r$就是两个这样的特征. 但是, 它们当中最多有一个能够给出一个例外零点. 事实上, 例外特征非常稀少, 而例外零点本身稍微可控些.

定理 5.28 (1)(Landau) 令χ_1,χ_2分别为模q_1,q_2的不同实本原特征. 假设χ_1,χ_2分别有实零点β_1,β_2, 则存在绝对常数$c>0$使得

$$\min\{\beta_1,\beta_2\}\leqslant 1-\tfrac{c}{\log q_1q_2}. \tag{5.72}$$

(2)(Siegel) 对任意的本原实Dirichlet特征和任意的$\varepsilon>0$有

$$\beta_\chi\leqslant 1-\tfrac{c(\varepsilon)}{q^\varepsilon}, \tag{5.73}$$

其中$c(\varepsilon)$是仅依赖于ε的常数. 若$\varepsilon<\frac{1}{2}$, 则这个常数是非实效的, 即不能通过计算得到它的数值.

证明: (1) 考虑4次L函数

$$L(f,s)=\zeta(s)L(s,\chi_1)L(s,\chi_2)L(s,\chi_1\chi_2), \tag{5.74}$$

它的导子最多为$(q_1q_2)^2$. 因为χ_1,χ_2为不同的非平凡特征, $L(f,s)$在$s=1$处有1阶极点. 此外,

$$-\frac{L'}{L}(f,s)=\sum_{n\geqslant 1}(1+\chi_1(n))(1+\chi_2(n))\Lambda(n)n^{-s}$$

的系数非负. 由引理5.9, 存在$c>0$使得$L(f,s)$最多有一个实零点满足$\beta\geqslant 1-\frac{c}{\log\mathfrak{q}(f)}$. 因为$\mathfrak{q}(f)\leqslant 9(q_1q_2)^2$, 所以(5.72)成立.

(2) 对于(5.73)的证明, 我们采用Goldfeld[100]的好方法. 暂时设χ_1,χ_2 分别为模q_1,q_2的任意实本原特征, 仍然考虑(5.74)中的L函数. 可知$\lambda_f(n)\geqslant 0$. 令$\eta(x)$为$[0,+\infty)$上的函数, 它满足$0\leqslant\eta\leqslant 1$, 并且当$0\leqslant x\leqslant 1$时, $\eta(x)=1$; 当$x\geqslant 2$时, $\eta(x)=0$. 考虑和式

$$Z(\beta,x)=\sum_n\frac{\lambda_f(n)}{n^\beta}\eta\left(\frac{n}{x}\right)\geqslant 1$$

(因为$\lambda_f(1)=1$), 其中$\frac{3}{4}\leqslant\beta\leqslant 1, x\geqslant 1$. 由围道积分有

$$\begin{aligned}Z(\beta,x)&=\frac{1}{2\pi\mathrm{i}}\int_{(2)}L(f,s+\beta)x^s\hat{\eta}(s)\,\mathrm{d}\,s\\&=L(f,\beta)+L(1,\chi_1)L(1,\chi_2)L(1,\chi_1\chi_2)\hat{\eta}(1-\beta)x^{1-\beta}+\frac{1}{2\pi\mathrm{i}}\int_{(\frac{1}{2}-\beta)}L(f,s+\beta)\hat{\eta}(s)x^s\,\mathrm{d}\,s.\end{aligned}$$

由(5.63), 最后的积分$\leqslant q_1q_2x^{\frac{1}{2}-\beta}$. 因此有

$$L(f,\beta)+L(1,\chi_1)L(1,\chi_2)L(1,\chi_1\chi_2)\hat{\eta}(1-\beta)x^{1-\beta}\geqslant 1+O(q_1q_2x^{\frac{1}{2}-\beta}).$$

现在假设$\beta_1\geqslant\frac{3}{4}$是$L(s,\chi_1)$的零点, 则

$$L(1,\chi_1)L(1,\chi_2)L(1,\chi_1\chi_2)\hat{\eta}(1-\beta_1)x^{1-\beta_1}\geqslant 1+O(q_1q_2x^{\frac{1}{2}-\beta_1}).$$

取$x=c(q_1q_2)^4$, 其中c充分大, 则左边的项大于$\frac{1}{2}$. 由(5.64)可知$L(1,\chi_1)\ll\log q_1, L(1,\chi_1\chi_2)\ll\log q_1q_2$. 此外, 由于$\hat{\eta}(s)$在$s=0$处有单极点且留数为1, 所以$\hat{\eta}(1-\beta_1)\ll(1-\beta_1)^{-1}$. 综合以上估计, 我们得到基本下界

$$L(1,\chi_2)\gg(1-\beta_1)(q_1q_2)^{-4(1-\beta_1)}\log^{-2}(q_1q_2). \tag{5.75}$$

我们将利用$L(s,\chi_1)$的假设零点作为控制其他特征的工具由(5.75)证明(5.73). 令$0<\varepsilon\leqslant\frac{1}{4}$. 若对于所有模$q$的实特征$\chi$, $L(s,\chi)$在实轴上$s\geqslant 1-\varepsilon$的部分不为零, 则(5.73)显然成立(只需取$c(\varepsilon)=\varepsilon$). 否则假设存在某个模$q_1$的特征$\chi_1$使得$L$函数$L(s,\chi_1)$在$s=\beta_1\geqslant 1-\varepsilon$处有零点, 则对其他任意的实本原特征$\chi_2 \bmod q_2$, 我们可以将(5.75)写成

$$L(1,\chi_2)\gg q_2^{-4\varepsilon}\log^{-2}q_2,$$

其中隐性常数仅依赖于ε, 因为一旦ε选定, q_1,χ,β_1是固定的. 另一方面, 若β_2是$L(s,\chi_2)$的实零点, 则由中值定理以及(5.64)可知存在满足$\beta_2\leqslant\sigma\leqslant 1$的某个$\sigma$, 使得

$$L(1,\chi_2)=(1-\beta_2)L'(\sigma,\chi_2)\ll(1-\beta_2)q_2^{1-\beta_2}\log^2 q_2. \qquad \square$$

注记: 特别地, Landau[199]首先对$\varepsilon = \frac{1}{8}$证明了上界(5.73)(仍然是非实效的), 此后Siegel[300]很快对任意的$\varepsilon > 0$证明了该结果. Siegel得到的上界(5.73)在应用中的非实效性是显而易见的. 例如, 它不能依赖解决虚二次域的类数1问题. 但是, 由Siegel的下界$L(1,\chi) \gg \Delta^{\frac{1}{2}-\varepsilon}$以及Dirichlet类数公式(2.31)或(22.59)可得

$$h(\mathbb{Q}(\sqrt{-\Delta})) = \frac{w\sqrt{\Delta}}{2\pi} L(1,\chi) \gg \Delta^{\frac{1}{2}-\varepsilon}, \tag{5.76}$$

其中$-\Delta$为负的基本判别式, χ为相应的Kronecker符号. 因此, 当$|\Delta| \to +\infty$ 时, $h \to +\infty$. 但是, 当计算所有满足$h(\mathbb{Q}(\sqrt{-\Delta})) = 1$ 的Δ 时, 我们不知道何时终止. 在第22 章和第23 章, 我们利用Goldfeld关于椭圆曲线的L 函数这种成熟得多的想法去证明一个实效界, 尽管结果更弱些(见定理23.2).

Siegel的估计式意味着关于等差数列中素数的Siegel-Walfsz定理.

推论 5.29 令$q \geqslant 1, A > 0$, 则对任意的$x \geqslant 2$有

$$\pi(x;q,a) = \frac{\mathrm{Li}(x)}{\varphi(q)} + O\left(\frac{x}{\log^A x}\right), \tag{5.77}$$

$$\psi(x;q,a) = \frac{x}{\varphi(q)} + O\left(\frac{x}{\log^A x}\right). \tag{5.78}$$

此外, 对任意模$q > 2$的Dirichlet本原特征以及任意的$A > 0$, 有

$$\sum_{p \leqslant x} \chi(p) \ll \sqrt{q}x \log^{-A} x, \tag{5.79}$$

$$\sum_{n \leqslant x} \chi(n)\mu(n) \ll \sqrt{q}x \log^{-A} x, \tag{5.80}$$

其中的隐性常数仅依赖于A, 但是非实效.

证明: 若$q \leqslant \log^{A+1} x$, 我们利用上界(5.73)从素数公式(5.71)得到(5.78). 若$q \geqslant \log^{A+1} x$, 由于公式(5.78)显然成立, 所以无需证明. 然后对(5.78)利用分部求和公式得到(5.77). 同理利用上界(5.73)从(5.52)得到(5.79).

(5.80)中的结果要难一些. 我们可能会希望用L^{-1}取代$\frac{L'}{L}$, 然后仿照(5.51)的证明得到该结果, 但是在重数大于1的零点或者零点的聚点(目前还不能排除这种可能性)附近, 我们会遇到严重的麻烦. 因此, 我们打算从(5.79)直接推出(5.80). 首先, 我们改写如下和式

$$\sum_{n \leqslant x} \chi(n)\mu(n) = 1 - \sum_{m \leqslant x} \chi(m)\mu(m) \sum_{p_m < p \leqslant \frac{x}{m}} \chi(p),$$

其中p_m表示m的最大素因子. 令$r \geqslant 0$为m的素因子个数, 则求和条件意味着$m^{\frac{1}{r}} \leqslant p_m < \frac{x}{m}$, 从而$m < x^{\frac{r}{r+1}}$. 因此, 利用(5.79)可知关于$p$的内和满足

$$\sum_{p} \chi(p) \ll \frac{\sqrt{q}x}{m} \log^{-A} \frac{x}{m} \ll \frac{\sqrt{q}x}{m} \log^{-A}\left(\frac{r+1}{\log x}\right)^A \ll \frac{\tau(m)\sqrt{q}x}{m \log^A x},$$

最后一步成立是因为$(r+1)^A \ll 2^r = \tau(m)$. 然后对关于$m$的和式做显然估计即得(5.80), 此时求和产生的因子为$\log^2 x$. 对A进行调整就完成了定理的证明. □

对Dirichlet特征, 命题5.22中讨论的问题就变成对模$q > 2$的非平凡特征χ找到使得$\chi(p) \neq 1$的最小素数p. 通过对短特征和的各种估计可以直接导出如下上界:

$$p_{\min}(\chi) \ll \sqrt{q}\log q, q^{\frac{1}{2}+\varepsilon}, q^{\varepsilon}, \log^2 q,$$

我们在这里分别利用了Polyá-Vinogradov估计、Burgess估计、Lindelöf假设以及Riemann猜想. 事实上由(5.56)我们只能得到上界$\log^4 q$, 但是我们再努力些就能在GRH下挤压出上界$\log^2 q$. 利用组合推理加强的Burgess 估计, 我们也能无条件地得到更好的上界(见[139]). Linnik通过大筛法不等式证明了: 除了有限个例外值外, 素数模$q \leqslant N$的本原实特征的最小二次非剩余不超过N^{ε}, 而这些例外值的个数仅依赖于$\varepsilon > 0$, 对椭圆曲线的类似结果的证明见§7.4.

我们将在第10、24、25章进一步讨论Riemann ζ函数, 在第17、18章进一步讨论Dirichlet特征.

§5.10 数域的L函数

令$K/\mathbb{Q}$为d次数域, Dedekind ζ函数

$$\zeta_K(s) = \sum_{\mathfrak{a}\neq 0} \mathrm{N}(\mathfrak{a})^{-s} = \prod_{p}(1-(N\mathfrak{p})^{-s})^{-1}$$

定义了导子为$D = |d_K|$(K的判别式的绝对值), 根数为+1, 次数为$d = [K:\mathbb{Q}]$的自对偶L函数. Γ因子为

$$\gamma(s) = \pi^{-\frac{ds}{2}}\Gamma(\tfrac{s}{2})^{r_1+r_2}\Gamma(\tfrac{s+1}{2})^{r_2}, \tag{5.81}$$

其中r_1为K的实嵌入数, r_2为K的复嵌入对数, 从而$d = r_1 + 2r_2$. $\zeta_K(s)$ 在$s = 1$处有单极点, 其留数为

$$\operatorname*{res}_{s=1} \zeta_K(s) = \frac{2^{r_1}(2\pi)^{r_2}hR}{w\sqrt{D}},$$

其中h为K的类数, R为调整子, w为单位根的个数, 证明见[201].

$\zeta_K(s)$显然满足Ramanujan-Peterson猜想. 解析导子为

$$\mathfrak{q}(\zeta_K, s) = D(|t|+3)^{r_1+r_2}(|t+1|+3)^{r_2} \ll D(|t|+4)^d,$$

$\mathfrak{q}(\zeta) = 2^{r_1+r_2}3^{r_2}D \leqslant 3^d D$. 存在绝对常数$c > 1$使得$D > c^{d-1}$(见习题5.10), 因此$\log \mathfrak{q}(\zeta_K) \asymp \log D$.

注记: Dedekind ζ函数可以分解为Artin L函数(见§5.13)的乘积. 令$E/\mathbb{Q}$为K的Galois闭包, $G = \mathrm{Gal}(E/\mathbb{Q}), H = \mathrm{Gal}(E/K)$. 令$r_{G/H}$为$G$在陪集空间$G/H$上的置换表示, 它是$H$的平凡表示诱导的表示, 从而由Artin L函数在诱导表示下的不变性可知$L(r_{G/H}, s) = \zeta_K(s)$. 我们可以用$G$的不可约表示分解$r_{G/H}$, 即$r_{G/H} = \bigoplus_{\rho} n_p\rho$得到$\zeta_K(s)$的分解:

$$\zeta_K(s) = \prod_{\rho} L(s,\rho)^{n_p}. \tag{5.82}$$

在Artin猜想不成立的情形(我们还不能排除这种可能), 它不是§5.1中意义下关于L函数的分解式.

若$K/\mathbb{Q}$为Abel扩张, 则$E = K, H = 1, r_{G/H} = \bigoplus \chi$, 其中$\chi$过某个Dirichlet特征群中元使得

$$\zeta_K(s) = \prod_{\chi} L(s,\chi)$$

是导子的乘积为$D = |d_K|$, 并且恰好有一个平凡特征的不同Dirichlet特征的L函数的乘积.

我们从上述讨论以及前几节的结果推出

定理 5.30 令$K/\mathbb{Q}$为d次数域, 则对$0 \leqslant \sigma \leqslant 1$有

$$(s-1)\zeta_K(s) \ll |Ds^d|^{\frac{1-\sigma}{2}+\varepsilon},$$

其中隐性常数只依赖于d, ε.

定理 5.31 令$K/\mathbb{Q}$为d次数域, $N_K(T)$为$\zeta_K(s)$在临界带$0 \leqslant \beta \leqslant 1$中满足$|\gamma| \leqslant T$的零点$\rho = \beta + \mathrm{i}\gamma$的个数. 对$T \geqslant 2$有

$$N_K(T) = \tfrac{T}{\pi} \log \tfrac{DT^d}{(2\pi \mathrm{e})^d} + O(\log DT^d),$$

其中隐性常数是绝对的.

我们能利用L函数的解析性质推出数域的判别式的信息. 例如, 显式可以对$D = |d_K|$得到很好的下界. 这一强大的方法被Odlyzko[247], Poitou[255], Serre[293]和其他许多人所用. 下面是一个简单的结果.

定理 5.32 假设GRH对所有数域K的Dedekind ζ函数成立, $d = [K:\mathbb{Q}] = r_1 + 2r_2$, 则有

$$\varliminf_{d\to\infty} \tfrac{1}{d}(\log D + (d-r_2)\tfrac{\Gamma'}{\Gamma}(\tfrac{1}{4}) + r_2\tfrac{\Gamma'}{\Gamma}(\tfrac{3}{4})) \geqslant \log \pi. \tag{5.83}$$

证明: 将显式(5.44)应用于$\zeta_K(s)$, 其中$\phi(x) = x^{-\frac{1}{2}}\,\mathrm{e}^{-a\log^2 x}(a > 0)$. 尽管这个测试函数不具有紧支集, 但它在无穷远处减速很快. 该函数的Mellin变换为

$$\hat{\phi}(\tfrac{1}{2} + \mathrm{i}\,t) = \sqrt{\tfrac{2\pi}{a}}\,\mathrm{e}^{-\frac{t^2}{4a}}(t \in \mathbb{R}).$$

注意它取正值(对比命题5.55), 并且$\hat{\phi}(x) = x^{-1}\phi(x^{-1})$. 因为$\zeta_K(s)$是自对偶的, 我们得到

$$\sum_n \Lambda_K(n)\phi(n) + \tfrac{1}{2}\sum_\rho \hat{\phi}(\rho) = \tfrac{1}{2}\log D + \tfrac{1}{2}\int_0^{+\infty}\phi(x)\,\mathrm{d}\,x + \tfrac{1}{2\pi \mathrm{i}}\int_{(\frac{1}{2})}\tfrac{\gamma'}{\gamma}(s)\hat{\phi}(s)\,\mathrm{d}\,s.$$

由正值性可知

$$\tfrac{1}{2}\log D + \tfrac{1}{2}\int_0^{+\infty}\phi(x)\,\mathrm{d}\,x + \tfrac{1}{2\pi \mathrm{i}}\int_{(\frac{1}{2})}\tfrac{\gamma'}{\gamma}(s)\hat{\phi}(s)\,\mathrm{d}\,s \geqslant 0. \tag{5.84}$$

由(5.8)和Fourier反转公式有

(5.85)

$$\tfrac{1}{2\pi \mathrm{i}}\int_{(\frac{1}{2})}\tfrac{\gamma'}{\gamma}(s)\hat{\phi}(s)\,\mathrm{d}\,s = -\tfrac{d}{2}\log\pi + \tfrac{d-r_2}{2\pi}\int_{\mathbb{R}}\tfrac{\Gamma'}{\Gamma}(\tfrac{1}{4}+\tfrac{\mathrm{i}\,t}{2})\hat{\phi}(\tfrac{1}{2}+\mathrm{i}\,t)\,\mathrm{d}\,t + \tfrac{r_2}{2\pi}\int_{\mathbb{R}}\tfrac{\Gamma'}{\Gamma}(\tfrac{3}{4}+\tfrac{\mathrm{i}\,t}{2})\hat{\phi}(\tfrac{1}{2}+\mathrm{i}\,t)\,\mathrm{d}\,t.$$

当$a \to 0$, 函数$(2\pi)^{-1}\hat{\phi}(\frac{1}{2}+\mathrm{i}\,t)$收敛于Dirac δ函数在0处的值, 因此

$$\tfrac{1}{2\pi}\int_{\mathbb{R}}\tfrac{\Gamma'}{\Gamma}(\tfrac{1}{4}+\tfrac{\mathrm{i}\,t}{2})\hat{\phi}(\tfrac{1}{2}+\mathrm{i}\,t)\,\mathrm{d}\,t \to \tfrac{\Gamma'}{\Gamma}(\tfrac{1}{4}),$$

$$\tfrac{1}{2\pi}\int_{\mathbb{R}}\tfrac{\Gamma'}{\Gamma}(\tfrac{3}{4}+\tfrac{\mathrm{i}\,t}{2})\hat{\phi}(\tfrac{1}{2}+\mathrm{i}\,t)\,\mathrm{d}\,t \to \tfrac{\Gamma'}{\Gamma}(\tfrac{3}{4}).$$

因此, 将(5.84)除以d, 然后令$d \to \infty$, 再令$a \to 0$即得(5.83). □

利用命题5.55中构造的测试函数, 可以无条件地运用上述推理得到稍微弱一些的结果.

习题5.10 证明: 存在绝对常数$c > 1$使得对任意次数$d \geqslant 2$的数域$K/\mathbb{Q}$有$D = |d_K| > c^d$, 并且特别地, 若$K \neq \mathbb{Q}$, 则$D \geqslant 3$, 从而K至少有一个分歧素数. (提示: 像下面的定理5.51中那样进行推理.)

我们不能直接应用定理5.10, 因为$\zeta_K(s)$的Rankin-Selberg平方涉及K的Artin L函数的卷积, 我们还不清楚这些L函数是否为整函数, 尽管人们猜想它成立. 但是, 我们可以采取传统推理(就像定理5.26的证明那样), 利用$\zeta_K(s)^3\zeta_K(s+\mathrm{i}t)^4\zeta_K(s+2\mathrm{i}t)$推出无零区域, 进而得到关于$K$的素数定理. 我们将用到如下记号:

$$\Lambda_K(\mathfrak{a})=\begin{cases}\log \mathrm{N}\,\mathfrak{p}, & 若\mathfrak{a}=\mathfrak{p}^k(k\geqslant 1),\\ 0, & 否则.\end{cases}$$

于是它们就是Dirichlet级数

$$-\frac{\zeta_K'}{\zeta_K}(s)=\sum_{\mathfrak{a}}\Lambda_K(\mathfrak{a})(\mathrm{N}\,\mathfrak{a})^{-s}$$

的系数.

定理 5.33 令$K/\mathbb{Q}$为d次数域, 则存在绝对常数$c>0$使得$\zeta_K(s)$在区域

$$\sigma\geqslant 1-\frac{c}{d^2\log D(|t|+3)^d}$$

内没有零点, 除了可能存在的单的实零点$\beta<1$.

对$x\geqslant 2$有

$$\sum_{\mathrm{N}\,\mathfrak{a}\leqslant x}\Lambda_K(\mathfrak{a})=x-\frac{x^\beta}{\beta}+O(\sqrt{D}\,\mathrm{e}^{-cd^{-2}\sqrt{\log x}}),$$

其中$c>0$是绝对常数, 并且当没有例外零点时, 应该除去项$-\frac{x^\beta}{\beta}$.

我们应该明白定理5.33中给出的无零区域不一定是可能得到的最好结果. 事实上, 我们由(5.82)可以将$\zeta_K(s)$分解, 并且若这些因子是L函数, 则由它们的无零区域可得ζ_K的无零区域, 由于导子更小, 我们可以得到更好的结果. 例如, 若$K=\mathbb{Q}(\mu_p)$ 是$\mathbb{Q}$添加p次单位根的域, 则有

$$\zeta_K(s)=\zeta(s)\prod_{\chi\neq 1}L(s,\chi),$$

其中乘积过模p的非平凡Dirichlet特征. 因此由定理5.26和定理5.28, 可知存在绝对常数$c>0$使得$\zeta_K(s)$在区域

$$\sigma\geqslant 1-\frac{c}{\log p(|t|+3)}$$

内最多有一个单的实零点β, 其中$d=p-1, D=|d_K|=p^{p-2}$, 所以定理5.33要弱得多.

要确定实Dirichlet特征的零点是非常困难的事情, Stark[307]证明了: 若$K/\mathbb{Q}$不包含二次子域, 则$\zeta_K(s)$没有例外零点.

对于Dedekind ζ函数, 命题5.21可以改进.

命题 5.34 令$K/\mathbb{Q}$为数域, 若GRH对$\zeta_K(s)$成立, 则有

$$\operatorname*{ord}_{s=\frac{1}{2}}\zeta_K(s)\ll\frac{\log 3D}{\log\log 3D},$$

其中$D=|d_K|$, 隐性常数是绝对的.

证明: 令m是$\zeta_K(s)$以$\frac{1}{2}$为零点的阶. 我们将像(5.62)的证明那样进行推理. 在应用显式(5.45)时, 因为$\zeta_K(s)$ 在$s=1$处有单极点出现了新的一项, 所以得到

$$mh(0)+\sum_{\rho\neq\frac{1}{2}}h(\tfrac{\gamma}{2\pi})=\int_{-\infty}^{+\infty}g(y)\,\mathrm{e}^{\frac{y}{2}}\,\mathrm{d}\,y-2\sum_{\mathfrak{a}}\frac{\Lambda_K(\mathfrak{a})}{\sqrt{\mathrm{N}\,\mathfrak{a}}}g(\log\mathrm{N}\,\mathfrak{a})+O(\log 3D).$$

由正值性, 关于零点和素理想的和式都可以去掉. 因为$h(0)\asymp Y$, 并且积分为$O(\mathrm{e}^Y)$, 我们推出$mY\ll \mathrm{e}^Y+\log 3D$. 取$Y=\log\log 3D$即得要证明的结论. □

Hecke特征(即大特征)是Dirichlet特征在数域上的推广, 它们曾在§3.8中对虚二次域完全定义了, 但是我们要在(权为0的特征)一般的情形用到这一基本术语, 细节可参见[201].

令$K/\mathbb{Q}$为数域, ξ为模$(\mathfrak{m},\Omega)$的本原Hecke大特征, 其中$\mathfrak{m}$为K中非零整理想, Ω为使得ξ分歧的实无限位的集合. 定义Hecke L函数为

$$L(\xi,s)=\prod_{\mathfrak{p}}(1-\xi(\mathfrak{p})\,\mathrm{N}\,\mathfrak{p}-s)^{-1}(\mathrm{Re}(s)>1).$$

Hecke证明了$L(\xi,s)$是次数为$d=[K:\mathbb{Q}]$的L函数, 在$\xi\neq 1$时为整函数, 并且在$\xi=1$时与$\zeta_K(s)$相同. 导子为$\Delta=|d_K|\,\mathrm{N}_{K/\mathbb{Q}}\,\mathfrak{m}$, 其中$\mathrm{N}_{K/\mathbb{Q}}$为范映射, γ因子为

$$\gamma(\xi,s)=\pi^{-\frac{ds}{2}}\Gamma(\tfrac{s}{2})^{r_1+r_2-|\Omega|}\Gamma(\tfrac{s+1}{2})^{r_2+|\Omega|},$$

所以$\mathfrak{q}(\xi)\leqslant 4^d|d_K|\,\mathrm{N}_{K/\mathbb{Q}}\,\mathfrak{m}=4^d\Delta$. 根数可以清楚地表示成关于$\xi$的标准Gauss和.

我们将定理5.26推广为如下结果.

定理 5.35 令$K/\mathbb{Q}$为数域, ξ为模$(\mathfrak{m},\Omega)$的Hecke大特征, 则存在绝对常数$c>0$ 使得$L(\xi,s)$在区域

$$\sigma>1-\frac{c}{d\log\Delta(|t|+3)}$$

内最多存在一个单的实零点. 例外零点只可能在实特征时出现, 并且它小于1.

注记: 本节强调的事实是: 利用关于非零整理想的Dirichlet级数以及关于素理想的Euler乘积, 可以将各种类型的L函数自然地定义在任意的数域K上. 因此有K上的Artin L函数、K上的自守L函数、K上簇的L函数, 但是从解析数论的意义上来说, 我们倾向于将它们看作$\mathbb{Q}$上的L函数. 这个观点是可能的, 因为K上的d次L函数是§5.1中定义的$\mathbb{Q}$上的df次L函数, 其中$[K:\mathbb{Q}]=f$. 例如, $\zeta_K(s)$是K上的1次L函数. 因此读者会容易看到数域上L函数的哪些结果在数域上具有一致性. 但是, 有时候证明需要改写, 就像证明定理5.33那样, 因为Rankin-Selberg L函数在看作K上或$\mathbb{Q}$上的L函数时的形式不同. 读者在必要的时候应该不难补上新的证明. 值得指出的是, 对所有已知的L函数来说, K上d次L函数的导子形如$q=|d_k|^d\,\mathrm{N}_{K/\mathbb{Q}}\,\mathfrak{f}$, 其中$\mathfrak{f}$为$K$的某个非零整理想. 因此导子和解析导子都含有对基域K的判别式的依赖性.

近两个世纪以来, 解析数论不仅在$\mathbb{Q}$上L函数的花园茁壮成长, 在数域上的推广方面也硕果累累, 但是还需要更多地探索. 为了鼓励初学者, 我们用该理论在Gauss整环$\mathbb{Z}[\mathrm{i}]$上的几个奇妙应用来结束本节.

$\mathbb{Z}[\mathrm{i}]$中有4个单位元, 即$1,-1,\mathrm{i},-\mathrm{i}$. $\mathbb{Z}[\mathrm{i}]$中的每个理想是主理想. 考虑“角”特征: 若$\mathfrak{a}=(\alpha)\neq 0$, 对任意的$k\equiv 0 \bmod 4$, 令

$$\xi_k(\mathfrak{a})=(\tfrac{\alpha}{|\alpha|})^{\mathrm{i}\,k}=\mathrm{e}^{\mathrm{i}\,k\arg\alpha}.$$

这是一个导子为(1)的本原Hecke特征. 相关的L函数

$$L(s,\xi_k)=\sum_{\alpha}(\tfrac{\alpha}{|\alpha|})^{\mathrm{i}\,k}|\alpha|^{-s}$$

的导子为$D=4$, 且满足自对偶函数方程

$$\Lambda(s,\xi_k)=\pi^{-s}\Gamma(s+\tfrac{|k|}{2})L(s,\xi_k)=\Lambda(1-s,\xi_k).$$

所有特征都是复特征, 除了$k=0$时对应的平凡特征, 此时给出Dedekind ζ函数$L(s,\xi_0)=\zeta(s)L(s,\chi_0)$. 因此没有例外零点, 由素数定理(5.52)得到

$$\sum_{|\pi|\leqslant x}(\tfrac{\pi}{|\pi|})^{\mathrm{i}\,k}=2\delta_k\,\mathrm{Li}(x)+O(|k|x\,\mathrm{e}^{-c\sqrt{\log x}}),$$

其中$c>0$, 隐性常数为绝对常数.

从上述公式可以推出如下关于Gauss素数在扇形区域具有等分布性质的结论, 我们把它留给读者作为习题.

定理 5.36 令$0<\beta-\alpha\leqslant\frac{\pi}{2}, x\geqslant 2$, 则

$$|\{\pi\in\mathbb{Z}[\mathrm{i}]\,|\,|\pi|\leqslant x,\alpha<\arg\pi\leqslant\beta\}|=\tfrac{\beta-\alpha}{\pi}\,\mathrm{Li}(x)+O(x\,\mathrm{e}^{-c\sqrt{\log x}}),$$

其中$c>0$, 隐性常数为绝对常数.

(**提示:** 用周期为2π, 关于$x\to\pm x\pm\pi$对称的光滑函数逼近$[\alpha,\beta]$的特征函数. 将这个函数展开成Fourier级数, 令$x=\arg\pi$. 由对称性, 非负的Fourier项以$k\equiv 0 \bmod 4$的频率出现. 对每个频率应用素数定理.)

我们在§11.8中将看到用该结果证明有限域上的曲线的点数的Weil界在横向意义下最优.

习题5.11 用$\arg\alpha$和$|\alpha|$推出Gauss素数在$\mathbb{C}$的正则区域中的等分布性.

习题5.12 证明: 存在无限多对素数p,q使得$pq=a^2+b^2$, 其中$0<b<(3\log a)^2$.

关于用Hecke特征对各种问题的有力处理, 我们推荐W. Duke的论文[65].

§5.11 经典的自守L函数

我们所说的经典自守形的意思是GL(2)上的自守形, 它是全纯的或Laplace算子的特征函数(Maass形).

令f是权为$k\geqslant 1$, 级为q, 附属特征(nebentypus)为χ的本原全纯尖形式(定义见第14章). 令

$$f(z)=\sum_{n\geqslant 1}\lambda_f(n)n^{\frac{k-1}{2}}\,\mathrm{e}(nz)$$

为f在其尖点∞处的标准Fourier展开式, 则

$$L(f,s)=\sum_n\lambda_f(n)n^{-s}=\prod_p(1-\lambda_f(p)p^{-s}+\chi(p)p^{-2s})^{-1}$$

是导子为q的2次L函数, 其γ因子为

$$\gamma(f,s)=\pi^{-s}\Gamma(\tfrac{s+\frac{k-1}{2}}{2})\Gamma(\tfrac{s+\frac{k+1}{2}}{2})=c_k(2\pi)^{-s}\Gamma(s+\tfrac{k-1}{2}),\tag{5.86}$$

其中$c_k=2^{\frac{3-k}{2}}\sqrt{\pi}$由Legendre倍元公式得到. 因此解析导子为

$$\mathfrak{q}(f,s) = q(|s+\tfrac{k-1}{2}|+3)(|s+\tfrac{k+1}{2}|+3) \leqslant q(|s|+|k|+3)^2,$$

$$\mathfrak{q}(f) = q(\tfrac{k-1}{2}+3)(\tfrac{k+1}{2}+3) \asymp qk^2.$$

根数为$\mathrm{i}^k\,\bar{\eta}(f)$, 其中$\eta(f)$满足$Wf = \eta\bar{f}$. 我们分别由Deligne的工作[55]和Deligne-Serre的工作[58]已知$L(f,s)$在$k \geqslant 2$时与$k=1$时满足Ramanujan-Peterson猜想. 对偶形$\bar{f}$满足

$$\bar{\lambda_f}(n) = \bar{\chi}(n)\lambda_f(n), (n,q)=1.$$

记住对非平凡的附属特征, f可能为自对偶的. 例如, 若ξ为虚二次域$K=\mathbb{Q}(\sqrt{D})$的类群特征, 则由

$$\lambda_f(n) = \sum_{\mathrm{N}\,\mathfrak{a}=n} \xi(n)$$

给出系数的自守形f是权为$k=1$, 级为$q=|D|$, 附属特征为$\chi=\chi_D$(Kronecker符号)的自对偶形. 关于这些事实, 见§14.7和命题14.13及其相关的参考文献.

类似地, 令φ是级为q的本原Maass形, 其附属特征χ为Laplace算子的特征函数, 特征值为$\lambda = \frac{1}{4}+r^2$, 其中$r\in\mathbb{R}$或$\mathrm{i}\,r\in[0,\frac{1}{2}]$. 将$\varphi$在$\infty$处的Fourier展开式写成

$$\varphi(z) = \sqrt{y}\sum_{n\neq 0}\rho(n)K_{\mathrm{i}\,r}(2\pi|n|y)\,\mathrm{e}(nx),$$

与φ相关的L函数为

$$L(\varphi,s) = \sum_{n\geqslant 1}\rho(n)n^{-s} = \prod_p(1-\rho(p)p^{-s}+\chi(p)p^{-2s})^{-1},$$

其导子为q, γ因子为

$$\gamma(\varphi,s) = \pi^{-s}\Gamma(\tfrac{s+\delta+\mathrm{i}\,r}{2})\Gamma(\tfrac{s+\delta-\mathrm{i}\,r}{2}),$$

δ在φ为偶形时为0, 否则为1. 因此解析导子为

$$\mathfrak{q}(\varphi,s) = \mathfrak{q}(|s+\mathrm{i}\,r|+3|s-\mathrm{i}\,r|+3) \leqslant q(|s|+|r|+3)^2,$$

$$\mathfrak{q}(\varphi) = q(|r|+3)^2 \asymp \lambda q.$$

当$(n,q)=1$时, $\bar{\rho}(n)=\bar{\chi}(n)\rho(n)$. 关于Maass形的定义, 见第15 章. 尽管本书并没有详细介绍Maass形的L函数与Hecke算子, 但该理论与全纯形理论非常类似, 可以参见[12, 28, 69].

与全纯形相比, 我们不知道本原Maass尖形式是否满足Ramanujan-Peterson猜想, 尽管没有人怀疑它, 因为这个猜想在一般的Langlands函子性纲领中非常适合. 当前最好的估计是

$$|\alpha_p|, |\beta_p| \leqslant p^{\frac{7}{64}}, \tag{5.87}$$

其中$1-\rho(p)p^{-s}+\chi(p)p^{-2s} = (1-\alpha_p p^{-s})(1-\beta_p p^{-s})$, 相应地有$|\operatorname{Re}(\mathrm{i}\,r)| \leqslant \frac{7}{64}$, 因此

$$\lambda = \tfrac{1}{4}+r^2 \geqslant \tfrac{975}{4\,096} = 0.238\ldots \tag{5.88}$$

这个结果属于Kim与Sarnak[183]. 关于早期的结果可见[29, 73, 219, 280, 294].

由李文卿[207]推广的Rankin[263]与Selberg[283]的初始理论, 以及它的加性理想版本[169]证明了任意两个尖形式, 不管是全纯形还是非全纯形, 都具有Rankin-Selberg卷积. 当$g=\bar{f}$时, 卷积$L(f\otimes g,s)$在$s=1$时有单极点, 否则它是整函数. 假设f的权为k, g的权为$k\leqslant\ell$(由对称性), $f\otimes g$的γ因子为

$$\gamma(f\otimes g,s)=\pi^{-2s}\Gamma(\frac{s+\frac{\ell-k}{2}}{2})\Gamma(\frac{s+\frac{\ell+k}{2}}{2})\Gamma(\frac{s+\frac{\ell-k}{2}+1}{2})\Gamma(\frac{s+\frac{\ell+k}{2}-1}{2}).$$

现在令f有特征值$\frac{1}{4}+r^2$, 根据奇偶性有$\delta=0$或1, g有特征值$\frac{1}{4}+u^2$, 根据奇偶性有$\eta=0$或1, 则

$$\gamma(f\otimes g,s)=\pi^{-2s}\Gamma(\frac{s+\mathrm{i}(r+u)+\nu}{2})\Gamma(\frac{s+\mathrm{i}(r-u)+\nu}{2})\Gamma(\frac{s-\mathrm{i}(r-u)+\nu}{2})\Gamma(\frac{s-\mathrm{i}(r+u)/2+\nu}{2}),$$

其中ν根据$\delta=\eta$是否成立分别取值0, 1. 最后假设f是权为k的全纯形, g是特征值为$\frac{1}{4}+r^2$, 奇偶性为δ的Maass形, 则

$$\gamma(f\otimes g,s)=\pi^{-2s}\Gamma(\frac{s+\mathrm{i}\,r+\frac{k-1}{2}}{2})\Gamma(\frac{s+\mathrm{i}\,r+\frac{k+1}{2}}{2})\Gamma(\frac{s-\mathrm{i}\,r+\frac{k-1}{2}}{2})\Gamma(\frac{s-\mathrm{i}\,r+\frac{k+1}{2}}{2}).$$

我们可以通过方便地查阅[271]的附录中收集的事实, 而后轻松地计算得到这些因子.

尽管$L(f\otimes g,s)$在素数$p|q(f\otimes g)$处的局部因子不能用简单的方式从Hecke特征值$\lambda_f(p),\lambda_g(p)$或$\rho_f(p),\rho_g(p)$表示出来, 但是在$p$恰好整除$[q(f),q(g)]$时还是能做到的. 此时可以证明(5.10)中分歧位上的因子, 或者更确切地说,

$$\frac{1}{H_p(p^{-s})}=(1-\alpha_f(p)\alpha_g(p)p^{-s})(1-\alpha_f(p)\beta_g(p)p^{-s})(1-\beta_f(p)\alpha_g(p)p^{-s})(1-\beta_f(p)\beta_g(p)p^{-s}).$$

换句话说, 所有素数处的局部因子由(5.9)给出. 我们再次强调该结果并非在所有情形下成立. 注意: 因为$p|q(f)q(g)$, 所以$\alpha_f(p),\beta_g(p)$(或者$\alpha_g(p),\beta_g(p)$)中至少有一个为0.

用Dirichlet级数的语言来说, 这就意味着

$$L(f\otimes g,s)=L(2s,\chi_f\chi_g)\sum_{n\geqslant 1}\lambda_f(n)\lambda_g(n)n^{-s}.$$

若$[q(f),q(g)]$无平方因子, 其中f,g是全纯形或者Maass形, χ_f,χ_g是相应的附属特征. 注意$L(s,\chi_f\chi_g)$是特征$\chi_f\chi_g$的Dirichlet级数, 即使该特征非本原. 因此, 当$\chi_f=\chi_g=1$时, $L(2s,\chi_f\chi_g)=\xi_{q(f)q(g)}(2s)$是去除了分歧素数处局部因子的Riemann ζ函数. 在一般的情形, 分歧素数处的局部因子可以用关于GL(2)的局部Langlands猜想来描述, 但是不够清楚. 关于$L(f\otimes g,s)$与对称平方L函数之间的关系可见§5.12.

注记: (1) Maass性与权为4的全纯尖形式的卷积在谱形变的Phillips-Sarnack理论[253]中很重要.
(2) 我们也可以考虑GL(1)与GL(2)的卷积, 这就是§14.8中定义的缠绕, 其理论非常初等. 但是, 注意级为qm^2的缠绕模形式

$$f\otimes\psi=\sum_n\psi(n)\lambda_f(n)n^{\frac{k-1}{2}}\,\mathrm{e}(nz)$$

(在f为全纯形的情形), 其中ψ是模m的形式, 可以不是本原的, 尽管它总是一个非分歧Hecke算子的特征函数. 此时, Rankin-Selberg L函数$L(f\otimes\psi,s)$是导子整除qm^2的本原形的L函数, 它与$f\otimes\psi$在几乎所有的素数处有相同的Hecke特征值(见习题14.5).

例如, 令f为虚二次域$K=\mathbb{Q}(\sqrt{-D})$的类群特征的θ函数(见§14.3), χ_D为K的Kronecker符号, 从而$f\in S_1(D,\chi_D)$, 则有$L(f\otimes\chi_D,s)=L(f,s)$.

更一般地, 我们可以将附属特征为χ的模形式f的L函数$L(f,s)$表示成缠绕

$$L(\bar{f},s)=L(f\otimes\bar{\chi},s),\tag{5.89}$$

见(14.48).

固定模形式f, 考虑用导子为q的特征或导子$\leqslant \mathbb{Q}$的实特征作缠绕的模形式族$f\otimes\chi$是有益的.

为了更容易阅读, 我们现在将前几节的一些一般性结果在经典自守L函数的具体背景下重新叙述.

定理 5.37 令f为如上级为q, 权为$k\geqslant 1$的全纯本原尖形式, 则对$\frac{1}{2}\leqslant\sigma\leqslant 1$有

$$L(f,s)\ll(\sqrt{q}|s|+k)^{1-\sigma+\varepsilon}. \tag{5.90}$$

令φ是级为q, Laplace特征值为$\lambda=\frac{1}{4}+r^2$的本原Maass尖形式, 则对$\frac{1}{2}\leqslant\sigma\leqslant 1$有

$$L(\varphi,s)\ll(\sqrt{q}|s|+|r|)^{1-\sigma+\varepsilon}. \tag{5.91}$$

两种情形中的隐性常数都仅依赖于ε.

证明: 不等式(5.90)只是(5.20)在假设的一致性下的重述, 因为$L(f,s)$满足Ramanujan-Peterson猜想. 要证明(5.91), 我们转而利用Iwaniec[156]证明的估计式

$$\sum_{n\leqslant x}|\rho(n)|^2\leqslant x(x+q+|r|)^{\varepsilon}, \tag{5.92}$$

因此(5.91)中的隐性常数仅依赖于ε, 而不依赖于φ. □

现在(5.33)给出

定理 5.38 令f为级为q, 权为$k\geqslant 1$的全纯本原尖形式, $N(T,f)$为$L(f,s)$在临界带$0\leqslant\beta\leqslant 1, |\gamma|\leqslant T$中的零点的个数, 则对$T\geqslant 2$有

$$N(T,f)=\frac{T}{\pi}\log\frac{qT^2}{(2\pi\mathrm{e})^2}+O(\log q(T+k)),$$

其中隐性常数是绝对的.

令φ是级为q, Laplace特征值为$\lambda=\frac{1}{4}+r^2$的为本原Maass形, $N(T,\varphi)$为$L(\varphi,s)$在临界带$0\leqslant\beta\leqslant 1, |\gamma|\leqslant T$中的零点的个数, 则对$T\geqslant 2$有

$$N(T,\varphi)=\frac{T}{\pi}\log\frac{qT^2}{(2\pi\mathrm{e})^2}+O(\log q(T+|r|)),$$

其中隐性常数是绝对的.

我们现在重新阐述非零区域定理. 在Dirichlet特征的经典背景(以及它们在数域上的推广)外关于模形式的第一个结果属于C. Moreno[240]. 对全纯形与非全纯形都应用定理5.10, 我们得到如下的非零区域:

定理 5.39 令f为级为q, 权为$k\geqslant 1$的全纯本原尖形式, 则存在绝对常数$c>0$使得$L(f,s)$在区域

$$\sigma\geqslant 1-\frac{c}{\log q(|t|+k+3)}$$

内没有零点, 除了在f自对偶时可能有一个实的单根$\beta<1$.

令φ为级为q, 特征值为$\lambda=\frac{1}{4}+r^2$的本原Maass形, 则存在绝对常数$c>0$使得$L(\varphi,s)$在区域

$$\sigma\geqslant 1-\frac{c}{\log q(|t|+|r|+3)}$$

内没有零点, 除了在f自对偶时可能有一个实的单根$\beta < 1$.

最后, 我们对经典尖形式叙述素数定理.

定理 5.40 令f为级为q, 权为$k \geqslant 1$的全纯本原尖形式, 则对$x \geqslant 2$有

$$\sum_{p \leqslant x} \lambda_f(p) \log p = -\frac{x^\beta}{\beta} + O(\sqrt{q} x \, \mathrm{e}^{-c\sqrt{\log x}}),$$

其中$c > 0$是某个绝对常数, β是$L(f,s)$是可能的例外零点(否则去掉该项).

令φ是级为q, Laplace特征值为$\lambda = \frac{1}{4} + r^2$的为本原Maass形, 则对$x \geqslant 2$有

$$\sum_{p \leqslant x} \rho(p) \log p = -\frac{x^\beta}{\beta} + O(\sqrt{q} x \, \mathrm{e}^{-c\sqrt{\log x}}),$$

其中$c > 0$是某个绝对常数, β是$L(\varphi, s)$是可能的例外零点(否则去掉该项).

证明: 应用定理5.13(见下面的注记)和(5.92)去验证(5.48). □

经典的尖形式给出许多已知结果能无条件证明的L函数族(否则只能在GRH下得到). 例如, 命题5.21的上界能够作重大改进.

令q为素数, $S_2(q)^*$是级为q, 权为2的本原尖形式集合(见第14章), 则有$|S_2(q)^*| \sim \frac{q}{12}$. 定义

$$L(J_0(q), s) = \prod_{f \in S_2(q)^*} L(f, s). \tag{5.93}$$

这是一个次数为$d = |S_2(q)^*|$, $\mathfrak{q}(f) = (12q)^{|S_2(q)^*|}$的$L$函数, 因此$d \sim \frac{q}{6}, \log \mathfrak{q}(f) \sim \frac{q}{12} \log q$. 因此由命题5.21和GRH可知$L(J_0(q), s)$在$s = \frac{1}{2}$处的零点的阶数远小于$q(\log q)(\log\log q)^{-1}$. 但是, 利用Peterson公式(14.60), 我们容易证明(仍然用到GRH)

$$\operatorname*{ord}_{s=\frac{1}{2}} L(J_0(q), s) \ll q. \tag{5.94}$$

我们将在第26章证明这个上界极佳. 事实上(5.94)中的上界在[189]中是无条件建立的(没有用到GRH). 关于这个结果与Abel簇的Hasse-Weil ζ函数的联系, 见§5.13.

§5.12 一般的自守L函数

我们在本节简单地讨论与高级尖形式相关的L函数, 因为它们将会在解析数论中占有永久的席位. 令f为$\mathrm{GL}(m)/\mathbb{Q}(m \geqslant 1)$上的尖形式, Godment-Jacquet[99]定义了与f相关的m次L函数$L(f,s)$. 当$m = 1$时, f唯一对应于一个本原Dirichlet特征$\chi \bmod q$, 并且$L(f,s) = L(s,\chi)$. 当$m = 2$时, f或者对应于一个本原尖形式, 或者对应于一个本原Maass尖形式. 因此自守L函数$L(f,s)$将§5.9和§5.11都推广了. 因为f是尖形式, $L(f,s)$是整函数, 除了当$m = 1$ 时, $L(f,s) = \zeta(s)$. 此外, 非尖自守表示的L函数也定义了, 但是它们可分解为尖的L函数的乘积. 我们推荐大家阅读[12] 中Cogdell的第9章关于$\mathrm{GL}(m)$上L函数的综述.

人们期望任何自守L函数满足Ramanujan-Peterson猜想. Jacquet与Shalika证明了局部分支满足$|\alpha_i(p)| < \sqrt{p}, \mathrm{Re}(\kappa_j) > -\frac{1}{2}$. 这个结果已经由L，Rudnick和Sarnak[219]改进, 即有$|\alpha_i(p)| < p^c, \mathrm{Re}(\kappa_j) > -c$, 其中

$$c = \frac{1}{2} - \frac{1}{m^2+1}. \tag{5.95}$$

$L(f,s)$在$\mathrm{Re}(s)>1$时的绝对收敛性(归功于Jacquet-Shalika[168]和Shalidi[295])由Rankin-Selberg L函数的存在性得到(见(5.48)的证明).

L函数与自守理论联系中的一个有用特点是根数$\varepsilon(f)$可以表示成局部根数的乘积

$$\varepsilon(f)=\prod_p \varepsilon_p(f),$$

其中p非分歧时, $\varepsilon_p(f)=1$. 事实上, $\varepsilon_p(f)$依赖于$\mathbb{Q}_p$的非平凡加性特征ψ_p的选取, 但是乘积不依赖于这些选取.

对于$\mathrm{GL}(d),\mathrm{GL}(e)$上的任意两个尖形式$f,g$, 由于Jacquet, Piatetski-Shapiro与Shalika对经典Rankin-Selberg方法深远推广的工作[169], 我们所说的L函数$L(f\otimes g,s)$存在. Moeglin与Waldspurger[230]证明了当$g\neq\bar{f}$时, $L(f\otimes g,s)$是整函数; 当$g=\bar{f}$时, $L(f\otimes g,s)$在$s=1$处有单极点. 关于界的结果$q(f\otimes g)|q(f)^e q(g)^d$由Bushnell与Henniart给出[32].

根据Langlands纲领中所提出的猜想, "最一般的" L函数事实上应该是属于某个$\mathrm{GL}(m)/\mathbb{Q}$的尖形式的$L$函数类的函数的乘积. Langlands猜想的其他部分意味着Ramanujan-Peterson猜想应该对任意的自守L函数成立. 此外, 这些猜想意味着关于系数$\lambda_f(p)$的等分布律的存在性(以及原则上的确定性), 见第21章中对Sato-Tate猜想的讨论.

关于自守L函数的凸性界可以变得一致.

定理 5.41 令$L(f,s)$为不同于$\zeta(s)$的d次尖形式的自守L函数, 则对$\sigma\geqslant\frac{1}{2}$有

$$L(f,s)\ll\mathfrak{q}(f,s)^{\alpha+\varepsilon},\tag{5.96}$$

其中$\alpha=\max\{\frac{1}{2}(1-\sigma),0\}$, 隐性常数仅依赖于$\varepsilon$和$d$.

证明: 在(5.12)中取$X=1$, 由命题5.4和估计式

$$\sum_{n\leqslant x}|\lambda_f(n)|^2\ll x(x\mathfrak{q}(f))^{\varepsilon}$$

得到结论, 其中$x\geqslant1$, 隐性常数仅依赖于ε和d. 该结果与Molteni[231]证明的(5.92)类似. □

解析数论中最常用的4次L函数是§5.11中描述的两个经典尖形式的Rankin-Selberg卷积$L(f\otimes g,s)$. 与此接近的是经典尖形式的对称平方L函数和伴随平方L函数. 令f有附属特征χ, 定义f的对称平方L函数(f为全纯的或实解析的)为

$$L(\mathrm{Sym}^2 f,s)=L(f\otimes f,s)L(s,\chi)^{-1},\tag{5.97}$$

而定义f的伴随平方L函数为

$$L(\mathrm{Ad}^2 f,s)=L(f\otimes\bar{f},s)\zeta(s)^{-1}.\tag{5.98}$$

因此, 二者都是3次L函数, 导子分别为$q(\mathrm{Sym}^2 f)=q(f\otimes f)q(\chi)^{-1}|q(f)^2, q(\mathrm{Ad}^2 f)=q(f\otimes\bar{f})|q(f)^2$. 若$f$是实系数的, 则对称平方与相伴平方一致. 可以证明相伴平方的根数为$\varepsilon(\mathrm{Ad}^2 f)=\varepsilon(f\otimes\bar{f})=1$. 二者的$\gamma$因子都等于$\gamma(f\otimes\bar{f},s)/\Gamma(\frac{s}{2})$, 因此, 若$f$是权为$k$的全纯形, 则

$$\gamma(\mathrm{Ad}^2 f,s)=\gamma(\mathrm{Sym}^2 f,s)=\pi^{-\frac{3s}{2}}\Gamma(\tfrac{s+1}{2})\Gamma(\tfrac{s+k-1}{2})\Gamma(\tfrac{s+k}{2});\tag{5.99}$$

若f是特征值为$\lambda=\frac{1}{4}+r^2$的实解析Maass形(注意奇偶性不产生影响), 则

$$\gamma(\mathrm{Ad}^2 f,s)=\gamma(\mathrm{Sym}^2 f,s)=\pi^{-\frac{3s}{2}}\Gamma(\tfrac{s}{2})\Gamma(\tfrac{s}{2}+\mathrm{i}\,r)\Gamma(\tfrac{s}{2}+\mathrm{i}\,r). \tag{5.100}$$

若$p|q(f)$, $L(\mathrm{Sym}^2 f,s)$与$L(\mathrm{Ad}^2 f,s)$的局部Euler因子分别为

$$(1-\alpha(p)^2p^{-s})^{-1}(1-\chi(p)p^{-s})^{-1}(1-\beta(p)^2p^{-s})^{-1},$$

$$(1-\tfrac{\alpha(p)}{\beta(p)}p^{-s})^{-1}(1-p^{-s})^{-1}(1-\tfrac{\beta(p)}{\alpha(p)}p^{-s})^{-1},$$

其中$\alpha(p),\beta(p)$为$L(f,s)$在p处的局部根. 注意由缠绕公式(5.89)或者在p非分歧时的关系式$\alpha(p)\beta(p)=\chi(p)$, 我们也可以将伴随平方和对称平方作为缠绕(GL(3) 与GL(1)的卷积)联系起来:

$$L_p(\mathrm{Ad}^2 f,s)=L_p(\mathrm{Sym}^2 f\otimes\bar{\chi},s).$$

若p恰好整除$q(f)$, 上述公式仍然成立. 特别地, 当$q(f)$无平方因子, 通过简单计算可得

$$L(\mathrm{Sym}^2 f,s)=L(2s,\chi^2)\sum_{n\geqslant 1}\lambda_f(n^2)n^{-s},$$

$$L(\mathrm{Ad}^2 f,s)=L(2s,\bar{\chi}^2)\sum_{n\geqslant 1}\chi(n)\lambda_f(n^2)n^{-s}.$$

伴随平方L函数在点$s=1$处的特殊值为

$$L(\mathrm{Ad}^2 f,1)=\operatorname*{res}_{s=1}L(f\otimes\bar{f},s)=\tfrac{w(f,f)}{\mathrm{Vol}(\Gamma_0(q)\backslash\mathbb{H})}, \tag{5.101}$$

其中$w=\frac{(4\pi)^k}{\Gamma(k)}$或$w=\frac{\cosh(\pi r)}{2\pi}$分别依赖于$f$的权或特征值, 而$w(f,f)$在$f$ 为全纯尖形式时为f的Peterson范的平方(见(14.11)), 否则为$\Gamma_0(q)\backslash\mathbb{H}$上自守函数的Hilbert空间的标准$L^2$范, 见第15章, 也可见(26.47). 特别地, 这个公式说明$L(\mathrm{Ad}^2 f,1)>0$, 它在GL(2)上尖形式的谱分析中得到了很好的利用(参见[269]).

定理5.10给出了任意次数的自守L函数的无零区域.

定理 5.42 令$L(f,s)$为d次尖形式的自守L函数, 则存在绝对常数$c>0$使得$L(f,s)$在区域

$$\sigma\geqslant 1-\tfrac{c}{d^4\log\mathfrak{q}(f)(|t|+3)} \tag{5.102}$$

中没有零点, 除了可能有一个实的单根$\beta_f<1$. 若该例外零点存在, 则f一定为自对偶的.

证明: 由如上回顾的尖形式的Rankin-Selberg卷积的性质可知, 定理5.10中的所有假设都成立, 由此得到结果. □

注记: 我们能够证明: 对于自守函数$L(f,s)$, 用于定理5.10的证明中的辅助L函数$L(g,s)$满足对所有n, 而不仅是对所有非分歧n有$\Lambda_g(n)\geqslant 0$的性质. 该结果的证明依赖于Harris与Taylor[122]证明的p进域上关于GL(d)的局部Langlands猜想. 粗略地说, 对任意的素数p, 存在连续表示$\rho_p: W(\mathbb{Q}_p)\to \mathrm{GL}(d,\mathbb{C})$, 其中$W$为$\mathbb{Q}_p$的Weil-Deligne群(它是Galois群的一个变体)使得$L(f,s)$的p-因子由

$$L_p(f,s)=\det(1-\rho_p(\mathrm{Fr}_p)p^{-s})^{-1}$$

给出, 用来定义g的Rankin-Selberg卷积的p因子为

$$L_p(f\otimes\bar f,s)=\det(1-(\rho_p\otimes\bar\rho_p)(\mathrm{Fr}_p)p^{-s})^{-1},$$

$$L_p(f\otimes f,s)=\det(1-(\rho_p\otimes\rho_p)(\mathrm{Fr}_p)p^{-s})^{-1},$$

$$L_p(\bar f\otimes\bar f,s)=\det(1-(\bar\rho_p\otimes\bar\rho_p)(\mathrm{Fr}_p)p^{-s})^{-1},$$

其中$\bar\rho_p$是ρ_p的逆步表示, Fr_p为p处的几何Frobenius(更多的细节见[310]). 更确切地说, Fr_p需要作用于上述表示在惯性群下的不变量. 这就说明在同样的记号下, $L(g,s)$的p因子是

$$\det(1-(\rho\otimes\bar\rho)(\mathrm{Fr}_p)p^{-s})^{-1},$$

其中ρ为表示

$$\rho=1\oplus(\rho_p\otimes|\cdot|^{\mathrm{i}\,t})\oplus(\bar\rho_p\otimes|\cdot|^{-\mathrm{i}\,t}).$$

但是更一般地, 对任意的的g和ρ有

$$\mathrm{Tr}(\rho\otimes\bar\rho)(g)=|\operatorname{Tr}\rho(g)|^2,$$

这样就给出了对所有的$k\geqslant1$有$\Lambda_g(\rho^k)\geqslant0$.

这种非常深刻的算术论证对$L(f,s)$的自守性的依赖至关重要, 并且在仅用到$L(f,s)$的Dirichlet级数或Euler乘积的数据时完全无法成功.

像命题5.22这样关于自守L函数的结论通常称为“重数一定理”. 称为强重数一原理的最基本结果是属于Jacquet和Shalika的[168]:

定理 5.43 令$L(f,s),L(g,s)$为两个$\mathrm{GL}(m)$的尖形式的自守L函数, 若f,g在除了有限个素数处之外的局部分支都相同, 则$f=g$.

证明: 假设对$p\notin S$处的局部分支相同, 其中S为包含f或g的分歧素数的有限集. 因为关于Rankin-Selberg卷积$L(f\otimes\bar g,s)$的局部因子在$s=1$处没有极点, $L(f\otimes\bar g,s)$与过$p\notin S$的局部因子的乘积在极点处的阶相同. 但是由假设有

$$\prod_{p\notin S}L_p(f\otimes\bar g,s)=\prod_{p\notin S}L_p(f\otimes\bar f,s).$$

因此$L(f\otimes\bar g,s)$在$s=1$处有极点, 这就意味着$f=g$. □

对于经典的模形式, 这个结果就是定理14.12. 若局部分支满足$|\alpha_i(p)|<p^{\frac14}$, 则命题5.22后面的注记给出更清楚的版本. 在最一般的情形, 我们只知道$n=2$时的界, 但是用$L(f\otimes g,s)$的对数导数取代卷积的无平方因子部分, Moreno[242]对需要的素数的个数给出了一般的确切的界.

特别地, 定理5.42能够应用于对称平方L函数和伴随平方L函数. 我们也可以将它应用于任意两个经典模形式的Rankin-Selberg L函数$L(f\otimes g,s)$, 因为Ramakrishnan[260] 已经证明那些4次L函数是自守的. 习题5.4说明我们能够在没有模性时证明关于Rankin-Selberg L函数的非零性结果.

定理 5.44 (1) 令f,g为全纯或实解析的经典本原模形式, 则存在绝对常数$c>0$使得$L(f\otimes g,s)$在区域

$$\sigma\geqslant1-\tfrac{c}{\log\mathfrak{q}(f\otimes g)(|t|+3)}$$

内没有零点, 除了有可能的实单根$\beta < 1$. 若该例外零点存在, 则$f \otimes g$一定是自对偶的.

(2) 令f为全纯或实解析的经典本原模形式, 则存在绝对常数$c > 0$使得$L(\mathrm{Sym}^2 f, s)$和$L(\mathrm{Ad}^2 f, s)$在区域

$$\sigma \geqslant 1 - \tfrac{c}{\log \mathfrak{q}(f)(|t|+3)}$$

内没有零点, 除了有可能的实单根$\beta < 1$. 若f非二面, 则该例外零点不存在.

证明: 前面已经提到第一个结果由$L(f \otimes g, s)$是自守L函数的事实直接得到.

下面证明第二个结果. 因为$L(\mathrm{Sym}^2 f, s)$是自守的[99], 所以我们只需证明当f非二面时, L函数没有例外零点, 这个推理属于Goldfeld, Hoffstein和Liehmann[103](因为f自对偶, 若有例外零点, 则$L(\mathrm{Ad}^2 f, s) = L(\mathrm{Sym}^2 f, s)$). 为此, 考虑$L$函数

$$\begin{aligned} L(g, s) &= \zeta(s) L(\mathrm{Sym}^2 f, s)^2 L(\mathrm{Sym}^2 f \otimes \mathrm{Sym}^2 f \otimes \mathrm{Sym}^2 f, s) \\ &= \zeta(s) L(\mathrm{Sym}^2 f, s)^3 L(\mathrm{Sym}^2 f \otimes \mathrm{Sym}^2 f \, \mathrm{Sym}^2 f, s). \end{aligned}$$

最后一个L函数是GL(3)上的一个尖形式的对称平方的特殊情形, Bump与Ginzburg证明了当f非二面时, 该L函数在$s = 1$处有单极点(也可以由第一个公式得到结论, 因为$\mathrm{Sym}^2 f$ 是GL(3)上的尖形式. 因此$L(g, s)$在$s = 1$处有2阶极点, 而$L(\mathrm{Sym}^2 f, s)$的任何实根是$L(g, s)$的3阶以上的零点. 容易由局部计算验证对$(n, q(g)) = 1$有$\Lambda_g(n) \geqslant 0$, 从而从引理5.9得到要证明的结果. □

注记: 公式(5.101)也证明了$L(\mathrm{Ad}^2 f, 1) \neq 0$.

下面的结果是一个有用的推论(对比类数的下界).

推论 5.45 令f为全纯或实解析的经典本原模形式, 则对任意的$\varepsilon > 0$有

$$\|f\|^2 \gg \mathrm{Vol}(\Gamma_0(q)\backslash\mathbb{H}) q^{-\varepsilon}, \tag{5.103}$$

其中隐性常数只依赖于ε和权k, 或者相关的特征值λ.

若f非二面, 例如f有平凡的附属特征和无平方因子的导子q, 则

$$\|f\|^2 \gg \frac{\mathrm{Vol}(\Gamma_0(q)\backslash\mathbb{H})}{\log 2q}, \tag{5.104}$$

其中隐性常数是实效的, 仅依赖于权k, 或者相关的特征值λ.

证明: 第一部分结果由Hoffstein和Lockhart[137]证明, 由(5.101)得到, $L(\mathrm{Ad}^2 f, s)$有可能的例外零点$\beta \leqslant 1 - c(\varepsilon) q^{-\varepsilon}$, 这就给出$L(\mathrm{Ad}^2 f, 1)$的一个下界. 与Siegel的界(5.73)的证明类似, 并且隐性常数是非实效的.

若f非二面, 则没有例外零点, 并且我们可以用推出定理5.44的无零区域的相同方法导出(5.104). 最后, 容易看到有平凡附属特征的二面形的级有平方因子. □

一般来说, 我们会发现当$m \geqslant 2$时, GL(m)上尖形式的L函数的例外零点问题容易接近, 当$m = 1$时, 对于Dirichlet 特征的情形是最难且不易攻克的. 上述Goldfeld, Hoffstein和Liehman的结果已经被推广到下面的Banks定理[10].

命题 5.46 若$L(f, s)$是GL(3)上任意尖形式的L函数, 则$L(f, s)$的例外零点不存在.

§5.13 Artin L函数

我们在本节对Artin L函数的一些定义和性质进行综述, 大多不给出证明. 与前几节形成对比的是, 它们是否实际上就是§5.1中定义的L函数的事实并没有定论. 但是, 我们对相关猜想的正确性有很大的信心, 并且有足够的证据. 它们连同本章发展的解析理论, 以及可能需要的GRH为有时需要用其他方法才能突破的结果提供启发式证据. 关于Artin L函数的更多信息, 见[35]. 为了避免术语上的混乱, 我们有时称§5.1中定义的L函数为解析L函数.

Artin L函数与有限维连续Galois表示$\rho:\mathrm{Gal}(\bar{\mathbb{Q}}/K)\to\mathrm{GL}(d,\mathbb{C})$有关, 其中$K/\mathbb{Q}$是数域. 定义$\rho$的Artin L函数为如下K的素理想上的Euler乘积:

$$L(\rho,s)=\prod_{\mathfrak{p}}\det(1-\rho(\mathrm{Fr}_{\mathfrak{p}})\,\mathrm{N}\,\mathfrak{p}^{-s})^{-1},$$

其中$\mathrm{Fr}_{\mathfrak{p}}$为$\mathfrak{p}$处的Frobenius共轭类, 作用于$\mathfrak{p}$处惯性群下的不变量. 因此$L(\rho,s)$是$K$上次数为$\deg(\rho)$, 在$\mathbb{Q}$上次数为$\deg(\rho)[K:\mathbb{Q}]$的Euler乘积.

Artin L函数与其表示几乎如影随形. 例如, 对偶L函数也是逆步表示$\tilde{\rho}$的L函数, ρ_1与ρ_2的Rankin-Selberg L函数是张量积$\rho_1\otimes\rho_2$的L函数$L(\rho_1\otimes\rho_2)$(所以记号是相容的). 此外, $L(\rho_1\oplus\rho_2,s)=L(\rho_1,s)L(\rho_2,s)$, 并且若$\rho$ 由对应有限扩张K'/K的有限指标子群的表示ρ'诱导出来, 则

$$L(\rho,s)=L(\rho',s).\tag{5.105}$$

特别地, 取$K=\mathbb{Q},K'=K$为任意数域, 可知任意的d次Artin L函数可以视为在$\mathbb{Q}$上定义的次数为$\deg(\rho)[K:\mathbb{Q}]$的L函数.

对于$\mathrm{Gal}(\tilde{\mathbb{Q}}/K)$的平凡表示, 有$L(1,s)=\zeta_K(s)$. 更一般地, 若$\deg(\rho)=1$, 类域论指出$\rho$唯一对应于Hecke特征$\xi$使得$L(\rho,s)=L(\xi,s)$. 因此在这种情形, 它是解析$L$函数(见§5.10).

猜想对任意的ρ, $L(\rho,s)$是解析L函数. 因为$L(\rho_1\oplus\rho_2,s)=L(\rho_1,s)L(\rho_2,s)$, 我们可以限于考虑不可约表示$\rho$, 并且期望$L(\rho,s)$事实上是自守函数.

已知$L(\rho,s)$可以亚纯延拓到$\mathbb{C}$上, 并且满足§5.1设置的所有条件, 除了这些L函数中的一些可能在临界带内有极点(因为我们仍然不知道$L(\rho,s)$在带型区域$0<\mathrm{Re}(s)<1$内是否全纯). γ因子可以描述成过K的无限维v的局部γ因子$\gamma_v(\rho,s)$的乘积. 令σ_v为Frobenius共轭类, 它在v为可延拓为L的两个复位的实位时为2阶, 否则为1 阶. 于是

$$\gamma_v(\rho,s)=\begin{cases}\pi^{-\frac{ds}{2}}\Gamma(\frac{s}{2})^d\Gamma(\frac{s+1}{2})^d, & \text{若}v\text{为复位},\\ \pi^{-\frac{ds}{2}}\Gamma(\frac{s}{2})^{d^-}\Gamma(\frac{s+1}{2})^{d^-}, & \text{若}v\text{为实位},\end{cases}$$

其中$d=\deg(\rho)$为ρ的维数, d^-,d^+为分别为$\rho(\sigma_v)$的特征值$+1,-1$ 的重数.

导子$q(\rho)$形如

$$q(\rho)=|d_K|^{\deg(\rho)}\,\mathrm{N}_{K/\rho}\,\mathfrak{f}(\rho),$$

其中$\mathfrak{f}(\rho)$为K的某个整理想, 它是用分歧群定义的, 称为Artin导子(见[290]). 从某种意义上可以从函数方程定义根数$\varepsilon(\rho)$, 但是也有一个由Dwork, Langlands和Deligne给出的假设性定义, 即定义它为局部因子的乘积. 因此解析导子满足

$$\mathfrak{q}(\rho,s)\leqslant q(\rho)(|s|+4)^{[K:\mathbb{Q}]\deg(\rho)}=(|d_K|(|s|+4)^{[K:\mathbb{Q}]})^{\deg(\rho)}\,\mathrm{N}\,\mathfrak{f}(\rho).$$

从Brauer诱导定理(见[291]), 我们可以写成

$$\operatorname{Tr}\rho = \sum n_i \operatorname{Tr}\pi,$$

其中$n_i \in \mathbb{Z}$, π为有限扩张(事实上为循环扩张)$K_i/\mathbb{Q}$的Abel特征诱导的表示. 由诱导下的不变性(5.105)有

$$L(\rho, s) = \prod_i L(\pi, s)^{n_i} = \prod_i L(\xi_i, s)^{n_i}, \tag{5.106}$$

数域上Hecke特征的情形意味着$L(\rho, s)$是仅在临界带内存在极点的亚纯函数, 且满足将s与$1-s$联系的函数方程. 该函数方程是涉及上述γ因子和Artin导子的正确表示, 因为它是由二者的形式出发, 特别是从直和与诱导下的表现得到的.

要说明$L(\rho, s)$没有其他极点, 我们需要证明

Artin猜想 令ρ为数域$K/\mathbb{Q}$的非平凡不可约Galois表示, 则$L(\rho, s)$为整函数.

甚至在$d = 2, K = \mathbb{Q}$的情形, 上述猜想也没有得到完全解决. 更确切地说, 若给定不可约表示$\rho : \operatorname{Gal}(\bar{\mathbb{Q}}/\mathbb{Q}) \to \operatorname{GL}(2, \mathbb{C})$, 则它在$\operatorname{PGL}(2, \mathbb{C})$中的像可以分类成二面群, 交错群$A_4$, 对称群$S_4$或交错群$A_5$. 在除了$A_5$的所有情形, $L(\rho, s)$是全纯的(甚至自守的), 在A_5的情形有部分结果. 二面群的情形是经典的, A_4的情形归功于Langlands, S_4的情形归功于Tunnell. 后一个结论在Wiles对Fermat大定理的证明中起到关键作用.

从某种意义上说, Artin猜想基本上是正确的. 例如, 若$K/\mathbb{Q}$为有限Galois扩张, 则

$$\zeta_K(s) = \zeta(s) \prod_{\rho \neq 1} L(\rho, s), \tag{5.107}$$

其中ρ过$\operatorname{Gal}(K/\mathbb{Q})$的非平凡不可约表示(见(5.82)). 因为已知$\zeta(s), \zeta_K(s)$只在$s = 1$处有单极点, $L(\rho, s)$的可能极点一定有其他表示的零点补偿.

下面的结果也很有用.

推论 5.47 令ρ为$K/\mathbb{Q}$的非平凡不可约Galois表示, 则$L(\rho, s)$在直线$\operatorname{Re}(s) = 1$上没有极点和零点.

证明: 因为非平凡Hecke大特征的L函数是整函数, 并且在$\operatorname{Re}(s) = 1$上不为零(定理5.35), 所以由(5.106)得到结论. □

假设Artin猜想正确, 利用解析L函数的性质可以推出十分有趣的算术结果.

Chebotarrev密度定理 令L/K为数域的d次Galois扩张, C为$\operatorname{Gal}(L/K)$的共轭类的并集,

$$\psi(x, C) = \sum_{\substack{\mathrm{N}\,\mathfrak{p} \leqslant x \\ \mathrm{Fr}_{\mathfrak{p}} \in C}} \log \mathrm{N}_{\mathfrak{p}},$$

则有

$$\psi(x, C) \sim \frac{|C|x|}{|\operatorname{Gal}(L/K)|}(x \to +\infty). \tag{5.108}$$

若GRH对Artin L函数成立, 则当$x \geqslant 2$时有

$$\psi(x, C) = \frac{|C|x}{|\operatorname{Gal}(L/K)|} + O(\sqrt{x}(\log x) \sum_{\rho} |c_\rho| \log(x^{\deg(\rho)[K:\mathbb{Q}]} q(\rho))), \tag{5.109}$$

其中ρ过$\mathrm{Gal}(L/K)$的不可约表示,

$$c_\rho = \frac{1}{|\mathrm{Gal}(L/\mathbb{Q})|}\sum_{x\in C}\overline{\mathrm{Tr}\,\rho(x)}, \tag{5.110}$$

隐性常数是绝对的.

证明: 尽管下面的证明依赖于Artin猜想, 但是(5.108)是无条件成立的, 并且(5.109)也不需要Artin猜想(见[292]).

令$G=\mathrm{Gal}(L/K)$, 则$\{\mathrm{Tr}\,\rho|\rho\text{不可约}\}$构成有限群$G$上共轭不变的函数空间的向量空间的一组正交基, 其中内积的定义为

$$\langle f,g\rangle = \frac{1}{|G|}\sum_x f(x)\bar{g}(x).$$

因此C的特征函数δ_C可以表示成

$$\delta_C(x)=\sum_\rho c_\rho\,\mathrm{Tr}\,\rho(x),$$

其中c_ρ由(5.110)给出. 对于平凡表示有$c_1=|C|/|G|$, 从而由Artin猜想和关于$L(\rho,s)$的素数定理5.13得到(5.108). 同理, 由(5.56)和(5.110)得到(5.109). □

可以用各种方式将估计式(5.109)变得更清楚. 有时我们能够清楚地计算出c_ρ, 否则在GRH下可以给出简单一般的界, 例如

$$\psi(x,C)=\frac{|C|x}{|\mathrm{Gal}(L/K)|}+O(\sqrt{x}(\log x)(\sqrt{|C|}\log x^{[K:\mathbb{Q}]}+\log|d_L|)).$$

要看到这一点, 注意由正交性有

$$\sum_\rho |c_\rho|^2 = \|\delta_C\|_2^2 = \frac{|C|}{|\mathrm{Gal}(L/K)|},$$

熟知有

$$\sum_\rho \deg(\rho)^2 = |\mathrm{Gal}(L/K)|.$$

因此由Cauchy不等式可推出

$$\sum_\rho |c_\rho|\log(x^{\deg(\rho)[K:\mathbb{Q}]}) \leqslant [K:\mathbb{Q}](\log x)\Big(\frac{|C|}{|\mathrm{Gal}(L/K)|}\Big)^{\frac12}|\mathrm{Gal}(L/K)|^{\frac12} = [K:\mathbb{Q}](\log x)\sqrt{|C|}.$$

另一方面, 因为$|\mathrm{Tr}(\rho(x))|\leqslant\deg(\rho)$, 所以$|c_\rho|\leqslant\deg(\rho)$, 从而通过比较$L$函数的等式

$$\zeta_L(s)=\prod_\rho L(\rho,s)^{\deg(\rho)}$$

中的导子即得

$$\sum_\rho |c_\rho|\log q(\rho)\leqslant \log\prod_\rho q(\rho)^{\deg(\rho)} = \log|d_L|.$$

关于GRH下的其他估计和误差项的整理, 以及带误差项的无条件估计, 见[292]和[197].

下面是Chebotarev密度定理的应用样品.

命题 5.48 令$n\geqslant 2, N\geqslant 1, D_N$为系数的绝对值$\leqslant N$的$n$次首一多项式$f\in\mathbb{Z}[X]$ 的集合, 则有

$$\frac{1}{xN^n}\sum_{f\in D_N}\sum_{\substack{p\leqslant x\\ f\text{有 mod } p\text{的根}}}\log p = e_n + o(1)(x\to+\infty, N\to\infty),$$

其中$e_n = 1-\frac{1}{2}+\cdots+(-1)^{n-1}\frac{1}{n!}$(注意$\lim\limits_{n\to\infty} e_n = 1-\frac{1}{\mathrm{e}}$).

证明: 我们有$|D_N| = N^n$. Gallagher[95]证明了: D_N中使得f可约, 或者方程$f(x)=0$的Galois群不是整个对称群S_n的f的集合C_N满足

$$|C_N| \ll N^{n-\frac{1}{2}}\log N$$

(见习题7.3). 由显然的估计, C_N中的元素对上述极限没有贡献.

令$f\notin C_N$, 选取f在$\mathbb{C}$中的一个根α, 令$L=\mathbb{Q}(\alpha)$, K为L的Galois闭包. 我们有$\mathrm{Gal}(K/\mathbb{Q}) = S_n$, $H=\mathrm{Gal}(K/L)\simeq S_{n-1}$. 由Galois理论可知

$$\{p|f\text{有 mod } p\text{的根}\} = \{p|\,\mathrm{Fr}_p\in\bigcup_{\sigma\in S_n}\sigma^{-1}H\sigma = \{p|\,\mathrm{Fr}_p\in\bar{H}\},$$

其中$\bar{H}$是S_n中至少固定一个元素的元的集合. 确切地说, 这个等式只是在不计使得$\mathbb{Z}[X]\backslash(f)$的局部化不同于$L$的整数环的有限个素数才成立. 由Chebotarev密度定理有

$$\sum_{\substack{p\leqslant x\\ f\text{有 mod } p\text{的根}}}\log p = \frac{|\bar{H}|}{n!}x + o(x).$$

由容斥原理可得$\frac{|\bar{H}|}{n!} = e_n$, 因此结论成立. □

关于Chebotarev密度定理的其他应用, 见[292].

§5.14 簇的L函数

$\mathbb{Q}$上代数簇的L函数处情况甚至比Galois表示的情况更不好理解. 我们称之为“算术几何”L函数, 或者就称为“几何”L函数. 我们不去讨论一般的对象, 而是提及代数曲线和Abel簇的重要情形. 唯一令人满意的理论存在于这两种情形的交集, 即1维Abel簇(即椭圆曲线).

令$E/\mathbb{Q}$为椭圆曲线. Wiles[337], Taylor-Wiles[311]和Breuil-Conrad-Diamond-Taylor[23]证明的E的模性意味着E的Hasse-Weil ζ函数(标准化使得$0\leqslant \mathrm{Re}(s)\leqslant 1$为临界带)对应一个权为2, 级为$E$的导子的模形式, 因此根据§5.11是一个$L$函数. 更详细的陈述和对大多数情形的根数的描述见§14.4.

猜想这个“模性”可以推广到数域上任意光滑射影曲线的Hasse-Weil ζ函数. 令$C/\mathbb{Q}$为这样的曲线, $N\geqslant 1$为某个整数, 则对所有的素数$p\nmid N$, 曲线可以在mod p后约化为光滑射影曲线$C_p/\mathbb{F}_p$. 根据习题11.2所述, 局部ζ函数

$$Z(C_p,T) = \exp\Big(\sum_{k\geqslant 1}\frac{|C_p(\mathbb{F}_{p^k})|T^k}{k}\Big)$$

是形如

$$Z(C_p,T) = \frac{P_p(T)}{(1-T)(1-pT)}$$

的有理函数, 其中P_p是某个满足$P_p(0)=1$的次数为$2g$的首一多项式, $g\geqslant 0$是C 的亏格. 记

$$P_p(T) = \prod_{1\leqslant j\leqslant 2g}(1-\alpha_j(p)p^{\frac{1}{2}}T).$$

于是有限域上曲线的Riemann猜想(见第11章)说明$|\alpha_j(p)| = 1$. 定义解析标准化的C的N外Hasse-Weil ζ函数为Euler乘积

$$L_N(C,s) = \prod_{p\nmid N}(1-\alpha_1(p)p^{-s})^{-1}\cdots(1-\alpha_{2g}(p)p^{-s})^{-1}.$$

猜想在乘以在$p|N$处适当定义的Euler因子后, 完整的L函数是整函数, 它一定是自对偶的, γ因子应该是

$$\gamma(C,s) = \pi^{-gs}\Gamma(\tfrac{s}{2}+\tfrac{1}{4})^g\Gamma(\tfrac{s}{2}+\tfrac{3}{4})^g = c_g(2\pi)^{-gs}\Gamma(s+\tfrac{1}{2})^g,$$

其中$c_g > 0$为常数(见(5.86)). 注意关于有限域上曲线C_p的Rieamann猜想意味着这个L 函数满足Ramanujan-Peterson 猜想(不计分歧位, 但是已知它们仍然满足所需条件). 一般地, 对任意的$g > 1$, 除了非常特殊的情形, 我们不知道这个事实是否正确.

注记: 在算术几何中, 让局部根$\alpha_j(p)$自然出现而不进行标准化是更实际的做法, 即记

$$P_p(T) = \prod_{1\leqslant j\leqslant 2g}(1-\beta_j(p)T),$$

其中$|\beta_j(p)| = \sqrt{p}$. 因此

$$L(C,s) = \prod_{p\nmid N}P_p(p^{-s+\frac{1}{2}})^{-1}.$$

这个记号下的临界线是$\mathrm{Re}(s)=1$, 函数方程将s与$2-s$处的值联系起来. 相同的注记适用于Abel簇.

Abel簇是视为代数群的椭圆曲线的高维推广. Abel簇$A/\mathbb{Q}$ 是有给定的有理点$0\in A(\mathbb{Q})$和作为$\mathbb{Q}$上代数簇映射满足交换群公理的加法态射和逆态射$p: A\times A\to A, i: A\to A$的光滑射影簇($i$给出逆映射). 若$A$的维数为1, 这就恰好对应椭圆曲线$E/\mathbb{Q}$, "通常的"弦与切线描述给出了群法则(见[303]和§11.8).

存在整数$N\geqslant 1$使得$p\nmid N$时, 约化簇$A_p/\mathbb{F}_p$是光滑的. Weil证明了局部ζ函数

$$Z(A_p,T) = \exp\Big(\sum_{k\geqslant 1}\frac{A_p(\mathbb{F}_{p^k})T^k}{k}\Big)$$

是形如

$$Z(A_p,T) = \frac{P_{p,1}(T)\cdots P_{p,2g-1}(T)}{P_{p,0}\cdots P_{p,2g}(T)}$$

的有理函数, 其中$P_{p,j}$是多项式. Weil证明了$P_{p,1}$的次数为$2g$, 并且形如

$$P_{p,1}(T) = \prod_{1\leqslant i\leqslant 2g}(1-\alpha_i(p)p^{\frac{1}{2}}T),$$

其中$|\alpha_i(p)| = 1$(这就是局部Riemann猜想). 此外, 我们可以安排$\alpha_i(p)$使得$\alpha_i(p)\alpha_{i+g}(p) = 1(1\leqslant i\leqslant p)$. 第一个多项式$P_{p,1}$确定$P_{p,j}$ 为第j个外积

$$P_{p,j}(T) = \prod_{i_1<\cdots<i_j}(1-\alpha_{i_1}(p)\cdots\alpha_{i_j}(p)p^{\frac{1}{2}}T).$$

特别地, $P_{p,0} = 1-T, P_{p,2g} = 1-p^gT$. $A\mathbb{Q}$在N外的整体ζ函数为

$$L_N(A,s) = \prod_{p\nmid N}(1-\alpha_1(p)p^{-s})^{-1}\cdots(1-\alpha_{2g}(p)p^{-s})^{-1}.$$

还是猜想在乘以在$p|N$处适当定义的Euler因子后, 完整的乘积$L(A,s)$是自对偶的整的L 函数, 其γ因子为

$$\gamma(A,s)=\pi^{-gs}\Gamma(\tfrac{s}{2}+\tfrac{1}{4})^g\Gamma(\tfrac{s}{2}+\tfrac{3}{4})^g=c_g(2\pi)^{-gs}\Gamma(s+\tfrac{1}{2})^g,$$

其中$c_g>0$为某个常数(见(5.86)). 该函数满足Ramanujan-Peterson猜想, 因为正确定义的分歧因子也满足所需要的条件.

对$g=1$, 由$\mathbb{Q}$上椭圆曲线的模性, 猜想正确. 对任意的$g>1$, 除了关于所谓的CM簇的一些情形, 解析延拓和函数方程仍然是没有解决的问题. 作为猜想的一部分, 人们预测了这个L函数的导子$q(A)$(它整除N), 它与Artin L函数的Artin导子有密切的关系.

注意曲线与Abel簇在形状和定义方面相似, 这不是偶然的. 曲线的Jacobi簇理论将每个域k上亏格为g的每条光滑射影代数曲线与维数为g的Abel簇$J(C)/k$联系起来(称为前者的Jacobi). 例如, 由Eichler和Shimura的工作可知(5.93)的L函数$L(J_0(q),s)$ 是模曲线$X_0(q)=\Gamma_0(q)/\bar{H}$的Jacobi $J_0(q)$的L函数.

注记: 另一种定义$L(A,s)$(或对曲线C定义$L(C,s)$)的局部因子由A的ℓ进Tate模的语言给出: 令

$$T_\ell(A)=(\varprojlim_n A[\ell^n])\otimes\mathbb{Q}_\ell,$$

则$\mathbb{Q}$的Galois群作用于$T_\ell(A)$, 对使得A由好的约化的任何素数$p\neq\ell$有

$$P_{p,1}(T)=\det(1-T\,\mathrm{Fr}_p\,|T_\ell(A))^{-1},$$

其中Fr_p表示p处的Frobenius共轭类. 对偶地, $P_{p,1}$由平展上同调群$H^1(A,\mathbb{Q}_\ell)$(见§11.11)的语言给出:

$$P_{p,1}(T)=\det(1-T\sigma_p|T_\ell(A))^{-1},$$

其中σ_p为Fr_p的逆, 因为$T_\ell(A)$是$H^1(A,\mathbb{Q}_\ell)$的对偶.

Mordell-Weil定理指出: 若$A/\mathbb{Q}$为Abel簇, 则有理点群$A(\mathbb{Q})$是有限生成的. 计算这个群的秩是算术几何中的大问题之一. 我们有著名的

Birch与Swinnerton-Dyer猜想 令$A/\mathbb{Q}$为Abel簇, 则

$$\operatorname{rank}A(\mathbb{Q})=\operatorname*{ord}_{s=\frac{1}{2}}L(A,s).$$

当然这个猜想假设$L(A,s)$是L函数, 所以$L(A,\frac{1}{2})$有意义. 若Birch与Swinnerton-Dyer猜想成立, 我们能够利用解析方法得到Abel簇的秩. 经常可以由此推出有趣的问题. 例如, 我们从命题5.21推出

推论 5.49 令$A(\mathbb{Q})$为维数$g\geqslant 1$, 导子为q的Abel簇. 设Hasse-Weil ζ函数是L函数, Birch与Swinnerton-Dyer猜想对$A(\mathbb{Q})$成立, 则有

$$\operatorname{rank}A(\mathbb{Q})\ll\frac{\log q}{\log(\frac{3}{g}\log q)},$$

其中隐性常数是绝对的. 注意由下面的定理5.31有$q>3^g$.

可以将上述结果反过来对给定秩的Abel簇, 例如椭圆曲线的导子给出下界.

推论 5.50 假设Birch与Swinnerton-Dyer猜想对$\mathbb{Q}$上的椭圆曲线成立, 则当$E/\mathbb{Q}$是秩$r\geqslant 1$, 导子q的椭圆曲线, 则有

$$q \gg r^{cr},$$

其中$c>0$为某个绝对常数, 隐性常数也是绝对的.

利用代数方法证明与这两个推论相当的任意无条件估计将是非常有趣的. 我们将在第26章研究Abel簇$J_0(q)/\mathbb{Q}$的ζ函数的零点的阶(通常称为解析秩), 得到了很准确的结果.

关于§5.10中数域的判别式, 我们能够利用L函数在一定的条件下研究$\mathbb{Q}$上椭圆曲线或Abel 簇的导子.

定理 5.51 令$A/\mathbb{Q}$为$\mathbb{Q}$上维数$g \geqslant 1$使得$L(A,s)$是导子为$q=q(A)$的解析L函数的Abel簇, 则有$q \geqslant \mathrm{e}^{1.2g}$, 特别地, $q>3$.

证明: 在(5.24)中的$L(A,s)$中取$s=\sigma>1$, 然后取实部. 因为$L(A,s)$是自对偶的, 利用(5.29)可知常数b消失了. 此外, 由正值性

$$\operatorname{Re} \tfrac{1}{s-\rho} = \tfrac{\sigma-\beta}{|\sigma-\beta|^2} \geqslant 0,$$

我们推出不等式

$$\tfrac{1}{2}\log q - g\log 2\pi + g\tfrac{\Gamma'}{\Gamma}(\sigma+\tfrac{1}{2}) + \tfrac{L'}{L}(A,\sigma) \geqslant 0.$$

接下来, 由Ramanujan-Peterson界有

$$|\tfrac{L'}{L}(A,\sigma)| \leqslant g\tfrac{\zeta'}{\zeta}(\sigma).$$

因此对任意的$\sigma>1$有

$$\tfrac{1}{2g}\log q \geqslant \log 2\pi - \tfrac{\Gamma'}{\Gamma}(\sigma+\tfrac{1}{2}) - \tfrac{\zeta'}{\zeta}(\sigma).$$

取$\sigma=2.3$, 可以验证右边的值为$0.62\ldots>0.6$, 因此$q \geqslant \mathrm{e}^{1.2g}$, 从而$q>3$. □

更强的界可见[224]. 由著名的Fontaine定理[82]可得无条件的界$q>1$, 由该定理可知没有在$\mathbb{Q}$上处处非分歧的Abel簇. 对于维数$g=1$的簇, 这就意味着没有$\mathbb{Q}$上定义的处处非分歧的椭圆曲线, 即它的判别式至少被一个素数整除. 在这种情形, 可以不需要借助于L函数或模性, 而只要通过说明(整系数的)Weierstrass方程(14.18)的判别式不可能等于±1来证明该结果(见[303]的习题8.15). 在高维情形, 没有这样清楚的阐述可用, Fontaine的无条件证明要复杂得多.

注记: 因为$\mathrm{e}^{2.4}>11$, 而且已知导子最小的椭圆曲线(导子为11) 是

$$E: y^2+y=x^3-x^2,$$

所以在Abel簇的ζ函数是L函数的假设下, 事实上11是$\mathbb{Q}$上Abel簇的最小导子.

§5.15 附录: 复分析

我们在本节以简略的形式介绍本章用到的复分析中的概念和结果. 大多证明都略去了, 参见[4, 314](当然还有许多参考书).

A.1 有限阶函数

定义 令$f:\mathbb{C}\to\mathbb{C}$为整函数, 称$f$为有限阶的, 若存在$\beta>0$使得对$s\in\mathbb{C}$有

$$|f(s)| \ll \exp(|s|^{\beta}).$$

若可以取任意的$\beta > 1$, 则称f为不超过1阶的; 若此外还不能取到任何的$\beta < 1$, 则称f为1阶的整函数.

令f为$\mathbb{C}$上的亚纯函数, 称f为不超过1阶的, 若存在不超过1阶的整函数g, h使得$f = \frac{g}{h}$.

定理 5.52 令f为1阶整函数, (1) 我们有

$$f(s) = s^r \prod_{\rho \neq 0} (1 - \tfrac{s}{\rho})\, \mathrm{e}^{\frac{s}{\rho}}$$

在$\mathbb{C}$的所有紧子集上一致成立, 其中r是f在$s = 0$处零点的阶, ρ过f的异于0 的零点.
(2) 对任意的$\varepsilon > 0$, 级数

$$\sum_{\rho \neq 0} |\rho|^{-1-\varepsilon} < +\infty.$$

A.2 带形的Phragmen-Lindelöf原理

Phragmen-Lindelöf“原理”是对将最大模原理推广到复平面中各种无限区域的定理的一般称呼. 我们只对带形$a \leqslant \sigma \leqslant b$ 的情形感兴趣.

定理 5.53 设$a < b$为实数, 令f为带形$a \leqslant \sigma \leqslant b$中的开邻域上的全纯函数, 使得对某个$A \geqslant 0$有$|f(s)| \leqslant \exp(|s|^A)(a \leqslant \sigma \leqslant b)$. (1) 假设对带形边界上的所有$s$(即$\sigma = a$或$\sigma = b$)有$|f(s)| \leqslant M$, 则对带形中的所有$s$有$|f(s)| \leqslant M$.
(2) 假设对$t \in \mathbb{R}$有

$$|f(\sigma + \mathrm{i}\, t)| \leqslant M_a(1 + |t|)^{\alpha},$$

$$|f(b + \mathrm{i}\, t)| \leqslant M_b(1 + |t|)^{\beta},$$

则对带形中的所有s有

$$|f(\sigma + \mathrm{i}\, t)| \leqslant M_a^{\ell(\sigma)} M_b^{1-\ell(b)} (1 + |t|)^{\alpha\ell(\sigma) + \beta(1-\ell(\sigma))},$$

其中ℓ是线性函数使得$\ell(a) = 1, \ell(b) = 0$.

A.3 Perron公式

令

$$h(x) = \begin{cases} 1, & x > 1, \\ \frac{1}{2}, & x = 1, \\ 0, & x < 1. \end{cases}$$

定理 5.54 对任意的$x > 0, x \neq 1, T > 0$和$0 < c \leqslant 2$有

$$\tfrac{1}{2\pi \mathrm{i}} \int_{c-\mathrm{i}\,T}^{c+\mathrm{i}\,T} x^s \tfrac{\mathrm{d}\,s}{s} = h(x) + O(\tfrac{x^c}{T|\log x|}), \tag{5.111}$$

其中隐性常数是绝对的. 若$x = 1$, 略去因子$|\log x|$.

A.4 Stirling公式

Stirling渐近公式

$$\Gamma(s)=(\tfrac{2\pi}{s})^{\frac{1}{2}}(\tfrac{s}{\mathrm{e}})^{s}(1+O(\tfrac{1}{|s|})) \tag{5.112}$$

在角形区域$|\arg s|\leqslant\pi-\varepsilon$中成立, 其中隐性常数依赖于$\varepsilon$. 因此对$s=\sigma+\mathrm{i}\,t(t\neq0)$, σ固定, 有

$$\Gamma(\sigma+\mathrm{i}\,t)=\sqrt{2\pi}(\mathrm{i}\,t)^{\sigma-\frac{1}{2}}\,\mathrm{e}^{-\frac{\pi}{2}|t|}(\tfrac{|t|}{\mathrm{e}})^{\mathrm{i}\,t}(1+O(\tfrac{1}{|t|})). \tag{5.113}$$

令

$$\gamma(s)=\prod_{j=1}^{d}\Gamma(\tfrac{s+\kappa_j}{2})$$

为(5.3)中的γ因子, 其中$\mathrm{Re}(\kappa_j)>-1$, 它在$\mathrm{Re}(s)\geqslant1$时没有极点. 回顾无穷远处相应的导子为

$$\mathfrak{q}_{\infty}(s)=\prod_{j=1}^{d}(|t+\kappa_j|+3).$$

令$-\frac{1}{2}\leqslant\mathrm{Re}(s)\leqslant2$. 我们从(5.112)推出

$$|\gamma(s)|\prod_{j}|s+\kappa_j|=\mathfrak{q}_{\infty}(s)^{\frac{1}{2}(k+\sigma+1)}\exp(-\tfrac{\pi}{4}\sum_{j}|t+\mathrm{Im}(\kappa_j)|+O(d)), \tag{5.114}$$

其中$k=\mathrm{Re}\sum\kappa_j$. 因此我们有

$$\frac{\gamma(1-s)}{\gamma(s)}\asymp\mathfrak{q}_{\infty}(s)^{\frac{1}{2}-\sigma}\prod_{j}\frac{s+\kappa_j}{1-s+\kappa_j}. \tag{5.115}$$

此外, 利用递归$\Gamma(s+1)=s\Gamma(s)$推出

$$\frac{\gamma'}{\gamma}(s)-\sum_{|s+\kappa_j|<1}\frac{1}{s+\kappa_j}\ll\log\mathfrak{q}_{\infty}(s). \tag{5.116}$$

(5.114)和(5.116)中的隐性常数是绝对的.

A.5 测试函数的存在性

在显式的应用中, 特别是不假定GRH成立时, 知道存在具有某种正值性测试函数是有用的.

命题 5.55 存在$[0,+\infty)$上的正值C^{∞}函数η, 它在$[\mathrm{e}^{-1},\mathrm{e}]$上具有紧支集使得$\eta(1)=1,\hat{\eta}(0)>0$, 对所有的$x>0$有$\eta(x)=\eta(x^{-1})$. 此外, 对$t\in\mathbb{R}$有$\hat{\eta}(\mathrm{i}\,t)\geqslant0$或者对所有满足$|\sigma|\leqslant1$ 的$s\in\mathbb{C}$有$\mathrm{Re}(\hat{\eta}(s))\geqslant0$.

证明: 下面是证明梗概. 定义$f(y)=\eta(\mathrm{e}^{y})$, 它是$\mathbb{R}$上有紧支集的$C^{\infty}$的偶函数, 并且

$$\hat{\eta}(s)=\int_{\mathbb{R}}f(y)\,\mathrm{e}^{sy}\,\mathrm{d}\,y(s\in\mathbb{C}),$$

因此

$$\hat{\eta}(\mathrm{i}\,t)=\int_{\mathbb{R}}f(y)\,\mathrm{e}^{\mathrm{i}\,ty}\,\mathrm{d}\,y,$$

$$\mathrm{Re}(\hat{\eta}(s))=\int_{\mathbb{R}}f(y)\,\mathrm{e}^{\sigma y}\cos(ty)\,\mathrm{d}\,y=\int_{\mathbb{R}}f(y)\cosh(\sigma y)\cos(ty)\,\mathrm{d}\,y.$$

由第一个公式, 要使$\hat{\eta}(\mathrm{i}\,t) \geqslant 0$, 只需选择$f \geqslant 0$使得它的Fourier变换是正值的. 适当光滑化的Fourier函数对(4.83)满足要求.

从第二个公式和调和函数的最大模原理可知, 不等式$\mathrm{Re}(\hat{\eta}(s)) \geqslant 0$对$|\sigma| \leqslant 1$成立当且仅当偶函数$g(y) = f(y)\cosh(\sigma y)$的Fourier变换非负. 反过来, 若函数$g$(有紧支集的光滑偶函数)满足给定的这个性质, 反转上述过程易得合适的测试函数. 若g_0现在是$\mathbb{R}$上任意有紧支集的光滑正值函数, 则卷积平方$g = g_0 * g_0$满足要求, 因为$\hat{g} = \hat{g_0}^2$.

η的支集与它在1处的值容易通过同源映射调整得到. □

这种类型的函数由Poitou和其他人构造出来, 目的是得到数域的判别式的下界[255]. 注意从某种程度来说, 这些函数只是比基本函数$f(s) = (\sigma - s)^{-1}(\sigma > 1)$表现更好的版本(见(5.28)以及定理5.51的证明). 也可以参见[250]关于在应用中具有好的性质的测试函数的另一种构造.

A.6 Landau引理

引理 5.56 令$\lambda_n \geqslant 0(\forall n \geqslant 1)$. 假设级数

$$D(s) = \sum_{n \geqslant 1} \lambda_n n^{-s}$$

对所有满足$\mathrm{Re}(s) > \sigma_0$的$s$绝对收敛, 但对满足$\mathrm{Re}(s) < \sigma_0$的任意$s$不绝对收敛. 换句话说, σ_0是$D(s)$的绝对收敛横坐标, 则$s = \sigma_0$是$D(s)$的奇点, 即$D(s)$ 不可能解析延拓到σ_0的邻域.

第 6 章　初等筛法

筛法起源于Vigo Brun对Goldbach猜想与孪生素数猜想的工作(见[26–27]). 现代筛法适用于大量的问题, 并且它与解析数论的技巧融合在一起时确实很先进(参见[88]). 我们在本章只提供筛法理论中的基本结果. 我们首先通过改进Brun的组合推理建立所谓的基本引理, 然后发展Selberg的上界筛法, 并且通过几个流行的应用说明它的威力. 对筛法更完全的讨论可以在Halberstam与Richert的书[116]以及Greaves的书[111]中找到.

§6.1　筛法问题

令$\mathcal{A}=(a_n)$为非负数列, 终极问题是这些在素数上支撑的数多久出现一次? 例如, 若$\mathcal{A}$是移位素数的特征函数

$$a_n=\begin{cases}1, & 若n=p+2,\\ 0, & 否则,\end{cases} \tag{6.1}$$

则我们问的是$p+2$为素数的频率怎样? 在这种情形, 由§13.1描述的启发式推理可得下面的渐近公式

$$\pi_2(x)=|\{p\leqslant x, p+2为素数\}|\sim Cx\log^{-2}x, \tag{6.2}$$

其中

$$C=2\prod_p\left(1-\tfrac{1}{(p-1)^2}\right)=1.320\,32\ldots \tag{6.3}$$

为正常数. 因此"有"无限多对孪生素数, 但是我们没有任何办法对这个古老的猜想进行严格地证明.

仅用筛法(用经典版式)并不能选出素数, 但是它们对稍加修改的问题确实给出了令人满意的结果. 令$\mathcal{P}$为素数集, $z\geqslant 2$,

$$P(z)=\prod_{\substack{p<z\\ p\in\mathcal{P}}}p. \tag{6.4}$$

现在我们希望对筛和式

$$S(x,z)=\sum_{\substack{n\leqslant x\\ (n,P(z))=1}}a_n \tag{6.5}$$

进行估计.

若$\mathcal{P}$为所有素数集, $z=\sqrt{x}$, 则不计满足$n<\sqrt{x}$的若干项时, $S(x,\sqrt{x})$与

$$S(x)=\sum_{p\leqslant x}a_p \tag{6.6}$$

一致. 由筛法得到$S(x,z)$的上、下界, 数量级精确到$z\leqslant x^{\alpha}$, 其中$\alpha>0$是小的正常数. 注意若$n\leqslant x$没有小于x^{α}的素因子, 则n最多有$[\frac{1}{\alpha}]$个素因子, 所以我们称n是殆素数.

筛法的非凡普适性在于它能应用于十分一般的序列$\mathcal{A}=(a_n)$. 我们所需要的是部分和

$$A_d(x)=\sum_{\substack{n\leqslant x\\ n\equiv 0 \bmod d}}a_n \tag{6.7}$$

的渐近式, 其中$d|P(z),d<y$. 假设

$$A_d(x)=g(d)X+r_d(x), \tag{6.8}$$

其中$g(d)X$是期望的主项, $r_d(x)$为误差项, 我们希望它在$d<y$时相对小. 主项中的X近似于

$$A(x)=\sum_{n\leqslant x}a_n, \tag{6.9}$$

所以$g(d)$表示满足$n\equiv 0 \bmod d$的这些a_n的密度. 如果将被素数整除视为独立事件, 那么假设$g(d)$为满足

$$0\leqslant g(p)<1(p\in\mathcal{P}) \tag{6.10}$$

的乘性函数不会太令人惊讶.

当然, 形如(6.8)的近似不是唯一的, 但是实践中没有太多供$g(d)$和X选择的空间以得到好的结果. 对某些素数模q, 可能有满足$\overline{g(q)}=1$的好的近似(6.8), 意思是几乎所有的a_n满足$n\equiv 0 \bmod q$. 在这种情形, 找到被素数支撑的项a_n 的机会很小, 这就是我们从集合$\mathcal{P}$中排除这样的素数模的原因. 因为我们只对$d|P(z)$利用(6.8), 所以对与$P(z)$互素的d可以自由选取任意的乘性函数$g(d)$, 为了记号简便, 记

$$g(p)=0(p\notin\mathcal{P}). \tag{6.11}$$

§6.2 容斥方案

利用Möbius反转公式

$$\delta(m)=\sum_{d|m}\mu(d)=\begin{cases}1, & 若m=1,\\ 0, & 若m\neq 1,\end{cases} \tag{6.12}$$

删除条件$(n,P(z))=1$, 和式(6.5)展开为

$$S(x,z)=\sum_{n\leqslant z}\Big(\sum_{\substack{d|n\\ d|P(z)}}\mu(d)\Big)a_n.$$

改变求和的次序得到Legendre公式

$$S(x,z)=\sum_{d|P(z)}\mu(d)A_d(z). \tag{6.13}$$

接下来代入(6.8)得到

$$S(x,z)=XV(z)+R(x,z), \tag{6.14}$$

其中

$$V(z)=\prod_{p|P(z)}(1-g(p)), \tag{6.15}$$

$$R(x,z)=\sum_{d|P(z)}r_d(z). \tag{6.16}$$

基于概率论, 我们可以期望乘积$V(z)$表示$n\leqslant x$没有$\mathcal{P}$中的素因子$p<z$的a_n的真正密度. 但是, 这种情况几乎不能成立, 除非在对数尺度下z相对x很小. 换句话说, 不同素数的整除性在这些素数相对大时不是完全独立事件. 从技术上讲, 问题在于当z很大时, 余项$R(x,z)$中有许多项, 所以它会超过期望的主项$XV(z)$.

为了减少Legendre公式(6.13)中的项数, 从而减少余项(6.16)中的项数, Brun将Möbius函数$\mu(d)$中的求和条件截断成两个集合, 即$\mathcal{D}^+$和$\mathcal{D}^-$, 并考虑用不完全卷积

$$\delta^+(n)=\sum_{\substack{d|n\\ d\in\mathcal{D}^+}}\mu(d) \tag{6.17}$$

和

$$\delta^-(n)=\sum_{\substack{d|n\\ d\in\mathcal{D}^-}}\mu(d) \tag{6.18}$$

取代$\delta(n)$. 他这样做虽然使得(6.12)中的等式不再成立, 但是对所有的$n\geqslant 1$, 不等式

$$\delta^-(n)\leqslant\delta(n)\leqslant\delta^+(n) \tag{6.19}$$

成立. 因此我们得到下界和上界

$$XV^-(z)+R^-(x,z)\leqslant S(x,z)\leqslant XV^+(z)+R^+(x,z), \tag{6.20}$$

其中

$$V^{\pm}(z)=\sum_{d|P(z)}\lambda_d^{\pm}g(d), \tag{6.21}$$

$$R^{\pm}(z)=\sum_{d|P(z)}\lambda_d^{\pm}r_d(x), \tag{6.22}$$

λ_d^+,λ_d^-分别表示集合$\mathcal{D}^+,\mathcal{D}^-$上的Möbius函数. 假设

$$\mathcal{D}^+,\mathcal{D}^-\subset[1,y), \tag{6.23}$$

我们可以通过估计

$$R(x,y)=\sum_{\substack{d<y\\ d|P(z)}}|r_d(x)| \tag{6.24}$$

来估计$R^{\pm}(x,z)$.

有时我们能够利用筛法权$\lambda_d^{\pm}$本身的结构来估计$R^{\pm}(x,z)$，它比对$R(x,y)$的估计更好. 这是由于误差项$r_d(x)$在$R^{\pm}(x,z)$中可能有抵消，但是我们在本书中没有冒然进入这样的复杂区域(参见[158–159]).

为了记号上的简便, 我们将无平方因子的数按照递减的次序写成不同素数的乘积:

$$d=p_1\cdots p_r, \tag{6.25}$$

其中$p_1>\cdots>p_r$. 令

$$\mathcal{D}^+=\{d=p_1\cdots p_r|p_m<y_m(2\nmid m)\}, \tag{6.26}$$

$$\mathcal{D}^-=\{d=p_1\cdots p_r|p_m<y_m(2|m)\}, \tag{6.27}$$

其中y_m是适当的参数. 约定$\mathcal{D}^+,\mathcal{D}^-$中都包含$d=1$. 我们从递归公式

$$V(z)=1-\sum_{p<z}g(p)V(p) \tag{6.28}$$

开始. 作迭代, 我们从熟知的容斥原理推出如下等式:

$$V(z)=V^+(z)-\sum_{2\nmid n}V_n(z), \tag{6.29}$$

$$V(z)=V^-(z)+\sum_{2|n}V_n(z), \tag{6.30}$$

其中

$$V_n(z)=\sum_{\substack{y_n\leqslant p_n<\cdots<p_1<z\\ p_m<y_m,m<n,m\equiv n \bmod 2}}\cdots\sum g(p_1\cdots p_n)V(p_n). \tag{6.31}$$

在(6.29)和(6.30)中去掉非负项可得

$$V^-\leqslant V(z)\leqslant V^+(z). \tag{6.32}$$

我们现在容易验证下界和上界筛条件(6.19): 事实上, 取$P(z)=n,g(d)=1$, (6.32)就变成了(6.19).

从现在起, 组合筛法$\Lambda^+=(\lambda_d^+),\Lambda^-=(\lambda_d^-)$只依赖于截断参数$y_m$. Brun对各种参数进行了尝试, 它的最佳选择是$y_m=y^{\alpha\beta^{-m}}$, 其中α,β是满足$0<\alpha<1<\beta$的适当常数. 我们选择的参数y_m依赖于迭代的第m步之前出现的素数$p_1,\ldots,p_m$. 确切地说,

$$y_m=(\tfrac{y}{p_1\cdots p_m})^{\frac{1}{\beta}}, \tag{6.33}$$

其中$\beta>1$是固定的数. 显然每个$d\in\mathcal{D}^+\cup\mathcal{D}^-$满足$d<y$, 除了可能的$d=p\in\mathcal{D}^-$. 但是, 在这种情形假设$z\leqslant y$也能得到$d=p<z\leqslant y$. 选择(6.33)的灵感来自利用“筛极限”的启发式推理, 但是由于我们不寻求得到最优结果, 可以自由选择任意的$\beta>1$.

§6.3 $V^+(z), V^-(z)$的估计

我们需要对$V^+(z)$的上界和对$V^-(z)$的下界. 在两种情形下利用(6.29)和(6.30), 问题归结于对$V_n(z)$得到上界. 因为(6.31) 中的$V(p_n)$非负, 所以某些求和条件可以通过正值性放宽, 从而得到

$$V_n(z) \leqslant \sum_{\substack{y_n \leqslant p_n < \cdots < p_1 < z \\ p_1 \cdots p_{m-1} p_m^\beta < y}} \cdots \sum g(p_1 \cdots p_n) V(p_n),$$

其中条件对所有的$1 \leqslant m < n$成立, 与奇偶性无关. 对m作归纳, 这些条件意味着当$m < n$时,

$$p_1 \cdots p_m < y^{1-(\frac{\beta-1}{\beta})^m}.$$

特别地, 对$m = n-1$可得如下关于$V_n(z)$中$d = p_1 \cdots p_n$的最小素因子的下界:

$$p_n \geqslant (\tfrac{y}{p_1 \cdots p_{n-1}})^{\frac{1}{\beta+1}} \geqslant y^{\frac{1}{\beta+1}(\frac{\beta-1}{\beta})^{n-1}} \geqslant y^{\frac{1}{\beta}(\frac{\beta-1}{\beta})^n} \geqslant z_n,$$

其中$z_n = z^{(\frac{\beta-1}{\beta})^n}$满足

$$z = y^s (s \geqslant \beta).$$

建立下界$p_n \geqslant z_n$后, 我们去掉其他条件得到如下估计

$$V_n(z) \leqslant \sum_{z_n \leqslant p_n < \cdots < p_1 < z} \cdots \sum g(p_1 \cdots p_n) V(p_n) \leqslant \tfrac{V(z_n)}{n!} (\sum_{z_n \leqslant p < z} g(p))^n \leqslant \tfrac{V(z_n)}{n!} (\log \tfrac{V(z_n)}{V(z)})^n.$$

为了下一步工作, 我们对乘性函数$g(d)$作如下假设: 对任意满足$w < z$的w, 有

$$\prod_{w \leqslant p < z} (1 - g(p))^{-1} \leqslant K (\tfrac{\log z}{\log w})^\kappa, \tag{6.34}$$

其中$\kappa > 0$, $K > 1$不依赖于w.

注记: 条件(6.34)实际上相对容易验证, 称指数κ为筛维数. 注意κ不是唯一定义的, 任意更大的数也满足要求. 如果对许多小的p, 密度$g(p)$接近1, 那么常数K可能大到令人不安, 但是这方面的结果可以改进. 事实上, 我们可以建立如下估计: 对任意满足$2 \leqslant w < z$的w有

$$\prod_{w \leqslant p < z} (1 - g(p))^{-1} \leqslant (\tfrac{\log z}{\log w})^{\kappa'} (1 + \tfrac{K'}{\log w}), \tag{6.35}$$

其中κ', K'是不依赖于w的正数. 在这个估计式中取$\kappa = 1 + \kappa'$和

$$K = 1 + \tfrac{K'}{\log z} \tag{6.36}$$

即得(6.34). 因此在维数κ增大1的情况下, K可以减少为1附近的数.

利用不等式$1 + x \leqslant \mathrm{e}^x$, 我们由(6.34)导出

$$V(z_n) \leqslant K V(z) (\tfrac{\beta}{\beta-1})^{\kappa n} < K V(z) \, \mathrm{e}^{\frac{n}{b}},$$

其中$\beta = \kappa b + 1$. 因此

$$V_n(z) < \tfrac{K}{n!} (\tfrac{n}{b} + \log K)^n \, \mathrm{e}^{\frac{n}{b}} \, V(z) \leqslant \tfrac{K}{n!} (\tfrac{n}{b} \, \mathrm{e}^{\frac{1}{b}})^n K^b V(z).$$

代入$n! \geqslant \mathrm{e}(\frac{n}{\mathrm{e}})^n$可得

$$V_n(z) < \mathrm{e}^{-1}\, a^n K^{-b+1} V(z), \tag{6.37}$$

其中$a = b^{-1}\,\mathrm{e}^{1+b^{-1}}$. 我们选择$b$充分大使得$a < 1$.

(6.31)中的条件$p_n \geqslant y_n$意味着$p_1^{n+\beta} \geqslant y$, 这就说明和式(6.31)在$n \leqslant s-\beta$时无效. 因此由(6.37)得到

$$\sum_{n>0} V_n(z) = \sum_{n>s-\beta} V_n(z) < \frac{a^{s-\beta}}{\mathrm{e}(1-a)} K^{b+1} V(z). \tag{6.38}$$

我们选择$\beta = 9\kappa + 1$, 得到$b = 9, a < \mathrm{e}^{-1}$. 因此我们有

定理 6.1 令$\Lambda^+ = (\lambda_d^+), \Lambda^- = (\lambda_d^-)$是级为$y > 1$, 参数为$\beta = 9\kappa + 1$的组合筛法, 则对任意满足(6.10), (6.11)和(6.34)的乘性函数$g(d)$和任意的$z \leqslant y^{\frac{1}{\beta}}$有

$$V^+(z) < (1 + \mathrm{e}^{\beta-s}\, K^{10}) V(z), \tag{6.39}$$

$$V^-(z) > (1 - \mathrm{e}^{\beta-s}\, K^{10}) V(z), \tag{6.40}$$

其中$s = \frac{\log y}{\log z}$.

推论 6.2 令条件如上, 则

$$S(x, z) < (1 + \mathrm{e}^{\beta-s}\, K^{10}) V(z) X + R(x, z^s), \tag{6.41}$$

$$S(x, z) > (1 - \mathrm{e}^{\beta-s}\, K^{10}) V(z) X - R(x, z^s), \tag{6.42}$$

其中$\beta = 9\kappa + 1$, $s \geqslant \beta$为任意数, $R(x, y)$表示(6.24)中的余项.

§6.4 筛法理论的基本引理

综合不等式(6.39), (6.40)和(6.32), 我们推出下面的

基本引理 6.3 令$\kappa > 0, y > 1$, 则存在两个仅依赖于κ和y的两个实数集$\Lambda^+ = (\lambda_d^+), \Lambda^- = (\lambda_d^-)$满足以下性质:

$$\lambda_1^{\pm} = 1, \tag{6.43}$$

$$|\lambda_d^{\pm}| \leqslant 1 (1 < d < y), \tag{6.44}$$

$$\lambda_d^{\pm} = 0 (d > y), \tag{6.45}$$

并且对整数$n > 1$有

$$\sum_{d|n} \lambda_d^- \leqslant 0 \leqslant \sum_{d|n} \lambda_d^+. \tag{6.46}$$

此外, 对任意满足$0 \leqslant g(p) < 1$以及对所有$2 \leqslant w < z \leqslant y$满足维数条件

$$\prod_{w \leqslant p < z} (1 - g(p))^{-1} \leqslant (\tfrac{\log z}{\log w})^{\kappa} (1 + \tfrac{K}{\log w}) \tag{6.47}$$

的乘性函数$g(d)$, 有

$$\sum_{d|P(z)} \lambda_d^{\pm} g(d) = (1 + O(\mathrm{e}^{-s}(1 + \tfrac{K}{\log z})^{10})) \prod_{p<z} (1 - g(p)), \tag{6.48}$$

其中$P(z)$表示所有素数$p < z$的乘积, $s = \frac{\log y}{\log z}$, 隐性常数仅依赖于$\kappa$.

注记: 基本引理在筛法理论中起到辅助作用, 通常用于事先消除序列中有小的素因子, 即素数$p < z = y^{\frac{1}{s}} (s \to +\infty)$的元素. 如此应用下, 结果会渐近地准确, 所以在实际中添加研究中的序列在殆素数上支撑的假设时, 我们并不会有什么损失. 我们往往只需要适当的数量级的上界, 即

$$\sum_{d|P(z)} \lambda_d^{\pm} g(d) \ll K^{10} \prod_{p<z} (1 - g(p)). \tag{6.49}$$

该不等式在条件(6.34)下成立(它弱于(6.47)), 其中的隐性常数仅依赖于κ.

尽管我们构造筛子$\Lambda^+ = (\lambda_d^+), \Lambda^- = (\lambda_d^-)$时, 序列$\mathcal{A} = (a_n)$一直伴随着我们, 我们应该意识到$\Lambda^+, \Lambda^-$实际上与$\mathcal{A}$毫无共同之处. 我们能够对任意非负数列合理地应用特别的筛子Λ^+, Λ^-, 唯一冒险的是当Λ^+, Λ^-的参数κ(所谓的维数)和y(级)与$\mathcal{A}$的特征匹配的并不完美时, 得到的结果可能不理想.

当然我们不需要将s推向无穷大, (6.42)中的下界在$s > \beta$时已经有趣. 假设对适当的级y, 余项$R(x, y)$可忽略, 我们从(6.42)推出

$$\sum_{\substack{n \leqslant x \\ (n, P(z))=1}} a_n \gg X (\log z)^{-\kappa}, \tag{6.50}$$

其中$z = y^{\frac{1}{\beta+\varepsilon}}$($\varepsilon > 0$是任意的, 只要$y$相对于$\varepsilon$充分大). 假设我们能对$y = x^{\alpha-\varepsilon} (0 < \alpha \leqslant 1)$控制$R(x, y)$, 则(6.50)对$z = x^{\frac{\alpha-\varepsilon}{\beta+\varepsilon}}$成立, 尽管条件$(n, P(z)) = 1$ 和$n \leqslant x$意味着n 至多有$\frac{\alpha}{\beta}$个素因子.

习题6.1 从(6.41)推出上界

$$\pi_2(x) \ll x \log^{-2} x. \tag{6.51}$$

习题6.2 证明: 序列(6.41)对维数$\kappa = 1$, 级$\alpha = \frac{1}{2}$满足筛法条件(见定理17.1), 然后从(6.42)推出

$$\pi_2(x, x^{\frac{1}{20}}) \gg x \log^{-2} x, \tag{6.52}$$

其中$\pi_2(x, z)$表示使得$p+2$没有小于z的素因子的素数$p \leqslant x$的个数. 因此有无限多个素数p使得$p+2$最多有20个素因子. 筛法在这个方向的最新进展说明(还包含其他结果): 对充分大的x有

$$|\{p \leqslant x, p + 2 = p_1 \text{或} p_1 p_2, \text{其中} p_1, p_2 > x^{\frac{3}{11}}\}| \gg x \log^{-2} x.$$

因此$p + 2$最多有两个素因子的频率为无穷大. 最后的这个结果属于陈景润[37]. 我们仍然不知道$p + 2 = p$与$p + 2 = p_1 p_2$中哪一个出现的频率为无穷大, 或许两者都成立.

§6.5 Λ^2筛法

上界筛法中一个有力且优美的方法来自于Selberg[279]. 由Selberg方法可以得到极具一般性的结果, 该方法比组合筛法在初始阶段更简单, 尽管在高级阶段复杂度相当. 我们对上一节的符号稍加修改以便清楚地展示实施Selberg筛法所需要的最少条件.

回顾级为D的上界筛子是满足$\lambda_1 = 1$, 使得对所有的$m > 1$有

$$\sum_{d|m} \lambda_d \geqslant 0 \tag{6.53}$$

的一列实数$\lambda_d(d < D)$. 为了符号的简洁性, 以后略去上标+. 这种正值性很难在组合筛法中成立, 但Selberg通过选择λ_d使得

$$\sum_{d|m} \lambda_d = (\sum_{d|m} \rho_d)^2 \tag{6.54}$$

很容易做到, 其中$\{\rho_d\}$是另一列实数使得

$$\rho_1 = 1. \tag{6.55}$$

因为平方数非负, 这样的选择保证了无论这些ρ是什么, (6.53)都成立.

Selberg的选择相当于

$$\lambda_d = \sum_{[d_1,d_2]=d} \rho_{d_1}\rho_{d_2}. \tag{6.56}$$

为了控制级, 我们假定ρ_d在小于$\sqrt{D}$的整数上支撑, 即当$d \geqslant \sqrt{D}$时,

$$\rho_d = 0. \tag{6.57}$$

因此得到的筛子$\{\lambda_d\}$以支撑D为级, 我们仿效Selberg称之为级为D的Λ^2筛子.

以下始终规定$\mathcal{A} = \{a_n\}$为非负数列, P为无平方因子的数, 对$d|P$令

$$|\mathcal{A}_d| = \sum_{n\equiv 0 \bmod d} a_n = g(d)X + r_d(\mathcal{A}). \tag{6.58}$$

这里的$g(d)$如前表示满足(6.10)的乘性函数.

在筛范围P中对数列$\mathcal{A} = \{a_n\}$应用Λ^2筛法, 我们得到

$$S(\mathcal{A}, P) = \sum_{(n,P)=1} a_n \leqslant \sum_n a_n (\sum_{d|(n,P)} \rho_d)^2 = \sum\sum_{d_1 d_2|P} \rho_{d_1}\rho_{d_2}|\mathcal{A}_{[d_1,d_2]}| = XG + R(\mathcal{A}, P),$$

其中

$$G = \sum\sum_{d_1,d_2|P} g([d_1,d_2])\rho_{d_1}\rho_{d_2}, \tag{6.59}$$

$$R(\mathcal{A}, P) = \sum\sum_{d_1,d_2|P} \rho_{d_1}\rho_{d_2} r_{[d_1,d_2]}(\mathcal{A}). \tag{6.60}$$

我们面临的任务是使得一般的不等式最佳. 暂时忘掉余项$R(\mathcal{A}, P, \Lambda^2)$, 我们希望对满足(6.55)和(6.57)中的未知数ρ_d求出G的最小值. 接下来要处理的数满足

$$|\rho_d| \leqslant 1, \tag{6.61}$$

所以余项自动受到控制.

等式(6.59)是关于ρ_d的二次型, 为了找到G的最小值, 进行对角化是有帮助的. 在下面的介绍中, 我们没有指出ρ_d是有支撑的, 求和中相关的变量过P的因子(从而是对无平方因子求和). 此外, 我们还可以假设

$$\begin{cases} 0 < g(p) < 1, & \text{若} p \mid P, \\ g(p) = 0, & \text{若} p \nmid P. \end{cases} \tag{6.62}$$

令$h(d)$为如下定义的乘性函数:

$$h(p) = \tfrac{g(p)}{1-g(p)}. \tag{6.63}$$

我们得到

$$\begin{aligned} G &= \sum_{abc|P} g(abc)\rho_{ac}\rho_{bc} \\ &= \sum_c g(c) \sum\sum_{(a,b)=1} g(a)g(b)\rho_{ac}\rho_{bc} \\ &= \sum_c g(c) \sum_d \mu(d)g(d)^2 (\sum_m g(m)\rho_{cdm})^2 \\ &= \sum_{d|P} h(d)^{-1}(\sum_{m\equiv 0 \bmod d} g(m)\rho_m)^2. \end{aligned}$$

因此由线性换元

$$\xi_d = \mu(d) \sum_{m\equiv 0 \bmod d} g(m)\rho_m \tag{6.64}$$

可得对角形

$$G = \sum_{d|P} h(d)^{-1}\xi_d^2. \tag{6.65}$$

我们还需要用新的变量ξ_d重新解释条件(6.55). 为此, 我们利用Möbius反转公式将(6.64)变为

$$\rho_\ell = \tfrac{\mu(\ell)}{g(\ell)} \sum_{d\equiv 0 \bmod \ell} \xi_d. \tag{6.66}$$

特别地, 对$\ell = 1$给出线性方程

$$\sum_{d|P} \xi_d = 1. \tag{6.67}$$

此外, 注意由(6.64)和(6.66)可知关于ρ_d的支撑条件(6.57)等价于关于ξ_d的支撑条件: 若$d \geqslant \sqrt{D}$, 则

$$\xi_d = 0. \tag{6.68}$$

我们现在的目标是在超平面(6.67)上求(6.65)的最小值. 对(6.67)应用Cauchy不等式得到$GH \geqslant 1$, 其中

$$H = \sum_{d<\sqrt{D}, d|P} h(d), \tag{6.69}$$

所以G不可能小于H^{-1}. 等式

(6.70)
$$GH = 1$$

在

(6.71)
$$\xi_d = h(d)H^{-1}(d < \sqrt{D})$$

时成立. 注意

(6.72)
$$H \leqslant \sum_{d|P} h(d) = \prod_{p|P}(1 + h(p)) = \prod_{p|P}(1 - g(p))^{-1},$$

即

(6.73)
$$\frac{1}{H} \geqslant \prod_{p|P}(1 - g(p)).$$

我们接下来通过将(6.71)代入(6.66)计算ρ_ℓ, 可得

$$\mu(\ell)g(\ell)\rho_\ell H = \sum_{\substack{m<\sqrt{D} \\ m\equiv 0 \bmod \ell}} h(m),$$

即

(6.74)
$$\rho_\ell = \frac{\mu(\ell)h(\ell)}{g(\ell)H} \sum_{\substack{d<\frac{\sqrt{D}}{\ell} \\ (d,\ell)=1}} h(d).$$

现在我们证明(6.61). 为此, 我们根据$[d,\ell]$将(6.69)中的项分组得到

$$\begin{aligned} H &= \sum_{k|\ell} \sum_{\substack{d<\sqrt{D} \\ (d,\ell)=k}} h(d) = \sum_{k|\ell} h(k) \sum_{\substack{m<\frac{\sqrt{D}}{k} \\ (m,\ell)=1}} h(m) \\ &\geqslant \Big(\sum_{k|\ell} h(k)\Big) \sum_{\substack{m<\frac{\sqrt{D}}{\ell} \\ (m,\ell)=1}} h(m) = \mu(\ell)\rho_\ell H, \end{aligned}$$

这就证明了(6.61)(这个优雅的估计属于J.H.Van Lint和H.-E. Richert[215]). 由此我们利用(6.56)直接得到

(6.75)
$$|\lambda_d| \leqslant \tau_3(d).$$

我们从上述结果可以推出下面的

定理 6.4 令$\mathcal{A} = (a_n)$为非负数的有限序列, P为不同素数的有限乘积. 对每个$d|P$, 记

(6.76)
$$|\mathcal{A}_d| = \sum_{n\equiv 0 \bmod d} a_n = g(d)X + r_d(\mathcal{A}),$$

其中$X > 0$, $g(d)$是乘性函数使得对$p|P$有$0 < g(p) < 1$. 令$h(d)$为$h(p) = \frac{g(p)}{1-g(p)}$给出的乘性函数,

(6.77)
$$H = \sum_{d<\sqrt{D}, d|P} h(d)(D > 1),$$

则有

$$S(A,P)=\sum_{(n,P)=1}a_n\leqslant XH^{-1}+R(\mathcal{A},P), \tag{6.78}$$

其中

$$R(\mathcal{A},P)=\sum_{d|P}\lambda_d r_d(\mathcal{A}), \tag{6.79}$$

λ_d由(6.56)和(6.74)给出.

利用(6.75)可以对余项进行粗略地估计:

$$|R(\mathcal{A},P)|\leqslant\sum_{d<D,d|P}\tau_3(d)|r_d(\mathcal{A})|. \tag{6.80}$$

Λ^2筛法确实非常具有一般性. 它的上界不需要素数上密度函数$g(p)$的分布的任何正则性, 因此筛法问题的维数没有起到明确的作用. 若$g(p)=\omega(p)p^{-1}$, 其中$\omega(p)$是我们想要排除的模p的剩余类的个数, 则$h(p)=\omega(p)(p-\omega(p))^{-1}$是排除类的个数与容许类的个数的比, 而$H$将这些比值合在一起. 当然, $\omega(p)$越大, (6.78)中的上界就越小. 但是, 少数局部偏离平均值的$\omega(p)$不会产生重要的整体影响. 相反, 我们从组合筛法导出的估计在这方面很敏感, 因为需要假设(6.35)对所有区间$w\leqslant p<z$中的素数成立, 无论这个区间有多短.

当要排除的剩余类很大时, Λ^2筛法对筛选问题可以产生极好的结果, 它可以与Linnik的大筛法相媲美(见§7.4).

注记: 注意这些ρ_d依赖于乘性函数$g(d)$, 从而间接地依赖于筛序列$\mathcal{A}$. 但是, 若对$g(d)$假设某个正则性(就像κ维筛法中那样, 见(6.34)), 我们可以建立很好的近似式(至少对小的d成立):

$$\rho_d=\mu(d)\Big(\frac{\log\frac{\sqrt{D}}{d}}{\log\sqrt{D}}\Big)^{\kappa}\Big(1+O\Big(\frac{1}{\log\frac{\sqrt{D}}{d}}\Big)\Big). \tag{6.81}$$

§6.6 Λ^2筛法的主项估计

要带给Selberg上界(6.78)一个实用的形式, 我们需要关于

$$H=H(D)=\sum_{d<\sqrt{D},d|P}h(d)$$

的一个明确的下界. 上界(6.72)在一般情形下成立, 但一个好的下界需要对密度函数g或者h以及筛范围添加某个限制. 从现在起, P是所有素数$p<\sqrt{D}$的乘积,

$$H(D)=\sideset{}{^\flat}\sum_{d<\sqrt{D}}h(d),$$

其中上标$\flat$表示限于对无平方因子的数求和.

我们能够对$g(d)=d^{-1}$(当我们在区间内筛选数时会用到它)得到$H(D)$又好又强的初等估计. 此时$h(d)=\varphi(d)^{-1}$, 从而

$$H(D)=\sideset{}{^\flat}\sum_{d<\sqrt{D}}d^{-1}\prod_{p|d}\Big(\frac{1}{p}+\frac{1}{p^2}+\cdots+\cdots\Big)\geqslant\sum_{m<\sqrt{D}}m^{-1}>\log\sqrt{D}.$$

若只在$(d,q)=1$时, $g(d)=d^{-1}$(例如像筛选等差数列的情形), 则这个下界在做如下修改后成立:

$$H(D)>\prod_{p|d}(1-g(p))(\log\sqrt{D}). \tag{6.82}$$

上述例子非常特殊. 现在假设$g(p)p$的平均值为κ, 例如对所有的$x\geqslant 2$有

$$\sum_{p\leqslant x}g(p)\log p=\kappa\log x+O(1), \tag{6.83}$$

其中κ是正数, 因此$g(p)\log p\ll 1$. 再假设

$$\sum_{p}g(p)^2\log p<+\infty. \tag{6.84}$$

因为$h(p)=g(p)+O(g(p)^2)$, (6.83)对h也成立(隐性常数不同). 在定理1.1中用乘性函数h替代f得到

$$H(D)=c(\log\sqrt{D})^{\kappa}(1+O(\log^{-1}D)),$$

其中

$$c=\frac{1}{\Gamma(\kappa+1)}\prod_{p}(1-g(p)^{-1})(1-\tfrac{1}{p})^{\kappa}$$

((6.83)和(6.84)满足所需要的条件(1.89)和(1.90)), 隐性常数仅依赖于(6.83)中的隐性常数. 若D相对于这个常数较大, 我们可以倒置这个近似, 得到

$$H(D)^{-1}=2^{\kappa}\Gamma(\kappa+1)H_g\log^{-\kappa}D(1+O(\log^{-1}D)), \tag{6.85}$$

其中

$$H_g=\prod_{p}(1-g(p))(1-\tfrac{1}{p})^{-\kappa}. \tag{6.86}$$

§6.7 Λ^2筛法的余项估计

我们再次考虑个体误差项满足

$$|r_d(\mathcal{A})|\leqslant g(d)d \tag{6.87}$$

的一类筛法问题. 在此性质下, 我们自然会设立条件

$$g(d)d\geqslant 1(d|P). \tag{6.88}$$

这就意味着$g([d_1,d_2])[d_1.d_2]\leqslant g(d_1)g(d_2)d_1d_2$, 从而由(6.60)和(6.72)有

$$|R(\mathcal{A},P,\Lambda^2)|\leqslant(\sum_{d<\sqrt{D}}|\rho_d|g(d)d)^2\leqslant(\frac{1}{H}\sum_{m<\sqrt{D}}h(m)\sigma(m))^2, \tag{6.89}$$

其中

$s(m)$表示m的因子和.

接下来假设密度函数$g(p)$满足下面的粗糙估计

$$\sum_{y\leqslant p\leqslant x}g(p)\log p\ll\log\frac{2x}{y}. \tag{6.90}$$

因此, 我们对$h(p)\sigma(p)p^{-1}$推出了相同的性质. 于是应用(1.85)得到

$$\sum_{m<\sqrt{D}} h(m)\rho(m) \ll \frac{\sqrt{D}}{\log D} \sum_{m<\sqrt{D}} h(m)\sigma(m)m^{-1}.$$

我们又有

$$\sum_{m<\sqrt{D}} h(m)\sigma(m)m^{-1} \leqslant H\sum_{m} h(m)m^{-1} \ll H,$$

所以我们推出

$$R(\mathcal{A},P) \ll D\log^{-2} D. \tag{6.91}$$

综合(6.78)可得

定理 6.5 假设满足定理6.4中的条件, 还假设(6.87), (6.88)和(6.90)成立, 则有

$$S(\mathcal{A},P) \leqslant \frac{X}{H} + O(\frac{D}{\log^2 D}), \tag{6.92}$$

其中$H = H(D)$由(6.77)给出, $D > 1$是任意的, 隐性常数仅依赖于(6.90)中的隐性常数.

§6.8 Λ^2筛法的应用选讲

考虑序列$\mathcal{A} = (a_n)$, 它是短区间内的等差数列

$$n \equiv a \bmod q(x < n \leqslant x+y), \tag{6.93}$$

其中$(a,q) = 1, 1 \leqslant q < y$上的特征函数, 令$P$由满足$p \nmid q$的素数$p$组成, 则

$$\pi(x+y;q,a) - \pi(x;q,a) \leqslant S(\mathcal{A},P) + \sqrt{y}q^{-1}. \tag{6.94}$$

另一方面, 定理6.5中的条件在$X = yq^{-1}, g(d) = d^{-1}((d,q) = 1)$时满足. 由(6.82) 有$H(D) > \frac{\varphi(q)}{2q}\log D$. 综合(6.92)和(6.94)可得

$$\pi(x+y;q,a) - \pi(x;q,a) < \frac{2y}{\varphi(q)\log D} + O(\frac{D}{\log^2 D} + \frac{\sqrt{y}}{q}).$$

选择$D = yq^{-1}$可得

定理 6.6 对$(a,q) = 1, 1 \leqslant q < y$有

$$\pi(x+y;q,a) - \pi(x;q,a) < \frac{2y}{\varphi(q)\log \frac{y}{q}} + O(\frac{y}{q\log^2 \frac{y}{q}}), \tag{6.95}$$

其中隐性常数是绝对的.

上述结果称为Brun-Titchmarsh不等式. H.L.Montgonmery与R.C. Vaughan[237]利用大筛法证明了(6.95)中的误差项可以去掉.

我们下面取$\mathcal{A} = (a_n)$为多项式值

$$n = (m-\alpha_1)\cdots(m-\alpha_k),$$

其中$1 \leqslant m \leqslant x$, 这些$\alpha_j$互不相同的特征函数. 在这种情形, $g(p) = \nu(p)p^{-1}$, 其中$\nu(p)$是模p的根数. 若p充分大, $\nu(p) = k$, 于是我们有k 维筛问题. 由(6.85)和(6.92)推得

定理 6.7 令$\mathfrak{a}=(\alpha_1,\ldots,\alpha_k)$由对任意素数模不覆盖所有剩余类的不同整数组成, 则使得$m-\alpha_1,\ldots,m-\alpha_k$是素数的整数$1\leqslant m\leqslant x$的个数满足

$$\pi(x;\mathfrak{a})\leqslant 2^k k! Bx\log^{-k}x(1+O(\tfrac{\log\log x}{\log x})), \tag{6.96}$$

其中

$$B=\prod_p(1-\tfrac{\nu(p)}{p})(1-\tfrac{1}{p})^{-k}. \tag{6.97}$$

注记: 上界(6.96)比猜想的渐近式

$$\pi(x;\mathfrak{a})\sim Bx\log^{-k}x$$

多了一个因子$2^k k!$.

第 7 章　双线性型与大筛法

§7.1　对偶和估计的一般原则

解析数论中最具有多方面功能的工具当然是二重和

$$\Psi(\boldsymbol{\alpha}, \boldsymbol{\beta}) = \sum_m \sum_n \alpha_m \beta_n \phi(m, n), \tag{7.1}$$

其中$\boldsymbol{\alpha} = (\alpha_m), \boldsymbol{\beta} = (\beta_n)$是有限维复向量,

$$\boldsymbol{\Phi} = (\phi(m, n)) \tag{7.2}$$

是有限阶复矩阵. 用矩阵记号可得$\Psi(\boldsymbol{\alpha}, \boldsymbol{\beta}) = \boldsymbol{\alpha\Phi\beta}^t$. 固定$\boldsymbol{\Phi}$, 我们的目标是给出$\Psi(\boldsymbol{\alpha}, \boldsymbol{\beta})$对任意的向量$\boldsymbol{\alpha}, \boldsymbol{\beta}$有效的最佳估计. 没错, 不对$\alpha_m, \beta_n$ 作假设很重要, 因为它们实际上是很复杂的对象. 想利用这些向量的具体结构的尝试往往会反映原始的环境. 因此我们会问: 将原来的和式整理称双线性型有什么好处? 关键的特点是序列α, β互不相干. 所以在仅满足矩阵系数$\phi(m, n)$ 的性质下, $\Psi(\boldsymbol{\alpha}, \boldsymbol{\beta})$中存在抵消是可能的. 实际上有

$$|\Psi(\boldsymbol{\alpha}, \boldsymbol{\beta})|^2 \leqslant \Delta \|\boldsymbol{\alpha}\|^2 \|\boldsymbol{\beta}\|^2, \tag{7.3}$$

其中$\Delta = \Delta(\boldsymbol{\Phi})$是相应的线性算子的范数, 并且

$$\|\boldsymbol{\alpha}\|^2 = \sum |\alpha_m|^2, \ \|\boldsymbol{\beta}\|^2 = \sum |\beta_n|^2. \tag{7.4}$$

更易懂的估计$\Psi(\boldsymbol{\alpha}, \boldsymbol{\beta})$的方式是利用Cauchy不等式. 为此, 首先选择m为外和, n为内和得到

$$|\Psi(\boldsymbol{\alpha}, \boldsymbol{\beta})| \leqslant \|\boldsymbol{\alpha}\|^2 \sum_m |\sum_n \beta_n \phi(m, n)|^2. \tag{7.5}$$

注意外和中的那些未知系数α_m消失了. 此时, 我们可以更灵活地引入新的系数$f(m)$替代α_m以便让下一步更顺利, 从而得到最后的最优界.

光滑化是解析数论中能够付诸实践并取得非凡效果的众多可选手段之一. 它不只是一个技术手段, 我们可以将它看作一种谱补.

接下来求出关于n的内和的平方, 然后交换求和次序得到

$$\sum_m |\sum_n \beta_n \phi(m, n)|^2 = \sum_{n_1} \sum_{n_2} \beta_{n_1} \bar{\beta}_{n_2} \sum_m \phi(m, n_1) \bar{\phi}(m, n_2). \tag{7.6}$$

对$n_1 = n_2$的情形, 即所谓的对角型, 我们不能在内和

$$\sum_m |\phi(m, n)|^2 \tag{7.7}$$

中进行抵消, 所以能减项的因素只能是因为这个对角型小于完全平方. 但是, 对大多数对角型外的n_1, n_2, 我们可能在和式

$$\sum_m \phi(m,n_1)\bar{\phi}(m,n_2) \tag{7.8}$$

中发现大量的抵消, 因为$\phi(m,n_1)$和$\phi(m,n_2)$的符号是独立变化的. 如何对(7.8)进行求和是依赖于$\mathbf{\Phi}$的特别性质的另一个问题. 此时, 我们可以直接估计和式(7.8)完成工作, 或者通过一种谱公式将它转变为另一个和式(可以称之为对偶和). 在后一种情形, 甚至关于对偶和的平凡估计往往都能对原和式产生非平凡的界. 此外, 我们也能利用其他关于n_1, n_2 的求和. 我们所说的重点在于一般的估计(7.3)阻碍了改进的可见性. 我们建议在实践中总采用Cauchy不等式, 这样就能让我们做到整体控制.

在对对偶和$\Psi(\boldsymbol{\alpha},\boldsymbol{\beta})$使用Cauchy不等式之前, 确保选择方便应用的外和与内和的变量, 因为结果会不同. 在$\Psi(\boldsymbol{\alpha},\boldsymbol{\beta})$中选择交换$m,n$是下述对偶原理的本质.

对偶原理 假设对任意复数β_n有

$$\sum_m |\sum_n \beta_n \phi(m,n)|^2 \leqslant \Delta\|\boldsymbol{\beta}\|^2, \tag{7.9}$$

则对任意复数α_m有

$$\sum_n |\sum_m \alpha_m \phi(m,n)|^2 \leqslant \Delta\|\boldsymbol{\alpha}\|^2, \tag{7.10}$$

其中两个不等式中的Δ相同.

证明: 在(7.1)中取

$$\bar{\beta}_n = \sum_m \alpha_m \phi(m,n) \tag{7.11}$$

即得(7.10)的左边. 由(7.5)和(7.9)得到$\Psi(\boldsymbol{\alpha},\boldsymbol{\beta})^2 \leqslant \Delta\|\boldsymbol{\alpha}\|^2\|\boldsymbol{\beta}\|^2$. 但是$\|\boldsymbol{\beta}\|^2 = \Psi(\boldsymbol{\alpha},\boldsymbol{\beta})$, 所以由(7.9)得到(7.10). □

由于Cauchy不等式的应用, 我们不可避免地将注意力集中到估计形如(7.9)或(7.10)的和式. 由于历史的原因, 这些关于一般的系数α_m, β_n的结论称为大筛法不等式, 尽管它们不像任何种类的筛法. 我们最好将(7.9)和(7.10)视为$\mathbf{\Phi}$的近似正交性.

在一般双线性型的介绍即将结束之际, 我们对用上面描述的想法肯定不能起作用的易见情形做一些评述. 假设$\phi(m,n)$能够分解, 例如$\phi(m,n) = \chi(m)\psi(n)$, 或者$\phi(m,n)$是这种乘积的线性组合的短和(即在短区间上求和). 换句话说, $\phi(m,n)$中的变量m,n不费成本或低成本地分离开来. 于是我们可以选择向量$\boldsymbol{\alpha} = (\alpha_m), \boldsymbol{\beta} = (\beta_n)$使得$\alpha_m = \bar{\chi}(m), \beta_n = \bar{\psi}(n)$. 对这种偏好性的向量选择, 双线性型为$\Psi(\boldsymbol{\alpha},\boldsymbol{\beta}) = \|\boldsymbol{\alpha}\|^2\|\boldsymbol{\beta}\|^2$, 此时看不出有抵消的项.

解析数论中估计双线性型的原理已经用很慢的步调表达清楚了, 可能不是因为思想质朴, 而是研究者在特定的情形引入的额外手段才使得该技术在今天如此有效. 讨论的首批应用是$\phi(m,n)$仅依赖于m,n的双线性型, 设

$$\phi(m,n) = g(mn), \tag{7.12}$$

其中g是单变量的算术函数. 当然, 此时g不可能是乘性的. 应该指出I.M. Vinogradov首先得到令人赞叹的结果. 他利用容斥原理(一种筛法)成功地将关于素数的指数和表示成二重和, 接着用初等方法(几何级数中进行抵消)估计后者. Vinogradov后来利用圆法中的结果对三元Goldbach问题给出了惊人的解答. 尽管他的思想延续至今(见第13章和第19章), 但是有更多的例子促进双线性型的整体发展. 它们中的一些会在即将到来的章节中清楚地描述, 还有许多会不加指明地嵌入到推理中. Linnik[209]将估计二重和的思想精心阐述成分散法, 本书没有包含这部分内容.

介绍中选用的记号仅供样例. 显然, 我们没有将$\phi(m,n)$视为两个整数变量的函数. 事实上, 一些著作中将两个变量用更合适的参数(例如有理分数, 特征, 特征值等)作为指标更好.

我们在本章对大量的双线性型与大筛法型不等式进行了挑选. 一些基本的结果将给出详细的证明, 还有一些将在更广的背景下讨论, 多数只是提到并指出原始文献.

§7.2 带指数的双线性型

我们在经典解析数论中经常见到(7.1)中取

$$\phi(m,n)=\mathrm{e}(x_m y_n) \tag{7.13}$$

的双线性型, 其中x_m, y_n是实数, 约定$\mathrm{e}(z)=\exp(2\pi \mathrm{i}\, z)$.

引理 7.1 对任意复数α_m和实数x_m, 有

$$\int_{-Y}^{Y}|\sum_m \alpha_m\,\mathrm{e}(x_m y)|^2\,\mathrm{d}\,y\leqslant 5Y\sum\sum_{2Y|x_{m_1}-x_{m_2}|<1}|\alpha_{m_1}\alpha_{m_2}|. \tag{7.14}$$

证明: 设$g(y)$为$\mathbb{R}$上的非负函数, 满足$g(y)\geqslant 1(|y|\leqslant\frac{1}{2})$, $\mathrm{supp}(\hat{g})\subset[-1,1]$, 则(7.14)的左边有上界:

$$\int g(\tfrac{y}{2Y})|\sum_m\alpha_m\,\mathrm{e}(x_m y)|^2\,\mathrm{d}\,y=2Y\sum_{m_1}\sum_{m_2}\alpha_{m_1}\bar{\alpha}_{m_2}\hat{g}(2Y(x_{m_1}-x_{m_2}))\leqslant 2Y\hat{g}(0)\sum\sum_{2Y|x_{m_1}-x_{m_2}|<1}|\alpha_{m_1}\alpha_{m_2}|.$$

Fourier函数对$g(y)=(\frac{\sin\pi y}{2y})^2, \hat{g}(v)=\frac{\pi^2}{4}\max\{1-|v|,0\}$满足上述条件, 从而结论成立. □

我们的基本不等式为

定理 7.2 令x_m, y_n为实数满足$|x_m|\leqslant X, |y_n|\leqslant Y$, 则对任意复数$\alpha_m, \beta_n$有

$$|\sum_m\sum_n\alpha_m\beta_n\,\mathrm{e}(x_m y_n)|\leqslant 5(XY+1)^{\frac{3}{2}}(\sum\sum_{|x_{m_1}-x_{m_2}|<1}|\alpha_{m_1}\alpha_{m_2}|)^{\frac{1}{2}}(\sum\sum_{|y_{n_1}-y_{n_2}|<1}|\beta_{n_1}\beta_{n_2}|)^{\frac{1}{2}}. \tag{7.15}$$

证明: 令$\varepsilon=(4X)^{-1}$,

$$\gamma_m=\frac{\pi x_m\alpha_m}{\sin 2\pi\varepsilon x_m},$$

从而$|\gamma_m|\leqslant\pi X|\alpha_m|$. 记

$$\mathrm{e}(xy)=\frac{\pi x}{\sin 2\pi\varepsilon x}\int_{y-\varepsilon}^{y+\varepsilon}\mathrm{e}(xt)\,\mathrm{d}\,t,$$

我们发现(7.15)的左边有上界:

$$|\sum_n\beta_n\int_{y_n-\varepsilon}^{y_n+\varepsilon}\sum_m\gamma_m\,\mathrm{e}(x_m y)\,\mathrm{d}\,y|\leqslant\int_{-Y-\varepsilon}^{Y+\varepsilon}\sum_{|y_n-y|<\varepsilon}|\beta_n||\sum_m\gamma_m\,\mathrm{e}(x_m y)|\,\mathrm{d}\,y.$$

因此由Cauchy不等式和引理7.1可知(7.15)左边的平方有上界:

$$\begin{aligned}&(\int_{-Y-\varepsilon}^{Y+\varepsilon}\sum_{|y_n-y|<\varepsilon}|\beta_n|^2\,\mathrm{d}\,y)(\int_{-Y-\varepsilon}^{Y+\varepsilon}\sum_{|y_n-y|<\varepsilon}|\sum_m\gamma_m\,\mathrm{e}(x_my)|^2\,\mathrm{d}\,y)\\ \leqslant\ &2\varepsilon(\sum_{|y_{n_1}-y_{n_2}|<\varepsilon}|\beta_{n_1}\beta_{n_2}|5(Y+\varepsilon)(\pi X)^2(\sum_{|x_{m_1}-x_{m_2}|<\varepsilon}|\alpha_{m_1}\alpha_{m_2}|),\end{aligned}$$

其中$10\varepsilon(Y+\varepsilon)(\pi X)^2=\frac{5\pi^2}{2}(XY+\frac14)<25(XY+1)$. □

若这些点x_m, y_n是间隔良好的, 从而(7.15)的右边只有对角项, 则有

推论 7.3 设$|x_m|\leqslant X, |y_n|\leqslant Y$, 且对$m_1\neq m_2, n_1\neq n_2$有$|x_{m_1}-x_{m_2}|\geqslant A, |y_{n_1}-y_{n_2}|\geqslant B$, 则

$$|\sum_m\sum_n\alpha_m\beta_n\,\mathrm{e}(x_my_n)|\leqslant 5(1+XY)^{\frac12}(1+\frac{1}{AY})^{\frac12}(1+\frac{1}{BX})^{\frac12}\|\alpha\|\|\beta\|.$$

证明: 在(7.15)中用$\max\{X,B^{-1}\},\max\{Y,A^{-1}\}$分别取代$X, Y$即得结果. □

对光滑函数给出的点容易解决间隔问题. 例如, 我们可以从推论7.3推出下面的结果.

推论 7.4 令$f(m), g(n)$分别为$[M,2M],[N,2N]$上的实函数, 使得$f\leqslant F, g\leqslant G, |f'|\geqslant FM^{-1}, |g'|\geqslant GN^{-1}$, 则对任意的复数$\alpha_m,\beta_n$, 有

$$\sum_m\sum_n\alpha_m\beta_n\,\mathrm{e}(f(m)g(n))\ll(FG)^{-\frac12}(FG+M)^{\frac12}(FG+N)^{\frac12}\|\alpha\|\|\beta\|.$$

证明: 我们有$|f(m_1)-f(m_2)|\geqslant|m_1-m_2|FM^{-1}, |g(n_1)-g(n_2)|\geqslant|n_1-n_2|GN^{-1}$, 所以在推论7.3中取$A=FM^{-1}, B=GN^{-1}, X=F, Y=G$得到结果. □

由推论7.3也可以对单项式的指数函数得到有趣的结果, 因为有理点是间隔良好的.

引理 7.5 令$\alpha\beta\neq0, \Delta>0, K\geqslant1, L\geqslant1$, 在$K'\leqslant k, k'\leqslant 2K, L\leqslant\ell,\ell'\leqslant 2L$中满足

$$|(\tfrac{k'}{k})^\alpha-(\tfrac{\ell'}{\ell})^\beta|\leqslant\Delta \tag{7.16}$$

的四元整点个数由$O(KL(\Delta KL+\log 2KL))$界定, 其中隐性常数仅依赖于$\alpha,\beta$.

习题7.1 证明引理7.5.

从引理7.5可以推出

推论 7.6 令$\alpha\beta\gamma\delta\neq0, X>0, K,L,M,N\geqslant1$, $\alpha_{k,\ell}, b_{m,n}$为复数使得对$K\leqslant k\leqslant 2K, L\leqslant\ell\leqslant 2L, M\leqslant m\leqslant 2M, N\leqslant n\leqslant 2N$有$|a_{k,\ell}|\leqslant1, |b_{m,n}|\leqslant1$, 则

$$\sum_k\sum_\ell\sum_m\sum_n a_{k,\ell}b_{m,n}\,\mathrm{e}(X\frac{k^\alpha\ell^\beta m^\gamma n^\delta}{K^\alpha L^\beta M^\gamma N^\delta})\ll(1+\frac{KL}{X})^{\frac12}(1+\frac{MN}{X})^{\frac12}(XKLMN)^{\frac12}\log 2KLMN, \tag{7.17}$$

其中隐性常数仅依赖于$\alpha,\beta,\gamma,\delta$.

§7.3 大筛法简介

大筛法型不等式在现代解析数论中到处可见. 这个名字有些误导人, 因为一般情况下不会出现筛法, 它是从Linnik的原创思想推出来的(见[208]), 随后变成一般的L^2型估计而无法辨识, 在某些情形可以推出筛法结果.

首先我们用一般的语言解释潜在的哲学, 对此人们期望有更大的应用性. 令$\mathcal{X}$为“和谐物”的有限集, 它可能非常适合用来解析地解决某个有趣的方程. 对每个$x \in \mathcal{X}$, 关联一个序列$(x(n))$, 比如说“Fourier系数”.

对$\mathcal{X}$的大筛法问题是找到$C = C(\mathcal{X}, N) \geqslant 0$使得如下“大筛法不等式”对$(x(n))$中的线性型的$L^2$均值成立:

$$\sum_{x \in \mathcal{X}} \Big| \sum_{n \leqslant N} a_n x(n) \Big|^2 \leqslant C(\mathcal{X}, N) \|a\|^2 \tag{7.18}$$

对任意复数a_n成立, 其中$\|a\|^2 = \sum |a_n|^2$. 由Cauchy不等式得到(7.18), 其中$C(\mathcal{X}, N) = N|\mathcal{X}|$, 但是在应用中这是没有用的.

我们的想法是“和谐物”标准正交, 或者几乎标准正交, 从而若展开平方项

$$\sum_{x \in \mathcal{X}} \Big| \sum_{n \leqslant N} a_n x(n) \Big|^2 = \sum_{n_1, n_2} a_{n_1} \overline{a_{n_2}} \sum_{x \in \mathcal{X}} x(n_1) \overline{x(n_2)},$$

对应$n_1 = n_2$的对角项应该占支配地位, 贡献值大约是$|\mathcal{X}| \|a\|^2$(因为$x(n)$应该大致为1). 无论如何, 很难想象$C(\mathcal{X}, N)$会比$\mathcal{X}$中的元素个数小得多. 此外, 由双线性型的对偶原理, 即(7.18) 等价于

$$\sum_{n \leqslant N} \Big| \sum_{x \in \mathcal{X}} b_x x(n) \Big|^2 \leqslant C(\mathcal{X}, N) \sum_{x \in \mathcal{X}} |b_x|^2, \tag{7.19}$$

其中对角项的贡献值为$N \sum |b_x|^2$, 我们不可能使$C(\mathcal{X}, N)$比向量(a_n)的长度小. 因此根据这些对角项的限制, 对$C(\mathcal{X}, N)$期望的最好估计差不多是

$$C(\mathcal{X}, N) \simeq |\mathcal{X}| + N. \tag{7.20}$$

在一些重要的情形, 上式确实成立.

一个好的大筛法不等式(7.20)指出长为$N \leqslant |\mathcal{X}|$, 满足$|a_n| \leqslant 1$的线性型

$$\sum_{n \leqslant N} a_n x(n)$$

在$x \in \mathcal{X}$上的大小大致为$N^{\frac{1}{2}}$. 这是最佳估计, 尽管在许多情形, 人们期望单个和式的大小如此, 但几乎没有什么情形是已知的. 特别有趣的情形是$a_n = \mu(n), x(n) = \lambda_f(n)$是某个$L$函数的系数(见第5章). 于是这个单个和式有上界: 对任意的$\varepsilon > 0$有

$$\sum_{n \leqslant N} \mu(n) \lambda_f(n) \ll_\varepsilon N^{\frac{1}{2} + \varepsilon}$$

等价于对$L(f, s)$满足Riemann猜想(见(5.52)). 因此, 对于一族L函数来说, 好的大筛法型不等式的力量与广义Riemann猜想可能给出的大致相当.

§7.4 加性大筛法不等式

在加性大筛法不等式中, 考虑的和谐物是$\mathbb{Z}$的加性特征, 对某个$\alpha \in \mathbb{R}$使得$x(n) = \mathrm{e}(\alpha n)$(当然只与$\alpha \bmod 1$有关). 因此要估计的线性型就是三角多项式

$$S(\alpha) = \sum_n a_n \, \mathrm{e}(\alpha n), \tag{7.21}$$

其中复系数在$M < n \leqslant M + N$中支撑. 注意若α_r在模1时间隔良好, 即存在$\delta > 0$, 使得$r \neq s$时有

$$\|\alpha_r-\alpha_s\|\geqslant\delta,$$

其中$\|x\|$是x到最近的整数的距离, 则和谐物中不同的点α_r的个数不超过$1+\delta^{-1}$.

定理 7.7 对任意δ-间隔的点$\alpha_r\in\mathbb{R}/\mathbb{Z}$的集合和任意的复数$\alpha_n$满足$M<n\leqslant M+N$, 其中$0<\delta\leqslant\frac{1}{2}$, $N\geqslant 1$为整数, 有

$$\sum_r\Big|\sum_{M<n\leqslant M+N}a_n\,\mathrm{e}(\alpha_r n)\Big|^2\leqslant(\delta^{-1}+N-1)\|a\|^2. \tag{7.22}$$

这个估计是最佳可能的, 上述形式的结果由Selberg[281]和Montgomery与Vaughan[238]独立证明, 它具有(7.20) 的力量. 我们给出Montgomery与Vaughan基于如下Hilbert不等式的推广的证明.

引理 7.8 假设λ_r为不同的实数, 满足$r\neq s$时, 有$|\lambda_r-\lambda_s|\geqslant\delta$, 则对任意的复数$z_r$有

$$\Big|\sum_{r\neq s}\sum\frac{z_r\overline{z_s}}{\lambda_r-\lambda_s}\Big|\leqslant\frac{\pi}{\delta}\sum_r|z_r|^2. \tag{7.23}$$

证明: 由Cauchy不等式, 只需证明

$$\sum_r\Big|\sum_{s\neq r}\frac{\overline{z_s}}{\lambda_r-\lambda_s}\Big|\leqslant\frac{\pi^2}{\delta^2}\sum_r|z_r|^2. \tag{7.24}$$

展开左边的平方项, 整理得到

$$\begin{aligned}L&=\sum_{s,t}\sum\overline{z_s}z_t\sum_{r\neq s,t}\frac{1}{(\lambda_r-\lambda_s)(\lambda_r-\lambda_t)}\\&=\sum_s|z_s|^2\sum_{r\neq s}\frac{1}{(\lambda_r-\lambda_s)^2}+\sum_{s\neq t}\sum\frac{\overline{z_s}z_t}{\lambda_s-\lambda_t}\sum_{r\neq s,t}\Big(\frac{1}{\lambda_r-\lambda_s}-\frac{1}{\lambda_r-\lambda_t}\Big).\end{aligned}$$

对最后的和式有

$$\sum_{r\neq s,t}\Big(\frac{1}{\lambda_r-\lambda_s}-\frac{1}{\lambda_r-\lambda_t}\Big)=\sum_{r\neq s}\frac{1}{\lambda_r-\lambda_s}-\sum_{r\neq t}\frac{1}{\lambda_r-\lambda_t}+\frac{2}{\lambda_s-\lambda_t},$$

因此

$$L=\sum_s|z_s|^2\sum_{r\neq s}\frac{1}{(\lambda_r-\lambda_s)^2}+2\sum_{s\neq t}\sum\frac{\overline{z_s}z_t}{(\lambda_s-\lambda_t)^2}+\sum_{s\neq t}\sum\frac{\overline{z_s}z_t}{\lambda_s-\lambda_t}\Big(\sum_{r\neq s}\frac{1}{\lambda_r-\lambda_s}-\sum_{r\neq t}\frac{1}{\lambda_r-\lambda_t}\Big).$$

注意现在估计式(7.24)相当于找到矩阵$(\mu_{r,s})$的范数, 其中$\mu_{r,s}=\frac{1}{\lambda_r-\lambda_s}(r\neq s)$, $\mu_{r,r}=0$, 因此我们可以假设(z_r)为极值向量. 因为矩阵是斜Hermite的, 极值向量是特征向量, 即存在纯虚数ν使得

$$\sum_{r\neq s}\frac{z_r}{\lambda_r-\lambda_s}=\nu z_s.$$

这就说明L中的最后两个和式互相抵消了. 所以对于极值向量有

$$L=\sum_s|z_s|^2\sum_{r\neq s}\frac{1}{(\lambda_r-\lambda_s)^2}+2\sum_{s\neq t}\sum\frac{\overline{z_s}z_t}{(\lambda_s-\lambda_t)^2}.$$

利用$2|z_sz_t|\leqslant|z_s|^2+|z_t|^2$得到

$$L\leqslant 3\sum_s|z_s|^2\sum_r\frac{1}{(\lambda_r-\lambda_s)^2}.$$

因为$\lambda_r-\lambda_s|\geqslant\delta|r-s|$, 内和有上界$2\delta^{-2}\zeta(2)=\frac{\pi^2}{3\delta^2}$. 这就给出了(7.24), 从而完成了(7.23)的证明. □

推论 7.9 对任意的δ-间隔的点$\alpha_r \in \mathbb{R}/\mathbb{Z}$的集合和任意复数$z_r$, 有

$$|\sum_{r\neq s}\sum \frac{z_r\overline{z_s}}{\sin\pi(\alpha_r-\alpha_s)}| \leqslant \delta^{-1}\sum_r |z_r|^2. \tag{7.25}$$

证明: 对双指标数集$z_{m,r} = (-1)^m z_r, \lambda_{m,r} = m + \alpha_r (1 \leqslant m \leqslant K)$应用(7.23)得到

$$|\sum_{(r,m)\neq(s,n)}\sum (-1)^{m-n}\frac{z_r\overline{z_s}}{m-n+\alpha_r-\alpha_s}| \leqslant \frac{\pi K}{\delta}\sum_r |z_r|^2,$$

我们在这里可以将求和条件$(r,m) \neq (s,n)$替换为$r \neq s$, 因为当$r = s$时, 对应(m,n)与(n,m)的项会互相抵消. 若我们设$k = m - n$, 并除以K, 则有

$$|\sum_{r\neq s}\sum z_r\overline{z_s}\sum_{k=-K}^{K}(1-\frac{|k|}{K})\frac{(-1)^k}{k+\alpha_r-\alpha_s}| \leqslant \frac{\pi}{\delta}\sum_r |z_r|^2.$$

令$K \to +\infty$即得(7.25), 因为对$\alpha \notin \mathbb{Z}$有

$$\sum_{k\in\mathbb{Z}} \frac{(-1)^k}{k+\alpha} = \frac{\pi}{\sin\pi\alpha},$$

其中级数的求和按照对称进行. □

推论 7.10 对任意的$x \in \mathbb{R}$有

$$|\sum_{r\neq s}\sum z_r\overline{z_s}\frac{\sin 2\pi x(\alpha_r-\alpha_s)}{\sin\pi(\alpha_r-\alpha_s)}| \leqslant \delta^{-1}\sum_r |z_r|^2. \tag{7.26}$$

证明: 将推论7.9分别应用于缠绕$z_r\,\mathrm{e}(x\alpha_r)$和$z_r\,\mathrm{e}(-x\alpha_r)$即得结论. □

现在我们准备证明(7.22), 首先证明用$\delta^{-1} + N$替代$\delta^{-1} + N - 1$时的结论. 由对偶性, 这相当于对任意复数z证明

$$\sum_{M<n\leqslant M+N} |\sum_r z_r\,\mathrm{e}(n\alpha_r)|^2 \leqslant (N + \delta^{-1})\|z\|^2. \tag{7.27}$$

展开平方项可见对角项($r = s$时对应的项)的贡献值为$N\|z\|^2$, 而非对角项对应的值为

$$\sum_{r\neq s}\sum z_r\overline{z_s}\sum_n \mathrm{e}(n(\alpha_r-\alpha_s)) = \sum_{r\neq s}\sum z_r\overline{z_s}\,\mathrm{e}(K(\alpha_r-\alpha_s))\frac{\sin\pi N(\alpha_r-\alpha_s)}{\sin\pi(\alpha_r-\alpha_s)},$$

其中$K = M + \frac{1}{2}(N+1)$. 由(7.26)可知该和式以$\delta^{-1}\|z\|^2$为界. 将两部分相加即得(7.27).

要将系数$\delta^{-1} + N$减掉1, 我们将定理7.7应用于点集$(\alpha_r + k)K^{-1} (1 \leqslant k \leqslant K)$和三角多项式$T(\alpha) = S(\alpha K)$, 得到

$$K\sum_r |S(\alpha_r)|^2 = \sum_k\sum_r |T(\frac{\alpha_r+k}{K})|^2 \leqslant (\delta^{-1}K + NK - K + 1)\|a\|^2,$$

因为点集$(\alpha_r + k)K^{-1}$的间隔为δK^{-1}, $T(\alpha)$对$m = nK$的求和范围为$(MK + K - 1) < m \leqslant (MK + K - 1) + (NK - K + 1)$. 因此不等式两边除以$K$后再令$K \to \infty$即得(7.22)(这个技巧属于Paul Cohen).

在许多应用中, 用$C(\delta^{-1} + N)$替代$\delta^{-1} + N - 1$得到的弱估计即可, 其中C为绝对常数. 这种大筛法不等式首先由H. Davenport与H. Halberstam[52]提出. 我们将对这样一个估计给出一个简短的证明. 由对偶性, 我们需要证明对任意的复数γ_r有

$$\sum_{|n|<N} |\sum_r \gamma_r\,\mathrm{e}(\alpha_r n)|^2 \leqslant C(\delta^{-1} + N)\|\gamma\|^2.$$

令$f(x)$为非负函数使得$|x| \leqslant 1$时, $f(x) \geqslant 1$. 上式的左边由同样的式子估计, 只是多了光滑因子$f(\frac{n}{N})$, 从而变成

$$\sum_r \sum_s \gamma_r \overline{\gamma_s} \sigma(r,s),$$

其中

$$\sigma(r,s) = \sum_n f(\tfrac{n}{N})\, \mathrm{e}((\alpha_r - \alpha_s)n).$$

由Poisson公式

$$\sigma(r,s) = N \sum_h \hat{f}((\alpha_r - \alpha_s + h)N).$$

我们选择$f(x)$使得其Fourier变换满足$\hat{f}(y) \ll (1+y^2)^{-1}$, 从而$\sigma(r,s) \ll N(1 + \|\alpha_r - \alpha_s\|^2 N^2)^{-1}$. 最后利用$2|\gamma_r \gamma_s| \leqslant |\gamma_r|^2 + |g_s|^2$和

$$\sum_s |\sigma(r,s)| \ll N \sum_{k=0}^{\infty} (1 + (\delta k N)^2)^{-1} \ll \delta^{-1} + N$$

完成证明.

如果选择适当的函数$f(x)$, 由同样的推理可以得到最佳可能的常数$C = 1$. Selberg就做过这件事, 他选的优化函数很复杂.

选择将大筛法不等式(7.4)特别用于选取的有理点$\alpha_r = \frac{a}{q}$, 其中$1 \leqslant q \leqslant Q, (a,q) = 1$. 这些点的间隔为$\delta = Q^{-2}$. 事实上, 若$\frac{a}{q} \neq \frac{a'}{q'}$, 则

$$\|\tfrac{a}{q} - \tfrac{a'}{q'}\| = \|\tfrac{aq' - a'q}{qq'}\| \geqslant (qq')^{-1} \geqslant Q^{-2}.$$

因此由定理7.7得到

定理 7.11 对任意复数a_n, 其中$M < n \leqslant M+N$, N为正整数, 我们有

$$\sum_{q \leqslant Q} \sideset{}{^*}\sum_{a \bmod q} \Big| \sum_{M < n \leqslant M+N} a_n\, \mathrm{e}(\tfrac{an}{q}) \Big|^2 \leqslant (Q^2 + N - 1)\|a\|^2. \tag{7.28}$$

注意: 若$\mathcal{A} = (a_n)$在等差数列$n \equiv \ell \bmod k$上支撑, $(k,q) = 1$, 则通过换元可以推出

推论 7.12 对任意复数a_n, 其中$M < n \leqslant M+N$, 我们有

$$\sum_{\substack{q \leqslant Q \\ (k,q)=1}} \sideset{}{^*}\sum_{a \bmod q} \Big| \sum_{n \equiv \ell \bmod q} a_n\, \mathrm{e}(\tfrac{an}{q}) \Big|^2 \leqslant (Q^2 + k^{-1}N) \sum_{n \equiv \ell \bmod k} |a_n|^2. \tag{7.29}$$

习题7.2 (多元大筛法不等式) 令$d \geqslant 1, \delta > 0, \alpha_r = (\alpha_{r,1}, \ldots, \alpha_{r,d})$为$\mathbb{R}^d/\mathbb{Z}^d$中$\delta$-间隔的点, 即当$r \neq s$时, 有$\max_i \|\alpha_{r,i} - \alpha_{s,i}\| \geqslant \delta$, 则

$$\sum_r \Big| \sum_n a_n\, \mathrm{e}(n \cdot \alpha_r) \Big|^2 \ll (\delta^{-d} + N^d)\|a\|^2, \tag{7.30}$$

其中$x \cdot y$为$\mathbb{R}^d$中的数量积, a_n为任意复数, $n = (n_1, \ldots, n_d), 1 \leqslant n_i \leqslant N$, 隐性常数仅依赖于维数$d$.

§7.5 乘性大筛法不等式

我们现在用Dirichlet特征取代加性特征作为和谐物. 若考虑$\mathcal{X} = \{\chi | \chi$为模$q$的特征$\}$, 则展开平方项并应用正交关系立得

$$\sum_{\chi \bmod q} \Big| \sum_{n \leqslant N} a_n \chi(n) \Big|^2 \leqslant (q+N)\|a\|^2,$$

可以将它与(7.20)对比.

但是, 更重要的是和谐物都是模$q \leqslant Q$的Dirichlet本原特征的情形. 我们在这里讨论Bombieri与Davenport的基本结果[19](原始结果稍微弱一点):

定理 7.13 对任意的复数$a_n, M < n \leqslant M+N$, 其中N为正整数, 我们有

$$\sum_{q \leqslant Q} \frac{q}{\varphi(q)} \sideset{}{^*}\sum_{\chi \bmod q} \Big| \sum_{M<n\leqslant M+N} a_n \chi(n) \Big|^2 \leqslant (Q^2+N-1)\|a\|^2. \tag{7.31}$$

这个结果还是与(7.20)一样强. 注意若没有本原特征的限制, 这个不等式可能会错到差一个大因子(对所有的n取$a_n = 1$, 则模$q \leqslant Q$的平凡特征已经贡献了值N^2Q). (7.31)的一个有趣特点是这个上界仅依赖于区间的长度, 而与所在的位置无关. Dirichlet特征的大筛法不等式在这方面比GRH有些优势.

证明: 我们实际上能给出一个更准确一点的估计, 它有时在应用中会用到.

本原乘性特征$\chi \bmod q$可以通过Gauss和展开为加性特征(见(3.12)): 对任意的n有

$$\tau(\chi)\bar{\chi}(n) = \sum_{a \bmod q} \chi(a)\, \mathrm{e}\Big(\frac{an}{q}\Big).$$

若χ不是本原的, 而是有本原特征$\chi_s \bmod s$诱导, 其中$q = st$, 则当$(r,s)=1$时, 有

$$\sum_{a \bmod q} \chi(a)\, \mathrm{e}\Big(\frac{an}{q}\Big) = \sideset{}{^*}\sum_{b \bmod c} \sideset{}{^*}\sum_{c \bmod s} \chi(bs+cr)\, \mathrm{e}\Big(\frac{nb}{r}+\frac{cn}{s}\Big) = \bar{\chi}(n)\chi_s(r)c_r(n)\tau(\chi_s),$$

其中$c_r(n)$为Ramanujan和(3.1). 由此可知对任意的复数a_n有

$$\sum_{\chi} a_n \bar{\chi}(n) c_r(n) = \frac{\bar{\chi}_s(r)}{\tau(\chi_s)} \sum_{a \bmod q} \chi(a) S\Big(\frac{a}{q}\Big),$$

其中$S(a)$是三角多项式(7.21).

于是由特征的正交性得到

$$\sum_{\substack{rs \leqslant Q \\ (r,s)=1}} \frac{s}{\varphi(rs)} \sideset{}{^*}\sum_{\chi \bmod s} \Big| \sum_{n} a_n \bar{\chi}(n) c_r(n) \Big|^2 \leqslant \sum_{q \leqslant Q} \frac{1}{\varphi(q)} \sum_{\chi \bmod q} \Big| \sum_{a} \chi(a) S\Big(\frac{a}{q}\Big) \Big|^2 = \sum_{q \leqslant Q} \sideset{}{^*}\sum_{a \bmod q} \Big| \sum_{n} a_n\, \mathrm{e}\Big(\frac{an}{q}\Big) \Big|^2.$$

利用定理7.11推出

$$\sum_{\substack{rs \leqslant Q \\ (r,s)=1}} \frac{s}{\varphi(rs)} \sideset{}{^*}\sum_{\chi \bmod s} \Big| \sum_{M<n\leqslant M+N} a_n \bar{\chi}(n) c_r(n) \Big|^2 \leqslant (Q^2+N-1)\|a\|^2. \tag{7.32}$$

由正值性, 该不等式包含(7.31)(略去$r \neq 1$对应的所有项). □

注记: Bombieri与Davenport通过再对r求和确实成功地得到(7.32)的有趣应用.

§7.6 大筛法在筛法问题中的应用

我们在本节解释关于加性特征的大筛法不等式是如何推出在“普通”意义下的筛法结果(也可见第6章关于筛法的背景), 并给出Linnik第一次应用于估计最小非平方剩余所得到的这样一个结果.

考虑有限整数集$\mathcal{M}$和有限素数集$\mathcal{P}$. 对每个$p \in \mathcal{P}$, 令$\Omega_p \subset \mathbb{Z}/p\mathbb{Z}$为将要筛出去的剩余类的集合. 数据$(\mathcal{M}, \mathcal{P}, \Omega)$定义了一个筛问题, 相应的筛集合为

$$\mathcal{S}(\mathcal{M}.\mathcal{P}, \Omega) = \{m \in \mathcal{M} | \text{对所有的} p \in \mathcal{P}, m \bmod p \notin \Omega_p\}. \tag{7.33}$$

我们的目标是估计$S = |\mathcal{S}(\mathcal{M}, \mathcal{P}, \Omega)|$, 即集合$\mathcal{S}(\mathcal{M}, \mathcal{P}, \Omega)$的基数. 更一般地, 我们对任意的复数列$a = (a_n)$, 考虑和式

$$Z = \sum_{n \in \mathcal{S}(\mathcal{M}, \mathcal{P}, \Omega)} a_n, \tag{7.34}$$

我们要用a的ℓ_2-范数给出Z的界. “大筛法”这个名字在上下文中自然是合适的, 因为对比其他方法(例如组合筛法, 见第6章), 我们要寻求更强的估计, 即使当p很大时, $|\Omega_p|$很大.

我们现在从定理7.11推出一个比Linnik的原始结果稍强的结果(见[15, 142, 232, 268]).

定理 7.14 设$\mathcal{M}$包含于一个长度为$N \geqslant 1$的区间, 对每个$p \in \mathcal{P}$有$\Omega_p \neq \mathbb{Z}/p\mathbb{Z}$, 即$\omega(p) = |\Omega_p| < p$, 则对任意的$Q \geqslant 1$有

$$|Z|^2 \leqslant \frac{N + Q^2}{H} \|a\|^2, \tag{7.35}$$

其中

$$H = \sum_{q \leqslant Q}^{\flat} h(q), \tag{7.36}$$

而$h(q)$是支撑于素因子在$\mathcal{P}$中的无平方因子的整数集, 且满足

$$h(p) = \frac{\omega(p)}{p - \omega(p)} \tag{7.37}$$

的乘性函数. 特别地, 若取a_n为$\mathcal{S}(\mathcal{M}, \mathcal{P}, \Omega)$的特征函数, 则

$$S \leqslant \tfrac{N+Q^2}{H}. \tag{7.38}$$

令$S(\alpha)$为三角多项式(7.21), 从而$S(0) = Z$. 我们首先对单个模建立下面的不等式.

引理 7.15 对任意的无平方因子正整数q, 有

$$h(q) S(0)^2 \leqslant \sum_{a \bmod q}^{*} |S(\tfrac{a}{q})|^2. \tag{7.39}$$

证明: 对$\nu \in \mathbb{Z}/p\mathbb{Z}$, 令

$$X(q, \nu) = \sum_{n \equiv \nu \bmod q} a_n.$$

利用加性特征有

$$X(q,\nu) = \frac{1}{q}\sum_{a \bmod q} \mathrm{e}(-\frac{a\nu}{q})S(\frac{a}{q}),$$

从而由正交性(Plancherel公式)得到

$$q\sum_{\nu \bmod q}|X(q,\nu)|^2 = \sum_{a \bmod q}|S(\frac{a}{q})|^2.$$

若$q=p$为素数, 则对$\nu\in\Omega_p$有$X(p,\nu)=0$, 所以由Cauchy不等式得到

$$|Z|^2 = |S(0)|^2 = |\sum_{\nu \bmod p} X(p,\nu)| \leqslant (p-\omega(p))\sum_{\nu}|X(p,\nu)|^2 = (1-\frac{\omega(p)}{p})\sum_{a \bmod p}|S(\frac{a}{p})|^2,$$

减去对应$a\equiv 0 \bmod p$的项即得(7.39). 现在若$q=q_1q_2, (q_1,q_2)=1$, 则有

$$\sum_{a \bmod q}^{*}|S(\frac{a}{q})|^2 = \sum_{a_1 \bmod q_1}^{*}\ \sum_{a_2 \bmod q_2}^{*}|S(\frac{a_1}{q_1}+\frac{a_2}{q_2})|^2.$$

因此若(7.39)对q_1,q_2成立, 则连续应用已证明的特殊情形的结果得到

$$\sum_{a \bmod q}^{*}|S(\frac{a}{q})|^2 \geqslant h(q_2)\sum_{a_1 \bmod q_1}^{*}|S(\frac{a_1}{q_1})|^2 \geqslant h(q_1)h(q_2)S(0)^2,$$

对q的素因子进行归纳即得(7.39). □

定理7.14的证明 对(7.39)关于$q\leqslant Q$求和, 然后应用定理7.11. □

Linnik[208]建立了一个比(7.38)稍弱的不等式, 但是它足够强大给出模p的最小非平方剩余(即使得$(\frac{q(p)}{p})=-1$的最小正整数$q(p)$)问题的精彩应用. 注意$q(p)$是素数, 猜想$q(p)\ll_\varepsilon p^\varepsilon$, 而已知的最佳估计是

$$q(p)\ll_\varepsilon p^{\theta+\varepsilon},$$

其中$\theta=\frac{1}{4\sqrt{\mathrm{e}}}=0.151\,6\ldots$. 由关于Dirichlet L函数的广义Riemann猜想可知$q(p)\ll\log^2 p$, 其中隐性常数为绝对的.

定理 7.16 (Linnik) 令$\varepsilon>0$, 则使得$q(p)>N^\varepsilon$的素数p的个数以仅依赖于ε的常数为界.

证明: 令$\mathcal{X}$为不超过$\sqrt{N}$且使得$q(p)>N^\varepsilon$的素数个数, 我们想要证明它的界仅与ε有关. 为此, 考虑筛问题:

$$\begin{aligned}\mathcal{M} &= \{1,2,\ldots,N\}\\ \mathcal{P} &= \{p\leqslant\sqrt{N}|\text{对所有的}n\leqslant N^\varepsilon\text{有}(\tfrac{n}{p})=1\},\\ \Omega_p &= \{\nu \bmod p|(\tfrac{\nu}{p})=-1\}.\end{aligned}$$

注意$\omega(p)=\frac{1}{2}(p-1), h(p)=\frac{p-1}{p+1}$. 因为$h(p)\geqslant\frac{1}{3}$, 这实际上是个“大筛法”问题.

筛集合包含不超过N的n中没有大于N^ε的素因子的正整数集合, 设为$\mathcal{Z}_\varepsilon$. 因此在(7.8)中取$Q=\sqrt{N}$得到$Z_\varepsilon=|\mathcal{Z}_\varepsilon|\leqslant 2NH^{-1}$. 综合该不等式与

$$\frac{1}{3}X_\varepsilon\leqslant\sum_{\substack{p\leqslant\sqrt{N}\\ q(p)\geqslant N^\varepsilon}}h(p)\leqslant H,$$

我们得到$X_\varepsilon Z_\varepsilon\leqslant 6N$. 还需要估计$Z_\varepsilon$.

已知存在$\delta(\varepsilon)>0$使得$Z_\varepsilon\sim\delta(\varepsilon)N(N\to\infty)$(见[15], pp.8-9), 因此结论成立. 另一种方法是通过对集合$\mathcal{Z}_\varepsilon$中特殊形式的数$n=mp_1\cdots p_k\leqslant N$, 其中$p_j<N^\varepsilon(1\leqslant j\leqslant k=\varepsilon^{-1})$计数得到$Z_\varepsilon$的充分下界. 我们有

$$Z_\varepsilon \geqslant \sum_{p_1,\dots,p_k} [\tfrac{N}{p_1\cdots p_k}] \gg N,$$

因此$X_c \ll 1$. 最后将N变为N^2, 将ε变为$\frac{\varepsilon}{2}$, 我们完成了Linnik定理的证明. □

利用对称平方L函数的大筛法不等式可得关于椭圆曲线的一个类似结果, 见命题7.30.

习题7.3 (1) 考虑下面的d维筛问题: 对任意的素数$p \in \mathcal{P}$, 令$\Omega_p \subset (\mathbb{Z}/p\mathbb{Z})^d$为满足$\omega(p) = |\Omega_p| < p$的子集, $\mathcal{M} \subset [-N, N]^d$. 设

$$\mathcal{S}(\mathcal{M}, \mathcal{P}, \Omega) = \{m = (m_1, \dots, m_d) \in \mathcal{M} | \text{对}p \in \mathcal{P}\text{有}m \bmod p \notin \Omega_p\}.$$

证明:

$$S = |\mathcal{S}(\mathcal{M}, \mathcal{P}, \Omega)| \ll (N^d + Q^{2d})H^{-1},$$

其中H由(7.36)给出, 隐性常数依赖于d. (提示: 利用(7.30).)

(2) 固定$n \geqslant 1$, 令D_N为系数的绝对值$\leqslant N$的n次首一多项式$f \in \mathbb{Z}[X]$的集合. 对$r = (r_1, \dots, r_k)$, 其中$r_1 + 2r_2 + \cdots = n$, 令$C_r \subset D_N$为满足如下性质的多项式的集合: 对任何p, $f \bmod p$不能分解为r_1个线性因子, r_2 个二次因子等的乘积. 证明:

$$|C_r| \ll N^{n-\frac{1}{2}} \log N,$$

隐性常数仅依赖于n.

(3) 证明: 使得f的分裂域的Galois群不是S_n的多项式f的集合$C \subset D_N$满足

$$|C| \ll N^{n-\frac{1}{2}} \log N,$$

其中隐性常数仅依赖于n. (提示: 利用如下事实: 若f的Galois群H是S_n的真子群, 则H的所有共轭的并集不等于S_n, 因此有(2)中的“分裂型”r使得$f \in C_r$.) 这个结果属于Gallagher[95].

二维大筛法的另一个有趣应用是Duke[66]证明了: 几乎所有的椭圆曲线$E/\mathbb{Q}$对所有素数p的p-挠域的Galois群为$\mathrm{GL}(2, \mathbb{Z}/p\mathbb{Z})$.

§7.7 大筛法不等式的概貌

如今有大量的大筛法型的估计用于解析数论中, 我们在本节选取一些重要的例子(没有证明)以加深对这方面范围的印象.

一些应用要求大筛法型不等式中的和谐物集合由不同种类的指数函数缠绕的特征组成. 这样的混合大筛法的第一个例子属于P.X. Gallagher[92].

定理 7.17 令$N, Q, T \geqslant 1$, 对任意的复数列(a_n), 我们有

$$\sum_{q \leqslant Q} \sideset{}{^*}\sum_{\chi \bmod q} \int_{-T}^{T} |\sum_{n \leqslant N} a_n \chi(n) n^{\mathrm{i}t}|^2 \,\mathrm{d}t \ll (Q^2T + N)\|a\|^2.$$

这个结果的离散版本以及进一步推广可以在[233]中找到.

当然, 用加性特征缠绕乘性特征并不能产生更强的结果, 但是如果指数分量不是线性的, 那么它很可能与特征正交, 从而我们还可以强化结果(定理7.17中的指数分量为$\mathrm{e}(\frac{t}{2\pi} \log n)$). 下一个例子在应用中具有一定的重要性(见[74]).

定理 7.18 令$v(x)$为$\mathbb{R}^+$上实的光滑函数使得$x|v'(x)| < 1, |v'(x)|^2 < |v''(x)|$, 则对$X \geqslant Q \geqslant 1$有

$$\sum_{q\leqslant Q}\sum_{\chi \bmod q}^{*}|\sum_{n\leqslant N}a_n\chi(n)\,\mathrm{e}(\chi\tfrac{v(x)}{q})|^2 \ll (N+Q^{\frac{3}{2}}X^{\frac{1}{2}}\log X)\|a\|^2,$$

其中隐性常数是绝对的.

若线性型$\sum a_n\chi(n)$是缺项的(许多系数$a_n = 0$), 则大筛法的威力急剧下降. 人们对可能在这方面非常敏感的结果有大量需求(参见[79]). O. Ramaré对这种问题得到许多有趣的估计(未发表).

定理 7.19 证明: 对任意以素数为支撑的复数列(a_n)有

$$\sum_{q\leqslant Q}\sum_{\chi \bmod q}^{*}|\sum_{n\leqslant N}a_n\chi(n)|^2 \ll (Q^2+N\log^{-1}N)\|a\|^2,$$

其中隐性常数是绝对的.

一个更一般的问题是: 固定$f \in \mathbb{Z}[X]$, 对线性型

$$\sum_{n\leqslant N}a_n\,\mathrm{e}(\tfrac{af(n)}{q}),\quad \sum_{n\leqslant N}a_n\chi(f(n))$$

建立好的大筛法不等式.

我们应该意识到在系数高度稠密的大筛法情形, 我们是何其幸运, 因为对偶原理能发挥很好的作用. 对于非常稀疏的系数列(a_n), 对偶推理不能起到好的作用, 从而几乎不能直接做什么, 而去预计最佳可能的结果是很冒险的事情.

同理, 对固定阶本原特征的和谐物建立最佳大筛法不等式是一个具有挑战性的问题. 下面是D.R. Heath-Brown关于二次特征的有力结果[124](也可见M. Jutila的早期结果[171]).

定理 7.20 对任意的复数列(a_n)有

$$\sum_{m\leqslant M}^{\flat}|\sum_{n\leqslant N}^{\flat}a_n(\tfrac{n}{m})|^2 \ll (MN)^{\varepsilon}(M+N))\|a\|^2,$$

其中上标$\flat$指限制对无平方因子数求和, $(\frac{n}{m})$表示Jacobi符号, ε为任意的正数, 隐性常数仅依赖于ε.

注记: 我们能将$(\frac{n}{m})$视为关于n的模m的特征, 或关于m的模$4n$的特征(利用二次互反律)的事实是证明的关键特点. 注意问题是自对偶的, 即互换m与n没有关系. 关于定理7.20的有趣应用, 见[124, 165, 250, 304].

在与Kloosterman和联系时, 我们遇到特征$(\frac{f(n)}{m})$, 其中f是二次多项式. [150]中考虑了相应的大筛法, 并得到如下结果.

定理 7.21 对任意的复数列(a_n)有

$$\sum_{m\leqslant N}|\sum_{n\leqslant N}a_n(\tfrac{n^2-4}{m})|^2 \ll (MN)^{\varepsilon}(M^{\frac{3}{2}}+N^{\frac{3}{2}}N)\|a\|^2,$$

其中ε为任意的正数, 隐性常数仅依赖于ε.

习题7.4 令$S(m,n;c)$表示经典Kloosterman和, 则对任意的复数列$(\alpha_m),(\beta_n)$, 有

$$\sum_{c\leqslant C}|\sum_{m\leqslant M}\sum_{n\leqslant N}\alpha_m\beta_nS(m,n;c)| \leqslant (C^2+M+N)\|\alpha\|\|\beta\|.$$

习题7.5 对任意的复数列$(\alpha_m),(\beta_n)$有

$$\sum_{q\leqslant Q}\ \sideset{}{^*}\sum_{a \bmod q}\ \Big|\sum_{\substack{m\leqslant M,n\leqslant N\\(mn,q)=1}}\sum \alpha_m\beta_n\,\mathrm{e}\Big(\frac{amn}{q}\Big)\Big|^2\leqslant (Q^2+MN)\|\alpha\|^2\|\beta\|^2.$$

很容易分别从大筛法不等式(7.11)和(7.13)中推出上述习题中的估计. 更难的是下面关于带Kloosterman分式的双线性型的估计, 该结果属于W. Duke, J. Frielander和H. Iwaniec[70].

定理 7.22 令a为正整数, 则对任意的复数列$(\alpha_m),(\beta_n)$有

$$\sum_{\substack{m\leqslant M,n\leqslant N\\(m,n)=1}}\sum \alpha_m\beta_n\,\mathrm{e}\Big(a\frac{\bar{m}}{n}\Big)\leqslant (MN)^{\varepsilon}\Big(\frac{1}{M}+\frac{1}{N}\Big)^{\frac{1}{58}}(a+MN)^{\frac{1}{2}}\|\alpha\|\|\beta\|,$$

其中隐性常数仅依赖于ε.

注记: 要是没有因子$(\frac{1}{M}+\frac{1}{N})^{\frac{1}{58}}$, 这个上界不过是显然的结论. 在应用中让因子变小往往很重要, 至于它多大就不那么重要了. 定理7.22的证明中用到放大法, 我们将在第26章的末尾解释该原理.

我们也希望复数域中的双线性型得到应用. 我们从[88]中选取了关于Jacobi-Dirichlet符号$(\frac{z}{w})$和Jacobi-Kubota符号$[wz]$(定义见§3.7)的两个结果.

定理 7.23 令α_w,β_z是满足$|\alpha_w|\leqslant 1,|\beta_z|\leqslant 1$的复数, 其中$w,z$在圆盘中: $|w|\leqslant M,|z|^2\leqslant N$, 则

$$\sideset{}{^*}\sum_{w}\sum_{z}\alpha_w\beta_z\Big(\frac{z}{w}\Big)\ll (M+N)^{\frac{1}{12}}(MN)^{\frac{11}{12}+\varepsilon},$$

其中$*$表示限于对主本原数w求和, ε为任意的正数, 隐性常数仅依赖于ε.

利用Jacobi-Kubota符号的缠绕乘性(3.71), 我们能从定理7.23推出下面的估计(满足某些次要条件)

$$\sideset{}{^*}\sum_{w}\sideset{}{^*}\sum_{z}\alpha_w\beta_z|wz|\ll (M+N)^{\frac{1}{12}}(MN)^{\frac{11}{12}+\varepsilon}.$$

用类似的结果(但方式不同)可以讨论$\psi_f(mn)$中的双线性型, 其中$\psi_f(\ell)$是权为k(等于半奇数)的固定尖形式$f\in S_k(\Gamma_0(N),\nu)$ 的标准Fourier系数, ν为相容的θ乘数(见(1.53)和(3.42)). 这些系数不是乘性的, 所以在一般的双线性型中可能抵消. [72]证明了下面的估计

$$\sideset{}{^\flat}\sum_{m\leqslant M}\ \sideset{}{^\flat}\sum_{n\leqslant N}\alpha_m\beta_n\psi_f(mn)\ll (MN)^{\varepsilon}(M^{\frac{1}{2}}+N^{\frac{1}{4}}N)\|\alpha\|\|\beta\|,$$

其中α,β_n为任意的复数, ε为任意的正数, 隐性常数仅依赖于ε和尖形式f. 可能用$M+N$替换$M^{\frac{1}{2}}+N^{\frac{1}{4}}N$后, 这个估计还成立. 人们有$\psi_f(\ell)\ll \ell^{\varepsilon}$对无平方因子的$\ell$成立的期待, 但是它还没有得到证明. 它本质上等价于某个被实特征χ_ℓ关于ℓ缠绕的适当自守L函数(通过Shimura对应和Waldspurger公式)的Lindelöf猜想.

§7.8 关于尖形式的大筛法不等式

尖形式的Fourier系数, 或者更进一步说尖形式空间中的Hecke算子的特征值是Dirichlet特征的类似物. 由于在大筛法不等式的意义下具有正交性, 它们作为工具是有力的. 这个问题有两个重要的方面, 即谱和级. 此外, 实际中也出现某种混合的东西.

令(u_j)为关于$\Gamma=\Gamma_0(q)(q\geqslant 1)$的Maass尖形式的正交基(见定理15.5), $\lambda_j=s_j(1-s_j)$, 其中$s_j=\frac{1}{2}+\mathrm{i}\,t_j$为Laplace算子的相应特征值. 令

$$u_j(z)=\sqrt{y}\sum_{n\neq 0}\rho_j(n)K_{\mathrm{i}\,t_j}(2\pi|n|y)\,\mathrm{e}(nx)$$

为u_j在尖点∞处的Fourier展开式(见引理15.1). 考虑标准系数

$$\nu_j(n)=\left(\tfrac{|n|q}{\cosh(\pi t_j)}\right)^{\frac{1}{2}}\rho_j(n), \tag{7.40}$$

其中$n\neq 0, t_j>0$. 人们期望它们总体上关于n,q,t_j本性有界. 利用Kuznetsov公式(定理16.3)可以证明

定理 7.24 令$q\geqslant 1, T\geqslant 1, N\geqslant 1$, 则对任意的复数列$(a_n)$有

$$\sum_{t_j\leqslant T}|\sum_{n\leqslant N}a_n\nu_j(n)|^2\ll(qT^2+N\log N)\|a\|^2, \tag{7.41}$$

其中隐性常数是绝对的.

[59]中建立了许多这种类型的结果, 但是$N\log N$被稍弱的项$N^{1+\varepsilon}$替代(可能N就够了). 注意由Weyl法则, qT^2 大约是关于$\Gamma_0(q)$的尖形式$u_j(z)$的个数.

人们期望对本原尖形式有更多的正交性. 下面的估计没有得到证明.

问题 7.25 令$Q\geqslant 1, T\geqslant 1, N\geqslant 1$, 证明: 对任意的复数列$(a_n)$有

$$\sum_{q\leqslant Q}\sum_{t_j\leqslant T}^{*}|\sum_{n\leqslant N}a_n\nu_j(n)|^2\ll(Q^2T^2+N)\|a\|^2, \tag{7.42}$$

其中隐性常数是绝对的, $\sum^*$表示限于对本原尖形式u_j求和, 因此对所有的$n\geqslant 1$ 有$T_nu_j=\lambda_j(n)u_j, \nu_j(n)=\lambda_j(n)\nu_j(1)$.

对全纯尖形式有类似的不等式. 此时, 由Petersson公式(命题14.5)可以推出更准确的结果. 令$\mathcal{F}$为$S_k(q)$的一组正交基,

$$f(z)=\sum_{n\geqslant 1}a_f(n)\,\mathrm{e}(nz)$$

为f在∞处的Fourier展开式. 考虑标准Fourier系数

$$\psi_f(n)=\left(\tfrac{q\Gamma(k-1)}{(4\pi n)^{k-1}}\right)^{\frac{1}{2}}a_f(n). \tag{7.43}$$

回顾对$k\geqslant 2$有

$$|\mathcal{F}|=\dim S_k(q)\asymp kq\prod_{p|q}(1+p^{-1}). \tag{7.44}$$

定理 7.26 令$\mathcal{F}$为$S_k(q)(k>2)$的任意正交基, 则对任意的复数列(a_n)有

$$\sum_{f\in\mathcal{F}}|\sum_{n\leqslant N}a_n\psi_f(n)|^2\ll(q+N)\|a\|^2, \tag{7.45}$$

其中隐性常数是绝对的.

证明: 由(7.43)和命题14.5(Petersson公式)可知(7.45)的左边(设为$L(q)$)等于

$$q\|a\|^2+2\pi q\,\mathrm{i}^{-k}\sum_{c\equiv 0\bmod q}c^{-1}\sum\sum_{m,n\leqslant N}\bar{a}_m a_n S(m,n;c)J_{k-1}\left(\tfrac{4\pi\sqrt{mn}}{c}\right).$$

展开Kloosterman和, 我们利用加性特征的正交性和Cauchy不等式推出

$$|\sum\sum_{m,n\leqslant N}\bar{a}_m a_n S(m,n;c)|\leqslant(c+N)\|a\|^2.$$

接下来(为了分离变量), 我们通过幂级数展开式

$$J_{k-1}(2x)=\sum_{\ell\geqslant 0}\tfrac{(-1)^\ell x^{k-1+2\ell}}{\ell!\Gamma(k+\ell)}$$

推出

$$|\sum\sum_{m,n\leqslant N}\bar{a}_m a_n S(m,n;c)J_{k-1}(\tfrac{4\pi\sqrt{mn}}{c})|\leqslant I_{k-1}(\tfrac{4\pi\sqrt{mn}}{c})(c+N)\|a\|^2,$$

其中

$$I_{k-1}(2x)=\sum_{\ell\geqslant 0}\tfrac{x^{k-1+2\ell}}{\ell!\Gamma(k+\ell)}\leqslant x^2(x\leqslant 1).$$

条件$x=2\pi\sqrt{mn}c^{-1}\leqslant 2\pi NC^{-1}$对$c\equiv 0 \bmod q, q\geqslant 2\pi N$成立, 由此得到

$$L(q)\leqslant q\|a\|^2+2\pi q\sum_{c\equiv 0 \bmod q}c^{-1}(\tfrac{2\pi N}{c})^2(c+N)\|a\|^2,$$

从而(7.45)在这种情形下成立.

要移除条件$q\geqslant 2\pi N$, 我们注意到$S_k(q)\subset S_k(pq)$, 且指标为$[\Gamma_0(pq):\Gamma_0(q)]\leqslant p+1$. 利用该嵌入, 并做适当的标准化可得$L(q)\leqslant(1+p^{-1})L(pq)$. 若$q\leqslant 2\pi N$, 可以选择$p$使得$2\pi N\leqslant pq\leqslant 4\pi N$, 再利用关于$L(pq)$ 的结果即得(7.45). □

上述推理稍作修改也可以用于$S_k(q,\chi)$, 其中$\chi \bmod q$为任意特征, $k=2$. 但是$k=1$的情形不同, 因为空间$S_1(q,\chi)$很小(可能当χ为实特征时, $\dim S_1(q,\chi)\ll\sqrt{q}\log q$). 从技术上讲, 这个内在的差异显示出来的是Peterson公式中Kloosterman和的级数缺乏收敛性, 其实隐藏在表象背后的是Maass尖形式的巨大频谱的底层(全纯形在底层)只有少部分被Peterson公式侦测到(缺乏谱补造成了这个问题!). 在这种情况下, 我们可以利用对偶原理(此时不需要谱补), 但是随着自守和谐物的次数将导子放大(GL(2) × GL(2)本质上是GL(4), 与之相反的是Dirichlet特征GL(1) × GL(1)还是GL(1)), 新的障碍出现了. 然而, 我们仍然可以对与级相比充分长的向量建立某种非平凡的正交性. 例如, W. Duke沿着这一思路成功地证明了如下大筛法型不等式(虽然不完美, 但是有用).

定理 7.27 令χ为模q的二次本原特征, $\mathcal{F}$为$S_1(q,\chi)$的一组正交基, $\psi_g(n)$为相应的标准系数, 则对任意的复数列(a_n)有

$$\sum_{g\in\mathcal{F}}|\sum_{n\leqslant N}a_n\psi_g(n)|^2\ll(q+N)\|a\|^2, \tag{7.46}$$

其中隐性常数是绝对的.

Duke[62]给出了(7.46)的一个重要应用: 估计$S_1(q,\chi)$的维数. 具体来说, 他对素数q和实本原特征$\chi \bmod q$ 证明了

$$\dim S_1(1,\chi)\ll q^{\frac{11}{12}+\varepsilon},$$

这是对来自迹公式的上界$\dim S_1(q,\chi)\ll\frac{q}{\log q}$的第一个改进结果.

利用任意次数的自守形存在Rankin-Selberg L函数, Duke与Kowalski[76]通过对偶原理建立了一个非常一般的大筛法不等式, 它在对自守L函数在直线$\mathrm{Re}(s)=1$附近的研究中有特别的应用. 我们将谈及对称平方系数(见§5.12)的特殊情形, 给出它的证明梗概以解释其中用到的诸多要素.

定理 7.28 对无平方因子的q, 令$S_2(q)^*$是级为q, 权为2的本原形的基, $\lambda_f(n)$ 为$f\in S_2(q)^*$的Hecke特征值, 则对任意的复数列(a_n), 当$N\geqslant Q\geqslant 1$时有

$$\sum_{q\leqslant Q}\sum_{f\in S_2(q)^*}\Big|\sum_{n\leqslant N}a_n\lambda_f(n^2)\Big|^2\ll(N\log^{15}N+N^{\frac12+\varepsilon}Q^{\frac72})\|a\|^2,\tag{7.47}$$

其中隐性常数仅依赖于ε.

证明梗概: 利用对偶性, 将一个光滑测试函数附于对n的和式, 从而将问题归结于估计

$$H(f,g)=\sum_n\lambda_f(n^2)\lambda_g(n^2)\varphi(\tfrac{n}{N}),$$

其中$f,g\in S_2(q)^*$, φ为某个固定的有紧支集的光滑函数, 满足$0\leqslant x\leqslant 1$时有$\varphi(x)=1$. ($f\in S_2(q)^*$的Hecke特征值$\lambda_f(n)$是实数). 由Mellin反转公式有

$$H(f,g)=\frac{1}{2\pi\mathrm{i}}\int_{(2)}G(s)\hat\varphi(s)N^s\,\mathrm{d}\,s,$$

其中

$$G(s)=\sum_n\lambda_f(n^2)\lambda_g(n^2)n^{-s}.$$

利用$\lambda_f(n^2)$是对称平方L函数(见§5.12)的系数(不计小的扰动)的事实以及对GL(3) 上尖形式的Rankin-Selberg L函数的描述, 可得

$$G(s)=L(\mathrm{Sym}^2 f\otimes\mathrm{Sym}^2 g,s)G_1(s),$$

其中$G_1(s)$由在$\mathrm{Re}(s)>\frac12$上绝对收敛的Euler乘积给出. 我们有Deligne界$|\lambda_f(n)|\leqslant\tau(n)$(见(14.54)), 由此可知当$\mathrm{Re}(s)=\sigma>\frac12$时, 有

$$G_1(s)\ll|\zeta(\sigma+\tfrac12)|^A\ll(\sigma-\tfrac12)^{-A},$$

其中$A>0$为某个绝对常数, 隐性常数是绝对的.

(由Rankin-Selberg卷积的性质)已知$L(\mathrm{Sym}^2 f\otimes\mathrm{Sym}^2 g,s)$除了$\mathrm{Sym}^2 f=\mathrm{Sym}^2 g$时都是整函数, 对这个例外情形函数在$s=1$处有单极点. 此外, Ramakrishman在[76]的附录中证明了这个例外情形等价于在级无平方因子时有$f=g$(在一般的情形会出现一个二次缠绕). 若将围道平移到直线$\sigma=\frac12+\delta(\delta>0)$上, 则对$f\neq g$有

$$H(f,g)=\frac{1}{2\pi\mathrm{i}}\int_{(\frac12+\delta)}G_1(s)L(\mathrm{Sym}^2 f\otimes\mathrm{Sym}^2 g,s)\hat\varphi(s)N^s\,\mathrm{d}\,s.$$

对$\sigma=\frac12+\delta$, 我们利用上述9次L函数的凸性界(见习题5.3)

$$L(\mathrm{Sym}^2 f\otimes\mathrm{Sym}^2 g,\sigma+\mathrm{i}\,t)\ll\mathfrak{q}(\mathrm{Sym}^2 f\otimes\mathrm{Sym}^2 g,\sigma+\mathrm{i}\,t)^{\frac14-\frac{\delta}{2}+\varepsilon},$$

其中$\mathfrak{q}(\cdot,s)$是(5.7)定义的解析导子. 利用Bushnell与Henniart关于Rankin-Selberg卷积的导子的界(5.11), 可得

$$\mathfrak{q}(\mathrm{Sym}^2 f\otimes \mathrm{Sym}^2 g,\sigma+\mathrm{i}\,t)\ll Q^6(|t|+1)^9.$$

由于$\hat{\varphi}$速降, 可知当$f\neq g$时, 对任意的$\delta>0$有

$$H(f,g)\ll N^{\frac12+\delta}Q^{\frac32-3\delta+\varepsilon}\delta^{-A}.$$

取$\delta=\log^{-1}N$, 则对$N\geqslant Q, f\neq g$有

$$H(f,g)\ll N^{\frac12+\varepsilon}Q^{\frac32}.$$

若$f=g$, 由Deligne界有$|\lambda_f(n^2)\lambda_g(n^2)|\leqslant\tau(n^2)^2\leqslant\tau(n^4)$, 从而直接估计得到

$$H(f,f)\ll N\log^{15}N.$$

因为(7.47)左边的本原形的个数远小于Q^2, 因此对$N\geqslant Q$, (7.47)成立. □

我们在这方面提出下面的首例高次大筛法不等式.

问题 7.29 证明:

$$\sum_{f\in H_k(q)}|\sum_{n\leqslant N}a_n\lambda_f(n^2)|^2\ll(qN)^{\varepsilon}(q+N)\|a\|^2,$$

其中$H_k(q)$是$S_k(q)$上特征形的Hecke基, q无平方因子, 隐性常数仅依赖于ε和k.

我们可以从定理7.28推出关于椭圆曲线的类似于Linnik的定理7.16的结果.

命题 7.30 令$A>0, Q>2$为固定的数. 对导子不超过Q的半稳定椭圆曲线$E/\mathbb{Q}$, 令$M(E)$为导子不超过Q, 且对所有的$p\leqslant Q$ 有$a_F(p)=a_E(p)$的半稳定椭圆曲线$F/\mathbb{Q}$的个数, 则有

$$M(E)\ll Q^{\frac{9}{A}},$$

其中隐性常数仅依赖于A.

猜想导子不超过Q的半稳定椭圆曲线的个数大约为$Q^{\frac56}$, 下界容易通过明确地构造椭圆曲线族得到, 但对任意的$\varepsilon>0$, 已知的最佳上界是$Q^{1+\varepsilon}$(见[76]). 因此我们的结果对任意的$A>11$是非平凡的.

证明: 对给定的导子$q\leqslant Q$(q无平方因子)的权为2的本原形f, 令$M'(f)$为无平方因子的导子$\leqslant Q$, 权为2, 且使得$p\leqslant\log^A Q$时有$\lambda_f(p)=\lambda_g(p)$的本原形$g$的个数. 由$\mathbb{Q}$上(半稳定)椭圆曲线的模性, 我们有$M(E)\leqslant M'(f_E)$, 其中$f_E$为与$E$相关的权为2的本原形. 注意若所有素因子$p|n$都$\leqslant\log^A Q$, 则$\lambda_f(n)=\lambda_g(n)$.

Linnik的证明思想是找到在素数上支撑的系数a_n使得线性型

$$L_f=\sum_{n\leqslant N}a_n\lambda_f(n)$$

很大, 因此$L_g=L_f$很大, 并且对$M'(f)$中计数过的g总是成立. 另一方面, 大筛法估计(7.47)将说明这种情况不常发生, 从而得到$M'(f)$的一个界. 因为系数$\lambda_f(p)$可能很小(对比Dirichlet特征), $a_n=\overline{\lambda_f(n)}$可能不起作用. 所以我们想到用命题14.22, 但是那里的N可能太小(限制$N\leqslant\log^A N$). 换个思路, 注意由素数定理和公式

$$\lambda_f(p)^2-\lambda_f(p^2)=1,$$

其中$(p,q(f))=1$. 令

$$T_i=\{p\leqslant \log^A Q||\lambda_f(p^i)|\geqslant \tfrac{1}{2},(p,q(f))=1\}(i=1,2),$$

则T_1,T_2中有一个满足$|T_i|\geqslant \log^A Q(A\log\log Q)^{-1}$, 其中的隐性常数是绝对的. 假设$T_2$满足条件(若$T_1$满足条件, 证明是类似的且更简单).

若n无平方因子且所有的素因子$p\in T_2$, 则$|\lambda_f(n)|\geqslant 2^{-\omega(n)}$. 固定$m\geqslant 1$(以后选定). 对满足$\omega(n)=m$的$n$, 令$a_n=\overline{\lambda_f(n)}$, 否则令$a_n=0$. 我们有

$$L_f=\sum_{n\leqslant N}|a_n|^2=\sum_{n\leqslant N}|\lambda_f(n)|^2\geqslant 2^{-2m}U,$$

其中U是满足上述定义中条件的$n\leqslant N$的个数. 由定理7.28可知对任意的$N\geqslant Q^8$有

$$M'(f)L_f^2\ll N\log^{15}N\|a\|^2=N\log^{15}NL_f.$$

因此对$N=Q^8$可得

$$M'(f)\ll Q^8\log^{15}Q2^{2m}U^{-1}.$$

选取$m=[8(\log Q)(A\log\log Q)^{-1}]$可使得$2^{2m}\ll Q^{\varepsilon}$, 并且

$$U\geqslant \binom{|T_2|}{m}\gg Q^{8(1-A^{-1})-\varepsilon},$$

这就证明了对充分小的ε有

$$M'(f)\ll Q^{\frac{8}{A}+\varepsilon}\ll Q^{\frac{9}{A}}.$$

□

§7.9 椭圆曲线的正交性

对大筛法不等式的直接方法要求外来的和谐物具有近似正交性与基本完备性. 但是, 有些空间包含能保持自身结构的完备性的小的子空间. 于是对这样的子空间证明大筛法型的不等式变成更难但可行的自身有趣的问题. 一个明显的例子是椭圆曲线族

$$E:y^2=x^3+ax+b, \tag{7.48}$$

其中$a,b\in\mathbb{Z},1\leqslant a\leqslant A,1\leqslant b\leqslant B$. 相应的模形式$f_{ab}$的权为2, 级为$q\leqslant Q=16(4A^3+27B^2)$. 这样的椭圆曲线大约有$AB$条, 权为2且级为$q\leqslant Q$ 的本原尖形式的总数大约是Q^2. 所以我们事实上要讨论的是一个很小的子集.

我们在本节对于上述椭圆曲线族相关的和谐物介绍一个大筛法型不等式. 若m无平方因子, 则与(7.48)相关的尖形式的Hecke特征值由特征和

$$\lambda_{ab}(m)=\mu(m)\sum_{x \bmod m}\left(\frac{x^3+ax+b}{m}\right) \tag{7.49}$$

给出(见§14.4). 但是, 更有趣的是考虑简化剩余类$x \bmod m,(x,m)=1$上的和式. 设

$$\lambda_{ab}^*(m)=\mu(m)\sideset{}{^*}\sum_{x \bmod m}\left(\frac{x^3+ax+b}{m}\right). \tag{7.50}$$

注意

$$\lambda_{ab}(m) = \sum_{d|m} \mu(d)(\tfrac{b}{d})\lambda^*_{ab}(\tfrac{m}{d}).$$

定理 7.31 对任意的复数α_a, β_b有

$$\sum_{1\leqslant m\leqslant M}^{\flat} |\sum_{\substack{1\leqslant a\leqslant A\\1\leqslant b\leqslant B}}\sum \alpha_a\beta_b\lambda^*_{ab}(m)|^2 \ll \|\alpha\|\|\beta\|(M+\sqrt{A})(M+\sqrt{B})M^{\varepsilon}, \tag{7.51}$$

其中ε为任意的正数, 隐性常数仅依赖于ε.

证明: 我们可以假设m是无平方因子的奇数. 由Gauss和(见定理3.3)

$$\begin{aligned}\lambda^*_{ab}(m) &= \mu(m)\tfrac{\bar{\varepsilon}_m}{\sqrt{m}} \sum_{z \bmod m} (\tfrac{z}{m}) \sum_{x \bmod m}^{*} \mathrm{e}_m(z(x^3+ax+b))\\ &= \mu(m)\tfrac{\bar{\varepsilon}_m}{\sqrt{m}} \sum_{x \bmod m}^{*} \mathrm{e}_m(ax) \sum_{z \bmod m} (\tfrac{z}{m})\,\mathrm{e}_m(\bar{z}^2x^3+zb).\end{aligned}$$

因此(7.51)中的内和等于

$$\mu(m)\tfrac{\bar{\varepsilon}_m}{\sqrt{m}} \sum_{x \bmod m}^{*} (\sum_a \alpha_a\,\mathrm{e}_m(ax))(\sum_b \beta_b \sum_{z \bmod m} \mathrm{e}_m(\bar{z}^2x^3+zb)).$$

由Cauchy不等式, (7.51)的左边被$(\mathcal{A}\mathcal{B})^{\frac{1}{2}}$界定, 其中

$$\mathcal{A} = \sum_m \sum_{x \bmod m}^{*} |\sum_a \alpha_a\,\mathrm{e}_m(ax)|^2 \leqslant \|a\|^2(A+M^2),$$

$$\begin{aligned}\mathcal{B} &= \sum_m \tfrac{1}{m} \sum_{x \bmod m}^{*} |\sum_b \beta_b \sum_{z \bmod m} \mathrm{e}_m(\bar{z}^2x^3+zb)|^2\\ &\leqslant \sum_m \tfrac{\tau_3(m)}{m} \sum_{x \bmod m} |\sum_b \beta_b \sum_{z \bmod m} \mathrm{e}_m(\bar{z}^2x^3+zb)|^2\\ &= \sum_m \tfrac{\tau_3(m)}{m} \sum_{z_1^2\equiv z_2^2 \bmod m} (\tfrac{z_1z_2}{m}) \sum_{b_1}\sum_{b_2} \beta_{b_1}\bar{\beta}_{b_2}\,\mathrm{e}_m(z_1b_1-z_2b_2)\\ &\leqslant \sum_m \tau_3(m)\tau(m) \sum_{z \bmod m}^{*} |\sum_b \beta_b\,\mathrm{e}_m(zb)|^2 \ll \|\beta\|^2(B+M^2)M^{\varepsilon}.\end{aligned}$$

这样就完成了(7.51)的证明. □

注记: 从Hasse界$\lambda^*_{ab}(m) \ll m^{\frac{1}{2}}\tau(m)$(见定理11.25)可知(7.51)的左边远小于$\|\alpha\|\|\beta\|(AB)^{\frac{1}{2}}M^{\frac{3}{2}}\log 2M$, 我们将它视为平凡界, 因为没有用到抵消. 在应用中, 我们常常希望因子能减掉比$M^{\frac{1}{2}}$稍多一点. 若$AB > M^2$, 则我们的定理7.31能保证在平凡界的基础上做到这一点. 选取$A = X^{\frac{1}{3}}, B = X^{\frac{1}{2}}$, 我们有椭圆曲线使得其判别式为$\Delta_{ab} = -16(4a^3+27b^2) \ll X$, 从而在$M \ll X^{\frac{5}{12}}$时做到了这种因子减少. 对$M$来说这是个很大的取值范围, 但还不完全令人满意. 事实上, 我们在应用于L 函数时需要让它突破$M = X^{\frac{1}{2}}$的障碍. 下面的猜想也许能提供这个通道.

猜想 7.1 对任意在无平方因子数上支撑的复数列(γ_m)有

$$\sum_{1\leqslant a\leqslant A} |\sum_{m\leqslant M} \gamma_m\lambda_{ab}(m)|^2 \ll (A+M)M \sum_{m\leqslant M} |\gamma_m\tau(m)|^2,$$

其中隐性常数可能稍微依赖于b.

当b是平方数时, 我们有秩为正数的椭圆曲线族. 人们期望对给定秩的特殊椭圆曲线族有类似的估计.

习题7.6* 令m为无平方因子的正奇数, 证明: 对任意的复数α_a, β_b有

$$|\sum_{\substack{A\leqslant a\leqslant 2A\\B\leqslant b\leqslant 2B}}\sum \alpha_a\beta_b\lambda_{ab}(m)| \leqslant \tau_4(m)(A+m)^{\frac{1}{2}}(B+m)^{\frac{1}{2}}\|\alpha\|\|\beta\|.$$

§7.10 L函数的幂矩

我们已经说过关于L函数族的系数的最佳大筛法型不等式(7.18)和(7.20)大体上与广义Riemann猜想的力量相当, 所以将大筛法也用于推出L函数的均值估计得到与Lindelöf猜想所能给出的一样强的结果就不令人惊奇了(见推论5.20). 相关结果可以在大量的文献中找到. 关于经典的L函数, 我们推荐A. Ivic的书[149]. 我们在本节只是通过证明几个代表性结果来掌握这方面的发展状况.

定理 7.32 令$T>2$, 则有

$$\int_{-T}^{T}|\zeta(\tfrac{1}{2}+\mathrm{i}\,t)|^2\,\mathrm{d}\,t \ll T\log T. \tag{7.52}$$

定理 7.33 对任意的$t\in\mathbb{R}$有

$$\sum_{q\leqslant Q}\ \sideset{}{^*}\sum_{\chi \bmod q}|L(\tfrac{1}{2}+\mathrm{i}\,t,\chi)|^8 \ll Q^2(t^2+1)\log^{17}Q(|t|+2), \tag{7.53}$$

其中隐性常数是绝对的.

定理 7.34 令$k\geqslant 2$, $\mathcal{F}$为$S_k(q)$的Hecke正交基, 则对任意的$t\in\mathbb{R}$有

$$\sum_{f\in\mathcal{F}}|L(f,\tfrac{1}{2}+\mathrm{i}\,t)|^4 \ll q(t^2+1)\log^{17}q(|t|+2), \tag{7.54}$$

其中隐性常数仅依赖于k.

注记: 上述所有情形都已知稍加准确的估计(某些情形得到渐近公式). 关于Riemann ζ函数的结果见[315], 关于尖形式的结果见[190]. 此外(7.53)和(7.54)只是关于q可以与Lindelöf猜想相比, 关于t时它们与凸体界一样好, 或考虑关于t的均值可能会改进结果.

作为深入研究L函数的特殊值的副产品, 我们在第26章证明了关于奇的权为2的尖形式的导数$L'(f,\frac{1}{2})$的1阶与2 阶矩的渐近公式(见(26.35)和(26.36)). 事实上, 用于L函数的特殊值(以及零点)的解析研究中的现代方法严重依赖于各种均值, 其中的一些均值的确非常复杂(比如说, 它们需要除了对角型外还可用的正交性). 见第26章引言中的一些参考文献, 此外还可参考[42](当然还有其他文献), 也可参见§9.2.

定理7.33、7.34、7.35的证明梗概: 因为我们对论证方法都很熟悉, 所以只对关键步骤进行提示. 我们首先用Dirichlet多项式(见第5章)对L函数进行适当的短逼近, 然后对得到的线性型应用大筛法不等式. 要是没有折中估计, 则取$2k$矩, 只要k次幂逼近的长度被“和谐物”的总数界定. 例如, 定理7.34中大约涉及Q^2个特征, 并且对每个特征, 逼近$L(\frac{1}{2}+\mathrm{i}\,t,\chi)$的长度大约为$(q|t|+1)^{\frac{1}{2}}$, 所以我们可以对$L(\frac{1}{2}+\mathrm{i}\,t,\chi)^4$的均方应用定理7.13, 从而得到8次幂矩近乎最佳的界.

定理7.34的证明大意如下, 另外两个定理的证明留作习题(对第一种情形, 在定理7.17中取$Q=1$, 并利用定理9.1; 对后一种情形用定理7.26).

令χ为模q的本原特征, $2\leqslant q\leqslant Q$, 则对$\mathrm{Re}(s)>1$有

$$L(s,\chi)^4=\sum_{n\geqslant 1}\chi(n)\tau_4(n)n^{-s}.$$

对$L(s,\chi)^4$应用定理5.3可知

$$L(\tfrac{1}{2}+\mathrm{i}\,t,\chi)^4=\sum_{n\geqslant 1}\frac{\chi(n)\tau_4(n)}{n^{\frac{1}{2}+\mathrm{i}\,t}}V(\tfrac{n}{q^2})+\varepsilon_\chi^4 q^{-4\,\mathrm{i}\,t}\frac{\gamma(\frac{1}{2}-\mathrm{i}\,t)}{\gamma(\frac{1}{2}+\mathrm{i}\,t)}\sum_{m\geqslant 1}\frac{\bar{\chi}(m)\tau_4(m)}{m^{\frac{1}{2}-\mathrm{i}\,t}}W(\tfrac{m}{q^2}),$$

其中$V(y)=V_s(y),W(y)=W_s(y)$由(5.13)和(5.14)给出，γ因子为$\gamma(s)=\pi^{-2s}\Gamma(\frac{1}{2}(s+\kappa))^4,\kappa=\frac{1}{2}(1-\chi(-1))$，$G(u)$为适当选择的辅助函数. 函数$V(y),W(y)$在$y\gg t^2+1$时速降(见命题5.4)，所以实际上我们留下的和式长度$N\asymp q^2(t^2+1)$. 由定理7.13得到

$$\sum_{q\leqslant Q}\sideset{}{^*}\sum_{\chi \bmod q}|\sum_{n\leqslant N}\frac{\chi(n)\tau_4(n)}{n^{\frac{1}{2}+\mathrm{i}\,t}}|^2\ll(Q^2+N)\log^{17}N,$$

本质上对$N\asymp Q^2(t^2+1)$估计，我们推出了(7.53). □

第 8 章　指数和

§8.1　引言

我们按惯例将$\mathbb{R}$上的加性特征记为$\mathrm{e}(x)=\mathrm{e}^{2\pi\mathrm{i}x}$. 我们在本章考虑的指数和形如

$$S_f(N)=\sum_{2\leqslant n\leqslant N}\mathrm{e}(f(n)), \tag{8.1}$$

其中f为区间$[1,N]$上的光滑实值函数, 称为振幅函数, N为正整数, 称为和式的长度. 我们可以从任一点处开始求和, 即考虑

$$S_f(M,N)=\sum_{M<n\leqslant M+N}\mathrm{e}(f(n)), \tag{8.2}$$

其中M为任意整数, f为$[M+1,M+N]$上的光滑函数. 当然通过平移变量可以将后者变成前者:

$$S_f(M,N)=\sum_{1\leqslant n\leqslant N}\mathrm{e}(f(n+M)).$$

我们有平凡的界$|S_f(M,N)|\leqslant N$, 我们的目标是尽可能地改进这个界. 但是在许多情形, 哪怕对这个平凡界的一点小小改进都足以在应用中发挥作用.

我们在解析数论的各个领域会遇到关于适当的f的指数和$S_f(N)$. 例如, 它们可以用于竖直线上Riemann ζ函数的估计. 事实上, 通过简单的逼近可知

$$\zeta(s)=\sum_{1\leqslant n\leqslant N}n^{-s}+\frac{N^{1-s}}{s-1}+O(N^{-\sigma}), \tag{8.3}$$

其中$s=\sigma+\mathrm{i}t,\sigma\geqslant\frac{1}{2},1\leqslant t\leqslant N$, 从而问题归结于估计和式

$$\sum_{1\leqslant n\leqslant N}n^{-\mathrm{i}t},$$

这是(8.2)的形式, 其中$f(x)=-\frac{t}{2\pi}\log x$. 另一个例子是平面区域内格点的计数问题. 这个问题可以归结于估计曲线$y=g(x)$下的整点, 其中g是$[1,N]$上的正值递减光滑函数. 要考虑的整点数为

$$\sum_{1\leqslant n\leqslant N}[g(n)]=\sum_{1\leqslant n\leqslant N}g(n)-\sum_{1\leqslant n\leqslant N}\psi(g(n))-\frac{N}{2}.$$

右边的第一个和式可以由积分很好地逼近(见(1.67)), 而通过$\psi(x)$的截断Fourier级数(4.18)可知第二个和式等于

$$-\sum_{1\leqslant|h|\leqslant N}(2\pi\mathrm{i}h)^{-1}\sum_{1\leqslant n\leqslant N}\mathrm{e}(hg(n))+O\Big(\sum_{1\leqslant n\leqslant N}\frac{1}{1+H\|g(n)\|}\Big).$$

因此问题归结于对和式(8.1)的估计, 其中$f(x) = hg(x)$. 特别地, 我们在Gauss圆内问题(考虑圆$x^2 + y^2 = R^2$内的格点数)中遇到和式$S_f(R)$, 其中$f(x) = h\sqrt{R^2 - x^2}$, 而在Dirichlet 因子问题(考虑双曲线$xy = N$下的格点数)中遇到和式$S_f(N)$, 其中$f(x) = hNx^{-1}$.

我们在本章介绍H. Weyl, J.G. Van der Corpt与I.M. Vinogradov估计一般的指数和$S_f(M,N)$的经典方法. 我们的结果不依赖于f的特殊性质, 而是只依赖于对导数的估计. 我们总是默认涉及的函数是C^k类的, 其中k是出现在结论中的导数的最大阶数.

注意若f能被g很好地逼近, 则$S_f(M,N)$可以由$S_g(M,N')$估计, 其中$N' \leqslant N$是某个正整数. 确切地说, 若$f = g + h$, 则由分部积分可得

$$S_f(M,N) = S_g(M,N) - \int_M^{M+N} S_g(M, x-M)\,\mathrm{d}\,\mathrm{e}(h(x)), \tag{8.4}$$

从而有

$$|S_f(M,N)| \leqslant C_h \max_{N' \leqslant N} |S_g(M,N')|, \tag{8.5}$$

其中

$$C_h = 1 + 2\pi \int_M^{M+N} |h'(x)|\,\mathrm{d}\,x.$$

若h是单调有界的(从而C_h有界), 则原和式S_f和修改的和式S_g几乎相等. 有时在应用中我们发现对f所做的小改变必须满足结论要求的条件, 此时我们可以用上(8.5).

§8.2 Weyl方法

指数和在数论中的第一个应用是由Weyl[335]于1916年为解决模1的数列的等分布问题给出的. Weyl在1921年的第二篇论文中发展了一般方法, 它在f为多项式

$$f(x) = \alpha x^k + \beta x^{k-1} + \cdots \in \mathbb{R}[x],$$

其中$\alpha > 0$时, 对$S_f(N)$的处理效果特别好. 此时我们称$S_f(N)$为k次Weyl和.

关于线性多项式$f(x) = \alpha x$的Weyl和式关于几何数列的和式

$$S_f(N) = \sum_{1 \leqslant n \leqslant N} \mathrm{e}(\alpha n) = \frac{\sin \pi\alpha N}{\sin \pi\alpha}\,\mathrm{e}\big(\tfrac{\alpha}{2}(N+1)\big).$$

因为$|\sin \pi\alpha| \geqslant 2\|\alpha\|$, 其中$\|\alpha\|$表示$\alpha$到最近的整数的距离, 所以对$\alpha \notin \mathbb{Z}$有

$$\Big|\sum_{1 \leqslant n \leqslant N} \mathrm{e}(\alpha n)\Big| \leqslant \min\{N, \tfrac{1}{2\|\alpha\|}\}. \tag{8.6}$$

关于二次多项式$f(x) = \alpha x^2 + \beta x$的Weyl和也称为Gauss和. 在$a, b \in \mathbb{Z}$且满足$(2a, N) = 1$的特殊情形, 我们通过配方从精确的公式(3.38)得到

$$\Big|\sum_{1 \leqslant n \leqslant N} \mathrm{e}\big(\tfrac{an^2+bn}{N}\big)\Big| = \sqrt{N}. \tag{8.7}$$

尽管对一般的Gauss和

$$S_f(N) = \sum_{1 \leqslant n \leqslant N} \mathrm{e}(\alpha n^2 + \beta n)$$

没有简单的表达式, 我们也可以对它进行很好的估计. 首先我们整理$|S_f(N)|^2$如下:

$$|S_f(N)|^2 = \sum_{|\ell|<N} \mathrm{e}(\alpha n^2+\beta n) \sum_{1\leqslant n, n+\ell\leqslant N} \mathrm{e}(2\alpha\ell n).$$

利用(8.6)可得

$$|S_f(N)|^2 \leqslant N + \sum_{1\leqslant n\leqslant N} \min\{2N, \|2\alpha\ell\|^{-1}\}. \tag{8.8}$$

因此我们能够推出: 若$0<\alpha\leqslant\frac{1}{2}$(我们总可以操作让这个限制成立), 则

$$|S_f(N)| \leqslant 2\sqrt{\alpha}N + \frac{1}{\sqrt{\alpha}}\log\frac{1}{\alpha}. \tag{8.9}$$

但是, 更准确的估计依赖于首项系数α的Diophantine特性. 由Dirichlet逼近定理, 存在如下对2α的有理逼近

$$|2\alpha-\tfrac{a}{q}| \leqslant \tfrac{1}{2Nq}, \tag{8.10}$$

其中$(a,q)=1, 1\leqslant q\leqslant 2N$. 所以对任意的$1\leqslant\ell<N, \ell\not\equiv 0 \bmod q$有$\|2\alpha\ell\|\geqslant\frac{1}{2}\|\frac{a\ell}{q}\|$, 从而

$$\begin{aligned}
\sum_{\substack{1\leqslant\ell<N\\ \ell\not\equiv 0 \bmod q}} \|2a\ell\|^{-1} &\leqslant 2(\tfrac{N}{q}+1) \sum_{\ell \bmod q\ \ \ell\not\equiv 0 \bmod q} \|\tfrac{\ell}{q}\|^{-1}\\
&= 2(N+q)\Big(\sum_{1\leqslant\ell\leqslant\frac{q}{2}}\tfrac{1}{\ell} + \sum_{1\leqslant\ell<\frac{q}{2}}\tfrac{1}{\ell}\Big)\\
&\leqslant 4(N+q)\log q.
\end{aligned}$$

对(8.8)在$1\leqslant\ell<N, \ell\equiv 0 \bmod q$上的部分和做显然估计(由$2N^2q^{-1}$界定), 我们得到

$$|S_f(N)|^2 \leqslant N + 2N^2q^{-1} + 4(N+q)\log q.$$

它与平凡界$|S_f(N)|\leqslant N$一起推出

定理 8.1 若$f(x)=\alpha x^2+\beta x$, 其中2α满足(8.10), 则

$$|S_f(N)| \leqslant 2Nq^{-\frac{1}{2}} + q^{\frac{1}{2}}\log q. \tag{8.11}$$

定理8.1本质上是最佳的. 稍微好一点的结果是对几乎所有的系数$\alpha, \beta \bmod 1$关于Lebesgue测度成立. 事实上, 我们有如下关于2次、4次、6次幂均值的估计:

$$\int_0^1 \Big|\sum_{1\leqslant n\leqslant N} \mathrm{e}(\alpha n^2+\beta n)\Big|^2 \,\mathrm{d}\,\alpha = N, \tag{8.12}$$

$$\int_0^1 \Big|\sum_{1\leqslant n\leqslant N} \mathrm{e}(\alpha n^2+\beta n)\Big|^4 \,\mathrm{d}\,\alpha \ll (N\log 2N)^2, \tag{8.13}$$

$$\int_0^1 \Big|\sum_{1\leqslant n\leqslant N} \mathrm{e}(\alpha n^2+\beta n)\Big|^6 \,\mathrm{d}\,\alpha\,\mathrm{d}\,\beta \ll (N\log 2N)^3. \tag{8.14}$$

证明: 第一个公式是Parseval等式. 第二个积分由$n_1^2+n_2^2=n_3^2+n_4^2$的满足$n_1,n_2,n,n_4\leqslant N$的正整数解的个数界定, 后者由

$$\sum_{\ell \leqslant 2N^2} r^2(\ell) \ll N \log^2 2N$$

界定. 第三个积分等于方程组

$$\begin{cases} n_1 + n_2 + n_3 = n_4 + n_5 + n_6 \\ n_1^2 + n_2^2 + n_3^2 = n_4^2 + n_5^2 + n_6^2 \end{cases}$$

的满足$n_1, n_2, n, n_4 \leqslant N$的正整数解的个数. 令$k_\nu = n_\nu - n_{\nu+3}, \ell_\nu = n_\nu + n_{\nu+3} (1 \leqslant \nu \leqslant 3)$, 我们得到方程组$k_1 + k_2 + k_3 = 0, k_1\ell_1 + k_2\ell_2 + k_3\ell_3 = 0$. 问题归结于方程$k_1(\ell_1 - \ell_3) + k_2(\ell_2 - \ell_3) = 0$, 其中$k_3$由$k_1, k_2$唯一确定. 若$k_1(\ell_1 - \ell_3) = 0$, 则$k_2(\ell_2 - \ell_3) = 0$, 因此此时最多有$16N^3$个解. 还需要考虑$k_1(\ell_1 - \ell_3) \neq 0$时的解. 给定$m$满足$1 \leqslant m \leqslant 4N^2$, 以及$\ell_3$满足$1 < \ell_3 \leqslant 2N$, 关于$k_1, k_2, \ell_1, \ell_2$的方程$m = k_1(\ell_1 - \ell_3) = -k_2(\ell_2 - \ell_3)$最多有$r^2(m)$个解. 因此此时总的解数不超过

$$4N \sum_{1 \leqslant m \leqslant 4N^2} r^2(m) \ll (N \log 2N)^3,$$

从而(8.14)得证. □

我们现在对任意的次数$\geqslant 2$的多项式估计Weyl和$S_f(N)$. 首先考虑

$$|S_f(N)|^2 = \sum_{0<m,n \leqslant N}\sum \mathrm{e}(f(m) - f(n)) = \sum_{|\ell|<N} \sum_{\substack{0<m \leqslant N \\ 0<\ell+n \leqslant N}} \mathrm{e}(f(\ell + n) - f(n)).$$

若f为k次多项式, 则$g(x) = f(\ell + x) - f(x)$是$k-1$次(对任意$\ell \neq 0$). 反复利用上述“差分过程”, 我们最终得到1次Weyl和, 从而可以利用非平凡界(8.6). 确切地说, 我们通过归纳法推出

命题 8.2 若$f(x) = \alpha x^k + \cdots (k \geqslant 1)$, 则

$$|S_f(N)| \leqslant 2N(N^{-k} \sum_{-N<\ell_1, \ldots, \ell_{k-1}<N} \cdots \sum \min\{N, \|\alpha k! \ell_1 \cdots \ell_{k-1}\|^{-1}\})^{2^{1-k}}.$$

证明: 当$k = 1$时, (8.6)已经解释了这个界. 此外, 我们已经在(8.8)对$k = 2$时的结果证明了. 假设该结果对$k \geqslant 2$成立. 令$f(x) = \alpha x^{k+1} + \cdots$, 则$g(x) = f(\ell + x) - f(x) = \alpha(k+1)\ell x^k + \cdots$, 于是由归纳假设可知

$$\begin{aligned} |S_f(N)|^2 &\leqslant \sum_{|\ell|<N} \Big| \sum_{\substack{0<n \leqslant N \\ 0<\ell+n \leqslant N}} \mathrm{e}(\alpha(k+1)\ell n^k + \cdots) \Big| \\ &\leqslant 2N \sum_{|\ell|<N} (N^{-k} \sum_{-N<\ell_1, \ldots, \ell_{k-1}<N} \cdots \sum \min\{N, \|\alpha k! \ell_1 \cdots \ell_{k-1}\ell\|^{-1}\})^{2^{1-k}}. \end{aligned}$$

再由Hölder不等式得到

$$|S_f(N)|^2 \leqslant 4N^2(N^{-k-1} \sum_{-N<\ell_1, \ldots, \ell_k<N} \cdots \sum \min\{N, \|\alpha k! \ell_1 \cdots \ell_k\|^{-1}\})^{2^{1-k}},$$

这就对$k+1$证明了结果. □

我们现在利用命题8.2对能够用多项式很好地逼近的f的和式$S_f(M, N)$进行估计. 令$k \geqslant 2$. 假设对$M \leqslant x \leqslant M + N$有

$$\frac{x^k}{k!} |f^{(k)}(x)| \leqslant F, \tag{8.15}$$

则可得$f(x + M) = f(x) + r(x)$, 其中

$$p(x) = f(M) + xf'(M) + \cdots + \frac{x^{k-1}}{(k-1)!}f^{(k-1)}(M),$$

且存在某个$y \in [M, M+N]$使得$r(x)$的导数满足

$$|r'(x)| = \frac{x^{k-1}}{(k-1)!}|f^{(k)}(y)| \leqslant kx^{k-1}M^{-k}F.$$

因此由(8.5)得到

$$|S_f(M,N)| \leqslant (1 + 2\pi F N^k M^{-k})|S_p(N')|,$$

其中$N' \leqslant N$. 这个估计对短和$S_f(M,N)$(即N相对M来说小得多)结论尚可, 因为若取k不够大, 我们可以使得因子$1 + 2\pi F N^k M^{-k}$有界. 对Weyl和利用命题8.2可得

推论 8.3 令$f(x)$为区间$[M, M+N]$上的光滑函数且满足(8.15), 则

$$|S_f(M,N)| \leqslant 2N(1 + 2\pi F N^k M^{-k})V^{2^{2-k}},$$

其中

$$V = N^{1-k} \sum_{-N<\ell_1,\ldots,\ell_{k-1}<N}\cdots\sum \min\{N, \|f^{(k-1)}(M)\ell_1\cdots\ell_{k-2}\|^{-1}\}.$$

我们将利用上述结果对任意满足$1 \leqslant M' \leqslant M$的$M'$估计$S_f(M,M')$. 为此, 我们假设(8.15)在整个区间$M \leqslant x \leqslant 2M$ 上成立. 选取$1 \leqslant N \leqslant M$, 将$S_f(M,M')$分成长度为$N$的更短和得到

$$|S_f(M,M')| \leqslant \sum_{0\leqslant j<J} |S_f(M+jN, N)| + 2N,$$

其中$J = [\frac{M}{N}]$. 因此由推论8.3和Hölder不等式得到

$$\begin{aligned} |S_f(M,M')| &\leqslant 2M(1 + 2\pi F N^k M^{-k}) \sum_{0\leqslant j<J} V_j^{2^{2-k}} + 2N \\ &\leqslant 2M(1 + 2\pi F N^k M^{-k})W^{2^{2-k}} + 2N, \end{aligned}$$

其中V_j与点$M + jN$关联对应的和式, W是这些和式的均值

$$W = \frac{1}{J}\sum_{0\leqslant j<J} V_j = J^{-1}N^{1-k} \sum_{0\leqslant j<J} \sum_{-N<\ell_1,\ldots,\ell_{k-1}<N}\cdots\sum \min\{N, \|f^{(k-1)}(M+jN)\ell_1\ldots\ell_{k-2}\|^{-1}\}.$$

根据乘积$\ell_1\cdots\ell_{k-2} = r$合并项, 并在$r = 0$时进行显然估计, 我们得到

$$W \leqslant k2^k N^{-1} + 2^k N^{1-k} \sum_{1\leqslant r<R} c_r J^{-1} \sum_{0\leqslant j<J} \min\{N, \|rf^{(k-1)}(M+jN)\|^{-1}\},$$

其中$R = N^{k-2}$, c_r表示满足$r = \ell_1\cdots\ell_{k-1}(1 \leqslant \ell_1,\ldots,\ell_{k-1} < N)$的表示数. 对每个$r$分别考虑内和

$$U = \frac{1}{J}\sum_{0\leqslant j<J} \min\{N, \|y_j\|^{-1}\},$$

其中$y_j = rf^{(k-1)}(M+jN)$. 注意$|y_j| \leqslant rk!M^{1-k}F =: Y$. 我们希望这些点$y_j$间隔良好, 因此我们要求对$f^{(k)}$在整个区间$[M, 2M]$上有下界. 确切地说, 从现在起我们假设对$M \leqslant x \leqslant 2M$有

$$\frac{F}{A} \leqslant \frac{x^k}{k!}|f^{(k)}(x)| \leqslant F. \tag{8.16}$$

由中值定理, 我们推出$y_{j'} - y_j| \geqslant \Delta|j' - j|$, 其中$\Delta = rk!(2M)^{-k}NFA^{-1}$. 现在显然有

$$
\begin{aligned}
U &\leqslant \tfrac{1}{J} \sum_{|u|\leqslant Y} \sum_{0\leqslant j<J} \min\{N, |y_j - u|^{-1}\} \\
&\leqslant \tfrac{2Y+1}{J}(N + \sum_{0<j<J} \tfrac{2}{j\Delta}) \\
&\leqslant (2Y + J^{-1})(N + 2\Delta^{-1}\log 3M).
\end{aligned}
$$

由此得到

$$
W \leqslant 4k!(4\log 3M)^k(\tfrac{FN}{M^k} + \tfrac{A}{N} + \tfrac{N}{M} + \tfrac{AM^{k-1}}{FN^{k-1}}),
$$

从而

$$
S_f(M, M') \ll (1 + F\tfrac{N^k}{M^k}(\tfrac{FN}{M^k} + \tfrac{A}{N} + \tfrac{N}{M} + \tfrac{AM^{k-1}}{FN^{k-1}})^{2^{2-k}} M\log 3M,
$$

其中隐性常数是绝对的. 该结论对任意满足$1 \leqslant N \leqslant M$的$N$成立. 假设$M^k \geqslant F \geqslant 1$, 取$N = [MF^{-\frac{1}{k}}]$ 可得

定理 8.4 令$k \geqslant 2$, 假设f在区间$[M, 2M]$满足(8.16), 则对$1 \leqslant M' \leqslant M$有

$$
S_f(M, M') \ll A^{\frac{4}{2^k}}(FM^{-k} + F^{-1})^{\frac{4}{k2^k}} M\log 3M, \tag{8.17}
$$

其中隐性常数时绝对的.

注记: 在证明(8.17)时我们假设了$M^k \geqslant F \geqslant 1$, 但是这个条件是不必要的, 因为否则结论显然成立.

推论 8.5 假设$f(x)$在区间$[M, 2M]$对$k = 2$和$k = 3$满足(8.16), 则对$1 \leqslant M' \leqslant M \leqslant F$有

$$
S_f(M, M') \ll AF^{\frac{1}{6}}M^{\frac{1}{2}}\log 3M, \tag{8.18}
$$

其中隐性常数是绝对的.

证明: 求(8.17)在$k = 2$与$k = 3$时的下界的最小值即得结论. □

注意(8.18)在$M \leqslant F^{\frac{1}{3}}$时显然成立. 但是, 对于任意在对数级别与$F$差不多的$M$, 若取适当的$k$, 由定理8.4可得非显然下界. 例如取$k = [\frac{2\log F}{\log M}]$可推出

推论 8.6 假设$f(x)$在区间$[M, 2M]$上光滑, 并且存在$A \geqslant 1$使得所有的导数满足

$$
A^{-2^k}F \leqslant \frac{x^k}{k!}|f^{(k)}(x)| \leqslant A^{2^k}F, \tag{8.19}
$$

则对$1 \leqslant M' \leqslant M \leqslant F$有

$$
S_f(M, M') \leqslant A8M^{1-4^{-\gamma}}\log 3M, \tag{8.20}
$$

其中$\gamma = \frac{\log F}{\log M}$, 隐性常数是绝对的.

作为上述结果的应用, 我们推出Riemann ζ函数在直线$\sigma = \frac{1}{2}$和$\sigma = 1$上的估计. 对$t \geqslant 3$, 有

$$
\zeta(\sigma + \mathrm{i}\,t) = \sum_{n\leqslant t} n^{-\sigma-\mathrm{i}\,t} + O(t^{-\sigma}). \tag{8.21}
$$

因此由(8.18)推出下面的次凸性界:

$$
\zeta(\tfrac{1}{2} + \mathrm{i}\,t) \ll t^{\frac{1}{6}}\log^2 t. \tag{8.22}
$$

此外, 我们从(8.20)推出下面的近似式:

$$\zeta(1+\mathrm{i}\,t)=\sum_{n\leqslant y}n^{-1-\mathrm{i}\,t}+O(\mathrm{e}^{-\sqrt{\log t}}), \tag{8.23}$$

其中$y=t^{\frac{3}{\log\log t}}$, 由此通过显然估计得到

$$\zeta(1+\mathrm{i}\,t)\ll\frac{\log t}{\log\log t}. \tag{8.24}$$

§8.3 van der Corput方法

这个方法源于J.G.van der Corpt于1921年和1922年的两篇论文[45–46]. 简单地说, 该方法的新颖性在于求和被积分替代了, 然后对后者进行估计. 实施的过程是先应用Poisson求和公式, 然后对得到的Fourier积分进行渐近估值(用到诸如稳定相的各种技巧), 我们得到关于两个不同长度的和式的近似方程, 这个变换称为B-过程. 两个和式中的振幅函数可能改变形状, 但不会改变大小, 并且具有可比较的导数. 接下来用差分过程(它是Weyl方法中用到的差分过程的改进)将这些振幅函数缩小, 这个程序称为A-过程. 最后对指数和$S_f(M,N)$的估计通过反复应用这两个过程得到.

现在我们进入van der Corpt方法的第一步,它是Poisson公式

$$\sum_n F(n)=\sum_m\hat{F}(m) \tag{8.25}$$

的截断版本.

命题 8.7 令$f(x)$为区间$[a,b]$上的实函数, 且满足$f''(x)>0$, 则有

$$\sum_{a<n<b}\mathrm{e}(f(n))=\sum_{a-\varepsilon<m<\beta+\varepsilon}\int_a^b\mathrm{e}(f(x)-mx)\,\mathrm{d}\,x+O(\varepsilon^{-1}+\log(\beta-\alpha+2)), \tag{8.26}$$

其中α,β,ε为任意满足$\leqslant f'(a)\leqslant f'(b)\leqslant\beta, 0<\varepsilon\leqslant 1$的数, 隐性常数是绝对的.

证明: 令$\mathcal{M}$表示区间$[\alpha-\varepsilon,\beta+\varepsilon]$. 我们首先给出平凡界

$$\begin{aligned}\int_a^b\Big|\sum_{m\in\mathcal{M}}\mathrm{e}(-mx)\Big|\,\mathrm{d}\,x&\leqslant 2(b-a+1)\int_0^1\Big|\sum_{m\in\mathcal{M}}\mathrm{e}(-mx)\Big|\,\mathrm{d}\,x\\&\leqslant 2(b-a+1)\int_0^{\frac{1}{2}}\min\{\beta-\alpha+2,x^{-1}\}\,\mathrm{d}\,x\ll(b-a+1)\log(\beta-\alpha+2).\end{aligned} \tag{8.27}$$

这样就在$0<b-a<2$时证明了(8.26). 从现在起假设$b-a\geqslant 2$. 我们对调节和(tempered sum)

$$\sum_{a<n<b}g(n)\,\mathrm{e}(f(n))=\sum_m\int_a^b g(x)\,\mathrm{e}(f(x)-mx)\,\mathrm{d}\,x$$

应用Poisson公式, 其中$g(x)$是将边刨平的函数, 确切地说, $g(x)=\min\{x-a,1,b-x\}$. 这个函数是为了Fourier积分的和的收敛性暂时引入的, 后面将会移除. 对$m\notin\mathcal{M}$, 我们用分部积分写成

$$\begin{aligned}2\pi\mathrm{i}\int_a^b g(x)\,\mathrm{e}(f(x)-mx)\,\mathrm{d}\,x&=-\int_a^b\Big(\frac{g(x)}{f'(x)-m}\Big)'\,\mathrm{e}(f(x)-mx)\,\mathrm{d}\,x\\&=\Big(\int_{b-1}^b-\int_a^{a+1}\Big)\frac{\mathrm{e}(f(x)-mx)}{f'(x)-m}\,\mathrm{d}\,x+\int_a^b\frac{g(x)f''(x)}{(f'(x)-m)^2}\,\mathrm{e}(f(x)-mx)\,\mathrm{d}\,x\\&=:\mathcal{T}_b(m)-\mathcal{T}_a(m)+\mathcal{T}_{ab}(m).\end{aligned}$$

对$\mathcal{T}_{ab}(m)$有

$$|\mathcal{T}_{ab}(m)| \leqslant \int_a^b f''(x)(f'(x)-m)^{-2}\,\mathrm{d}\,x = (\alpha-m)^{-1}-(\beta-m)^{-1}.$$

对$\mathcal{T}_a(m)$有

$$|\mathcal{T}_a(m)| \leqslant \int_a^{a+1}(f'(x)-m)^{-1}\,\mathrm{d}\,x = |\alpha-m|^{-1}+|\beta-m|^{-1}.$$

再次用分部积分公式可得另一个界

$$\begin{aligned}|\mathcal{T}_a(m)| &\leqslant (f'(a+1)-m)^{-2}+(f'(a)-m)^{-2}+|\int_a^{a+1}\mathrm{d}(f'(x)-m)^{-2}|\\ &= 2\max\{f'(a+1)-m)^{-2},(f'(a)-m)^{-2}\}\\ &\leqslant 2(\alpha-m)^{-2}+2(\beta-m)^{-2}.\end{aligned}$$

对$\mathcal{T}_b(m)$有同样的界. 综合这些界可知, 对任意的$m\notin\mathcal{M}$有

$$|\mathcal{T}_a(m)|+|\mathcal{T}_b(m)|+|\mathcal{T}_{ab}(m)| \ll \tfrac{\beta-\alpha}{(\beta-m)(\alpha-m)}.$$

因此我们推出

$$\sum_{a<n<b} g(n)\,\mathrm{e}(f(n)) = \sum_{m\in\mathcal{M}}\int_a^b g(x)\,\mathrm{e}(f(x)-mx)\,\mathrm{d}\,x + O(\varepsilon^{-1}+\log(\beta-\alpha+2)).$$

还剩下移除权$g(n)$和$g(x)$. 左边相差$O(1)$; 由(8.27)可知当$b=a+1$时,右边相差$O(\log(\beta-\alpha+2))$. 这样就完成了(8.26)的证明. □

习题8.1 利用(4.18)从Euler-Maclaurin公式(4.7)推出(8.26), 或者直接从(4.21)推出该结论.

容易将(8.26)推广到如下加权和的情形:

(8.28)
$$\sum_{a<n<b} g(n)\,\mathrm{e}(f(n)) = \sum_{\alpha-\varepsilon<m<\beta+\varepsilon}\int_a^b g(x)\,\mathrm{e}(f(x)-mx)\,\mathrm{d}\,x + O(G(\varepsilon^{-1}+\log(\beta-\alpha+2))),$$

其中$g(x)$为$[a,b]$上的任意光滑函数,

(8.29)
$$G = |g(b)| + \int_a^b |g'(y)|\,\mathrm{d}\,y.$$

要证明该结论, 设

$$\delta(y) = \sum_{a<n\leqslant y}\mathrm{e}(f(n)) - \sum -\alpha-\varepsilon<m<\beta+\varepsilon\int_a^y \mathrm{e}(f(x)-mx)\,\mathrm{d}\,x,$$

则由(8.26)得到$\delta(y)\ll\varepsilon^{-1}+\log(\beta-\alpha+2)$. 利用分部求和公式得到(8.28), 其中误差项为

$$\int_a^b g(y)\,\mathrm{d}\,\delta(y) - \int_a^b \delta(y)g'(y)\,\mathrm{d}\,y,$$

它被$G(\varepsilon^{-1}+\log(\beta-\alpha+2))$界定, 故结论成立.

(8.28)在特殊情形可以简化为

引理 8.8 令$f(x)$为$[a,b]$上的实函数, 满足$|f'(x)|\leqslant 1-\theta$, $f''(x)\neq 0$, 则有

(8.30)
$$\sum_{a<n<b} g(n)\,\mathrm{e}(f(n)) = \int_a^b g(x)\,\mathrm{e}(f(x))\,\mathrm{d}\,x + O(G\theta^{-1}),$$

其中G由(8.29)给出, 隐性常数是绝对的.

我们的下一个任务是对(8.26)中的指数积分进行估值. 首先证明关于

$$I_f(a,b)=\int_a^b \mathrm{e}(f(x))\,\mathrm{d}\,x \tag{8.31}$$

的简单估计, 其中$f(x)$是$[a,b]$上的光滑实函数. 注意当$f^{(k)}\ll (b-a)^{-k}$对所有的$k\geqslant 1$成立时, 不能对平凡界$|I_f(a,b)|\leqslant b-a$进行重大改进, 因为这样的函数几乎为常数. 但是, 若存在某个导数稍微大些, 则我们的结果就不平凡了.

引理 8.9 设在$[a,b]$上有$f'(x)f''(x)\neq 0$, 则

$$|I_f(a,b)|\leqslant |f'(a)|^{-1}+|f'(b)|^{-1}. \tag{8.32}$$

证明: 不失一般性, 我们可以假设$f''(x)>0$. 由分部积分得到

$$2\pi\mathrm{i}\,I_f(a,b)=\tfrac{\mathrm{e}(f(a))}{f'(a)}-\tfrac{\mathrm{e}(f(b))}{f'(b)}+\int_a^b \mathrm{e}(f(x))\,\mathrm{d}\,\tfrac{1}{f'(x)},$$

因此

$$2\pi|I_f(a,b)|\leqslant \tfrac{1}{|f'(a)|}+\tfrac{1}{|f'(b)|}+\tfrac{1}{f'(a)}-\tfrac{1}{f'(b)},$$

这个结果比我们要证明的更好. □

引理 8.10 假设存在$k\geqslant 1,\Lambda>0$, 使得对所有的$x\in[a,b]$有

$$|f^{(k)}(x)|\geqslant\Lambda, \tag{8.33}$$

则

$$|I_f(a,b)|\leqslant 2^k\Lambda^{-\frac{1}{k}}. \tag{8.34}$$

证明: 我们对k进行归纳证明. 对$k=1$, 结果由(8.32)得到. 假设在整个区间$[a,b]$上有$f^{(k+1)}\geqslant\Lambda>0$, 则$f^{(k)}$严格单调递增, 所以它在$[a,b]$上最多有一个零点, 设为$c$(若存在). 若在$[a,b]$上有$f^{(k)}\neq 0$, 我们根据$f^{(k)}>0$或$f^{(k)}<0$仍然相应地定义$c=a$或$c=b$. 令$\delta$为待取的正数. 设$a_1=\max\{a,c-\delta\},b_1=\min\{c+\delta,b\}$, 从而$I_f(a,b)=I_f(a,a_1)+I_f(a_1,b_1)+I_f(b_1,b)$. 我们对中部区间上的积分进行显然估计得到

$$|I_f(a_1,b_1)|\leqslant b_1-a_1\leqslant 2\delta.$$

要估计左边区间$[a,a_1]$上的积分, 我们可以假设$a_1>a$, 即$a_1=c-\delta>a$, 否则该积分为0. 现在我们对$x\in[a,a_1]$验证

$$-f^{(k)}(x)=\int_x^c f^{(k+1)}(y)\,\mathrm{d}\,y-f^{(k)}(c)\geqslant\int_x^c f^{(k+1)}(y)\,\mathrm{d}\,y\geqslant(c-x)\Lambda\geqslant\delta\Lambda>0.$$

因此由归纳假设得到

$$|I_f(a,b)|\leqslant k2^k(\delta\Lambda)^{-\frac{1}{k}}.$$

积分在右边区间$[b_1,b]$上有同样的界. 将这些界相加得到

$$|I_f(a,b)|\leqslant 2M+2k2^k(\delta\Lambda)^{-\frac{1}{k}}.$$

这个结果对任意的$\delta > 0$成立. 取$\delta = \Lambda^{-\frac{1}{k+1}}$即完成了(8.34)在$k+1$时的证明. □

综合引理8.8和引理8.9可得

推论 8.11 令$f(x)$为$[a,b]$的实函数, 满足$\theta \leqslant |f'(x)| \leqslant 1-\theta, f''(x) \neq 0$, 则

$$\sum_{a<n<b} g(n)\,\mathrm{e}(f(n)) \ll G\theta^{-1}, \tag{8.35}$$

其中g由(8.29)给出, 隐性常数为绝对的.

习题8.2 证明: 对任意满足$\theta \leqslant f_n - f_{n-1} \leqslant f_{n+1} - f_n \leqslant 1-\theta$的实数列$\{f_n\}$, 有

$$|\sum_n \mathrm{e}(f(n))| \leqslant \cot \tfrac{\pi\theta}{2}. \tag{8.36}$$

综合命题8.7和$k=2$时的引理8.10推出

推论 8.12 令$b-a \geqslant 1$, $f(x)$为$[a,b]$上满足$f''(x) \geqslant \Lambda > 0$的实函数, 则

$$\sum_{a<n<b} \mathrm{e}(f(n)) \ll (f'(b) - f'(a) + 1)\Lambda^{-\frac{1}{2}}, \tag{8.37}$$

其中隐性常数是绝对的.

证明: 由引理8.10, (8.26)中的积分被$8\Lambda^{-\frac{1}{2}}$界定, 并且这些积分的个数小于$f'(b) - f'(a) + 1$(取$\alpha = f'(a), \beta = f'(b), \varepsilon = \frac{1}{2}$), 因此(8.37)成立. □

注意存在$y \in [a,b]$使得$f'(b) - f'(a) = (b-a)f'(y)$, 所以(8.37)意味着

推论 8.13 令$b-a \geqslant 1, f(x)$为$[a,b]$上的实函数, 使得$\Lambda \leqslant f''(x) \leqslant \eta\Lambda$, 其中$\Lambda > 0, \eta \geqslant 1$, 则

$$\sum_{a<n<b} \mathrm{e}(f(n)) \leqslant \eta\Lambda^{\frac{1}{2}}(b-a) + \Lambda^{-\frac{1}{2}}, \tag{8.38}$$

其中隐性常数是绝对的.

现在我们要对指数积分(8.31)建立一个比估计式(8.34)更准确的近似公式. 首先考虑特殊情形

引理 8.14 令$h(x)$为$[0,X]$上的实值函数使得

$$h(0) = 1, h(x) \gg 1, (xh(x))' \gg 1, \tag{8.39}$$

$$h'(x) \ll X^{-1}, h''(x) \ll X^{-2}, \tag{8.40}$$

则对$a > 0$有

$$\int_0^X \mathrm{e}(\alpha x^2 h(x))\,\mathrm{d}x = \mathrm{e}(\tfrac{1}{8})\tfrac{1}{\sqrt{8a}} + O(\tfrac{1}{aX}), \tag{8.41}$$

其中O中的隐性常数仅依赖于(8.39)中远大于和(8.40)中远小于的隐性常数.

证明: 为了简化记号, 设$h(x) = g^2(x)$, 则$g(x)$显然满足关于$h(x)$的所有条件. 通过换元$x^2 g^2(x) = t$得到

$$\int_0^X \mathrm{e}(ax^2g^2(x))\,\mathrm{d}\,x = \int_0^T \mathrm{e}(at)\,\mathrm{d}\,t^{\frac{1}{2}} - \int_0^T \mathrm{e}(at)f(x)\,\mathrm{d}\,t,$$

其中$T = (Xg(X))^2$,

$$f(x) = \tfrac{(xg(x))'-1}{2xg(x)(xg(x))'}.$$

对$g(x)$利用条件(8.39), (8.40)以及Taylor展开式

$$g(x) = 1 + xg'(0) + O(x^2X^{-2}),\ g'(x) = g'(0) + O(xX^{-2}),$$

我们推出$f(x) \ll X^{-1}, f'(x) \ll X^{-2}$. 因为$x'(t) > 0$, 通过分部积分得到

$$\begin{aligned}2\pi\mathrm{i}\,\alpha\int_0^X \mathrm{e}(at)f(x)\,\mathrm{d}\,t &= \int_0^T f(x)\,\mathrm{d}\,\mathrm{e}(\alpha t)\\ &= \mathrm{e}(\alpha T)f(X) - f(0) - \int_0^T \mathrm{e}(\alpha t)f'(x)\,\mathrm{d}\,x(t)\\ &\ll X^{-1} + \int_0^X |f'(x)|\,\mathrm{d}\,x \ll X^{-1}.\end{aligned}$$

这个界被(8.41)中的误差项吸收. 接下来我们将第一个积分延拓为

$$\int_0^{+\infty} \mathrm{e}(\alpha t)\,\mathrm{d}\,t^{\frac{1}{2}} = \mathrm{e}(\tfrac{1}{8})\tfrac{1}{\sqrt{8\alpha}},$$

用分部积分法对多余的部分估计如下:

$$2\pi\mathrm{i}\,\alpha\int_T^{+\infty} \mathrm{e}(\alpha t)\,\mathrm{d}\,t^{\frac{1}{2}} = -T^{-\frac{1}{2}}\,\mathrm{e}(\alpha T) + \int_T^{+\infty} \mathrm{e}(\alpha t)\,\mathrm{d}\,t^{-\frac{1}{2}} \ll T^{-\frac{1}{2}} = (X(g(X)))^{-1} \ll X^{-1},$$

这个界也被(8.41)中的误差项吸收, 证毕. □

推论 8.15 设$f(x)$是$[a, b]$上的实函数, 存在$\Lambda > 0, X > 0$使得

$$f''(x) \geqslant \Lambda, \tag{8.42}$$

$$|f^{(3)}(x)| \leqslant \Lambda X^{-1}, |f^{(4)}(x)| \leqslant \Lambda X^{-2}. \tag{8.43}$$

假设存在$c \in (a, b)$使得$f'(c) = 0$, 则有

$$I_f(a, b) = \mathrm{e}(f(c) + \tfrac{1}{8})f''(c)^{-\frac{1}{2}} + O(\tfrac{1}{\Lambda}(\tfrac{1}{b-c} + \tfrac{1}{c-a} + \tfrac{1}{X})), \tag{8.44}$$

其中隐性常数是绝对的.

证明: 我们有

$$I_f(a, b) = \int_a^b \mathrm{e}(f(x))\,\mathrm{d}\,x = \int_a^{b-c} \mathrm{e}(f(c + x))\,\mathrm{d}\,x + \int_0^{c-a} \mathrm{e}(f(c - x))\,\mathrm{d}\,x.$$

由Taylor展开式, $f(c + x) = f(c) + ax^2h(x)$, 其中$a = \frac{1}{2}f''(c), h(x)$是满足以下条件的函数:

$$h(x) \geqslant 1 - \tfrac{x}{3X},\ (xh(x))' \geqslant 1 - \tfrac{2x}{3X} - \tfrac{x^2}{4X^2},$$

并且$h'(x) \ll X^{-1}, h''(x) \ll X^{-2}$. 这些估计由(8.42)和(8.43)得到. 因此引理8.14 中的条件在区间$[0, Y]$上满足, 其中$Y = \min\{b - c, X\}$, 从而得到

$$\int_0^Y \mathrm{e}(f(c + x))\,\mathrm{d}\,x = \mathrm{e}(f(c) + \tfrac{1}{8})(4f''(c))^{-\frac{1}{2}} + O(\tfrac{1}{\Lambda Y}).$$

对积分的剩余部分应用引理8.9得到

$$\int_Y^{b-c} \mathrm{e}(f(c + x))\,\mathrm{d}\,x \ll |f'(c + Y)|^{-1} + |f'(b)|^{-1} \ll (\Lambda Y)^{-1}.$$

由以上两个估计即得

$$\int_c^b \mathrm{e}(f(x))\,\mathrm{d}\,x = \mathrm{e}(f(c)+\tfrac{1}{8})(4f''(c))^{-\frac{1}{2}} + O(\tfrac{1}{\Lambda}(\tfrac{1}{b-c}+\tfrac{1}{X})).$$

同理, 我们可以对区间$[a,c]$上的积分进行估计, 从而完成(8.44)的证明. □

现在我们开始证明Van der Corpt方法的主要结果.

定理 8.16 令$f(x)$为$[a,b]$上的实函数, 其导数满足下面的条件: 存在$\Lambda>0,\eta\geqslant 1$使得$\Lambda\leqslant f''\leqslant \eta\Lambda, |f^{(3)}|\leqslant \eta\Lambda(b-a)^{-1}, |f^{(4)}|\leqslant \eta\Lambda(b-a)^{-2}$, 则有

$$\sum_{a<n<b}\mathrm{e}(f(n)) = \sum_{\alpha<m<\beta}\mathrm{e}(f(x_m)-mx_m+\tfrac{1}{8})f''(x_m)^{-\frac{1}{2}} + R_f(a,b), \tag{8.45}$$

其中$\alpha=f'(a),\beta=f'(b)$, x_m是满足$f'(x)=m$的唯一解, $R_f(a,b)$视为误差项, 它满足

$$R_f(a,b) \ll \Lambda^{-\frac{1}{2}} + \eta^2\log(\beta-\alpha+1), \tag{8.46}$$

其中隐性常数是绝对的.

证明: 我们在(8.25)中取$\varepsilon=\frac{1}{2},\alpha=f'(a),\beta=f'(b)$. 对满足$\alpha+\varepsilon<m<\beta-\varepsilon$的$m$(注意当$\beta-\alpha\leqslant 1$时, 这个范围不存在), 我们利用(8.44)对相关的指数积分进行估计, 得到

$$\int_a^b \mathrm{e}(f(x)-mx)\,\mathrm{d}\,x = \mathrm{e}(f(x_m)-mx_m+\tfrac{1}{8})f''(x_m)^{-\frac{1}{2}} + O(\tfrac{\eta}{\Lambda}(\tfrac{1}{b-x_m}+\tfrac{1}{x_m-a})).$$

由于$\eta\Lambda(b-x_m)\geqslant f'(b)-f'(x_m)=\beta-m$, $\eta\Lambda(x_m-a)\geqslant f'(x_m)-f'(a)=m-\alpha$, 所以误差项贡献的值最多为

$$\eta^2\sum_{\alpha+\varepsilon<m<\beta-\varepsilon}[(\beta-m)^{-1}+(m-\alpha)^{-1}] \ll \eta^2\log(\beta-\alpha+1).$$

对于上式中不包含在内的$\alpha-\varepsilon<m<\alpha+\varepsilon$与$\beta-\varepsilon<m<\beta+\varepsilon$上的和式, 我们利用(8.34)中取$k=2$时的结果可知这两个和式由$8\Lambda^{-\frac{1}{2}}$界定, (8.46)得证. □

注记: 一般来说, (8.46)中的界不能得到重大改进, 因为(8.45)中两个和式的单项差不多小.

习题8.3 用分布求和法从(8.46)推出下面的加权和公式

(8.47)

$$\sum_{a<n<b}g(n)\,\mathrm{e}(f(n)) = \sum_{\alpha<m<\beta}g(x_m)f''(x_m)^{-\frac{1}{2}}\,\mathrm{e}(f(x_m)-mx_m+\tfrac{1}{8}) + O(G\Lambda^{-\frac{1}{2}}+G\eta^2\log(\beta-\alpha+1)),$$

其中g是$[a,b]$上任意的光滑函数, G由(8.29)给出.

例 令$X>0,N>0,a>1,\nu>1$, 则有

$$\sum_{N<n<\nu N}(\tfrac{\alpha}{n})^{\frac{1}{2}}\,\mathrm{e}(\tfrac{X}{\alpha}(\tfrac{n}{N})^{a}) = \sum_{M<m<\mu M}(\tfrac{\beta}{m})^{\frac{1}{2}}\,\mathrm{e}(\tfrac{1}{8}-\tfrac{X}{\beta}(\tfrac{m}{M})^{\beta}) + O(N^{-\frac{1}{2}}\log(N+2)+M^{-\frac{1}{2}}\log(M+2)), \tag{8.48}$$

其中$\frac{1}{\alpha}+\frac{1}{\beta}=1,\mu^{\beta}=\nu^{\alpha},MN=X$, 隐性常数仅依赖于$\alpha,\nu$.

近似公式(8.47)(它构成van der Corput的B-过程)将振幅函数为$f(x)$的指数和变为振幅函数为$h(y)$的指数和, 它们之间的关系为

$$h(y) = f(x) - xy, \ y = f'(x). \tag{8.49}$$

因此f与h的大小基本上相同. 但是, 和式的长度由$b-a$变为$\beta-\alpha = f'(b) - f'(a)$. 注意(8.47)中的运算是对合的, 所以连续做两次运算是无用的. 我们推荐应用B-过程, 目的是减少指数和的长度. 于是我们在短和的一边进行平凡估计(例如得到(8.24)), 但是没有必要以这种分式终止. 差分过程为降振幅函数提供了新的可能, 但它不会改变和式的长度. 人们把它称为Weyl-van der Corput的A-过程. 我们首先考虑如下一般的不等式.

引理 8.17 对任意复数列(z_n)有

$$\Big|\sum_{a<n<b} z_n\Big|^2 \leqslant \Big(1+\frac{b-a}{n}\Big)\sum_{|q|<Q}\Big(1-\frac{|q|}{Q}\Big)\sum_{a<n,n+q<b} z_{n+q}\bar{z}_n, \tag{8.50}$$

其中Q为任意正整数.

证明: 若$n \notin (a,b)$, 设$z_n = 0$, 则对任意的$q \in \mathbb{Z}$有

$$S = \sum_{a<n<b} z_n = \sum_n z_n = \sum_n z_{n+q}.$$

对$q \in [0,Q)$求和得到

$$QS = \sum_{a-Q+1<n<b}\ \sum_{0\leqslant q<Q} z_{n+q}.$$

由Cauchy不等式有

$$\begin{aligned} Q^2S^2 &\leqslant (b-a+Q)\sum_n \Big|\sum_{0\leqslant q<Q} z_{n+q}\Big|^2 \\ &= (b-a+Q)\sum_{0\leqslant q_1,q_2<Q}\sum_n z_{n+q_1}\bar{z}_{n+q_2} \\ &= (B-A+q)\sum_{|q|<Q}\nu(q)\sum_n z_{n+q}\bar{z}_n, \end{aligned}$$

其中$\nu(q)$是$0 \leqslant q_1, q_2 < Q$中满足$q_1 - q_2 = q$的整数个数, 即$\nu(q) = Q - |q|$. 这样就完成了(8.50)的证明. □

取$z_n = \mathrm{e}(f(n))$,我们得到差分过程

命题 8.18 令$f(x)$为(a,b)上的实函数, Q为正整数, 则有

$$\Big|\sum_{a<n<b} \mathrm{e}(f(n))\Big|^2 \leqslant \Big(1+\frac{b-a}{Q}\Big)\sum_{|q|<Q}\Big(1-\frac{|q|}{Q}\Big)\sum_{a(q)<n<b(q)} \mathrm{e}(f(n+q)-f(n)), \tag{8.51}$$

其中$a(q) = \max\{a, a-q\}, b(q) = \min\{b, b-q\}$.

注记: 注意$q = 0$对应的项总存在, 所以对原始和式$\sum \mathrm{e}(f(n))$得到的界决不可能比$(b-a)Q^{-\frac{1}{2}}$, 即我们从平凡的界$b-a$中不能省掉因子$Q^{\frac{1}{2}}$. 事实上取Q比$b-a$小得多, 所以新的振幅函数$h(x) = f(x+q) - f(x)$的导数变小, 而$a(q), b(q)$没有大的变化. 此处灵活选择Q是van der Corput对Weyl 原来的差分方法引入的另一个创新.

习题8.4 证明: 对$1 \leqslant Q \leqslant (b-a)^{\frac{1}{2}}$有

$$\sum_{a<n<b} \mathrm{e}(f(n)) \ll (b-a)Q^{-\frac{1}{2}} + (b-a)^{\frac{1}{2}} \Big|\sum_{a+Q<n<b+Q} \mathrm{e}(h(n))\Big|^{\frac{1}{2}}, \tag{8.52}$$

其中$h(x) = f(x+q) - f(x-q)(0<q<Q)$, 隐性常数是绝对的(提示: 只用Weyl平移中的偶数).

连续应用命题8.18和推论8.13, 我们推出

命题 8.19 (van der Corput) 令$b-a \geqslant 1, f(x)$为(a,b)上的实函数, $\Lambda \leqslant f^{(k)}(x) \leqslant \eta\Lambda$, 其中$b-a \geqslant 1, \lambda > 0, \eta \geqslant 1$, 则

$$\sum_{a<n<b} \mathrm{e}(f(n)) \ll \eta^{\frac{1}{2}}\Lambda^{\frac{1}{6}}(b-a) + \Lambda^{-\frac{1}{6}}(b-a)^{\frac{1}{2}}, \tag{8.53}$$

其中隐性常数是绝对的.

证明: 对$0<q<Q, a<x<b-q$, 存在$y \in (a,b)$使得$h''(x) = f''(x+q) - f''(x) = qf^{(3)}(y)$, 因此$\Lambda q \leqslant h''(x) \leqslant \eta\Lambda q$, 从而由(8.38)得到

$$\sum_{a<n<b-q} \mathrm{e}(f(n+q) - f(n)) \ll \eta(\Lambda q)^{\frac{1}{2}}(b-a) + (\Lambda q)^{-\frac{1}{2}}.$$

对负整数q的和式有类似的结果. 对$q=0$, 我们有平凡界$b-a+1$. 综合以上结果, 我们由(8.51)可知对任意的正整数Q有

$$\begin{aligned}\Big|\sum_{a<n<b} \mathrm{e}(f(n))\Big|^2 &\ll \left(1+\tfrac{b-a}{Q}\right)\Big(b-a+\sum_{0<q<Q}(\eta\Lambda^{\frac{1}{2}}q^{-\frac{1}{2}}(b-a) + (\Lambda q)^{-\frac{1}{2}})\Big) \\ &\ll \left(1+\tfrac{b-a}{Q}\right)(b-a+\eta\Lambda^{\frac{1}{2}}Q^{\frac{3}{2}}(b-a) + \Lambda^{-\frac{3}{2}}Q^{\frac{1}{2}}).\end{aligned}$$

但是, 上述估计对任意的正数Q显然也成立. 取$Q = \Lambda^{-\frac{1}{3}}$即得(8.53), 只要$\Lambda \geqslant (b-a)^{-3}$, 否则结果显然成立. □

我们可以反复使用Weyl-van der Corput不等式以便进一步缩小振幅函数, 直到发现(8.38)有用. 这就导出了如下对(8.38)和(8.53) 的推广.

定理 8.20 (van der Corput) 令$b-a \geqslant 1, f(x)$为(a,b)上的实函数, $k \geqslant 2$, 使得$\Lambda \leqslant f^{(k)}(x) \leqslant \eta\Lambda$, 其中$\Lambda > 0, \eta \geqslant 1$, 则

$$\sum_{a<n<b} \mathrm{e}(f(n)) \ll \eta^{2^{2-k}}\Lambda^{\kappa}(b-a) + \Lambda^{-\kappa}(b-a)^{1-2^{2-k}}, \tag{8.54}$$

其中$\kappa = (2^k-2)^{-1}$, 隐性常数是绝对的.

对于大的k, Weyl的界(8.17)和van der Corput的界(8.54)是差不多的.

§8.4 指数对的讨论

本节中$S_f(N)$表示如下形式的指数和

$$S_f(N) = \sum_{N<n\leqslant N'} \mathrm{e}(f(n)),$$

其中$N \leqslant N' \leqslant 2N$, f是$[N, 2N]$上的光滑函数. 我们已经对$S_f(N)$建立了许多估计, 它们基本上依赖于区间长度N和振幅函数f的大小. 我们在本节将在统一的形式下描述这些结果, 并讨论可能的推广. 为简洁起见, 我们省掉了一些不重要, 但必要的条件, 所以本节的结论严格来说不准确. 严格的论述可以在S.W. Graham与G. Kolesnik的书[108]和van der Corput[45-46], E. Phillips[252]以及A. Rankin[261]的原始论文中找到.

假设f表现得像一个单项式, 确切地说, 假设导数对$N \leqslant x \leqslant 2N$满足

$$|f^{(j)}(x)| \asymp FN^{-1}(j \geqslant 0), \tag{8.55}$$

其中隐性常数依赖于j. 特别地, $|f(x)| \asymp F, |f'(x)| \asymp FN^{-1}$. 若$N$是$F$充分大的倍数, 则由推论8.11得到

$$S_f(N) \ll NF^{-1}.$$

这个界是最佳可能的, 因为此时和式$S_f(N)$可以由相应的积分很好的逼近(见引理8.8). 以下我们为了排除这种情形而假设

$$\Lambda = FN^{-1} \geqslant 1. \tag{8.56}$$

在许多例子的启发下, 我们假定存在泛数

$$0 \leqslant p, q \leqslant \frac{1}{2}, \tag{8.57}$$

使得对任意长度为N的指数和与满足(8.55)和(8.56)的频率函数f有

$$S_f(N) \ll \Lambda^p N^{q+\frac{1}{2}} F^{\varepsilon}, \tag{8.58}$$

其中ε为任意的正数, 隐性常数仅依赖于ε和(8.55)中的隐性常数列. 我们称(p, q) 为指数对(注意我们与文献[108]中定义的q相差$\frac{1}{2}$).

显然, 若(p, q)是指数对, 则任意更大的数对也构成指数对. 关于$S_f(N)$的显然估计对应指数对

$$(p, q) = (0, \tfrac{1}{2}). \tag{8.59}$$

下面是指数和理论在这方面的最乐观的结果, 人们普遍相信它是正确的要点(为了避免反常可能需要作一些小的假设):

指数对猜想 数对$(p, q) = (0, 0)$是指数对. 换言之, 形如$S_f(N)$的指数和, 其中f, N满足(8.55) 和(8.56), 应该满足

$$S_f(N) \ll N^{\frac{1}{2}} F^{\varepsilon}. \tag{8.60}$$

若这个界对某些合理的函数成立, 则它就能促使解析数论中的许多问题得到解决. 例如, 由此可推出Lindelöf猜想成立: 若$t \geqslant 1$, 则

$$\zeta(\tfrac{1}{2} + \mathrm{i}t) \ll t^{\varepsilon}.$$

此外, 由此还可以解决Gauss圆内问题和Dirichlet因子问题, 即有

$$\sum_{n\leqslant x} r(n) = \pi x + O(x^{\frac{1}{2}+\varepsilon}),$$

$$\sum_{n\leqslant x} \tau(n) = x\log x + (2\gamma-1)x + O(x^{\frac{1}{2}+\varepsilon}),$$

其中的指数是最佳的. 实际上对这些问题, 只需要知道$(p,q)=(0,\frac{1}{4})$是指数对. 但是, 我们目前的知识还很贫乏.

推论8.13告诉我们

$$(p,q)=(\tfrac{1}{2},0) \tag{8.61}$$

是指数对. 显然指数对的线性凸组合仍然是指数对. 因此(8.59)和(8.61)意味着$(p,q)=(\frac{1}{4},\frac{1}{4})$是指数对, 但是我们已经证明了更强的结果(8.18), 现在用指数对可以将它表述为

$$(p,q)=(\tfrac{1}{6},\tfrac{1}{6}) \tag{8.62}$$

是指数对. 由定理8.4得到指数对

$$(p,q)=(\tfrac{4}{k2^k},\tfrac{1}{2}-\tfrac{4(k-1)}{k2^k}), \tag{8.63}$$

由定理8.20得到指数对

$$(p,q)=(\tfrac{1}{2^k-2},\tfrac{1}{2}-\tfrac{k-1}{2^k-2}), \tag{8.64}$$

其中$k\geqslant 2$为任意的整数. 注意当k在两个数列中趋于∞时, $p=p(k)$趋于0稍微比$q=q(k)$趋于$\frac{1}{2}$快一些. 这个特点使得我们有理由对长度N与振幅f在对数级别差不多的指数和$S_f(N)$找到非平凡的界. 我们在下一节将通过Vinogradov方法造出p趋于0比q趋于$\frac{1}{2}$快得多的指数对(p,q)的数列. 目前我们还没有指数对满足$p=0, q<\frac{1}{2}$, 任何这样的例子都将标志着指数和理论的重大突破.

可以通过A过程与B过程的交错进行产生连续的指数对. 由Weyl-van der Corput差分不等式(8.51)可得

***A*-过程** 若(p,q)是指数对, 则

$$A(p,q)=(\tfrac{p}{2p+2},\tfrac{q+\frac{1}{2}}{2p+2}) \tag{8.65}$$

也是指数对.

由van der Corput近似函数方程(8.45)可得

***B*-过程** 若(p,q)是指数对, 则

$$B(p,q)=(q,p) \tag{8.66}$$

也是指数对.

下面是从平凡指数对产生的指数对的例子:

$$\begin{aligned}
B(0,\tfrac{1}{2}) &= (\tfrac{1}{2},0),\\
AB(0,\tfrac{1}{2}) &= (\tfrac{1}{6},\tfrac{1}{6}),\\
A^2B(0,\tfrac{1}{2}) &= (\tfrac{1}{14},\tfrac{2}{7}),\\
A^3B(0,\tfrac{1}{2}) &= (\tfrac{1}{30},\tfrac{11}{30}),\\
A^4B(0,\tfrac{1}{2}) &= (\tfrac{1}{62},\tfrac{13}{31}),\\
ABABA^2B(0,\tfrac{1}{2}) &= (\tfrac{1}{11},\tfrac{1}{4}).
\end{aligned}$$

为了对Riemann函数在临界线上进行估计, 我们需要满足$p+q$尽可能小的指数对(p,q), 因为当$t \geqslant 1$时有

$$\zeta(\frac{1}{2}+\mathrm{i}t) \ll t^{\frac{1}{2}(p+q)+\varepsilon}. \tag{8.67}$$

Rankin[261]在1955年计算了关于由A-过程和B-过程生成的所有指数对(p,q)的函数$\theta = \frac{1}{2}(p+q)$的最小值, 得到$\theta_{\min} = 0.164\,510\,67\ldots$. 在指数对的其他应用中, 人们希望找到分式线性函数$\theta(p,q) = \frac{\alpha p+\beta q+\mu}{\delta p+\gamma q+\nu}$的最小值. 考虑到这些应用, Graham于1985年为解决这个一般的问题给出了一个确实漂亮的算法, 见[108].

今天存在不能用van der Corput方法得到的指数对. 例如, Huxley和Watt[121]证明了

$$(p,q) = (\tfrac{9}{56}, \tfrac{9}{56}) \tag{8.68}$$

是通过对Bombieri与Iwaniec的工作[21]细致推敲得到的指数对. 沿着这些思路的进一步改进在[145]中给出, [108]中对此进行了非常好的阐述.

Weyl平移(从n到$n+q$)的引入是为了缩小振幅函数(从$f(n)$到$h(n) = f(n+q) - f(n)$). 但是, 这种平移也增加了求和的变量. 我们能够借助于二维指数对来利用这一点, 然而改进的结果并不可观(在Riemann ζ函数的情形, 此时所得的结果比从Huxley-Watt指数对(8.68)所得的结果还要弱).

§8.5 Vinogradov方法

在20世纪30年代末期, I. M. Vinogradov[324–325]为了估计Weyl型的指数和创造了一个新方法, 它对于振幅函数大的(相对于长度而言)和式非常有力. 他花费了一生中大量的时间处理这些结果, 所以我们今天才有了几个由他及其追随者给出的精彩陈述.

令$f(x)$为$[N,2N]$上的光滑实函数. 我们的目标是对任意满足$N \leqslant a < b \leqslant 2N$的$a,b$估计指数和

$$S_f(a,b) = \sum_{a<n<b} \mathrm{e}(f(n)). \tag{8.69}$$

我们将分几个不同的步骤来处理问题.

第一步: 小平移

我们首先像Weyl方法那样对和式作平移:

$$S_f(a,b) = \sum_{a-q<n<b-q} \mathrm{e}(f(n+q)).$$

我们选择相对小的q以便我们能够用关于q的次数适当小的多项式逼近$f(n+q)$. 准确地说, 我们应用Taylor展开式$f(n+q) = F_n(q) + R_n(q)$, 其中$F_n(q)$是多项式

$$F_n(q) = \sum_{0\leqslant j\leqslant k} \alpha_j(n) q^j,$$

系数$\alpha_n(j) = \frac{f^{(j)}(n)}{j!}$, $R_n(q)$有界, 且满足

$$|R_n(q)| \leqslant \frac{q^{k+1} f^{(k+1)}}{(k+1)!},$$

$f^{(k+1)} = \max\{f^{(k+1)}(x)\}$. 代入近似式得到

$$S_f(a,b)=\sum_{a<n<b}\mathrm{e}(F_n(q))+\theta(2q+q^{k+1}f^{(k+1)}N),$$

其中$|\theta|\leqslant 1$. 这里的第一个误差项中的$2q$表示两个不相交的区间上的指数和的平凡界, 第二个误差项由不等式$|\mathrm{e}(R_n(q))-1|\leqslant q^{k+1}f^{(k+1)}$得到. 我们还将要求即将遇到的估计式中的隐性常数是绝对的. 可以说这一点即使是关于k也很重要, 因为在某些应用中(首先是界定$\zeta(1+\mathrm{i}t)$), 我们用到的k依赖于和式的长度和振幅函数的大小.

在这一点上, Vinogradov的方法与Weyl的方法不同. 第一个新的想法是我们现在在一个特殊的子集, 例如$\mathcal{Q}\subset\{1,2,\ldots,Q\}$, 而不是整个集合上考虑关于$q$的均值. 我们得到

$$S_f(a,b)=\sum_{a<n<b}|\mathcal{Q}|^{-1}\sum_{q\in\mathcal{Q}}\mathrm{e}(F_n(q))+O(Q+Q^{k+1}f^{(k+1)})N), \tag{8.70}$$

其中$|\mathcal{Q}|$表示$\mathcal{Q}$中的点数. 尽管$F_n(q)$是关于q的多项式, 我们不能将内和

$$S_n=\sum_{q\in\mathcal{Q}}\mathrm{e}(F_n(q))$$

视为k次Weyl和, 因为是在$\mathcal{Q}$上的限制求和(即将确定$\mathcal{Q}$). 此外, 我们也不会通过对和式$S_f(a,b)$取模的平方从而应用差分的思想, 而是对每个$n\in(a,b)$, 直接对内和S_n进行独立的估计. 换句话说, 我们在最后一步前不再需要变量n, 即使在最后一步, 这一点也不重要.

由于变量n在下文中作用不大, 为简化符号起见, 我们考虑指数和

$$S=\sum_{q\in\mathcal{Q}}\mathrm{e}(F(q)),$$

其中

$$F(q)=\sum_{0\leqslant j\leqslant k}\alpha_j q^j$$

是任意的实系数多项式. 显然S依赖于系数α_j的小数部分. 由于这个原因, 我们将要利用的是那些满足$|\alpha_j|<1$的系数, 我们容易控制它们. 另一方面, 很小的系数, 具体来说$|\alpha_j|<Q^{-j}$对$\mathrm{e}(F(q))$的辐角不产生影响. 因此只有多项式$F(q)$ 的中间项, 即满足$Q^{-j}<|\alpha_j|<1$的项起作用, 其他项没有用. 在最后的推理中, 我们需要用到原来的系数$\alpha_j=\alpha_j(n)=\frac{f^{(j)}(n)}{j!}$, 它的特定现状不重要, 我们只需要估计它的大小.

第二步: 创造双线性型

我们选择

$$\mathcal{Q}=\{xy|1\leqslant x,y\leqslant P\},$$

其中$q=xy$的计数按表示的重数计算, 因此$|\mathcal{Q}|=Q=P^2$, 从而指数和S成为双线性型

$$S=\sum_{1\leqslant x\leqslant P}\sum_{1\leqslant y\leqslant P}\mathrm{e}(F(xy)). \tag{8.71}$$

变量x,y在两个集合(具有某个基数)上独立变化很重要, 但是这些点是什么不重要. 例如, 我们可以将x,y限制与特殊的数集, 或者考虑一般的双线性型

$$\mathcal{B}(X,Y)=\sum_{x\in\mathcal{X}}\sum_{y\in\mathcal{Y}}a(\boldsymbol{x})b(\boldsymbol{y})\,\mathrm{e}(\langle\boldsymbol{x},\boldsymbol{y}\rangle),$$

其中$a(\boldsymbol{x}), b(\boldsymbol{y})$为任意复数, $\mathcal{X}, \mathcal{Y}$是形如$\boldsymbol{x} = (1, \ldots, x^k), \boldsymbol{y} = (1, y, \ldots, y^k)(x, y \in \mathbb{Z}, 1 \leqslant x \leqslant X, 1 \leqslant y \leqslant Y)$的点集. 若$\mathcal{X}, \mathcal{Y}$是充分大的间隔良好的集合, 则由Fourier技巧(见第10章)容易得到$\mathcal{B}(X, Y)$ 的非平凡界. 但是, 这不是我们在这里要考虑的情形, 我们的集合非常稀疏.

第三步: 扩充变量

我们的下一个目标是对和式创造更多的点, 产生许多没有大间距的变量. 为此, 我们将双线性型(8.71)升为高次幂, 应用Hölder不等式, 对得到的多重和式改变次序如下:

$$\begin{aligned}|S|^\ell &\leqslant P^{\ell-1} \sum_x \Big| \sum_y \mathrm{e}(F(xy)) \Big|^\ell \\ &= P^{\ell-1} \sum_x \zeta_x \sum_{y_1, \ldots, y_\ell} \mathrm{e}(F(xy_1) + \cdots + F(xy_\ell)) \\ &= P^{\ell-1} \sum_{\lambda_1, \ldots, \lambda_k} \nu(\lambda_1, \ldots, \lambda_k) \sum_x \zeta_x \, \mathrm{e}(\alpha_1 \lambda_1 x + \cdots + \alpha_k \lambda_k x^k),\end{aligned}$$

其中ζ_k是模为1的复数, $\nu(\lambda_1, \ldots, \lambda_k)$是关于整数$y_j \in [1, P](1 \leqslant j \leqslant \ell)$的方程组

$$\left\{\begin{array}{l} y_1 + \cdots + y_\ell = \lambda_1 \\ y_1^2 + \cdots + y_\ell^2 = \lambda_2 \\ \qquad \vdots \\ y_1^k + \cdots + y_\ell^k = \lambda_k \end{array}\right. \tag{8.72}$$

的解数. 因此$\ell \leqslant \lambda_j \leqslant \ell p^j$, 否则无解. 因为$\ell$比$k$大得多(大概$\ell \asymp k^2$), 我们期望大多数向量$(\lambda_1, \ldots, \lambda_k)$由方程组(8.72)给出很多表示. 这些数$\nu(\lambda_1, \ldots, \nu_k)$可能相差很小. 为了便于估计外和, 我们将$|S|^\ell$再升高$2\ell$次幂得到

$$|S|^{2\ll^2} \leqslant P^{2\ell(\ell-1)} I_{\ell,k}(P)^{2(\ell-1)} J_{\ell,k}(P) Z_{\ell,k}(P),$$

其中

$$\begin{aligned}I_{\ell,k} &= \sum_{\lambda_1, \ldots, \lambda_k} \nu(\lambda_1, \ldots, \lambda_k), \\ J_{\ell,k} &= \sum_{\lambda_1, \ldots, \lambda_k} \nu^2(\lambda_1, \ldots, \lambda_k), \\ Z_{\ell,k} &= \sum_{\lambda_1, \ldots, \lambda_k} \Big| \sum_x \zeta_x \, \mathrm{e}(\alpha_1 \lambda_1 x + \cdots + \alpha_k \lambda_k x^k) \Big|^{2^\ell}.\end{aligned}$$

对于$\nu(\lambda_1, \ldots, \lambda_k)$的均值, 我们有精确值

$$I_{\ell,k}(P) = P^\ell,$$

而估计$\nu^2(\lambda_1, \ldots, \lambda_k)$的均值则是一个困难得多的问题. 注意$J_{\ell,k}(P)$是关于整数$y_j \in [1, P](1 \leqslant j \leqslant 2\ell)$的齐次方程组

$$\left\{\begin{array}{l} y_1 + \cdots + y_\ell - y_{\ell+1} - \cdots - y_{2\ell} = 0 \\ y_1^2 + \cdots + y_\ell^2 - y_{\ell+1}^2 - \cdots - y_{2\ell}^2 = 0 \\ \qquad \vdots \\ y_1^k + \cdots + y_\ell^k - y_{\ell+1}^k - \cdots - y_{2\ell}^k = 0 \end{array}\right. \tag{8.73}$$

的解数. 我们有

$$J_{\ell,k}(P) = \int_0^1 \cdots \int_0^1 \Big| \sum_{1 \leqslant x \leqslant P} \mathrm{e}(\alpha_1 x + \alpha_k x^k) \Big|^{2^\ell} \mathrm{d}\,\alpha_1 \cdots \mathrm{d}\,\alpha_k. \tag{8.74}$$

更一般地, 若方程组(8.73)的右边被常数$\sigma_1,\ldots,\sigma_k$替代, 则非齐次方程组的解数$J_{\ell,k}(P;\sigma_1,\ldots,\sigma_k)$由积分

$$\int_0^1\cdots\int_0^1\Big|\sum_{1\leqslant x\leqslant P}\mathrm{e}(\alpha_1 x+\cdots+\alpha_k x^k)\Big|^{2\ell}(\mathrm{e}(\alpha_1\sigma_1+\cdots+\alpha_k\sigma_k)\,\mathrm{d}\,\alpha_1\cdots\mathrm{d}\,\alpha_k.$$

所以显然有

$$J_{\ell,k}(P;\sigma_1,\ldots,\sigma_k)\leqslant J_{\ell,k}(P;0,\ldots,0)=J_{\ell,k}(P). \tag{8.75}$$

第四步：调整为线性多项式

对$J_{\ell,k}(P)$的估计是Vinogradov方法的核心(见下一步), 但是最重要的改进来自$Z_{\ell,k}(P)$, 因为它是唯一保留非平凡特征的和式. 我们有

$$Z_{\ell,k}(P)\leqslant\sum_{x_1,\ldots,x_{2\ell}}\Big|\sum_{\lambda_1,\ldots,\lambda_k}\mathrm{e}(\alpha_1\lambda_1\sigma_1+\cdots+\alpha_k\lambda_k\sigma_k)\Big|,$$

其中$\sigma_h=\sigma_h(x_1,\ldots,x_{2\ell})=\sum\limits_{j=1}^{\ell}(x_j^h-x_{j+\ell}^h)$, 所以$|\sigma_h|\leqslant\ell P^h$. 因此由(8.75)得到

$$Z_{\ell,k}(P)\leqslant J_{\ell,k}(P)\sum_{\sigma_1,\ldots,\sigma_k}\Big|\sum_{\lambda_1,\ldots,\lambda_k}\mathrm{e}(\alpha_1\lambda_1\sigma_1+\cdots+\alpha_k\lambda_k\sigma_k)\Big|,$$

这里$\sigma_1,\ldots,\sigma_k,\lambda_1,\ldots,\lambda_k$是独立变化, 且满足$|\sigma_h|\leqslant\ell p^h,|\lambda_h|\leqslant\ell P^h$的所有整数. 注意多重和可分解, 所以我们可以将结果写成

$$Z_{\ell,k}(P)\leqslant J_{\ell,k}(P)\ell^{2k}P^{k(k+1)}\Delta,$$

其中

$$\Delta=\prod_{1\leqslant h\leqslant k}D(\alpha_h,\ell P^h),$$

$$D(\alpha,X)=X^{-2}\sum_{|m|\leqslant X}\sum_{|n|\leqslant X}|\,\mathrm{e}(\alpha mn)|.$$

现在抵消的来源像Weyl方法中那样在关于线性多项式的指数和中. 这里达到目的所用的Vinogradov的双线性型技巧与之前用Weyl的差分过程有很大不同. 但重要的是, 新的过程快得多. 事实上, Weyl的差分方法需要$\ell-1$次应用Cauchy不等式(每用一次使次数降低1次), 这就相当于将原来的和式升高2^{k-1}次, 而Vinogradov方法完成此项工作需要的幂次为$2\ell^2\asymp k^4$. 另一个新的特色是我们从F中的每个单项式制造出线性多项式, 而不仅仅是从最高次想得到一个, 因此减少的因子大约出现k次.

综合以上估计, 我们得到

$$|S|^{2\ell^2}\leqslant\ell^{2k}P^{4\ell(\ell-1)+k(k+1)}J_{\ell,k}^2(P)\Delta. \tag{8.76}$$

第五步：$J_{\ell,k}(P)$的估计

让我们思考一下不等式(8.76), 这里的S是原来的和式

$$S(\alpha_1,\ldots,\alpha_k)=\sum_{q\in\mathcal{Q}}\mathrm{e}(\alpha_1 x+\cdots+\alpha_k x^k),$$

而$J_{\ell,k}$是

$$P(\alpha_1,\ldots,\alpha_k)=\sum_{1\leqslant x\leqslant\ell}\mathrm{e}(\alpha_1 x+\cdots+\alpha_k x^k)$$

关于环面$(\mathbb{R}/\mathbb{Z})^k$上系数$\alpha_1,\ldots,\alpha_k$的$L^{2\ell}$-范数. 初看起来我们可能认为估计$J_{\ell,k}$与估计原来的和式$S$并没有大的差异. 是的, 如果我们讨论单个的和式, 那么问题会变得更困难. 但是, 由于对系数作完全积分, 我们实际上面临一个Diophantine问题(计算齐次方程组(8.73)的解数).

通过启发性推理, 我们得到界

$$J_{\ell,k} \ll P^{2\ell-\frac{1}{2}k(k+1)} \tag{8.77}$$

((8.73)中的线性方程固定一个变量, 二次方程再固定两个变量等), 但是我们不能证明该论断. Vinogradov证明了一个稍弱的界.

定理 8.21 令k,m为正整数, $\ell \geqslant k(k+m)$, 则对任意的$P \geqslant k^{k(1-\frac{1}{k})^{-m}}$有

$$J_{\ell,k} \leqslant 2^{4\ell m} P^{2\ell-\frac{1}{2}k(k+1)+\frac{1}{2}k(k+1)(1-\frac{1}{k})^m}. \tag{8.78}$$

我们首先证明

引理 8.22 令p为素数, $p>k$, $\lambda_1,\ldots,\lambda_k$为整数, 则关于$x_1,\ldots,x_k \bmod p^k$的同余式组

$$\begin{cases} x_1+\cdots+x_k \equiv \lambda_1 \bmod p \\ \qquad\vdots \\ x_1^k+\cdots+x_k^k \equiv \lambda_k \bmod p^k \end{cases} \tag{8.79}$$

的满足$x_i \not\equiv x_j \bmod p$的解数$T=T_p(\lambda_1,\ldots,\lambda_k)$有界:

$$T \leqslant k!p^{\frac{k(k-1)}{2}}. \tag{8.80}$$

证明: 我们将每个x_r唯一地写成

$$x_r = x_{r1}+x_{r2}p+\cdots+x_{rk}p^{k-1},$$

其中$0 \leqslant x_{ri} < p(1 \leqslant r,i \leqslant k)$. 这些第一个坐标$x_{r1}$满足模$p$的方程组(8.37). 由对称多项式理论可知第$j$ 个关于$x_{11},x_{21},\ldots,x_{k1}$的对称函数, 设为$s_j$, 由$\lambda_1,\ldots,\lambda_k$确定, 并且$x_{r1}$ 是$x^k-s_1x^{k-1}+\cdots+(-1)^k s_k$的根. 由于该多项式最多有$k$个根, 所以最多有$k!$个解$(x_{11},x_{21},\ldots,x_{k1})$.

现在给定$(x_{11},x_{21},\ldots,x_{k1}),\ldots,(x_{1h},x_{2h},\ldots,x_{kh})(1 \leqslant h < k)$, 我们要找出第$k+1$阶数的坐标满足的条件. 令

$$x_{r1}+x_{r2}p+\cdots+x_{rh}p^{h-1} = y_{rh}(1 \leqslant r \leqslant k),$$

则有

$$x_r \equiv y_{r,h}+x_{r,h+1}p^h \bmod p^{h+1}.$$

考虑模p^{h+1}的方程组(8.79)(略去前h个同余式), 即

$$\sum_{r=1}^{k}(y_{r,h}+z_{r,h+1}p^h)^m \equiv \lambda \bmod p^{h+1}(h<m \leqslant k).$$

因此

$$\sum_{r=1}^{k} x_{r,h+1} y_{rh}^{m} \equiv \mu_m \bmod p (h < m < k), \tag{8.81}$$

其中μ_m是由j阶数$(1 \leqslant j \leqslant h)$的坐标$x_{rj}$以及常数$\lambda_m(h < m < k)$确定的数. 因为$x_r \bmod p$不同, 所以$y_{rh} \bmod p$也不同. 特别地, 最多有一个$y_{rh} \equiv 0 \bmod p$, 设为$y_{1h}$. 若我们任选$x_{1,h+1}, \ldots, x_{h,h+1}$, 则剩余的数$x_{h+1,h+1}, \ldots, x_{k,h+1}$模$p$时由线性方程组(8.81)唯一确定, 因为其(Vandermonde)行列式非零. 因此, 阶为$h+1$的数的坐标数不超过p^h. 由此推出

$$T \leqslant k! p p^2 \cdots p^{k-1} = k! p^{\frac{k(k+1)}{2}}. \qquad \square$$

推论 8.23 令p为素数, $p > k$, $U_{kp}(P)$为同余式组

$$\sum_{1 \leqslant h \leqslant k} (x_h^m - x_{h+1}^m) \equiv 0 \bmod p^m (1 \leqslant m \leqslant k) \tag{8.82}$$

的满足$X < x_h < X + P, x_{h_1} \not\equiv x_{h_2} \bmod p (1 \leqslant h_1 \neq h_2 \leqslant k)$的解数, 则

$$U_{kp}(P) \leqslant k!(p^k + P)^k P^k p^{-\frac{k(k+1)}{2}}. \tag{8.83}$$

我们的下一个目标是对$J_{\ell k}(P)$建立递归不等式. 假设$\ell > k > 2, P \leqslant pq$, 其中$p > k$是后面将要选定的素数, $q \in \mathbb{Z}$. 显然有$J_{\ell k}(P) \leqslant J_{\ell k}(pq)$. 要估计$J_{\ell k}(pq)$, 我们将方程组(8.73)的解分成两类. 称$(y_1, \ldots, y_{2\ell})$为第一类的, 若两个数组$(y_1, \ldots, y_\ell)$与$(y_{\ell+1}, \ldots, y_{2\ell})$模$p$都至少有$k$ 个不同的数. 其余的解称为第二类的.

让我们估计第一类解数, 设为J_1. 因为k个数可以用$\ell(\ell-1)\cdots(\ell-k+1)$种方式放到$\ell$个位置, 可知$J_1 \leqslant \ell^{2k} J_{11}$, 其中$J_{11}$是解$(y_1, \ldots, y_{2\ell})$中满足条件: 所有的$(y_1, \ldots, y_k)$ 模p都不同, 所有的$(y_{\ell+1}, \ldots, y_{\ell+k})$模$p$都不同的个数. 令

$$S(\alpha) = \sum_{1 \leqslant y \leqslant P} \mathrm{e}(F_\alpha(y)),$$

其中$F_\alpha(y) = \alpha_1 y + \cdots + \alpha_k y^k$, 我们将和式分裂

$$S(\alpha) = \sum_{u \bmod p} \sum_{\substack{1 \leqslant y \leqslant P \\ y \equiv u \bmod p}} \mathrm{e}(F_\alpha(y)) =: \sum_{u \bmod p} S_u(\alpha).$$

由Hölder不等式得到

$$\begin{aligned} J_{11} &= \int_0^1 \cdots \int_0^1 \Big| \sum_{u_1, \ldots, u_k \bmod p}^{*} S_{u_1}(\alpha) \cdots S_{u_k}(\alpha) \Big|^2 \Big| \sum -u \bmod p S_u(\alpha) \Big|^{2\ell-2k} \, \mathrm{d}\, \alpha \\ &\leqslant p^{2\ell-2k-1} \sum_{0 < u \leqslant p} J_{11}(u), \end{aligned}$$

其中$\sum^*$表示限于对所有不同的剩余类$u_1, \ldots, u_k \bmod p$求和, 而

$$J_{11}(u) = \int_0^1 \cdots \int_0^1 \Big| \sum_{u_1, \ldots, u_k}^{*} S_{u_1}(\alpha) \cdots S_{u_k}(\alpha) \Big|^2 S_u(\alpha) |^{2\ell-2k} \, \mathrm{d}\, \alpha.$$

$J_{11}(u)$又等于方程组(8.73)满足如下条件的解$(y_1, \ldots, y_{2\ell})$的个数: 所有的$y_1, \ldots, y_k \bmod p$ 都不同, 所有的$y_{\ell+1}, \ldots, y_{\ell+k} \bmod p$都不同, 并且其余的$y_i \equiv u \bmod p$. 对这些解, 若$k < h \leqslant \ell$ 或$k + \ell < h \leqslant 2\ell$, 设$y_h = u + p v_h (0 \leqslant v_h < q)$. 对$1 \leqslant m \leqslant k$有

$$\sum_{0<h\leqslant k}(y_h^m-y_{h+\ell}^m)+\sum -k<h\leqslant \ell[(u+pv_h)^m-(u+pu_{h+\ell})^m]=0.$$

现在我们应用显然的事实: 若$(y_1,\dots,y_{2\ell})$是齐次方程组(8.73)的解, 则$(y_1-u,\dots,y_{2\ell}-u)$也是解. 因此对$q\leqslant m\leqslant k$有

$$\sum_{0<h\leqslant k}(x_h^m-x_{h+\ell}^m)+p^m\sum_{k<h\leqslant \ell}(v_h^m-v_{h+\ell}^m)=0,$$

其中$x_h=y_h-u(0<h\leqslant k,\ell<h\leqslant \ell+k)$. 事实上, 我们注意到$x_h$满足方程组(8.79). 给定(8.79)的一组解, 可知v_h满足非齐次方程组

$$\sum_{k<h\leqslant \ell}(v_h^m-v_{h+\ell}^m)=\lambda_m(1\leqslant m\leqslant k),$$

其中某个常数λ与v_h无关. 因此这些v_h的个数由$J_{\ell-k,k}(q)$界定, 见(8.73). 由此及(8.83)可得

$$J_{11}(u)\leqslant k!(p^k+P)^kP^kp^{-\frac{k(k+1)}{2}}J_{\ell-k,k}(q),$$

从而有

$$J_1\leqslant \ell^{2k}k!p^{2\ell-2k-\frac{k(k+1)}{2}}P^k(p^k+P)^kJ_{\ell-k,k}(q). \tag{8.84}$$

现在我们估计(8.73)的第二类解的个数J_2. 在数组$(y_1,\dots,y_\ell)$中最多有$k-1$个不同的模p剩余类, 或者在数组$(y_{\ell+1},\dots,y_{2\ell})$中最多有$k-1$ 个不同的模p剩余类. 所以

$$J_2=\int_0^1\cdots\int_0^1\sum_{u\in U}S_{u_1}(\alpha)\cdots S_{u_\ell}(\alpha)\bar{S}_{u_{\ell+1}}(\alpha)\cdots\bar{S}_{u_{2\ell}}(\alpha)\,\mathrm{d}\,\alpha,$$

U是满足相关性质的向量$\boldsymbol{u}=(u_1,\dots,u_{2\ell})$的集合, 从而$|U|\leqslant 2k^\ell p^{\ell+k-1}$.

由不等式$(x_1\cdots x_n)^{\frac{1}{n}}\leqslant\frac{x_1+\cdots+x_n}{n}$得到

$$J_2\leqslant\sum_{(u_1,\dots,u_{2\ell})\in U}(2\ell)^{-1}\sum_{h=1}^{2\ell}J_2(u_h),$$

其中

$$J_2(u)=\int_0^1\cdots\int_0^1|S_u(\alpha)|^{2\ell}\,\mathrm{d}\,\alpha\leqslant J_{\ell,k}(q)\leqslant q^{2k}J_{\ell-k,k}(q).$$

因此

$$J_2\leqslant 2k^\ell p^{\ell+k-1}q^{2k}J_{\ell-k,k}(q). \tag{8.85}$$

由(8.874)和(8.85)推出

$$J_{\ell,k}(P)\leqslant(\ell^{2k}k!p^{2\ell-2k-\frac{k(k+1)}{2}}P^k(p^k+P)^k+2k^\ell p^{\ell+k-1}q^{2k})J_{\ell-k,k}(q).$$

最后假设$P\geqslant k^k$, 我们可以取素数p使得$2+P^{\frac{1}{k}}\leqslant p\leqslant 2P^{\frac{1}{k}}$和整数$q=[p^{-1}P]+1$得到

引理 8.24 令$k\geqslant 2,\ell\geqslant\frac{1}{2}k(k+3)-1,P\geqslant k^k$, 则有

$$J_{\ell,k}(P)\leqslant 2^{4\ell}P^{\frac{2\ell}{k}+\frac{3k-5}{2}}J_{\ell-k,k}(P^{1-\frac{1}{k}}). \tag{8.86}$$

现在容易由引理8.14通过对m作归纳得到定理8.21.

取$\ell = k(k+m)$, 综合(8.76)和(8.78)得到

$$|S| \leqslant 4P^2(\Delta P^{k(k+1)(1-\frac{1}{k})^m})^{\frac{1}{2k^2(k+m)^2}}, \tag{8.87}$$

其中m是任意的正整数, $P > k^{k(1-\frac{1}{k})^{-m}}$.

第六步: Δ的估计

还剩下估计Δ. 我们有

$$\begin{aligned} X^2 D(\alpha, X) &\leqslant \sum_{|m|\leqslant X} \min\{X, \tfrac{1}{2\|\alpha m\|}\} \\ &\leqslant \sum_{|r|\leqslant \alpha X + \frac{1}{2}} \sum_{|\alpha m - r| < \frac{1}{2}} \min\{X, \tfrac{1}{2|\alpha m - r|}\} \\ &\leqslant 2(\alpha X + 1)(X + \sum_{0<u<\frac{1}{2\alpha}} \min\{2X, \tfrac{1}{\alpha u}\}). \end{aligned}$$

最后的和式由值为$\alpha^{-1}\log \mathrm{e} X$的积分界定, 因此对$\alpha > 0, X \geqslant 3$有

$$D(\alpha, X) \leqslant 2X^{-2}(\alpha X + 1)(X + \alpha^{-1}\log \mathrm{e} X) \leqslant 4(\alpha + \alpha^{-1}X^{-2})\log \mathrm{e} X.$$

我们也有平凡界$D(\alpha, X) \leqslant 4$. 我们从这两个界推出: 对任意的$I \subset \{1, 2, \ldots, k\}$, 有

$$\Delta \leqslant \prod_{j\in I}(|\alpha_j| + |\alpha_j|^{-1}P^{-2j})(4k\log 3\ell P)^k. \tag{8.88}$$

第七步: 指数和的估计

我们现在假设$f(x)$是$[N, 2N]$上的光滑函数, 使得对所有的$j \geqslant 1$和所有的$x \in [N, 2N]$有

$$\alpha^{-j^3}F \leqslant \tfrac{x^j}{j!}|f^{(j)}(x)| \leqslant \alpha^{j^3}F, \tag{8.89}$$

其中$F \geqslant N \geqslant 2, \alpha \geqslant 1$. 因此对$\alpha_j(n) = \frac{f^{(j)}(n)}{j!}$可得

$$\alpha^{-j^3}(2N)^{-1}F \leqslant |\alpha_j(n)| \leqslant \alpha^{j^3}N^{-j}F,$$

从而

$$\Delta \leqslant \prod_{j\in I}(FN^{-j} + F^{-1}N^jP^{-2j})\alpha^{k^4}(8k\log 3P)^k.$$

假设$P^4 \leqslant N \leqslant F^{\frac{1}{4}}, k \geqslant \frac{2\log F}{\log N}$. 我们选择

$$I = \{j | \tfrac{\log F}{\log N} < j \leqslant \tfrac{\log F}{\log \frac{N}{P}}\},$$

得到

$$\Delta \leqslant \prod_{j\in I}(FN^{-j})(2k\,\mathrm{e}^k)^{k^2}\log^k 3N \leqslant N^{-\frac{J(J-1)}{2}}(2k\,\mathrm{e}^k)^{k^2}\log^k 3N,$$

其中

$$J = |I| \geqslant \frac{\log F}{\log \frac{N}{P}} - \frac{\log F}{\log N} - 1 \geqslant \frac{(\log F)(\log P)}{2\log^2 N} + 1.$$

最后

$$\Delta \leqslant \exp(-(\log^2 F)(\log^2 P)(2\log N)^{-3})a^{k^4}(k\log 3N)^k. \tag{8.90}$$

现在设$P = N^{\frac{1}{4}}, k = \frac{4\log F}{\log N}, m = 8k$, 我们从(8.70), (8.88), (8.90)推出下面的

定理 8.25 令$f(x)$为$[N, 2N]$上满足(8.89)的光滑函数, 其中$F \geqslant N^4, \alpha \geqslant 1$, 则有

$$S_f(a,b) \ll \alpha N \exp(-2^{-18}(\log^2 N)(\log^{-2} F), \tag{8.91}$$

其中隐性常数是绝对的.

应用

我们通过从(8.91)提取几个基本应用来结束Vinogradov方法的介绍.

推论 8.26 对$t \geqslant N \geqslant 2$有

$$\sum_{1\leqslant n\leqslant N} n^{\mathrm{i}\,t} \ll N\exp(-\beta(\log^3 N)(\log^{-2} t)), \tag{8.92}$$

其中β和隐性常数是绝对的.

定理 8.27 存在绝对常数$\sigma > 0$使得对$s = \sigma + \mathrm{i}\,t$满足$t \geqslant 1, \frac{1}{2} \leqslant \sigma \leqslant 1$时, 有

$$\zeta(s) \ll t^{\sigma(1-\sigma)^{\frac{3}{2}}} \log^{\frac{2}{3}} t, \tag{8.93}$$

其中隐性常数是绝对的.

证明: 由(8.21), 利用分部求和公式以及(8.92)有

$$\begin{aligned}\zeta(s) &= \sum_{1\leqslant n\leqslant t} n^{-s} + O(1) \ll \int_1^t x^{-\sigma}\exp(-\beta(\log^3)(\log^{-2} t)\,\mathrm{d}\,x \\ &= (\log t)\int_0^1 t^{(1-\sigma)u-\beta u^3}\,\mathrm{d}\,u \leqslant (\log t)\int_0^1 t^{f(v)-\beta(u-v)^3}\,\mathrm{d}\,u,\end{aligned}$$

其中$f(u) = (1-\sigma)u - \beta u^3, v = \frac{\sqrt{(1-\sigma)}}{3\beta}$, 所以$f(v) = \frac{2(1-\sigma)^{\frac{3}{2}}}{3\sqrt{3\beta}}$. 取$\alpha = \frac{2}{3\sqrt{3\beta}}$即得(8.93). □

推论 8.28 (Vinogradov-Korobov, 1957) 存在绝对常数$\gamma > 0, \delta > 0$使得

$$|\zeta(\sigma + \mathrm{i}\,t)| \leqslant \gamma \log^{\frac{2}{3}} t \tag{8.94}$$

在区域

$$t \geqslant 2,\ \sigma \geqslant 1 - \delta \log^{-\frac{2}{3}} \tag{8.95}$$

中成立.

有几个有趣的手段可以用来将$\zeta(s)$的上界变成无零区域, 从而得到$\frac{1}{\zeta(s)}, \frac{\zeta'(s)}{\zeta(s)}$在该区域的估计. (第5章介绍的)Hadamard与de la Vallée Poisson的原始方法只能产生形如$\sigma \geqslant 1 - c\log^{-1} t$的无零区域, 不管我们对$\zeta(s)$的估计有多好. 但是, 将这些方法与Landau的一个方法结合在一起能够建立更深入的关系(见[315]中的定理3.10 和定理3.11).

引理 令$\phi(t), \psi(t)$为关于$t \geqslant 0$的正值增函数, 使得$\phi(t)\psi(t) = o(\exp(\phi(t)))(t \to +\infty)$. 若对$\sigma \geqslant 1 - \psi(t)^{-1}$有

$$\zeta(s) \ll \exp(\phi(t)),$$

则对$\sigma \geqslant 1 - c\psi(2t+3)^{-1}\phi(2t+3)^{-1}$有

$$\zeta(s) \neq 0.$$

此外, 在这个区域有

$$\tfrac{1}{\zeta(s)}, \tfrac{\zeta'(s)}{\zeta(s)} \ll \phi(2t+3)\psi(2t+3).$$

因此利用讨论推论8.28可得

定理 8.29 对$\sigma \geqslant 1 - c(\log^{-\frac{2}{3}} t)(\log\log t)^{-\frac{1}{3}}, t \geqslant 3$, 有$\zeta(s) \neq 0$, 并且

$$\tfrac{1}{\zeta(s)} \ll (\log^{\frac{2}{3}} t)(\log\log t)^{\frac{1}{3}},$$

$$\tfrac{\zeta'(s)}{\zeta(s)} \ll (\log^{\frac{2}{3}} t)(\log\log t)^{\frac{1}{3}},$$

其中$c > 0$为绝对常数.

现在通过标准的围道积分推理(见第5章)可得下面已知的最强的素数定理.

推论 8.30 对$x \geqslant 3$有

$$\psi(x) = x + O(x\exp(-c(\log^{-\frac{2}{3}} x)(\log\log x)^{-\frac{1}{3}})),$$

其中$c > 0$为绝对常数.

令$\tau_k(n)$为n表示成k个正整数的乘积的方法数, 所以$\tau_k(n)$的Dirichlet生成级数是$\zeta^k(s)$.

定理 8.31 对任意的$\varepsilon > 0$和$x \geqslant 2$有

$$D_k(x) = \sum_{n \leqslant x} \tau_k(n) = xP_k(\log x) + O(x^{\delta_k + \varepsilon}), \tag{8.96}$$

其中P_k是$k-1$次多项式, $\delta_k = 1 - \gamma k^{-\frac{2}{3}}$, γ是正的绝对常数, 隐性常数仅依赖于ε, k.

证明: 由Perron公式(5.111)得到

$$D_k(x) = \tfrac{1}{2\pi \mathrm{i}} \int_{1+\varepsilon-\mathrm{i}T}^{1+\varepsilon+\mathrm{i}T} \zeta^k(s) \tfrac{x^s}{s}\, \mathrm{d}\, s + O(x^{1+2\varepsilon}T^{-1}),$$

其中T是满足$2 \leqslant T \leqslant x$的任意数. 将积分平移到直线$\mathrm{Re}(s) = \sigma(\frac{1}{2} < \sigma < 1)$上, 由(8.93)得到

$$D_k(x) = \operatorname*{Res}_{s=1} \zeta^k(s) \tfrac{x^s}{s} + O((x^\sigma T^{\alpha(1-\sigma)^{\frac{3}{2}}} + xT^{-1})x^{2\varepsilon}).$$

上面的留数等于$xP_k(\log x)$, 令$T = x^{k^{-\frac{2}{3}}}, \sigma = 1 - (2\alpha k^{\frac{1}{3}})^{-2}$可知误差项变成$O(x^{\delta_k + 2\varepsilon})$. □

我们曾说过对于小的k, 利用van der Corput方法可以得到更强的结果. 人们猜想对任意k, (8.96)中的最佳指数是$\delta_k = \frac{k-1}{2k}$.

第 9 章　Dirichlet多项式

§9.1　引言

Dirichlet多项式是有限Dirichlet级数

$$D(s)=\sum_{1\leqslant n\leqslant N}a_nn^{-s}, \tag{9.1}$$

其中系数a_n为复数. 这是形如$\sum a_n\,\mathrm{e}^{-\lambda(n)s}$的和式的特殊情形, 其中$\lambda(n)$ 是不同的实数, 称为“频率”. 在我们的特殊情形, $\lambda(n)=\log n$因为有以下特点而显得不同:

(1) $\lambda(n)$光滑且缓慢递增.

(2) $\lambda(n)$是加性函数.

$D(s)$的导数也是长度为N的Dirichlet多项式,

$$D'(s)=\sum_{1\leqslant n\leqslant N}a'_nn^{-s},$$

其中系数$a'_n=-a_n\log n$只是稍作改变了. 我们的频率具有加性意味着Dirichlet级数的乘积是Dirichlet多项式, 即有

$$\Big(\sum_{n\leqslant N}a_nn^{-s}\Big)\Big(\sum_{m\leqslant M}b_mm^{-s}\Big)=\sum_{\ell\leqslant L}c_\ell\ell^{-s},$$

其中$L=MN$, 这个乘积的系数为

$$c_\ell=\sum_{\substack{mn=\ell\\ n\leqslant N,m\leqslant M}}a_nb_m. \tag{9.2}$$

Dirichlet多项式理论的主要目标是估计$D(s)$在特殊点的值. 由于实际上特殊点的集合不是可构造的(想一想$\zeta(s)$的零点$\rho=\beta+\mathrm{i}\,\gamma(\beta>\frac{1}{2})$), 有必要对任意的点进行讨论. 此外, 在应用中系数a_n 非常复杂, 因此我们不得不将它们当作任意的复数. 尽管在如此一般的情形, 对固定的s不可能给出$D(s)$的一个非平凡界, 但是对许多间隔良好的点, $|D(s)|$不能取大的值却是事实. 所以我们的基本问题是$|D(s)|$比在相关点集上的均值大的频率如何.

若在$s=\sigma+\mathrm{i}\,t$中固定σ, 则通过将系数a_n变为$a_nn^{-\sigma}$, 我们可以不失一般性假设所考虑的点在虚数线$s=\mathrm{i}\,t$上. 在对虚数线上的点建立结果后, 我们将它们推广到竖直带上间隔良好的点集上. 实际上, 我们也能够用依赖于s, 关于n只做小的变化(关于n的导数很小)的各种函数$f_s(n)$缠绕Dirichlet多项式的项进行修改, 也就是说将理论推广到形如

$$\sum_n a_nf_s(n)n^{-s} \tag{9.3}$$

的和式. 我们可以用任何标准的Fourier分析处理这样的缠绕(将$f_s(n)$中的变量分离, 见命题9.11).

§9.2 积分中值的估计

由Cauchy不等式得到

$$|\sum_{1\leqslant n\leqslant N} a_n n^{\mathrm{i}\,t}|^2 \leqslant GN, \tag{9.4}$$

其中

$$G=\sum_{1\leqslant n\leqslant N}|a_n|^2. \tag{9.5}$$

当然, 这是可能达到的最佳界,但是我们对均值估计可能得到更好的结果.

定理 9.1 对任意的复数a_n, 有

$$\int_0^T|\sum_{1\leqslant n\leqslant N} a_n n^{\mathrm{i}\,t}|^2\,\mathrm{d}\,t=(T+O(N))G, \tag{9.6}$$

其中隐性常数是绝对的.

证明: 令$f(t)$为如下连续的分段线性函数:

$$f(t)=\begin{cases} 0, & 若 t\leqslant -N,\\ 1+\frac{t}{N}, & 若-tN<\leqslant 0,\\ 1, & 若<0t\leqslant T,\\ 1-\frac{t-T}{N}, & 若 T<t\leqslant T+N,\\ 0, & 若 t\geqslant T+N,\end{cases}$$

则我们有优积分

$$\int f(t)|\sum_{1\leqslant n\leqslant N} a_n n^{\mathrm{i}\,t}|^2\,\mathrm{d}\,t=\sum_{1\leqslant m,n\leqslant N} a_m\bar{a}_n F(\tfrac{m}{n}),$$

其中

$$F(x)=\int f(t)x^{\mathrm{i}\,t}\,\mathrm{d}\,t.$$

我们有$F(1)=T+N, F(x)\ll N^{-1}\log^{-2}x(x\neq 1)$. 因此对$m\neq n$有

$$F(\tfrac{m}{n})\ll N^{-1}\log^{-2}\tfrac{m}{n}\ll \tfrac{1}{N}(\tfrac{m+n}{m-n})^2\ll \tfrac{N}{(m-n)^2}.$$

所以我们的积分有上界

$$(T+N)G+O(N\sum -1\leqslant m,n\leqslant N|a_m a_n|(m-n)^2)=(T+O(N))G,$$

最后一步用到不等式$2|a_m a_n|\leqslant |a_m|62+|a_n|^2$. 同理可得相同的下界, 综合两个估计就完成了(9.6)的证明. □

这个结果应该与第7章讨论的双线性型和大筛法对比.

定理9.1意味着$G^{\frac{1}{2}}$是$|D(\mathrm{i}\,t)|$在如下渐近意义

$$\lim_{T\to+\infty}\tfrac{1}{T}\int_0^T|D(t)|^2\,\mathrm{d}\,t=G \tag{9.7}$$

下的均值. 注意Dirichlet多项式的乘积的均值本质上由均值的乘积界定. 确切地说, 我们对系数(9.2)推出下面的不等式:

$$\begin{aligned}\sum_{\ell}|c_\ell|^2 &\leqslant \sum\sum_{nm=n_1m_1}|a_nb_ma_{n_1}b_{m_1}|\\ &\leqslant \sum_n\sum_m|a_nb+m|^2\tau(nm)\\ &\leqslant (\sum_n|a_n|^2\tau(n))(\sum_m|b_m|^2\tau(m)).\end{aligned}$$

因此利用界$\tau(n)\ll n^{\varepsilon}$得到

$$\sum_{\ell}|c_\ell|^2 \ll (MN)^{\varepsilon}(\sum_n|a_n|^2)(\sum_m|b_m|^2). \tag{9.8}$$

对于k个多项式的乘积有

$$(\sum_{n\leqslant N_1}a_n^{(1)}n^{-s})\cdots(\sum_{n\leqslant N_k}a_n^{(k)}n^{-s})=\sum_{n\leqslant N}a_nn^{-s},$$

其中$N=N_1\cdots N_k$, 系数为

$$a_n=\sum\cdots\sum_{n_1\cdots n_k=n}a_{n_1}^{(1)}\cdots a_{n_k}^{(k)}.$$

这些系数的均值满足

$$\sum_n|a_n|^2\leqslant\sum_{n_1}\cdots\sum_{n_k}|a_{n_1}^{(1)}\cdots a_{n_k}^{(k)}|\tau_k(n_1\cdots n_k)\leqslant G_k^{(1)}\cdots G_k^{(k)},$$

其中对给定的数列$\mathcal{A}=(a_n)$, 设

$$G_k=\sum_n|a_n|^2\tau_k(n). \tag{9.9}$$

上述不等式由$\tau_k(n_1\cdots n_k)\leqslant\tau_k(n_1)\cdots\tau_k(n_k)$. 因为$\tau_k(n)$是乘性函数, 只需对$n_j=p^{\alpha_j}$验证不等式. 此时有$\tau_k(p^\alpha)=(1+\alpha)(1+\frac{\alpha}{2})\cdots(1+\frac{\alpha}{k-1})$, 所以只需证明$1+\frac{\alpha_1+\cdots+\alpha_k}{\ell}\leqslant(1+\frac{\alpha_1}{\ell})\cdots(1+\frac{\alpha_k}{\ell})(1\leqslant\ell\leqslant k)$, 这是显然的. 注意我们有

$$G_k\ll GN^{\varepsilon},$$

因为$\tau_k(n)\ll n^{\varepsilon}$, 其中隐性常数依赖于$\varepsilon$和$k$. 但是事实上我们往往有更好的估计$G_k\ll G\log^K 2N$, 其中$K\geqslant k$.

一般来说, 近似公式(9.6)是这种类型可能得到的最好估计, 它适合用于长度N在对数级别与T接近的多项式. 若多项式$D(s)$很短, 我们最好将(9.6)用于适当的幂$D(s)^k$得到

推论 9.2 对任意整数$k\geqslant 1$有

$$\int_0^T|\sum_{1\leqslant n\leqslant N}a_nn^{\mathrm{i}t}|^{2k}\,\mathrm{d}t\ll(T+N^k)G_k^k, \tag{9.10}$$

其中G_k由(9.9)给出, 隐性常数是绝对的.

我们还不能将T与N^k匹配(k为某个整数), 所以(9.10)在一定范围内并不完美. H. Montgomery[233] 在这个方面提出下面的

猜想M_k 假设$|a_n|\leqslant 1$, 则对任意的实数$k\in[1,2]$有

$$\int_0^T|\sum_{1\leqslant n\leqslant N}a_nn^{\mathrm{i}t}|^{2k}\,\mathrm{d}t\ll(T+N^k)N^{k+\varepsilon}, \tag{9.11}$$

其中隐性参数仅依赖于ε.

不难对一些特殊的多项式, 例如对所有的n有$a_n = 1$时证明(9.11). 但是, J. Bourgain[22]证明了: 若k不是整数, 则将$N^{k+\varepsilon}$替换为$G^k N^{\varepsilon}$后, (9.10)中的界对一般的复数a_n不成立. 他给出的反例是在短区间内支撑的Dirichlet多项式, 但是这些情形在应用中并不常见, 所以猜想M_k在成立时仍然重要. 结合其他事实, 由该猜想可推出关于Riemann ζ函数的零点的密度猜想(见第10章).

§9.3 离散中值的估计

接下来我们证明定理9.1的离散版本以及一些推论.

定义 称实数t_r的集合$\mathcal{T}$是间隔良好的, 若$r_1 \neq r_2$时有$t_{r_1} - t_{r_2}| \geqslant 1$.

引理 9.3 (Gallagher) 令$\mathcal{T}$为满足$\frac{1}{2} \leqslant t_r \leqslant T - \frac{1}{2}$的点$t_r$ 组成的间隔良好集, $F(t)$为$[0, T]$ 上的光滑函数, 则有

$$\sum_{t_r \in \mathcal{T}} |F(t_r)|^2 \leqslant \int_0^T (|F(t)|^2 + |F(t)F'(t)|) \,\mathrm{d}\, t. \tag{9.12}$$

证明: 对$[0, 1]$上的光滑函数$f(x)$, 由分部积分法有等式

$$f(x) = \int_0^1 f(t) \,\mathrm{d}\, t + \int_0^x t f'(t) \,\mathrm{d}\, t + \int_x^1 (t-1) f'(t) \,\mathrm{d}\, t.$$

因此

$$|f(\tfrac{1}{2})| \leqslant \int_0^1 (|f(t)| + \tfrac{1}{2}|f'(t)|) \,\mathrm{d}\, t.$$

将上述结果应用于$f^2(t)$得到

$$|f(\tfrac{1}{2})|^2 \leqslant \int_0^1 (|f(t)|^2 + |f(t)f'(t)|) \,\mathrm{d}\, t.$$

由此可知

$$|F(t_r)|^2 \leqslant \int_{t_r - \frac{1}{2}}^{t_r + \frac{1}{2}} (|F(t)|^2 + |F(t)F'(t)|) \,\mathrm{d}\, t,$$

对$\mathcal{T}$中的t_r求和即得(9.12), 因为这些区间$(t_r - \frac{1}{2}, t_r + \frac{1}{2})$互不相交. □

注意由Cauchy-Schwarz不等式有

$$\int_0^T |F(t)F'(t)| \,\mathrm{d}\, t \leqslant \Big(\int_0^T |F(t)|^2 \,\mathrm{d}\, t\Big)^{\frac{1}{2}} \Big(\int_0^T |F'(t)|^2 \,\mathrm{d}\, t\Big)^{\frac{1}{2}}. \tag{9.13}$$

对$F(t) = D(\mathrm{i}\, t)$应用(9.12)和(9.13)可得

定理 9.4 令$\mathcal{T}$为区间$[0, T]$($T \geqslant 1$)上间隔良好的点集, a_n为任意的复数, 则有

$$\sum_{t_r \in \mathcal{T}} \Big|\sum_{1 \leqslant n \leqslant N} a_n n^{\mathrm{i}\, t_r}\Big|^2 \ll (T + N) G \log 2N, \tag{9.14}$$

其中G由(9.5)给出, 隐性常数是绝对的.

推论 9.5 假设定理9.4中的条件成立, 则对任意的整数$k\geqslant 1$有

$$\sum_{t_r\in\mathcal{T}}\Big|\sum_{1\leqslant n\leqslant N}a_n n^{\mathrm{i}\,t_r}\Big|^{2k}\ll(T+N^k)G_k^k\log 2N^k, \tag{9.15}$$

其中G_k由(9.9)给出, 隐性常数是绝对的.

注记: Gallagher引理将单个值$D(\mathrm{i}\,t)$转变为积分, 它利用了在某些应用中不能接受的导数$D'(\mathrm{i}\,t)$. 但是, 我们可以不用$D(s)$的微分而进行转变. 为此, 取在$[\frac{1}{2},2N]$上支撑的光滑函数$f(x)\geqslant 0$, 使得在$[1,N]$ 上有$f(x)=1$, 并且对$0\leqslant\alpha\leqslant 2$有$x^\alpha f^{(\alpha)}(x)\ll 1$. 由Mellin反转公式,

$$f(x)=\tfrac{1}{2\pi}\int_{-\infty}^{+\infty}F(t)x^{\mathrm{i}\,t}\,\mathrm{d}\,t,$$

其中

$$F(t)=\int f(x)x^{\mathrm{i}\,t-1}\,\mathrm{d}\,x\ll(1+|t|)^{-2}\log 2N,$$

最后一步由分部积分法得到. 我们将a_n乘以$f(n)$(在$1\leqslant n\leqslant N$时, 该因子是多余的), 并应用上述$f(n)$的积分表示得到

$$D(s)=\tfrac{1}{2\pi}\int_{-\infty}^{+\infty}D(s+\mathrm{i}\,t)F(t)\,\mathrm{d}\,t,$$

因此

$$D(\mathrm{i}\,t_r)\ll(\log 2N)\int_{-\infty}^{+\infty}|D(\mathrm{i}\,t)|(1+|t-t_r|)^{-2}\,\mathrm{d}\,t, \tag{9.16}$$

其中隐性常数是绝对的. 对$D(s)^k$做同样的推理, 其中k为正整数, 可得

$$D(\mathrm{i}\,t_r)^k\ll(\log 2N^k)\int_{-\infty}^{+\infty}|D(\mathrm{i}\,t)|^k(1+|t-t_r|)^{-2}\,\mathrm{d}\,t, \tag{9.17}$$

其中隐性常数是绝对的. 因此估计式(9.14)和(9.15)分别由(9.6)和(9.10)得到.

(9.14)中界的一个缺陷是它不依赖于集合$\mathcal{T}$的基数, 对于小的集合而言结果相对弱一些. Montgomery[234]在$R=|\mathcal{T}|<T^{\frac{1}{2}}$时改进了(9.14)(注意$[0,T]$中任意间隔良好的集合中的点数不超过$T+1$). 他的想法是建立在双线性型对偶原理的基础上:

令$\mathcal{X}=(x_{mn})$为复矩阵, 则下面的关于$\mathcal{X}$和数D的结论等价:

(A) 对任意的复数a_n有

$$\sum_m\Big|\sum_n a_n x_{mn}\Big|^2\leqslant D\sum_n|a_n|^2.$$

(B) 对任意的复数b_m有

$$\sum_n\Big|\sum_m b_m x_{mn}\Big|^2\leqslant D\sum_m|b_m|^2.$$

证明见第7章.

定理 9.6 (Montgomery) 假设定理9.4中的条件成立, 则有

$$\sum_{t_r\in\mathcal{T}}\Big|\sum_{1\leqslant n\leqslant N}a_n n^{\mathrm{i}\,t}\Big|^2\ll G(N+RT^{\frac{1}{2}})\log 2T, \tag{9.18}$$

其中隐性常数是绝对的.

证明: 由对偶原理, 问题等价于证明: 对任意的复数c_r有

$$\sum_{1\leqslant n\leqslant N}|\sum_{t_r\in\mathcal{T}}c_rn^{\mathrm{i}\,t_r}|^2\ll(\sum_{t_r\in\mathcal{T}}|c_r|^2)(N+RT^{\frac{1}{2}})\log 2T. \tag{9.19}$$

展开(9.19)左边和式的平方, 并改变求和次序得到

$$\sum_{r_1}\sum_{r_2}c_{r_1}\bar{c}_{r_2}Z(t_{r_1}-t_{r_2}),$$

其中

$$Z(t)=\sum_{1\leqslant n\leqslant N}n^{\mathrm{i}\,t}.$$

由(8.20),(8.26)和(8.34)推出

$$Z(t)\ll N|t|^{-1}+|t|^{\frac{1}{2}}\log|t|(|t|\geqslant 1), \tag{9.20}$$

即得(9.18). □

由Lindelöf猜想可知: 若$|t|\geqslant 1$, 则$\zeta(\frac{1}{2}+\mathrm{i}\,t)\ll|t|^{\varepsilon}$, 人们自然会期望$Z(t)$有一个比(9.20)更好的界, 即

$$Z(t)\ll N|t|^{-1}+|t|^{\frac{1}{2}}|t|^{\varepsilon}(|t|\geqslant 1), \tag{9.21}$$

从而取代(9.18)的是

$$\sum_{t_r\in\mathcal{T}}|\sum_{1\leqslant n\leqslant N}a_nn^{\mathrm{i}\,t}|^2\ll G(N+RT^{\frac{1}{2}})T^{\varepsilon}. \tag{9.22}$$

但是Montgomery预测了以下更强的界:

猜想M 假设$|a_n|\leqslant 1$, $\mathcal{T}$为区间$[0,T](T\geqslant 1)$中间隔良好的R个点t_r的集合, 则有

$$\sum_{t_r\in\mathcal{T}}|\sum_{1\leqslant n\leqslant N}a_nn^{\mathrm{i}\,t}|^2\ll N(N+R)T^{\varepsilon}. \tag{9.23}$$

习题9.1 证明: 对任意的实数$k\in[1,2]$, 由猜想M能推出猜想M_k(除了额外的因子T^{ε}).

§9.4 Dirichlet多项式的大值

离散均值估计为Dirichlet多项式在给定的间隔良好的点集中取大值的频率提供了某些答案, 因此由(9.14)得到

定理 9.7 令$D(s)$为长度为$N\geqslant 1$的Dirichlet多项式, $\mathcal{T}$为区间$[0,T](T\geqslant 1)$中间隔良好的点t_r的集合, 存在$V>0$使得

$$|D(\mathrm{i}\,t_r)|\geqslant V, \tag{9.24}$$

则$\mathcal{T}$的基数R满足

$$R\ll(T+N)GV^{-2}\log 2N, \tag{9.25}$$

其中隐性常数是绝对的.

注意当$V \gg G^{\frac{1}{2}} \log 2N$时, (9.25)中的界是非平凡的. 若$V$比这个值大得多, Montgomery用(9.18)得到了一个更好的结果.

定理 9.8 设定理9.7中的条件成立, 使得

$$V \geqslant G^{\frac{1}{2}} T^{\frac{1}{4}} \log 2T, \tag{9.26}$$

则有

$$R \ll GNV^{-2} \log 2T, \tag{9.27}$$

其中隐性常数是绝对的.

证明: 我们可以假设T比N大一个大的常数因子, 否则由(9.25)即得(9.27). 将(9.24)代入(9.18)得到

$$RV^2 \ll G(N + RT^{\frac{1}{2}}) \log 2T,$$

由此即知在(9.26)的限制下有(9.27). □

限制条件(9.26)可以去除, 只是需要在(9.27)中的界再添加一项.

推论 9.9 (Huxley) 假设定理9.7中的条件成立, 则

$$R \ll (GNV^{-2} + G^3NTV^{-6}) \log^6 2T, \tag{9.28}$$

其中隐性常数是绝对的.

证明: Huxley的想法(再分割方法)是将集合$\mathcal{T}$分成满足条件(9.26)的简单技巧. 首先我们假定

$$V \geqslant G^{\frac{1}{2}} \log 2T, \tag{9.29}$$

否则结论(9.28)是显然的, 于是有$V \geqslant G^{\frac{1}{2}} T_0^{\frac{1}{4}} \log 2T_0$, 其中$T_0 = \min\{T, G^{-2}V^4 \log^{-4} 2T\}$. 条件(9.26)确保我们有$1 \leqslant T_0 \leqslant T$. 令$\mathcal{T}_\ell$为$\mathcal{T}$中在区间$[\ell T, (\ell+1)T]$内的点构成的子集, 其中$0 \leqslant \ell \leqslant TT_0^{-1}$. 对每个子集$\mathcal{T}_\ell$应用定理9.8得到$R_\ell = |\mathcal{T}_\ell| \leqslant GV^{-2} \log 2T$, 因此

$$R = \sum_\ell R_\ell \ll TT_0^{-1} GNV^{-2} \log 2T,$$

由此即得(9.28). □

将上述结果应用于多项式$D(\mathrm{i}\,t)^k$, 其中k为正整数, 则有

$$R \ll (T + N^k)(G_k V^{-2})^k \log 2N^k, \tag{9.30}$$

$$R \ll ((G_k NV^{-2})^k + T(G_k^3 NV^{-6})^k) \log^6 2T, \tag{9.31}$$

其中隐性常数是绝对的(分别见(9.25)和(9.28)).

1975年, M. Jutila提出几个用来改进上述某些范围内的估计的新思想. 他得到的最好结果(我们在这里不加证明地陈述)是

定理 9.10 (Jutila) 对任意的正整数k和任意的$\varepsilon > 0$, 有

$$R \ll \left(\frac{GN}{V^2} + \left(\frac{GN}{V^2}\right)^{-1}\frac{G^3NT}{V^6} + \left(\frac{GN}{V^2}\right)^{4k}\frac{T}{N^{2k}}\right)(NT)^{\varepsilon}, \tag{9.32}$$

其中隐性常数仅依赖于ε和k.

注记: 注意若

$$V \geqslant G^{\frac{1}{2}}N^{\frac{1}{4}}(NT)^{\varepsilon}, \tag{9.33}$$

则用ε表示充分大的k时, Jutila的界(9.32)基本上变成Huxley的界(9.31).

关于给定的系数有界的Dirichlet多项式所取的大值数的最佳(有条件的)估计来自Montgomery猜想. 由猜想M_k可知: 对任意的实数$k \geqslant 1$和$\varepsilon > 0$, 有

$$R \ll (T + N^k)N^kV^{-2k}(NT)^{\varepsilon}, \tag{9.34}$$

其中隐性常数依赖于ε和k. (9.34)对满足$N^k = T$时的k很适合应用. 由猜想M可知: 若$V \geqslant N^{\frac{1}{2}}T^{\varepsilon}$, 则

$$R \ll N^2V^{-2}T^{\varepsilon}. \tag{9.35}$$

事实上, 上述关于R的估计等价于Montgomery猜想.

所有关于间隔良好的集合$\mathcal{T} = \{t_1, \ldots, t_R\} \subset [0, T]$的离散中值估计可以稍加推广到形如

$$\sum_{1 \leqslant n \leqslant N} a_n f_r(n) n^{\mathrm{i}\, t_r} \tag{9.36}$$

的和式上, 其中$f_r(n)$是不随n变化太大的好函数.

命题 9.11 假设每个$f_r(x)$满足: 对$1 \leqslant x \leqslant N, 0 \leqslant a \leqslant 2$有

$$x^a |f_r^{(a)}(x)| \leqslant 2, \tag{9.37}$$

并且对$1 \leqslant r \leqslant R$有

$$\Big|\sum_{1 \leqslant n \leqslant N} a_n f_r(n) n^{\mathrm{i}\, t_r}\Big| \geqslant V, \tag{9.38}$$

则用$G_k \log^2 2N$替换G_k后, (9.30)和(9.31)成立. 特别地, $f_r(n) = n^{-\sigma_r} (0 \leqslant \sigma_r \leqslant 1)$满足条件.

证明: 我们可以假设$f_r(x)$在$[\frac{1}{2}, 2N]$内支撑, 并且在该区间上满足(9.37). 然后我们有

$$f_r(n) = \frac{1}{2\pi}\int_{-\infty}^{+\infty} \hat{f}_r(\mathrm{i}\, t) n^{-\mathrm{i}\, t}\, \mathrm{d}\, t,$$

其中$\hat{f}_r(s)$是$f_r(x)$的Mellin变换

$$\hat{f}_r(s) = \int_0^{+\infty} f_r(x) x^{s-1}\, \mathrm{d}\, x.$$

两次利用分部积分法可得$\hat{f}_r(\mathrm{i}\, t) \ll (|t| + 1)^{-2}\log 2N$, 因此有

$$\begin{aligned}\sum_{1 \leqslant n \leqslant N} a_n f_r(n) n^{\mathrm{i}\, t_r} &\ll (\log 2N)\int_{-\infty}^{+\infty} |D(\mathrm{i}\, t_r - \mathrm{i}\, t)|(|t| + 1)^{-2}\, \mathrm{d}\, t \\ &\ll (\log 2N)\sum_m D(\mathrm{i}\, t_r(m))(|m| + 1)^{-2},\end{aligned}$$

这里的$t_r(m)$是t_r-t中使得$|D(\mathrm{i}\,t_r-\mathrm{i}\,t)|$在$m\leqslant t\leqslant m+1$时取最大值的点. 注意$|t_r(m)|\leqslant T+|m|+1$. 由假设(9.35)可知: 存在$m\in\mathbb{Z}$使得

$$|D(\mathrm{i}\,t_r(m))|\leqslant(|m|+1)^{\frac{3}{4}}V\log^{-1}2N.$$

令$\mathcal{T}_m$为这样的点$t_r(m)$的集合, R_m为其基数, 所以$R\leqslant\sum\limits_m R_m$. 集合$\mathcal{T}_m$可以分成两个间隔良好的子集, 对它们应用(9.30)和(9.31)得到R_m相应的界, 再对m求和即得要证明的R的界. □

§9.5 带特征的Dirichlet多项式

关于Dirichlet多项式(9.1)的大部分理论都可以推广到形如

$$D(s,\chi)=\sum_{1\leqslant n\leqslant N}a_n\chi(n)n^{-s} \tag{9.39}$$

的和式, 其中χ是某个算术和谐物, 例如$\chi(n)$可以是Dirichlet特征或模形式的Fourier系数(见第14章). 但是在后一个例子中, 人们要面临因缺乏完全乘性(生成L函数有二次Euler乘积)所造成的技术困难, 况且正交性还只是近似的.

我们在本节讨论关于各种模的Dirichlet特征. 令$k\geqslant 1, Q\geqslant 1$, 我们考虑满足$\chi=\xi\psi$的特征$\chi \bmod kq$ 的集合$\mathcal{H}(k,Q)$, 其中ξ是模k的任意特征, ψ 是模q的任意本原特征, 且满足$1\leqslant q\leqslant Q, (q,k)=1$. 我们总假设$T\geqslant 3, N\geqslant 1$, 设

$$H=kQ^2T,\ \mathcal{L}=\log HN. \tag{9.40}$$

我们首先证明下面推广定理9.1的结果.

定理 9.12 对任意的复数a_n有

$$\sum_{\lambda\in\mathcal{H}(k,Q)}\int_0^T|\sum_{1\leqslant n\leqslant N}a_n\chi(n)n^{\mathrm{i}\,t}|^2\,\mathrm{d}\,t\ll G(N+H)\mathcal{L}^3, \tag{9.41}$$

其中隐性常数是绝对的.

注记: 我们的估计式(9.41)并不像它可能地那样强, 即通过基于加性特征的大筛法不等式的传统方法可能去除对数因子$\mathcal{L}^3$. 从乘性特征到加性特征的转换由Gauss和承担(见第3章), 这个方法还有的一个好处是它对短区间$M<n\leqslant M+N$内支撑的数列(a_n)也很有效. 但是, 我们只是选择了一个直接的方法去说明新思想. 这里的数$H=kQ^2T$大约是用到的和谐物$\chi(n)n^{\mathrm{i}\,t}$ 的个数(将t视为在满足$|t|\leqslant T$的间隔良好的点集范围内取值的离散变量).

证明: 对于(9.41)的证明, 我们先假设(a_n)在2倍区间$X\leqslant n\leqslant 2X(X\geqslant 1)$内支撑. 由对偶原理, 问题归结于对任意复数$c_\chi(t)$估计

$$\sum_{X\leqslant n\leqslant 2X}|\sum_{\chi\in\mathcal{H}(k,Q)}\int_0^T c_\chi(t)\chi(n)n^{\mathrm{i}\,t}\,\mathrm{d}\,t|^2. \tag{9.42}$$

我们通过引入平整函数$f(n)\geqslant 0$使得在$X\leqslant n\leqslant 2X$时满足$f(n)\geqslant 1$, 将外和扩大. 于是展开平方项可知(9.42)中的二重形式有上界

$$\sum_{\chi_1}\sum_{\chi_2}\int_0^T\int_0^T|c_{\chi_1}(t_1)c_{\chi_2}(t_2)B(t_1-t_2,\chi_1\bar{\chi}_2)|\,\mathrm{d}\,t_1\,\mathrm{d}\,t_2, \tag{9.43}$$

其中

$$B(t,\chi)=\sum_n f(n)\chi(n)n^{\mathrm{i}\,t}. \tag{9.44}$$

这里$\chi=\chi_1\bar{\chi}_2$是模为$\ell=k[q_1,q_2]\leqslant kQ^2$的特征, $|t|=|t_1-t_2|\leqslant T$. 由Poisson求和公式,

$$B(t,\chi)=\tfrac{1}{\ell}\sum_h G(\tfrac{h}{\ell})F(\tfrac{h}{\ell}),$$

其中G是Gauss和

$$G(\tfrac{h}{\ell})=\sum_{a \bmod \ell}\chi(a)\,\mathrm{e}(\tfrac{ah}{\ell}),$$

F是$f(x)x^9$的Fourier变换,

$$F(y)=\int 0^{+\infty}f(x)x^{\mathrm{i}\,t}\,\mathrm{e}(xy)\,\mathrm{d}\,x.$$

记住$F(y)$也是关于t的函数. 我们选择$f(x)$使得$y>0$时有

$$F(y)\ll X\exp(\tfrac{|t|}{T}-(\tfrac{yX}{T})^{\frac{1}{2}}). \tag{9.45}$$

有许多好的选择做到这一点, 例如

$$f(x)=\exp(\frac{5}{2}-\frac{x}{X}-\frac{X}{x}) \tag{9.46}$$

就满足所有的要求. 为了证明(9.45), 我们将$f(x)x^{\mathrm{i}\,t}$的Fourier积分的积分路径从$\mathbb{R}^+$变到$\mathrm{e}^{\mathrm{i}\,\theta}\,\mathbb{R}^+(0<\theta<\frac{\pi}{4})$得到

$$|F(y)|\ll X\int_0^{+\infty}\exp(\tfrac{5}{2}+\theta|t|-(x+x^{-1})\cos\theta-2\pi xyX\sin\theta)\,\mathrm{d}\,x.$$

因为$x^{-1}\cos\theta+2\pi xyX\sin\theta\geqslant(\pi xyX\sin 2\theta)^{\frac{1}{2}}$, 所以

$$|F(y)|\leqslant X\exp(\tfrac{5}{2}+\theta|t|-(\pi yX\sin 2\theta)^{\frac{1}{2}})(\cos\theta)^{-1},$$

取$\theta=T^{-1}$即得(9.45).

由(9.45)可得(利用平凡界$|G(\frac{h}{\ell})|\leqslant\ell$)

$$B(t,\chi)=\delta_\chi\tfrac{\varphi(\ell)}{\ell}F(0)+O(\ell T\exp(\tfrac{|t|}{\ell}-(\tfrac{X}{\ell T})^{\frac{1}{2}})), \tag{9.47}$$

其中

$$F(0)=\int_0^{+\infty}f(x)x^{\mathrm{i}\,t}\,\mathrm{d}\,t\ll X(|t|+1)^{-2}, \tag{9.48}$$

若χ为主特征, $\delta_\chi=1$, 否则$\delta_\chi=0$. 注意$\chi=\chi_1\bar{\chi}_2$是主特征当且仅当$\chi_1=\chi_2$(这就是体现我们假设$\psi \bmod q$是本原特征的重要性之处). 将(9.47)和(9.48)代入(9.43), 我们得到(9.42)的界

$$(X+H^2\exp(-(\tfrac{X}{H})^{\frac{1}{2}}))\sum_{\chi\in\mathcal{H}(k,Q)}\int_0^T|c_\chi(t)|^2\,\mathrm{d}\,t.$$

因为这个估计对任意的复数$c_\chi(t)$成立, 由对偶性可知对任意的复数a_n有

$$\sum_{\chi\in\mathcal{H}(k,Q)}\int_0^{+\infty}|\sum_{X<n\leqslant 2X}a_n\chi(n)n^{\mathrm{i}\,t}|^2\,\mathrm{d}\,t\ll(X+H^2\exp(-(\tfrac{X}{H})^{\frac{1}{2}}))\sum_{X<n\leqslant 2X}|a_n|^2. \tag{9.49}$$

若$X \geqslant H\log^2 H$, 这个结果与(9.41)一样好, 但是对小的X结果很弱. 注意我们只是对n在2倍区间上变化的和式建立了(9.49). 要推出短区间上的结果, 我们要人为地增大X, 同时要保持特征和取值的2倍区间外形(这个想法属于E. Bombieri). 首先有不等式: 若$P \geqslant \log kq$, 则

$$\sum_{\substack{P<p\leqslant 2P\\ p\nmid kq}} \log p \geqslant \sum_{P<p\leqslant 2P} \log p - \log kq \geqslant \tfrac{1}{2}P.$$

因此(9.49)的左边有界

$$\tfrac{2}{P} \sum_{P<p\leqslant 2P} (\log p) \sum_{\chi\in\mathcal{H}(k,Q)} \int_0^T |\sum_{X<n\leqslant 2X} a_n\chi(pn)(pn)^{\mathrm{i}\,t}|^2\,\mathrm{d}\,t,$$

我们在这里利用了和谐物$\chi(n)n^{\mathrm{i}\,t}$的乘性将n替换为$m = pn$. 现在m在2倍区间$pX < m \leqslant 2pX$上变化, 所以在(9.49)中用pX替换X得到新的界

$$(PX + H^2\exp(-(\tfrac{PX}{H})^{\frac{1}{2}})) \sum_{X<n\leqslant 2X} |a_n|^2,$$

其中$P \geqslant 9\log kQ$是任意的数. 我们选择$P = (9 + HX^{-1})\log^2 H$即证明了

$$\sum_{\chi\in\mathcal{H}(k,Q)} \int_0^T |\sum -X < n \leqslant 2X a_n\chi(n)n^{\mathrm{i}\,t}|^2\,\mathrm{d}\,t \ll (X+H)\log^2 H \sum_{X<n\leqslant 2X} |a_n|^2.$$

最后我们通过对整个区间$1 \leqslant n \leqslant N$分割, 然后利用Cauchy-Schwarz不等式将2倍区间替换为前者, 这时会产生额外的因子$\log 2N$, 从而完成了定理9.12的证明. □

对每个$\chi \in \mathcal{H}(k,Q)$, 我们关联几个点(可能不存在)

$$s_r(\chi) = c_r(\chi) + \mathrm{i}\,t_r(\chi), \tag{9.50}$$

其中$0 \leqslant \sigma_r(\chi) \leqslant 1, |t_r(\chi)| \leqslant T$. 令$\mathcal{S}(k,Q,T)$为所有这样的带相关重数的点的集合. 称$\mathcal{S}(k,Q,T)$ 为间隔良好的, 若对任意的$s_{r_1}(\chi_1), s_{r_2}(\chi_2) \in \mathcal{S}(k,Q,T)$, 其中$(r_1,\chi_1) \neq (r_2,\chi_2)$, 有$\chi_1 \neq \chi_2$, 或$\chi_1 = \chi_2 = \chi$且$|t_{r_1}(\chi) - t_{r_2}(\chi)| \geqslant 1$. 显然, 若$\mathcal{S}(k,Q,T)$是间隔良好的, 则它的基数满足

$$R = |\mathcal{S}(k,Q,T)| \leqslant 3kQ^2T = 3H. \tag{9.51}$$

我们在定理9.12的证明中基本上没有用到关于t的连续测度, 因此如果将积分替换为任意间隔良好的点$t_r(\chi)$的集合上的和式, 那么同样的估计成立. 于是像命题9.11的证明那样推理, 我们可以将(9.41)中的$n^{\mathrm{i}\,t_r(\chi)}$替换为$n^{-s_r(\chi)}$, 只是需要另外加一个因子$\log^2 2N$. 这样, 定理9.12就变成

定理 9.13 令$\mathcal{S} = \mathcal{S}(k,Q,T)$为(9.50)中间隔良好的点集, 则对任意的复数$a_n$有

$$\sum_{s_r(\chi)\in\mathcal{S}} |\sum_{1\leqslant n\leqslant N} a_n\chi(n)n^{-s_r(\chi)}|^2 \ll G(N+H)\mathcal{L}^5, \tag{9.52}$$

其中隐性常数是绝对的.

定理9.13是定理9.4的推广. 接下来我们建立定理9.6的一个推广, 即

定理 9.14 令$\mathcal{S} = \mathcal{S}(k,Q,T)$为(9.50)中基数是$R$的间隔良好的点集, 则对任意的复数$a_n$有

$$\sum_{s_r(\chi)\in\mathcal{S}} |\sum_{1\leqslant n\leqslant N} a_n\chi(n)n^{-s_r(\chi)}|^2 \ll G(N+RH^{\frac{1}{2}})\mathcal{L}^4, \tag{9.53}$$

其中隐性常数是绝对的.

证明: 我们通过修改定理9.6和定理9.12中的推理来证明本定理. 首先我们假设$\sigma_r(\chi)=0$, 即$s_r(\chi)=\mathrm{i}\,t_r(\chi)$. 然后由对偶性归结于对任意复数$c_\chi(t_r)$估计

$$\mathcal{D}=\sum_n f(n)|\sum_\chi\sum_r c_\chi(t_r)\chi(n)n^{\mathrm{i}\,t_r}|^2 \tag{9.54}$$

的问题, 其中$f(n)$是$\mathbb{R}^+$上的任意非负函数, 并且在$1\leqslant n\leqslant N$时, $f(n)\geqslant 1$(以下我们假设$N\geqslant 2$, 否则(9.53) 是显然的). 二重形式$\mathcal{D}$满足

$$\mathcal{D}\leqslant\sum_{\chi_1}\sum_{\chi_2}\sum_{r_1}\sum_{r_2}|c_{\chi_1}(t_{r_1})c_{\chi_2}(t_{r_2})B(t_{r_1}-t_{r_2}\chi_1\bar{\chi}_2)|, \tag{9.55}$$

其中$B(t,\chi)$由(9.44)给出. 此时我们需要改进(9.47)中的估计. 由于

$$B(t,\chi)=\tfrac{1}{2\pi\mathrm{i}}\textstyle\int_{(2)}L(s-\mathrm{i}\,t,\chi)\hat{f}(s)\,\mathrm{d}\,s, \tag{9.56}$$

其中$L(s,\chi)$是Dirichlet L函数, $\hat{f}(s)$是f的Mellin变换, 即

$$\hat{f}(s)=\textstyle\int_0^{+\infty}f(x)x^{s-1}\,\mathrm{d}\,x.$$

将积分移到虚数线上得到

$$B(t,\chi)=\delta_\chi\tfrac{\varphi(t)}{t}\hat{f}(1+\mathrm{i}\,t)+O(t^{\frac12}(|t|+1)^{\frac12}\log^2 N\ell(|t|+1)), \tag{9.57}$$

这里的首项由χ为主特征时, $L(s-\mathrm{i}\,t,\chi)$在$s=1+\mathrm{i}\,t$处有极点得到(当然, 它与(9.47)给出的一致), 误差项由以下两个估计:

$$L(s,\chi)\ll\ell^{\frac12}(|s|+1)^{\frac12}\log\ell(|s|+2), \tag{9.58}$$

和

$$\hat{f}(s)\ll\mathrm{e}^{-|s|}\log N(\mathrm{Re}(s)=0) \tag{9.59}$$

得到. 要看出后一个估计, 取

$$f(x)=5(\mathrm{e}^{-\frac{x}{N}}-\mathrm{e}^{-x}), \tag{9.60}$$

从而$\hat{f}(s)=5\Gamma(s)(N^s-1)$. 因此我们也得到$\hat{f}(1+\mathrm{i}\,t)\ll N\,\mathrm{e}^{-|t|}$. 现在由(9.57)可知二重形式$\mathcal{D}$ 满足

$$\mathcal{D}\ll(N+RH^{\frac12}\mathcal{L}^2)\sum_\chi\sum_r|c_\chi(t_r)|^2,$$

这就证明了(9.53), 其中对数因子$\mathcal{L}^4$由$\mathcal{L}^2$替代了, 但是只有所有的点$s_r(\chi)$是虚数时成立. 然后我们将$n^{\mathrm{i}\,t}$ 改成$n^{-\sigma-\mathrm{i}\,t}$时, 需要再加两个对数因子, 证毕. □

定理9.14的证明中有两个基本要素, 即归结于二重形式(9.54)和对特征和$B(\chi,t)$的估计式(9.57). 但是, 这个估计不是可能达到的最佳值. 假设Lindelöf猜想

$$L(s,\chi)\ll(\ell(s))^\varepsilon \tag{9.61}$$

对$\mathrm{Re}(s)=\frac12$和$\chi \bmod \ell$成立, 我们可以推出(通过将积分平移到临界线上而不是虚数线上)

$$B(t,\chi)=\delta_\chi\tfrac{\varphi(t)}{t}\hat{f}(1+\mathrm{i}\,t)+O(N^{\frac12}\ell^\varepsilon(|t|+1)^\varepsilon). \tag{9.62}$$

由此得到替代(9.53)的结果:

$$\sum_{s_r(\chi)\leqslant\mathcal{S}}|\sum_{1\leqslant n\leqslant N}a_n\chi(n)n^{-s_r(\chi)}|^2\ll G(N+RN^{\frac{1}{2}}H^{\varepsilon})\mathcal{L}^4. \tag{9.63}$$

(9.53)和(9.63)的结果都属于H. Montgomery[233].

§9.6 反射法

Lindelöf猜想作为一个未解决问题已经有很长时间了. 但是, Huxley[143]成功地无条件建立了一个在一些重要的范围内几乎可以与(9.63)媲美的结果. 首先他通过分割技巧对推论9.9中的多项式$D(s)$做了这件事. 但是, 这个技巧对用特征缠绕的多项式$D(s,\chi)$没有意义. 对于这些多项式, Huxley创造了一个他称之为反射法的完全不同的巧妙办法, 我们以后会明白取这个名称的缘由. 利用Huxley的思想, 我们将证明

定理 9.15 假设定理9.14中的条件成立, 则有

$$\sum_{s(\chi)\in\mathcal{S}}|\sum_{1\leqslant n\leqslant N}a_n\chi(n)n^{-s_r(\chi)}|^2\ll G(N+R^{\frac{2}{3}}H^{\frac{1}{3}}N^{\frac{1}{3}})\mathcal{L}^6, \tag{9.64}$$

其中隐性常数是绝对的.

关于证明, 我们可以假设系数a_n支撑于2倍区间$N\leqslant n\leqslant 2N$上, 我们也可以像从前一样假设所有的点$s_r(\chi)$在虚直线上. 后一个简化会造成去掉因子$\log^2 2N$, 所以我们需要在证明(9.64)时用$\mathcal{L}^4$替换$\mathcal{L}^6$.

问题归结于估计二重形式$\mathcal{D}$. 在证明定理9.14时, 我们对任意的复数$c_\chi(t_r)$估计了$\mathcal{D}$, 但是只要讨论

$$c_\chi(t_r)=D(s_r(\chi),\chi)=\sum_n a_n\chi(n)n^{-s_r(\chi)} \tag{9.65}$$

即可. 准确地说, 令$\mathcal{C}$为(9.64)的左边, 我们有

$$\mathcal{C}\leqslant\mathcal{D}G \tag{9.66}$$

(见第7章对偶原理的推导). 现在我们要利用这些特殊系数(9.65). 由(9.55), 我们再次面临特征和$B(\chi,t)$. 我们不会改进(9.57)中的误差项, 而是用另一个特征和替代. 换言之, 我们要利用一种求和公式(见第4章, 特别是(4.26)). 我们从相应的L函数的函数方程导出这一公式.

不失一般性, 我们可以假设$\mathcal{C}$中所有的特征的奇偶性相同(必要时将$\mathcal{C}$分成两个和式), 所以$B(t,\chi)$中的特征$\chi=\chi_1\bar{\chi}_2$总是偶的. 若$\chi \bmod \ell$是本原的, 我们有函数方程(4.73)

$$L(s,\chi)=\varepsilon_\chi\gamma(s)\ell^{\frac{1}{2}-s}L(1-s,\bar{\chi}), \tag{9.67}$$

其中$|\varepsilon_\chi|=1$,

$$\gamma(s)=\frac{\pi^{s-1}\Gamma(\frac{1-s}{2})}{\Gamma(\frac{s}{2})}. \tag{9.68}$$

假设$\chi \bmod \ell$由本原特征$\chi^* \bmod \ell^*$诱导, 其中$\ell^*|\ell$, 则

$$L(s,\chi)=L(s,\chi^*)\prod_{p|\ell}(1-\chi^*(p)p^{-s}).$$

因此由关于$L(s,\chi^*)$的函数方程(9.67)得到如下关于$L(s,\chi)$的函数方程:

(9.69)
$$L(s,\chi)=\varepsilon_\chi\gamma(s)P(s)L(1-s,\bar{\chi}),$$

其中$\varepsilon_\chi=\varepsilon_{\chi^*}$,

(9.70)
$$P(s)=(\ell^*)^{\frac{1}{2}-s}\prod_{p|\ell}(1-\chi^*(p)p^{-s})(1-\bar{\chi}^*(p)p^{-s})^{-1}.$$

注意$\gamma(s),P(s)$在$\mathrm{Re}(s)<1$内全纯, 并且在$\mathrm{Re}(s)=\frac{1}{2}$上有$|P(s)|=1$, 从而由凸性界或Phragmen-Lindelöf原理可知: 当$\sigma=\mathrm{Re}(s)<\frac{1}{2}$时有

(9.71)
$$|P(s)|\leqslant\ell^{1-\sigma}.$$

此外, $L(s,\chi)$在$\mathbb{C}$上全纯, 除了当$\chi \bmod \ell$是主特征时在$s=1$处有单极点, 留数为$\frac{\varphi(\ell)}{\ell}$. 因此通过将(9.56)中的积分移到直线$\mathrm{Re}(s)=-\varepsilon$, 并利用函数方程(9.69)得到

(9.72)
$$B(t,\chi)=\delta_\chi\tfrac{\varphi(\ell)}{\ell}\hat{f}(1+\mathrm{i}\,t)+\varepsilon_\chi B^*(t,\chi),$$

其中

(9.73)
$$B^*(t,\chi)=\tfrac{1}{2\pi\,\mathrm{i}}\textstyle\int_{(-\varepsilon)}\gamma(s-\mathrm{i}\,t)P(s-\mathrm{i}\,t)L(1-s+\mathrm{i}\,t,\bar{\chi})\hat{f}(s)\,\mathrm{d}\,s.$$

将$L(1-s+\mathrm{i}\,t,\bar{\chi})$展开成Dirichlet级数, 并逐项积分得到

(9.74)
$$B^*(t,\chi)=\sum_{m=1}g(m)\bar{\chi}(m)m^{-\frac{1}{2}-\mathrm{i}\,t},$$

其中

(9.75)
$$g(y)=\frac{1}{2\pi\,\mathrm{i}}\int_{(\frac{1}{2})}\gamma(s-\mathrm{i}\,t)P(s-\mathrm{i}\,t)\hat{f}(s)y^{s-\frac{1}{2}}\,\mathrm{d}\,s.$$

注意我们将(9.73)中的积分从$\mathrm{Re}(s)=-\varepsilon$移回到(9.75)中的$\mathrm{Re}(s)=\frac{1}{2}$上, 我们能够这么做, 因为$\gamma(s)$和$P(s)$ 在$\mathrm{Re}(s)<1$内没有极点.

(9.72)是我们之前在谈论的公式, 但是我们还不能应用它, 因为我们不能足够清楚地求出对偶函数$g(y)$的值. 为了了解它的性质, 我们再次取(9.46)中优函数$f(x)$, 其中$X=N$, 得到其Mellin变换为

(9.76)
$$\hat{f}(x)=\textstyle\int_0^{+\infty}\exp(\frac{5}{2}-\frac{x}{N}-\frac{N}{x})x^{s-1}\,\mathrm{d}\,x=2\,\mathrm{e}^{\frac{5}{2}}\,K_s(2)N^s,$$

其中$K_s(y)$表示Bessel-Macdonald函数. 因此$\hat{f}(s)$在任意的竖直线上呈指数型衰减. 利用$f(s),\gamma(s)$和$P(s)$的解析性质, 通过将(9.75)中的积分向左移到充分远处(就像(10.64)那样做), 可以证明

(9.77)
$$g(y)\ll N^{\frac{1}{2}}\exp(-\frac{1}{5}(\frac{yN}{\ell(|t|+1)})^{\frac{1}{2}}),$$

其中隐性常数是绝对的(与(9.45)中的估计对比). 由此可知当$mN\geqslant\ell(|t|+1)\log^3N\ell(|t|+1)$时, $g(m)$很小.

在我们考虑的情形, 有$|t| \leqslant T, \ell \leqslant kQ^2$, 所以$B^*(t,\chi)$中满足$mN \geqslant H\mathcal{L}^3$的项基本上没有贡献. 确切地说, 由(9.77)得到

$$B^*(t,\chi) = \sum_{m \leqslant N} g(m)\bar{\chi}(m)m^{-\frac{1}{2}-\mathrm{i}\,t} + O(H^{-1}), \tag{9.78}$$

其中

$$MN = H\mathcal{L}^3, \tag{9.79}$$

且隐性常数是绝对的.

要使(9.78)适合应用, 我们希望将m与$g(m)$中有关的χ和t分离开来. 我们通过引入(9.75)很快完成了这一目标:

$$B^*(t,\chi) = \frac{1}{2\pi\mathrm{i}}\int_{(\frac{1}{2})} \gamma(s)P(s)\hat{f}(s+\mathrm{i}\,t)\Big(\sum_{m\in M} \bar{\chi}(m)m^{s-1}\Big)\,\mathrm{d}\,s + O(H^{-1}). \tag{9.80}$$

因为对$s = \frac{1}{2} + \mathrm{i}\,u$有$|K_s(2)| \leqslant 8|\Gamma(s)| \leqslant \mathrm{e}^{-|u|}$, 我们得到

$$B^*(t,\chi) \ll N^{\frac{1}{2}}\int_{-\infty}^{+\infty}\Big|\sum_{m\leqslant M} \chi(m)m^{-\frac{1}{2}+\mathrm{i}(t+u)}\Big|\,\mathrm{e}^{-|u|}\,\mathrm{d}\,u + H^{-1}, \tag{9.81}$$

其中隐性常数是绝对的.

这个结果比(9.57)更准确. 事实上, 对(9.81)进行平凡估计即得

$$B^*(t,\chi) \ll H^{\frac{1}{2}}\mathcal{L}^{\frac{3}{2}}, \tag{9.82}$$

这样就重新得到了(9.57). 但是通过将和式

$$\sum_{m\leqslant M} \chi_1\bar{\chi}_2(m)m^{-\frac{1}{2}+\mathrm{i}(t_{r_1}-t_{r_2}+u)} \tag{9.83}$$

放到原来在(9.55)作为系数出现的多项式

$$\sum_{N<m\leqslant 2N} a_n\chi_1(n)n^{\mathrm{i}\,t_{r_1}} \tag{9.84}$$

中, 我们在这里和以后都采用缩写记号$t_r = t_r(\chi)$. 由(9.55), (9.72)和(9.81)推出

$$\begin{aligned}\mathcal{D} \leqslant\, & X\sum_{\chi}\sum_{r_1}\sum_{r_2}|\mathcal{D}(\mathrm{i}\,t_{r_1},\chi)\mathcal{D}(\mathrm{i}\,t_{r_2},\chi)|\exp(-|t_{r_1}-t_{r_2}|)\\ &+ N^{\frac{1}{2}}\int_{-\infty}^{+\infty}\sum_{\chi_1}\sum_{\chi_2}\sum_{r_1}\sum_{r_2}|\mathcal{D}(\mathrm{i}\,t_{r_2},\chi_2)\mathcal{P}(\mathrm{i}\,t_{r_1},\chi_1;\mathrm{i}\,t_{r_2},\chi_2;u)|\,\mathrm{e}^{-|u|}\,\mathrm{d}\,u\\ &+ \sum_{\chi_1}\sum_{\chi_2}\sum_{r_1}\sum_{r_2}|\mathcal{D}(\mathrm{i}\,t_{r_1},\chi_1)\mathcal{D}(\mathrm{i}\,t_{r_2},\chi_2)|,\end{aligned}$$

其中$\mathcal{P}(\mathrm{i}\,t_{r_1},\chi_1;\mathrm{i}\,t_{r_2},\chi_2;u)$表示(9.83)和(9.84)中的两个和式的乘积. 对固定的χ_2, t_{r_2}, u, 这个乘积是形如(9.39)的新的多项式. $\mathcal{P}(\mathrm{i}\,t_{r_1},\chi_1) = \mathcal{P}(\mathrm{i}\,t_{r_1},\chi_1;\mathrm{i}\,t_{r_2},\chi_2;u)$的长度是$2MN = 2H\mathcal{L}^3$, 在应用定理9.13时非常合适. 我们得到

$$\sum_{\chi_1}\sum_{r_1}|\mathcal{P}(\mathrm{i}\,t_{r_1},\chi_1)| \leqslant \Big(R\sum_{\chi_1}\sum_{r_1}|\mathcal{P}(\mathrm{i}\,t_{r_1},\chi_1)|^2\Big)^{\frac{1}{2}} \ll (RGH)^{\frac{1}{2}}\mathcal{L}^6.$$

在得到这个不依赖于χ_2, t_{r_2}, u的界之后, 我们又有估计

$$\sum_{\chi_2}\sum_{r_2}|\mathcal{D}(\mathrm{i}t_{r_1},\chi_1)| \leqslant (R\sum_{\chi_2}\sum_{r_2}|\mathcal{D}(\mathrm{i}t_{r_2},\chi_2)|^2)^{\frac{1}{2}} = (R\mathcal{C})^{\frac{1}{2}}.$$

对u积分, 我们发现这些多项式对$\mathcal{D}$的贡献值最多是$O(R(\mathcal{C}GHN)^{\frac{1}{2}}\mathcal{L}^5)$. 来自对角形$\chi_1 = \chi_2 = \chi$的多项式的贡献值为

$$N\sum_{\chi}\sum_{r_1}\sum_{r_2}|\mathcal{D}(\mathrm{i}t_{r_1},\chi)\mathcal{D}(\mathrm{i}t_{r_2},\chi)|\exp(-|t_{r_1}-t_{r_2}|) \ll N\mathcal{C},$$

其余的多项式贡献的值为

$$H^{-1}\sum_{\chi}\sum_{r_1}\sum_{r_2}|\mathcal{D}(\mathrm{i}t_{r_1},\chi_1)\mathcal{D}(\mathrm{i}t_{r_2},\chi_2)| \ll H^{-1}R\mathcal{C} \ll \mathcal{C}.$$

将上述值相加得到$\mathcal{D} \ll N\mathcal{C} + R(\mathcal{C}GHN)^{\frac{1}{2}}\mathcal{L}^6$. 因此我们由(9.66)推出$\mathcal{C} \ll GN + GR^{\frac{2}{3}}(HN)^{\frac{1}{3}}\mathcal{L}^4$. 这样就完成了定理9.15的证明.

§9.7 $D(s,\chi)$的大值

我们保留上节的记号, 特别地, 我们曾记$H = kQ^2T, \mathcal{L} = \log HN$. 我们在本节对多项式$\mathcal{D}(s,\chi)$取大值的个数推出几个界. 首先, 我们像定理9.7那样从(9.32)推出下面的结果.

定理 9.16 假设对间隔良好的集合$\mathcal{S}(k,Q,T)$的任意集合$s_r(\chi)$有

$$|\mathcal{D}(s_r(\chi),\chi)| \geqslant V, \tag{9.85}$$

则集合$\mathcal{S}(k,Q,T)$的基数R满足

$$R \ll (H+N)GV^{-2}\mathcal{L}^5, \tag{9.86}$$

其中隐性常数是绝对的.

若V相对大, 则由(9.53)可以得到更好的界(细节见定理9.8的证明), 即有下面的结论.

定理 9.17 设定理9.16中的条件成立, 且有

$$V \geqslant G^{\frac{1}{2}}H^{\frac{1}{4}}\mathcal{L}^3, \tag{9.87}$$

则

$$H \ll GNV^{-2}\mathcal{L}^4, \tag{9.88}$$

其中隐性常数是绝对的.

(9.88)在应用中是理想的估计式, 但遗憾的是它只对相对于“导子”H很大的V成立. 我们可以去掉(8.87) 中的条件, 但需要在(9.88)的界中再加一项. 为此, 我们应用(9.64)得到下面的结果.

定理 9.18 假设定理9.16中的条件成立, 则

$$R \ll (GNV^{-2} + G^3NHV^{-6})\mathcal{L}^{18}, \tag{9.89}$$

其中隐性常数是绝对的.

上一个估计式(9.89)是Huxley的著名结果[146]. 令人惊奇的是在Riemann ζ函数的特殊情形, 他用分割方法得到的界(9.28)与用差别很大的方法(反射法)得到的界(9.89)一致.

我们可以放松对点$s_r(\chi)=\sigma_r(\chi)+\mathrm{i}\,t_r(\chi)$的坐标$t_r(\chi)$为间隔良好的假设, 只需要它们不是过于聚集在一起即可. 假设对任意的$s_r(\chi)\in\mathcal{S}(k,Q,T)$有

$$|\{(r_1|s_{r_1}(\chi)\in\mathcal{S}(k,Q,T),|t_{r_1}-t_r|\leqslant 1\}|\leqslant L, \tag{9.90}$$

则从定理9.13到定理9.18的所有结论在集合$\mathcal{S}(k,Q,T)$的相关上界乘以L后都成立(要看到这一点, 将$\mathcal{S}(k,Q,T)$分成最多$2L$个间隔良好的子集, 然后对这些子集的每一个分别应用上述结果).

特别地, 对给定的特征$\chi \bmod kq$, $L(s,\chi)$的满足$|\gamma-t|\leqslant 1$的零点$\rho=\beta+\mathrm{i}\,\gamma$的个数由$O(\log kq(|t|+3))$界定(见第5章). 因此利用上述注记可知: 对

$$\prod_{\substack{q\leqslant Q\\(q,k)=1}}\ \prod_{\substack{\psi \bmod q\\ \psi\text{本原}}}\ \prod_{\xi \bmod k} L(s,\psi\xi) \tag{9.91}$$

在矩形区域$\sigma\geqslant\alpha,|t|\leqslant T$中的零点(计算重数)的任意子集$\mathcal{S}(k,Q,T)$, 从定理9.13到定理9.18的所有结论在相关的上界加上因子$\mathcal{L}$, 并且将G替换为

$$G(\alpha)=\sum_{n\leqslant N}|a_n|^2n^{-2\alpha} \tag{9.92}$$

后成立.

我们在下一章将对(9.91)的零点中选定的点应用这些定理.

第 10 章　零点密度估计

§10.1　引言

由于广义Riemann猜想没有得到证明, 人们自然会问给定的L函数在临界线外有多少零点. 因为我们知道它在直线$\mathrm{Re}(s) = 1$ 上没有零点, 少数几个这样的零点通常对应用不会产生影响, 但是大量零点, 特别是它们在临界线附近时会让结果变形得厉害(短区间上素数的分布就是一个例子, 见§10.5). 因此我们应该问在给定的区域可能由多少零点, 并且我们的结果应该显示区域离临界线越远, 则它包含的零点数就越少. 这一类定量结论称为零点密度定理.

我们在实际中最需要的是方形区域:

$$R(\alpha, T) = \{s = \sigma + \mathrm{i}\,t | \sigma \geqslant \alpha, |t| \leqslant T\}, \tag{10.1}$$

其中$\frac{1}{2} \leqslant \alpha \leqslant 1, T \geqslant 3$. 令$N(\alpha, T)$为Riemann ζ函数在$R(\alpha, T)$内的零点的个数(计算相应的重数), 即我们对满足

$$\beta \geqslant \alpha,\ |\gamma| \leqslant T \tag{10.2}$$

的零点$\rho = \beta + \mathrm{i}\,\gamma$计数. 在这个记号下, Riemann猜想断言: 对任意的$\alpha > \frac{1}{2}, T \geqslant 3$, 有$N(\alpha, T) = 0$, 而已知最好的无零区域(归功于Vinogradov和Korobov)是

$$\alpha > 1 - c(\log T)^{-\frac{2}{3}}(\log\log T)^{\frac{1}{3}}, \tag{10.3}$$

其中c是绝对的正常数(见第8章). 回顾零点$\rho = \beta + \mathrm{i}\,\gamma(|\gamma| \leqslant T)$的个数$N(T)$满足

$$N(T) = \frac{T}{\pi} \log \frac{T}{2\pi\,\mathrm{e}} + O(\log T). \tag{10.4}$$

与关于$\zeta(s)$在竖直线上阶的凸性原理类似, 我们可以期待下面关于$N(\alpha, T)$的界成立:

密度猜想　对$\frac{1}{2} \leqslant \alpha \leqslant 1, T \geqslant 3$有

$$N(\alpha, T) \ll T^{2(1-\alpha)} \log T, \tag{10.5}$$

其中隐性常数是绝对的.

当然, 方形区域内零点的凸性原理对一般的解析函数并不成立, 但是关于$\zeta(s)$的密度猜想有可靠的支持——Riemann假设. 这个猜想特别吸引人, 因为它可能由当前的技术证明, 而且它在素数分布的各种应用中可取代Riemann猜想.

人们付出很大努力建立了如下类型的估计:

$$N(\alpha,T) \ll T^{c(\alpha)(1-\alpha)}\log^A T, \tag{10.6}$$

其中$c(\alpha)$尽可能小(这里的对数因子不是我们关注的重点, 尽管它在第18章的估计式中很重要). 首批零点密度结果由Bohr与Landau[13]于1914年给出. 他们的思想在三十年的时间里对许多工作来说都是基本的, 尤其是在F. Carlson[34]与A.E. Ingham[147]的工作中得到体现. P. Turá于1949年以及他于1958年与G. Halász的合作中介绍了两个新方法. H. Montgomery于1969年进行了大幅改进. 其他对这个迷人的理论有重要贡献的人有M.N. Huxley, M. Jutila和D.R. Heath-Brown.

我们在本书试图给出当前所掌握的情况的一个掠影. 这些结果不会像已知最佳那么强, 但也接近如此. 此外, 我们非常详细地讨论了Dirichlet L函数的零点问题. 令$N(\alpha,T,\chi)$为$L(s,\chi)$的满足$\beta_\chi \geqslant \alpha, |\gamma_k| \leqslant T$的零点$\rho_k = \beta_k + \mathrm{i}\gamma_k$的个数(计算重数).

大密度猜想 令$k \geqslant 1, Q \geqslant 1, T \geqslant 3, \frac{1}{2} \leqslant \alpha \leqslant 1$, 则

$$\sum_{\substack{q \leqslant Q \\ (q,k)=1}} \sum_{\substack{\psi \bmod q \\ \psi\text{本原}}} \sum_{\xi \bmod k} N(\alpha,T,\xi\psi) \ll H^{2(1-\alpha)}\log^A H, \tag{10.7}$$

其中$H = kQ^2T$, A是绝对常数, 隐性常数也是绝对的.

我们的主要结果大密度定理10.4将在$\frac{5}{6} \leqslant \alpha \leqslant 1$的范围内给出(10.7). 此外, 该定理在整个区间$\frac{1}{2} < \alpha \leqslant 1$也给出(10.7), 但是要用常数$c = \frac{12}{5}$替换2.

§10.2 零点检测不等式

首先我们对新旧方法进行概述. 给定区域$D \subset \mathbb{C}$内的全纯函数$L(s)$, 我们有许多工具计算它在D内的零点数. 一个典型的工具是Jensen积分公式

$$\int_0^R n(r)\frac{\mathrm{d}r}{r} = \frac{1}{2\pi\mathrm{i}}\int_{|s|=R}\log\left|\frac{L(s)}{L(0)}\right|\frac{\mathrm{d}s}{s}, \tag{10.8}$$

其中$n(r)$表示$L(s)$在圆盘$|s| \leqslant r$内的零点数(假设$L(s)$在$s=0$处以及$|s|=R$上非零). 对其他区域有类似的公式. 注意: 我们需要$|L(s)|$在边界上的上下界来推出对区域内零点数的估计, 其中下界是最难找到的. 鉴于这些要求, 任何积分公式只是对充分大使得边界与零点集中的区域拉开距离的区域有用(否则我们不可能对$|L(s)|$在∂D上得到合理的下界). 但是这种情况对狭窄方形区域$R(\alpha,T)$不成立.

为了避开上述障碍, 我们的想法是: 将$L(s)$乘以另一个全纯函数$M(s)$, 该函数在$L(s)$很小时可能很大, 然后我们对$N(s) = L(s)M(s)$, 而不是单独对$L(s)$的零点计数. 当然, 此时会出现$M(s)$的多余零点, 但是希望这些零点数不会多到改变原有零点数的数量级(正比例的多余零点是可以接受的).

实际上这个想法只是对“虚设”的零点有效, 因为$N(s)$在$L(s)$的真正零点处的确为零. 因此我们希望缓和剂$M(s)$在该处很大的点只是个假设. 既然无法侦测这些假设点的分布, 我们可能会尝试让$M(s)$在几乎所有的点处模拟$\frac{1}{L(s)}$, 从而我们期望$N(s)$在给定的区域内几乎处处接近1. 要是能干脆取$\frac{1}{L(s)}$为缓和剂$M(s)$, 或者简单地将$\frac{1}{L(s)}$光滑地变形为一个有用的全纯函数, 那么我们所说的都是废话. 但是假设$\frac{1}{L(s)}$在给定的区域内由绝对收敛的级数给出, 则其部分和在不包含$L(s)$的真正零点的更大区域内一致地很好逼近$\frac{1}{L(s)}$是可能的. 因此这种有限但足够长的部分和为$M(s)$提供了一个好的待选物.

上述方法对具有乘性系数的Dirichlet级数的虚设零点的计数非常有效.

首先, 为了解释上述思想, 我们快速讨论一下$L(s)=\zeta(s)$. 此时,

$$\frac{1}{\zeta(s)}=\prod_p\left(1-\frac{1}{p^s}\right)=\sum_m\frac{\mu(m)}{m^s},$$

但只是对$\mathrm{Re}(s)>1$成立. 但是, 我们期望当$\mathrm{Re}(s)=\sigma>\frac{1}{2}$时, 部分和

$$M(s)=\sum_{m\leqslant M}\frac{\mu(m)}{m^s} \tag{10.9}$$

逼近$\frac{1}{\zeta(s)}$. 事实上, Riemann猜想让人相信

$$\frac{1}{\zeta(s)}=M(s)+O((|s|M)^{\varepsilon}M^{\frac{1}{2}-\sigma}). \tag{10.10}$$

注记: 部分和$M(s)$首先由Carlson[34]用于零点密度估计的场合, 而Bohr与Landau[13]更早时候用部分乘积

$$P(s)=\prod_{p\leqslant P}\left(1-\frac{1}{p^s}\right) \tag{10.11}$$

进行研究. 由这两种方法都得到了非平凡结果, 但是$M(s)$比$P(s)$更有效.

保持点的范围很有用, 所以我们限于对区域

$$s=\sigma+\mathrm{i}t,\ \sigma\geqslant\alpha,\ T<|t|\leqslant 2T \tag{10.12}$$

内的点进行分析, 并且假定T很大. 在这个区域有

$$\zeta(s)=\sum_{n\leqslant T}n^{-s}+O(T^{-\alpha}), \tag{10.13}$$

其中隐性常数是绝对的. 因此

$$\zeta(s)M(s)=\sum_{n\leqslant TM}a_nn^{-s}+O(T^{-\alpha}M^{1-\alpha}\log 2M), \tag{10.14}$$

其中系数为

$$a_n=\sum_{\substack{dm=n\\ m\leqslant M,d\leqslant T}}\mu(m),\ |a_n|\leqslant\tau(n), \tag{10.15}$$

误差项由平凡估计得到:

$$M(s)\ll M^{1-\alpha}\log 2M. \tag{10.16}$$

假设$1\leqslant M\leqslant T$, 我们有$a_1=1$, 当$1<n\leqslant M$或$n>MT$时有$a_n=0$. 我们用2倍区间$N<n\leqslant 2N$, 其中$N=2^{\ell}M(0\leqslant\ell<L=[\frac{\log T}{\log 2}])$覆盖区间$M<n\leqslant MT$. 对这些区间的每一个, 令

$$D_{\ell}(s)=\sum_{N<n\leqslant 2N}a_nn^{-s}. \tag{10.17}$$

于是我们有

$$\zeta(s)M(s)=1+\sum_{0\leqslant\ell<L}D_{\ell}(s)+E(s), \tag{10.18}$$

其中误差项对区域(10.12)中的s满足$|E(s)| \leqslant \frac{1}{2}$, 只要$M^{1-\alpha} \leqslant T^{\alpha} \log^{-2} T$.

等式(10.18)的一个重要特点是右边缺少对应$1 < n \leqslant M$的项. 左边在$\zeta(s)$的一个零点ρ处为零, 所以我们一定有

$$|\sum_{0 \leqslant \ell < L} D_{\ell}(\rho)| \geqslant \frac{1}{2}. \tag{10.19}$$

因此对某个$0 \leqslant \ell < L$有

$$|D_{\ell}(\rho)| \geqslant (2L)^{-1}. \tag{10.20}$$

这个下界与$|D_{\ell}(s)|^2$在直线$\mathrm{Re}(s) = \alpha$上的均值相比非常大. 事实上, 我们有

$$G_{\ell}(\alpha) = \sum_{N < n \leqslant 2N} |a_n|^2 n^{-2\alpha} \ll N^{1-2\alpha} \log^3 2N. \tag{10.21}$$

由于这个原因, 我们称这些$D_{\ell}(s)$为零点侦测多项式. 我们已经证明$\zeta(s)$在区域(10.12)中的零点至少被几个固定的多项式中产生了不寻常大值的一个侦测到.

注记: 当然, (10.20)中的下界可能在异于$\zeta(s)$的零点处不成立. 事实上, 人们应该会期望对区域(10.12)中的任意点有

$$D_{\ell}(s) \ll N^{\frac{1}{2}-\alpha+\varepsilon}. \tag{10.22}$$

比较(10.22)与(10.20), 我们就能够得到矛盾, 于是Riemann猜想得证. 当然, 这个推理不过是美好的想法罢了, 因为我们需要Riemann猜想建立(10.22). 这些话语反映了零点侦测多项式的概念有点浅显, 当GRH被彻底证明后, 它就失去了意义了. 实际上Dirichlet多项式并不常取大值.

现在我们由第9章发展的Dirichlet多项式理论可知(10.20)不常发生, 特别地, 由此得到关于ζ函数的零点的有趣估计. 确切地说, 令R_{ℓ}为$\zeta(s)$在(10.12)中被多项式$D_{\ell}(s)$侦测到的零点数, 则由定理9.7(或定理9.16)和第9章的结束语,以及(10.20) 和(10.21)得到

$$R_{\ell} \ll (T + N)N^{1-2\alpha} \log^{11} T. \tag{10.23}$$

因为$M \leqslant N < MT$, 所以对任意的$0 \leqslant \ell < L$有

$$R_{\ell} \ll (TM^{1-2\alpha} + (TM)^{2-2\alpha}) \log^{11} T. \tag{10.24}$$

选择$M = T^{2\alpha-1}$, 得到

$$R_{\ell} \ll T^{4\alpha(1-\alpha)} \log^{11} T. \tag{10.25}$$

将这些R_{ℓ}相加得到$\zeta(s)$在(10.12)中的所有零点的上界(某些零点可能被几个多项式$D_{\ell}(s)$侦测到), 然后将该结果推广到(10.2)中的零点上去得到

定理 10.1 对$\frac{1}{2} \leqslant \alpha \leqslant 1, T \geqslant 2$有

$$N(\alpha, T) \ll T^{4\alpha(1-\alpha)} \log^{13} T. \tag{10.26}$$

这个估计(除了对数因子)由E. Carlson[34]于1920年得到(也可见E. Landau于1921年的论文[200]). 20年后, A.E. Ingham[147]证明了

$$N(\alpha,T) \ll T^{\frac{3(1-\alpha)}{2-\alpha}} \log^3 T. \tag{10.27}$$

(10.26)或(10.27)意味着从统计意义上来说, Riemann猜想“差不多”正确, 即$\zeta(s)$的几乎所有的零点任意接近临界线. 由(10.27) 可知: 当$A > 1$时, 满足$|\gamma| \leqslant T$以及

$$\beta > \tfrac{1}{2} + 3A\frac{\log\log T}{\log T} \tag{10.28}$$

的零点$\rho = \beta + \mathrm{i}\gamma$的个数由$O(T\log^{5-4A} T)$界定.

关于临界线附近的零点, A. Selberg[282]于1942年证明了: 当$\alpha > \frac{1}{2}$时,

$$N(\alpha,T) \ll (\alpha - \tfrac{1}{2})^{-1}T, \tag{10.29}$$

其中隐性常数是绝对的. 因此, 给定函数$\Phi(T) \to +\infty (T \to +\infty)$, Riemann函数的几乎所有的零点在区域

$$|\beta - \tfrac{1}{2}| < \frac{\Phi(T)}{\log T} \tag{10.30}$$

内.

§10.3 零点密度猜想的突破

令人惊奇的是Ingham的估计(10.27)很长时间没有得到改进. 60年过去后, 它仍然是区域$\frac{1}{2} < \alpha \leqslant \frac{3}{4}$内已知的最好结果(除了对数因子). 来自Halász与Turán[114]于20世纪60年代晚期, 并且于70年代迅速发展的新方法对Dirichlet多项式的大值个数的估计产生了新的估计, 即用(9.28)替代了(9.25). 人们发现这个新的估计在讨论直线$\mathrm{Re}(s) = 1$附近的零点时比旧的估计好. 首先, 估计式(10.27)由H.L. Montgomery[235]于1969 年在区域$\frac{4}{3} < \alpha < 1$内改进, 很快又被M.N. Huxley于1972年在区域$\frac{3}{4} < \alpha < 1$内改进(更一般的结论, 见定理10.4).

对于$\zeta(s)$在直线$\mathrm{Re}(s) = 1$附近的零点, 能逼近$\zeta(s)$的更短的部分和也对我们有帮助. 我们在本节利用适当的短多项式建立在$\alpha > \frac{5}{6}$时甚至比零点密度猜想更好的零点密度估计.

定理 10.2 (Huxley) 对任意的$\alpha > \frac{5}{6}$和$T \geqslant 2$, 有

$$N(\alpha,T) \ll T^{\frac{3(1-\alpha)}{3\alpha-1}} \log^A T, \tag{10.31}$$

其中$A = 300(\alpha - \frac{5}{6})^{-2}$, 隐性常数仅依赖于$\alpha$.

注记: 事实上, Huxley对任意的$\alpha \geqslant \frac{1}{2}$证明了(10.31), 其中$A$和隐性常数是绝对的. 我们或许可以改进推理在更大的方形区域得到(10.31), 其中常数是绝对的, 但是这样就让我们的陈述变得难懂. 除了证明(10.31), 我们的任务还包括清楚地介绍Jutila[173]带来的技术上的创新. 他意识到只需要取很短的缓和剂$M(s)$. 于是为了得到最佳结果, 他进行了调整, 将零点侦测多项式升高为适当的高次幂. Jutila的这个想法与D.R. Heath-Brown证明关于素数的等式(13.37)时的做法有些类似.

由Weyl界(8.18)(由van der Corput界(8.53)也可能得到)可知: 若$s=\sigma+\mathrm{i}t$满足$\frac{1}{2}\leqslant\sigma\leqslant 1, T\leqslant |t|\leqslant 2T$, 则

$$\zeta(s)=\sum_{n\leqslant X}n^{-s}+O(X^{\frac{1}{2}-\sigma}T^{\frac{1}{6}}\log T), \tag{10.32}$$

其中$1\leqslant X\leqslant T$, 隐性常数是绝对的. 因此

$$\zeta(s)M(s)=1+\sum_{M<n\leqslant MX}a_n n^{-s}+E(s), \tag{10.33}$$

其中$1\leqslant M\leqslant X, |a_n|\leqslant\tau(n)$(在(10.15)中取$T=X$),

$$E(s)\ll M^{1-\sigma}X^{\frac{1}{2}-\sigma}T^{\frac{1}{6}}\log^2 T. \tag{10.34}$$

我们需要(10.12)中的s满足

$$|E(s)|\leqslant\tfrac{1}{2}, \tag{10.35}$$

而该式在

$$X^{\alpha-\frac{1}{2}}\geqslant M^{1-\alpha}T^{\frac{1}{6}}\log^3 T \tag{10.36}$$

时成立, 因为我们假定了T很大.

现在的情况与§10.2中的相同, 除了我们用的零点侦测多项式(10.17)更少, 它们的长度$N=2^{\ell}M$由$M\leqslant N<MX$限制(即$0\leqslant\ell<L=[\frac{\log X}{\log 2}]$). 回顾$R_{\ell}$表示$\zeta(s)$在(10.12)中满足(10.20)的零点个数. 我们将对适当的$k\geqslant 2$利用(9.31), 而不是在$k=1$时利用(9.30)推出(10.22). 换句话说, 我们对$D_{\ell}(s)^k$应用(9.28). 我们选择依赖于N的$k\geqslant 2$, 使得$P=N^k$落在区间

$$Z<P\leqslant(MX)^2+Z^{\frac{3}{2}}, \tag{10.37}$$

其中Z是给定的满足$Z\geqslant MX$的数, 它在以后将会确定. 为了看清(10.37)成立的可能性, 取$k\geqslant 2$使得$Z^{\frac{1}{k}}<M\leqslant Z^{\frac{1}{k-1}}$, 而在$k=2$时还要利用$N\leqslant MX$. $|D_{\ell}(s)|^{2k}$在直线$\mathrm{Re}(s)=\sigma$上的均值由

$$G_k^k=(\sum_{N<n\leqslant 2N}|a_n|^2 n^{-2\alpha}\tau_k(n))^k\leqslant P^{1-2\alpha}\log^{4k(k+1)}P, \tag{10.38}$$

其中隐性常数仅依赖于k. 此外, 将$|D_{\ell}(s)|$在零点处的下界$V=(2L)^{-1}$升高到k次幂$V^k=(2L)^{-k}\gg(\log T)^{-k}$, 从而由(9.31)得到

$$R_{\ell}\ll(P^{2(1-\alpha)}+TP^{4-6\alpha})\log^{A_k}t, \tag{10.39}$$

其中$A_k=6(k+1)(12k+1)$, 隐性常数依赖于k. 这里理想的选择是取$P=T^{\frac{1}{2(2\alpha-1)}}$, 这样就有最佳界

$$T^{\frac{1-\alpha}{2\alpha-1}}\log^{A_k}T,$$

但是这个做法不一定可行, 因为P的位置并不准确(需要k为整数!). 但是, 我们有由区间(10.37)给出的控制尚可的P, 其中Z 可以由我们随意使用. 将P的上界和下界分别代入(10.39)的第一项和第二项得到

$$R_{\ell}\ll(MX)^{4(1-\alpha)}+Z^{3(1-\alpha)}+TZ^{4-6\alpha})\log^{A_k}T. \tag{10.40}$$

现在最好的选择显然是$Z = T^{\frac{1}{3\alpha-1}}$. 我们还取$MX = Z^{\frac{3}{4}}\log^9 T$, 得到

$$R_\ell \ll T^{\frac{3(1-\alpha)}{3\alpha-1}} \log^{A_k+9} T. \tag{10.41}$$

我们在满足(10.36)的条件下还有一些选择M和X的自由. 要使$MX = X^{\frac{3}{4(3\alpha-1)}}\log^9 T$成立, 只需取

$$M = T^{\frac{6\alpha-5}{12(3\alpha-1)}}, \tag{10.42}$$

$$X = T^{\frac{7-3\alpha}{6(3\alpha-1)}} \log^9 T. \tag{10.43}$$

最后, 对(10.41)求和即得(10.31), 其中$A = A_k + 8 = 6(2K+1)(12K+1)+8$, K是使得将$P = N^k$代入(10.37)时满足$M \leqslant N < MX$的k的最大值, 即$K = 1 + [\frac{\log Z}{\log M}] \leqslant 1 + 2(\alpha - \frac{5}{6})^{-1}$. 因此$A \leqslant 300(\alpha - \frac{5}{6})^{-2}$.

在对指数和建立了充分强的估计后, 我们可以用部分和对$\zeta(s)$进行好的逼近, 由于该部分和非常短, 我们可以导出相对好的零点密度估计. 因此Halász和Turán[114]利用Vinogradov估计式(8.92)证明了: 对于任意接近1的α有

$$N(\alpha, T) \ll T^{(1-\alpha)^{\frac{2}{3}}|\log(1-\alpha)|^3}. \tag{10.44}$$

习题10.1 沿着上述思路证明: Lindelöf猜想意味着对$\frac{1}{2} \leqslant \alpha \leqslant 1$和任意的$\varepsilon > 0$有

$$N(\alpha, T) \ll T^{2(1-\alpha)+\varepsilon}, \tag{10.45}$$

其中隐性常数仅依赖于ε.

习题10.2 假设Lindelöf猜想和Montgomery猜想M(见(9.23))成立, 沿着上述思路证明: 对$\alpha > \frac{1}{2}$和任意的$\varepsilon > 0$有

$$N(\alpha, T) \ll T^{\varepsilon}, \tag{10.46}$$

其中隐性常数依赖于α和ε.

§10.4 大零点密度定理

现在我们将全力利用上节的思想和第9章关于带特征的多项式的结果. 考虑特征$\chi \bmod kq$, $(k,q) = 1$使得$\chi = \xi\psi$, 其中ξ是模k的任意特征, ψ为模q的任意本原特征. 这里的k是给定的, q在区间$[1, Q]$上变化. 此外, 保持点$s = \sigma + \mathrm{i}t$在方形区域$\sigma \geqslant \alpha, |t| \leqslant T (T \geqslant 3)$内. 令$N(\alpha, k, Q, T)$表示所有$L(s,\chi)$的满足上述限制条件的零点(计算重数)的总数, 即

$$N(\alpha, k, Q, T) = \sum_{\substack{q \leqslant Q \\ (q,k)=1}} \sum_{\substack{\psi \bmod q \\ \psi\text{本原}}} \sum_{\xi \bmod k} N(\alpha, T, \xi\psi).$$

令$D = kQT, H = kQ^2T, \mathcal{L} = 2\log D$. 由经典界

$$N(\alpha, T, \chi) \ll T \log kqT$$

(见定理5.24)可知$N(\alpha,k,Q,T)\ll H\mathcal{L}$, 我们将称之为平凡界.

我们在本节将对$N(\alpha,k,Q,T)$建立各种非显然界, 它们是Ingham与Huxley的结果的推广, 而不是改进(比较(10.72)与(10.37)和(10.31)).

从上节可知: 若有更短的Dirichlet多项式逼近$L(s,\chi)$, 则我们可推出更强的零点密度定理. 最好的无条件逼近由近似函数方程给出. 粗略地说, 该近似函数方程将$L(s,x)$表示成两个长度分别为X和Y的多项式的和, 其中XY为导子. 这种类型的经典公式(见[204])非常凌乱, 所以我们在这里宁愿对$L(s,\chi)$发展一种本质相同, 但感觉在应用上更友好的不同表示. 一般的版本也可见定理5.3.

近似函数方程的质量依赖于特定的截断函数的选择. 我们在§9.6研究反射法时已经见识过这样的近似方程, 现在的设置接近于那个特别的情形. 我们可以从$\mathbb{R}^+$上任意满足如下条件的光滑函数f开始:

$$f(0)=1,\ \lim_{x\to+\infty}f(x)=0, \tag{10.47}$$

其中$f'(x)$在$x\to 0$或$x\to+\infty$时快速减少. 于是它的Mellin变换

$$\hat f(s)=\textstyle\int_0^{+\infty}f(x)x^{s-1}\,\mathrm{d}\,x \tag{10.48}$$

在$s=0$处有单极点, 留数为1, 并且$s\hat f(s)$是整函数. 事实上,

$$s\hat f(s)=-\int_0^{+\infty}f'(x)x^s\,\mathrm{d}\,x, \tag{10.49}$$

所以我们的论断成立.

正常情况下我们都不会推荐使用任何特定的截断函数, 但是我们在这里力求简洁地做的这些事情是为了追踪到并列在一起的多个变量的一致性. 一个好的选择是

$$f(x)=\kappa\textstyle\int_x^{+\infty}\exp(-y-\frac{1}{y})\frac{\mathrm{d}\,y}{y}, \tag{10.50}$$

其中κ是满足$f(0)=1$的标准化常数. 我们从下面的计算可知$\kappa^{-1}=2K_0(2)=2\sum\limits_{k=1}^{\infty}\Gamma'(k)\Gamma^{-3}(k)=0.227\,7\ldots$. 这个函数满足

$$0<f(x)<\kappa\,\mathrm{e}^{-x}, \tag{10.51}$$

因为$\mathrm{e}^{-\frac{1}{y}}<y$, 并且有

$$0<1-f(x)<\kappa\,\mathrm{e}^{-\frac{1}{x}}, \tag{10.52}$$

因为

$$f(x)+f(\tfrac{1}{x})=1. \tag{10.53}$$

由(10.49)可知, (10.50)中给出的f满足

$$s\hat f'(s)=\kappa\textstyle\int_0^{+\infty}\exp(-y-\frac{1}{y})y^{s-1}\,\mathrm{d}\,y=2\kappa K_s(2), \tag{10.54}$$

其中$K_s(2)$是Bessel-Macdonald函数. 特别地, 由$K_s(z)$在$z=2$处的幂级数展开式可得

$$s\hat f(s)=\tfrac{\pi s}{\sin\pi s}\sum_{k=1}^{\infty}\tfrac{1}{\Gamma(k)}\left(\tfrac{1}{\Gamma(k-s)}-\tfrac{1}{\Gamma(k+s)}\right). \tag{10.55}$$

因此我们可见$\hat{f}(s)$是奇函数, 即

$$\hat{f}(s) = -\hat{f}(-s). \tag{10.56}$$

此外, 我们得到关于$s = \sigma + \mathrm{i}\,t \in \mathbb{C}$的一致界:

$$\hat{f}(s) \ll |s|^{|\sigma|-1}\,\mathrm{e}^{-\frac{\pi}{2}|t|}, \tag{10.57}$$

其中隐性常数是绝对的.

现在我们开始对要讨论的$L(s,\chi)$推出近似公式. 假设$s = \sigma + \mathrm{i}\,t$满足$\frac{1}{2} < \sigma < 1$, χ为模ℓ的特征. 为了恢复记忆, 我们建议大家重读上一章中从(9.67)到(9.75)的推理. 我们首先估计和式

$$B(s,\chi) = \sum_{n=1}^{\infty} \chi(n) n^{-s} f(\tfrac{n}{X}). \tag{10.58}$$

由围道积分和函数方程(9.69)得到

$$\begin{aligned} B(s,\chi) &= \tfrac{1}{2\pi\mathrm{i}} \textstyle\int_{(1)} L(s+\mathrm{i}\,t,\chi) X^u \hat{f}(u)\,\mathrm{d}\,u \\ &= \delta_\chi \tfrac{\varphi(\ell)}{\ell} X^{1-s} \hat{f}(1-s) + L(s,\chi) + \tfrac{1}{2\pi\mathrm{i}} \textstyle\int_{(-1)} L(s+u,\chi) X^u \hat{f}(u)\,\mathrm{d}\,u. \end{aligned}$$

然后由函数方程(9.69)以及(10.56)可知直线$\mathrm{Re}(s) = -1$上的积分定义$-\varepsilon_\chi B^*(s,\chi)$, 其中

$$B^*(s,\chi) = \tfrac{1}{2\pi\mathrm{i}} \textstyle\int_{(1)} \gamma(s-u) P(s-u) L(1-s+u,\bar{\chi}) X^{-u} \hat{f}(u)\,\mathrm{d}\,u.$$

我们在这里将$L(1-s+u,\bar{\chi})$展开成Dirichlet级数, 并逐项积分得到

$$B^*(s,\chi) = \sum_{n=1}^{\infty} \bar{\chi}(m) m^{s-1} g(mX), \tag{10.59}$$

其中

$$g(y) = \tfrac{1}{2\pi\mathrm{i}} \textstyle\int_{(1)} \gamma(s-u) P(s-u) y^{-u} \hat{f}(u)\,\mathrm{d}\,u. \tag{10.60}$$

综合以上结果即得想要的表示

$$L(s,\chi) = B(s,\chi) + \varepsilon_\chi B^*(s,\chi) - \delta_\chi \tfrac{\varphi(\ell)}{\ell} \hat{f}(1-s) X^{1-s}, \tag{10.61}$$

其中$B(s,\chi)$与$B^*(s,\chi)$是分别由(10.58)和(10.59)给出的简化级数, X为任意的正数. 显然$B(s,\chi)$本质上是对$n \ll X$求和, 我们将证明$B^*(s,\chi)$本质上是对$m \ll Y$求和, 其中Y比$\ell|s|X^{-1}$稍大. 为此, 回顾估计:

$$|P(s)| \ll \ell^{\frac{1}{2}-\mathrm{Re}(s)}, \tag{10.62}$$

$$\gamma(s) \ll |s|^{\frac{1}{2}-\mathrm{Re}(s)}, \tag{10.63}$$

它们在半平面$\mathrm{Re}(s) \leqslant \frac{1}{2}$上一致成立, 并且估计式(10.57)对所有的$s$成立. 因此, 若将积分(10.60)平移到右边的充分远处, 例如移到竖直线

$$\mathrm{Re}(u) = \max\{1, \tfrac{1}{5}(\tfrac{y}{\ell|s|})^{\frac{1}{2}}\} \tag{10.64}$$

上, 则我们推出

$$g(y) \ll \tfrac{\ell|s|}{y} \exp(-\tfrac{1}{5}(\tfrac{y}{\ell|s|})^{\frac{1}{2}}), \tag{10.65}$$

其中隐性常数是绝对的. 所以若mX比$\ell|s|$稍大, 则$g(mX)$很小. 确切地说, 我们由(10.65)得到

$$B^*(s,\chi) = \sum_{m \leqslant Y} \bar{\chi}(m) m^{s-1} g(mX) + O(\tfrac{1}{XY}), \tag{10.66}$$

只要

$$XY \geqslant \ell|s| \log^3 \ell|s|. \tag{10.67}$$

接下来通过将u变为$2\sigma - u$, 并将积分平移到直线$\mathrm{Re}(s) = \eta (1 < \eta < 2\sigma)$, 我们把(10.60)写成

$$g(y) = \tfrac{1}{2\pi \mathrm{i}} \int_{(\eta)} \gamma(s - 2\sigma + u) P(s - 2\sigma + u) y^{u-2\sigma} \hat{f}(2\sigma - u) \, \mathrm{d}\, u. \tag{10.68}$$

然后将(10.68)代入(10.66)得到

$$B^*(s,\chi) = \tfrac{1}{2\pi \mathrm{i}} \int_{(\eta)} (\sum_{m \leqslant y} \bar{\chi}(m) m^{-\bar{s}+u-1}) W(u) \, \mathrm{d}\, u + O(\tfrac{1}{XY}), \tag{10.69}$$

其中

$$W(u) = \gamma(s - 2\sigma + u) \Gamma(s - 2\sigma + u) X^{u-2\sigma} \hat{f}(2\sigma - u).$$

由(10.63), (10.62), (10.57)可知, 对$u = \eta + \mathrm{i}\, v$有

$$\begin{aligned} W(u) &\ll ((|s| + |v|)\ell)^{\frac{1}{2}+\sigma-\eta} X^{\eta-2\sigma} (2\sigma - \eta) \, \mathrm{e}^{-\frac{\pi}{2}|v|} \\ &\ll (2\sigma - \eta)^{-1} (\tfrac{\ell|s|}{X^2})^{\frac{1}{2}+\sigma-\eta} X^{1-\eta} \, \mathrm{e}^{-|v|}. \end{aligned}$$

假设$X^2 \geqslant \ell|s|, \eta = \sigma + \frac{1}{2}$, 可知对$\sigma \geqslant \alpha$有

$$W(u) \leqslant (\alpha - \tfrac{1}{2})^{-1} X^{\frac{1}{2}-\alpha} \, \mathrm{e}^{-|v|}. \tag{10.70}$$

因此由(10.69)得到

$$B^*(s,\chi) \ll (\alpha - \tfrac{1}{2})^{-1} X^{\frac{1}{2}-\alpha} \int_{-\infty}^{+\infty} | \sum_{m \leqslant Y} \chi(m) m^{-s+\alpha-\frac{1}{2}+\mathrm{i}\, v} | \, \mathrm{e}^{-|v|} \, \mathrm{d}\, v + \tfrac{1}{XY}. \tag{10.71}$$

在进入下一步之前, 我们将已经证明的结论陈述如下:

引理 10.3 设χ为模ℓ的特征, s为复数使得$\mathrm{Re}(s) \geqslant \sigma > \frac{1}{2}$. 选择$X \geqslant (\ell|s|)^{\frac{1}{2}}$和$Y$满足(10.67), 则有(10.61), 其中$B(s,\chi)$由(10.38)给出, f由(10.50)给出, $B^*(s,\chi)$满足(10.71), 隐性常数是绝对的.

现在我们开始证明主要结果:

定理 10.4 (大密度定理) 设$\frac{1}{2} < \alpha \leqslant 1, \varepsilon > 0$, 则有

$$N(\alpha, k, Q, T) \ll (D^{(2+\varepsilon)(1-\alpha)} + H^{c(\alpha)(1-\alpha)}) \mathcal{L}^A, \tag{10.72}$$

其中

$$c(\alpha) = \min\{\tfrac{3}{2-\alpha}, \tfrac{3}{3\alpha-1}\}, \tag{10.73}$$

$D = kQT, H = kQ^2T, \mathcal{L} = 2\log D$, 对数幂中的指数$A$和隐性常数仅依赖于$\alpha$和$\varepsilon$.

注记: 我们或许能够移除ε, 从而断言A和隐性常数是绝对的, 但是从技术上来说, 按照我们的思路进行这样的改进会非常复杂(可以试试H.L. Montgomery[233]原来的方法).

注意(10.72)本质上与在$\frac{5}{6} < \alpha < 1$的范围内得到的(10.7)同样强, 并且关于Q 要强太多. 特别地, 若比较和式中的项数, 可知对固定的T和任意的$\alpha > \frac{1}{2}$, 很少有模$q \leqslant Q$的本原特征的L函数在(10.1)的范围内有零点.

证明: 以下χ过模$\ell = kq \leqslant Q$的特征, $s = \sigma + \mathrm{i}\,t$是限制子方形区域$\alpha \leqslant \sigma \leqslant 1, |t| \leqslant T$内的复变量. 此外, 若$\chi$是主特征, 则我们假设$|t| \geqslant \mathcal{L}^2$, 否则结果显然成立. 在证明中我们在(10.61)中取

$$X = D^{\frac{1}{2}}\mathcal{L},\ Y = D^{\frac{1}{2}}\mathcal{L}^2. \tag{10.74}$$

(10.61)中的余项很小, 因为由(10.57)可知

$$\delta_\chi \tfrac{\varphi(\ell)}{\ell}\hat{f}(1-s)X^{1-s} \ll D^{-1},$$

利用(10.51)可以将级数(10.58)简化到对$n \leqslant Y$求和(不计$O(D^{-1})$的误差项). 由此得到

$$L(s,\chi) = \sum_{n\leqslant Y}\chi(n)n^{-s}f(\tfrac{n}{X}) + O(X^{\frac{1}{2}-\alpha}\int_{-\infty}^{+\infty}|\sum_{n\leqslant Y}\chi(n)n^{-s+\alpha-\frac{1}{2}+\mathrm{i}\,v}|\,\mathrm{e}^{-|v|}\,\mathrm{d}\,v + D^{-1}). \tag{10.75}$$

将它乘以多项式

$$M(s,\chi) = \sum_{m\leqslant M}\mu(m)\chi(m)m^{-s}, \tag{10.76}$$

其中$1 \leqslant M \leqslant |D|$, 从而得到

$$L(s,\chi)M(s,\chi) = \sum_{n\leqslant MY}a_n\chi(n)n^{-s} + O(\mathcal{L}\int_{-\infty}^{+\infty}|\sum_{n\leqslant MY}a_n(v)\chi(n)n^{-s}|\,\mathrm{e}^{-|v|}\,\mathrm{d}\,v + D^{-1}M^{\frac{1}{2}}), \tag{10.77}$$

其中系数为

$$a_n = \sum_{\substack{dm=n\\ d\leqslant Y, m\leqslant M}}\mu(m)(\tfrac{d}{Y})^{\alpha-\frac{1}{2}+\mathrm{i}\,v}, \tag{10.78}$$

所以$|a_n| \leqslant \tau(n), |a_n(v)| \leqslant \tau(n)$. 对$n \leqslant M$, 我们有更准确的估计

$$\begin{aligned} a_n &= \sum_{dm=n}\mu(m)(1+O(\mathrm{e}^{-\frac{X}{d}})) = \sum_{m|n}\mu(m) + O(D^{-2}),\\ a_n(v) &= (\tfrac{n}{Y})^{\alpha-\frac{1}{2}+\mathrm{i}\,v}\prod_{p|n}(1-p^{\frac{1}{2}-\alpha+\mathrm{i}\,v}) \ll \tau(n)(\tfrac{n}{Y})^{\alpha-\frac{1}{2}}. \end{aligned}$$

前一个式子给出$a_1 = 1 + O(D^{-2}), a_n \ll D^{-2}(1 < n \leqslant M)$, 后一个式子给出

$$|\sum_{m\leqslant M}a_n(v)\chi(n)n^{-s}| \leqslant Y^{\frac{1}{2}-\alpha}\sum_{n\leqslant M}\tau(n)n^{-\frac{1}{2}} \ll Y^{\frac{1}{2}-\alpha}M^{\frac{1}{2}}\log 2M.$$

我们希望上式被$\mathcal{L}^{-2}$界定, 只需假设

$$M \ll D^{n-\frac{1}{2}}\mathcal{L}^{-6} \tag{10.79}$$

就能满足要求. 由以上估计, 我们可以将(10.77)简化为

$$L(s,\chi)M(s,\chi) = 1 + \sum_{M<n\leqslant MY}a_n\chi(n)n^{-s} + O(\mathcal{L}\int_{-\infty}^{+\infty}|\sum_{M<n\leqslant MY}a_n(v)\chi(n)n^{-s}|\,\mathrm{d}\,v + \mathcal{L}^{-1}). \tag{10.80}$$

我们将对第一个和与第二个和式的积分统一处理. 为此, 我们将这个和与积分视为关于测度

$$\mathrm{d}\,\mu = \tfrac{1}{3}\,\mathrm{e}^{-|v|}\,\mathrm{d}\,v + \tfrac{1}{3}\delta(v) \tag{10.81}$$

的积分, 其中$\mathrm{d}\,v$是$\mathbb{R}$上的Lebesgue测度, $\delta(v)$是$v = 0$处的点测度, 引入因子$\frac{1}{3}$是为了作标准化, 即使得下式成立:

$$\textstyle\int_{-\infty}^{+\infty} \mathrm{d}\,\mu = 1. \tag{10.82}$$

在这个记号下, 我们将(10.81)写成一个不等式:

$$L(s,\chi)M(s,\chi) - 1 \ll \mathcal{L}\textstyle\int_{-\infty}^{+\infty} \Big|\sum\limits_{M<n\leqslant MY} a_n(v)\chi(n)n^{-s}\Big|\,\mathrm{d}\,\mu(v) + \mathcal{L}^{-1}, \tag{10.83}$$

当$v = 0$时, 定义$a_n(0) = a_n$. 从现在起, 我们只需要知道$a_n(v)$不依赖于s, χ, 并且$|a_n(v)| \leqslant \tau(n)$. 为方便起见, 我们还设当$n \leqslant M$或$n > MY$时有$a_n(v) = 0$.

回顾(10.84)对方形区域$R(\alpha, T)$中的s和模kq的特征χ, 其中$q \leqslant Q$(若χ是主特征时, 我们要求$|t| \geqslant \mathcal{L}^2$, 其中$\mathcal{L} = 2\log D, D = kQT$)成立. 特别地, 若$s = \rho$是$L(s,\chi)$在该区域中的零点, 我们从(10.84) 得到

$$\textstyle\int_{-\infty}^{+\infty} \Big|\sum\limits_{M<n\leqslant MY} a_n(v)\chi(n)n^{-\rho}\Big|\,\mathrm{d}\,\mu(v) \gg \mathcal{L}^{-1}, \tag{10.84}$$

只要D充分大(我们可以这么假设, 否则结论显然成立). 我们像§10.3那样将和式分成2倍区间$N < n \leqslant 2N$, 其中$N = 2^{\ell}M(0 \leqslant \ell < L = [\frac{\log Y}{\log 2}])$. 记

$$D_t(s,\chi) = \textstyle\int_{-\infty}^{+\infty} \Big|\sum\limits_{N<n\leqslant 2N} a_n(v)\chi(n)n^{-s}\Big|\,\mathrm{d}\,\mu(v). \tag{10.85}$$

对计数的每个零点, 存在ℓ使得

$$D_{\ell}(\rho,\chi) \geqslant L^{-3}. \tag{10.86}$$

令R_{ℓ}表示满足(10.86)的零点数, 则零点的总数为

$$R \leqslant \sum_{\ell} R_{\ell} \leqslant L \max_{\ell} R_{\ell}.$$

将$D_{\ell}(s,\chi)$升高到适当的$2k$次幂, 其中$k \geqslant 2$依赖于N, 可得

$$D_{\ell}(\chi)^{2k} \leqslant \textstyle\int_{-\infty}^{+\infty} \Big|\sum\limits_{P<n\leqslant 2^k P} b_n(v)\chi(n)n^{-s}\Big|\,\mathrm{d}\,\mu(v),$$

其中$P = N^k$落在区间

$$Z \leqslant P \leqslant (MY)^2 + Z^{\frac{3}{2}}, \tag{10.87}$$

其中Z是后面将选取的固定数, 且满足$MY \leqslant Z \leqslant H$. 此时我们要求$M \geqslant D^{\frac{\varepsilon}{4}}$, 所以$k$是关于$\varepsilon$的有界量. 系数$b_n(v)$由因子函数的幂界定, 所以

$$\sum_{P<n\leqslant 2^k P} |b_n(v)|^2 n^{-2\alpha} \leqslant P^{1-2\alpha}\mathcal{L}^A,$$

其中A仅依赖于k. 将这些关于满足(10.86)的点(ρ,χ)的不等式相加得到

$$R_\ell \ll \mathcal{L}^{6k}\int_{-\infty}^{+\infty}\sum_{(\rho,\chi)\in\mathcal{S}_\ell}\Big|\sum_{P<n\leqslant 2^kP} b_n(v)\chi(n)n^{-\rho}\Big|^2\,\mathrm{d}\,\mu(v).$$

我们现在准备利用第9章的两个结果, 即定理9.13和定理9.15(也可见第9章结束语中关于零点ρ间隔的内容). 利用定理9.13可得

$$R_\ell \ll P^{1-2\alpha}(P+H)\mathcal{L}^A, \tag{10.88}$$

利用定理9.15可得

$$R_\ell \ll P^{1-2\alpha}(P+R_\ell^{\frac{2}{3}}H^{\frac{1}{3}}P^{\frac{1}{3}})\mathcal{L}^A,$$

从而有

$$R_\ell \ll P^{1-2\alpha}(P+H^{3-4\alpha})\mathcal{L}^A, \tag{10.89}$$

其中$H=kQ^2T$, A是依赖于k的常数(每次出现时可能不同). 直接计算可知(10.88)和(10.89)在$\frac{1}{2}<\alpha\leqslant\frac{3}{4}$与$\frac{3}{4}\leqslant\alpha<1$这两种情形, 分别为一个比另一个更强.

假设$\frac{1}{2}+\varepsilon\leqslant\alpha<\frac{3}{4}$, 则从(10.87)中引入$P$到(10.88)得到

$$R_\ell \ll ((MY)^{4(1-\alpha)}+Z^{3(1-\alpha)}+HZ^{1-2\alpha})\mathcal{L}^A.$$

显然, 最好的选择是$Z=H^{\frac{1}{2-\alpha}}$. 我们还假设$MY\leqslant Z^{\frac{3}{4}}$, 则有

$$R_\ell \ll H^{\frac{3(1-\alpha)}{2-\alpha}}\mathcal{L}^A. \tag{10.90}$$

剩下验证限制条件$MY\leqslant Z^{\frac{3}{4}}$与之前添加的条件不矛盾. 对$Y=D^{\frac{1}{2}}\mathcal{L}2$, 由于$D\leqslant H$, 取

$$M=H^{\frac{2\alpha-1}{4(2-\alpha)}}\mathcal{L}^{-2}$$

可验证满足条件. 注意M满足(10.80), $M\geqslant D^{\frac{\varepsilon}{4}}$, 并且显然$MY\leqslant Z$. 指数$A$和(10.90)中的隐性常数仅依赖于$\varepsilon$. 因为$\varepsilon$是任意的, 这样就在$\frac{1}{2}<\alpha\leqslant\frac{3}{4}$的范围内建立了定理10.4(在这个范围内, 实际上(10.72)在去掉第一项后也成立, 因为它被第二项吸收了).

假设$\frac{3}{4}\leqslant\alpha\leqslant 1$, 则从(10.87)引入$P$到(10.89)中得到

$$R_\ell \ll ((DM^2)^{2(1-\alpha)}+H^{\frac{3(1-\alpha)}{3\alpha-1}})\mathcal{L}^A.$$

取$M=D^{\frac{\varepsilon}{4}}$即得定理10.4在$\frac{3}{4}\leqslant\alpha\leqslant 1$的范围内成立. □

习题10.3 证明: 对$\frac{3}{2}<\alpha\leqslant 1,\varepsilon>0$, 有

$$N(\alpha,k,Q,T)\ll(D^{(3+\varepsilon)(1-\alpha)}+N^{b(\alpha)(1-\alpha)})\mathcal{L}^A, \tag{10.91}$$

其中

$$b(\alpha)=\min\{\tfrac{8}{5-2\alpha},\tfrac{4}{5\alpha-2}\}. \tag{10.92}$$

(提示: 将多项式$D_\ell(s,\chi)$升高到$2k$次, 其中$k\geqslant 3$满足$Z\leqslant P\leqslant(MY)^3+Z^{\frac{4}{3}}$.)

习题10.4 证明: 对$\frac{1}{2} < \alpha \leqslant 1, \varepsilon > 0$有

$$N(\alpha,k,Q,T) \ll D^{(1+\varepsilon)(1-\alpha)} + H^{a(\alpha)(1-\alpha)})\mathcal{L}^A, \tag{10.93}$$

其中

$$a(\alpha) = \min\{\tfrac{5}{3-\alpha}, \tfrac{5}{7\alpha-3}\}. \tag{10.94}$$

(提示: 将多项式$D_\ell(s,\chi)$升高到$2k$次, 其中$k \geqslant 4$满足$Z \leqslant P \leqslant (MY)^4 + Z^{\frac{5}{4}}$.)

注记: 若α接近1, 估计式(10.91)和(10.93)就Q^2而言(10.72)更强, 但是就kT而言并非如此. 事实上, 若$kT \leqslant Q^\varepsilon$, 则由(10.93)可知在$\frac{11}{14} \leqslant \alpha \leqslant 1$的范围内有

$$N(\alpha,k,Q,T) \ll Q^{4(1-\alpha)+\varepsilon},$$

这个结论本质上就是密度猜想. Jutila[173]利用定理9.10对$\zeta(s)$在这个范围内证明了这个密度猜想. 每个指数$a(\alpha), b(\alpha), c(\alpha)$在$\alpha = \frac{3}{4}$处取得最大值, 值为$a(\frac{3}{4}) = \frac{20}{9}, b(\frac{3}{4}) = \frac{16}{7}, c(\frac{3}{4}) = \frac{12}{5}$. 对$\alpha = 1$可得$a(1) = \frac{5}{4}, b(1) = \frac{4}{3}, c(1) = \frac{3}{2}$; 对$\alpha = \frac{1}{2}$, 这三个指数所取的值都是2.

§10.5 素数的间距

本节的目的是给出零点密度定理如何应用的一个例子. 我们选择关于小区间内素数的几个问题, 因为首先它们对密度定理的发展具有启发作用, 其次对$\zeta(s)$的零点的其他统计研究也是如此. 我们绝不是要尝试展示浩瀚文献中的最佳结果.

由素数定理

$$\psi(x) = \sum_{n\leqslant x} \Lambda(n) = x + E(x),$$

其中$E(x)$是适当的误差项, 我们可以直接得到

$$\psi(x+y) - \psi(x) \sim y (x \to +\infty), \tag{10.95}$$

只要$y = y(x)$比$E(x)$稍大. 因此对所有充分大的x, 在短区间$(x, x+y]$中存在素数.

虽然G. Hoheisel没有改进素数定理中的误差项, 但是他[138]成功地于1930年证明了(10.95)对$y = x^\theta$成立, 其中$\theta < 1$为某个绝对常数. 考虑到要得到像$E(x) = O(x^\theta)$这么好的误差项似乎远远超出现有技术的范围, 这个结果是令人赞叹的. 回顾: 后面的这个界相当于说$\zeta(s)$在$\mathrm{Re}(s) > \theta$内没有零点. 但是, Hoheisel仅仅需要他所处时代已有的两个结果. 第一个结果是$\zeta(\sigma + \mathrm{i}t)$的如下形式的无零区域:

$$|t| \leqslant T,\ \sigma \geqslant 1 - B\frac{\log\log T}{\log T}, \tag{10.96}$$

其中$B > 0$为某个常数, T充分大. 第二个结果是如下形式的零点密度估计: 对所有的$\frac{1}{2} \leqslant \alpha \leqslant 1$, 有

$$N(\alpha, T) \ll T^{c(1-\alpha)} \log^A T, \tag{10.97}$$

其中$c \geqslant 2, A \geqslant 1$为常数. 由这些结果可以推出:

定理 10.5 令$\theta = 1 - (c + \frac{A+1}{B})^{-1}$, 则对任意的$y$满足$x^\theta \log^3 x \leqslant y \leqslant x$有

$$\psi(x+y) - \psi(x) = y + O(\tfrac{y}{\log x}). \tag{10.98}$$

证明: 我们利用渐近“显式”(见§5.9)

$$\psi(x) = x - \sum_{|\gamma| \leqslant T} \frac{x^\rho}{\rho} + O(\tfrac{x}{T} \log^2 x),$$

其中$T = x^{1-\theta}$. 因此

$$\frac{\psi(x+y)-\psi(x)}{y} - 1 = \sum_{|\gamma| \leqslant T} \frac{(x+y)^\rho - x^\rho}{\rho\theta} + O(\tfrac{1}{\log x}).$$

关于零点的和式的界为

$$\begin{aligned}\sum_{|\gamma|\leqslant T} x^{\beta-1} &\leqslant 2\int_{\frac{1}{2}}^1 x^{\alpha-1}\,\mathrm{d}\,N(\alpha,T)\\ &\leqslant 2x^{-\frac{1}{2}}N(\tfrac{1}{2},T) + 2(\log x)\int_{\frac{1}{2}}^1 x^{\alpha-1}N(\alpha,T)\,\mathrm{d}\,\alpha\\ &\ll x^{-\frac{1}{2}}\log T + (\log x)(\log^A T)\int_\eta^{\frac{1}{2}}(\tfrac{T^c}{x})^\alpha\,\mathrm{d}\,\alpha\\ &\ll x^{-\frac{1}{2}}\log T + (\tfrac{T^c}{x})^\eta \log^A T,\end{aligned}$$

其中$\eta = B\frac{\log\log T}{\log T}$. 因为

$$(\tfrac{T^c}{x})^\alpha = (\log T)^{(c-\frac{1}{1-\theta})B} = \log^{-A-1} T,$$

所以关于零点的和式为$O(\frac{1}{\log x})$, 这就完成了定理10.5的证明. □

Hoheisel在无零区域(10.96)中取Littlewood[216]给出的很小的正常数B, 在零点密度估计(10.97)中取F. Carlson[34]给出的指数$c = 4$(见(10.26)). 在Vinogradov将(10.96)中的区域拓宽后(见推论8.28), 我们可以取任意大的B, 所以$\theta = 1 - c^{-1} + \varepsilon$满足定理10.5中的条件. 从现在起, Hoheisel指数θ仅依赖于零点密度估计中的c. 注意: 我们需要对于同样的c, (10.97)在整个区间$\frac{1}{2} \leqslant \alpha \leqslant 1$上成立, 所以在小范围上的改进并不会有帮助. 换句话说, 我们从(10.6)得到的是$c = \max\{c(\alpha)\}$. 由关于$\zeta(s)$的大密度定理10.4, 取$c = \frac{12}{5}$即得(10.98)($c(\alpha)$的最大值在$\alpha = \frac{3}{4}$处取得), 取$\theta = \frac{7}{12} + \varepsilon$, 则对$x^\theta \leqslant y \leqslant x$建立了(10.98). 这是目前得到的这种类型的最好结果(由M.N. Huxley[144]于1972年得到). 取$c = 2$, 得到$\theta = \frac{1}{2} + \varepsilon$, 此即密度猜想 .

由上述解析推理与筛法的各种结合可得取代渐近公式(10.95)的估计

$$y \ll \psi(x+y) - \psi(x) \ll y, \tag{10.99}$$

但是只对短区间有效. 例如, R. Baker与G. Harman[32]对$y = x^\theta$, 其中$\theta = 0.534$得到了(10.99).

在(10.99)中取$y = x^\theta$可得两个连续素数之差满足

$$d_n = p_{n+1} - p_n \ll p_n^\theta. \tag{10.100}$$

因此取$\theta = 0.534$, 由Baker-Harman的研究结果得到(10.100). 回顾Riemann猜想指出$d_n \ll p_n^{\frac{1}{2}} \log p_n$, 但是即使在配对关联猜想下(见第25章), 已经得到的最好结果是(归功于D. Goldston与D.R. Heath-Brown[104])

$$d_n \ll (p_n \log p_n)^{\frac{1}{2}}. \tag{10.101}$$

H. Cramer[49]在1937年对素数建立了一个概率模型后提出猜想:

$$d_n \ll \log^2 p_n. \tag{10.102}$$

R. Rankin[262]反其道而行之, 通过构造特殊的合数证明了：无限频繁地有

$$d_n \geqslant (\mathrm{e}^\gamma - \mathrm{e})(\log p_n)(\log\log p_n)(\log\log\log\log p_n)(\log\log\log p_n)^{-2} \tag{10.103}$$

其中γ是Euler常数. Paul Erdös曾提出为任何能将(10.103)中的e^γ替换为递增趋于无穷大的函数的人开出10 000美元的奖金(这是Erdös为单个数学问题开出的最高奖金).

人们猜想相邻素数的标准间距$d_n^* = \frac{p_{n+1}-p_n}{\log p_n}$服从Poisson分布, 即对任意的$t>0$有

$$\lim_{x\to+\infty} \tfrac{1}{x}|\{n \leqslant x | d_n^* \leqslant t\}| = 1 - \mathrm{e}^{-t}. \tag{10.104}$$

许多对$\psi(x+y)-\psi(x)$的估计都是对关于x的均值而建立的.

习题10.5 假设(10.97)对$c \geqslant 2$成立, 证明: 对$X^\theta \leqslant y \leqslant X, \theta = 1 - 2c^{-1} + \varepsilon$, 任意的$\varepsilon > 0$和任意的$A > 0$有

$$\int_X^{2X} (\psi(x+y) - \psi(x) - y)^2 \,\mathrm{d}\,x \ll y^2 X \log^{-A} X, \tag{10.105}$$

其中隐性常数仅依赖于ε和A. 特别地, 取$c = \frac{12}{5}$可推出(10.95)对$y = x^\theta$和几乎所有的x成立, 其中$\theta > \frac{1}{6}$是固定的数.

在本节结束之际, 我们指出短区间中的素数问题与公差很大的等差数列中的素数问题之间的形式相似性.

习题10.6 假设对关于特征$\chi \bmod q$的Dirichlet L函数的零点的如下估计成立:
(1) 若qT充分大, 则$L(s,\chi) \neq 0$在$s = \sigma + \mathrm{i}\,t$满足的区域: $|t| \leqslant T$,

$$\sigma \geqslant 1 - B\frac{\log\log qT}{\log qT} \tag{10.106}$$

内成立, 其中B为正常数.
(2) 关于$\chi \bmod q$的所有函数$L(s,\chi)$在方形区域$|t| \leqslant T, \sigma \geqslant \alpha$内的零点数$N(\alpha,q,T)$对$\frac{1}{2} \leqslant \alpha \leqslant 1, T \geqslant 3$满足

$$N(\alpha,q,T) \ll (qT)^{c(1-\alpha)} \log^A qT, \tag{10.107}$$

其中$c \geqslant 2$与$A \geqslant 1$是适当的常数.
证明: 对$x \geqslant q^\theta \log^3 q$, 其中$\theta = c + \frac{a+1}{B}$, 一致地有

$$\psi(x,q,a) = \frac{x}{\varphi(q)}\left(1 + O\left(\frac{1}{\log x}\right)\right). \tag{10.108}$$

关于无条件的结果, 见第17章.

第 11 章　有限域上的和

§11.1　引言

我们在本章考虑一种特殊类型的指数和与特征和, 有时称之为"完全和", 它可以看作关于有限域上元素的和. 尽管第8章的方法仍然可以用于这类和式的研究, 但是不顾及这种特色, 而在有限域层面考虑并且运用代数几何的有力技巧时, 我们就能得到最深刻的理解和最强的结果.

我们在前几章已经遇到过可以解释为有限域上和的指数和的例子, 例如, 二次Gauss和

$$G_a(p) = \sum_{a \bmod p} (\tfrac{x}{p}) c(\tfrac{ax}{p}),$$

或Kloosterman和(1.56)

$$S(a,b;p) = \sum_{x \bmod p}^{*} \mathrm{e}(\tfrac{ax+b\bar{x}}{p}).$$

我们在本章将特别研究这些和式. 我们最终介绍的是Stepanov的初等方法, 它将用于证明Weil 关于Kloosterman和的界

$$|S(a,b;p)| \leqslant 2\sqrt{p},$$

以及Hasse关于有限域上椭圆曲线上的点数的界. 然后我们不加证明地简要介绍Grothendieck, Deligne, Katz, Laumon以及其他人发展的ℓ进上同调的强大理论, 希望传递相关工具的一点风味, 并且给读者足够的知识, 使他们对解析数论中可能遇到的任何指数和至少能够做一个初步分析.

§11.2　有限域

首先我们简要回顾有限域的一些事实, 并且约定本章用到的符号. 对每个素数p, 模p的剩余类环有限环$\mathbb{Z}/p\mathbb{Z}$是一个域, 记为$\mathbb{F}_p$. $\mathbb{F}_p$的Galois理论很容易描述: 对任意的$n \geqslant 1$, 存在$\mathbb{F}_p$的唯一(同构意义下)的n次域扩张, 记为$\mathbb{F}_{p^n}$. 反过来, 任何有q个元的有限域同构于(但是非典型)唯一的域$\mathbb{F}_{p^d}$, 从而$q = p^d$, 并且对任意的$n \geqslant 1$, $\mathbb{F}$只有唯一的n次扩域, 即$\mathbb{F}_{p^{dn}}$.

现在令$\mathbb{F} = \mathbb{F}_q$为$q = p^d$元有限域. 在本章的大部分内容中, p是固定的. 我们对符号稍加修改: 用$\bar{\mathbb{F}}$表示$\mathbb{F}$的代数闭包, 用$\mathbb{F}_n \subset \bar{\mathbb{F}}$表示$\mathbb{F}$的唯一$n \geqslant 1$次扩张. 上下文中都会清楚地提示$\mathbb{F}_n$的基数是$q^n$, 而不是$n$.

域扩张$\mathbb{F}_n/\mathbb{F}$是Galois扩张, 其Galois群G_n典型同构于$\mathbb{Z}/n\mathbb{Z}$, 同构映射为$\mathbb{Z}/n\mathbb{Z} \to G_n, 1 \mapsto \sigma$, 其中$\sigma : x \to x^q$ 为$\mathbb{F}_n$的Frobenius自同构.

令$\bar{\mathbb{F}}$为$\mathbb{F}$的给定的代数闭包, 所以由上可知

$$\overline{\mathbb{F}} = \bigcup_{n \geqslant 1} \mathbb{F}_n.$$

由Galois理论, 对任意的$x \in \overline{\mathbb{F}}$, 我们有$x \in \mathbb{F} \Leftrightarrow \sigma(x) = x \Leftrightarrow x^q = x$, 更一般地有

$$x \in F_n \Leftrightarrow \sigma^n = x \Leftrightarrow x^{q^n} = x. \tag{11.1}$$

由此可知$\mathbb{F}_n$为多项式$X^{q^n} - X \in \mathbb{F}[X]$的分裂域. 更一般地, 我们可以陈述Gauss的结果如下:

引理 11.1 对任意整数$n \geqslant 1$, 有

$$\prod_{d|n} \prod_{\deg(P)=d} P = X^{q^n} - X, \tag{11.2}$$

其中乘积过所有次数$d|n$的不可约首一多项式P.

证明: 由有限域的描述即可得到结论: 右边多项式(在代数闭包中)的根恰好是$\mathbb{F}_n$中重数为1 的元素x; 反过来, 每个这样的x有一个极小多项式出现且恰好出现在左边的多项式P中. □

与扩张F_n/F相关的是迹映射和范映射. 由上述对扩张$\mathbb{F}_n/\mathbb{F}$的Galois群的描述, 迹映射$\mathrm{Tr} = \mathrm{Tr}_{\mathbb{F}_n/\mathbb{F}} : \mathbb{F}_n \to \mathbb{F}$的定义为

$$\mathrm{Tr}(x) = \sum_{0 \leqslant i \leqslant n-1} \sigma^i(x) = \sum_{0 \leqslant i \leqslant n-1} x^{q^i}, \tag{11.3}$$

同理可定义范映射$\mathrm{N} = \mathrm{N}_{\mathbb{F}_n/\mathbb{F}} : \mathbb{F}_n^* \to \mathbb{F}$为

$$\mathrm{N}(x) = \prod_{0 \leqslant i \leqslant n-1} \sigma^i(x) = \prod_{0 \leqslant i \leqslant n-1} x^{q^i} = x^{\frac{q^n-1}{q-1}}. \tag{11.4}$$

对给定的$y \in \mathbb{F}$, 方程$\mathrm{Tr}(x) = y$与$\mathrm{N}(x) = y$非常重要. 因为$\mathbb{F}_n/\mathbb{F}$是可分扩张, 方程$\mathrm{Tr}(x) = y$总是有解. 若x_0 是该方程给定的解, 则它的所有解在映射$x \to a = x - x_0$下与$\mathrm{Tr}(a) = 0$的解一一对应. 此外, $\mathrm{Tr}(a) = 0$的任意解形如$a = \sigma(b) - b = b^q - b$, 其中$b \in \mathbb{F}_n$在不计$\mathbb{F}$中的相加元时是唯一的, 即在商群$\mathbb{F}_n/\mathbb{F}$中是唯一的.

同理, 对任意的$y \in \mathbb{F}^*$, 方程$\mathrm{N}(x) = y$有解, 且若x_0是该方程给定的解, 则它的解与$\mathrm{N}(a) = 1$的解一一对应. 由Hilbert定理90(或者通过直接证明)可知后一方程的所有解由$a = \sigma(b)b^{-1} = b^{q-1}$给出, 其中$b \in \mathbb{F}_n^*$在不计$\mathbb{F}^*$ 中的因子时是唯一的, 即在商群$F_n^*/\mathbb{F}^*$中是唯一的.

由于$\mathbb{F}$的加群有限, 我们可以应用有限Abel群的特征的一般理论(见第2章). $\mathbb{F}$的特征称为加性特征, 它们的形式都是: $x \mapsto \psi(ax)$, 其中$a \in \mathbb{F}$, ψ是某个固定的非平凡加性特征. 例如, 令$\mathrm{Tr} : \mathbb{F} \to \mathbb{Z}/p\mathbb{Z}$为到基域的迹映射, 则

$$\psi(x) = \mathrm{e}(\mathrm{Tr}(x)/p) \tag{11.5}$$

是$\mathbb{F}$的非平凡加性特征. 给定加性特征和$a \in \mathbb{F}$, 我们用ψ_a表示特征$x \mapsto \psi(ax)$.

由有限Abel群的特征的一般理论可得正交关系:

$$\sum_{\psi} \psi(x) = \begin{cases} q, & 若x = 1, \\ 0, & 否则 \end{cases}$$

(它可以用来在$\mathbb{F}$中“解”方程$x = 0$), 以及

$$\sum_{x\in\mathbb{F}}\psi(x)=\begin{cases}q, & 若x=1,\\ 0, & 否则.\end{cases}$$

对乘群$\mathbb{F}^*$的特征(也称为$\mathbb{F}$的乘性特征)的描述没有那么清楚. $\mathbb{F}^*$的群结构是熟知的(可追溯到Gauss): 它是$q-1$阶循环群, 其生成元称为本原根, 因此有$\varphi(q-1)$个这样的元, 但是不存在求本原根的有用公式. 固定本原根$z\in\mathbb{F}^*$, 我们有同构

$$\log:\mathbb{F}^*\simeq\mathbb{Z}/(q-1)\mathbb{Z},\ x\mapsto n(z^n=x),$$

并且$\mathbb{F}$的所有乘性特征可以表示成

$$\chi(x)=\mathrm{e}(\tfrac{a\log x}{q-1}),$$

其中$a\in\mathbb{Z}/(p-1)\mathbb{Z}$, 但是这一描述在解析数论中通常没什么用处.

下面给出乘性特征的例子. 令$\mathbb{F}=\mathbb{Z}/p\mathbb{Z}(p\neq 2)$, 则Legendre符号

$$x\mapsto(\tfrac{x}{p})$$

是非平凡二次特征. 一般地, 若$\delta|(q-1)$, 则存在由$\mathbb{F}^*$的δ阶特征χ组成的δ阶循环群.

正交关系变成了

$$\sum_{\chi}\chi(x)=\begin{cases}q-1, & 若x=1,\\ 0, & 否则\end{cases}$$

(对所有的乘性特征求和), 以及

$$\sum_{x\in\mathbb{F}^*}\chi(x)=\begin{cases}q-1, & 若\chi=1,\\ 0, & 否则\end{cases}$$

我们经常通过定义$\chi(0)=0(\chi\neq 1),\chi(0)=1(\chi=1)$将乘性特征推广到$\mathbb{F}$上. 注意此时对任意的$\delta|(q-1)$, 公式

$$\sum_{\chi^\delta=1}\chi(x)=|\{y\in\mathbb{F}^*|y^\delta=x\}| \tag{11.6}$$

(就像第3章描述的那样, 这也是关于群$\mathbb{F}^*/(\mathbb{F}^*)^d$的正交关系的特例)对所有的$x\in\mathbb{F}$ 成立.

§11.3 指数和

令$\mathbb{F}=\mathbb{F}_q$为$q=p^m$元有限域, 其中p为素数. $\mathbb{F}$上的指数和可以是各种各样的, 其中最简单的一种就是考虑多项式$P\in\mathbb{F}[X]$和加性特征ψ, 定义和式

$$S(P)=\sum_{x\in\mathbb{F}}\psi(P(x)).$$

稍微一般的是取非零有理函数$f=\frac{P}{Q}\in\mathbb{F}(X)$, 考虑

$$S(f)=\sum_{\substack{x\in\mathbb{F}\\ Q(x)\neq 0}}\psi(f(x)).$$

例如取$q=p,f(x)=ax+bx^{-1}$, 我们有$S(f)=S(a,b,p)$. 乘性特征也可以用来得到如下形式的和式:

$$S_\chi(f) = \sum_{x\in\mathbb{F}}^{*} \chi(f(x)),$$

其中$\sum^*$在这里和以后表示延拓到对所有不是f的极点x求和. 若$q = p, \chi = (\frac{\cdot}{p})$(Legendre符号), $f(x) \in \mathbb{Z}[X]$为模p是没有重根的3次多项式, 则我们可知$-S_\chi(f)$是方程为$y^2 = f(x)$定义的椭圆曲线的Hasse-Weil ζ函数的第p个系数a_p(见§14.4).

更一般的是将加性特征和乘性特征混合在一起, 定义如下的和式:

$$S_\chi(f,g) = \sum_{x\in\mathbb{F}}^{*} \chi(f(x))\psi(g(x)). \tag{11.7}$$

这种和式的一个例子是Salié和$T(a,b;p)$, 其定义为

$$T(a,b;p) = \sum_{x \bmod p}^{*} (\frac{x}{p})\, \mathrm{e}(\frac{ax+b\bar{x}}{p}),$$

它在半整权模形式的Fourier展开式中出现(见[155]). 对比看起来更简单的Kloosterman和$S(a,b;p)$, Salié和$T(a,b;p)$可以清楚地计算出来(见引理12.4, 以及关于Salié和的一致分布的推论21.9).

在举例结束之际, 我们提到所有这些定义还可以推广为关于多个变量的和式, 并且求和的变量可以限制到在$\mathbb{F}$上定义的代数簇上, 这样的一些例子将出现在本章的综述小节中.

直接出现在解析数论中的指数和是素域$\mathbb{Z}/p\mathbb{Z}$上的和, 但是更深入的理解自然需要考虑扩域$\mathbb{F}_{p^n}$上的和. 事实上, 代数方法成功的原因就在于有如下事实: $\mathbb{F}_p$上的指数和不会单独出现, 而是有所有扩域$\mathbb{F}_{p^n}$上的和自然“相伴”, 并且它的确是我们考察的整个和式族, 也是作为自然的研究对象的和式族. 这些相伴和容易定义, 以我们介绍过的最一般的和$S = S_\chi(f,g)$为例, 当$n \geqslant 1$时, 令

$$S_n = \sum_{x\in\mathbb{F}_n}^{*} \chi(\mathrm{N}_{\mathbb{F}_n/\mathbb{F}}(d(x))\psi(\mathrm{Tr}_{\mathbb{F}_n/\mathbb{F}}(g(x))), \tag{11.8}$$

其中我们用到$\mathbb{F}_n$的乘性特征$\chi \circ \mathrm{N}$和加性特征$\psi \circ \mathrm{Tr}$. 所有的和式S_n 可以合并成一个对象, 即指数和的ζ函数, 它是由如下公式定义的形式幂级数$Z = Z_\chi(f,g) \in \mathbb{C}[[T]]$:

$$Z = \exp(\sum_{n\geqslant 1} \frac{S_n}{n} T^n).$$

引入ζ函数的合理性由下面的有理性定理给出, 该定理是由Weil猜想, 由Dwork证明的.

定理 11.2 (Dwork) ζ函数Z是一个有理函数的幂级数展开式. 确切地说, 存在互素的多项式$P, Q \in \mathbb{C}[T]$满足$P(0) = Q(0) = 1$, 使得$Z = \frac{P}{Q}$.

下面给出一个推论. 分别记$(\alpha_i), (\beta_j)$为P, Q的根的乘性逆元, 从而

$$P = \prod_i (1-\alpha_i T),\ Q = \prod_j (1-\beta_j T).$$

利用幂级数展开式

$$\log \frac{1}{1-T} = \sum_{n\geqslant 1} \frac{T^n}{n},$$

我们可知公式$Z = \frac{P}{Q}$等价于对所有的$n \geqslant 1$, 有公式

$$S_n = \sum_j \beta_j^n - \sum_i \alpha_i^n,$$

这就说明了各种和式S_n之间是如何联系的. 特别地, 注意它们满足d阶线性递归关系, 其中d等于根α_i, β_j的个数$\deg P + \deg Q$.

推论 11.3 对任意的$n \geqslant 1$, 我们有上界

$$|S_n| \leqslant \sum_j |\beta_j|^n + \sum_i |\alpha_i|^n.$$

特别地, 有

$$|S| \leqslant \sum_j |\beta_j| + \sum_i |\alpha_i|. \tag{11.9}$$

常见的滥用说法是称这些α_i, β_j为指数和S的根. 我们将在§11.11对这些根给出许多一般性的描述. 在这中间的小节里, 我们将证明Dwork定理, 并且在Gauss和, Kloosterman和以及椭圆曲线的局部ζ函数这些重要的特殊情形对这些根的模进行估计.

注记: 我们称和式$S_n (n \geqslant 1)$为原来的指数和S的“伴随”和. 但是, 我们还可以考虑S的其他伴随和. 若S涉及加性特征, 有时将S仅视为让这一加性特征变化得到的和式族中的一个元素也是很有用的. 具体来说, 若

$$S = \sum_{x \in \mathbb{F}}^* \chi(f(x))\psi(g(x)),$$

我们对$a \in \mathbb{F}$引入

$$S_a = \sum_{x \in \mathbb{F}}^* \chi(f(x))\psi_a(g(x)) = \sum_{x \in \mathbb{F}}^* \chi(f(x))\psi(ag(x)).$$

用初等方法往往容易对S_n的前几个幂矩关于a的均值进行估计, 并且它们对S的估计非常有用, 即使还用到代数几何的方法. 见§11.7关于Kloosterman和的Weil界的证明和§11.11中的例子. 更多一般类型的和式族曾经(现在仍然)被Katz研究过, 见[175].

§11.4 Hasse-Davenport关系式

我们考虑有限域上的Gauss和. 令$\mathbb{F} = \mathbb{F}_q$为$q = p^m$元有限域, ψ和χ分别为$\mathbb{F}$的加性特征与乘性特征. Gauss和$G(\chi, \psi)$的定义为

$$G(\chi, \psi) = \sum_{x \in \mathbb{F}} \chi(x)\psi(x) \tag{11.10}$$

(回顾χ可以延拓到$\mathbb{F}$上, 根据χ是否为平凡特征, 分别令$\chi(0) = 1, 0$). 若χ为Legendre符号, 我们就回到二次Gauss和.

在扩域上的相关和式为

$$G_a(\chi, \psi) = \sum_{x \in \mathbb{F}_n} \chi(\mathrm{N}_{\mathbb{F}_n/\mathbb{F}}(x))\psi(\mathrm{Tr}_{\mathbb{F}_n/\mathbb{F}}(x)),$$

其ζ函数为

$$Z(\chi, \psi) = \exp\Big(\sum_{n \geqslant 1} \frac{G_n(\chi, \psi)}{n} T^n\Big). \tag{11.11}$$

在这种情形, Dwork定理由Hasse与Davenport证明, 我们称之为Hasse-Davenport关系式.

定理 11.4 (Hasse-Davenport) 假设χ, ψ非平凡, 则对任意的$n \geqslant 1$, 有

$$-G_n(\chi, \psi) = (-G(\chi, \psi))^n,$$

或者等价地有: ζ函数是线性多项式

$$Z(\chi, \psi) = 1 + G(\chi, \psi)T.$$

因此, Gauss和的唯一"根"是$G(\chi, \psi)$本身, 它可以由初等方法估计, 就像我们在第3章考虑的Gauss和那样.

命题 11.5 若χ与ψ都非平凡, 则有

$$|G(\chi, \psi)| = \sqrt{q}.$$

同时有

$$|G(1, \psi)| = \begin{cases} 0, & 若\psi \neq 1, \\ q, & 若\psi = 1, \end{cases}$$

$$|G(\chi, 1)| = \begin{cases} 0, & 若\chi \neq 1, \\ q, & 若\chi = 1. \end{cases}$$

证明: 最后两个结论是显然的, 所以我们假设χ和ψ都非平凡, 则有

$$\begin{aligned} |G(\chi, \psi)|^2 &= \sum_{x, y \in \mathbb{F}^*} \chi(x)\bar{\chi}(y)\psi(x)\psi(-y) \\ &= \sum_{x \in \mathbb{F}} \chi(z) \sum_{y \in \mathbb{F}^*} \psi((z-1)y)(令 z = xy^{-1}) \\ &= q(两次利用正交性). \end{aligned}$$ □

我们现在开始证明Hasse-Davenport关系式. 考虑$\mathbb{F}$上的有理函数域$F = \mathbb{F}(X)$与多项式环$R = \mathbb{F}[X]$. 回顾R是主理想环. 对d次多项式$h \in R$, 定义范数

$$\mathrm{N}(h) = q^d.$$

F的ζ函数是Dirichlet级数(与Riemann ζ函数类似)

$$\zeta_F(s) = \sum_{\substack{h \in R \\ h首一}} \mathrm{N}(h)^{-s}.$$

注记: 我们可以把它写成关于R中非零理想$\mathfrak{a}$的和

$$\zeta_F(s) = \sum_{\mathfrak{a}} \mathrm{N}(\mathfrak{a})^{-s},$$

其中$\mathrm{N}(\mathfrak{a}) = |R/\mathfrak{a}| = \mathrm{N}(h)$, h是使得$\mathfrak{a} = \langle h \rangle$的任意多项式. 但是我们为了强调初等性, 用多项式的形式表示.

Dirichlet级数在$\mathrm{Re}(s) > 1$时绝对收敛. 事实上, 令

$$n(d) = |\{h \in R | \deg(h) = d, h首一\}| = q^d,$$

则我们立刻得到

$$\zeta_F(s)=\sum_{d\geqslant 0}n(d)q^{-ds}=\sum_{d\geqslant 0}q^{(1-s)d}=(1-q^{1-s})^{-1}.$$

另一方面, 通过唯一分解为不可约多项式的乘积可将ζ_F表示成Euler乘积

$$\zeta_F(s)=\prod_{\substack{P\in R\\ P\text{首一不可约}}}(1-\mathrm{N}(P)^{-s})^{-1},$$

它在$\mathrm{Re}(s)>1$时收敛.

证明Hasse-Davenport关系式的第一步是将Gauss和的ζ函数写成域F的L函数. 令$H\subset F^*$为表示成首一多项式的商的有理函数组成的子群, $G\subset H$为满足以下性质的子群:

$$h_1h_2\in G\Rightarrow h_1,h_2\in G.$$

接下来, 若$\alpha:G\to\mathbb{C}^*$为群G的特征, 令$\alpha(h)=0(h\notin G)$, 则可以将α延拓为首一多项式$h\in R$的集合上的完全乘性函数. 类似于经典L函数, 我们可以通过Dirichlet级数定义相应的L函数为

$$L(s,\alpha)=\sum_{\substack{h\in R\\ h\text{首一}}}\alpha(h)\,\mathrm{N}(h)^{-s}=\prod_P(1-\alpha(P)\,\mathrm{N}(P)^{-s})^{-1}(\mathrm{Re}(s)>1).$$

要讨论Gauss和, 我们考虑在0处有定义且非零的函数f构成的子群$G\subset H$. 定义G上的特征: 对$h=X^d-a_1X^{d-1}+\cdots+(-1)^da_d\in H$, 令

$$\lambda(h)=\chi(a_d)\psi(a_1).$$

显然, λ对首一多项式满足乘性, 并且可以延拓为G上的特征. 在这种情形, 我们得到下面的

引理 11.6 我们有$L(s,\lambda)=1+G(\chi,\psi)q^{-s}$.

证明: 我们根据h的次数整理$L(s,\lambda)$的Dirichlet级数:

$$L(s,\lambda)=\sum_{d\geqslant 0}\Big(\sum_{\deg(h)=d}\lambda(h)\Big)q^{-ds},$$

然后依次对各项进行估计. 对$d=0$, 唯一出现的首一多项式是$h=1$, 可得$\lambda(1)=1$. 对于$d=1$, 我们有$h=X-a$, 所以

$$\sum_{\deg(h)=1}\lambda(h)=\sum_{a\in\mathbb{F}}\lambda(X-a)=\sum_{a\in\mathbb{F}}\chi(a)\psi(a)=G(\chi,\psi).$$

对任意的$d\geqslant 2$, 由正交性有

$$\sum_{\deg(h)=d}\lambda(h)=\sum_{a_1,\ldots,a_d\in\mathbb{F}}\lambda(X^d-a_1X^{d-1}+\cdots+(-1)^da_d)=q^{d-2}\sum_{a_1,a_d\in\mathbb{F}}\chi(a_d)\psi(a_1)=0,$$

因为特征χ,ψ中至少有一个非平凡. □

另一方面, 我们将利用Euler乘积证明

引理 11.7 我们有$L(s,\lambda)=Z(q^{-s})$, 其中$Z=Z(\chi,\psi)$是与Gauss和相关的ζ函数(11.11).

由引理11.6和引理11.7即得定理11.4.

引理11.7的证明: 取Euler乘积的对数导数可得

$$-\frac{1}{\log q}\frac{L'(s,\lambda)}{L(s,\lambda)}=\sum_{\rho}\deg(P)\sum_{r\geqslant 1}\lambda(P)^r q^{-rds}=\sum_{n\geqslant 1}(\sum_{rd=n}d\sum_{\substack{P\\ \deg(P)=d}}d\lambda(P)^r)q^{-ns}.$$

另一方面, 有

$$-\frac{1}{\log q}\frac{Z'(q^{-s})}{Z(q^{-s})}=\sum_{n\geqslant 1}G_n(\chi,\psi)q^{-ns}.$$

因此, 只需要对$n\geqslant 1$证明公式

$$\sum_{\substack{P\\ d=\deg(P)|n}}d\lambda(P)^{\frac{n}{d}}=G_n(\chi,\psi). \tag{11.12}$$

对数导数相等足以推出引理11.7, 因为两边都是首项系数为1的Dirichlet级数.

要证明(11.12), 令P为在左边出现的次数$d|n$的不可约多项式, 设它的根为$x_1,\ldots,x_d\in\mathbb{F}_n$. 固定一个根$x=x_j$, 记

$$P=X^d-a_1X^{d-1}+\cdots+(-1)^d a_d.$$

我们有

$$\mathrm{N}(x)=(\mathrm{N}_{\mathbb{F}_n/\mathbb{F}}(x))^{\frac{n}{d}}=a_d^{\frac{n}{d}},$$

$$\mathrm{Tr}(x)=\frac{n}{d}\,\mathrm{Tr}_{\mathbb{F}_d/\mathbb{F}}(x)=\frac{n}{d}a_1,$$

所以

$$\lambda(P)^{\frac{n}{d}}=(\chi(a_d)\psi(a_1))^{\frac{n}{d}}=\chi(a_d^{\frac{n}{d}})\psi(\tfrac{n}{d}a_1)=\chi(\mathrm{N}(x))\psi(\mathrm{Tr}(x)).$$

对P的所有根求和得到

$$d\lambda(P)^{\frac{n}{d}}=\sum_{i=1}^{d}\chi(\mathrm{N}(x_i))\psi(\mathrm{Tr}(x_i)),$$

再对所以满足$\deg(P)|n$的P求和, 由引理11.1可得(11.12), 因为$\mathbb{F}_n$中的每个元恰好是作为某个P的根x_i出现一次. □

§11.5 Kloosterman和的ζ函数

接下来我们考虑Kloosterman和. 令$\mathbb{F}$为$q=p^m$元有限域, 与之前不同的是现在ψ和φ都是加性特征. 定义与ψ和φ相关的Kloosterman和为

$$S(\psi,\varphi)=-\sum_{x\in\mathbb{F}^*}\psi(x)\varphi(x^{-1}) \tag{11.13}$$

(因子-1只是起到装饰的作用). 当$q=p$为素数, 且$\psi(x)=\mathrm{e}(\frac{ax}{p}),\psi(x)=\mathrm{e}(\frac{bx}{p})$, 则有$S(\psi,\varphi)=-S(a,b,p)$.

在扩域$\mathbb{F}_n$上的相伴和为

$$S_n(\psi,\varphi)=-\sum_{x\in\mathbb{F}_n}\psi(\mathrm{Tr}(x))\varphi(\mathrm{Tr}(x^{-1})),$$

Kloosterman ζ函数为

$$Z = Z(\psi, \varphi) = \exp(\sum_{n \geqslant 1} \frac{S_n(\psi, \varphi)}{n} T^n).$$

我们在这种情形证明Dwork定理(该结果归功于Carlitz).

定理 11.8 假设ψ和φ都是非平凡, 则

$$Z(\psi, \varphi) = \frac{1}{1 - S(\psi, \varphi)T + qT^2}.$$

与定理11.4的证明类似. 像之前一样设$R = \mathbb{F}[X], F = \mathbb{F}(X)$, 同样考虑在0处定义且费力的首一多项式的商组成的群$G \subset F^*$. 定义特征$\eta : G \to \mathbb{C}^*$: 对首一多项式$h \in G$, 令

$$\eta(h) = \varphi(a_1)\varphi(\frac{a_{d-1}}{a_d}),$$

其中我们记(对比上节的记号)

$$h = X^d + a_1 X^{d-1} + \cdots + a_{d-1}X + a_d$$

(因为$h \in G$, 所以$a_d \neq 0$). 下面的计算验证了η事实上是G的特征: 设$h' = X^e + b_1 X^{e-1} + \cdots + b_{e-1}X + b_e$, 其中$b_e \neq 0$, 则

$$hh' = X^{d+e} + (a_1 + b_1)X^{d+e_1} + \cdots + (a_{d-1}b_e + a_d b_{e-1})X + a_d b_e,$$

从而

$$\begin{aligned}
\eta(hh') &= \psi(a_1 + b_1)\varphi(\frac{a_{d-1}b_e + a_d b_{e-1}}{a_d b_e}) \\
&= \psi(a_1)\varphi(\frac{a_{d-1}}{a_d})\psi(b_1)\varphi(\frac{b_{e-1}}{b_e}) \\
&= \eta(h)\eta(h').
\end{aligned}$$

回顾: 我们曾通过令$\eta(h) = 0 (h \notin G)$将η延拓到$h \in R$上.

引理 11.9 对非平凡的ψ和φ, 与η相关的L函数为

$$L(s, \eta) = \sum_h \eta(h) \,\mathrm{N}(h)^{-s} = 1 - S(\psi, \varphi)q^{-s} + q^{1-2s}.$$

证明: 根据h的次数整理各项得到

$$L(s, \eta) = \sum_{d \geqslant 0} (\sum_{\deg(h) = d} \eta(h)) q^{-ds},$$

然后求出内和的值. 对$d = 0$, 只有$h = 1$, 从而$\eta(1) = 1$. 对$d = 1$, 我们有$h = X + a (a \neq 0)$, 因此

$$\sum_{\deg(h)=1} \eta(h) = \sum_{a \in \mathbb{F}^*} \eta(X + a) = \sum_{a \in \mathbb{F}^*} \psi(a)\varphi(a^{-1}) = -S(\psi, \varphi).$$

对$d = 2$可得

$$\begin{aligned}
\sum_{\deg(h)=2} \eta(h) &= \sum_{\substack{a \in \mathbb{F} \\ b \in \mathbb{F}^*}} \eta(X^2 + aX + b) = \sum_{\substack{a \in \mathbb{F} \\ b \in \mathbb{F}^*}} \psi(a)\varphi(ab^{-1}) \\
&= q^{d-3} \sum_{\substack{a_1, \ldots, a_{d-1} \in \mathbb{F} \\ a \in \mathbb{F}^*}} \psi(a_1)\varphi(a_{d-1}a^{-1}) = 0,
\end{aligned}$$

因为对$a_1 \in \mathbb{F}$的和式与其他项无关. □

引理 11.10 对非平凡的ψ和φ, 有等式

$$Z(\psi,\varphi)(q^{-s}) = L(s,\eta)^{-1} = \frac{1}{1-S(\psi,\varphi)q^{-s}+q^{1-2s}}.$$

这个引理即完成了定理11.8的证明.

证明: L函数的Euler乘积为

$$L(s,\eta) = \prod_P (1-\eta(P)\,\mathrm{N}(P)^{-s})^{-1}.$$

取对数导数得到

$$-\frac{1}{\log q}\frac{L'(s,\eta)}{L(s,\eta)} = \sum_P \deg(P)\sum_{r\geqslant 1}\eta(P)^r q^{-r\deg(P)s} = \sum_{n\geqslant 1}\Big(\sum_{rd=n} d \sum_{\deg(P)=r}\eta(P)^r\Big)q^{-ns}.$$

像之前那样, 我们只需证明对$n \geqslant 1$有公式

$$\sum_{d=\deg(P)|n} d\eta(P)^{\frac{n}{d}} = -S_n(\psi,\varphi). \tag{11.14}$$

令

$$P = X^d + a_1X^{d-1} + \cdots + a_{d-1}X + a_d$$

为(11.14)的左边的次数$d|n$的不可约多项式中的一个, 并且以$x_1,\ldots,x_d \in \mathbb{F}_n$为根. 对每个$i$,

$$\mathrm{Tr}(x_i) = \tfrac{n}{d}\,\mathrm{Tr}_{\mathbb{F}_n/\mathbb{F}}(x_i) = -\tfrac{n}{d}a_1.$$

又因为$a_d^{-1}X^dP(X^{-1}) = X^d + \frac{a_{d-1}}{a_d}X^{d-1} + \cdots + a_d^{-1}$, 所以

$$\mathrm{Tr}(x_i^{-1}) = \tfrac{n}{d}\,\mathrm{Tr}_{\mathbb{F}_n/\mathbb{F}}(x_i^{-1}) = -\tfrac{n}{d}\tfrac{a_{d-1}}{a_d}.$$

因此,

$$\eta(P)^{\frac{n}{d}} = \psi(\tfrac{n}{d}a_1)\varphi(\tfrac{n}{d}\tfrac{a_{d-1}}{a_d}) = \psi(-x_i)\varphi(-x_i^{-1}),$$

对这些根x_i求和, 然后对次数$d|n$的多项式P求和, 再次利用Gauss引理即得(11.14). □

定理11.8使得我们能够分解Kloosterman ζ函数

$$Z(\psi,\varphi) = (1-S(\psi,\varphi)T+qT^2)^{-1} = (1-\alpha T^{-1}(1-\beta T))^{-1},$$

其中α,β为复数, 当然满足$\alpha+\beta = S(\psi,\varphi), \alpha\beta = q$. 但是与Gauss和情形形成鲜明对比的是$\alpha$与$\beta$这两个根不能确切地算出来.

定理 11.11 (Weil) 假设ψ与φ非平凡, $p \neq 2$, 则Kloostermann和$S(\psi,\varphi)$的根α,β满足$|\alpha| = |\beta| = \sqrt{q}$, 因此我们有

$$|S(\psi,\varphi)| \leqslant 2\sqrt{q}. \tag{11.15}$$

我们将在下两节证明定理11.11.

推论 11.12 令$a,b,c \in \mathbb{Z}$, $c > 0$, 则有

$$|S(a,b;c)| \leqslant \tau(c)(a,b,c)^{\frac{1}{2}}c^{\frac{1}{2}}. \tag{11.16}$$

证明: 由Kloosterman和的缠绕乘性(1.59), 只需考虑$c = p^{\nu}$的情形, 其中p为素数, $\nu \geqslant 1$. 当$\nu = 1$时, 若$p|ba$, 我们得到Ramanujan和, 易得结论(见(3.2), (3.3)). 否则, $p \geqslant 3$的情形由定理11.11得到结论; 当$p = 2$时可以直接验证此时的Kloosterman和满足定理11.11: $S(1,1;2) = 1$, 并且两个根$\frac{-1\pm\sqrt{7}}{4}$的模为$\frac{1}{\sqrt{2}}$. 对于$p \nmid ba$且$\nu \geqslant 2$的情形, 可以由初等方法得到结论, 见习题12.1. □

习题11.1 考虑一般的Kloosterman-Salié和

$$S(\chi;\psi,\varphi) = -\sum_{x\in\mathbb{F}} \chi(x)\psi(x)\varphi(x^{-1}),$$

以及伴随和S_n与ζ函数Z, 其中ψ, φ是$\mathbb{F}$的加性特征, χ是乘性特征(所以$\chi = 1$时即为Kloosterman和的情形). 证明:

$$Z = (1 - S(\chi;\psi,\varphi)q^{-s} + \bar{\chi}(-a)\chi(b)q^{1-2s})^{-1},$$

其中

$$\psi(z) = \mathrm{e}(\tfrac{\mathrm{Tr}(ax)}{p}),\ \varphi(x) = \mathrm{e}(\tfrac{\mathrm{Tr}(bx)}{p}).$$

§11.6 超椭圆曲线的Etepanov方法

我们将从关于有限域上代数曲线的Riemann猜想推出定理11.11, 但是我们用的是Stepanov的初等方法(见[16, 277, 308]), 而不是Weil的推理.

令$\mathbb{F}$为特征为p的q元有限域, 我们只考虑$\mathbb{F}$上由形如

$$C_f : y^2 = f(x) \tag{11.17}$$

的方程给出的代数曲线C_f, 其中$f \in \mathbb{F}[X]$为次数是$m \geqslant 3$的某个多项式. 此外, 我们还假设下面的条件成立:

$$\text{多项式}Y^2 - f(X) \in \mathbb{F}[X,Y]\text{绝对不可约} \tag{11.18}$$

(即它在$\mathbb{F}$的代数闭包上不可约), 这是曲线C_f上的一个极小正则性假设. 易见它等价于f不是$\bar{\mathbb{F}}[X]$中的平方元, 我们要用的是这种形式.

注记: Stepanov方法曾经被Schmidt[277]与Bombieri[16]改进, 并且能够处理关于曲线的Riemann猜想的一般情形; 形如$y^d = f(x)$的方程给出的曲线的情形不比我们现在讨论的更难. 为了简明起见, 并且由于它满足对Kloosterman和与椭圆曲线的应用, 我们限于考虑曲线C_f. 注意形如$y^2 = f(x)$的曲线是所谓的超椭圆曲线的例子, 它们在众多的代数曲线中非常自然地突显出来(但是并非所有的超椭圆曲线都是这种形式, 参见特征为2和3的椭圆曲线).

我们要考虑的问题是估计C_f的$\mathbb{F}$-有理点的个数$|C_f(\mathbb{F})|$, 即方程$y^2 = f(x)$的解$(x,y) \in \mathbb{F}^2$的个数N. 我们对这个问题在q很大的情形尤其感兴趣(就像指数和一样, 多项式$f \in \mathbb{F}[X]$是固定的, 并且对所有的$n \geqslant 1$考虑$\mathbb{F}_n$- 有理点), 尽管我们将得到完全清楚的不等式.

定理 11.13 假设$f \in \mathbb{F}[X]$满足(11.18), $m = \deg(f) \geqslant 3$. 若$q > 4m^2$, 则$N = |C_f(\mathbb{F})|$满足

$$|N - q| < 8m\sqrt{q}.$$

显然我们可以假设$p > 2$, 否则映射$y \mapsto y^2$是$\mathbb{F}$的自同构, 从而$N = q$.

受到Thue[313]在Diophantus逼近方面的结果的启发, Stepanov 的想法是构造辅助多项式, 例如次数为r, 在$C_f(\mathbb{F})$的点的x坐标处有重数高的零点(例如至少为ℓ). 因此我们容易得到不等式

$$N \leqslant 2r\ell^{-1},$$

其中因子2是$C_f(\mathbb{F})$的点中给定的x坐标可能有的最高重数. 人们发现这个不等式竟然强到给出该定理的上界(这当然是个令人吃惊的事实!). 接下来我们想办法由此得到下界.

我们首先将满足$y = 0$的点(x, y)区分开来. 令N_0为f在$\mathbb{F}$中不同零点的个数, 它也是点$(x, 0) \in C_f(\mathbb{F})$的个数. 若$(x, y)$是$C_f$中满足$y \neq 0$的点, 则$f(x)$是$\mathbb{F}^*$中的平方元, 它成立当且仅当$g(x) = 1$, 其中

$$g = f^c (c = \tfrac{q-1}{2}).$$

反过来, 给定$x \in \mathbb{F}$使得$g(x) = 1$, 恰好有2个元$y \in \mathbb{F}^*$满足$y^2 = f(x)$. 因此, 若记

$$N_1 = |\{x \in \mathbb{F} | g(x) = 1\}|, \tag{11.19}$$

则

$$N = N_0 + 2N_1. \tag{11.20}$$

我们将采用上面概述的方法来估计N_1, 但是为了以后处理下界, 我们稍加推广, 对任意的$a \in \mathbb{F}$考虑集合

$$\mathcal{S}_a = \{x \in \mathbb{F} | f(x) = 0\text{或者}g(x) = 0\}. \tag{11.21}$$

要造出有高阶零点的多项式, 我们希望用导数刻画这种情形何时出现. 在特征为0时, 多项式在x_0处有ℓ阶零点当且仅当所有导数$P^{(i)} (0 \leqslant i < \ell)$以$x_0$为零点. 但是, 在特征为$p > 0$时, 这个结论对$\ell > p$不再适用. 例如多项式$P = X^p$满足对所有的$k \geqslant 1$有$P^{(k)} = 0$, 特别地, $P^{(p)}(0) = 0$. 考虑其他微分算子可以得到令人满意的答案.

定义 令K为任意域. 对任意的$k > 0$, 定义第k个Hasse导数为线性算子

$$E^k : K[X] \to K[X],\ X^n \mapsto \binom{n}{k} X^{n-k} (\forall n \geqslant 0)$$

(通过线性扩张定义到$K[X]$上). 记$E = E^1$(但是注意$E^k \neq E \circ E \circ \cdots \circ E$).

注记: 我们从二项式展开式

$$X^n = (X - a + a)^n = \sum_{k=0}^{n} \binom{n}{k} a^{n-k} (X - a)^k$$

和线性可知: 对$P \in K[X]$, $E^k P$在点$a \in K$处的值就是P在a附近的Taylor展开式中$(X - a)^k$的系数. 这就解释了Hasse 导数的性质, 但是我们不能用它作为定义, 因为有限域上多项式的值不能刻画这个多项式.

注意对特征为$p > 0$的K, 可得$EX^p = E^2 X^p = \cdots = E^{p-1} X^p = 0$, 但是$E^p X^p = 1 \neq 0$, 因此Hasse导函数能侦测到$X^p$在0处有$p$阶零点. 引理11.16将证明这是一个一般的事实.

引理 11.14 对所有的$f, g \in K[X]$, Hasse导数满足

$$E^k(fg) = \sum_{j=0}^{k} (E^j f)(E^{k-j} g),$$

更一般地, 对$f_1, \ldots, f_r \in K[X]$有

$$E^k(f_1 \cdots f_r) = \sum_{j_1+\cdots+j_r=k} (E^{j_1} f_1) \cdots (E^{j_r} f_r). \tag{11.22}$$

证明: 只需要对$f = X^m, g = X^n$证明第一个结论. 我们通过对二项式系数的组合解释得到等式

$$\binom{n+m}{k} = \sum_{j=0}^{k} \binom{m}{j}\binom{n}{k-j},$$

从而得到第一个结论. 由归纳法得到第二个结论. □

推论 11.15 (1) 对所有的$k, r \geqslant 0$以及所有的$a \in K$, 有

$$E^k(X-a)^r = \binom{r}{k}(X-a)^{r-k}.$$

(2) 对所有的$k, r \geqslant 0 (k \leqslant r)$, 以及任意的$f, g \in K[X]$, 存在$h \in K[X]$使得

$$E^k(fg^r) = hg^{r-k},$$

其中h满足

$$\deg(h) \leqslant \deg(f) + k\deg(g) - k.$$

证明: 对于(1), 在(11.22)中取$f_1 = \cdots = f_r = X - a$得到

$$E^k(X-a)^r = \sum_{j_1+\cdots+j_r=k} E^{j_1}(X-a) \cdots E^{j_r}(X-a).$$

因为由定义可知对$j \geqslant 2$有$E^j(X-a) = 0$, 所以只有所有的$j_i \in \{0,1\} (1 \leqslant i \leqslant r)$才能贡献非零的值, 从而(1) 成立.

对于(2), 由于$k \leqslant r$, 注意到(11.22)中至少有$r-k$个指标满足$j_i = 0$, 从而(2)成立. □

引理 11.16 令$f \in K[X], a \in K$. 若对所有的$k < \ell$有$(E^k f)(a) = 0$, 则f有阶数不小于ℓ的零点a, 即f被$(X-a)^\ell$整除.

证明: 令

$$f = \sum_{0 \leqslant i \leqslant d} a_i (X-a)^i$$

为f在a附近的Taylor展开式. 由推论11.5中的(1), 我们得到

$$E^k f = \sum_{0 \leqslant i \leqslant d} a_i \binom{i}{k} (X-a)^{i-k},$$

代入a可知对所有的$k < \ell$有$a_k = 0$, 因此f被$(X-a)^\ell$整除, 结论得证. □

我们需要另一个技术性引理.

引理 11.17 令$K = \mathbb{F}$为特征是p的q元有限域, $= h(X, X^q) \in \mathbb{F}[X]$, 其中$h \in \mathbb{F}[X, Y]$, 则对所有的$k < q$有

$$E^k r = (E_X^k h)(X, X^q),$$

其中右边的$E_X^k h$表示h对X的Hasse导数.

证明: 只需要考虑$h = X^n Y^m$, 我们要证明$E^k X^{n+mq} = (E^k X^n) X^{mq}$. 由引理11.14得到

$$E^k X^{n+mq} = \sum_{j=0}^{k} E^{k-j} X^n E^j X^{mq},$$

所以要证明该引理, 只需对$0 < j < q$证明$E^j X^{mq} = 0$. 但是由于特征为p,

$$\binom{mq}{j} = \frac{mq}{j}\binom{mq-1}{j-1} = 0,$$

所以结论得证. □

我们现在来到Stepanov方法的核心位置, 即构造辅助多项式.

命题 11.18 假设$q > 8m, \ell$为满足$m < \ell \leqslant \frac{q}{8}$的整数, 则存在多项式$r \in \mathbb{F}[X]$在所有的点$x \in \mathcal{S}_a$处至少有$\ell$阶零点, 且其次数满足

$$\deg(r) < c\ell + 2m\ell(\ell - 1) + mq$$

(回顾$c = \frac{1}{2}(q-1)$).

我们将利用未定元的方法寻找特殊形式的多项式

$$r = f^{\ell} \sum_{0 \leqslant j < J} (r_j + s_j q) X^{jq}, \tag{11.23}$$

其中$r_j, s_j \in \mathbb{F}[X]$是要构造的多项式, 它们的次数都不超过$c - m$. 因此多项式$r$的次数也有界,

$$\deg(r) \leqslant \ell m + c - m + cm + Jq \leqslant (J + m)q. \tag{11.24}$$

下一个引理对确保$r \neq 0$起到重要作用. 这就是我们需要假设(11.18)的地方.

引理 11.19 我们有$r = 0 \in \mathbb{F}[X]$当且仅当对所有的j, 都有$r_j = s_j = 0 \in \mathbb{F}[X]$.

证明: 我们可以假设$f(0) \neq 0$(必要的话, 我们作平移$X \mapsto X + a$). 假设$r = 0$, 但并非所有的r_j, s_j为零, 令k为使得r_j, s_j中一个非零的最小下标. 在(11.22)中除以$f^j X^{kq}$得到等式

$$\sum_{k \leqslant j < J} (r_j + s_j g) X^{(j-k)q} = 0,$$

我们将它记为$h_0 + h_1 g = 0$, 其中

$$h_0 = \sum_{k \leqslant j < J} r_j X^{(j-k)q}, \ h_1 = \sum_{k \leqslant j < J} s_j X^{(j-k)q}.$$

将上式平方, 并在两边乘以f得到

$$h_0^2 f = h_1^2 f^q.$$

因为$f \in \mathbb{F}[X]$, 所以

$$f(X)^q = f(X^q) \equiv f(0) \bmod X^q,$$

从而

$$r_k^2 f \equiv s_k^2 f(0) \bmod X^q.$$

但是, 该同余式中多项式的次数s分别不超过$2\deg(r_k) + m \leqslant 2(c-m)+m < q$和$2\deg(s_k) < 2(c-m) < q$, 所以必然有$r_k^2 = s_k^2 f(0)$, 这就与(11.18)中假设$f$ 不是$\overline{\mathbb{F}}[X]$中的平方元矛盾. □

我们现在求出r的Hasse导数.

引理 11.20 令$k \leqslant \ell$, 则存在次数都不超过$c-m+k(m-1)$的多项式$r_j^{(k)}, s_j^{(k)}$使得

$$E^k r = f^{\ell-k} \sum_{0 \leqslant j < J} (r_j^{(k)} + s_j^{(k)} g) X^{jq}.$$

证明: 我们可以将r写成$r = h(X, X^q)$, 其中$h \in \mathbb{F}[X,Y]$为多项式

$$h = f^\ell \sum_{0 \leqslant j < J} (r_j + s_j f^c) Y^j.$$

因此由引理11.17可得

$$E^k r = (E_X^k h)(X, X^q) = \sum_{0 \leqslant j < J} (E^k(f^\ell r_j) + E^k(f^{\ell+c} s_j)) X^{jq}.$$

由推论11.15中的(2), 存在多项式$r_j^{(k)}, s_j^{(k)}$满足$E^k(f^\ell r_j) = f^{\ell-k} r_j^{(k)}, E^k(f^{\ell+c} s_j) = f^{\ell-k+c} s_j^{(k)}$, 其中$\deg(r_j^{(k)}) \leqslant \deg(r_j) + k\deg(f) - k \leqslant c - m + k(m-1)$, 同理$\deg(s_j^{(k)}) \leqslant c-m+k(m-1)$. 这就是我们要证明的结果. □

我们曾说过希望r在$\mathcal{S}_a$中的点处有阶数不小于ℓ的零点(见(11.20)). 若$f(x) = 0$, 则显然满足要求. 否则令$x \in \mathcal{S}_a$使得$f(x) \neq 0$. 应用引理11.20, 我们利用$g(x) = a$, 更重要的是$x^q = x$求出$E^k r$在点$x \in \mathcal{S}_a$处的值:

$$E^k r(x) = f(x)^{\ell-k} \sum_{0 \leqslant j < J} (r_j^{(k)} + a s_j^{(k)}) x^j = f(x)^{\ell-k} \sigma^{(k)}(x),$$

其中$\sigma^{(k)} \in \mathbb{F}[X]$是多项式

$$\sigma^{(k)} = \sum_{0 \leqslant j < J} (r_j^{(k)} + a s_j^{(k)}) X^j.$$

我们现在能够证明命题11:18：若对所有的$k < \ell$有$\sigma^{(k)} = 0$, 则由引理11.16可知r在$\mathcal{S}_a$中的所有点处都有阶数不小于ℓ的零点.

$$\sigma^{(k)} = 0 (0 \leqslant k < \ell) \tag{11.25}$$

是以r_j, s_j的系数为未定元的齐次线性方程组, 每个方程对应于$\sigma^{(k)}$的系数. 注意到

$$\deg(\sigma^{(k)}) < c - m + k(m-1) + j,$$

所以方程的个数不超过$B = \ell(c-m+J) + \frac{1}{2}\ell(\ell-1)(m-1)$. 而另一方面, 这些$r_j$与$s_j$的系数个数和至少为$A = 2(c-m)J$. 选取充分大的$J$使得$A > B$, 则方程组(11.25)有非零解, 因此由引理11.19可得$r \neq 0$, 使得r在所有的点$x \in \mathcal{S}_a$处的零点的阶数不小于ℓ. 取

$$J = \frac{\ell}{q}(c + 2m(\ell - 1)),$$

可以验证$A > B$(注意$2c = q-1, 8\ell \leqslant q$). r的次数由(11.24)界定, 从而命题11.18得证.

我们现在证明定理11.13. 首先, 令a为任意的, 利用命题11.18. 因为辅助多项式r非零, 并且在$\mathcal{S}_a$中的点处有阶数不小于ℓ的零点, 所以$\ell|\mathcal{S}_a| \leqslant \deg(r) \leqslant c\ell + 2m\ell(\ell-1) + mq$, 从而$|\mathcal{S}_a| \leqslant c + 2m(\ell-1) + m\ell^{-1}$. 取$\ell = 1 + [\frac{\sqrt{q}}{2}]$, 即得

$$|\mathcal{S}_a| < c + 4m\sqrt{q}. \tag{11.26}$$

要证明定理11.13, 取$a = 1$得到

$$N_0 + N_1 = |\mathcal{S}_1| < \tfrac{q}{2} + 4m\sqrt{q},$$

因此得到上界:

$$N = N_0 + 2N_1 < 2(N_0 + N_1) < q + 8m\sqrt{q}. \tag{11.27}$$

要得到下界, 由分解式$X^q - X = X(X^c - 1)(X^c + 1)$可知: 对所有的$x \in \mathbb{F}$有

$$f(x)(g(x)-1)(g(x)+1) = 0,$$

因此, $N_0 + N_1 + N_2 = q$, 其中$N_2 = |\{x \in \mathbb{F} | g(x) = -1\}|$. 对$\mathcal{S}_{-1}$应用(11.26)得到

$$N_0 + N_2 = |\mathcal{S}_{-1}| < \tfrac{q}{2} + 4m\sqrt{q},$$

所以

$$N_1 = q - N_0 - N_1 > \tfrac{q}{2} - 4m\sqrt{q},$$

最终得到

$$N = N_0 + 2N_1 \geqslant 2N_1 > q - 8m\sqrt{q}. \tag{11.28}$$

显然, 由(11.27)和(11.28)即得定理11.13.

§11.7 Kloosterman和的Weil界的证明

令$\mathbb{F}$为特征$p \neq 2$的q元有限域, ψ为$\mathbb{F}$的任意非平凡加性特征. 对于任意的加性特征φ, 存在唯一的$a \in \mathbb{F}$使得$\varphi = \psi_a$, 因此任意的Kloosterman和$S(\varphi, \psi)$形如

$$S(\psi_a, \psi_b) = -\sum_{x \in \mathbb{F}^*} \psi(ax + bx^{-1}),$$

其中$a, b \in \mathbb{F}$. 我们可以认为a, b是固定的, 记$g = aX + bX^{-1}$. 我们通过将Kloosterman和关于ψ的均值$S(\psi_a, \psi_b)$与超椭圆曲线上的点数联系起来证明Weil界(11.15), 其中平凡特征$\psi_0 = 1$贡献的值将成为主项.

引理 11.21 对任意的$n \geqslant 1$和任意的$x \in \mathbb{F}_n$, 有

$$|y \in \mathbb{F}_n | y^q - y = x\}| = \sum_{\psi} \psi(\mathrm{Tr}(x)), \tag{11.29}$$

其中和式过$\mathbb{F}$的所有加性特征, $\mathrm{Tr}: \mathbb{F}_n \to \mathbb{F}$为迹映射.

证明: 若$\mathrm{Tr}(x) = 0$, 则由§11.2所回顾的知识可知方程$y^y - y = x$恰好有q个解, 此时对所有的ψ有$\psi(\mathrm{Tr}(x)) = 1$, 从而(11.29)的右边也等于q. 另一方面, 若$\mathrm{Tr}(x) \neq 0$, 则方程$y^q - y = x$无解, 而由正交性知右边的特征和为0, 所以结论成立. □

我们由这个引理推出: 对$n \geqslant 1$有

$$-\sum_{\psi} S_n(\psi_a, \psi_b) = \sum_{\psi} \sum_{x \in \mathbb{F}_n^*} \psi(\mathrm{Tr}\, g(x)) = |\{(x, y) \in \mathbb{F}_n^* \times \mathbb{F}_n | y^n - y = g(x)\}| =: N_n. \tag{11.30}$$

若$\psi = \psi_0$为平凡特征, 则

$$S_n(\psi_a, \psi_b) = S_n(\psi_0, \psi_0) = 1 - q^n.$$

若$\psi \neq \psi_0$, 令α_ψ, β_ψ为Kloosterman和$S(\psi_a, \psi_b)$的"根", 则由定理11.8可知$\alpha_\psi \beta_\psi = q$, 并且对所有的$n \geqslant 1$有

$$S_n(\psi_a, \psi_b) = \alpha_\psi^n + \beta_\psi^n.$$

因此, 我们可以写成

$$N_n = q^n - 1 - \sum_{\psi \neq \psi_0} (\alpha_\psi^n + \beta_\psi^n).$$

方程$y^q - y = g(x)$表示一条曲线的事实不那么明显, 因为g不是多项式, 但是乘以x后它等价于

$$C_{a,b} : ax^2 - (y^q - y)x + b = 0$$

(注意$x = 0$是不可能的, 因为$b \neq 0$). 因为$p \neq 2$, 所以该二次方程的解数等于其判别式方程

$$D_{a,b} : (y^q - y)^2 - 4ab = v^2$$

的解数, 即$N_a = |D_{a,b}(\mathbb{F}_n)|$. 这是(11.17)的形式, 其中$\deg(f) = 2q$, 且因为$4ab \neq 0$, 它也满足(11.18). 因此由定理11.13可知: 若n充分大使得$q^n > 16q$, 则有

$$|N_a - q^n| < 16q^{1+\frac{n}{2}}.$$

由定理(11.30), 我们得到关于根α_ψ, β_ψ的均值的最佳估计: 对于充分大的n, 有

$$\tfrac{1}{q}\Big|\sum_{\psi \neq \psi_0} (\alpha_\psi^n + \beta_\psi^n)\Big| \leqslant 16q^{\frac{n}{2}}. \tag{11.31}$$

下面的简单引理说明单个根的模不超过$\sqrt{q}$.

引理 11.22 令$\omega_1, \ldots, \omega_r$为复数, A, B为正实数, 假设对所有充分大的n有

$$\Big|\sum_{j=1}^{r} \omega_j^n\Big| \leqslant AB^n,$$

则对所有的$1 \leqslant j \leqslant r$有$|\omega_j| \leqslant B$.

证明: 我们可以自行证明结论(利用Dirichlet抽屉原理), 但是利用下面的办法可以很快得到结果: 考虑幂级数

$$f(z) = \sum_{n \geqslant 1} \Big(\sum_{1 \leqslant j \leqslant r} \omega_j^n\Big) z^n = \sum_{1 \leqslant j \leqslant r} \frac{1}{1 - \omega_j z}.$$

由假设可知f在圆盘$|z| < B^{-1}$内绝对收敛, 因此f在该区域解析. 特别地, 它在该区域没有极点, 这就意味着对$1 \leqslant j \leqslant r$有$|\omega_j|^{-1} > B^{-1}$. □

在该引理中取$A = 16q, B = \sqrt{q}$, 我们推出对所有的$\psi \neq \psi_0$有上界$|\alpha_\psi| \leqslant \sqrt{q}, |\beta_\psi| \leqslant \sqrt{q}$. 因为$\alpha_\psi \beta_\psi = q$, 我们实际上得到了$|\alpha_\psi| = |\beta_\psi| = \sqrt{q}$, 从而定理11.11得证.

注记: (1) 我们在这里两次看到引入伴随和K_n的重要性: 第一次是因为曲线的次数很高, 所以Stepanov界$|N - q| < 8m\sqrt{q}$在应用于$\mathbb{F}$本身时是平凡的; 第二次是因为只有考虑所有的扩域, 我们才能确定根的确切的数量级, 从而得到Weil界$S(\psi, \varphi) \leqslant 2\sqrt{q}$, 其中2是最佳常数.
(2) 对固定的a, b, q, 常数2是最优的. 事实上, 我们有

$$\sum_{n \geqslant 1} S_n(\psi_a, \psi_b) z^n = \tfrac{1}{1-\alpha_\psi z} + \tfrac{1}{1-\beta_\psi z}.$$

这是极点在圆$|z| = \frac{1}{\sqrt{q}}$上的非零有理函数, 所以该圆的半径即为收敛半径, 从而

$$\overline{\lim_{n \to \infty}} |S_n(\psi_a, \psi_b)|^{-\frac{1}{n}} = \tfrac{1}{\sqrt{q}}.$$

这就意味着对任意的$\varepsilon > 0$, 存在无限多个n使得

$$|S_n(\psi_a, \psi_n)| \geqslant (2 - \varepsilon) q^{\frac{n}{2}}.$$

人们猜想(由第21章描述的关于Kloosteman和的角的Sato-Tate猜想得到): 当a, b固定, $n = 1, q = p \to \infty$时, Weil 界也是最优的. 但是, 这个问题在很大程度上都没解决. 参见§11.8的引言末尾关于椭圆曲线情形的评述.
(3) 将Stepanov方法推广到形如$y^d = f(x)$的曲线上, 并对相应的ζ函数进行分析, 我们能够证明如下关于完全特征和的估计.

定理 11.23 令$\mathbb{F}$为q元有限域, χ为$\mathbb{F}^*$的$d > 1$阶非平凡乘性特征. 假设$f \in \mathbb{F}[X]$ 有m个不同的根, 并且f不是d次幂, 则对于$n \geqslant 1$有

$$|\sum_{x \in \mathbb{F}_n} \chi(N(f(x)))| \leqslant (m-1) q^{\frac{n}{2}}.$$

这是[277]第23页中的定理2C′. 特别地, 我们得到如下推论, 它将用于证明关于短特征和的Burgess界(定理12.6).

推论 11.24 令$\chi \bmod p$为非平凡乘性特征. 若同余类$b_v \bmod p (1 \leqslant v \leqslant 2r)$中的一个不同于其余的类, 则

$$|\sum_{x \bmod p} \chi((x+b_1)\cdots(x+b_r)) \bar{\chi}((x+b_{r+1})\cdots(x+b_{2r}))| \leqslant 2r\sqrt{p}.$$

证明: 注意

$$\chi((x+b_1)\cdots(x+b_r)) \bar{\chi}((x+b_{r+1})\cdots(x+b_{2r})) = \chi(f(x)),$$

其中

$$f(x) = \prod_{1 \leqslant j \leqslant r} (x+b_j) \prod_{r+1 \leqslant j \leqslant 2r} (x+b_j)^{p-2}.$$

由假设, 存在$-b_i$是$f(x)$的1阶或$p-2$阶零点, 它与χ的阶数$d|(p-1)$互素, 所以由定理11.23得到结论. □

§11.8 有限域上的椭圆曲线的Riemann猜想

Riemann猜想的一个特别重要的情形是椭圆曲线的情形, 历史上Hasse利用整体方法第一个建立了这个结果. 用§11.6中的记号, 这就意味着我们考虑曲线C_f, $\deg(f)=3$, 所以方程的形式如下:

$$C: y^2 = x^3 + a2x^2a_4x + a_6 \tag{11.32}$$

(下标采用的是椭圆曲线中的传统记号, 见§14.4). 对比§14.4, 需要强调的是我们考虑仿射曲线, 没有无穷远点. 三次多项式$f(x)=x^3+a_2x^2+a_4x+a_6$不可能是多项式的平方, 所以该曲线满足(11.18)中的假设. 此外, 我们假设$f(x)$ 没有二重根, 这就意味着曲线C是光滑的(见§11.9), 它在以下陈述中是必要条件.

在这种情形, 定理11.13意味着: 对$q>36$, 数$N=|C(\mathbb{F})|$满足

$$|N-q|<24\sqrt{q}.$$

就像之前对Kloosterman和所做的那样, 我们在§11.10中将证明相应的ζ函数的有理性和函数方程, 由此推出

定理 11.25 令C为$\mathbb{F}$上的椭圆曲线, 其方程为

$$C: y^2 = x^3 + a_2x^2 + a_4x + a_6 (a_i \in \mathbb{F}),$$

则对所有的$n \geqslant 1$有

$$\big||C(\mathbb{F}_n)| - q^n\big| \leqslant 2q^{\frac{n}{2}}. \tag{11.33}$$

注记: 定理11.25是最优的, 事实上, 如同从引理11.22得到关于Kloosterman和的结果那样, 令$n\to\infty$即得结论. 但是, 从横向意义来看它也是对的, 这一点可以从下面的例子看出: 令$E/\mathbb{Q}$为方程

$$E: y^2 = x^3 - x$$

定义的具有用$\mathbb{Z}[\mathrm{i}]$作复乘的椭圆曲线. 我们考虑的仍然是仿射点, 而不是射影点. E的判别式是64, 所以对任意的奇素数p, E模p可以约化为$\mathbb{Z}/p\mathbb{Z}$上的椭圆曲线. 我们可以证明(例如通过对$(x,y)\neq(0,0)$作变换$(x,y)\mapsto(yx^{-1},2x-y^2x^{-2})$, 将$E$ 与曲线$y^2=x^4+4$联系起来, 参见[148, 153])$|E(\mathbb{Z}/p\mathbb{Z})|$在$p\equiv 3 \bmod 4$时为$p$, 在$p\equiv 3 \bmod 4$时为$p-2a_p$, 其中

$$p = a_p^2 + b_p^2,$$

且满足$\pi = a_p + \mathrm{i}\, b_p \equiv 1 \bmod 2(1+\mathrm{i})$(这个同余式在不计共轭时确定$\pi$). 对任意的$\varepsilon>0$, 定理5.36(稍加推广以便加上同余条件)说明存在无限多个Gauss素数$\pi\equiv 1 \bmod 2(1+\mathrm{i})$ 使得$|\arg\pi|<\varepsilon$. 因此$|\operatorname{Im}(\pi)|\leqslant\varepsilon|\pi|$, 从而对无限多个$p$有

$$\big|p - |E(\mathbb{Z}/p\mathbb{Z})|\big| = 2|a_p| \geqslant 2(1-\varepsilon^2)\sqrt{p}.$$

在§11.10, 我们在做一些几何与代数方面的准备工作后将证明定理11.25. 这样做可能离解析数论的核心有点远, 但我们还是将该部分内容的全部细节包含进来, 因为Hasse界作为关于模形式的Fourier系数的非常重要的Deligne界的最简单情形也是重要的. 读者当然也会欣赏到相关的几何的优雅美丽.

§11.9 椭圆曲线的几何

在解释椭圆曲线的不寻常的几何特征时, 我们也可以考虑更一般的情形. 所以令k为任意的域, $\bar{k}$为代数闭包, C为如下方程给出的曲线:

$$C : y^2 = f(x),$$

其中$f = X^3 + a_2X^2 + a_4X + a_6 \in k[X]$, 我们将曲线$C$与满足方程的点集$(x, y) \in \bar{k}^2$等同起来. 像以前一样还是假设$f$没有二重根. 若$k'/k$是任意扩张, 令$C(k')$为在$(k')^2$中的解集.

如果将曲线C换成射影形式, 即以齐次坐标$(x : y : z)$的形式给出射影平面中的曲线E, 其方程如下:

$$E : y^2z = x^3 + a_2x^2z + a_4xz^2 + a_6z^3,$$

我们研究的椭圆曲线的几何会更加清晰. 令$z = 1$即回到曲线C; 另一方面, 对于“无穷远点”, 我们只需添加一个点: 取$z = 0$即得$x = 0$, 所有元$(0 : y : 0)(y \neq 0)$对应射影平面中的一个点$\infty = (0 : 1 : 0)$. 注意这个点∞是基域k 上的有理点, 所以对所有的扩张k'/k有

$$E(k') = C(k') \cup \{\infty\}.$$

我们将要用到的曲线E的主要性质是它上面的点构成Abel群(其中∞为单位元)这一美丽的事实. 以下p表示E中的点, 而不是域k的特征. 我们用几何条件来描述群法则(用“+”表示运算): 对于E中任意三个(不同的)点p_1, p_2, p_3, 我们有$p_1 + p_2 + p_3 = 0$当且仅当这三个点(在射影平面中)共线, 点$(x : y : z)$的负元为$(x : -y : z)$(关于x轴对称). 这样我们就构造了任意两个不同的点的和: 计算过这两个点的直线方程, 然后取该直线与曲线的第三个交点的负元(意义如上). 因为f的次数为3, 所以恰好有三个交点. 此外, 要计算一个点的2倍$p + p$, 只要用过p的切线通过以上同样的构造即得. 因为f没有重根, 所以这样的切线总是存在.

还是因为$f \in k[X]$, 对任意的扩张k'/k, 易见k'-有理点集$E(k')$构成$E(\bar{k})$的子群.

我们在这里不去证明这些事实, 只要按照上述方法计算出两个点的和$p_1 + p_2$的坐标, 然后验证Abel群公理(结合性是唯一有难度的地方), 就能通过非常直接的办法得到完全初等的证明(见[148]的第18、19章).

现在我们介绍更多一些与E相关, 或者更一般地与任意的光滑射影代数曲线相关†的几何对象. 因此, 我们还是考虑更一般的情形: 令$\bar{k}$为代数闭域, E为$\bar{k}$上的平面代数曲线, 即它由某个齐次多项式$f \in \bar{k}[X, Y, Z]$的方程给出:

$$f(x, y, z) = 0,$$

我们将E与它在射影平面中的点等同. 假设E是光滑的, 这里的意思是对于任意的点$p = (x : y : z) \in E$, 偏导数$\frac{\partial f}{\partial X}(p), \frac{\partial f}{\partial Y}(p), \frac{\partial f}{\partial Z}(p)$不全为零. 此时, 由方程

$$\frac{\partial f}{\partial X}(p)(X - x) + \frac{\partial f}{\partial Y}(p)(Y - y) + \frac{\partial f}{\partial Z}(p)(Z - z) = 0$$

给出的直线是定义合理的, 它是E在p处的切线. 对于椭圆曲线$y^2 = f(x)$, 通过简单的计算可知其光滑性条件等价于多项式f 没有重根这一事实.

令C为对应于E的仿射曲线, 它由$\bar{k}^2$中曲线

†读者不妨假设我们讨论的就是上面所说的椭圆曲线, 其中$k = \bar{k}$. 在这种情形, 我们都可以亲自验证每个不完整的断言.

$$C: f(x,y,1)=0$$

给出. 令$g(X,Y)=f(X,Y,1)\in\bar{k}[X,Y]$, 定义$\bar{k}[C]=k[X,Y]/(g)$. $\bar{k}[C]$中元可以解释为C上的函数. 假设(g)是素理想(在椭圆曲线的情形容易验证), 则$\bar{k}[C]$是整环, 令$\bar{k}(C)$或$\bar{k}(E)$为其商域, 称为C 或E的函数域, 它是$\bar{k}$上的函数域$\bar{k}(X)$的有限扩张(对于椭圆曲线$y^2=f(x)$, 它是二次扩域$\bar{k}(X)(\sqrt{f})$). 我们将函数域中的元解释为E上的函数, 在对于点$p\in E$和元素$\varphi\in\bar{k}(E)$, 要么φ 以p为极点, 要么$\varphi(p)\in\bar{k}$有定义.

现在很重要的一点是由于E光滑, 我们可以对每个$p\in E$和非零有理函数$\varphi\in\bar{k}(E)^*$定义φ在p处的阶. 正如我们所预料的那样, 这个阶函数与对全纯函数或有理函数定义的类似函数表现得很像. 确切地说, 对每个$p\in E$, 存在离散赋值

$$\mathrm{ord}_p:\bar{k}(E)^\times\to\mathbb{Z},$$

它给出有理函数在p处的零点的阶(若值非负)或极点的阶(若值为负数). 作为离散赋值, 它满足

$$\begin{aligned}\mathrm{ord}_p(c)&=0\ (c\in\bar{k}^*),\\ \mathrm{ord}_p(\varphi\psi)&=\mathrm{ord}_p(\varphi)+\mathrm{ord}_p(\psi),\\ \mathrm{ord}_p(\varphi+\psi)&\geqslant\min\{\mathrm{ord}_p(\varphi),\mathrm{ord}_p(\psi)\}.\end{aligned}$$

我们给出证明梗概(见[303]的命题11.1.1): 考虑环$\mathcal{O}_p=\{\varphi\in\bar{k}(E)|\varphi\text{在}p\text{处有定义}\}$, 这是一个Noether局部整环, 其极大理想为$\mathfrak{m}_p=\{\varphi\in\mathcal{O}_p|\varphi(p)=0\}$, 剩余域$\mathcal{O}_p/\mathfrak{m}_p\simeq\bar{k}(h\mapsto h(p))$. 因为$E$在$p$处光滑(有切线), $\bar{k}$-向量空间$\mathfrak{m}_p/\mathfrak{m}_p^2$是1维的(因为曲线在平面内, 它的维数不超过2, 切线方程给出一个关系式, 并且易见$\mathfrak{m}_p/\mathfrak{m}_p^2\neq0$). 由Nakayama引理(见[5], p.21)可知$\mathfrak{m}_p$是主理想. 令π为$\mathfrak{m}_p$的一个生成元, 则$\mathfrak{m}_p^d(\forall d\geqslant1)$由$\pi^d$生成. 阶函数$\mathrm{ord}_p$可以对$\mathcal{O}_p$中的$\varphi\neq0$定义:

$$\mathrm{ord}_p(\varphi)=\max\{d\geqslant0|\varphi\in\mathfrak{m}_p^d\},$$

并且可以延拓为同态$\bar{k}(E)^*\to\mathbb{Z}$. 由此容易验证上述性质.

对于椭圆曲线$y^2=f(x)$, 易知若$p\neq\infty$, $p=(x,y)(y\neq0)$, 则可以取$\pi=X-x$. 若$p=\infty$, 可以取$\pi=\frac{X}{Y}$, 并且有$\mathrm{ord}_p(x)=-2,\mathrm{ord}_p(y)=-3$.

每个非零元$\varphi\in\bar{k}(E)$有有限多个零点和极点, 为了方便地包装它们, 我们定义E上的一个因子为符号$[p](p\in E)$的系数在$\mathbb{Z}$中的有限形式线性组合, 这些因子构成自由Abel 群$\mathrm{Div}(E)$. 有两个同态很重要, 一个是将非零有理函数φ 与它的极点和零点的因子(记为(φ))联系起来:

$$\bar{k}(E)^*\to\mathrm{Div}(E),\ \varphi\mapsto(\varphi)=\sum_{p\in E}\mathrm{ord}_p(\varphi);$$

另一个给出因子的次数:

$$\deg:\mathrm{Div}(E)\to\mathbb{Z},\ [p]\mapsto1.$$

这个记号暗示我们形如(φ)的因子称为主因子.

普通的有理函数的零点与极点数(计算重数)相等, 同样的结论对$\varphi\in\bar{k}(E)^*$成立. 这就意味着对所有的$\varphi\in\bar{k}(E)^*$有$\deg((\varphi))=0$(见[303]的§2.3). 对于椭圆曲线$y^2=f(x)$, 注意到$\bar{k}(E)$是$\bar{k}(X)$的二次扩张, 容易得到结论的证明. Galois群中的非平凡元是$\varphi\mapsto\bar{\varphi}$, 其中$\bar{\varphi}$的定义为$\bar{\varphi}(p)=\varphi(-p)$. 显然有$\mathrm{ord}_p(\varphi)=\mathrm{ord}_{-p}(\bar{\varphi})$, 因此$\deg(\varphi)=\deg(\bar{\varphi})$. 现在$\varphi\bar{\varphi}\in\bar{k}(X)$. 容易验证下面的相容性:

若$\psi \in \bar{k}(X)$, 其因子为$(\psi)_1 = \sum n_i x_i$(作为普通的有理函数), 则它作为$\bar{k}(E)$中元素的因子为$(\psi) = \sum n_i([p_i] + [-p_i])$, 其中$p_i$是$E$中具有$x$ 坐标x_i的任意点. 特别地, $0 = \deg((\psi)_1) = 2\deg((\psi))$. 将该结果应用于$\varphi\bar{\varphi}$得到

$$0 = \deg(\varphi\bar{\varphi}) = \deg(\varphi) + \deg(\bar{\varphi}) = 2\deg(\varphi).$$

定义 1. 称两个因子D_1, d_2线性等价, 若存在$\varphi \in \bar{k}(E)^*$ 使得$D_1 - D_2 = (\varphi)$, 记为$D_1 \sim D_2$, 这是$\mathrm{Div}(E)$上的等价关系.
2. 群$\mathrm{Div}(E)$可赋予与群结构相容的偏序, 其定义为: $D \geqslant 0$当且仅当给出D的形式和中的西式都非负, 这样的因子称为有效因子.
3. 对因子$D \in \mathrm{Div}(E)$, 令

$$L(D) = \{0\} \cup \{\varphi \in \bar{\varphi} | (\varphi) + D \geqslant 0\},$$

这是一个$\bar{k}$-向量空间. 令$\ell(D) = \dim L(D)$, 它是整数或$+\infty$.

若$D = n_1[p_1] + \cdots + n_k[p_k] - m_1[q_1] - \cdots - m_j[q_j] (n_i, m_i \geqslant 0)$, 则$0 \neq \varphi \in L(D)$就意味着$\varphi$满足:

(1) 以$p_i (1 \leqslant i \leqslant k)$为极点的阶最多为$n_i$.

(2) 以$q_i (1 \leqslant i \leqslant j)$为零点的阶最少为$m_i$.

由此即知: 若$D_2 \leqslant D_1$, 则$L(D_2) \subset L(D_1)$; 并且若$D_1 \sim D_2$, 则有$D_1 = D_2 + (\psi)$, 从而映射$\varphi \mapsto \psi\varphi$诱导同构$L(D_1) \to L(D_2)$. 特别地, $\ell(D_1) = \ell(D_2)$, 即$L(D)$仅依赖于因子的线性等价类.

下面的解释也是显然的: $L(D)$的射影空间$\mathbb{P}(L(D))$和与D线性等价的有效因子集合之间存在双射:

$$\mathbb{P}(L(D)) \to \{D' \geqslant 0 | D' \sim D\},\ \varphi \mapsto (\varphi) + D \tag{11.34}$$

(由$L(D)$的定义, 这个映射的像落在有效因子的集合中). 证明这个结果还需要下面的重要事实:

$$L(0) = \bar{k},\ \ell(0) = 1. \tag{11.35}$$

换句话说, E上处处有定义的有理函数是常数: 对于椭圆曲线, 这个结论显然成立, 因为在C上的正则性迫使φ是多项式$g(X) + Yh(X)$, 而在∞处的正则性又迫使$h = 0, g \in \bar{k}$.

我们首先注意到下面的简单引理.

引理 11.26 令D为E上的因子使得$\ell(D) > 0$, 则有$\deg(D) > 0$或者$D \sim 0$.

证明: 因为$\ell(D) > 0$, 所以存在非零元$\varphi \in L(D)$使得$(\varphi) + D \geqslant 0$. 取次数可知$\deg(D) \geqslant 0$. 我们现在只需证明$\deg(D) = 0$时有$D \sim 0$. 此时, $(\varphi) + D$是次数为0的有效因子, 所以一定为0, 因此$D = -(\varphi) = (\varphi^{-1}) \sim 0$. □

要证明椭圆曲线的局部ζ函数的有理性, 我们需要找到关于有效因子的$\ell(D)$的值, 它可以由Riemann-Roch定理计算出来.

定理 11.27 令E为代数闭域$\bar{k}$上的椭圆曲线, 则对E上的任意因子D, $\ell(D)$有限, 并且有如下公式:

$$\ell(D) - \ell(-D) = \deg(D). \tag{11.36}$$

等价地, 利用引理11.26通过如下办法对任意的D计算$\ell(D)$: 1. 若$\deg(D) > 0, D \nsim 0$, 则$\ell(D) = \deg(D)$.
2. 若$D \sim 0$, 则$\ell(D) = 1$.
3. 若$\deg(D) < 0$, 则$\ell(D) = 0$.

这是专门针对椭圆曲线的Riemann-Roch定理, 见下面关于一般情形的结论的评述.

对Riemann-Roch定理的最简单证明依赖于E上的群结构与因子群之间的相互作用. 事实上, 我们有映射

$$\sigma : \mathrm{Div}(E) \to E,\ \sum_{i=1}^{k} n_i[p_i] \mapsto \sum n_i p_i$$

(右边的运算对应E上的群法则).

命题 11.28 令D为E上的因子, 则有

$$D \sim [\sigma(D)] + (\deg(D) - 1)[\infty].$$

证明: 本质上而言, 这"是"群法则本身: 由归纳法, 我们只需考虑$D = [p] + [q]$与$D = [p] - [q]$这两种情形, 其中$p, q \in E$. 若p, q中有一个是原点∞, 结论显然成立. 下面假设p, q都不是∞.

我们首先考虑$D = [p]+[q]$, 其中$p, q \neq \infty$, 且$p \neq q$的情形. 于是连接p, q的直线方程$aX+bY+c = 0$定义了元素$\varphi = aX + bY + c \in \bar{k}(E)$, 由群法则的定义可知

$$(\varphi) = [p] + [q] + [r] - 3[\infty],$$

其中$-r = p + q = \sigma(D)$. 因为$(\varphi) \sim 0$, 所以

$$D = [p] + [q] \sim (\varphi) - [-\sigma(D)] + 3[\infty] \sim -[-\sigma(D)] + 3[\infty].$$

但是, 同理对任意的$p \in E$, 连接$p, -p$的直线方程给出的函数的因子为$[p] + [-p] - 2[\infty]$, 所以对任意的$p \in E$有

$$-[p] + [\infty] \sim [-p] - [\infty], \tag{11.37}$$

从而有$D \sim [\sigma(D)] + [\infty]$, 结论得证.

若$p = q$, 过p的切线方程给出$2[p] + [-2p] - 3[\infty] \sim 0$, 由此仍然得到结论. 最后, 若$D = [p] - [q]$, 利用(11.37) 可以归结于前一种情得到结果:

$$[p] - [q] = [p] + (-[q] + [\infty]) - [\infty] \sim [p] + [-q] - 2[\infty] \sim [p - q] - [\infty]. \qquad \square$$

Riemann-Roch定理的证明: 注意在(11.36)中关于D与$-D$的结论是等价的. 由命题11.28有

$$\begin{aligned} \ell(D) &= \ell([\sigma(D)] + (\deg D - 1)[\infty]) \\ \ell(-D) &= \ell([-\sigma(D)] + (1 - \deg D)[\infty]). \end{aligned}$$

右边的两个因子中有一个有效, 所以不妨设D有效, 并且$D=[p]+n[\infty]$, 其中$p\in E, n\geqslant 0$.

若$p=\infty$, 则$D=m[\infty](m\geqslant 1)$. 我们需要证明$\ell(D)=m$. $L(m[\infty])$中的任意元φ在E上无极点, 因此$\varphi\in\bar{k}[X,Y]$, 且满足$\mathrm{ord}_\infty(\varphi)\geqslant -m$. 因为$\mathrm{ord}_\infty(X)=-2, \mathrm{ord}_\infty(Y)=-3$, 可知对$\varphi=g(X)+Yh(X)$有

$$\mathrm{ord}_\infty(\varphi)=\max\{-2\deg(g),-3-2\deg(h)\}.$$

令$V=\{2\deg(g),3+2\deg(h)|g,h\in\bar{k}[X]\}$, 我们很快看到$V=\mathbb{Z}_+\backslash\{1\}$. 现在利用单项式$X^a, YX^b$作为基元素, 容易验证

$$\ell(m[\infty])=|\{n\in V|n\leqslant m\}|=m.$$

现在考虑$D=[p]+n[\infty](n\geqslant 0,p\neq\infty)$. 若$n=0$, 利用自同构$q\mapsto q-p$(它将$p$映到$\infty$)得到同构$L([p])\simeq L([\infty])$, 这就意味着$\ell([p])=1$. 若$n\geqslant 1$, 则有$D\geqslant n[\infty]$, 从而$L(n[\infty])\subset L(D)$, 因此$n\leqslant\ell(D)$. 此外, 因为只在$p$处有单极点, 所以$\ell(D)\leqslant n+1$: 若$\pi_p$是在$p$处有单根的函数, 则有$\bar{k}$-线性映射

$$L(D)/L(n[\infty])\to\bar{k},\ \varphi\mapsto(\pi_p\varphi)(p),$$

它无疑是单射. 我们需要证明$L(D)$中还有一个不在$L(n[\infty])$中的$\bar{k}$-线性无关元.

记p的仿射坐标为(x,y). 我们有下面的因子:

$$\begin{aligned}(X-x)&=[p]+[-p]-2[\infty],\\(Y+y)&=[-p]+[p']+[p'']-3[\infty],\end{aligned}$$

其中$p',p''\in E$. 令$\varphi=\frac{Y+y}{X-x}$, 则$(\varphi)=-[p]+[p']+[p'']-[\infty]\geqslant -D$. 我们将证明$p\neq p',p''$. 事实上, 由定义可知$p',p''$形如$(x_1-y),(x_2,-y)$. 若它们等于$p$, 则有$y=0$, 此时由假设可知$f(x)=0$有三个不同的根. 因此$\varphi$在$p$处有单极点, 从而$\varphi\notin L(n[\infty])$, 由此得到想要的公式$\ell(D)=n+1=\deg(D)$. □

我们现在考虑一些有理性问题. 假设有$y^2=f(x)$给出的椭圆曲线E, 其中$f\in k[X]$. 上面的分析适用于k的代数闭包$\bar{k}$. k的Galois群G_k可以自然地作用于E中点的坐标上, 从而作用于因子上. 若点或因子被G_k固定, 则称其为k-有理的. G_k也作用于$\bar{k}(E)$上, 被G_k固定的域是$k(E)$, 即$k[X,Y]/(Y^2-f(X))$的分式域. 函数$\varphi\in k(E)$的因子显然是k-有理的.

若D在k上定义, 令

$$L_k(D)=\{0\}\cup\{\varphi\in k(E)|(\varphi)+D\geqslant 0\},$$

$\ell_k(D)=\dim_k L_k(D)$. 显然有$\ell_k(D)\leqslant\ell(D)$.

定理 11.29 对任意的k-有理因子D, 有

$$\ell_k(D)=\ell(D).$$

特别地, 用$\ell_k(D)$替代$\ell(D)$后, Riemann-Roch公式成立.

证明: 这是下述定理的特殊情形, 该定理是对$\mathrm{GL}(b)$阐述的Hilbert定理90: 令k 为域, $\bar{k}$为其代数闭包, V为G_k作用的$\bar{k}$-向量空间, 则V中存在被G_k固定的一组基(等价于说: 若$V_k=V^{G_k}$, 则$V=V_k\otimes\bar{k}$, 或者$\dim_k V_k=\dim_{\bar{k}} V$). 证明见[303]的第2章中的引理5.8.1. □

注记: 可以用下述方式让以上理论适用于更一般的代数曲线(见[123]的第4章): 若E是$\bar{k}$上的光滑射影曲线, 我们可以定义某种因子类K(称为典型类, 它与E的微分有关), 它的次数为$\deg(K) = 2g - 2$, 其中整数$g \geqslant 0$称为E的亏格, 此时Riemann-Roch定理的形式为

$$\ell(D) - \ell(K - D) = \deg(D) + 1 - g. \tag{11.38}$$

椭圆曲线的情形对应于$g = 1$: 此时典型类是平凡的, 从而结论就变成定理11.27. $g = 0$的情形对应于射影直线, 也很容易看清. (11.38)的证明比椭圆曲线的证明要复杂得多, 因为没有曲线上的群法则可供利用.

§11.10 椭圆曲线的局部ζ函数

令C为(11.32)给出的$\mathbb{F}$上的椭圆曲线, 我们在这里用§11.9中描述的相应的射影曲线E更方便. 定义E的ζ函数为形式幂级数

$$Z(E) = \exp\big(\sum_{n\geqslant 1} \tfrac{|E(\mathbb{F}_n)|}{n} T^n\big). \tag{11.39}$$

我们首先通过其Euler乘积将$Z(E)$与曲线上的点联系起来(对比引理11.7). 为此, 我们介绍一些来自概型语言中的术语.

定义 令E为q元有限域上的椭圆曲线. 称一个点$x_0 \in E(\overline{\mathbb{F}})$的Galois轨道为$E$的一个闭点. 闭点$x$的次数$\deg(x)$是它该点所在轨道的基数(一定有限), 它的范数为$\mathrm{N}\,x = q^{\deg(x)}$. E 的闭点的集合记为$|E|$.

这个概念类似于用于Gauss和与Kloosterman和的ζ函数的不可约多项式. 对每一个闭点$x \in |E|$, 可以关联一个$\mathbb{F}$-有理因子, 它就是轨道中所有元素的形式和. 这个因子的次数等于x的次数. 此外, 易见$\mathbb{F}$-有理因子群是由与闭点相关的因子生成的自由Abel群.

引理 11.30 我们有Euler乘积

$$Z(E) = \prod_{x\in|E|} (1 - T^{\deg(x)})^{-1}, \tag{11.40}$$

其中乘积过E的闭点.

证明: 所用方法与引理11.7与引理11.9的证明方法非常接近. 首先将$E(\mathbb{F}_n)$中的点按照Galois轨道进行分解, 得到

$$|E(\mathbb{F}_n)| = \sum_{d|n} \sum_{\substack{x\in|E|\\ \deg(x)=d}} 1,$$

此处与引理11.1类似. 于是有

$$-T\frac{Z'(E)}{Z(E)} = \sum_{n\geqslant 1} |E(\mathbb{F}_n)| T^n.$$

而另一方面, 将对数算子应用于(11.40)的右边得到

$$\sum_{x\in|F|} \deg(x) \sum_{n\geqslant 1} T^{n\deg(x)} = \sum_{n\geqslant 1} T^n \big(\sum_{d|n} d \sum_{\substack{x\in|E|\\ \deg(x)=d}} 1\big),$$

因此结论成立. □

我们现在利用Riemann-Roch定理可以证明ζ函数的有理性和函数方程.

定理 11.31 椭圆曲线的ζ函数$Z(E)$是有理函数. 确切地说, 它具有以下形式:

$$Z(E) = \frac{1-aT+qT^2}{(1-T)(1-qT)}, \tag{11.41}$$

其中$a \in \mathbb{Z}$满足关系式$|E(\mathbb{F})| = q+1-a$, 或者用C表示成$|C(\mathbb{F})| = q-a$. ζ函数满足函数方程$Z(E,(qt)^{-1}) = Z(E,T)$.

引理 11.32 令$d \geqslant 0$, $h_d(C)$为d次$\mathbb{F}$-有理因子的线性等价类的集合, 则$h_d(C)$有限, 并且$|h_d(C)| = |h_0(C)| \leqslant |E(\mathbb{F})|$.

证明: 由命题11.28可知对任意的有理因子D, 有等价关系$D \sim |\sigma(D)| + (\deg(D)-1)[\infty]$, 因此$D$的线性等价类仅依赖于$\sigma(D)$. 若$D$是$\mathbb{F}$-有理的, 则$\sigma(D) \in E(\mathbb{F})$, 从而不等式$h_d(C)| \leqslant |E(\mathbb{F})|$成立.

此外, 显然映射$D \mapsto D + d[\infty]$及其逆映射$D \mapsto D - d[\infty]$诱导出$h_d(C)$与$h_0(C)$之间的双射. □

定理11.31的证明: 由于E上的$\mathbb{F}$-有理点就是与闭点相关的因子的整线性组合, Euler乘积(11.40)给出形式幂级数表示

$$Z(E) = \sum_{D \geqslant 0} T^{\deg(D)},$$

其中和式过E上所有有效$\mathbb{F}$-有理点.

根据D的次数将和式分组. 对$d=0$, 唯一的有效因子是$D=0$, 所以

$$Z(E) = 1 + \sum_{d \geqslant 1} \sum_{\substack{D \geqslant 0 \\ \deg(D)=d}} 1.$$

对每个d, 根据d次因子所在的线性等价类进一步分组. 由引理11.32, 对每个d有$|h_0(C)|$个等价类. D中给定的类贡献的值为与D线性等价的$\mathbb{F}$-有理有效因子的个数. 由(11.34)和定理11.29, 该值等于

$$|\mathbb{P}(L(D))| = \frac{q^{\ell_{\mathbb{F}}(D)}-1}{q-1} = \frac{q^{\ell(D)}-1}{q-1}.$$

因为$d \geqslant 1$, Riemann-Roch定理意味着$\ell(D) = \deg(D) = d$, 所以现在可以直接计算$Z(E)$:

$$\begin{aligned} Z(E) &= 1 + \sum_{d \geqslant 1} T^d \sum_{\substack{D \geqslant 0 \\ \deg(D)=d}} 1 = 1 + \frac{|h_0(C)|}{q-1} \sum_{d \geqslant 1} (q^d-1)T^d \\ &= 1 + \frac{|h_0(C)|}{q-1}\left(\frac{qT}{1-qT} - \frac{T}{1-T}\right) = 1 + \frac{|h_0(C)|T}{(1-T)(1-qT)} \\ &= \frac{1-bT+qT^2}{(1-T)(1-qT)}, \end{aligned} \tag{11.42}$$

其中b满足$|h_0(C)| = q+1-b$.

这样就证明了有连续, 并且给出了确切的形式, 除了还需证明$a=b$, 其中$|E(\mathbb{F})| = q+1-a$, 或者要证明$|h_0(C)| = |E(\mathbb{F})|$(事实上, 由引理11.32, 我们只需证明$|h_0(C)| \leqslant |E(\mathbb{F})|$, 但是我们无需用到它). 要得到该等式, 从$Z(E)$的原始定义出发, 将它与(11.42)对比: 易见后者意味着$|E(\mathbb{F})| = q+1-b = |h_0(C)|$.

最后, $Z(E)$的函数方程由(11.42)即得. □

上述证明的最后几步值得我们单独记录下来.

命题 11.33 令E为有限域$\mathbb{F}$上的椭圆曲线, D为E上的因子, 则D是主因子当且仅当$\deg(D)=0,\sigma(D)=0\in E$. 确切地说, 映射$j:D\mapsto\sigma(D)$是0次因子类群与$E(\mathbb{F})$之间的同构.

证明: 存在$n\geqslant 1$使得因子D是$\mathbb{F}_n$-有理因子. 将E看作$\mathbb{F}_n$上的曲线, 只需证明0 次$\mathbb{F}$-有理因子类群与$\mathbb{F}$-有理点群之间同构. 但是, j是具有相同基数($|h_0(C)|=|E(\mathbb{F})|$)的集合之间的满射($j([x]-[\infty])=x$), 故结论成立. □

这是所谓的Abel-Jacobi定理关于有限域上的椭圆曲线的特殊情形. 这个结果事实上对任意的域成立, 并且将它推广到所有(光滑射影)情形上是与曲线相关的Jacobi簇理论的内容.

要完成定理11.25的证明, 我们像Kloosterman和的情形那样做: 由(11.41)可得

$$|E(\mathbb{F}_n)|-(q^n+1)=\alpha^n+\beta^n,$$

其中$1-aT+qT^2=(1-\alpha T)(1-\beta T)$. 然后将所得结果代入Stepanov定理11.13, 从而由引理11.22得到$|\alpha|\leqslant\sqrt{q},|\beta|\leqslant\sqrt{q}$, 因为$\alpha\beta=q$, 所以要证明的结论成立.

习题11.2 假设一般的Riemann-Roch公式(11.38)成立, 证明: 对于q元有限域上亏格为g的光滑射影代数曲线E, ζ函数

$$Z(E)=\exp\Big(\sum_{n\geqslant 1}\frac{E(\mathbb{F}_n)}{n}T^n\Big)$$

是有理函数, 且具有形式

$$Z(E)=\frac{P(T)}{(1-T)(1-qT)},$$

其中P是某个次数为$2g$的整系数多项式.

(提示: 出现的一个问题是是否存在E上1次$\mathbb{F}$-有理因子类(对椭圆曲线显然成立, 因为∞是$\mathbb{F}$有理点). 次数映射的像是$\delta\mathbb{Z}$, 其中$\delta|(2g-2)$(典型类的次数). 利用该事实找到ζ函数的初步形式, 分析极点证明事实上有$\delta=1$(见[241]的§3.3)).

§11.11 进一步结果的综述: 上同调的入门

Stepanov的方法非常有用, 在某些场合, 尤其是在曲线的亏格与有限域的基数相比很大时, 该方法提供了当今可用的最佳工具(参见Heath-Brown[125]对Heilbronn和证明的非平凡界).

但是, 对有限域上的指数和的深入理解以及对解析数论中经典问题的巨大影响都来自代数数论中的先进概念, 尤其是Grothendieck与他的合作者们发展的ℓ进上同调理论对很一般的指数和的研究提供了非常强大和灵活的框架.

Deligne[55]对关于簇的Riemann猜想的证明, 甚至他所做的推广[56]是Katz, Laumon等人的大量工作的基础. 对这一理论进行详尽地讨论超出本书的范围, 我们向有兴趣的读者指出几篇综述文章, 如[176, 203]. 学习ℓ进理论的基础可以从[57]开始, 然后继续从Katz的书[177–178]中学习应用.

我们在本节限于对基本术语给出简短的介绍, 并利用它们陈述几个最基本的结果, 然后我们给出几个例子说明这些知识在大家即使不熟悉代数几何的细节和背景的情况下都已经非常有用.

我们在§11.4和§11.5中已经证明Gauss和与Kloosterman和可以与类似于有限域上的Dirichlet 特征的东西联系起来. 我们现在所讨论的ℓ进上同调形式可以视为将指数和与本质上为Galois理论的东西双重联系起来.

(11.8)中定义的指数和S_n可以解释为由$\overline{\mathbb{F}}_p^*$除去有理函数$f, g$的极点组成的代数曲线$U_{f,g}$上的和. 更一般地, 我们希望考虑不仅是曲线上, 还包括更一般的簇上的指数和. 我们将用到一些代数几何的术语对这种情况加以描述, 但是会在曲线的简单情形进行说明. (11.8)的情形和$U_{f,g}$已经十分有趣了.

令$\mathbb{F}$为有限域, $U/\mathbb{F}$为维数是$d \geqslant 0$的光滑代数簇(从技术上说, 作为光滑性假设的部分, 我们假定U是几何连通的; 作为它是簇的部分, 假定U是拟射影的). 维数为1的最简单例子是$U_{f,g}$, 或者光滑射影曲线. 在维数$d > 1$时, 最重要的例子是d 维仿射空间$\mathbb{A}^d$(其点集为$\mathbb{A}^d(\overline{\mathbb{F}}) = \overline{\mathbb{F}}^d$)和$d$维射影空间. U上的指数和形如

$$S_n = \sum_{x \in U(\mathbb{F}_n)} \chi(N(f(x))\psi(\mathrm{Tr}(g(x))), \tag{11.43}$$

其中f, g是定义于U上的$\mathbb{F}$-有理函数.

与$U/\mathbb{F}$相关的是所谓的算术平展基本群$\pi_1(U)$, 它将U 的平展覆盖$V \to U$ “分类”, 既与域的Galois群类似, 又与“普通”拓扑基本群类似. 称代数簇间的态射是平展的, 若它是平坦的和非分歧的; 若U是曲线, 这就意味着V是曲线, f非常值且非分歧. 出于研究指数和的简单目的, 基本群某种程度上可以视为以下所说内容的黑盒子, 但是我们要记住V中元素在$\pi_1(U)$中可以作为任意平展覆盖$\pi : V \to U$的自同构(即对任意的$\gamma \in \pi_1(U)$和$x \in V$有$\pi(\gamma x) = \pi(x)$), 并且它是一个函子: 任意的簇间映射$U \to V$诱导连续群同态$\pi_1(U) \to \pi_1(V)$. (我们在定义$\pi_1(U)$是需要固定基点, 但是差不多存在一个典型的选择, 即所谓的概型U的“一般点”).

例 (1) 令U为在$\mathbb{F}$上定义的单点$\{x\}$, 则$\pi_1(U)$是Galois群$\mathrm{Gal}(\overline{\mathbb{F}}/\mathbb{F})$.
(2) 令$U/\mathbb{F}$为光滑曲线, 不一定是射影曲线. 存在相关的光滑射影曲线$C/\mathbb{F}$使得$U \subset C$的补集是有限点集T. 若$U = \overline{\mathbb{F}}^*$, 则$C = \mathbb{P}^1$为射影直线, $T = \{0, \infty\}$.

基本群可以具体地描述如下: 令$K = \mathbb{F}(U) = \mathbb{F}(C)$为$U$的函数域, 即$U$或$C$上的有理函数域(若$C = \mathbb{P}^1$, 则$K = \mathbb{F}(t)$是通常的有理函数域). 我们有$K$的Galois群$G_K = \mathrm{Gal}(\bar{K}/K)$. 对$C$ 中的每个闭点x, 存在K 的相应离散赋值ord_x. 可以将它延拓到K的可分闭包$\bar{K}$上, 从而给出分解群$D_x < G_K$和惯性群$I_x < D_x$(就像经典代数数论中那样), 满足性质$D_x/I_x \simeq \mathrm{Gal}(\overline{\mathbb{F}}_q/\mathbb{F}_q)$, 其中$\mathbb{F}_q$是$x$ 的剩余域, 它是$q = \mathrm{N}\,x$ 元有限域. 因此$\pi_1(U)$“是”G_K模包含所有惯性群I_x的最小闭正规子群得到的商群, 其中x为U的闭点.

固定素数$\ell \neq p$, 用于解释U上指数和的是所谓的U上ℓ进层. 在更简单的情形, 这些事情就变得易于理解, 此时可以代之以我们熟悉的Galois理论来描述, 下面就这样来定义.

定义 令$U/\mathbb{F}$为有限域上的光滑簇. U上的柔顺(lisse)ℓ进层是连续表示$\rho : \pi_1(U) \to \mathrm{GL}(V)$, 其中$V$是有限维$\bar{\mathbb{Q}}_\ell$-向量空间. 这里的连续性是针对$\pi_1(U)$ 上的射有限拓扑和V 上的ℓ 进拓扑.

注意与数域的Galois表示的定义的相似性(见§5.13). 由于受原始定义中层所用记号的影响, 我们通常用花体字母$\mathcal{F}, \mathcal{G}$ 等表示ℓ进层. 注意我们显然可以谈及柔顺ℓ进层的直和、张量积、对称幂等, 只需对表示作相应的运算即可. 我们也可以讨论不可约层等.

一个重要的ℓ进层$\bar{\mathbb{Q}}_\ell(1)$是通过考虑$\pi_1(U)$对ℓ幂次单位根的自然作用得到的, 这个作用是从平展覆盖产生的, 只需将基域从$\mathbb{F}$延拓到添加单位根的扩域上. 该作用由某个特征$\chi_\ell : \pi_1(U) \to \bar{\mathbb{Q}}_\ell^*$给出.

利用这个层可以定义Tate 缠绕: 若$\mathcal{F}$是柔顺ℓ进层, $i \in \mathbb{Z}$, 则用$\mathcal{F}(i)$表示(将$\mathcal{F}$缠绕i次)对应$\pi_1(U)$在同一向量空间上的作用ρ'的层, 其中

$$\rho'(\gamma) = \chi_\ell^i(\gamma)\rho(\gamma),$$

换言之, $\mathcal{F}(1) = \mathcal{F} \otimes \bar{\mathbb{Q}}_\ell(1)$.

通过观察Frobenius元在U中点上的作用得到指数和. 令x为U的闭点, 它可以视为$U(\overline{\mathbb{F}})$中点的Galois轨道. 这个“点”x的基本群是U在x处的剩余域的Galois 群D_x, 它与$\mathbb{F}_n$同构, 其中n为x的次数. 由函子性有映射$D_x \to \pi_1(U)$. 我们得到$D_x \simeq \mathrm{Gal}(\overline{\mathbb{F}}_n/\mathbb{F}_n)$, 后者由Frobenius自同构$\sigma$拓扑生成, 因此取其像得到$\pi_1(U)$中定义合理的共轭类, 称之为$x$处的算术Frobenius共轭类. 特别地, 对于ℓ进层, 我们可以毫无歧义地谈及迹$\mathrm{Tr}\,\rho(\sigma_x)$. 但是, 人们发现在指数和的上同调描述中自然出现的是σ的逆F(所谓的几何Frobenius元). 记相应的共轭类为F_x, 简称为x处的Frobenous 共轭类(略去了几何二字).

定理 11.34 令$U/\mathbb{F}$为光滑簇, $f \neq 0, g$为U上的$\mathbb{F}$-有理函数, ψ, χ分别为$\mathbb{F}$的加性特征与乘性特征, $S_n = S_n(U, f, g, \chi, \psi)$为(11.43)中给出的$U(\mathbb{F}_n)$上相关的指数和, 则有

$$S_n = \sum -x \in U(\mathbb{F}_n)\,\mathrm{Tr}(\mathbb{F}_n|\mathcal{F}), \tag{11.44}$$

其中$\mathrm{Tr}(g|\mathcal{F}) = \mathrm{Tr}(\rho(g)|V)$, $\mathcal{F}$对应表示$\rho : \pi_1(U) \to \mathrm{GL}(V)$.

为了与用来描述Gauss和与Kloosterman和的特征对比, 我们需要把这些特征看成Dirichlet特征或Hecke特征的类似物, 而将本定理中给出的ℓ进层看成Galois特征的类似物. 这两个概念之间的对应是互反律或类域论的例子.

我们在$\chi = 1$, g为$U = \mathbb{A}^1\backslash\{g$的极点$\}$上的非零有理函数时给出构造$\mathbb{F}$上$\mathcal{F}$(这样会使我们明白与§11.7 中的推理联系得非常紧密)的梗概. 考虑曲线

$$C : y^q - y = g(x), \tag{11.45}$$

注意有满射$\pi : C \to U, (x, y) \mapsto x$. 对任意的$a \in \overline{\mathbb{F}}$, 方程$y^q - y - a = 0$可分, 因此它在$\overline{\mathbb{F}}$中有$q$个不同的根. 事实上, $\mathbb{F}$的加群对这些根的作用是平移变换: 若y是根, $z \in \mathbb{F}$, 则$(y+z)^q - (y+z) = y^q - y = a$. 此外, $\pi : C \to U$是平展覆盖(我们已经清楚它处处非分歧且是满射). 换句话说, π是平展Galois覆盖, 其Galois群与加群$\mathbb{F}$同构(上述方程给出的覆盖称为Artin-Schreier覆盖).

基本群$\pi_1(U)$同构覆盖的自同构对C作用, 意思是上述$\mathbb{F}$中元素的平移作用. 这样就对应了满射$\varphi : \pi_1(U) \to \mathbb{F}$ 使得对任意的$y \in C$ 有$\varphi(\gamma) = \gamma y - y$(它不依赖于$y$的选择, 因为$\gamma$对$C$ 的作用一定是曲线间的态射).

考虑C上的平凡ℓ进层$\bar{\mathbb{Q}}_\ell$, 或者等价地说成$\pi_1(C)$的平凡表示. 由上可知我们能构造从$\pi_1(C)$到$\pi_1(U)$的诱导表示ρ, 它的具体描述如下: 我们有空间

$$V = \{f : \pi_1(U) \to \bar{\mathbb{Q}}_\ell | f(\tau\gamma) = f(\gamma), \forall \tau \in \pi_1(C)\}$$

(其中$\tau \in \pi_1(C)$通过π诱导的映射$\pi_1(C) \to \pi_1(U)$得到), $\pi_1(U)$在V上的作用为右平移:

$$\rho(\gamma)f(\tau) = f(\tau\gamma).$$

元素$f \in V$仅依赖于$\pi_1(C)\backslash\pi_1(U) \simeq \mathbb{F}$(即依赖于覆盖$C \to U$的自同构), 这就意味着$V \simeq \bar{\mathbb{Q}}_\ell^q$ 是U上的q次层. 表示空间V可以关于$\mathbb{F}$的加性特征分解:

$$V = \bigoplus_{\psi} \mathcal{L}_\psi,$$

其中$\mathcal{L}_\psi$是V的ψ-特征分支, 即

$$\mathcal{L}_\psi = \{f \in V | \rho(\gamma)f = \psi(\varphi(\gamma))f, \forall \gamma \in \pi_1(U)\}.$$

易见每个$\mathcal{L}_\psi$是U上的ℓ进层, 又因为ρ从平凡表示中诱导出来, 每个$\mathcal{L}_\psi$是1次的.

于是, 对每个加性特征ψ, U上对应$\mathcal{L}_{\bar{\psi}}$的ℓ进层是对指数和$S_n(U, g, \psi)$满足(11.44)的层.

事实上, 若$x \in U(\mathbb{F}_n)$, y满足$y^q - y = g(x)$, 则x的Frobenius元对y的作用为$y^{q^n} = y + \mathrm{Tr}_{\mathbb{F}_n/\mathbb{F}}(g(x))$, 因为

$$\begin{aligned} y^{q^n} - y &= y^{q^n} - y^{q^{n-1}} + y^{q^{n-1}} - + \cdots + y^q - y \\ &= (y^q - y)^{q^{n-1}} + \cdots + y^q - y = \mathrm{Tr}(y^q - y) = \mathrm{Tr}(g(x)). \end{aligned}$$

因此$\varphi(\sigma_x) = \mathrm{Tr}(g(x))$, 由$\mathcal{L}_\varphi$的定义可知$\sigma_x$在$\mathcal{L}_\varphi$上的作用为用$\psi(\mathrm{Tr}(g(x))$相乘, 所以$F_x = \sigma_x^{-1}$的作用为用$\bar{\psi}(\mathrm{Tr}(g(x)))$相乘, 即得(11.44).

特别地, 注意在C上取关于$\mathbb{Q}_\ell$的迹可得

$$|C(\mathbb{F}_n)| = \sum_{\psi} S_n(U, f, \psi),$$

此即(11.30).

习题11.3 (1) 令S_n为(11.8)中的特征和, 其中$g = 0$, χ为$\mathbb{F}^*$的乘性特征, $f \in \mathbb{F}(x)$为非零有理函数, $U = \mathbb{A}^1\backslash\{f$的零点和极点$\}$. 如上描述这种情形时满足(11.44)的层$\mathcal{L}$的构造. (提示: 利用覆盖$y^d = f(x)$, 其中$d$ 为乘性特征χ 的阶).

(2) 令S_n为(11.8)中的特征和, $U \subset \mathbb{A}^1$为f的零点与极点集以及g的极点集的补集. 若$\mathcal{L}_\psi, \mathcal{L}_\chi$分别为关于$f = 1$与$g = 0$的满足(11.44)的层, 证明: $\mathcal{L} = \mathcal{L}_\psi \otimes \mathcal{L}_\chi$为关于$S_n$的满足(11.44)的层.

例 (1) 当讨论一般的簇U时, 即使在$\rho = 1$的情形也是有趣的, 记这个“平凡的”ℓ进层为$\bar{\mathbb{Q}}_\ell$, 我们有$S_n = |U(\mathbb{F}_n)|$.

(2) 对层$\bar{\mathbb{Q}}_\ell(1)$, 注意σ_x的作用为: 若$\mathrm{N}\,x = q$, 则对任意的单位根ξ有$\sigma_x(\xi) = \xi^q$. 因此F_x的作用为$F_x(\xi) = \xi^{\frac{1}{q}}$, 特别地, F_x的唯一特征值为q^{-1}.

现在除了$U/\mathbb{F}$, 我们还考虑它在$\mathbb{F}$的代数闭包上的“纯量扩张”$\bar{U}/\bar{\mathbb{F}}$. 存在相应的几何基本群$\pi_1(\bar{U})$, 它出现于正合列

$$1 \to \pi_1(\bar{u}) \to \pi_1(U) \to \mathrm{Gal}(\bar{\mathbb{F}}/\mathbb{F}) \to 1. \tag{11.46}$$

每个ℓ进层$\mathcal{F}$可关联系数在$\mathcal{F}$中, 且在$\bar{U}$中具有紧支集的ℓ进上同调群, 它们是有限维$\bar{\mathbb{Q}}_\ell$向量空间, 记为$H_c^i(\bar{U}, \mathcal{F})(i \geqslant 0)$. 关键是$\mathbb{F}$的Galois 群自然地作用于$H_c^i(\bar{U}, \mathcal{F})$, 特别地, Frobenius元$\sigma$和它的逆$F$以及几何Frobenius元也是如此. 对指数和的上同调解释的要点是

Grothendieck-Lefschetz迹公式 令$U/\mathbb{F}$为维数$d \geqslant 0$的光滑簇, $\mathcal{F}$为U上的ℓ进层, 则对任意的$n \geqslant 1$, 当$i > 2d$时有

$$\begin{aligned} \sum_{x \in U(\mathbb{F}_n)} \mathrm{Tr}(F_x|\mathcal{F}) &= \mathrm{Tr}(F^n|H_c^0(\bar{U}, \mathcal{F})) - \mathrm{Tr}(F^n|H_c^1(\bar{U}, \mathcal{F})) + \cdots \\ &\quad - \mathrm{Tr}(F^n|H_c^{2d-1}(\bar{U}, \mathcal{F})) + \mathrm{Tr}(F^n|H_c^{2d}(\bar{U}, \mathcal{F})). \end{aligned} \tag{11.47}$$

因此要利用相关的层估计指数和(11.43), 我们需要知道迹, 或者等价地知道作用于$H_c^i(0 \leqslant i \leqslant 2d)$上的$F$(或$\sigma = F^{-1}$)的特征值. 人们发现在大多数情形, H_c^0和H_c^{2d}容易计算:

命题 11.35 令$\mathcal{F}$为光滑簇$U/\mathbb{F}$上的柔顺ℓ进层, 对应$\pi_1(U)$在$\bar{\mathbb{Q}}_\ell$-向量空间V上的表示rho, 则有

$$H_c^0(\bar{U},\mathcal{F})) = \begin{cases} V^{\pi_1(\bar{U})}, & 若U是射影空间, \\ 0, & 若U不是射影空间, \end{cases} \tag{11.48}$$

$$H_c^0(\bar{U},\mathcal{F})) \simeq V_{\pi_1(\bar{U})}(-2d), \tag{11.49}$$

其中V^G表示在群G对Abel群的作用下不变的向量空间, V_G表示使得G在其上作用平凡的V的最大商空间, 称为上不变空间. 在这两种情形, 都有$\mathbb{F}$的Galois群作用的向量空间的典型同构.

因为V是$\pi_1(U)$的表示空间, 正合列(11.46)说明$\mathrm{Gal}(\bar{\mathbb{F}}/\mathbb{F})$经由给定的表示$\rho$作用于$V^{\pi_1(\bar{U})}$和$V_{\pi_1(\bar{U})}$. 上述命题说明对于曲线$U/\mathbb{F}$, 唯一"困难"的上同调群是$H_c^1(\bar{U},\mathcal{F}))$.

例 令$U = E/\mathbb{F}_n$为椭圆曲线, $\mathcal{F} = \bar{\mathbb{Q}}_\ell$为平凡层. 由上述命题可得:
(1) $H_c^0(\bar{U},\mathcal{F})) = \bar{\mathbb{Q}}_\ell$, F的作用平凡(因为$\bar{\mathbb{Q}}_\ell$是平凡层).
(2) $H_c^2(\bar{U},\mathcal{F})) = \bar{\mathbb{Q}}_\ell(-1)$, 从而由缠绕的定义可知$F$通过乘$p$作用($\sigma$在单位根, 即$\bar{\mathbb{Q}}_\ell(1)$上的作用为$\sigma(\xi) = \xi^p$, 因此$F$的作用为乘$p^{-1}$).

Lefschetz迹公式(11.47)给出

$$|E(\mathbb{F}_n)| = p^n + 1 - \mathrm{Tr}(F^n|H_c^1(\bar{E},\bar{\mathbb{Q}}_\ell))$$

(对比定理11.31).

更一般地. 我们可以从迹公式直接推出ζ函数的有理性.

推论 11.36 令$U, S_n, \mathcal{F}$如定理11.34中所示. 对$0 \leqslant i \leqslant 2d$, 令$b_i = \dim H_c^i(\bar{U},\mathcal{F})$,

$$P_i(T) = \det(1 - FT|H_c^i(\bar{U},\mathcal{F})) = \prod_{j=1}^{n}(1-\alpha_{i,j}T),$$

则有

$$Z(\mathcal{F}) = \exp(\sum_{n\geqslant 1}\tfrac{S_n}{n}T^n) = \tfrac{P_1(T)\cdots P_{2d-1}(T)}{P_0(T)\cdots P_{2d}(T)} = \prod_{i=0}^{2d}\prod_{j}(1-\alpha_{i,j}T)^{(-1)^{i+1}},$$

对$n \geqslant 1$有

$$S_n = \sum_{0\leqslant i\leqslant 2d}(-1)^i\alpha_{i,j}^n. \tag{11.50}$$

定理11.4、定理11.8和习题11.1中的结果都是这个推论辅之以适当的上同调群计算的特殊情形. 这些b_i称为$\mathcal{F}$的ℓ进Betti 数.

但是, 更重要的是Deligne[56]对Riemann猜想的巨大推广. 我们从下面的"局部"定义开始.

定义 令$w \in \mathbb{Z}$, 称$U/\mathbb{F}$上的柔顺ℓ进层$\mathcal{F}$具有纯粹权w, 如果对于U的任意闭点x, 作用于与$\mathcal{F}$相关的$\bar{\mathbb{Q}}_\ell$-向量空间V的F_x的特征值是使得其共轭的绝对值都等于$q^{\frac{w}{2}}$的代数整数, 其中$q = \mathrm{N}\,x$为剩余域的基数.

例如, 平凡层$\bar{\mathbb{Q}}_\ell$具有纯粹权0(所有特征值为1). 对于任意的$i \in \mathbb{Z}$, $\bar{\mathbb{Q}}_\ell(i)$具有纯粹权$-2i$, 且若$\mathcal{F}$具有纯粹权w, 则$\mathcal{F}(i)$具有纯粹权$w-2i$. 对于任意的指数和(11.43), 相关的层$\mathcal{F}$具有纯粹权0, 因为在x处的任意特征值是单位根$\chi(N(f(x))\psi(\mathrm{Tr}(g(x)))$.

定理 11.37 (Deligne) 令$U/\mathbb{F}$为光滑簇, $\mathcal{F}$为U上的具有纯粹权w的柔顺ℓ进层. 设$i \geqslant 0, \xi$为作用于$H_c^i(\bar{U},\mathcal{F}))$的几何Frobenius元$F$的任意特征值, 则$\xi$是代数整数, 并且若$\alpha \in \mathbb{C}$为$\xi$的共轭, 则有

$$|\alpha| \leqslant q^{\frac{w+i}{2}}. \tag{11.51}$$

也可以将该结论说成$H_c^i(\bar{U},\mathcal{F}))$具有权不超过$w+i$的混合层. 若在(11.51)中有等式成立, 则称$H_c^i(\bar{U},\mathcal{F}))$具有纯粹权$w+i$. 在某些情形, 我们可以应用对偶定理(例如Poincaré 对偶)进一步推出(11.51)是等式.

注记: 尽管Deligne的证明是非常深刻的代数几何中的重大成就, 一个有趣的事实是他利用了Hadamard与de la Valleée Poussin证明L 函数在直线$\mathrm{Re}(s)=1$ 上非零(见§5.4)的方法的推广, 这一点很重要. 类似地, 在Deligne的第一个证明[55] 中, 关于模形式的经典Rankin-Selberg方法的思想起到关键作用(确切地说, Deligne承认受到[263]的影响).

例 令$C/\mathbb{F}$为光滑连通射影曲线(例如椭圆曲线). 就像上个例子那样, 由命题11.35容易得到

(1) $H_c^0(\bar{C},\bar{\mathbb{Q}}_\ell)=\bar{\mathbb{Q}}_\ell$, F的作用平凡.

(2) $H_c^2(\bar{C},\bar{\mathbb{Q}}_\ell)=\bar{\mathbb{Q}}_\ell(-1)$, F的作用是乘p.

更难的是证明:

(3) 有$\bar{\mathbb{Q}}_\ell$-向量空间同构(不是Galois模同构)$H_c^1(\bar{C},\bar{\mathbb{Q}}_\ell)\simeq\bar{\mathbb{Q}}_\ell^{2g}$, 其中$g>0$为$C$的亏格(对于椭圆曲线有$g=1$).

此外, 有Galois不变的完美配对

$$H_c^1(\bar{C},\bar{\mathbb{Q}}_\ell)\times H_c^1(\bar{C},\bar{\mathbb{Q}}_\ell)\to\bar{\mathbb{Q}}_\ell(-1).$$

由此可知: 若α是F在$H_c^1(\bar{C},\bar{\mathbb{Q}}_\ell)$上的特征值(的复共轭)中的一个, 则$\frac{p}{\alpha}$也是特征值. 因为$\bar{\mathbb{Q}}_\ell$具有纯粹权0, 由定理11.37可推出$|\alpha|=\sqrt{p}$, 所以

$$|C(\mathbb{F}_n)|=p^n+1-\sum_{i=1}^{n}\alpha_i^n,$$

其中$\alpha_i\in\bar{\mathbb{Q}}$是$F$在$H_c^1$上的特征值. 现在由显然估计得到

$$\big||C(\mathbb{F}_n)|-(p^n+1)\big|\leqslant 2gp^{\frac{n}{2}},$$

从而得到Riemann猜想中的结果. 特别地, 得到$g=1$时的定理11.25.

在指数和(11.43)的情形, 层$\mathcal{F}$具有纯粹权0, 所以若记

$$d(\mathcal{F})=\max\{i|H_c^i(\bar{U},\mathcal{F})\neq 0\},$$

则我们从(11.50)和(11.51)直接推出: 对$n\geqslant 1$有

$$|S_n|\leqslant\sum_{0\leqslant i\leqslant d(\mathcal{F})}b_iq^{\frac{n}{2}}. \tag{11.52}$$

特别地, 有

$$|S_n| \leqslant q^{nd(\mathcal{F})/2} \sum_i b_i. \tag{11.53}$$

就像Kloosterman和的情形那样, 不等式中的指数$\frac{d(\mathcal{F})}{2}$是最佳可能的. 显然有估计$d(\mathcal{F}) \leqslant 2d$(因为$U$是$d$维光滑簇, 关于平凡层$\bar{\mathbb{Q}}_\ell$的Riemann猜想已经证明$U$大约有$q^{nd}$个点). 对这个显然界的任何改进都等价于$H_c^{2d}(\bar{U}, \mathcal{F}) = 0$, 而使用启发式推理时经常会发现期望的平方根抵消等价于: 对$i > q$有$H_c^i(\bar{U}, \mathcal{F}) = 0$. 尽管这样的结果并非总是成立, 人们发现“一般”成立, 正如解析直觉暗示的那样(见下面的定理11.43).

对指数和(11.43)有$d(\mathcal{F}) < 2d$, 除非$\mathcal{F}$是平凡层$\bar{\mathbb{Q}}_\ell$, 所以总有非平凡界. 这个结论由(11.49)得到, 因为$\mathcal{F}$ 是1次的, 所以上不变空间是全空间(即对应平凡表示)或0. 但是, 这个小的改进在应用中往往是不够的.

由Deligne的结果和整数的离散性得到的另一个意外收获是如下“自我完善”的结果.

推论 11.38 令S_n为(11.3)中的指数和, $\mathcal{F}$为相关的层. 假设$w \geqslant 0$为整数使得对某个$\delta \in [0, \frac{1}{2})$和$n \geqslant 1$, 有

$$|S_n| \ll q^{\frac{w}{2}+\delta}, \text{则} d(\mathcal{F}) \leqslant w, \text{从而} |S_n| \ll q^{\frac{w}{2}}.$$

在应用于解析数论的背景下利用估计(11.52)或(11.53)的第二个问题是我们通常有$\mathbb{F} = \mathbb{Z}/p\mathbb{Z}$, 其中素数$p$是变化的. 在这种情形, 尽管簇$U$能够在$\mathbb{Q}$(或$\mathbb{Z}$)上定义使得对所有的$p$, 我们对$U$模$p$的约化$U_p$的$\mathbb{F}_p$-点求和, 但是层$\mathcal{F}_p$是真正依赖于$p$的(见方程(11.45)), 即没有$U/\mathbb{Z}$上的层论通过“模$p$约化”给出每个$\mathcal{F}_p$. (Katz曾经多次寻求这一“$\mathbb{Z}$上的指数和”理论, 见[176], 但是至今没有找到.) 因此, 这些上同调群的Betti数

$$b_i(p) = \dim H_c^i(\bar{U}_p, \mathcal{F}_p)$$

可能依赖于p. 如果这些维数不能被关于p的量以合理的方式界定, 那么即使在Riemann猜想下应用上述结果也会面临失败.

事实上情况就是这样. 这方面的第一个一般性结果由Bombieri[17]对加性特征和(11.43)给出, 其中$f = 1$, 并且由Adolphson和Sperber[1-2]推广到一般的和式上(他们用的是基于Dwork原始思想的p进方法). 一般地, 这些结果对$U/\mathbb{F}$ 上的层$\mathcal{F}$的Euler示性类

$$\chi_c(\mathcal{F}) = \sum_{i=0}^{2d} (-1)^i \dim H_c^i(\bar{U}, \mathcal{F}) = \sum_{0 \leqslant i \leqslant 2d} (-1)^i b_i$$

进行界定, 但是Katz[179]的进一步推理证明了如何从关于$\chi_c(\mathcal{F})$的界推出

$$\sigma_c(\mathcal{F}) = \sum_{i=0}^{2d} \dim H_c^i(\bar{U}, \mathcal{F}) = \sum_{0 \leqslant i \leqslant 2d} b_i$$

的界(从而推出关于$b_i \leqslant \sigma_c(\mathcal{F})$的界).

定理 11.39 令$U/\mathbb{Q}$为$\mathbb{Q}$上的光滑簇, f, g为U上的函数, 且f可逆. 设ℓ为素数, 对所有使得U的约化U_p光滑的$p \neq \ell$, 令χ, ψ分别为$\mathbb{F}_p$的任意乘性和加性特征. 令$\mathcal{F}$为U_p上的ℓ进层使得对$n \geqslant 1$, 有

$$\sum_{x \in U(\mathbb{F}_{p^n})} \chi(N(f(x))\psi(\mathrm{Tr}(g(x))) = \sum_{x \in U(\mathbb{F}_{p^n})} \mathrm{Tr}(F_x | \mathcal{F}_p),$$

则$\sigma_c(\mathcal{F}_p) \leqslant C$, 其中$C$是仅依赖于$U, f$和$g$的常数.

若$f(x) = 1$(所以只有加性特征出现), g是$U = (\bar{\mathbb{Q}}\backslash\{0\})^d$上的Laurent多项式, 则[3]给出了一个简单明晰的界. 因此我们所考虑的$\mathbb{Z}/p\mathbb{Z}$上的和形如

$$S_{f,p} = \sum_{x_1,\dots,x_d \in (\mathbb{Z}/p\mathbb{Z})^*} \psi(f(x_1,\dots,x_d)), \tag{11.54}$$

其中$f \in \mathbb{Q}[x_1, x_1^{-1}, \dots, x_d, x_d^{-1}]$是非零Laurent多项式. 记

$$f = \sum_{j\in J} a_j x^j,$$

其中$J \subset \mathbb{Z}^d$为某个(有限)集合, 定义f的Newton多项式$W(f)$为$J \cup \{0\}$在$\mathbb{R}^d$ 中的凸包.

命题 11.40 在上述假设下, 记$\mathcal{F}_p$为与和式$S_{f,p}$相关的层, 则对任意不整除f的任何系数的分母的p, 有

$$|\chi_{cz}(\mathcal{F}_p)| \leqslant d!\,\mathrm{Vol}(W(f)),$$

$$\sigma_c(\mathcal{F}_{f,p}) \leqslant 10^d d!\,\mathrm{Vol}(W(f)),$$

其中$\mathrm{Vol}(W(f))$是$W(f)$在$\mathbb{R}^n$中张成的子空间的Newton多面体关于Lebesgue测度的体积.

注意利用容斥原理和通过乘性特征得到的侦测多项式, 我们能够用形如(11.54)的和式的组合描述更多一般的和式. 在许多情形, 我们也能够证明只有所有的奇(或偶)的上同调群为0, 此时$|\chi_c(\mathcal{F})| = |\sigma_c(\mathcal{F})$. 关于非常一般的情形的确切估计, 可见[179]的定理11与定理12.

我们现在利用这些基本结果给出计算的例子. 对解析数论中出现的指数和, 如果我们能够熟练地运用其他一些简单的技巧, 例如在其他参数上的均值去分析根的权, 那么我们往往不需要更多的东西了.

例1 我们可以利用命题11.40讨论Kloosterman和$S(a,b;p)(ab \neq 0)$, 只需取$d = 1, f(x) = ax + bx^{-1}$, 于是$W(f) = [-1,1]$. 由命题11.35, 在这种情形有$H_c^0 = H_c^2 = 0$, 因为$U = \mathbb{P}^1\backslash\{0,\infty\}$ 不是射影空间, 所以$\sigma_c = -\chi_c$. 由定理11.37, H_c^1 有不超过1的混合权. 因此我们再次得到Weil界

$$|S(a,b;p)| \leqslant \sigma_c p^{\frac{1}{2}} \leqslant 2p^{\frac{1}{2}}.$$

(当然, 事实上有$b_1 = 2$, 从而不等式变成等式).

例2 上述例子可以推广到如下定义的多重Kloosterman和上:

$$K_r(a,q) = \sum_{x_1\cdots x_r = a} \mathrm{e}\left(\frac{\mathrm{Tr}(x_1+\cdots+x_r)}{p}\right), \tag{11.55}$$

其中$r \geqslant 2, a \neq 0$, 所以$K_2(a,p) = S(a,1;p)$(见[17, 55]). 即使不用到L函数, 我们也能通过关于a的均值得到上述和式的一些信息. 我们有

$$\sum_{a\neq 0} |K_r(a,q)|^2 = q^r - q^{r-1} - \cdots - q - 1. \tag{11.56}$$

因此$|K_r(a,q)| \leqslant q^{\frac{r}{2}}$. 要将这个初等界改进, 我们需要下面的引理.

引理 11.41 给定有限个不同的角$\theta_i \bmod 2\pi$和复数α_i, 我们有

$$\sum_{n\leqslant N}|\sum_i \alpha_i\,\mathrm{e}(n\theta_i)|^2 = N\|\alpha\|^2 + O(1),$$

其中隐性常数不依赖于N, 因此

$$\varlimsup_{n\to\infty}|\sum_i \alpha_i\,\mathrm{e}(n\theta_i)| \geqslant \|\alpha\|. \tag{11.57}$$

证明: 我们有

$$\sum_{n\leqslant N}|\sum_i \alpha_i\,\mathrm{e}(n\theta_i)|^2 = N\sum_i|\alpha_i|^2 + \sum_{i\neq j}\sum \alpha_i\alpha_j \sum_{n\leqslant N}\mathrm{e}(n(\theta_i-\theta_j)).$$

内和有不依赖于N的界, 所以第一个结论成立, 由此显然得到第二个结论. □

由(11.56)和(11.57)可知在这些$K_r(a,p)$中, 最多有一个权为r的根, 设为$K_r(a_0,p)$, 其他的根的权不超过$r-1$.

注意$K_r(a_0,p)\in\mathbb{Q}(\mu_p)$($p$次单位根的分圆域). 利用$\mathbb{Q}(\mu_p)$上的Galois作用可知$K_r(a_0,p)$的共轭元为$K_r(a_0v^r,p)$, 其中$v\in\mathbb{F}_p^*$. 由Riemann猜想, 这就意味着权为$r$的根$\xi$的共轭仍然是关于$K_r(a_0v^r,p)$的权为$r$的根. 因此对所有的$v\in\mathbb{F}_p^*$有$v^r=1$, 从而$(p-1)|r$. 特别地, 若$p>r+1$时, 所有的根的权不超过$r-1$. 因此由命题11.40得到

$$K_r(a,q) \ll q^{\frac{r-1}{2}}, \tag{11.58}$$

其中的隐性常数仅依赖于r.

在Kloosterman和的情形, Newton多面体是以$(1,0,\dots,0),\dots,(0,\dots,0,1),(-1,\dots,-1)$为顶点的单形, 其体积为$\frac{1}{r!}$. 此外, 已知$\zeta$函数是多项式, 所以$\chi_{\mathrm{c}}=-\sigma_{\mathrm{c}}$, 从而我们得到精确的估计

$$|K_r(a,q)\leqslant rq^{\frac{r-1}{2}}.$$

这个结果首先由Deeligne[57]证明, 没有对p,r作任何假设.

例3 这里还有一个高维的例子. 在[42]中出现了下面的有限域上的指数和:

$$W(\chi,\psi;p) = \sum_{x,y \bmod p}\chi(xy(x+1)(y+1))\psi(xy-1), \tag{11.59}$$

其中p为素数, χ为模p的非平凡二次特征, ψ为模p的任意乘性特征.

定理 11.42 (Conrey-Iwaniec) 对所有的p和上述所有的ψ, 存在绝对正常数C使得

$$|W(\chi,\psi,p)| \leqslant Cp. \tag{11.60}$$

证明的第一步是应用定理11.34推出: 存在代数曲面

$$U=\{(x,y)|xy(x+1)(y+1)\neq 0\}$$

上具有纯粹权为0的ℓ进层, 使得对$q=p^n(n\geqslant 1)$有公式

$$W(\chi,\psi;q)=\sum_{x,y\in U(\mathbb{F}_q)}\chi(N(xy(x+1)(y+1)))\psi(N(xy-1)) = \sum_{x,y\in U(\mathbb{F}_q)}\mathrm{Tr}(F_{(x,y)}|\mathcal{F}).$$

Lefschetz迹公式(11.47)此时变为

$$W(\chi,\psi;q)=\sum_{i=0}^{4}(-1)^i\operatorname{Tr}(F^n|H_c^i(\bar{U},\mathcal{F})).$$

由定理11.37, 每个$H_c^i(\bar{U},\mathcal{F})$有不超过$i$的混合权. 令$(\alpha_\nu,i_\nu,w_\nu)$为作用于所有上同调群的$F$的特征值(计算重数)及其指数和权的全体. 我们有$|\alpha_\nu|=p^{\frac{w_\nu}{2}}$,

$$W(\chi,\psi;q)=\sum_\nu(-1)^{i_\nu}\alpha_\nu^{w_\nu}.$$

由定理11.39可知在这种情形, 这些根α_ν的总数被不依赖于p的常数界定. 因此我们在$w_\nu\leqslant 3$(而不是4)时得到平凡界$W\ll p^2$, 而本定理的结论是$w_\nu\leqslant 2$.

第二步是证明最多存在一个权不小于3的根(实际上, 这时群等于3), 并且若这样的根存在, 则$\psi=\chi$是非平凡的二次特征. 这一点可以从下面的均值公式得到:

$$A=\frac{1}{q-1}\sum_q|W(\chi,\psi;q)|^2=q^2-2q-2. \tag{11.61}$$

要证明这个公式, 展开平方项, 首先对ψ求和, 由特征的正交性可得

$$\begin{aligned}A&=\sum_{u_1v_1=u_2v_2}\sum\chi(u_1v_1(u_1+1)(v_1+1))\bar{\chi}(u_2v_2(u_2+1)(v_2+1))\\&=\sum_{u_1,v_1,u_2}\sum\chi((u_1+1)(v_1+1))\bar{\chi}((u_2+1)(u_1v_1+v_2))\chi(u_2).\end{aligned}$$

(我们在这里将$\chi\circ N$压缩成了χ). 在对u_1求和得到

$$B(v_1,u_2)=\sum_{u_1\neq0}\chi((u_1+1))\bar{\chi}(u_1v_1+u_2)=\begin{cases}\bar{\chi}(v_1)(1-2), & \text{若}u_2=v_1,\\-\bar{\chi}(v_1)-\bar{\chi}(u_2), & \text{若}u_2\neq v_1.\end{cases}$$

然后对v_1求和得到

$$A=\sum_{v_1\neq0}\chi(v_1+1)(q\bar{\chi}(v_1+1)+\bar{\chi}(v_1)+1)=q(q-2)-2.$$

利用引理11.41, 从(11.61)可知对所有的ψ和ν有$w_\nu\leqslant 3$, 并且最多除了一个特征ψ的一个根外有$w_\nu\leqslant 2$. 若这种情况对ψ出现, 则它对$\bar{\psi}$也出现, 因此唯一可能的是ψ是实特征. 由于

$$W(\chi,1;q)(\sum_u\chi(u(u+1)))^2=1,$$

我们有$\psi=\chi$.

最后一步是单独讨论$\psi=\chi$的情形. 确切地说, 我们可以证明: 对任意的p和$q=p^n$, 有

$$|W(\chi,\chi;q)|\leqslant 4q.$$

我们不需要利用Riemann猜想, 而只用纯粹的初等方法证明该结论, 细节见[42]. 事实上, W. Duke证 明了$W(\chi,\chi;p)=2\operatorname{Re}(J^2(\chi,\xi))$, 其中$J(\chi,\xi)$是Jacobi和, ξ 是模$p\equiv1\bmod 4$的4次特征. $W(\chi,\chi;p)$还是权为3, 级为12的模形式$\eta(4z)^6$的第p个Fourier系数.

若U不是曲线, 在讨论非平凡的上同调群$H_c^i(i\neq0,2d)$时会涉及许多几何的微妙之处. 下面是其中两个一般的界: 第一个由Deligne[55]给出, 第二个是Katz与Laumon的一般“分层”定理的最近版本(见[83]).

定理 11.43 (1) 令$f \in \mathbb{Z}[X_1, \ldots, X_m]$为非零的$d$次多项式使得方程

$$H_f : f_d(x_1, \ldots, x_m) = 0$$

定义的$\mathbb{P}^{m-1}$中的超曲面非奇异, 其中f_d是f的d次齐次分支. 对任意的使得H_f模p的约化光滑的p, 任意非平凡加性特征$\psi \bmod p$和任意的$n \geqslant 1$, 有

$$|\sum_{x_1,\ldots,x_n \in \mathbb{F}_n}\cdots\sum \psi(\mathrm{Tr}(f(x_1, \ldots, x_n)))| \leqslant (d-1)^m q^{\frac{nm}{2}}. \tag{11.62}$$

(2) 令$d \geqslant 1, n \geqslant 1$为整数, V为$\mathbb{A}_{\mathbb{Z}}^n$的维数是$\dim V(\mathbb{C}) \leqslant d$的局部闭子概型, $f \in \mathbb{Z}[X_1, \ldots, X_n]$为多项式, 则存在$C = C(n, d, V, f)$和相对维数不超过$n - j$的闭子概型$X_j \subset \mathbb{A}_{\mathbb{Z}}^n$使得

$$X_n \subset \cdots \subset X_2 \subset X_1 \subset \mathbb{A}_{\mathbb{Z}}^n,$$

并且对V上任意非零的有理函数g, 任意$h \in (\mathbb{Z}/p\mathbb{Z})^n \backslash X_j(\mathbb{Z}/p\mathbb{Z})$, 任意素数$p$, 任意模$p$的非平凡加性特征$\psi$和乘性特征$\chi$, 有

$$\sum_{x \in V(\mathbb{Z}/p\mathbb{Z})} \chi(g(x))\psi(f(x) + h_1x_1 + \cdots + h_nx_n) \leqslant Cp^{\frac{d+j-1}{2}}.$$

注意(1)中的H_f受到几何条件的约束, 我们得到指数和中的平方根可以抵消. (2)中的假设不那么严格, 但结论更弱: 我们有一族以$h \in \mathbb{A}^n$为参数的指数和, 粗略地说对“一般的”和(对$\mathbb{A}_n$中余维数不小于1的例外子簇X_1外的h)有平方根抵消, 而越来越差的界只能出现在越来越小的子簇上. 我们将在第21章给出(2)的一个应用.

ℓ进理论与形式比我们在这里概述的内容要先进得多. 我们能用它讨论单个簇上的和, 但是必要的代数概念非常可怕, 我们承认不能对更高级的情况下的任意层进行讨论.

但是我们希望强调这个理论也特别适合研究指数和族. 定义这些和的参数(例如S_x)是本身很自然地成为某个代数簇$X/\mathbb{F}$上点的东西. 在一些有利的条件下, 存在X上的柔顺ℓ进层$\mathcal{F}$(对应$\pi_1(X)$在V上的作用), 使得对参数$x \in X$的每个值和任意的$n \geqslant 1$有

$$S_{x,n} = \mathrm{Tr}(F_x^n | V). \tag{11.63}$$

例如, 可以用

$$f = \sum_{i=0}^{d} a_i X^i \mapsto (a_0, \ldots, a_d)$$

将$\mathbb{F}$上次数不超过d的非零多项式f描述成仿射参数空间$X = \mathbb{A}^{d+1} \backslash \{0\}$的$\mathbb{F}$-有理点.

存在X上的ℓ进层$\mathcal{F}$使得

$$\sum_{x \in \mathbb{F}_n} \psi(f(x)) = \mathrm{Tr}(F_x^n | V).$$

满足(11.63)的层的纯粹性依赖于Riemann猜想的首次应用. 如果它成立, 那么ℓ进理论的典型应用会导致指数和中变量的等分布结论(由[56]得到), 这个等分布存在于这种情况的“单值群”的某个共轭类空间中. [180]对这些深奥的理论给出了非常清楚的介绍.

§11.12 评注

在结束本章的小节里, 我们要让大家对有限域上的指数和与特征和如何与解析数论相互影响留下印象. 相比于将第一个课题中的结果应用于解决后一课题中的问题, 这两个课题之间有更多的微妙论点. 我们本来可以非常具体地完整论述几个有代表性的例子, 但是那样会显得过程冗长且不够清楚. 因此, 我们决定用一般的语言讨论原则、思想和技巧, 并将读者引向特定的文献.

首先, 当我们用Fourier分析与研究中的序列相联系时, 一些指数和就出现了. 在这个背景下没有有限域, 所以得到的和式没有马上与代数几何中的对象关联起来. 但是, 我们可以将这些和式补全(再次利用Fourier分析), 然后将它们分解成素幂模上的和式. 我们通常能在除了素数模外的情形清楚地求出这些局部和的值, 或者用初等或特别的方法给出较强的估计. 而在素数模的情形, 我们可以自然地在有限域上考虑这些和式. 这个方案能让我们利用代数几何中的强有力结果. 但是, 对每个完全和最终进行单独估计的缺点是我们无法利用由变化的模提供的额外变量可能产生的抵消(不同特征的有限域在代数几何中不会相互作用). 有时某种倒数公式可能帮助我们将模变成变量(见[160]或[227]). 关于模的和式出现的另一个场合是在微分算子的谱分解中, 此时由谱理论可以得到比从代数几何导出的好得多的估计. 例如, Kloosterman和的和就属于这种情形, 见第16章. 我们也可以以这种方式考虑关于三次多项式的实特征和, 它们是与椭圆曲线相关的尖形式的系数, 所以在对这些模上的求和时, 由模性质可以得到额外的抵消.

通常来自解析数论的给定模的指数和或特征和是不完全的. 这本身不是什么问题, 因为上面提到的各种补全技巧都可用. 我们自然会选择补全和, 但是它有用还是没用呢? 此时我们应该意识到对完全和成立的界与对原来的不完全和成立的界本质上是相同的. 这就意味着该结果对短和而言是相对弱的. 当原始和的长度比模的平方根大时, 这个结果还是非平凡的. 很短的和不可能用这种方式处理. 关于何时对给定的不完全和进行补全, 我们并没有绝对好的意见. 从我们的经验得出的建议是: 利用Fourier方法使得关于频率的和式短于原始和的范围, 至少我们能感觉这个和式与之前相比在进步. 但是有时候, 执行某一步时效果不好, 我们应该接受此时后退一步, 同时准备开启更强的下一步行动. 例如, 想一想指数和的振幅不是有理函数, 但是对相关的Fourier变换应用固定相方法后就变成有理函数了. 在这种情形, 来自求和范围的损失可以通过应用代数推理得到的额外收益来补偿(见[42]的§8, 在那里对多个变量同时采用该方法).

不管导致完全和的理由是什么, 我们在最后一步都需要减少平方根因子. 因此要得到非平凡的结果, 我们在某种程度上必须造出求和项比模的平方根更大的和式. 根据指数和或特征和的形状, 我们有几种开始的方式. 首先, 我们可以尝试利用Weyl转换, 目的是将将项数平方. 同理, 我们可以将整个和式平方, 或者将它提高到高次幂产生更多的点. 注意将变量转换和将和式平方不是一回事, 第一种运算初看似乎特别肤浅(我们本质上是取代了初始和), 但是我们可以想办法让这些点斜向运动, 使得相邻的项猛烈排斥, 从而造成大量的抵消. 这个想法说起来容易, 实施起来难得多. 事实上, 我们需要许多其他的手段, 例如将几个重数小的变量粘在一块以便得到比模的平方根更大的范围上的单变量. 我们还需要在应用代数推理前消除这个合成变量. 通常应用Cauchy不等式或者扩大外和(由于正值性)就能达到目的. Burgess[30]给出了这种做法有效的有力例证. 在该文中, 利用关于代数曲线的Riemann猜想估计了特征和. 有趣的一点是用完所有的技巧后, 我们得到了大亏格的曲线上的完全特征和, 尽管原来的和是在线段上.

[91]中用不同的方法建立了另一个大变量, 从而最终的完全和是关于3个变量的, 或者等价地在超

曲面上是关于4个变量的. 这里可以用Deligne理论(见Birch与Bombieri写的附录), 尽管相关的簇是奇异的. 我们不应该对这种奇异性感到吃惊和害怕, 因为最开始为了创造更多的求和点的过程是相当粗糙的. 在实施这一过程中, 我们必须要有经验以确保这些点在混合时是随机的. N. Pit[254]给出了另一个创造并估计关于3个变量的指数和的有趣例子.

到如今人们已经习惯利用关于有限域上的曲线的Riemann猜想, 真正利用高维簇的不太成功. 对于遇到的困难是有原因的. 首先, 当更多的变量出现时, 需要对它们添加更强的限制条件使得它们更难解决(一种不确定性原理). 不妨设想一下有大量的素数要处理(由于一些附加条件, 这些素数非自由). 例如, 我们该如何处理一族椭圆曲线的判别式与导子匹配的要求?

当然, 也有人将关于簇的Riemann猜想直接用于通过圆法考虑Diophantus方程的可解性这样的传统问题(例子见第20章). 如果变量数充分大, 我们除了用标准的Fourier方法补全和式, 不需要操作什么. 但是, 需要想些办法应用圆法(Kloosterman方法的一种变体)去处理变量数相对小的Diophantus方程, Heath-Brown[129]关于三次型的工作就是极好的例子.

在某些情形可能得到比用Riemann猜想对指数和推出的更好的界. 这是因为L函数的根的幅角本身变化使得可能出现其他抵消. Deligne与Katz已经对以曲线或簇上的点为参数的族建立了这样的例子. 换句话说, 在他们这种情形, 的确考虑了更多变量的指数和. 但是, 以小的非正则集合中的点为参数的族也能出现根的抵消. 对解析数论更重要的是这些集合可以非常一般, 不需要子簇结构, 代之以一种双线性型结构可能就够了. 事实上由于不知道如何处理这些根, 我们回到根据涉及的有理函数的肉眼可见的形状, 可以对参数适当实施运算(重组, 粘接等)的相应的指数和处. 在这一过程中, 我们不要破坏完全的变量, 因为在我们心中相应的和式已经由这些根处理好了. 因此当应用Cauchy不等式消除由参数组合的单变量时, 我们将所有完全的变量(设为n 个)以及没有用于合成单个变量的剩余参数放到内和中, 内和中的这些参数在扩充对角形时极为重要. 展开平方项, 我们得到关于$2n+1$个变量(依赖于内和中的参数)的完全指数和. 除了一些指数和的少许构造因素, 其他指数和满足从Riemann猜想推出的最佳可能的界, 从而对每个变量减少了模的平方根的因子. 因为变量的个数比原来的个数的2倍还多, 我们达到了目的. 上述方法叙述得有些过于简略, 但是它揭示了额外收益的来源. 我们从[42]的特别情形可以看出它是如何发挥作用的. 说到[42], 我们在这里补充说明一点: 对双曲Laplace算子应用调和分析, 而不是传统的Fourier分析后, 就得到多个变量的指数和或特征和.

Deligne与其他几何学家的深奥理论在解析数论中的应用中正取得令人瞩目的效果, 然而还需要创造更多的思想去全力开发其潜力. 或许我们应该摆脱寻求估计的束缚, 深入理论的核心. 这是一个适合未来研究的伟大课题, P. Michel[227]迈出了重要的第一步(也可见[83]或[180]).

第 12 章　特征和

§12.1　引言

我们在解析数论中经常遇到形如

$$S = \sum_{x \in V} F(x) \tag{12.1}$$

的和式, 其中$V \subset \mathbb{Z}^n$为有限集, $F : V \to \mathbb{C}$是以q为周期的函数. 当V与周期性不匹配时, 称S为不完全和. 假设

$$F(x) = \chi(f(x))\psi(g(x)), \tag{12.2}$$

其中χ, ψ是模q的乘性特征和加性特征, f, g是整系数的有理函数. 确切地说, 我们假设

$$f = f_1/f_0,\ g = g_1/g_0, \tag{12.3}$$

其中$f_0, f_1, g_0, g_1 \in \mathbb{Z}[x]$, 并且当$x \in V$时, 有

$$(f_0(x)g_0(x), g) = 1. \tag{12.4}$$

固定这些多项式(它们不是唯一的), 定义

$$\chi(f(x)) = \chi(f_1(x)\bar{f}_0(x)), \tag{12.5}$$

$$\chi(g(x)) = \chi(g_1(x)\bar{g}_0(x)), \tag{12.6}$$

其中$\bar{a}$依惯例表示$a \bmod q$的乘性逆. 称所得的和

$$S = \sum_{x \in V}{}^{*} \chi(f(x))\psi(g(x)) \tag{12.7}$$

为不完全特征和. 此后, “$*$” 表示限于对V中满足(12.4)的点求和, 称满足(12.4)的剩余类$x \bmod q$为容许的. 一种重要但决不是唯一的情形是V为方形. 若方形的大小恰好是q, 则有

$$S(\chi, \psi) = \sum_{x \bmod q}{}^{*} \chi(f(x))\psi(g(x)), \tag{12.8}$$

我们称之为完全特征和.

我们在本章给出估计关于区间上单变量的不完全特征和的基本技巧. 作为给读者的一个习题, 我们建议把即将出现的一些结果推广到多个变量上.

§12.2 补全法

讨论不完全和

$$S(M;N)=\sum_{M<n\leqslant M+N}^{*}F(n) \tag{12.9}$$

的最普通方法是将它展开成完全和(称为补全技巧)

$$S(\frac{a}{q})=\sum_{x \bmod q}^{*}F(x)\,\mathrm{e}(-\frac{ax}{q}), \tag{12.10}$$

然后用各种办法对后者进行处理. 为此, 我们按照$*$-容许的剩余类$n\equiv x \bmod q$将和式分组, 利用加性特征的正交性侦测这些类得到

$$S(M;N)=\frac{1}{q}\sum_{a \bmod q}\lambda(\tfrac{a}{q})S(\tfrac{a}{q}), \tag{12.11}$$

其中

$$\lambda(\tfrac{a}{q})=\sum_{M<n\leqslant M+N}\mathrm{e}(\tfrac{an}{q}). \tag{12.12}$$

通常, 对$S(M;N)$的主要贡献来自(12.11)中的$a=0$, 此时$\lambda(0)=N$(我们假设M和$N\geqslant 1$都是整数). 对$0<|a|\leqslant\frac{q}{2}$, 我们有$|\lambda(\frac{a}{q})|\leqslant q|a|^{-1}$, 因此

引理 12.1 令$F(x)$为定义于$*$-容许剩余类$x \bmod q$集合上的复值函数, 则相应的和式满足

$$|S(M;N)-\tfrac{N}{q}S(0)|\leqslant\sum_{0<|a|\leqslant\frac{q}{2}}|a|^{-1}S(\tfrac{a}{q})|. \tag{12.13}$$

假设完全和满足

$$|S(\tfrac{a}{q})|\leqslant c(\theta)(a+b,q)^{\frac{1}{2}}q^{\theta}, \tag{12.14}$$

其中$b\in\mathbb{Z},\theta>\frac{1}{2}$. 这个界往往对$\theta=\frac{1}{2}+\varepsilon$成立, 其中$\varepsilon>0$是任意的. 于是(12.13)变成

$$|S(M;N)-\tfrac{N}{q}S(0)|\leqslant c(\theta)\ell(b,q)q^{\theta}, \tag{12.15}$$

其中

$$\ell(b,q)=\sum_{0<|a|\leqslant\frac{q}{2}}|a|^{-1}(a+b,q)^{\frac{1}{2}}. \tag{12.16}$$

因为$\ell(b,q)$通常很小(例如, 我们有$\ell(0,q)\leqslant 2\tau(q)$), 不等式(12.15)说明不完全和$S(M;N)$本质上与相应的完全和$S(\frac{a}{q})$所满足的界相同(不计主项$\frac{N}{q}S(0)$).

显然, 上述将周期函数$F(x)$的和式补全的方法对更一般的形如

$$S=\sum_{n}F(n)G(n) \tag{12.17}$$

的和式有效, 其中$G(x)$是具有在$|x|\to+\infty$时速降趋于0这一解析特点的好函数. 我们现在介绍另一种方法. 假设$G(x)$是$\mathbb{R}$上的Schwarzt类函数, 则我们利用Poisson求和公式得到

$$S=\frac{1}{q}\sum_{a\in\mathbb{Z}}S(\tfrac{a}{q})\hat{G}(\tfrac{a}{q}), \tag{12.18}$$

其中$\hat{G}(y)$是$F(x)$的Fourier变换. 两种方法原则上是等价的, 但是当$G(x)$传播某种振动时后者可能更适合应用. 若振动是规则的, $\hat{G}(\frac{a}{q})$可以用固定相法给出渐近估计(见推论8.15), 从而给出S关于$S(\frac{a}{q})$的渐近展开. 另一方面, 若$G(x)$ 不够好, 我们应该对用加性特征形式补全S的做法有所保留. 我们应该尽量利用“和谐物”, 它们在特定的情形更合适. 尖形式(不管是不是全纯的)的Fourier 系数在很多情形可以作为相关的和谐物起到重要的作用.

§12.3 完全的特征和

令χ_q, ψ_q分别为模q的乘性和加性特征. 完全特征和

$$S(\chi_q, \psi_q) = \sum_{x \bmod q}^{*} \chi_q(f(x))\psi_q(g(x))$$

关于q是乘性的. 事实上, 令$q = rs, (r, s) = 1$, 则χ_q唯一分解为$\chi_r\chi_s$, 其中χ_r, χ_s分别为模r, s的乘性特征. 加性特征ψ_q由

$$\psi_q(x) = \mathrm{e}(\frac{ax}{q}) \tag{12.19}$$

给出, 其中$a \in \mathbb{Z}$. 由“倒数”公式

$$\frac{\bar{s}}{r} + \frac{\bar{r}}{s} \equiv \frac{1}{q} \bmod 1, \tag{12.20}$$

可知加性特征有分解$\psi_q = \psi_r^{\bar{s}}\psi_s^{\bar{r}}$. 由此得到

$$S(\chi_a, \psi_q) = S(\chi_r, \psi_r^{\bar{s}})S(\chi, \psi_s^{\bar{r}}). \tag{12.21}$$

因此估计模q的完全和问题可以归结于估计素幂模的完全和问题.

我们不应该将模$q = p^\beta$的完全和$S(\chi, \psi)$与第11章所考虑的有限域$\mathbb{F}_q$上的特征和混淆了, 除了在$q = p$时, $S(\chi, \psi)$确实是这样的和式. 正如第11章描述的那样, 素数模的情形属于有限域上曲线的L函数理论. 由相关L函数的有理性以及Riemann猜想(都是由Weil[333]证明的)得到代数数$g_1, \ldots, g_r$满足$g_\nu = p, p^{\frac{1}{2}}, 1$, 且有

$$S(\chi, \psi) = g_1 + \cdots + g_r. \tag{12.22}$$

数r的界与特征p无关. 此外, 假设对有理函数f, g关于特征χ, ψ有某种非奇异性条件, 则没有根g_ν满足$|g_\nu| = p$, 从而由(12.22)得到

$$|S(\chi, \psi)| \leqslant rp^{\frac{1}{2}}. \tag{12.23}$$

关于这种情况下的更完整论述, 见第11章, 特别是§11.11.

模$q = p^\beta(\beta \geqslant 2)$的完全特征和$S(\chi, \psi)$不需要用到代数几何, 因为此时有初等方法可用.

引理 12.2 令$q = p^{2\alpha}(\alpha \geqslant 1$, 则有

$$S(\chi, \psi) = p^\alpha \sum_{\substack{\psi \bmod p^\alpha \\ h(y) \equiv 0 \bmod p^\alpha}}^{*} \chi(f(y))\psi(g(y)), \tag{12.24}$$

其中$h(y)$是如下有理函数:

$$h(y) = ag'(y) + b\frac{f'}{f}(y), \tag{12.25}$$

其中整数a, b仅依赖于特征ψ, χ, 它们分别由(12.19)和下面的(12.27)确定.

注记: 因为χ, ψ为模$p^{2\alpha}$的特征, 要使和式(12.24)的定义合理, 我们需要知道$\chi(f(y))\psi(g(y))$不依赖于曲线$h(y) \equiv 0 \bmod p^\alpha$上的代表元$y \equiv 0 \bmod p^\alpha$的选取, 这个性质将在证明的过程中得到.

证明: 记$x = y + zp^\alpha$, 其中y, z独立通过模p^α的任意固定的剩余系, 并且y满足限制条件$p \nmid f_0(y)g_0(y)$. 我们有

$$f(x) \equiv f(y) + f'(y)zp^\alpha \bmod p^{2\alpha}. \tag{12.26}$$

事实上, 由二项式公式易知同余式(12.26)对单项式x^n成立:

$$(y + zp^\alpha)^n = y^n + ny^{n-1}zp^\alpha + \cdots.$$

然后线性延拓到任意的整系数多项式$f_1(x), f_0(x)$上. 此外, 若$f_0(y) \not\equiv 0 \bmod p$, 则对$f(x)/f_0(x)$验证(12.26) 如下:

$$\begin{aligned} f_1(x)/f_0(x) &\equiv (f_1(y) + f_1'(y)zp^\alpha)\bar{f}_0(y)(1 - \bar{f}_0(y)f'(y)zp^\alpha) \\ &\equiv f_1(y)\bar{f}_0(y) + (f_1'(y)\bar{f}_0(y) - \bar{f}_0^2(y)f_0'(y)f_1(y))zp^\alpha. \end{aligned}$$

由(12.26)可得

$$\chi(f(x)) = \chi(f(y))\chi(1 + \tfrac{f'}{f}(y)zp^\alpha).$$

显然$\chi(1 + zp^\alpha)$是模p^α的加性特征, 所以存在整数b(模p^α下唯一)使得

$$\chi(1 + zp^\alpha) = \mathrm{e}(\frac{bz}{p^\alpha}), \tag{12.27}$$

因此

$$\chi(f(x)) = \chi(f(y))\,\mathrm{e}(b\tfrac{f'}{f}(y)zp^{-\alpha}). \tag{12.28}$$

同理, 我们对有理函数$g(y)$得到(12.26), 所以

$$\psi(g(x)) = \psi(g(y))\,\mathrm{e}(ag'(y)zp^{-\alpha}). \tag{12.29}$$

将(12.28)与(12.29)相乘, 然后对剩余类$y, z \bmod p^\alpha$求和得到

$$S(\chi, \psi) = \sideset{}{^*}\sum_{y \bmod p} \chi(f(y))\psi(g(y)) \sum_{x \bmod p^\alpha} \mathrm{e}(h(y)zp^{-\alpha}).$$

内和为0, 除非$h(y) \equiv 0 \bmod p^\alpha$, 此时它等于$p^\alpha$, 从而(12.24)得证. □

引理 12.3 令$q = p^{2\alpha+1} (\alpha \geqslant 1)$, 则有

$$S(\chi, \psi) = p^\alpha \sideset{}{^*}\sum_{\substack{y \bmod p^\alpha \\ h(y) \equiv 0 \bmod p^\alpha}} \chi(f(y))\psi(g(y))G_p(y), \tag{12.30}$$

其中$G_p(y)$是Gauss和

$$G_p(y) = \sum_{x \bmod p} e_p(d(y)z^2 + h(y)p^{-\alpha}z), \tag{12.31}$$

这里的$h(y)$是(12.25)中的有理函数, 但是b由下面的(12.35)给出, 并且

$$d(y) = \tfrac{a}{2}g''(y) + \tfrac{b}{2}\tfrac{f''}{f}(y) + (p-1)(\tfrac{f'}{f}(y))^2. \tag{12.32}$$

注记: 因为z过模p的剩余系, 所以$\frac{z^2}{2}$也是如此, 故Gauss和(12.31)的定义合理.

证明: 记$x = y + zp^\alpha$, 其中y过模p^α的剩余系且满足$p \nmid f_0(y)g_0(y)$, z 过模$p^{\alpha+1}$的剩余系. 如上推理可得

$$f(x) \equiv f(y) + f'(y)zp^\alpha + \tfrac{1}{2}f''(y)z^2p^{2\alpha} \bmod p^{2\alpha+1}. \tag{12.33}$$

注意有理函数$\frac{1}{2}f''(y)$是整系数的: 因为$n(n-1) \equiv 0 \bmod 2$, 所以结论对单项式y^n显然成立, 然后由线性即知结论对任意整系数多项式成立, 最后由等式

$$\tfrac{1}{2}f'' = \tfrac{1}{2}f_1''f_0^{-1} - f_1''f_0'f_0^{-2} - \tfrac{1}{2}f_1f_0''f_0^{-2} + ff_0'^2f_0^{-3}$$

可知结论对有理函数$f(y) = f_1(y)/f_0(y)$成立. 由(12.23)得到

$$\chi(f(x)) = \chi(f(y))\chi(1 + (\frac{f'}{f}(y)z + \frac{1}{2}\frac{f''}{f}(y)z^2y^\alpha)p^\alpha). \tag{12.34}$$

考虑函数

$$\xi(1 + zp^\alpha) = e(\tfrac{z}{p^{\alpha+1}} + (p-1)\tfrac{z^2}{2p}).$$

这是剩余类子群$\{x \bmod p^{2\alpha+1} | x \equiv 1 \bmod p^\alpha\}$上的特征. 事实上,

$$\begin{aligned}\xi((1+zp^\alpha)(1+wp^\alpha)) &= \xi(1 + (z + w + zwp^\alpha)p^\alpha) \\ &= e(\tfrac{z+w}{p^{\alpha+1}} + (p-1)\tfrac{z^2+w^2}{2p}) \\ &= \xi(1+zp^\alpha)\xi(1+wp^\alpha).\end{aligned}$$

因为子群的阶为$p^{\alpha+1}$, 对不同的$b \bmod p^{\alpha+1}$得到的ξ^b都不同. 由此可知存在整数b(模$p^{\alpha+1}$时唯一确定)使得

$$\chi(1 + zp^\alpha) = e(\frac{bz}{p^{\alpha+1}} + (p-1)\frac{bz^2}{2p}). \tag{12.35}$$

利用(12.34), (12.35)以及

$$\psi(g(x)) = \psi(g(y))\, e(\tfrac{ag'(y)}{p^{\alpha+1}}z + \tfrac{a}{2}\tfrac{g''(y)}{p}z^2), \tag{12.36}$$

我们推出

$$S(\chi, \psi) = \sum_{\psi \bmod p^\alpha} \chi(f(y))\psi(g(y)) \sum_{z \bmod p^{\alpha+1}} e_p(d(y)z^2 + h(y)p^{-\alpha}z),$$

这里的内和为0, 除非$h(y) \equiv 0 \bmod p^\alpha$, 此时它等于$p^\alpha G_p(y)$, 从而(12.30) 得证. □

我们在第3章计算了Gauss和$G_p(y)$. 若$p\nmid 2d(y)$, 我们有

$$G_p(y)=\varepsilon_p p^{\frac{1}{2}}(\tfrac{d(y)}{p})\,\mathrm{e}_p(-\overline{4d(y)}(\tfrac{h(y)}{p^{\alpha}})^2). \tag{12.37}$$

公式(12.24)与(12.30)真正表示计算的最后阶段. 右边没有确定的唯一项式同余式$h(y)\equiv 0 \bmod p^{\alpha}$的根. 但是, 因为实际上根数不多(本质上根数有界), 所以我们得到估计$|S(\chi,\psi)|\leqslant cq^{\frac{1}{2}}$, 其中$c$适度依赖于有理函数$f,g$ 的系数.

习题12.1 利用引理12.2, 引理12.3以及(12.37)估计Kloosterman和

$$S(m,n;q)=\sum_{x \bmod q}^{*}\mathrm{e}(\tfrac{m\bar{x}+nx}{q}), \tag{12.38}$$

其中$q=p^{\beta}(\beta\geqslant 2)$. 假设$p\nmid 2mn$, 证明: $S(m,n;q)=0$, 除非$(\frac{m}{p})=(\frac{n}{p})$, 此时有

$$S(m,n;q)=2(\tfrac{\ell}{q})q^{\frac{1}{2}}\,\mathrm{Re}(\varepsilon_p\,\mathrm{e}(\tfrac{2\ell}{q})), \tag{12.39}$$

其中$\ell^2\equiv mn \bmod q$.

关于模$q=p^{\beta}(\beta\geqslant 2)$的Kloosterman和首先由H. Salié[272]计算, 他还计算了所谓的Salié和

$$T(m,n;q)=\sum_{x \bmod q}(\tfrac{x}{q})\,\mathrm{e}(\tfrac{m\bar{x}+nx}{q}), \tag{12.40}$$

其中$(\frac{x}{q})$是Jacobi-Legendre符号, 素数模的情形也包含在内. 我们也可以对完全和进行计算.

引理 12.4 设$(q,2n)=1$, 则

$$T(m,n;q)=\varepsilon_q q^{\frac{1}{2}}(\tfrac{n}{q})\sum_{v^2\equiv mn \bmod q}\mathrm{e}(\tfrac{2v}{q}). \tag{12.41}$$

证明: 考虑对$u \bmod q$定义的函数$F(u)=T(m,nu^2;q)$. 利用二次Gauss和公式(3.21)可得$F(u)$的Fourier变换为

$$\begin{aligned}\hat{F}(v)&=\sum_{u \bmod q}F(u)\,\mathrm{e}(-\tfrac{uv}{q})\\&=\sum_{x \bmod q}(\tfrac{x}{q})\,\mathrm{e}(\tfrac{m\bar{x}}{q})\sum_{u \bmod q}\mathrm{e}(\tfrac{nxu^2-uv}{q})\\&=\varepsilon_q q^{\frac{1}{2}}(\tfrac{n}{q})\sum_{x \bmod q}^{*}\mathrm{e}(\tfrac{m\bar{x}-\overline{4nx}v^2}{q})\end{aligned}$$

(注意用到Jacobi-Legendre符号抵消). 最后的和式是Ramanujan和

$$S(0,m-\overline{4n}v^2;q)=\sum_{d|(4mn-v^2,q)}d\mu(\tfrac{q}{d}).$$

因此由Fourier反转公式得到

$$F(u)=\frac{1}{q}\sum_{v \bmod q}\hat{F}(v)\,\mathrm{e}(\tfrac{uv}{q})=\varepsilon_q q^{-\frac{1}{2}}(\tfrac{n}{q})\sum_{d|q}d\mu(\tfrac{q}{d})\sum_{\substack{v \bmod q\\ v^2\equiv 4mn \bmod d}}\mathrm{e}(\tfrac{uv}{q}).$$

若$(u,q)=1$, 上式可简化为

$$F(u)=\varepsilon_q q^{\frac{1}{2}}(\tfrac{n}{q})\sum_{v^2\equiv mn \bmod q}\mathrm{e}(\tfrac{2uv}{q}).$$

特别地, 取$u=1$即得(12.41). □

假设$(q,2mn)=1$, 则$T(m,n;q)=0$, 除非存在ℓ使得

$$\ell^2 \equiv mn \bmod q. \tag{12.42}$$

给定ℓ, $v^2\equiv mn \bmod q$的所有解可以清楚地写成$v=(r\bar{r}-s\bar{s})\ell$, 其中$r,s$是满足分解式$q=rs,(r,s)=1$的所有解. 所以公式(12.4) 还可以更清楚地写成如下形式:

$$T(m,n;q)=\varepsilon_q q^{\frac{1}{2}}\left(\frac{n}{q}\right)\sum_{\substack{rs=q\\(r,s)=1}} \mathrm{e}(2\ell(\tfrac{\bar{r}}{s}-\tfrac{\bar{s}}{r}). \tag{12.43}$$

关于素数模的Kloosterman和不能通过初等方法计算. 根据关于Kloosterman和的角分布结果及猜想(见§21.2,, 特别是定理21.7以及Sato-Tate猜想), 这样的结论并不让人感到惊讶.

§12.4 短的特征和

我们在本节讨论短区间上的特征和

$$S_\chi(N)=\sum_{M<n\leqslant M+N}\chi(n), \tag{12.44}$$

其中χ是模q的非主特征. 由引理12.1, 我们得到

$$|S_\chi(N)|\leqslant 2\sum_{0<a\leqslant \frac{q}{2}} a^{-1}|g_\chi(a)|, \tag{12.45}$$

其中

$$g_\chi(a)=\sum_{x \bmod q}\chi(x)\,\mathrm{e}(\tfrac{ax}{q}) \tag{12.46}$$

是经典Gauss和. 令$\chi^* \bmod q^*$为诱导χ的本原特征, 则由引理3.2有

$$g_\chi(a)=g_{\chi^*}(1)\sum_{d|(a,\frac{q}{q^*})} d\bar{\chi}^*(\tfrac{a}{d})\mu(\tfrac{q}{dq^*}), \tag{12.47}$$

所以

$$|g_\chi(a)|\leqslant \sigma((a,\tfrac{q}{q^*}))\sqrt{q^*}. \tag{12.48}$$

将这个界代入(12.45)得到

$$|S_\chi(N)|\leqslant 2\tau(\frac{q}{q^*})\sqrt{q^*}\log q. \tag{12.49}$$

因为$\tau(m)\leqslant 2\sqrt{m}$, 所以有

定理 12.5 对任意非主特征$\chi \bmod q$有

$$\Big|\sum_{M<n\leqslant M+N}\chi(n)\Big|\leqslant 6\sqrt{q}\log q. \tag{12.50}$$

这个不等式由G. Pölya[256]与I.M.Vinogradov[326]于1918年独立当证明(除了常数6外). 由关于Dirichlet L函数的广义Riemann猜想, 我们能够推出超强的估计

$$S_\chi(N) \ll \sqrt{q}\log\log 3q.$$

但是, 除了因子上有所改进, 一般来说没有比Pölya-Vinogradov不等式更好的已知结果. 关于这个常数的最新改进, 见[135].

下面我们不用补全$S_\chi(N)$的方法给出Pölya-Vinogradov不等式的另一个证明. 我们有

$$S_\chi(N) = \sum_n \chi(n) f(n),$$

其中

$$f(x) = \begin{cases} \min\{x-M, 1, M+N+1-x\}, & \text{若} M \leqslant x \leqslant M+N+1, \\ 0, & \text{否则}. \end{cases}$$

这个多余的截断函数将帮助我们在将来的表达式中分离变量. 对任意的整数a, 我们有

$$S_\chi(N) = \sum_n \chi(n+a) f(n+a),$$

从而

$$AS_\chi(N) = \sum_{0<a\leqslant A} \sum_{M-A<n\leqslant M+N} \chi(n+a)) f(n+a).$$

现在通过Fourier变换将$f(n+a)$中的变量分离:

$$f(n+a) = \int_{-\infty}^{+\infty} \hat{f}(t)\, \mathrm{e}(n+a)t\, \mathrm{d}\, t,$$

得到

$$|S_\chi(N)| \leqslant \int_{-\infty}^{+\infty} |\hat{f}(t)| \mathcal{B}(t)\, \mathrm{d}\, t,$$

其中$\mathcal{B}(t)$是关于两个无关变量的和式

$$|\mathcal{B}(t)| = \frac{1}{A} \sum_{0<a\leqslant A} |\sum_{M-A<n\leqslant M+N} \chi(n+a)\, \mathrm{e}(nt)|.$$

由Cauchy不等式,

$$\begin{aligned} \mathcal{B}(t)^2 &\leqslant \left(\frac{1}{A} + \frac{1}{q}\right) \sum_{x \bmod q} |\sum_n \chi(n+x)\, \mathrm{e}(nt)|^2 \\ &\leqslant \left(\frac{1}{A} + \frac{1}{q}\right) \sum_{n_1} \sum_{n_2} | \sum_{x \bmod q} \chi(n_1+x) \bar{\chi}(n_2+x)|. \end{aligned}$$

假设$\chi \bmod q$是本原的, 则

$$\sum_{x \bmod q} \chi(n_1+x)\bar{\chi}(n_2+x) = S(0, n_1-n_2; q) \tag{12.51}$$

是Ramanujan和, 因此可得

$$\mathcal{B}(t)^2 \leqslant \left(\frac{1}{A} + \frac{1}{q}\right)\left(\frac{A+N}{q} + 1\right)(A+N) R(q),$$

其中

$$R(q) = \sum_{y \bmod q} |S(0, y; q)|. \tag{12.52}$$

假设$N \leqslant \frac{q}{2}$(因为我们可以利用周期性), 选取$A = N$, 则上述界简化为$6R(q)$, 从而

$$|S_\chi(N)| \leqslant (6R(q))^{\frac{1}{2}} \int_{-\infty}^{+\infty} |\hat{f}(t)| \, \mathrm{d}\, t.$$

由$|\hat{f}(t)| = (\pi t)^{-2}|\sin(\pi t)\sin(\pi t N)|$可知积分的界为$3\log 2N$, 从而推出

$$|S_\chi(N)| \leqslant 8R(q)^{\frac{1}{2}} \log q.$$

注意$R(q) = 2^{\omega(q)}\varphi(q) \leqslant \tau(q)q$, 因此

$$|S_\chi(N)| \leqslant 8(\tau(q)q)^{\frac{1}{2}} \log q. \tag{12.53}$$

对于素数q, 这个估计给出了Pölya-Vinogradov不等式, 而对合数q的结果只是稍弱.

注记: 因子$\log q$出现在分离变量的过程中. 由于这个因子$\log q$不能被完全忽视, 我们强调一点: 一般分离变量中的损失并非只具有技术上的特征, 而且也因为算术上的原因不可避免地出现. 这个结论在双线性型的背景中似乎更加强烈, 而通过没有任何代价的表面性变量分离的分解很可能导致失败(思考一下推论7.3).

Pölya-Vinogradov不等式(12.50)对长度为$N \leqslant q^{\frac{1}{2}}$的特征和$S_\chi(N)$是平凡的, 而我们期望的真正界是

$$S_\chi(N) \ll N^{\frac{1}{2}} q^{\varepsilon}, \tag{12.54}$$

它在$N \gg q^{3\varepsilon}$时非平凡. D. Burgess在一系列论文[30–31]中对相对短的特征和建立了几个结果, 其中一个是

定理 12.6 (D. Burgess) 令χ为导子等于$q > 1$的本原特征, 则对$r = 2, 3$, 以及在q无3次因子时对任意的$r \geqslant 1$有

$$S_\chi(N) \ll N^{1-\frac{1}{r}} q^{\frac{r+1}{4r^2}+\varepsilon}, \tag{12.55}$$

其中隐性常数仅依赖于ε和r.

可以去掉q无3次因子的假设, 但是得到的结果会变弱. 令$q = k\ell$, 其中ℓ是最大无3次因子的因子. 对特征$\chi \bmod q$ 进行相应的分解, 并且将和式按模k的类分组, 则由定理12,6推出

$$S_\chi(N) \ll N^{1-\frac{1}{r}} k^{\frac{1}{r}} \ell^{\frac{r+1}{4r^2}+\varepsilon} \tag{12.56}$$

(若$\ell = 1$, 则$k = q$, 从而由χ的周期性得到(12.56)).

若$N \gg q^{\frac{1}{4}+\frac{1}{4r}+\varepsilon}$, Burgess的界(12.55)对无3次因子的q是非平凡的, 并且取r充分大时可知推出: 对任意的$0 < \delta \leqslant \frac{1}{4}$, 若$N \gg q^{\frac{1}{4}+\sqrt{\delta}}$, 则

$$S_\chi(N) \ll N^{1-\delta}, \tag{12.57}$$

隐性常数仅依赖于δ.

我们将给出如下稍强估计的证明:

$$|S_\chi(N)| \leqslant cN^{1-\frac{1}{r}} p^{\frac{r+1}{4r^2}} \log^{\frac{1}{r}} p, \tag{12.58}$$

但是只是对素数模特征$\chi \bmod p$证明该结论. 这里的c是绝对常数(取$c=30$即可). 我们对N作归纳证明. 首先注意结论(12.58)是显然的, 或者由(12.30)得到, 除非

$$c^r p^{1+\frac{1}{4r}} \log p \leqslant N \leqslant p^{\frac{1}{2}+\frac{1}{4r}} \log p, \tag{12.59}$$

我们以下假定该条件成立. 利用平移变换$n \mapsto n+h (1 \leqslant h \leqslant H < N)$得到

$$S_\chi(N) = \sum_{M<n\leqslant M+N} \chi(n+h) + 2\theta E(H), \tag{12.60}$$

其中$|\theta| \leqslant 1$, 并且对与原来的区间无交的两个长度为h的区间上的特征和利用归纳假设(12.58)可得

$$E(H) = cH^{1-\frac{1}{r}} p^{\frac{r+1}{4r^2}} \log^{\frac{1}{r}} p. \tag{12.61}$$

令$H=AB$, 其中A, B是正整数. 我们利用如下形式的平移:

$$h = ab,\ 1 \leqslant a \leqslant A, 1 \leqslant b \leqslant B. \tag{12.62}$$

求(12.60)关于a, b的均值可得

$$S_\chi(N) = \frac{1}{H} \sideset{}{^*}\sum_{\substack{1\leqslant a\leqslant A\\ 1\leqslant b\leqslant B}} \sum_{M<n\leqslant M+N} \chi(n+ab) + 2\theta E(H),$$

其中$|\theta| \leqslant 1$. 由$\chi(n+ab) = \chi(a)\chi(\bar{a}n+b)$, 其中$\bar{a}$是$a \bmod p$的乘性逆(我们这里用到特征的两个性质: 周期性和乘性), 可知

$$|S_\chi(N)| \leqslant H^{-1}V + 2E(H), \tag{12.63}$$

其中

$$V = \sum_{x \bmod p} \nu(x) |\sum_{1\leqslant b\leqslant B} \chi(x+b)|,$$

其中$\nu(x)$是$x \equiv \bar{a}n \bmod p$使得$1 \leqslant a \leqslant p, M < n \leqslant M+N$的表示数. 我们在估计$V$时将不会用到归纳假设, 所以隐性常数不依赖于$c$.

当a, q在相对q较短的区间上变化, 许多剩余类$x \bmod q$不能表示成$\bar{a}n$. 换句话说, $\nu(x)$往往为0. 此外, $\nu(x)$本质上有界, 但是不可能分析它的大小的随机变化.因此我们利用Hölder不等式

$$V \leqslant V_1^{1-\frac{1}{r}} V_2^{\frac{1}{2r}} W^{\frac{1}{2r}}$$

在V中将$\nu(x)$放宽, 其中

$$V_1 = \sum_{x \bmod p} \nu(x),\ V_2 = \sum_{x \bmod p} \nu^2(x),\ W = \sum_{x \bmod p} |\sum_{1\leqslant b\leqslant B} \chi(x+b)|^{2r}.$$

我们本来可以将W中的外和限制为满足$\nu(x) \neq 0$的剩余类$x \bmod p$, 但是我们没能利用到这一条件. 延拓为完全和显得很庞大, 但是与特征和升高为$2r$次幂的长度相比是不值一提的. 这就解释了我们对Hölder不等式中指数选取的原因.

显然有$V_1 = AN$. 我们将证明V_2本质上也是这个数量级.

引理 12.7 我们有

$$V_2 \leqslant 8AN(ANp^{-1} + \log 3A). \tag{12.64}$$

证明: V_2是$1 \leqslant a_1, a_2 \leqslant A, M < n_1, n_2 \leqslant M+N$中使得$a_1n_2 \equiv a_2n_1 \bmod p$的四元数组$(a_1, a_2, n_1, n_2)$的个数. 固定$a_1, a_2$, 令$a_1n_2 - a_2n_1 = kp$, 我们有

$$|k - (a_1 - a_2)\tfrac{M}{p}| \leqslant \tfrac{AN}{p},$$

并且$(a_1, a_2)|k$. 给定a_1, a_2, k如上, 我们发现满足方程$a_1n_2 - a_2n_1 = kp$的数对(n_1, n_2)的个数有上界$2N(a_1, a_2)/\max\{a_1, a_\}$. 因此

$$V_2 \leqslant 2N \sum_{1\leqslant a_1, a_2 \leqslant A}^{*} \tfrac{(a_1,a_2)}{\max\{a_1,a_2\}}(\tfrac{2AN}{(a_1,a_2)p} + 1),$$

从而由简单的估计得到(12.64). □

引理 12.8 我们有

$$W \leqslant (2rB)^r p + 2rB^{2r}p^{\frac{1}{2}}. \tag{12.65}$$

这个关于W的估计是Burgess方法的核心. 假设(12.65)成立, 下面我们完成(12.58)的证明. 取$B = [rp^{\frac{1}{2r}}]$可得

$$W \leqslant (2r)^{2r}p^{\frac{3}{2}}.$$

接着取$A = [\frac{N}{9rp^{\frac{1}{2r}}}]$. 注意由(12.59)的左边有$A \geqslant 1$, 由(12.59)的右边有$AN \leqslant \frac{N^2}{9rp^{\frac{1}{2r}}} \leqslant p\log^2 p$. 因此由引理12.7给出

$$V_2 \leqslant AN(4\log p)^2.$$

回顾$V_1 = AN$, 我们推出

$$V \leqslant 2r(AN)^{1-\frac{1}{2r}}(4p^{\frac{3}{4}}\log p)^{\frac{1}{r}} \leqslant N^{2-\frac{1}{r}}(p^{\frac{r+1}{4r}}\log p)^{\frac{1}{r}}.$$

注意$H = AB \leqslant \frac{N}{9}, H \geqslant \frac{N}{10}$, 则由(12.61)和(12.63)推出

$$|S_\chi(N)| \leqslant (10 + \tfrac{2}{3}c)N^{1-\frac{1}{r}}p^{\frac{r+1}{4r}}\log^{\frac{1}{4}} p.$$

取$c = 30$即得(12.58).

还剩下证明引理12.8, 此时我们可以假设$B < p$. 正如Burgess的原始证明做的那样, 我们要利用关于有限域上曲线的Riemann假设. 由推论11.24, 对于任意的非平凡特征$\chi \bmod p$, 有

$$|\sum_{x \bmod p} \chi((x+b_1)\cdots(x+b_r))\bar{\chi}((x+b_{r+1})\cdots(x+b_{2r}))| \leqslant 2rp^{\frac{1}{2}}, \tag{12.66}$$

其中存在某个$b_i \bmod p(1 \leqslant i \leqslant 2r)$与其他的任何一个都不同.

我们有

$$W = \sum_{1\leqslant b_1,\dots,b_{2r}\leqslant B}\cdots\sum \sum_{x \bmod p} \chi((x+b_1)\cdots(x+b_r))\bar{\chi}((x+b_{r+1})\cdots(x+b_{2r})).$$

这个完全和满足(12.66), 除非能将$(b_1,\ldots,b_{2r})$分成r个相等元对, 从而例外情形对应的和式有上界$r\binom{2r}{r}B^r\leqslant(2rB)^r$, 由此得到(12.65).

注记: 在上述证明中如果对相关的参数选择得更合适些, 我们可以将(12.58)中的因子$c\log^{\frac{1}{r}}p$替换为$c'\log^{\frac{1}{2r}}p$, 其中$c'\geqslant 1$ 是某个绝对常数(关于其他的评注, 见[86]).

习题12.2 沿上述思路对任意模$q>1$证明估计式(12.55), 其中$r=2$.

Burgess界(12.55)在$r=2$的情形意味着Dirichlet L函数关于导子有次凸性界(对比§5.9).

定理 12.9 令χ为模$q>2$的本原Dirichlet特征, $s=\frac{1}{2}+\mathrm{i}\,t$, 则对任意的$\varepsilon>0$有

$$L(s,\chi)\ll|s|q^{\frac{3}{16}+\varepsilon}, \tag{12.67}$$

其中隐性常数仅依赖于ε.

证明: 由定理5.3得到

$$|L(s,\chi)|\leqslant 2\Big|\sum_n\frac{\chi(n)}{n^s}V_s\Big(\frac{n}{\sqrt{q}}\Big)\Big|,$$

其中$V_s(y)$是(5.13)中给出的速降函数. 确切地说, 它满足

$$V_s(y)\ll\Big(1+\frac{y}{|s|}\Big)^{-1},\ V_s'(y)\ll\frac{|s|}{y}\Big(1+\frac{y}{|s|}\Big)^{-1}.$$

因此

$$\Big(x^{-s}V_s\Big(\frac{x}{\sqrt{q}}\Big)\Big)'\ll\frac{|s|}{x^{\frac{3}{2}}}\Big(1+\frac{x}{q|s|}\Big)^{-1}.$$

在(12.55)中取$r=2$, 则有

$$S(x)=\sum_{n\leqslant x}\chi(n)\ll\min\{q,x^{\frac{1}{2}}q^{\frac{3}{16}+\varepsilon}\}.$$

于是由分部求和公式得到

$$|L(s,\chi)|\leqslant\int_1^{+\infty}\Big|S(x)\Big(x^{-s}V_s\Big(\frac{x}{\sqrt{q}}\Big)\Big)'\Big|\,\mathrm{d}\,x,$$

利用相关的估计即知结论成立. □

§12.5 真正合成模的极短特征和

Burgess方法对长度为$N\ll q^{\frac{1}{4}}$的特征和$S_\chi(N)$自然不能给出非平凡估计, 其中q为χ的导子. 另一方面, 我们对相对于振幅函数的大小很短的Weyl型指数和(见第8 章)确实能进行有效处理. 我们在这里利用差分过程减少振幅函数几次, 直到它足够小(但无界)使得最后一步得到的和式可以从特殊源头得到非平凡估计. 从这个方面来说, 特征和$S_\chi(N)$的情形非常不同, 因为我们通常不能通过作变量平移使导子变小, 若导子是素数时更是绝对不行. 但是, 对可以分解为相对小的数的模(我们称这样的模为真正合成的)的特征和, 模仿Weyl-Van der Corput 差分思想是可能的. S.W. Graham与J. Ringrose[109]对特殊模的特征和给出了重要的估计(也可见[124]和[90]). 我们在本节介绍的Graham-Ringrose的精彩结果是属于我们的版本.

我们将对特征的模中的因子(不一定是素数)个数作归纳证明. 出于这个原因, 为了满足归纳假设, 我们超常讨论更一般的和以得到最终结果.

令$\xi \bmod k$为乘性特征, 考虑

$$S_\xi(N) = \sum_{M<n\leqslant M+N} \xi(f(n)), \tag{12.68}$$

其中$f(x)$为零点和极点都是整数的有理函数. 记

$$f(x) = \prod_{\nu=1}^{m} (x-a_\nu)^{d_\nu}, \tag{12.69}$$

其中d_ν为非零整数, a_ν为任意整数. 我们没有假设$a_i(1 \leqslant i \leqslant m)$不同, 所以表达式(12.69)并不是唯一定义了指数$d_i(1 \leqslant i \leqslant m)$. 回顾我们对给定的表示$f = \frac{f_1}{f_0}(f_1, f_0 \in \mathbb{Z}[x])$定义了$\xi(f(x)) = \xi(f_1(x))\bar{\xi}(f_0(x))$, 因此, 和式(12.68)实际上满足限制条件:

$$((n-a_1)\cdots(n-a_m), k) = 1. \tag{12.70}$$

定理 12.10 令$\xi = \chi_1 \cdots \chi_{r-1}\chi$, 其中$\chi_\ell \bmod q_\ell(1 \leqslant \ell < r)$是任意的特征, $\chi \bmod q$是导子为$q > 1$的本原特征, q无平方因子. 令f由(12.69)给出, 且满足

$$(d_1, \ldots, d_m, h) = 1, \tag{12.71}$$

其中h是χ的阶. 设$N_0 = \max\{q_1, \ldots, a_{r-q}, q^{\frac{1}{4}}\}q^{\frac{5}{4}}$,

$$\Delta = \prod_{\nu_1 \neq \nu_2}\prod (a_{\nu_1} - a_{\nu_2}), \tag{12.72}$$

则对任意的$N \geqslant N_0$有

$$|S_\xi(N)| \leqslant 4N((\Delta q_1 \cdots q_{r-1}, q)q^{-1}\tau(q)^{r^2}\tau_m(q)^{2r})^{2^{-r}}. \tag{12.73}$$

证明的动力源自对完全和

$$S(\chi) = \sum_{x \bmod q} \chi(f(x)) \tag{12.74}$$

的估计. 若$q = p$是素数, 我们讨论的是有限域$\mathbb{F}_p$上的和. 在这种情形, 我们从[277]推出如下的

命题 12.11 令$\chi \bmod p$为h界非主特征, 且满足(12.71), 则

$$|S(\chi)| \leqslant (m-1)(\Delta, p)^{\frac{1}{2}} p^{\frac{1}{2}}. \tag{12.75}$$

证明: 首先注意$p \neq 2$, 因为对模2只有平凡特征. 若$m = 1$, 我们有$f(x) = (x-a_1)^{d_1}$, 其中$(d_1, h) = 1$, 从而

$$S(\chi) = \sum_{x \bmod p} \chi^{d_1}(x) = 0,$$

所以(12.75)成立(此时$\Delta = 1$). 令$m \geqslant 2$. 若$\Delta \equiv 0 \bmod p$, 则(12.75)显然成立. 现在假设所有的数$a_i \bmod p(1 \leqslant i \leqslant m)$不同. 若$f$是多项式(即所有的指数$d_i > 0(1 \leqslant i \leqslant m)$), 则多项式$F(X,Y) = Y^h - f(X)$ 是绝对不可约的(见[277]的引理2C), 从而由定理11.23得到结论. 若$f(x) = \frac{f_1(x)}{f_0(x)}$, 其中$f_1(x), f_0(x) \in \mathbb{Z}[x]$的零点都不同, 则用多项式$g(x) = f_1(x)f_0(x)^{p-2}$替代原来的有理函数$f(x)$. 注意$\chi(f(x)) = \chi(g(x))$, 并且由$h|(p-1)$可知$(p-2, h) = 1$, 所以条件(12.71)对$g(x)$成立, 从而(12.75)成立. □

由乘性可以将命题12.11推广如下:

推论 12.12 令$\chi \bmod q$为导子q无平方因子, 且满足(12.71)的h阶本原特征, 则

$$|S(\chi)| \leqslant (m-1)^{\omega(q)}(\Delta,q)^{\frac{1}{2}}q^{\frac{1}{2}}, \tag{12.76}$$

其中$\omega(q)$是q的素因子个数.

证明: 若$q = p_1\cdots p_t$, 则$\chi = \chi_1\cdots\chi_t$, 其中$\chi_1,\ldots,\chi_t$分别是$h$的因子$h_1,\ldots,h_t$阶的本原特征. 因此条件(12.71)对每个特征$\chi_s \bmod p_s$满足. 将关于$\chi_1,\ldots,\chi_\ell$的结果(12.75) 相乘即得(12.76). □

现在我们开始通过对r作归纳证明: 对$N \geqslant N_0$有

$$|S_{\chi_1\cdots\chi_{r-1}\chi}(N)| \leqslant c_r(m)(\Delta q_1\cdots q_{r-1}q)^{2^{-r}}N. \tag{12.77}$$

这些因子$c_r(m) \geqslant 1$将在归纳过程中确定, 它们依赖于q, 但是没有必要展示这一点, 因为q在整个过程中不变. 此外, 我们没有改变表达式(12.69)中的指数集$\{d_1,\ldots,d_m\}$, 尽管在每个归纳步骤中所得的有理函数的零点与极点都翻倍了.

对$r=1$, 我们有$\xi = \chi$, 从而

$$S_\chi(N) = \sum_{M<n\leqslant M+N}\chi(f(n)) = \tfrac{N}{q}S(\chi) + \theta q,$$

其中$S(\chi)$是完全和(12.74), $|\theta| \leqslant 1$. 因此由(12.76)得到(因为$q^{\frac{3}{2}} \leqslant N$)

$$|S_\chi(N)| \leqslant n^{\omega(q)}(\tfrac{(\Delta,q)}{q})^{\frac{1}{2}}N. \tag{12.78}$$

现在令$r \geqslant 2$. 我们利用平移$n \mapsto n + hq_1$, 并求$1 \leqslant h \leqslant H$上的均值得到

$$S(\xi(N) = \tfrac{1}{H}\sum_{M<n\leqslant M+N}\chi_1(f(n))\sum_{1\leqslant h\leqslant H}\tilde{\xi}(f(n+hq_1)) + 2\theta Hq_1,$$

其中$\tilde{\xi} = \chi_2\cdots\chi_{r-1}\chi, |\theta| \leqslant 1$, 误差项是通过对与原和式无交的短特征和进行平凡估计得到的. 所以$|S_\xi(N)| \leqslant T + 2Hq_1$, 其中

$$T = \tfrac{1}{H}\sum_{M<n\leqslant M+N}|\sum_{1\leqslant h\leqslant H}\bar{\xi}(f(n+hq_1))|.$$

由Cauchy不等式,

$$T^2 \leqslant \tfrac{N}{H^2}\sum_{1\leqslant h_1,h_2\leqslant H}^{*}|\sum_{M<n\leqslant M+N}\tilde{\xi}(f(n+h_1q_1)/f(n+h_2q_1))|,$$

其中内和是形如(12.68)的关于约化特征$\tilde{\chi}$与商函数$\tilde{f}(x) = f(x+h_1q_1)/f(n+h_2q_1)$的和式, 它有$2m$个零点和极点. 对于写成(12.69)形式的$f(x)$, 我们引入多项式

$$\Delta(x) = \prod_{\nu_1\neq\nu_2}\prod(x + a_{\nu_1} - a_{\nu_2}),\ \deg\Delta(x) = m(m-1),$$

所以$\Delta = \Delta(0)$. 于是对应于$\tilde{f}(x)$的多项式是

$$\tilde{\Delta}(x) = \Delta^2(x)\Delta^2(x+y)(x+y)^{2m},$$

其中$y = (h_1 - h_2)q_1$. 因此$\tilde{\Delta} = \Delta^2\Delta^2(y)y^{2m}$, 并且

$$(\tilde{\Delta}q_2\cdots q_{r-1},q)\leqslant \Delta q_1\cdots q_{r-1},q)(y\Delta(y),q/(q,q_1)).$$

由归纳假设有

$$|\sum_n \tilde{\xi}(\tilde{f}(n))|\leqslant c_{r-1}(2m)g(h_1-h_2)(\Delta q_1\cdots q_{r-1},q)q^{-1})^{2^{1-r}}N,$$

其中$g(h)=(hq_1\Delta(hq_1),q/(q,q_1))^{2^{1-r}}$. 我们选择$H=q$得到如下估计:

$$\begin{aligned}\frac{1}{H^2}\sideset{}{^*}\sum_{1\leqslant h_1,h_2\leqslant H} g(h_1-h_2) &= \frac{1}{q}\frac{1}{H^2}\sideset{}{^*}\sum_{h \bmod q}(hq_1\Delta(hq_1),q/(q,q_1))^{2^{1-r}}\\ &\leqslant \frac{1}{q}\sum_{y \bmod q}(y\Delta(y),q)^{2^{1-r}}\\ &\leqslant (\frac{1}{q}\sum_{y \bmod q}(y\Delta(y),q))^{2^{1-r}}.\end{aligned}$$

对内和有

$$\begin{aligned}\frac{1}{q}\sum_{y \bmod q}(y\Delta(y),q) &\leqslant \sum_{d|q}\left|\{y \bmod q|y\Delta(y)\equiv 0 \bmod d\}\right|\\ &\leqslant \sum_{d|q}(1+d\deg\Delta)^{\omega(d)}=(2+\deg\Delta)^{\omega(q)}.\end{aligned}$$

我们有$\deg\Delta=m(m-1)$, 所以$2+\deg\Delta\leqslant 2m^2$, 从而$\deg\Delta^{\omega(q)}\leqslant\tau(q)\tau_m^2(q)$. 综合以上估计得到

$$|S_\ell(N)|\leqslant c_{r-1}^{\frac{1}{2}}(2m)(\tau(q)\tau_m^2(q)(\Delta q_1\cdots q_{r-1},q)/q)^{2-r}N+2qq_1.$$

因为$q_1q^{\frac{5}{4}}\leqslant N$, 所以对$r\geqslant 2$有(12.77)成立, 只要

$$c_r(m)\geqslant c_{r-1}^{\frac{1}{2}}(2m)(\tau(q)\tau_m^2(q))^{2^{-r}}+2.$$

由(12.78)可知当$c_1(m)\geqslant\tau_m(q)$时, (12.77)对$r=1$成立. 我们可以验证数

$$c_r(m)=4(\tau(q)^{r^2}\tau_m(q)^{2r})^{2^{-r}}$$

满足上述(递归)不等式(利用$\tau_{2m}(q)=\tau(q)\tau_m(q)$), 从而(12.73)成立.

我们对定理12.10的主要兴趣在于$f(x)=x$(此时$m=1,\Delta=1$)的情形可得到

定理 12.13 令$\chi_\ell \bmod q_\ell(1\leqslant\ell<r)$为任意特征, $\chi \bmod q$是导子为$q>1$的本原特征, 其中q无平方因子, 且满足$(q,q_1\cdots q_{r-1})=1$, 则对$N\geqslant N_0=\max\{q_1,\dots,q_{r-1},q^{\frac{1}{4}}\}q^{\frac{5}{4}}$有

$$|\sum_{M<n\leqslant M+N}\chi_1\cdots\chi_{r-1}\chi(n)|\leqslant 4N(\frac{\tau(q)^{r^2}}{q})^{2^{-r}}. \tag{12.79}$$

推论 12.14 令χ是导子为$q>1$的本原特征, q无平方因子, q的所有素因子不超过$N^{\frac{1}{9}}$, 则

$$|\sum_{M<n\leqslant M+N}\chi(n)|\leqslant 4N\tau(q)^{\frac{r}{2^r}}q^{-\frac{1}{r2^r}}, \tag{12.80}$$

其中r是任意满足$N^r\geqslant q^3$的整数.

证明: 令p为q的最大素因子. 记$q=q_1\cdots q_r$, 其中$q_\ell\leqslant pq^{\frac{1}{4}}(1\leqslant\ell\leqslant r)$(有些因子可能为1). 我们有$q_\ell\leqslant N^{\frac{4}{9}}$. 此外, 有一个因子, 例如$q_r\geqslant q^{\frac{1}{r}}$. 我们还可以要求$\omega(q_r)\leqslant\frac{\omega(q)}{r}$. 要满足这些条件, 定义$q_r$为$q$的最大素因子的乘积中使得值不小于$q^{\frac{1}{r}}$的最小者. 然后对$1\leqslant\ell<r$相继地定义$q_\ell$为$\frac{q}{q_r\cdots q_{\ell+1}}$的最大素因子的乘积中使得值不小于$pq^{\frac{1}{r}}$的最大者(若$q=q_r\cdots q_{\ell+1}$, 则取$q_\ell=\cdots=q_1=1$). 显然, q的每个素因子在这r步中用过一次, 从而$q=q_1\cdots q_r$. 相应地有$\chi=\chi_1\cdots\chi_r$, 其中χ_r为模q_ℓ的特征, 且χ是本原的. 因此由(12.79)得到(12.80). □

估计式(12.79), (12.80)中的因子函数令人讨厌. 一般地, 若$q = p_1^{\alpha_1}\cdots p_n^{\alpha_n}$, 则有$\tau(q) = (\alpha_1+1)\cdots(\alpha_n+1) \leqslant 2^{\alpha_1+\cdots+\alpha_n} = 2^{\Omega(q)}$, 其中$\Omega(q)$是$q$的计算重数的素因子个数. 这个数可以很大. 我们对$\Omega(q)$估计如下:

$$\Omega(q) = \sum_{d|q}\frac{\Lambda(d)}{\log d} \leqslant \sum_{d|q}\frac{\Lambda(d)}{\log z} + \sum_{d<z}\left(\frac{\Lambda(d)}{\log d} - \frac{\Lambda(d)}{\log z}\right) \leqslant \frac{\Lambda(d)}{\log z} + \frac{cz}{\log^2 z},$$

其中$z > 1$, c为绝对常数. 选取$z = \log q (q \geqslant 3)$, 可得

$$\Omega(q) \leqslant \frac{\log q}{\log\log q}\left(1 + \frac{c}{\log\log q}\right). \tag{12.81}$$

因此

$$\tau(q) \leqslant 2^{\left(1+\frac{c}{\log\log q}\right)\frac{\log q}{\log\log q}}. \tag{12.82}$$

习题12.3 证明: 对$q \geqslant 1$有$\tau(q) \leqslant q^{\frac{1}{\log\log 3q}}$.

我们利用粗略的估计从(12.80)推出

推论 12.15 令χ是导子为$q \geqslant 3$的本原特征, q无平方因子, p为q的最大素因子, 则对

$$N \geqslant q^{\varepsilon(q)} + p^9, \tag{12.83}$$

其中$\varepsilon(q) = 4(\log\log q)^{-\frac{1}{2}}$, 有

$$\sum_{M<n\leqslant M+N}\chi(n) \ll N\exp(-\sqrt{\log q}), \tag{12.84}$$

其中隐性常数是绝对的.

习题12.4 假设推论12.15中的条件成立, 证明:

$$L(1,\chi) \leqslant \varepsilon(q)\log q + 9\log p + b, \tag{12.85}$$

其中b为绝对常数.

§12.6 强力模的特征

真正的合成模(注意没有大素因子的整数, 即所谓的“光滑数”, 法语中称为"entiers friables"(易碎整数)是真正的合成数)在实际中出现的频率不如素数模多. 另一个极端情形是这个模是一个固定的素数的高次幂, 这些模都是强力模的例子. 称数q是强力的, 若它的核

$$k = \prod_{p|q} p \tag{12.86}$$

在对数级别相对于q很小.

设χ是以强力数q为导子的本原特征. 在这种情形, 特征所取的大部分值可以描述成多项式的指数, 所以特征和$S_\chi(N)$可以归结于Weyl和. 为此, 考虑下面的多项式

$$L(x) = x - \frac{x^2}{2} + \cdots \pm \frac{x^d}{d}. \tag{12.87}$$

可以证明(见[93], p.192):

$$L(x+y+xy)=L(x)+L(y)+\sum_{d<a+b\leqslant 2d}^{*}c(a,b)x^{a}y^{b}, \tag{12.88}$$

其中$c(a,b)$为有理系数, 并且$c(a,b)\in\mathbb{Z}[a,b]$.

假设$4|q$(出于技术上的原因). 令d充分大使得$q^2|k^d$, D为所有$m\leqslant d,(m,q)=1$的乘积. 显然, $DL(kx)\in\mathbb{Z}[x]$, 从而由(12.88)得到

$$DL(kx+ky+k^2xy)\equiv DL(kx)+DL(ky) \bmod q.$$

因此函数$\xi(1+kx)=\mathrm{e}(DL(kx)/q)$是模$k$同余1的数模$q$的剩余类群的一个特征. 易见$\xi$的阶为$\frac{q}{k}$, 这也是该群的阶. 因此存在整数$B$使得

$$\chi(1+kx)=\mathrm{e}(BDL(kx)/q). \tag{12.89}$$

因为q是χ的导子, 所以$(B,\frac{q}{k})=1$. 另一方面, B只是在$\bmod \frac{q}{k}$下确定, 所以我们可以假设$(B,q)=1$.

由(12.89), 我们可以将特征和(12.44)整理如下:

$$S_\chi(N)=\sum_{0<a<k}\chi(a)\sum_{n}\chi(1+k\bar{a}n)=\sum_{0<a<k}\chi(a)\sum_{n}\mathrm{e}(F(\bar{a}n)/q),$$

其中n过区间$(M-a)k^{-1}<n\leqslant(M+N-a)k^{-1}$上的整数, $a\bar{a}\equiv 1 \bmod q$, $F(x)\equiv BDL(kx)$ 是整系数的d次多项式. 最后的和式是Weyl型的, 它可以由Vinogradov方法估计. 这一点在[151]中有详细论述, 可得

定理 12.16 令χ是以q为导子的本原特征, $2\nmid q$, k是q的素因子的乘积, 则对于$k^{100}<N<N'\leqslant 2N$有

$$\left|\sum_{N<n\leqslant N'}\chi(n)\right|\leqslant\gamma N^{1-\delta}, \tag{12.90}$$

其中

$$\gamma=\exp(200r\log^2(1\,200r)),\ \delta=(1\,800r)^{-2}(\log 3\,600r)^{-1},\ r=\frac{\log 3q}{\log N}.$$

注记: 对于$q=p^\ell$这种类型的第一个结果由A.G. Postinkov[257]建立. 我们对强力模的Postnikov公式(12.89)的推广是建立在P.X. Gallagher[93]的公式(12.88)的基础上. 这些结果可以用于给出$L(s,\chi)$的界, 拓宽无零区域, 对满足$p\equiv a \bmod q$进行估计(见[93]和[151]).

第 13 章　关于素数的和

§13.1　一般原理

给定$f : N \to \mathbb{C}$, 我们对和式

$$V = \sum_p f(p), \tag{13.1}$$

其中p过素数, 或者与之密切相关的和式

$$S = \sum_n \Lambda(n) f(n), \tag{13.2}$$

其中$\Lambda(n)$为von Mangoldt函数的估计很感兴趣. 注意将V中的$f(n)$换为$f(n)\log n$即得S(不计$n = p^\nu(\nu \geqslant 2)$对应的贡献值小的项). 当然, 由分部积分可知估计S与V的问题是等价的, 但是在实际中处理S往往更简单.

若f是$\mathbb{R}^+$上有紧支集的很好的光滑函数, 我们可以通过对$-\hat{f}(s)\zeta'(s)/\zeta(s)$积分, 用$\zeta(s)$的零点表示$S$, 其中$\hat{f}$是$f$的Mellin变换. 我们得到

$$S = \hat{f}(1) - \sum_{n>0} \hat{f}(-2n) - \sum_\rho \hat{f}(\rho). \tag{13.3}$$

但是, 即使Riemann猜想成立, 这个表达式(所谓的显式, 见习题5.4)也并非总是有用. 若$f : \mathbb{R}^+ \to \mathbb{C}$是振荡函数, 例如

$$f(x) = \mathrm{e}(\alpha x) g(x), \tag{13.4}$$

$$f(x) = \mathrm{e}(\alpha\sqrt{x}) g(x), \tag{13.5}$$

其中$\alpha \in \mathbb{R}^*$, $g(x)$是冲撞函数(bump function), 则由于Mellin变换$\hat{f}(s)$触及到大范围的零点, 我们不能从(13.3)中的展开式得到好的结果. 与任何求和型公式一样(见第4章), 决定是否用它可以根据原来的和式是否比用它得到的和式有更多的零点来合理判断. 近年来, 由于拥有强大的计算机, 研究者们会毫不犹豫地从网上[†]下载零点数值单, 也不害怕通过显式间接地用它们测试关于素数的和式. 素数与零点不再是差别很大的东西, 只是我们选择一个或另一个集合进行研究的事情.

许多有趣的算术函数$f : \mathbb{N} \to \mathbb{C}$甚至不是在实数上定义的, 此时显式(12.3)不能用(当然我们可以将f光滑延拓到$\mathbb{R}^+$上, 但是若$f(n)(n \in \mathbb{N})$的值很不规则, 这个办法就不能起到好的效果). 在这种情形我们宁愿用序列记号$\mathcal{A} = (a_n)$取代函数$f(n) = a_n$. 因为$\mathcal{A}$无限, 我们考虑用有限和

$$A(\mathcal{A}, z) = \sum_{n \leqslant x} \Lambda(n) a_n \tag{13.6}$$

[†] 见Odlyzko的网址: `http://www.dtc.umn.edu/~odlyzko/zeta_tables/index.html`

取代(13.2), 目的是对充分大的x估计这些和式.

通过利用Möbius函数的随机性, 不难预见$S(\mathcal{A},x)$的渐近状态.

Möbius随机性法则 Möbius函数随机地改变符号, 使得对任意"合理的"复数列$\mathcal{A}=(a_m)$, 缠绕和式

$$M(\mathcal{A},x)=\sum_{m\leqslant x}\mu(m)a_m \tag{13.7}$$

由于项的抵消变得相对小.

当然, 合理的序列意味着选择时没有偏见. 实践中情况往往如此, 除了用筛法权进行研究时的确需要它与Möbius函数结合使用.

为了将这个法则应用于素数, 我们记$\Lambda=\mu*L$, 即有

$$\Lambda(n)=\sum_{d|n}\mu(d)\log\tfrac{n}{d}=-\sum_{d|n}\mu(d)\log d, \tag{13.8}$$

将后者代入(13.6)得到

$$S(\mathcal{A},x)=-\sum_{d}\mu(d)(\log d)A_d(x), \tag{13.9}$$

其中

$$A_d(x)=\sum_{\substack{n\leqslant x\\ n\equiv 0 \bmod d}}a_n. \tag{13.10}$$

若原来的数项a_n本身是合理的, 则$A_d(x)$, 从而$A_d(x)\log d$是"合理的". 因此, 根据该原理, 我们相信(13.9)中大的d的贡献值是可以忽略的, 从而$S(\mathcal{A},x)$可以很好地被

$$S(\mathcal{A},D,x)=-\sum_{d\leqslant D}\mu(d)(\log d)A_d(x) \tag{13.11}$$

逼近, 其中D是某个相对小的数. 现在对于$d\leqslant D$, $A_d(x)$可能满足(由于均值大)简单却强有力的近似公式:

$$A_d(x)=g(d)A(x)+r_d(x), \tag{13.12}$$

其中$g(d)$是一个很好的乘性函数, $A(x)=A_1(x), r_d(x)$是小的误差项. 略去误差项, 则有$S(\mathcal{A},D,x)\sim H(D)A(x)$, 其中

$$H(D)=-\sum_{d\leqslant D}\mu(d)(\log d)g(d).$$

通常g关于素数正则分布, 所以$\lim\limits_{D\to\infty}H(D)$存在, 设$H(D)\sim H(\infty)=H$, 其中

$$H=-\sum_{d}\mu(d)(\log d)g(d)=\prod_{p}(1-g(p))(1-\frac{1}{p})^{-1}. \tag{13.13}$$

因此, 上述变换让我们导出下述渐近公式

$$S(\mathcal{A},x)\sim HA(x)(x\to\infty). \tag{13.14}$$

当然, 严格证明又是另一回事. 但是我们想说的是: 在通过特殊方式对$S(\mathcal{A},x)$进行严格估计的每个自然的情形, 启发式公式(13.14)都成立.

1934年, I.M. Vinogradov(见[327–328])对指数和

$$V(\alpha;x)=\sum_{p\leqslant x}\mathrm{e}(\alpha p) \tag{13.15}$$

给出了很好的估计, 在解决三素数的Goldbach问题时需要它(见第19章). 在不用Riemann猜想的情况下, 这是一个令人惊奇的成果. 他的方法适用于大量非乘性的振荡序列$\mathcal{A}=(a_n)$, 例如$a_n=\mathrm{e}(\alpha n)$, $a_n=\mathrm{e}(\alpha\sqrt{n})$, $a_n=\chi(n+1)$, 其中χ是非主的乘性特征的和式$S(\mathcal{A},x)$.

下面说明如何在抽象背景下对Vinogradov方法的原理进行解释. 首先反复应用容斥原理将$S(\mathcal{A},x)$整理成两种类型的和式:

$$S_1=\sum_{d\leqslant D}\sum_{dn\leqslant x}\alpha_d a_{dn}, \tag{13.16}$$

$$S_2=\sum_{\substack{mn\leqslant x\\ M<m\leqslant N}}\sum\beta_m\gamma_n a_{mn}, \tag{13.17}$$

其中$\alpha_d,\beta_m,\gamma_n$是(本质上有界)的无关实数, D,M,N是适当的参数(相对于x既不小也不大). S_1型的和式可以写成

$$S_1=\sum_{d\in D}\alpha_d A_d(x), \tag{13.18}$$

其中$A_d(x)$由(13.10)给出. 这里$A_d(x)$的项a_n中已经清除了复杂的系数, 除了条件$n\equiv 0 \bmod d$, 对于小的d它也是容易处理的. 假设a_n的幅角变化具有某种正则性, 由于项的抵消, 我们可以对每个$d\leqslant D$证明$A_d(x)$很小.

S_2型的和式可以视为以β_m,γ_n为系数的双线性型(更一般的考虑见第7章). 为了估计S_2, 将它分成若干2倍区间上的双线性型较为方便:

$$\mathcal{B}(M,N)=\sum_{M<m\leqslant 2M}\beta_m\sum_{N<n\leqslant 2N}\gamma_n a_{mn}. \tag{13.19}$$

应用Cauchy不等式可移除系数β_m,γ_n如下:

$$|\mathcal{B}(M,N)|^2\leqslant\Big(\sum_m|\beta_m|^2\Big)\sum_{n_1}\sum_{n_2}|\gamma_{n_1}\gamma_{n_2}|\mathcal{C}(n_1,n_2), \tag{13.20}$$

其中

$$\mathcal{C}(n_1,n_2)=\sum_m a_{mn_1}\bar{a}_{mn_2}. \tag{13.21}$$

若$n_1=n_2$, 我们能得到的最好估计就是平凡界. 但是, 因为N很大, 这一类(即对角项)的项数相对小. 另一方面, 对于大多数$n_1\neq n_2$的情形, 由于项的抵消和式$\mathcal{C}(n_1,n_2)$很小(a_{mn_1}的幅角变化并没有被$\bar{a}_{mn_2}$的幅角变化完全消除掉). 如此我们得到$\mathcal{B}(M,N)$的非平凡估计, 从而得到S_2型和式的非平凡估计.

综合关于S_1型和S_2型的结果就推出了$S(\mathcal{A},x)$的一个界, 它往往是非常强的. 我们在后面几节中将在特定的背景中给出Vinogradov方法的细节, 并且还将介绍其他方法.

§13.2 Vinogradov方法的变体

我们在本节通过对Vinogradov的原创思想进行的一些改进发展关于素数的和式的一个公式. 论证具有组合特性, 与筛法有很大的共同之处.

对$1 < n \leqslant x$, 设$\beta_n(x) = (1+\omega(n,\sqrt{x}))^{-1}$, 其中$\omega(n,\sqrt{x})$是满足$p|n, p \leqslant \sqrt{x}$ 的素数p的个数. 若n无平方因子, 则有

$$\sum_{p|n,p\leqslant\sqrt{x}} \beta_{n/p}(x) = \begin{cases} 1, & \text{若}n\text{有不超过}\sqrt{x}\text{的素因子},\\ 0, & \text{若}n\text{是素数, 且}\sqrt{x}<n\leqslant x. \end{cases}$$

这个很好的公式是属于O. Ramaré的. 因此定义任意的复数列$\mathcal{A}=(a_n)$有

$$\sum_{\sqrt{x}<p\leqslant x} a_p = \sum_{1<n\leqslant x}^{\flat} a_n - \sum_{\substack{p\leqslant\sqrt{x},mn\leqslant x\\(m,p)=1}}\sum^{\flat} \beta_m(x)a_{mp},$$

其中$\sum^{\flat}$表示限于对无平方因子数求和. 对$2 \leqslant z \leqslant \sqrt{x}$, 令$P(z)$为所以满足$p \leqslant z$的素数$p$的乘积. 我们将上述等式应用于满足$(n,P(z))=1$的子列$(a_n)$, 得到

$$\sum_{\sqrt{x}<p\leqslant x} a_p = \sum_{\substack{1<n\leqslant x\\(n,P(z))=1}}^{\flat} a_n - \sum_{\substack{p\leqslant\sqrt{x},mn\leqslant x\\p\nmid m,(m,P(z))=1}}\sum^{\flat} \beta_m(x)a_{mp}.$$

现在我们移除对无平方因子数的限制以及$p\nmid m$的条件, 这时误差项不超过

$$\sum_{\substack{n\leqslant x\\\forall p>z,p^2|n}} |a_n| \leqslant (\sum_{n\leqslant x}|a_n|^2)^{\frac12}(\sum_{p>z}xp^{-2})^{\frac12} \leqslant \|\mathcal{A}(x)\|x^{\frac12}z^{-\frac12},$$

其中$\|\mathcal{A}(x)\|$的定义为

$$\|\mathcal{A}(x)\| = (\sum_{n\leqslant x}|a_n|^2)^{\frac12}. \tag{13.22}$$

然后我们加上a_1以及满足$p \leqslant \sqrt{x}$的项a_p, 并且估计它们的贡献值

$$\sum_{n\leqslant\sqrt{x}} a_n \leqslant \|\mathcal{A}(x)\|x^{\frac14}.$$

接下来我们通过常规筛法(Legendre公式)移除条件$(n,P(z))=1$,

$$\sum_{\substack{n\leqslant x\\(n,P(z))=1}} a_n = \sum_{d|P(z)} \mu(d)A_d(x).$$

我们保留满足$d \leqslant \sqrt{x}$的项$A_d(x)$, 估计剩下的项. 首先, 由Cauchy不等式得到

$$\begin{aligned}\sum_{\substack{d|P(z)\\d>\sqrt{x}}} |A_d(x)| &\leqslant \sum_{\substack{dn\leqslant x\\d|P(z),d>\sqrt{x}}}\sum |a_{dn}| \leqslant \|\mathcal{A}(x)\|(\sum_{\substack{dn\leqslant x\\d|P(z),d>\sqrt{x}}}\sum \tau(dn))^{\frac12}\\ &\leqslant \|\mathcal{A}(x)\|(x\log 3x)^{\frac12}(\sum_{d|P(z),d>\sqrt{x}} \tau(d)d^{-1})^{\frac12}.\end{aligned}$$

对最后一个和式应用Rankin技巧如下:

$$\begin{aligned}\sum_{\substack{d|P(z)\\d>\sqrt{x}}} \tau(d)d^{-1} &\leqslant x^{-\varepsilon}\sum_{d|P(z)}\tau(d)d^{2\varepsilon-1} \leqslant x^{-\varepsilon}\prod_{p\leqslant x}(1+2p^{2\varepsilon-1})\\ &\leqslant x^{-\varepsilon}\prod_p(1+p^{-1-\varepsilon})^{2z^{3\varepsilon}} \leqslant x^{-\varepsilon}\zeta(1+\varepsilon)^{2z^{3\varepsilon}}\\ &\leqslant x^{-\varepsilon}(1+\tfrac{1}{\varepsilon})^{2z^{3\varepsilon}} = \exp(-\tfrac{\log x}{\log z})(1+\log z)^{2\,\mathrm{e}^3},\end{aligned}$$

最后一步取$\varepsilon = \frac{1}{\log z}$. 综合以上估计得到

命题 13.1 令$2 \leqslant z \leqslant \sqrt{x}$. 对任意的复数列$\mathcal{A} = (a_n)$有

$$\sum_{p \leqslant x} a_p = \sum_{\substack{d | P(z) \\ d \leqslant \sqrt{x}}} \mu(d) A_d(x) - \sideset{}{^\flat}\sum_{(m, P(z))=1} \beta_m(x) \sum_{\substack{mp \leqslant x \\ z < p \leqslant \sqrt{x}}} a_{mp} + \varepsilon(x,z)\sqrt{x}\|\mathcal{A}(x)\|, \tag{13.23}$$

其中$P(z)$为所有素数$p \leqslant z$的乘积, $\sum^\flat$表示限于对无平方因子数求和, $A_d(x)$由(13.10)给出, $\|\mathcal{A}(x)\|$由(13.22)给出, $|\beta_m(x)| \leqslant 1$, $\varepsilon(x,z)$(也依赖于$\mathcal{A}$)满足

$$|\varepsilon(x,z)| \leqslant \tfrac{2}{\sqrt{x}} + \exp(-\tfrac{\log x}{2\log z}) \log^{21} 3x. \tag{13.24}$$

注记: 确切地说, 在(13.23)中可以取$\beta_m(x) = (1+\omega(m,\sqrt{x}))^{-1}$, 其中$\omega(m,\sqrt{x})$是素数$p|m, p \leqslant \sqrt{x}$的个数, 但是我们没有指明这一点以强调我们不需要关于这些系数的任何确切的信息. (13.23)的右边的第一个和式是取$D = \sqrt{x}$的S_1型(见(13.16)和(13.18)). 我们也可以根据$d \leqslant z$和$z < d \leqslant \sqrt{x}$将它分成两个和式$S_1 + S_2$, 则S_1是在(13.16)中取$D = z$, S_2是在(13.17)中取$M = z, N = \sqrt{x}$. (13.23)的右边的二重和也是在(13.17)中取$M = z, N = \sqrt{x}$. 可以取

$$z = \exp(\sqrt{\log z}) \tag{13.25}$$

得到估计(13.24), 此时有

$$|\varepsilon(x,z)| \leqslant 3\exp(-\tfrac{1}{2}\sqrt{\log z})(\log 3x)^{21}. \tag{13.26}$$

若$\mathcal{A} = (a_n)$为振荡序列(所以我们可以期望(13.12)中的主项很小), 则我们没有太多损失就将(13.23)简化为不等式

$$|\sum_{p \leqslant z} a_p| \leqslant |\sum_{d \leqslant \sqrt{x}} |\mathcal{A}_d(x)| + \sum_m |\sum_{\substack{mp \leqslant x \\ z < p \leqslant \sqrt{x}}} a_{mp}| + \varepsilon(x,z)\sqrt{x}\|\mathcal{A}(x)\|. \tag{13.27}$$

我们将在§13.6回到上述构造.

§13.3 Linnik等式

Yu V. Linnik[209]于1960年用严格因子函数

$$\tau_k'(n) = |\{n_1, \ldots, n_k \geqslant 2, n_1 \cdots n_k = n\}| \tag{13.28}$$

对

$$\Lambda'(n) = \frac{\Lambda(n)}{\log n} = \begin{cases} a^{-1}, & \text{若} n = p^a (a > 0) \\ 0, & \text{否则} \end{cases} \tag{13.29}$$

给出了了不起的表达式. 为此, 他利用幂级数展开式

$$\log(1-z) = -\sum_{k=1}^{\infty} \frac{x^k}{k}$$

两次计算了

$$\zeta(s)=\sum_{n=1}^{\infty}n^{-s}=\prod_{p}(1-p^{-s})^{-1}$$

的对数. 首先, 由$\zeta(s)$的Euler乘积得到

$$\log\zeta(s)=\sum_{n\geqslant 2}\Lambda'(n)n^{-s}. \tag{13.30}$$

另一方面, 由$\zeta(s)$的Dirichlet级数有

$$\log\zeta(s)=\log(1-(1-\zeta(s)))=-\sum_{k=1}^{\infty}\frac{(-1)^k}{k}(\sum_{n\geqslant 2}n^{-s})^k=-\sum_{k=1}^{\infty}\frac{(-1)^k}{k}\tau_k'(n)n^{-s}. \tag{13.31}$$

比较两个展开式的系数, Linnik得到等式

$$\Lambda'(n)=-\sum_{k}\frac{(-1)^k}{k}\tau_k'(n). \tag{13.32}$$

注意当$2^k>n$时有$\tau_k'(n)=0$, 所以(13.32)在$1\leqslant k\leqslant\frac{\log n}{\log 2}$上是有限和. 在应用时, Linnik对没有小的素因子的数n, 例如对$(n,P(z))=1(z\geqslant 2)$利用(13.32). 于是(13.32)过$k\leqslant\frac{\log n}{\log z}$. 由此得到下面的

命题 13.2 令$2\leqslant z\leqslant\sqrt{x}$. 对任意的复数列$\mathcal{A}=(a_n)$有

$$\sum_{\substack{p^\nu\leqslant x\\ p>z}}a_{p^\nu}=-\sum_{k\leqslant K}\frac{(-1)^k}{k}\sum_{\substack{n\leqslant x\\ (n,P(z))=1}}a_n\tau_k'(n), \tag{13.33}$$

其中$K=\frac{\log x}{\log z}$, $\tau_k'(n)$是(13.29)中的严格因子函数.

如果想用常规的因子函数$\tau_k(n)$, 那么可以将Linnik公式中的$\tau_k'(n)$替换为

$$\tau_k'(n)=\sum_{0\leqslant\ell\leqslant k}(-1)^{k-\ell}\binom{k}{\ell}\tau_k(n). \tag{13.34}$$

此外, 条件$(n,P(z))=1$可以像我们在Vinogradov公式中做的那样利用常规筛法放宽而基本无损.

在(13.33)的右边, 第一项($k=1$)是S_1型和式, 即

$$S_1=\sum_{\substack{1\leqslant n\leqslant x\\ (n,P(z))=1}}a_n, \tag{13.35}$$

而对于$k\geqslant 2$的其他和式

$$S_k=\sum_{\substack{n\leqslant x\\ (n,P(z))=1}}a_n\tau_k'(n), \tag{13.36}$$

可以视为双线性型(S_2型和式). 但是, Linnik对几个小的k给出了S_k的特殊处理(在Hardy-Littlewood方程$p+x^2+y^2=N$的解中), 只是对大的k将S_k整理成适当的双线性型. 通过将涉及次数$k>1$的因子函数的特殊形式类延拓, 我们可以更灵活地将等式(13.33)中的剩余部分整理成双线性型. 当然, 并非每个S_k都可以用特殊方式处理. 通常我们用经典的Fourier分析讨论S_1, 并且往往可以将自守形的谱理论应用到S_2. 有人可能希望能够用GL_k中的Fourier分析讨论$S_k(k\geqslant 3)$, 但是这个方法目前还不成功.

D.R. Heath-Brown[126]于1981年发展了一个关于$\Lambda(n)$的公式, 它让人想起Linnik 公式. 令

$$M(s)=\sum_{m\leqslant z}\mu(m)m^{-s},$$

则有

$$\zeta(s)M(s)=1+\sum_{n>z}a_n(z)n^{-s}.$$

考虑等式

$$\frac{\zeta'}{\zeta}(s)(1-\zeta(s)M(s))^K=\frac{\zeta'}{\zeta}(s)+\sum_{1\leqslant k\leqslant K}(-1)^k\binom{K}{k}\zeta'(s)\zeta^{k-1}(s)M^k(s).$$

比较两边的Dirichlet系数得到

命题 13.3 令$K\geqslant 1, z\geqslant 1$, 则对任意的$n<2z^K$有

$$\Lambda(n)=-\sum_{1\leqslant k\leqslant K}(-1)^k\binom{K}{k}\sum_{\substack{m_1\cdots m_k n_1\cdots n_k=n\\ m_1,\ldots,m_k\leqslant z}}\cdots\sum\mu(m_1)\cdots\mu(m_k)\log n_k. \tag{13.37}$$

Heath-Brown的这个等式比Linnik公式有少许优势. 尤其是它可以通过更有效地调节参数z使得选择的这些K更小.

习题13.1 证明: 对$n\leqslant z^K$有

$$\mu(n)=-\sum_{1\leqslant k\leqslant K}(-1)^k\binom{K}{k}\sum_{\substack{m_1\cdots m_k n_1\cdots n_k=n\\ m_1,\ldots,m_k\leqslant z}}\cdots\sum\mu(m_1)\cdots\mu(m_k). \tag{13.38}$$

§13.4 Vaughan等式

关于$\Lambda(n)$的最流行公式是属于R.C. Vaughan[322]的. 我们从

$$\Lambda(n)=\sum_{b|n}\mu(b)\log\frac{n}{b}$$

推出该公式. 我们在这里保留$b\leqslant y$的项, 将剩下的和式变为

$$\sum_{\substack{b|n\\ b>y}}\log\frac{n}{b}=\sum_{\substack{bc|n\\ b>y}}\sum\mu(b)\Lambda(c).$$

接下来我们保留$c>z$的项, 将剩下的和式变为

$$\sum_{\substack{bc|n\\ b>y,c\leqslant z}}\sum\mu(b)\Lambda(c)=\sum_{\substack{bc|n\\ c\leqslant z}}\sum\mu(b)\Lambda(c)-\sum_{\substack{bc|n\\ b\leqslant y,c\leqslant z}}\sum\mu(b)\Lambda(c),$$

其中关于所有$b|\frac{n}{c}$的完全和为0, 除非$c=n$, 而这种情形在$n>z$时不可能出现. 将上述表达式加起来得到

命题 13.4 令$y,z\geqslant 1$, 则对任意的$n>z$有

$$\Lambda(n)=\sum_{\substack{b|n\\ b\leqslant y}}\mu(b)\log\frac{n}{b}-\sum_{\substack{bc|n\\ b\leqslant y,c\leqslant z}}\sum\mu(b)\Lambda(c)+\sum_{\substack{bc|n\\ b>y,c>z}}\sum\mu(b)\Lambda(c). \tag{13.39}$$

同理, 我们可以推出关于Möbius函数的一个公式.

命题 13.5 令$y,z\geqslant 1$, 则对任意的$m>\max\{y,z\}$有

$$\mu(m)=-\sum_{\substack{bc|m\\ b\leqslant y,c\leqslant z}}\sum\mu(b)\mu(c)+\sum_{\substack{bc|m\\ b>y,c>z}}\sum\mu(b)\mu(c). \tag{13.40}$$

证明: 我们从

$$\mu(m)=\sum_{bc|n}\sum\mu(b)\mu(c)$$

开始, 根据$b\leqslant y, b>y, c\leqslant z, c>z$分成4个范围的的和式. 然后我们将其中的两个和式变成

$$\sum_{\substack{bc|n\\ b\leqslant y,c>z}}\sum\mu(b)\mu(c)=-\sum_{\substack{bc|n\\ b\leqslant y,c\leqslant z}}\sum\mu(b)\mu(c),$$

$$\sum_{\substack{bc|n\\ b>y,c\leqslant z}}\sum\mu(b)\mu(c)=-\sum_{\substack{bc|n\\ b\leqslant y,c\leqslant z}}\sum\mu(b)\mu(c),$$

将这些和式相加即得(13.40). □

Vaughan等式(13.39)在整理成双线性型方面不如Linnik等式或Heath-Brown等式那样灵活, 但是已证实足够实用且在所有的方法中最简单(不需要对各项重组即可使用).

习题13.2 推出关于$\Lambda_k(n)$的Vaughan等式.

§13.5 关于素数的指数和

作为前几节介绍的方法的无数应用中的一个例子, 我们证明关于指数和(13.15)的Vinogradov估计. 假设

$$|\alpha-\tfrac{a}{q}|\leqslant\tfrac{1}{q^2},\ 其中(a,q)=1. \tag{13.41}$$

Vinogradov[328]证明了

$$V(\alpha,z)\ll q^{\frac12}z^{\frac12}+q^{-\frac12}x+x\exp(-\tfrac12\sqrt{\log x}). \tag{13.42}$$

利用Vinogradov等式(13.39), 我们实际上对

$$S(\alpha;x)=\sum_{n\leqslant x}\mathrm{e}(\alpha n)\Lambda(n) \tag{13.43}$$

推出了相同的界.

定理 13.6 假设α满足(13.41), 则对$x\geqslant 2$有

$$S(\alpha;z)\ll(q^{\frac12}x^{\frac12}+q^{-\frac12}x+x^{\frac45})\log^3 x, \tag{13.44}$$

其中隐性常数是绝对的.

我们通过估计特殊指数和开始证明(13.44). 我们有

$$|\sum_{1\leqslant n\leqslant N}\mathrm{e}(\alpha N)|\leqslant\min\{N,\tfrac{1}{2\|\alpha\|}\},$$

因此对任意的数$x(m)>0$可得

$$\sum_{|m|\leqslant M}\Big|\sum_{\substack{1\leqslant n\leqslant N\\ n\leqslant x(m)}}\mathrm{e}(\alpha mn)\Big|\leqslant\sum-|m|\leqslant M\min\{N,x(m),\tfrac{1}{2\|\alpha m\|}\}.$$

当m在长为$\frac{q}{2}$的区间上变化, 这些点$\|\alpha m\|$都不同, 并且至少间隔$\frac{1}{2q}$. 由以上观察可以推出

$$\begin{aligned}\sum_{|m|\leqslant M}|\min\{N,\tfrac{1}{2\|\alpha m\|}\}&\leqslant(1+4Mq^{-1})(N+\sum_{1\leqslant\ell\leqslant q}q\ell^{-1})\\&\leqslant(M+N+MNq^{-1}+q)\log 2q.\end{aligned}$$

同理, 对$x(m)=\frac{x}{m}$可以推出(单独考虑范围$1\leqslant m\leqslant\frac{q}{2}$)

$$\sum_{1\leqslant m\leqslant M}\min\{\tfrac{x}{m},\tfrac{1}{2!V\alpha!V}\}\ll(M+xq^{-1}+q)\log 2qx.$$

由这些估计可得

引理 13.7 对任意的数$x(m)>0$有

$$\sum_{|m|\leqslant M}\Big|\sum_{\substack{1\leqslant n\leqslant N\\ n\leqslant x(m)}}\mathrm{e}(\alpha mn)\Big|\ll(M+N+MNq^{-1}+q)\log 2q, \tag{13.45}$$

$$\sum_{1\leqslant m\leqslant M}\Big|\sum_{mn\leqslant x}\mathrm{e}(\alpha mn)\Big|\ll(M+xq^{-1}+q)\log 2qx. \tag{13.46}$$

下面我们对一般的双线性型

$$\mathcal{B}(x;N)=\sum_{N<n\leqslant 2N}\Big|\sum_{mn\leqslant x}\gamma_m\,\mathrm{e}(\alpha mn)\Big|, \tag{13.47}$$

推出界, 其中γ_m是满足$|\gamma_m|\leqslant 1$的复数. 利用Cauchy不等式和(13.45)可得

$$\mathcal{B}^2(x;N)\leqslant 2N\sum\sum_{1\leqslant m_1\leqslant m_2\leqslant\frac{x}{N}}\Big|\sum_{\substack{N<n\leqslant 2N\\ nm_2\leqslant x}}\mathrm{e}(\alpha(m_1-m_2)n)\Big|\ll(\tfrac{x}{N}+N+\tfrac{x}{q}+q)x\log 2q.$$

由此界可推出

引理 13.8 对任意满足$|\alpha_m|\leqslant 1,|\beta_n|\leqslant 1$的复数$\alpha_m,\beta_n$有

$$\sum\sum_{\substack{mn\leqslant x\\ m>M,n>N}}\alpha_m\beta_n\,\mathrm{e}(\alpha mn)\ll(\tfrac{x}{M}+\tfrac{x}{N}+\tfrac{x}{q}+q)^{\frac12}x^{\frac12}\log^2 x. \tag{13.48}$$

定理13.6的证明: 由等式(13.39)可得

$$\begin{aligned}S(\alpha;x)=&\sum\sum_{\substack{\ell m\leqslant x\\ m\leqslant M}}\mu(m)(\log\ell)\,\mathrm{e}(\alpha\ell m)-\sum\sum\sum_{\substack{\ell mn\leqslant x\\ m\leqslant M,n\leqslant N}}\mu(m)\Lambda(n)\,\mathrm{e}(\alpha\ell mn)\\&+\sum\sum\sum_{\substack{\ell mn\leqslant x\\ m\geqslant M,n\geqslant N}}\mu(m)\Lambda(n)\,\mathrm{e}(\alpha\ell mn)+O(N).\end{aligned}$$

选取$M=N=x^{\frac25}$. 对第一个和式与第二个和式应用(13.46)得到估计$O((x^{\frac45}+xq^{-1}+q)\log^2 x)$. 在最后一个和式中将$\ell n=k$视为一个变量, 其系数为

$$c(k)=\sum_{n|k,n\geqslant N}\Lambda(n)\leqslant\log k.$$

然后我们应用(13.48)得到估计$O((x^{\frac{4}{5}}+xq^{-1}+q)^{\frac{1}{2}}x^{\frac{1}{2}}\log^3 x)$. 将这些估计相加即得(13.44). □

同理, 但是用(11.40)替代(11.39)(在证明过程中还要用Cauchy不等式消除如上由$\tau(k)$, 而不是由$\log k$界定的对应系数$c(k)$)可以证明

定理 13.9 假设α满足(13.41), 则对$x \geqslant 2$有

$$\sum_{m\leqslant x}\mu(m)\,\mathrm{e}(\alpha m) \ll (q^{\frac{1}{2}}x^{\frac{1}{2}}+q^{-\frac{1}{2}}x+x^{\frac{4}{5}})^{\frac{1}{2}}x^{\frac{1}{2}}\log^4 x. \tag{13.49}$$

若α是分母很小的有理数, 则和式(13.6)可以通过L函数的无零区域很好地估计. 事实上, 对任意的Dirichlet特征$\chi \bmod k$有(见(5.80)):

$$\sum_{m\leqslant x}\mu(m)\chi(m) \ll k^{\frac{1}{2}}x\log^{-A}x \tag{13.50}$$

对任意的$x \geqslant 2$和$A \geqslant 0$成立, 其中隐性常数仅依赖于A. 因此我们通过Gauss和推出

$$\sum_{m\leqslant x}\mu(m)\,\mathrm{e}(\tfrac{am}{q}) \ll qx\log^{-A}x. \tag{13.51}$$

现在令α为任意的实数. 给定$Q \geqslant 1$, 存在有理数$\frac{a}{q}$, 其中$(a,q)=1, 1 \leqslant q \leqslant Q$使得

$$|\alpha - \tfrac{a}{q}| \leqslant \tfrac{1}{qQ}. \tag{13.52}$$

由此我们由分部求和公式得到

$$|\sum_{m\leqslant x}\mu(m)\,\mathrm{e}(\alpha m)| \leqslant (1+\tfrac{2\pi x}{qQ})|\sum_{m\leqslant y}\mu(m)\,\mathrm{e}(\tfrac{am}{q})|,$$

其中$y \in [1,x]$. 利用(13.51)可知: 对任意的$x \geqslant 2$和$A \geqslant 0$, 有

$$\sum_{m\leqslant x}\mu(m)\,\mathrm{e}(\alpha m) \ll (q+\tfrac{x}{Q})x\log^{-2A}x, \tag{13.53}$$

其中隐性常数仅依赖于A. 我们在$q \leqslant xQ^{-1}$时应用(13.53), 在$xQ^{-1} < q \leqslant Q$时应用(13.49)得到

$$\sum_{m\leqslant z}\mu(m)\,\mathrm{e}(\alpha m) \ll Q^{-1}z^2\log^{-5A}x + Q^{\frac{1}{4}}x^{\frac{3}{4}}\log^4 x + x^{\frac{9}{10}}\log^4 x.$$

最后选取$Q = x\log^{-2A}x$, 我们得到下面的

命题 13.10 对任意的实数α和$x \geqslant 2$,

$$\sum_{m\leqslant x}\mu(m)\,\mathrm{e}(\alpha m) \ll x\log^{-A}x \tag{13.54}$$

对任意的A成立, 其中隐性常数仅依赖于A.

这个估计首先由H. Davenport[50]于1937年利用Vinogradov方法证明. 这个界对α 的完全一致性是该结果的一个亮点. 我们在第19章将利用(13.54)讨论Goldbach问题.

习题13.3 利用等式(13.39)证明: 对任意实数$\alpha \neq 0$有

$$\sum_{n\leqslant x}\mathrm{e}(\alpha\sqrt{n})\Lambda(n) \ll x^{\frac{5}{6}}\log^4 x, \tag{13.55}$$

其中隐性常数依赖于α.

§13.6 回到筛法

我们进一步阐述§13.2中的思想以便得到可用于比上节中更细微的情况中的结果. 我们的目标是: 对任意的$\varepsilon > 0$与满足形如(13.18)及(13.19)的和式中假设的$x \geqslant x_0(\varepsilon)$, 要得到

$$|\sum_{p \leqslant x} a_p| \leqslant \varepsilon \pi(x) \tag{13.56}$$

的界. 这些假设可以用现有技术验证, 其中的一个技术是我们将在第21章对素数模的二次根的等分布问题介绍的自守形的谱理论.

回顾: $P(z)$表示所有素数$p < z$的乘积. 给定x, 将和式

$$Q(\mathcal{A}, z) = \sum_{\substack{n \leqslant x \\ (n, P(z))=1}} a_n \tag{13.57}$$

视为对于序列$\mathcal{A} = (a_n)$及其子列$\mathcal{A}_d = (a_{md})$的关于x的函数(也可以参见关于筛法的简介). 假设$|a_n| \leqslant \tau(n)$.

令$x^{\frac{1}{3}} < z \leqslant x^{\frac{1}{2}}$, 则我们的关于素数的和式可以由$Q(\mathcal{A}, z)$逼近:

$$\sum_{p \leqslant x} a_p = Q(\mathcal{A}, z) - \sum_{\substack{pq \leqslant x \\ z \leqslant p \leqslant q}} a_{pq} + \sum_{p < z} a_p + a_1 = Q(\mathcal{A}, z) + O(\tfrac{x}{\log x} \log \tfrac{\log x}{2 \log z} + \tfrac{x}{\log^2 x}).$$

我们可以应用Buchstab等式, 即对任意的序列$\mathcal{A}$和任意的$w < z$有

$$Q(\mathcal{A}, z) = Q(\mathcal{A}, w) - \sum_{w \leqslant p < z} Q(\mathcal{A}_p, p) \tag{13.58}$$

来降低"筛级". 两次应用该等式得到

$$Q(\mathcal{A}, z) = Q(\mathcal{A}, w) - \sum_{w \leqslant p < z} Q(\mathcal{A}_p, w) + \sum\sum_{w \leqslant q < p < z} Q(\mathcal{A}_{pq}, q). \tag{13.59}$$

用常规的Legendre筛法展开$Q(\mathcal{A}, w)$和$Q(\mathcal{A}_p, w)$得到

$$Q(\mathcal{A}, w) - \sum_{w \leqslant p < z} Q(\mathcal{A}_p, w) = \sum_d{}' \mu 9d) \mathbb{A}_d(x),$$

其中"$'$"表示限于对最多有一个素因子$p \geqslant w$的$P(z)$的因子求和. 我们固定$y \geqslant z$, 利用Rankin的技巧对关于$d > y$的部分和进行如下估计:

$$|\sum_{d > y}{}' \mu(d) A_d(x)| \leqslant \sum_{d > y}{}' \sum_{md \leqslant x} \tau(md) \ll x(\log x) \sum_{d > y}{}' \tau(d) d^{-1},$$

$$\sum_{d > y}{}' \tau(d) d^{-1} \leqslant y^{-\varepsilon} \sum_d{}' \tau(d) d^{\varepsilon - 1} \leqslant y^{-\varepsilon}(1 + \sum_{w \leqslant y < z} \tau(p) p^{\varepsilon - 1}) \prod_{p < w} (1 + \tau(p) p^{\varepsilon - 1}).$$

选择$\varepsilon = \log^{-1} w$可得

$$\sum_{d > y}{}' \tau(d) d^{-1} \leqslant (\tfrac{z}{p})^{\varepsilon} \prod_{p < z} (1 + \tfrac{1}{p})^{2\varepsilon + 1} \ll (\tfrac{z}{y})^{\frac{1}{\log w}} \log^7 z.$$

因此

$$\sum_{d > y}{}' \mu(d) A_d(x) \ll (\tfrac{z}{y})^{\frac{1}{\log w}} x \log^8 z.$$

剩下关于$d \leqslant y$的和式的估计由

$$R(x)=\sum_{d\leqslant y}|A_d(x)| \tag{13.60}$$

给出.

现在我们开始处理满足$w\leqslant q<p<z$的素数p,q上的二重和$Q(\mathcal{A}_{pq},q)$. 令$x^{\frac{1}{4}}<v<x^{\frac{1}{3}}$. 我们对$q\geqslant v$上的部分和进行平凡估计得到

$$\sum_{w\leqslant q\leqslant p<z} Q(\mathcal{A}_{pq},q) \ll \tfrac{x}{\log x} \sum_{w\leqslant q\leqslant x^{\frac{1}{4}}} q^{-1}+(\tfrac{z}{\log z})^2 \ll \tfrac{x}{\log x}\log\tfrac{\log x}{3\log v}+\tfrac{x}{\log^2 x}.$$

剩下对满足$w\leqslant q<v, q<p<z$的素数p,q上的和式$Q(\mathcal{A}_{pq},q)$进行估计. 我们将该和式写成如下形式:

$$\sum_{\substack{w\leqslant q<v\\ q<p<z}}\sum Q(\mathcal{A}_{pq},q)=\sum_{\substack{mq\leqslant x\\ w\leqslant q<v\\ q<p_m<z}}\sum \gamma_m a_{mp}, \tag{13.61}$$

其中p_m是m的最小素因子, γ_m是m的小于z的素因子的个数, 所以$\gamma_m\leqslant\omega(m)$. 我们想把它变成双线性型, 这就需要我们放宽关系式$q<p_m$. 为此, 我们利用下面的引理以便分离变量.

引理 13.11 存在仅依赖于z的函数$h(t)$使得

$$\int_{-\infty}^{+\infty}|h(t)|\,\mathrm{d}\,t<\log 6z, \tag{13.62}$$

并且对所有的整数$1\leqslant a,b\leqslant z$有

$$\int_{-\infty}^{+\infty}h(t)(\tfrac{a}{b})^{\mathrm{i}\,t}\,\mathrm{d}\,t=\begin{cases}1, & 若a\leqslant b,\\ 0, & 若a>b.\end{cases} \tag{13.63}$$

证明: 令

$$g(u)=\begin{cases}\min\{uz,1+(1-u)z, & 若0\leqslant u\leqslant 1+z^{-1},\\ 0, & 否则,\end{cases}$$

则对正整数$a,b\leqslant z$有: 若$a\leqslant b$, 则$g(\frac{a}{b})=1$; 若$a>b$, 则$g(\frac{a}{b})=0$. 我们还有

$$g(\tfrac{a}{b})=\tfrac{1}{2\pi\mathrm{i}}\int_{(0)}\hat{f}(s)(\tfrac{a}{b})^{-s}\,\mathrm{d}\,s,$$

其中$\hat{f}(s)$是$g(u)$的Mellin变换, 即

$$\hat{f}(s)=\int_0^{+\infty}g(u)u^{s-1}\,\mathrm{d}\,u=\tfrac{(z+1)^{s+1}-z^{s+1}-1}{s(s+1)z^s}.$$

对$s=\mathrm{i}\,t(t>0)$, 我们有三个估计$|\hat{f}(t)|\leqslant\min\{\log 6z,2t^{-1},4zt^{-2}\}$, 由此即知函数$h(t)=\frac{1}{2\pi}\hat{f}(-\mathrm{i}\,t)$有断言的性质. □

将(13.63)应用于(13.61), 并且将符号q换成p得到双线性型积分

$$\int_{-\infty}^{+\infty}\sum_{\substack{mp\leqslant x\\ w\leqslant p<v\\ w\leqslant p_m<z}}\sum \gamma_m a_{mp}(\tfrac{p_m}{p})^{\mathrm{i}\,t}h(t)\,\mathrm{d}\,t,$$

我们对它的估计为$B(x)\log^2 x$, 其中

$$B(x)=\sum_{(m,P(w))=1}\Big|\sum_{\substack{mp\leqslant x\\ w\leqslant p<v}} a_{mp}p^{\mathrm{i}\,t}\Big|, \tag{13.64}$$

其中t为某个实数(利用$\omega(m)<\log 2m\leqslant\log x$, (13.62)和$6z\leqslant x$).

综合以上估计得到

$$\Big|\sum_{p\leqslant x} a_p\Big|\leqslant R(x)+B(x)\log^2 x+E(x), \tag{13.65}$$

其中

$$E(x)\ll\frac{x}{\log x}\log\frac{\log^2 x}{6(\log v)\log z}+\frac{x}{\log^2 x}+\left(\frac{z}{y}\right)^{\frac{1}{\log w}}x\log^8 x, \tag{13.66}$$

并且隐性常数是绝对的.

令$2\leqslant\Delta\leqslant x^{\frac{1}{12}}$. 选取$z=\Delta^{-2}x^{\frac{1}{2}}, y=\Delta^{-1}x^{\frac{1}{2}}, v=\Delta^{-1}x^{\frac{1}{3}}, w=\Delta^{\frac{1}{10\log\log x}}$, 可得$E(x)\ll x\log^{-2}x\log\Delta$, 从而我们推出了(取$\Delta=x^{\varepsilon}$)

定理 13.12 令$\mathcal{A}=(a_n)$为满足$|a_n|\leqslant\tau(n)$的复数列, $x\geqslant \mathrm{e}^{12}, \log^{-1}x\leqslant\varepsilon\leqslant\frac{1}{12}$. 假设

$$\sum_{d\leqslant y}\Big|\sum_{dm\leqslant x} a_{dm}\Big|\leqslant\frac{x}{\log^2 x}, \tag{13.67}$$

并且对任意的$t\in\mathbb{R}$有

$$\sum_{(m,P(w))=1}\Big|\sum_{\substack{pm\leqslant x\\ w\leqslant p<v}} p^{\mathrm{i}\,v}a_{pm}\Big|\leqslant\frac{x}{\log^4 x}, \tag{13.68}$$

其中y,w,v是关于x,ε的参数:

$$y=z^{\frac{1}{2}-\varepsilon},\ v=x^{\frac{1}{2}-\varepsilon},\ w=x^{\frac{\varepsilon}{10\log\log x}}, \tag{13.69}$$

$P(w)$是小于w的素数的乘积, 则

$$\sum_{p\leqslant x} a_p\ll\frac{\varepsilon x}{\log x}, \tag{13.70}$$

其中隐性常数是绝对的.

注记: 条件(13.68)可视为一般的双线性型的估计. 因子$p^{\mathrm{i}\,t}$(我们在进行变量分离时用到它)让系数变乱, 但实际上没有影响. 但是要是去掉该因子, 那么我们就需要另一个参数来叙述精确的结论, 这样就会使结果不够清楚. 双线性型(13.68)中的一些限制也能够改进, 例如我们可以在外和中去掉互素的条件, 但是经验告诉我们有这个条件更方便(注意$(m,P(w))=1$意味着$(m,p)=1$). [71]中讨论了“素数产生指数”的概念, 定理13.12断言数对$(\frac{1}{2},\frac{1}{3})$ 产生了素数.出现在(13.69)的参数中的ε很重要, 要是没有它, 对大多数有趣的序列$\mathcal{A}=(a_n)$将无法验证(13.68)的要求. 一个均衡的选择是取$\varepsilon=\varepsilon(x)=(\log\log x)^{-1}$, 由此得到关于素数的和式的界说明几乎没有抵消, 但是这是一个令人满意的结果, 在与GL 2理论相关的2次对象的等分布问题的应用中尤其如此(见第21章).

第 14 章　全纯模形式

§14.1　上半平面的商空间与模形式

历史上全纯模形式的讨论和研究的目的是为复分析和代数几何所用, 特别地, 将它与椭圆函数联系起来. 然后它们又被引入代数数论, 特别是为了发展类域论, Galois表示和椭圆曲线的算术. 近来, 模形式已经进入解析数论的领域. 它们除了提供新的工具, 还是与算术几何有千丝万缕联系(特别是通过L函数理论与之发生联系)的深刻问题的源泉.

非全纯形理论的介绍也可见第15章, 在Kloosterman和中的应用见第16章, 关于L函数的一些结果见第26章. 关于这个大课题的各个方面的精品著作有[12, 28, 153, 229, 287, 299].

我们从Poincaré上半空间

$$\mathbb{H} = \{z \in \mathbb{C} | y = \operatorname{Im}(z) > 0\} \tag{14.1}$$

开始, 这是$\mathbb{C}$的开子集(它在下一章将被视为Poincaré度量下常值负曲率的Riemann流形).

群$G = \mathrm{SL}_2(2, \mathbb{R})$通过分式线性变换

$$gz = \tfrac{az+b}{cz+d},\ g = \begin{pmatrix} a & b \\ c & d \end{pmatrix} \tag{14.2}$$

作用于$\mathbb{H}$上, 因为若$\operatorname{Im}(z) > 0$, 则

$$\operatorname{Im}(gz) = \tfrac{\operatorname{Im}(z)}{|cz+d|^2} > 0. \tag{14.3}$$

G的中心, 即$\{\pm 1\}$的作用平凡, 并且我们可以证明$\mathbb{H}$的全纯自同构群是商群$\mathrm{PSL}(2, \mathbb{R}) = \mathrm{SL}(2, \mathbb{R})/\{\pm 1\}$. 注意这个作用对双曲Poincaré度量还是等距的(见第15章).

这个大群的作用给了$\mathbb{H}$大量的对称, 下面的性质就能有力地说明这一点: 首先定义G对广义上半空间$\mathbb{H}^* = \mathbb{H} \cup \mathbb{R} \cup \{\infty\}$的作用, 除了定义$G$对$\infty$的作用为

$$g\infty = \begin{cases} \frac{a}{c}, & 若c \neq 0, \\ \infty, & 若c = 0, \end{cases}$$

在其他点上的作用由同样的公式(14.2)给出, 则对$\mathbb{R} \cup \{\infty\}$中的任意三点$v, w, z$, 存在$g \in G$使得

$$gv = 0,\ gw = 1,\ gz = \infty.$$

与Riemann定理相关的是自然不变测度$\mathrm{d}\,\mu$, 在$\mathbb{H}$的情形是双曲测度

$$\mathrm{d}\,\mu(z) = y^{-2}\,\mathrm{d}\,x\,\mathrm{d}\,y, 其中z = x + \mathrm{i}\,y, \tag{14.4}$$

它在G的作用下不变, 即对$\mathbb{H}$上的任意可积函数f有

$$\int_{\mathbb{H}} f(z)\,\mathrm{d}\,\mu(z) = \int_{\mathbb{H}} f(gz)\,\mathrm{d}\,\mu(z).$$

当我们考虑G的离散子群在$\mathbb{H}$上的作用以及相应的商空间，就有了算术．我们应该记住与$\mathbb{Z}\subset\mathbb{R}$(或$\mathbb{Z}[\mathrm{i}]\subset\mathbb{R}$)的类比．这个理论的内容非常丰富：$G$有许多"不同的"离散子群，将它们分类相当于将所有的Riemann面分类．对于算术应用，最重要的例子是同余子群，尤其是那些包含一个所谓的Hecke子群$\Gamma_0(q)$的群，其中$\Gamma_0(q)$的定义为

$$\Gamma_0(q) = \left\{\begin{pmatrix} a & b \\ c & d \end{pmatrix} \in \mathrm{SL}_2(\mathbb{Z}) | c \equiv 0 \bmod q\right\}.$$

群$\Gamma_0(q)$在$\mathrm{SL}(2,\mathbb{Z})$中的指标有限，确切地说有

$$[\Gamma_0(1):\Gamma_0(q)] = q\prod_{p|q}(1+p^{-1}).$$

当q变化时，我们得到非常有趣的商空间$\Gamma_0(q)\backslash\mathbb{H}$(它们的亏格增加)．

我们更愿意讨论紧Riemann面，但是$\mathbb{H}$的商空间并非总是紧致的．甚至可能有$\mathrm{Vol}(\Gamma\backslash\mathbb{H}) = +\infty$，其中的体积指由(14.4)诱导的自然测度．例如，整数平移群

$$\Gamma_\infty = \left\{\begin{pmatrix} 1 & b \\ 0 & 1 \end{pmatrix} | b \in \mathbb{Z}\right\}$$

有"表示"商空间$\Gamma_\infty\backslash\mathbb{H}$的竖直带$0 < \mathrm{Re}(z) \leqslant 1$，它的体积为无穷大．

更一般地，离散子群$\Gamma\subset G$作用于$\mathbb{H}$的一个基本区域时"几乎"包含每个轨道中一点的好的子集$F\subset\mathbb{H}$．确切地说，F必须满足下面的条件：

(1) F是$\mathbb{H}$中的开子集；

(2) F在$\mathbb{H}$中的闭包$\bar{F}$与Γ中的每个轨道相交，即对每个$z\in\mathbb{H}$，存在$\gamma\in\Gamma$使得$\gamma z\in\bar{F}$.

(3) F中的任意两点都不是Γ-等价的．

基本区域总是存在，但是当然它不是唯一的．我们甚至能够选择F是以(双曲)测地线为边的多边形．

对同余子群$\Gamma_0(q)$，我们可以先考虑通常的关于$\mathrm{SL}(2,\mathbb{Z})$的基本区域

$$F_1 = \{z\in\mathbb{H} \| \mathrm{Re}(z)| < \tfrac{1}{2}, |z| > 1\},$$

然后取它在$\mathrm{SL}(2,\mathbb{Z})$中的陪集代表元的像的并集，则

$$F_q = \bigcup_{\gamma\in\Gamma_0(q)\backslash\Gamma_0(1)} \gamma F_1$$

是$\Gamma_0(q)$的一个基本区域(它不一定连通，关于其他选择，见[154]的§2.2)．

在F_1的图片上可以看出非紧性，因为F_1与边界$\mathbb{R}\cup\{\infty\}$在∞处接触，所以$\{2\,\mathrm{i}, 3\,\mathrm{i},\ldots\}$是没有收敛子列的数列．但是由Gauss-Bonnet公式或直接计算可得$\mathrm{SL}(2,\mathbb{Z})\backslash\mathbb{H}$的体积(它是任意基本区域的体积)有限，事实上有$\mathrm{Vol}(\mathrm{SL}(2,\mathbb{Z})\backslash\mathbb{H}) = \frac{\pi}{3}$．对$\Gamma_0(q)$有同样的结论，并且

$$\mathrm{Vol}(\Gamma_0(q)\backslash\mathbb{H}) = \frac{\pi}{3}[\Gamma_0(1):\Gamma_0(q)].$$

对使得$\mathrm{Vol}(\Gamma\backslash\mathbb{H}) < +\infty$的$\Gamma$，$F$与边界接触的点称为$\Gamma$的尖点(我们在§15.7讨论$G$中元的分类时将对这个直观描述更精确地陈述)，它们的数量有限(因为对每个尖点我们能联系$\mathbb{H}$中互不重叠且有固定的正体积的小邻域)．由上可知对$\mathrm{SL}(2,\mathbb{Z})$而言，$\infty$是唯一的尖点．所以通过考虑$\Gamma_0(q)\backslash\Gamma_0(1)$对$\infty$的作用容易对$\Gamma_0(q)$的尖点分类．我们发现每个尖点有唯一的代表元$\frac{a}{c}$，其中$(a,c)=1, c\geqslant 1, c|q$，$a$在模$(c,\frac{q}{c})$的类中，因此它们的个数为

$$h=\sum_{cd=q}\varphi((c,d)).$$

若q没有平方因子, 则这个数等于$\tau(q)$.

对任意尖点$\mathfrak{a}$, 它的稳定群$\Gamma_{\mathfrak{a}}=\{\gamma\in\Gamma|\gamma\mathfrak{a}=\mathfrak{a}\}$是由某个$\gamma_{\mathfrak{a}}$生成的无限群(不计$\pm1$), 并且存在$\sigma_{\mathfrak{a}}\in G$(称为缩放矩阵)使得$\sigma_{\mathfrak{a}}=\infty$,

$$\sigma_{\mathfrak{a}}^{-1}\gamma_{\mathfrak{a}}\sigma_{\mathfrak{a}}=\begin{pmatrix}1&1\\0&1\end{pmatrix}. \tag{14.5}$$

利用$\sigma_{\mathfrak{a}}$可以将大多数与Γ相关的各种尖点的计算和性质的研究转换到对共轭子群$\sigma_{\mathfrak{a}}^{-1}\Gamma\sigma_{\mathfrak{a}}$在无穷远处的尖点进行, 其稳定群由平移$z\mapsto z+1$生成(双曲平面的Poincaré模型比其他模型(例如单位圆盘)好的一点是它有这样一个明显的尖点).

我们现在定义模形式为$\mathbb{H}$上在离散群的作用下以简单的方式变换的全纯函数. 令$k\geqslant1$为整数, 则我们有$G=\mathrm{SL}(2,\mathbb{R})$对函数$f:\mathbb{H}\to\mathbb{C}$的作用("权"为$k$的作用): 对$g=\begin{pmatrix}a&b\\c&d\end{pmatrix}$, 定义

$$(f|_k g)(z)=j(g,z)^{-k}f(gz). \tag{14.6}$$

令$q\geqslant1$为整数, χ为模q的Dirichlet特征(不一定本原). 显然, χ诱导$\Gamma_0(q)$的一个特征: 对$g=\begin{pmatrix}a&b\\c&d\end{pmatrix}$, 定义$\chi(g)=\chi(d)$. 权为$k$, 级为$q$, 附属特征(或特征)为$\chi$的模形式是$\mathbb{H}$ 上的全纯函数, 满足

$$f|_k\gamma=\chi(\gamma)f,\forall\gamma\in\Gamma_0(q), \tag{14.7}$$

且在$\Gamma_0(q)$的所有尖点处全纯. 我们解释在尖点处的全纯性如下: 首先, 对$\Gamma_0(q)$的尖点, 由模性质可知函数$f_{\mathfrak{a}}=f|_k\sigma_{\mathfrak{a}}$以1为周期, 即$f_{\mathfrak{a}}(z+1)=f_{\mathfrak{a}}(z)$. 这就意味着$f_{\mathfrak{a}}$是关于参数$q=\mathrm{e}(z)$的函数, 即$f_{\mathfrak{a}}(z)=g_{\mathfrak{a}}(q)$, 其中$g_{\mathfrak{a}}$在去心圆盘$\{z\in\mathbb{C}|0<|z|<r\}$内全纯. 我们称$f$在$\mathfrak{a}$处亚纯, 如果$g_{\mathfrak{a}}$在0处亚纯. 因此$f_{\mathfrak{a}}$有Laurent级数展开式

$$f_{\mathfrak{a}}(z)=\sum_{n\geqslant n_{\mathfrak{a}}}\hat{f}_{\mathfrak{a}}(n)\,\mathrm{e}(nz),$$

其中$n_{\mathfrak{a}}\in\mathbb{Z},\hat{f}_{\mathfrak{a}}(n_{\mathfrak{a}})\neq0$. 称$f$在$\mathfrak{a}$处全纯, 如果$f$在$\mathfrak{a}$处亚纯, 并且$n_{\mathfrak{a}}\geqslant0$. 此外, 若有$n_{\mathfrak{a}}>0$, 则称$f$在$\mathfrak{a}$处为0. 若$f$在所有尖点处为0, 则称它为尖形式.

习题14.1 由模形式的定义证明: 模形式是尖形式当且仅当Γ-不变函数

$$g(z)=y^{k/2}|f(z)| \tag{14.8}$$

在$\mathbb{H}$上有界(这个判别法在实践中非常方便).

习题14.2 证明: 若在相同的定义中取$k=0$, 则相应的模形式空间变成0.

显然, 固定级、权和特征的模形式构成一个向量空间, 记为$M_k(g,\chi)$; 尖形式给出其子空间, 记为$S_k(q,\chi)$. 取$\gamma=-1$, 可知f恒为0, 除非$\chi(-1)=(-1)^k$, 所以我们假设χ满足这个相容性条件.

第一个基本结果是$M_k(q,\chi)$是有限维向量空间, 它在一般情形下可以由紧Riemann空间的Riemann-Roch定理证明; 在$\Gamma_0(q)$ 的情形, 可以给出更简单的证明. 对于$k\geqslant2$, $M_k(q,\chi)$的维数可以精确地计算出来(见[299]), 然后非常准确地估计(权为1的情形由于它与Artin L函数之间的联系, 是一个具有深刻的算术意义的诱人问题, 见[62, 288]). 可以证明

$$\dim M_k(q,\chi)=\tfrac{k-1}{12}\nu_q+O(\sqrt{qk}),$$

其中$\nu_q=[\Gamma_0(1):\Gamma_0(q)]$.

对于任意的模形式f, 我们用$a_f(n)$表示f在∞处的Fourier系数, 所以

$$f(z)=\sum_{n\geqslant 0}a_f(n)\,\mathrm{e}(nz). \tag{14.9}$$

这些系数是非常重要的东西(它们是算术和谐物), 特别是它们的数量级是许多研究的课题. 对尖形式, 由判别法中$y^{k/2}|f(z)|$在$\mathbb{H}$上有界即得平凡界

$$a_f(n)\ll n^{\frac{k}{2}}, \tag{14.10}$$

它是一个足够好的开端(关于更深刻的Deligne界, 见下面的(14.54)).

此外, 我们定义$M_k(q,\chi)$的Peterson内积为

$$\langle f,g\rangle=\textstyle\int_F f(z)\overline{g(z)}y^k\,\mathrm{d}\,\mu(z). \tag{14.11}$$

这个定义是合理的, 因为由简单的计算可知被积函数是$\Gamma_0(q)$-不变的(对比(14.8)), 并且只要f或g是尖形式, 则该积分有限. 特别地, $S_k(q,\chi)$在这个内积下成为(有限维)Hilbert空间. 这个解析事实在下文中非常重要(见§14.7中"新形式"的定义).

注意我们还可以将同级的模形式相乘: 若$f\in M_k(q,\chi),g\in M_k(q,\chi')$, 则有$fg\in M_{k+1}(q,\chi\chi')$. 特别地, 所有$M_k(q)(k\geqslant 0)$的直和是一个分次$\mathbb{C}$- 代数, 但是这个重要的代数事实在本书中没有太大用处.

应该强调的是在证明函数是模形式时, 只需要对$\Gamma_0(q)$中的一族生成元中的γ证明模性质公式(14.7). 由于这些群总是有限生成的, 所以我们考虑的只是关于f的条件的有限集.

例如, $\mathrm{SL}(2,\mathbb{Z})$由两个元

$$\left(\begin{smallmatrix}1&1\\0&1\end{smallmatrix}\right),\ \left(\begin{smallmatrix}0&-1\\1&0\end{smallmatrix}\right)$$

生成, 它们的作用分别为平移$z\mapsto z+1$和反演$z\mapsto z^{-1}$, 从而f为模形式的两个条件就变成

$$f(z)=f(z+1),\ f(-\tfrac{1}{z})=z^kf(z).$$

我们现在给出模形式, 特别是尖形式的例子.

§14.2 Eisenstein级数与Poincaré级数

模形式的基本例子是Eisenstein级数与Poincaré级数. 为了简单起见, 我们只定义那些与尖点∞相关的级数, 但是对每个尖点可以进行类似的构造. 令$k>2$(以保证绝对收敛), 设

$$E_k(z)=\sum_{\gamma\in\Gamma_\infty\backslash\Gamma_0(q)}\bar{\chi}(\gamma)j(\gamma,z)^{-k}.$$

显然, 由于它是通过均值技巧构造的, $E_k\in M_k(q,\chi)$; 在尖点处的全纯性可以通过清楚地计算Fourier展开式验证, 由此可知E_k不是尖形式, 我们称之为Eisenstein级数.

更一般地, 令$m\geqslant 0$, 则对$\mathrm{e}(mz)$应用均值技巧得到的第m个Poincaré级数为

$$P_m(z) = \sum_{\gamma\in\Gamma_m\backslash\Gamma_0(q)} \bar{\chi}(\gamma) j(\gamma,z)^{-k}\,\mathrm{e}(m\gamma z),$$

其中$k \geqslant 2$($k = 2$时并非绝对收敛, 但是在$m \geqslant 1$时可以利用Kloosterman和(1.60)的Weil界从下面的Fourier展开式(14.12) 推出收敛性). 我们不考虑$m < 0$的情形, 因为此时级数发散.

重要的事实是当$m \geqslant 1$时, 我们得到尖形式.

命题 14.1 (1) 若$m = 0$, 则$P_0 = E_k$;
(2) 若$m \geqslant 1$, 则$P_m \in S_k(q,\chi)$.

我们给出证明的一部分, 即下述引理的概述.

引理 14.2 Poincaré级数P_m有Fourier展开式

$$P_m(z) = \delta(m,0) + \sum_{m\geqslant 1} p(m,n)\,\mathrm{e}(nz), \tag{14.12}$$

其中系数为

$$p(0,n) = \left(\tfrac{2\pi}{\mathrm{i}}\right)^k \frac{n^{k-1}}{\Gamma(k)} \sum_{\substack{c>0\\ c\equiv 0 \bmod q}} c^{-k} S_\chi(0,n;c),$$

$$p(m,n) = \left(\tfrac{m}{n}\right)^{\frac{k-1}{2}}\Big(\delta(m,n) + 2\pi\,\mathrm{i}^{-k} \sum_{\substack{c>0\\ c\equiv 0 \bmod q}} c^{-1} S_\chi(m,n;c) J_{k-1}\big(\tfrac{4\pi\sqrt{mn}}{c}\big)\Big)(m \geqslant 1),$$

其中$S_\chi(m,n;c)$是关于特征χ的Kloosterman和:

$$S_\chi(m,n;c) = \sum_{d \bmod c}^{*} \chi(d)\,\mathrm{e}\big(\tfrac{md+n\bar{d}}{c}\big), \tag{14.13}$$

J_{k-1}是$k-1$级Bessel函数.

证明: 为了方便起见, 我们首先利用Γ_∞中元素的右作用与左作用对陪集$\Gamma_\infty\backslash\Gamma_0(q)$中的元进行参数化, 可以把$\Gamma_0(q)$表示成无交并集:

$$\Gamma_0(q) = \Gamma_\infty \bigcup\Big(\bigcup_{\substack{c>0\\ c\equiv 0 \bmod q}} \bigcup_{\substack{d \bmod c\\ (c,d)=1}} \Gamma_\infty \begin{pmatrix} a & b\\ c & d\end{pmatrix} \Gamma_\infty\Big) \tag{14.14}$$

(其中给定c, d满足$(c,d) = 1$时, a, b是使得$ad - bc = 1$的任意两个整数).

因此我们相应地有

$$P_m(z) = \mathrm{e}(mz) + \sum_{\substack{c>0\\ c\equiv 0 \bmod q}} \sum_{d \bmod c}^{*} \bar{\chi}(d) I(c,d;z),$$

其中

$$I(c,d;z) = \sum_{n\in\mathbb{Z}} (c(z+n)+d)^{-k}\,\mathrm{e}\big(m\big(\tfrac{a}{c} - \tfrac{1}{c(c(z+n)+d)}\big)\big).$$

然后由Poisson求和公式得到

$$\begin{aligned} I(c,d;z) &= \sum_{n\in\mathbb{Z}} \int_{\mathbb{R}} (c(z+v)+d)^{-k}\,\mathrm{e}\big(\big(\tfrac{am}{c} - \tfrac{m}{c(c(z+v)+d)}\big) - nv\big)\,\mathrm{d}v\\ &= \sum_{n\in\mathbb{Z}} \mathrm{e}\big(\tfrac{am}{c} + \tfrac{nd}{c}\big)\Big(\int_{-\infty+\mathrm{i}\,y}^{+\infty+\mathrm{i}\,y} (cv)^{-k}\,\mathrm{e}\big(-\tfrac{m}{c^2 v} - nv\big)\,\mathrm{d}v\Big)\,\mathrm{e}(nz). \end{aligned}$$

注意这里的内积分在$n \leqslant 0$时为0(将积分线上移, $n=0$的情形最重要, 所以请读者仔细验证). 将不同的项合并, 并识别出积分中的Bessel函数(见[105]中的8.315.1, 8.412.2), 即得引理中的结论. □

习题14.3 证明分解式(14.14).

注意有无限多个Poincaré级数P_m, 但是它们都在有限维空间$S_k(q,\chi)$中, 这就意味着这些P_m中存在许多线性关系. 另一方面, 这些Poincaré级数的数量如此之多似乎暗示它们张成整个空间. 事实确实如此.

引理 14.3 令$f \in M_k(q,\chi)$为模形式, 其展开式为(14.9), 则对任意的$m \geqslant 1$, 有

$$\langle f, P_m\rangle = \tfrac{\Gamma(k-1)}{(4\pi m)^{k-1}} a_f(m).$$

推论 14.4 Poincaré级数$P_m(m \neq 0)$张成$S_k(q,\chi)$.

事实上, 任何与每个P_m正交的尖形式f在∞处的所有Fourier系数都等于0, 从而本身为0. 因为由Poincaré级数张成的空间是闭的(这个事实本质上用到了空间为有限维的性质), 故结论成立.

引理14.3的证明: 由P_m的定义有

$$\begin{aligned}
\langle f, P_m\rangle &= \textstyle\int_F f(z)\big(\sum\limits_{\gamma\in\Gamma_\infty\backslash\Gamma_0(q)} \chi(\gamma)\overline{j(\gamma,z)}^k\,\overline{\mathrm{e}(m\gamma z)}\big) y^k \,\mathrm{d}\,\mu(z) \\
&= \textstyle\int_F \sum\limits_{\gamma\in\Gamma_\infty\backslash\Gamma_0(q)} \mathrm{Im}(\gamma z)^k f(\gamma z)\overline{\mathrm{e}(m\gamma z)} \,\mathrm{d}\,\mu(z) \\
&\text{(用到}f\text{的模性质以及}\ \mathrm{Im}(\gamma z) = |j(\gamma,z)^{-2}|\,\mathrm{Im}(z)) \\
&= \textstyle\int_0^1\int_0^{+\infty} y^{k-2} f(z)\,\mathrm{e}(-m\bar z)\,\mathrm{d}\,x\,\mathrm{d}\,y \\
&= \textstyle\sum\limits_{n\geqslant 0} a_f(n)\int_0^{+\infty} y^{k-2}\,\mathrm{e}^{-2\pi(n+m)y}\,\mathrm{d}\,y\int_0^1 \mathrm{e}((n-m)x)\,\mathrm{d}\,x \\
&= \tfrac{\Gamma(k-1)}{(4\pi m)^{k-1}} a_f(m).
\end{aligned}$$

□

综合上述两个引理意味着存在公式能说明$S_k(q,\chi)$的一组基的Fourier系数列是如何变成几乎正交的, 从而给出在对角符号$\delta(m,n)$的算术和谐物中的另一个分解. 令$\mathcal{F}$为$S_k(q,\chi)$的任意标准正交基(在§14.7中将描述一组特别的基). 因为$P_m \in S_k(q,\chi)$, 我们可以将它写成$f \in \mathcal{F}$的线性组合, 即有

$$P_m = \sum_{f\in\mathcal{F}} \langle f, P_m\rangle f,$$

所以在两边取第n个Fourier系数(在引理14.3的右边, 在引理14.2的左边取), 我们得到Peterson公式:

命题 14.5 (Peterson) 对任意的$n \geqslant 1$和$m \geqslant 1$, 有

$$\tfrac{\Gamma(k-1)}{(4\pi\sqrt{mn})^{k-1}} \sum_{f\in\mathcal{F}} a_f(n)\overline{a_f(m)} = \delta(m,n) + 2\pi\,\mathrm{i}^{-k} \sum_{\substack{c>0\\ c\equiv 0 \bmod q}} c^{-1} S_\chi(m,n;c) J_{k-1}\big(\tfrac{4\pi\sqrt{mn}}{c}\big). \tag{14.15}$$

例 出现的"第一个"尖形式"是级为1, 权为12的, 它就是著名的Ramanujan Δ函数, 我们可以将它展开成优美的乘积形式:

$$\Delta(z) = q\prod_{n\geqslant 1}(1-q)^{24},$$

其中$q=\mathrm{e}(z)$(对它的模性质的诸多直接证明中的一个可见[287]).

通过考虑函数$f = E_4^3 - E_6^2$可以预见存在非零的$f \in S_{12}(1)$, 其中E_4, E_6是级为1, 权分别为4和6的Eisenstein级数. 它们的Fourier展开式(在唯一的尖点∞处)为

$$E_4(z) = 1 + 240 \sum_{n \geqslant 1} \sigma_3(n)\, \mathrm{e}(nz),$$

$$E_6(z) = 1 - 504 \sum_{n \geqslant 1} \sigma_5(n)\, \mathrm{e}(nz),$$

所以直接计算小阶项得到

$$E_4^3 - E_6^2 = 1728q + O(q^2),$$

因此$f \neq 0$, 并且是尖形式. 因为$\dim S_{12}(1) = 1$, 一旦清楚Δ的确是模形式, 则一定有等式$f = 1\,728\Delta$. 记Δ的展开式中的系数为$\tau(n)$(不要误以为因子函数). 这些系数是整数, 并且有许多迷人的性质, 例如

$$\tau(n) \equiv \sum_{d|n} d^{11} \bmod 691.$$

这种同余实际上属于Galois表示理论(见[289]).

显然, Δ也对应于$S_{12}(1)$中的非零Poincaré级数, 但是该级数不是以这种方式自然出现. f的构造还利用了全纯模形式可以相乘的事实. 事实上, 不难说明分次环$\bigoplus\limits_{k \geqslant 0} M_k(1)$同构于多项式环$C[E_4, E_6]$, 并且$E_4, E_6$代数无关.

§14.3 θ函数

Eisenstein级数和Poincaré级数是通过求群的陪集上的均值构造的. θ函数提供了以非常不同的方式产生另一个重要类型的模形式的范例. 最基本的θ函数是Jacobi的θ 函数, 方程(1.53)实际上是权为$\frac{1}{2}$的模性质. 但是, 我们还没有定义半整权形式(该理论见[153, 297]), 所以我们将θ平方, 得到权为1的形式

$$\theta^2(z) = \sum_{n \geqslant 0} r(n)\, \mathrm{e}(nz).$$

更一般地, 我们可以考虑与二元二次型相关的θ函数. 正定型与全纯θ级数有关, 而不定型应该给出非全纯形, 后者首先由Massa[220]构造.

回顾§3.8中的记号: $K = Q(\sqrt{D})$是虚二次域, $D < 0$是其基本判别式, $\mathcal{O} = \mathbb{Z} \oplus \omega\mathbb{Z}$是$K$的整数环, 其中$\omega = \frac{1}{2}(D + \sqrt{D})$, w是$\mathcal{O}$中单位的个数, $\mathcal{H}$为理想类群.

令$\mathcal{A} \in \mathcal{H}$为理想类, 定义关于$\mathcal{A}$的$\theta$级数为

$$\theta_{\mathcal{A}}(z) = \frac{1}{w} + \sum_{\mathfrak{a} \in \mathcal{A}} \mathrm{e}(z \,\mathrm{N}\,\mathfrak{a}), \tag{14.16}$$

其中$\mathfrak{a}$过属于类$\mathcal{A}$的非零整理想. 我们在§22.2中将证明理想类与判别式为D的正定二元二次型的类之间存在一一对应. 令$\Phi_{\mathcal{A}} = [a, b, c]$为对应$\mathcal{A}$的二次型. 若$\mathfrak{b} \in \mathcal{A}$, 则存在$\alpha \in \mathfrak{a}, \alpha = m + n\overline{z_{\mathfrak{a}}}$使得$\mathfrak{b} = (\alpha)\mathfrak{a}$. 于是$\mathrm{N}\,\mathfrak{b} = \Phi_{\mathcal{A}}(m, n)$, 考虑到单位可得公式

$$\theta_{\mathcal{A}}(z) = \frac{1}{w} \sum_{m, n \in \mathbb{Z}} \mathrm{e}(\Phi_{\mathcal{A}}(m, n)). \tag{14.17}$$

由(二元)Poisson求和公式可以再次证明$\theta_{\mathcal{A}}$是模形式, 确切地说, $\theta_{\mathcal{A}} \in M_1(|D|, \chi_D)$, 其中$\chi_D$是Kronecker符号(与$K$相关的Dirichlet特征). 还可以得到

$$\theta_{\mathcal{A}}(z) = \frac{\mathrm{i}}{z\sqrt{|D|}}\theta_{\mathcal{A}^{-1}}(-\frac{1}{|D|z}).$$

从(14.16)和914.17)可知$\theta_{\mathcal{A}}$不是尖形式. 对于类群特征$\chi \in \bar{\mathcal{H}}$, 定义$\theta$级数

$$f_{\chi}(z) = \sum_{\mathfrak{a}} \chi(\mathfrak{a})\,\mathrm{e}(z\,\mathrm{N}\,\mathfrak{a}),$$

其中和式这一次过$\mathcal{O}$的所有整理想. 按类分组可知当$\chi \neq 1$时,

$$f_{\chi}(z) = \sum_{\mathcal{A}\in\mathcal{H}} \chi(\mathcal{A})\theta_{\mathcal{A}}(z),$$

所以也有$f_{\chi} \in M_1(|D|, \chi_D)$. 计算在其他尖点处的Fourier展开式可知当$\chi^2 \neq 1$时, f_{χ}是尖形式.

我们称$\mathcal{H}$的2阶特征为种特征(genus character), 它们(本质上)是由Gauss确定的, Gauss证明了种特征的子群同构于$(\mathbb{Z}/2\mathbb{Z})^{\ell-1}$, 其中$\ell = \omega(D)$是$|D|$的不同素因子的个数.

若χ不是种特征, 则$f_{\chi} \in S_1(|D|, \chi_D)$, 它也满足

$$f_{\chi}(-\frac{1}{|D|z}) = -\mathrm{i}\,f_{\chi}(z).$$

所有类群特征是K的Hecke特征的特殊情形(见§3.8), 所以我们有关于它们的L函数(在K上)

$$L_K(s, \chi) = \sum_{\mathfrak{a}} \chi(\mathfrak{a})(\mathrm{N}\,\mathfrak{a})^{-s},$$

并且由Mellin反转公式可知完全L函数

$$\Lambda_K(s, \chi) = (\frac{\sqrt{|D|}}{2\pi})^s\Gamma(s)L_K(s, \chi)$$

可以由公式

$$\Lambda_K(s, \chi) = \int_1^{+\infty}(y^{s-1} + y^{-s})f_{\chi}(\frac{\mathrm{i}y}{\sqrt{|D|}})\,\mathrm{d}\,y$$

表示出来. §22.3中给出了$\Lambda_K(s, \chi)$的其他几个表示. 就像对Riemann ζ函数或Dirihclet L函数做的那样, 我们从上面的积分表示可以推出$L_K(s, \chi)$可以亚纯延拓到整个复平面上, 并且在$\chi \neq 1$时是整函数. 此外, 我们有函数方程

$$\Lambda_K(s, \chi) = \Lambda_K(1 - s, \chi).$$

通过考虑任意的正定整二次型, 以及相关的n元调和多项式(而不仅仅是二元二次型), 可以得到一般的θ级数. 但是, 在一般情形没有用数域的理想类给出的解释(当然, 对于4个变量的情形可以与四元数代数联系起来).

令$\boldsymbol{A} = (a_{ij})$为秩$r \equiv 0 \bmod 2$的实对称正定矩阵,

$$\boldsymbol{A}[\boldsymbol{x}] = \boldsymbol{x}^{\mathrm{T}}\boldsymbol{A}\boldsymbol{x} = \sum_{i,j} a_{ij}x_ix_j$$

为对应的二次型(奇数元二次型理论稍微难些, 因为其对应的模形式的乘数系很复杂). 称齐次多项式$P \in C[X]$为调和多项式, 若$\Delta_{\boldsymbol{A}}P = 0$, 其中

$$\Delta_{\boldsymbol{A}} = \sum_{i,j} a^*_{i,j}\frac{\partial^2}{\partial x_i \partial x_j}$$

是与矩阵$\boldsymbol{A}^{-1} = (a^*_{ij})$相关的Laplace算子. 在这些记号下, 定义$\theta$级数

$$\theta(z) = \sum_{\boldsymbol{m}\in\mathbb{Z}^r} P(\boldsymbol{m})\,\mathrm{e}(\tfrac{z}{2}\boldsymbol{A}[\boldsymbol{m}]).$$

假设$\boldsymbol{A}, N\boldsymbol{A}^{-1}$为整系数, 甚至是对角矩阵, 其中$N \geqslant 1$为适当的整数, 则$\theta(z) \in M_k(N, \chi_D)$, 其中$k = \frac{r}{2} + \deg P, \chi_D(d) = (\frac{D}{d})$为Kronecker符号, $D = (-1)^{\frac{r}{2}}|\boldsymbol{A}|$. 此外, 若$\deg P > 0$, 则$\theta(z) = \theta(z; \boldsymbol{A}, P)$是尖形式, 且满足

$$\theta(z; \boldsymbol{A}, P) = \mathrm{i}^{\frac{r}{2}}\,|\boldsymbol{A}|^{-\frac{1}{2}} z^{-k}\theta(-\tfrac{1}{z}; \boldsymbol{A}^{-1}, P^*),$$

其中$P^*(\boldsymbol{x}) = P(\boldsymbol{A}^{-1}\boldsymbol{x})$是与$\boldsymbol{A}^{-1}$相关的调和多项式(完整的证明可见§20.4, 以及[153]的第9、10章).

§14.4 与椭圆曲线相关的模形式

与椭圆曲线相关的尖形式同时具有算术和解析两方面的特色. 我们首先介绍任意域上椭圆曲线的基本不变量(见[303]以及§11.9). 在域k上定义的椭圆曲线E有一个由Weierstrass 方程

$$E: y^2 + a_1xy + a_3y = x^2 + a_2x^2 + a_4x + a_6 \tag{14.18}$$

给出的平面模型, 其中系数$a_j \in k$. 与这些a-系数相关的是b系数集$\{b_2, b_4, b_6, b_8\}$, 其中$b_2 = a_1^2 + a_2$, $b_4 = a_1a_3 + 2a_4, b_6 = a_3^2 + 4a_6, b_8 = a_1^2a_6 - a_1a_3a_4 + 4a_2a_6 + a_2a_3^2 - a_4^2$. 这些系数$b$满足关系式: $4b_8 = b_2b_6 - b_4^2$. 利用这些量可以将(14.18)的判别式表示成

$$\Delta = -b_2^2b_8 - 8b_4^2 - 27b_6^2 + 9b_2b_4b_6. \tag{14.19}$$

三次方程(14.18)定义了k上的椭圆曲线当且仅当它是非奇异的, 意思是它的判别式$\Delta \neq 0$. 为了简化方程, 我们将(14.18)与另一个系数集$\{c_4, c_6\}$联系起来, 其中$c_4 = b_2^2 - 24b_4, c_6 = -b_2^3 + 36b_2b_4 - 216b_6$. 用这些记号可得

$$12^3\Delta = c_4^3 - c_6^2. \tag{14.20}$$

注记: 第一个b-系数集是由配平方产生的. 假设k的特征不是2, 我们可以将(14.18)中的坐标(x, y)变为$(x, y + \frac{a_1}{2}x + \frac{a_3}{2})$得到

$$E: y^2 = x^3 + \frac{b_4}{4}x^2 + \frac{b_4}{2}x + \frac{b_6}{4}. \tag{14.21}$$

第二个c-系数集由配立方产生的. 如进一步假设k的特征不是3, 我们可以将(14.21)中的坐标(x, y)变为$\frac{b_2}{12}, y)$得到

$$E: y^2 = x^3 - \frac{c_4}{48}x - \frac{c_6}{864} =: x^3 + ax + b, \tag{14.22}$$

该曲线的判别式为$\Delta = 12^{-3}(c_4^3 - c_6^2) = -16(4a^3 + 27b^2)$. 在这个方程中, 我们进一步将$(x, y)$变为$(x, \frac{y}{2})$, 并且两边乘以4即得

$$E: y^2 = 4x^3 + Ax + B, \tag{14.23}$$

其中$A = -\frac{c_4}{12} = 4a, B = -\frac{c_6}{216} = 4b$. 现在(14.23)的判别式就由

$$\Delta = -(A^3 + 27B^2) = \tfrac{c_4^3 - c_6^2}{1\,728} \tag{14.24}$$

给出了(注意$1\,728 = 12^3$).

我们现在回到任意域k上的一般方程(14.18). 定义所谓的j-不变量为

$$j = c_4^3\Delta^{-1} = (12c_4)^3(c_4^3 - c_6^2)^{-1}, \tag{14.25}$$

它是有意义的, 因为$\Delta \neq 0$. j-不变量在椭圆曲线的分类中起到重要的作用. 首先我们挑出两种特殊的情形.

$j = 0$**的情形:** 这种情形等价于$c_4 = 0$, 因此E由(14.23)给出, 从而$A = 0, \Delta = -27B^2$.

$j = 1\,728$**的情形:** 这种情形等价于$c_6 = 0$, 因此E由(14.23)给出, 从而$B = 0, \Delta = -A^3$.

例1 假设$j \neq 0, 1\,728$, 则方程

$$E: y^2 + xy = x^3 - \tfrac{36}{j-1\,728}x - \tfrac{1}{j-1\,728} \tag{14.26}$$

给出任意包含j的域k上的椭圆曲线, 它的j不变量等于j, 系数为$c_4 = j(j-1\,728)^{-1}, c_6 = -j(j-1\,728)^{-1}$, 判别式$\Delta = j^2(j-1\,728)^{-3}$. 此外, 3次方程

$$E_j: y^2 + jxy = x^3 - \tfrac{j(j-1)}{4}x^2 - \tfrac{36j^2}{j-1\,728}x - \tfrac{j^3}{j-1\,728} \tag{14.27}$$

(它也是j对(14.26)所做的2次缠绕)给出域k上的椭圆曲线, 其不变量为$c_4 = j^3(j-1\,728)^{-1}, c_6 = -j^4(j-1\,728)^{-1}, \Delta = j^8(j-1\,728)^{-3}$.

例2 假设$j \neq 0, 1\,728$, $\mathrm{char}\,.k \neq 2, 3$, 则3次方程

$$E: y^2 = 4x^3 - \tfrac{27j}{j-1\,728}x - \tfrac{27j}{j-1\,728}, \tag{14.28}$$

其中$j \in k$给出k上的椭圆曲线, 其j-不变量等于j, 判别式为$\Delta = 2^6 \cdot 3^{12} \cdot j^2(j-1\,728)^{-3}$.

从现在开始我们考虑在$\mathbb{Q}$上定义的椭圆曲线. 我们可以假定E由Weierstrass方程(14.18)给出, 其中$a_j \in \mathbb{Z}$(必要时可以选择适当的$c \in \mathbb{N}$, 将坐标(x, y)变为$(c^{-2}x, c^{-3}y)$, 再乘以c^6消掉a_j的分母). 每个椭圆曲线$E/\mathbb{Q}$有极小模型, 即E由整系数的方程(14.18)给出, 使得对所有的p, $\mathrm{ord}_p\,\Delta$在定义E的所有方程中极小(由于$\mathbb{Z}$有唯一分解性质, 通过变量的有理变换可以得到这个特殊方程). 下面的条件

$$\min\{\mathrm{ord}_p\,\Delta, 3\,\mathrm{ord}_p\,c_4\} < 12 \tag{14.29}$$

对所有的p成立是整系数模型(14.18)极小的充分必要条件.

给出E的极小方程(14.18), 我们考虑模p的约化. 若$p \nmid \Delta$, 则约化的3次方程非奇异, 从而它定义了有限域$\mathbb{F}_p$上的椭圆曲线, 此时称E在p处有好的约化. 若$p|\Delta$, 则约化曲线是奇异的, 此时称E 在p 处有坏的约化. 坏的约化又分成两种类型:

(1) 若$p|\Delta, p \nmid c_4$(这就意味着$E/\mathbb{F}_p$有节点), 称为乘性(或半稳定)约化.

(2) 若$p|\Delta, p|c_4$(这就意味着$E/\mathbb{F}_p$有尖点), 称为加性(或不稳定)约化.

根据在节点处的切线的斜率是不是有理的, 分别称乘性约化为可裂或非可裂的.

对于每个p, 定义导子的指数f_p如下:

(1) $f_p = 0$, 若E在p处有好的约化.

(2) $f_p = 1$, 若E在p处有乘性约化.

(3) $f_p = 2$, 若E在$p \neq 2,3$处有加性约化.

当E在$p = 2$或$p = 3$处有加性约化时, f_p的定义非常复杂(见[303]), 但是我们总有$f_p \geqslant 2$, 并且$f_p - 2$是对野分歧的一种度量. 在这些情形可以证明$f_2 \leqslant 8, f_3 \leqslant 5$. 利用所有$p$的指数$f_p$可以定义$E/\mathbb{Q}$的导子为

$$N = \prod_p p^{f_p}. \tag{14.30}$$

注意N无平方因子当且仅当E在所有位处没有加性约化, 此时称N为半稳定的.

Hasse定义E的L函数为局部因子的Euler乘积, 其中局部因子是通过对所有p, 观察E模p的约化E_p(它是有限域$\mathbb{F}_p$上的曲线)定义的. 我们通过形式幂级数

$$Z_p(E) = \exp(\sum_{n \geqslant 0} E(\mathbb{F}_{p^n}) \frac{X^n}{n})$$

定义局部ζ函数, 其中$|E(\mathbb{F}_{p^n})|$是E_p在p^n元有限域中的点的个数(包括无穷远点).

令$a(p)$为$|E(\mathbb{F}_p)| = p + 1 - a_p$定义的整数. 注意若$E$由简单的Weierstrass方程

$$y^2 = x^3 + ax + b$$

给出(此时我们可以归结于$p \neq 2,3$的情形), 则$a(p)$可以由二次特征和

$$a(p) = \sum_{x \bmod p} (\frac{x^2+ax+p}{p})$$

表示.

对于$p|\Delta$, 系数$a(p)$由下面的式子给出:

$$a(p) = \begin{cases} 0, & 若E有加性约化, \\ 1, & 若E有可裂乘性约化, \\ 0, & 若E有非可裂乘性约化. \end{cases}$$

Hasse证明了对每个p, $Z_p(E)$是有理函数, 并且在$p \nmid \Delta$时(此时约化曲线是光滑的),

$$Z_p(E) = \frac{1-a(p)X+pX^2}{(1-X)(1-pX)}. \tag{14.31}$$

Hasse还通过不等式

$$|a(p)| \leqslant 2\sqrt{p} \tag{14.32}$$

的形式证明了关于E_p的Riemann猜想, 上述不等式意味着Z_p的分子的两个根的模等于$\frac{1}{\sqrt{p}}$. 关于(14.31)和(14.32)的初等证明, 见§11.8.

我们在§5.14中已经提到E的Hasse-Weil ζ函数的定义为Euler乘积

$$L(E,s) = \prod_{p|\Delta}(1 - a(p)p^{-s})^{-1} \prod_{p\nmid\Delta}(1 - a(p)p^{-s} + p^{1-2s})^{-1}. \tag{14.33}$$

通过将(14.33)展开成Dirichlet级数

$$L(E,s) = \sum_{n=1}^{\infty} a(n)n^{-s} \tag{14.34}$$

对所有的$n \geqslant 1$定义$a(n)$.

由Riemann猜想(14.32)可知这个L函数在区域$\mathrm{Re}(s) > \frac{3}{2}$内全纯. Hasse进一步猜想像这样通过局部数据定义的L函数或许能够延拓为整函数, 并且满足函数方程

$$\Lambda(E,s) = w\Lambda(E,2-s),$$

其中$w = \pm 1$,

$$\Lambda(E,s) = (\frac{\sqrt{N}}{2\pi})^s \Gamma(s) L(E,s),$$

这里N为E的导子.

这个函数方程与关于平凡特征的权为2, 级为N的尖形式的Hecke L函数满足的方程相同.

1950年前后, Shimura与Taniyama提出猜想: 对任意的$E/\mathbb{Q}$, 存在L函数为$L(E,s)$的尖形式. 后来Weil改进了这个猜想, 认为这个尖形式的级应该恰好等于E的导子. 这个改进的常数可以通过计算检测, 因为给定级、权和特征的尖形式空间的维数有限.

这个深刻的模性猜想在1995年由Wiles[337], Wiles-Taylor[311]对半稳定的椭圆曲线证明(正如Ribet之前证明的那样, 由此推出了Fermat大定理), 而现在对$\mathbb{Q}$上的所有椭圆曲线都成立了, 最后的工作是由Breuil, Conrad, Diamond和Taylor[23] 完成的.

定理 14.6 令$E/\mathbb{Q}$是导子为N的任意椭圆曲线, 则存在本原尖形式

$$f(z) = \sum_{n=1}^{\infty} \lambda(n) n^{\frac{1}{2}} \, \mathrm{e}(nz) \in S_2(\Gamma_0(N)) \tag{14.35}$$

使得$a(n) = \lambda(n) n^{\frac{1}{2}}$, 即

$$L(E, s+\tfrac{1}{2}) = L(f,s) = \sum_{n=1}^{\infty} \lambda(n) n^{-s}. \tag{14.36}$$

因为与E相关的尖形式f是级为N的本原形, 它是Fricke对合$(Wf)(z) = N^{-1}z^{-2}f(-1/Nz)$的特征函数, 即

$$Wf = -wf, \tag{14.37}$$

其中$w = \pm 1$. 因此完全L函数的函数方程为

$$\Lambda(f,s) = w\Lambda(f,1-s). \tag{14.38}$$

这个方程中的符号$w = \pm 1$也称为E的根数. 不难用计算机对具体的曲线求出w, 但是一般没有简单的计算w的公式. 在半稳定曲线的重要情形, 即当N无平方因子时, 由Hecke算子理论得到

$$w = -\mu(N)a(N) = -\mu(N)\lambda(N)N^{\frac{1}{2}} = -(-1)^m, \tag{14.39}$$

其中m是使得有可裂乘性约化的位的个数. 著名的Birch与Swinnerton-Dyer猜想断言$L(E,s)$与$L(f,s)$分别以$s = 1$与$s = \frac{3}{2}$为零点的阶恰好等于E上的有理点群$E(\mathbb{Q})$的秩. 尽管$r = \mathrm{rank}(\mathbb{Q})$不容易计算, 人们猜想它的奇偶性由

$$w = (-1)^r \tag{14.40}$$

确定. 在E的Tate-Shafarevich群有限的假设下(若$L(E,s)$在$s = 1$处的零点阶数不超过1 时, 该假设成立), Nekovár[246] 证明了这个猜想.

此前存在对特殊椭圆曲线的模性的证明, 尤其是During对带复乘的曲线的证明(在“同余数”曲线的情形, [153]的第8章给出了完整独立的证明). 早期的非CM的模曲线的一个例子(归功于Shimura)是下面的椭圆曲线

$$E : y^2 + y = x^3 - x^2,$$

其中j-不变量为$j = -\frac{4\,096}{11}$, 判别式为$\Delta = -11$.

由导子的性质可知对应这个特别的E的权为2的尖形式f的级一定是11. 但是容易证明$S_2(11)$是1维空间, 实际上根据我们对Ramanujan Δ函数的了解不难构造这个空间中的元素, 即

$$f(z) = (\Delta(z)\Delta(11z))^{\frac{1}{12}} = q\prod_{n\geqslant 1}(1-q^n)^2(1-q^{11z})^2,$$

其中依惯例有$q = \mathrm{e}(z)$. 换句话说, E的模性等价于等式

$$q\prod_{n\geqslant 1}(1-q^n)^2(1-q^{11n})^2 = \sum_{n\geqslant 1} a(n)q^n. \tag{14.41}$$

似乎没有对这个结果的初等证明. 我们分两步来证明. 第一步是证明$Y_0(11) = \Gamma_0(11)\backslash\mathbb{H}$(经过适当的紧致化后成为紧Riemann曲面)是同构于(仿射)椭圆曲线E的代数曲线; 我们可以通过构造$X_0(11)$(它是具有相同权的模形式的商空间)上的亚纯函数g_1, g_2满足E的方程, 该方法可追溯到Fricke与Klein. 具有算术特点且不那么简单的第二步是由此推出需要的L函数的等式. 这里的最后一步是所谓的Eichler-Shimura理论的例子.

另一个有趣的例子是由缠绕Weierstrass方程

$$-139y^2 = x^3 + 10x^2 - 20x + 8$$

给出的Gross-Zagier曲线.

这条曲线的导子是$N = 37\cdot 139^2$, 并且函数方程的符号是$\varepsilon = -1$. 此外, 该曲线上的有理点群的秩是3, 而我们能够利用Gross-Zagier公式证明Hasse-Weil L函数在$s = 1$ 处的零点阶恰好是3(见第23章的附录中的概述). 因此这个例子证实了Birch与Swinnerton-Dyer猜想. 综合Goldfeld的一个早期工作可得虚二次域的类数的非平凡有效下界, 我们将在第23章解释这一点.

§14.5 Hecke L函数

Hecke告诉我们如何从模形式构造满足Dirichlet L函数的许多性质的Dirichlet级数. 考虑$f \in M_k(q,\chi)$, 则f有在∞处的Fourier展开式

$$f(z) = \sum_{n\geqslant 0} a_f(n)\,\mathrm{e}(nz).$$

定义f的Hecke L函数为关于Fourier系数的Dirichlet生成级数

$$L(f,s) = \sum_{n\geqslant 1} a_f(n)n^{-s}. \tag{14.42}$$

由平凡界(14.10)可知这个L函数与完全L函数

$$\Lambda(f,s) = (\tfrac{\sqrt{q}}{2\pi})^s\Gamma(s)L(f,s) \tag{14.43}$$

在区域$\mathrm{Re}(s) > 1 + \frac{k}{2}$内全纯.

我们还要介绍$M_k(q,\chi)$上的算子W(有时称为Fricke对合):

$$Wf(z) = q^{-k/2}z^{-k}f(-\tfrac{1}{qz}). \tag{14.44}$$

由于元素$H_q = \begin{pmatrix} 0 & -1 \\ q & 0 \end{pmatrix}$将$\Gamma_0(q)$正规化, 即$H_q\Gamma_0(q) = \Gamma_0(q)H_q$, W诱导出映射$W : M_k(q,\chi) \to M_k(q,\bar{\chi})$与$W : S_k(q,\chi) \to S_k(q,\bar{\chi})$.

定理 14.7 (Hecke) 在上述记号下, f的L函数可以亚纯延拓到整个复平面上, 并且完全L函数满足函数方程

$$\Lambda(f,s)=\mathrm{i}^k\,\Lambda(Wf,k-s). \tag{14.45}$$

此外, 若f是尖形式, 则$L(f,s)$是整函数, 否则它只在$s=k$处有单极点.

证明: 我们的证明与Riemann对$\zeta(s)$的函数方程给出的(第二个)证明非常类似. 由Γ函数的定义可知: 对所有的$n\geqslant 1$有

$$(\tfrac{\sqrt{q}}{2\pi})^s\Gamma(s)n^{-s}=\int_0^{+\infty}\mathrm{e}^{-\frac{2\pi ny}{\sqrt{q}}}\,y^s\tfrac{\mathrm{d}\,y}{y},$$

所以在绝对收敛域内可以表示成

$$\Lambda(f,s)=\int_0^{+\infty}(f(\tfrac{\mathrm{i}\,y}{\sqrt{q}})-a_0(f))y^s\tfrac{\mathrm{d}\,y}{y}.$$

我们将积分分成从1到$+\infty$与从0到1两部分, 利用(14.44)可以将后者变为

$$\int_0^1(f(\tfrac{\mathrm{i}\,y}{\sqrt{q}})-a_0(f))y^s\tfrac{\mathrm{d}\,y}{y}=\int_1^{+\infty}(f(\tfrac{\mathrm{i}}{y\sqrt{q}})-a_0(f))y^{-s}\tfrac{\mathrm{d}\,y}{y}=\mathrm{i}^k\int_1^{+\infty}(Wf(\tfrac{\mathrm{i}\,y}{\sqrt{q}})-a_0(f))y^{k-s}\tfrac{\mathrm{d}\,y}{y}.$$

将两部分相加得到积分表示

$$\Lambda(f,s)=\int_1^{+\infty}(f(\tfrac{\mathrm{i}\,y}{\sqrt{q}})-a_0(f))y^s\tfrac{\mathrm{d}\,y}{y}+\mathrm{i}^k\int_1^{+\infty}(Wf(\tfrac{\mathrm{i}\,y}{\sqrt{q}})-a_0(f))y^{k-s}\tfrac{\mathrm{d}\,y}{y}.$$

因为$f-a_0(f)$在∞处呈指数形速降, 可知亚纯延拓成立, 从而得到函数方程. □

若$f=E_k$是Eisenstein级数, 我们从Fourier 展开式可知$L(E_k,s)$是两个Dirichlet L 函数的乘积, 所以我们并没有真正得到任何新的L函数. 但是若f是尖形式, 相关的Hecke L函数是真正的GL(2)对象.

注记: 回头看看§14.3中的θ级数, 我们会注意到它给出了等式

$$L_K(s,\chi)=L(f_\chi,s),$$

其中左边是与二次扩域K的类群特征相关的L函数, 它有关于$\mathcal{O}$中素理想的1次Euler乘积

$$L_K(s,\chi)=\prod_{\mathfrak{p}}(1-\chi(\mathfrak{p})\,\mathrm{N}\,\mathfrak{p}^{-s})^{-1},$$

而右边是模形式$f_\chi\in M_1(|D|,\chi_D)$的Hecke L函数, 它有关于有理素数的2次Euler乘积. 这是存在Langlands函子性例子的早期迹象. 同理, 我们期望在数域上定义的L函数与$\mathbb{Q}$上特别的高次L函数相等. 这种现象的另一种情形出现在椭圆曲线的理论中, 其中带复乘的椭圆曲线$E/\mathbb{Q}$的Hasse-Weil ζ函数也被Deuring证明与虚二次域的权为2 的Hecke 特征的L函数相等.

§14.6 Hecke算子与自守L函数

我们现在给出Hecke算子理论与本原型Atkin-Lehmer理论的概述, 它建立了Dirichlet特征与自守形之间的联系, 清楚地说明了后者推广了前者.

Hecke算子是作用于模形式空间的某些线性算子, 我们会看到它们的存在和性质与$\mathrm{SL}(2,\mathbb{R})$的子群的算术性密切相关, 尽管从这个概述看不是那么明显(见[222]).

固定整数$k\geqslant 1$和满足相容性质$\chi(-1)=(-1)^k$的特征$\chi \bmod q$. 由下面的公式对整数$n\geqslant 1$定义算子$T(n)$为

$$T(n)f(z)=\frac{1}{n}\sum_{ad=n}\chi(a)a^k\sum_{0\leqslant b<d}f\left(\frac{az+b}{d}\right) \tag{14.46}$$

(注意$T(n)$也依赖于χ, 所以间接地依赖于q; 有时这一点很重要). 下面的命题是基本的.

命题 14.8 对任意的$n\geqslant 1$, $T(n)$作用于模形式和尖形式, 换句话说, 它诱导线性映射

$$T(n):M_k(q,\chi)\to M_k(q,\chi),$$

$$T(n):S_k(q,\chi)\to S_k(q,\chi).$$

证明这个命题时需要将公式(14.46)视为均值算子的另一个例子, 这一次是对(有限)轨道空间$\Delta_n=\Gamma_0(q)\backslash\Gamma_n$求均值, 其中$\Gamma_n$是行列式为$n$的2阶积分矩阵集, $\mathrm{SL}(2,\mathbb{Z})$对它的作用平凡.

我们从定义出发计算$T(n)$对模形式(甚至是任意周期为1的函数)的Fourier展开式(在∞处)的作用得到

$$\begin{aligned}T(n)f(z)&=\frac{1}{n}\sum_{ad=n}\chi(a)a^k\sum_{0\leqslant b<d}\sum_m a_f(m)\,e\left(m\frac{az+b}{d}\right)\\&=\frac{1}{n}\sum_m a_f(m)\sum_{ad=n}\chi(a)a^k\,e\left(\frac{amz}{d}\right)\sum_{0\leqslant b<d}e\left(\frac{mb}{d}\right)\\&=\sum_m\Big(\sum_{\substack{ad=n\\ a\ell=m}}\chi(a)a^{k-1}a_f(d\ell)\Big)\,e(mz).\end{aligned}$$

因此

$$T(n)f(z)=\sum_m\Big(\sum_{d|(n,m)}\chi(d)d^{k-1}a_f\left(\frac{mn}{d^2}\right)\Big)\,e(mz). \tag{14.47}$$

我们也可以取这个公式作为$T(n)$的定义, 但是证明$T(n)f$的模性将会更难. 由于Fourier展开式确定模形式, 我们也可以用它快速证明Hecke算子的许多性质.

命题 14.9 Hecke算子具有交换性. 确切地说, 对任意的$m,n\geqslant 1$有

$$T(m)T(n)=\sum_{d|(m,n)}\chi(d)d^{k-1}T\left(\frac{mn}{d^2}\right),$$

或者等价地有

$$T(mn)=\sum_{d|(m,n)}\mu(d)\chi(d)d^{k-1}T\left(\frac{m}{d}\right)T\left(\frac{n}{d}\right).$$

特别地, $T(n)$是乘性函数: 若$(m,n)=1$, 则$T(mn)=T(m)T(n)$. 因此$T(n)$是素数幂的Hecke算子$T(p^\nu)$的乘积. 这些算子满足二阶线性递归关系(说明它们由$T(p)$确定):

$$T(p^{\nu+1}) = T(p)T(p^{\nu}) - \chi(p)p^{k-1}T(p^{\nu-1}),$$

它可以总结成生成函数的等式

$$\sum_{\nu \geqslant 0} T(p^{\nu})X^{\nu} = (1 - T(p)X + \chi(p)p^{k-1}X^2)^{-1},$$

从而所有$T(n)$的Dirichlet生成级数有(2次)Euler乘积

$$\sum_{n \geqslant 1} T(n)n^{-s} = \prod_{p}(1 - T(p)p^{-s} + \chi(p)p^{k-1-2s})^{-1}.$$

对于素数p有公式

$$T(p)f(z) = \chi(p)p^{k-1}f(pz) + \tfrac{1}{p}\sum_{0 \leqslant b < p} f(\tfrac{z+b}{p}).$$

若p整除(级)q, 则上述公式可以简化为

$$T(p)f(z) = \tfrac{1}{p}\sum_{0 \leqslant b < p} f(\tfrac{z+b}{p}).$$

人们发现$p \nmid q$对应的算子$T(p)$与$p|q$对应的算子的性质间有很大的差别, 后者通常称为"坏的"Hecke算子, 对应的p称为坏的或分歧素数. 从解析的观点来看, 二类算子的主要差别在于它们与内积的关系. 事实上, 下述引理在$(n,q) > 1$时不成立.

引理 14.10 设$(n,q) = 1$, 则作用于尖形式空间$S_k(q,\chi)$的算子$T(n)$关于Peterson内积是正规的. 确切地说, 它的伴随算子为

$$T(n)^* = \bar{\chi}(n)T(n). \tag{14.48}$$

这个引理意味着对于两个尖形式f, g有

$$\langle T(n)f, g\rangle = \chi(n)\langle f, T(n)g\rangle.$$

注意: 实际上这个公式不可能在$(n,q) > 1$, 即$\chi(n) = 0$时总成立, 否则有$T(n) = 0$, 这当然不可能恒成立.

这个引理的证明(归功于Hecke)很复杂(见[153]的pp.104-106).

由$(n,q) = 1$时$T(n)$的正规性和它们可交换的事实, 我们通过标准的线性代数可以推出下面的

命题 14.11 尖形式空间$S_k(q,\chi)$存在由所有满足$(n,q) = 1$的Hecke算子$T(n)$的特征函数组成的标准正交基.

任意使得对所有满足$(n,q) = 1$的n, 存在复数$\lambda(n)$使得

$$T(n)f = \lambda(n)f$$

的非零模形式$f \in M_k(q,\chi)$称为Hecke形. 若f为Hecke尖形式, 伴随公式(14.48)说明对$(n,q) = 1$有$\lambda(n) = \chi(n)\overline{\lambda(n)}$.

f是Hecke形对f的Fourier系数$a_f(n)$意味着什么呢? 将(14.47)应用于f, 在两边取第一个Fourier系数可知: 对所有满足$(n,q) = 1$的n有

$$\lambda(n)a_f(1) = a_f(n), \tag{14.49}$$

所以若$a_f(1) \neq 0$, Hecke特征值与Fourier在不计常数因子时相同! 这就证明了§14.2中的Ramanujan τ函数是乘性的, 正如Ramanujan本人猜想的那样(由Mordell证明). 事实上, 因为$S_{12}(1)$是1维的, 并且由Δ函数张成, Δ必然是所有Hecke算子的特征函数(这里没有分歧素数), 又因为$\tau(1) = 1$, 特征值是$\tau(n)$, 由命题14.9即得乘性.

§14.7 本原型与特殊基

命题14.11并不仅是我们希望成立的结论. 要是无一例外的有所有Hecke算子的特征函数组成的基将会更有趣. 此时(14.49)对所有的n成立, 从而$a_f(1)$非零, 否则$f = 0$. 在正规化后, Fourier系数将是乘性的, 更重要的是f的Hecke L函数将有Euler乘积

$$L(f,s) = \prod_p (1 - a_f(p)p^{-s} + \chi(p)p^{k-1-2s})^{-1}.$$

但是这样的美好世界不存在. 事实上, 令$\chi^* \bmod q^*$为诱导χ的本原特征. 任取q', d满足$q^*|q', dq'|q$, $\chi^* \bmod q'$为χ^*诱导的特征. 现在若$f \in S_k(q', \chi')$, 则由矩阵等式

$$\begin{pmatrix} d & 0 \\ 0 & 1 \end{pmatrix} \begin{pmatrix} \alpha & \beta \\ \gamma & \delta \end{pmatrix} = \begin{pmatrix} \alpha & \beta d \\ \frac{\gamma}{d} & \delta \end{pmatrix} \begin{pmatrix} d & 0 \\ 0 & 1 \end{pmatrix}$$

可知$f|_d(z) = f(dz) \in S_k(q, \chi)$.

容易证明满足$(n, q) = 1$的Hecke算子$T(n)$与算子$f \mapsto f|_d$可交换, 所以由f为Hecke 形可知$f|_d = 1$. 但是, 由于

$$f|_d(z) = \sum_{n \geqslant 1} a_f(n)\, \mathrm{e}(dnz),$$

可知当$d > 1$时, $f|_d$的第一个Fourier系数为0.

考虑到形如$f|_d \in S_k(q, \chi)$的尖形式并非真的是级q的, 而是来自更低的级, 我们希望搁置这些“旧形式”时, 能有一个更好的Hecke算子理论成立, 而本原型(或“新形式”)理论就弥补了这一缺陷, 该理论是由Atkin与Lehmer[6]发展起来的.

因此, 令$S_k^\flat(q, \chi)$为$S_k(q, \chi)$中所有形如$f|_d$的尖形式张成的子空间, 其中$f \in S_k(q', \chi'), q' < q, dq'|q$. 令$S^*(q, \chi)$为$S_k^\flat(q, \chi)$关于Peterson内积的正交补, 则有

$$S_k(q, \chi) = S_k^\flat(q, \chi) \oplus S^*(q, \chi)$$

(注意若χ是本原的, 则$S_k^*(q, \chi) = S_k(q, \chi)$, 并且若$\chi$是平凡的, q 是素数, $k \leqslant 10$或$k = 14$, 我们也有$S_k^*(q) = S_k(q)$, 因为对这些k有$S_k(1) = 0$).

因为当$(n, q) = 1$时, $(T(n)f)|_d = T(n)(f|_d)$, 可知此时$T(n)$作用于$S_k^\flat(q, \chi)$. 因为这些Hecke算子是正规的, 它们也作用于正交补$S_k^*(q, \chi)$上. 特别地, 两个空间仍然有Hecke形的基. 由定义, 称$S_k^*(q, \chi)$中的Hecke形f为本原形(权为k, 级为q, 特征为χ). 主要结果如下:

定理 14.12 (重数1原则) 给定复数列$(\lambda(n))$, 由具有特征值$\lambda(n)$, 其中$(n, q) = 1$的Hecke形张成的$S_k^*(q, \chi)$ 的子空间最多是1维的. 换句话说, 若这样的Hecke形存在, 在不计乘数下它是唯一的.

习题14.4 证明: 重数1原则等价于任意本原形$f \in S_k^*(q, \chi)$的第一个Fourier系数非零.

现在假设T是$S_k^*(q,\chi)$上与所有满足$(n,q)=1$的$T(n)$可交换的线性算子, 则T作用于这些$T(n)$的公共特征空间上. 由重数1原则, 每个这样的特征空间是由本原形f生成的1维空间, 因此f也是T的特征值. 特别地, 对这些“坏的”$T(n)$(即满足$(n,q)\neq 1$)应用该性质, 可得想要的结果.

命题 14.13 令$f\in S_k^*(q,\chi)$为本原形, 则f是所有Hecke算子的特征函数, 即对所有的$n\geqslant 1$有

$$T(n)f=\lambda_f(n)f,$$

并且对所有的$n\geqslant 1$有$a_f(n)=\lambda_f(n)a_f(1)$, 因此第一个Fourier系数$a_f(1)$非零.

我们自然地将一个本原形标准化使它成为其公共特征空间的特定的基元素, 则$S_k^*(q,\chi)$中由标准本原形组成的基也是唯一的. 有两组自然的标准基存在: 我们称f为Hecke标准化元, 若它的第一个Fourier系数$a_f(1)=1$; 称f为Peterson标准化元, 若$\|f\|=1$(这样的标准化在Peterson公式的背景下往往更有用). 若f是Hecke标准化元, 则当然$\|f\|^{-1}f$是Peterson标准化元. 范数$\|f\|$与f的伴随平方L函数在1处的值相关, 并且在某些重要的应用中发挥作用. 关于两种标准化之间的比较, 见§5.12, 特别是推论5.45.

除非另行指出, 下面的“本原”总是表示“Hecke标准化本原”. 在任何情形, 一旦选定了标准化, $S_k^*(q,\chi)$的本原形基是唯一的. 特别地, 我们可以说本原形集而不致于产生歧义.

由上面的推理可知(Hecke标准化的)本原形f的Hecke L函数有Euler乘积

$$L(f,s)=\prod_p(1-\lambda(p)+\chi(p)p^{k-1-2s})^{-1}.$$

该式等价于公式

$$\lambda_f(mn)=\sum_{d|(m,n)}\chi(d)d^{k-1}\lambda_f(\tfrac{mn}{d^2}). \tag{14.50}$$

我们也可以利用Möbius反转公式将上式写成

$$\lambda_f(m)\lambda_f(n)=\sum_{d|(m,n)}\mu(d)\chi(d)d^{k-1}\lambda_f(\tfrac{m}{d})\lambda_f(\tfrac{n}{d}). \tag{14.51}$$

此外, 定理14.7的函数方程也更简单, 因为f的本原性说明Wf可以由f表示出来. 线性算子W是等距的, 并且容易证明W可以与好的Hecke算子交换: 对$(n,q)=1$有

$$WT^{\chi}(n)=\chi(n)T^{\bar\chi}(n)W$$

(其中上标χ表示$T(n)$对哪个特征定义).

要从$S_k(q,\bar\chi)$回到原来的空间$S_k(q,\chi)$, 我们利用另一个算子K, 它的定义为

$$Kf(z)=\overline{f(-\bar z)}.$$

注意K通过取系数的共轭作用于Fourier展开式, 即

$$Kf(z)=\sum_{n\geqslant 0}\overline{a_f}(n)\,\mathrm{e}(nz)=:\bar f(z).$$

因为K不是$\mathbb{C}$-线性的, 事实上有$K(af)=\bar aKf$, 所以我们需要小心些. 但是由定义显然有$K^2=\mathrm{Id}$, K是等距的, 并且K与所有的$T(n)$可交换. 现在考虑复合映射(也仅是$\mathbb{R}$-线性的)

$$\overline{W} = KW : S_k(q,\chi) \to S_k(q,\chi),$$

它满足交换性条件: 对$(n,q)=1$有

$$T(n)\overline{W} = \chi(n)\overline{W}T(n).$$

令f为本原形, 则由关于$T(n)$的伴随算子的公式可知对$(n,q)=1$有

$$T(n)\overline{W}f = \chi(n)\overline{W}T(n)f = \chi(n)\overline{W}(\lambda_f(n)f) = \chi(n)\overline{\lambda_f(n)}\overline{W}(f) = \lambda_f(n)\overline{W}(f).$$

由重数1原则, 可知$\overline{W}f$一定是f的乘数, 因此

命题 14.14 若f为本原形, 则存在$\eta \in \mathbb{C}$满足$|\eta|=1$, 使得$\overline{W}f = \eta f$.

由$\overline{W}$是对合, 即$\overline{W}^2 = \mathrm{Id}$的事实可知$|\eta|=1$. 特征值$\eta$是$f$的另一个非常复杂的不变量, 它只是在特殊情形下我们有通过更容易得到的数据求出它的值的公式才能由f确定.

命题 14.15 令χ是导子为q的本原特征, 则

$$\eta = \tau(\bar{\chi})\lambda_f(q)q^{-\frac{k}{2}}.$$

命题 14.16 令q无平方因子, χ平凡, 则

$$\eta = \mu(q)\lambda_f(q)q^{1-\frac{k}{2}}.$$

我们由命题14.14和定理14.7推出关于本原形的自守L函数的主要结果.

定理 14.17 令f为本原形, 则f的Hecke L函数有Euler乘积展开式

$$L(f,s) = \prod_p (1-\lambda_f(p)+\chi(p)p^{k-1-2s})^{-1},$$

并且可以解析延拓为整函数. 完全L函数

$$\Lambda(f,s) = (\tfrac{\sqrt{q}}{2\pi})^s\Gamma(s)L(f,s)$$

满足函数方程

$$\Lambda(f,s) = \mathrm{i}^k\,\bar{\eta}\Lambda(\bar{f},k-s).$$

注意这个定理与关于本原Dirichlet特征的相应结果非常类似, 利用表示论将L函数的整个理论统一起来的Langlands纲领甚至洞察并解释了更深的类似性(见[12]).

定理 14.18 (强重数1原则) 给定复数列$(\lambda(n)$和正整数M, 最多存在一个本原形$f \in S_k(q,\chi)$使得对所有的$(n,M)=1$ 有

$$\lambda_f(n) = \lambda(n).$$

这个定理的要点在于M与级q无关. 实际上, 该结果说明了如果对除了有限个之外的所有素数知道了特征值, 那么我们就知道了这个本原形. 利用Rankin-Selberg L函数可以证明我们事实上只需要对有限个素数知道特征值(依赖于权和级), 见命题5.22以及后面的注记.

习题14.5 证明: 若$f \in S_k(q,\chi)$是Hecke形, 则存在唯一的本原形$g \in S_k(q',\chi')$, 其中$q'|q$使得对所有的$(n,q)=1$有$\chi'(n)=\chi(n), \lambda_q(n)=\lambda(n)$.

§14.8 缠绕模形式

前面已经提到我们试图将本原模形式的特征值$\lambda_f(n)$作为算术和谐物加以利用, 但是, 在它们能被有效利用达到目的前, 有必要从这些特征值本身获得一些信息. 为此, 按照我们的计划, 自然要探究它们在用其他和谐物缠绕时的性状. 本原Dirichlet 特征的情形是基本的, 并且所得的结果很好.

命题 14.19 令$f \in M_k(q,\chi)$为模形式(不一定是Hecke形), 它的Fourier系数为$a_f(n)$, q^*为Dirichlet特征χ的导子, ψ为模r的本原Dirichlet特征. 令$f \otimes \psi$为$\mathbb{H}$上的函数, 它的Fourier展开式为

$$(f \otimes \psi)(z) = \sum_{n \geqslant 0} \psi(n) a_f(n)\, \mathrm{e}(nz),$$

则$f \otimes \psi$也是模形式. 确切地说, $f \otimes \psi \in M_k(N, \chi\psi^2)$, 其中级$N = [q, q^*r, r^2]$(三个数的最小公倍数). 若$f$是尖形式, 则$f \otimes \psi$也是尖形式.

证明: 因为ψ是本原形, 对任意的n, 可以用加性特征表示$\psi(n)$:

$$\tau(\bar{\psi})\psi(n) = \sum_{u \bmod r} \bar{\psi}(u)\, \mathrm{e}(\tfrac{un}{r}),$$

其中$\tau(\bar{\psi}) \neq 0$为Gauss和, 因此

$$(f \otimes \psi)(z) = \tau(\bar{\psi})^{-1} \sum_{u \bmod r} f(z + \tfrac{u}{r}). \tag{14.52}$$

现在就是对$\gamma = \left(\begin{smallmatrix} a & b \\ c & d \end{smallmatrix}\right) \in \Gamma_0(N)$, 写下$\mathrm{SL}(2,\mathbb{R})$中的矩阵等式的事情:

$$\begin{pmatrix} 1 & \frac{u}{r} \\ 0 & 1 \end{pmatrix} \begin{pmatrix} a & b \\ c & d \end{pmatrix} = \begin{pmatrix} a+\frac{uc}{r} & b-\frac{bcdu}{r}-\frac{cd^2u^2}{r^2} \\ c & d-\frac{cd^2u}{r} \end{pmatrix} \begin{pmatrix} 1 & 1+\frac{du^2}{r} \\ 0 & 1 \end{pmatrix}$$

从而得到

$$((f \otimes \psi)|_k \gamma)(z) = \chi(d)\tau(\bar{\psi})^{-1} \sum_{u \bmod r} \bar{\psi}(u) f(z + \tfrac{d^2u}{r}) = \chi(d)\psi(d)^2 (f \otimes \psi)(z),$$

这就证明了模性质. 至于要证明当f是尖形式时, $f \otimes \psi$是尖形式, 应用习题14.1中的判别法由(14.52)即得结论. □

由ψ的乘性和公式(14.47)可知用ψ做缠绕的运算将Hecke形变成Hecke形. 另一方面, 它不一定将本原形变成本原形, 因为命题14.49中描述的级N不一定最佳. 当$f = f_\chi$为§14.3中与一个理想类特征χ相关的某个权为1的本原形时, 这种情况就可能发生. 事实上, 因为f_χ的Fourier系数支撑于域$K = \mathbb{Q}(\sqrt{D})$的理想的范, 所以用域特征$\psi = \chi_D$做缠绕没有效果(因为它在理想的范上恒为1). 但是由习题14.5可知存在唯一的权整除N的本原形g, 使得对所有的$(n,q) = 1$有

$$\psi(n)\lambda_f(n) = \lambda_g(n).$$

但是在$(q,r) = 1$的特殊情形不会产生问题, 只要f是本原形, $f \otimes \psi$就是本原形(这确实是大家期望的结果). 在这种情形, 缠绕L函数的函数方程的形式如下.

命题 14.20 令$f \in S_k^*(q,\chi)$为本原形, ψ为模r的Dirichlet本原特征, 其中$(r,q) = 1$, 则$f \otimes \psi$是级为$N = qr^2$的本原形, $f \otimes \psi$的Hecke L函数是整函数, 且在竖直带内多项式性有界. 此外, 完全L函数(14.42)满足函数方程

$$\Lambda(f\otimes\psi,s)=\mathrm{i}^k\, w\bar{\eta}_f\Lambda(\bar{f}\otimes\bar{\psi},k-s),$$

其中η_f是f关于算子$\overline{W}$的特征值, 根数w依赖于χ和ψ, 即

$$w=\chi(r)\psi(q)\tfrac{\tau(\psi)^2}{r}.$$

对尖形式的任何缠绕不存在极点的事实说明Fourier系数的符号随机变化, 并且与那些任选的Dirichlet特征无关. Fourier系数缺乏周期性在解析数论中是一个很受欢迎的特点. 关于用缠绕替代正值性的应用, 见[73–75].

缠绕作为Rankin-Selberg卷积$\mathrm{GL}(2)\otimes\mathrm{GL}(1)$的简单情形也很重要(见第5章), 它们出现在所谓的通过L函数的解析性质刻画模形式的逆定理中. 第一个利用缠绕的逆定理归功于Weil[334]. 更深刻的变体在证明Langlands 函子性的例子中也很重要, 见Cogdell在[12]中的综述. 下面是我们引用的Weil的结果:

定理 14.21 令

$$L_1(s)=\sum_{n\geqslant1}a(n)n^{-s},\quad L_2(s)=\sum_{n\geqslant1}b(n)n^{-s}$$

为在$\mathrm{Re}(s)>C$内绝对收敛的两个Dirichlet级数, 其中$C>0$.

假设存在整数$k\geqslant1, q\geqslant1, M>0$使得对任意的本原特征$\psi \bmod m$, 其中$(m,Mq)=1$, Dirichlet级数

$$L(f\otimes\psi,s)=\sum_{n\geqslant1}a(n)\psi(n)n^{-s},\quad L(g\otimes\psi,s)=\sum_{n\geqslant1}b(n)\psi(n)n^{-s}$$

可以解析延拓为在竖直带中有界的整函数, 使得

$$\Lambda(f\otimes\psi,s)=(2\pi)^{-s}\Gamma(s)L(f\otimes\psi,s),\quad \Lambda(g\otimes\psi,s)=(2\pi)^{-s}\Gamma(s)L(g\otimes\psi,s)$$

是整函数且满足函数方程

$$\Lambda(f\otimes\psi,s)=w_\psi(qm^2)^{\frac{k}{2}-s}\Lambda(g\otimes\bar{\psi},k-s),$$

其中

$$w_\psi=\mathrm{i}^k\,\chi(m)\psi(q)\tau(\psi)^2r^{-1},$$

则存在关于某个特征$\chi \bmod q$的尖形式$f\in S_k(q,\chi)$使得$L(f,s)=L_1(s), L(Wf,s)=L_2(s)$.

§14.9 尖形式的Fourier系数的估计

尖形式的Fourier系数(或Hecke特征值)的大小问题是自守型本身研究中的经典问题. 考虑$f\in S_k(q,\chi)$. 根据习题14.1关于尖形式的判别法和我们得到的Parseval公式, 从f的Fourier展开式可知对任意的$y>0$有

$$\sum_{n\geqslant1}|a_f(n)|^2\,\mathrm{e}^{-4\pi ny}=\int_0^1|f(z)|^2\,\mathrm{d}\,z\ll y^{-k},$$

所以对任意的$N>1$有

$$\sum_{n\leqslant N}|a_f(n)|^2 \ll y^{-k}\,\mathrm{e}^{4\pi Ny}.$$

选取$y=N^{-1}$, 我们推出关于Fourier系数的二阶矩的一个界

$$\sum_{n\leqslant N}|a_f(N)|^2 \ll N^2. \tag{14.53}$$

因此由正值性得到显然的界, 即$a_f(n)\ll n^{\frac{k}{2}}$. 最后一步非常粗糙, 所以我们希望关于单个系数$a_f(n)$的界可以得到改进. 另一方面, Rankin-Selberg L函数的性质已经证明, 由均值得到的界已经有了正确的数量级. 所以, 这说明$a_f(n)$ 的界基本上是$n^{\frac{k-1}{2}}$. Ramanujan-Peterson猜想指出对任意的$\varepsilon>0$有个体界$a_f(n)\ll n^{\frac{k-2}{2}+\varepsilon}$成立. 对本原尖形式, P. Deligne[55]在$k\geqslant 2$时将它作为有限域上簇的Riemann猜想(Weil猜想)的推论给出了证明, 并且给出非常好的估计: 对任意的$n\geqslant 1$有

$$|\lambda_f(n)|\ll \tau(n)n^{\frac{k-1}{2}}, \tag{14.54}$$

其中τ是因子函数. 对于$k=1$也存在相应的公式, 它是由Deligne与Serre[58]给出的. 特别地, 因为这个结果是完全一致地成立, 所以它是极其强大的. 若f不是本原的, 将它写成Hecke形的线性组合, 我们从(14.54)推出

$$a_f(n)\ll \tau(n)n^{\frac{n-1}{2}},$$

但是非常糟糕的是现在隐性常数依赖于f.

为了获得期望的数量级, 将Fourier系数标准化往往是很方便的, 我们用

$$f(z)=\sum_{n\geqslant 1}a_f(n)n^{\frac{k-1}{2}}\,\mathrm{e}(nz), \tag{14.55}$$

取代(14.9). 同理, 在本原形的情形改为$\lambda_f(n)$. 这样做的效果是将L函数的临界线移到$\mathrm{Re}(s)=\frac{1}{2}$处, 而函数方程联系的是$\Lambda(f,s)$与$\Lambda(\bar{f},1-s)$. 标准化在解析数论中是很实用的, 从现在起, 除非另行说明, 我们都是这样做的. 这也是我们在第5章中用过的标准化, 关于必要的调整见§5.11. 在这样的背景下, Deligne界表现为: 若f为本原形, 则$|\lambda_f(n)|\leqslant\tau(n)$, 从而Hecke L函数变成

$$\sum_{n\geqslant 1}\lambda_f(n)n^{-s}=\prod_p(1-\lambda_f(p)p^{-s}+\chi(p)p^{-2s})^{-1}.$$

在最近(例如"放大法")的应用中, 需要得到Fourier系数的下界. 因为存在本原形f和n(与级互素)使得$\lambda_f(n)=0$, 所以个体下界不可能存在, 我们只能期望均值界成立. 事实上, 我们从Rankin-Selberg方法可知可以将上界(14.53) 改进为渐近式(记住我们现在将$a_f(n)$标准化成了(14.55)中的项)

$$\sum_{n\leqslant N}|a_f(n)|^2=c_fN+O(N^{\frac{3}{5}}), \tag{14.56}$$

其中$c_f>0$, 隐性常数依赖于f. 特别地, 对于固定的f, Fourier系数不会过于频繁地变得太小. 但是, 公式中常数对f的依赖性不是那么清楚, 所以不存在应用中经常要求的一致性. 在这样的背景下, 我们察觉到下面的式子非常有用: 若f是本原形, 则

$$\lambda_f(p^2)-\lambda_f(p)^2=\chi(p).$$

我们从这个简单的公式可知对于不整除级q的p, 不可能$\lambda_f(p)$和$\lambda_f(p^2)$同时很小! 这一点非常有用, 因为它对所有相关的参数是完全一致的. 下面是应用这个公式的一个例子.

命题 14.22 令$f \in S_k^*(q,\chi)$为本原形, $\lambda_f(n)$为它的Hecke特征值, 则存在复数列$c(n)$使得当$N \gg \log^2 2q$时, 有

$$\sum_{n\leqslant N} c(n)\lambda_f(n) \asymp \sqrt{N}\log^{-1} N, \tag{14.57}$$

$$\sum_{n\leqslant N} |c(n)|^2 \asymp \sqrt{N}\log^{-1} N. \tag{14.58}$$

证明: 只需要取

$$c(n) = \begin{cases} \bar{\chi}(p), & 若n = p^2 \leqslant N, \\ -\bar{\chi}(p)\lambda_f(p), & 若n = p \leqslant \sqrt{N}, \\ 0, & 否则, \end{cases}$$

则由Chebyshev对$\pi(\sqrt{N})$的估计以及$\omega(q) \ll (\log 2q)(\log\log 3q)^{-1}$可知(14.57)的左边等于

$$\sum_{p\leqslant\sqrt{N}} \bar{\chi}(p)(\lambda_f(p^2) - \lambda_f(p)^2) = \sum_{\substack{p\leqslant\sqrt{N}\\ p\nmid q}} 1 \asymp \sqrt{N}\log^{-1} N.$$

另一方面, 由Deligne的界(14.54)可知$c(n)$满足(14.58). □

注记: 由证明看出, 我们可以选择$c(n)$子素数或素数的平方上支撑, 并且使得$|c(n)| \leqslant 2$. 这些额外的性质不重要, 但是由于技术方面的原因可能很实用.

§14.10 Fourier系数的均值

命题14.5中的Peterson公式在应用中非常有用, 它可以让我们在自然的(可以说“完全”的)自守形族上取均值. 在这样做的过程中可以证明自守形的Fourier系数表现得像“和谐物”, 它们几乎正交(关于隐含的思想见§7.3). 这对于Kuznetsov公式的类似效果而言也非常正确(见第16章).

对于本原形的系数的处理尤其重要, 它也从乘性(还有其他性质)中得到好处. 由于通常$S_k(q,\chi)$没有本原形基, 问题产生了. 但是, 取一组Hecke形基(见命题14.11), 记为$H_k(q,\chi)$, 记

$$f(z) = \sum_{n\geqslant 1} \lambda_f(n) n^{\frac{k-1}{2}} \mathrm{e}(nz)$$

为Fourier展开式, 由命题14.5得到

推论 14.23 令$q \geqslant 1, k \geqslant 2$, χ为模q的特征, $H_k(q,\chi)$为$S_k(q,\chi)$ 的任意Hecke基. 对任意的$m, n \geqslant 1$有

$$\sideset{}{^h}\sum_{f\in H_k(q,\chi)} \lambda_f(n)\overline{\lambda_f(m)} = \delta(m,n) + 2\pi \mathrm{i}^{-k} \sum_{\substack{c>0\\ c\equiv 0 \bmod q}} c^{-1} S_k(m,n;c) J_{k-1}\left(\tfrac{4\pi\sqrt{mn}}{c}\right), \tag{14.59}$$

其中上标h表示f经过谱标准化有Peterson范为1. 若不经过标准化, 它表示求和项适当加权, 即

$$\sideset{}{^h}\sum_{f\in H_k(q,\chi)} \alpha_f = \frac{\Gamma(k-1)}{(4\pi)^{k-1}} \sum_{f\in H_k(q,\chi)} \frac{\alpha_f}{\|f\|^2}. \tag{14.60}$$

了解近似的正交性到底有多好, 也就是说对Kloostermann和的估计是很重要的. 通过简单而有效的办法可以得到下面的推论(更精细的估计见定理16.7).

推论 14.24 在上述记号下, 对任意的$m, n \geqslant 1$有

$$\sum_{f \in H_k(q,\chi)}^h \lambda_f(n)\overline{\lambda_f(m)} = \delta(m,n) + O(\tau_3((m,n))(m,n,q)^{\frac{1}{2}}(mn)^{\frac{1}{4}}\tfrac{\tau(q)}{q\sqrt{k}}\log(1+\tfrac{(mn)^{\frac{1}{4}}}{\sqrt{qk}})), \tag{14.61}$$

其中隐性常数是绝对的.

证明: 利用估计$J_{k-1}(x) \ll \min\{1, \frac{x}{k}\}$和关于Kloosterman和的Weil界(推论11.12)

$$|S(m,n;c)| \ll (m,n,c)^{\frac{1}{2}}c^{\frac{1}{2}}\tau(c). \tag{14.62}$$

对于$c = qr$, 可得界$(m,n,q)^{\frac{1}{2}}(m,n,r)^{\frac{1}{2}}c^{\frac{1}{2}}\tau(q)\tau(r)$. 因此(14.59)中的Kloosterman和的和式的界为

$$(m,n,q)^{\frac{1}{2}}\tfrac{\tau(q)}{\sqrt{q}}\sum_r \tfrac{\tau(r)}{\sqrt{r}}(m,n,r)^{\frac{1}{2}}\min\{1, \tfrac{\sqrt{mn}}{kqr}\},$$

从而由初等估计: 对任意的$X > 0$有

$$\sum_r \tfrac{\tau(r)}{\sqrt{r}}\min\{1, \tfrac{X}{r}\} \ll \sqrt{X}\log(1+\sqrt{X})$$

得到结果. □

若旧形式空间消失, 则本原形的集合$S_k(q,\chi)^*$是$S_k(q,\chi)$的特定基. 特别地, 例如当χ是本原形时, 情况就是如此.

但是, 我们将会进一步讨论q为素数, χ平凡, $k < 12$这种特殊情形, 因为我们在第26章将用它研究L函数的非零性. 在这种情形有$S_k^*(q) = S_k(q)$, 因为$S_k(1) = 0$(关于$\mathrm{SL}(2,\mathbb{Z})$的第一个尖形式是权为12的). 若$f \in S_k^*(q)$是本原形, 则它有实的特征值, 又因为$q$无平方因子, 函数方程的符号$\varepsilon_f = \pm 1$由$\varepsilon_f = -\lambda_f(q)q^{\frac{1}{2}}$给出(见命题14.46, 注意我们稍微改变了Fourier系数的标准化). 我们经常希望能够对给定符号$\varepsilon = \pm 1$的本原形求均值. 我们可以这样做: 插入因子$1 + \varepsilon\varepsilon_f$, 然后两次应用求和公式得到

$$2\sum_{\varepsilon_f = \varepsilon}^h \lambda_f(n)\overline{\lambda_f(m)} = \sum_f^h (1+\varepsilon\varepsilon_f)\lambda_f(n)\overline{\lambda_f(m)} = \sum_f^h \lambda_f(n)\overline{\lambda_f(m)} - \varepsilon q^{\frac{1}{2}}\sum_f^h \lambda_f(q)\lambda_f(n)\overline{\lambda_f(m)}.$$

因为f是本原形, q是级, 所以对所有的n有$\lambda_f(q)\lambda_f(n) = \lambda_f(qn)$. 由此推得

命题 14.25 令q为素数, $1 < k < 12, \varepsilon = \pm 1$. 则对任意的$m, n \geqslant 1$有

$$\begin{aligned} 2\sum_{\varepsilon_f = \varepsilon}^h \lambda_f(n)\overline{\lambda_f(m)} &= \delta(m,n) - \varepsilon q^{\frac{1}{2}}\delta(m,nq) \\ &\quad + 2\pi \mathrm{i}^{-k}\sum_{\substack{c>0 \\ c \equiv 0 \bmod q}} c^{-1}(S(m,n;c) - cq^{\frac{1}{2}}S(m,nq;c)J_{k-1}(\tfrac{4\pi\sqrt{mn}}{c}). \end{aligned} \tag{14.63}$$

我们在这里也可以估计一些或所有Kloosterman和, 得到用本原形的Hecke特征值对对角符号的估计.

推论 14.26 令q为素数, $1 < k < 12, \varepsilon = \pm 1$. 则对任意的$m, n \geqslant 1$满足$(m, q) = 1$ 时有

$$2\sum_{\varepsilon_f=\varepsilon}^{h} \lambda_f(n)\overline{\lambda_f(m)} = \delta(m,n) - \frac{2\pi\,\mathrm{i}^{-k}}{\sqrt{q}} \sum_{(r,q)=1} \frac{1}{r} S(m\bar{q}, n; r) J_{k-1}\Big(\frac{4\pi}{r}\sqrt{\frac{mn}{q}}\Big) + O\Big(\tau_3((m,n)) \frac{(mn)^{\frac14}}{q\sqrt{k}} \log\Big(1 + \frac{(mn)^{\frac14}}{\sqrt{qk}}\Big)\Big), \tag{14.64}$$

$$2\sum_{\varepsilon_f=\varepsilon}^{h} \lambda_f(n)\overline{\lambda_f(m)} = \delta(m,n) + O\Big(\frac{\tau_3(m,n)}{\sqrt{q}} \Big(\frac{mn}{qk^2}\Big)^{\frac14} \log\Big(1 + \frac{(mn)^{\frac14}}{\sqrt{qk^2}}\Big)\Big). \tag{14.65}$$

证明: 因为$q \nmid m$, 所以$\delta(m, qn) = 0$. 此外, (14.63)的右边第一个关于Kloosterman 和的项已经在推论14.24中得到估计. 对于第二个关于Kloosterman和的项, 记$c = qr$, 估计满足$q|r$的项贡献的值, 由同样的方法得到数量级更小的界.

当$(r, q) = 1$时, Kloosterman和分解为

$$S(m, n; qr) = S(m\bar{q}, n; r)S(0, m; q) = -S(m\bar{q}, n; r),$$

这样就得到(14.64). (14.64)中剩下的关于Kloosterman和的和式也可以利用Weil界直接估计, 结果由(14.65)中的误差项给出(就q而言, 它比(14.64)中的误差项差). □

(14.65)中的误差项比(14.64)中的误差项大, (恰好)不能在第26章中应用. 通过利用关于变量m, n的Kloosterman和式中求和项之间的抵消可以从(14.64)中得到更好的估计.

第 15 章　自守形的谱理论

§15.1　动机与几何预备知识

在前面的章节中(特别是第4章)发展的Abel调和分析给出变换或估计关于整点或各种几何区域中的格点的和式的强大手段. 但是, 我们希望在解析数论中有针对关于不只是在解析条件下定义的整数子集的和式的此类工具. 其中常见的有关于由行列式方程

$$\left|\begin{smallmatrix} a & b \\ c & d \end{smallmatrix}\right| = ad - bc = h$$

限制的$(a, b, c, d) \in \mathbb{Z}^4$的和式. 例如, 当我们研究临界线上的$L$函数的幂矩(带放大因子)以便处理非对角项的贡献值时就遇到过行列式方程.

尽管经典的Fourier分析能够很好地适用于行列式方程(尤其是通过Kloosterman和的估计得以增强), 但是双曲平面上的谱理论可以产生更强的结果. 关键点在于对于行列式方程的分析, 自守形是比指数函数或Dirichlet特征更自然的和谐物. 它们通过许多其他的途径进入现代解析数论. 例如, 关于二次域的类群(Lagrange, Gauss, Dirichlet等人研究过)的老问题在不谈及自守理论的情况下不可能正确理解. 另一个需要新的解析工具的诱因是研究自守L函数.

本章的参考书有[28, 154]. 基本理论是由Maass[220]和Selberg[284]建造的.

正如上一章做的那样, 我们首先考虑群$G = \mathrm{SL}(2, \mathbb{R})$. 就像$\mathbb{Z}$是$\mathbb{R}$中的离散子群, 由此产生了周期函数和Fourier级数理论, $\Gamma = \Gamma_0(1) = \mathrm{SL}(2, \mathbb{Z})$是$G$的离散子群. 通过调和分析研究行列式方程意味着取核光滑且有紧支集的$k : G \to \mathbb{C}$, 由Poisson方法找到如下定义的Γ-周期函数$\mathcal{K} : G \to \mathbb{C}$:

$$\mathcal{K}(g) = \sum_{\gamma \in \Gamma} k(\gamma g)$$

(即满足$\mathcal{K}(\gamma g) = \mathcal{K}(g), \forall \gamma \in \Gamma$)的求和公式.

但是, 先进行关于紧Abel子群

$$K = \left\{ \begin{pmatrix} \cos\theta & -\sin\theta \\ \sin\theta & \cos\theta \end{pmatrix} \middle| \theta \in [0, 2\pi] \right\} \subset \mathrm{SL}(2, \mathbb{R})$$

(它同构于圆$\mathbb{R}/2\pi\mathbb{Z}$)的普通Fourier展开式可能会得到有用的简化. 任何函数k可以展开成级数

$$k(g) = \sum_{m \in \mathbb{Z}} k_m(g),$$

其中k_m满足简单的变换法则: 对所有的$r = r_\theta \in K$有$k_m(gr) = \mathrm{e}(m\theta)$. 因此, 我们不考虑$G$上, 而是考虑其商空间$G/K$上的函数. 这个商空间与Poincaré上半平面微分同胚:

$$G/K \to \mathbb{H}, \ \begin{pmatrix} a & b \\ c & d \end{pmatrix} \mapsto \frac{a\mathrm{i} + b}{c\mathrm{i} + d}. \tag{15.1}$$

我们不进行明显的约化, 而是考虑有G作用的$\mathbb{H}$.

回顾第14章定义了Poincaré上半平面$\mathbb{H} = \{z \in \mathbb{C} | \operatorname{Im}(z) > 0\}$. 我们现在可以将它视为双曲平面的模型, 即赋予Poincaré度量

$$\mathrm{d}\,s^2 = y^{-2}(\mathrm{d}\,x^2 + \mathrm{d}\,y^2) = y^{-2}|\,\mathrm{d}\,z|^2 \tag{15.2}$$

后成为有常值负曲率-1的2维完备Riemann流形.

带这个度量的$\mathbb{H}$的几何容易理解, 因为$\mathbb{H}$有一个大的等距群. 事实上, (14.2)中$G = \mathrm{SL}(2, \mathbb{R})$在$\mathbb{H}$上通过线性变换

$$gz = \tfrac{az+b}{cz+d}, \text{其中} g = \left(\begin{smallmatrix} a & b \\ c & d \end{smallmatrix}\right) \tag{15.3}$$

给出的作用是等距的: 由上面的公式以及

$$\mathrm{d}(gz) = (cz+d)^{-2}\,\mathrm{d}\,z \tag{15.4}$$

可以直接得到结果.

因此$G \subset \operatorname{Isom}(\mathbb{H})$($\mathbb{H}$的等距群), G的中心作用平凡. 实际上, $\mathrm{PSL}(2, \mathbb{R}) = \mathrm{SL}(2, \mathbb{R})/\{\pm 1\}$是$\mathbb{H}$的保定向等距的完全群, $\operatorname{Isom}(\mathbb{H})$由$G$和反射$\sigma : z \mapsto \bar{z}$生成.

利用这个大的等距群, 我们可以很快建立$\mathbb{H}$的许多几何性质:

(1) $\mathbb{H}$中的角与Euclid空间中的角一致(就意味该度量可以保形变换为Euclid度量$|\,\mathrm{d}\,z|^2$).

(2) $\mathbb{H}$中的双曲测地线是与“边界”正交的半圆(Euclid空间中的半圆)以及竖直线$\operatorname{Re}(z) =$ 常数. 特别地, 这样的圆或直线可以由$g \in G$变为另一个.

(3) 以w为心的测地圆$\{z \in \mathbb{H} | d(z, w) = r\}$也是Euclid圆(圆心和半径不同).

(4) (双曲度量下的)距离公式为

$$d(z, w) = \log \tfrac{|z-\bar{w}|+|z-w|}{|z-\bar{w}|-|z-w|},$$

但是实际中往往用如下给出的函数$u(z, w)$更方便:

$$u(z, w) = u(\mathrm{d}(z, w)) = \frac{|z-w|^2}{4\operatorname{Im}(z)\operatorname{Im}(w)}, \tag{15.5}$$

其中$u : \mathbb{R}^+ \to \mathbb{R}^+$是距离函数

$$u(d) = \tfrac{1}{2}(\cosh d - 1) = \sinh^2 \tfrac{d}{2}. \tag{15.6}$$

注记: (1) 我们需要注意的是$\mathbb{H}$上由Riemann度量诱导的拓扑不同于Euclid空间中作为$\mathbb{C}$的子集的拓扑. 例如, $\mathbb{H}$关于Riemann度量完备, 但是在Euclid空间中不完备.

(2) 注意紧子群K是$\mathrm{i} \in \mathbb{H}$的稳定化子, 所以上面描述的同构$G/K \simeq \mathbb{H}$ 就是G上的映射$g \mapsto g\,\mathrm{i}$.

回顾与Poincaré度量相关的不变测度为

$$\mathrm{d}\,\mu(z) = y^{-2}\,\mathrm{d}\,x\,\mathrm{d}\,y \tag{15.7}$$

(见(14.4)).

当我们进入$\mathbb{H}$关于离散子群的商群, 特别是同余子群$\Gamma_0(q)\backslash\mathbb{H}$上的的调和分析(见§14.1), 想想$\mathbb{R}$作为加群的情形以及它的离散子群, 许多新的现象会出现. 首先, $\mathbb{R}$ 的离散子群一定形如$a\mathbb{Z}(a \in \mathbb{R})$, 因

此它们基本上是“完全相同的”. 这种类似性使得我们可以很快从关于$\mathbb{Z}$的Poisson求和公式推出关于等差数列的Poisson求和公式(见§4.3). 另一方面, $\Gamma_0(q)\backslash\mathbb{H}$ 上的调和分析中有许多微妙的问题(类似于第14章提到的复解析方面的差别).

§15.2 $\mathbb{H}$上的Laplace算子

$\mathbb{H}$上的调和分析与双曲Laplace算子

$$\Delta = -y^2(\tfrac{\partial^2}{\partial x^2} + \tfrac{\partial^2}{\partial y^2}) \tag{15.8}$$

有关. 这是一个G-不变微分算子, 即对任意的二次可微函数f有

$$\Delta(f|g) = \Delta f.$$

根据所选的坐标, 我们有许多分析$\mathbb{H}$上的算子Δ的办法. 利用直角坐标$z = x + \mathrm{i}\,y$, 并将变量分离进行研究, 我们可以将$\mathbb{H}$上周期为1的函数f视为关于变量x的函数, 从而f有Fourier展开式

$$f(z) = \sum_{n\in\mathbb{Z}} f_n(y)\,\mathrm{e}(nx), \tag{15.9}$$

其中系数

$$f_n(y) = \int_0^1 f(x+\mathrm{i}\,y)\,\mathrm{e}(-nx)\,\mathrm{d}\,x. \tag{15.10}$$

应用Laplace算子得到

$$\Delta f(z) = y^2 \sum_{m\in\mathbb{Z}} (4\pi^2 n^2 \hat{f}_n(y) - \hat{f}_n''(y)\,\mathrm{e}(ny))\,\mathrm{e}(nx).$$

我们特别关心的是Δ的特征函数, 即对某个$\lambda\in\mathbb{C}$使得$\Delta f = \lambda f$的函数f. 最好是将特征值λ写成关于参数s的形式使得$\lambda = s(1-s)$. 因为Δ是椭圆微分算子, 任何这样的f 自动在$\mathbb{H}$ 上实解析.

继续看一个关于变量x的周期函数f, 它是以λ为特征值的特征函数当且仅当$\hat{f}_n$是常微分方程

$$f'' + (\tfrac{\lambda}{y^2} - 4\pi^2 n^2)f = 0$$

的解.

对$n=0$, 所有的解是ys与y^{1-s}的线性组合(若$s=\frac{1}{2}$, 用$y^{\frac{1}{2}}\log y$替代y^{1-s}). 对$n\geqslant 1$, 关于方程的两个线性无关解由标准的Bessel函数

$$f_n(y) = 2y^{\frac{1}{2}} K_{s-\frac{1}{2}}(2\pi|n|y)$$

与

$$f_n(y) = 2y^{\frac{1}{2}} I_{s-\frac{1}{2}}(2\pi|n|y)$$

给出, 它们由$y\to+\infty$时的渐近性区分开来. 由此得到

引理 15.1 设关于x以1为周期的函数$f:\mathbb{H}\to\mathbb{C}$为$\Delta$的特征函数, $\lambda = s(1-s)$ 为特征值, 并且f满足增长条件

$$f(z) = o(\mathrm{e}^{2\pi y})(y \to +\infty),$$

则存在复数$a, b, a_n (n \neq 0)$使得

$$f(z) = ay^s + by^{1-s} + y^{\frac{1}{2}} \sum_{n \neq 0} a_n K_{s-\frac{1}{2}}(2\pi|n|y)\,\mathrm{e}(nx)$$

(若$s = \frac{1}{2}$, 用$y^{\frac{1}{2}} \log y$替代y^{1-s}).

特别地, 这个精确的Fourier展开式意味着f事实上最多呈多项式形增长. 确切地说, 当$y \to +\infty$时有

$$f(z) \ll y^{\sigma} + y^{1-\sigma},$$

其中依惯例$\sigma = \mathrm{Re}(s)$.

§15.3 自守函数与自守形

我们现在考虑G的离散子群Γ使得$\mathrm{Vol}(\Gamma\backslash\mathbb{H}) < +\infty$(这样的子群称为第一类Fuchs群), 其中Hecke群$\Gamma_0(q)(q \geqslant 1)$特别重要.

我们定义$\mathbb{H}$上不同的Γ-周期函数空间:

$$\mathcal{A}(\Gamma\backslash\mathbb{H}) = \{f : \mathbb{H} \to \mathbb{C} | f|\gamma = f, \forall \gamma \in \Gamma\}$$

(自守函数空间),

$$L^2(\Gamma\backslash\mathbb{H}) = \{f \in \mathcal{A}(\Gamma\backslash\mathbb{H}) | \|f\| = \textstyle\int_F |f(z)|^2 \,\mathrm{d}\,\mu(z) < +\infty\}$$

(平方可积自守函数空间),

$$\mathcal{A}_s(\Gamma\backslash\mathbb{H}) = \{f \in \mathcal{A}(\Gamma\backslash\mathbb{H}) | \Delta f = s(1-s)f\}$$

(特征值为$\lambda = s(1-s)$的自守形或Maass形空间).

令$\mathfrak{a}$为Γ的任意尖点, $\sigma_{\mathfrak{a}}$为(14.5)中的缩放矩阵. 对任意的$f \in L^2(\Gamma\backslash\mathbb{H})$, $f_{\mathfrak{a}} = f|\sigma_{\mathfrak{a}}$为关于$x$的周期为1的函数, 从而有形如(15.9)的Fourier展开式. 我们进一步定义

$$L_0^2(\Gamma\backslash\mathbb{H}) = \{f \in L^2(\Gamma\backslash\mathbb{H} | \hat{f}_{\mathfrak{a},0} = 0, \forall \text{尖点}\mathfrak{a}\}$$

(尖自守函数空间).

$$\mathcal{A}_s^0(\Gamma\backslash\mathbb{H}) = L_0^2(\Gamma\backslash\mathbb{H}) \cap \mathcal{A}_{\mathfrak{a}}(\Gamma\backslash\mathbb{H})$$

(特征值为$s(1-s)$的尖形式空间).

注意, 特别地有$L^2(\Gamma\backslash\mathbb{H})$中(或者适度增长)的任意自守形都像引理15.1中指出的那样有在尖点∞处的Fourier展开式.

我们的第一个目标是描述如何用“谱”分解$L^2(\Gamma\backslash\mathbb{H})$中的元素, 就像$\mathbb{R}/\mathbb{Z}$或$\mathbb{R}$上的Fourier(级数或积分)分解. 我们将通过自守函数的Laplace作用的特征值来做这件事.

定义Δ的区域$\mathcal{D}$为

$$\mathcal{D}=\{f\in L^2(\Gamma\backslash\mathbb{H}|f,\Delta f\text{都是}C^\infty\text{类的且有界}\},$$

因此可以将Δ变成定义于稠密区域$\mathcal{D}$的$L^2(\Gamma\backslash\mathbb{H})$上的无界线性算子. 利用Stokes公式可以证明$\Delta$对称且有正值性, 从而由一般的泛函分析可知它可以自伴扩张到整个$L^2(\Gamma\backslash\mathbb{H})$上.

要是商空间$\Gamma\backslash\mathbb{H}$紧致, 则由一般的Hilbert空间理论可知$\Delta$有纯点谱, 从而$L^2(\Gamma\backslash\mathbb{H})$由$\Delta$的特征函数张成, 就像$\mathbb{R}/\mathbb{Z}$的情形一样. 由于缺乏紧性, 事情就变得更复杂, 因为连续谱存在; 而另一方面, 尖形式的存在给出Fourier 展开式, 它们是强大的工具.

§15.4 连续谱

为了进行谱分解, 我们首先构造"显然的"自守形空间, 即那些通过熟悉的均值技巧构造的空间. 确切地说, 对于光滑且有紧支集的测试函数$\psi:\mathbb{R}^+\to\mathbb{C}$和尖点$\mathfrak{a}$, 我们定义不完全Eisenstein级数

$$E_{\mathfrak{a}}(z,\psi)=\sum_{\gamma\in\Gamma_{\mathfrak{a}}\backslash\Gamma}\psi(\operatorname{Im}\sigma_{\mathfrak{a}}^{-1}\gamma z),\tag{15.11}$$

它显然在$L^2(\Gamma\backslash\mathbb{H})$中, 因为$\psi$有紧支集. 当然, 由同样的理由可知$E_{\mathfrak{a}}(\cdot,\psi)$绝不可能是$\Delta$的特征函数. 但是, 利用Mellin反转公式可得

$$E_{\mathfrak{a}}(z,\psi)=\tfrac{1}{2\pi\mathrm{i}}\int_{(\sigma)}E_{\mathfrak{a}}(z,s)\hat{\psi}(s)\,\mathrm{d}\,s,\tag{15.12}$$

其中$\sigma>1$, $\hat{\psi}$是ψ的Mellin变换, $E_{\mathfrak{a}}(\cdot,\psi)$是Eisenstein级数

$$E_{\mathfrak{a}}(z,s)=\sum_{\gamma\in\Gamma_{\mathfrak{a}}\backslash\Gamma}(\operatorname{Im}\sigma_{\mathfrak{a}}^{-1}\gamma z)^s,$$

该级数在$\operatorname{Re}(s)>1$时绝对收敛, 且在紧致集上一致收敛. 因为$\Delta(\operatorname{Im}(z))^s=s(1-s)\operatorname{Im}(z)$, Eisenstein级数$E_{\mathfrak{a}}(z,s)$是$\Delta$的特征函数, 但是遗憾的是它不是平方可积的, 所以不能直接用于谱分解.

我们定义新空间$\mathcal{E}(\Gamma\backslash\mathbb{H})$为不完全Eisenstein级数张成的空间在$L^2(\Gamma\backslash\mathbb{H})$ 中的闭包. 显然, Δ作用于$\mathcal{E}(\Gamma\backslash\mathbb{H})$. Selberg证明了谱分解在这个子空间中的解存在于Eisenstein级数(关于s变量)到整个复平面的亚纯延拓. 在$\Gamma_0(q)$的情形, 通过清楚地计算在尖点∞处的Fourier展开式, 我们可以很容易看出解析延拓.

令$\mathfrak{a},\mathfrak{b}$为两个尖点(可能相同), 则$E_{\mathfrak{a}}(\cdot,s)$在尖点$\mathfrak{b}$处有Fourier展开式, 我们将它写成

$$E_{\mathfrak{a}}(\sigma_{\mathfrak{b}}z,s)=\delta_{\mathfrak{a},\mathfrak{b}}y^s+\varphi_{\mathfrak{a},\mathfrak{b}}y^{1-s}+y^{\frac12}\sum_{n\neq0}\varphi_{\mathfrak{a},\mathfrak{b}}(n,s)K_{s-\frac12}(2\pi|n|y)\,\mathrm{e}(nx).$$

常数项方阵$\Phi(s)=(\varphi_{\mathfrak{a},\mathfrak{b}}(s))_{\mathfrak{a},\mathfrak{b}}$称为$\Gamma$的散射矩阵.

在$\Gamma=\mathrm{SL}(2,\mathbb{Z})$的情形, Fourier系数为(我们去掉下标$\mathfrak{a},\mathfrak{b}$, 因为只有一个尖点)

$$\varphi(s)=\sqrt{\pi}\tfrac{\Gamma(s-\frac12)}{\Gamma(s)}\tfrac{\zeta(2s-1)}{\zeta(2s)},$$

$$\varphi(n,s)=\pi^s\Gamma(s)^{-1}\zeta(s)^{-1}|n|^{-\frac12}\sum_{ab=|n|}(\tfrac{a}{b})^{s-\frac12},$$

并且事实上可以从Riemann ζ函数$\zeta(s)$看出亚纯延拓. 在这种情形, $E(z,s)$的完全Fourier展开式是

$$E(z,s)=\theta(s)y^s+\theta(1-s)y^{1-s}+4\sqrt{y}\sum_{n=1}^{\infty}\tau_{s-\frac12}(n)K_{s-\frac12}(2\pi ny)\cos(2\pi nx).\tag{15.13}$$

对于一般的$\Gamma_0(q)$, 可以用Dirichlet L函数给出类似的表达式.

令$\mathrm{Re}(s) \geqslant \frac{1}{2}$, 易见$E(z,s)$在这个区域只有单极点$s=1$, 留数为常数$V^{-1}$, 其中$V = \mathrm{Vol}(\Gamma\backslash\mathbb{H})$. 对于一般的第一类Fuchs群, 在半平面$\mathrm{Re}(s) \geqslant \frac{1}{2}$可能有其他极点, 尽管只有有限个, 并且都在区间$\frac{1}{2} < s \leqslant 1$内, 没有一个在直线$\mathrm{Re}(s) = \frac{1}{2}$上. 所有的留数在$L^2(\Gamma\backslash\mathbb{H})$ 中, 将它们张成的子空间记为$\mathcal{R}(\Gamma\backslash\mathbb{H})$, 称为剩余谱空间.

对于$\Gamma_0(q)$, 我们可以进一步看到$s=1$是$E(z,s)$的唯一极点, 留数为常数

$$\|_q = \mathrm{Vol}(\Gamma_0(q)\backslash\mathbb{H}) = \tfrac{\pi}{3} q \prod_{p|q}(1 = p^{-1}).$$

利用Δ的自伴性可以证明Eisenstein级数的函数方程为

$$E(z,s) = \Phi(s)E(z,1-s),$$

其中$E(z,s)$是列向量$(E_{\mathfrak{a}}(z,s))_{\mathfrak{a}}$; 关于散射矩阵相应地有

$$\Phi(s)\Phi(1-s) = \mathrm{Id}.$$

可以证明$\mathcal{R}(\Gamma\backslash\mathbb{H})$在$\mathcal{E}(\Gamma\backslash\mathbb{H})$中的正交补有重数等于尖点数的连续谱, 它是由Eisenstein级数关于$\mathrm{Re}(s) = \frac{1}{2}$的特征包描述的. 因此对于$\Gamma_0(q)$可以推出

定理 15.2 令$f \in \mathcal{E}(\Gamma_0(q)\backslash\mathbb{H})$, 则$f$有展开式

$$f(z) = \tfrac{1}{V_q}\textstyle\int_F f(z)\,\mathrm{d}\,\mu(z) + \sum_{\mathfrak{a}} \tfrac{1}{4\pi}\int_{\mathbb{R}} \langle f, E_{\mathfrak{a}}(\cdot, \tfrac{1}{4} + \mathrm{i}\,t)\rangle E_{\mathfrak{a}}(z, \tfrac{1}{2} + \mathrm{i}\,t)\,\mathrm{d}\,t, \tag{15.14}$$

其中$V_q = \mathrm{Vol}(\Gamma_0(q)\backslash\mathbb{H})$. 这个公式在$L^2$意义下成立, 这些积分是点态绝对收敛的, 并且当$f \in \mathcal{D}$时, 在紧致集上一致收敛.

证明的要点在于: 尽管$E_{\mathfrak{a}}(\cdot,s)$不是平方可积的(因为在尖点$\mathfrak{b}$处的Fourier展开式中的项$\delta_{\mathfrak{a},\mathfrak{b}}y^s + \varphi_{\mathfrak{a},\mathfrak{b}}(s)y^{1-s}$的问题), 但是在$\mathrm{Re}(s) = \frac{1}{2}$是几乎平方可积. 事实上, 可以证明$E_{\mathfrak{a}}(\sigma_{\mathfrak{b}}z,s) \ll \sqrt{y}(y \to +\infty)$, 并且(15.14)中关于$t$的附加积分能省去因子$\log y$, 这就足以让右边变成$L^2$函数. 另一方面, 有人可能会不由自主地想说(15.12)在直线$\mathrm{Re}(s) = \frac{1}{2}$上给出谱分解, 但这是不对的, 因为系数$\hat{\psi}(s)$ 并不是理所当然地成为内积$\langle E_{\mathfrak{a}}(\cdot,\psi), E_{\mathfrak{a}}(\cdot,s)\rangle$(因为$\langle E_{\mathfrak{a}}(\cdot,s), E_{\mathfrak{a}}(\cdot,s)\rangle$发散, 在(5.12)中乘以Eisenstein级数, 然后积分是不允许的). 我们有必要利用函数方程得到合适的公式, (尽管(15.12)可能暗示了这一点)这就说明我们需要利用在所有尖点$\mathfrak{b}$处的Eisenstein级数得到在尖点$\mathfrak{a}$处的不完全Eisenstein级数的表达式(见[154], 22.1-22.3).

在一般的子群Γ的情形, Eisenstein级数在许多方面仍然是一个非常神秘的东西, 但是它对于$\Gamma_0(q)$相对来说程度低些, 此时可以直接由精确的Fourier展开式得到重要的估计, 因此在本书的应用中, 连续谱容易得到处理.

§15.5 离散谱

我们现在将注意力转向$\mathcal{E}(\Gamma\backslash\mathbb{H})$的补空间.

引理 15.3 $\mathcal{E}(\Gamma\backslash\mathbb{H})$的正交补空间是尖自守函数空间$L_0^2(\Gamma\backslash\mathbb{H})$.

由简单的计算可得结论, 我们写下全部过程让大家感受一下整个理论. 我们仅计算L^2-自守函数的数乘$\langle f, E_{\mathfrak{a}}(\cdot,\psi)\rangle$, 而不是对不完全Eisernstein级数进行计算:

$$\begin{aligned}\langle f, E_{\mathfrak{a}}(\cdot,\psi)\rangle &= \int_F f(z)\bar{E}_{\mathfrak{a}}(z,\psi)\,\mathrm{d}\,\mu(z)\\ &= \int_F f(z)\sum_{\gamma\in\Gamma_{\mathfrak{a}}\backslash\Gamma}\bar{\psi}(\operatorname{Im}\sigma_{\mathfrak{a}}^{-1}\gamma z)\,\mathrm{d}\,\mu(z)\\ &= \sum_{\gamma\in\Gamma_{\mathfrak{a}}\backslash\Gamma}\int_F f(z)\bar{\psi}(\operatorname{Im}\sigma_{\mathfrak{a}}^{-1}\gamma z)\,\mathrm{d}\,\mu(z)\\ &\text{由}f\text{的自守性}\\ &= \sum_{\gamma\in\Gamma_{\mathfrak{a}}\backslash\Gamma}\int_{\sigma_{\mathfrak{a}}^{-1}\gamma F} f(\sigma_{\mathfrak{a}}z)\bar{\psi}(z)\,\mathrm{d}\,\mu(z)\\ &= \int_0^1\int_0^{+\infty} f(\sigma_{\mathfrak{a}}z)\bar{\psi}(z)y^{-2}\,\mathrm{d}\,y\,\mathrm{d}\,x,\end{aligned}$$

因为这些集合$\sigma_{\mathfrak{a}}\gamma F$是不相交的, 并且构成带形区域$0 < \operatorname{Re}(z) < 1$的一个划分(见(14.5)或者考虑$\mathfrak{a}=\infty$).

我们现在能写成

$$\langle f, E_{\mathfrak{a}}(\cdot,\psi)\rangle = \int_0^{+\infty}\hat{f}_{\mathfrak{a},0}(y)\bar{\psi}(y))y^{-2}\,\mathrm{d}\,y, \tag{15.15}$$

其中$\hat{f}_{\mathfrak{a},0}(y)$是$f$在$\mathfrak{a}$处的Fourier展开式中的常数项, 从而得到引理.

Δ还是作用于空间$L_0^2(\Gamma\backslash\mathbb{H})$上, 但是我们现在能够证明Laplace算子的预解式是$L_0^2(\Gamma\backslash\mathbb{H})$上的紧算子. 由此易得$\Delta$在$L_0^2(\Gamma\backslash\mathbb{H})$上有纯点谱, 从而该空间由$\Delta$的特征函数(称为Maass尖形式)张成.

因为Δ是自伴的, Δ的特征值一定也是非负的, 实际上它们是正的(因为特征值为0对应$\mathbb{H}$上的有界调和函数, 从而一定为常数). 对s而言, 这就意味着$\frac{1}{2} < s \leqslant$ 或者$\operatorname{Re}(s) = \frac{1}{2}$成立. 只有有限个特征值$\lambda = s(1-s)$满足$\frac{1}{2} < s \leqslant 1$, 它们称为关于$\Gamma$的例外特征值. 尽管很容易构造有任意多个例外特征值的Fuchs群, Selberg猜想它们对于同余(算术)群不存在.

Selberg特征值猜想 对任意的$q \geqslant 1$有

$$\lambda_1 \geqslant \tfrac{1}{4},$$

其中λ_1是作用于$L_0^2(\Gamma_0(q)\backslash\mathbb{H})$上的$\Delta$的最小特征值.

此外, Selberg证明了

定理 15.4 对任意的$q \geqslant 1$, 有$\lambda_1 \geqslant \frac{3}{16}$.

§5.11提到过这个结果已被改进, 目前最好的结果是Kim与Sarnak[183]证明的$\lambda_1 \geqslant \frac{975}{4\,096}$.

我们将在§15.8和§15.9中看到, 例外特征值与Dirichlet L函数的例外零点有些类似(见(5.51)), 它们太多时会使解析估计变弱. 但是, 定理15.5与无零带形区域类似, 因此此时的结果要比知道的强得多. 与Ramanujan-Peterson猜想类比带来可以更多的成果, 用表示论语言讲就是它们有共同的结构.

对于一般的Γ, 尖形式深藏不露, 显得很神秘. 事实上, 我们一点也不清楚它们是否一定存在(见[253]), 除了在一些情形由对称保证了存在性(例如当反射$z \mapsto -\bar{z}$在商空间上成立, 则奇函数一定来自奇的尖形式, 因为所有的Eisenstein 级数是偶的). 但是对于同余子群, Selberg利用迹公式证明了不仅存在尖形式, 而且从某种意义上来说它们“支配着”Eisenstein级数. 它们的出现有计数函数

$$N_{\Gamma_0(q)}(T) = \big|\{j \big| |s_j| \leqslant T\}\big|$$

度量, 可以证明它满足Weyl定律: 对$T \geqslant 2$有

$$N_{\Gamma_0(q)}(T) = \frac{\mathrm{Vol}(\Gamma_0(q)\backslash\mathbb{H})}{4\pi}T^2 + O(\sqrt{q}T\log qT),$$

其中常数是绝对的. 因此在T与$T+1$之间平均大约有qT个特征值, 但是证明不是直接的, 所以没有产生任何的相应的尖形式!

§15.6 谱分解与自守核

我们从前两节能够推出了$\Gamma_0(q)\backslash\mathbb{H}$上自守Laplace算子的完全谱分解定理

定理 15.5 令$u_0, u_1, u_2, \ldots$为剩余尖空间的一组正交基, 即u_0为常数$\mathrm{Vol}(\Gamma_0(q)\backslash\mathbb{H})^{-\frac{1}{2}} \in \mathcal{R}(\Gamma_0(q)\backslash\mathbb{H})$, 特征值为$\lambda_0 = 0$, $u_j \in \mathcal{A}^0_{s_j}(\Gamma_0(q)\backslash\mathbb{H})$, 特征值为$\lambda_j = s_j(1-s_j)(j = 1, 2, \ldots)$, 则对于任意的$L^2(\Gamma_0(q)\backslash\mathbb{H})$有$L^2$意义下的谱分解

$$f(z) = \sum_{j\geqslant 0}\langle f, u_j\rangle u_j(z) + \sum_{\mathfrak{a}}\frac{1}{4\pi}\int_{\mathbb{R}}\langle f, E_{\mathfrak{a}}(\cdot, \tfrac{1}{2}+\mathrm{i}t)\rangle E_{\mathfrak{a}}(\cdot, \tfrac{1}{2}+\mathrm{i}t)\,\mathrm{d}t, \tag{15.16}$$

它是绝对收敛的, 且当$f \in \mathcal{D}$时在紧致集上一致收敛. 此外, Parseval公式成立:

$$\|f\| = \sum_{j\geqslant 0}|\langle f, u_j\rangle|^2 + \sum_{\mathfrak{a}}\frac{1}{4\pi}\int_{\mathbb{R}}|\langle f, E_{\mathfrak{a}}(\cdot, \tfrac{1}{2}+\mathrm{i}t)\rangle|^2\,\mathrm{d}t. \tag{15.17}$$

我们现在利用定理15.5得到关于双曲平面的商空间的Poisson求和公式. 为此, 我们考虑连续且有紧支集的二元核函数[†]$k: \mathbb{H}\times\mathbb{H} \to \mathbb{C}$, 它是"点对不变的", 即对所有的$g \in G$有$k(gz, gw) = k(z, w)$. 这就意味着$k(z, w)$仅依赖于距离$d(z, w)$. 我们将该性质表述为存在另一个单变量函数$k: \mathbb{R}^+ \to \mathbb{C}$ 使得$k(z, w) = k(u(z, w))$, 其中u是(15.5)中的函数.

与k相关的是作用于$\mathbb{H}$上函数的不变积分算子L:

$$Lf(z) = \int_{\mathbb{H}} f(w)k(z, w)\,\mathrm{d}\mu(w),$$

由假设可知k仅依赖于距离, 所以L是G-不变的. 特别地, L将自守函数映到自守函数, 事实上对有界函数$f \in \mathcal{A}(\Gamma_0(q)\backslash\mathbb{H})$有另一个公式:

$$Lf(z) = \int_F f(w)K(z, w)\,\mathrm{d}\mu(w),$$

其中积分核K的定义为:

$$K(z, w) = \sum_{\gamma\in\Gamma_0(q)/\{\pm 1\}} k(z, \gamma w). \tag{15.18}$$

这个新的和对两个变量时自守的: 事实上, 由均值构造知对w自守, 由k对称知对z自守.

将谱分解定理应用于变量z得到等式

$$K(z, w) = \sum_{j\geqslant 0}\langle K(\cdot, w), u_j\rangle u_j(z) + \sum_{\mathfrak{a}}\frac{1}{4\pi}\int_{\mathbb{R}}\langle K(\cdot, w), E_{\mathfrak{a}}(\cdot, \tfrac{1}{2}+\mathrm{i}t)\rangle E_{\mathfrak{a}}(z, \tfrac{1}{2}+\mathrm{i}t)\,\mathrm{d}t,$$

其中系数$\langle K(\cdot, w), u_j\rangle, \langle K(\cdot, w), E_{\mathfrak{a}}(\cdot, \frac{1}{2}+\mathrm{i}t)\rangle$还是自守的, 并且能够类似地展开. 但是, 下一个引理说明它们不过是分别与尖形式u_j和Eisenstein级数成比例的函数.

[†]第二个变量有用, 因为没有优先的基点.

引理 15.6 令$k:\mathbb{R}^+\to\mathbb{C}$为光滑且有紧支集的函数, $k(z,w)=k(u(z,w))$为相关的核, L为如上积分算子. 若$f:\mathbb{H}\to\mathbb{C}$(不一定自守)是Laplace算子的任意特征函数, 特征值为$\lambda=s(1-s), s=\frac{1}{2}+\mathrm{i}\,t, t\in\mathbb{C}$, 则$f$ 也是积分算子L的特征函数, 其特征值依赖于λ和L, 但不依赖于f. 确切地说, 我们有

$$Lf=\Lambda f,$$

其中$\Lambda=h(t)$, 变换$k\mapsto h$由如下步骤得出:

$$\begin{aligned} q(v) &= \int_v^{+\infty} k(u)(u-v)^{-\frac{1}{2}}\,\mathrm{d}\,u, \\ g(r) &= 2q((\sinh\tfrac{r}{2})^2), \\ h(t) &= \int_{\mathbb{R}} g(r)\,\mathrm{e}^{\mathrm{i}\,rt}\,\mathrm{d}\,t. \end{aligned}$$

证明见[154]中的定理1.16. 上面的变换称为关于SL$(2,\mathbb{R})$的Harish-Chandra/Selberg 变换, 它的逆变换为

$$\begin{aligned} g(r) &= \frac{1}{2\pi}\int_{\mathbb{R}} h(t)\,\mathrm{e}^{-\,\mathrm{i}\,rt}\,\mathrm{d}\,t, \\ q(v) &= \frac{1}{2}g(2\log(\sqrt{v}+\sqrt{v+1})), \\ k(u) &= -\frac{1}{\pi}\int_u^{+\infty}(v-u)^{-\frac{1}{2}}\,\mathrm{d}\,q(v), \end{aligned}$$

h满足的充分条件为

$$\begin{cases} h(t)=h(-t), \\ h\text{在}|\operatorname{Im}(t)|\ll\frac{1}{2}+\delta\text{内全纯}, \\ \text{存在}\delta>0\text{使得}h(t)\ll(|t|+1)^{-2-\delta}. \end{cases} \tag{15.19}$$

事实上这些条件对自守核$K(z,w)$的分析是充分的, 即k有紧支集的限制可以放松.

我们由此推出谱分解, 从而完成了我们的目标.

定理 15.7 令h为满足条件(15.19)的函数, k为h的Harish-Chandra/Selberg变换, K为$\Gamma_0(q)$上与k相关的自守核, 则下面的展开式成立:

$$K(z,w)=\sum_{\gamma\in\Gamma_0(q)/\{\pm1\}}k(u(z,\gamma w)=\sum_{j\geqslant0}h(t_j)u_j(z)\overline{u_j(w)}+\sum_{\mathfrak{a}}\frac{1}{4\pi}\int_{\mathbb{R}}h(t)E_{\mathfrak{a}}(z,\tfrac{1}{2}+\mathrm{i}\,t)\overline{E_{\mathfrak{a}}(w,\tfrac{1}{2}+\mathrm{i}\,t)}\,\mathrm{d}\,t,$$

其中收敛是绝对的, 且在紧致集上一致收敛.

对公式中的特征值和特征函数的增长有些控制是很重要的, 下面的结论对初步估计通常是够用的.

命题 15.8 令$T\geqslant1, z\in\mathbb{H}$, 则有

$$\sum_{|t_j|<T}|u_j(z)|^2+\sum_{\mathfrak{a}}\frac{1}{4\pi}\int_{-T}^{T}|E_{\mathfrak{a}}(z,\tfrac{1}{2}+\mathrm{i}\,t)|^2\,\mathrm{d}\,t\ll T^\sigma+Ty(z),$$

其中隐性常数仅依赖于Γ,

$$y(z)=\max_{n}\max_{\gamma\in\Gamma}\operatorname{Im}(\sigma_{\mathfrak{a}}^{-1}\gamma z).$$

关于证明, 见[154]的§7.2.

§15.7 Selberg迹公式

我们在§15.6已经得到自守核的谱展开式, 在进行的过程中, 我们看到考虑与之相关的不变积分算子L, 即

$$Lf(z) = \int_F f(w)K(z,w)\,\mathrm{d}\,\mu(w)$$

很有用, 其中K由(15.18)给出. 在我们计算L的迹时, 一方面我们利用K的谱展开式, 另一方面用到其定义, 由此产生了另一个公式(它也是Poisson求和公式的推广), 这就是著名的Selberg迹公式. 当然, 无限维空间上的算子的迹的正确定义已经是一个问题, 但是我们在这里用一个实用的方法, 定义L(或K)的迹为核在对角线上的积分(这个定义是合理的, 因为我们的和至少总是连续的):

$$\operatorname{Tr} K = \int_F K(z,z)\,\mathrm{d}\,\mu(z). \tag{15.20}$$

要是没有定理15.7中的Eisenstein级数, 因为(u_j)是标准正交基, 由谱展开式就立刻得到

$$\operatorname{Tr} K = \sum_{j\geqslant 0} h(t_j),$$

从而有预备迹公式

$$\sum_j h(t_j) = \sum_{\gamma\in\Gamma} \int_F k(u(\gamma z,z))\,\mathrm{d}\,\mu(z).$$

右边仍然不是很清楚. 为了继续推进, Selberg将关于γ的和式分割使得部分和都能计算. 我们通过将群分成共轭类(那些非平凡类的存在是由Γ的非交换性特点决定的)的办法来完成. 对于$\gamma\in\Gamma$的共轭类C, 有

$$C = \{\tau^{-1}\gamma\tau \mid \tau\in\Gamma\},$$

它与$Z(\gamma)\backslash\Gamma$一一对应, 其中$Z(\gamma)$是$\gamma$在$\Gamma$中的中心化子, 即

$$Z(\gamma) = \{\tau\in\Gamma \mid \gamma\tau=\tau\gamma\},$$

所以类C对和式的贡献为

$$\sum_{\gamma\in Z(\gamma)\backslash\Gamma} k(u(\tau^{-1}\gamma\tau z,z)) = \sum_{\gamma\in Z(\gamma)\backslash\Gamma} k(u(\gamma\tau z,\tau z)),$$

由不变性, 它对K迹贡献的值为

$$\operatorname{Tr}_C K = \int_{Z(\gamma)\backslash\mathbb{H}} k(u(\gamma z,z))\,\mathrm{d}\,\mu(z).$$

我们对$\gamma\in C$求和的好处在于上述关于$\operatorname{Tr}_C K$的表达式现在依赖于γ在$\mathrm{SL}(2,\mathbb{R})$中(而不是在$\Gamma$中)的共轭类. 因此在进一步的计算中, 我们可以将γ替换成极其标准的表示$\tau^{-1}\gamma\tau$, 其中τ为G中适当的元. 这些类具有几何意义, 事实上, γ为Γ中的元就传递着商空间$\Gamma\backslash\mathbb{H}$中关于几何数据的信息.

我们首先利用G对$\mathbb{H}$的几何作用, 即考虑元素$g\in G$诱导的$\mathbb{H}$的等距映射的固定点来描述$G=\mathrm{SL}(2,\mathbb{R})$中的共轭类的分类. 这样就给出关于共轭类的信息, 因为若z由g固定, 则τz由g的共轭$\tau^{-1}g\tau$固定. 由于这个群非常对称, 这些固定点在共轭意义下就足以将这些g分类.

令$g \in G, g = \left(\begin{smallmatrix} a & b \\ c & d \end{smallmatrix}\right), g \neq \pm 1$, 它在$\mathbb{H} \cup \mathbb{Q} \cup \{\infty\}$上的作用非平凡. 等式$gz = z$是二次方程$cz^2 + (d-a)z - b = 0$, 它的判别式为$\Delta = (d-a)^2 + 4bc = (\operatorname{Tr} g)^2 - 4$, 对此我们分三种情形来讨论.

第一种情形: $|\operatorname{Tr} g|^2 > 2$(称$g$为双曲运动). 于是$\Delta > 0$, 从而在$\mathbb{R}$中有两个不同的固定点($c = 0, a \neq 1$的情形也属于这一类, 但是其中一个固定点是$\infty$). 存在$\tau \in G$将一个固定点映为0, 将另一个固定点映为$\infty$, 于是通过上述解释可知共轭元$\tau^{-1} g \tau$固定0 和$\infty$, 显然(必要时将$\tau$换成$\tau^{-1}$), 我们发现$g$与唯一的如下形式的元共轭:

$$a(p) = \pm \begin{pmatrix} p^{\frac{1}{2}} & 0 \\ 0 & p^{\frac{1}{2}} \end{pmatrix}, \tag{15.21}$$

其中$p > 1$, 它的几何作用为膨胀变换$z \mapsto pz$. 我们称p为g的范数, 记$\mathrm{N}\, g = p$, 范数正好能将双曲共轭类分类. 注意通过解方程$z + z^{-1} = g$, 并且取大于1的平方根可以从g重新得到p.

与双曲运动相关的是$\mathbb{H}$中的测地线γ_g, 它是在两个固定点处与$\mathbb{R}$垂直的半圆, 或者在$c = 0$的情形为从实的固定点到∞的竖直线. 这个测地线在g的作用下保持不变(对于$a(p)$显然成立, 在一般的情形取共轭即可). 注意g的范数可以通过$\log \mathrm{N}\, g = d(g, gz)$重新得到, 其中$z \in \gamma_g$($g$在测地线上的作用为平移变换).

反过来, 对每条测地线$\gamma \in \mathbb{H}$, 我们可以关联Γ_γ在G中的迷向子群(它由保持γ不变的元组成). 这个群由± 1, 一个将γ在$\mathbb{R} \cup \{\infty\}$中的端点交换的2阶元, 以及那些固定端点的元构成的子群(它同构于正实数的乘性群, 从而在对数映射下同构于$\mathbb{R}$) 生成. 所有这些事实都可以由测地线是虚轴, Γ_γ由对合$z \mapsto -z^{-1}$生成, 以及上述元素$a(p)$所在的群的情形取共轭得到.

还是令g为双曲的, g在G中的中心化子$Z(g)$是Γ_{γ_g}的子群. 可以验证对合不在该群中, 但是在另一个群中, 所以$Z(g)$同构于$\mathbb{R}$(当然要乘以± 1).

第二种情形: $\operatorname{Tr} g = 2$(称g为抛物运动). 于是$\Delta = 0$, 从而g 有唯一的固定点$\mathfrak{a}$. 当$c \neq 0$时, $\mathfrak{a} \in \mathbb{R}$; 当$c = 0$时, $\mathfrak{a} = \infty$. 前面已经说过, 存在τ将$\mathfrak{a}$映为∞, 由此可知g共轭于唯一的元

$$\pi(x) = \pm \left(\begin{smallmatrix} 1 & x \\ 0 & 1 \end{smallmatrix}\right), \tag{15.22}$$

其中$x \in \mathbb{R}$, 它的作用为水平方向的平移$z \mapsto z + x$. 参数x将抛物共轭类分类. 群$N = \{n(x) | x \in \mathbb{R}\}$是$\infty$在$G$中的迷向群, 也是其中的任意元素在$G$中的中心化子. 因此由共轭性可知抛物元的中心化子同构于$\mathbb{R}$.

第三种情形: $|\operatorname{Tr} g| < 2$(称$g$为椭圆运动). 于是$\Delta < 0$, 从而二次方程有两个共轭虚根, 设其中一个在$\mathbb{H}$中的元为$z_g$. 存在元素$\tau \in G$将$z_g$变成i, 通过速算可知$g$ 共轭于唯一的元

$$r(\theta) = \pm \begin{pmatrix} \cos\theta & \sin\theta \\ -\sin\theta & \cos\theta \end{pmatrix}, \tag{15.23}$$

其中$\theta \in \mathbb{R}/2\pi\mathbb{Z}$, 它的作用为绕点i双曲旋转$\theta$角. 同构于$\mathbb{R}/2\pi\mathbb{Z}$的群$K = \{r(\theta) | \theta \in \mathbb{R}/2\pi\mathbb{Z}\}$是其中任意(非平凡)元的中心化子, 而任意椭圆元的中心化子同构于K.

现在考虑G的离散子群和元素$\gamma \in \Gamma$. 令$Z_\Gamma(\gamma)$为γ在Γ的中心化子, 它当然是γ在G中的中心化子的子群, 所以是离散子群. 当γ是双曲元或抛物元, $Z(\gamma)$同构于$\mathbb{R}$, 这就意味着$Z_\Gamma(\gamma)$是无限循环群; 当γ是椭圆元, 则$Z_\Gamma(\gamma)$ 是有限循环群. 在所有情形, 若γ本身是中心化子$Z_\Gamma(\gamma)$的生成元, 则称γ(或它在Γ中的共轭类)是本原的. 显然, 任意元γ形如$\pm\gamma_0^m$, 其中$m \geqslant 0$为整数, γ_0为本原元. 通过共轭作用将生成元γ_0变成上面描述的标准形式之一, 可知$Z_\Gamma(\gamma)$在$\mathbb{H}$上的作用有下面依赖于γ的类型的简单基本区域:

(1) 若γ是双曲元, γ_0与(15.21)共轭, 其中$p = \mathrm{N}\,\gamma_0$, 作用为$z \mapsto pz$, 基本区域是水平带

$$Z_\Gamma(\gamma)\backslash\mathbb{H} = \{z = x + \mathrm{i}\,y \in \mathbb{H} | 1 < y < p\}.$$

(2) 若γ是抛物元, γ_0与(15.22)共轭, 其中$x \in \mathbb{R}$, 基本区域是竖直带

$$Z_\Gamma(\gamma)\backslash\mathbb{H} = \{z = x + \mathrm{i}\,y | 0 < x < 1\}.$$

(3) 若γ是椭圆元, γ_0与(15.23)共轭, 其中θ为某个角. 令w为γ_0 的固定元(旋转中心), $Z_\Gamma(\gamma)$的基本区域是通过取经过w且夹角为θ的两条测地线之间的区域(注意由离散性, θ一定形如$2\pi/\ell$, 其中$\ell \geqslant 1$).

在$\Gamma = \mathrm{SL}(2,\mathbb{Z})$的情形, 我们很容易描述抛物和椭圆共轭类. 首先, 抛物元的固定点一定在$\mathbb{Q} \cup \{\infty\}$中. 由Bezout定理, 所有这样的点都是$\Gamma$-等价的, 并且由于$n_0 = n(1)$显然生成$\infty$在$\mathrm{SL}(2,\mathbb{Z})$中的迷向群, 我们发现它的共轭类是$\mathrm{SL}(2,\mathbb{Z})$中唯一的抛物共轭类. $Z_\Gamma(n_0)$的中心化子是$\{n(x) | x \in \mathbb{Z}\}$, $Z_\Gamma(n_0)$的基本区域是竖直带$\{z = x + \mathrm{i}\,y | 0 < x < 1\}$.

由简单的计算可知$\mathrm{SL}(2,\mathbb{Z})$只包含两个椭圆元的共轭类, 代表元$\left(\begin{smallmatrix} 0 & -1 \\ 1 & 0 \end{smallmatrix}\right)$与$\left(\begin{smallmatrix} 1 & 1 \\ -1 & 0 \end{smallmatrix}\right)$ 分别是固定i的2阶元(作为等距映射, 若作为矩阵是4阶的)和固定j的3阶元(作为等距映射, 若作为矩阵是6阶的).

习题15.1 找出$\Gamma_0(q)$中的本原抛物共轭元, 证明它们对应§14.1中描述的尖点集.

我们回到本节引言中介绍的符号, 其中Γ为离散子群使得商空间$\Gamma\backslash\mathbb{H}$的体积有限, 并且有尖点(有限多个). 缺乏紧致性会导致许多解析困难, 因为我们会发现核在对角线上不可积, 所以我们曾经定义的迹无限. 通过考虑截断基本区域$F(Y)$ 解决了这个问题, 其中$Y \to +\infty$时, $F(Y) \to Y$, 意思是对任意的可积函数f有$\int_{F(Y)} f(z)\,\mathrm{d}\,\mu(z) \to \int_F f(z)\,\mathrm{d}\,\mu(z)$. 现在核$K$限制到$F(Y)$上在对角线上可积, 我们可以一方面利用限制的谱展开式, 另一方面分解为共轭类来计算截断迹

$$\mathrm{Tr}^Y K = \int_{F(Y)} K(z,z)\,\mathrm{d}\,\mu(z).$$

在谱展开式方面, 可以给出形如$\mathrm{Tr}^Y K = A\log Y + T_1 + o(1)(Y \to +\infty)$的表达式; 在几何方面, 给出另一个表达式$\mathrm{Tr}^Y K = A\log Y + T_2 + o(1)(Y \to +\infty)$, 其中$A > 0$. 因此我们得到无用的等式$A = A$, 以及非平凡公式$T_1 = T_2$, 这就是迹公式.

在做精确的计算时会出现小的解析奇迹: 复杂的Harish-Candra/Selberg变换从画面中消失, 留下的一边是函数h, 另一边是Fourier变换$\hat{h}$.

我们现在给出各个部分形状的提示, 并在$\Gamma = \mathrm{SL}(2,\mathbb{Z})$的特殊情形给出完整的公式. 在谱展开式方面, 就像商空间紧致的情形那样, 尖形式和剩余谱u_j的贡献值为

$$\sum_j h(t_j), \tag{15.24}$$

可以证明Eisenstein级数的贡献值为

$$\frac{h(0)}{4}\,\mathrm{Tr}\,\Phi(\tfrac{1}{2}) - \frac{1}{4\pi}\int_{-\infty}^{+\infty} h(t)\frac{\varphi'}{\varphi}(\tfrac{1}{2} + \mathrm{i}\,t)\,\mathrm{d}\,t, \tag{15.25}$$

其中$\Phi(s)$是由Eisenstein级数的第一个Fourier系数构成的散射矩阵, $\varphi(s) = \det\Phi(s)$是它的行列式(见§15.4).

对每个类型的(本原)共轭类单独进行几何计算. 恒等运动情形的贡献值为

$$\frac{\operatorname{Vol}\Gamma\backslash\mathbb{H}}{4\pi}\int_{-\infty}^{+\infty} th(t)\tanh(\pi t)\,\mathrm{d}\,t. \tag{15.26}$$

与本原类P_0相关的双曲共轭类P的贡献值为

$$\frac{1}{2\pi}\frac{\log NP_0}{NP^{\frac{1}{2}}-NP^{-\frac{1}{2}}}\hat{h}\left(\frac{1}{2\pi}\log NP\right). \tag{15.27}$$

m阶本原椭圆共轭类R(作为等距映射)的贡献值为

$$\sum_{0<\ell<m}\left(2m\sin\frac{\pi\ell}{m}\right)^{-1}\int_{-\infty}^{+\infty}\frac{\mathrm{e}^{-\frac{2\pi t\ell}{m}}}{1-\mathrm{e}^{-2\pi t}}h(t)\,\mathrm{d}\,t. \tag{15.28}$$

最后, 所有本原抛物共轭类的贡献值相同, 都是

$$\frac{h(0)}{4}-\frac{1}{2\pi}\left(\hat{h}(0)\log 2-\int_{-\infty}^{+\infty}\psi(1+\mathrm{i}\,t)h(t)\,\mathrm{d}\,t\right), \tag{15.29}$$

其中$\psi(s)=\frac{\Gamma'}{\Gamma}(s)$是$\Gamma$函数的对数导数.

对$\mathrm{SL}(2,\mathbb{Z})$, 在经过重组, 并考虑到尖点和散射矩阵的描述, 我们得到

定理 15.9 令h为满足条件(15.19)的函数, $\hat{h}$是它的Fourier变换. 令$\varphi(s)=\theta(1-s)\theta(s)^{-1}$为$\mathrm{SL}(2,\mathbb{Z})$的散射矩阵, 其中$\theta(s)=\pi^{-s}\Gamma(s)\zeta(2s)$, 则有公式

$$\begin{aligned}\sum_j h(t_j)-\frac{1}{4\pi}\int_{\mathbb{R}}\frac{\varphi'}{\varphi}\left(\frac{1}{2}+\mathrm{i}\,t\right)h(t)\,\mathrm{d}\,t=&\int_{\mathbb{R}}h(t)\left(\frac{t}{12}\tanh(\pi t)-\frac{1}{2\pi}\log 2-\frac{1}{2\pi}\psi(1+\mathrm{i}\,t)\right)\mathrm{d}\,t\\&+\frac{1}{2\pi}\sum_{P\text{为抛物元}}\frac{\log NP_0}{NP^{\frac{1}{2}}-NP^{-\frac{1}{2}}}\hat{h}\left(\frac{1}{2\pi}\log NP\right)\\&+\sum_{R\text{为椭圆元}}\left(2m\sin\frac{\pi\ell}{m}\right)^{-1}\int_{\mathbb{R}}\frac{\mathrm{e}^{-\frac{2\pi\ell}{m}}}{1-\mathrm{e}^{-2\pi\ell}}h(t)\,\mathrm{d}\,t.\end{aligned} \tag{15.30}$$

§15.8 双曲格点问题

本质上与第4章对Poisson求和公式和Voronoi公式给出的例子类似, 定理15.7的最直接应用之一是研究双曲格点问题.

令$D\subset\mathbb{H}$为开子集, 关于D的格点问题就是计算由离散子群$\Gamma\subset G$中在D内的点对给定的点$z_0\in\mathbb{H}$所作的平移的个数问题. 第4章提到的Gauss和Dirichlet经典问题是完全类似的, 这时取$\mathbb{Z}^2$在$\mathbb{R}^2$上的作用为平移, D为圆内或双曲线下的点. 就像在这些情形一样, 只有当我们考虑一列逐渐变大并且足够规则的子集时, 解析数论才有用武之地.

我们以更方便的形式取半径趋于无穷大的测地球:

$$B(w,R)=\{z\in\mathbb{H}|4u(w,z)+2\leqslant R\},$$

去寻找计数函数

$$N(R)=|\{\gamma\in\Gamma|\gamma w\in B(w,R)\}|$$

的好的渐近式.

就像在Euclid空间的情形, $N(R)$的期望值是测地球的面积, 但是尽管Gauss的经典推理(用单位正方形堆积)容易建立相应的结果, 并且在Euclid情形得到很好的误差项$R^{\frac{1}{2}}$, 这个简单的推理在双曲

几何的背景下是非常低效的. 实际上, 这个误差项与该圆盘的边界的长度成比例, 它在Euclid几何中很小, 却在双曲情形下的面积有同样的数量级. 这个事实可以由等周不等式得到: 若D 的边界∂D光滑, 记$A = \mathrm{Vol}(D), L = \ell(\partial D)$(表示长度), 则我们有

$$4\pi A + A^2 \leqslant L^2,$$

从而$L \geqslant A$.

我们至少能够证明非常有用的初等上界(它在命题15.8的证明和第22章中用到).

命题 15.10 令Γ为$\mathrm{SL}(2,\mathbb{R})$的离散子群使得体积$\mathrm{Vol}(\Gamma\backslash\mathbb{H})$有限, $\mathfrak{a}$为Γ 的尖点, 则

(1) 对任意的$z \in \mathbb{H}$有

$$|\{\gamma \in \Gamma_{\mathfrak{a}}\backslash\Gamma \mid \mathrm{Im}\,\sigma_{\mathfrak{a}}^{-1}\gamma z > Y\}| < 1 + \tfrac{10}{c_{\mathfrak{a}}Y};$$

(2) 对任意的$z, w \in \mathbb{H}$, $\delta > 0$有

$$|\{\gamma \in \sigma_{\mathfrak{a}}^{-1}\Gamma\sigma_{\mathfrak{a}} | u(\gamma z, w) < \delta\}| \ll \sqrt{\delta(\delta+1)}(\mathrm{Im}(w) + c_{\mathfrak{a}}^{-1}) + \tfrac{\delta+1}{c_{\mathfrak{a}}\,\mathrm{Im}(w)} + 1,$$

其中隐性常数是绝对的, 并且

$$c_{\mathfrak{a}} = \min\left\{c > 0 \,\middle|\, 存在a,b,d使得\begin{pmatrix} a & b \\ c & d\end{pmatrix} \in \sigma_{\mathfrak{a}}^{-1}\Gamma\sigma_{\mathfrak{a}}\right\}.$$

证明见[154]中的引理2.11.

将定理15.7应用于适当的核, 我们可以得到渐近公式.

定理 15.11 令Γ为$\mathrm{SL}(2,\mathbb{R})$的离散子群, $\mathrm{Vol}(\Gamma\backslash\mathbb{H}) < +\infty, w \in \mathbb{H}$, 则有

$$N(R) = \tfrac{2\pi R}{\mathrm{Vol}(\Gamma\backslash\mathbb{H})} + 2\sqrt{\pi}\sum_{\frac{1}{2}<s_j<1} \tfrac{\Gamma(s_j-\frac{1}{2})}{\Gamma(s_j+1)}|u_j(w)|^2 R^{s_j} + O(R^{\frac{2}{3}}),$$

其中隐性常数仅依赖于Γ和z.

证明梗概: 我们还是只考虑$\Gamma = \Gamma_0(q)$. 若$k(u) \geqslant 0$时任意函数使得$u \leqslant \frac{R-2}{4}$ 时, $k(u) \geqslant 1$, 并且相应的自守核$K(z,w)$满足定理15.7中的假设, 则由正值性可得

$$N(R) \leqslant \sum_{\gamma\in\Gamma} k(u(w,\gamma w)) = 2K(w,w). \tag{15.31}$$

由定理15.7有

$$K(w,w) = \sum_{j\geqslant 0} h(t_j)|u_j(w)|^2 + \sum_{\mathfrak{a}} \tfrac{1}{4\pi}\int_{\mathbb{R}} h(t)|E_{\mathfrak{a}}(w, \tfrac{1}{2}+\mathrm{i}t)|^2\,\mathrm{d}t, \tag{15.32}$$

其中的记号见引用的定理. 取

$$k(u) = \begin{cases} 1, & 若u \leqslant \frac{R-2}{4}, \\ 0, & 若u \geqslant \frac{R+S-2}{4}, \\ 线性连接, & 其他. \end{cases}$$

我们利用引理15.6对Δ的一个适当的特征函数f, 特征值为$\lambda = \frac{1}{4} + t^2$来估计$h(t)$. 例如, 对$f(z) = y^s$时可得

$$h(t) = \int_{\mathbb{H}} k(\mathrm{i}, z) y^s \,\mathrm{d}\,\mu(z).$$

我们首先发现对$\frac{1}{2} < s \leqslant 1$有

$$h(t) = \sqrt{\pi}\frac{\Gamma(s-\frac{1}{2})}{\Gamma(s+1)} R^s + O(R^{\frac{1}{2}} + S),$$

其中隐性常数依赖于s. 由$j = 0$时的常数特征值得到主项$\pi R(\mathrm{Vol}(\Gamma\backslash\mathbb{H}))^{-1}$, 对$0 < \lambda_j < \frac{1}{4}$的例外特征值(若存在)得到次要项(不计误差项$O(R^{\frac{1}{2}} + S)$).

令$T = RS^{-1}$. 对$\mathrm{Re}(s) = \frac{1}{2}$, 由分部积分得到

$$h(t) \ll |s|^{-\frac{5}{2}} R^{\frac{1}{2}} (\min\{|s|, T\} + \log R),$$

其中隐性常数是绝对的. 因此我们利用命题15.8通过分部积分估计Eisenstein级数在给定的尖点$\mathfrak{a}$处对(15.32)的贡献值为

$$\begin{aligned}\int_{\mathbb{R}} h(t)|E_{\mathfrak{a}}(w, \tfrac{1}{2} + \mathrm{i}\,t)|^2 \,\mathrm{d}\,t &\ll R^{\frac{1}{2}} \int_{-\sqrt{T}}^{\sqrt{T}} ((1+t)^2 + \log R) \frac{|E_{\mathfrak{a}}(w, \frac{1}{2} + \mathrm{i}\,t)|^2}{(1+t)^5} \,\mathrm{d}\,t \\ &\quad + R^{\frac{1}{2}} \int_{|t| > \sqrt{T}} (T + \log R) \frac{|E_{\mathfrak{a}}(w, \frac{1}{2} + \mathrm{i}\,t)|^2}{(1+t)^5} \,\mathrm{d}\,t \\ &\ll (RT)^{\frac{1}{2}}.\end{aligned}$$

利用分部求和公式由命题15.8可知非例外离散谱的贡献值有同样的界. 在这些估计式中取$S = R^{\frac{2}{3}}$, 结合(15.31)和(15.32)得到

$$N(R) \ll \frac{2\pi R}{\mathrm{Vol}(\Gamma\backslash\mathbb{H})} + 2\sqrt{\pi} \sum_{\frac{1}{2} < s_j < 1} \frac{\Gamma(s_j - \frac{1}{2})}{\Gamma(s_j + 1)} |u_j(w)|^2 R^{s_j} + O(R^{\frac{2}{3}}).$$

对

$$k(u) = \begin{cases} 1, & \text{若} u \leqslant \frac{R-S-2}{4} \\ 0, & \text{若} u \geqslant \frac{R-2}{4} \\ \text{线性连接}, & \text{其他} \end{cases}$$

做类似估计, 我们得到下界, 从而定理15.11得证. □

注记: 注意对$\Gamma_0(q)$有$\lambda_1 \geqslant \frac{2}{9}$, 所以由(5.88)得到$s_j < \frac{2}{3}$, 从而例外特征值的贡献值小于误差项.

推论 15.12 (1) 令$N_1(X)$为方程$ad - bc = 1$在条件$a^2 + b^2 + c^2 + d^2 \leqslant X$下的整数解数, 则有

$$N_1(X) = 6X + O(X^{\frac{2}{3}}).$$

(2) 令$r(n)$为n表示成两个平方数的和的方法数, 则有

$$\sum_{n \leqslant X} r(n) r(n+1) = 8X + O(X^{\frac{2}{3}}).$$

证明: 注意首先对$w = \mathrm{i}$和任意的$\gamma = \left(\begin{smallmatrix} a & b \\ c & d \end{smallmatrix}\right)$, 有$4u(\gamma\,\mathrm{i}, \mathrm{i}) = a^2 + b^2 + c^2 + d^2$, 所以在定理15.11中取$\Gamma = \mathrm{SL}(2, \mathbb{Z}), w = \mathrm{i}$立刻得到(1), 因为$\mathrm{Vol}(\mathrm{SL}(2, \mathbb{Z})\backslash\mathbb{H}) = 3\pi^{-1}$, 对模群有$\lambda_1 = 91.14\ldots > \frac{1}{4}$.

对于(2), 考虑群

$$\Gamma = \left\{ \left(\begin{smallmatrix} a & b \\ c & d \end{smallmatrix}\right) \in \mathrm{SL}(2, \mathbb{Z}) \,|\, a \equiv d \bmod 2, c \equiv b \bmod 2 \right\} = \left(\begin{smallmatrix} 0 & -1 \\ 1 & 1 \end{smallmatrix}\right)^{-1} \Gamma_0(2) \left(\begin{smallmatrix} 0 & -1 \\ 1 & 1 \end{smallmatrix}\right).$$

我们有$a + d = 2k, a - d = 2\ell, b + c = 2m, b - c = 2n, ad - bc = k^2 - \ell^2 - m^2 + n^2 = 1, a^2 + b^2 + c^2 + d^2 = 2(k^2 + \ell^2 + m^2 + n^2)$, 所以由定理15.11 得到

$$\sum_{n \leqslant X} r(n) r(n+1) = N(4X + 2) = 8X + O(X^{\frac{2}{3}}).$$

□

§15.9 闭测地线长度的分布与类数

Selberg迹公式的最简单应用是关于商空间$X = \Gamma\backslash\mathbb{H}$的闭测地线的长度的分布(也称为长度谱). 事实上, 闭测地线与Γ的双曲共轭类一一对应. 实际上, 若$g \in \Gamma$是双曲元, 则g将连接它的两个固定点的测地线γ(半圆)映到自身. 特别地, 对任意的$z \in \gamma$, 从z 到gz的测地线段被映到$\Gamma\backslash\mathbb{H}$中的闭测地线. 取模型下的情形, 即$g$为(15.21) 中的$a(p)(p > 1)$, $z = \mathrm{i}$, 注意这条闭测地线的长度为$d(\mathrm{i}, g(\mathrm{i})) = \log p = \log \mathrm{N}\, g$. 由于$g$的共轭有相同的固定点, 故给出相同的闭测地线. 反过来, 任意的闭测地线由这种方式得到.

定理 15.13 令Γ为$\mathrm{SL}(2,\mathbb{R})$的子群, $\mathrm{Vol}(\Gamma\backslash\mathbb{H}) < +\infty$, 则有

$$\sum_{\mathrm{N}\, P\leqslant X} \log \mathrm{N}\, P = X + \sum_{\frac{1}{2}<s_j<1} s_j^{-1}X^{s_j} + O(X^{\frac{3}{4}}),$$

其中和式过本原双曲共轭类, 隐性常数依赖于Γ.

注记: (1) 对商空间紧致的Γ, 该结果由Huber[141]证明.
(2) 指数还可以改进, 见[219], 在那里对任意的$\varepsilon > 0$, $\frac{7}{10} + \varepsilon$替代了$\frac{3}{4}$. 尽管与素数定理作类比暗示该结论应该对$X^{\frac{1}{2}+\varepsilon}$成立, 并且类似Riemann猜想的结论成立, 但是还没有人证明这一点. 主要的困难在于特征值的个数比ζ函数的零点多.

此外, 就像定理15.11中那样, 若$\Gamma = \Gamma_0(q)$, Selberg不等式: $\lambda_1 \geqslant \frac{3}{16}$意味着例外特征值比误差项的贡献值小.

证明梗概: 原则上该结果与上个定理的证明非常类似. 我们选取h使得Fourier变换$\hat{h}$将双曲共轭类上的和式限制到满足$\mathrm{N}\, P \leqslant X + Y$的类上, 其中$Y \geqslant 1$是某个参数. 设$\hat{h}(t) = 2\cosh(\pi t)q(2\pi t)$, 其中$q$是光滑偶函数, 支撑于$|t| \leqslant \log(X+Y)$, 且满足$0 \leqslant q \leqslant 1$, 在$[-\log X, \log X]$上有$q = 1$. 离散谱与剩余谱对谱迹的贡献值为

$$\sum_j h(t_j) = X + \sum -\frac{1}{2} < s_j < 1 s_j^{-1}X^{s_j} + O(Y + X^{\frac{1}{2}}T),$$

其中$T = XY^{-1}$. 对Eisenstein级数有同样的估计(要看到这一点, 用Fourier反转公式在$\frac{1}{2} < s \leqslant 1$和$\mathrm{Re}(s) = 1$ 上对h分别估计). 由简单的估计可知恒等运动, 椭圆运动和抛物运动的贡献值远小于$X^{\frac{1}{2}}T$, 所以我们得到

$$\sum_P q(\log \mathrm{N}\, P)(\log \mathrm{N}\, P) = X + \sum_{\frac{1}{2}<s_j<1} s_j^{-1}X^{s_j} + O(Y + X^{\frac{1}{2}}T).$$

将它应用于$X+Y$和X, 相减并利用正值性可得

$$\sum_{X<\mathrm{N}\, P<X+Y} \log \mathrm{N}\, P \ll Y + X^{\frac{1}{2}}T,$$

取$Y = X^{\frac{3}{4}}$即得结果. □

P. Sarnak在[274]中推出了下面的推论.

定理 15.14 对任意满足$d \equiv 0, 1 \bmod 4$的整数$d \geqslant 1$, 令$h(d)$为$\mathbb{Q}(\sqrt{d})$的类数, ε_d为基本单位, 则对$X \geqslant 2$ 有

$$\sum_{\varepsilon_d \leqslant X} h(d) = \mathrm{Li}(X^2) + O(X^{\frac{3}{2}} \log^2 X),$$

其中隐性常数是绝对的.

证明: 证明依赖于下面关于不定二次型与闭测地线之间的映射. 令$Q(x,y) = ax^2 + bxy + cy^2$是判别式为$d$的本原不定整二次型, 即$(a,b,c) = 1, d = b^2 - 4ac > 0$. 由线性换元, $\mathrm{SL}(2,\mathbb{Z})$作用于这种二次型, 其等价类的个数为$h(d)$.

方程$Q(\theta,1) = 0$有两个实根$\theta_1 = \frac{-b+\sqrt{d}}{2}, \theta_2 = \frac{-b-\sqrt{d}}{2}$, 我们将它关联到$\mathbb{H}$中连接$\theta_1, \theta_2$的测地线. Q在$\mathrm{SL}(2,\mathbb{Z})$的作用下的稳定化子等于$\theta_1$(或$\theta_2$)的稳定化子, 它的一个生成元可以由

$$g(Q) = \begin{pmatrix} \frac{t_0 - bw_0}{2} 2 & -cu_0 \\ au_0 & \frac{t_0 + bu_0}{2} \end{pmatrix}$$

清楚地给出, 其中$\varepsilon_d = \frac{t_0 + u_0\sqrt{d}}{2}$(换句话说, (t_0, w_0)是方程$t_0^2 - du_0^2 = 4$的基本解). 于是这个双曲元的范是ε_d^2.

映射$Q \mapsto g$将本原整二次型映到$\mathrm{SL}(2,\mathbb{Z})$的双曲共轭类. 我们断言它诱导这样的二次型的类与本原双曲共轭类之间的双射.

要看到这一点, 令g为$\mathrm{SL}(2,\mathbb{Z})$的任意本原双曲元. 令$\theta_1, \theta_2$为$g$的固定点, $K = \mathbb{Q}(\theta_1, \theta_2)$. 显然, K为实二次域, 则存在唯一的$d > 0$满足$d \equiv 0, 1 \bmod 4$使得$K = Q(\sqrt{d})$. 于是θ_1的稳定化子由g 生成, 因为g是本原的. $Q(x,y) = (x - \theta_1 y)(x - \theta_2 y)$是本原二次型, 且有$g(Q) = g$. 由此可知该映射为满射, 容易验证该映射是单射.

因此, 本原双曲元的共轭类的范数是ε_d^2, 重数为$h(d)$. 在这种情形, 定理15.13的结果变成

$$\sum_{\varepsilon_d \leqslant \sqrt{X}} 2h(d) \log \varepsilon_d = X + O(X^{\frac{3}{4}}), \tag{15.33}$$

由分部求和公式即得结论. □

注记: Siegel[301]证明了: 对$X \geqslant 2$有

$$\sum_{d \leqslant X} h(d) \log \varepsilon_d = \frac{\pi^2 X^{\frac{3}{2}}}{18\zeta(3)} + O(X \log X). \tag{15.34}$$

注意(15.33)和(15.34)中判别式的次序之间的差别. 我们还没有$h(d)$关于$d \leqslant X$的渐近公式.

习题15.2 利用Dirichlet类数公式(2.31)证明(15.34).

第 16 章　Kloosterman和的和

§16.1 引言

通过代数方法可以对单个Kloosterman和$S(m,n;c)$进行很好的考察(见第11章), 我们有Weil 的最佳界

$$|S(m,n;c)| \leqslant (m,n,c)^{\frac{1}{2}} c^{\frac{1}{2}} \tau(c). \tag{16.1}$$

这个结果以及早期的估计曾经以许多巧妙的方式间接地应用于解析数论中(见[7, 159, 209, 340]). Yu.V. Linnik[210]指出在某些应用中, 我们实际上需要对形如

$$S_{mn}(X) = \sum_{\substack{c \leqslant X \\ c \equiv 0 \bmod q}} c^{-1} S(m,n;c) \tag{16.2}$$

的和式进行估计. (16.1)中的上界意味着对$X \geqslant 2$有

$$S_{mn}(X) \ll \tau((m,n)q)(m,n,q)^{\frac{1}{2}} X^{\frac{1}{2}} \log X, \tag{16.3}$$

其中隐性常数是绝对的. 但是, Linnik暗示若X充分大, 应该有一个更小的界, 因为有规律的符号变化造成这些Kloosterman和式中有更多的项抵消. Linnik猜想有

$$S_{mn}(X) \ll X^{\varepsilon}, \tag{16.4}$$

其中隐性常数依赖于m, n, ε, 他还提供了一些支持这个界的探索法.

在ζ函数

$$Z_{mn}(s) = \sum_{c \equiv 0 \bmod q} c^{-2s} S(m,n;c) \tag{16.5}$$

与Hasse关于椭圆曲线的L函数的假设的类比驱使下, Linnik开始对该和式的研究(确切地说, Linnik只提到了$q = 1$, 并且用的是不同的符号). 人们发现这个类比只是在级数(16.5)的解析方面接近(例如解析延拓, 但是没有Euler 乘积). 通过独立分析, Selberg[285]证明了$Z_{mn}(s)$有关于自守形(对于群$\Gamma_0(q)$)的谱分解. Selberg为Kloosterman和的谱理论奠定了基础, 但是却没有发展在这片肥沃土壤上耕耘的必要技术工具.

我们在本章给出这一深奥理论的中心结果的证明梗概. 在文章[59, 152, 162]和专著[154, 243, 275]中对某些选定的课题有详实的介绍, 但是目前还没有结论性的阐述.

§16.2 Poincaré级数的Fourier展开式

发展Kloosterman和的和的谱分解有多种方法. 按理说, 最好的结构处理是利用Gauss函数(见[154])或预解算子(见[102]). 但是, 我们采用传统方法, 首先对(关于群$\Gamma=\Gamma_0(q)$的)Poincaré级数

$$P_m(z)=\sum_{\gamma\in\Gamma_\infty\backslash\Gamma}F(m\gamma z)(m=1,2,3,\ldots) \tag{16.6}$$

做双重处理, 其中$F(z)$是$\mathbb{H}$上关于x以1为周期的函数, 且存在$\sigma>1$使得$F(z)\ll y^\sigma$, 所以级数(16.6)绝对收敛(通过解析延拓可到达$\sigma=1$). 我们对$P_m(z)$的讨论与§14.2中已经对全纯形给出的讨论完全类似, 我们的目标是与Peterson 公式(14.15)类似的Kuznetsov公式(16.34). 我们还需要对关于Laplace算子的谱的无限和说明合理性. 为此, 我们用谱参数对尖形式的Fourier系数做一些粗略的估计. 我们将在§16.5 证明比需要的更强的估计, 但是只是在建立最终的Kuznestov公式后才做到. 我们鼓励读者这样做, 按照正确的逻辑顺序将我们的论证整理出来(为了减少叙述的篇幅, 我们没有按照这个次序进行, 但是无损于证明的完整性).

由于(14.4)中的二重陪集分解, 然后像引理14.2的证明那样利用Poisson求和公式, 我们得到关于$P_m(z)$的Fourier级数

$$P_m(z)=F(mz)+\sum_{q|c}\sum_{ad\equiv1 \bmod c}\sum_n \mathrm{e}(nz)\int_{\mathrm{Im}(\xi)=y}F(m\begin{pmatrix}a&*\\c&d\end{pmatrix}\xi)\,\mathrm{e}(-n\xi)\,\mathrm{d}\,\xi.$$

现在假设生成函数$F(z)$满足法则$F(z+t)=\mathrm{e}(t)F(z)$, 其中$t\in\mathbb{R}$, 则由Γ在$\mathbb{H}$上的作用可得

$$F(m\begin{pmatrix}a&*\\c&d\end{pmatrix}\xi)=\mathrm{e}(\tfrac{am}{c})F(-\tfrac{m}{c(c\xi+d)}).$$

由此得到Fourier级数中的Kloosterman和

$$P_m(z)=F(mz)+\sum_n\sum_{c\equiv0 \bmod q}S(m,n;c)F_c(m,n;y)\,\mathrm{e}(nz), \tag{16.7}$$

其中

$$F_c(m,n;y)=\int_{\mathrm{Im}(\xi)=y}F(-\tfrac{m}{c^2\xi})\,\mathrm{e}(-n\xi)\,\mathrm{d}\,\xi$$

(作变换$\xi\mapsto\xi-\frac{d}{c}$). 令

$$F(z)=p(4\pi y)\,\mathrm{e}(z) \tag{16.8}$$

(称$p(y)$为对应$P_m(z)$的测试函数), 可得

$$F_c(m,n;y)=\int_{\mathrm{Im}(\xi)=y}p(\tfrac{4\pi my}{c^2|\xi|^2})\,\mathrm{e}(-\tfrac{m}{c^2\xi}-n\xi)\,\mathrm{d}\,\xi. \tag{16.9}$$

在这种一般情形我们不能计算(16.9). 对测试函数的一个有趣选择是

$$p(y)=y^s, \tag{16.10}$$

其中s是满足$\mathrm{Re}(s)>1$的可供我们支配的复参数(还有其他Δ的特征函数也能得到有趣的结果). 这时Poincaré级数变成

$$P_m(z)=\sum_{\gamma\in\Gamma_\infty\backslash\Gamma}(4\pi m\,\mathrm{Im}(\gamma z))^s\,\mathrm{e}(m\gamma z), \tag{16.11}$$

它的Fourier系数变成

$$P_m(z,s) = (4\pi m)^s(\mathrm{e}(mz) + \sum_n Z_{mn}(s;y)\,\mathrm{e}(nz)), \tag{16.12}$$

其中

$$Z_{mn}(s;y) = \sum_{c\equiv 0 \bmod q} c^{-2}S(m,n;c)I_s(m,n;y),$$

$$I_s(m,n;y) = \int_{\mathrm{Im}(\xi)=y} |\xi|^2\,\mathrm{e}(-n\xi - \tfrac{m}{\xi c^2})\,\mathrm{d}\,\xi.$$

通过对$p(y)$进行Mellin变换, 可以用$P_m(z,s)$将一般的Poincaré级数表示出来.

A.Selberg[285]引进了这个特别的Poincaré级数$P_m(z,s)$, 它差不多是尖形式, 但不能算是, 因为它不是Δ的特征函数. 确切地说, 我们有

$$(\Delta + s(1-s))P_m(z,s) = sP_m(z,s+1), \tag{16.13}$$

因为对$F(z) = y^s\,\mathrm{e}(z)$有$(\Delta + s(1-s))F(z) = 4\pi syF(z)$. 因此我们得到递归公式

$$P_m(z,s) = sR_\lambda P_m(z,s+1), \tag{16.14}$$

其中$R_\lambda = (\Delta+\lambda)^{-1}$是$\Delta$在$\lambda = s(1-s)$处的预解式.由谱理论, R_λ是亚纯的, 因此$P_m(z,s)$可以亚纯延拓到整个复s平面. 此外, 在半平面$\mathrm{Re}(s) > \frac{1}{2}$, R_λ的极点$\lambda_j = s_j(1-s_j) > 0$在$\Delta$的离散谱中, 它们是单极点, 所以$P_m(z,s)$在$s = s_j$处的极点也是如此. 事实上, Selberg猜想$\lambda_j \geqslant \frac{1}{4}$, 所以$s_j = \frac{1}{2} + \mathrm{i}\,t_j (t_j \in \mathbb{R})$, 从而$P_m(z,s)$在$\mathrm{Re}(s) > \frac{1}{2}$ 内全纯.

我们以下完全避免使用Selberg-Poincaré级数的解析延拓和预解式算子, 取而代之的是严重依赖于自守形的谱分解.

§16.3 Maass型的Poincaré级数的射影

我们回到关于形如(16.8)的生成函数的Poincaré级数$P_m(z)$上来. 令$f(z)$是特征值为$\lambda = \frac{1}{4} + r^2$的Maass形, 它是由下面的Fourier级数给出:

$$f(z) = ay^{\frac{1}{2}+\mathrm{i}\,r} + by^{\frac{1}{2}-\mathrm{i}\,r} + y^{\frac{1}{2}} \sum_{n\neq 0} a_n K_{\mathrm{i}\,r}(2\pi|n|y)\,\mathrm{e}(nx) \tag{16.15}$$

(见引理15.1). 由展开法可得

$$\langle f, P_m\rangle = \int_0^{+\infty}\int_0^1 f(z)\bar{F}(mz)\,\mathrm{d}\,\mu(z).$$

代入(16.15)和(16.8), 通过对$0 < x < 1$上的积分挑出a_m项. 然后作变量变换$y \to \frac{y}{2\pi m}$得到公式

$$\langle f, P_m\rangle = (2\pi m)^{\frac{1}{2}} a_m \int_0^{+\infty} \mathrm{e}^{-y}\,K_{\mathrm{i}\,r}(y)\bar{p}(2y)y^{-\frac{3}{2}}\,\mathrm{d}\,y, \tag{16.16}$$

由此可知$P_m(z)$与常值函数正交. 特别地, 当$p(y) = y^s$时, 上述积分是Γ函数的乘积:

$$\langle f, P_m\rangle = 2\pi\Gamma(s - \frac{1}{2} + \mathrm{i}\,r)\Gamma(s - \frac{1}{2} - \mathrm{i}\,r)\Gamma(s)^{-1}m^{\frac{1}{2}}a_m. \tag{16.17}$$

显然, 这是引理14.3中有全纯Poincaré级数的全纯模形式的内积公式的模拟.

§16.4 Kuznetsov公式

我们现在准备推出Kloosterman和与自守形的Fourier系数之间的确切关系. 为此, 我们用两种方式计算分别由$F(z) = (4\pi y)^{\frac{1}{2}}p(4\pi y)\,\mathrm{e}(z)$和$G(z) = (4\pi y)^{\frac{1}{2}}q(4\pi y)\,\mathrm{e}(z)$生成的两个Fourier级数$P_m(z)$与$Q_n(z)$的内积$\langle P_m(z), Q_n(z)\rangle$(注意我们修改了测试函数, 添加了因子$y^{\frac{1}{2}}$).

首先由谱分解(见定理15.2)得到

$$\langle P_m, Q_n\rangle = \sum_{j=1}^{\infty}\langle P_m, u_j\rangle\langle u_j, Q_n\rangle + \sum_{\infty}\tfrac{1}{4\pi}\int_{-\infty}^{+\infty}\langle P_m, E_\infty(*, \tfrac{1}{2}+\mathrm{i}\,r)\rangle\langle E_\infty(*, \tfrac{1}{2}+\mathrm{i}\,r), Q_n\rangle\,\mathrm{d}\,r, \tag{16.18}$$

其中$(u_j(z))$是尖形式的一组标准正交基, $(E_\infty(z, \frac{1}{2}+\mathrm{i}\,r)|r\in\mathbb{R})$ 是与一组非尖点相关的Eisenstein级数的特征包. 假设$u_j(z)$有Fourier展开式

$$u_j(z) = \rho_j(0)y^{s_j} + y^{\frac{1}{2}}\sum_{n\neq 0} rho_j(n)K_{\mathrm{i}\,t_j}(2\pi|n|y)\,\mathrm{e}(nx), \tag{16.19}$$

其中$s_j = \frac{1}{2}+\mathrm{i}\,t_j(t_j\in\mathbb{R})$, 或者$0 < s_j < 1$, 因为$\lambda_j = s_j(1-s_j) = \frac{1}{4}+t_j^2 > 0$. 于是

$$\langle u_j, Q_n\rangle = (4\pi n)^{\frac{1}{2}}\rho_j(n)\bar{\omega}_q(t_j), \tag{16.20}$$

其中由公式(16.16)有

$$\omega_q(t) = \int_0^{+\infty}\mathrm{e}^{-y}K_{\mathrm{i}\,t}(y)q(2y)y^{-1}\,\mathrm{d}\,y. \tag{16.21}$$

同理, 对Eisenstein级数有

$$E_{\mathfrak{a}}(z, \frac{1}{2}+\mathrm{i}\,r) = \delta_{\mathfrak{a}}y^{\frac{1}{2}+\mathrm{i}\,r} + \varphi_{\mathfrak{a}}(\frac{1}{2}+\mathrm{i}\,r)y^{\frac{1}{2}-\mathrm{i}\,r} + y^{\frac{1}{2}}\sum_{n\neq 0}\tau_{\mathfrak{a}}(n, r)K_{\mathrm{i}\,r}(2\pi|n|y)\,\mathrm{e}(nx), \tag{16.22}$$

其中

$$\langle E_{\mathfrak{a}}(*, \tfrac{1}{2}+\mathrm{i}\,r), Q_n\rangle = (4\pi n)^{\frac{1}{2}}\tau_{\mathfrak{a}}(n)\omega_q(r). \tag{16.23}$$

将(16.19)和(16.23)代入(16.18)得到

$$\begin{aligned}\langle P_m, Q_n\rangle = 4\pi\sqrt{mn}(&\sum_{j=1}^{\infty}\bar{p_j}(m)\rho_j(n)\omega_p(t_j)\bar{\omega}_q(t_j)\\ &+\sum_{\mathfrak{a}}\tfrac{1}{4\pi}\int_{-\infty}^{+\infty}\bar{\tau}_{\mathfrak{a}}(m, r)\tau_{\mathfrak{a}}(n, r)\omega_p(r)\bar{\omega}_q(r)\,\mathrm{d}\,r.\end{aligned} \tag{16.24}$$

接下来我们通过对Q_n展开, 并利用P_m的Fourier展开式来计算$\langle P_m, Q_n\rangle$, 可得

$$\begin{aligned}\langle P_m, Q_n\rangle &= \int_0^{+\infty}\int_0^1 P_m(z)\bar{G}(nz)\,\mathrm{d}\,\mu(z)\\ &= \int_0^{+\infty}(\delta(m, n)F(\mathrm{i}\,my) + \sum_{q|c}S(m, n; c)F_c(m, n; y)\,\mathrm{e}(\mathrm{i}\,my)\bar{G}(\mathrm{i}\,my)\tfrac{\mathrm{d}\,y}{y^2}).\end{aligned}$$

作变量变换得到

$$\langle P_m, Q_n\rangle = 4\pi\sqrt{mn}(\delta(m, n)(p, q) + \sum_{q|c}c^{-1}S(m, n; c)V_{pq}(\tfrac{4\pi\sqrt{mn}}{c})), \tag{16.25}$$

其中

$$(p, q) = \int_0^{+\infty}\mathrm{e}^{-y}p(y)\bar{g}(y)y^{-1}\,\mathrm{d}\,y, \tag{16.26}$$

$$(16.27)\qquad V_{pq}(z)=\int_{\mathrm{Im}(\xi)=1}\int_0^{+\infty}p(\tfrac{x}{y|\xi|})\bar{q}(\tfrac{xy}{|\xi|})\,\mathrm{e}(-\tfrac{x|\xi|}{4\pi\xi}(\tfrac{1}{y}+y))\tfrac{\mathrm{d}\,y\,\mathrm{d}\,\xi}{y|\xi|}.$$

我们通过作变换$\xi=2\mathrm{i}(\zeta^2+1)^{-1}$将$V_{pq}(z)$简化，其中$\zeta$沿顺时针方向过半圆$|\zeta|=1$, $\mathrm{Re}(\zeta)>0$. 令$\mathrm{Re}(\zeta)=\eta$, 我们有$\xi=\mathrm{i}(\zeta\eta)^{-1}, |\xi|=\eta^{-1}, |\xi|^{-1}\,\mathrm{d}\,\xi=\mathrm{i}(\zeta\eta)^{-1}\,\mathrm{d}\,\zeta$. 因此

$$(16.28)\qquad V_{pq}(x)=\mathrm{i}\int_{-\mathrm{i}}^{\mathrm{i}}\int_0^{+\infty}p(\tfrac{x}{y}\eta)\bar{q}(xy\eta)\,\mathrm{e}^{-\frac{1}{2}(\frac{1}{y}+y)\zeta x}\,\tfrac{\mathrm{d}\,y\,\mathrm{d}\,\zeta}{y\zeta\eta}.$$

综合(16.24)和(16.25)得到下面的

命题 16.1 令$m,n>0$, $p(y),q(y)$为$\mathbb{R}^+$上的光滑有界函数，则有

$$(16.29)\qquad \begin{aligned}&\sum_{j=1}^{\infty}\bar{\rho}_j(m)\rho_j(n)\omega_p(t_j)\bar{\omega}_q(t_j)+\sum_{\mathfrak{a}}\tfrac{1}{4\pi}\int_{-\infty}^{+\infty}\bar{\tau}_{\mathfrak{a}}(m,r)\tau_{\mathfrak{a}}(n,r)\omega_p(r)\bar{\omega}_q(r)\,\mathrm{d}\,r\\&=\delta(m,n)(p,q)+\sum_{c\equiv0\bmod q}c^{-1}S(m,n;c)V_{pq}(\tfrac{4\pi\sqrt{mn}}{c}).\end{aligned}$$

我们现在取$p(y)=q(y)=y^{\frac{1}{2}+\mathrm{i}\,\nu}(\nu\in\mathbb{R})$. 对于这些测试函数，我们得到

$$\omega_p(t)=\pi^{\frac{1}{2}}\Gamma(\tfrac{1}{2}+\mathrm{i}\,t+\mathrm{i}\,\nu)\Gamma(\tfrac{1}{2}-\mathrm{i}\,t+\mathrm{i}\,\nu)\Gamma(1+\mathrm{i}\,\nu)^{-1}),$$

因此

$$(16.30)\qquad \omega_p(t)\bar{\omega}_p(t)=\pi^2\sin(\pi\nu)/\nu\cosh\pi(\nu-t)\cosh\pi(\nu+t).$$

另一方面，$(p,q)=1, V_{pq}(x)=B_{2\,\mathrm{i}\,\nu}(x)$, 其中

$$(16.31)\qquad B_s(x)=2\,\mathrm{i}\,x\int_{-\mathrm{i}}^{\mathrm{i}}K_s(\zeta x)\zeta^{-1}\,\mathrm{d}\,\zeta.$$

此时，(16.29)成为Kuznetsov公式的辅助版本:

推论 16.2 对$m,n>0,\nu\in\mathbb{R}$, 有

$$(16.32)\qquad \begin{aligned}&\sum_{j=1}^{\infty}\tfrac{\bar{\rho}_j(m)\rho_j(n)}{\cosh\pi(\nu-t_j)\cosh\pi(\nu+t_j)}+\sum_{\mathfrak{a}}\tfrac{1}{4\pi}\int_{-\infty}^{+\infty}\tfrac{\bar{\tau}_{\mathfrak{a}}(m,r)\tau_{\mathfrak{a}}(n,r)}{\cosh\pi(\nu-r)\cosh\pi(\nu+r)}\,\mathrm{d}\,r\\&=\tfrac{\pi^{-2}\nu}{\sin(\pi\nu)}(\delta(m,n)+\sum_{c\equiv0\bmod q}c^{-1}S(m,n;c)B_{2\,\mathrm{i}\,\nu}(\tfrac{4\pi\sqrt{mn}}{c})).\end{aligned}$$

积分(16.31)可以用关于正的实变量的Bessel函数$J_s(y)$表示. 事实上，由Cauchy定理可得

$$B_s(x)=2\,\mathrm{i}\,x(\int_{\mathrm{i}}^{+\mathrm{i}\,\infty}+\int_{-\mathrm{i}\,\infty}^{-\mathrm{i}})K_s(\zeta x)\zeta^{-1}\,\mathrm{d}\,\zeta=2\,\mathrm{i}\,x\int_1^{+\infty}(K_s(\mathrm{i}\,xy)-K_s(-\mathrm{i}\,xy))y^{-1}\,\mathrm{d}\,y.$$

对$y>0$有(见[205]的(5.14.4), (5.22.5), (5.22.6))

$$K_s(\mathrm{i}\,y)=\tfrac{\pi}{2\sin(\pi s)}(\mathrm{e}^{-\frac{\pi\,\mathrm{i}\,s}{2}}J_{-s}(y)-\mathrm{e}^{\frac{\pi\,\mathrm{i}\,s}{2}}J_s(y)),$$

$$K_s(-\mathrm{i}\,y)=\tfrac{\pi}{2\sin(\pi s)}(\mathrm{e}^{\frac{\pi\,\mathrm{i}\,s}{2}}J_{-s}(y)-\mathrm{e}^{-\frac{\pi\,\mathrm{i}\,s}{2}}J_s(y)),$$

所以

$$K_s(\mathrm{i}\,y)-K_s(-\mathrm{i}\,y)=-\tfrac{\pi\,\mathrm{i}}{2\cos\frac{\pi s}{2}}(J_s(y)+J_{-s}(y)).$$

由此最终得到

$$B_s(x) = \frac{\pi x}{2\cos\frac{\pi s}{2}} \int_x^{+\infty} (J_s(y) + J_{-s}(y)) y^{-1} \,\mathrm{d}\, y. \tag{16.33}$$

对于实参数ν, 我们可以从特别的函数$h(t) = (\cosh\pi(\nu - t)\cosh\pi(\nu + t))^{-1}$生成许多函数$h(t)$. N.V. Kuznetsov[196]从(16.32)得到下面的

定理 16.3 假设$h(t)$满足条件(15.20), 则对任意的$m, n > 0$有

$$\begin{aligned} &\sum_{j=1}^{\infty} \bar{\rho}_j(m)\rho_j(n)\frac{h(t_j)}{\cosh(\pi t_j)} + \sum_{\mathfrak{a}} \frac{1}{4\pi}\int_{-\infty}^{+\infty} \bar{\tau}_{\mathfrak{a}}(m, r)\tau_{\mathfrak{a}}(n, r)\frac{h(r)}{\cosh(\pi r)}\,\mathrm{d}\, r \\ &= \delta(m, n) g_0 + \sum_{c \equiv 0 \bmod q} c^{-1} S(m, n; c) g\left(\tfrac{4\pi\sqrt{mn}}{c}\right), \end{aligned} \tag{16.34}$$

其中

$$g_0 = \pi^{-2}\int_{-\infty}^{+\infty} r h(r)\tanh(\pi r)\,\mathrm{d}\, r, \tag{16.35}$$

$$g(x) = \frac{2\,\mathrm{i}}{\pi}\int_{-\infty}^{+\infty} J_{2\,\mathrm{i}\, r}(x)\frac{r h(r)}{\cosh(\pi r)}\,\mathrm{d}\, r. \tag{16.36}$$

注记: R.W. Bruggeman[25]也独立建立了公式(16.34), 但只是对某种类型的测试函数$h(t)$证明, 并且$g(x)$的形式没有Kuznetsov公式(16.36)那么精致. 上述结果对$mn < 0$也成立(证明也类似), 除了(16.36)的积分变换改成

$$g^{-1}(x) = \frac{4}{\pi^2}\int_0^{+\infty} K_{2\,\mathrm{i}\, r}(x) h(r)\sinh(\pi r)\,\mathrm{d}\, r.$$

利用下面的结果可以从(16.32)推出Kuznetsov公式(16.34).

引理 16.4 假设$h(t)$满足条件(15.19), 则

$$\int_{-\infty}^{+\infty} (h(r + \tfrac{\mathrm{i}}{2}) + h(r - \tfrac{\mathrm{i}}{2}))\frac{\cosh(\pi r)\,\mathrm{d}\, r}{\cosh\pi(r - t)\cosh\pi(r + t)} = -\frac{2h(t)}{\cosh(\pi t)}. \tag{16.37}$$

证明梗概: 将$h(r + \frac{\mathrm{i}}{2})$的积分往下平移到直线$\mathrm{Im}(r) = -\frac{1}{2}$上, 并挖掉分别以$r = t - \frac{\mathrm{i}}{2}, r = -t - \frac{\mathrm{i}}{2}$为中心的小半圆; 将$h(r - \frac{\mathrm{i}}{2})$的积分往上平移到直线$\mathrm{Im}(r) = \frac{1}{2}$上, 并挖掉分别以$r = t + \frac{\mathrm{i}}{2}, r = -t + \frac{\mathrm{i}}{2}$为中心的小半圆. 由于$h(t)$ 是偶函数, 水平方向的积分抵消了. 通过计算留数可知沿小半圆的四个积分的极限为$-\frac{2h(t)}{\cosh(\pi t)}$. □

由(16.37), 对(16.32)积分立刻得到(16.34)左边的谱项; 而右边得到对角项, 其中

$$\begin{aligned} g_0 &= -\frac{1}{2\pi^2}\int_{-\infty}^{+\infty} (h(r + \tfrac{\mathrm{i}}{2}) + h(r - \tfrac{\mathrm{i}}{2}))\frac{r\,\mathrm{d}\, r}{\tan(\pi r)} \\ &= -\frac{1}{\pi^2}\int_{-\infty}^{+\infty} h(r + \tfrac{\mathrm{i}}{2})\frac{r\,\mathrm{d}\, r}{\tanh(\pi r)} = \frac{1}{\pi^2}\int_{-\infty}^{+\infty} h(r)\tanh(\pi r)(r - \tfrac{\mathrm{i}}{2})\,\mathrm{d}\, r, \end{aligned}$$

这就是(16.35), 因为$h(r)$是偶函数. 此外, 我们得到Kloosterman和的和, 其中

$$\begin{aligned} g(x) &= -\frac{x}{2\pi}\int_x^{+\infty}\int_{-\infty}^{+\infty} (h(r + \tfrac{\mathrm{i}}{2}) + h(r - \tfrac{\mathrm{i}}{2}))(J_{2r}(y) + J_{-2r}(y))\frac{r\,\mathrm{d}\, r}{\sinh(\pi r)}\frac{\mathrm{d}\, y}{y} \\ &= -\frac{x}{2\pi}\int_x^{+\infty}\int_{-\infty}^{+\infty} [(2\,\mathrm{i}\, r + 1)J_{2\,\mathrm{i}\, r+1}(y) - (2\,\mathrm{i}\, r - 1)J_{2\,\mathrm{i}\, r-1}(y)]\frac{h(r)\,\mathrm{d}\, r}{\cosh(\pi r)}\frac{\mathrm{d}\, y}{y}, \end{aligned}$$

因为$h(r)$是偶函数. 接下来, 利用递推公式

$$(s + 1)J_{s+1}(y) - (s - 1)J_{s-1}(y) = -2sy\left(\frac{J_s(y)}{y}\right)',$$

我们得到

$$g(x) = -\frac{2\,\mathrm{i}\,x}{\pi}\int_x^{+\infty}\int_{-\infty}^{+\infty}\frac{rh(r)}{\cosh(\pi r)}\left(\frac{J_{2\,\mathrm{i}\,r}(y)}{y}\right)'\,\mathrm{d}\,r\,\mathrm{d}\,y,$$

它等于(16.36).

公式(16.34)在用谱参数和级对尖形式的Fourier系数的估计中有基本的应用(见下节). 单纯用级估计, 预备公式(16.32)往往够用且容易使用. 但是, Kuznetsov改进版公式(16.34)中有一大族函数$h(t)$提供的额外的灵活性对处理诸如例外特征值或者Riemann曲面$\Gamma\backslash\mathbb{H}$上闭测地线长度的分布之类的微妙问题时是有帮助的(参见[160–161]).

对解析数论问题, 我们需要处理Kloosterman和, 而不是尖形式的Fourier系数. 为此, 我们需要一个方程使得其中与Kloosterman和相关的测试函数事先已经被给出, 与谱项相关的测试函数由有确定核的积分变换得到(有点像关于素数的Riemann显式). 遗憾的是, 公式(16.34)并不满足这一点, 因为我们不能将每个需要处理的函数$f(x)$由积分(16.36)表示. 此外, 即使$g(x)$有积分表示(16.36), 也不容易找到原来的函数$h(r)$.

从历史上看, E.C. Titchmarsh[316]是第一个试图对在$L^2(\mathbb{R}^+, x^{-1}\,\mathrm{d}\,x)$的稠密子空间中, 但不在自守形的中心中的$g$, 逆转映射$h\mapsto g$的人. 然后他与D.B.Sears[278]合作发现这个映射的像不稠密. 事实上, 将(16.36)写成

$$g(x) = \frac{2\,\mathrm{i}}{\pi}\int_{-\infty}^{+\infty}(J_{2\,\mathrm{i}\,t}(x) - J_{-2\,\mathrm{i}\,t}(x))\frac{h(t)t}{\cosh(\pi t)}\,\mathrm{d}\,t,$$

显然正整数阶$k-1$的Bessel函数在k为偶数时消失了, 因为它们与$J_{2\,\mathrm{i}\,t}(x) - J_{-2\,\mathrm{i}\,t}(x)$正交. 但是, 它们说明$\{J_\ell(x)|\ell = 1,3,5,\ldots\}$与$J_{2\,\mathrm{i}\,t}(x) - J_{-2\,\mathrm{i}\,t}(x)|0 < t < +\infty\}$一起构成$L^2(\mathbb{R}^+, x^{-1}\,\mathrm{d}\,x)$的一个完全正交系, 后者按照连续谱测度理解.

确切地说, 令$f(x)$为$[0,+\infty)$上的C^2类函数使得对$a = 0,1,2$有

$$f(0) = 0, f^{(\alpha)}(x) \ll (x+1)^{-\alpha}, \tag{16.38}$$

其中$\alpha > 2$, 则有

$$\begin{aligned} f(x) = &\int_0^{+\infty}(J_{2\,\mathrm{i}\,t}(x) - J_{-2\,\mathrm{i}\,t}(x))\left(\int_0^{+\infty}(J_{2\,\mathrm{i}\,t}(y) - J_{-2\,\mathrm{i}\,t}(y))f(y)\frac{\mathrm{d}\,y}{y}\right)\frac{2t\,\mathrm{d}\,t}{\sinh(2\pi t)} \\ &+ \sum_{k>0,2|k} 2(k-1)J_{k-1}(x)\int_0^{+\infty} J_{k-1}(y)f(y)y^{-1}\,\mathrm{d}\,y, \end{aligned} \tag{16.39}$$

其中$f(x)$的积分部分在积分变换(16.36)的像中. 因此要得到完整的公式, 除了(16.34)外, 我们还需要由Bessel函数$J_{k-1}(\frac{4\pi\sqrt{mn}}{c})$缠绕的Kloosterman和$S(m,n;c)$的和的公式. 我们已经知道对每个$k$的这些公式为Peterson公式(14.15). 令

$$\mathcal{M}_f(t) = \frac{\pi\,\mathrm{i}}{\sinh(2\pi t)}\int_0^{+\infty}(J_{2\,\mathrm{i}\,t}(x) - J_{-2\,\mathrm{i}\,t}(x))f(x)x^{-1}\,\mathrm{d}\,x, \tag{16.40}$$

$$\mathcal{N}_f(k) = \frac{4(k-1)!}{(4\pi\,\mathrm{i})^k}\int_0^{+\infty} J_{k-1}(x)f(x)x^{-1}\,\mathrm{d}\,x. \tag{16.41}$$

令$\rho_j(m), \tau_{\mathfrak{a}}(m,r)$分别为尖形式的完全标准正交系与Eisenstein级数的Fourier系数. 此外, 令$\psi_{jk}(m)$ $(1\leqslant j\leqslant \dim S_k(\Gamma))$为全纯尖形式在一个完全标准正交系下的Fourier系数:

$$f_{jk}(z) = \sum_{m=1}^{\infty}\psi_{jk}(m)m^{\frac{k-1}{2}}\,\mathrm{e}(mz), \tag{16.42}$$

其中$k = 2,4,6,\ldots$. 将Kuznetsov公式(16.34)与依照分解式(16.39)所得的Peterson公式(14.15)相加, 我们推出

定理 16.5 令f满足(16.38), 则对$mn > 0$有

$$\begin{aligned}\sum_{c\equiv 0 \bmod q} c^{-1}S(m,n;c)f(\tfrac{4\pi\sqrt{mn}}{c}) = &\sum_{j=1}^{\infty} \mathcal{M}_f(t_j)\bar{\rho}_j(m)\rho_j(n) \\ &+ \sum_{\mathfrak{a}} \tfrac{1}{4\pi}\int_{-\infty}^{+\infty} \mathcal{M}_f(r)\bar{\tau}_{\mathfrak{a}}(m,r)\tau_{\mathfrak{a}}(n,r)\,\mathrm{d}\,r \\ &+ \sum_{k>0,2|k} \mathcal{N}_f(k) \sum_{1\leqslant j\leqslant \dim S_k(\Gamma)} \bar{\psi}_{jk}(m)\psi_{jk}(n).\end{aligned} \tag{16.43}$$

注意关于谱的对角项消失了.

我们还需要关于Kloosterman和$S(m,n;c)$的和, 其中m,n的符号相异时的公式. 这种情形可以类似处理, 实际上更简单, 因为全纯尖形式不出现(它们在负频处没有Fourier系数). 令

$$\mathcal{K}_f(t) = 4\int_0^{+\infty} K_{2\,\mathrm{i}\,t}(x)f(x)x^{-1}\,\mathrm{d}\,x. \tag{16.44}$$

定理 16.6 令f满足(16.38), 则对$mn < 0$有

$$\begin{aligned}\sum_{c\equiv 0 \bmod q} c^{-1}S(m,n;c)f(\tfrac{4\pi\sqrt{mn}}{c}) = &\sum_{j=1}^{\infty} \mathcal{K}_f(t_j)\bar{\rho}_j(m)\rho_j(n) \\ &+ \sum_{\mathfrak{a}} \tfrac{1}{4\pi}\int_{-\infty}^{+\infty} \mathcal{K}_f(r)\bar{\tau}_{\mathfrak{a}}(m,r)\tau_{\mathfrak{a}}(n,r)\,\mathrm{d}\,r.\end{aligned} \tag{16.45}$$

证明: 在定理16.3中用$g^{-1}(x)$取代$g(x)$, 并利用下面的Kontorovich-Lebedev反转公式(见[205]中的(5.27.14)):

$$f(x) = \tfrac{8}{\pi^2}\int_0^{+\infty} K_{2\,\mathrm{i}\,t}(x)(\int_0^{+\infty} K_{2\,\mathrm{i}\,t}(y)f(y)y^{-1}\,\mathrm{d}\,y)t\sinh(2\pi t)\,\mathrm{d}\,t \tag{16.46}$$

即得结论. □

我们在结束本节之际讨论一下Kloosterman和的ζ函数. 对$f(x) = x^{2s-1}$形式地利用公式(16.43), 我们推出下面的谱分解:

$$\begin{aligned}2\tfrac{(2\pi\sqrt{mn})^{2s-1}}{\sin(\pi s)}Z_{mn}(s) = &\sum_{j=1}^{\infty} \tfrac{\Gamma(s-s_j)\Gamma(s-1+s_j)}{\cosh(\pi t_j)}\bar{\rho}_j(m)\rho_j(n) \\ &+ \sum_{\substack{k>0\\2|k}} \tfrac{(4\pi)^{1-k}(k-1)!}{\pi^2}\Gamma(s-\tfrac{k}{2})\Gamma(s-1+\tfrac{k}{2}) \sum_{j=1}^{\dim S_k(\Gamma)} \bar{\psi}_{jk}(m)\psi_{jk}(n) \\ &+ \sum_{\mathfrak{a}} \tfrac{1}{4\pi}\int_{-\infty}^{+\infty} \tfrac{\Gamma(s-\frac{1}{2}-\mathrm{i}\,r)\Gamma(s-\frac{1}{2}+\mathrm{i}\,r)}{\cosh(\pi r)}\bar{\tau}_{\mathfrak{a}}(m,r)\tau_{\mathfrak{a}}(n,r)\,\mathrm{d}\,r.\end{aligned} \tag{16.47}$$

当然, 函数$f(x) = x^{2s-1}$不满足条件(16.38), 但是我们可以严格地证明公式(16.47)成立.

级数

$$L_{mn}(s) = \sum_{c\equiv 0 \bmod q} c^{-1}S(m,n;c)J_s(\tfrac{4\pi\sqrt{mn}}{c}) \tag{16.48}$$

似乎比$Z_{mn}(s)$更自然, 因为它满足合适的函数方程:

$$L_{mn}(s) - L_{mn}(-s) + \tfrac{1}{2s}\sum_{\mathfrak{a}} \tau_{\mathfrak{a}}(m,\tfrac{\mathrm{i}\,s}{2})\tau_{\mathfrak{a}}(n,-\tfrac{\mathrm{i}\,s}{2}) = \pi^{-1}\sin\tfrac{\pi s}{2}\delta(m,n) \tag{16.49}$$

(见[154]中的定理9.2).

§16.5 Fourier系数的估计

我们在本节从Peterson公式和Kuznetsov公式中立刻推出关于基本模形式的Fourier系数. 为此, 我们仅利用单个Kloosterman和的Weil 界对相关的Kloosterman和的和进行估计. 在[59, 152, 162]中已经建立了更高级的方法, 并得到了更强的结果.

我们的问题可以归结于对级数(16.48)的估计. 首先证明: 若$\frac{1}{2} < \sigma \leqslant 1$, 则有

$$\sum_{c\equiv 0 \bmod q} c^{-1-\sigma}|S(m,n;c)| \leqslant 8(\sigma-\tfrac{1}{2})^{-2}\tau((m,n))(m,n,q)^{\frac{1}{2}}\tau(q)q^{-\frac{1}{2}-\sigma}. \tag{16.50}$$

s事实上, 由(16.1)可知(16.50)的左边有界

$$(m,n,q)^{\frac{1}{2}}q^{-\frac{1}{2}-\sigma}\tau(q)\sum_{c=1}^{\infty}(m,n,c)^{\frac{1}{2}}c^{-\frac{1}{2}-\sigma}\tau(c),$$

其中最后的级数有界

$$\zeta^2(\sigma+\tfrac{1}{2})\sum_{d|(m,n)}\tau(d)d^{-\sigma}.$$

因此(16.50)成立, 因为$\tau(d) \leqslant 2d^{\frac{1}{2}}, \zeta(\sigma+\frac{1}{2}) \leqslant 2(\sigma-\frac{1}{2})^{-1}$.

若$k \geqslant 2$, 则对任意的$0 \leqslant \sigma \leqslant 1$有

$$J_{\sigma-1}(x) \ll \min\{1, \tfrac{x^{k-1}}{(k-1)!}\} \ll (\tfrac{x}{k})^{\sigma}.$$

因此由(16.50)可知: 对任意的$\frac{1}{2} < \sigma \leqslant 1$有

$$L_{mn}(k-1) \ll (2\sigma-1)^{-2}(\tfrac{\sqrt{mn}}{kq})^{\sigma}\tfrac{\tau(q)}{\sqrt{q}}\tau((m,n))(m,n,q)^{\frac{1}{2}}, \tag{16.51}$$

其中的隐性常数是绝对的.

接下来对于$s=\sigma+\mathrm{i}t(\frac{1}{2} < \sigma \leqslant 1)$, 有(见[105]中的(23.411.4))

$$J_s(x) \ll \tfrac{x^{\sigma}}{|\Gamma(s+\frac{1}{2})|} \ll \mathrm{e}^{\frac{\pi|s|}{2}}(\tfrac{x}{|s|})^{\sigma}.$$

因此由(16.50)得到

$$L_{mn}(s) \ll (2\sigma-1)^{-2}\,\mathrm{e}^{\frac{\pi|s|}{2}}(\tfrac{\sqrt{mn}}{|s|q})^{\sigma}\tfrac{\tau(q)}{\sqrt{q}}\tau((m,n))(m,n,q)^{\frac{1}{2}}, \tag{16.52}$$

其中隐性常数是绝对的.

注意Peterson公式(14.15)的右边等于

$$\delta(m,n)+2\pi\mathrm{i}^k L_{mn}(k-1).$$

因此, 在(16.52)中取$frm{-}es-1=\log^{-1}3mn$即得

定理 16.7 令$k \geqslant 2, 2|k$, 则权为k, 级为q的全纯尖形式的一个标准正交系的Fourier 系数满足

$$\tfrac{\Gamma(k-1)}{(4\pi)^{k-1}}\sum_j\bar{\psi}_{jk}(m)\psi_{jk}(n) = \delta(m,n)+O(\tfrac{\tau(q)}{q\sqrt{k}}\tau((m,n))(m,n,q)^{\frac{1}{2}}(mn)^{\frac{1}{4}}\log^2 3mn), \tag{16.53}$$

其中隐性常数是绝对的.

接下来注意到对任意的$\frac{1}{2}<\sigma<1$, Kuznetsov公式(16.34)的右边等于

$$(m,n)g_0+\frac{1}{2\pi\mathrm{i}}\int_{(\sigma)}L_{mn}(s)\frac{h(\frac{\mathrm{i}s}{2})s}{\cos\frac{\pi s}{2}}\,\mathrm{d}\,s.$$

在(16.52)中取$2\sigma-1\leqslant\log^{-1}3mn$得到

定理 16.8 假设$h(r)$满足(15.20), 则对$m,n>0$和任意的$0<]eta\leqslant(4\log 3mn)^{-1}$有

$$\begin{aligned}&\sum_{j=1}^{\infty}\bar{\rho}_j(m)\rho_j(n)\frac{h(t_j)}{\cosh(\pi t_j)}+\sum_{\mathfrak{a}}\frac{1}{4\pi}\int_{-\infty}^{+\infty}\bar{\tau}_{\mathfrak{a}}(m,r)\tau_{\mathfrak{a}}(n,r)\frac{h(r)r}{\cosh(\pi r)}\\&=\delta(m,n)g_0+O(H\tfrac{\tau(q)}{q}\tau((m,n))(m,n,q)^{\frac{1}{2}}(mn)^{\frac{1}{4}}),\end{aligned}\tag{16.54}$$

其中

$$H=\eta^{-2}\int_{\mathrm{Im}(r)=\frac{1}{4}+\eta}|\tau^{\frac{3}{4}}h(r)|\,\mathrm{d}\,r,\tag{16.55}$$

隐性常数是绝对的.

特别地, 由定理16.8可得

$$\begin{aligned}&\sum_{j=1}^{\infty}\mathrm{e}^{-(\frac{t_j}{T})^2}\frac{\rho_j(n)|^2}{\cosh(\pi t_j)}+\sum_{\mathfrak{a}}\frac{1}{4\pi}\int_{-\infty}^{+\infty}\mathrm{e}^{-(\frac{t}{T})^2}\frac{|\tau_{\mathfrak{a}}(n,t)|^2}{\cosh(\pi t)}\,\mathrm{d}\,t\\&=g_0+O(T^{\frac{7}{4}}\tau(q)q^{-1}\tau(n)(n,q)^{\frac{1}{2}}n^{\frac{1}{2}}\log^2 3n),\end{aligned}\tag{16.56}$$

其中$g_0=\pi^{-2}T^2+O(1)$, 隐性常数是绝对的.

对测试函数的另一个有趣的选择是

$$h(t)=(X^{\mathrm{i}\,t}+X^{-\mathrm{i}\,t})^2(t^2+1)^{-2},\tag{16.57}$$

其中$X\geqslant 1$. 它在谱上(即t或$\mathrm{i}\,t$为实数时)非负, 并且对例外点取大的值, 确切地说, 当$s=\frac{1}{2}+\mathrm{i}\,t>\frac{1}{2}$时有$h(t)\gg X^{2s-1}$. 显然$g_0\ll 1$, 并且取$\eta=(4\log 3mnX)^{-1}$时可知

$$H\ll\eta^{-2}X^{\frac{1}{2}+2\eta}\ll X^{\frac{1}{2}}\log^2 3mnX.$$

因此对于测试函数(16.57), 公式(16.54)变成

$$\sum_{\frac{1}{2}<s_j<1}|\rho_j(n)|^2X^{2s_j-1}\ll 1+\frac{\tau(q)}{q}\tau(n)(n,q)^{\frac{1}{2}}(nX)^{\frac{1}{2}}\log^2 3nX.\tag{16.58}$$

根据Selberg关于群$\Gamma_0(q)$的特征值猜想, (16.68)左边的和式无效. 这个猜想还没有得到证明, 但是不等式(16.58)说明例外点很少出现. 具体来说, 取$n=1,X=q^2$可得

$$\sum_{\frac{1}{2}<s_j<1}|\rho_j(1)|^2q^{2(2s_j-1)}\ll\tau(q)\log^2 2q.\tag{16.59}$$

我们在这里可以选择一组Hecke-Pizer基使得$|\rho_j(1)|\gg q^{-\frac{1}{2}-\varepsilon}$, 从而得到

$$\sum_{\frac{1}{2}<s_j<1}q^{2(2s_j-1)}\ll q^{1+\varepsilon}.\tag{16.60}$$

因此我们推出下面的密度估计: 对任意的$\alpha\geqslant\frac{1}{2}$和$\varepsilon>0$有

$$|\{j|s_j>\alpha\}|\ll q^{3-4\alpha+\varepsilon},\tag{16.61}$$

其中隐性常数仅依赖于ε. 若$\alpha>\frac{1}{2}$, 这个界相对于$\Gamma_0(q)\backslash\mathbb{H}$的体积很小.

§16.6 Kloosterman和的和的估计

我们现在为Kloosterman和的和的估计做好了一切准备. Kuznetsov[196]于1977年讨论了(16.2)在$q=1$时给出的Linnik原来的和式. 他对适当的$f(x)$应用公式(16.43), 并在求和范围的边界利用了关于Kloosterman和的Weil界得到

$$S_{mn}(X) \ll X^{\frac{1}{6}} \log^{\frac{1}{2}} 2X, \tag{16.62}$$

其中$X \geqslant 1, m, n \geqslant 1$, 隐性常数依赖于$m, n$. 这里的指数$\frac{1}{6}$与(16.3)中的指数$\frac{1}{2}$相比非常了不起, 尽管还不是Linnik猜想的任意小. 实际上, 我们对关于平稳限制到一个区间中, 而不是突然截断的模c上的$S(m,n;c)$的和更满意. 这些平稳的和式在不损害实际应用的同时能给出真正的估计(见(16.72)).

固定$m, n, q \geqslant 1$和在$[\frac{1}{2}, 1]$上支撑的C^3类函数f, 我们将对所有的$X \geqslant 1$估计

$$S(X) = \sum_{c \equiv 0 \bmod q} c^{-1} S(m, n; c) f\left(\frac{2\pi\sqrt{mn}X}{c}\right). \tag{16.63}$$

由定理16.5, 可以将问题转换为基本模形式的Fourier系数以及$f(xX/2)$的积分变换(16.40), (16.41)的估计.

将幂级数展开式

$$J_\nu(2x) = \sum_{\ell=0}^{\infty} \frac{(-1)^\ell x^{2\ell+\nu}}{\ell\Gamma(\ell+\nu+1)} \tag{16.64}$$

代入

$$\mathcal{M}_f(t) = -\frac{\pi}{\sin(2\pi s)} \int_0^{+\infty} (J_{2s-1}(2x) - J_{1-2s}(2x)) f(xX) x^{-1} \,\mathrm{d}\, x,$$

其中$s = \frac{1}{2} + \mathrm{i}t$, 可得

$$\mathcal{M}_f(t) = -\frac{\pi}{\sin(2\pi s)} \sum_{\ell=0}^{\infty} (-1)^\ell \frac{\hat{f}(2\ell+2s-1)}{\ell\Gamma(\ell+2s)} X^{2s-1-2\ell} + \frac{\pi}{\sin(2\pi s)} \sum_{\ell=0}^{\infty} (-1)^\ell \frac{\hat{f}(2\ell+1-2s)}{\ell\Gamma(\ell+2(1-s))} X^{1-2s-2\ell},$$

其中$\hat{f}(s)$是$f(x)$的Mellin变换. 我们只需对f知道存在$\kappa > 0$使得$|f^{(a)}| \leqslant \kappa (a = 0, 1, 2, 3)$. 做三次分部积分可知: 当$\mathrm{Re}(s) > 0$时,

$$\hat{f}(s) \ll \kappa(|s|+1)^{-3}, \tag{16.65}$$

其中隐性常数是绝对的. 此外, 我们利用Stirling公式:

$$\Gamma(s) = \left(\frac{2\pi}{s}\right)^{\frac{1}{2}} \left(\frac{s}{\mathrm{e}}\right)^s \left(1 + O\left(\frac{1}{|s|}\right)\right) (\mathrm{Re}(s) > 0). \tag{16.66}$$

对$\mathcal{M}_f(t)$的幂级数所有项估计(除了$\ell = 0$的项)可得

$$\mathcal{M}_f(t) = \omega(s, X) + O\left(\frac{\kappa X^{-1} \log 2X}{|s|^3 \cosh(\pi t)}\right), \tag{16.67}$$

其中

$$\omega(s, X) = -\frac{\pi}{\sin(2\pi s)} \left(\frac{\hat{f}(2s-1)}{\Gamma(2s)} X^{2s-1} - \frac{\hat{f}(1-2s)}{\Gamma(2-2s)} X^{1-2s}\right).$$

接下来由函数方程$\Gamma(s)\Gamma(1-s)=\frac{\pi}{\sin(\pi s)}$, 可以得到

$$\omega(s,X)=\Gamma(2s-1)\hat{f}(1-2s)X^{1-2s}-\Gamma(1-2s)\hat{f}(2s-1)X^{2s-1}. \tag{16.68}$$

我们还要估计首项$\omega(s,X)$, 但是只对$s=\frac{1}{2}+\mathrm{i}t(t\in\mathbb{R})$估计得到

$$\mathcal{M}_f(t)\ll\frac{\kappa\log 2X}{|s|^3\cosh(\pi t)}. \tag{16.69}$$

同理, 对积分变换(16.41)推出

$$\mathcal{N}_f(k)\ll\kappa k^{-3}X^{-1}. \tag{16.70}$$

最后将(16.69), (16.70)代入(16.43)(除了点$\frac{1}{2}<s_j<1$), 然后利用Cauchy不等式和估计式(16.53), (16.56) 得到

定理 16.9 令f为在$[\frac{1}{2},1]$中有紧支集的C^3类函数, $|f^{(a)}|\leqslant 1(a=0,1,2,3)$, 则对$m,n,q,X\geqslant 1$有

$$S(X)=\sum_{\frac{1}{2}<s_j<1}\omega(s_j,X)\bar{\rho}_j(m)\rho_j(n)+R(X), \tag{16.71}$$

其中$\omega(s,X)$由(16.68)给出, $R(X)$满足

$$R(X)\ll(1+(m,q)\tfrac{m}{q^2})^{\frac{1}{4}}(1+(n,q)\tfrac{n}{q^2})^{\frac{1}{4}}\tau(q)\tau(mn)\log^3 2mnX, \tag{16.72}$$

其中隐性常数是绝对的.

假设Selberg的特征值猜想成立, 则关于$\frac{1}{2}<s_j<1$的和式无效, 从而$S(X)=R(X)$, 所以(16.72)变成纯粹关于(16.63)的界. 特别地, 已知Selberg猜想对$q=1$时的模群成立(证明见[59]. Hejhal计算出最小的特征值为$\lambda_1=91.14\ldots$). 在这种情形, 我们得到下面的无条件结果:

$$\sum_{c>0}c^{1}S(m,n;c)f(\tfrac{2\pi\sqrt{mn}X}{c})\ll\tau(mn)(mn)^{\frac{1}{2}}\log^2 2mn. \tag{16.73}$$

注意我们将$\log^3 2mnX$替换成了$\log^2 2mn$, 因为(16.69)中的因子$\log 2X$在t很小时出现, 而它不在模群的谱中.

记例外谱(假设中为开集)上的和式为

$$E(X)=\sum_{\frac{1}{2}<s_j<1}\omega(s_j,X)\bar{\rho}_j(m)\rho_j(n). \tag{16.74}$$

假设$s_1=\frac{1}{2}+\alpha$为最大的点, 即$\lambda_1=s_1(1-s_1)=\frac{1}{4}-\alpha^2$是尖形式空间中的最小特征值. 因为对充分大的$X$有$\omega(s_1,X)\gg X^{2\alpha}$, 我们通过在$m=n,\rho_1(n)\neq 0$时比较(16.71)和(16.3)可知$\alpha\leqslant\frac{1}{4}$, 它对应于Selberg下界$\lambda_1\geqslant\frac{3}{16}$. 已知的最好结果是Kim与Sarnak[183]给出的$\alpha\leqslant\frac{7}{64}$(见§5.11). [163]中由简单的方法得到了估计$\alpha\leqslant\frac{3}{14}$. 利用Cauchy不等式和对$\frac{1}{2}\leqslant s\leqslant$一致地有$\omega(s_j,X)\ll X^{2s-1}$, 可得

$$E(X)\ll E_m(X)^{\frac{1}{2}}E_n(X)^{\frac{1}{2}}\log 2X,$$

其中

$$E_m(X)=\sum_j|\rho_j(m)|^2X^{2j-1}.$$

对任意的$1 \leqslant Y \leqslant X$有$E_m(X) \ll (\frac{X}{Y})^{2\alpha} E_m(X)$, 并且(16.58)给出

$$E_m(Y) \leqslant 1 + \tau(q)\tau(m)q^{-1}(m,q)^{\frac{1}{2}}(mY)^{\frac{1}{2}} \log^2 2mY.$$

选取$Y = \min\{X \max\{1, \frac{q^2}{m(m,q)}\}\}$可得

$$E_m(X) \ll (1 + ((m,q)m/q^2)^{\frac{1}{2}} X^{2\alpha} + ((m,q)mX/q^2)^{2\alpha})\tau(q)\tau(m) \log^2 2mX.$$

综合以上估计得到

命题 16.10 假设关于$\Gamma_0(q)$的最小尖特征值为$\lambda_1 = \frac{1}{2} - \alpha^2 (0 < \alpha \leqslant \frac{1}{4})$, 则例外和(16.74)满足

$$\begin{aligned} E(X) \ll (1 + ((m,q)m/q^2)^{\frac{1}{4}} X^{\alpha} + ((m,q)m/q^2)^{\alpha} X^{\alpha})(1 + ((n,q)n/q^2)^{\frac{1}{4}} X^{\alpha} \\ + ((n,q)n/q^2)^{\alpha} X^{\alpha})\tau(q)\tau(mn) \log^3 2mnX, \end{aligned} \tag{16.75}$$

其中隐性常数是绝对的.

因为(16.72)中的界被(16.75)中的界吸收, 后者就成为和式(16.63)的最终估计. 尽管Selberg 特征值猜想还没有得到证明, 我们发现对于$S(X)$的界在强度方面足以在最重要的应用中得到恰当的结果. 在实际中往往知道$\lambda_1 \geqslant \frac{3}{16}$即可. 令$\alpha = \frac{1}{4}$, 我们得到下面简单的无条件估计.

定理 16.11 对$m, n, q, X \geqslant 1$有

$$S(X) \ll (1 + (m,q)\frac{mX}{q^2})^{\frac{1}{4}} (1 + (n,q)\frac{nX}{q^2})^{\frac{1}{4}} \tau(q)\tau(mn) \log^3 2mnX, \tag{16.76}$$

其中隐性常数是绝对的.

对任意的$m, n \geqslant 1$, 若用$S(-m, n; c)$替代$S(m, n; c)$, 类似的推理有效, 并且能得到同样的结果. 为此, 只要用定理16.6替代定理16.5即可.

第 17 章　等差数列中的素数

§17.1 引言

素数定理指出每个本原剩余类$a \bmod q$包含同样比例的素数, 即对固定q, 若$(a,q)=1$, 则当$x\to+\infty$时有

$$\pi(x;q,a)\sim\tfrac{1}{\varphi(q)}\pi(x), \tag{17.1}$$

$$\psi(x;q,a)\sim\tfrac{1}{\varphi(q)}\psi(x). \tag{17.2}$$

我们甚至对渐近式(17.1)和(17.2)有合理的误差项估计. 但是, 比误差项更重要的是用x表示的关于模q一致成立的范围. Siegel-Walfisz定理(推论5.29)指出: 对任意的$q\geqslant 1 (a,q)=1, x\geqslant 2, A>0$, 有

$$\psi(x;q,a)=\frac{x}{\varphi(q)}+O(x\log^{-A}x), \tag{17.3}$$

其中隐性常数仅依赖于A. 注意这个估计仅在$q\ll\log^A x$时非平凡.

对于$\chi \bmod q$, 关于$L(s,\chi)$的广义Riemann猜想意味着

$$\psi(x;q,a)=\tfrac{x}{\varphi(q)}+O(x^{\frac12}\log^2 x), \tag{17.4}$$

其中隐性常数是绝对的, 并且在$q\ll x^{\frac12}\log^{-2}x$时非平凡. H. Montgomery 猜想有

$$\psi(x;q,a)=\tfrac{x}{\varphi(q)}+O(q^{-\frac12}x^{\frac12+\varepsilon}), \tag{17.5}$$

其中隐性常数仅依赖于ε. 这就意味着渐近公式(17.2)在$q\leqslant x^{1-\varepsilon}$时一致地成立. 但是, Friedlander与Granville[87, 110]推广了之前Maier[221]关于短区间的工作, 证明了(17.1)和(17.2)不可能对任意的$A>0$ 在$q\leqslant x\log^{-A}x$时成立.

可能几代研究者们都无法解决GRH, 但是我们已经对(17.4)有了令人满意的替代品, 或者说对(17.3)有了如下形式的推广

定理 17.1 (E. Bombieri, A. I. Vinogradov, 1965) 对任意的$A>0$有

$$\sum_{q\leqslant Q}\max_{(a,q)=1}\left|\psi(x;q,a)-\tfrac{x}{\varphi(q)}\right|\ll x\log^{-A}x, \tag{17.6}$$

其中$Q=x^{\frac12}\log^{-B}x$, $B=B(A)$, 隐性常数依赖于A.

下面是关于该问题的历史的简短评述. 所有的讨论都以某种方式用到了Linnik[208]的大筛法思想. 首先, A. Renyi[264]对$A = x^{\theta-\varepsilon}(\theta > 0)$建立了(17.6), 然后K. Roth对$\theta = \frac{1}{3}$得到了该结果, 而M.B. Barban[11]又成功地改进为$\theta = \frac{3}{8}$(不久后就去世了). 最后, A.I. Vinogradov[329]得到了$\theta = \frac{1}{2}$, 而E. Bombieri[18]同时期通过独立研究证明了定理17.1陈述的稍强的结果. 两位作者都是从事先建立的L函数零点的新的密度定理推出了他们的结果. 但是, Gallagher[94]与Motohashi[244]的简化证明避开了利用零点, 取而代之的是将主要思想投入到关于等差数列的双线性型的估计上. 这些发展与第13章讨论的关于素数的Vinogradov, Linnik, Heath-Brown或Vaughan型等式相关. 我们在本章尽量借助这些新方法用极小的工作量证明定理17.1, 其中$B(A) = 2A + 6$.

习题17.1 证明Titchmarsh因子问题的渐近公式:

$$\sum_{p \leqslant x} \tau(p-1) \sim cx(x \to +\infty),$$

其中$c = \frac{\zeta(2)\zeta(3)}{\zeta(6)} = 1.945\,359\,6\ldots$ 这个公式首先由Linnik[214]证明. (提示: 利用Dirichlet双曲线方法将问题简化为对满足$p \equiv 1 \bmod d, d \leqslant \sqrt{x}$的素数计算, 然后利用定理17.1和Brun-Titchmarsh不等式(6.95).)

[186]中对椭圆曲线提出了一个非常自然的类似问题.

人们期望Bombieri-Vinogradov定理在$Q = x^{1-\varepsilon}$时成立(Elliott-Halberstam猜想), 它可以由(17.5)推出, 但是不能由GRH得到. 也有一些形如

$$\sum_{q \leqslant Q} \lambda(q)(\psi(x;q,a) - \frac{x}{\varphi(q)}) \ll x \log^{-A} x \tag{17.7}$$

的无条件结果, 其中$Q = x^{\frac{4}{7}-\varepsilon}$, $a \neq 0$固定, $\lambda(q)$是筛法理论意义下任意分解性良好的函数(见[20]), $\varepsilon > 0, A > 0$是任意的, 隐性常数依赖于a, ε, A. 这个结果包含了当模$q > x^{\frac{1}{2}}$时, 关于给定的剩余类$a \bmod q$中素数$p \leqslant x$的等分布的有用信息, 而GRH在这个范围内不适用.

我们可以处理更大的模q, 只要可以得到关于剩余类$a \bmod q$的均值. 因此, P. Turán由GRH推出

$$\sideset{}{^*}\sum_{a \bmod q} (\psi(x;q,a) - \frac{x}{\varphi(q)})^2 \ll x \log^4 x, \tag{17.8}$$

其中隐性常数是绝对的. 这个估计在q与$x \log^{-5} x$一般大时非平凡. M.B. Barban[11]与H. Davenport[53]在引进关于模的其他均值时建立了强度相当的无条件结果.

定理 17.2 (Barban, Davenport, Halberstam, 1966) 对任意的$A > 0$有

$$\sum_{q \leqslant Q} \sideset{}{^*}\sum_{a \bmod q} (\psi(x;q,a) - \frac{x}{\varphi(q)})^2 \ll x \log^{-A}, \tag{17.9}$$

其中$Q = x \log^{-B} x, B = B(A)$, 隐性常数依赖于$A$.

关于等差数列中的Möbius函数有类似的结果.

习题17.2 证明: 对任意的$A > 0$有

$$\sum_{q \leqslant Q} |\sideset{}{^*}\sum_{\substack{m \leqslant \\ m \equiv a \bmod q}} \mu(m)| \ll x \log^{-A} x, \tag{17.10}$$

其中$Q = x^{\frac{1}{2}} \log^{-B} x, B = B(A)$, 隐性常数依赖于$A$.

§17.2 等差数列中的双线性型

给定合理的算术函数f, 我们自然期望它的值在本原剩余类上是等分布的, 即我们在$(a,q)=1$时应该对

$$D_f(x;q,a)=\sum_{\substack{n\leqslant x\\ n\equiv a \bmod q}} f(n)-\frac{1}{\varphi(q)}\sum_{\substack{n\leqslant x\\ (n,q)=1}} f(n) \tag{17.11}$$

有非平凡界, 只要q不是非常大. 我们在很多情形能够证明

$$D(x;q,a)\ll \Big(\sum_{n\leqslant x}|f(n)|^2\Big)^{\frac{1}{2}}x^{\frac{1}{2}}\log^{-A}x. \tag{17.12}$$

这个结果只在$q\leqslant \log^A x$时非平凡. 有了(17.12), 我们能够用大筛法不等式(7.31)对某种类型的f证明一个关于$D_f(x;q,a)$的界, 它对几乎所有的$q\leqslant x\log^{-B}x$都很好. 令人惊讶的是对f的要求如此低. 基本上需要f能够表示成两个序列的卷积, 即$f=\alpha*\beta$, 其中一个(设为β)在本原剩余类上关于模$q\leqslant\log^A x$是一致等分布的, 或者更一般地, f应该能用这种卷积的线性组合很好的逼近.

我们从考察在$1\leqslant n\leqslant N$上支撑的复数列$\beta=(\beta_n)$开始研究. 假设存在$0<\Delta\leqslant 1$使得对所有的$(a,q)=1$满足

$$|D_f(x;q,a)|\leqslant \|\beta\|N^{\frac{1}{2}}\Delta^9, \tag{17.13}$$

其中

$$\|\beta\|=\Big(\sum_n|\beta_n|^2\Big)^{\frac{1}{2}}.$$

我们首先证明(17.13)意味着下面关于特征和的界.

引理 17.3 对非主特征$\chi \bmod r$和正整数s有

$$\Big|\sum_{(a,q)=1}\beta_n\chi(n)\Big|\leqslant \|\beta\|N^{\frac{1}{2}}\Delta^2 r\tau(s). \tag{17.14}$$

证明: 由Möbius反转公式改变条件$(n,s)=1$, 然后将和式分拆如下:

$$\begin{aligned}\sum_{(n,s)=1}\beta_n\chi(n)&=\sum_{k|s}\mu(k)\sum_{n\equiv 0 \bmod q}\beta_n\chi(n)\\ &=\sum_{\substack{k|s\\ k\leqslant K}}\mu(k)\sum_{\ell|k}\mu(\ell)\sum_{(n,\ell)=1}\beta_n\chi(n)+\sum_{\substack{k|s\\ k>K}}\mu(k)\sum_{n\equiv 0 \bmod k}\beta_n\chi(n).\end{aligned}$$

我们接下来通过将和式按模ℓr的类分组, 然后对每个类应用假设(17.13)来估计$\beta_n\chi(n)$关于$(n,\ell)=1$的和式. 由此得到(因为χ是非主特征, 所以那些首项都抵消了)

$$\|\beta\|N^{\frac{1}{2}}\Delta^9\sum_{\substack{k|s\\ k\leqslant K}}\sum_{\ell|k}|\mu(\ell)|\varphi(\ell r)\leqslant \|\beta\|N^{\frac{1}{2}}\Delta^9K\varphi(r)\tau(s).$$

然后我们利用Cauchy不等式估计$\beta_n\chi(n)$关于$n\equiv 0 \bmod k$的和式, 得到

$$\|\beta\|N^{\frac{1}{2}}\sum_{\substack{k|s\\ k>K}}k^{-\frac{1}{2}}\leqslant \|\beta\|N^{\frac{1}{2}}K^{-\frac{1}{2}}\tau(s).$$

将两个估计相加, 并取$K=\Delta^{-6}$即得(17.14). □

我们现在证明主要的结果:

定理 17.4 假设$\beta=(\beta_n)$是一列在$1\leqslant n\leqslant N$上支撑且满足(17.13)的复数, $\alpha=(\alpha_m)$是在$1\leqslant m\leqslant N$上支撑的任意复数列, 则有

$$\sum_{q\leqslant Q}\max_{(a,q)=1}|D_{\alpha,\beta}(MN;q,a)|\ll\|\alpha\|\|\beta\|(\Delta M^{\frac{1}{2}}N^{\frac{1}{2}}+M^{\frac{1}{2}}+N^{\frac{1}{2}}+Q)\log^2 Q, \tag{17.15}$$

其中隐性常数是绝对的.

证明: 利用Dirichlet特征可以写成

$$D_{\alpha,\beta}(MN;q,a)=\frac{1}{\varphi(q)}\sum_{\substack{\chi\bmod q\\ \chi\neq\chi_0}}\bar{\chi}(a)(\sum_m\alpha_m\chi(m))(\sum_n\beta_n\chi(n)).$$

因此, 通过归结于本原特征可知(17.15)的左边有界

$$\sum_{s\leqslant Q}\frac{1}{\varphi(s)}\sum_{1<r\leqslant Q}\frac{1}{\varphi(r)}\sum_{\chi\bmod r}^{*}|\sum_{(m,s)=1}\alpha_m\chi(m)||\sum_{(n,s)=1}\beta_n\chi(n)|.$$

若r很小, 设$r\leqslant R$, 则利用(17.14)得到

$$\|\beta\|N^{\frac{1}{2}}\Delta^3\sum_{r\leqslant Q}\frac{\tau(s)}{\varphi(s)}\sum_{r\leqslant R}r\ll\|\beta\|N^{\frac{1}{2}}\Delta^3R^2\log^2 Q.$$

对剩下关于$r>R$的和式, 我们将它分成2倍区间$P<r\leqslant 2P$, 对每个这样的约化和式应用大筛法不等式(7.31)得到

$$\begin{aligned}&\|\alpha\|\|\beta\|\sum_{R<P<Q}P^{-1}(P^2+M)^{\frac{1}{2}}(P^2+N)^{\frac{1}{2}}\log Q\\ &\ll\|\alpha\|\|\beta\|(Q+M^{\frac{1}{2}}+N^{\frac{1}{2}}+M)^{\frac{1}{2}}N^{\frac{1}{2}}R^{-1})\log^2 Q.\end{aligned}$$

将两个估计相加, 并取$R=\Delta^{-1}$即得(17.15). □

§17.3 Bombieri-Vinogradov定理的证明

设$x^{\frac{1}{5}}<n\leqslant x$. 在(13.39)中取$y=z=x^{\frac{1}{5}}$, 可以写成$\Lambda(n)=\Lambda^{\sharp}(n)+\Lambda^{\flat}(n)$, 其中

$$\Lambda^{\sharp}(n)=\sum_{\substack{\ell m=n\\ m\leqslant x^{\frac{1}{5}}}}\lambda(\ell)\mu(m),$$

$$\Lambda^{\flat}(n)=\sum_{\substack{\ell m=n\\ x^{\frac{4}{5}}<m\leqslant x^{\frac{4}{5}}}}\lambda(\ell)\mu(m),$$

这里$\lambda(\ell)$是不完全对数

$$\lambda(\ell)=\log\ell-\sum_{\substack{k|\ell\\ k\leqslant x^{\frac{1}{5}}}}\Lambda(k). \tag{17.16}$$

相应地, 我们有

$$D_{\Lambda}(x;q,a)=D_{\Lambda^{\sharp}}(x;q,a)+D_{\Lambda^{\flat}}(x;q,a)+O(x^{\frac{1}{5}}\log x), \tag{17.17}$$

其中误差项来自$n < x^{\frac{1}{5}}$的项的贡献值, 对于这些项上面的等式不适用.

若f在$[1,p]$上连续单调, 则由初等方法可以推出

$$|D_f(y;q,a)| \leqslant 1|f(1)| + 2|f(y)|.$$

将该结果应用于$f(\ell) = \log \ell$和$f(\ell) = 1$得到$D_\lambda(y;q,a) \ll x^{\frac{1}{5}} \log x$. 因此$D_{\Lambda^\sharp}(x;q,a) \ll x^{\frac{2}{5}} \log x$, 对$q \leqslant Q$求和得到

$$\sum_{q\leqslant Q} \max_{(a,q)=1} |D_{\Lambda^\sharp}(x;q,a)| \ll Qx^{\frac{2}{5}} \log x. \tag{17.18}$$

我们将利用定理17.4估计$D_{\Lambda^\flat}(x;q,a)$. 为此, 我们需要将$\Lambda^\flat(n)$写成两个数列的卷积形式, 而我们差不多有了这种形式, 除了限制$n = \ell m \leqslant x$使得ℓ, m相互联系. 要将该限制放松, 并且保持ℓm的大小, 我们将区间$1 \leqslant n \leqslant x$分成形如$y < n \leqslant (1+\delta)y$的小区间, 其中$x^{-\frac{1}{5}} < \delta \leqslant 1$. 这样的子区间有$O(\delta^{-1})$个. 我们用形如

$$\sum\sum_{\substack{\ell m=n \\ L<\ell\leqslant(1+\delta)L \\ M<m\leqslant(1+\delta)M}} \lambda(\ell)\mu(m) \tag{17.19}$$

的部分和覆盖$\Lambda^\flat(n)$, 其中L, M在$x^{\frac{1}{5}} < L, M < x^{\frac{4}{5}}$ 的范围内取值, 除了在$n < x^{\frac{1}{5}}$和$(1+\delta)^{-1}x < n < (1+\delta)x$的范围内, 覆盖的重数不为1. 对这样的超出区域作平凡估计得到

$$D_{\Lambda^\flat}(x;q,a) = \sum_L \sum_M D(LM;q,a) + O(\delta q^{-1} x \log x), \tag{17.20}$$

其中$D(LM;q,a)$表示

$$\sum\sum_{\substack{L<\ell\leqslant(1+\delta)L \\ M<m\leqslant(1+\delta)M \\ \ell m\equiv a \equiv q}} \lambda(\ell)\mu(m) - \frac{1}{\varphi(q)} \sum\sum_{\substack{L<\ell\leqslant(1+\delta)L \\ M<m\leqslant(1+\delta)M \\ (\ell m,q)=1}} \lambda(\ell)\mu(m).$$

因为由Siegel-Walfisz定理可知$\mu(m)$满足假设(17.12)(并且数列$\lambda(\ell)$满足这个假设), 我们可以对每个$D(LM;q,a)$应用定理17.4, 其中$\Delta = \log^{-A} x$, 由此得到

$$\sum_{q\leqslant Q} \max_{(a,q)=1} |D(LM;q,a)| \ll \delta\Delta x \log^3 x, \tag{17.21}$$

其中$Q = \Delta x^{\frac{1}{2}}$. 对$L, M$求和(这样的区间有$O(\delta^{-2})$个), 由(17.20)和(17.21)得到

$$\sum_{q\leqslant Q} \max_{(a,q)=1} |D_{\Lambda^\flat}(x;q,a)| \ll (\delta^{-1}\Delta + \delta) x \log^3 x. \tag{17.22}$$

选取$\delta = \Delta^{\frac{1}{2}}$得到界$\Delta^{\frac{1}{2}} x \log^3 x$. 将(17.22)与(17.18) 相加得到

$$\sum_{q\leqslant \Delta x^{\frac{1}{2}}} \max_{(a,q)=1} \left|\psi(x;q,a) - \frac{\psi(x)}{\varphi(q)}\right| \ll \Delta^{\frac{1}{2}} x \log^3 x. \tag{17.23}$$

由素数定理, 我们在这里可以将$\psi(x)$替换成$x + O(\Delta x)$, 由此可知定理17.1对

$$B(A) = 2A + 6 \tag{17.24}$$

成立.

§17.4 Barban-Davenport-Halberstam定理的证明

我们将对比Λ更一般的算术函数f建立定理17.2. 我们不要求f像在定理17.4中那样具有卷积型, 只需要f在很小的模的剩余类上均匀分布.

定理 17.5 假设存在$0 < \Delta \leqslant 1$使得对所有的$(a,q)=1$有

$$|D_f(x;q,a)| \leqslant \|f\| x^{\frac{1}{2}} \Delta^9, \tag{17.25}$$

则

$$\sum_{q \leqslant Q} \sideset{}{^*}\sum_{a \bmod q} |D_f(x;q,a)|^2 \ll \|f\|^2 (\Delta x + Q) \log^2 Q, \tag{17.26}$$

其中隐性常数是绝对的.

证明: 由特征的正交性,

$$\sideset{}{^*}\sum_{a \bmod q} |D_f(x;q,a)|^2 = \frac{1}{\varphi(q)} \sum_{\substack{\chi \bmod q \\ \chi \neq \chi_0}} \Big| \sum_{n \leqslant x} f(n)\chi(n) \Big|^2.$$

对q求均值, 然后归结于本原特征可知(17.26)的左边有界

$$\sum_{s \leqslant Q} \frac{1}{\varphi(s)} \sum_{1 < r \leqslant Q} \frac{1}{\varphi(r)} \sideset{}{^*}\sum_{\chi \bmod r} \Big| \sum_{\substack{n \leqslant x \\ (n,s)=1}} f(n)\chi(n) \Big|^2.$$

此时我们取$\alpha = \beta = f$, 像定理17.4的证明那样进行推理得到界

$$\|f\|^2 (x\Delta^3 R^2 + Q + x^{\frac{1}{2}} + xR^{-1}) \log^3 Q,$$

取$R = \Delta^{-1}$即得(17.26). □

推论 17.6 假设定理17.4中的条件成立, 令$ab \neq 0$, 则有

$$\begin{aligned} &\sum_{\substack{q \leqslant Q \\ (q,ab)=1}} \Big| \sum_{\substack{am \equiv bn \bmod q \\ (mn,q)=1}} \sum \alpha_m \beta_n - \frac{1}{\varphi(q)} \Big(\sum_{(m,q)=1} \alpha_m \Big) \Big(\sum_{(n,q)=1} \beta_n \Big) \Big| \\ &\ll \|\alpha\| \|\beta\| (M+Q)^{\frac{1}{2}} (\Delta N + Q)^{\frac{1}{2}} \log^2 Q. \end{aligned} \tag{17.27}$$

证明: (17.27)中和式的差由

$$\sideset{}{^*}\sum \sideset{}{^*}\sum_{au \equiv bv \bmod q} D_\alpha(M;q,a) D_\beta(N;q,a)$$

给出. 由Cauchy不等式, 在定理17.5中取$f = \alpha, \Delta = 1$以及$f = \beta, \Delta$不变即得结论. □

第 18 章　等差数列中的最小素数

§18.1　引言

给定的模q, 在对本原剩余类中的素数有一致的分布后, 我们要提出的一个自然的问题是给定的类中的第一个素数有多大? 记

$$p(q,a) = \min\{p | p \equiv a \bmod q\}. \tag{18.1}$$

显然, 存在类$a \bmod q$使得$p(q,a)$不可能小于$(1+o(1))\varphi(q)\log q$. 人们猜想

$$p(q,a) \ll q^{1+\varepsilon}, \tag{18.2}$$

而关于特征$\chi \bmod q$的Dirichlet L函数的Riemann猜想意味着

$$p(q,a) \ll (\varphi(q)\log q)^2. \tag{18.3}$$

在没有假设条件下, 容易由Siegel-Walfisz定理(见推论5.29)推出: 对任意的$\varepsilon > 0$有

$$p(q,a) \ll \exp(q^{\varepsilon}),$$

其中隐性常数依赖于ε(非实效的). 此外, 若不存在模q的例外特征, 则由素数定理得到

$$p(q,a) \ll q^{c\log q},$$

其中$c > 0$为常数. Yu.V. Linnik[211–213]于1944年证明的著名定理指出

定理 18.1 (Linnik)　存在绝对常数$c \geqslant 1, L \geqslant 2$使得

$$p(q,a) \leqslant cq^{L}. \tag{18.4}$$

这个漂亮的定理是解析数论中最伟大成就之一. 最初Linnik没有给出L的数值, 尽管他的方法是实效的, 即只要愿意花时间就可以计算出两个常数c, L. 下面列出了几位研究者确定的Linnik常数:

$L = 10\,000$	潘承洞(1957),	$L = 20$	Graham(1981),
$L = 777$	陈景润(1957),	$L = 16$	王元(1981),
$L = 80$	Jutila(1957),	$L = 5.5$	Heath − Brown(1981).

我们在本章证明不确定常数L的Linnik定理, 讨论的过程中大量借用了S. Graham[106–107]的杰出工作. 对于有兴趣学习其他方法(例如Turá幂和)的读者, 我们推荐阅读E. Bombieri的[15]的第6章. Heath-Brown[127]发展了最有力的工具.

Linnik定理的所有证明都以各种形式用到下面关于Dirichlet L函数的零点的三个原理. 本章中记

(18.5)
$$L_q(s)=\prod_{\chi \bmod q} L(s,\chi).$$

记$L(s,\chi)$的一个零点为$\rho=\beta+\mathrm{i}\gamma$, 或者在需要显示对特征的依赖性时记为$\rho_\chi=\beta_\chi+\mathrm{i}\gamma_\chi$. 对$\frac{1}{2}\leqslant\alpha\leqslant 1, T\geqslant 1$, 记$N(\alpha,T,\chi)$为$L(s,\chi)$在方形区域

(18.6)
$$\alpha<\sigma\leqslant,\ |t|\leqslant T$$

内的零点ρ_χ的个数(计算重数). 因此

(18.7)
$$N_q(\alpha,T)=\sum_{\chi \bmod q} N(\alpha,T,\chi).$$

是$L_q(s)$子方形区域(18.6)内的零点总数(计算重数).

原理1(非零区域) 存在正常数c_1(可实效计算)使得$L_q(s)$在区域

(18.8)
$$\sigma\geqslant 1-\frac{c_1}{\log T},\ |t|\leqslant T$$

内最多有一个零点. 若例外零点存在, 则它是实的单根, 并且对应于实的非主特征.

原理2(不含对数的零点密度估计) 存在正常数c_1,c_2(可实效计算)使得对任意的$\frac{1}{2}\leqslant\alpha\leqslant 1, T\geqslant 1$,

(18.9)
$$N_q(\alpha,T)\leqslant c_1(qT)^{c_2(1-\alpha)}.$$

原理3(例外零点的排斥性) 存在正常数c_3(可实效计算)使得: 若例外零点β_1存在, 设$L(\beta_1,\chi_1)=0$, 满足

(18.10)
$$1-\tfrac{c_1}{\log qT}\leqslant\beta_1<1,$$

则函数$L_q(s)$在区域

(18.11)
$$\sigma\geqslant 1-c_3\frac{|\log(1-\beta_1)\log qT|}{\log qT},\ |t|\leqslant T$$

内没有其他零点.

第一个原理(归功于Landau)是经典的, 我们在§5.9中证明了它. 第二个原理归功于Linnik[213], 第三个原理是Deuring-Heilbronn现象的定量版本(还是归功于Linnik[212]). Bombieri[15]建立了比原理3稍强的版本. 他证明了: 若存在例外零点, 则原理2也可以加强. 以下是我们从他的结果中得到的:

命题 18.2 (Bombieri) 存在正常数c(实效可计算)使得: 若(18.10)中的零点β_1存在, 则对任意的$\frac{1}{2}\leqslant\alpha\leqslant 1$ 有

(18.12)
$$N_q(\alpha,T)\ll(1-\beta_1)(\log qT)(qT)^{c(1-\alpha)},$$

其中隐性常数是绝对的(并且是实效可计算的).

习题18.1 证明由命题18.2能推出原理3.

习题18.2 由命题18.2推出关于Dirichlet L函数的实零点的Siegel界(5.73).

由常数c_1,c_2,c_3,c的数值能得到Linnik常数L, 但是从我们的估计来看它是很大的. 不妨假设q充分大, $T\leqslant\log q$, 则上述几个原理对常数$c_1=\frac{1}{10},c_2=3,c_3=\frac{1}{2}$成立.

§18.2 不含对数的零点密度定理

回顾Huxley密度估计(见定理10.4):

$$N_q(\alpha, T) \ll (qT)^{\frac{12}{5}(1-\alpha)} \log^A qT, \tag{18.13}$$

其中A是绝对常数. 因此, (18.9)只是对直线$\mathrm{Re}(s) = 1$的附近的零点, 即满足

$$1 - \alpha \ll A\mathcal{L}^{-1} \log \mathcal{L} \tag{18.14}$$

的α, 其中

$$\mathcal{L} = \log qT \tag{18.15}$$

给出了新的结果.

我们在本节将证明原理2对常数$c_2 = 47$成立, 但是通过直接计算可以由该方法给出小得多的常数.

注意对于主特征, $N(\alpha, T, \chi_0)$等于Riemann ζ函数在方形区域(18.6)内的零点数. 因此由Vinogradov无零区域(推论8.28)与Huxley密度估计(见第10章)可知

$$N(\alpha, T, \chi_0) \ll T^{3(1-\alpha)}. \tag{18.16}$$

我们本来也可以不用无零区域, 而采用本节的思路得到该结果, 但是为了简化论述, 我们在这里不再考虑主特征的情形.

原理2与第10章密度估计的证明背后的主要想法是相同的, 即我们构造一个可以充当零点侦测的Dirichlet多项式, 因为它在$L(s, \chi)$ 的零点处取非常大的值. 然后利用二重思想以及对由此得到的特征和的估计, 可得我们想要的关于$N_q(\alpha, T)$的界. 要是我们对$L(s, \chi)$直接利用该办法, 那么就会出现对数因子丢失的情况, 这是不可接受的. 因此我们需要做一些改进. 我们用类似于在临界线上给出$\zeta(s)$的正比例的零点数(见第24 章)的办法, 通过减少$L(s, \chi)$的系数来消除对数因子. 还有其他办法如P. Turán 的幂和法建立原理2(Bombieri, Julita, Montgomery用过).

我们介绍$L(s, \chi)$的两种弱化. 令

$$K(s) = \sum_{n=1}^{\infty} \Big(\sum_{d|n} \lambda_d\Big)\Big(\sum_{b|n} \theta_b\Big) n^{-s}, \tag{18.17}$$

其中λ_d是连续截断的Möbius函数, θ_b为筛法中用到的一种系数. 尽管λ_d, θ_b看起来结构类似, 它们所起到的作用不同. 第一个是为了消掉级数的前部分项(除了$n = 1$的项), 而第二个是用于从有小的素因子的项中进行筛选(而不是为了消除它们的贡献). 确切地说, 我们选择

$$\lambda_d = \begin{cases} \mu(d) \min\{1, \frac{\log \frac{z}{d}}{\log \frac{z}{w}}\}, & 若1 \leqslant d \leqslant z, 其中1 < w < z, \\ 0, & 若d > z. \end{cases} \tag{18.18}$$

然后选择

$$\theta_b = \frac{\mu(b) b}{G_\theta(b)} \sum_{\substack{ab \leqslant y \\ (a, bq) = 1}} \frac{\mu^2(a)}{\varphi(a)}, \tag{18.19}$$

其中G是标准化因子使得$\theta_1 = 1$, 即

(18.20) $$G = \sum_{\substack{a \leqslant y \\ (a,q)=1}} \frac{\mu^2(a)}{\varphi(a)}.$$

这些系数θ_b来自Λ^2筛法, 从而满足下面的性质:

(18.21) $$|\theta_b| \leqslant 1,$$

(18.22) $$\sum_{b_1}\sum_{b_2} \frac{\theta_{b_1}\theta_{b_2}}{[b_1,b_2]} = G^{-1},$$

(18.23) $$G \geqslant \frac{\varphi(q)}{q} \log y$$

(事实上, 我们本质上可以从级为y的任意上界筛子中选取θ_b).

因为当$1 \leqslant d \leqslant w$时, $\lambda_d = \mu(d)$, 由Möbius反转公式可知

(18.24) $$\sum_{d|n} \lambda_d = \begin{cases} 1, & 若n = 1, \\ 0, & 若1 < n \leqslant w. \end{cases}$$

对任意的$n > w$, 我们有平凡界

(18.25) $$|\sum_{d|n} \lambda_d| \leqslant \tau(n),$$

但是S. Graham[106]证明了

(18.26) $$\sum_{w<n\leqslant x} (\sum_{d|n} \lambda_d)^2 \leqslant \frac{x}{\log \frac{z}{w}}(1 + O(\frac{1}{\log \frac{z}{w}})).$$

由于我们不寻求最好的常数, 我们随意地选取这些级y, w, z, 即

(18.27) $$y = (qT)^2, w = (qT)^7, z = (qT)^8.$$

对任意的$\chi \bmod q$, 我们有缠绕级数

(18.28) $$K(s,\chi) = \sum_{n=1}^{\infty} (\sum_{d|n} \lambda_d)(\sum_{b|n} \theta_b)\chi(n)n^{-s}.$$

它可以分解为

(18.29) $$K(s,\chi) = L(s,\chi)M(s,\chi),$$

其中

(18.30) $$M(s,\chi) = \sum_m (\sum\sum_{[b,d]=m} \lambda_d\theta_b)\chi(m)m^{-s}.$$

实际上, 我们将只取$K(s,\chi)$的一个部分和:

(18.31) $$K_x(s,\chi) = \sum_{1\leqslant n\leqslant x} (\sum_{d|n} \lambda_d)(\sum_{b|n} \theta_b)\chi(n)n^{-s},$$

其中

$$x = (qT)^{23}. \tag{18.32}$$

注意$m = [b,d] \leqslant bd \leqslant yz$, 对$\chi \neq \chi_0$有

$$\Big|\sum_{n>\frac{x}{m}} \chi(n)n^{-s}\Big| \leqslant 2q|s|(\tfrac{m}{x})^{\sigma}. \tag{18.33}$$

因此, 对方形区域(18.6)中的点$s = \sigma + \mathrm{i}t$, $K(s,\chi)$的尾项满足

$$|K(s,\chi) - K_x(s,\chi)| \leqslant 2q|s|yzx^{-\sigma} \leqslant 4qTyzx^{-\alpha} \leqslant \tfrac{1}{2}. \tag{18.34}$$

对$L(s,\chi)$的零点$s = \rho$, 由(18.29)有$K(\rho, y) = 0$, 从而(18.34)变成

$$|K_x(\rho,\chi)| \leqslant \tfrac{1}{2}. \tag{18.35}$$

去掉$K_x(s,\chi)$的第一项, 这个不等式

$$\Big|\sum_{w<n\leqslant x} (\sum_{d|n} \lambda_d)(\sum_{b|n} \theta_b)\chi(n)n^{-s}\Big| \geqslant \tfrac{1}{2} \tag{18.36}$$

就成为一个零点侦测器.

对于平凡特征$\chi = \chi_0$, 零点的侦测与(18.36)稍微不同, 所以我们需要分别计算这些零点. 令$S(\chi)$表示$L(s,\chi)$在方形区域(18.6)中的零点集(计算重数). 我们由(18.36)推出总数为

$$R = \sum_{\chi\neq\chi_0} |S(\chi)| = \sum_{\chi\neq\chi_0} N(\alpha, T, \chi) \tag{18.37}$$

满足

$$\begin{aligned} R &\leqslant \sum_{\chi}\sum_{s\in S(\chi)} \Big|\sum_{w<n\leqslant x} (\sum_{d|n} \lambda_d)(\sum_{b|n} \theta_b)\chi(n)n^{-s}\Big| \\ &\leqslant 2\sum_{w<n\leqslant x} \Big|\sum_{d|n} \lambda_d)(\sum_{b|n} \theta_b)\Big|\Big|\sum_{\chi}\sum_{s\in S(\chi)} c_\chi(s)\chi(n)n^{-s}\Big|, \end{aligned} \tag{18.38}$$

其中$c_\chi(s)$是满足$|c_\chi(s)| = 1$的某些数. 由Cauchy不等式可得

$$R^2 \leqslant 4UV,$$

其中

$$U = \sum_{w<n\leqslant x} (\sum_{d|n} \lambda_d)^2 n^{1-2\alpha}, \tag{18.39}$$

$$V = \sum_{n} f(n)(\sum_{b|n} \theta_b)^2 n^{2\alpha-1}\Big|\sum_{\chi}\sum_{s\in S(\chi)} c_\chi(s)n^{-s}\Big|^2, \tag{18.40}$$

这里的f是任意非负函数使得$w < n \leqslant x$时有$f(n) \geqslant 1$.

利用(18.26), 由分部求和公式可知对任意的$\frac{1}{2} \leqslant \alpha \leqslant 1$有

$$U \leqslant x^{2(1-\alpha)} \frac{\log\frac{x}{w}}{\log\frac{z}{w}}\Big(1 + O\big(\tfrac{1}{\log\frac{z}{w}}\big)\Big) \ll x^{2(1-\alpha)}. \tag{18.41}$$

为了估计V, 我们将平方式展开, 然后改变求和次序得到

$$V \leqslant \sum_{\chi_1}\sum_{\chi_2}\sum_{s_1}\sum_{s_2} |B(\chi_1\bar{\chi}_2, s_1 + s_2 + 1 - 2\alpha)|, \tag{18.42}$$

其中

$$B(\chi,s)=\sum_n f(n)(\sum_{b|n}\theta_b)^2\chi(n)n^{-s}$$

(取$\chi=\chi_1\bar{\chi}_2, s=s_1+s_2+1-2\alpha$即可). 注意$\mathrm{Re}(s)\geqslant 1$. 取在$[\frac{w}{v},xv]$上支撑的任意连续有界且分段单调的函数$f$, 则有

$$\sum_{n\equiv 0 \bmod q} f(dn)(dn)^{-s}=\frac{F(s)}{dq}+O(|s|\tfrac{v}{w}),$$

其中

$$F(s)=\int f(\xi)\xi^{-s}\,\mathrm{d}\,\xi, \tag{18.43}$$

隐性常数是绝对的. 由此可知对任意的$(d,q)=1$有

$$\sum_{n\equiv 0 \bmod d} f(n)\chi(n)n^{-s}=\delta(\chi)\tfrac{\varphi(q)}{dq}F(s)+O(|s|q\tfrac{v}{w}),$$

其中$\delta(\chi_0)=1$, 否则$\delta(\chi)=0$. 由(18.28)和(18.29)得到

$$B(\chi,s)=\delta(\chi)\tfrac{\varphi(q)}{q}\tfrac{F(s)}{G}+O(|s|q\tfrac{v}{w}y^2). \tag{18.44}$$

我们能找到f使得对$\mathrm{Re}(s)\geqslant 1$有

$$F(s)\ll(1+|s-1|\log v)^{-2}\log x, \tag{18.45}$$

例如取

$$f(\xi)=\begin{cases}\min\{1-\frac{\log\frac{w}{\xi}}{\log v},1,1-\frac{\log\frac{\xi}{x}}{\log v}\}, & 若\frac{w}{v}\leqslant\xi\leqslant xv,\\ 0, & 否则.\end{cases}$$

事实上, 我们有

$$f(\xi)\log v=\log^+(\tfrac{xv}{\xi})-\log^+(\tfrac{x}{\xi})-\log^+(\tfrac{w}{\xi})+\log^+(\tfrac{w}{v\xi}),$$

由公式

$$\int_0^{+\infty}(\log^+\xi)\xi^{s-1}\,\mathrm{d}\,\xi=s^{-2}$$

可验证

$$\begin{aligned}F(1-s)=\hat{f}(s)=\int_0^{+\infty}f(\xi)\xi^{s-1}\,\mathrm{d}\,\xi&=\tfrac{(xv)^s-x^s-w^s+(\frac{w}{v})^s}{s^2\log v}\\&=\tfrac{(v^s-1)(x^s-w^2v^{-s})}{s^2\log v}\ll\min\{\log x,\tfrac{1}{|s|^2\log v}\}.\end{aligned}$$

由此得到(18.45).

对$s=s_1+s_2+1-2\alpha$, 有$|s-1|=|\beta_1+\beta_2-2\alpha+\mathrm{i}(\gamma_1-\gamma_2)|\geqslant|\gamma_1-\gamma_2|$. 由(18.44)和(18.45)得到

$$V\ll\tfrac{\log x}{\log y}\sum_\chi\sum\sum_{s_1,s_2\in S(\chi)}(1+|\gamma_1-\gamma_2|\log v)^{-2}+R^2qvw^{-1}y^2. \tag{18.46}$$

引理 18.3 令$\chi \bmod q$为非平凡特征, $\frac{1}{2}\leqslant\alpha\leqslant 1, v\geqslant 2, t\in\mathbb{R}$, 则

$$\sum_{\substack{L(\beta,\chi)=0\\ \beta\geqslant\alpha}}(1+|\gamma-t|\log v)^{-2}\leqslant\tfrac{1}{2}(1-\alpha+\tfrac{1}{\log v})\log Avq(|t|+1), \tag{18.47}$$

其中A为绝对常数.

证明: 我们首先假设χ是本原的, 则有

$$\frac{L'}{L}(s,\chi) = -\frac{1}{2}\log\frac{q}{\pi} - \frac{1}{2}\frac{\Gamma'}{\Gamma}\left(\frac{s}{2}+\frac{1}{4}(1+\chi(-1))\right) + B(\chi) + \sum_{\rho}\left(\frac{1}{s-\rho}+\frac{1}{\rho}\right), \tag{18.48}$$

其中和式过$L(s,\chi)$的所有满足$\beta > 0$的零点, $B(\chi)$为常数满足

$$\mathrm{Re}(B(\chi)) = -\sum_{\rho}\mathrm{Re}\,\frac{1}{\rho}$$

(见(5.29)). 因此对$1 < \mathrm{Re}(s) \leqslant 2$有

$$\sum_{\rho}\mathrm{Re}\,\frac{1}{s-\rho} = \frac{1}{2}\log q|s| + \mathrm{Re}\,\frac{L'}{L}(s,\chi) + O(1). \tag{18.49}$$

因为对$s = \sigma + \mathrm{i}\,t(\sigma > 1)$有

$$\mathrm{Re}\,\frac{1}{s-\rho} = \frac{\sigma-\beta}{(\sigma-\beta)^2+(\gamma-t)^2} \geqslant \frac{1}{\sigma-\beta}\left(1+\frac{|\gamma-t|}{\sigma-1}\right)^{-2},$$

$$\left|\frac{L'}{L}(s,\chi)\right| \leqslant \sum_{n=1}^{\infty}\Lambda(n)n^{-s} = -\frac{\zeta'}{\zeta}(\sigma) = \frac{1}{\sigma-1} + O(1),$$

所以由(18.49)得到(舍去满足$\beta < \alpha$的零点)

$$\sum_{\beta\geqslant\alpha}\left(1+\frac{|\gamma-t|}{\sigma-1}\right)^{-2} \ll (\sigma-\alpha)\left(\frac{1}{2}\log q|t|+1\right) + \frac{1}{\sigma-1} + O(1).$$

选择$\sigma = 1 + \frac{1}{\log w}$即得(18.47). 若$\chi \bmod q$由本原特征$\chi^* \bmod q^*(q^*|q)$诱导, 则在(18.47)的左边用$\chi^*$替代$\chi$, 可知结果对任意的$\chi \neq \chi_0$成立.

注意$1 + (1-\alpha)\log v \leqslant v^{1-\alpha}$, 则利用引理18.3和(18.46)得到

$$V \ll Rv^{1-\alpha}\frac{\log x}{\log y}\frac{\log vqT}{\log v} + R^2Tq\frac{v}{w}y^2 \ll Rv^{1-\alpha}, \tag{18.50}$$

其中用到平凡界$R \ll qT\log qT$, 并取

$$v = qT. \tag{18.51}$$

将(18.40)与(18.50)相乘, 由(18.37)得到

$$R \ll (x^2v)^{1-\alpha} = (qT)^{47(1-\alpha)}. \tag{18.52}$$

因此通过加上$L(s,\chi_0)$的零点数(由(18.6)可知它可以忽略不计), 我们得到(18.9). □

§18.3 例外零点的排斥性

我们在本节将证明原理3, 但是用我们的方法能够得到(18.13). 首先对上节中证明原理2的方法进行适当的修改.

假设$\chi_1 \bmod q$是例外特征, β_1是$L(s,\chi_1)$的例外零点, 它满足

$$\delta_1 = 1 - \beta_1 \leqslant c_1\log^{-1}T. \tag{18.53}$$

本节中不妨假定c_1为充分小的绝对正常数. 我们的目的是证明存在绝对常数$c_0 \geqslant 2c_1$, 使得函数$L_q(s)$在区域

$$\sigma \geqslant 1 - \frac{\log \frac{c_0}{\delta_1 \log qT}}{92 \log qT}, \ |t| \leqslant T \tag{18.54}$$

内没有零点. 显然由该结果能推出原理3.

要充分利用β_1的排斥性, 我们将上节的零点侦测方法用于函数$\zeta(s)L(s+\delta_1,\chi_1)$, 而不是$\zeta(s)$上. 我们有

$$\zeta(s)L(s+\delta_1,\chi_1) = \sum_{n=1}^{\infty} \rho(n) n^{-s}, \tag{18.55}$$

其中$\rho(n)$是正值乘性函数:

$$\rho(n) = \sum_{a|n} \chi_1(a) a^{-\delta_1}. \tag{18.56}$$

注记: 我们本来可以考虑下面的函数乘积

$$\zeta(s)L(s,\chi_1) = \sum_{n=1}^{\infty} \tau(n) n^{-s}, \tag{18.57}$$

其中

$$\tau(n,\chi_1) = \sum_{a|n} \chi_1(a), \tag{18.58}$$

但是考虑稍作平移得到的$L(s+\delta_1,\chi_1)$可以使一些技术上的论证得到简化.

我们像之前那样对$\zeta(s)L(s+\delta_1,\chi_1)$引入两种弱化形式:

$$K(s) = \sum_{n=1}^{\infty} \Big(\sum_{d|n} \lambda_d\Big)\Big(\sum_{b|n} \theta_b\Big) \rho(n) n^{-s}, \tag{18.59}$$

其中λ_d由(18.18)定义, θ_b由(18.19)定义, 参数y, w, z由(18.27)给出. 然后对任意的非主特征$\chi \bmod q$ 考虑缠绕级数

$$K(s,\chi) = \sum_{n=1}^{\infty} \Big(\sum_{d|n} \lambda_d\Big)\Big(\sum_{b|n} \theta_b\Big) \rho(n)\chi(n) n^{-s}. \tag{18.60}$$

我们可以将上式分解为:

$$K(s,\chi) = L(s,\chi)L(s+\delta_1,\chi\chi_1)M(s,\chi), \tag{18.61}$$

其中

$$M(s,\chi) = \sum_m \Big(\sum\sum_{[b,d]=m} \lambda_d\theta_b\Big) \prod_{p|m} \big(\rho(p) - \chi(p)p^{-s-2\delta_1}\big)\chi(m)m^{-s}. \tag{18.62}$$

要看清这一点, 我们将$K(s,\chi)$整理如下:

$$K(s,\chi) = \sum_m \Big(\sum\sum_{[b,d]=m} \lambda_d\theta_b\Big)\chi(m)m^{-s} \sum_n \rho(mn)\chi(n)n^{-s}.$$

利用(18.56)展开$\rho(mn)$可知内和等于

$$
\begin{aligned}
&\sum_a \chi_1(a)a^{-\delta_1} \sum_{n\equiv 0 \bmod \frac{a}{(a,m)}} \chi(n)n^{-s}\\
&= L(s,\chi)\sum_a \frac{\chi_1(a)}{a^{\delta_1}}\chi(\tfrac{a}{(a,m)})(\tfrac{(a,m)}{a})^s\\
&= L(s,\chi)\sum_{c|m}\chi_1(c)c^{-\delta_1}\sum_{(a,c)=1}\chi\chi_1(a)a^{-s-\delta_1}\\
&= L(s,\chi)L(s+\delta_1,\chi\chi_1)\sum_{c|m}\chi_1(c)c^{-\delta_1}\prod_{p|c}(1-\chi\chi_1(p))p^{-s-\delta_1}.
\end{aligned}
$$

因为m无平方因子, 由此可得(18.61)和(18.62). 由(18.61)可知$K(s,\chi)$在整个复平面上全纯(若$\chi=\chi_1$, 则$L(s+\delta_1,\chi_0)$在$s=1-\delta_1=\beta_1$处的极点与$L(s,\chi_1)$的零点抵消).

我们还是考虑$K(s,\chi)$的部分和

$$
K_x(s,\chi)=\sum_{1\leqslant n\leqslant x}(\sum_{d|n}\lambda_d)(\sum_{b|n}\theta_b)\rho(n)\chi(n)n^{-s}, \tag{18.63}
$$

其中x由(18.32)给出, 我们利用围道积分证明: 对满足$\sigma\geqslant\frac{1}{2},|t|\leqslant T$ 的点$s=\sigma+\mathrm{i}t$, $K(s,\chi)$ 的尾项满足

$$
|K(s,\chi)-K_x(s,\chi)|\leqslant\tfrac{1}{2}. \tag{18.64}
$$

于是对$L(s,\chi)$的零点$s=\rho$(当$\chi=\chi_1$时要求$\rho\neq\beta_1$), 由(18.61)有$K(\rho,\chi)=0$, 从而由(18.64)得到

$$
|\sum_{w<n\leqslant x}(\sum_{d|n}\lambda_d)(\sum_{b|n}\theta_b)\rho(n)\chi(n)n^{-\rho}|\geqslant\frac{1}{2}, \tag{18.65}
$$

其中$\rho=\beta+\mathrm{i}\gamma$满足$\beta\geqslant\frac{1}{2},|\gamma|\leqslant T$.

可以把(18.65)看成一个零点侦测器. 要是没有$\rho(n)$往往很小的事实, 这个零点侦测器就没什么用. 由于系数λ_d的复杂性, 我们不能利用这些项之间可能存在的抵消. 回顾由于引入了因子

$$
\omega(n)=\sum_{d|n}\lambda_d \tag{18.66}
$$

使得满足$1<n\leqslant w$的项消失了. 我们现在的策略是(利用Hölder不等式)移除这些因子, 制造出$w<n\leqslant x$上关于n的和式$\nu^2(n)\rho(n)$, 其中

$$
\nu(n)=\sum_{b|n}\theta_b. \tag{18.67}
$$

在利用Hölder不等式时, 我们也能够移除因子$\nu^2(n)$, 但这样就会失去$\log q$, 而这是不可接受的. 由于这个原因, 我们保留了$\nu^2(n)\rho(n)$. 因为θ_b的支撑与n 的范围相比相对小, $\nu^2(n)\rho(n)$的和式还是可控的. 如此, 利用$\rho(n)$经常几乎消失(依赖于例外零点接近1的程度), 我们从不等式(18.65)推出β不接近于1. 确切地说, 这个不等式禁止$\rho=\beta+\mathrm{i}\gamma$在区域(18.54)中.

在概述了证明策略后, 我们来描述细节. 由(18.65), 我们得到

$$
\sum_{w<n\leqslant x}|\omega(n)\nu(n)|\rho(n)n^{-\beta}\geqslant\tfrac{1}{2}.
$$

因此由Hölder不等式得到

$$
10U^2VW\geqslant 1, \tag{18.68}
$$

其中

$$\begin{aligned} U &= \sum_{w<n\leqslant x} \omega^2(n)n^{1-2\beta}, \\ V &= \sum_{w<n\leqslant x} \nu^2(n)\rho^3(n)n^{-1}, \\ W &= \sum_{w<n\leqslant x} \nu^2(n)\rho(n)n^{-1}. \end{aligned}$$

对于U, 由(18.40)有

$$U \ll x^{2(1-\beta)}. \tag{18.69}$$

在V中, 我们用$\tau^3(n)$估计$\rho^3(n)$, 并利用8维筛法(见基本引理6.3)得到

$$V \ll (\tfrac{\log x}{\log y})^8 \ll 1. \tag{18.70}$$

我们将证明

$$W \ll \delta_1 \log x. \tag{18.71}$$

将这些估计相乘, 则由(18.68)可得

$$\delta_1(\log x)x^{4(1-\beta)} > 23c_0, \tag{18.72}$$

其中c_0是绝对正常数. 假设(18.53)对$2c_1 \leqslant c_0$成立, 我们在(18.72)中取$x = (qT)^{23}$可知$\rho = \beta + \mathrm{i}\gamma$不在(18.54)的区域中, 从而结论得证.

我们现在证明(18.71), 这就是例外零点发挥作用的地方. 我们的证明本质上是初等的, 但是有些推理很巧妙(我们从Bombieri[15]的工作中借用过来了). 首先对W做渐近估计. 为此, 我们考察生成ζ函数

$$W(s) = \sum_{n=1}^{\infty} \nu^2(n)\rho(n)n^{-s}. \tag{18.73}$$

这就是在(18.60)中取$\lambda_d = \theta_d, \chi = \chi_0$得到的式子, 所以由(18.61)和(18.62)得到

$$W(s) = L(s,\chi_0)L(s+\delta_1,\chi_1)M(s),$$

其中

$$M(s) = \sum_{(m,q)=1} \sigma_m \prod_{p|m} (\rho(p) - p^{-s-2\delta_1})m^{-s},$$

$$\sigma_m = \sum\sum_{[b_1,b_2]=m} \theta_{b_1}\theta_{b_2}.$$

因此$W(s)$处处全纯, 除了在$s=1$处有单极点, 此时有留数

$$\operatorname*{res}_{s=1} W(s) = \tfrac{\varphi(q)}{q}(1+\delta_1,\chi_1)M(1).$$

由围道积分可推出

$$W = \tfrac{\varphi(q)}{q}M(1)L(1+\delta_1,\chi_1)\log\tfrac{z}{w} + O(\tfrac{1}{q}). \tag{18.74}$$

我们现在需要估计$M(1)$和$L(1+\delta_1,\chi_1)$. 由筛法理论(见第6章)可知

$$(18.75)\qquad M(1)=\sum_{(m,q)=1}\sigma_m\prod_{p|m}(\rho(p)-p^{-1-2\delta_1})m^{-1}\ll\prod_{\substack{p\leqslant y\\ p|q}}(1-\tfrac{\rho(p)}{p})=\tfrac{q}{\varphi(q)}(1-\tfrac{\rho(p)}{p}).$$

要估计$L(1+\delta_1,\chi_1)$, 我们首先考察

$$(18.76)\qquad P(x,y)=\sum_{y<p\leqslant x}(1+\chi_1(p))p^{-1}.$$

引理 18.4 对$x>y\geqslant q^2$, q充分大, 有

$$(18.77)\qquad P(x,y)\ll 4\delta_2\log x.$$

证明: 考虑

$$S(x)=\sum_{n\leqslant x}\tau(n,\chi_1)n^{-1},$$

其中$\tau(n,\chi_1)$由(18.58)给出, 所以它是乘性函数, 且满足$\tau(p,\chi_1)=1+\chi_1(p)$. 将$P(x,y)$与$S(y)$相乘, 我们从$\tau(n,\chi_1)$的非负性推出

$$P(x,y)S(y)\leqslant S(xy)-S(y).$$

于是由初等公式(见(22.11))

$$S(x)=L(1,\chi_1)(\log x+\gamma)+L'(1,\chi_1)+O(q^{\frac14}x^{-\frac12}\log x)$$

得到

$$S(xy)-S(y)=L(1,\chi_1)\log x+O(q^{\frac14}y^{-\frac12}\log y)\leqslant 2L(1,\chi_1)\log x,$$

因为$L(1,\chi_1)\gg q^{-\frac12}, y\geqslant q^2$. 另一方面, 我们推出下面关于$S(y)$的下界

$$\begin{aligned}S(y)&\geqslant y^{-\delta_1}\sum_{n\leqslant y}\tau(n,\chi_1)(1-\tfrac{n}{y})n^{-\beta_1}\\&=\tfrac{2}{2\pi\mathrm{i}}\int_{(1)}\zeta(s+\beta_1)L(s+\beta_1,\chi_1)\tfrac{y^{s-\beta_1}}{s(s+1)}\,\mathrm{d}s\\&=\tfrac{2L(1,\chi_1)}{\delta_1(\delta_1+1)}+O(y^{-\frac12}q^{\frac14})\geqslant\tfrac{1}{2\delta_1}L(1,\chi_1).\end{aligned}$$

综合这些估计就完成了(18.77)的证明. □

注记: 引理18.4说明: 若$\delta_1=1-\beta_1=o(\frac{1}{\log q})$, 则对区间$q^2<p\leqslant q^A$中的几乎所有素数$p$有$\chi_1(p)=-1$. 对于很小的素数, 上述推理相当粗糙, 但是可见第22章, 特别是(22.100).

我们现在开始估计$L(1+\delta_1,\chi_1)$. 对任意的$1<s\leqslant 2$, 我们有

$$\zeta(s)L(s,\chi_1)\asymp\prod_p(1+\tau(p,\chi_1)p^{-s}),$$

而由引理18.4, 利用分部求和公式可得

$$\prod_{p>y}(1+\tau(p,\chi_1)p^{-s})\leqslant\exp(\sum_{p>y}\tau(p,\chi_1)p^{-s})\ll\exp(\tfrac{4\delta_1}{s-1}).$$

所以

$$L(s,\chi_1) \ll (s-1)\exp(\tfrac{4\delta_1}{s-1})\prod_{p\leqslant y}(1+\tau(p,\chi_1)p^{-s}).$$

特别地, 我们得到

$$L(1+\delta_1,\chi_1) \ll \delta_1\prod_{p\leqslant y}(1+\tfrac{\rho(p)}{p}). \tag{18.78}$$

综合(18.74), (18.75), (18.78)得到$W \ll \delta_1\log x + q^{-1}$, 这就完成了(18.71)的证明, 从而原理3成立.

§18.4 Linnik定理的证明

本节中的c_1,c_2,c_3,c是原理1, 2, 3中的绝对常数. 不妨假设

$$c_1c_2 > 1 > c_1, c_2 > 0. \tag{18.79}$$

令

$$x \geqslant q^{4c_2}, \tag{18.80}$$

设

$$R = x^{\frac{1}{2c_2}}. \tag{18.81}$$

我们由截断显式(见(5.65))

$$\psi(x;q,a) = \tfrac{x}{\varphi(q)} - \tfrac{1}{\varphi(q)}\sum_{\chi \bmod q}\bar{\chi}(a){\sum_{\rho_\chi}}^{R}\tfrac{x^{\rho_\chi}}{\rho_\chi} + O(\tfrac{x}{R}\log x),$$

其中$\sum^R$表示限制对$L(s,\chi)$在区域$\sigma \geqslant \frac{1}{2}, |t| \leqslant R$中的零点$\rho_\chi = \beta_\chi + \mathrm{i}\,\gamma_\chi$求和. 我们首先利用原理2估计关于满足$\frac{1}{2}T < |\gamma_\chi| \leqslant T$中的零点的和式如下:

$$\begin{aligned}
&|\sum_{\chi \bmod q}\bar{\chi}(a)\sum_{\frac{1}{2}T<|\gamma_\chi|\leqslant T}x^{\rho_\chi}\rho_\chi^{-1}|\\
&= \tfrac{2}{T}x^{\frac{1}{2}}N_q(\tfrac{1}{2},T) + \tfrac{2}{T}(\log x\int_{\frac{1}{2}}^{1}N_q(\alpha,T)x^\alpha\,\mathrm{d}\,\alpha\\
&\leqslant \tfrac{2c}{T}x^{\frac{1}{2}}(qT)^{\frac{2c_2}{T}} + \tfrac{2c}{T}(\log x)\int_{\frac{1}{2}}^{1}(\tfrac{(qT)^{c_2}}{x})^{1-\alpha}\,\mathrm{d}\,\alpha\\
&\leqslant \tfrac{2c}{T}\tfrac{x\log x}{\log(x(qT)^{-c_2})} \leqslant 2c(c_2+1)\tfrac{x}{T},
\end{aligned}$$

只要满足$x \geqslant (qT)^{c_2+1}$, 这在我们的假设条件下成立(注意最后的界中没有$\log x$). 因此显式可以简化为

$$\psi(x;q,a) = \tfrac{x}{\varphi(q)} - \tfrac{1}{\varphi(q)}\sum_{\chi \bmod q}\bar{\chi}(a){\sum_{\rho_\chi}}^{T}\tfrac{x^{\rho_\chi}}{\rho_\chi} + O(\tfrac{x}{\varphi(q)T} + \tfrac{x}{R}\log x), \tag{18.82}$$

其中$\sum^T$表示限制对$L(s,\chi)$在$|\gamma_\chi| \leqslant T$中的零点$\rho_\chi = \beta_\chi + \mathrm{i}\,\gamma_\chi$求和, 隐性常数是绝对的. 选择

$$T = q, \tag{18.83}$$

所以(18.82)中误差项是$O(\frac{x\log q}{q\varphi(q)})$.

我们现在对关于$|\gamma_\chi| \leqslant T$中的零点的和式进行更精确的讨论. 若存在实特征$\chi_1 \bmod q$使得$L(s,\chi_1)$有实零点$\beta_1 = 1-\delta_1$满足

$$\delta_1 \leqslant \tfrac{c_1}{2\log q}, \tag{18.84}$$

我们将它排除在$\sum^T$之外, 利用原理1估计剩余的和式$\sum'$如下:

$$
\begin{aligned}
|\sum_{\chi \bmod q}\bar{\chi}(a)\sum_{\rho_\chi}\frac{x^{\rho_\chi}}{\rho_\chi}| &\leqslant \sum_{\chi \bmod q}\sum_{\rho_\chi}x^{\rho_\chi}-2\int_{\frac{1}{2}}^{1-\eta}x^{\alpha}N_q(\alpha,T)\\
&= 2x^{\frac{1}{2}}N_q(\tfrac{1}{2},T)+2(\log x)\int_{\frac{1}{2}}^{1-\eta}N_q(\alpha,T)x^{\alpha}\,\mathrm{d}\,\alpha,
\end{aligned}
$$

其中当零点β_1不存在时,

$$
\eta=\tfrac{c_1}{2\log q}; \tag{18.85}
$$

当零点β_1存在时,

$$
\eta=\tfrac{c_3|\log(2\delta_1\log q)|}{2\log q}. \tag{18.86}
$$

由原理2有

$$
N_q(\alpha,T)\ll cq^{2c_2(1-\alpha)},
$$

所以关于除β_χ之外的零点的和式有界

$$
2cx^{\frac{1}{2}}q^{c_2}+2cx(\log x)-2\int_{\frac{1}{2}}^{1-\eta}(\tfrac{q^{2c_2}}{x})^{1-\alpha}\,\mathrm{d}\,\alpha\leqslant\tfrac{2cx\log x}{\log xq^{-2c_2}}(\tfrac{q^{2c_2}}{x})^{\eta}\leqslant 4cx^{1-\frac{\eta}{2}}.
$$

因此我们证明了下面的结论.

命题 18.5 令c_1,c_2,c_3,c为原理1, 2, 3中的绝对常数, 则对$x\geqslant q^{4c_2}$有

$$
\psi(x;q,a)=\tfrac{x}{\varphi(q)}(1-\chi_1(a)\tfrac{x^{\beta_1-1}}{\beta_1}+\theta cx^{-\frac{\eta}{2}}+O(\tfrac{\log q}{q})), \tag{18.87}
$$

其中当β_1不存在时, 相关的项不存在, η由(18.85)给出, 否则由(18.86)给出, $|\theta|\leqslant 4$, 隐性常数是绝对的.

在命题18.85的第一种情形有

定理 18.6 令c_1,c_2,c分别为原理1, 2中的绝对常数. 假设对任意的实特征$\chi_1 \bmod q$, $L(s,\chi_1)$在

$$
\sigma>1-\tfrac{c_1}{2\log q} \tag{18.88}
$$

内没有实零点, 则对$x\geqslant q^{4c_2}$有

$$
\psi(x;q,a)=\tfrac{x}{\varphi(q)}(1+\theta c\exp(-\tfrac{c_1}{4}\tfrac{\log x}{\log q})+O(\tfrac{\log q}{q})), \tag{18.89}
$$

其中$|\theta|\leqslant 4$, 隐性常数是绝对的(可实效计算).

在第二种情形, β_1存在. 假设$x\geqslant q^{\nu}$, 其中

$$
\nu=\max\{4c_2,\tfrac{4}{c_1},\tfrac{4\log 8c}{c_3|\log c_1|}\}, \tag{18.90}
$$

我们有如下估计:

$$
\begin{aligned}
1-\chi_1(a)\tfrac{x^{\beta_1-1}}{\beta_1} &\geqslant 1-\tfrac{x^{-\beta_1}}{\beta_1}\geqslant\beta_1-x^{-\beta_1}\geqslant\beta_1-q^{-\nu\delta_1}\\
&= 1-q^{-\nu\delta_1}-\delta_1\geqslant\tfrac{\nu\delta_1\log q}{1+\nu\delta_1\log q}-\delta_1\\
&\geqslant\tfrac{\nu\delta_1\log q}{1+\frac{\nu c_1}{2}}-\delta_1\geqslant\tfrac{4\delta_1}{3c_1}\log q-\delta_1,
\end{aligned}
$$

$$x^{-\frac{\eta}{2}} \leqslant q^{-\frac{\nu\eta}{2}} = (2\delta_1 \log q)^{\frac{\nu c_2}{4}} \leqslant (2\delta_1 \log q) c_1 \frac{\nu c_3}{4} - 1 \leqslant \frac{\delta_1}{4cc_1} \log q.$$

将这些估计代入(18.87)得到

定理 18.7 令c_1, c_2, c_3, c分别为原理1, 2, 3中的绝对常数. 假设存在实特征$\chi_1 // \bmod q$的一个实零点β_1使得$\delta_1 = 1 - \beta_1 \leqslant \frac{c_1}{2 \log q}$, 则对$x \geqslant q^\nu$, 其中$\nu$由(18.90)给出, 有

$$\psi(x; q, a) \geqslant \frac{x}{\varphi(q)} \frac{\delta_1 \log q}{4c_1} (1 + O(\frac{1}{\sqrt{q}})), \tag{18.91}$$

其中隐性常数是绝对的.

由定理18.6和定理18.7可知: 在任何情形下(因为$\delta_1 \log q \geqslant q^{-\frac{1}{2}}$), 有

推论 18.8 若q充分大, $x \geqslant q^L$, 其中

$$L = \max\{4c_2, \frac{4}{c_1} \log 8c, \frac{4}{c_3} \frac{\log 8c}{|\log c_1|}\}, \tag{18.92}$$

则

$$\psi(x; q, a) \gg \frac{x}{\psi(q)\sqrt{q}}, \tag{18.93}$$

其中隐性常数是绝对的.

这个结果是Linnik定理的量化版本.

第 19 章　Goldbach问题

§19.1　引言

Christian Goldbach(1690－1764), 彼得堡(Petersburg)科学院院士, 在1742年给Leonard Euler的一封信中提出了以下问题: 证明每个整数$N \geqslant 5$能表示成三个素数的和. Euler回信提出了相应的猜想: 每个偶数$N \geqslant 4$是两个素数的和. Edmund Landau在经历对这些问题的多次失败的尝试后受到启发, 他于1912年提出一个难题: 对给定的充分大整数k, 证明每个整数$N > 1$是最多k个素数的和. L.G. Shnirelman于1930年解决了Landau问题(见[182]). Shnirelman的工作为一般的加性数论开辟了新的方向.

I.M. Vinogradov[155]于1937年对所有充分大的奇数N成功地解决了原始的Goldbach问题. 此前, G.H. Hardy与J.E.Littlewood[118]曾通过当时的新圆法对该问题展开极为认真的研究. 事实上, 他们在关于Dirichlet L函数的Riemann猜想下有条件地证明了该结果. Vinogradov采用了他们的研究思路(以及经他美化的圆法), 但在估计圆法需要的关于素数的指数和

$$\sum_{p \leqslant N} \mathrm{e}(\alpha p) \tag{19.1}$$

时移除了GRH. 他对这个特殊的和的处理方式(筛法与二重和方法)成为估计一大类关于素数的和式的基本工具(见第13章).

我们在本章综合了Vinogradov的原创思想以及稍微现代的想法推出他的三素数定理. 我们用含有Möbius函数的指数和取代关于素数的指数和(19.1), 因为H. Davenport对前者给出了一致的界(13.54). 我们用这种方式将圆法所起的作用降到最低程度, 并且我们没有用到素数在剩余类中的分布(这些性质在(13.54)的证明中曾大量使用). 我们可以通过初等分散法完全避免圆法的思想(见1994年的Rutgers讲义的第6章).

当前的方法中没有一个能保证有任何的机会解决Goldbach-Euler关于两素数的问题. 但是, N.G. Tchudakov[312], van der Corput[47]以及T. Estermann[81]独立地证明了几乎所有的(密度意义下)偶数都能表示成两个素数的和. 这个结果是对Vinogradov的结果进行适当的推广得到的(三个素数中的一个可以从相对稠密的整数列中取到). H.L. Montgomery与R.C. Vaughan[239]证明了例外偶数(不能表示成两个素数的和的偶数)的个数很少.

对偶数N, 考虑

$$G_2(N) = \sum_{n_1+n_2=N} \Lambda(n_1)\Lambda(n_2); \tag{19.2}$$

对奇数N, 考虑

$$G_3(N) = \sum_{n_1+n_2+n_3=N} \Lambda(n_1)\Lambda(n_2)\Lambda(n_3). \tag{19.3}$$

因此

$$G_3(N) = \sum_{n\leqslant N} \Lambda(n)G_2(N-n). \tag{19.4}$$

所以, 对充分多的$N' < N$给出$G_2(N')$好的估计将相应地得到$G_3(N)$的好的估计.

§13.1中描述的具有启发性的Möbius随机性法则说明下面的更强形式的Goldbach问题(由此可知结论对充分大的N成立)是合理的.

猜想 对偶数$N \geqslant 4$, 有

$$G_2(N) = \mathfrak{G}_2(N)N + O(N\log^{-A} N), \tag{19.5}$$

其中

$$\mathfrak{G}_2(N) = C_2 \prod_{\substack{p\mid N\\ p>2}} \tfrac{p-1}{p-2}, \tag{19.6}$$

$$C_2 = 2\prod_{p>2}(1-(p-1)^{-2}), \tag{19.7}$$

A为任意正数, 误差项中的隐性常数仅依赖于A.

我们将证明猜想对几乎所有的偶数成立.

定理 19.1 令$A, B, X \geqslant 4$, 在$4 \leqslant N \leqslant X$中使得

$$|G_2(N) - \mathfrak{G}_2(N)N| > BN\log^{-A} N \tag{19.8}$$

成立的偶数N的个数不超过$CX\log^{-A} X$, 其中C是仅依赖于A, B的常数.

Vinogradov关于三素数的著名结果由(19.4)和定理19.1即可得到.

定理 19.2 (Vinogradov) 对奇数$N \geqslant 7$有

$$G_3(N) = \mathfrak{G}_3(N)N^2 + O(N^2\log^{-A} N), \tag{19.9}$$

其中

$$\mathfrak{G}_3(N) = \tfrac{1}{2}\prod_{p\mid N}(1-(p-1)^{-2})\prod_{p\nmid N}(1+(p-1)^{-3}) > 0, \tag{19.10}$$

A是任意的正数, 隐性常数依赖于A.

§19.2 不完全Λ函数

给定$z \geqslant 2$, 我们将$\Lambda(n)$分拆如下:

$$\Lambda(n) = -\sum_{m|n} \mu(m) \log m = \Lambda^{\sharp}(n) + \Lambda^{\flat}(n), \tag{19.11}$$

其中$\Lambda^{\sharp}(n)$与$\Lambda^{\flat}(n)$分别是关于因子$m \leqslant z$和$m > z$的部分和. 于是有

$$G_2(N) = G_2^{\sharp\sharp}(N) + 2G_2^{\sharp\flat}(N) + G_2^{\sharp\sharp}(N), \tag{19.12}$$

其中

$$G_2^{\sharp\sharp}(N) = \sum_{n_1+n_2=N} \Lambda^{\sharp}(n_1)\Lambda^{\sharp}(n_2),$$

同理可定义$G_2^{\sharp\flat}(N), G_2^{\flat\flat}(N)$.

引理 19.3 令$N \geqslant 4$为偶数, $z \geqslant 2$, 则对任意的$A \geqslant 0$, 有

$$G_2^{\sharp\sharp}(N) = \mathfrak{G}_2(N)N + O(N\log^{-A} z + r(N)Nz^{-\frac{1}{3}} + z^3), \tag{19.13}$$

其中隐性常数仅依赖于A.

证明: 我们有

$$G_2^{\sharp\sharp}(N) = \sum_{m_1,m_2 \leqslant z} \mu(m_1)\mu(m_2)(\log m_1)(\log m_2) \sum_{\ell_1 m_1 + \ell_2 m_2 = N} 1.$$

方程$\ell_1 m_1 + \ell_2 m_2 = N$等价于同余条件$(m_1, m_2)|N$,

$$\ell m_1 (m_1, m_2)^{-1} \equiv N(m_1, m_2)^{-1} \bmod m_2(m_1, m_2)^{-1},$$

其中$1 \leqslant \ell < Nm_1^{-1}$. 因此解数为$N[m_1, m_2]^{-1} + O(1)$, 从而

$$G_2^{\sharp\sharp}(N) = N\mathfrak{G}_2(N; z) + O(z\log^2 z),$$

其中

$$\mathfrak{G}_2(N; z) = \sum_{\substack{m_1,m_2 \leqslant z \\ (m_1,m_2)|N}} \frac{\mu(m_1)\mu(m_2)}{[m_1,m_2]}(\log m_1)(\log m_2).$$

剩下估计$\mathfrak{G}_2(N; z)$. 我们有

$$\begin{aligned}
\mathfrak{G}_2(N; z) &= \sum_{d|N} \frac{\mu(d)^2}{d} \sum_{\substack{m_1,m_2 \leqslant z \\ (m_1,m_2)=1 \\ (m_1 m_2, d)=1}} \frac{\mu(m_1 m_2)}{m_1 m_2}(\log m_1)(\log m_2) \\
&= \sum_{d|N} \frac{\mu(d)}{d} \sum_{c \leqslant \frac{z}{d}} \frac{\mu(d)}{c^2} \Big(\sum_{\substack{m \leqslant \frac{z}{cd} \\ (m,cd)=1}} \frac{\mu(d)}{m} \log cdm \Big)^2.
\end{aligned}$$

对$cd > z^{\frac{1}{2}}$, 我们由平凡估计得到

$$\sum_{d|N} \sum_{cd > z^{\frac{1}{2}}} c^{-2}d^{-1}\log^4 z \leqslant 2\tau(N)z^{-\frac{1}{2}}\log^4 z.$$

对$cd \leqslant z^{\frac{1}{2}}$, 由素数定理可得

$$- \sum_{\substack{m \leqslant \frac{z}{cd} \\ (m,cd)=1}} \frac{\mu(m)}{m} \log cdm = \frac{cd}{\varphi(cd)}(1 + O(\tau(cd) \log^{-A} z)).$$

因此

$$\mathfrak{G}_2(N; z) = \sum_{d|N} \sum_{cd \leqslant z^{\frac{1}{2}}} \mu(d)\mu(cd)\varphi^{-2}(cd) + O(\log^{4-A} z + \tau(N) z^{\frac{1}{2}} \log^4 z).$$

现在我们将关于$cd \leqslant z^{\frac{1}{2}}$的和式延拓为无限级数(由于误差项已确定, 所以我们可以这样做)得到

$$\sum_{d|N} \frac{\mu^2(d)d}{\varphi^2(d)} \sum_{(c,d)=1} \frac{\mu(c)}{\varphi^2(c)} = \mathfrak{G}_2(N). \tag{19.14}$$

这就完成了引理19.3的证明. □

引理19.3表明对二元Goldbach-Euler方程的主要贡献来自不完全和$\Lambda^\sharp(n)$. 换句话说, 补函数$\Lambda^\flat$的贡献要小得多. 这是由$\Lambda^\flat$中涉及的Möbius函数在大区间上取值的符号改变造成的. 但是我们还没能对这种探索性经过进行严格论证其合理性. 三元加性问题就是相对简单的事情.

§19.3 一个带$\Lambda^\flat$的三元加性问题

我们在本节对一般的和式

$$T^\flat(N) = \sum_{\ell+m+n=N} u_\ell v_m \Lambda^\flat(n)$$

给出界, 取中u_ℓ, v_m是任意的复数. 为此, 我们需要对指数和

$$S^\flat(\alpha) = \sum_{n \leqslant N} \Lambda^\flat(n) \, \mathrm{e}(\alpha n) \tag{19.15}$$

给出关于α一致的估计. 利用分部求和公式由定理13.10推出: 给定$A > 0$, 对任意的$\alpha \in \mathbb{R}$和$x \geqslant 2$有

$$\sum_{m \leqslant x} \mu(m)(\log m) \, \mathrm{e}(\alpha m) \ll x \log^{-A} x, \tag{19.16}$$

其中隐性常数仅依赖于A. 因为

$$|S^\flat(\alpha)| \leqslant \sum_{\ell \leqslant \frac{N}{z}} \Big| \sum_{z < m \leqslant \frac{N}{\ell}} \mu(m)(\log m) \, \mathrm{e}(\alpha \ell m) \Big|,$$

我们由(19.16)得到

$$S^\flat(\alpha) \ll N(\log N) \log^{-A} z. \tag{19.17}$$

注记: 用任何复数列取代$\Lambda^\flat(n)$都可能有用, 只要相关的指数和(19.15)对任意的$A > 0$满足$S^\flat(\alpha) \ll N \log^{-A} N$.

我们现在开始证明下面的

引理 19.4 给定$A \geqslant 0$, 对任意的复数列$(u_\ell), (v_m)$有

$$\sum_{\ell+m+n=N} u_\ell v_m \Lambda^\flat(n) \ll \|u\| \|v\| N(\log N) \log^{-A} z, \tag{19.18}$$

其中隐性常数仅依赖于A.

证明: 我们有

$$T^{\flat}(N)=\int_0^1\Big(\sum_{\ell\leqslant N}u_\ell\,\mathrm{e}(\alpha\ell)\Big)\Big(\sum_{m\leqslant N}v_m\,\mathrm{e}(\alpha m)\Big)S^{\flat}(\alpha)\,\mathrm{e}(-\alpha N)\,\mathrm{d}\,\alpha,$$

因此由(19.17), Cauchy-Schwarz不等式以及Parseval公式

$$\int_0^1\Big|\sum_{\ell\leqslant N}u_\ell\,\mathrm{e}(\alpha\ell)\Big|^2\mathrm{d}\,\alpha=\sum_{\ell\leqslant N}|u_\ell|^2$$

得到(19.18). □

§19.4 Vinogradov三素数定理的证明

令$c_N(N\leqslant X)$为任意复数, N为奇数, 我们有

$$\sum_{N\leqslant X}c_NG_2(N)=\sum_{N\leqslant X}c_N(G_2^{\sharp\sharp}(N)+2G_2^{\sharp\flat}(N)+G_2^{\flat\flat}(N)),$$

在引理19.3中取$z=X^{\frac14}$得到

$$\sum_{N\leqslant X}c_NG_2^{\sharp\sharp}(N)=\sum_{N\leqslant X}c_N\mathfrak{S}_2(N)N+O(\|c\|X^{\frac32}\log^{-A}X).$$

对于$c_NG^{\sharp\flat}(N)$与$c_NG_2^{\flat\flat}(N)$的和式, 我们利用引理19.4得到与上面同样的界和误差项. 所以

$$\sum_{N\leqslant X}c_NG_2(N)=\sum_{N\leqslant X}c_N\mathfrak{S}_2(N)N+O(\|c\|X^{\frac32}\log^{-A}X).\tag{19.19}$$

对于特殊的系数$c_N=G_2(N)-\mathfrak{S}_2(N)N$可得

命题 19.5 给定$A>0$, 对任意的$X\geqslant 3$有

$$\sum_{\substack{N\leqslant X\\ N\text{偶}}}(G_2(N)-\mathfrak{S}_2(N)N)^2\ll X^3\log^{-2A}X,\tag{19.20}$$

其中隐性常数仅依赖于A.

显然由(19.20)得到定理19.1. 对于定理19.2的证明, 我们将(19.19)应用于(19.4)得到

$$G_3(N)=\sum_{N\leqslant X}\Lambda(n)\mathfrak{S}_2(N-n)(N-n)+O(N^3\log^{-A}N).$$

由(19.14)可知主项等于

$$\sum_{(c,d)=1}\frac{\mu(c)\mu^2(d)d}{\varphi^2(c)\varphi^2(d)}\sum_{\substack{n<N\\ n\equiv N\bmod d}}\Lambda(n)\Lambda(N-n).$$

当$(d,N)=1$时, 由素数定理可知内和等于

$$\frac{N^2}{2\varphi(d)}+O(N^2\log^{-A}N).$$

由于

$$\frac12\sum_{(d,cN)=1}\frac{\mu(c)\mu^2(d)d}{\varphi^2(c)\varphi^3(d)}=\mathfrak{S}_3(N),\tag{19.21}$$

由此完成(19.9)的证明.

第 20 章 圆法

§20.1 分拆数

圆法创始于G.H. Hardy与S. Ramanujan[120]于1918年关于分拆的论文中. 任意分解成非负整数和的表达式$n = n_1 + n_2 + n_3 + \cdots$(不计求和次序)称为$n$的一个分拆. 令$p(n)$表示这样的(无限制)分拆的个数. 它也等于方程$n = x_1 + 2x_2 + 3x_3 + \cdots$的有序解$(x_1, x_2, \ldots)$的个数. 用代数的语言来说, 它也是对称群$\mathfrak{S}_n$中共轭类的个数.

L. Euler被$p(n)$的奇特性质所吸引. 他引入生成幂级数

$$F(z) = \sum_{n=0}^{\infty} p(n) z^n = \prod_{m=1}^{\infty} (1 - z^m)^{-1},$$

并且证明了熟知的Euler五角数定理:

$$\frac{1}{F(z)} = \prod_{m=1}^{\infty} (1 - z^m) = \sum_{-\infty}^{\infty} (-1)^{\ell} z^{\frac{(3\ell-1)\ell}{2}}.$$

通过其他幂级数, Euler推出了许多神奇的公式, 例如

$$p(n) = \frac{1}{n} \sum_{0<h\leqslant n} \sigma(h) p(n-h),$$

其中$\sigma(h)$是h的因子和.

Ramanujan注意并且后来证明了下面的同余性质:

$$\begin{aligned} p(n) &\equiv 0 \bmod 5, \quad \text{若} n \equiv 4 \bmod 5, \\ p(n) &\equiv 0 \bmod 7, \quad \text{若} n \equiv 5 \bmod 7, \\ p(n) &\equiv 0 \bmod 11, \quad \text{若} n \equiv 6 \bmod 11. \end{aligned}$$

他也对用模形式给出$p(n)$的解析表达式很着迷.

将变量z改成$\mathrm{e}(z)$, 我们将幂级数$F(z)$变为Fourier级数

$$f(z) = \sum_{n=0}^{\infty} p(n)\, \mathrm{e}(nz). \tag{20.1}$$

记$f(z) = \mathrm{e}(\frac{z}{24})/\eta(z)$, 其中

$$\eta(z) = \mathrm{e}(\tfrac{z}{24}) \prod_{m=1}^{\infty} (1 - \mathrm{e}(mz))$$

为Dedekind η函数. 这是上半平面$\mathbb{H}$上关于模群$\mathrm{SL}_2(\mathbb{Z})$的权为$\frac{1}{2}$, 并且有适当的乘数系的模形式. 确切地说, Dedekind证明了: 对任意的$z \in \mathbb{H}, \gamma = \begin{pmatrix} a & b \\ c & d \end{pmatrix} \in \mathrm{SL}_2(\mathbb{Z})$ 有

$$\eta(\gamma z) = \theta(\gamma)(cz+d)^{\frac{1}{2}} \eta(z), \tag{20.2}$$

其中乘数$\theta(\gamma)$由性质$\theta(-\gamma) = \mathrm{e}(\frac{1}{4})\theta(\gamma), \theta\left(\begin{pmatrix} 1 & b \\ & 1 \end{pmatrix}\right) = \mathrm{e}(\frac{b}{24})$, 以及

$$\theta\left(\begin{pmatrix} a & b \\ c & d \end{pmatrix}\right) = \mathrm{e}\left(\frac{a+d}{24} - \frac{c}{8} - \frac{1}{2}s(d,c)\right)(c>0),$$

定义, 这里的$s(d,c)$是Dedekind和:

$$s(d,c) = \sum_{x \bmod c} \psi\left(\frac{x}{c}\right)\psi\left(\frac{dx}{c}\right)$$

(回顾$\psi(x) = x - [x] - \frac{1}{2}$).

注意尖点∞关于Dedekind乘数系非奇异(定义见[153]), 所以$\eta(z)$的Fourier系数没有常数项, 它是缺项级数

$$\eta(z) = \sum_n a_n \,\mathrm{e}\left(\frac{n^2 z}{24}\right),$$

其中

$$a_n = \begin{cases} 1, & 若 n \equiv \pm 1 \bmod 12, \\ -1, & 若 n \equiv \pm 5 \bmod 12, \\ 0, & 否则. \end{cases}$$

但是, $f(z) = \mathrm{e}(\frac{z}{24})/\eta(z)$的Fourier系数$p(n)$很大. 注意由

$$\sum_{n=0}^{\infty} p(n) 2^{-n} = \prod_{m=1}^{\infty} (1 - 2^{-m})^{-1}$$

可得显然的界$p(n) \leqslant 2^n$. 我们从模方程

$$f(z) = \left(\frac{z}{i}\right)^{\frac{1}{2}} \mathrm{e}\left(\frac{1}{24}\left(z + \frac{1}{z}\right)\right) f\left(-\frac{1}{z}\right)$$

(在(20.2)中取$\begin{pmatrix} & -1 \\ 1 & \end{pmatrix}$)可以推出更好的界. 特别地, 对$z = \frac{i}{y}(y \geqslant 1)$可得

$$p(n) \ll y^{-\frac{1}{2}} \exp\left(2\pi\left(\frac{y}{24} + \frac{n}{y}\right)\right).$$

因此取$y = \pi\sqrt{\frac{n}{6}}$得到

$$p(n) \ll n^{-\frac{1}{4}} \,\mathrm{e}^{B\sqrt{6}}, \tag{20.3}$$

其中$B = \frac{2\pi}{\sqrt{6}}$. Hardy与Ramanujan证明了渐近公式

$$p(n) \sim (4\sqrt{3}n)^{-1} \,\mathrm{e}^{B\sqrt{n}}.$$

他们还给出了估计了误差项的渐近式. H. Rademacher[259]通过改进Hardy-Ramanujan的方法于1937年建立了如下精确的公式:

定理 20.1 对$n \geqslant 1$有

$$p(n) = \frac{1}{\pi\sqrt{2}} \sum_{c=1}^{\infty} c^{\frac{1}{2}} A_c(n) \frac{\mathrm{d}}{\mathrm{d}\,n} \frac{1}{\lambda_n} \sinh\left(\frac{B}{c}\lambda_n\right), \tag{20.4}$$

其中$B = \frac{2\pi}{\sqrt{6}}, \lambda_n = (n - \frac{1}{24})^{\frac{1}{2}}$,

$$A_c(n) = \sideset{}{^*}\sum_{a \bmod c} \mathrm{e}\left(\frac{1}{2}s(a,c) - \frac{an}{c}\right). \tag{20.5}$$

注意由平凡估计$|A_c(n)| \leqslant c$可知Rademacher级数(20.4)绝对收敛, 并且

$$\frac{\mathrm{d}}{\mathrm{d}\,n}(\frac{1}{\lambda_n}\sinh\frac{B}{c}\lambda_n) \ll c^{-3}\exp(\frac{B}{c}\lambda_n).$$

只取(20.4)中的第一项已经可以得到很好的近似式:

$$p(n)=\frac{\mathrm{e}^{B\lambda_n}}{4\sqrt{3}\lambda_n^2}(1-\frac{1}{B\lambda_n}+O(\mathrm{e}^{-\frac{1}{2}B\lambda_n})). \tag{20.6}$$

Hardy-Ramanujan方法的出发点是关于一个幂级数的系数的Cauchy积分. 在目前的情形是

$$p(n)=\frac{1}{2\pi\,\mathrm{i}}\int_{|z|=r}F(z)z^{-n-1}\,\mathrm{d}\,z \tag{20.7}$$

(圆上的积分给出这个方法的名字). 将z变成$\mathrm{e}(z)$, 我们由周期性得到

$$p(n)=\int_w^{w+1}f(z)\,\mathrm{e}(-nz)\,\mathrm{d}\,z, \tag{20.8}$$

其中w是上半平面$\mathbb{H}$中的任意点, 积分路径是$\mathbb{H}$中从w到$w+1$的任意连续曲线. 我们选择积分路径为某些圆弧的连续链, 使得我们在它上面可以利用$f(z)$的模性很准确地分析该函数.

为了构造上述圆弧, 我们需要Farey数列或级数的一些数值的性质(见[121]). 令C为正整数. 所有既约分数$\frac{a}{c}(1\leqslant c\leqslant C),(a,c)=1$按照升序排成的序列:

$$\cdots\frac{a'}{c'}<\frac{a}{c}<\frac{a''}{c''}\cdots$$

称为C阶Farey数列. 给定数列中的点$\frac{a}{c}$, 令$\frac{a'}{c'},\frac{a''}{c''}$ 为相邻的点. 分母c',c''由条件

$$\begin{cases} C-c<c'\leqslant C, & ac'\equiv 1 \bmod c,\\ C-c<c''\leqslant C, & ac''\equiv -1 \bmod c,\end{cases} \tag{20.9}$$

分子$a'=(ac'-1)c^{-1},a''=(ac''+1)c^{-1}$, 所以这些点为

$$\frac{a}{c}-\frac{1}{ac'},\ \frac{a''}{c''}+\frac{1}{ac''}. \tag{20.10}$$

在$\frac{a}{c}$与$\frac{a'}{c'},\frac{a''}{c''}$之间, 存在中间数$\frac{a'+a}{c'+c},\frac{a+a''}{c+c''}$, 它们也是既约分数, 但是不属于$C$阶Farey数列. 它们的分母在区间$[C,c+C]$中, 且满足

$$\frac{a'+a}{c'+c}=\frac{a}{c}-\frac{1}{c(c+c')}=\frac{a'}{c'}+\frac{1}{c'(c+c')},$$

$$\frac{a''+a}{c''+c}=\frac{a}{c}+\frac{1}{c(c+c'')}=\frac{a''}{c''}-\frac{1}{c''(c+c'')}.$$

对每个既约分数$\frac{a}{c}(c\geqslant 1),(a,c)=1$, 我们关联圆

$$|z-\frac{a}{c}-\frac{\mathrm{i}}{2c^2}|=\frac{1}{2c^2}, \tag{20.11}$$

我们将它记为$C(\frac{a}{c})$, 称为Ford圆, 它是在$\mathbb{H}$中与实直线$z=\frac{a}{c}$相切的圆. 两个不同的元不相交, 它们相切当且仅当它们与同一Farey数列中的相邻分数关联. 所有的元$C(\frac{a}{c})$都可以由水平线$\mathrm{Im}(z)=1$在$\mathrm{SL}_2(\mathbb{Z})$的作用下的像得到. 事实上, 对于$\gamma=\begin{pmatrix} a & b\\ c & d\end{pmatrix}(c\geqslant 1)$, 记

$$\gamma z=\frac{az+b}{cz+d}=\frac{a}{c}-\frac{1}{c(cz+d)}, \tag{20.12}$$

可知当$\mathrm{Im}(z)=1$时, 有

$$\gamma z = \frac{a}{c} + \frac{\mathrm{i}}{2c^2} - \frac{\mathrm{i}}{2c^2}\frac{\bar{z}+\frac{d}{c}}{z+\frac{d}{c}},$$

所以γz满足(20.11).

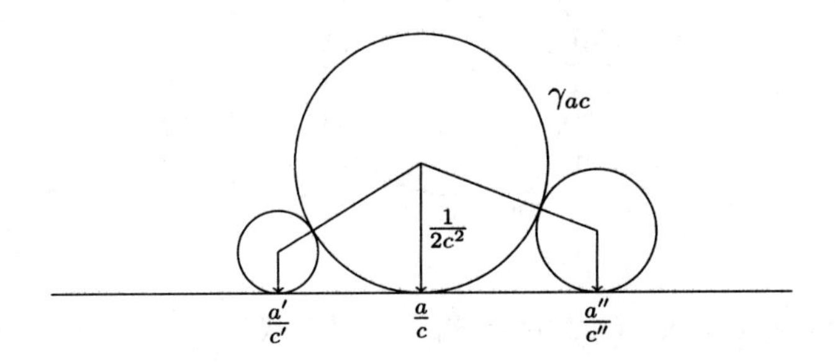

现在令$C \geqslant 1$为给定的数. 假设$\frac{a'}{c'} < \frac{a}{c} < \frac{a''}{c''}$是$C$阶Farey数列中的三个相邻的点, 则$C(\frac{a}{c})$与$C(\frac{a'}{c'})$, $C(\frac{a''}{c''})$相切的点分别为

$$\frac{a}{c} + \zeta'_{ac}, \text{ 其中}\zeta'_{ac} = \frac{-1}{c(c'+\mathrm{i}\,c)}, \tag{20.13}$$

$$\frac{a}{c} + \zeta''_{ac}, \text{ 其中}\zeta''_{ac} = \frac{1}{c(c''-\mathrm{i}\,c)}. \tag{20.14}$$

事实上, 我们可知(20.13)中的点是$C(\frac{a}{c}), C(\frac{a'}{c'})$的中心的适当的均值: 由(20.10)可知

$$\left[\frac{1}{2c^2}\left(\frac{a'}{c'} + \frac{\mathrm{i}}{2c'^2}\right) + \frac{1}{2c'^2}\left(\frac{a}{c} + \frac{\mathrm{i}}{2c'^2}\right)\right]\left(\frac{1}{2c^2} + \frac{1}{2c'^2}\right)^{-1} = \frac{a}{c} - \frac{1}{c(c'+\mathrm{i}\,c)},$$

所以这时圆$C(\frac{a}{c})$与$C(\frac{a'}{c'})$的切点. 同理可以验证点(20.14).

我们在每个圆$C(\frac{a}{c})(1 \leqslant c \leqslant C)$上选取将(20.13)和(20.14)中的切点与相邻分数的圆连接的上弧γ_{ac}. 这些弧链给出以1为周期的无限连续曲线. 我们选择该曲线从一个切点开始包含于宽为1的竖直带中的片段作为(20.8)中的积分路径, 可得

$$p(n) = \sum_{c \leqslant C} \sideset{}{^*}\sum_{a \bmod c} H_{ac}(n), \tag{20.15}$$

其中利用$f(z)$和$\mathrm{e}(-nz)$的周期性有

$$H_{ac}(n) = \int_{\gamma_{ac}} f(z)\,\mathrm{e}(-nz)\,\mathrm{d}\,z.$$

我们将利用具体的变换$\gamma \in \mathrm{SL}_2(\mathbb{Z})$对每个弧积分分别进行估计. 首先, 通过变量变换$z \to \frac{a}{c} + \frac{\mathrm{i}z}{c^2}$(从平移到放大, 再旋转), 我们将(20.11)变为圆$|z - \frac{1}{2}| = \frac{1}{2}$, 从而得到

$$H_{ac}(n) = \frac{\mathrm{i}}{c^2}\,\mathrm{e}\left(-\frac{an}{c}\right)\int_{z'_{ac}}^{z''_{ac}} f\left(\frac{a}{c} + \frac{\mathrm{i}\,z}{c^2}\right)\mathrm{e}\left(-\frac{\mathrm{i}\,nz}{c^2}\right)\mathrm{d}\,z,$$

其中z在两点

$$z'_{ac} = -\mathrm{i}\,c^2\zeta'_{ac} = \frac{\mathrm{i}\,c}{c'+\mathrm{i}\,c} \tag{20.16}$$

与

$$z''_{ac} = -\mathrm{i}\,c^2\zeta''_{ac} = \frac{-\mathrm{i}\,c}{c''-\mathrm{i}\,c} \tag{20.17}$$

所夹的右圆弧上.

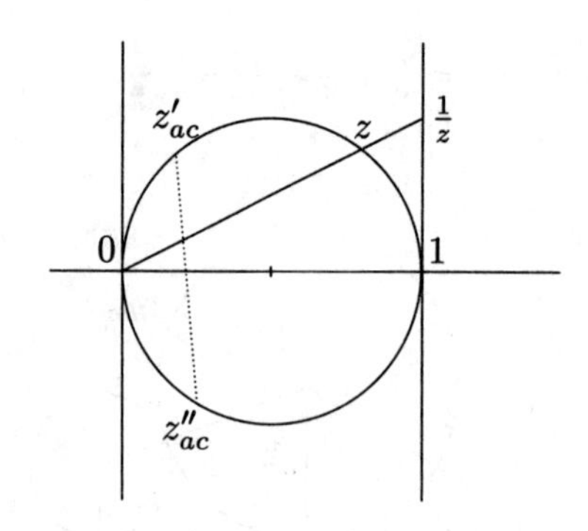

给定$c \geqslant 1, (a,c) = 1$, 在模关系(20.2)中将z用$-\frac{d}{c} - \frac{1}{cz}$替代可得

$$f(\tfrac{a}{c} + \tfrac{z}{c}) = (\tfrac{z}{\mathrm{i}})^{\frac{1}{2}}\,\mathrm{e}(\tfrac{1}{2}s(d,c) + \tfrac{1}{24c}(\tfrac{1}{z} + z))f(-\tfrac{d}{c} - \tfrac{1}{cz}),$$

其中$ad \equiv 1 \bmod c$. 将z变为$\frac{\mathrm{i}z}{c}$可以将该方程写为

$$f(\tfrac{a}{c} + \tfrac{\mathrm{i}z}{c^2}) = c^{-\frac{1}{2}}\,\mathrm{e}(\tfrac{1}{2}s(d,c)E_c(z)f(-\tfrac{d}{c} + \tfrac{1}{z}),$$

其中$E_c(z) = z^{\frac{1}{2}}\exp(\frac{\pi}{12}(\frac{1}{z} - \frac{z}{c^2})$. 将它代入积分$H_{ac}(n)$得到

$$H_{ac}(n) = \mathrm{i}\,c^{-\frac{5}{2}}\,\mathrm{e}(\tfrac{1}{2}s(a,c) - \tfrac{an}{c})I_{ac}(n),$$

其中

$$I_{ac}(n) = \int_{z'_{ac}}^{z''_{ac}} f(-\tfrac{d}{c} + \tfrac{\mathrm{i}}{z})E_{ac}(z)\,\mathrm{e}^{2\pi nz/c^2}\,\mathrm{d}\,z$$

(更准确但较冗长的记号就是$I_{a,c}(n)$).

要估计$I_{ac}(n)$, 我们将f替换为它的Fourier展开式(20.1)中的常数项, 即$p(0) = 1$, 然后将积分弧延拓到整个圆上. 由此得到主项

$$I_c(n) = \int_{|z-\frac{1}{2}|=\frac{1}{2}} E_c(z)\,\mathrm{e}^{\frac{2\pi nz}{c^2}}\,\mathrm{d}\,z.$$

将z换为$\frac{1}{z}$, 我们将圆$|z - \frac{1}{2}| = \frac{1}{2}$变为竖直线$\mathrm{Re}(z) = 1$, 从而得到

$$I_c(n) = \int_{1-\mathrm{i}\infty}^{1+\mathrm{i}\infty} \exp(\tfrac{\pi z}{12} + \tfrac{2\pi}{c^2 z}(n - \tfrac{1}{24}))z^{-\frac{5}{2}}\,\mathrm{d}\,z.$$

因此有

$$I_c(n) = \tfrac{2\pi}{\mathrm{i}}(\tfrac{c}{12\lambda_n})^{\frac{3}{2}} I_{\frac{3}{2}}(\tfrac{2\pi}{c\sqrt{6}}\lambda_n), \tag{20.18}$$

其中$I_\nu(y)$是Bessel函数(见[105], 8.4-8.5). (这个记号上不幸的重合很快就结束了!)

我们还要估计$I_{ac}(n) - I_c(n) = I^*_{ac}(n) - I'_{ac}(n) - I''_{ac}(n)$, 其中

$$\begin{aligned} I^*_{ac}(n) &= \int_{z'_{ac}}^{z''_{ac}}(f(-\tfrac{d}{c} + \tfrac{\mathrm{i}}{z}) - 1)E_c(z)\,\mathrm{e}^{\frac{2\pi nz}{c^2}}\,\mathrm{d}\,z,\\ I'_{ac}(n) &= \int_0^{z'_{ac}} E_c(z)\,\mathrm{e}^{\frac{2\pi nz}{c^2}}\,\mathrm{d}\,z,\\ I''_{ac}(n) &= \int_{z''_{ac}(n)}^0 E_c(z)\,\mathrm{e}^{\frac{2\pi nz}{c^2}}\,\mathrm{d}\,z. \end{aligned}$$

对$I^*_{ac}(n)$的估计, 我们将积分路径从弧移到弧的割线上, 因为在这条割线上$\frac{\mathrm{i}}{z}$的高更大, 所以$f(-\frac{d}{c} + \frac{\mathrm{i}}{z}) - 1$更小. 事实上,由(20.16), (20.19), (20.9)可知在这条割线上有$|z| \leqslant \min\{|z'_{ac}(n)|, |z''_{ac}(n)|\} \leqslant 2cC^{-1}$, 所以$\mathrm{Re}(z) \leqslant \max\{\mathrm{Re}(z'_{ac}(n)), \mathrm{Re}(z''_{ac}(n))\} \leqslant c^2C^{-2}$. 这条割线的长度由$|z'_{ac}(n)| + |z''_{ac}(n)| \leqslant 4cC^{-1}$界定. 此外, 在这条割线上有

$$
\begin{aligned}
&(f(-\tfrac{d}{c}+\tfrac{\mathrm{i}}{z})-1)E_c(z)\,\mathrm{e}^{\frac{2\pi nz}{c^2}}\\
&= z^{\frac12}\sum_{m=1}^{\infty}p(m)\,\mathrm{e}(-\tfrac{dm}{c})\exp(-\tfrac{2\pi}{z}(m-\tfrac{1}{24})+\tfrac{2\pi z}{c^2}(n-\tfrac{1}{24}))\\
&\ll (\tfrac{c}{C})^{\frac12}\exp(\tfrac{2\pi n}{C^2}),
\end{aligned}
$$

因为$\mathrm{Re}(z^{-1})=1,\mathrm{Re}(z)\leqslant c^2C^{-2},p(m)\leqslant 2^m$. 因此

$$
I_{ac}^*(n)\ll(\tfrac{c}{C})^{\frac32}\exp(\tfrac{2\pi n}{C^2}). \tag{20.19}
$$

我们接下来估计$I'_{ac}(n)$. 圆$|z-\frac12|=\frac12$上从0到z'_{ac}的弧长由$\frac{\pi}{2}|z'_{ac}(n)|\leqslant\pi cC^{-1}$, 对弧上的点$z$有$|z|\leqslant cC^{-1}$. 此外, 我们推出(就像我们估计$I_{ac}^*(n)$那样进行)

$$
E_c(z)\,\mathrm{e}^{2\pi nz/c^2}=z^{\frac32}\exp(\tfrac{\pi}{12z}+\tfrac{2\pi z}{c^2}(n-\tfrac{1}{24}))\ll(\tfrac{c}{C})^{\frac12}\exp(\tfrac{2\pi nz}{c^2}).
$$

因此$I'_{ac}(n)$满足界(20.19). 同理可得$I''_{ac}(n)$满足界(20.19). 综合这些界和公式(20.18), 我们得到

$$
H_{ac}(n)=\tfrac{2\pi}{c}\,\mathrm{e}(\tfrac12 s(a,c)-\tfrac{an}{c})(12\lambda_n)^{-\frac32}I_{\frac32}(\tfrac{2\pi}{c\sqrt6}\lambda_n)+O(c^{-1}C^{-\frac32}\exp(2\pi nC^{-2})).
$$

将它代入(20.15)可得

$$
p(n)=\sum_{c\leqslant C}\tfrac{2\pi}{c}A_c(n)(12\lambda_n)^{-\frac32}I_{\frac32}(\tfrac{B}{c}\lambda_n)+O(C^{-\frac12}\exp(2\pi nC^{-2})).
$$

令$C\to+\infty$得到

$$
p(n)=\tfrac{\pi}{12\sqrt3}\lambda_n^{-\frac32}\sum_{c=1}^{\infty}c^{-1}A_c(n)I_{\frac32}(\tfrac{B}{c}\lambda_n). \tag{20.20}
$$

利用公式

$$
I_{\frac12}(y)=(\tfrac{2}{\pi y})^{\frac22}\sinh y,\ I_{\frac32}(y)=y^{\frac12}\tfrac{\mathrm{d}}{\mathrm{d}\,y}(y^{-\frac12}I_{\frac12}(y)),
$$

我们即得(20.4).

注记: 因为$\eta(z)$本质上是一个θ函数, 乘数系$\theta(\gamma)$可以用Gauss和, 而不是Dedekind和表示出来. 所以Rademacher公式(20.4)中的系数$A_c(n)$也可以用更简单的函数表示. 实际上, A. Selberg(直接利用Euler五角数定理)证明了

$$
A_c(n)=(\tfrac{c}{3})^{\frac12}\sum_{\substack{\ell \bmod 2c\\ \ell(3\ell-1)\equiv-2n \bmod 2\ell}}(-1)^{\ell}\cos(\tfrac{\pi}{c}(\ell-\tfrac16)), \tag{20.21}
$$

因此$|A_c(n)|\leqslant 2\tau(c)c^{\frac12}$.

§20.2 Diophantine方程

在Ramanujan关于分拆函数的历史性论文之后, Hardy与J.E. Littlewood合作继续在圆法方面进行工作. 从1920年到1938年, 他们发表了8篇以"*Some problems of 'Partitio Numerorum'*"("分拆数的一些问题")为共同标题的系列论文. 他们意识到生成Fourier 级数的模性不是该方法的本质特性, 而只要对相关的指数和有相当好的估计即可. 这个观点开启了无数新的应用, 其中最受关注的当属Waring问题.

这个问题考虑的是方程

$$x_1^k + x_2^k + \cdots + x_n^k = N \tag{20.22}$$

关于正整数$x_1, \ldots, x_n$的可解性, 其中$k \geqslant 1, N \geqslant 1$是给定的数. 1770年, Edward Waring断言: 只要n就k而言充分大, (20.22)就一定有解. Hilbert于1909年证明了该结论. Hardy与Littlewood用圆法得到了关于(20.22)的表示数的渐近式. 我们在本节通过证明由华罗庚[140]给出的一个稍晚的结果来解释这一方法.

定理 20.2 令$n > 2^k$, 则将N写成n个k次幂的表示数$\nu(N)$满足

$$\nu(N) = \mathfrak{S}(N)\frac{\Gamma(1+1/k)^n}{\Gamma(\frac{n}{k})}N^{\frac{n}{k}-1}(1 + O(N^{-\delta})), \tag{20.23}$$

其中$\mathfrak{S}(N)$由乘性函数

$$c(q, N) = \sideset{}{^*}\sum_{a \bmod q} \Big(\frac{1}{q}\sum_{x \bmod q} \mathrm{e}\big(\frac{ax^k}{q}\big)\Big)^n \mathrm{e}\big(-\frac{aN}{q}\big) \tag{20.24}$$

的无限级数的和给出: 级数

$$\mathfrak{S}(N) = \sum_{q=1}^{\infty} c(q, N). \tag{20.25}$$

绝对收敛, 且满足$c_1 \leqslant \mathfrak{S}(N) \leqslant c_2$, 其中$c_1, c_2$是依赖于$k, n$, 而不依赖于$N$的正数; $\delta > 0$, 隐性常数最多依赖于k, n.

我们首先将该方法应用于一般的方程

$$f(x_1, \ldots, x_n) = 0, \tag{20.26}$$

其中f是次数$k \geqslant 1$的整系数多项式. 我们要寻找限于方体$\mathcal{B} \subset [-X, X]^n (X \geqslant 1)$的整数解$\boldsymbol{x} = (x_1, \ldots, x_n)$. 因此若$\boldsymbol{x} \in \mathcal{B}$, 则

$$f(\boldsymbol{x}) \ll X^k. \tag{20.27}$$

若变量数比次数大得多, 并且$f(x)$的值差别很大(所以$f(x)$在作酉变换后不可能是多元常值函数, 见解析条件(20.35)), 则该方法有效. 因此, 由统计推理可以预期(20.26)关于$\boldsymbol{x} \in \mathcal{B} \cap \mathbb{Z}^n$中的解数$\nu_f(\mathcal{B})$满足

$$\nu_f(\mathcal{B}) \ll X^{n-k}.$$

这样的解数恰好由积分(Vinogradov对Hardy-Littlewood幂级数方法设置进行改变)

$$\nu_f(\mathcal{B}) = \int_0^1 \Big(\sum_{\boldsymbol{x} \in \mathcal{B} \cap \mathbb{Z}^n} \mathrm{e}(\alpha f(\boldsymbol{x}))\Big) \,\mathrm{d}\,\alpha. \tag{20.28}$$

就像关于分拆数的Hardy-Littlewood工作那样, 我们在这里权为主项来自分母小的有理点的邻域上的积分.

根据Dirichlet逼近理论, 每个α满足

$$|\alpha - \tfrac{a}{q}| \leqslant \tfrac{1}{qP} (1 \leqslant q \leqslant P), (a, q) = 1, \tag{20.29}$$

其中P是固定的正数. 令$P \geqslant 2Q \geqslant 2$. 若$\alpha$满足(20.29)使得$q \leqslant Q$, 则称$\alpha$属于“大弧”

(20.30)
$$\mathfrak{M} = \{\alpha \| \alpha - \frac{a}{q}| \leqslant \frac{1}{qP}, q \leqslant Q, (a,q) = 1\}.$$

注意$\mathfrak{M}$中以不同的点$\frac{a}{q}$为中心的区间互不相交, 因为若$\frac{a}{q} \neq \frac{a_1}{q_1}, q_1 \leqslant Q$, 则

$$|\tfrac{a}{q} - \tfrac{a_1}{q_1}| \geqslant \tfrac{1}{qq_1} \geqslant \tfrac{1}{qQ} \geqslant \tfrac{2}{qP}.$$

区间的剩余部分$\mathfrak{m} = [0,1] \backslash \mathfrak{M}$称为“小弧”.

注记: 在Hardy-Ramanujan的工作中, 圆$\alpha \bmod 1$恰好被$C = P$阶Farey数列的中间数分割, 所以小弧中没有数.

对$\alpha \in \mathfrak{M}$, 我们估计指数和

$$S_f(\alpha) = \sum_{\boldsymbol{x} \in \mathcal{B} \bigcap \mathbb{Z}^n} \mathrm{e}(\alpha f(\boldsymbol{x}))$$

的方法是将按照剩余类分组, 可得

$$S_f(\alpha) = \sum_{\boldsymbol{u} \bmod q} \mathrm{e}(\tfrac{a}{q} f(u)) \sum_{\substack{\boldsymbol{x} \in \mathcal{B} \bigcap \mathbb{Z}^n \\ \boldsymbol{x} \equiv \boldsymbol{u} \bmod q}} \mathrm{e}(\theta f(\boldsymbol{x})),$$

其中$\theta = \alpha - \frac{a}{q}$. 因为$|\theta|$很小, 即由(20.29)有$|\theta| \leqslant (qP)^{-1}$, 我们能将剩余类$\boldsymbol{u} \bmod q$ 上的和替换为相应的有合理误差项的积分. 假设$P\gamma X^{k-1}$, 其中隐性常数足够大使得

$$|\tfrac{\partial}{\partial x_\nu} f(\boldsymbol{x})| \leqslant \tfrac{P}{2} (1 \leqslant \nu \leqslant n), \boldsymbol{x} \in \mathcal{B}.$$

因此$|\theta \frac{\partial f}{\partial x_\nu}| \leqslant \frac{1}{2q}$, 所以对每个变量$x_\nu \equiv u_\nu \bmod q$连续应用引理8.8得到

$$\sum_{\substack{\boldsymbol{x} \in \mathcal{B} \bigcap \mathbb{Z}^n \\ \boldsymbol{x} \equiv \boldsymbol{u} \bmod q}} \mathrm{e}(\theta f(\boldsymbol{x}) = q^{-n} \mathcal{B}_f(\theta) + O((1 + \tfrac{X}{q})^{n-1}),$$

其中$\mathcal{B}_f(\theta)$是要讨论的积分

(20.31)
$$\mathcal{B}_f(\theta) = \textstyle\int_{\mathcal{B}} \mathrm{e}(\theta f(\boldsymbol{x}))\, \mathbf{d}\, \boldsymbol{x}.$$

显然的误差项是$(1 + \frac{X}{q})^n$, 所以我们只省下对一个变量求和大小的因子值. 注意$\mathcal{B}_f(\theta)$不依赖于剩余类$\boldsymbol{u} \bmod q$(在圆法的更成熟版本中, 剩余类确实出现在主项中, 并且影响深远). 因此对类$\boldsymbol{u} \bmod q$求和得到

(20.32)
$$S_f(\alpha) = \mathcal{B}_f(\theta) C_f(\tfrac{a}{q}) + O(q(q+X)^{n-1}),$$

其中$C_f(\frac{a}{q})$是标准完全指数和

(20.33)
$$C_f(\tfrac{a}{q}) = \tfrac{1}{q^n} \sum_{\boldsymbol{u} \bmod q} \mathrm{e}(\tfrac{a}{q} f(\boldsymbol{u}).$$

将$S_f(\alpha)$在大弧上积分得到

$$\textstyle\int_{\mathfrak{M}} S_f(\alpha)\, \mathrm{d}\, \alpha = \sum_{q \leqslant Q} c_f(q) \int_{|\theta| \leqslant \frac{1}{qP}} \mathcal{B}_f(\theta)\, \mathrm{d}\, \theta + O(P^{-1} Q^2 (Q + X)^{n-1}),$$

其中

$$c_f(q) = \frac{1}{q^n} \sideset{}{^*}\sum_{a \bmod q} \sum_{\boldsymbol{u} \bmod q} \mathrm{e}\left(\tfrac{a}{q} f(\boldsymbol{u})\right). \tag{20.34}$$

注意$c_f(q)$是实数, 并且有$|c_f(q)| \leqslant q$.

我们首先对$\mathcal{B}_f(\theta)$在区间$|\theta| \leqslant \frac{1}{qP}$上的积分给出渐近估计式. 假设对任意的$\theta > 0$, 有

$$\mathcal{B}_f(\theta) \ll (\theta X^k)^{-1-\gamma} X^n, \tag{20.35}$$

其中$\gamma > 0$. 记住X^n是显然的界, θX^k与$\theta f(\boldsymbol{x})$差不多, 所以我们假设节省因子只是比振幅的大小稍大. 这个条件对关于多个变量快速变化的光滑函数$f(\boldsymbol{x})$非常现实. 注意当f加上一个常数后, (20.35)中的界保持不变. 例如, 若

$$f(\boldsymbol{x}) = N - x_1^k - \cdots - x_n^k, \tag{20.36}$$

其中$0 < x_\nu \leqslant X = N^{\frac{1}{k}}$, 则

$$|\mathcal{B}_f(\theta)| = \left|\int_0^X \mathrm{e}(\theta x^k)\,\mathrm{d}\,x\right|^n \ll \theta^{-\frac{n}{k}},$$

所以当$n > k$时, 取$\gamma = \frac{n}{k} - 1 > 0$, (20.35)成立. 利用(20.35), 我们可以将$|\theta| \leqslant \frac{1}{qP}$上的积分延拓到整个实直线上得到

$$\int_{|\theta| \leqslant \frac{1}{qP}} \mathcal{B}_f(\theta)\,\mathrm{d}\,\theta = V_f(\mathcal{B}) + O((qPX^{-K})^\gamma X^{n-k}), \tag{20.37}$$

其中

$$V_f(\mathcal{B}) = \int_{-\infty}^{+\infty} \mathcal{B}_f(\theta)\,\mathrm{d}\,\theta. \tag{20.38}$$

条件(20.35)也意味着

$$V_f(\mathcal{B}) \ll X^{n-k} \tag{20.39}$$

(若$|\theta| > X^{-k}$, 见(20.35); 若$|\theta| \leqslant X^{-k}$, 则利用显然的估计).

我们接下来对模$q \leqslant Q$时, $c_f(q)$的和给出渐近估计式. 假设对任意的$q \geqslant 1, (a, q) = 1$,

$$C_f\left(\tfrac{a}{q}\right) \ll q^{-2-\eta}, \tag{20.40}$$

其中$\eta > 0$. 注意f加上一个常数后, 这个界保持不变. 所以

$$c_f(q) \ll q^{-1-\eta} \tag{20.41}$$

利用(20.41), 我们可以将关于模$q \leqslant Q$的和式延拓到所有的模上得到

$$\sum_{q \leqslant Q} c_f(q) = \mathfrak{S}_f + O(Q^{-\eta}), \tag{20.42}$$

其中

$$\mathfrak{S}_f = \sum_{q=1}^{\infty} c_f(q). \tag{20.43}$$

现在综合上面的结果得到

$$\int_{\mathfrak{M}} S_f(\alpha)\,\mathrm{d}\,\alpha = \mathfrak{S}_f V_f(\mathcal{B}) + O(\Delta X^{n-k}), \tag{20.44}$$

其中

$$\Delta = Q^{-\eta} + Q^2(QPX^{-1})^{\gamma}. \tag{20.45}$$

注意通过选取$Q = X^{\delta\gamma}, P = X^{k-\delta(2+\gamma+\eta)}$, δ为一个小的正数, 我们可以取$\Delta \leqslant 2X^{-\delta+\eta}$. 但是选取其他的$Q, P$可能更好, 见(20.62)的上一行.

无穷积分(20.38)和无穷级数(20.43)分别称为方程(20.26)的“奇异积分”和“无穷级数”, 我们可以将它们写成用局部密度给出有意义的解释的式子.

我们先看奇异积分, 可得

$$V_f(\mathcal{B}) = \lim_{T\to+\infty}\int_{-T}^{T}\Big(\int_{\mathcal{B}} \mathrm{e}(\theta f(\boldsymbol{x})\,\mathbf{d}\,\boldsymbol{x}\Big)\,\mathrm{d}\,\theta = \lim_{T\to+\infty}\int_{\mathcal{B}} \frac{\sin(2\pi f(\boldsymbol{x})T}{\pi f(\boldsymbol{x})}\,\mathbf{d}\,\boldsymbol{x}.$$

在水平集$\{\boldsymbol{x}\in\mathcal{B}|f(\boldsymbol{x})=t\}$还是那个积分, 并利用

$$\int_{-\infty}^{+\infty}\frac{\sin 2\pi t}{\pi t}\,\mathrm{d}\,t = 1,$$

我们可以证明$V_f(\mathcal{B})$是集合$\{\boldsymbol{x}\in\mathcal{B}|f(\boldsymbol{x})=0\}$(关于依赖于$f$的适当测度)的$n-1$维体积. 它也近似等于集合$\{\boldsymbol{x}\in\mathcal{B}\big||f(\boldsymbol{x})|\leqslant\frac{1}{2}\}$的$n$维Lebesgue测度. 确切地说, 我们从条件(20.35)推出: 对任意的$V>0$, 有

$$V_f(\mathcal{B}) = \frac{1}{2V}|\{\boldsymbol{x}\in\mathcal{B}\big|f(\boldsymbol{x})|\leqslant V\}| + O((VX^{-k})^{\gamma}X^{n-k}), \tag{20.46}$$

其中$|\mathcal{A}|$表示$\mathcal{A}$的n为Lebesgue测度. 对于$V \ll X^k$, 它是非零的, 可得

$$V_f(\mathcal{B}) = \lim_{V\to 0}\frac{1}{2V}|\{\boldsymbol{x}\in\mathcal{B}\big|f(\boldsymbol{x})|\leqslant V\}|. \tag{20.47}$$

对于(20.46)的证明, 我们利用公式

$$\int_{-\infty}^{+\infty}\frac{\sin 2\pi\theta V}{\pi\theta}\,\mathrm{e}(\theta y)\,\mathrm{d}\,\theta = \begin{cases} 1, & \text{若}|y|<V,\\ 0, & \text{若}|y|>V,\end{cases}$$

以及估计式$\sin 2\pi\theta V = 2\pi\theta V + O(\theta^2V^2), \sin 2\pi\theta V \ll 1$. 因此由(20.35)得到

$$\begin{aligned} V_f(\mathcal{B}) &= \int_{-\infty}^{+\infty}\mathcal{B}_f(\theta)\,\mathrm{d}\,\theta = \int_{-\infty}^{+\infty}\frac{\sin 2\pi\theta V}{\pi\theta}\mathcal{B}_f(\theta\,\mathrm{d}\,\theta + O\Big(\int_0^T\theta V|\mathcal{B}_f(\theta)|\,\mathrm{d}\,\theta + \int_T^{+\infty}(\theta V)^{-1}|\mathcal{B}_f(\theta)|\,\mathrm{d}\,\theta\\ &= \frac{1}{2V}|\{\boldsymbol{x}\in\mathcal{B}\big|f(\boldsymbol{x})|\leqslant V\}| + O((TV+(TV)^{-1})(TX^k)^{-\gamma}X^{n-k}). \end{aligned}$$

选择$TV=1$即得(20.46).

例如, 若$f(\boldsymbol{x})$由(20.36)给出, 则由(20.47)得到

$$V(N) = \frac{1}{k}\underset{\substack{x_2,\dots,x_n>0\\ x_2^k+\cdots+x_n^k<N}}{\int\cdots\int}(N-x_1^k-\cdots-x_n^k)^{\frac{1}{k}-1}\,\mathrm{d}\,x_2\cdots\mathrm{d}\,x_n.$$

习题20.1 证明: 上述积分是

$$V(N) = \Gamma(1+\tfrac{1}{k})^n\Gamma(\tfrac{n}{k})^{-1}N^{\frac{n}{k}-1}. \tag{20.48}$$

现在我们考察奇异级数. (20.34)中关于$a \bmod q, (a,q)=1$的和式是Ramanujan和

$$\sum^*_{a \bmod q} \mathrm{e}(\tfrac{a}{q}f(\boldsymbol{u})) = \sum -^{d|q}_{d|f(\boldsymbol{u})}\mu(\tfrac{q}{d})d,$$

因此

$$c_f(q) = \frac{1}{q^n}\sum_{d|q}\mu(\tfrac{q}{d})d|\{\boldsymbol{u} \bmod q|f(\boldsymbol{u}) \equiv 0 \bmod d\}| = \sum_{d|q}\mu(\tfrac{q}{d})\omega_f(d),$$

其中$d^{n-1}\omega_f(d)$是同余式

$$f(\boldsymbol{x}) \equiv 0 \bmod d \tag{20.49}$$

的解数. 因为$\omega_f(d)$是乘性的, 我们有

$$c_f(q) = \prod_{p^\alpha \| q}(\omega_f(p^\alpha) - \omega_f(p^{\alpha-1})).$$

因此该奇异级数也可以由无限乘积

$$\mathfrak{S}_f = \prod_p \delta_f(p) \tag{20.50}$$

给出, 其中

$$\delta_f(p) = 1 + \sum_{\alpha=1}^{\infty}(\omega_f(p^\alpha) - \omega_f(p^{\alpha-1})). \tag{20.51}$$

注意由(20.41)可知级数(20.51)和乘积(20.50)绝对收敛. 由于

$$\delta_f(p) = \lim_{\alpha\to+\infty}\omega_f(p^\alpha), \tag{20.52}$$

可知$\delta_f(p)$是$f(\boldsymbol{x}) = 0$的p进解的密度, 因此这些数$\delta_f(p)$也称为"局部密度". 由类似的公式(20.47), 我们可以将$V_f(\mathcal{B})$解释为$f(\boldsymbol{x}) = 0$的实向量解的密度测度.

若$\omega_f(p^\alpha)$稳定, 即对$\alpha \geqslant a$有

$$\omega_f(p^{\alpha+1}) = \omega_f(p^\alpha), \tag{20.53}$$

则$\delta_f(p) = \omega_f(p^a)$是同余式

$$f(\boldsymbol{x}) \equiv 0 \bmod p^a \tag{20.54}$$

的解的密度. 对一些多项式f(例如(20.30)), 存在某个依赖于f的充分大的同一个a, 使得稳定性(20.53)对所有的p成立. 这时,

$$\mathfrak{S}_f = \prod_p \omega_f(p^a). \tag{20.55}$$

我们现在着手估计指数和$S_f(\alpha)$在小弧$\mathfrak{m} = [0,1]\backslash\mathfrak{M}$上的积分. Hardy与Littlewood首先对$\mathfrak{m}$中的每个α估计$S_f(\alpha)$, 然后做显然的积分. 对于一元多项式, 有

引理 20.3 (Weyl) 令$g(x) = cx^k + c_1x^{k-1} + \cdots$, 其中$c, k$为正整数. 假设

$$|\alpha - \tfrac{a}{q}| \leqslant \tfrac{1}{q^2},\ (a, a) = 1, \tag{20.56}$$

则对任意的$\varepsilon > 0, X \geqslant 1$, 有

$$\sum_{0<n\leqslant X}\mathrm{e}(\alpha g(n)) \ll X^{1+\varepsilon}(\tfrac{c}{q} + \tfrac{c}{X} + \tfrac{q}{X^k})^{2^{1-k}}, \tag{20.57}$$

其中隐性常数仅依赖于ε.

注记: (20.57)中的求和范围可以变为任意长为X的区间而不影响界.

证明: 由命题8.2可得指数和的界:

$$2X(X^{-k}\sum_{-X<n_1,\cdots,n_{k-1}<X}\cdots\sum\min\{X,\|\alpha ck!n_1\cdots n_{k-1}\|^{-1}\})^{2^{1-k}}$$
$$\ll X(X^{-1}+X^{-k}\sum_{1\leqslant m<M}\tau_{k-1}\min\{X,\|\alpha ck!m\|^{-1}\})^{2^{1-k}},$$

其中第一项来自$n_1\cdots n_k=0$, $\tau_{k-1}(m)$作为$m=n_1\cdots n_{k-1}(1\leqslant n_\nu<X)$的表示数的界出现., 所以$1\leqslant m<M=X^{k-1}$. 利用$\tau_{k-1}(m)\ll 2^{2^k}m^\varepsilon$, 我们将和式延拓为

$$\sum_{1\leqslant\ell<L}\min\{X,\|\alpha\ell\|^{-1}\},\tag{20.58}$$

其中$L=ck!M$(即我们忽略了条件$\ell\equiv 0\bmod ck!$). 若ℓ在长为$\frac{q}{2}$ 的区间上取值, 由(20.56)可知这些点$\alpha\ell\bmod 1$的间距为q^{-1}, 所以和式(20.58)的上界为

$$(1+\tfrac{2L}{q})\sum_{\ell\bmod q}\min\{X,\|\tfrac{\ell}{q}\|^{-1}\}\ll(1+\tfrac{L}{q})(X+q\log q).$$

由由此估计即得(20.57). □

在Weyl引理中取$\alpha=\frac{a}{q}, X=q$可得

推论 20.4 令$g(x)$为$k\geqslant 2$次整系数多项式, $(a,q)=1$, 则

$$\sum_{x\bmod q}\mathrm{e}(\tfrac{a}{q}g(x))\ll(c,q)^{\frac12}q^{1-2^{1-k}+\varepsilon},\tag{20.59}$$

其中c是g的首项系数, 隐性常数仅依赖于ε.

注记: 由(A. Weil[333]证明的)关于有限域上曲线的Riemann猜想, 我们可以得到界$q^{\frac12+\varepsilon}$, 但是隐性常数依赖于g. 而我们的指数$1-2^{1-k}$在本章的应用中已经绰绰有余.

对于小弧$\mathfrak{m}$中的α, 我们有(20.56), 其中$Q<q\leqslant P$, 所以(20.57)中界的节省因子为

$$(\tfrac{1}{Q}+\tfrac{1}{X}+\tfrac{P}{X^k})^{2^{1-k}},$$

它是很小的. 但是, 若$f(x_1,\ldots,x_n)$有许多不同的一元函数作为被加项, 则该因子可能为多重的. 例如, 考虑

$$f(x_1,\ldots,x_n)=f_1(x_1)+\cdots+f_n(x_n),\tag{20.60}$$

其中$f_\ell(x_\ell)=c_\ell x^k+\cdots$, 其中$c_\ell>0(1\leqslant\ell\leqslant n)$, 则由引理20.3可知对任意的$\alpha\in\mathfrak{m}$, 有

$$S_f(\alpha)=S_{f_1}(\alpha)\cdots S_{f_n}(\alpha)\ll X^{n+\varepsilon}(\frac{1}{Q}+\frac{1}{X}+\frac{P}{X^k})^{n2^{1-k}}.\tag{20.61}$$

对$S_f(\alpha)$在$\mathfrak{m}$上的积分有同样的界. 我们要求这个界比X^{n-k}的阶小, 只需取n 就k而言充分大. 选取$Q=X^{\frac14}, P=X^{k-\frac13}$, 则当$n>k2^{k+1}$时, 存在$\delta>0$使得

$$\int_{\mathfrak{m}}S_f(\alpha)\,\mathrm{d}\,\alpha\ll X^{n-k-\delta}.\tag{20.62}$$

注意关于多项式(20.60)的条件(20.35)在取$\gamma=\frac{n}{k}-1$时成立, 所以上面选取的Q,P也给出$\Delta\ll X^{-\delta}$, 见(20.45). 此外, 利用推论20.4可验证当$n>2^k$时, (20.40)成立:

$$C_f(\tfrac{a}{q}) \ll q^{-n2^{1-k}+\varepsilon} \ll q^{-2-\eta}.$$

因此(20.44)变成

$$\int_{\mathfrak{m}} S_f(\alpha)\,\mathrm{d}\,\alpha = \mathfrak{S}_f V_f(\mathcal{B}) + O(X^{n-k-\delta}), \tag{20.63}$$

其中$\mathfrak{S}$和$V_f(\mathcal{B})$是关于多项式(20.60)的奇异级数和奇异积分. 将(20.62)和(20.63)相加可得

定理 20.5 令$f_1(x_1),\ldots,f_n(x_n)$为$k \geqslant 2$次整系数多项式, 设$n > k2^{k+1}$, 则存在$\delta > 0$, 使得方程

$$f_1(x_1) + \cdots + f_n(x_n) = 0 \tag{20.64}$$

在方体$\mathcal{B} \subset [-X, X]^n (X > 1)$中的整数解的个数满足

$$\nu_f(\mathcal{B}) = \mathfrak{S}_f V_f(\mathcal{B}) + O(X^{n-k-\delta}), \tag{20.65}$$

其中$\mathfrak{S}_f, V_f(\mathcal{B})$分别是多项式(20.60)的奇异级数和奇异积分.

(20.65)的误差项中的隐性常数可能依赖于多项式$f_1,\ldots,f_n$, 但是程度较轻; 它不依赖于$f_1,\ldots,f_n$的常数项. 特别地, 渐近公式(20.65)非常适用于方程(加上常数)

$$f_1(x_1) + \cdots + f_n(x_n) = N. \tag{20.66}$$

令$c_1,\ldots,c_n$为首项系数, 假设它们都是正数. 令$\nu_f(N)$为(20.66)的正整数解数. 这些解包含于方体$\mathcal{B} = [0, X]^n, X = cN^{\frac{1}{k}}$, 其中$c \geqslant 1$是依赖于$f_1,\ldots,f_n$的某个常数. 因此由定理20.5可知存在$\delta > 0$使得

$$\nu_f(N) = \mathfrak{S}_f(N) V_f(N) + O(N^{\frac{n}{k}-1-\delta}). \tag{20.67}$$

在这种情形, 我们可以计算奇异积分$V_f(N)$的渐近式. 首先由(20.46)可知对任意的$U > 0$, 有

$$|\{0 \leqslant x_1,\ldots,x_n \leqslant X \,|\, |f_1(x_1) + \cdots + f_n(x_n) - N| \leqslant U\}| \ll UX^{n-k}.$$

因此利用估计式$f_\ell(x_\ell) = c_\ell x_\ell^k + O(X^{k-1})$, 由(20.46)可以推出

$$\begin{aligned} V_f(N) \;=\; & \tfrac{1}{2U}|\{0 \leqslant x_1,\ldots,x_n \leqslant X \,|\, |c_1x_1^k + \cdots + c_\ell x_\ell^k - N| \leqslant U\}| \\ & + O(U^{-1}X^{n-1} + (UX^{-k})^{\gamma} X^{n-k}). \end{aligned}$$

在误差项中选取$U = X^{k-\frac{1}{1+\gamma}}$得到$O(X^{n-k-\frac{\gamma}{1+\gamma}})$. 由(20.46)可知, 在主项中将$U$ 变为更小的数V不会改变上述误差项. 所以

$$V_f(N) = (c_1 \cdots c_n)^{-\frac{1}{k}} V(N) + O(N^{\frac{n}{k}-1-\delta}), \tag{20.68}$$

其中$V(N)$由(20.48)给出. 将上式代入(20.67)得到

$$\nu_f(N) = (c_1 \cdots c_n)^{-\frac{1}{k}} \Gamma(1+\tfrac{1}{k})^n \Gamma(\tfrac{n}{k})^{-1} N^{\frac{n}{k}-1}(\mathfrak{S}_f(N) + O(N^{-\delta})). \tag{20.69}$$

特别地, 除了我们后面要讨论的关于奇异级数$\mathfrak{S}(N)$的分析, 我们在$n > k2^{k+1}$时完成了定理20.2的证明.

为了对更小的n得到结果, 我们要寻求对小弧上的处理进行改进. 假设f可以将第一个变量分离, 即

$$f(x_1,\ldots,x_n)=g(x_1)+h(x_2,\ldots,x_n), \tag{20.70}$$

则$S_f(\alpha)=S_g(\alpha)S_h(\alpha)$, 从而可得

$$\left|\int_{\mathfrak{m}} S_f(\alpha)\,\mathrm{d}\,\alpha\right| \leqslant (\max_{\alpha\in\mathfrak{m}}|S_g(\alpha)|)\int_0^1|S_h(\alpha)|\,\mathrm{d}\,\alpha. \tag{20.71}$$

我们在小弧上可以利用Weyl引理改进$S_g(\alpha)$. 回顾对$\alpha\in\mathfrak{m}$有(20.44), 其中$Q<q\leqslant P$. 选取$Q=X^{\frac{\delta}{3}}, P=X^{k-1+\delta}$, 其中$\delta$是小的正数. 假设$g$时非常值多项式, 则当$\alpha\in\mathfrak{m}$时, 有显然的界

$$S_g(\alpha)\ll X^{1-2\eta}. \tag{20.72}$$

因为η很小, 我们不能在估计$S_h(\alpha)$时浪费太多. 我们的目标是证明

$$\int_0^1|S_h(\alpha)|\,\mathrm{d}\,\alpha\ll X^{n-1-k+\eta}, \tag{20.73}$$

由此就能得到

$$\int_{\mathfrak{m}} S_f(\alpha)\,\mathrm{d}\,\alpha\ll X^{n-k-\eta}. \tag{20.74}$$

此外, 上面选择的Q,P使得(20.44)中的误差项有可以利用的阶$X^{n-k-\eta}$. 将(20.44)加到(20.74)上得到

$$\nu_f(\mathcal{B})=\mathfrak{G}_f V_f(\mathcal{B})+O(X^{n-k-\eta}). \tag{20.75}$$

还剩下(20.73)的证明. 注意这个界接近于真正的数量级. 事实上, 若去掉$S_h(\alpha)$的绝对值, 我们可以通过积分估计下界, 该积分恰好等于

$$h(x_2,\ldots,x_n)=0 \tag{20.76}$$

在相关的方体中的解数, 而这个数的阶预计是X^{n-1-k}. 由这些分析可知证明(20.73) 的任务似乎与原来的问题有差不多的难度, 甚至更难, 因为(20.76)比原来的方程(20.26)少了一个变量. 但是, 这种情况实际上并没有那么糟, 原因是比起对一个簇上的点进行具有某种渐近精度的计数, 对它给出上界更容易些.

华罗庚[140]于1938年在f为充分多的k次幂的和的多项式时, 对任意的$\eta>0$成功地证明了(20.73).

引理 20.6 (华罗庚) 令$k\geqslant 1$,

$$S(\alpha)=\sum_{1\leqslant n\leqslant X}\mathrm{e}(\alpha n^k), \tag{20.77}$$

则对任意的$1\leqslant \ell\leqslant k$时, 有

$$\int_0^1|S(\alpha)|^{2^\ell}\,\mathrm{d}\,\alpha\ll X^{2^\ell-\ell+\varepsilon}, \tag{20.78}$$

其中隐性常数依赖于ε,k.

证明: 对$\ell=1$可得

$$\int_0^1 |S(\alpha)|^2 \,\mathrm{d}\,\alpha = X.$$

假设(20.78)对满足$1 \leqslant \ell < k$的ℓ成立. 我们将证明结论对$\ell+1$成立. 通过ℓ次利用Weyl的"差分过程"(见命题8.2), 我们得到不等式

$$|S(\alpha)|^{2^\ell} \leqslant (2X)^{2^\ell-\ell-1} \sum_{-X<h_1,\ldots,h_\ell<X}\cdots\sum \sum_{n\in I} \mathrm{e}(\alpha h_1\cdots h_\ell p(n;h_1,\ldots,h_\ell)),$$

其中$I = I(h_1,\ldots,h_\ell)$是$[1,X]$的子区间, $p(x;h_1,\ldots,h_\ell)$是$k-\ell$次整系数多项式. 我们将它简写为

$$|S(\alpha)|^{2^\ell} \leqslant (2X)^{2^\ell-\ell-1} \sum_m a_m \,\mathrm{e}(\alpha m),$$

其中a_m是方程

$$h_1\cdots h_\ell p(n;h_1,\ldots,h_\ell) = m$$

在上述方体中的解数. 因此$a_0 \ll X^\ell, a_m \ll X^\ell (m\neq 0)$, 因为$p(x;h_1,\ldots,h_\ell)$不是常值多项式. 我们也可以写成

$$|S(\alpha)|^{2^\ell} = \sum_m b_m \,\mathrm{e}(\alpha m),$$

其中b_m是方程

$$n_1^k + \cdots + n_s^k - n_{s+1}^k - \cdots - n_{2s}^k = m$$

满足条件$1 \leqslant n_1,\ldots,n_{2s} \leqslant X$的解数, 其中$s = 2^{\ell-1}$. 显然

$$\sum_m b_m = |S(0)|^{2^\ell} = X^{2^\ell},$$

并且由归纳假设有

$$b_0 = \int_0^1 |S(\alpha)|^{2^\ell} \,\mathrm{d}\,\alpha \ll X^{2^\ell-\ell+\varepsilon}.$$

现在由Parseval等式可得

$$\int_0^1 |S(\alpha)|^{2^{\ell+1}} \,\mathrm{d}\,\alpha \leqslant (2X)^{2^\ell-\ell-1} \sum_m a_m b_m \ll X^{2^\ell-\ell-1} X^{2^\ell+\varepsilon} = X^{2^{\ell+1}-\ell-1+\varepsilon},$$

从而结论得证. □

在华罗庚引理中取$\ell = k$, 即对至少有2^k个变量恰好作为k次幂出现的任意多项式证明了(20.73). 若$n-1 \geqslant 2^k$, 该结论对多项式(20.36)成立(我们利用了一个变量得到在小弧上的非平凡估计式(20.72)). 特别地, 除了奇异级数的分析, 至此我们就完成了定理20.2 的证明.

一般地, $\mathfrak{S}_f$的分析不简单. 在方程(20.23)的特殊情形, 我们能够通过初等但是冗长的推理估计级数(20.43), 见下面的评注.

关于$\boldsymbol{x} \in \mathcal{B} \cap \mathbb{Z}^n$的方程$f(\boldsymbol{x}) = 0$的渐近式

$$\nu_f(\mathcal{B}) = \mathfrak{S}_f V_f(\mathcal{B}) + O(X^{n-k-\delta}) \tag{20.79}$$

只是在我们知道奇异级数$\mathfrak{S}_f$有一个不依赖或仅依赖f的正数作为下界, 并且方体$\mathcal{B}$充分大使得$V_f(\mathcal{B})$的数量级为X^{n-k}时才有意义. 若方程$f(\boldsymbol{x}) = 0$有深藏于$\mathcal{B}$的内部的实向量解, 上述后一条件基本成立. 但是, 关于$\mathfrak{S}_f$的好的下界是我们将在特殊场合说明的一个更微妙的问题. 若方程$f(\boldsymbol{x}) = 0$在每个p进域中可解, 则由乘积公式(20.50)可得$\mathfrak{S}_f$ 为正数. 实际上, 这些局部密度$\delta_f(p)$非

常接近1对所有充分大的p一致地成立, 所有问题在于在依赖f的有限个位处对$\delta_f(p)$给出好的下界. 若$f(\boldsymbol{x}) = 0$有局部解, 变量数n比次数要大得多, 则(在满足其他的一些条件下)存在大量的局部解使得$\mathfrak{S}_f \geqslant c(k,n) > 0$. 例如, 若$f(\boldsymbol{x}) = N - x_1^k - \cdots - x_n^k$(Waring问题的情形), 已知(见[51])当$n \geqslant 4k$时, 有

$$\mathfrak{S}(N) \geqslant c(k,n) > 0. \tag{20.80}$$

§20.3 仿效Kloosterman的圆法

圆法是适合用加性特征$\mathrm{e}(\alpha m)$检测方程$m = n$ 的一种工具, 其中m过给定的整数集, n固定. 在更一般的背景下, 我们有复数列$\mathcal{A} = (\alpha_m)$使得

$$\sum_{m\in\mathbb{Z}} |\alpha_m| < +\infty,$$

问题是对$\mathcal{A}$中选取的项进行渐近估计. 我们有

$$a_n = \int_0^1 S_{\mathcal{A}}(\alpha)\, \mathrm{e}(-\alpha n)\, \mathrm{d}\,\alpha,$$

其中

$$S_{\mathcal{A}}(\alpha) = \sum_m a_m\, \mathrm{e}(\alpha m).$$

假设我们对$\mathcal{A}$在关于小的模的剩余类中的分布足够了解, 我们可以对接近分母小的有理数的点α, 估计$S_{\mathcal{A}}(\alpha)$. 称这样的点集为大弧, 因为对α_n 的渐近式中的主项来自这个区域. 但是, 对我们称为小弧的剩余区域中的α估计$S_{\mathcal{A}}(\alpha)$需要进行的工作更艰难. 我们这里的讨论非常依赖序列$\mathcal{A}$ 的结构. 我们特别希望看到$\mathcal{A}$是许多独立序列的加性卷积. 此时$S_{\mathcal{A}}(\alpha)$分解成几个指数和, 所以即使每个和式中只有一点小节余都能导致成功的结论. Hardy-Littlewood型推理的固有模式是至少需要三个被加项去解决论及的加性方程. 这样的推理对二元加性问题当然无效(有时一个被加项可能分出来两项的和, 所以我们正考虑的加性问题似乎变成了三元型, 但是由于所得的变量的范围急剧变小, 所以这样的重组并没有真正改变问题).

使得Hardy-Littlewood发展的圆法有效的方程$m = n$的另一个特色是我们期望得到的解数相对n来说一定要大, 并且基本上不应该依赖于n. 例如, 若Diophantus方程$f(\boldsymbol{x}) = n$的变量数比次数大得多时, 该方法可能有效.

圆法的真正可能是大家认为事情发生不规则时找到$m = n$这一事件. 此外, 我们需要新的想法去讨论二元加性问题

$$\nu(n) = \sum\sum_{m+\ell=n} \alpha_m \beta_n, \tag{20.81}$$

其中$\mathcal{A} = (\alpha_m), \mathcal{B} = (\beta_\ell)$是给定的具有某个算术特性的序列. 1926年, H.D. Kloosterman[185]将该方法成功地应用于方程

$$a_1x_1^2 + a_2x_2^2 + a_3x_3^2 + a_4x_4^2 = n. \tag{20.82}$$

实际上, 该方法对方程

$$Q(x) = n, \tag{20.83}$$

其中$Q(x)$是关于超过4个变量的任意正定整系数二次型. (特别地, 我们利用它可以重新得到Lagrange的四平方定理, 这是Hardy-Littlewood版本不能做到的). 我们在下节通过推广Kloosterman的原创工作来处理方程(20.83).

为了解释Kloosterman方法的新奇性, 我们考虑一般的二元加性问题(20.81)(四次方程(20.82)是这种类型, 因为我们可以取$m = a_1x_1^2 + a_2x_2^2, \ell = a_3x_3^2 + a_4x_4^2$作为被加项, α_m, β_n 为相应的二元型的表示数). 我们有

$$\nu(n) = \int_0^1 S_{\mathcal{A}}(\alpha)S_{\mathcal{B}}(\alpha)\,\mathrm{e}(-\alpha n)\,\mathrm{d}\,\alpha,$$

其中$S_{\mathcal{A}}(\alpha), S_{\mathcal{B}}(\alpha)$为相应的指数和. 我们期望对几乎所有的$\alpha$证明这些指数和的最佳界分别是$\ell_2$-范数

$$\|\mathcal{A}\| = (\sum_m |\alpha_m|^2)^{\frac{1}{2}}$$

和$\|\mathcal{B}\|$. 即使对小弧上的α得到界$S_{\mathcal{A}}(\alpha) \ll \|\mathcal{A}\|, S_{\mathcal{B}}(\alpha) \ll \|\mathcal{B}\|$(这种情形很少出现), 所得的结果还是不能令人满意, 因为我们所期望的主项没有超过$\|\mathcal{A}\|\|\mathcal{B}\|$. 因此我们不能只依赖估计. 对一些序列, 我们可以将相应的指数和变为另一个和, 例如

$$S_{\mathcal{A}}(\alpha) = \sum_m \gamma_m(\alpha) + E_{\mathcal{A}}(\alpha), \tag{20.84}$$

其中新的项$\gamma_m(\alpha)$的地位与$\alpha_m\,\mathrm{e}(-\alpha m)$“对偶”, 而误差项$E_{\mathcal{A}}(\alpha)$比$\|\mathcal{A}\|$明显小. 当然, 对偶和与原来的和基本上一样大, 但是它的项数更少. 现在, 我们不去进行估计, 而是将对偶和的乘积对α积分, 从由于每个单项$\gamma_m(\alpha)$ 的幅角变化造成的抵消得到额外的节省因子. 用这种方式可以打破绝对值积分不能绕过的壁垒. 主项像之前那样出现于分母小的有理点的小邻域上的积分. α的Diophantus本性在变换(20.84)中起到了作用, 所以用Farey点$\frac{a}{c}(1 \leqslant c \leqslant C, (a,c) = 1$将圆$\alpha \bmod 1$分割是合适的. 但是, 与上一个办法相比, 这些区间既不能有间距, 也不能重叠(因为禁止对指数和$S_{\mathcal{A}}(\alpha)$和$S_{\mathcal{B}}(\alpha)$进行估计). 要将这个圆恰好覆盖, 我们自然选取C 阶Farey序列的中间点作为分点. 所得的区间

$$\mathfrak{M}(\tfrac{a}{c}) = (\tfrac{a'+a}{c'+c}, \tfrac{a+a''}{c+c''}] = (\tfrac{a}{c} - \tfrac{1}{c(c+c')}, \tfrac{a}{c} + \tfrac{1}{c(c+c'')}]$$

的长度以算术方式变化(见(20.9)), 并且在对不同部分的对偶指数和积分时必须考虑这一性质. Kloosterman用Fourier分析控制区间$\mathfrak{M}(\frac{a}{c})$的长度, 从而制造出关于各个$u \in \mathbb{Z}$, 形如$\mathrm{e}(\frac{du}{c})$的指数, 其中$d$是$a \bmod c$ 的乘性逆. 由此分析可知关于$\alpha \bmod 1$的积分相当于对因子$\mathrm{e}(\frac{du}{c})$在Farey点$\frac{a}{c}$上求和. 同时可能出现的巧合是: 当α接近$\frac{a}{c}$时, 对偶项$\gamma_m(\alpha)$也有对各个$v \in \mathbb{Z}$, 形如$\mathrm{e}(\frac{du}{c})$的相位(对于二次型的值的序列, 这种现象可能发生). 将这些因子相乘, 然后在$a \bmod c$上求和得到Kloosterman和

$$S(m,n;c) = \sum_{ad \equiv 1 \bmod c} \mathrm{e}(\tfrac{dm+an}{c}),$$

其中$m = -u - v$. 现在关于$S(m,n;c)$的任意非平凡界都对应给出直接估计得到的界$\|\mathcal{A}\|\|\mathcal{B}\|$的重要改进的对偶和的积分中的抵消. Kloosterman成功地证明了

$$S(m,n;c) \ll (m,n,c)^{\frac{1}{4}} c^{\frac{3}{4}} \tau(c),$$

而Weil界(推论11.12)指出

$$|S(m,n;c)| \leqslant (m,n,c)^{\frac{1}{2}} c^{\frac{1}{2}} \tau(c). \tag{20.85}$$

我们要强调的是：若$Q(x)$表示二次多项式，则对偶项(若存在)可能有不同于$e(\frac{dv}{c})$的相位，此时取代Kloosterman和出现的是关于模c的另一个指数和，利用相关的和的适当结果可以让该方法仍然有效.

我们现在以稍微抽象的系数对Kloosterman的思想给出详细的介绍. 我们首先建立δ符号

$$\delta(n)=\begin{cases}1, & 若n=0\\ 0, & 若n\neq 0\end{cases}\tag{20.86}$$

的Fourier-Kloosterman展开式.

命题 20.7 令$C\geqslant 1$为实数，我们有

$$\delta(n)=2\operatorname{Re}\int_0^1\sum_{c\leqslant C<d\leqslant c+C}\sum^*(cd)^{-1}\,e\big(n\tfrac{\bar d}{c}-\tfrac{nx}{cd}\big)\,\mathrm{d}\,x,\tag{20.87}$$

其中“$*$”表示限于对$(c,d)=1$求和，$\bar d$是$d \bmod c$的乘性逆.

注记: 对于$n=0$，公式(20.86)给出一个漂亮的等式:

$$\sum_{\substack{c\leqslant C<d\leqslant c+C\\(c,d)=1}}\sum(cd)^{-1}=\tfrac12.\tag{20.88}$$

习题20.2 直接证明(20.88).

对于(20.87)的证明，我们可以假设C时正整数. 令$f:\mathbb{R}\to\mathbb{C}$为以1为周期的函数. 我们将对$f$的Fourier级数中的常数项进行估计，该常数项等于积分中值

$$\mu(f)=\int_0^1 f(x)\,\mathrm{d}\,x.$$

分成Farey区间$\mathfrak{M}(\frac{a}{c})$上的积分，由$f$的周期性可得

$$\begin{aligned}\mu(f)&=\sum_{\substack{0\leqslant a<c\leqslant C\\(a,c)=1}}\sum\int_{\mathfrak{M}(\frac{a}{c})}f(x)\,\mathrm{d}\,x\\&=\sum_{\substack{0\leqslant a<c\leqslant C\\(a,c)=1}}\sum\int_{-\frac{1}{c(c+c')}}^{\frac{1}{c(c+c'')}}f(\tfrac{a}{c}+x)\,\mathrm{d}\,x\\&=\sum_{\substack{0\leqslant a<c\leqslant C\\(a,c)=1}}\sum\Big(\int_{-\frac{1}{cd}}^{0}f(\tfrac{\bar d}{c}+x)\,\mathrm{d}\,x+\int_0^{\frac{1}{cd}}f(\tfrac{\bar d}{c}+x)\,\mathrm{d}\,x\Big),\end{aligned}$$

最后一行由(20.9)得到. 假设f具有对称性: $f(-x)=\bar f(x)$(即f的Fourier系数是实数)，则

$$\mu(f)=2\operatorname{Re}\sum_{c\leqslant C}\int_0^{\frac{1}{cC}}\sum^*_{\substack{C<d\leqslant c+C\\cdx<1}}f(x-\tfrac{d}{c})\,\mathrm{d}\,x.\tag{20.89}$$

在该式中取$f(x)=e(nx)$，并将x变为$\frac{x}{d}$即得(20.87).

在本节的剩余部分，我们对(20.89)做进一步阐述，不是为了马上应用，而是为了解释该公式的更多结构. 将(20.89)写成

$$\mu(f)=2\operatorname{Re}\int_C^{+\infty}\Big(\sum_{c\leqslant C}c^{-1}K_f(x;c)\Big)x^{-2}\,\mathrm{d}\,x,\tag{20.90}$$

其中$K_f(x;c)$是与f相关的一种不完全Kloosterman和:

$$K_f(x;c)=\sum^*_{C<d\leqslant\min\{x,c+C\}}f\big(\tfrac{\bar d}{c}-\tfrac{1}{cx}\big).\tag{20.91}$$

对$C<d\leqslant c+C, x\geqslant C$应用公式

$$\min\{1,[\tfrac{x-d}{c}]-[\tfrac{C-d}{c}]\}=\begin{cases}1, & 若d\leqslant x,\\ 0, & 若d>x,\end{cases}$$

我们可以将$K_f(x;c)$表示成在$d \bmod c$的不完全和,可得

$$K_f(x;c)=\sum_{d \bmod c}^{*}\min\{1,[\tfrac{x-d}{c}]-[\tfrac{C-d}{c}]\}f(\tfrac{d}{c}-\tfrac{1}{cx}). \tag{20.92}$$

此外, (20.92)中的最小值因子在$x>c+C$时等于1, 在$C<x<c+C$是等于

$$[\tfrac{x-d}{c}]-[\tfrac{C-d}{c}]=\tfrac{x-C}{c}-\psi(\tfrac{x-d}{c})+\psi(\tfrac{C-d}{c}),$$

因此,

$$K_f(x;c)=\min\{1,\frac{x-C}{c}\}\sum_{d \bmod c}^{*}f(\frac{\bar{d}}{c}-\frac{1}{cx})+\sum_{d \bmod c}^{*}(\psi(\frac{C-d}{c})-\psi(\frac{x-d}{c}))f(\frac{\bar{d}}{c}-\frac{1}{cx}), \tag{20.93}$$

其中最后一个和式只在$C<x<c+C$时出现. 将上式代入(20.90), 我们推出

命题 20.8 令C为正整数, f为$\mathbb{R}$上以1为周期的函数, 则f的Fourier级数中的常数项由下面的式子给出:

$$\begin{aligned}\mu(f)\ =\ &2\,\mathrm{Re}\sum_{c\leqslant C}c^{-1}\int_C^{+\infty}\min\{1,\tfrac{x-C}{c}\}(\sum_{d \bmod c}^{*}f(\tfrac{d}{c}-\tfrac{1}{cx}))x^{-2}\,\mathrm{d}\,x\\ &+2\,\mathrm{Re}\sum_{c\leqslant C}c^{-1}\int_C^{c+C}\sum_{d \bmod c}^{*}(\psi(\tfrac{C-d}{c})-\psi(\tfrac{x-d}{c}))f(\tfrac{d}{c}-\tfrac{1}{cx}))x^{-2}\,\mathrm{d}\,x.\end{aligned} \tag{20.94}$$

注记: 在应用中, 往往(20.94)的第一行给出主项, 而第二行可以由有限域上的指数和得到成功的估计. 将ψ 和f展开成Fourier级数, 则和式$K_f(x;c)$可以由完全的Kloosterman和(20.85)表示出来, 但是这种做法并非总是切实可行的. 对于$f(x)=\mathrm{e}(-nx)$, 我们由(20.94)得到δ符号的另一个表达式:

$$\begin{aligned}\delta(n)\ =\ &2\,\mathrm{Re}\sum_{c\leqslant C}c^{-1}R(n;c)\int_c^{+\infty}\mathrm{e}(-\tfrac{n}{cx})\min\{1,\tfrac{x-C}{c}\}x^{-2}\,\mathrm{d}\,x\\ &+2\,\mathrm{Re}\sum_{c\leqslant C}c^{-1}\int_C^{c+C}(R_C(n;c)-R_x(n;c))\,\mathrm{e}(-\tfrac{n}{cx})x^{-2}\,\mathrm{d}\,x,\end{aligned}$$

其中$R(n;c)=S(0,n;c)$是Ramanujan和,

$$R_x(n,c)=\sum_{c\leqslant C}^{*}\psi(\tfrac{x-d}{c})\,\mathrm{e}(\tfrac{nd}{c}).$$

注意利用Fourier展开式

$$\psi(\tfrac{x-d}{c})=\sum_{0<|\ell|<c}(2\pi\mathrm{i}\,\ell)^{-1}\,\mathrm{e}(\ell\tfrac{x-d}{c})+O((1+c\|\tfrac{x-d}{c}\|)^{-1}),$$

以及关于Kloosterman和$S(\ell,n;c)$的Weil界可得

$$R_x(n;c)\ll(\sum_{d|(c,n)}d^{-\frac{1}{2}})c^{\frac{1}{2}}\tau(c)\log 2c.$$

§20.4 二次型表示

我们开始用Kloosterman圆法讨论方程(20.83), 我们的目标是

定理 20.9 令$Q(x)$为整系数的$r \geqslant 4$元正定二次型, 则对任意的$n > 0$, $Q(\boldsymbol{m}) = n$的整数解$\boldsymbol{m} = (m_1, \ldots, m_r)$的个数$r(n, Q)$满足

$$r(n,Q) = \frac{(2\pi)^k n^{k-1}}{\Gamma(k)\sqrt{|\boldsymbol{A}|}} \mathfrak{G}(n,Q) + O(n^{\frac{k}{2}-\frac{1}{4}+\varepsilon}), \tag{20.95}$$

其中$k = \frac{r}{2}$, $|\boldsymbol{A}|$是Q的行列式, $\mathfrak{G}(n, Q)$是奇异级数

$$\mathfrak{G}(n,Q) = \sum_{n=1}^{\infty} \mathrm{e}^{-r} g_c(n,Q), \tag{20.96}$$

这里

$$g_c(n,Q) = \sideset{}{^*}\sum_{d \bmod c} \sum_{h \bmod c} \mathrm{e}(\tfrac{d}{c}(Q(h)-n)), \tag{20.97}$$

隐性常数依赖于ε和二次型Q.

关于$\boldsymbol{x} = (x_1, \ldots, x_r)$的二次型$Q(\boldsymbol{x})$与秩为$r$的正定对称矩阵$\boldsymbol{A} = (a_{ij})(a_{ij} \in \mathbb{Z}, a_{ii} \in 2\mathbb{Z})$相关. 用Siegel符号表示, 有

$$Q(\boldsymbol{x}) = \tfrac{1}{2}\boldsymbol{A}[\boldsymbol{x}] = \tfrac{1}{2}{}^{\mathrm{t}}\boldsymbol{x}\boldsymbol{A}\boldsymbol{x} = \tfrac{1}{2}\sum_i a_{ii}x_i^2 + \sum_{i<j}\sum a_{ij}x_ix_j.$$

定义Q的判别式为

$$D = \begin{cases} (-1)^{\frac{r}{2}}|\boldsymbol{A}|, & 若2|r, \\ \frac{1}{2}(-1)^{\frac{r+1}{2}}|\boldsymbol{A}|, & 若2\nmid r, \end{cases}$$

其中$|\boldsymbol{A}|$为行列式(可以证明当$2|r$时, $D \equiv 0, 1 \bmod 4$). 设

$$\theta(z) = \sum_{\boldsymbol{m}\in\mathbb{Z}^r} \mathrm{e}(Q(\boldsymbol{m})z) = \sum_{n=0}^{\infty} r(n,Q)\,\mathrm{e}(nz), \tag{20.98}$$

其中

$$r(n,Q) = |\{\boldsymbol{m} \in \mathbb{Z}^r | Q(\boldsymbol{m}) = n\}|.$$

这个θ函数是权为$k = \frac{r}{2}$, 级为$2N$的模形式, 其中N使得$N\boldsymbol{A}^{-1}$为整数, 它通过用Jacobi符号定义的适当的乘数系进行变换(见[153]的定理10.8), 但是我们不需要这个事实. 我们所需要的是下面的Jacobi反转公式.

引理 20.10 令$z \in \mathbb{H}, \boldsymbol{x} \in \mathbb{R}^r$, 则有

$$\sum_{\boldsymbol{m}\in\mathbb{Z}^r} \mathrm{e}(\tfrac{z}{2}\boldsymbol{A}[\boldsymbol{m}+\boldsymbol{x}]) = |\boldsymbol{A}|^{-\frac{1}{2}}(\tfrac{\mathrm{i}}{z})^k \sum_{\boldsymbol{m}\in\mathbb{Z}^r} \mathrm{e}(-\tfrac{1}{2z}\boldsymbol{A}^{-1}[\boldsymbol{m}] + {}^{\mathrm{t}}\boldsymbol{m}\boldsymbol{x}). \tag{20.99}$$

证明梗概: 在Poisson求和公式

$$\sum_{\boldsymbol{m}\in\mathbb{Z}^r} f(\boldsymbol{m}+\boldsymbol{x}) = \sum_{\boldsymbol{m}\in\mathbb{Z}^r} \hat{f}(\boldsymbol{m})\,\mathrm{e}({}^{\mathrm{t}}\boldsymbol{m}\boldsymbol{x})$$

中取$f(\boldsymbol{x}) = \mathrm{e}(\frac{1}{2}\boldsymbol{A}[\boldsymbol{x}])$. Fourier变换$\hat{f}(\boldsymbol{m})$的计算可以通过作线性变换将$\boldsymbol{A}$对角化来进行, 所以可以归结于我们熟悉的一元积分

$$\int_{\mathbb{R}} \mathrm{e}(\tfrac{z}{2}y^2 - uy)\,\mathrm{d}\,y = (\tfrac{\mathrm{i}}{z})^{\frac{1}{2}}\,\mathrm{e}(-\tfrac{u^2}{2z}).$$ □

令$ad \equiv 1 \bmod c$. 我们将利用引理20.10将$\theta(z - \frac{a}{c})$变为关于伴随二次型

$$Q^*(\boldsymbol{x}) = \tfrac{1}{2}\boldsymbol{A}^{-1}[\boldsymbol{x}] \tag{20.100}$$

的θ函数.

注记: 伴随二次型$Q^*(\boldsymbol{x})$不一定是整系数的. 若N时正整数使得NA^{-1}是整数矩阵, 则$NQ^*(\boldsymbol{x})$是整系数的. 例如$N = |A|$满足该条件, 但是往往更小的数就能满足要求. 注意$N^r \equiv 0 \bmod |A|$, 所以$|\boldsymbol{A}|$的每个素因子是N的素因子.

将(20.98)中的和式根据模c的剩余类$\boldsymbol{h} = (h_1, \ldots, h_r)$分组得到

$$\theta(x - \tfrac{a}{c}) = \sum_{\boldsymbol{h} \bmod c} \mathrm{e}(-\tfrac{a}{c}Q(\boldsymbol{h})) \sum_{\boldsymbol{m} \equiv \boldsymbol{h} \bmod c} \mathrm{e}(Q(\boldsymbol{m})z).$$

在Jacobi反转公式(20.99)中取$z = hc^{-1}$得到

$$\sum_{\boldsymbol{m} \equiv \boldsymbol{h} \bmod c} \mathrm{e}(Q(\boldsymbol{m}z) = |\boldsymbol{A}|^{-\frac{1}{2}} c^{-r} (\tfrac{\mathrm{i}}{z})^k \sum_{\boldsymbol{m}} \mathrm{e}(-\tfrac{Q^*(\boldsymbol{m})}{c^2 z} - \tfrac{{}^{\mathrm{t}}\boldsymbol{h}\boldsymbol{m}}{c}).$$

将它代入前一个和式, 并将$\boldsymbol{h}$变为$d\boldsymbol{h} \bmod c$, 我们得到

引理 20.11 令$z \in \mathbb{H}, ad \equiv 1 \bmod c$, 则

$$\theta(z - \tfrac{a}{c}) = |\boldsymbol{A}|^{-\frac{1}{2}} c^{-r} (\tfrac{\mathrm{i}}{z})^k \sum_{\boldsymbol{m} \in \mathbb{Z}^r} G_{\boldsymbol{m}}(-\tfrac{d}{c})\,\mathrm{e}(-\tfrac{Q^*(m)}{c^2 z}), \tag{20.101}$$

其中Q^*是伴随二次型, $G_m(\frac{d}{c})$是Gauss和

$$G_{\boldsymbol{m}}(\tfrac{d}{c}) = \sum_{\boldsymbol{h} \bmod c} \mathrm{e}(\tfrac{d}{c}Q(h) +^{\mathrm{t}} \boldsymbol{h}\boldsymbol{m}). \tag{20.102}$$

要挑选出(20.98)中的系数$r(n, Q)$, 我们在(20.89)中取$f(x) = \mathrm{e}(-nx)\theta(z)$, 其中$z = x + \mathrm{i}\,y$, $y > 0$是后面将选定的数. 我们有

$$r(n, Q) = 2\,\mathrm{Re} \sum_{c \leqslant C} \int_0^{1/cC} T(c, n; x)\,\mathrm{e}(-nx)\,\mathrm{d}\,x, \tag{20.103}$$

其中

$$T(c, n; x) = \sideset{}{^*}\sum_{\substack{C < d \leqslant c + C \\ cdx < 1}} \mathrm{e}(\tfrac{nd}{x})\theta(x - \tfrac{d}{c}). \tag{20.104}$$

于是由引理20.11得到

$$T(c, n; x) = |\boldsymbol{A}|^{-\frac{1}{2}} c^{-r} (\tfrac{\mathrm{i}}{z})^k \sum_{\boldsymbol{m} \in \mathbb{Z}^r} T_{\boldsymbol{m}}(c, n; x)\,\mathrm{e}(-\tfrac{Q^*(\boldsymbol{m})}{c^2 z}), \tag{20.105}$$

其中

$$T_{\boldsymbol{m}}(c, n; x) = \sideset{}{^*}\sum_{\substack{C < d \leqslant c + C \\ cdx < 1}} \mathrm{e}(n\tfrac{d}{c}) G_{\boldsymbol{m}}(-\tfrac{d}{c}). \tag{20.106}$$

我们下面将要$T_{\boldsymbol{m}}(c, n; x)$. s首先估计Gauss和

引理 20.12 令$(c,d)=1, \boldsymbol{m}\in\mathbb{Z}^r$, 有

$$G_{\boldsymbol{m}}(\tfrac{d}{c}) \ll c^{\frac{r}{2}}, \tag{20.107}$$

其中隐性常数仅依赖于二次型Q.

证明: 我们有

$$\begin{aligned} |G_{\boldsymbol{m}}(\tfrac{d}{c})|^2 &= \sum_{\boldsymbol{x},\boldsymbol{y} \bmod c}^{*} \mathrm{e}(\tfrac{d}{c}(Q(\boldsymbol{x})-Q(\boldsymbol{y})+{}^{\mathrm{t}}(\boldsymbol{x}-\boldsymbol{y})\boldsymbol{m}) \\ &= \sum_{\boldsymbol{y},\boldsymbol{z} \bmod c}^{*} \mathrm{e}(\tfrac{d}{c}({}^{\mathrm{t}}\boldsymbol{y}\boldsymbol{A}\boldsymbol{z}+Q(\boldsymbol{z})+{}^{\mathrm{t}}\boldsymbol{z}\boldsymbol{m})) \\ &\leqslant c^r|\{\boldsymbol{z} \bmod c|\boldsymbol{A}\boldsymbol{z}\equiv 0 \bmod c\}|, \end{aligned}$$

这就给出了(20.107). □

我们下面对Gauss和给出更确切的估计, 但只是对与判别式互素的奇数模有效.

引理 20.13 令$(c,2|A|d)=1, \boldsymbol{m}\in\mathbb{Z}^r$, 则有

$$G_{\boldsymbol{m}}(\tfrac{d}{c}) = (\tfrac{|A|}{c})(\varepsilon_c(\tfrac{2d}{c})\sqrt{c})^r\,\mathrm{e}(-\tfrac{\bar{d}}{c}Q^*(\boldsymbol{m})). \tag{20.108}$$

证明: 由局部对角化和配平方, 我们可以将该结论归结于1维情形: 若$(c,2a)=1$, 则有

$$\sum_{y \bmod c} \mathrm{e}(\tfrac{ay^2}{c}) = \varepsilon_c(\tfrac{a}{c})\sqrt{c} \tag{20.109}$$

(见(3.38)). 回顾: 特征为不为2的域上的非奇异对称矩阵等价于对角矩阵. 因此可知存在整数矩阵$\boldsymbol{V}$和整数对角矩阵$\boldsymbol{B}=\mathrm{diag}(b_1,\ldots,b_r)$使得$(c,|V|=1, {}^{\mathrm{t}}\boldsymbol{V}\boldsymbol{A}\boldsymbol{V}\equiv\boldsymbol{B} \bmod c$, 将$x$变为$Vy \bmod c$, 我们得到

$$\boldsymbol{A}[\boldsymbol{x}] = \boldsymbol{B}[\boldsymbol{y}] = \sum_{\nu} b_\nu y_\nu^2.$$

此外, 令$\boldsymbol{V}^{\mathrm{t}}\boldsymbol{m}=[d_1,\ldots,d_r]^{\mathrm{t}}$, 则有${}^{\mathrm{t}}\boldsymbol{x}\boldsymbol{m}={}^{\mathrm{t}}\boldsymbol{y}\boldsymbol{V}^{\mathrm{t}}\boldsymbol{m}=\sum_{\nu}d_\nu y_\nu$, 从而

$$Q(\boldsymbol{x})+{}^{\mathrm{t}}\boldsymbol{x}\boldsymbol{m} \equiv \tfrac{1}{2}\sum_{\nu=1}^{r}(b_\nu y_\nu^2+2d_\nu y_\nu) = \tfrac{1}{2}\sum_{\nu=1}^{r}b_\nu(y_\nu+\bar{b}_\nu d_\nu)^2-\tfrac{1}{2}\sum_{\nu=1}^{r}\bar{b}_\nu d_\nu^2.$$

上面的最后一个和式模c同余于

$$\sum_{\nu=1}^{r} b_\nu^{-1}d_\nu^2 = B^{-1}[{}^{\mathrm{t}}\boldsymbol{V}\boldsymbol{m}] \equiv \boldsymbol{V}^{-1}\boldsymbol{A}^{-1}({}^{\mathrm{t}}\boldsymbol{V}^{-1}[{}^{\mathrm{t}}\boldsymbol{V}\boldsymbol{m}] = \boldsymbol{A}^{-1}[\boldsymbol{m}],$$

并且我们有$b_1\cdots b_r=|\boldsymbol{B}|\equiv|\boldsymbol{A}||\boldsymbol{V}^2| \bmod c$. 因此, 对每个变量$y_\nu$应用(20.109)即得(20.108). □

为了估计和式(20.106), 我们首先将和式补全如下:

$$T_{\boldsymbol{m}}(c,n;x) = \sum_{\ell \bmod c}\gamma(\ell)K(\ell,m,n;c), \tag{20.110}$$

其中

$$K(\ell,\boldsymbol{m},n;c) = \sum_{d \bmod c}^{*} \mathrm{e}(\tfrac{\ell d+n\bar{d}}{c})G_{\boldsymbol{m}}(-fracdc), \tag{20.111}$$

$$\gamma(\ell) = \frac{1}{c}\sum_{C<b\leqslant\min\{c+C,\frac{1}{cx}\}}\mathrm{e}(-\tfrac{b\ell}{c}).$$

若$|\ell| \leqslant \frac{c}{2}$, 则有$\gamma(\ell) \ll (1+|\ell|)^{-1}$. 因此问题归结于估计完全和$K(\ell,m,n;c)$.

完全和$K(\ell,\boldsymbol{m},n;c)$关于$c$是乘性的. 确切地说, 若$c = c_0c_1$满足$(c_0,c_1) = 1$, 则$K(\ell,\boldsymbol{m},n;c) = K^{(c_0)}(\ell,\boldsymbol{m},n;c_1)K^{(c_1)}(\ell,\boldsymbol{m},n;c_0)$, 其中上标$(c_0),(c_1)$表示分别用加性特征$\mathrm{e}(\frac{\bar{c}_0}{c_1}x)$, $\mathrm{e}(\frac{\bar{c}_1}{c_0}x)$取代$\mathrm{e}(\frac{x}{c_1})$, $\mathrm{e}(\frac{x}{c_0})$. 令$c_0$表示使得所有素因子整除$2|A|$的$c$的最大因子, c_1为剩余的因子, 从而$(c_1,2|A|) = 1$. 我们对关于模c_0,c_1的和式(20.111)分别估计. 由(20.107)以及对$d_0 \bmod c_0$上的和式作平凡估计得到

$$K^{(c_1)}(\ell,\boldsymbol{m},n;c_0) \ll c_0^{\frac{c}{2}+1}, \tag{20.112}$$

其中隐性常数仅依赖于二次型Q. 然后由(20.108)得到

$$K^{(c_0)}(\ell,\boldsymbol{m},n;c) = (\tfrac{|\boldsymbol{A}|}{c_1}(\bar{\varepsilon}_{c_1}(\tfrac{2}{c_1})\sqrt{c_1})^r S_r(\bar{c}_0\ell,\bar{c}_0(n+Q^*(\boldsymbol{m})), \tag{20.113}$$

其中

$$S_r(x,y) = \sum_{d \bmod c_1} (\tfrac{d}{c_1})^r\, \mathrm{e}(\tfrac{xd+y\bar{d}}{c_1})$$

在$2|n$时是Kloosterman和, 在$2\nmid n$时时Salié和. 不论在哪种情形, 该和式都有界(20.85), 从而得到

$$K^{(c_0)}(\ell,\boldsymbol{m},n;c_1) \ll (\ell,n+Q^*(\boldsymbol{m}),c_1)^{\frac{1}{2}}c_1^{\frac{r+1}{2}}\tau(c_1). \tag{20.114}$$

将(20.113)和(20.114)代入(20.110), 并且在$|\ell| \leqslant \frac{c}{2}$上求和推出

引理 20.14 我们有

$$T_{\boldsymbol{m}}(c,n;x) \ll (n+Q^*(\boldsymbol{m}),c_1)^{\frac{1}{2}}c_0^{\frac{1}{2}}c^{\frac{c+1}{2}}\tau(c)\log 2c, \tag{20.115}$$

其中隐性常数仅依赖于二次型Q.

我们将对(20.105)中的所有项利用(20.115)的界, 除了$\boldsymbol{m} = \boldsymbol{0}$在$0 < x < \frac{1}{c(c+C)}$的情形外, 此时在该范围内$T_0(c,n;x)$等于

$$T(c,n) = \sum\nolimits^* \mathrm{e}(n\tfrac{\bar{d}}{c}) \sum_{\boldsymbol{h} \bmod c} \mathrm{e}(-\tfrac{d}{c}Q(\boldsymbol{h})). \tag{20.116}$$

因此可得

$$\begin{aligned}T(c,n;x) &= |A|^{-\frac{1}{2}}c^{-r}(\tfrac{\mathrm{i}}{z})^kT(c,n)\\ &\quad + O((c_0c)^{\frac{1}{2}}\tau(c)(\log 2c)(c|z|)^k \sum_{\boldsymbol{m}\in\mathbb{Z}^r}^{\flat} (n+Q^*(\boldsymbol{m}),c)^{\frac{1}{2}}\exp(-\tfrac{2\pi yQ^*(\boldsymbol{m})}{c^2|z|^2})),\end{aligned}$$

其中$\sum^\flat$表示在$0 < x < \frac{1}{c(c+C)}$的范围内求和时排除了$\boldsymbol{m} = \boldsymbol{0}$的情形. 我们对这个和的估计为

$$\sum\nolimits^\flat \leqslant (\sum_{\ell\geqslant 0}(nN+\ell,c_1)^{\frac{1}{2}}(1+\ell)^{-2}) \sum_{\boldsymbol{m}\in\mathbb{Z}^r}^{\flat}(1+NQ^*(\boldsymbol{m}))^2\exp(-\tfrac{2\pi yQ^*(\boldsymbol{m})}{c^2|z|^2}).$$

回顾N是使得NQ^*为整数的正整数, 并且$(c_1,2N) = 1$. 取

$$C = n^{\frac{1}{2}},\ y = C^{-2} = n^{-1}, \tag{20.117}$$

则$z = x + \mathrm{i}y$在$0 < x < (cC)^{-1}$时满足

$$c|z|y^{-\frac{1}{2}} \leqslant (C^{-1}+Cy)y^{-\frac{1}{2}} = 2,$$

并且当$(c(c+C))^{-1} < x < (cC)^{-1}$时, 也有下界

$$c|z|y^{-\frac{1}{2}} \geqslant (2C)^{-1}y^{-\frac{1}{2}} = \tfrac{1}{2}.$$

此外, 我们有$Q^*(\boldsymbol{m}) \gg |\boldsymbol{m}|^2$. 因此, 对任意的$0 < x < (cC)^{-1}$可以推出: 对任意的$\kappa \geqslant 0$, 有

$$\sum_{\boldsymbol{m}\in\mathbb{Z}^r}^{\flat} (1 + NQ^*(\boldsymbol{m}))^2 \exp(-\tfrac{2\pi y Q^*(\boldsymbol{m})}{c^2|z|^2}) \ll (c|z|y^{-\frac{1}{2}})^{\kappa}.$$

取$\kappa = k$得到

$$T(c,n;x) = |\boldsymbol{A}|^{-\frac{1}{2}} c^{-r} (\tfrac{\mathrm{i}}{z})^k T(c,n) + O(\xi(c_1)(c_0c)^{\frac{1}{2}}\tau(c)(\log 2c)n^{\frac{k}{2}}),$$

其中

$$\xi(c_1) = \sum_{\ell\geqslant 0} (c_1, \ell + nN)^{\frac{1}{2}} (\ell+1)^{-2}.$$

将它代入(20.103)可得

$$r(n,Q) = |\boldsymbol{A}|^{-\frac{1}{2}} \sum_{c\leqslant C} c^{-r} T(c,n) \int_{-\frac{1}{c(c+C)}}^{\frac{1}{c(c+C)}} (\tfrac{\mathrm{i}}{z})^k \,\mathrm{e}(-nz)\,\mathrm{d}\,x + O(n^{\frac{k}{2}} C^{-1} \xi(c_1)(c_0c)^{\frac{1}{2}}\tau(c)(\log 2c)),$$

这里的误差项由如下的界:

$$n^{\frac{k}{2}} C^{-1} \sum_{c_0c_1\leqslant C}^{\flat} \xi(c_1) c_1^{-\frac{1}{2}} \ll n^{\frac{k}{2}} C^{k-\frac{1}{2}} \sum_{c_0} c_0^{-\frac{1}{2}} \ll n^{\frac{k}{2}-\frac{1}{4}+\varepsilon}.$$

另一方面, 若不计误差项$O((cC)^{k-1})$, 有等式

$$\int_{-\infty}^{+\infty} (\tfrac{\mathrm{i}}{z})^k \,\mathrm{e}(-nz)\,\mathrm{d}\,x = (2\pi)^k \Gamma(k)^{-1} n^{k-1}.$$

将这个误差项在$c \leqslant C$上求和得到这个总贡献值被已经给出的误差项所吸收(利用关于$T(c,n)$的式(20.115)), 从而

$$r(n,Q) = \frac{(2\pi)^k n^{k-1}}{\Gamma(k)\sqrt{|\boldsymbol{A}|}} \sum_{c\leqslant C} c^{-r} T(c,n) + O(n^{\frac{k}{2}-\frac{1}{4}+\varepsilon}).$$

最后, 将主项中的和式延拓到所有的c上即得(20.95)(注意作变量变换: $\boldsymbol{h} \to d\boldsymbol{h}, d \to -d$可知$T(c,n) = g_c(n,Q)$).

定理20.9对三元型($r = 2k = 3$)也成立, 但由于(20.95)中的误差项实在太大而不能给出渐近式. 但是利用相关的Farey序列的各个模的和式(20.113)的和中的额外抵消有可能对结果稍加改进. 在$r = 3$时, 我们得到Salié 和

$$K(a,b;c) = \sum_{d \bmod c} (\tfrac{d}{c})\, \mathrm{e}(\tfrac{ad+b\bar{d}}{c}), \tag{20.118}$$

它们可以用模c的二次根清楚地计算出来. 例如, 若$(c,2n) = 1$, 则(见引理12.4)

$$K(a,b;c) = \varepsilon_c (\tfrac{a}{c}) c^{\frac{1}{2}} \sum_{x^2\equiv ab \bmod c} \mathrm{e}(\tfrac{2x}{c}), \tag{20.119}$$

由此易得$|K(a,b;c)| \leqslant c^{\frac{1}{2}}\tau(c)$. 这个结果显然是最佳的, 但是由于$\mathrm{e}(\frac{2x}{c})$的变差, 我们能对关于模$c$的均值得到更好的估计. 这一结果属于权为$k = \frac{3}{2}$的自守形的谱理论, 由此得到下面的公式(见[63, 155]).

定理 20.15 令$Q(\boldsymbol{x})$为整系数的三元正定二次型, 则对任意的$n>0$, $Q(\boldsymbol{m})=n$的整表示个数满足

(20.120) $$r(n,Q)=4\pi(\tfrac{2n}{|\boldsymbol{A}|})^{\frac{1}{2}}\mathfrak{G}(n,Q)+O(n^{\frac{1}{2}-\frac{1}{221}}),$$

其中$\mathfrak{G}(n,Q)$是(20.96)-(20.97)给出的奇异级数, 隐性常数依赖于Q.

只要奇异级数$\mathfrak{G}(n,Q)$非零, 公式(20.95)与(20.120)是真正的渐近式. 我们在结束本节之际强调$\mathfrak{G}(n,Q)$的几个特点. 我们从上节的一般考虑中已知奇异级数(20.96)是($Q(\boldsymbol{x})=n$的p进解的)局部密度的乘积:

(20.121) $$\mathfrak{G}(n,Q)=\prod_p\delta_p(n,Q),$$

并且首个因子

(20.122) $$\delta_\infty(n,Q)=\frac{(2\pi)^k n^{k-1}}{\Gamma(k)\sqrt{|\boldsymbol{A}|}}$$

代表$Q(\boldsymbol{x})=n$的实向量解的密度. 我们将利用Gauss和公式(20.108)对$p\nmid 2|\boldsymbol{A}|$计算$\delta_p(n,Q)$, 可得

(20.123) $$g_c(n,Q)=(\tfrac{|\boldsymbol{A}|}{c})\varepsilon_c^{-r}c^{\frac{r}{2}}\sideset{}{^*}\sum_{d\bmod c}(\tfrac{d}{c})^r\,\mathrm{e}(-n\tfrac{d}{c}),$$

其中$(c,2|\boldsymbol{A}|)=1$.

假设$2|r$, 则上述和式是Ramanujan和, 从而

$$g_c(n,Q)=\chi_D(c)c^k\sum_{q|(c,n)}\mu(\tfrac{c}{q})q,$$

其中$D=(-1)^{\frac{r}{2}}|\boldsymbol{A}|$是二次型$Q(\boldsymbol{x})$的判别式, $\chi_D(c)=(\frac{D}{c})$是Jacobi符号. 因此对任意满足$(P,2D)=1$的P有

$$\sum_{c|P}c^{-r}g_c(n,Q)=\sum_{q|(n,P)}\chi_D(q)q^{1-k}\prod_{p|\frac{P}{q}}(1-\chi_D(p)p^{-k}).$$

特别地, 若P的每个素幂因子比n的大, 上述公式可以简化为

$$\sum_{c|P}c^{-r}g_c(n,Q)=\sum_{q|n}\chi_D(q)q^{1-k}\prod_{p|P}(1-\chi_D(p)p^{-k}).$$

取$P=p^{\nu+1}$, 其中$\nu=\operatorname{ord}_p n$, 我们对任意的$p\nmid 2D$得到局部密度

(20.124) $$\delta_p(n,Q)=(1+\chi_D(p)p^{-k})^{-1}(1-\chi_D(p)p^{1-k})^{-1}(1-\chi_D(p^\nu))p^{\nu(1-k)}.$$

因此在$p\nmid 2D$时, 显然有

(20.125) $$\delta_p(n,Q)\neq 0.$$

此外, 取P为任意多素数$p\nmid 2D$的乘积, 我们推出

(20.126) $$\mathfrak{G}(n,Q)=\sigma_{1-k}(n,\chi_{4D})L(k,\chi_{4D})^{-1}\prod_{p\mid 2D}\delta_p(n,Q),$$

其中$L(s,\chi_{4D})$表示Dirichlet L函数,

(20.127) $$\sigma_s(n,\chi)=\sum_{d|n}\chi(d)d^n.$$

对于$p|2D$, 何时$\delta_p(n,Q)>0$的问题非常微妙. 若$r>4$, 我们可以证明所有满足$p|2D$的局部密度$\delta_p(n,Q)$非零等价于存在$\boldsymbol{m}\in\mathbb{Z}^r$使得

$$Q(\boldsymbol{m})\equiv n \bmod 2^7|\boldsymbol{A}|^3. \tag{20.128}$$

假设这个条件成立, 我们可以由(20.96)-(20.97)推出: 若$2|r, r=2k>4$, 则

$$\mathfrak{S}(n,Q)\asymp\prod_{p|n}(1+\chi_D(p)p^{1-k}). \tag{20.129}$$

对于$r=4$, 类似的分析适用, 除了$\delta_2(n,Q)$的情形外.

若$2\nmid r, r\geqslant 5$, 则局部密度$\delta_p(n,Q)$的精确计算更加复杂. 但是, 我们可以直接由显然估计

$$|g_c(n,Q)|\leqslant c^{\frac{r}{2}+1}, \tag{20.130}$$

其中$(c,2|\boldsymbol{A}|)=1$, 推出奇异级数$\mathfrak{S}(n,Q)$有仅依赖于Q的上、下界, 只要同余式(20.128)有整向量解.

注记: 若$r=3$, 我们在假设(20.128)的可解性以及$\delta_2(n,Q)>0$时, 只知道对任意的$\varepsilon>0$有$\mathfrak{S}(n,Q)\gg n^{-\varepsilon}$, 其中隐性常数依赖于$\varepsilon, Q$. 目前隐性常数不是可实效计算的, 因为该结果用到了Siegel界(5.76).

用模形式可以对公式(20.95)说得更多. 事实上, 表示数$r(n,Q)$是属于权为k, 级为$2N$, 且有适当的乘数ϑ的模形式空间$M_k(2N,\vartheta)$的θ函数(20.98)的第n个Fourier系数. 假设$r=2k\geqslant 4$, 则整个空间$M_k(2N,\vartheta)$ 由Eisenstein级数(每个关于ϑ的奇异尖点对应一个)和有限个尖形式张成. 因此

$$\theta(z,Q)=E(z,Q)+F(z,Q),$$

其中$E(z,Q)$是标准Eisenstein级数的唯一组合(称为二次型Q的Eisenstein级数), $F(z,Q)$是由Q唯一确定的尖形式. 由此分解可知

$$r(n,Q)\rho(n,Q)+r(n,Q),$$

其中$\rho(n,Q), r(n,Q)$是相应的Fourier系数. 人们发现$\rho(n,Q)$恰好等于公式(20.95)中的主项:

$$\rho(n,Q)=\delta_\infty(n,Q)\prod_p\delta_p(n,q)=\frac{(2\pi)^k n^{k-1}}{\Gamma(k)\sqrt{|\boldsymbol{A}|}}\mathfrak{S}(n,Q).$$

根据这些观察(归功于Siegel), (20.95)中的误差项就是尖形式$F(z,Q)$的Fourier系数的一个界. 在揭示这一事实后, 我们就能够应用P. Deligne在$k\geqslant 2$是整数, 即$r=2k\geqslant 4$为偶数时证明的Ramanujan-Peterson猜想

$$r(n,Q)\ll r(n)n^{\frac{k-1}{2}}$$

(隐性常数依赖于Q). 我们的结果(20.95)对应于关于Fourier系数$r(n,Q)$的Selberg界. 若r是奇数, Deligne理论不能应用.

Siegel[302]还注意到关于二次型Q的Eisenstein级数$E(z,Q)$是种不变量. 实际上, 他证明了

$$E(z,Q)=\sum_{Q_v\in\text{gen}(Q)}w(Q_v)\theta(z,Q_v),$$

其中Q_v过Q的种中的非等价二次型, $w(Q_v)$是种的质量. 要定义这些数, 我们首先回顾二次型理论, 特别是种理论中的一些定义和基本事实.

两个二次型Q_1, Q_2(本节总假设考虑的二次型有相同的秩$r \geqslant 2$)等价, 如果我们能够通过酉(在$\mathbb{Z}$上可逆)变量变换从一个变到另一个, 即存在$\boldsymbol{U} \in M_r(\mathbb{Z}), |\boldsymbol{U}| = \pm 1$使得$\boldsymbol{A}_1 = \boldsymbol{A}_2\boldsymbol{U}$. 等价的二次型构成一个类, 行列式是类的不变量.

二次型$Q(\boldsymbol{x}) = \frac{1}{2}\boldsymbol{A}[\boldsymbol{x}]$有许多种方式等价于自身. 记

$$O(Q) = \{U \in M_r(\mathbb{Z}) | {}^{\mathrm{t}}\boldsymbol{U}\boldsymbol{A}\boldsymbol{U} = \boldsymbol{A}\}$$

为Q的自守群. 它是有限群, 并且等价的二次型有相同的自守群, 我们记这个群的阶为$|O(Q)|$. 若$r = 2$, 数$|O(Q)|$仅依赖于行列式$|\boldsymbol{A}|$, 但是对$r > 2$, 它的值随类的变化而变化.

两个二次型Q_1, Q_2同种, 若它们在每个p进域以及实数域上等价(后面一个条件是多余的, 因为假定了Q_1, Q_2是正定的). 行列式是种不变量. 可以证明具有相同行列式$|\boldsymbol{A}_1| = |\boldsymbol{A}_2|$的两个二次型$Q_1, Q_2$同种当且仅当它们在$\mathbb{Z}$上与二次型在模$8|\boldsymbol{A}_1||\boldsymbol{A}_2|$时同余. 种中具有固定行列式的类的个数有限.

显然, 表示数$r(n, Q)$是类不变量, 但是它可以在给定的种中变化, 因为自守变换数也可以变化. 所以, 我们自然在表示中加上如下的权

$$w(Q) = \frac{1}{|O(Q)|}\Big(\sum_{Q_\mu \in \mathrm{gen}(Q)} \frac{1}{|O(Q_\mu)|}\Big)^{-1}.$$

注意一个种中的二次型的总质量为

$$\sum_{Q_\nu \in \mathrm{gen}(Q)} w(Q_\nu) = 1.$$

相应地, 定义由给定的种中的二次型表示n的方法的均值为加权和

$$r(n, \mathrm{gen}(Q)) = \sum_{Q_\nu \in \mathrm{gen}(Q)} w(Q_\nu) r(n, Q_\nu).$$

综合以上记号和结果, 我们得到Siegel质量公式

$$r(n, \mathrm{gen}(Q)) = \rho(n, Q) = \frac{(2\pi)^k n^{k-1}}{\Gamma(k)\sqrt{|\boldsymbol{A}|}} \mathfrak{G}(n, Q). \tag{20.131}$$

§20.5 δ符号的另一个分解

用C阶Farey点$\frac{d}{c}$将单位圆分割, 我们可以得到$\delta(n)$关于加性特征$\mathrm{e}(n\frac{d}{c})$的Fourier型展开式, 其中$\bar{d}d \equiv 1 \bmod n$. 我们称$\frac{\bar{d}}{c}$为Kloosterman分式. 它们出现在表达式(20.87) 中, 其中d 在长度为c的区间$C < d \leqslant c + C$上取值, 但是并非单独出现, 而是有其他关于d的因子伴随出现. 从解析的观点看, 这种特色似乎意义不大. 为了降低这些“小”因子的影响, 我们要用Fourier技巧, 从而除了Ramanujan和$S(0, n; c)$外, 不可避免地导致要补全Kloosterman和$S(m, n; c)$. 在Kloosterman和的讨论中无法避开这一做法, 即使对小的c也不例外.

我们在本节完全用Ramanujan和

$$S(0, n; c) = \sum_{d \bmod c}^{*} \mathrm{e}\Big(\frac{md}{c}\Big) = \sum_{d|(c,m)} \mu\Big(\frac{c}{d}\Big) d$$

对$\delta(n)$给出不同的表示. 首先给出一个简单的处理. 整数n等于零当且仅当它有一个大于$|n|$的因子. 因此, 对于任意的$q > |n|$有

$$\delta(n) = \frac{1}{q} \sum_{a \bmod q} \mathrm{e}\left(\frac{an}{q}\right).$$

将$\frac{a}{q}$写成既约分数的形式, 则有

$$\delta(n) = \frac{1}{q} \sum_{c|q} S(0, n; c). \tag{20.132}$$

下面我们对q取均值得到另一个变量. 令$w(u)$为支撑于区间$C \leqslant u \leqslant 2C$上的函数, 并且由下式作标准化:

$$\sum_{q=1}^{\infty} w(q) = 1. \tag{20.133}$$

将(20.132)对q求和得到

$$\delta(n) = \sum_{c=1}^{\infty} c^{-1} S(0, n; c) \sum_{r=1}^{\infty} r^{-1} w(cr). \tag{20.134}$$

这个公式只在$|n| < C$时成立, 所以它利用了与$|n|$一样大的模的特征$\mathrm{e}(n\frac{d}{c})$, 这在应用中不是一个好的特点. 从这方面来说, Kloosterman型展开式的优势在于可以利用比$|n|$小得多的模的特征. 确切地说, 我们可以使得它在$c \leqslant 2|n|^{\frac{1}{2}}$时有用.

为了提炼上面的思想, 我们列出下面的显见事实:

(1) 每个正整数整除零;

(2) 非零整数的因子很少;

(3) $n > 0$的两个互补的因子中, 有一个不超过$n^{\frac{1}{2}}$.

令$w(u)$为$u \geqslant 0$上定义的函数, 它在$u = 0$处为0, 在$u \to +\infty$是快速衰减为0. 利用条件(20.133)将$w(u)$标准化, 则由上述显见事实推出下面的等式:

$$\delta(n) = \sum_{q|n} \left(w(q) - w\left(\frac{|n|}{q}\right)\right).$$

通过加性特征$\mathrm{e}(\frac{an}{q})$的正交性侦测条件$q|n$, 然后将分数$\frac{a}{q}$化为既约分数得到

命题 20.16 令$w(u)$满足上述条件, 则对任意的整数n有

$$\delta(n) = \sum_{c=1}^{\infty} S(0, n; c) \Delta_c(n), \tag{20.135}$$

其中$\Delta_c(n)$是下面的式子给出的$\mathbb{R}$上的函数:

$$\Delta_c(n) = \sum_{r=1}^{\infty} (cr)^{-1} \left(w(cr) - w\left(\frac{|u|}{cr}\right)\right). \tag{20.136}$$

因为$\Delta_c(u)$不是有紧支集的函数(即使所选的测试函数$w(u)$有紧支集), 我们做一点实用的改变, 用在$|u| \leqslant 2N$内有紧支集, 并令$f(0) = 1$作标准化的好的函数$f(u)$相乘, 得到

$$\delta(n) = \sum_{c=1}^{\infty} S(0, n; c) \Delta_c(n) f(n). \tag{20.137}$$

现在假设$w(u)$在2倍区间$C \leqslant u \leqslant 2C$内有紧支集(想象$w(u)$为冲撞函数). 于是级数(20.137)简化为在$c \leqslant 2\max\{C, \frac{N}{C}\} = X$上求和. 显然最佳选择是取

$$C = N^{\frac{1}{2}}, \tag{20.138}$$

所以$X = 2C = 2N^{\frac{1}{2}}$, 从而得到

$$\delta(n) = \sum_{c \leqslant 2C} S(0, n; c)\Delta_c(n) f(n). \tag{20.139}$$

因此它用模$c \leqslant 2N^{\frac{1}{2}}$的特征去侦测在区间$|n| \leqslant 2N$内$n = 0$的发生情况.

当然, 没必要对模的大小进行最佳选择, 所以我们在没有条件(20.138)的情况下进行研究, 因为我们在C不依赖于N时在技术上可以受益. 没错, 我们新的不等式(20.135)和(20.137)仍然只包含Ramanujan和(有无处藏身的Kloosterman分数), 但是因子$\Delta_c(n)$ 如何呢? 假设测试函数光滑, 我们可以将$\Delta_c(u)$视为Ramanujan和$S(0, n; c)$的连续类似物. 为了实用, 我们必须能够控制$\Delta_c(u)$关于两个变量c, u的变差, 并且以较低的代价将u分离. 为此, 我们将要证明

引理 20.17 假设$w(u)$光滑, 在区间$C \leqslant u \leqslant 2C (C \geqslant 1)$内支撑, 由(20.133)标准化, 并且导数满足

$$w^{(a)}(u) \ll C^{-a-1} (0 \leqslant u \leqslant A), \tag{20.140}$$

则对任意的$c \geqslant 1, u \in \mathbb{R}$有

$$\Delta_c(u) \ll \tfrac{1}{(c+C)C} + \tfrac{1}{|u|+cC}, \tag{20.141}$$

并且对$1 \leqslant a \leqslant A$, 有

$$\Delta_c^{(a)}(u) \ll (aC)^{-1}(|u| + cC)^{-a}. \tag{20.142}$$

证明: 我们将函数分裂得到

$$c\Delta_c(u) = V(c) - W(\tfrac{|u|}{c}), \tag{20.143}$$

其中

$$V(y) = \sum_{r=1}^{\infty} r^{-1} w(yr) - \int_0^{+\infty} r^{-1} w(r) \,\mathrm{d}r, \tag{20.144}$$

$$W(y) = \sum -r = 1^{\infty} r^{-1} w(\tfrac{y}{r}) - \int_0^{+\infty} r^{-1} w(r) \,\mathrm{d}r. \tag{20.145}$$

由Euler-Maclaurin公式可知

$$\sum_r F(r) = \int (F(r) + \{r\}F''(r)) \,\mathrm{d}r,$$

其中F是$\mathbb{R}$上C^1类函数, $\{r\} = r - [r]$是r的分数部分, 我们得到

$$V(y) = y \int_0^{+\infty} \{\tfrac{r}{y}(\tfrac{w(r)}{r})' \,\mathrm{d}r. \tag{20.146}$$

因为$\{x\} \leqslant \min\{1, x\} \leqslant 2x(1+x)^{-1}$, 我们由(20.140)推出

$$V(y) \ll C^{-1}(1 + \tfrac{C}{y})^{-1}. \tag{20.147}$$

同理, 在(20.147)中将$w(u)$变为$w(\frac{1}{u}$, 将y变为$\frac{1}{y}$, 我们推出

$$W(y) \ll C^{-1}(1+\tfrac{y}{C})^{-1}. \tag{20.148}$$

将这些估计式代入(20.143)得到(20.141). 对于(20.142)的证明, 注意$\Delta^{(a)}(u)$为0, 除非$|u| > cC$, 此时有

$$\Delta^{(a)}(u) = \sum_{r=1}^{\infty}(-cr)^{-a-1}w^{(a)}(\frac{|u|}{cr}) \ll (cC)^{-1}(|u|+cC)^{-a}. \qquad \square$$

接下来我们将证明$\Delta_c(u)$非常强地逼近于某个适当的测试函数上的Dirac分布. 为此, 我们首先建立下面的等式.

引理 20.18 对$\mathbb{R}$上任意有紧支集的C^∞类函数f, 有

$$\begin{aligned}\textstyle\int_{-\infty}^{+\infty}\Delta_c(u)f(u)\,\mathrm{d}\,u \;&=\; f(0)\hat{w}(0)+\hat{f}(0)c^{a-1}\textstyle\int_0^{+\infty}\beta_a(\frac{r}{c})(\frac{w(r)}{r})^{(a)}\,\mathrm{d}\,r\\ &\quad -c^{a-1}\textstyle\int_0^{+\infty}\beta_a(\frac{r}{c})\int_0^{+\infty}w(u)u^a f^{(a)}(ru)\,\mathrm{d}\,u\,\mathrm{d}\,r,\end{aligned} \tag{20.149}$$

其中$\beta_a(x)=\frac{1}{a!}B_a(\{x\})$, $B_a(X)$是Bernoulli多项式, 所以

$$\beta_a(x)=\sum_{m\neq 0}(-2\pi\,\mathrm{i}\,m)^{-a}\,\mathrm{e}(mx).$$

证明: 我们将(20.149)的左边的积分按照(20.143)分成两部分, 并用Euler-Maclaurin公式(见定理4.2)

$$\sum_r F(r)=\textstyle\int(F(r)+\beta_a(r)F^{(a)}(r))\,\mathrm{d}\,r \tag{20.150}$$

估计r上的和. 我们首先得到

$$V(Y)=y^a\textstyle\int_0^{+\infty}\beta_a(\frac{r}{y})(\frac{w(r)}{r})^{(a)}\,\mathrm{d}\,r,$$

由此即得(20.149)的右边的第二项. 对于剩下的部分由(20.150), 我们有

$$\begin{aligned}\textstyle\int_{-\infty}^{+\infty}f(u)W(\frac{|u|}{c}\frac{\mathrm{d}\,u}{c} \;&=\; \textstyle\int_{-\infty}^{+\infty}w(|u|)\sum\limits_{r=1}^{\infty}f(cru)\,\mathrm{d}\,u-\frac{\hat{f}(0)}{c}\int_0^{+\infty}\frac{w(r)}{r}\,\mathrm{d}\,r\\ &= \textstyle\int_0^{+\infty}w(u)\sum\limits_{r=-\infty}^{\infty}f(cru)\,\mathrm{d}\,u-f(0)\hat{w}(0)-\frac{\hat{f}(0)}{c}\int_0^{+\infty}\frac{w(r)}{r}\,\mathrm{d}\,r\\ &= \textstyle\int_0^{+\infty}w(u)\int_{-\infty}^{+\infty}\{r\}\beta_a(r)\frac{\partial^a}{\partial r^a}f(cru)\,\mathrm{d}\,r\,\mathrm{d}\,u-f(p)\hat{w}(0).\end{aligned}$$

将r变为$\frac{r}{c}$, 我们得到(20.149)的右边的其余项. $\square$

推论 20.19 设引理20.17中的条件成立, 则对$\mathbb{R}$上任意有紧支集的C^a类函数f, $c\geqslant 1$ 有

$$\int_{-\infty}^{+\infty}\Delta_c(u)f(u)\,\mathrm{d}\,u=f(0)+E_c(f), \tag{20.151}$$

其中

$$E_c(f)\ll(cC)^{a-1}\textstyle\int_{-\infty}^{+\infty}(C^{-2a}|f(u)|+|f^{(a)}(u)|)\,\mathrm{d}\,u. \tag{20.152}$$

证明: 由$\beta_a(x)|\leqslant 1$, 以及对(20.149)中积分的显然估计得到, 但是主项$f(0)\hat{w}(0)$替代了$f(0)$. 而由标准化条件(20.133)和Euler-Maclaurin公式(20.150)得到

$$\hat{w}(0)=1+O(C^{-a-1}).$$

这里的误差项被(20.152)吸收, 因为

$$f(0) \ll \int_{-\infty}^{+\infty} (|f(u)| + |f^{(a)}(u)|)\,\mathrm{d}\,u. \qquad \square$$

假设$f(u)$在$|u| \leqslant 2N$内支撑, 并且对$1 \leqslant a \leqslant A$, 导数满足

$$f^{(a)}(u)| \ll N^{-a}, \tag{20.153}$$

则(20.152)给出

$$E_c(f) \ll \tfrac{N}{cC}(\tfrac{c}{C})^a(1 + \tfrac{C^2}{NN})^a. \tag{20.154}$$

特别地, 若$C = \sqrt{N}$, 则该式可简化为$E_c(f) \ll (\frac{c}{C})^a$(将$a$变为$a+1$). 回顾级数(20.137)在$X = X(C,N) = 2\max\{C, \frac{N}{C}\} = 2\sqrt{N}$处终止. 令$a$充分大, 可知若$c \leqslant X^{1-\varepsilon}$, 则(20.154)中的界很小.

当利用公式(20.137)去解决加性问题时, 将$\Delta_c(u)f(u)$用加性特征$\mathrm{e}(nv)$表示出来, 其中$|v|$很小, 是很实用的. 为此, 我们考虑Fourier变换

$$g_c(v) = \textstyle\int_{-\infty}^{+\infty} \Delta_c(u)f(u)\,\mathrm{e}(-uv)\,\mathrm{d}\,u. \tag{20.155}$$

由Fourier反转公式有

$$\Delta_c(u)f(u) = \textstyle\int_{-\infty}^{+\infty} g_c(u)\,\mathrm{e}(uv)\,\mathrm{d}\,u. \tag{20.156}$$

将上式代入(20.137)得到

$$\delta(n) = \sum_{c \leqslant X} S(0,n;c) \textstyle\int_{-\infty}^{+\infty} g_c(v)\,\mathrm{e}(nv)\,\mathrm{d}\,v. \tag{20.157}$$

注记: 我们在这里保留了限制$c \leqslant X$, 因为在对$\Delta_c(n)f(n)$应用Fourier积分(20.156)后, 我们看不到原来的测试函数的支撑了.

我们现在需要对$g_c(v)$估计. 在推论20.19中用$f(u)\,\mathrm{e}(-nu)$替换$f(u)$得到

$$g_c(v) = 1 + O(\tfrac{1}{cC}(\tfrac{c}{C} + \tfrac{cC}{N} + |v|cC)^a). \tag{20.158}$$

此外, 由分部积分可得

$$g_c(v) = (-2\pi\,\mathrm{i}\,v)^{-a} \textstyle\int_{-\infty}^{+\infty} (\Delta_c(u)f(u))^{(a)}\,\mathrm{e}(-nv)\,\mathrm{d}\,v.$$

因此我们由(20.141), (20.142), (20.153)推出另一个估计式:

$$g_c(v) \ll (|v|cC)^{-a} + (1 + NC^{-2})(|v|N)^{-a}. \tag{20.159}$$

公式(20.158)对小的$|v|$效果很好, 而估计式(20.159)对较大的$|v|$适用, 其中$|v| = \frac{1}{cC}$是过渡值.

测试函数$f(u)$和$w(u)$不需要有紧支集, 只需要在基本范围外衰减得足够快. 我们提出下面的

习题20.3 对特殊的测试函数

$$f(u) = \exp(-\tfrac{u}{N}),\ w(u) = \tfrac{\kappa}{C}\exp(-\tfrac{u}{C} - \tfrac{C}{u}) \tag{20.160}$$

给出清楚的计算, 其中κ为标准化常数.

可以理解的是$\delta(n)$的Kloosterman型Fourier展开式(20.87)与我们的公式(20.135)在应用中基本是有相同的幂, 因为它们用的是大小差不多的模的加性特征. 但是, (20.135)中没有Kloosterman分数时可以简化许多讨论. 例如, 要用(20.135)渐近Diophantus 方程$f(x_1,\ldots,x_n) = 0$, 我们要转向处理关于有限域上$n+1$元多项式的指数和, 而Kloosterman 方法带给我们的是一个有理函数.

第 21 章　等分布

§21.1　Weyl判别法

我们首先回顾等分布理论的一般原理. 令$(X, \mathcal{B}, \mathrm{d}\,\mu)$为概率空间, 其中$X$为拓扑空间, $\mathcal{B}$为Borel集的σ代数, $\mathrm{d}\,\mu$为满足

$$\int_X \mathrm{d}\,\mu(x) = 1$$

的标准测度. 称序列$\{x_n\} \subset X$(关于测度$\mathrm{d}\,\mu$)为等分布的, 若对任意的开集$B \subset \mathcal{B}$有

$$\lim_{N\to\infty} \tfrac{1}{N}|\{n \leqslant N | x_n \in \mathcal{B}\}| = \mu(B).$$

在某些温和的假设下, 这个性质基本上就是: 对任意有紧支集的连续函数$f: X \to \mathbb{C}$有

$$\lim_{N\to\infty} \tfrac{1}{N} \sum_{n\leqslant N} f(x_n) = \int_X f(x)\,\mathrm{d}\,\mu(x). \tag{21.1}$$

显然, 等分布意味着序列$\{x_n\}$在X中稠密, 但是它是一个更精细的性质. 为了证明等分布性, 只需对一组生成$C_0(X)$ 的稠密子集的测试函数f验证(21.1). 这一组测试函数可以就取为$L^2(X, \mathrm{d}\,\mu)$的一组正交基中的元素. 特别地, 若$X = G$为紧群, 则G的不可约酉表示的矩阵系数构成$L^2(G)$的一组关于Haar测度的正交基(Peter-Weyl定理). 若$X = G^\sharp$为紧群的共轭类空间, 则G的特征构成$L^2(G^\sharp, \mathrm{d}\,g)$的一组关于Haar 测度诱导的测度的正交基.

因为公式(21.1)对平凡表示的特征$f(x) = 1$总成立, 所以对上述讨论中的这一特殊情形有

Weyl判别法 令G为紧群, $G^\sharp$为G中共轭类的集合, 则序列$\{x_n\} \subset G^\sharp$关于Haar测度等分布当且仅当: 对任意的非平凡不可约酉表示$\rho: G \to \mathrm{GL}(V)$ 有

$$\sum_{n\leqslant N} \mathrm{Tr}(\rho(x_n)) = o(N)(N \to \infty). \tag{21.2}$$

数论中的经典例子(由H. Weyl[335] 于1916年首创)是带有Lebesgue测度$\mathrm{d}\,x$的圆$X = \mathbb{R}/\mathbb{Z}$. 在这种情形, 我们习惯于考察一列实数$x_n$, 并且为了便于讨论等分布性, 取小数部分$\{x_n\}$作为圆上点的代表. 若小数部分在圆上是等分布的, 则称原数列为模1等分布的. 于是特征$\mathrm{e}(hx)(0 \neq h \in \mathbb{Z})$是相关的表示, 关于模1的等分布的Weyl判别法是: 对任意的$h \neq 0$有

$$\sum_{n\leqslant N} \mathrm{e}(hx_n) = o(N)(N \to \infty).$$

§21.2 精选的几个等分布的结果

Weyl引入他的判别法原本是为了研究序列$x_n = f(n)$的模1分布, 其中f为实系数多项式.

命题 21.1 令$f \in \mathbb{R}[x]$为次数$d \geqslant 1$的实多项式, 设$f(x) = \alpha x^d + \cdots (\alpha \notin \mathbb{Q})$, 则$x_n = f(n)$是模1等分布的.

证明: 为了简单起见, 我们考虑$f(x) = \alpha x^d$. 令$h \neq 0, \beta = h\alpha$. 对$Q = X^{d-\delta}(0 < \delta < 1)$, 对逼近$|\beta - \frac{a}{q}| \leqslant q^{-2}$, 其中$(a, q) = 1, 0 < q \leqslant Q$利用引理20.3(源于命题8.2), 得到

$$\sum_{n \leqslant N} \mathrm{e}(\beta n^d) \ll X^{1+\varepsilon}(q^{-1} + X^{-1} + qX^{-d})^{\gamma_d},$$

其中$\gamma_d = 2^{1-d}$. 若$q > X^d Q^{-1} = X^\delta$, 这就意味着存在$\gamma > 0$使得

$$\sum_{n \leqslant X} \mathrm{e}(\beta n^d) \ll X^{1-\gamma}.$$

若$q < X^d Q^{-1}$, 记$g(t) = (\alpha - \frac{a}{q})t^d$, 由分布求和公式可得

$$S(X) = \sum_{n \leqslant X} \mathrm{e}(\beta n^d) = \sum_{n \leqslant X} \mathrm{e}(\tfrac{an^d}{q})\,\mathrm{e}(g(X)) - 2\pi\mathrm{i}\int_1^X (\sum_{n \leqslant X} \mathrm{e}(\tfrac{an^d}{q}))g'(t)\,\mathrm{e}(g(t))\,\mathrm{d}\,t.$$

按模q的剩余类分组可得

$$\sum_{n \leqslant X} \mathrm{e}(\tfrac{an^d}{q}) = \tfrac{Y\mathcal{G}}{q} + O(q),$$

其中

$$\mathcal{G} = \sum_{x \bmod q} \mathrm{e}(\tfrac{ax^d}{q}).$$

因此再次由分部积分得到

$$S(X) = \tfrac{\mathcal{G}}{q}\int_1^X \mathrm{e}(g(t))\,\mathrm{d}\,t + O(q(1 + \tfrac{X^d}{qQ})) \ll \tfrac{X|\mathcal{G}|}{q} + O(q).$$

对于完全和$\mathcal{G}$, 我们可以利用关于Ramnujan和的界(若$d = 1$), Gauss和的界(若$d = 2$), 或者在高次时利用Weil界(Weyl引理(20.59)也足够用了), 得到$\mathcal{G} \ll q^{\frac{1}{2}+\varepsilon}$, 从而$S(X) \ll Xq^{-\frac{1}{2}+\varepsilon} + X^\delta$. 由于$\beta \notin \mathbb{Q}$, 令$q \to \infty$, 则我们无论如何有

$$\sum_{n \leqslant X} \mathrm{e}(\beta n^d) = o(X)(x \to +\infty).$$

□

从素数构造的算术列的等分布既令人着迷, 又具有挑战性. 对于素数本身, 若取带计数测度的空间$G = (\mathbb{Z}/q\mathbb{Z})^*$, 则等分布等价于等差数列中的素数定理(见第5章). 同理, 若$K/\mathbb{Q}$为有限Galois扩张, 则我们希望在$K/\mathbb{Q}$的Galois群中研究Frobenius共轭类σ_p的分布. 这时Chebotarev密度定理给出结果:

定理 21.2 令$K/\mathbb{Q}$为有限Galois扩张, 其Galois群为G, 则对任意在共轭作用下不变的集合$C \subset G$有

$$\lim_{X \to +\infty} \tfrac{1}{X}|\{p \leqslant X | \sigma_p \in C\}| = \tfrac{|C|}{|G|}.$$

但是在等差数列的情形, 误差项的大小以及关于参数的一致性问题是极为重要的, 并且与简单的等分布结论在看法上差别很大.

我们自然会考虑数列$x_p = f(p)$, 特别是$x_n = f(n)$已经被证明是模1等分布时, 这时就与第13章中的方法有关了. 事实上, 定理13.6意味着下面的Vinogradov定理.

定理 21.3 令α为无理数, 则数列$\{\alpha p\}$在$p\to\infty$时是等分布的.

证明: 令$\beta=\alpha h(h\neq 0)$, 我们需要证明

$$\sum_{p\leqslant X}\mathrm{e}(\beta p)=o(X\log^{-1}X)(x\to+\infty). \tag{21.3}$$

令$Q=x\log^{-B}x(B>0)$, 有理数$\frac{a}{q}$逼近β使得$|\frac{a}{q}-\beta|\leqslant\frac{1}{qQ}\leqslant\frac{1}{q^2}$. 若$q\geqslant xQ^{-1}=\log^B x$, 利用定理13.6得到

$$\sum_{p\leqslant X}\mathrm{e}(\beta p)\ll x\log^{3-\frac{B}{2}}x.$$

若$q<xQ^{-1}$, 则由分部求和公式, 分成模q的等差数列, 以及Siegel-Walfisz定理可知: 对任意的$A>0$, 有

$$\sum_{p\leqslant X}\mathrm{e}(\beta p)\ll\frac{\mathrm{Li}(X)}{\varphi(q)}+X(\log X)^{B-A}.$$

若取$B>6, A>B+1$, 则由于$\beta\notin\mathbb{Q}$, $X\to+\infty$时有$q\to\infty$, 从而得到(21.3). □

同理, (13.55)意味着对任意固定的实数$\alpha\neq 0$, $\alpha\sqrt{p}$是等分布的.

有限域上的指数和的技巧, 特别是基于Deligne证明的Riemann猜想的强有力结果(见第11章)给出研究许多有趣的等分布问题的很好的工具. 我们利用定理11.43给出Fouvry与Katz[83]的一个例子.

定理 21.4 令$P_1(\boldsymbol{X}),\ldots,P_r(\boldsymbol{X})$为$\mathbb{Z}[X_1,\ldots,X_n]$中的多项式, 使得任意非平凡整线性组合$a_1P_1+\cdots+a_rP_r$的全次数不小于2. 设$\phi(x)\to+\infty(x\to+\infty)$, 则当$p\to\infty$时, 序列

$$\{(\frac{P_1(\boldsymbol{x})}{p},\ldots,\frac{P_r(\boldsymbol{x})}{p})\}$$

对于$0\leqslant x_1,\ldots,x_n\leqslant\phi(p)\sqrt{p}\log p$是模1等分布的.

证明概要: 令$w(p)=\phi(p)\sqrt{p}\log p$, $\boldsymbol{a}=(a_1,\ldots,a_n)\neq\boldsymbol{0}$,

$$S=\sum_{\substack{x_1,\ldots,x_n\\0\leqslant x_i\leqslant w(p)}}\cdots\sum\mathrm{e}(\frac{a_1P(\boldsymbol{x})+\cdots+a_rP_r(\boldsymbol{x})}{p}).$$

由$(\mathbb{R}/\mathbb{Z})^r$的Weyl判别法可知

$$S\ll w(p)^n(p\to\infty). \tag{21.4}$$

首先假设$w(p)<p$. 利用$\mathbb{Z}/p\mathbb{Z}$上的Fourier反转公式得到

$$S=\frac{1}{p^n}\sum_{h}T(h,w(p))S_i(\boldsymbol{a},\boldsymbol{P},\boldsymbol{h}),$$

其中

$$T(\boldsymbol{h},x)=\prod_{1\leqslant i\leqslant n}\sum_{0\leqslant m\leqslant x}\mathrm{e}(\frac{h_im}{p}),$$

$$S_i(\boldsymbol{a},\boldsymbol{P},\boldsymbol{h})=\prod_{x_1,\ldots,x_n}\mathrm{e}(\frac{\boldsymbol{a}\cdot\boldsymbol{P}(\boldsymbol{x})-\boldsymbol{h}\cdot\boldsymbol{x}}{p})$$

(这里$\boldsymbol{h}\cdot\boldsymbol{x}$是通常的数量积$h_1x_1+\cdots+h_nx_n$). 我们有

$$T(\boldsymbol{h},x) \ll \prod_{1\leqslant i\leqslant n} \min\{x, \|\tfrac{h_i}{p}\|^{-1}\},$$

其中$\|t\|$依惯例表示到最近整数的距离. 对于完全和$S(\boldsymbol{a},\boldsymbol{P},\boldsymbol{h})$, 我们有两个界. 第一个是Weil的结果指出

$$S_1(\boldsymbol{a},\boldsymbol{P},\boldsymbol{h}) \ll p^{n-\frac{1}{2}} \tag{21.5}$$

(其中隐性常数仅依赖于P_i), 因为由假设可知, 对于$\boldsymbol{a}\neq\boldsymbol{0}$, $\boldsymbol{a}\cdot\boldsymbol{P}(\boldsymbol{x})-\boldsymbol{h}\cdot\boldsymbol{x}$ 绝不为零. 这个结果还不够, 因为有太多的$\boldsymbol{h}$. 但是在定理11.43中取$f=\boldsymbol{a}\cdot\boldsymbol{P}, g=1, V=\mathbb{A}^n_{\mathbb{Z}}$, 可知存在维数不超过$n-j$的簇$X_j$使得对$\boldsymbol{h}\notin X_j$时, $S_1(\boldsymbol{a},\boldsymbol{P},\boldsymbol{h})\ll Cp^{\frac{n}{2}+\frac{j-1}{2}}$. Weil界(21.5)指出$X_n=\varnothing$. 记$X_0=\mathbb{A}^n$, 可得

$$S \ll p^{-n}\sum_{1\leqslant i\leqslant n} p^{\frac{n+j-1}{2}} \sum_{\boldsymbol{h}\in X_{j-1}} |T(\boldsymbol{h},w(p))|.$$

[83]中的引理9.5给出

$$\sum_{\boldsymbol{h}\in X_{j-1}} |T(\boldsymbol{h},w(p))| \ll p^{n-(j-1)}w(p)^{j-1}\log^{n-(j-1)},$$

由此得到

$$S \ll p^{\frac{1}{2}}w(p)^{n-1}\log p,$$

所以(21.4)成立. 若$w(p)>p$, 我们将求和的集合分割成边长小于p的方体, 然后对每一个和式利用上述界. □

不同的一组仍然很自然的问题是涉及素数模的指数和的“角”, 或者有限域上簇的L函数的局部根. 非常类似的是Hecke算子$\mathcal{T}_p$的的特征值的分布问题.

Gauss和可能是最简单的非平凡指数和. 令χ为模p的本原特征, $\tau(\chi)$为相关的Gauss和(3.10). 由(3.14), 我们可以写成

$$\tau(\chi)=\mathrm{e}(\alpha_p(\chi))\sqrt{p},$$

其中$\alpha_p(\chi)\in\mathbb{R}/\mathbb{Z}$称为Gauss和的“角”. 问题是它们如何分布?

这个问题至少有两个变体. 我们可以考虑有固定阶d的关于素数模$p\equiv 1 \bmod d$的特征的Gauss和在$p\to\infty$时, 角的分布, 或者考察所有模p的特征. 对于前一种情形, 当$d=2$时, 定理3.3和素数定理说明$\mathrm{e}(\alpha_p(\chi))$在两个元素$\{1,\mathrm{i}\}$中是等分布的(注意此时$\mathrm{e}(\alpha_p(\chi))\in\{\pm1,\pm\mathrm{i}\}$是由$\tau(\chi)^2=\tau(\chi)\tau(\bar{\chi})=\chi(-1)p$得到的, 所有角在群$\{\pm1,\pm\mathrm{i}\}$中不是等分布的).

Kummer研究了三次Gauss和的角. 对于$p\equiv 1 \bmod 3$, 存在唯一的素元$\pi\in K=\mathbb{Q}(\mathrm{e}(\frac{1}{3}))\subset\mathbb{C}$使得$\pi\equiv \bmod 3, \mathrm{N}\,\pi=p$. 定义三次剩余符号$\chi_\pi(x)=(\frac{x}{\pi})$ 为三次单位根, 使得对任意的$x\in\mathcal{O}/\pi\mathcal{O}$有

$$x^{\frac{p-1}{3}}\equiv\chi_\pi \bmod \pi,$$

其中$\mathcal{O}$为K的整数环. 它是剩余域$\mathcal{O}/\pi\mathcal{O}=\mathbb{Z}/p\mathbb{Z}$的乘群上的3次特征, 即模$p$的3次(本原)Dirichlet特征. 利用Jacobi和可以证明Gauss和满足

$$(\tfrac{\tau(\chi_p)}{\sqrt{p}})^3=\mathrm{e}(3\alpha_p(\chi_p))=-\tfrac{\pi}{\bar{\pi}},$$

见[148]. 熟知$\frac{\pi}{\pi}$在$\mathbb{R}/\mathbb{Z}$上是等分布的(利用K的Hecke特征证明, 见§3.8), 但是要得到$\mathrm{e}(\alpha_p(\chi_p))$, 某个3次单位根“介入”了. Kummer与后来的Hasse以在一些数值为根据猜想符合某种非一致的分布. 但是, R. Heath-Brown与S. Patterson[130]证明了

定理 21.5 设$p \equiv 1 \bmod 3$, 则当$p \to \infty$时, 三次Gauss和的角$\mathrm{e}(\alpha_p(\chi_\pi))$在$\mathbb{R}/\mathbb{Z}$上是等分布的.

证明是建立在像第13章中那样的关于素数的和的技巧以及Fourier系数为Gauss和的(超变)Eisenstein级数的性质的基础上.

在模p的所有特征的情形, 我们有下面的Deligne定理.

定理 21.6 当$p \to \infty$时, $p-2$个模p的本原特征的Gauss和的角$\alpha_p(\chi)$在$\mathbb{R}/\mathbb{Z}$ 中是等分布的, 即对任意的连续函数$f:[0,1] \to \mathbb{C}$有我们有

$$\lim_{p\to\infty} \tfrac{1}{p-2} \sum_{\chi \bmod p}^{*} f(\alpha_p(\chi)) = \textstyle\int_0^1 f(\theta)\,\mathrm{d}\,\theta.$$

证明: 由Weyl判别法, 只需证明对$n \neq 0$有

$$\lim_{p\to\infty} \tfrac{1}{p-2} \sum_{\chi \bmod p}^{*} \left(\tfrac{\tau(\chi)}{\sqrt{p}}\right)^n = 0. \tag{21.6}$$

利用公式$\tau(\chi)\tau(\bar{\chi}) = \chi(-1)p$(见(3.14))可以归结于$n \geqslant 1$的情形.

我们有

$$\tau(\chi)^n = \sum_{x_1,\dots,x_n} \chi(x_1\cdots x_n)\,\mathrm{e}\left(\tfrac{x_1+\cdots+x_n}{p}\right),$$

因此对所有特征求和(包括$\chi = 1$), 我们由特征的正交性得到

$$\sum_{\chi} \tau(\chi)^n = (p-1)K_n(1,p),$$

其中$K_n(1,p)$是(11.55)定义的多重Kloosterman和. 减去$\chi = 1$的贡献值可得

$$\sum_{\chi \bmod p}^{*} \left(\tfrac{\tau(\chi)}{\sqrt{p}}\right)^n = p^{-\frac{n}{2}}((p-1)K_n(1,p) + (-1)^{n+1}).$$

当$p \to \infty$时, 由(11.58)得到$K_n(1,p) \ll p^{\frac{n-1}{2}}$, 其中隐性常数仅依赖于$n$, 从而(21.6)成立. □

当然, 对于解析数论特别有趣的是与经典Kloosterman和(1.56)相关的问题. 由Weil界, 存在唯一的$\theta_p(a,b) \in [0,\pi]$使得

$$S(a,b;p) = 2\sqrt{p}\cos(2\pi\theta_p(a,b)).$$

角的分布问题是迷人的. 利用所有的$a \neq 0 \bmod p$, N. Katz[178]解决了该问题.

定理 21.7 当$p \to \infty$时, $p-1$个角$\theta_p(a,a)(a \neq 0)$关于Sato-Tate测度

$$\mathrm{d}\,\mu_{\mathrm{ST}} = 2\pi^{-1}\sin\theta\,\mathrm{d}\,\theta$$

在$[0,\pi]$上等分布, 即对任意的连续函数$f:[0,\pi] \to \mathbb{C}$有

$$\tfrac{1}{p-1} \sum_{a \bmod p}^{*} f(\theta_p(a)) \sim \textstyle\int_0^\pi f(\theta)\,\mathrm{d}\,\mu (p\to\infty).$$

此外, 他对给定的a提出了下面的猜想.

关于Kloosterman和的Sato-Tate猜想 令a, b为固定的非零整数. 对素数p, 令$\theta_p \in [0, \pi]$ 使得

$$S(a, b; p) = 2\sqrt{p}\cos\theta_p,$$

则当$X \to +\infty$时, 角$\theta_p(p \leqslant X)$关于Sato-Tate测度$\mathrm{d}\,\mu_{\mathrm{ST}}$是等分布的.

我们甚至不知道$S(a, b; p)$是否无限频繁地改变符号, 或者下面的结论是不是错误的: 对任意的$\varepsilon \in [0, 2]$有

$$2 - \varepsilon \leqslant \frac{S(a,b;p)}{\sqrt{p}} = 2\cos\theta_p \leqslant 2$$

(对所有充分大的p). 关于这方面综合筛法和像第11章那样用上同调方法研究指数和取得的最好进展, 见[85].

另一方面, 我们在推论21.9中将证明Salié和$T(a, b; p)(a, b$固定, 且ab非平方数)的角在$p \to \infty$时是等分布的, 但是该结论是关于Lebesgue测度成立.

对与没有复乘的椭圆曲线$E/\mathbb{Q}$相关的系数的分布, 或者更一般地对权不小于2的非二面本原全纯尖形式f的特征值$\lambda_f(p)$有同样的Sato-Tate分布猜想. 若p是不整除f的导子的素数, 则由Deligne界可知存在$\theta_p(f) \in [0, \pi]$ 使得

$$\lambda_f(p) = 2\cos\theta_p(f).$$

对E, 这就相当于

$$a_E(p) = 2\sqrt{p}\cos\theta_p(E).$$

于是我们有

关于模形式的Sato-Tate猜想 令f为权不小于2的非二面型的本原全纯尖形式, 则在上述记号下, 当$X \to +\infty$时, 角$\theta_p(f)(p \leqslant X)$关于Sato-Tate测度$\mathrm{d}\,\mu_{\mathrm{ST}}$是等分布的.

利用f的模性和对称幂L函数的解析性质, 人们对这个猜想已经比对Kloosterman和的类似结果取得更多的进展(见[295]的末尾中Serre的信). 事实上, 基于由第5章的结果可能得到的大家期望的对称幂L函数的函子性 和解析性质, 支持这个猜想的推理还是有说服力的. 我们能够通过取权为12的Ramanujan Δ 函数为例(级为1可以消除由分歧产生的困难)概述这个推理. 我们将Euler乘积分解为

$$L(\Delta, s) = \prod_p (1 - \alpha_p p^{-s})^{-1}(1 - \beta_p p^{-s})^{-1},$$

其中$p^{\frac{11}{2}}(\alpha_p + \beta_p) = \tau(p), \alpha_p\beta_p = 1$, 这里$\tau(p)$是Ramanujan τ函数, 不是因子函数. 对$n \geqslant 1$, Δ的第n次对称幂是Euler乘积

$$L(\mathrm{Sym}^n\,\Delta, s) = \prod_p \prod_{0 \leqslant j \leqslant n} (1 - \alpha_p^j \beta_p^{n-j} p^{-s})^{-1}.$$

由Langlands的函子原理就能推出$L(\mathrm{Sym}^n\,\Delta, s)$是第5章意义下的$n+1$次自守$L$函数, 它的导子为$q = 1$, 没有极点. 因为$\alpha_p\beta_p = 1$, 所以

$$\Lambda_{\mathrm{Sym}^n\,\Delta}(p)=\frac{\sin(n+1)\theta_p}{\sin\theta_p}=P_n(\cos\theta_p),$$

其中$\theta_p=\theta_p(\Delta)$, P_n是Chebyshev多项式. 利用定理5.10可知对$n\geqslant 1$有

$$\sum_{p\leqslant X}P_n(\cos\theta_p)=o(\pi(X))(X\to+\infty),$$

所以

$$\lim_{X\to+\infty}\frac{1}{\pi(X)}\sum-p\leqslant XP_n(\cos\theta_p)=0=\int_0^\pi P_n(\cos t)\,\mathrm{d}\,\mu_{\mathrm{ST}}(t).$$

容易证明函数$P_n(\cos t)$张成$C[0,\pi]$, 所以利用Weyl判别法可以由那些猜想的对称幂的性质得到Sato-Tate猜想.

目前已知$L(\mathrm{Sym}^n\,\Delta,s)$在$n\leqslant 4$时是自守的: $n=2$时归功于Gelbart和Jacquet[98], $n=3,4$时归功于Kim和Shahidi[184]; 它在$n\leqslant 9$时是第5章意义下的L函数, 可能有其他极点.

若f是二面形, 这等价于E在椭圆曲线的情形有复乘, 分布是已知的(由Deuring的工作), 并且是非常不同的. 注意如果知道$L(\mathrm{Sym}^n\,\Delta,s)$在$s=1$处的极点的界, 我们就能由上述方法确定该分布. 对于Hecke特征值只能取有限个不同的值的权为1 的形有同样的结论.

最后我们应该提到双曲平面的等分布问题也非常有趣. 这是我们在Weyl判别法中不仅需要用尖形式, 还需要用Eisenstein级数作为测试函数. 作为例子, W. Duke[63]证明了当判别式趋于无穷大时, Heegner 点关于Poincaré测度是等分布的. 我们也请读者参见[276] 关于“量子混沌”的问题, 以及量子唯一遍历性猜想与某些高次L函数的亚凸性界之间的联系.

§21.3 二次同余的根

令$f(X)=aX^2+bX+c$为整系数的二次多项式. 对给定的素数$p\nmid 2a$, 同余式

$$f(\nu)\equiv 0 \bmod p \tag{21.7}$$

最多有两个根, 确切地说, 阶数为

$$\rho(p)=1+\left(\tfrac{D}{p}\right),$$

其中$D=b^2-4ac$是f的判别式, $(\frac{D}{p})$是Legendre符号. 因此50%的素数给出两个根, 另外50%的素数不给出根, 从而$\rho(p)$的均值为1:

$$\sum_{p\leqslant x}\rho(p)\sim\pi(x)(x\to+\infty). \tag{21.8}$$

一个有趣的问题是: 当p过满足$p\nmid 2a,(\frac{D}{p})=1$的素数时, 两个根$\nu \bmod p$是如何分布的? 显然, 若$f(X)$在$\mathbb{Q}$上分解, 则这些分数$\{\nu(p)\}$在$[0,1]$上不稠密. 事实上, 这时极限点只能是$\frac{u}{a}(0\leqslant u\leqslant a)$. 排除这一情形, W. Duke, J. Friedlander, H. Iwaniec[71]与A. Toth[317]证明了

定理 21.8 假设$f(X)$为$\mathbb{Q}$上不可约的整系数二次多项式, 则对任意的$0\leqslant\alpha<\beta\leqslant 1$有

$$|\{\nu \bmod p|p\leqslant x, f(\nu)\equiv 0 \bmod p, \alpha\leqslant\{\tfrac{\nu}{p}\}\leqslant\beta\}|\sim(\beta-\alpha)\pi(x)(x\to+\infty). \tag{21.9}$$

等价地, 对任意连续的以1为周期的函数$F(t)$有

$$\lim_{x\to+\infty}\frac{1}{\pi(x)}\sum_{p\leqslant x}\sum_{f(\nu)\equiv 0 \bmod p}F(\tfrac{\nu}{p})=\int_0^1 F(t)\,\mathrm{d}\,t. \tag{21.10}$$

换言之, 数列$\{\frac{\nu}{p}\}$是模1等分布的. 此外, 由Weyle判别法和(21.8)可知该性质等价于: 对任意的正整数h有

$$\sum_{p\leqslant x}\rho_h(p)=o(\pi(x))(x\to+\infty), \tag{21.11}$$

其中

$$\rho_h(n)=\sum_{\substack{\nu \bmod n\\ f(\nu)\equiv 0 \bmod n}}\mathrm{e}(\tfrac{h\nu}{n}). \tag{21.12}$$

定理21.8的一个推论是Salié和

$$T(n,m;p)=\sum_{d \bmod p}(\tfrac{d}{p})(\tfrac{\bar{d}m_d n}{p})$$

的角的一致分布. 由定理12.4, 当$p\nmid 2mn$时有

$$T(m,n;p)=2\cos(\tfrac{2\pi\nu}{p})T(0,n;p),$$

其中$T(0,n;p)=\varepsilon_p\sqrt{p}(\frac{n}{p})$是Gauss和, ν是$x^2\equiv 4mn \bmod p$ 的一个根. 我们将$T(0,n;p)$视为标准化因子, 称$\frac{2\pi\nu}{p}$为Salié和的角. 因此由定理21.8可得

推论 21.9 若mn不是平方数, 则当p过素数时, Salié和$T(n,m;p)$的角是模2π一致分布的.

该结论可以与关于Kloosterman和猜想的Sato-Tate分布对比.

在多项式$f(X)=X^2+1$的最简单情形, 满足$p\equiv 1 \bmod 4$的根$\nu \bmod p$对应p表示成两个平方数的和: $p=r^2+s^2$. 取$-s<r\leqslant s(2\nmid s)$, 我们可知每个这样的表示给出唯一的根$\nu\equiv r\bar{s} \bmod p$. 因此

$$\frac{\nu}{p}\equiv\frac{\bar{r}}{s}+\frac{r}{sp} \bmod 1.$$

由此构造可知断言(21.11)变成

$$\sum_{r^2+s^2=p\leqslant x}^{*}\mathrm{e}(h\frac{\bar{r}}{s}=o(\pi(x)),$$

其中去除了几为常数的扰动$\mathrm{e}(\frac{h}{sp})=1+O(\frac{h}{sp})$. 这个结果使我们想起[84]中建立的下述估计式:

$$\sum_{r^2+s^2=p\ll x}^{*}(\frac{r}{s})\ll x^{\frac{76}{77}}.$$

其他关于定理21.8的奇妙应用在[187, 321]中给出.

我们在本章给出定理21.8对于多项式

$$f(X)=X^2-D(D<0) \tag{21.13}$$

(所以$f(X)$在没有进一步假设时为不可约的)的证明. f的判别式为负值的一般情形可以通过配平方以及多变量稍加修改后进行处理. 但是, 判别式为正值是的情形大量的改动(因为当$D>0$时, $\mathbb{Q}(\sqrt{D})$中的单位群是无限群). 这种情形由A. Toth利用其他途径直接通过Kloosterman和解决. 我们的方法也依赖于Kloosterman和, 但是由§16.5间接利用.

§21.4 二次根的线性型与二次型

由Weyl判别法, 我们需要对多项式(21.13)证明不等式(21.11), 其中$D < 0, h \neq 0$. 我们可以假设D无平方因子, 因为Weyl和(21.11)对$D = m^2E$, 频率h与Weyl和对E, 频率mh 相等(不计关于整除m的素数的有界量).

根据等分布判别法, 只需证明

$$\sum_{p} \rho_h(p)g(\tfrac{p}{x}) = o(\tfrac{x}{\log x})(x \to +\infty), \tag{21.14}$$

其中h是固定的整数, $g(y)$是支撑于区间$[1,2]$的固定的光滑函数. 为此, 我们对序列$\mathcal{A} = (a_n)$应用定理13.12, 其中$a_n = \rho_h(n)g(\frac{n}{x})$. 我们需要对$\Delta = x^{|ve(x)}(\varepsilon(x) \to 0)$验证条件(13.67), (13.68). 第一个条件弱于估计式

$$\sum_{d \leqslant x^{\frac{1}{2}} \log^{-B} x} |\sum_{n \equiv 0 \bmod d} \rho_h(n)g(\tfrac{n}{x})| \ll x \log^{-A} x, \tag{21.15}$$

其中$A \geqslant 2$是任给的, $B = B(A)$, 隐性常数依赖于A, h, g. 对于第二个条件, 只需证明下面的估计式:

$$\sum_{m} |\sum_{n} \beta_n \rho_h(mn) g(\tfrac{mn}{x})| \ll x \log^{-A} x, \tag{21.16}$$

其中β_n为支撑于区间

$$\log^B x \leqslant n \leqslant x^{\frac{1}{2}} \log x, \tag{21.17}$$

且满足$|\beta_n| \leqslant 1$的复数. 我们也可以将β_n的支撑限制到素数上(见(13.68)), 这样在技术上对我有帮助.

我们在本节从一个关于线性型

$$\mathcal{L}_d(x) = \sum_{n \equiv 0 \bmod d} \rho_h(n)g(\tfrac{n}{x}) \tag{21.18}$$

的估计同时推出(21.15)和(21.16). 但是我们需要关于$\mathcal{L}_d(x)$的一个很强的界, 要求它在大范围内对d, h一致.

命题 21.10 令$1 \leqslant h \leqslant x$, 则有

$$\mathcal{L}_d(x) \ll (x^{\frac{1}{2}} + d^{-\frac{1}{2}}(d,h)^{\frac{1}{4}} x^{\frac{3}{4}})\tau^2(dh) \log^2 x, \tag{21.19}$$

其中隐性常数依赖于多项式f和测试函数g.

对$d = 1$, 关于模群的谱定理就能给出更好的(最佳)结果:

$$\sum_{n} \rho_h(n)g(\tfrac{n}{x}) \ll x^{\frac{1}{2}} \log^2 x,$$

其中隐性常数依赖于h. 如果不做光滑处理, 则V.A. Bykovsky[33]证明了由谱方法得到

$$\sum_{n \leqslant x} \rho_h(n) \ll x^{\frac{2}{3}} \log x.$$

我们对于$\mathcal{L}_d(N)$的处理方法受到Bykovsky的启发. 我们将对群$\Gamma_0(q)$进行研究, 所以我们需要讨论可能出现的例外特征值. 所有这些细节将在最后一节估计某个Poincaré级数时考虑到.

显然(21.19)意味着(21.15). 现在我们将从(21.19)推出(21.16). 令$\mathcal{B}(x)$表示(21.16)左边关于m,n的二重和. 我们首先设置条件$(m,n)=1$, 然后由下面的式子估计剩余部分:

$$\sum_{n|m}|\beta_n\rho_h(mn)g(\tfrac{mn}{x})| \ll x\sum_n|\beta_n|n^{-2}\leqslant x\log^{-B}x,$$

因为β_n在区间(21.17)中的素数上支撑. 令$\mathcal{B}^*(x)$表示由$(m,n)=1$简化的二重和, 所以$\mathcal{B}(x)=\mathcal{B}^*(x)+O(x\log^{-B}x)$. 我们将$\mathcal{B}^*(x)$整理如下:

$$\mathcal{B}^*(x)\leqslant\sum_m\sum_{f(\delta)\equiv 0 \bmod m}|\sum_{(n,m)=1}\beta_n g(\tfrac{mn}{x})\sum_{\substack{f(\nu)\equiv 0 \bmod mn\\ \nu\equiv\delta \bmod m}}\mathrm{e}(\tfrac{h\nu}{mn})|.$$

于是由Cauchy不等式可知$\mathcal{B}^*(x)^2\leqslant\mathcal{C}^*(x)\log x$, 其中

$$\mathcal{C}^*(x)=\sum_m m\sum_{f(\delta)\equiv 0 \bmod m}|\sum_{(n,m)=1}\beta_n g(\tfrac{mn}{x})\sum_{\substack{f(\nu)\equiv 0 \bmod mn\\ \nu\equiv\delta \bmod m}}\mathrm{e}(\tfrac{h\nu}{mn})|^2.$$

展开平方项, 改变求和次序得到

$$CC^*(x)=\sum_{n_1}\sum_{n_2}\beta_{n_1}\bar{\beta}_{n_2}\mathcal{D}^*(n_1,n_2),$$

其中

$$\mathcal{D}^*(n_1,n_2)=\sum_{(m,n_1n_2)=1}mg(\tfrac{mn_1}{x})g(\tfrac{mn_2}{x})\sum_{\substack{f(\nu_j)\equiv 0 \bmod mn_j\\ \nu_1\equiv\nu_2 \bmod m}}\mathrm{e}(\tfrac{h}{m}(\tfrac{\nu_2}{n_1}-\tfrac{\nu_2}{n_2})).$$

若$n_1=n_2$, 由显然的界有$\mathcal{D}^*(n,n)\ll n^{-2}x^2$. 若$n_1\neq n_2$, 则$(n_1,n_2)=1$, 因为我们假设了它们为素数, 因此

$$\mathcal{D}^*(n_1,n_2)=\sum_{(m,n_1n_2)=1}mG(\tfrac{mn_1}{x})g(\tfrac{mn_2}{x})\sum_{f(\nu)\equiv 0 \bmod mn_1n_2}\mathrm{e}(\tfrac{h(n_2-n_1)\nu}{mn_1n_2}).$$

注意$\frac{1}{2}\leqslant\frac{n_2}{n_1}\leqslant 2$, 否则和式$\mathcal{D}^*(n_1,n_2)$是空集. 我们在这里移除条件$(m,n_1n_2)=1$, 再次利用$n_1,n_2$互素可得多余的项由$O((n_1n_2)^{-\frac{3}{2}}x^2)$估计. 由于移除了条件$(m,n_1n_2)=1$, 得到的完全和$\mathcal{D}(n_1,n_2)$就是在(21.18)中取$d=n_1n_2$, h由$h(n_2-n_1)$替代, 测试函数$g(y)$由$\frac{y}{n_1n_2}g(\frac{y}{n_2})\bar{g}(\frac{y}{n_1})$替代的线性型. 重新调整后, 由命题21.10即得

$$\mathcal{D}(n_1,n_2)\ll((n_1n_2)^{-\frac{1}{4}}x^{\frac{1}{2}}+(n_1n_2)^{-\frac{5}{8}}x^{\frac{3}{4}})x\log^2 x,$$

其中隐性常数仅依赖于f,g,h. 综合上述估计, 我们容易完成(21.16)的证明.

§21.5 关于二次根的一个Poincaré级数

我们在本节将(21.18)给出的线性型$\mathcal{L}_d(x)$解释成§16.2和§16.3中考虑的那种关于群$\Gamma_0(d)$的Poincaré级数. 本节中$z=x+\mathrm{i}y$表示上半平面$\mathbb{H}$中点, 所以x不再是上节中的变量.

我们首先回顾正定二元二次型与模形式的各种联系. §22.1中也重温了一些相关的事实. 固定负整数D, 考虑判别式为$b^2-ac=D$所有的二次型(中项系数为偶数)

$$\varphi(X,Y) = aX^2 + 2bXY + cY^2.$$

(如有必要, 乘以-1)我们可以假设$a, c > 0$, 所以φ为正定的. φ的两个零点是共轭的. 考虑在$\mathbb{H}$中的那个零点

$$z_\varphi = \tfrac{b+\sqrt{D}}{c}.$$

模群$\Gamma = \mathrm{SL}_2(\mathbb{Z})$通过线性换元作用于判别式为$D$的二次型上: 设$\sigma = \left(\begin{smallmatrix}\alpha & \beta \\ \gamma & \delta\end{smallmatrix}\right) \in \Gamma$, 则

$$\varphi^\sigma(X,Y) = \varphi(\alpha X + \gamma Y, \beta X + \delta Y).$$

这个作用于取零点相容, 即$\sigma z_\varphi = z_{\varphi^\sigma}$. 令$F$为$\Gamma$的标准基本区域(见(22.10)和(22.11)). 每个判别式为D的二次型等价于(关于Γ的作用)$z_\varphi \in F$的二次型φ. 记表示类的根集为

$$\Lambda = \{z_\varphi \in F | \operatorname{disc}(\varphi) = D\}.$$

因此, $b^2 - ac = D (a, b, c \in \mathbb{Z}, a, c > 0)$的解集与$z$的轨道$\{\sigma x | \sigma \in \Gamma/\Gamma_z\}$之间存在一一对应, 其中$\Gamma_z$为$z$的稳定群. 由此可得

$$\rho_h(n) = \sum_{b^2 \equiv D \bmod n} \mathrm{e}\left(\tfrac{hb}{n}\right) = \sum_{z \in \Lambda} |\Gamma_z|^{-1} \sum_{\substack{\sigma \in \Gamma_\infty \backslash \Gamma \\ \operatorname{Im}(\sigma) = \frac{\sqrt{|D|}}{n}}} \mathrm{e}(h \operatorname{Re}(\sigma z)).$$

接下来我们将内和根据子群$\Gamma_0(d)$的陪集类分组得到

(21.20)
$$\rho_h(n) = \sum_{z \in \Lambda} |\Gamma_z|^{-1} \sum_{\tau \in \Gamma(d) \backslash \Gamma} \sum_{\substack{\sigma \in \Gamma_\infty \backslash \Gamma_0(d) \\ \operatorname{Im}(\sigma\tau z) = \frac{\sqrt{|D|}}{n}}} \mathrm{e}(h \operatorname{Re}(\sigma\tau z)).$$

我们将利用这个关于数$n \equiv 0 \bmod d$的公式. 这个同余式可以变成如下关于z, τ(但没有σ)的求和条件:

(21.21)
$$\frac{\sqrt{|D|}}{\operatorname{Im}(\tau z)} \equiv 0 \bmod d.$$

注意这个条件不依赖于陪集$\Gamma_0(d)\tau$中代表元的选取.

我们现在准备估计线性型

(21.22)
$$\mathcal{L}_d = \sum_{n \equiv 0 \bmod d} \rho_h(n) F\left(\tfrac{2\pi h \sqrt{|D|}}{n}\right),$$

其中$F(u)$是$\mathbb{R}^+$上有紧支集的光滑函数. 代入(21.20), 整理得到

(21.23)
$$\mathcal{L}_d = \sum_{z \in \Lambda} |\Gamma_z|^{-1} \sum_{\tau \in \Gamma_0(d) \backslash \Gamma}^{\flat} P_h(\tau z),$$

其中$\sum^\flat$表示由同余式(21.21)给出的τ的限制, $P_h(z)$是关于群$\Gamma_0(d)$的Poincaré级数:

(21.24)
$$P_h(z) = \sum_{\sigma \in \Gamma_\infty \backslash \Gamma_0(d)} F(2\pi h \operatorname{Im}(\sigma z)) \, \mathrm{e}(h \operatorname{Re}(z)).$$

公式(21.21)真正地将线性型$\mathcal{L}_d$用Poincaré级数$P_h(z)$表示出来了, 因为满足(21.21)的点τz相对少. 确切地说, 点$z \in \Lambda$的个数是类数$h(D)$, 陪集$\Gamma_0(d)\tau (\tau \in \Gamma)$的个数为指标

$$[\Gamma : \Gamma_0(d)] = d \prod_{p | d} (1 + \tfrac{1}{p}).$$

这个数本身很大, 但是并非每个τ满足(21.21). 对每个$z \in \Lambda$, 令$\nu(d,z)$表示使得(21.21)成立的陪集$\Gamma_0(d)\tau$, $\varphi = aX^2 = 2bXY + cY^2$为对应$z$的二次型. 注意到$\frac{\sqrt{|D|}}{\mathrm{Im}(z)} = c = \varphi(0,1)$, 于是关于

$$\tau = \begin{pmatrix} \alpha & \beta \\ \gamma & \delta \end{pmatrix}$$

的条件(21.21)即为

(21.25)
$$\varphi((0,1)\tau) = \varphi(\gamma,\delta) = a\gamma^2 + 2b\gamma\delta + c\delta^2 \equiv 0 \bmod d.$$

此外, 对陪集$\Gamma_0(d)\tau$计数意味着我们对φ的根$(\gamma,\delta) \bmod d$计数(不计模d 的可逆乘数, 即所求的是射影坐标解).

我们断言

(21.26)
$$\nu(d,z) \leqslant \tau(d).$$

要证明它, 回顾我们假设D无平方因子, 所以由中国剩余定理可知我们需要证明对素数$p|D$有$\nu(p,z) \leqslant 2$. 因为$p^2 \nmid D$, 所以二次型$aX^2 + 2bXY + cY^2$模p非零. (21.25) 对$d = p, \delta \not\equiv 0 \bmod p$时的射影解对应非零二次多项式$aX^2 + 2bX + c$的根, 从而它们最多为两个. 若$p|\delta$, 唯一可能的射影根是“无穷远点” $(1,p)$, 它成立时当且仅当$p|a$, 从而此时最多有一个根, 所以总的根数恒不超过2.

注意对于测试函数

(21.27)
$$F(u) = g\left(\frac{2\pi h\sqrt{|D|}}{ux}\right),$$

(21.18)就变成(21.22). 这个特殊的函数在$Y^{-1} \leqslant u \leqslant 2Y^{-1}$内支撑, 其中

(21.28)
$$\pi h\sqrt{|D|}Y = x.$$

因此, 由上述安排和观察, 我们估计线性型$\mathcal{L}_d(x)$的问题归结为估计(21.27)给出的关于测试函数$F(u)$的Poincaré级数的问题. 我们在下节用谱方法处理$P_h(z)$.

§21.6 对该Poincaré级数的估计

我们将对所有的$z \in \mathbb{H}$关于h和级d一致地估计$P_h(z)$, 我们的目标是证明

引理 21.11 令$P_h(z)$由(21.24)给出, 其中$F(u)$在$Y^{-1} \leqslant u \leqslant 2Y^{-1}(Y \geqslant 2)$ 内支撑, 使得对$0 \leqslant j \leqslant 4$有$|F^{(j)}| \leqslant Y^j$, 则对任意的$z \in \mathbb{H}$和$\tau \in \Gamma$有

(21.29)
$$P_h(rz) \ll (y + y^{-1})^{\frac{1}{2}}((hY)^{\frac{1}{2}} + d^{-\frac{1}{2}}(d,h)^{\frac{1}{4}}(hY)^{\frac{3}{4}})\tau(dh)\log^2 Y,$$

其中$y = \mathrm{Im}(z)$, 隐性常数是绝对的.

易见关于(21.28)给出的Y的界(21.29)连同(21.26)可得(21.19), 从而我们完成了关于多项式$f(X) = X^2 - D$的定理21.8的证明.

我们仍然需要证明引理21.11. 首先有谱分解(见定理15.2):

$$P_h(z) = \sum_j (P_h, u_j)u_j(z) + \sum_{\mathfrak{a}} \frac{1}{4\pi}\int_{\mathbb{R}} \langle f, E_{\mathfrak{a}}(\cdot, \tfrac{1}{2} + \mathrm{i}t)\rangle E_{\mathfrak{a}}(z, \tfrac{1}{2} + \mathrm{i}t)\,\mathrm{d}t,$$

其中$(u_j(z))$是Maass尖形式的一组标准正交基以及关于零特征值的常值函数, $\mathfrak{a}$过$\Gamma_0(d)$的尖点.

由Cauchy-Schwarz不等式可得

$$|P_h(z)|^2 \leqslant K_d(z)R_d(h), \tag{21.30}$$

其中

$$K_d(z) = \sum_j h(t_j)|u_j(z)|^2 + \sum_{\mathfrak{a}} \frac{1}{4\pi}\int_{\mathbb{R}} h(t)|E_{\mathfrak{a}}(z, \tfrac{1}{2} + \mathrm{i}\,t)|^2 \,\mathrm{d}\,t, \tag{21.31}$$

$$R_d(h) = \sum_j \frac{1}{h(t_j)}|(P_h, u_j)|^2 + \sum_{\mathfrak{a}} \frac{1}{4\pi}\int_{\mathbb{R}} \frac{1}{h(t)}|\langle P_h, E_{\mathfrak{a}}(\cdot, \tfrac{1}{2} + \mathrm{i}\,t)\rangle|^2 \,\mathrm{d}\,t. \tag{21.32}$$

这里的$h(t)$是在无穷远处递减足够快的函数, 它是为保证收敛而引入的. 我们选取

$$h(t) = (1+t^2)^{-1} - (4+t^2)^{-1} = \frac{3}{(1+t^2)(4+t^2)}. \tag{21.33}$$

我们先估计$K_d(z)$. 为此, 注意(21.31)是自守核的谱分解:

$$K_d(z) = \sum_{\tau\in\Gamma_0(d)} k(u(z,\gamma z)),$$

其中$k(u)$是$h(t)$的Harish-Chandra/Selberg变换(见定理15.7). 此外, 注意$k(u)$是非负的, 因为$h(t)$的Fourier变换在$\mathbb{R}^+$上正值递减. 由这些事实可知: 若将$\Gamma_0(d)$替换为模群$\Gamma = \Gamma_0(1)$, 则$K_1(z)$只会增大. 完成这一步后可知对d的依赖性消失了, 增大的核是Γ-不变的, 所以对任意的$\gamma \in \Gamma, z \in \mathbb{H}$有$K_d(\tau z) \leqslant K_1(\tau z) = K_1(z)$. 利用关于模群的尖形式和Eisenstein级数的粗糙估计可推出：对任意的$\gamma \in \Gamma, z \in \mathbb{H}$有

$$K_d(\tau z) \ll y + y^{-1}, \tag{21.34}$$

其中隐性常数是绝对的. 实际上为了应用, 我们本来可以在不等式$K_d(\tau z) \leqslant K_1(z)$ 处就停止, 因为z过固定的$h(D)$个点的集合, 并且我们允许隐性常数依赖于D.

现在还剩下估计$R_d(h)$. 由(16.16)有

$$\langle P_h, u_j\rangle = (2\pi h)^{\frac{1}{2}}\bar{\rho}_j(h)\tilde{F}(t_j),$$

其中$\rho_j(h)$是$u_j(z)$的Fourier系数,

$$\tilde{F}(t) = \int_0^{+\infty} F(y)K_{\mathrm{i}\,t}(y)y^{-\frac{3}{2}}\,\mathrm{d}\,y.$$

我们先解释一下如何估计$\tilde{F}(y)$. 因为$F(y)$在2倍区间$Y^{-1} \leqslant y2Y^{-1}(Y \geqslant 2)$上支撑, 利用$K_{\mathrm{i}\,t}(y)$ 在点$\frac{1}{2} \pm \mathrm{i}\,t + 2\ell(\ell = 0, 1, 2, \ldots)$处的展开式得到$F(y)$的Mellin变换的快速收敛的级数是有用的. 然后对Mellin变换做4次分部积分得到因子$h(t)$(见(21.33)). 接下来我们用Stirling公式(5.112)估计得到的项, 相加即得谱上的$\tilde{F}(t)$满足

$$\tilde{F}(t) \ll h(t)(\cosh\pi t)^{-\frac{1}{2}}Y^{\frac{3}{2}}(Y^{\mathrm{i}\,t} + Y^{-\mathrm{i}\,t} + 3\log Y).$$

这个结果实际上是沿着上述思路分别在$0 < \mathrm{i}\,t < \frac{1}{2}, 0 \leqslant t < \frac{1}{2}, \frac{1}{2} \leqslant t < +\infty$的范围内导出三个不同的界的综合. 因此我们得到

$$h(t_j)^{-1}|\langle P_h, u_j\rangle|^2 \ll hYH(t_j)|\rho_j(h)|^2,$$

其中

$$H(t) = \frac{h(t)}{\cosh(\pi t)}(Y^{2\mathrm{i}t} + Y^{-2\mathrm{i}t} + 9\log^2 Y).$$

对Poincaré级数P_h与Eisenstein级数$E_{\mathfrak{a}}$的内积有类似的估计. 由这些估计得到

$$R_d(h) \ll hY\Big(\sum_j H(t_j)|\rho_j(h)|^2 + \sum_{\mathfrak{a}} \frac{1}{4\pi}\int_{\mathbb{R}} H(t)|\tau_{\mathfrak{a}}(h,t)|^2 \,\mathrm{d}\,t\Big),$$

其中$\tau_{\mathfrak{a}}(h,t)$是$E_{\mathfrak{a}}(z, \frac{1}{2} + \mathrm{i}\,t)$的Fourier系数(见(16.22)). 于是利用(16.56)和(16.58)可得

$$R_d(h) \ll hY(1 + d^{-1}(d,h)^{\frac{1}{2}}(h(Y))^{\frac{1}{2}})\tau^2(dh)\log^4 Y. \tag{21.35}$$

最后将(21.34)和(21.35)代入(21.30), 我们就完成了引理21.11的证明.

第 22 章　虚二次域

§22.1　二元二次型

我们感兴趣的主要是虚二次域$K = \mathbb{Q}(\sqrt{D})$, 但是为了从历史的观点进行讨论, 我们首先回顾二元二次型理论. 设

$$\varphi(X,Y) = aX^2 + bXY + cY^2 \tag{22.1}$$

为判别式为

$$D = b^2 - 4ac < 0 \tag{22.2}$$

的二元二次型(以下简称为二次型). 我们没有假设D是基本判别式, 但是, 我们只考虑本原型, 即满足

$$(a,b,c) = 1. \tag{22.3}$$

这个限制并不严重, 因为任意二次型都是一个本原型的倍数. (若有必要)改变系数的符号, 我们可以假设

$$a > 0,\ c > 0, \tag{22.4}$$

所以φ是正定的. 我们分别称a, b, c为首项系数, 中项系数和末项系数. 二次型$\varphi(X,Y)$在复数域上可以分解为线性因子:

$$\varphi(X,Y) = a(X + z_aY)(X + \bar{z}_aY) = c(z_cX + Y)(\bar{z}_cX + Y), \tag{22.5}$$

其中

$$z_a = \tfrac{b+\sqrt{D}}{2a},\ z_c = \tfrac{b+\sqrt{D}}{2c}. \tag{22.6}$$

实际上, 这些根z_a, z_c与b有关, 但是我们没有让它显现出来. 我们在本章总假定$z_a, z_c \in \mathbb{H}$. 注意$z_a\bar{z}_c = 1$.

模群$\Gamma = \mathrm{SL}_2(\mathbb{Z})$通过酉模变换作用于判别式$D$给定的本原型上: 若$\sigma = \left(\begin{smallmatrix} \alpha & \beta \\ \gamma & \delta \end{smallmatrix}\right)$, 则

$$\varphi^\sigma(X,Y) = \varphi(\alpha X + \gamma Y, \beta X + \delta Y) = a^\sigma X^2 + b^\sigma XY + c^\sigma Y^2, \tag{22.7}$$

其中

$$\begin{cases} a^\sigma &= a\alpha^2 + b\alpha\beta + c\beta^2 \\ b^\sigma &= 2a\alpha\gamma + b(\alpha\delta + \beta\gamma) + 2c\beta\delta \\ c^\sigma &= a\gamma^2 + b\gamma\delta + c\delta^2. \end{cases} \tag{22.8}$$

这个作用与$\mathbb{H}$上分式线性变换的作用相容，所以根不变.

称两个二次型φ, ψ等价，如果它们属于同一个Γ-轨道，即存在$\sigma \in \Gamma$使得$\psi = \varphi^\sigma$，此时记为$\varphi \sim \psi$. 我们记φ所在的等价类为

$$[\varphi] = \{\varphi^\sigma | \sigma \in \Gamma\}. \tag{22.9}$$

显然，每个等价类可以由唯一的二次型$\varphi(X,Y) = ax^2 + bXY + cY^2$表示，使得其根$z_\alpha$在模群的标准基本区域$F = F^- \cup F^+$中，其中

$$F^- = \{z \in \mathbb{H} | |z| > 1, -\tfrac{1}{2} < x < 0\}, \tag{22.10}$$

$$F^+ = \{z \in \mathbb{H} | |z| \geqslant 1, 0 \leqslant x \leqslant \tfrac{1}{2}\}. \tag{22.11}$$

称这样的二次型φ为约化的，它可以由系数刻画如下：

$$-a < b \leqslant a \leqslant c, \text{且若} a = c \text{时}, b \geqslant 0. \tag{22.12}$$

由于$\mathrm{Im}(z_a) = \frac{\sqrt{|D|}}{2a} \geqslant \frac{\sqrt{3}}{2}$，约化型的首项系数满足

$$a \leqslant \sqrt{\tfrac{|D|}{3}}. \tag{22.13}$$

因此约化型的个数有限，称这个数$h = h(D)$为判别式D的类数，因为它定义不同的等价类的个数.

固定二次型φ的变换$\tau \in \Gamma$称为φ的自守变换，它们构成有限循环群$\mathrm{Aut}(\varphi) = \{\tau \in \Gamma | \varphi^\tau = \varphi\}$，其阶数为

$$w = \begin{cases} 6, & \text{若} D = -3, \\ 4, & \text{若} D = -4, \\ 2, & \text{若} D < -4. \end{cases} \tag{22.14}$$

等价的型具有共轭的自守群，即

$$\mathrm{Aut}(\varphi^\sigma) = \sigma\,\mathrm{Aut}(\varphi)\sigma^{-1}.$$

对约化型φ, $\mathrm{Aut}(\varphi)$的生成元为：

$$\begin{aligned} R &= \begin{pmatrix} & -1 \\ 1 & 1 \end{pmatrix}, && \text{若}\varphi(X,Y) = X^2 + XY + Y^2, \\ S &= \begin{pmatrix} & -1 \\ 1 & \end{pmatrix}, && \text{若}\varphi(X,Y) = X^2 + Y^2, \\ T &= \begin{pmatrix} -1 & \\ & -1 \end{pmatrix}, && \text{若} D < -4. \end{aligned}$$

注意对所有的整数k，二次型$\varphi(X + kY, Y)$等价，称这样的二次型互相平行. 平行型的首项系数a相同，中项系数在模$2a$的相同同余类中. Gauss在其著作《算术探究》(*Disquisitiones Arithmetica*)中介绍了给定判别式的二次型的合成. 这个构造后来被Dirichlet 简化，但是只是针对满足

$$(a_1, \frac{b_1 + b_2}{2}, a_2) = 1 \tag{22.15}$$

的两个二次型$\varphi_1(X,Y) = a_1X^2 + b_1XY + c - 1Y^2, \varphi_2(X,Y) = a_2X^2 + b_2XY + c_2Y^2$进行了简化. 注意$b_1, b_2$ 有相同的奇偶性(因为$b_1 \equiv b_2 \equiv D \bmod 2$)，所以$\frac{b_1+b_2}{2}$是整数. 若Dirichlet条件(22.15) 成

立, 称φ_1, φ_2为一致的. 显然, 这个关系可以推广到平行型的类. 对一致的两个二次型, 存在唯一的$b \bmod 2a_1a_2$使得

$$b \equiv b_1 \bmod 2a_1, b \equiv b_2 \bmod 2a_2, b^2 \equiv D \bmod 4a_1a_2. \tag{22.16}$$

设$b^2 - D = 4a_1a_2c$, 我们推出判别式为D的本原型

$$\varphi(X,Y) = a_1a_2X^2 + bXY + cY^2, \tag{22.17}$$

它满足等式

$$\varphi(x,y) = \varphi_1(x_1,y_1)\varphi_2(x_2,y_2), \tag{22.18}$$

其中$x = x_1x_2 - cy_1y_2, y = a_1x_1y_2 + by_1y_2 + a_2x_2y_1$. 这就是关于平行型的一致类的Dirichlet合成公式.

我们现在利用Dirichlet公式定义任意两个等价类的合成. 称正整数m被φ恰当表示, 如果存在$(\alpha,\gamma) = 1$使得

$$m = \varphi(\alpha,\gamma). \tag{22.19}$$

因为φ正定, 恰当表示的方法数有限, 记为$r_\varphi^*(m)$. 等价的二次型恰当表示的是同样的数, 它们就是那些可以作为二次型等价类的首项系数出现的数. 每个本原型可以恰当表示一个与任意给定正整数互素的数. 因此, 给定两个类$\mathcal{A}_1, \mathcal{A}_2$, 我们能够选取代表元$\varphi_1, \varphi_2$满足$(a_1, a_2) = 1$, 这样的二次型是一致的. 于是(22.17)确定了第三个类$\mathcal{A} = \mathcal{A}_1\mathcal{A}_2 = [\varphi]$. 我们可以证明$\mathcal{A}$不依赖于代表元$\varphi_1, \varphi_2$的选取, 从而Dirichlet合成法诱导了定义合理的类的乘法. 这个合成法是可换的, 也是结合的(后一性质不明显). 这就使得所有不同的等价类集合$\mathcal{H}$成为h阶有限Abel群. $\mathcal{H}$的单位元(记为1) 是包含主型

$$\begin{cases} \varphi = X^2 - \frac{D}{4}Y^2, & 若D \equiv 0 \bmod 4 \\ \varphi = X^2 + XY + \frac{1-D}{4}Y^2, & 若D \equiv 1 \bmod 4 \end{cases} \tag{22.20}$$

的类. $\varphi(X,Y) = aX^2 + bXY + cY^2$的逆类是包含$\bar{\varphi}(X,Y) = aX^2 - bXY + cY^2$的类, 成为反型. 注意$\bar{\varphi}(X,Y)$与$\varphi(Y,X)$(通过交换首项系数与末项系数得到的二次型)等价.因此被类$\mathcal{A}$恰当表示的数集与被$\mathcal{A}^{-1}$ 恰当表示的数集相同.

关于哪些数能被给定的二次型恰当表示的问题, 人们并没有简单的答案. 但是, 对于正整数m能否被某个判别式为D的本原型恰当表示, 我们有一个简单的充要条件, 即同余式

$$b^2 \equiv D \bmod m \tag{22.21}$$

的可解性. 令$R_D(m)$记表示m的判别式为D的非等价二次型的完全系的个数, 所以

$$R_D(m) = \sum_\varphi \sum_{d^2|m} r_\varphi^*(\tfrac{m}{d^2}),$$

其中φ过非等价二次型. 若$(m,D) = 1$, 则有

$$R_D(m) = w \sum_{d|m} \chi_D(d), \tag{22.22}$$

其中χ_D为Kronecker符号. 我们将看到对于特殊的判别式(方便(idoneal) 数), 从上述公式得到由单个二次型表示的数(因为恰好有一类二次型表示m). Gauss在种理论中解释了这种“方便数的”情形, 我们将用现代术语介绍它.

我们首先根据有理(而不是整数的)酉模变换将给定判别式的二元二次型进行分类. 称两个二次型φ, ψ同种, 若存在$\sigma = \begin{pmatrix} \alpha & \beta \\ \gamma & \delta \end{pmatrix} \in \mathrm{SL}_2(\mathbb{Q})$使得$\psi(X, Y) = \varphi(\alpha X + \gamma Y, \beta X + \delta Y)$. 事实上, 只需对各项满足行列式为$8D$ 的元验证即可. 显然, 等价的二次型同种, 但反之不对. 实际上, 逆类$\mathcal{A}^{-1}$与$\mathcal{A}$同种, 但是$\mathcal{A}^{-1}$ 与$\mathcal{A}$不一定相同. 每个种有相同数量的类. 包含主型类的种称为主种, 记为$\mathcal{G}$, 令

$$h_1 = |\mathcal{G}|. \tag{22.23}$$

Gauss的一个很漂亮的定理指出$\mathcal{G}$由类的平方组成, 即

$$\mathcal{G} = \{\mathcal{A}^2 | \mathcal{A} \in \mathcal{H}\}. \tag{22.24}$$

因此$\mathcal{G}$是$\mathcal{H}$的子群. 商群$\mathcal{F} = \mathcal{H}/\mathcal{G}$称为种群.

我们称二次型φ为模糊的, 若它等价于$\bar{\varphi}$. 换句话说$\mathcal{A} = [\varphi]$在群$\mathcal{H}$中的指数为2. 这样的类构成子群

$$\mathcal{E} = \{\mathcal{A} \in \mathcal{H} | \mathcal{A}^2 = 1\}. \tag{22.25}$$

因此$\mathcal{E}$同构于$\mathcal{F}$, 因为它是同态$\mathcal{A} \to \mathcal{A}^2$的核. 令

$$h_0 = |\mathcal{E}|, \tag{22.26}$$

我们有$h = h_0 h_1$.

模糊类的群$\mathcal{E}$是$\mathcal{H}$中易于理解的部分. 约化的模糊型φ可以通过在F^+的边界上有根z_a, 即

$$z_a = \tfrac{b + \sqrt{D}}{2a} \in \partial F^+ \tag{22.27}$$

来刻画. 因此约化型$\varphi(X, Y) = aX^2 + bXY + cY^2$是模糊的当且仅当$a = b, a = c, b = 0$, 在这些情形, 判别式可以分别分解为$D = a(a - 2c), D = (b - 2a)(b + 2a), D = -4ac$. 利用这些刻画可以计算$h_0$为

$$h_0 = 2^{r + s_1}, \tag{22.28}$$

其中r是D的不同奇素因子个数, $s = 0, 1, 2$. 确切地说, 若$D \equiv 1 \bmod 4$, 则$s = 0$; 若$D = -4N$, 则

$$\begin{cases} s = 0, & \text{若} N \equiv 3, 7 \bmod 8, \\ s = 1, & \text{若} N \equiv 1, 2, 4, 5, 6 \bmod 8, \\ s = 2, & \text{若} N \equiv 0 \bmod 8. \end{cases} \tag{22.29}$$

若与D互素的正整数m可以被判别式为D的二次型恰当表示(即(22.21)可解), 则它只能由一个种中的二次型表示, 事实上仅剩余类$m \bmod D$就确定了这个种. 在这方面, Gauss对判别式D规定了$r + s$个种特征组成的种特征系. 它们是关于每个$p|D (p > 2)$ 的Legendre符号; 若$D = -4N$, 我们还有如下模8的特征:

$$\begin{cases} \text{不存在}, & \text{若} N \equiv 3,7 \bmod 8, \\ \chi_4, & \text{若} N \equiv 1,4,5 \bmod 8, \\ \chi_8, & \text{若} N \equiv 6 \bmod 8, \\ \chi_4\chi_8, & \text{若} N \equiv 2 \bmod 8, \\ \chi_4, \chi_8, & \text{若} N \equiv 0 \bmod 8. \end{cases}$$

令$\mathcal{S}$表示种特征系, 则有

$$\prod_{\chi \in \mathcal{S}} \chi = \chi_D. \tag{22.30}$$

因此, 若m由判别式D满足$(m, D) = 1$的二次型表示, 则由(22.30)与(22.21)得到$\prod_{\chi \in \mathcal{S}} \chi(m) = \chi_D(m) = 1$. 两个数$m, n$能被同种的二次型表示当且仅当对所有的$\chi \in \mathcal{S}$有$\chi(m) = \chi(n)$. 因此, 二次型的种可以由满足

$$\prod_{\chi \in \mathcal{S}} \varepsilon_\chi = 1 \tag{22.31}$$

的符号$\varepsilon_\chi = \pm 1$的集合刻画, 此时的符号有$2^{|\mathcal{S}|-1}$种选择.

现在我们回到公式(22.22). 根据种理论, 它给出了代表该种, 不变量为

$$\varepsilon_\chi = \chi(m), \ \forall \chi \in \mathcal{S}, \tag{22.32}$$

表示m的二次型的个数. 如果在每个种中只存在一个类, 则$R_D(m)$就变成由一个二次型表示的方法数. 因此我们会问: 哪些判别式D满足$h_1 = |\mathcal{G}| = 1$, 或者等价地

$$\mathcal{A}^2 = 1, \ \forall \mathcal{A} \in \mathcal{H}. \tag{22.33}$$

我们沿用Euler的说法称这样的判别式为“方便数”(numerus idoneus, 英语中称为idoneal number或convenient number, 法语中称为number convenable). 事实上, Euler考虑了形如$D = -4N$的判别式, 称N(而不是D) 为方便数. Gauss列出了65个这样的数:

$$\begin{cases} N = 1,2,3,4,7, & \text{其中} h(D) = 1, \\ N = 5,6,8,9,10 (\text{还有10个}), & \text{其中} h(D) = 2, \\ N = 21,24,30,33 (\text{还有20个}), & \text{其中} h(D) = 4, \\ N = 105,120 (\text{还有15个}), & \text{其中} h(D) = 8, \\ N = 840,1320,1365,1848, & \text{其中} h(D) = 16. \end{cases}$$

Gauss的列表中的最后一个数$N = 1\,849$是已知的最大方便数. W.E. Briggs与S. Chowla[24]证明了超过10^{65}的数中最多有一个这样的数.

方便数具有如下性质: 本质上最多有一种方式将素数表示成$x^2 + Ny^2$的形式, 而对于合数(如果存在的话)则有好几种表示(详情见[48]). 这个性质为素性检验提供了一种算法, 它是促使Euler将方便数的研究置于首位的动力源泉.

§22.2 类群

从现在起, 我们假设D是负的基本判别式. 我们可以由下述性质刻画基本判别式: 每个判别式为$b^2 - 4ac = D$的二次型$\varphi(X, Y) = aX^2 + bXY + cY^2$是本原的, 即$(a, b, c) = 1$. 这样的负的判别式

形如$D \equiv 1 \bmod 4$, D无平方因子, 或者$D = -4N$, N无平方因子且满足

$$N \equiv 1, 2, 5, 6 \bmod 8. \tag{22.34}$$

相关的Kronecker符号$\chi_D(m) = (\frac{D}{m})$(见(3.43))是导子为$-D$的实本原特征. 人们发现基本判别式就是二次域的判别式.

我们在本节用到§3.8中描述的虚二次域$K = \mathbb{Q}(\sqrt{D})$理论的记号. 二次型$\varphi(X, Y)$(其中$a > 0, c > 0, b^2 - 4ac = D < 0$)一一对应于本原理想

$$\mathfrak{a} = [a, \tfrac{b+\sqrt{D}}{2}] = a[1, z_a] \subset \mathcal{O}. \tag{22.35}$$

因此上节用到的关于二次型的术语和结果可以自然地平移到理想上来. 我们在本节就来完成这个平移工作.

回顾下述记号:

$$\begin{array}{ll} I: & \text{非零分式理想群,} \\ P: & \text{主(分式)理想子群,} \\ \mathcal{H} = I/P: & \text{类群,} \\ h = |\mathcal{H}|: & \text{类数,} \\ \mathfrak{d} = (\sqrt{D}): & \text{差分.} \end{array}$$

每个类$\mathcal{A} \in \mathcal{H}$有唯一的本原理想(22.35), 使得$z_a$在模群$\Gamma = \mathrm{SL}_2(\mathbb{Z})$的基本区域$F = F^- \cup F^+$中, 称这样的理想为约化的. 因此约化理想的个数是h. 子群

$$\mathcal{G} = \{\mathcal{A}^2 | \mathcal{A} \in \mathcal{H}\}$$

称为主种, 商群$\mathcal{F} = \mathcal{H}/\mathcal{G}$称为种群. 因此两个非零的理想$\mathfrak{a}, \mathfrak{b}$同种当且仅当存在$\mathfrak{c} \in I$使得$\mathfrak{a} = \mathfrak{b}\mathfrak{c}^2$. 我们也可以证明$\mathfrak{a}, \mathfrak{b}$同种当且仅当存在$\gamma \in K^*$使得

$$\mathrm{N}\,\mathfrak{a} = \mathrm{N}\,\mathfrak{b}\,\mathrm{N}\,\gamma. \tag{22.36}$$

称类$\mathcal{A} \in \mathcal{H}$为模糊的, 若$\mathcal{A} = \mathcal{A}^{-1}$, 即$\mathcal{A}^2 = 1$. 作为同态$\mathcal{A} \to \mathcal{A}^2$的核的模糊类的群

$$\mathcal{E} = \{\mathcal{A} \in \mathcal{H} | \mathcal{A}^2 = 1\}$$

与种群$\mathcal{F}$同构. 二次型与本原理想之间的对应将模糊型映为模糊理想(称$\mathfrak{a}$为模糊理想, 若$\mathfrak{a}^2$为主理想). 由此可知每个模糊理想类$\mathcal{A}$ 有约化本原理想$\mathfrak{a}$使得$z_{\mathfrak{a}}$在F^+的边界. 回顾约化模糊型$\varphi(X, Y) = aX^2 + bXY + cY^2$满足$a = b, a = c$或者$b = 0$, 由此可知判别式分别有如下分解:

$$-D = d_1 d_2 = a(4c - a),\ (2a - b)(2a + b),\ 4ac,$$

其中$d_2 > d_1 > 0, (d_1, d_2) = 1$(由$D$为基本判别式可知这些因子互素). 反过来, 分解式$-D = d_1 d_2$满足$d_2 > s_1 > 0, (d_1, d_2) = 1$时, 可得约化模糊型. 例如, 若$D \equiv 1 \bmod 4$, 则有

$$\begin{cases} \varphi(X, Y) = d_1 X^2 + d_1 XY + \frac{d_1 + d_2}{4} Y^2, & d_2 > 3d_1, \\ \varphi(X, Y) = \frac{d_1 + d_2}{4} X^2 + \frac{d_2 - d_1}{2} XY + \frac{d_1 + d_2}{4} Y^2, & d_2 < 3d_1. \end{cases}$$

相应地, 由约化本原模糊理想可以将差分$\mathfrak{d} = (\sqrt{D})$分解为$\mathfrak{d} = \mathfrak{d}_1\mathfrak{d}_2, (\mathfrak{d}_1, \mathfrak{d}_2) = 1$. 注意$\mathcal{C}\ell(\mathfrak{d}_1) = \mathcal{C}\ell(\mathfrak{d}_2)$. 不同的这种分解(不计因子$\mathfrak{d}_1, \mathfrak{d}_2$的次序)得到不同的模糊类, 因此

$$h_0 = |\mathcal{E}| = 2^{t-1}, \tag{22.37}$$

其中$t = \omega(|D|)$为D的不同素因子的个数(注意(22.37)与(22.38)在基本判别式的情形一致).

理想的种可以由类群的实特征的值确定. 这些特征的值是在D分解为两个基本判别式D_1, D_2后给出的. 注意D_1, D_2的符号相反, 且互素, 所以我们在不计次序时有2^{t-1}个不同的分解. 首先定义χ_{D_1,D_2}在素理想上的值:

$$\chi_{D_1,D_2}(\mathfrak{p}) = \begin{cases} \chi_{D_1}(\mathrm{N}\,\mathfrak{p}), \\ texte \mathfrak{p} \nmid D_1 \\ \chi_{D_2}(\mathrm{N}\,\mathfrak{p}), & 若\mathfrak{p} \nmid D_2 \end{cases} \tag{22.38}$$

(由于$(\mathfrak{a}, D) = 1$时, $\chi_D(\mathrm{N}\,\mathfrak{a}) = 1$, 所以这个定义是合理的), 然后通过乘性将$\chi_{D_1,D_2}$的定义推广到所有的非零分式理想上. 我们得到特征$\chi_{D_1,D_2} : I \to \{\pm 1\}$, 使得对所有的$\mathfrak{a} \in P$有$\chi_{D_1,D_2}(\mathfrak{a}) = 1$. 事实上, 若$\mathfrak{a} = (\alpha), \alpha = \frac{1}{2}(m + n\sqrt{D}), (\alpha, D) = 1$, 则有$\chi_{D_1,D_2}(\alpha) = \chi_{D_1}(\frac{1}{4}(m^2 - n^2 D)) = \chi_{D_1}(\frac{m^2}{4}) = 1$(同理可以对其他情形进行验证). 因此$\chi_{D_1,D_2} \in \mathcal{H}$. 这些特征就构成类群的全部实特征, 称为种特征. 两个理想$\mathfrak{a}, \mathfrak{b} \in I$同种当且仅当对所有的种特征$\chi$有

$$\chi(\mathfrak{a}) = \chi(\mathfrak{b}).$$

Gauss种理论由于其对模糊类的精确刻画已经被证实对素性检验和分解技术都非常有用. D. Shanks[296]描述的利用类群结果分解$-D$的方法只需要$O(|D|^{\frac{1}{4}})$次运算.

若$-D$是素数, 则这个类群是主种$\mathcal{H} = \mathcal{G}$. 这时$\mathcal{H}$往往倾向于成为循环群. 我们采用Gauss的说法称判别式D(不一定是负素数)为正则的, 若主种是循环群(这一点不同于分圆域理论中出现的正则素数). 我们还不知道是否有无限多个正则判别式. 但是, 数据证明存在很大比例的这种正则判别式. [97]中猜想正则判别式在所有判别式中的比例(都是指负的判别式)为

$$(\zeta(6)\prod_{n=1}^{\infty}\zeta(n))^{-1} = 0.846\,9\ldots.$$

Gauss种理论对类群的2-Sylow子群给出全面描述. 对于$\mathcal{H}$的其他p-Sylow子群有一些有趣, 但不完整的发展, 特别是Davenport与Heilbronn[53]对$p = 3$给出的结果. 根据Cohen-Lenstra的探究, 虚二次域在其理想类群中有p阶元的概率为

$$1 - \prod_{n=1}^{\infty}(1 - p^{-n}).$$

§22.3 类群的L函数

令$\chi : \mathcal{H} \to \mathbb{C}^*$为类群的特征. 对$\mathrm{Re}(s) > 1$定义

$$L_K(s, \chi) = \sum_{\mathfrak{a}} \chi(\mathfrak{a})(\mathrm{N}\,\mathfrak{a})^{-s}, \tag{22.39}$$

此时级数绝对收敛. 注意$L_K(s, \bar{\chi}) = L_K(s, \chi)$. 对任意的本原理想$\mathfrak{a} = [a, \frac{b+\sqrt{D}}{2}]$ 有

$$\sum - \chi \in \hat{\mathcal{H}}\chi(\mathfrak{a})L_K(s,\chi) = h\sum_{\mathfrak{b}\sim\mathfrak{a}}(\mathrm{N}\,\mathfrak{b})^{-s} = \tfrac{h}{w}\mathfrak{a}^{-s}\sum_{0\neq\alpha\in\mathfrak{a}^{-1}}|\alpha|^{-2s},$$

其中$\mathfrak{b} = (\alpha)\mathfrak{a}$. 因为$\mathfrak{a}^{-1} = \mathbb{Z} + \bar{z}_{\mathfrak{a}}\mathbb{Z}$, 我们推出

$$\begin{aligned}\sum_{0\neq\alpha\in\mathfrak{a}^{-1}}|\alpha|^{-2s} &= \sum\sum_{(m,n)\neq(0,0)}|m+nz_{\mathfrak{a}}|^{-2s}\\ &= \zeta(2s)\sum\sum_{(m,n)=1}|m+nz_{\mathfrak{a}}|^{-2s}\\ &= 2\zeta(2s)(\tfrac{\sqrt{|D|}}{2a})^{-s}E(z_{\mathfrak{a}},s),\end{aligned}$$

其中

$$E(z,s) = \sum_{\gamma\in\Gamma_\infty\backslash\Gamma}(\mathrm{Im}(\gamma z))^s = \tfrac{1}{2}\sum\sum_{(m,n)=1}y^s|m+nz|^{-2s}$$

是关于模群的Eisenstein级数. 这样就得到

$$\sum_{\chi\in\hat{\mathcal{H}}}\chi(\mathfrak{a})L_K(s,\chi) = \tfrac{2h}{w}(\tfrac{\sqrt{|D|}}{2})^{-s}\zeta(2s)E(z_{\mathfrak{a}},s). \tag{22.40}$$

设

$$\theta(s) = \pi^{-s}\Gamma(s)\zeta(2s), \tag{22.41}$$

$$E^*(z,s) = \theta(s)E(z,s), \tag{22.42}$$

$$\Lambda_K(s,\chi) = (2\pi)^{-s}\Gamma(s)|D|^{\frac{s}{2}}L_K(s,\chi). \tag{22.43}$$

在这个记号下, (22.40)变成

$$\sum_{\chi\in\hat{\mathcal{H}}}\chi(\mathfrak{a})\Lambda_K(s,\chi) = \tfrac{2h}{w}E^*(z_{\mathfrak{a}},s). \tag{22.44}$$

由Fourier反转公式(特征的正交性)得到

$$\Lambda_K(s,\chi) = \tfrac{2}{w}\sum_{\mathfrak{a}}\chi(\mathfrak{a})E^*(z_{\mathfrak{a}},s), \tag{22.45}$$

其中$\mathfrak{a}$过本原非等价理想集(约化理想集是一个好的选择). 由这个公式可知Hecke L函数继承了Eisenstein级数的解析性质.

熟知(见(15.13))$E^*(z,s)$有Fourier展开式:

$$E^*(z,s) = \theta(s)y^s + \theta(1-s)y^{1-s} + 4\sqrt{y}\sum_{n=1}^{\infty}\tau_{s-\frac{1}{2}}(n)K_{s-\frac{1}{2}}(2\pi ny)\cos(2\pi nx), \tag{22.46}$$

其中

$$\tau_\nu(n) = \sum_{ad=n}(\tfrac{a}{d})^\nu. \tag{22.47}$$

这个Fourier展开式将$E(z,s)$解析延拓到整个复s-平面, 它说明$E(z,s)$在$\mathrm{Re}(s) \geqslant \frac{1}{2}$内只在$s = 1$处有单极点, 其留数为$\frac{3}{\pi}$, 且满足函数方程

$$E^*(z,s) = E^*(z,1-s). \tag{22.48}$$

将(22.46)代入(22.45)得到Fourier展开式

$$\Lambda_K(s,\chi)=\tfrac{2}{w}\sum_{\mathfrak{a}}\chi(\mathfrak{a})\big(\theta(s)(\tfrac{\sqrt{|D|}}{2a})^s+\theta(1-s)(\tfrac{\sqrt{|D|}}{2a})^{1-s}$$
$$+4(\tfrac{\sqrt{|D|}}{2a})^{\frac12}\sum_{n=1}^{\infty}\tau_{s-\frac12}(n)K_{s-\frac12}(\pi n\tfrac{\sqrt{|D|}}{a})\cos(\pi n\tfrac{b}{a})\big),\tag{22.49}$$

其中$\mathfrak{a}$过理想类的本原表示. 注意Fourier级数快速收敛, 因为Bessel函数

$$K_\nu(y)=(\tfrac{\pi}{2y})^{\frac12}\,\mathrm{e}^{-y}(1+\tfrac{\theta}{2y})$$

呈指数型衰减, 其中$y>0,\nu\in\mathbb{C},|\theta|\leqslant|\nu^2-\frac14|$(见[105]的(23.451.6)).

我们从(22.45)或(22.49)推出$L_K(s,\chi)$可以解析延拓到整个复s-平面, 它是整函数, 除了当χ平凡时在$s=1$处有单极点, 此时有

$$\operatorname*{res}_{s=1}\zeta_K(s)=\tfrac{2\pi h}{w\sqrt{|D|}},\tag{22.50}$$

并且满足函数方程

$$\Lambda_K(s,\chi)=\Lambda_K(1-s,\chi).\tag{22.51}$$

$L_K(s,\chi)$的所有上述性质都可以从Hecke的积分表示(按照Riemann的方法, 见(4.77))

$$\Lambda_K(s,\chi)=\tfrac{h\delta(\chi)}{ws(s-1)}+\int_1^{+\infty}(y^{-s}+y^{s-1})f_\chi(\tfrac{\mathrm{i}y}{\sqrt{|D|}})\,\mathrm{d}y\tag{22.52}$$

推出, 其中$\delta(\chi)$在χ平凡时为1, 否则为0,

$$f_\chi(s)=\sum_{\mathfrak{a}}\chi(\mathfrak{a})\,\mathrm{e}(z\,\mathrm{N}\,\mathfrak{a}),\tag{22.53}$$

这里的$\mathfrak{a}$过所有非零整理想. 逐项积分得到

$$\Lambda_K(s,\chi)=\tfrac{h\delta(\chi)}{ws(s-1)}+\sum_{\mathfrak{a}}\chi(\mathfrak{a})(\tfrac{\sqrt{|D|}}{2\pi a})^s\Gamma(s,\tfrac{2\pi a}{\sqrt{|D|}})$$
$$+\sum_{\mathfrak{a}}\chi(\mathfrak{a})(\tfrac{\sqrt{|D|}}{2\pi a})^{1-s}\Gamma(1-s,\tfrac{2\pi a}{\sqrt{|D|}}),\tag{22.54}$$

其中$a=\mathrm{N}\,\mathfrak{a}$, $\Gamma(s,x)$是不完全Γ函数:

$$\Gamma(s,x)=\int_x^{+\infty}\mathrm{e}^{-y}\,y^{s-1}\,\mathrm{d}y.$$

Hecke通过将$L_K(s,\chi)$分成Epstein ζ函数(它显然是由Dirichlet首先引入的)的和推出了公式(22.52):

$$Z_{\mathfrak{a}}(s)=\sum_{(m,n)\neq(0,0)}\sum\varphi_{\mathfrak{a}}(m,n)^{-s},\tag{22.55}$$

其中$\varphi_{\mathfrak{a}}(X,Y)=aX^2+bXY+cY^2$是对应于理想$\mathfrak{a}$的二次型. 继而它又是$\theta$ 函数

$$\theta_{\mathfrak{a}}(z)=\sum_m\sum_n\mathrm{e}(\varphi_{\mathfrak{a}}(m,n)z)$$

的Mellin变换. $\theta_{\mathfrak{a}}(z)$和$f_\chi(z)$都是关于群$\Gamma_0(|D|)$和特征χ_D的权为1 的模形式. 若χ不是实特征, 则$f_\chi(z)$是本原尖形式, 其Hecke特征值为

$$\lambda_\chi(n)=\sum_{\mathrm{N}\,\mathfrak{a}=n}\chi(\mathfrak{a}).\tag{22.56}$$

若χ是实特征, 设$\chi=\chi_{D_1,D_2}$, 其中$D_1D_2=D$, 则Hecke L函数可以分解为Dirichlet L函数的乘积. 确切地说, 我们可以通过对比Euler乘积的局部因子, 并利用(22.38) 以及$K(\sqrt{D})$中理想的分解律验证

(Kronecker分解公式)

$$L_K(s,\chi_{D_1,D_2})=L(s,\chi_{D_1})L(s,\chi_{D_2}). \tag{22.57}$$

对于平凡特征, 我们有Dedekind ζ函数

$$\zeta_K(s)=\sum_{\mathfrak{a}}(\mathrm{N}\,\mathfrak{a})^{-s}=\zeta(s)L(s,\chi_D)=\sum_{n=1}^{\infty}\tau(n,\chi_D)n^{-s}.$$

在这种情形, (22.45)变成

$$\Lambda_K(s)=\tfrac{2}{w}\sum_{\mathfrak{a}}E^*(z_{\mathfrak{a}},s). \tag{22.58}$$

比较两边在$s=1$处的留数可得著名的

(Dirichlet类数公式)

$$L(1,\chi_D)=\tfrac{2\pi h(D)}{w\sqrt{|D|}}. \tag{22.59}$$

习题22.1 证明: 对$D<-4$有

$$(2-\chi_D(2))h(D)=\sum-0<n<\tfrac{|D|}{2}\chi_D(n).$$

在(22.45)中取$s=\frac{1}{2}$可以得到另一个有趣的公式. 由Fourier展开式(22.46)可知$E(z,\frac{1}{2})\equiv 0$, 并且

$$E'(z,\tfrac{1}{2})=\sqrt{y}\log y+4\sqrt{y}\sum-n=1^{\infty}\tau(n)K_0(2\pi ny)\cos(2\pi nx).$$

因此$L_K(s,\chi)$的中心值为

$$L_K(\tfrac{1}{2},\chi)=\tfrac{\sqrt{2}}{w}|D|^{-\frac{1}{k}}\sum_{\mathfrak{a}}\chi(\mathfrak{a})E'(z_{\mathfrak{a}},\tfrac{1}{2}).$$

对Fourier展开式(22.61)积分得到

$$L_K(\tfrac{1}{2},\chi)=\tfrac{1}{w}\sum_{\mathfrak{a}}\tfrac{\chi(\mathfrak{a})}{\sqrt{a}}(\log\tfrac{\sqrt{|D|}}{2a}+4\sum_{n=1}^{\infty}\tau(n)K_{\mathfrak{a}}(\pi n\tfrac{\sqrt{|D|}}{a})\cos\tfrac{\pi nb}{a}). \tag{22.60}$$

利用$K_{\mathfrak{a}}(y)\ll y^{-\frac{1}{2}}\,\mathrm{e}^{-y}$, 我们由显然估计得到

$$L_K(\tfrac{1}{2},\chi)=\tfrac{1}{2}\sum_{\mathfrak{a}}\tfrac{\chi(\mathfrak{a})}{\sqrt{a}}\log\tfrac{\sqrt{|D|}}{2a}+O(h(D)|D|^{-1}).$$

这个公式对平凡类特征χ_0是有趣的. 假设$L(\frac{1}{2},\chi_D)\geqslant 0$(可由关于$L(s,\chi_D)$的Riemann猜想得到它, 但是可以设想它以后可以不经过Riemann猜想得到), 左边为$L_K(\frac{1}{2},\chi_0)=\zeta(\frac{1}{2})L(\frac{1}{2},\chi_D)\leqslant 0$, 从而得到

$$h(D)\gg\sum_{\mathfrak{a}}(\tfrac{\sqrt{|D|}}{a})^{\frac{1}{2}}\log\tfrac{\sqrt{|D|}}{a},$$

其中$\mathfrak{a}$过本原约化理想的完全系. 注意我们在对数中去掉了因子2(考虑清楚为什么可以这样做). 回顾$a=\mathrm{N}\,\mathfrak{a}\leqslant\sqrt{\frac{|D|}{3}}$, 所以上述所有的项是正数. 这就意味着$h(D)$不可能很小, 即

$$h(D)\geqslant|D|^{\frac{1}{2}}\log|D|,$$

其中隐性常数是可实效计算的. 此外, 由此可知有正比例的本原约化理想满足范数$\mathrm{N}\,\mathfrak{a} \asymp \sqrt{|D|}$. Duke[63]无条件地证明了这些点$z_{\mathfrak{a}}$在基本区域$F$ 中关于双曲测度$\mathrm{d}\,\mu = y^{-2}\,\mathrm{d}\,x\,\mathrm{d}\,y$ 是等分布的. 他的结果是非实效的, 因为它用到了Siegel界$h(D) \gg |D|^{\frac{1}{2}-\varepsilon}$(见(5.76)).

类数公式(22.59)揭示了特殊值$L(1,\chi_D)$的代数本质. 我们通过比较(22.45)的两边在$s = 1$处的Taylor展开式中的系数能够推出无限多个此类公式, 其中特别有趣的是关于常数项的公式. 从左边可得: 当χ非平凡时有

$$\Lambda_K(s,\chi) \sim \tfrac{\sqrt{|D|}}{2\pi} L_K(1,\chi); \tag{22.61}$$

当χ平凡时, 由下面的展开式

$$\begin{aligned}
(\tfrac{\sqrt{|D|}}{2\pi})^{s-1} &= 1 + (s-1)\log\tfrac{\sqrt{|D|}}{2\pi} + \cdots,\\
\Gamma(s) &= 1 - (s-1)\gamma + \cdots,\\
\zeta(s) &= \tfrac{1}{s-1} + \gamma + \cdots,\\
L(s,\chi_D) &= L(1,\chi_D) + (s-1)L'(1,\chi_D) + \cdots,
\end{aligned}$$

以及类数公式(2.59)可得

$$\Lambda_K(s,\chi) \sim \tfrac{h}{w}(\tfrac{1}{s-1} + \log\tfrac{\sqrt{|D|}}{2\pi} + \tfrac{L'}{L}(1,\chi_D)). \tag{22.62}$$

(22.45)的右边需要$E^*(z,s)$的展开式, 我们将从(22.46)中的Fourier级数推出它. 首先注意由下面的展开式可以得到$2\theta(s)y^s \sim s^{-1} + \gamma - \log 4\pi y (s \to 0)$:

$$\begin{aligned}
(\tfrac{y}{\pi})^s &= 1 + s\log\tfrac{y}{\pi} + \cdots,\\
\Gamma(s) &= \tfrac{1}{s} - \gamma + \cdots,\\
\zeta(2s) &= -\tfrac{1}{2} - s\log 2\pi + \cdots,
\end{aligned}$$

其中用到$\zeta(0) = -\frac{1}{2}, \zeta'(0) = -\frac{1}{2}\log 2\pi$. 此外, 利用$\zeta(2) = \frac{\pi^2}{6}$可得$2\theta(1-s)y^{1-s} \sim \frac{\pi}{3}y$. 因此

$$2E^*(z,s) \sim \tfrac{1}{s-1} + \gamma - \log 4\pi y + \tfrac{\pi}{3}y + 2D(z), \tag{22.63}$$

其中$D(z)$是Fourier展开式(22.46)的尾项在$s = 1$处的值, 即

$$D(z) = 4\sqrt{y}\sum_{n=1}^{\infty}\tau_{\frac{1}{2}}(n)K_{\frac{1}{2}}(2\pi ny)\cos(2\pi nx).$$

因为$K_{\frac{1}{2}}(y) = (\frac{\pi}{2y})^{\frac{1}{2}}\,\mathrm{e}^{-y}$, $\tau_{\frac{1}{2}}(n) = \sigma_{-1}(n)n^{\frac{1}{2}}$, 所以得到

$$D(z) 2\,\mathrm{Re}\sum_{n=1}^{\infty}\sigma_{-1}(n)\,\mathrm{e}(nz). \tag{22.64}$$

若对和式进行如下计算:

$$D(z) = 2\,\mathrm{Re}\sum_{n=1}^{\infty}\sum_{m=1}^{\infty} m^{-1}\,\mathrm{e}(mnz) = -2\sum_{n=1}^{\infty}\log|1-\mathrm{e}(nz)|,$$

则有

$$D(z) = -\tfrac{\pi}{6}y - 2\log|\eta(z)|, \tag{22.65}$$

其中$\eta(z)$是Dedekind η函数

$$(22.66) \qquad \eta(z) = \mathrm{e}(\tfrac{z}{24}) \prod_{n=1}^{\infty} (1 - \mathrm{e}(nz)).$$

这个η函数是关于群$\Gamma = \mathrm{SL}_2(\mathbb{Z})$的权为$\frac{1}{2}$, 具有与Dedekind和相关的适当乘子系的模形式(见[153]). 于是$\eta(z)^{24} = \Delta(z)$是著名的Ramanujan Δ函数, 这是一个权为12的本原尖形式. 因此函数

$$(22.67) \qquad F(z) = (\tfrac{2y}{\sqrt{|D|}})^{\frac{1}{2}} |\eta(z)|^2$$

是Γ-不变量(这里的因子$(\frac{2}{\sqrt{|D|}})^{\frac{1}{2}}$是为标准化使得$F(z_{\mathfrak{a}}) = a^{-1}|\eta(z_{\mathfrak{a}})|^2$ 引入的). 在这个记号下, (22.65)变成

$$(22.68) \qquad D(z) = -\tfrac{\pi}{6} y - \tfrac{1}{2} \log \tfrac{\sqrt{|D|}}{2y} - \log F(z).$$

将(22.68)代入(22.63)得到

$$(22.69) \qquad \Lambda_K(s,\chi) \sim \delta(\chi) \tfrac{h}{w} (\tfrac{1}{s-1} + \gamma - \log 2\pi\sqrt{|D|}) - \tfrac{2}{w} \sum_{\mathfrak{a}} \chi(\mathfrak{a}) \log F(z_{\mathfrak{a}}).$$

现在综合(22.70)与(22.61)(在χ平凡时, 综合(22.70)与(22.61)), 我们得到下面的精确公式:

(Kronecker极限公式) 若χ是非平凡类群特征, 则有

$$(22.70) \qquad L_K(1,\chi) = -\tfrac{4\pi}{w\sqrt{|D|}} \sum_{\mathfrak{a}} \chi(\mathfrak{a}) \log F(z_{\mathfrak{a}}).$$

此外,

$$(22.71) \qquad -\tfrac{L'}{L}(1,\chi_D) = \log|D| - \gamma + \tfrac{2}{h} \sum_{\mathfrak{a}} \log F(z_{\mathfrak{a}}).$$

将(22.71)视为非平凡种特征$\chi = \chi_{B,C}$, 它对应非平凡基本判别式B, C的分解式$D = BC$, 其中一个为负, 另一个为正, 设$B < 0 < C$. 由Kronecker公式(22.57)有$L_K(1,\chi_{B,C}) = L(1,\chi_B)L(1,\chi_C)$, 由Dirichlet 类数公式(22.59)有$L(1,\chi_B) = \frac{2\pi h(B)}{w(B)\sqrt{|B|}}$. Dirichlet还对正的判别式建立了类数公式(见(2.31)), 即

$$(22.72) \qquad L(1,\chi_C) = 2h(C)|C|^{-\frac{1}{2}} \log \varepsilon(C),$$

其中$h(C)$是实二次域$\mathbb{Q}(\sqrt{C})$的类数, $\varepsilon(C)$是基本单位. 综合这些类数公式, 我们从(22.71)推出

$$(22.73) \qquad \varepsilon(C)^{\frac{2h(B)h(C)}{w(B)}} = \prod_{\mathfrak{a}} F(\mathfrak{a})^{-\chi(\mathfrak{a})}.$$

除了对代数数论很重要, Kronecker极限公式可以用于估计L函数的导数. 为此, 用$D(z)$替代$F(z)$更方便, 因此我们回到(22.68), 由(22.72)和(22.59)得到

$$(22.74) \qquad L'(1,\chi_D) = \tfrac{2\pi}{w} \sum_{\mathfrak{a}} (\tfrac{\pi}{6a} + \tfrac{1}{\sqrt{|D|}} (\gamma + \log \tfrac{a}{|D|} + 2D(z_{\mathfrak{a}})),$$

其中$\mathfrak{a}$过满足$a = \mathrm{N}\,\mathfrak{a}$的非等价本原理想. 不易看出(22.75)的右边不依赖于理想类的代表元的选取, 尽管它在(22.72)中是显然的. 实际中取本原约化理想系是一个好的选择, 因为这些点$z_{\mathfrak{a}}$的高度最大使得$D(z_{\mathfrak{a}})$易于估计. 由显然估计$D(z_{\mathfrak{a}}) \ll 1$得到

$$L'(1,\chi_D)=\pi\sum_{\mathfrak{a}}(\frac{\pi}{6a}-\frac{1}{\sqrt{|D|}}\log\frac{|D|}{a})+O(\frac{h(D)}{\sqrt{|D|}}), \tag{22.75}$$

其中隐性常数是绝对的.

注记: S. Chowla与A. Selberg[38]推出了关于$L'(1,\chi_D)$的一个不同公式:

$$|D|^{\frac{1}{2}}L'(1,\chi_D)=-\pi\sum_{0<n<|D|}\chi_D(n)\log\Gamma(\frac{n}{|D|})+\frac{2\pi h}{w}(\gamma+\log 2\pi).$$

§22.4 类数问题

估计数域的类群的阶是算术中最复杂的问题之一. 特别地, 我们想知道哪些域的类数为1, 因为此时意味着该域的整数环具有唯一分解性. 小的类数(相对于判别式)并非常见的特征. 如同算术中的许多故事一样, 这一个也是从Gauss开始的. Gauss在他的《算术探究》中非常关心虚二次域$K=\mathbb{Q}(\sqrt{D})$的类数$h(D)$.

Gauss猜想 我们有$h(D)\to+\infty(-D\to+\infty)$.

即使这个猜想得到了证明, 实际上真正的问题是

Gauss类数问题 找到一个有效的算法确定具有给定类数$h=h(D)$的所有虚二次域$K=\mathbb{Q}(\sqrt{D})$.

Gauss知道对于下面的9个判别式

$$-D=3,4,7,8,11,19,43,67,163 \tag{22.76}$$

有$h(D)=1$. 对这些判别式有一个极好的刻画:

命题 22.1 (Rabinovitch, 1913) 对$D\equiv 1 \bmod 4$有$h(D)=1$当且仅当多项式

$$f(x)=x^2-x+\frac{1-D}{4}$$

对所有的自然数$x<\frac{1-D}{4}$表示素数.

这个问题变成:

Gauss类数1问题 证明: 上面列出的9个D是使得$h(D)=1$的全部负的判别式.

回顾$h(D)$与$L(1,\chi_D$由Dirichlet公式(22.59)联系起来, 但是该公式对上述问题并没有太大帮助. 事实上, Dirichlet 用这个公式对$L(1,\chi_D)$, 而不是进行估计. 由于$h(D)\geqslant 1$, 所以

$$L(1,\chi_D)\geqslant\frac{2\pi}{w\sqrt{|D|}}. \tag{22.77}$$

类数1问题归结为对$|D|>163$改进(22.78)中的下界.

接下来, 回顾在满足假设$L(\frac{1}{2},\chi_D)\geqslant 0$时, 由公式(22.60)得到实效下界

$$h(D)\geqslant|D|^{\frac{1}{2}}\log|D|. \tag{22.78}$$

这样我们就能够在GRH的条件下解决类数1问题(只要确定常数).

在$h(D)$与$L(s,\chi_D)$的零点之间存在更强的联系, 例如

命题 22.2 (Hecke-Landau, 1918) 若$L(s,\chi_D)$在区域$s > 1 - \frac{a}{\log|D|}$内不为零, 则

$$h(D) > b\frac{\sqrt{|D|}}{\log|D|}, \tag{22.79}$$

其中a, b是可实效计算的正常数.

上面的结果在如今看来并无特别之处, 利用新的工具(如Linnik密度定理和Turán幂和方法)可以将该结果推进得更深. 但是, 下面的结果在当时非常的惊人.

命题 22.3 (Deuring, 1933) 若Riemann猜想对函数$\zeta(s)$不成立, 则对所有充分大的$|D|$有$h(D) > 1$.

一年后, Mordell改进了Deuring的结果, 在同样的假设下证明了$h(D) \to +\infty(-D \to +\infty)$. 同时, Heilbronn将条件拓宽到Riemann猜想对任意的Dirichlet L级数不成立.

命题 22.4 (Heilbronn, 1934) 若GRH不成立, 则$h(D) \to +\infty(-D \to +\infty)$.

综合命题22.2和命题22.4就完成了Gauss猜想: $h(D) \to +\infty(-D \to +\infty)$的无条件证明. 当然, 该结果是非实效的, 因为我们不知道要用这两个命题中的哪一个. 问题在于: 若某个$L(s,\chi)$有不在直线$\mathrm{Re}(s) = \frac{1}{2}$上的零点, 得到的关于$h(D)$的下界依赖于这个假设的但没有数值的点. 因此类数1问题(CNOP)还是不能归结于有限次数的计算. 下面的结果以不同的方式得到了某种程度的实效化.

命题 22.5 (Heilbronn-Linfoot, 1934) 在Gauss的列表外最多有一个虚二次域$K = \mathbb{Q}(\sqrt{D})$使得$h = h(D) = 1$.

关于上面取得的结果, 我们应该注意E. Landau在[199]中提出的早期想法. 在Heilbronn与Linfoot得到上述结果后, 他很快就能证明下面的了不起的估计式.

命题 22.6 (Landau, 1935) 存在绝对常数$c > 0$, 使得对每个$h \geqslant 1$, 满足$h(D) = h$的判别式$D < 0$(除了一个外)都有

$$|D| \leqslant ch^8 \log^6 3h. \tag{22.80}$$

接下来, C.L. Siegel[300]利用同样的方法建立了下面著名的结果.

定理 22.7 (Siegel, 1935) 对任意的$\varepsilon > 0$, 存在常数$c(\varepsilon) > 0$(不可计算)使得

$$L(1,\chi_D) > c(\varepsilon)|D|^{-\varepsilon}, \tag{22.81}$$

因此

$$h(D) > c(\varepsilon)D^{\frac{1}{2}-\varepsilon}. \tag{22.82}$$

Landau与Siegel的论文发表在Acta Arithmetica于1935年出版的第1卷上. D. Goldfeld[100]对Siegel定理给出了简单的证明(见第5章). 下一个有趣的结果是

定理 22.8 (Tatuzawa, 1951) 对每个$\varepsilon > 0$, 除了可能有一个D外, Siegel的界是实效的. 确切地说, 若$0 < \varepsilon \leqslant \frac{1}{12}, \varepsilon\log|D| \geqslant 1$, 则有(最多有一个例外)

$$L(1,\chi_D) \geqslant \tfrac{3}{8}\varepsilon|D|^{-\varepsilon}. \tag{22.83}$$

Kurt Heegner[132]于1952年首次解决了类数1问题, 但是他的推理(用到模形式和复乘)只是在他于1968年去世后才得到理解和认可. 尤其具有悲剧意味的是他被首次认可的时间已经是A. Baker给出另一个证明的两年后了. Baker的方法[8]大不相同: 它用的是对代数数的三个对数的线性型给出实效下界. 同时, H. Stark[305]给出了第三个证明, 人们发现它与Heegner的证明类似. Stark后来研究了Baker的证明, 意识到只需利用两个对数的线性型, 所以这个问题本来可以由Gelfond与Linnik于1949年解决. 回过头看, 似乎很久以前H. Weber就能够解决类数1问题. 关于Heegner-Stark证明的介绍, 见[48].

接下来是类数2问题, 该问题由A. Baker[8]和H. Stark[306]于1972年独立解决了. 他们证明了恰好有18个负判别式D满足$h(D) = 2$, 即

$$-D = 15, 20, 24, 35, 40, 51, 52, 88, 91, 115, 123, 148, 187, 232, 235, 267, 403, 427.$$

我们的故事以Goldfeld于1976年与Gross和Zagier于1983年证明的两个惊人的结果告终. Goldfel[101]给出了关于$h(D)$的实效下界, 这个界的好坏依赖于一个辅助椭圆曲线的秩, 并且该秩要满足Birch与Swinnerton-Dyer猜想. Gross与Zagier[112–113]给出了满足所需性质的曲线. 综合Goldfeld, Gross与Zagier的结果就解决了关于给定h的类数问题(只需有限次计算). J. Oesterlé[248]降低了Goldfeld结果中的隐性常数使得它适合在计算机中应用. 他成功地证明了下面形式美观的估计:

$$h(D) > \tfrac{1}{55}(\log D)\prod_{p|D}\left(1 - \tfrac{[2\sqrt{p}]}{p+1}\right). \tag{22.84}$$

我们将在§22.7中在经过稍加改动后介绍Goldfeld的方法, 并且在第23章的附录中对Gross与Zagier的构造进行了概述.

在当前技术允许的情况下, 我们能够希望得到的关于$h(D)$的最佳实效下界形如$h(D) \geqslant c_g \log^g |D|$, 其中$g > 0$是任意给定的数, $c_g > 0$为可计算的常数, 但是该结果根本不足以解决其他一些热门问题, 例如

Euler方便数问题 找出所有判别式D使得$\mathbb{Q}(\sqrt{D})$的类群在每个种中只有一个类.

若D是方便数, 则$h(D) = 2^{t-1}$, 其中$t = \omega(|D|)$是$|D|$的不同素因子的个数. 因为$\omega(|D|)$可以和$\frac{\log |D|}{\log\log |D|}$一般大, 这个问题要求我们有实效下界

$$h(D) > |D|^{\frac{c}{\log\log |D|}}, \tag{22.85}$$

其中$c > \log 2$. 由Landau的估计(22.81)可知只有有限个判别式为方便数, 但是因为常数的非实效, 我们不能将这些方便数全部列举出来.

§22.5　$Q(\sqrt{D})$中的分裂素理想

若类数$h = h(D)$很小, 则只有几个范数小的1次素理想. 事实上, 若$p = \mathfrak{p}\bar{\mathfrak{p}}$, 则$\mathfrak{p}^h$是$\frac{1}{2}(m + n\sqrt{D})(n \neq 0)$生成的主理想, 所以$p^h = \frac{1}{4}(m^2 - n^2 D) \geqslant \Delta$, 其中

$$\Delta = \tfrac{|D|}{4}. \tag{22.86}$$

因此使得$\chi_D(p_1) = 1$的最小素数$p_1 = p_1(D)$满足

$$p_1 \geqslant \sqrt[h]{\Delta}. \tag{22.87}$$

因此对于满足$(n,\Delta)=1$的无平方因子数$n\leqslant\sqrt[h]{\Delta}$, $\chi_D(n)=\mu(n)$. 这个性质在长区间中几乎不可能成立(因为χ_D有周期性, 而μ没有), 所以(22.89)暗示h相当大.

我们在本节证明对任意的$D<-4$成立的几个估计, 但是它们只是在h相对小的时候才有趣. 令$\rho_D(a)$为

$$b^2\equiv D \bmod 4a \tag{22.88}$$

的解$b \bmod 2a$的个数. 这是一个乘性函数, 满足在$p\nmid D$时, $\rho_D(p^\alpha)=1+\chi_D(p)$; 在$p|D$时, $\rho_D(p)=1$; 而$p|D$, 且$\alpha>1$时, $\rho_D(p^\alpha)=0$. 因此$\rho_D(a)$的生成函数有Euler乘积

$$\zeta_K^*(s)=\sum_a\rho_D(a)a^{-s}=\prod_{p|D}(1+\tfrac{1}{p^s})\prod_{\chi_D(p)=1}(1+\tfrac{1}{p^s})(1-\tfrac{1}{p^s})^{-1}.$$

因为$\rho_D(a)$是以a为范数的本原理想的个数, 所以

$$\zeta_K^*(s)=\zeta(2s)^{-1}\zeta_K(s)=\zeta(2s)^{-1}\zeta(s)L(s,\chi_D),$$

从而

$$\rho_D(a)=\sum_{bc^2|a}\chi_D(b)\mu(c). \tag{22.89}$$

我们首先证明下面的基本不等式:

$$\sum_{a\leqslant\sqrt{\Delta}}\rho_D(a)\leqslant h\leqslant\sum_{a\leqslant\sqrt{\frac{|D|}{3}}}\rho_D(a). \tag{22.90}$$

这是因为类数h等于本原约化理想$\mathfrak{a}=[a,\frac{b+\sqrt{D}}{2}]$, 其中$b$满足(22.89)的个数. 对于$a\leqslant\sqrt{\Delta}$, 点

$$z_{\mathfrak{a}}=\frac{b+\sqrt{D}}{2a} \tag{22.91}$$

的高度$\mathrm{Im}(z_{\mathfrak{a}})\geqslant1$, 所以若选择$b$满足$-a<b\leqslant a$, 则这些点位于$\Gamma=\mathrm{SL}_2(\mathbb{Z})$的标准基本区域中, 这就证明了(22.91)中的第一个不等式. 采用同样的思路可以证明第二个不等式, 因为每个约化理想$\mathfrak{a}$ 满足$a=\mathrm{N}\,\mathfrak{a}\leqslant\sqrt{\frac{|D|}{3}}$.

现在假设$p_1<\cdots<p_r$是在$K=\mathbb{Q}(\sqrt{D})$中完全分裂的前r个素数. 由(22.91)有

$$\sum_{p_1^{\alpha_1}\cdots p_r^{\alpha_r}\leqslant\sqrt{\Delta}}2^{r'}\leqslant h, \tag{22.92}$$

其中$\alpha_1,\ldots,\alpha_r$过非负整数, r'是正指数的个数. 因此$\nu_r(\log\frac{\log\Delta}{2\log p_r})\leqslant h$, 其中

$$\nu_r(\alpha)=\sum_{\alpha_1+\cdots+\alpha_r\leqslant\alpha}2^{r'}.$$

因为$\nu_r(\alpha)\geqslant\frac{(2\alpha)^r}{2r!}$, 所以$\log\Delta\leqslant(2hr!)^{\frac{1}{r}}\log p_r(\leqslant rh^{\frac{1}{r}}\log p_r$, 若$r\geqslant2)$, 即

$$\log p_r\geqslant\frac{\log\Delta}{\sqrt[r]{2hr!}}. \tag{22.93}$$

特别地, 第二个完全分裂的素数满足$p_2\geqslant\Delta^{\frac{1}{2\sqrt{h}}}$. 若$h\leqslant(\log\Delta)^g$, 则

$$|\{p\leqslant\exp(\sqrt{\log\Delta})|\chi_D(p)=1\}|\leqslant 2g, \tag{22.94}$$

只要Δ就g而言充分大, 即$\log\Delta>(4g)^{4g}$. 此外, 由(22.91)得到

$$\frac{1}{r!}(\sum_{\substack{p\leqslant \sqrt[2r]{\Delta}\\ \chi(p)=1}} 2)^r \leqslant h.$$

因此对任意的正整数r可得

$$|\{p \leqslant \Delta^{\frac{1}{2r}}|\chi(p)=1\}| \leqslant rh^{\frac{1}{r}}.$$

选取$r=[\frac{1}{2}\log 8h]$即得

$$|\{p \leqslant \Delta^{\frac{1}{\log 8h}}|\chi(p)=1\}| \leqslant \log 8h. \tag{22.95}$$

接下来, 我们将基本不等式(22.91)推广到更大的范围. 为此, 我们利用下面的初等估计(见命题15.10):

$$|\{\gamma\in\Gamma_\infty\backslash\Gamma|\Im(\gamma z)>Y\}| \leqslant 1+\frac{10}{Y},$$

它对任意的$Y>0$和$z\in\mathbb{H}$成立. 取$Y=\frac{\sqrt{\Delta}}{A}$, 将上述估计应用于$\Gamma=\mathrm{SL}_2(\mathbb{Z})$的标准基本区域中的点$z_{\mathfrak{a}}$可知: 对任意的$A>0$有

$$\sum_{a\leqslant A}\rho_D(a) \leqslant h(1+\frac{10A}{\sqrt{\Delta}}). \tag{22.96}$$

像前面一样, 这就意味着

$$\frac{1}{r!}(\sum_{\substack{p\leqslant A\\ \chi(p)=1}} 2)^r \leqslant h(1+\frac{10A^r}{\sqrt{\Delta}}).$$

因此对所有的正整数r有

$$|\{p\leqslant A|\chi(p)=1\}| < rh^{\frac{1}{r}}+5rA(\frac{h}{\sqrt{\Delta}})^{\frac{1}{r}}.$$

选取$r=[\frac{1}{8}\log 2h]+1$, 我们就证明了: 对任的$A>0$有

$$|\{p\leqslant A|\chi(p)=1\}| \ll (1+A|D|^{-\frac{4}{\log 2h}})\log 2h, \tag{22.97}$$

其中隐性常数是绝对的.

我们在第23章需要各种形式的上述估计, 所以我们在结束本节之际推导出将来需要的结果. 首先将(22.96)中的求和限制到对无平方因子数进行, 得到

$$\sideset{}{^\flat}\sum_{a\leqslant A}\tau(a,\chi_D) \leqslant h(1+\frac{10A}{\sqrt{\Delta}}). \tag{22.98}$$

从而对任意的正数A,B, 我们由分部求和公式得到

$$\sideset{}{^\flat}\sum_{B<a\leqslant A}\tau(a,\chi_D)a^{-\frac{1}{2}} \ll h(\frac{1}{B}+\frac{A}{\Delta})^{\frac{1}{2}}, \tag{22.99}$$

$$\sideset{}{^\flat}\sum_{B<a\leqslant A}\tau(a,\chi_D)a^{-1} \ll h(\frac{1}{B}+\frac{\log A}{\sqrt{\Delta}}). \tag{22.100}$$

接下来我们要估计和式

$$S(A,B)=\sideset{}{^\flat}\sum_{\substack{1<a\leqslant A\\ (a,C)=1}}\tau(a)\tau(a,\chi_D)a^{-\frac{1}{2}}, \tag{22.101}$$

其中C表示D的素因子和所有满足$\chi_D(p)=1$的素数$p\leqslant B$的乘积. 我们有

$$S(A,B)\leqslant \sideset{}{^\flat}\sum_{\substack{1\leqslant a_1a_2\leqslant A\\(a_1a_2,A)=1}}\sideset{}{^\flat}\sum \tau(a_1,\chi_D)\tau(a_2,\chi_D)(a_1a_2)^{-\frac12}$$
$$\leqslant 2\sideset{}{^\flat}\sum_{B<a\leqslant A}\tau(a,\chi_D)a^{-\frac12}+2\sideset{}{^\flat}\sum_{\substack{a_1a_2\leqslant A\\a_1a_2>B}}\sideset{}{^\flat}\sum\tau(a_1,\chi_D)\tau(a_2,\chi_D)(a_1a_2)^{-\frac12}.$$

利用(22.99)和(22.100)得到

$$S(A,B)\leqslant h(\tfrac1B+\tfrac{A}{\Delta})^{\frac12}+h\sideset{}{^\flat}\sum_{B<a\leqslant A}\tfrac{\tau(a,\chi_D)}{\sqrt a}(\tfrac1B+\tfrac{A}{a\Delta})^{\frac12}$$
$$\leqslant h(\tfrac1B+\tfrac{A}{\Delta})^{\frac12}+\tfrac{h^2}{\sqrt B}(\tfrac1B+\tfrac{A}{\Delta})^{\frac12}+h^2(\tfrac1B+\tfrac{\log A}{\sqrt\Delta})(\tfrac{A}{\Delta})^{\frac12}.$$

整理各项可以将这个界简化为

(22.102) $$S(A,B)\leqslant A(1+\tfrac{h}{\sqrt B})(\tfrac{A}{\Delta}+\tfrac1B)^{\frac12}+h^2\Delta^{-1}\sqrt A\log A,$$

其中隐性常数是绝对和实效的.

§22.6 对导数$L^{(k)}(1,\chi_D)$的估计

若虚二次域$K=\mathbb{Q}(\sqrt D)$的类数异常地小, 例如

(22.103) $$h(D)=o(\tfrac{\sqrt D}{\log|D|}),$$

则由类数公式(22.59)可知Dirichlet级数$L(s,\chi_D)$在$s=1$处的值也很小, 即

(22.104) $$L(1,\chi_D)=o(\tfrac{1}{\log|D|}).$$

结果类数与$L(s,\chi_D)$在$s=1$处的导数没有直接的关系, 这些导数的值也受到不太可能成立的假设(22.103)的影响.

截断关于$L^{(k)}(s,\chi_D)$的Dirichlet级数得到

(22.105) $$L^{(k)}(1,\chi_D)=\sum_{n\leqslant x}\tfrac{\chi_D(n)}{n}(-\log n)^k+O(|D|^{\frac12}x^{-1}\log^{k+1}x),$$

其中用到Polyá-Vinogradov不等式(12.50)

(22.106) $$\sum_{y<n\leqslant x}\chi_D(n)\ll|D|^{\frac12}\log|D|.$$

因此由绝对求和可得

(22.107) $$L^{(k)}(1,\chi_D)\ll\log^{k+1}|D|.$$

令人惊奇的是这个平凡界是目前所知的最佳界(除了对隐性常数有一些改进). 由关于$L(s,\chi_D)$的Riemann猜想可以证明

(22.108) $$L^{(k)}(1,\chi_D)\ll(\log\log|D|)^{k+1}.$$

利用Graham与Ringrose[109]关于只有小的素因子的特殊D的非常巧妙的结果可以对(22.107)稍作改进(见第12章). 我们在本节在类数$h(D)$相对小的情况下给出比(22.107)更好的估计.

我们首先考察$L'(1,\chi_D)$. 由Landau的解析方法(见第5章)可知$L(s,\chi_D)$在$s=1$ 附近不可能有两个实根(计算重数), 因此$L(1,\chi_D)$很小应该能推出$L'(1,\chi_D)$不小. 用初等方法可以很快证明这一点. 为此, 我们对任意的$2<y\leqslant x$来估计和式:

$$\begin{aligned}\sum_{n\leqslant x}\frac{\tau(n,\chi_D)}{n}&=\sum_{m\leqslant y}\frac{\chi_D(m)}{m}(\log\frac{x}{m}+\gamma+O(\frac{m}{x}))+O(\frac{\sqrt{|D|}}{y}\log^2 x)\\&=L(1,\chi_D)(\log x+\gamma)+L'(1,\chi_D)+O(\frac{y}{x}+\frac{\sqrt{|D|}}{y}\log^2 x),\end{aligned}$$

其中上面的误差项是利用Polyá-Viogradov不等式对$y<m\leqslant x$上相关的特征和进行估计得到的. 由此我们推出渐近式

$$\sum_{n\leqslant x}\frac{\tau(n,\chi_D)}{n}=L(1,\chi_D)(\log x+\gamma)+L'(1,\chi_D)+O(|D|^{\frac{1}{2}}x^{-\frac{1}{2}}\log x). \tag{22.109}$$

注意左边的所有项非负, 并且对满足$d|D$的$n=dm^2$有$\tau(n,\chi_D)\geqslant 1$. 对这样的数$n$求和($d$无平方因子是为了保证表达式$n=dm^2$的唯一性)推出(取$x=\mathrm{e}^{-\gamma}D$)

$$L(1,\chi_D)\log|D|+L'(1,\chi_D)>(\frac{\pi^2}{6}+O(\frac{1}{\log|D|}))\nu(D),$$

其中$\nu(D)$几乎为常数, 确切地说,

$$\nu(D)=\prod_{p|D}(1+\frac{1}{p}). \tag{22.110}$$

假设(22.104)成立, 则有$L'(1,\chi_D)>(\frac{\pi^2}{6}+o(1))\nu(D)$.

我们现在利用Kronecker极限公式(22.75)推出$L'(1,\chi_D)$的更精确的渐近式, 这个方法可以让我们充分利用类数小的条件. 我们从(22.109)也可能推出同样的结论, 但是我们选择了另一条途径, 因为它对任意的类特征有效, 并且能展示其他特色. 我们首先做显然估计得到

$$L'(1,\chi_D)=\frac{\pi^2}{6}\ell(D)+O(\frac{h(D)}{\sqrt{|D|}}\log|D|), \tag{22.111}$$

其中$\ell(D)$是关于本原约化理想的和

$$\ell(D)=\sum_{\mathfrak{a}}a^{-1}. \tag{22.112}$$

我们将用

$$P(D)=\prod_{p|D}(1+\frac{1}{p})\prod_{\substack{p\leqslant|D|\\ \chi_D(p)=1}}(1+\frac{1}{p})(1-\frac{1}{p}) \tag{22.113}$$

逼近$\ell(D)$. 显然我们有上界

$$\ell(D)<\sum_{a\leqslant\sqrt{\Delta}}\rho_D(a)a^{-1}>\zeta_K^*(s)-\sum_{a>\sqrt{\Delta}}\rho_D(a)a^{-s},$$

其中$\zeta_K^*(s)=\zeta(2s)^{-1}\zeta_K(s)$是$K=\mathbb{Q}(\sqrt{D})$的$\zeta$函数(归结于本原理想)

$$\zeta_K^*(s)=\sum_a\rho_D(a)a^{-s}=\prod_{p|D}(1+p^{-s})\prod_{\chi_D(p)=1}(1+p^{-s})(1-p^{-s})^{-1},$$

s为在对得到的结果进行优化时待选的任意大于1的实数. 利用(22.88), 由分部求和公式得到

$$\sum_{a>\sqrt{\Delta}}\rho_D(a)a^{-s}<\frac{11sh}{(s-1)\sqrt{\Delta}},$$

我们在这里可以将$11s$替换成33, 因为$s\geqslant 3$时, 利用$\rho_D(a)\leqslant a, h\geqslant 1$也能得到显然界$\frac{3}{\sqrt{\Delta}}$. 然后我们用限制到素数$p\leqslant|D|$的部分Euler乘积, 设为$P_s(D)$来估计$\zeta_K^*(s)$的下界, 再讲$P_s(D)$替换为带可容许误差的$P(D)$. 确切地说, 利用不等式$\prod(1-x_p)\geqslant 1-\sum x_p$, 其中

$$x_p = 1-(1+\frac{1}{p^s})(1-\frac{1}{p})(1+\frac{1}{p})^{-1}(1-\frac{1}{p^s})^{-1} = \frac{2}{p+1}\frac{1-p^{1-s}}{1-p^{-s}} \leqslant 2(s-1)\frac{p\log p}{p^2-1},$$

我们得到$\frac{P_s(D)}{P(D)} > 1-2(s-1)\eta(D)$, 其中

$$\eta(D) = \sum_{\substack{p\leqslant|D|\\ \chi_D(p)\neq -1}} \frac{p\log p}{p^2-1}. \tag{22.114}$$

因此$\ell(D) > P(D)(1-2(s-1)\eta(D)) - \frac{33h(D)}{(s-1)\sqrt{\Delta}}$. 选取$s$接近1, 设$s = 1+(\frac{33h(D)}{\eta(D)P(D)\sqrt{|D|}})^{\frac{1}{2}}$, 我们得到无条件的公式

$$\ell(D) = P(D) - \theta(\frac{\eta(D)P(D)h(D)}{\sqrt{|D|}})^{\frac{1}{2}}, \tag{22.115}$$

其中$0<\theta<3\sqrt{33}$. 注意$\eta(D) \ll \log|D|$. 所以我们得到

命题 22.9 令$\varepsilon(D) = h(D)|D|^{-\frac{1}{2}}\log|D|$, 则有

$$\ell(D) = P(D)(1+O(\varepsilon(D)^{\frac{1}{2}})), \tag{22.116}$$

其中隐性常数是绝对和实效的.

将(22.116)代入(22.111), 我们得到

命题 22.10 设$\varepsilon(D) = h(D)|D|^{-\frac{1}{2}}\log|D| \leqslant 1$, 则有

$$L'(1,\chi_D) = (\frac{\pi^2}{6} + O(\varepsilon(D)^{\frac{1}{2}}))P(D). \tag{22.117}$$

关于$P(D)$中分裂素理想的乘积可以通过(22.97)大幅削减为关于很少的小素数的乘积. 事实上, (22.97)给出

$$\sum_{\substack{B<p\leqslant|D|\\ \chi(p)=1}} p^{-1} \ll (B^{-1} + |D|^{-\frac{4}{\log 2h}}\log|D|)\log 2h. \tag{22.118}$$

在这个界中取$B = z\log 2h$, 我们从(22.117)推出下面的

命题 22.11 假设

$$h \leqslant |D|^{\frac{1}{\log\log|D|}}, \tag{22.119}$$

$$2 \leqslant z \leqslant \log|D|, \tag{22.120}$$

则有

$$L'(1,\chi_D) = \frac{\pi^2}{6}\nu(D)\prod_{\substack{p\leqslant z\log 2h\\ \chi(p)=1}}(1+\frac{1}{p})(1-\frac{1}{p})^{-1}(1+O(\frac{1}{z})), \tag{22.121}$$

其中$\nu(D)$由(22.110)定义.

我们现在估计高阶导数. 首先考察和式

$$S_K(x) = \sum_{n \leqslant x} \chi_D(n) n^{-1} \log^k n,$$

它是$(-1)^k L^{(k)}(1, \chi_D)$的近似, 误差项由(22.105)给出. 另一方面, 我们有

$$S_k(x) = \sum\sum_{mn \leqslant x} \tau(n, \chi_D) \frac{\mu(m)}{mn} \log^k mn.$$

由$\sum \mu(m) m^{-1} \log^\ell m (0 \leqslant \ell \leqslant k)$的收敛性, 并且在$\ell = 0$时利用

$$\sum_{m \leqslant z} \mu(m) m^{-1} \ll \log^{-1} 2z,$$

我们得到

$$S_k(x) \ll \sum_{n \leqslant x} \frac{\tau(n, \chi_D)}{n} (\log^{k-1} 2n) \frac{\log x}{\log \frac{2x}{n}}.$$

利用(22.100)估计关于$y < n \leqslant x$的项得到

$$S_k(x) \ll \sum_{n \leqslant x} \frac{\tau(n, \chi_D)}{n} \log^{k-1} 2n + \frac{h}{y} \log^{k-1} y + \frac{h}{\sqrt{\Delta}} \log^k x,$$

其中我们用$\log y$估计$\log n$, 然后将和式延拓到$n \leqslant D^2$, 并利用(22.109)得到

$$S_k(x) \ll L'(1, \chi_D) \log^{k-1} y + \frac{h}{y} \log^{k-1} y + \frac{h}{\sqrt{\Delta}} \log^k x.$$

选取$x = D^2, y = 2h^2$得到

$$L^{(k)}(1, \chi_D) \ll |L'(1, \chi_D)| \log^{k-1} 2h + h |D|^{-\frac{1}{2}} \log^k |D|. \tag{22.122}$$

综合(22.122)与(22.117)得到

命题 22.12 假设$h(D) \log |D| \leqslant \sqrt{|D|}$, 则对任意的$k \geqslant 1$有

$$L^{(k)}(1, \chi_D) \ll P(D) (\log 2h(D))^{k-1}, \tag{22.123}$$

其中$P(D)$为(22.113)给出的乘积, 隐性常数仅依赖于k.

注记: 注意(22.122)意味着显然界(22.107)成立, 并且在类数相对小时, 它要强得多. 在(22.122)(它是无条件的)的推导过程中, 我们利用了素数定理

$$\sum_{m \leqslant x} \frac{\mu(m)}{m} \log^\ell m \ll 1. \tag{22.124}$$

我们通过考察截断导数$S_\ell(x) (0 \leqslant \ell \leqslant k)$的特殊组合能够完全避免这些不那么简单的结果.

习题22.2 证明: 对$x \geqslant 2$和本原特征$\chi \bmod |D|$, 有

$$2 \sum_{n \leqslant x} \tau(n, \chi) \frac{\log n}{n} = (\log^2 x - \gamma_1) L(1, \chi) - 2\gamma L'(1, \chi) - L''(1, \chi) + O(|D|^{\frac{1}{2}} x^{-\frac{1}{2}} \log^2 x).$$

由此推出: 若$L(1, \chi_D) < \log^{-2} |D|$, $|D|$充分大, 则

$$L''(1, \chi_D) < -2 \sum \frac{\log 2d}{d} < 0.$$

第 23 章　类数的有效界

我们已经看到$h(D)$相对判别式D很小是如何导出关于特殊值$L(\frac{1}{2},\chi_D)$和$L^{(k)}(1,\chi_D)$的简单, 但明显造作的近似式. 我们在本节考虑某些与特征χ_D缠绕的自守形相关的L函数的导数的中心值. 在这种情形, 缠绕形的级比特征的导子(大约为D^2)大得多, 所以我们将只能对$g \geqslant 2$阶的导数, 且只在类数极其小的时候(基本上是$h(D) \ll \log^{k-1}|D|$)看到正面的效果. 就像前面的情形一样, 我们的结果是实效的, 但是我们并不去想着计算所有的常数. 我们的动机是解释D. Goldfeld的杰作[101], 在Gross与Zagier[112]的工作后可以用它给出$h(D)$的实效下界. 尽管Goldfeld(以及J. Oesterlé[248])在应用中只考虑一个椭圆曲线的L 函数, 我们取一个固定级和一个中心特征(可能为平凡中心特征)的任意本原尖形式. 最后我们导出所说的$h(D)$的下界, 并对能够用于估计类数的L 函数的进一步研究提出建议.

§23.1　Landau对自守L函数的想法

本节中f表示权为$k \geqslant 1$的本原尖形式, 其中$\varepsilon \bmod N$为群$\Gamma_0(N)$的特征, 满足$\varepsilon(-1)=(-1)^k$. 因此f有Fourier 展开式(见第14章):

$$f(z)=\sum_{n=1}^{\infty}\lambda(n)n^{\frac{k-1}{2}}\,\mathrm{e}(nz),$$

其中系数$\lambda(n)$是Hecke算子T_n的特征值. 注意我们对这些系数进行了标准化, 使得相关的L函数

$$L(s,f)=\sum_{n=1}^{\infty}\lambda(n)n^{-s}$$

有如下形式的Euler乘积

$$L(s,f)=\prod_{p}(1-\lambda(p)p^{-s}+\varepsilon(p)p^{-2s})^{-1}, \tag{23.1}$$

并且完全L函数

$$\Lambda(s,f)=(\tfrac{\sqrt{N}}{2\pi})^{s}\Gamma(s+\tfrac{k-1}{2})L(s,f)$$

(它是整函数)满足函数方程

$$\Lambda(s,f)=w(f)\Lambda(1-s,\bar{f}), \tag{23.2}$$

其中$w(f)$是依赖于f的复数, 满足$|w(f)|=1$, $\bar{f}$为Fourier系数是$\bar{\lambda}(n)$的尖形式.

令χ为与域$K=\mathbb{Q}(\sqrt{D})$相关的特征, 即$\chi(n)=(\frac{D}{n})$为Kronecker符号, 它是导子为$|D|$的实本原特征. 我们通过用χ缠绕得到$f\otimes\chi$:

$$(f\otimes\chi)(x)=\sum_{n=1}^{\infty}\lambda(n)\chi(n)n^{\frac{s-1}{2}}\,\mathrm{e}(nz).$$

缠绕形$f\otimes\chi$是权为k, 特征为ε, 级为ND^2的尖形式, 然而它并非总是本原的. 但是存在唯一的权为$\frac{M}{ND^2}$, 特征为ε_χ满足$\varepsilon_\chi(n)=\varepsilon(n)$的本原尖形式

$$f_\chi(z)=\sum_{n=1}^{\infty}\lambda_\chi(n)n^{\frac{k-1}{2}}\,\mathrm{e}(nz),$$

其中对所有的$(n,ND)=1$有$\lambda_\chi(n)=\lambda(n)\chi(n)$. 因此相关的$L$函数

$$L(s,f_\chi)=\sum_{n=1}^{\infty}\lambda_\chi(n)n^{-s}$$

有Euler乘积

$$L(s,f_\chi)=\prod_{p|ND}(1-\lambda_\chi(p)p^{-s}+\varepsilon_\chi(p)p^{-2s})^{-1}\prod_{p\nmid ND}(1-\lambda_\chi(p)\chi(p)p^{-s}+\varepsilon_\chi(p)p^{-2s})^{-1}. \tag{23.3}$$

完全L函数

$$\Lambda(s,f_\chi)=(\tfrac{\sqrt{N}}{2\pi})^s\Gamma(s+\tfrac{k-1}{2})L(s,f_\chi)$$

是整函数, 且满足函数方程

$$\Lambda(s,f_\chi)=w(f_\chi)\Lambda(1-s,\bar{f}_\chi), \tag{23.4}$$

其中$|w(f_\chi)|=1$.

给定f和χ, 考虑乘积L函数(按照Landau的方式)

$$L(s)=L(s,f)L(s,f_\chi)=\sum_{n=1}^{\infty}a_nn^{-s}. \tag{23.5}$$

注意$L(s)$有4次Euler乘积.

我们现在有了利用$L(s)$研究的所有与$L(s,f)$和$L(s,f_\chi)$相关的信息. 定义完全乘积L函数为

$$\Lambda(s)=Q^s\Gamma^2(s+\tfrac{k-1}{2})L(s,f)L(s,f_\chi),$$

其中$Q=\frac{\sqrt{MN}}{4\pi^2}$满足函数方程

$$\Lambda(s)=w\bar{\Lambda}(1-\bar{s}), \tag{23.6}$$

这里$w=w(f)w(f_\chi)$为根数. 我们的第一个目标是给出$g\geqslant 0$阶导数$\Lambda^{(g)}(s)$ 在$s=\frac{1}{2}$处的渐近式. 我们在考察公式中的主项前不再作进一步假设.

§23.2 $\Lambda^{(g)}(\frac{1}{2})$的分拆

我们首先将$\Lambda^{(g)}(\frac{1}{2})$表示成类似于公式(5.12)中两个快速收敛的关于$L(s)$ 中系数共轭的级数的和. 为此, 我们用两种方式计算围道积分

$$I=\frac{g!}{2\pi\mathrm{i}}\int_{(1)}\Lambda(s+\tfrac{1}{2})s^{-g-1}\,\mathrm{d}\,s.$$

首先平移到直线$\mathrm{Re}(s)=-1$, 我们经过$g+1$阶极点$s=\frac{1}{2}$, 该点处的留数为$\Lambda^{(g)}(\frac{1}{2})$. 然后注意到由函数方程(23.6)可知在直线$\mathrm{Re}(s)=-1$上的新积分等于$-(1-1)^g w\bar{I}$, 从而得到$\Lambda^{(g)}(\frac{1}{2})=I+(-1)^g w\bar{I}$, 这里的$\bar{I}$表示$I$的复共轭. 接下来, 我们通过逐项积分计算Dirichlet级数, 得到$I=Q^{\frac{1}{2}}S$, 所以

$$Q^{-\frac{1}{2}}\Lambda^{(g)}(\tfrac{1}{2})=S+(-1)^g w\bar{S}, \tag{23.7}$$

其中

$$S=\sum_{n=1}^{\infty}\frac{a(n)}{\sqrt{n}}V(\tfrac{n}{Q}), \tag{23.8}$$

其中$V(y)$是$g!\Gamma^2(s+\frac{k}{2})s^{-g-1}$的Mellin逆变换:

$$V(y)=\frac{g!}{2\pi\mathrm{i}}\int_{(1)}y^{-s}\Gamma^2(s+\tfrac{k}{2})s^{-g-1}\,\mathrm{d}\,s. \tag{23.9}$$

注意(将积分平移到$\mathrm{Re}(s)=\frac{k}{2}$)当$0<y\leqslant 1$时,

$$V(y)=\sum_{0\leqslant j\leqslant g}c_j(\log\tfrac{1}{y})^j+O(y^{\frac{k}{2}}\log\tfrac{2}{y}), \tag{23.10}$$

其中首项系数$c_g=\Gamma^2(\frac{k}{2})$. 此外, 当$y\geqslant 1$时有$V(y)\ll y^k\mathrm{e}^{-2\sqrt{y}}$(将积分平移到$\mathrm{Re}(s)=\sqrt{y}$, 并利用Stirling公式估计(5.13)). 综合这两种情形, 我们推出该截断函数的界: 对所有的$y>0$有

$$V(y)\ll \mathrm{e}^{-\sqrt{y}}\log^g(1+y^{-1}). \tag{23.11}$$

由(23.11)可知级数(22.8)在$n\gg Q$时呈指数型衰减, 所以我们本质上只留下Q项, 项数仍然很多. 但是, 若类数很小, 则许多系数$a(n)$都为0. 在这个虚拟条件下, S的主项将出现在系数的缺项子列中(本质上来自$a(m^2)$). 这个主项与附于f的对称平方L函数在$s=1$处的值(它不为0, 见定理5.44和(5.101))成比例.

在估计S前, 我们将域$K=\mathbb{Q}(\sqrt{D})$中所有的分歧位和在域中分裂的几个小的位清除掉. 确切地说, 令C为ND中素因子以及满足$\chi(p)=1$的所有素数$p\leqslant B$的乘积. 我们以后选定B, 它非常小, 但是我们现在只假设$B\leqslant|D|$. 我们将S写成

$$S=\sum_{c|C^\infty}\frac{a(c)}{\sqrt{c}}\sum_{(m,C)=1}\frac{a(m)}{\sqrt{m}}V(\tfrac{cn}{Q}). \tag{23.12}$$

由Euler乘积(23.1), 系数$\lambda(n)$满足

$$\lambda(m)\lambda(n)=\sum_{d|(m,n)}\varepsilon(d)\lambda(mnd^{-2}). \tag{23.13}$$

因此对$(m,ND)=1$有

$$a(m)=\sum_{d^2n=m}\psi(d)\tau(n,\chi)\lambda(n),$$

其中$\psi=\varepsilon\chi$. 相应地, S可以分解为

$$S=\sum_{c|C^\infty}\frac{a(c)}{\sqrt{c}}\sum_{(d,C)=1}\frac{\psi(d)}{d}\sum_{(n,C)=1}\tau(n,\chi)\frac{\lambda(n)}{\sqrt{n}}V(\tfrac{cd^2n}{Q}).$$

我们期望S的主项来自$n=m^2$, 并且删除掉$\tau(m^2,\chi)$, 即

$$S_1=\sum_{c|C^\infty}\frac{a(c)}{\sqrt{c}}\sum_{(d,C)=1}\frac{\psi(d)}{d}\sum_{(m,C)=1}(\tau(m^2,\chi)-1)\frac{\lambda(m^2)}{m}V(\frac{cd^2m^2}{Q}).$$

由剩余的项得到

$$S_2=\sum_{c|C^\infty}\frac{a(c)}{\sqrt{c}}\sum_{(d,C)=1}\frac{\psi(d)}{d}\sum_{(m,C)=1}\tau(m^2,\chi)\frac{\lambda(m^2)}{m}V(\frac{cd^2m^2}{Q}),$$

$$S_3=\sum_{c|C^\infty}\frac{a(c)}{\sqrt{c}}\sum_{(d,C)=1}\frac{\psi(d)}{d}\sum_{\substack{(n,C)=1\\ n\neq m^2}}\tau(n,\chi)\frac{\lambda(n)}{\sqrt{n}}V(\frac{cd^2n}{Q}).$$

所以我们有$S=S_1+S_2+S_3$. 我们将分别处理这三个和式. 第一个和式S_1可以由附于尖形式f的对称平方L函数的解析性质得到渐近估计, 另外两个和式将分别利用(22.86)和(22.88)来估计. 我们本质上是通过类数对S_3进行估计, 同时发现S_2是可忽略的. 对于尖形式f的系数, 我们利用Deligne界

$$|\lambda(n)|\leqslant\tau(n). \tag{23.14}$$

但是这个相当高深的结果并非必要, 而是起到简化叙述的作用.

§23.3 S_3与S_2的估计

我们有

$$\tau(n,\chi)=\prod_{p^{2\alpha-1}\|n}\alpha(1+\chi(p))\prod_{p^{2\alpha}\|n}(1+\alpha(1+\chi(p))).$$

因此, 若记$n=am^2$, 其中a无平方因子, 则有$\tau(n,\chi)\leqslant\tau(a,\chi)\tau(m^2)$. 此外, 由Deligne界$|\lambda(n)|\leqslant\tau(n)\leqslant\tau(a)\tau(m^2)$. 因此

$$|S_3|\leqslant\sum_{c|C^\infty}\frac{|a(c)|}{\sqrt{c}}\sum_d\sum_m\frac{\tau^2(m^2)}{dm}\sideset{}{^\flat}\sum_{\substack{a>1\\(a,C)=1}}\tau(a,\chi)\frac{\tau(a)}{\sqrt{a}}|V(\frac{ad^2m^2}{Q})|.$$

利用(22.88)和(23.11)推出

$$S_3\ll h(1+\frac{h}{\sqrt{B}})(\nu_C(1)+\nu_C(\tfrac12)B^{-\frac12}\log^{g+10}),$$

其中

$$\nu_C(s)=\sum_{c|C^\infty}|a(c)|c^{-s}.$$

我们有$a(p^\ell)=\sum\limits_{k=0}^{\ell}\lambda(p^k)\lambda_\chi(p^{\ell-k})$, 因此由(23.14)可知对任意的$s>0$有

$$\nu_C(s)\leqslant\prod_{p|C}(\sum_{\ell=0}^{\infty}\tau(p^\ell)p^{-\ell s})^2=\prod_{p|C}(1-p^{-s})^{-4}=:\xi_C(s).$$

对$\nu_D(1)$, 我们可以得到更精确的估计

$$\nu_D(1)\asymp\prod_{p|D}(1+\frac{|\lambda(p)|}{p})\ll\nu^2(D), \tag{23.15}$$

其中$\nu(D)$由(22.110)定义.

要估计S_2, 首先注意到$\tau((m^2,\chi)=1$, 除非m有满足$\chi(p)=1$的素因子p. 事实上, 由公式

$$\tau(m^2,\chi)=\prod_{p^\alpha\|m}(1+\alpha(1+\chi(p)))$$

即可看到这一点. 所以由(23.11)和Deligne界

$$S_2\ll\nu_C(\tfrac12)(\log^{g+1}\Delta)\sum_{(m,C)=1}\tfrac{\tau(m^2)}{m}(\tau(m^2,\chi)-1)\,\mathrm{e}^{-\frac{m}{\sqrt{Q}}}$$
$$\ll\nu_C(\tfrac12)(\log^{g+1}\Delta)\sum_m\tfrac{\tau(m^2)}{m}\sum_{\substack{p\nmid C\\ \chi(p)=1}}p^{-1}\,\mathrm{e}^{-\frac{mp}{\sqrt{Q}}}.$$

由(22.86)推出

(23.16) $$S_2\ll h(1+\tfrac{h}{\sqrt{B}})\nu_C(\tfrac12)B^{-1}\log^{g+10}\Delta.$$

在下面的范围内取B:

(23.17) $$h^2\log^{2g+20}\Delta\leqslant B\leqslant\Delta^{\frac{1}{\log 2h}},$$

我们可以将两个结果简化. 对$s=\frac12$, 我们有$\nu_C(s)\leqslant\xi_C^2(s)\ll h\xi_D(s)\ll h\tau(|D|)\leqslant h^2$, 因此我们得到

(23.18) $$S_2+S_3\ll h\nu_C(1).$$

§23.4 S_1的估计

为了估计S_1, 我们利用复积分和由此得到的级数的解析性质. 将关于$V(\frac{ad^2m^2}{Q})$的(23.9)代入(23.12)可得

(23.19) $$S_1=\tfrac{g!}{2\pi\mathrm{i}}\int_{(1)}Q^s\Gamma^2(s+\tfrac{k}{2})Z(2s+1)s^{-g-1}\,\mathrm{d}\,s,$$

其中$Z(s)$是相应的Dirichlet级数

$$Z(s)=(\sum_{c|C^\infty}a(c)c^{-\frac{s}{2}})(\sum_{(a,C)=1}\psi(d)d^{-s})(\sum_{(m,C)=1}\lambda(m^2)m^{-s}).$$

回顾$\psi=\varepsilon\chi$. 我们可以写成$Z(s)=L(s,\psi)M(s,f)P(s,f)$, 其中

$$P(s,f)=(\sum_{c|C^\infty}a(c)c^{-\frac{s}{2}})(\sum_{d|C^\infty}\psi(d)d^{-s})(\sum_{m|C^\infty}\lambda(m^2)m^{-s})^{-1},$$

$L(s,\chi)$是关于特征$\psi=\varepsilon\chi$的Dirichlet L函数,

(23.20) $$M(s,f)=\sum_{n=1}^{\infty}\lambda(m^2)m^{-s}.$$

上面的每个Dirichlet奇数都有Euler乘积. 为了计算它们, 我们将$L(s,f)$的Hecke多项式分解为

(23.21) $$1-\lambda(p)p^{-s}+\varepsilon(p)p^{-2s}=(1-\alpha(p)p^{-s})(1-\beta(p)p^{-s}),$$

其中$\alpha(p)+\beta(p)=\lambda(p),\alpha(p)\beta(p)=\varepsilon(p)$. 同理, 用$\alpha_\chi(p)=\alpha(p)\chi(p),\beta_\chi(p)=\beta(p)\chi(p)$替代$\alpha(p),\beta(p)$可知上述结果对$L(s,f_\chi)$的局部因子也成立. 由此得到

(23.22) $$\lambda(p^\ell)=\tfrac{\alpha^{\ell+1}-\beta^{\ell+1}}{\alpha-\beta},$$

为了简单起见, 我们在这里和以后丢掉下标p将根写成$\alpha,\beta,\alpha_\chi,\beta_\chi$. 由(23.32)推出

$$\sum_{n=1}^{\infty} \lambda(p^{2\ell})p^{-\ell s} = \tfrac{\alpha}{\alpha-\beta}(1-\alpha^2p^{-s})^{-1} - \tfrac{\beta}{\alpha-\beta}(1-\beta^2p^{-s})^{-1}$$
$$= (1-\alpha^2p^{-s})^{-1}(1+\alpha\beta p^{-s})(1-\beta^2p^{-s})^{-1}$$
$$= (1-\alpha^2p^{-s})^{-1}(1-\alpha\beta p^{-s})(1-\beta^2p^{-s})^{-1}(1-\varepsilon^2p^{-2s}).$$

因此C-部分等于

$$P(s,f) = \prod_{p|C}(1-\alpha p^{-\frac{s}{2}})^{-1}(1-\beta p^{-\frac{s}{2}})^{-1}(1-\alpha_\chi p^{-\frac{s}{2}})^{-1}(1-\beta_\chi p^{-\frac{s}{2}})^{-1}\cdot$$
$$\prod_{p|C}(1-\psi p^{-s})(1-\alpha^2p^{-s})(1+\varepsilon p^{-s})^{-1}(1-\beta^2p^{-s}).$$

将$1-\alpha^2p^{-s}$和$1-\beta^2p^{-s}$分解, 我们整理乘积得到

$$P(s,f) = \prod_{p|C}(1+\varepsilon p^{-s})^{-1}(1-\psi p^{-s})\prod_{p|C}(1+\alpha p^{-\frac{s}{2}})(1+\beta p^{-\frac{s}{2}})(1-\alpha_\chi p^{-\frac{s}{2}})(1-\beta_\chi p^{-\frac{s}{2}}). \tag{23.23}$$

此外, 我们得到$M(s,f) = L(2s,\varepsilon^2)^{-1}L(s,\mathrm{Sym}^2 f)$, 其中

$$L(s,\mathrm{Sym}^2 f) = \prod_p (1-\alpha^2p^{-s})^{-1}(1-\alpha\beta p^{-s})^{-1}(1-\beta^2p^{-s})^{-1}$$

是附于f的对称平方L函数(见§5.12). 这个L函数作为因子出现在Rankin-Selberg L函数

$$L(s,f\otimes f) = \sum_{n=1}^{\infty} \lambda^2(n)n^{-s} \tag{23.24}$$

中. 事实上, 在(23.13)中取$m=n$可得

$$L(s,f\otimes f) = L(s,\varepsilon)M(s,f) = \tfrac{L(s,\varepsilon)}{L(2s,\varepsilon^2)}L(s,\mathrm{Sym}^2 f). \tag{23.25}$$

L函数$L(s,\mathrm{Sym}^2 f)$可以亚纯延拓到整个s平面, 且有函数方程. Shimura[298] 证明了它除了可能在单极点$s=0$和$s=1$处外全纯.

我们对$L(s,\mathrm{Sym}^2 f)$在$s=1$处有极点的情形(二面形)已经完全清楚了, 并且这些情形非常稀少. 我们假定函数$L(s,\mathrm{Sym}^2 f)$ 在$s=1$处没有极点. 由(5.101)或定理5.44有

$$L(1,\mathrm{Sym}^2 f) \neq 0. \tag{23.26}$$

除了ζ函数的上述算术性质, 我们还需要在直线$\mathrm{Re}(s)=\frac{1}{2}$上对它进行粗略的估计. 由(23.23)得到

$$|P(s,f)| \leqslant \xi_C(\tfrac{1}{4}) \ll h. \tag{23.27}$$

对关于特征$\psi=\varepsilon\chi$的L函数, 我们利用凸性界(见§5.9)

$$L(s,\psi) \ll |s||D|^{\frac{1}{4}}. \tag{23.28}$$

所以我们得到

$$Z(s) \ll |s|^4|D|^{\frac{1}{4}}h, \tag{23.29}$$

其中隐性常数依赖于尖形式f.

在收集相关ζ函数的算术和解析性质后, 我们现在准备估计级数S_1. 将(23.19)平移到直线$\mathrm{Re}(s) = -\frac{1}{4}$得到

$$S_1 = S_0 + O(h), \tag{23.30}$$

其中S_0是在$s=0$处的留数, 或者就写成

$$S_0 = \tfrac{\mathrm{d}^g}{\mathrm{d}\, s^g} Q^s \Gamma^2(s+\tfrac{k}{2}) Z(2s+1)\text{在}s=0\text{处的值}. \tag{23.31}$$

注记: 利用Burgess界替代(23.28)可以将(23.30)中的误差项改进为增加因子$|D|^{-\frac{1}{16}}$, 但是我们不需要任何比(23.30)好的结果.

我们需要揭示S_0对特征$\psi=\varepsilon\chi$的依赖性. 为此, 设

$$R(s) = Q^s \Gamma^2(s+\tfrac{k}{2}) M(2s+1,f) P(2s+1,f), \tag{23.32}$$

由Leibniz法则对$L(2s+1,\psi)R(s)$微分得到

$$S_0 = \sum_{u+v=g} 2^u \tbinom{g}{u} L^{(u)}(1,\psi) R^{(v)}(0). \tag{23.33}$$

接下来, 我们在假设导数$R^{(v)}(0)$时要将Q^s视为$R(s)$中的控制因子. 回顾C中的所有素数由Q界定, 我们通过反复利用Leibniz法则和乘积表示(23.23)推出

$$R^{(v)}(0) = R(0)(\log^v Q)(1+O(\tfrac{t(C)}{\log Q})), \tag{23.34}$$

其中

$$t(C) = \sum_{p|C} p^{-\frac{1}{2}} \log p. \tag{23.35}$$

要是误差项不小, 这个近似式就会毫无用处, 但是幸好有(22.17), 我们由(22.81)得到$t(C)=t(D)+O(\log 2h)$. 我们也有$t(D) \ll \omega(|D|) \ll \log 2h$, 从而$t(C) \ll \log 2h$.

最后, 我们由（22.30), (22.34)和(22.36)得到

$$S_1 = R(0) \sum_{u+v=g} 2^u \tbinom{g}{u} L^{(u)}(1,\psi)(\log^v |D|)(1+O(\tfrac{\log 2h}{\log |D|})) + O(h). \tag{23.36}$$

§23.5 $\Lambda^{(g)}(\frac{1}{2})$的渐近公式

将(23.18)和(23.37)相加得到

$$S = R(0) \sum_{u+v=g} 2^u \binom{g}{u} L^{(u)}(1,\psi)(\log^v |D|)(1+O(\frac{\log 2h}{\log |D|})) + O(h\nu_C(1)), \tag{23.37}$$

其中$R(0)=\Gamma^2(\frac{k}{2})M(1,f)P(1,f)$. 回顾

$$M(1,f) = L(2,\varepsilon^2)^{-1} L(1,\mathrm{Sym}^2 f), \tag{23.38}$$

其中$P(1,f)$由(23.23)给出. 记住$P(1,f)$依赖于D, 但是程度不高. 确切地说,

$$P(1,f) = \prod_{p|C}(1+\tfrac{\varepsilon(p)}{p})^{-1}(1-\tfrac{\varepsilon(p)\chi(p)}{p})(1+\tfrac{\alpha(p)}{\sqrt{p}})(1+\tfrac{\beta(p)}{\sqrt{p}})(1-\tfrac{\alpha(p)\chi(p)}{\sqrt{p}})^{-1}(1-\tfrac{\beta(p)\chi(p)}{\sqrt{p}})^{-1}, \tag{23.39}$$

其中乘积过素数$p|D$和满足$\chi(p)=1$的素数$p \leqslant B$. 将(23.37)代入(23.7)就得到我们想要的用关于特征$\psi=\varepsilon\chi$ 的L函数在点$s=1$处的导数表示的关于$\Lambda^{(g)}(\frac{1}{2})$的表达式.

从现在起, 我们假设ε是实特征, 对称平方$\mathrm{Sym}^2 f$有实系数(尽管f可能既有实系数, 又有复系数), 并且$P(1,f)$也是实系数的. 于是S和$\bar{S}$的近似公式(22.37)相同. 回顾公式(23.7). 因为我们不希望主项被抵消掉, 所以我们需要g的奇偶性与关于乘积L函数$L(s) = L(s,f)L(s,f_\chi)$的函数方程的符号相匹配, 即我们要求

$$w = w(f)w(f_\chi) = (-1)^g. \tag{23.40}$$

现在将(23.37)代入(23.7)得到

$$\begin{aligned} Q^{-\frac{1}{2}}\Lambda^{(g)}(\tfrac{1}{2}) = 2\Gamma^2(\tfrac{k}{2})M(1,f)P(1,f)\cdot \\ \sum_{u+v=g} 2^u \tbinom{g}{u} L^{(u)}(1,\psi)(\log^v |D|)(1+O(\tfrac{\log 2h}{\log |D|})) + O(h\nu_C(1)). \end{aligned} \tag{23.41}$$

我们将在一些特殊情形改进这个基本公式.

假设$\varepsilon = 1$, 所以$\psi = \chi_D$. 我们利用§22.6中在无关紧要的假设$h(D)\log|D| \ll \sqrt{|D|}$下对$L^{(u)}(1,\chi_D)$建立的估计(见(22.122))将(22.41)简化为

$$Q^{-\frac{1}{2}}\Lambda^{(g)}(\tfrac{1}{2}) = 2\Gamma^2(\tfrac{k}{2})M(1,f)P(1,f)L'(1,\chi_D)(\log^{g-1}|D|)(1+O(\tfrac{\log 2h}{\log |D|})) + O(h\nu_C(1)). \tag{23.42}$$

我们也可以利用(22.117)将$L'(1,\chi_D)$替换为$\frac{\pi^2}{6}P(D)$. 尽管我们目前对类数只进行了非常轻微的限制(就是使得区间(23.17)非空), 我们的渐近式(23.42)只在$h(D) \ll \log^g |D|$时才有趣, 否则误差项就超过了主项. 若假设类数是这般小, 注意最多有$2g$个素数$p \leqslant \exp(\sqrt{\log|D|})$在$K = \mathbb{Q}(\sqrt{D})$中分裂(见(22.95)). 选取$B = \log^{4g+20}|D|$(它在(22.17)的范围内), 则由(23.15)有$\nu_C(1) \asymp \nu_D(1) \asymp \nu(D^2)$, 于是由(22.119)有$L'(1,\chi_D) \asymp \nu(D)$, 从而由(23.39)得到

$$P(1,f) \asymp \prod_{p|D}(1+\tfrac{1}{p})^{-1}(1+\tfrac{\lambda(p)}{\sqrt{p}}+\tfrac{1}{p}) = \prod_{p|D}(1+\tfrac{\lambda(p)\sqrt{p}}{p+1}). \tag{23.43}$$

§23.6 类数的一个下界

像之前一样, $\chi = \chi_D$为虚二次域$K = Q(\sqrt{D})$的特征. 若(23.42)的左边为0, 则留给我们的是关于包含类数$h = h(D)$的误差项的下界. 我们将这一发现整理成

命题 23.1 假设f是权为$k \geqslant 1$, 级为N, 关于平凡特征的本原尖形式. 假设乘积L函数在$s = \frac{1}{2}$处的零点阶数为

$$m = \operatorname*{ord}_{s=\frac{1}{2}} L(s,f)L(s,f_\chi) \geqslant 3. \tag{23.44}$$

令$g = m-1$或$g = m-2$满足$(-1)^g = w = w(f)w(f_\chi)$, 则

$$h(D) \geqslant \theta(D)\log^{g-1}|D|, \tag{23.45}$$

其中

$$\theta(D) = \prod_{p|D}(1+\tfrac{1}{p})^{-3}(1+\tfrac{\lambda(p)\sqrt{p}}{p+1})^{-1}, \tag{23.46}$$

隐性常数仅依赖于f和m, 并且是可实效计算的.

椭圆曲线理论提供了大量使得相关的L函数$L_E(s+\frac{1}{2}) = L(s,f)$在$s=\frac{1}{2}$处的零点阶数很大(由Birch与Swinnerton-Dyer猜想, 该阶数恰好等于E上有理点群的秩)的尖形式f的例子. 除了秩, 我们还需要知道控制g的奇偶性的根数$w(f), w(f_\chi)$. 一般地, 对于级N无平方因子的本原形$f \in S_k(\Gamma_0(N))$, 我们有(见命题14.16或[153])

$$w(f) = \mathrm{i}^k \mu(N)\lambda(N). \tag{23.47}$$

若N有平方因子, 则没有关于$w(f)$的简单公式. 若最大公因子(N, D^2)无平方因子, 则缠绕形是本原的, 即$f_\chi = f \otimes \chi$的级为$M = [N, D^2]$, 根数为

$$w(f_\chi) = \chi(-N_1)\mu(N_2)\lambda(N_2)w(f), \tag{23.48}$$

其中$N = N_1N_2, (N_1, D) = 1, N_2|D$. 若$(N, D) = 1$, 则上式可简化为$w(f_\chi) = \chi(-N)w(f)$. 利用(23.47)和(23.48), 我们将从命题23.1推出下面的最终结果:

定理 23.2 存在绝对可实效计算的常数$c > 0$使得对任意的基本判别式$D < 0$, 有

$$h(D) \gg c\theta(D)\log|D|, \tag{23.49}$$

其中

$$\theta(D) = \prod_{p|D}(1+\tfrac{1}{p})^{-3}(1+\tfrac{2\sqrt{p}}{p+1})^{-1}. \tag{23.50}$$

证明: 我们首先处理$p = 37$在$\mathbb{Q}(\sqrt{D})$中分裂的情形, 此时(22.72)意味着比(22.49)更好的结果: $h(D)\log 37 \geqslant \log\frac{|D|}{4}$. 所以, 从现在起假设

$$\chi_D(37) \neq 1. \tag{23.51}$$

我们从Gross与Zagier[112]考虑过的椭圆曲线

$$E_0: y^2 = x^3 + 10x^2 - 20x + 8 \tag{23.52}$$

入手, 这是一条导子为$N_0 = 37$, 秩为$r_0 = 0$的模曲线. 对应的本原尖形式是

$$f_0(z) = \sum_{n=1}^{\infty} \lambda_0(n)n^{\frac{1}{2}}\,\mathrm{e}(nz) \in S_0(\Gamma_0(N_0)),$$

相关的Hasse-Weil ζ函数是$L_{E_0}(s) = L(s-\frac{1}{2}, f_0)$, 其中

$$L(s, f_0) = \sum_{n=1}^{\infty} \lambda_0(n)n^{-s}.$$

它满足适当的函数方程, 其符号为$w(f_0) = 1$. 要证明本定理, 我们取缠绕曲线

$$E: -139y^2 = x^3 + 10x^2 - 20x + 8. \tag{23.53}$$

这是一条导子为$N = 37 \cdot 139^2$, 秩为$r = 3$的椭圆曲线. 对应的本原尖形式是

$$f(z) = \sum_{n=1}^{\infty} \lambda(n)n^{\frac{1}{2}}\,\mathrm{e}(nz) \in S_2(\Gamma_0(N)),$$

其中$\lambda(n) = \lambda_0(n)\chi_{-139}(n)$, 即$f = f_0 \otimes \chi_{-139}$, 从而相关的Hasse-Weil ζ函数是$L_E(s) = L(s-\frac{1}{2}, f)$, 其中

$$L(s,f) = \sum_{n=1}^{\infty} \lambda(n)n^{-s}.$$

根据(22.48), f的函数方程的符号为

$$w(f) = \chi_{-139}(-1)w(f_0) = \chi_{-139}(-1) = -1.$$

所以$L(\frac{1}{2}, f) = 0$, 但是Gross与Zagier证明了也有$L'(\frac{1}{2}, f) = 0$, 因此$L(s,f)$在$\frac{1}{2}$处至少有三阶零点(我们将在23.8的附录中给出Gross与Zagier 的这个结果的证明梗概).

我们现在考察缠绕形$f_\chi \otimes \chi_D \in S_2(\Gamma_0(ND^2))$和它对应的级为$M|ND^2$的本原形$f_{\chi_D} \in S_2(\Gamma_0(N))$.

$139 \nmid D$的情形 于是$M = ND^2$, $f_{\chi_D} = f \otimes \chi_D = f_0 \otimes \chi_{-139D}$. 利用(22.48)可得

$$w(f_{\chi_D}) = \chi_{-139D}(-N_1)\mu(N_2)\lambda_0(N_2),$$

其中$N_1N_2 = 37, (N_1, D) = 1, N_2|D$. 若$N_1 = 37, N_2 = 1$, 则有$w(f_{\chi_D}) = \chi_{-139D}(-37) = \chi_{-139}(-37) = -w(f_0) = -1$. 若$N_1 = 1, N_2 = 37$, 则由(23.47)可知$w(f_{\chi_D} = -\chi_{-139D}(-1)\lambda_0(37) = -\lambda_0(37) = -w(f_0) = -1$.

$139|D$的情形 记$D = -139C$, 其中C是与139互素的正基本判别式. 将特征相应的分解$\chi_D = \chi_{-139}\chi_C$, $f \otimes \chi_D = f_0 \otimes \chi_{-139}^2 \otimes \chi_C$, 这里的$f_0 \otimes \chi_{-139}^2$不是本原形, 因为平凡特征$\chi_{-139}^2$使该形的$L$函数在$p = 139$处零化, 但是它又是由本原形$f_0$ 诱导出来的. 因此诱导$f \otimes \chi_D$的本原形是$f_{\chi_D} = f_0 \otimes \chi_C$, 它的级为$M = [37, C^2] = \frac{37C^2}{(37,C)}$, 由(23.48)可知根数为

$$w(f_{\chi_D}) = \chi_C(-N_1)\mu(N_2)\lambda_0(N_2),$$

其中$N_1N_2 = 37, (N_1, C) = 1, N_2|C$. 若$N_1 = 37, N_2 = 1$, 则像前一种情形那样有$w(f_{\chi_D}) = \chi_C(-37) = \chi_{-139D}(-37) = -1$. 若$N_1 = 1, N-2 = 37$, 则有$w(f_{\chi_D}) = -\lambda_0(37) = -1$.

现在我们推出在所有情形都有$w(f) = w(f_{\chi_D}) = -1$, 因此$L$函数$L(s) = L(s,f)L(s,f_\chi)$的根数为$w = w(f)w(f_{\chi_D}) = 1$. 因为$L(s)$在$s = \frac{1}{2}$处的零点阶数$m \geqslant 3$(事实上$m \geqslant 4$), 我们可以在命题23.1中取$g = 2$ 证明(23.49). □

习题23.1 从(23.49)推出下面的实效界:

$$h(D) \gg \exp(-\log\log|D|)^{\frac{1}{2}})(\log|D|). \tag{23.54}$$

(**提示:** 在D有许多小的素因子时利用种理论.)

§23.7 结语

我们的公式(23.41)不限于与椭圆曲线相关的L函数, 人们希望通过借助其他在中心点处有高阶零点的L函数更有效地利用这一结果. 一个有趣的命题是尝试用关于非平凡中心特征的尖形式的L函数, 关键是(23.41) 中的首项在$\varepsilon \neq 1$ 时的数量级$L(1, \varepsilon_D)\log^g|D|$比$\varepsilon = 1$时由(23.42)推出的界$L'(1, \chi_D)\log^{g-1}|D|$更好.

F. Rodrguez Villegas[267]发现了除椭圆曲线的Hasse-Weil ζ函数外在中心点$s=\frac{1}{2}$处的零点阶数至少为2的几个尖L函数(遗憾的是, 仍然是关于平凡中心特征的形)的例子, 它们是第3章中的公式(3.92)−(3.95)描述的虚二次域的Hecke 特征的L函数. 假设ξ是这样的一个关于域$\mathbb{Q}(\sqrt{-q})$的权为$\ell\geqslant 1$的特征, 其中$q>3, q\equiv 3 \bmod 4, \ell\equiv 1 \bmod 2$, 即特征$\xi$在主理想上的定义为: 若$\alpha=\frac{1}{2}(m+n\sqrt{-q})$, 则

$$\xi((\alpha))=(\tfrac{2m}{q})(\tfrac{\alpha}{|\alpha|})^{\ell}.$$

这种形式的特征恰好有$h(-q)$个, 每一个都得到一个本原尖形式

$$f_{\xi}(z)=\sum_{\mathfrak{a}}\xi(\mathfrak{a})(\mathrm{N}\,\mathfrak{a})^{\frac{\ell}{2}}\,\mathrm{e}(z\,\mathrm{N}\,\mathfrak{a})\in S_{\ell+1}(\Gamma_0(q))$$

(见(3.89)), 相关的L函数

$$L(s,\xi)=\sum_{\mathfrak{a}}\xi(\mathfrak{a})(\mathrm{N}\,\mathfrak{a})^{-s}$$

满足下面的(自对偶)方程

$$(\tfrac{\sqrt{q}}{2\pi})^{s}\Gamma(s+\tfrac{\ell}{2})L(s,\xi)=w(\tfrac{\sqrt{q}}{2\pi})^{1-s}\Gamma(1-s+\tfrac{\ell}{2})L(1-s,\xi)$$

(见定理3.8), 其中根数$w=(-1)^{\frac{\ell-1}{2}}(\frac{2}{q})$. 在Rodriguez-Villegas[267]的主要定理中, 中心值$L(\frac{1}{2},\xi)$表示成某些θ函数的线性组合的平方, 从而$L(\frac{1}{2},\xi)\geqslant 0$. 他们还证明了在$\ell=1$时, $L(\frac{1}{2},\xi)>0$(因为关于所有特征ξ的均值结论成立, 并且这些特征彼此是Galois共轭的). 对$\ell=3$, $L(\frac{1}{2},\xi)\neq 0$只能在类数$h(-D)$不被3整除时得到保证(要得到这个条件需要证明只有一个Galois轨道). 与之相符的是, 对于$q=59$ 有$h(-59)=3, L(\frac{1}{2},\xi)=0$. 由于根数$w=-(\frac{2}{59})=1$, 我们得到三个不同的函数$L(\frac{1}{2},\xi)$, 每一个在$s=\frac{1}{2}$处的零点阶数至少为2, 对应的尖形式的权为$k=\ell+1=4$.

§23.8 附录: 3阶零点的Gross-Zagier L函数

我们将对Gross与Zagier关于曲线(23.53)

$$-139y^2=x^3+10x^2-20x+8$$

的Hasse-Weil ζ函数在中心临界点处的零点阶数不小于3的证明进行概述. 确切地说, 我们要解释以下结果的证明.

定理 23.3 对于上述L函数有$L'(f,\frac{1}{2})=0$.

因为$L(f,s)$的函数方程的符号为-1, 这就意味着正如我们期望的那样, 零点的阶数至少为3. 该证明是建立在Gross与Zagier用特殊点的高表示的关于(适当的辅助虚二次域上的)E的L函数的特殊导数值. 为了陈述这一结果, 我们回顾一些记号.

令k为数域, M_k为k的(标准)绝对值的集合, 若$v\in M_k$, 记之为$|\cdot|_v$, 其中包括Archimedes与非Archimedes绝对值. 我们有乘积公式:

$$\prod_{v\in M_k}|x|_v=1,\forall x\in k^*.$$

对射影平面$\mathcal{P}^2(k)$中的任意点$x=[x_0:x_1:x_2]$, 定义x的绝对对数高为

$$h(x)=\tfrac{1}{[k:\mathbb{Q}]}\log\prod_{v\in M_k}\max\{|x_0|_v,|x_1|_v,|x_2|_v\} \tag{23.55}$$

(由乘积公式知定义合理). 若$E\subset\mathcal{P}^2$为k上的椭圆曲线, 则函数$x\mapsto h(x)$(关于群结构)差不多是二次型. 记

$$h_E(x)=\lim_{n\to\infty}\tfrac{h(2^nx)}{2^{2n}}.$$

Tate与Néron证明了h_E是二次型, 且满足$h_E(x)=h(x)+O(1)$, 称为E上的典型高. 我们只需要显然的事实$h_E(0)=0$, 这是因为$h(\infty)=1$(更多的细节见[303]).

令$E/\mathbb{Q}$是导子为N的椭圆曲线. 它是模的, 从而有(并非显然)非常值映射$\pi:X_0(N)\to E$. 在这些映射中有唯一的一个满足$\pi(\infty)=0,\pi^*(\mathrm{d}\,x)=cf(z)\,\mathrm{d}\,z$, 其中$c>0$为常数, $\mathrm{d}\,z$是E上的平移不变微分形式, f为与E相关的权为2的本原尖形式. 称映射π为E的模参数化, 事实上它是由下面定义的全纯函数$\pi:\mathbb{H}\to\mathbb{C}$诱导的:

$$\pi(z)=2\pi\,\mathrm{i}\,c\textstyle\int_\infty^z f(w)\,\mathrm{d}\,w.$$

令$K/\mathbb{Q}$为任意的虚二次域, 使得判别式$D<0$满足条件: 每个整除N的素数p在K中分裂(特别地, 它非分歧). 注意有无限多个这样的域, 因为该条件即为对$p|N$有$\chi_K(p)=1$, 这是关于D的同余条件. 存在$2^{\omega(N)}$个理想$\mathfrak{n}\subset\mathcal{O}$ 使得$\mathcal{O}/\mathfrak{n}\simeq\mathbb{Z}/N\mathbb{Z}$(其中$\mathcal{O}\subset K$为整数环), 这些$\mathfrak{n}$与同余式$\beta^2\equiv D\bmod 4N$的解$\beta\bmod 2N$一一对应.

将K的每个理想类$\mathfrak{a}$对应到复点$z_\mathfrak{a}\in\mathbb{H}$(见§22.1). 容易证明存在$\mathrm{SL}(2,\mathbb{Z})$- 等价的点$\tilde{z}_\mathfrak{a}$使得

$$\tilde{z}_\mathfrak{a}=\tfrac{-B+\sqrt{-D}}{2A},$$

其中$N|A,B\equiv\beta\bmod 2N$. 这个点在模$\Gamma_0(N)$时唯一. 定义E上与K和$\mathfrak{n}$相关的Heegner点为

$$y_K=\sum_{\mathfrak{a}}\pi(\tilde{z}_\mathfrak{a})\in E(\mathbb{C}),$$

其中和式过K的所有理想类.

定理 23.4 (Gross-Zagier公式) 令$E/\mathbb{Q}$为椭圆曲线, f为相关的尖形式, K为上述以D为判别式的虚二次域, χ为与K相关的Kronecker符号. 令

$$L_K(f,s)=L(f,s)L(f\otimes\chi,s),$$

则$L_K(f,\frac{1}{2})=0$,

$$L_K'(f,\tfrac{1}{2})=\tfrac{8\pi^2\|f\|^2}{u^2(\deg\pi)|D|^{\frac{1}{2}}}h(y_K), \tag{23.56}$$

其中$\|f\|$为$f\in S_2(N)$的Peterson范, $u\in\{1,2,3\}$是K中单位数的一般, $\deg(\pi)\geqslant 1$为映射$\pi:X_0(N)\to E$的次数.

注记: (1) 在下面的应用中, E的模性和π的存在性是显然的.
(2) 不明显的是(已经相当深刻了)y_K是$E(C)$中的代数点, 所以能够定义它的典型高. 这一点可以通过对$X_0(N)$的解释看出: 点$\tau\in\Gamma_0(N)\backslash\mathbb{H}$与元素对$(E,H)$一一对应, 其中$E$是$\mathbb{C}$上的椭圆曲

线, $H \subset E(\mathbb{C})$是N 阶循环群. 这个双射是由映射$\tau \mapsto (\mathbb{C}/(\mathbb{Z} \oplus \tau\mathbb{Z}), (N^{-1}))$诱导, 对应$z_{\mathfrak{a}}$的元素对为$(\mathbb{C}/\mathfrak{a}, \mathfrak{q}^{-1}\mathfrak{a}/\mathfrak{a})$, 其中$\mathrm{N}_{K/\mathbb{Q}}\,\mathfrak{q} = N$. 这条曲线有复乘, 因此有有限多个Galois共轭, 这就意味着$z_{\mathfrak{a}}$在$\bar{\mathbb{Q}}$上定义. 确切地说, 我们证明了$y_K \in E(K)$. 当$\mathfrak{a}$过K中的理想类时, 这些点$z_{\mathfrak{a}}$事实上是在K的Galois群下的单个Galois轨道中.

定理23.3的证明梗概: 证明的原理是: 若$E/\mathbb{Q}$是椭圆曲线, f为相关的尖形式, 使得E的根数为1, 并且若$D < 0$是虚二次域$K/\mathbb{Q}$的基本判别式, 使得缠绕曲线$E_D/\mathbb{Q}$的根数为-1, 则有$L(f \otimes \chi, \frac{1}{2}) = 0$. 此外, 若我们发现Heegner点$y_k \in E(\mathbb{C})$满足$h(y_K) = 0$, 则

$$L_K'(f, \tfrac{1}{2}) = L(f, \tfrac{1}{2})L'(f \otimes \chi, \tfrac{1}{2}) = 0.$$

若$L(f, \frac{1}{2}) \neq 0$(我们可以通过数值计算严格地验证), 则有$L'(f \otimes \chi, \frac{1}{2}) = 0$.

我们现在仿效[113]的做法将上述原理应用于曲线

$$E : y^2 = x^3 + 10x^2 - 20x + 8$$

和虚二次域$K = \mathbb{Q}(\sqrt{-139})$, 因此$E_D$事实上是曲线(23.53). 这条曲线满足定理23.4 中的假设, 因为我们有$\chi_{-139}(-37) = -1$. 选取理想$\mathfrak{n} = (1 + \bar{\omega})$, 其中$\omega = \frac{1+\sqrt{-139}}{2}$.

E的判别式为$\Delta = 2^{12} \cdot 37$, j不变量为$j = \frac{2^{15} \cdot 5^3}{37} = \frac{4\,096\,000}{37}$. 由此可知给定的Wierstrass方程不是极小的. 对应的极小模型为曲线

$$E' : y^2 + y = x^3 + x^2 - 3x + 1,$$

其中E'到E的坐标变换为$(x, y) \mapsto (4x - 2, 8y + 4)$. 曲线$E'$的判别式为37, 因为它无平方因子, 所以$E$的导子为37. 记$f$为对应$E$的权为2, 级为37的本原尖形式. 由椭圆函数理论可知存在$\tau \in \mathbb{H}$使得$E(\mathbb{C}) = \mathbb{C}/(\mathbb{Z} \oplus \tau\mathbb{Z})$.

因为导子$N = 37$无平方因子, 函数方程的符号由$\varepsilon_E = a_{E'}(37)$给出, 即$\varepsilon_E = 1$, 由数值计算可得

$$L(f, \tfrac{1}{2}) = L(E, 1) \approx 0.725\,681\,061\,936\,152\,78\ldots \neq 0,$$

即为所需. 事实上, 可以验证$E(\mathbb{Q}) \simeq \mathbb{Z}/3\mathbb{Z}$是由$(x, y) = (2, 4)$生成的.

K的理想类群是由$\mathfrak{a} = [5, \frac{1+\sqrt{-139}}{2}]$生成的3阶群. 对于选取的$\mathfrak{n}$ 的3个Heegner点为

$$\tilde{z}_{\mathfrak{a}} = \frac{151+\sqrt{-139}}{370},\ \tilde{z}_{-\mathfrak{a}} = \frac{-71+\sqrt{-139}}{370},\ \tilde{z}_{\mathcal{O}} = \frac{3+\sqrt{-139}}{74}.$$

记π为模参数化$X_0(37) \to E$, 我们需要证明$\pi(\tilde{z}_{\mathfrak{a}}) + \pi(\tilde{z}_{-\mathfrak{a}}) + \pi(\tilde{z}_{\mathcal{O}}) = 0 \in E(\mathbb{C})$, 或者等价地有

$$\pi(\tilde{z}_{\mathfrak{a}}) + \pi(\tilde{z}_{-\mathfrak{a}}) + \pi(\tilde{z}_{\mathcal{O}}) \in \mathbb{Z} \oplus \tau\mathbb{Z}. \tag{23.57}$$

注意这是一个用解析语言陈述的问题. 要证明它, 我们可以利用下面来自椭圆函数理论中的引理.

引理 23.5 令$\Lambda \subset \mathbb{C}$为格, $f \neq 0$为$\mathbb{C}$上Λ-周期的亚纯函数. 令$s_1, \ldots, s_d$ 为f的极点或零点的Λ- 等价类的代表元集(计算重数), 则有$s_1 + \cdots + s_d \in \Lambda$.

这是命题11.33的部分结果的复解析类比, 当时我们是对有限域上的椭圆曲线证明的. 这个结果事实上只是Abel-Jacobi定理的特殊情形(见[265]).

证明: 选取$\mathbb{C}/\Lambda$的一个基本平行四边形$P \subset \mathbb{C}$, 以及代表元s_i使得它们都在P的内部. 由留数定理有

$$\frac{1}{2\pi \mathrm{i}}\int_{\partial P} z\frac{f'(z)}{f(z)}\,\mathrm{d}\,z = \sum_i s_i.$$

若γ与$\gamma+\lambda_0$为P的平行边, 其中$\lambda_0 \in \Lambda$, 则对第二个积分作变换: $z \mapsto z-\lambda_0$(考虑方向), 由Λ-周期性可得

$$\frac{1}{2\pi \mathrm{i}}\int_{\gamma} z\frac{f'(z)}{f(z)}\,\mathrm{d}\,z + \frac{1}{2\pi \mathrm{i}}\int_{\gamma+\lambda_0} z\frac{f'(z)}{f(z)}\,\mathrm{d}\,z = \frac{\lambda_0}{2\pi \mathrm{i}}\int_{\partial P} \frac{f'(z)}{f(z)}\,\mathrm{d}\,z \in \lambda_0\mathbb{Z},$$

因为最后一个积分是围绕0的闭环$t \mapsto f(\gamma(t))$的环绕数, 所以结论成立. □

我们将展示$\mathbb{C}/(\mathbb{Z}\oplus\tau\mathbb{Z})$上的一个椭圆函数, 使得它在0处有3阶极点, 在形如$\pi(\tilde{z}_{\mathfrak{b}})$的三个点处有单根, 从而由引理23.5证明(23.57). 我们从下面的$X_0(37)$上的亚纯函数入手:

$$u(z) = \frac{\eta(z)^2}{\eta(37z)^2},$$

其中η为Dedekind ζ函数, 即

$$\eta(z) = \mathrm{e}(\tfrac{z}{24})\prod_{k\geqslant 1}(1-\mathrm{e}(kz))$$

(见(22.66)).

令$q=\mathrm{e}(z)$, 则有∞处的展开式

$$u(z) = \frac{q^{\frac{1}{12}}\prod\limits_{k\geqslant 1}(1-q^k)^2}{q^{\frac{37}{12}}\prod\limits_{k\geqslant 1}(1-q^{37k})^2} = q^{-3}(1+\cdots),$$

因此u在∞处有三阶极点. 因为η除了在∞外不为零, u的唯一极点即为∞. 此外, 由于η的级为1, 作变换$z \mapsto \frac{1}{z}$可知u在尖点0处有3阶零点, 且没有其他零点. 现在考虑$v(z)=u(z)-u(\tilde{z}_{\mathcal{O}})$. 它仍然在$\infty$处有3阶极点, 在$\tilde{z}_{\mathcal{O}}$处有零点, 这是一个单零点, 并且$v$在$\tilde{z}_{\mathfrak{a}}, \tilde{z}_{-\mathfrak{a}}$ 处各有一个单零点. 事实上, 因为零点数与极点数一样多, 只需证明$v(\tilde{z}_{\pm\mathfrak{a}})=0$, 或者$u(\tilde{z}_{\pm\mathfrak{a}})=u(\tilde{z}_{\mathcal{O}})$.

注意$u(z)^{12} = \Delta(z)\Delta(37z)^{-1}$, 其中$\Delta$为Ramanujan函数. 正如上述注记中指出的那样, 对于对应椭圆曲线和$N=37$ 阶循环子群的组成的元素对(E,H)的点$z\in X_0(37)$, 我们有$\Delta(z) = \Delta(E), \Delta(37z)=\Delta(E/H)$. 对于Heegner 点$(\tilde{z}_{\pm\mathfrak{b}})$, 这个元素对是$(\mathbb{C}/\mathfrak{b}, \mathfrak{n}^{-1}\mathfrak{b}/\mathfrak{b})$. 由此得到$u(\tilde{z}_{\mathcal{O}})^{12} = u(\tilde{z}_{\pm\mathfrak{a}})^{12}$. 于是我们能够(甚至通过数值计算)验证$u(\tilde{z}_{\mathcal{O}}) = u(\tilde{z}_{\pm\mathfrak{a}})$. 或者确切地说, 我们能够证明$u(\tilde{z}_{\mathcal{O}}) = 1+\omega \in K$, 其中$37=N(1+\omega)$, 并且利用复乘理论证明: 若$\sigma$ 是对应$\mathfrak{a}$的K的Hilbert类域的Galois群的生成元σ, 则$u(\tilde{z}_{\pm\mathfrak{a}}) = u(\tilde{z}_{\mathcal{O}})^{\sigma_{\pm\mathfrak{a}}} = u(\tilde{z}_{\mathcal{O}})$.

要完成证明, 我们需要将函数v推广到$E(\mathbb{C})$上. 为此, 对$z\in E(\mathbb{C})$, 令

$$w(z) = \prod_{\pi(z')=z} v(z').$$

容易验证这是$E(\mathbb{C})$上定义合理的亚纯函数, 在$\pi(\infty)=0$处有3阶极点, 在$\pi(\tilde{z}_{\mathfrak{b}})$处有单零点. 这样就完成了证明.

注记: 利用PARI/GP之类的程序, 我们如今能够以上构造中的所有对象找到确定的方程和公式. 有一些在[223]的§5中叙述过了. 我们感谢C. Delaunay对Heegner点的计算. 用曲线

$$F: y^2+y = x^3+x^2-23x-50$$

取代E可以更好地进行讨论. 由[223]可知$E \simeq F/\mu_3$, 其中μ_3是3次单位根群(作为Galois模有$F[3] \simeq \mu_3 \times \mathbb{Z}/3\mathbb{Z}$), 所以$F$与$E$同种. 特别地, E和F(已经它们的缠绕)有相同的L函数.

曲线$X_0(37)$是平面曲线的非奇异模型, 其方程为

$$X_0(37) : y^2 = -x^6 - 9x^4 - 11x + 37,$$

F的模参数化为映射

$$\pi(x, y) = (\tfrac{1}{4}(37x^{-2} - 5), \tfrac{1}{8}(37yx^{-3} - 4)).$$

$K = \mathbb{Q}(\sqrt{-139})$的Hilbert类域是$P = X^3 + 4X^2 + 6X + 1$在$K$上的分裂域. 记$\theta_{-\mathfrak{a}}$为$P$的实根, $\theta_{\mathcal{O}}$为$\mathbb{H}$中的根, $\theta_{\mathfrak{a}} = \tilde{\theta}_{\mathcal{O}}$, 则$\pi(\tilde{z}_{\mathfrak{b}}) \in F(H)$为

$$\pi(\tilde{z}_{\mathfrak{b}}) = (A_1(\theta_{\mathfrak{b}}) + A_2(\theta_{\mathfrak{b}})\sqrt{-139}, B_1(\theta_{\mathfrak{b}}) + B_2(\theta_{\mathfrak{b}})\sqrt{-139}),$$

其中

$$\begin{aligned}
A_1 &= -\tfrac{1}{41^2}(1\,152X^2 + 6\,398X + \tfrac{13\,469}{2}),\\
A_2 &= \tfrac{1}{139\cdot 41^2}(32\,579X^2 + 53\,474X + \tfrac{13\,881}{2}),\\
B_1 &= \tfrac{1}{41^3}(-39\,658X^2 + 22\,512X + 84\,810),\\
B_2 &= -\tfrac{1}{139\cdot 41^3}(2\,662\,280X^2 + 6\,561\,700X + 1\,270\,577).
\end{aligned}$$

然后我们能够“手算”验证在$F(\mathbb{C})$中有$\pi(\tilde{z}_{\mathfrak{a}}) + \pi(\tilde{z}_{-\mathfrak{a}}) + \pi(\tilde{z}_{\mathcal{O}}) = 0$(这就意味着这三个点在$\mathbb{P}^2$中的一条直线上). 但是注意$\pi(\tilde{z}_{\mathcal{O}})$(在$F(H)$)中的阶无限, 因为$\mathbb{Q}(\sqrt{-139})$的类数大于模参数化$\pi$ 的次数2(这是Nakazato[245]的一个定理).

第 24 章　Riemann ζ函数的临界零点

$\zeta(s)$在临界线上的零点$\rho = \frac{1}{2} + \mathrm{i}\gamma$称为临界零点. 令$N_0(T)$为满足$0 < \gamma \leqslant T$的临界零点的个数. 回顾$N(T)$本书满足$0 < \beta < 1, 0 < \gamma \leqslant T$的所有零点$\rho = \beta + \mathrm{i}\gamma$的个数, 并且我们有(见定理5.24)

$$N(T) = \tfrac{T}{2\pi} \log \tfrac{T}{2\pi \mathrm{e}} + O(\log T). \tag{24.1}$$

Riemann猜想断言$N_0(T) = N(T)$. 由密度定理(定理10.1)可知几乎所有的零点在临界线附近. Riemann通过手算证明了存在恰好在临界线$\mathrm{Re}(s) = \frac{1}{2}$上的零点, 第一个临界零点是$\rho_1 = \frac{1}{2} + \mathrm{i}\gamma_1$, 其中$\gamma_1 = 14.13\ldots$. 用相对计算机有界验证了$\zeta(s)$的前面数百万零点都在直线$\mathrm{Re}(s) = \frac{1}{2}$上, 并且它们都是单零点.

§24.1　关于$N_0(T)$的下界

G.H. Hardy于1914年证明了$\zeta(s)$在直线$\mathrm{Re}(s) = \frac{1}{2}$上有无限多个零点, 7年后他与J.E. Littlewood[119]证明了对所有大的T有

$$N_0(T) > T. \tag{24.2}$$

我们在本节给出这一结果的证明. 然后在下节将这个界改进为如下A. Selberg的估计:

$$N_0(T) \gg T \log T, \tag{24.3}$$

该结果表明有正比例的零点在临界线上.

令

$$f(u) = \tfrac{g(\frac{1}{2}+\mathrm{i}u)}{|g(\frac{1}{2}+\mathrm{i}u)|} \zeta(\tfrac{1}{2} + \mathrm{i}u), \tag{24.4}$$

其中$g(s) = \pi^{-s}\Gamma(\frac{s}{2})$. 由函数方程$g(s)\zeta(s) = g(1-s)\zeta(1-s)$可知$f(u)$是实的偶函数. 我们考虑两个积分

$$I(t) = \textstyle\int_t^{t+\Delta} f(u)\,\mathrm{d}u, \tag{24.5}$$

$$J(t) = \textstyle\int_t^{t+\Delta} |f(u)|\,\mathrm{d}u, \tag{24.6}$$

其中Δ为固定的正数. 显然有$|I(t)| \leqslant J(t)$. 若

$$|I(t)| < J(t), \tag{24.7}$$

则$f(u)$在区间$(t,t+\Delta)$中一定改变符号, 因此$f(u)$在$(t,t+\Delta)$中一定有零点. 由于$g(s)$处处非零, $\zeta(\frac{1}{2}+\mathrm{i}\,u)$在该区间中也有零点. 所以问题转化为证明(24.7)经常出现. 为此, 我们要对区间$[T,2T]$上的极值证明关于$I(t)$的一个下界和$J(t)$的一个上界.

引理 24.1 令$\Delta \geqslant 1$, 存在也依赖于Δ的函数$K(t)$, 使得

$$J(t) \geqslant \Delta - K(t), \tag{24.8}$$

并且对$T \geqslant \Delta^2$有

$$\int_T^{2T} |K(t)|^2 \,\mathrm{d}\,t \ll T, \tag{24.9}$$

其中隐性常数是绝对的.

引理 24.2 令$\Delta \geqslant 1$, 对$T \geqslant \Delta^6$有

$$\int_T^{2T} |I(t)|^2 \,\mathrm{d}\,t \ll \Delta T, \tag{24.10}$$

其中隐性常数是绝对的.

由引理24.1和引理24.2可以推出Hardy-Littlewood的估计如下. 令$\mathcal{T}$为$[T,2T]$中使得$|I(t)| = J(t)$的点的集合, 则有

$$\int_{\mathcal{T}} |I(t)| \,\mathrm{d}\,t = \int_{\mathcal{T}} J(t) \,\mathrm{d}\,t.$$

我们由Cauchy不等式和引理24.2得到

$$\int_{\mathcal{T}} |I(t)| \leqslant \int_T^{2T} |I(t)| \,\mathrm{d}\,t \ll \Delta^{\frac{1}{2}} T.$$

另一方面, 我们从引理24.1和Cauchy不等式得到

$$\int_{\mathcal{T}} J(t) \,\mathrm{d}\,t \geqslant \Delta|\mathcal{T}| - \int_{\mathcal{T}} K(t) \,\mathrm{d}\,t = \Delta|\mathcal{T}| + O(|\mathcal{T}|^{\frac{1}{2}} T^{\frac{1}{2}}).$$

综合以上的界推出$\mathcal{T}$的测度满足$|\mathcal{T}| \ll \Delta^{-\frac{1}{2}} T$, 其中隐性常数是绝对的. 对于充分大的$\Delta$, 则有$|\mathcal{T}| \leqslant \frac{1}{2} T$. 换句话说, 使得(24.7)成立的集合$S = [T,2T] \backslash \mathcal{T}$的测度$|S| \geqslant \frac{1}{2} T$. 显然$S$中有$\Delta$ 间隔的点列$\{t_1,\ldots,t_R\}$使得其长度$R \geqslant \Delta^{-1}|S| \geqslant \frac{T}{2\Delta}$. 对每个$t_r (1 \leqslant r \leqslant R)$, 在区间$t_r < u < t_r + \Delta$中存在一次符号变化, 从而有临界零点$\rho_r = \frac{1}{2} + \mathrm{i}\,\gamma_r$, 其中$t_r < \gamma_r < t_r + \Delta$. 这就证明了$N_0(T) \gg \frac{T}{\Delta}$, 即(24.2)成立.

还需要证明两个引理.

引理24.1的证明: 我们有

$$\begin{aligned} J(t) = \int_0^{\Delta} |\zeta(\tfrac{1}{2}+\mathrm{i}\,t+\mathrm{i}\,u)| \,\mathrm{d}\,u &\geqslant |\int_0^{\Delta} \zeta(\tfrac{1}{2}+\mathrm{i}\,t+\mathrm{i}\,u) \,\mathrm{d}\,u| \\ &\geqslant \Delta - |\int_0^{\Delta} (\zeta(\tfrac{1}{2}+\mathrm{i}\,t+\mathrm{i}\,u) - 1) \,\mathrm{d}\,u) =: \Delta - K(t). \end{aligned}$$

要估计$K(t)$, 我们利用近似式: 对$s = \frac{1}{2} + \mathrm{i}\,t, T < t < 3T$有

$$\zeta(s) = \sum_{1 \leqslant n \leqslant T} n^{-s} + O(T^{-\frac{1}{2}}) \tag{24.11}$$

(见(8.3)). 因此

$$K(t)=|\sum_{1<n\leqslant T}n^{-\frac{1}{2}-\mathrm{i}\,t}\frac{1-n^{-\mathrm{i}\,\Delta}}{\log n}|+O(\Delta T^{-\frac{1}{2}}),$$

再利用定理9.1即得

$$\int_T^{2T}|K(t)^2|\,\mathrm{d}\,t\ll T\sum_{1<n\leqslant T}n^{-1}\log^{-2}n+\Delta^2\ll T.\qquad\square$$

引理24.2的证明: 利用凸性界$\zeta(s)\ll|s|^{\frac{1}{2}}$, 我们将(24.10)中的积分整理如下:

$$\begin{aligned}I&=\int_T^{2T}|I(t)|^2\,\mathrm{d}\,t=\int_T^{2t}|\int_0^{\Delta}f(t+u)\,\mathrm{d}\,u|^2\,\mathrm{d}\,t\\&=\int_0^{\Delta}\int_0^{\Delta}\int_T^{2T}f(t+u_1)\bar{f}(t+u_2)\,\mathrm{d}\,t\,\mathrm{d}\,u_1\,\mathrm{d}\,u_2\\&=\int_0^{\Delta}\int_0^{\Delta}\int_T^{2T}f(t)\bar{f}(t+u_2-u_1)\,\mathrm{d}\,t\,\mathrm{d}\,u_1\,\mathrm{d}\,u_2+O(\Delta^3T^{\frac{1}{2}})\\&=\int_{-\Delta}^{\Delta}(\Delta-|u|)\int_T^{2T}f(t)\bar{f}(t+u)\,\mathrm{d}\,t\,\mathrm{d}\,u+O(\Delta^3T^{\frac{1}{2}}).\end{aligned}$$

现在我们用Dircihlet多项式对$f(t)\bar{f}(t+u)$做近似计算. 首先由Stirling 公式: 对$\sigma>0,t>0$有

$$\Gamma(\sigma+\mathrm{i}\,t)=(2\pi)^{\frac{1}{2}}(\mathrm{i}\,t)^{\sigma-\frac{1}{2}}(\tfrac{t}{\mathrm{e}})^{\mathrm{i}\,t}\,\mathrm{e}^{-\frac{\pi}{2}t}(1+O(t^1),$$

由此得到

$$\frac{g(\frac{1}{2}+\mathrm{i}\,t)\bar{g}(\frac{1}{2}+\mathrm{i}\,t+\mathrm{i}\,u)}{|g(\frac{1}{2}+\mathrm{i}\,t)\bar{g}(\frac{1}{2}+\mathrm{i}\,t+\mathrm{i}\,u)|}=(\tfrac{2\pi}{t})^{\mathrm{i}\,u}(1+O(\tfrac{u^2+1}{t})).$$

于是由(24.11)和凸性界$\zeta(s)\ll|s|^{\frac{1}{2}}$得到

$$f(t)\bar{f}(t+u)=\sum\sum_{1\leqslant m,n\leqslant T}(mn)^{-\frac{1}{2}}(\tfrac{m}{n})^{\mathrm{i}\,t}(\tfrac{2\pi m^2}{t})^{\frac{\mathrm{i}\,u}{2}}+O(\Delta^2T^{-\frac{1}{2}}).$$

因此

$$I=\sum\sum_{1\leqslant m,n\leqslant T}c(m,n)(mn)^{-\frac{1}{2}}+O(\Delta^4T^{\frac{1}{2}}),$$

其中

$$c(m,n)=\int_{-\Delta}^{\Delta}(\Delta-|u|)\int_T^{2T}(\tfrac{m}{n})^{\mathrm{i}\,t}(\tfrac{2\pi m^2}{t})^{\frac{\mathrm{i}\,u}{2}}\,\mathrm{d}\,t\,\mathrm{d}\,u=\Delta^2\int_T^{2T}(\tfrac{m}{n})^{\mathrm{i}\,t}\chi(\tfrac{\Delta}{4}\log\tfrac{2\pi m^2}{t})\,\mathrm{d}\,t,$$

$\chi(x)=(\frac{\sin x}{x})^2$. 若$m\neq n$, 我们由分部积分得到

$$\begin{aligned}c(m,n)\log\tfrac{m}{n}&\ll(\frac{\sin\frac{\Delta}{4}\log\frac{\pi m^2}{T}}{\log\frac{\pi m^2}{T}})^2+(\frac{\sin\frac{\Delta}{4}\log\frac{2\pi m^2}{T}}{\log\frac{2\pi m^2}{T}})^2+\int_T^{2T}|d(\frac{\sin\frac{\Delta}{4}\log\frac{2\pi m^2}{T}}{\log\frac{2\pi m^2}{T}})^2|\\&\ll\min\{\Delta^2,|\log\tfrac{\pi m^2}{T}|^{-2}+|\log\tfrac{2\pi m^2}{T}|^{-2}\}.\end{aligned}$$

若$m=n$, 先对t再对u积分更容易估计, 我们得到

$$c(m,m)=2T\int_{-\Delta}^{\Delta}(\Delta-|u|)\frac{2-2^{\frac{\mathrm{i}\,u}{2}}}{2-\mathrm{i}\,u}(\tfrac{\pi m^2}{T})^{\frac{\mathrm{i}\,u}{2}}\,\mathrm{d}\,u\ll\Delta T\min\{1,|\log\tfrac{\pi m^2}{T}|^{-1}+|\log\tfrac{2\pi m^2}{T}|^{-1}\}.$$

利用这些估计就推出了

$$\sum\sum_{1\leqslant m,n\leqslant T}c(m,n)(mn)^{-\frac{1}{2}}\ll\Delta T,$$

从而完成了(24.10)的证明. □

§24.2 正比例的临界零点

A. Selberg于1942年修改了Hardy与Littlewood的推理, 证明了在直线$\mathrm{Re}(s)=\frac{1}{2}$上有$\zeta(s)$的正比例零点. 他没有给出比例数. B. Conrey[40]证明了一个很强的结果, 即对充分大的T有

$$N_0(T)>\tfrac{2}{5}N(T). \tag{24.12}$$

T. Conrey的处理方式建立在与Selberg所用的方法有很大不同的Levinson方法[206]的基础上.

Selberg对Hardy-Littlewood推理的改进出现在用Dirichlet多项式修改$\zeta(s)$的地方, 该多项式的作用是为了消除$\zeta(s)$中大值的影响. 这个想法首先是由Bohr与Landau[13]实施的, 但是没有在A. Selberg[286]的手中发挥的作用大. Selberg考虑了

$$f(u)=\tfrac{g(\frac{1}{2}+\mathrm{i}\,u)}{|g(\frac{1}{2}+\mathrm{i}\,u)|}\zeta(\tfrac{1}{2}+\mathrm{i}\,u)|\varphi(\tfrac{1}{2}+\mathrm{i}\,u)|^2, \tag{24.13}$$

其中$\varphi(s)$是如下形式的Dirichlet多项式:

$$\varphi(s)=\sum_{d\leqslant D}h(\tfrac{\log d}{\log D})\gamma_d d^{-s}, \tag{24.14}$$

$h(x)$是$[0,1]$上的连续实值函数,满足

$$h(x)=1+O(x), \tag{24.15}$$

$$h(x)\ll 1-x, \tag{24.16}$$

同时, 系数γ_d具有算术特性(它们也是实值有界的). 显然$f(u)$是实值偶函数. 用$\varphi(\frac{1}{2}+\mathrm{i}\,u)|^2$取代$|\varphi(\frac{1}{2}+\mathrm{i}\,u)$的原因是为了保证$f(u)$在$u=\gamma$处的任何符号变化都来自$\zeta(\frac{1}{2}+\mathrm{i}\,u)$的符号变化, 因为$|\varphi(\frac{1}{2}+\mathrm{i}\,u)|^2\geqslant 0$. 尽管缓和剂$|\varphi(\frac{1}{2}+\mathrm{i}\,u)|^2$给出$f(u)$的其他一些零点, 它们不算是由符号变化而得到的零点.

对γ_d的一个合理猜想是尝试用$\varphi(s)$作为$\zeta(s)^{-\frac{1}{2}}$的近似. 事实上, Selberg选择的γ_d正是该函数的Euler 乘积的Dirichlet级数表示中的系数:

$$\zeta(s)^{-\frac{1}{2}}=\prod_p(1-\tfrac{1}{p^s})^{\frac{1}{2}}=\sum_d\gamma_d d^{-s}. \tag{24.17}$$

对$s>1$有

$$(1-\tfrac{1}{p^s})^{\frac{1}{2}}\leqslant(1-\tfrac{1}{p^s})^{-\frac{1}{2}}\leqslant(1-\tfrac{1}{p^s})^{-1},$$

因此$|\gamma_d|\leqslant|\tilde{\gamma}_d|\leqslant 1$, 其中$\tilde{\gamma}_d$是

$$\zeta(s)^{\frac{1}{2}}=\prod_p(1-\frac{1}{p^s})^{-\frac{1}{2}}=\sum_d\tilde{\gamma}_d d^{-s} \tag{24.18}$$

的系数. 就像Hardy-Littlewood的证明那样, 我们在$0\leqslant t\leqslant T$的范围内对比积分

$$I(t)=\int_t^{t+\Delta}f(u)\,\mathrm{d}\,u, \tag{24.19}$$

$$J(t)=\int_t^{t+\Delta}|f(u)|\,\mathrm{d}\,u. \tag{24.20}$$

由于缓和剂所起的作用, 我们能够取更小的Δ, 即

$$\Delta \asymp \log^{-1} T \tag{24.21}$$

进行讨论, 其中隐性常数是绝对的. 我们将证明三个估计式.

引理 24.3 令$\log^{-1} T \leqslant \Delta \leqslant 1, D = T^{\theta}(0 < \theta \leqslant \frac{1}{80})$, 则我们有

$$\int_0^T |f(t)|\,\mathrm{d}\,t \gg T, \tag{24.22}$$

$$\int_0^T |f(t)|^2\,\mathrm{d}\,t \ll T, \tag{24.23}$$

$$\int_0^T |I(t)|^2\,\mathrm{d}\,t \ll \Delta T \log^{-1} T, \tag{24.24}$$

其中隐性常数仅依赖于θ.

我们可以从这些估计式推出Selberg界如下: 令$\mathcal{E}$为$[0,T]$中满足$|I(t)| < |J(t)|$的点集, 则有

$$A = \int_{\mathcal{E}} J(t)\,\mathrm{d}\,t \geqslant \int_{\mathcal{E}}(J(t) - |I(t)|)\,\mathrm{d}\,t = \int_0^T (J(T) - I(t)|)\,\mathrm{d}\,t =: B - C.$$

由Cauchy-Schwarz不等式和(24.23)可得

$$\begin{aligned} A^2 &\leqslant |\mathcal{E}| \int_0^T J^2(t)\,\mathrm{d}\,t = |\mathcal{E}| \int_0^T (\int_0^\Delta |f(t+v)|\,\mathrm{d}\,v)^2\,\mathrm{d}\,t \\ &\leqslant |\mathcal{E}| \int_0^T \int_0^\Delta |f(t+v)|^2\,\mathrm{d}\,v\,\mathrm{d}\,t \leqslant 2\Delta^2 |\mathcal{E}| \int_0^{T+\Delta} |f(t)|^2\,\mathrm{d}\,t \ll \Delta^2 |\mathcal{E}| T. \end{aligned}$$

另一方面, 由(24.22)可得

$$B = \int_0^T \int_t^{t+\Delta} |f(u)|\,\mathrm{d}\,u\,\mathrm{d}\,t \geqslant \Delta \int_\Delta^T |f(u)|\,\mathrm{d}\,u \gg \Delta T,$$

由(24.24)可得

$$C^2 \leqslant T \int_0^T |f(t)|^2\,\mathrm{d}\,t \ll \Delta T^2 \log^{-1} T.$$

综合上述估计式得到$\Delta T \ll \Delta^{\frac{1}{2}} T \log^{-\frac{1}{2}} T + \Delta |\mathcal{E}|^{\frac{1}{2}} T^{\frac{1}{2}}$, 从而$|\mathcal{E}| \geqslant T$, 只要$\Delta \log T$充分大. 集合$\mathcal{E}$包含$\Delta$间隔的点列$\{t_1, \ldots, t_R\}$使得其长度$R \geqslant \Delta^{-1}|\mathcal{E}| \gg T \log T$. 对每个$t_r$, $f(u)$在$(t_r, t_r + \Delta)$中发生了符号变化, 所以$\zeta(\frac{1}{2} + \mathrm{i}\,u)$在该区间中有零点, 因为$|\varphi(\frac{1}{2} + \mathrm{i}\,u)|^2$非负. 这样我们就证明了(24.3).

我们还需要证明关于三个积分的估计式. 第一个估计式(24.22)容易证明. 我们有

$$\int_0^T |f(t)|\,\mathrm{d}\,t \geqslant |\int_{\frac{T}{2}}^T \zeta(\tfrac{1}{2} + \mathrm{i}\,t)\varphi^2(\tfrac{1}{2} + \mathrm{i}\,t)\,\mathrm{d}\,t|.$$

由近似式(24.11)和在直线$\mathrm{Re}(s) = \frac{1}{2}$上的显然界$\varphi(s) \ll D^{\frac{1}{2}}$, 我们得到

$$\zeta(s)\varphi^2(s) = \sum_{n \leqslant N} a_n n^{-s} + O(DT^{-\frac{1}{2}}),$$

其中$a_1 = 1$, 对$n \leqslant N = D^2 T$有$|a_n| \leqslant \tau_3(n)$. 假设$D \leqslant T^{\frac{1}{2}} \log^{-1} T$, 我们可知$T$充分大时, 有

$$\int_{\frac{T}{2}}^T \zeta(s)\varphi^2(s)\,\mathrm{d}\,t \geqslant \frac{T}{2} - 2 \sum_{2 \leqslant n \leqslant N} |a_n| n^{-\frac{1}{2}} \log^{-1} n + O(\tfrac{T}{\log T}) \geqslant \frac{T}{3},$$

(24.22)得证.

另外两个估计式(24.23)和(24.24)的证明要难得多, 因为我们需要利用缓和剂$\varphi^2(s)$的特性. 我们将证明分成几步, 对ζ函数的一些积分进行估计, 它们本身也很有趣.

定理 24.4 令$s_1=\frac{1}{2}+\mathrm{i}\,v_1, s_2=\frac{1}{2}+\mathrm{i}\,v_2$, a,b是两个互素的正整数, 则有

$$\int_0^T \zeta(s_1+\mathrm{i}\,t)\bar{\zeta}(s_1+\mathrm{i}\,t)a^{s_1+\mathrm{i}\,t})b^{\bar{s_2}-\mathrm{i}\,t}\,\mathrm{d}\,t=TP_v(\tfrac{T}{2\pi ab})+O((ab)^{\frac{3}{2}}T^{\frac{8}{9}}\log^6 T), \tag{24.25}$$

其中$v=v_2-v_1$, $P_v(X)$的定义为

$$P_v(X)=\zeta(1-\mathrm{i}\,v)+\zeta(1+\mathrm{i}\,v)\tfrac{X^{\mathrm{i}\,v}}{1+\mathrm{i}\,v}. \tag{24.26}$$

(24.25)中的隐性常数是绝对的.

注意由$\zeta(1+\mathrm{i}\,v)$的Laurent展开式可得

$$P_v(X)=\tfrac{X^{\mathrm{i}\,v}-1}{\mathrm{i}\,v}+2\gamma-1+O(|v|), \tag{24.27}$$

它在$|v|$很小时相当好. 特别地, 我们有

$$P_0(X)=\log X+2\gamma-1. \tag{24.28}$$

推论 24.5 若$(a,b)=1$, 则

$$\int_0^T|\zeta(\tfrac{1}{2}+\mathrm{i}\,t)|^2(\tfrac{a}{b})^{\mathrm{i}\,t}\,\mathrm{d}\,t=\tfrac{T}{\sqrt{ab}}(\log\tfrac{T}{2\pi ab}+2\gamma-1)+O(abT^{\frac{8}{9}}\log^6 T), \tag{24.29}$$

其中隐性常数是绝对的.

要证明定理24.4, 我们首先对$T\leqslant T_1\leqslant T_2\leqslant 2T$估计下面的部分积分

$$S=\int_{T_1}^{T_2}\zeta(s_1+\mathrm{i}\,t)\zeta(s_2+\mathrm{i}\,t)a^{-s_1-\mathrm{i}\,t}b^{-\bar{s_2}+\mathrm{i}\,t}\,\mathrm{d}\,t. \tag{24.30}$$

作变量变换: $t\to t-v_1$, 则有

$$S=(ab)^{-\frac{1}{2}}b^{\mathrm{i}\,v}\int_{T_1}^{T_2}\zeta(\tfrac{1}{2}+\mathrm{i}\,t)\bar{\zeta}(\tfrac{1}{2}+\mathrm{i}\,v+\mathrm{i}\,t)(\tfrac{b}{a})^{\mathrm{i}\,t}\,\mathrm{d}\,t+E,$$

其中E是关于区间外部分的积分, 由直线$\mathrm{Re}(s)=\frac{1}{2}$上的凸性界$\zeta(s)\ll|s|^{\frac{1}{4}}$可知$E$满足

$$E\ll(ab)^{-\frac{1}{2}}T^{\frac{1}{2}}. \tag{24.31}$$

接下来我们将$\zeta(s)$由它的部分和

$$\zeta_X(s)=\sum_{n\leqslant X}n^{-s} \tag{24.32}$$

来近似. 回顾对$\mathrm{Re}(s)=\sigma\geqslant\frac{1}{2}, |s|\leqslant\pi X$有

$$\zeta(s)=\zeta_X(s)-\tfrac{X^{1-s}}{1-s}+O(X^{-s}). \tag{24.33}$$

特别地, 对满足$\mathrm{Re}(s)=\frac{1}{2}$和$T\ll|s|\leqslant\pi T$的$s$有

$$\zeta(s)=\zeta_T(s)+O(T^{-\frac{1}{2}}). \tag{24.34}$$

因此

$$S = (ab)^{-\frac{1}{2}} b^{\mathrm{i}\,v} \int_{T_1}^{T_2} \zeta_T(\tfrac{1}{2} + \mathrm{i}\,t)\zeta_T(\tfrac{1}{2} - \mathrm{i}\,v - \mathrm{i}\,t)(\tfrac{b}{a})^{\mathrm{i}\,t}\,\mathrm{d}\,t + E + E_\infty,$$

其中E_∞表示(24.34)中误差项的贡献值, 因此由下面的估计式(利用Cauchy不等式从(7.52)得到)

$$\int_0^{2T} |\zeta(\tfrac{1}{2} + \mathrm{i}\,t)|\,\mathrm{d}\,t \ll T \log^{\frac{1}{2}} T$$

可知它满足

$$E_\infty \ll (ab)^{-\frac{1}{2}} (T \log T)^{\frac{1}{2}}. \tag{24.35}$$

将Dirichlet多项式(24.32)代入可得

$$S = \int_{T_1}^{T_2} \sum_{m,n \leqslant T}\sum (am)^{-\frac{1}{2} - \mathrm{i}\,t} (bn)^{-\frac{1}{2} + \mathrm{i}\,v + \mathrm{i}\,t}\,\mathrm{d}\,t + E + E_\infty. \tag{24.36}$$

我们首先抽出对角线$am = bn$上的项. 因为a, b互素, 所以存在$\ell \leqslant L = Tc^{-1}$ 使得$m = b\ell, n = a\ell$, 其中$c = \max\{a, b\}$. 因此这些项贡献的值为

$$S_0 = (T_2 - T_1)(ab)^{-1=\mathrm{i}\,v} \zeta_L(1 - \mathrm{i}\,v).$$

代入近似式(24.33)得到

$$S_0 = (T_2 - T_1)(ab)^{-1+\mathrm{i}\,v} (\zeta(1 - \mathrm{i}\,v) + \tfrac{L^{\mathrm{i}\,v}}{\mathrm{i}\,v}) + O(1). \tag{24.37}$$

我们现在考虑(24.36)中满足$am \neq bn$的项的积分的贡献值, 设为S^*. 由积分可得

$$S^* = S(T_2) - S(T_1), \tag{24.38}$$

其中

$$S(t) = \mathrm{i} \sum_{am \neq bn}\sum (am)^{-\frac{1}{2} - \mathrm{i}\,v} (bn)^{-\frac{1}{2} + \mathrm{i}\,v + \mathrm{i}\,t} \log^{-1} \tfrac{am}{bn}. \tag{24.39}$$

我们就证明对$S(t)$的主要贡献值来自对角线附近的项, 即满足$1 - \varepsilon < \frac{am}{bn} < 1 + \varepsilon$的$m, n$对应的项, 其中$\varepsilon$是以后将选定的某个小的正数. 令

$$S_\varepsilon(t) = \mathrm{i} \sum_{0 < |am - bn| < \varepsilon bn}\sum (am)^{-\frac{1}{2} - \mathrm{i}\,v} (bn)^{-\frac{1}{2} + \mathrm{i}\,v + \mathrm{i}\,t} \log^{-1} \tfrac{am}{bn}. \tag{24.40}$$

对于剩余的项有$|\log \frac{am}{bn}| > \frac{\varepsilon}{2}$, 又由于$\log x$单调, 我们能够利用部分和估计这些项的贡献值为

$$\varepsilon^{-1} (ab)^{-\frac{1}{2}} (\log^2 T) |\zeta_x(\tfrac{1}{2} + \mathrm{i}\,t)\zeta_y(\tfrac{1}{2} - \mathrm{i}\,v - \mathrm{i}\,t)|,$$

其中x, y是满足$1 \leqslant x, y \leqslant T$的某两个数. 现在在直线$\mathrm{Re}(s) = \frac{1}{2}s$上和$x \leqslant 4|s|^2$时利用凸性界$\zeta_x(s) \ll |s|^{\frac{1}{6}} \log^2 3|s|$(见(8.22)), 可得

$$S(t) = S_\varepsilon(t) + O(\varepsilon^{-1} (ab)^{-\frac{1}{3}} \log^6 T. \tag{24.41}$$

对于$S_\varepsilon(t)$中的项, 记$a_m = b_n + h$, 其中$0 < |h| < \varepsilon bn$. 利用近似式

$$(abmn)^{\frac{1}{2}} (\log \tfrac{am}{bn})^{-1} = \tfrac{1}{h} + O(\tfrac{1}{bn}),$$

$$(\tfrac{am}{bn})^{\mathrm{i}\,t} = (1 + \tfrac{h}{bn})^{-\mathrm{i}\,t} = \mathrm{e}^{-\frac{\mathrm{i}\,th}{bn}} + O(\tfrac{th^2}{b^2 n^2}),$$

我们得到

$$S_\varepsilon(t)=\sum_{\substack{am-bn=1\\0<|h|<\varepsilon bn}}\sum \mathrm{i}\,h^{-1}(bn)^{\mathrm{i}\,v}\,\mathrm{e}^{-\frac{\mathrm{i}\,th}{bn}}+E_1,$$

其中E_1表示上面的误差项的贡献值. 我们有

$$\begin{aligned}E_1&\ll(1+\varepsilon t)\sum\sum-|am-bn|<\varepsilon bn(bn)^{-1}\\&\leqslant(1+\varepsilon t)\sum_n(\varepsilon nba^{-1}+1)(bn)^{-1}\ll(1+\varepsilon T)(\varepsilon a^{-1}T+b^{-1}\log T).\end{aligned}$$

显然我们可以交换a,b(由第一个不等式可以看出), 所以综合两个估计可得对称界

$$E_1\ll(ab)^{-\frac{1}{2}}(\varepsilon T)^2,\tag{24.42}$$

只要$\varepsilon T\geqslant\log T$, 我们以后都假定这个条件成立.

现在改写$S_\varepsilon(t)$为

$$S_\varepsilon(t)=\sum_{\substack{H^-<h<H^+\\h\neq0}}\mathrm{i}\,h^{-1}\sum_{\substack{N_1<n<N_2\\n\equiv-h\bmod a}}(bn)^{\mathrm{i}\,v}\,\mathrm{e}^{-\frac{\mathrm{i}\,th}{bn}}+E_1,$$

其中

$$\begin{aligned}H^+&=\min\{\varepsilon bT,\varepsilon(1+\varepsilon)^{-1}aT\},\\H^-&=-\min\{\varepsilon bT,\varepsilon(1-\varepsilon)^{-1}aT\},\\N_1&=\tfrac{|h|}{\varepsilon b},\ N_2=\min\{T,(aT-h)b^{-1}\}.\end{aligned}$$

对于内和利用下面的公式

$$\sum_{\substack{N_1<n<N_2\\n\equiv0\bmod a}}\mathrm{e}(f(n))=\tfrac{1}{a}\int_{N_1}^{N_2}\mathrm{e}(f(x))\,\mathrm{d}\,x+O(1),$$

其中f为任意的光滑函数, 使得在区间$[N_1,N_2](N_1<N_2)$上有$|f''|\leqslant(2a)^{-1},f''\neq0$(由命题8.7得到). 假设

$$2\varepsilon^2abT\leqslant1,\tag{24.43}$$

我们得到

$$\sum_{\substack{N_1<n<N_2\\n\equiv-h\bar{b}\bmod a}}(bn)^{\mathrm{i}\,v}\,\mathrm{e}^{-\frac{\mathrm{i}\,th}{bn}}=\tfrac{1}{a}\int_{N_1}^{N_2}(bx)^{\mathrm{i}\,v}\,\mathrm{e}^{-\frac{\mathrm{i}\,th}{bx}}\,\mathrm{d}\,x+O(1),$$

我们在这里将N_2替换为$T\min\{1,\frac{a}{b}\}$得到误差项$O(\frac{|h|}{ab})$. 然后我们作变量变换: $x\to\frac{xt}{2\pi b}$得到

$$\sum_{\substack{N_1<n<N_2\\n\equiv-h\bar{b}\bmod a}}(bn)^{\mathrm{i}\,v}\,\mathrm{e}^{-\frac{\mathrm{i}\,th}{bn}}=\tfrac{1}{ab}(\tfrac{t}{2\pi})^{1+\mathrm{i}\,v}\int_{\frac{t}{2\pi dt}}^{\frac{\varepsilon t}{2\pi|h|}}\mathrm{e}(-hx)x^{-\mathrm{i}\,v-2}\,\mathrm{d}\,x+O(\tfrac{|h|}{ab}+1),$$

其中$d=\min\{a,b\}$. 将它代入$S_\varepsilon(t)$可得

$$S_\varepsilon(t)=\tfrac{t}{ab}(\tfrac{t}{2\pi})^{\mathrm{i}\,v}\int_{\frac{t}{2\pi dt}}^{+\infty}\Big(\sum_{\substack{0<|h|<\frac{\varepsilon t}{2\pi x}\\H^-<h<H^+}}(2\pi h)^{-1}\,\mathrm{e}(-hx)\Big)\,\mathrm{d}\,x+E_1+E_2,$$

其中

$$E_2 \ll \sum_{0<h<2\varepsilon dT} \left(\frac{1}{ab}+\frac{1}{h}\right) \ll (ab)^{-\frac{1}{2}}\varepsilon T + \log T. \tag{24.44}$$

上述积分中关于h的内和是$-\psi(x) = [x] - x + \frac{1}{2}$的Fourier展开式的部分和. 利用近似式

$$-\psi(x) = \sum_{\substack{-H_1<h<H_2 \\ h\neq 0}} (2\pi\mathrm{i}\,h)^{-1}\,\mathrm{e}(hx) + O((1+\|x\|H)^{-1}),$$

其中$H = \min\{H_1, H_2\}$(对比(4.18)), 我们得到

$$S_\varepsilon(t) = \frac{t}{ab}\left(\frac{t}{2\pi}\right)^{\mathrm{i}\,v} \int_{\frac{t}{2\pi dT}}^{+\infty} x^{-2-\mathrm{i}\,v}\psi(x)\,\mathrm{d}\,x + E_1 + E_2 + E_3,$$

其中

$$\begin{aligned} E_3 &\ll \frac{t}{ab}\int_{\frac{t}{2\pi dT}}^{+\infty} \left(1+\varepsilon t\frac{\|x\|}{x}\right)^{-1} x^{-2}\,\mathrm{d}\,x = \frac{1}{\varepsilon ab}\int_{\frac{t}{2\pi dT}}^{+\infty} \left(\|x\| + \frac{x}{\varepsilon t}\right)^{-1}\frac{\mathrm{d}\,x}{x} \\ &\ll \frac{1}{\varepsilon ab}\left(\int_{\frac{t}{2\pi dT}}^{1} x^{-2}\,\mathrm{d}\,x + \sum_{k=1}^{\infty} k^{-1}\log\left(1+\frac{\varepsilon t}{k}\right)\right) \ll \frac{1}{\varepsilon ab}(d+\log T). \end{aligned}$$

我们将这个界简化为

$$E_3 \ll \varepsilon^{-1}(ab)^{-\frac{1}{2}}\log T. \tag{24.45}$$

最后我们利用公式

$$\int_y^{+\infty} \psi(x)x^{-2-w}\,\mathrm{d}\,x = \frac{\zeta(1+w)}{1+w} - \frac{y^{-w}}{w} + \frac{1}{2}\frac{y^{-1-w}}{1+w}, \tag{24.46}$$

其中$0<y<1, \mathrm{Re}(w) > -1$, 得到

$$S_\varepsilon(t) = \frac{t}{ab}\left(\frac{t}{2\pi}\right)^{\mathrm{i}\,v}\frac{\zeta(1+\mathrm{i}\,v)}{1+\mathrm{i}\,v} - \frac{t}{ab}\frac{(dT)^{\mathrm{i}\,v}}{\mathrm{i}\,v} + \frac{\pi}{ab}\frac{(dT)^{1+\mathrm{i}\,v}}{1+\mathrm{i}\,v} + E_1 + E_2 + E_3.$$

现在将相关的估计加起来即得

$$S = (ab)^{-1+\mathrm{i}\,v}\left[T_2 P_v\left(\frac{T-2}{2\pi ab}\right) - T_1 P_v\left(\frac{T_1}{2\pi ab}\right)\right] + R,$$

其中$P_v(X)$由(24.26)定义, R是全部的误差项. 由(24.31), (24.35), (24.37), (24.42)和(24.45)得到

$$R \ll (ab)^{-\frac{1}{2}}(T^{\frac{1}{2}} + \varepsilon^{-1}T^{\frac{1}{2}} + \varepsilon^2 T^2)\log^6 T + \log^2 T,$$

只要$\varepsilon T \geqslant \log T, 2\varepsilon^2 abT \leqslant 1$. 选取$\varepsilon = T^{-\frac{5}{9}}$可得

$$R \ll (ab)^{-\frac{1}{2}} T^{\frac{8}{9}}\log^6 T,$$

只要$2ab \leqslant T^{\frac{1}{9}}$. 我们也有显然的界

$$S \ll (ab)^{-\frac{1}{2}}\int_0^T |\zeta(\tfrac{1}{2}+\mathrm{i}\,t)|^2\,\mathrm{d}\,t \ll (ab)^{-\frac{1}{2}} T\log T.$$

综合两个结果, 我们能够去掉条件$2ab \leqslant T^{\frac{1}{9}}$, 得到弱一点的结果

$$S = (ab)^{-1+\mathrm{i}\,v}\left[T_2 P_v\left(\frac{T-2}{2\pi ab}\right) - T_1 P_v\left(\frac{T_1}{2\pi ab}\right)\right] + O((ab)^{\frac{1}{2}} T^{\frac{8}{9}}\log^6 T).$$

将关于2进点T_j的结果相加即得(24.25).

注记: (24.25)和(24.29)中的误差项可以大幅改进. 例如在$a=b=1$时, 由推论24.5得到

$$\int_0^T |\zeta(\tfrac{1}{2}+\mathrm{i}t)|^2\,\mathrm{d}t = T(\log\tfrac{T}{2\pi}+2\gamma-1)+E(T), \tag{24.47}$$

其中$E(T)\ll T^{\frac{8}{9}}\log^6 T$, 而已知$E(T)\ll T^{\frac{7}{22}+\varepsilon}$. 猜想在(27.47)中有$E(T)\ll T^{\frac{1}{4}+\varepsilon}$成立(见[149]).

定理24.4可以推广到如下形式的积分:

$$G_v(T)=\int_0^T \zeta(\tfrac{1}{2}+\mathrm{i}t)\zeta(\tfrac{1}{2}-\mathrm{i}t-\mathrm{i}v)(\tfrac{a}{b})^{\mathrm{i}t}g(t)\,\mathrm{d}t,$$

其中$g(t)$是$[0,T]$上的光滑函数. 若$g(t)=1$, 则由(24.45)可知: 对$(a,b)=1, |v|\leqslant 1, T\geqslant 2$有

$$G_v(T)=\tfrac{Tb^{\mathrm{i}v}}{\sqrt{ab}}(\zeta(1-\mathrm{i}v)+\tfrac{\zeta(1+\mathrm{i}v)}{1+\mathrm{i}v}(\tfrac{T}{2\pi ab})^{\mathrm{i}v})+O(abT^{\frac{8}{9}}\log^6 T),$$

其中隐性常数是绝对的. 因此我们由分部积分公式推出: 一般地有

$$G_v(T)=\tfrac{b^{\mathrm{i}v}}{\sqrt{ab}}\int_0^T g(t)(\zeta(1-\mathrm{i}v)+\zeta(1+\mathrm{i}v)(\tfrac{t}{2\pi ab})^{\mathrm{i}v})\,\mathrm{d}t+O(abGT^{\frac{8}{9}}\log^6 T),$$

其中

$$G=|g(T)|+\int_0^T |g'(t)|\tfrac{t\,\mathrm{d}t}{t+1}.$$

对$g(t)=(\frac{2\pi}{t})^{\frac{\mathrm{i}v}{2}}$可得

推论 24.6 令$(a,b)=1, |v|\leqslant 1, T\geqslant 2$, 则有

$$\begin{aligned}&\int_0^T \zeta(\tfrac{1}{2}+\mathrm{i}t)\zeta(\tfrac{1}{2}-\mathrm{i}t-\mathrm{i}v)(\tfrac{a}{b})^{\mathrm{i}t}(\tfrac{2\pi}{t})^{\frac{\mathrm{i}v}{2}}\,\mathrm{d}t\\ &=\tfrac{2}{\sqrt{ab}}(\tfrac{\zeta(1+\mathrm{i}v)}{2+\mathrm{i}v}(\tfrac{T}{2\pi a^2})^{\frac{\mathrm{i}v}{2}}+\tfrac{\zeta(1-\mathrm{i}v)}{2-\mathrm{i}v}(\tfrac{T}{2\pi b^2})^{\frac{\mathrm{i}v}{2}})+O(abT^{\frac{8}{9}}\log^7 T),\end{aligned} \tag{24.48}$$

其中隐性常数是绝对的.

我们接下来证明(24.23). 令α_ℓ为

$$\varphi^2(s)=(\sum_{d\leqslant D}\beta_d d^{-s})^2=\sum -\ell\leqslant D^2\alpha_\ell\ell^{-s}$$

的系数, 其中$\beta_d=\gamma_d h\frac{\log d}{\log D}$, 则$\alpha_\ell\ll\tau(\ell)$. 由推论24.5可得

$$\begin{aligned}\int_0^T |f(t)|^2\,\mathrm{d}t &= \int_0^T |\zeta(\tfrac{1}{2}+\mathrm{i}t)\varphi^2(\tfrac{1}{2}+\mathrm{i}t)|^2\,\mathrm{d}t\\ &= \sum_a\sum_b \alpha_a\alpha_b(ab)^{-\frac{1}{2}}\int_0^T |\zeta(\tfrac{1}{2}+\mathrm{i}t)|^2(\tfrac{a}{b})^{\mathrm{i}t}\,\mathrm{d}t\\ &= AT(\log\tfrac{T}{2\pi}+2\gamma-1)-BT+O(D^6T^{\frac{8}{9}}\log^8 T),\end{aligned}$$

其中

$$A=\sum_d\sum_{(a,b)=1}\sum \alpha_{ad}\alpha_{bd}(abd)^{-1}, \tag{24.49}$$

$$B=\sum_d\sum_{(a,b)=1}\sum \alpha_{ad}\alpha_{bd}(abd)^{-1}\log ab. \tag{24.50}$$

因此只需证明

$$A \ll \log^{-1} D, \tag{24.51}$$

$$B \ll 1. \tag{24.52}$$

我们首先详细讨论A, 然后修改推理将B的情形归结于A的情形.

我们从二次型A的对角化开始:

$$\begin{aligned} A &= \sum_d d^{-1} \sum_\delta \mu(\delta)\delta^{-2}(\sum_a \alpha_{a\delta d} a^{-1})^2 \\ &= \sum_d d^{-1} \sum_{\delta|d} \mu(\delta)\delta^{-1}(\sum_a \alpha_{ad} a^{-1})^2 = \sum_d \varphi(d) A_d^2, \end{aligned}$$

其中

$$A_d = \sum_{a\equiv 0 \bmod d} \alpha_a a^{-1} = \sum_{\substack{d_1 d_2 \equiv 0 \bmod d \\ d_1, d_2 \leqslant D}} \beta_{d_1}\beta_{d_2}(d_1 d_2)^{-1} (d \leqslant D^2).$$

令$d_1 = \delta_1 k, d_2 = \delta_2 \ell$, 其中$d_1 d_2 | d^\infty, d | d_1 d_2, (k\ell, d) = 1$, 由此可得

$$A_d = \sum_{\substack{\delta_1 \delta_2 | d^\infty \\ d | \delta_1 \delta_2}}\sum (\delta_1\delta_2)^{-1} A_d(\delta_1) A_d(\delta_2),$$

其中

$$A_d(\delta) = \sum_{(k,d)=1} \beta_{\delta k} k^{-1}.$$

从现在起, 取$h(x) = 1 - x$, 则有

$$\beta_d = \gamma_d \frac{\log^+ \frac{D}{d}}{\log D}. \tag{24.53}$$

这些系数是Selberg原来用过的, 但是我们几乎可以任意地选择满足条件(24.15)和(24.16)的$h(x)$. 在这种特定的情形, 我们有简单的Mellin积分表示

$$\log^+ x = \frac{1}{2\pi \mathrm{i}} \int_{(\varepsilon)} x^s s^{-2} \,\mathrm{d}\, x. \tag{24.54}$$

现在

$$A_d(\delta) \log D = \sum_{(k,d)=1} \gamma_{\delta k} k^{-1} \log^+ \frac{D}{\delta k} = \frac{\gamma_\delta}{2\pi \mathrm{i}} \int_{(\varepsilon)} Z(s+1) (\tfrac{D}{\delta})^s s^{-2} \,\mathrm{d}\, s,$$

其中$Z(s)$是相应的ζ函数

$$Z(s) = \sum_{(k,d)=1} \gamma_k k^{-2} = \prod_{p|dd} (1 - p^{-s})^{\frac{1}{2}} = \zeta_d(s)^{\frac{1}{2}} \zeta(s)^{-\frac{1}{2}},$$

其中

$$\zeta_d(s) = \prod_{p|d} (1 - p^{-s})^{-1}.$$

在直线$\mathrm{Re}(s) = \varepsilon = \frac{1}{\log D}$上, 有$\zeta_d(s+1) \ll \zeta_d(1) = \frac{d}{\varphi(d)}, \zeta(s+1) \gg |s|^{-1}, (\frac{D}{\delta})^s \ll 1$. 我们也有

$$\int_{(\varepsilon)} |s|^{-\frac{3}{2}} \mathrm{d}\, s \ll \varepsilon^{-\frac{1}{2}} = \log^{\frac{1}{2}} D.$$

因此我们推出$A_d(\delta)|\gamma_\delta|(\frac{d}{\varphi(d)}\log D)^{\frac{1}{2}}$, 从而得到$A_d \ll \lambda(d)\frac{d}{\varphi(d)}\log D$,

$$\lambda(d) = \sum_{\substack{\delta_1\delta_2|d^\infty \\ d|\delta_1\delta_2}}\sum |\gamma_{\delta_1}\gamma_{\delta_2}|(\delta_1\delta_2)^{-1} \leqslant \sum_{\substack{r|d^\infty \\ d|r}} r^{-1} \sum_{\delta_1\delta_2=r} \tilde{\gamma}_{\delta_1}\tilde{\gamma}_{\delta_2} = \frac{1}{\varphi(d)},$$

因为$|\gamma_\delta| \leqslant \tilde{\gamma}_\delta, \tilde{g} * \tilde{\gamma} = 1$. 所以我们有

$$A_d \ll \frac{d}{\varphi^2(d)\log D}. \tag{24.55}$$

最后我们将它代入A的对角型推出

$$\begin{aligned} A\log^2 D &\ll \sum_{d\leqslant D^2} d^2\varphi{-}3(d) = \sum_{d\leqslant D^2} d^{-1}\prod_{p|d}(1-\tfrac{1}{p})^{-3} \\ &\ll \sum_{d\leqslant D^2} d^{-1}\prod_{p|d}(1+p^{-\frac{1}{2}}) \leqslant \sum_{d\leqslant D^2} d^{-1}\sum_{w|d} w^{-\frac{1}{2}} \\ &\ll \zeta(\tfrac{3}{2})\sum_{d\leqslant D^2} d^{-1} \ll \log D, \end{aligned}$$

这样就完成了(24.51)的证明.

对于(24.52)的证明, 由$\log ab = \log abd^2 - 2\log D$, 将$B$相应地分成$B = B' - 2B''$. 由$A$的对角化同理可得$B', B''$ 的类似不等式. 因此我们有

$$B' = \sum_d \varphi(d) \sum_{ab\equiv 0 \bmod d}\sum \alpha_a\alpha_b(ab)^{-1}\log ab = 2\sum_d \varphi(d)A_dB_d,$$

其中由公式$L = \Lambda * 1$得到

$$B_d = \sum_{a\equiv 0 \bmod d} \alpha_a a^{-1}\log a = \sum_q \Lambda(q)A_{[d,q]}.$$

利用(24.55)推出

$$B_d \ll (\sum_{d\leqslant D^2}(d,q)\Lambda(q)q^{-1})d\varphi^{-2}(d)\log^{-1} D \ll d\varphi^{-2}(d).$$

这个界比A_d的界多了因子$\log D$, 因此由前面的推理可得$B' \ll 1$, 这就是(24.52)所要证明的结论. 此外, 我们有

$$B'' = \sum_d \sum_{(a,b)=1}\sum \alpha_{ad}\alpha_{bd}(abd)^{-1}\log d = \sum_d \psi(d)A_d^2,$$

其中

$$\begin{aligned} \varphi(d) &= \sum_{\delta|d}\mu(\delta)\tfrac{d}{\delta}\log\tfrac{d}{\delta} = \sum_{\delta|d}\tfrac{d}{\delta}\sum_{\delta q|d}\Lambda(q) \\ &= \sum_{q|d}\Lambda(q)q\varphi(\tfrac{d}{q}) \leqslant 2\varphi(d)\sum_{q|d}\Lambda(q) = 2\varphi(d)\log d, \end{aligned}$$

所以由(24.51)得到$B'' \leqslant 4A\log D \ll 1$, 这样就完成了(24.52)的证明.

最后我们给出(24.24)的证明梗概. 我们有

$$\begin{aligned} I &= \int_0^T |I(t)|^2 \mathrm{d}\, t = \int_0^T |\int_0^\Delta f(t+u)\mathrm{d}\, u|^2 \mathrm{d}\, t \\ &= \int_{-\Delta}^\Delta (\Delta - |u|)\int_0^T f(t)\bar{f}(t+u)\mathrm{d}\, t\,\mathrm{d}\, u + O(D^2T^{\frac{1}{2}}), \end{aligned}$$

由用于引理24.2的证明中的推理(Stirling公式)可得

$$\begin{aligned} f(t)\bar{f}(t+u) &= \zeta(\tfrac{1}{2}+\mathrm{i}\,t)\zeta(\tfrac{1}{2}-\mathrm{i}\,t-\mathrm{i}\,u)\varphi^2(\tfrac{1}{2}+\mathrm{i}\,t)\varphi^2(\tfrac{1}{2}-\mathrm{i}\,t-\mathrm{i}\,u)(\tfrac{2\pi}{t})^{\frac{\mathrm{i}\,u}{2}}+O(\tfrac{D^2}{T^{\frac{1}{2}}}) \\ &= \sum_a\sum_b \tfrac{\alpha_a\alpha_b}{\sqrt{ab}}\zeta(\tfrac{1}{2}+\mathrm{i}\,t)\zeta(\tfrac{1}{2}-\mathrm{i}\,t-\mathrm{i}\,u)(\tfrac{a}{b})^{\mathrm{i}\,t}(\tfrac{2\pi a^2}{t})^{\frac{\mathrm{i}\,u}{2}}+O(\tfrac{D^2}{T^{\frac{1}{2}}}). \end{aligned}$$

对t积分, 由推论(24.6得到

$$\begin{aligned} \int_0^T f(t)\bar{f}(t+u)\,\mathrm{d}\,t = 2T\sum_d\sum_{(a,b)=1}\sum \alpha_{ad}\alpha_{bd}(abd)^{-1}\cdot \\ (\tfrac{\zeta(1+\mathrm{i}\,u)}{2+\mathrm{i}\,u}(d\sqrt{\tfrac{T}{2\pi}})^{\mathrm{i}\,u}+\tfrac{\zeta(1-\mathrm{i}\,u)}{2-\mathrm{i}\,u}(abd\sqrt{\tfrac{2\pi}{T}})^{\mathrm{i}\,u})+O(D^4T^{\frac{9}{9}}\log^7 T). \end{aligned}$$

现在对u积分得到

$$I = 2T\sum_d\sum_{(a,b)=1}\sum \alpha_{ad}\alpha_{bd}(abd)^{1}(\Phi(d\sqrt{\tfrac{T}{2\pi}})+\Phi(\tfrac{\sqrt{T/2\pi}}{abd}))+O(D^4T^{\frac{9}{9}}\log^7 T), \tag{24.56}$$

其中

$$\begin{aligned} \Phi(X) &= \int_{-\Delta}^{\Delta}(\Delta-|u|)\tfrac{\zeta(1+\mathrm{i}\,u)}{2+\mathrm{i}\,u}X^{\mathrm{i}\,u}\,\mathrm{d}\,u \\ &= \int_0^{\Delta}(\Delta-u)(X^{\mathrm{i}\,u}-X^{-\mathrm{i}\,u})\tfrac{\mathrm{d}\,u}{2\,\mathrm{i}\,u}+\int_{-\Delta}^{\Delta}(\Delta-|u|)X^{\mathrm{i}\,u}(\tfrac{\zeta(1+\mathrm{i}\,u)}{2+\mathrm{i}\,u}-\tfrac{1}{2\,\mathrm{i}\,u})\,\mathrm{d}\,u \\ &= \Delta\int_0^{\Delta\log X}(\tfrac{\sin u}{u})^2\,\mathrm{d}\,u+O(\tfrac{\Delta}{\log X}). \end{aligned}$$

令

$$\omega(z) = \int_z^{+\infty}(\tfrac{\sin u}{u})^2\,\mathrm{d}\,u, \tag{24.57}$$

可得$\Phi(X)=\frac{\pi}{2}\Delta-\Delta\omega(\Delta\log X)+O(\frac{\Delta}{\log X})$. 取$X=(\frac{T}{2\pi})^{\frac{1}{2}}(abd)^{-1}$, 将$\omega(X)$代入(24.56)得到

$$I = -2\Delta A'+O(\Delta TA''+\Delta TA'''\log^{-1}X+\Delta^4T^{\frac{8}{9}}\log^7 T),$$

其中

$$\begin{aligned} A' &= \sum_d\sum_{(a,b)=1}\sum \alpha_{ad}\alpha_{bd}(abd)^{-1}\omega(\Delta\log\tfrac{\sqrt{\frac{T}{2\pi}}}{abd}), \\ A'' &= \sum_d|\sum_{(a,b)=1}\sum \alpha_{ad}\alpha_{bd}(abd)^{-1}|, \\ A''' &= \sum_d\sum_{(a,b)=1}\sum \alpha_{ad}\alpha_{bd}(abd)^{-1}. \end{aligned}$$

和式A''可以像A一样估计,

$$A'' \leqslant \sum_d d\prod_{p|d}(1+\tfrac{1}{p})A_d^2 \ll (\log^{-2}D)\sum_d d^{-1}\prod_{p|d}(1+\tfrac{1}{p})^2 \ll \log^{-1}D.$$

和式看起来与A一样, 除了内层双重和取绝对值. 因此在对A'''实施解析推理时出现的Riemann ζ函数是$\zeta(s)^{\frac{1}{2}}$, 而不是$\zeta(s)^{-\frac{1}{2}}$, 结果是关于A'''的界与关于A的界相比少了因子$\log D$, 从而有$A''' \ll 1$.

对于和式A', 我们对A推出同样的界, 即$A' \ll \log^{-1}D$, 因为函数$\omega(\Delta\log X)$ 有界, 并且有性质好的导数. 例如, 我们可以用$\omega(\Delta\log X)$关于X的Mellin变换, 它会使得相关的Dirichlet级数的推理稍有变化, 但是对剩下的证明没有本质的改变. 另外一个方法是像将B'归结为B的推理那样, 也可以将A'归结于A. 为此, 我们写成幂级数形式

$$\omega(z) = \sum_{k=0}^{\infty}\tfrac{(-1)^{k+1}}{(2k+2)!}\tfrac{(2z)^{2k+1}}{2k+1}.$$

对$z = \Delta \log X = \frac{1}{2}\Delta \log \frac{T}{2\pi} - \Delta \log abd$, 这样就把问题归结于估计如下形式的和式:

$$A^{(k)} = \sum_{d} \sum\sum_{(a,b)=1} \alpha_{ad}\alpha_{bd}(abd)^{-1} \log^k abd.$$

记

$$\log^k abd = \sum_{q|abd} \Lambda_k(q),$$

其中Λ_k为k次von Mangoldt函数, 我们将$A^{(k)}$用A_d表示出来, 利用界(24.55).

现在综合上述关于A', A'', A'''的估计得到

$$I \ll \Delta T \log^{-1} D + D^k T^{\frac{8}{9}} \log^7 T.$$

取$D = T^{\frac{1}{40}}$, 我们就完成了(24.24)的证明.

注记: Selberg的缓和剂方法对临界线上和附近的零点计数效果非常好. 他证明了对$\delta > 0$一致地有

$$N(\tfrac{1}{2} + 4\delta, T) \ll T^{-1-\delta} \log T. \tag{24.58}$$

因此ζ的几乎所有的零点都在区域

$$|\sigma - \tfrac{1}{2}| \leqslant \tfrac{\eta(t)}{\log(|t|+3)} \tag{24.59}$$

内, 其中$\eta(t)$是任意单调递增趋于无穷的正值函数.

第 25 章　Riemann ζ函数的零点的间距

§25.1　引言

我们在本章假设关于$\zeta(s)$的Riemann猜想成立. 这就使得我们可以将临界零点$\rho = \frac{1}{2} + \mathrm{i}\,\gamma$按照纵坐标的递增次序排成一列:

$$\cdots \leqslant \gamma_{-1} \leqslant \gamma_{-1} < 0 < \gamma_1 \leqslant \gamma_2 \leqslant \cdots, \tag{25.1}$$

其中$\gamma_{-n} = -\gamma_n$. 回顾计数函数$N(T) = |\{n|0 < \gamma_n \leqslant T\}|$在$T \geqslant 2$时满足

$$N(T) = \frac{T}{2\pi} \log \frac{T}{2\pi\,\mathrm{e}} + O(\log T) \tag{25.2}$$

(见定理5.24). 因此有

$$\gamma_n \sim 2\pi n \log^{-1} n (n \to \infty), \tag{25.3}$$

从而这些数

$$\zeta_n = \frac{1}{2\pi} \gamma_n \log |\gamma_n| \tag{25.4}$$

有单位平均间距, 即$\zeta_n \sim n(|n| \to \infty)$. 实际上, (25.2)比(25.4)要精确得多, 但在理解这些γ_n的分布的细微方面它仍然不能令人满意, 特别是它几乎给我们提供相邻零点间距的信息. Riemann猜想本身并没有对该问题进行足够清楚的说明(它的确可以将(25.2)中的误差项改进到只需要因子$\log\log T$).

我们的第一个目标是理解数列$\{\zeta_n\}$的统计数据. 我们希望相邻数之间的间距

$$\delta_n = \zeta_{n+1} - \zeta_n \tag{25.5}$$

不是纯粹随机的(即不是Poisson分布的), 就像素数间的标准间距, 或者模群的Laplace算子的特征值间的标准距离(分别见第10章最后的注记和[276])那样, 但是它们反而服从随机矩阵理论中的Gauss酉总体(GUE)分布. 我们称数列$0 < \zeta_1 \leqslant \zeta_2 \leqslant \cdots$服从GUE分布, 若对任意性质好(例如Schwarz类)的函数$f : \mathbb{R}^+ \to \mathbb{C}$有

$$\frac{1}{N} \sum_{1 \leqslant n \leqslant N} f(\delta_n) \sim \int_0^{+\infty} f(s) P(s)\,\mathrm{d}\,s, \tag{25.6}$$

其中$P(s)$是随机酉矩阵的特征值的相邻间距的极限矛盾分布(对秩取极限). Gaudin与Mehta[96]清楚地确定了这个分布函数: $P(s) = \det(I - Q_s)$, 其中Q_s为$L^2([-1, 1])$上核为

$$Q_s(x, y) = \frac{\sin \frac{\pi s}{2}(x-y)}{\pi(x-y)} \tag{25.7}$$

的积分算子. 具体来说, 这个密度函数可以由下面的无限乘积表示:

$$P(s) = \prod_{j=0}^{\infty}(1-\lambda_j(s)), \tag{25.8}$$

其中$1 \geqslant \lambda_0(s) \geqslant \lambda_1(s) \geqslant \cdots$是该积分算子的特征值.

一般地, 我们很难建立上述GUE法则, 因为调和分析不能控制收敛的相邻点, 但是它能确定小范围中的点的位置. 因此更容易处理的问题是关于我们所要考虑的问题中的点集的相关性. 我们首先介绍H. Montgomery[236]关于Riemann ζ函数的零点的匹配关系的原创工作, 然后陈述关于n层关系的更一般的结果和猜想(见§25.3中的定义).

§25.2 零点的匹配关系

处理关系问题的主要工具是将关于$\zeta(s)$的零点的和式与关于素数的和式联系起来的Riemann显式(或者其变体). 我们在第5章证明了一般的版本, 而这里用的是形式上稍加定制的公式. 令$g \in C_c^{\infty}(\mathbb{R})$,

$$h(r) = \int_{-\infty}^{+\infty} g(u)\,\mathrm{e}^{\mathrm{i}\,ur}\,\mathrm{d}\,u. \tag{25.9}$$

设$\Gamma_{\mathbb{R}}(s) = \pi^{-\frac{s}{2}}\Gamma(s\frac{s}{2})$, 即$\zeta(s)$的Euler乘积在无穷位处的局部因子, 则

$$\begin{aligned}\sum_{\gamma} h(\gamma) = h(\tfrac{\mathrm{i}}{2}) + h(-\tfrac{\mathrm{i}}{2}) + \tfrac{1}{2\pi}\int_{-\infty}^{+\infty} h(r)\big(\tfrac{\Gamma_{\mathbb{R}}'}{\Gamma_{\mathbb{R}}}(\tfrac{1}{2}+\mathrm{i}\,r) + \tfrac{\Gamma_{\mathbb{R}}'}{\Gamma_{\mathbb{R}}}(\tfrac{1}{2}-\mathrm{i}\,r)\big)\,\mathrm{d}\,r \\ - \sum_{n=1}^{\infty}\tfrac{\Lambda(n)}{\sqrt{n}}(g(\log n) + g(-\log n)).\end{aligned} \tag{25.10}$$

这是关于Riemann ζ函数的定理5.12的情形.

我们的策略如下. 首先通过选取适当的测试函数$h(r) = h(r,t)$将γ项局部化, 设γ接近t, 其中t为我们可以控制的参数($h(r)$必须是整函数). 当然, 由调和分析的不确定性原理可知这样的局部化不可能精确, 我们最多能找到t附近与之相距为$r = \frac{c}{\log t}$的r, 其中c为正常数. 计算这样的γ项的和关于在测试函数$h(\gamma, t)$中用到的参数t的适当权的L_2范数, 我们挑选接近对角的项, 即我们得到使得$\gamma - g'$很小的零点对γ, g'的和式. 然后通过近似方法, 或者对在测试函数中建立的另一个参数的Fourier反转公式, 我们得到以想要得到的关于差$\gamma - \gamma'$的函数为项的和式.

Montgomery原来的方法有些特别, 并且许多研究者仍然在使用该方法. 因为Montgomery对那些测试函数的选择很自然, 我们先利用它们. Montgomery[236]对任意的$\alpha \in \mathbb{R}, T \geqslant 2$引入了函数(关于差的Fourier变换)

$$F(\alpha, T) = \frac{2\pi}{T\log T}\sum_{0<\gamma,\gamma'\leqslant T}\sum w(\gamma-\gamma')T^{\mathrm{i}\,\alpha(\gamma-\gamma')}, \tag{25.11}$$

其中$w(u)$是适当的局部函数. 具体来说, 他取的是

$$w(u) = 4(4+u^2)^{-1}. \tag{25.12}$$

注意$F(\alpha, T)$是实值函数, 并且$F(\alpha, T) = F(-\alpha, T)$, 因为关于$w$的Fourier变换是正的. 确切地说, $\hat{w}(v) = 2\pi\,\mathrm{e}^{-4\pi|v|}$, 所以

$$F(\alpha, T) = \tfrac{2\pi}{T\log T}\int_{-\infty}^{+\infty}\mathrm{e}^{-2|v|}\,|\sum_{0<\gamma\leqslant T}\mathrm{e}^{\mathrm{i}\,\gamma(v+\alpha\log T)}|^2\,\mathrm{d}\,v. \tag{25.13}$$

利用(25.2), 由显然估计可推出

(25.14) $$F(\alpha,T)\leqslant F(0,T)\ll\log T.$$

我们的目标是给出$F(\alpha,T)$在$\to+\infty$时的一个渐近公式, 使得它在α尽可能大的范围内一致成立.

定理 25.1 (Montgomery) 对$0\leqslant\alpha\leqslant1, T\geqslant2$有

(25.15) $$F(\alpha,T)=\alpha+T^{-2\alpha}\log T+O(\alpha T^{\alpha-1}+T^{-\alpha}\log 2T^{\alpha}+\log^{-1}T),$$

其中隐性常数是绝对的.

注记: 对满足$\frac{2\log\log T}{\log T}\leqslant\alpha\leqslant1-\frac{1}{(\log\log T)\log T}$的$\alpha$, 有

(25.16) $$F(\alpha,T)\sim\alpha(T\to+\infty).$$

渐近式(25.15)对所有的$\alpha\geqslant0$成立, 但是它在$\alpha\geqslant1$时失去意义了, 因为误差项$O(\alpha T^{\alpha-1})$超过了首项α.

在证明定理25.1时, Montgomery用到了显式

(25.17) $$L(x,t)=R(x,t),$$

其中$L(x,t)$是关于$\zeta(s)$的在t附近局部化的零点的特殊和式, 即

(25.18) $$L(x,t)=2\sum_{\gamma}\frac{x^{\mathrm{i}t}}{1+(t-\gamma)^2},$$

其中$R(x,t)$是相应的关于素数的和式(包括无穷位处的项), 见§5.5. 我们有

(25.19) $$R(x,t)=-\sum_{n=1}^{\infty}\frac{\Lambda(n)}{\sqrt{n}}\left(\frac{x}{n}\right)^{\mathrm{i}t}\min\left\{\frac{n}{x},\frac{x}{n}\right\}+x^{-1+\mathrm{i}t}\log(t+2)+E(x,t),$$

其中最后一项在$x\geqslant1, t>0$时满足

(25.20) $$E(x,t)\ll\frac{1}{x}+\frac{\sqrt{x}}{t+1},$$

隐性常数为常数. (25.17)这个特别的方程可以由如下公式推出:

(25.21) $$\sum_{n\leqslant x}\Lambda(n)n^{-s}=-\frac{\zeta'(s)}{\zeta(s)}=\frac{x^{1-s}}{1-s}-\sum_{\rho}\frac{x^{\rho-s}}{\rho-s}+\sum_{n=1}^{\infty}\frac{x^{-2n-s}}{2n+s},$$

其中$x>1, x\neq p^m, s\neq1,\rho,-2n$, 或者直接对

(25.22) $$-\frac{\zeta'(s)}{\zeta(s)}=\sum_{n=1}^{\infty}\Lambda(n)n^{-s}$$

以及函数方程

(25.23) $$-\frac{\zeta'(s)}{\zeta(s)}-\frac{\zeta'(1-s)}{\zeta(1-s)}=\frac{\Gamma_R'}{\Gamma_R}(s)+\frac{\Gamma_R'}{\Gamma_R}(1-s)=\log(|s|+3)+O(1)$$

进行围道积分得到结论.

我们将(25.17)平方, 然后积分(这是挑选出小的差值$\gamma-\gamma'$的一种方法)得到

(25.24) $$\int_0^T|L(x,t)|^2\,\mathrm{d}t=\int_0^T|R(x,t)|^2\,\mathrm{d}t.$$

左边等于

$$\int_0^T |L(x,t)|^2\,\mathrm{d}\,t = 4\sum_\gamma\sum_{g'} x^{\mathrm{i}(\gamma-\gamma')}\int_0^T (1+(t-\gamma)^2)^{-1}(1+(t-\gamma')^2)^{-1}\,\mathrm{d}\,t,$$

其中和式过临界零点$\rho = \frac{1}{2}+\mathrm{i}\,\gamma, \rho' = \frac{1}{2}+\mathrm{i}\,\gamma'(\gamma,\gamma'$为正数和负数). 由(25.2), 上式可以化为

$$\begin{aligned}
&4\sum_{0<\gamma,g'\leqslant T}\sum x^{\mathrm{i}(\gamma-\gamma')}\int_0^T (1+(t-\gamma)^2)^{-1}(1+(t-\gamma')^2)^{-1}\,\mathrm{d}\,t + O(\log^3 T)\\
&= 4\sum_{0<\gamma,g'\leqslant T}\sum x^{\mathrm{i}(\gamma-\gamma')}\int_{-\infty}^{+\infty} (1+(t-\gamma)^2)^{-1}(1+(t-\gamma')^2)^{-1}\,\mathrm{d}\,t + O(\log^3 T)\\
&= 2\pi\sum_{0<\gamma,g'\leqslant T}\sum x^{\mathrm{i}(\gamma-\gamma')} w(\gamma-\gamma') + O(\log^3 T).
\end{aligned}$$

令$x = T^\alpha(\alpha\geqslant 0)$, 我们得到

$$\int_0^T |L(T^\alpha,t)|^2\,\mathrm{d}\,t = F(\alpha,T)T\log T + O(\log^3 T), \tag{25.25}$$

其中隐性常数是绝对的.

我们接下来估计(25.24)的另一边. 为此, 我们利用下述形式的关于Dirichlet级数的Parseval 公式(见[237], 或者改进定理9.1 的证明):

$$\int_0^T |\sum_{n=1}^\infty a_n n^{-\mathrm{i}\,t}|^2\,\mathrm{d}\,t = \sum_{n=1}^\infty (T+O(n))|a_n|^2. \tag{25.26}$$

将(25.20)写成$R(x,t) = C(t)+D(t)+E(t)$(即将$R(x,t)$右边的三部分分别记为$C(t), D(t), E(t)$), 则

$$|R(x,t)|^2 = |C(t)|^2 + |D(t)|^2 + |E(t)|^2 + O(|C(t)D(t)| + |D(t)E(t)| + |E(t)C(t)|).$$

对$0<t\leqslant T$积分, 由Cauchy-Schwarz不等式推出

$$\int_0^T |R(x,t)|^2\,\mathrm{d}\,t = C^2 + D^2 + E^2 + O(CD+DE+EC), \tag{25.27}$$

其中$C^2 = \int_0^T |C(t)|^2\,\mathrm{d}\,t$, D^2, E^2可类似定义. 由(25.26)可得

$$C^2 = \sum_{n=1}^\infty (T+O(n))\frac{\Lambda^2(n)}{n}\min{}^2\{\tfrac{n}{x},\tfrac{x}{n}\}.$$

由素数定理$\psi(x) = x + O(\frac{x}{\log 2x})$可得

$$C^2 = T\log x + O(T + x\log x). \tag{25.28}$$

对D^2, 我们容易得到

$$D^2 = x^{-2}\int_0^T \log^2(t+2)\,\mathrm{d}\,t = x^{-2}T\log^2 T + O(x^{-2}T\log T), \tag{25.29}$$

从误差项(25.20)可得

$$E^2 \ll x^{-2}T + x. \tag{25.30}$$

将(25.28), (25.29), (25.30)代入(25.27)得到

$$\int_0^T |R(x,t)|^2\,\mathrm{d}\,t = T\log x + x^{-2}T\log^2 T + B(x,T), \tag{25.31}$$

其中

$$B(x,T) \ll T + x\log x + x^{-1}(\log 2x)T\log T. \tag{25.32}$$

在(25.31)中取$x = T^\alpha$, 然后与(25.25)对比, 我们就完成了(25.15)的证明.

我们现在从定理25.1推出一些结果.

定理 25.2 令$f(x)$为$\mathbb{R}$上的Schwarz函数使得它的Fourier变换

$$\hat{f}(y) = \int_{-\infty}^{+\infty} f(x)\,\mathrm{e}(-xy)\,\mathrm{d}\,x \tag{25.33}$$

是C^1类函数, 并且$\operatorname{supp}\hat{f} \subset (-1,1)$, 则

$$\sum_{0<\gamma,\gamma'\leqslant T}\sum w(\gamma-\gamma')f((\gamma-\gamma')\tfrac{\log T}{2\pi}) = (\int_{-1}^{1}\hat{f}(\alpha)|\alpha|\,\mathrm{d}\,\alpha + \hat{f}(0))\tfrac{T}{2\pi}\log T + O(T), \tag{25.34}$$

其中隐性常数仅依赖于f.

证明: 对任意的Schwarz类函数f有

$$\sum_{0<\gamma,\gamma'\leqslant T}\sum w(\gamma-\gamma')f((\gamma-\gamma')\tfrac{\log T}{2\pi}) = \tfrac{T}{2\pi}(\log T)\int_{-\infty}^{+\infty} f(\alpha)F(\alpha,T)\,\mathrm{d}\,\alpha, \tag{25.35}$$

其中的积分等于

$$\int_0^1(\hat{f}(\alpha)+\hat{f}(-\alpha))(\alpha + T^{-2\alpha}\log T + O(T^{\alpha-1}+T^{-\alpha}\log 2T^{\alpha}+\log^{-1}T)\,\mathrm{d}\,\alpha,$$

它的第一项等于(25.34)右边的第一项, 第二项为

$$2(\log T)\int_0^1(\hat{f}(0)+O(\alpha))T^{-2\alpha}\,\mathrm{d}\,\alpha = \hat{f}(0) + O(\log^{-1}T),$$

对误差项作显然估计得到$O(\log^{-1}T)$, 故(24.35)成立. □

特别地, 选取$f(x) = (\frac{\sin\pi\alpha x}{\pi\alpha x})^2$可得

推论 25.3 若给定$0<\alpha<1$, 则当$T\to+\infty$时, 有

$$\sum_{0<\gamma,\gamma'\leqslant T}\sum w(\gamma-\gamma')(\tfrac{\sin(\gamma-\gamma')\frac{\alpha}{2}\log T}{(\gamma-\gamma')\frac{\alpha}{2}\log T})^2 \sim (\tfrac{1}{\alpha}+\tfrac{\alpha}{3})\tfrac{T}{2\pi}\log T. \tag{25.36}$$

Montgomery由此推出了$\zeta(s)$的零点个数

$$N_1(T) = |\{0<\gamma\leqslant T|\rho = \tfrac{1}{2}+\mathrm{i}\,\gamma\text{为单零点}\}| \tag{25.37}$$

的下界(注意我们假设了Riemann猜想成立).

推论 25.4 (Montgomery) 当$T\to+\infty$时, 我们有

$$N_1(T) > (\tfrac{2}{3}+o(1))\tfrac{T}{2\pi}\log T, \tag{25.38}$$

即至少$\frac{2}{3}$的零点数是单零点.

证明: 在(25.36)中去掉除了$\gamma=\gamma'$之外的所有项得到

$$\sum_{0<\gamma\leqslant T} m_\gamma^2 < (\tfrac{1}{\alpha}+\tfrac{\alpha}{3}+o(1))\tfrac{T}{2\pi}\log T,$$

其中m_γ是$\rho=\frac{1}{2}+\mathrm{i}\,\gamma$的重数. 该结论对所有固定的$0<\alpha<1$成立, 令$\alpha\to1^-$可得最佳界为$\frac{4}{3}+o(1)$, 因此我们推出

$$N_1(T) \geqslant \sum_{0<\gamma\leqslant T}(2-m_\gamma)m_g > (2-\tfrac{4}{3}+o(1))\tfrac{T}{2\pi}\log T,$$

从而(25.38)得证. □

注记: (25.36)中用到的测试函数在沿着上述思路估计$N_1(T)$时不是最优的, 所以单零点的比例$\frac{2}{3}$ 可以稍加改进.

定理25.2的另一个推论(我们没有在这里总结)是$\gamma_{n+1}-\gamma_n$可以无限频繁地比其均值$\frac{2\pi}{\log\gamma_n}$小一个因子$\lambda<1$, 即$\varliminf\limits_{n\to\infty}\delta_n\leqslant\lambda$. Montgomery对$\lambda=0.68$成功地证明了结论. 已发表的最好结果是Conrey, Glosh与Gonek[41]证明的$\lambda=0.517\,1$, 同时改进的新的点为$\lambda=0.516\,8\ldots$. 最近有人证明了: 若$\delta_n\leqslant\frac{1}{2}-\varepsilon$足够频繁, 则虚二次域$\mathbb{Q}(\sqrt{-D})$的类数$h(-D)$有下界$c(\varepsilon)D^{\frac{1}{2}}\log^{-2}D$, 其中$c(\varepsilon)$是关于$\varepsilon$的可实效计算的常数, 见[43].

公式(25.16)对$\varepsilon\leqslant\alpha\leqslant1-\varepsilon$一致成立, 再费点劲也许能证明(25.16)对$\varepsilon\leqslant\alpha\leqslant1$一致成立. 有人会问: 对于$\alpha\geqslant1$, $F(\alpha,T)$的真正性状是什么? Montgomery证明了对$\alpha>1$, (25.16)不可能成立. 此外, 他描述了启发式推理, 暗示

$$F(\alpha,T)\sim1(T\to+\infty) \tag{25.39}$$

在闭区间$1\leqslant\alpha\leqslant A$上一致成立. 选取适当的Schwarz类测试函数, 并将上述推理应用于(25.35), Montgomery提出了下面的

匹配关系猜想 对$\alpha<\beta$, 令

$$N(\alpha,\beta;T)=|\{m\neq n|0<\gamma_m,\gamma_n\leqslant T,\tfrac{2\pi\alpha}{\log T}<\gamma_m-\gamma_n<\tfrac{2\pi\beta}{\log T}\}|,$$

则有

$$N(\alpha,\beta;T)\sim N(T)\textstyle\int_\alpha^\beta(1-(\frac{\sin\pi u}{\pi u})^2)\,\mathrm{d}\,u(T\to+\infty). \tag{25.40}$$

注记: 对$\alpha\geqslant1$的断言(25.39)连同对$0<\alpha\leqslant1$的结论(25.16)本质上与(25.40)等价. 由(25.39), 渐近式(25.36)可以推广到所有的$\alpha\geqslant1$上, 只要将函数$\frac{1}{\alpha}+\frac{\alpha}{3}$替换为$1+\frac{1}{3\alpha^2}$. 因此, 令$\alpha\to+\infty$, 由前面的推理可知$\zeta(s)$的几乎所有的零点是单零点.

§25.3 相邻间距的第n层关系函数

Montgomery的匹配关系猜想暗示$\zeta(s)$的零点与统计分布称为Gauss酉总体分布的大的复Hermitian随机矩阵的特征值表现得非常像. Z. Rudnick与P. Sarnak[271]对这种性状提供了进一步的支持, 他们将Montgomery的结果推广到$\zeta(s)$的标准零点的n层关系的和式上. 我们在本节阐述Rudnick与Sarnak的主要结果, 并对他们的证明给出一些评注.

回顾我们用ζ_n表示(25.4)给出的$\zeta(s)$的零点$\rho_m=\frac{1}{2}+\mathrm{i}\gamma_m$的标准纵坐标, 它们按照递增顺序排列为: $\cdots\leqslant\zeta_{-2}\leqslant\zeta_{-1}<0<\zeta_1\leqslant\zeta_2\leqslant\cdots$, 且$\zeta_n$有单位均值间距. 匹配关系猜想回答了差值$\zeta_{m_1}-\zeta_{m_2}$落在给定的区间的频次的问题. 有人可能会问差值对$\zeta_{m_1}-\zeta_{m_2},\zeta_{m_2}-\zeta_{m_3}$落在给定的长方形中的频次, 三差值落在长方体中的频次等. 为了控制问题, 我们限于考虑前M个点$\zeta_m(1\leqslant m\leqslant M)$, 其中$M$是一个大的数. 令$n\geqslant2$, $B\subset\mathbb{R}^{n-1}$为$n-1$为方体. 设

$$R_n(M;B)=\tfrac{1}{M}|\{1\leqslant m_1,\ldots,m_n\leqslant M\text{都不同}|(\zeta_{m_1}-\zeta_{m_2},\zeta_{m_2}-\zeta_{m_3},\ldots,\zeta_{m_{n-1}}-\zeta_{m_n})\in B\}|.$$

对$n=2, B=(\alpha,\beta)$, 这就变成

$$R_2(M;B)=\tfrac{1}{M}|\{1\leqslant m_1\neq m_2\leqslant M|\alpha<\zeta_{m_1}-\zeta_{m_2}<\beta\}|.$$

对$M=N(T)$, 它很接近于$N(\alpha,\beta;T)/N(T)$. 就像(25.40)一样, 我们需要存在函数$R_n(B)$使得

$$R_m(M;B)\sim R_n(B)(M\to\infty). \tag{25.41}$$

我们的目标是对任意的$n\geqslant 2$确定$R_n(B)$.

为了简化这里的Fourier分析, 我们介绍下列形式的函数$f(x_1,\ldots,x_n)$:

TF1. $f(x_1,\ldots,x_n)$对称;

TF2. 对任意的$t\in\mathbb{R}$, 有$f(x_1+t,\ldots,x_n+t)=f(x_1,\ldots,x_n)$;

TF3. 在平面$x_1+\cdots+x_n=0$上$|\boldsymbol{x}|\to 0$时, $f(x_1,\ldots,x_n)$快速趋于0.

注记: TF2说明$f(x_1,\ldots,x_n)$仅依赖于相继差, 它与TF3一起意味着$f(x_1,\ldots,x_n)$在平面$x_1+\cdots+x_n=t$上快速衰减. 对于$n=2$, 这样的函数由$f(x_1,x_2)=f(x_1-x_2)$给出, 其中$f(x)$为$\mathbb{R}$上的偶函数, 并且在$|x|\to+\infty$时快速衰减.

对于上述任意的测试函数f, 我们设

$$R_n(M;f)=\tfrac{n!}{M}\sum_{1\leqslant m_1,\ldots,m_n\leqslant M\text{都不同}}\cdots\sum f(\zeta_{m_1},\ldots,\zeta_{m_n}), \tag{25.42}$$

并寻求渐近式

$$R_n(M;f)\sim R_n(f)(M\to\infty). \tag{25.43}$$

通过将求和范围$1\leqslant m_1,\ldots,m_n\leqslant M$替换为一个光滑(快速递减)的截断函数, 可以将多重和$R_n(M;f)$进一步平整. 因此我们还要考虑

$$R_n(T;f,h)=\sum_{m_1,\ldots,m_n\text{都不同}}\cdots\sum h(\gamma_{m_1}T^{-1})\cdots h(\gamma_{m_n}T^{-1})f(\gamma_{m_1}L,\cdots,\gamma_{m_n}L), \tag{25.44}$$

其中$h(y)$是选用的截断函数,

$$L=\tfrac{1}{2\pi}\log T. \tag{25.45}$$

注记: 没有理由使用比乘积$h(y_1)\cdots h(y_n)$更一般的截断函数$h(y_1,\ldots,y_n)$, 因为我们希望这些点$\gamma_{m_1},\ldots,\gamma_{m_n}$互相接近.

Dyson[77]于1962年考虑了某个复杂系统的能量级的统计分布, 在此背景下他确定了GUE模型的n层关系密度函数$W_n(x_1,\cdots,x_n)$. 他证明了

$$W_n(x_1,\ldots,x_n)=\det(K(x_i-x_j)), \tag{25.46}$$

其中

$$K(x)=\tfrac{\sin\pi x}{\pi x}. \tag{25.47}$$

我们能够证明关于$W_n(z)$的如下性质:

$$0 \leqslant W_n(\boldsymbol{x}) \leqslant 1, \tag{25.48}$$

$$W_n(\boldsymbol{x}) = 0 \Leftrightarrow \exists i \neq j, \text{s.t. } x_i = x_j, \tag{25.49}$$

$$W_n(\boldsymbol{x}) = 1 \Leftrightarrow \boldsymbol{x} \in \mathbb{Z}^n, \text{并且对} i \neq j, \text{有} x_i \neq x_j. \tag{25.50}$$

让我们计算$n = 2$时的密度函数, 可得

$$W_2(x_1, x_2) = \det \begin{pmatrix} K(0) & K(x_1 - x_2) \\ K(x_1 - x_2) & K(0) \end{pmatrix} = 1 - \left(\frac{\sin \pi(x_1 - x_2)}{\pi(x_1 - x_2)}\right)^2,$$

它与(25.40)一致.

定理 25.5 (Rudnick-Sarnak) 假设截断函数$h(r)$由光滑有紧支集的函数$g(u)$的Fourier积分(25.9)给出, 测试函数$f(x)$的Fourier 积分

$$\hat{f}(\xi) = \int_{\mathbb{R}^n} f(x)\, \mathrm{e}(-\boldsymbol{\xi} \cdot \boldsymbol{x})\, \mathrm{d}\boldsymbol{x}$$

在多面体区域$|\xi_1| + \cdots + |\xi_n| \leqslant 2$内支撑, 则有

$$R_n(T; f, h) \sim N(T) \int_{-\infty}^{+\infty} h^n(r)\, \mathrm{d}r \int_{\mathbb{R}^n} f(\boldsymbol{x}) W_n(\boldsymbol{x}) \delta(\tfrac{1}{n}(x_1 + \cdots + x_n)\, \mathrm{d}\boldsymbol{x}, \tag{25.51}$$

其中$\delta(x)$为点0处的Dirac分布函数.

对截断函数作适当的近似, 我们可以从(25.51)推出下面的

推论 25.6 假设测试函数$f(x)$的Fourier变换$\hat{f}(\xi)$在$|\xi_1| + \cdots + |\xi_n| \leqslant 2$内支撑, 则(25.43)成立, 其中

$$R_n(f) = \int_{\mathbb{R}^n} f(\boldsymbol{x}) W_n(\boldsymbol{x}) \delta(\tfrac{1}{n}(x_1 + \cdots + x_n)\, \mathrm{d}\boldsymbol{x}, \tag{25.52}$$

$\boldsymbol{x} = (x_1, \ldots, x_n)$. 我们也可以将它写成

$$R_n(f) = n \int_{\mathbb{R}^{n-1}} f(x_1, \ldots, x_n) W_n(x_1, \ldots, x_n)\, \mathrm{d}x_1 \cdots \mathrm{d}x_{n-1}, \tag{25.53}$$

其中$x_n = -x_1 - \cdots - x_{n-1}$.

注记: 特别地, 我们有

$$R_2(f) = 2\int_{\mathbb{R}} f(x, -x) W_2(x, -x)\, \mathrm{d}x = \int_{\mathbb{R}} f(x) 91 - (\tfrac{\sin \pi x}{\pi x})^2)\, \mathrm{d}x,$$

其中$f(x) = f(x, 0)$, 该公式与Montgomery的匹配关系结果一致.

§25.4 L函数的低层零点

与L函数的零点相邻间距问题稍微不同的是关于中心点附近的零点问题, 即要消除这些零点到$s = \frac{1}{2}$的距离. 当然, 这样一个问题依赖于零点的缩放比例. 像第5章那样考虑d次L函数(仍然满足GRH)

$$L(f, s) = \sum_{n=1}^{\infty} \lambda_f(n) n^{-s}, \tag{25.54}$$

其中导子$c_f > 1$(见(5.7), (5.8)). 由定理5.8, $L(f,s)$的零点数为

$$\rho_f = \tfrac{1}{2} + \mathrm{i}\,\gamma_f, \tag{25.55}$$

其中$|\gamma_f| \leqslant T$满足

$$N(T,f) \sim \tfrac{dT}{2\pi} \log c_f T (T \to +\infty). \tag{25.56}$$

这就意味着L函数的低层零点的适当的比例因子应该为$\frac{1}{2\pi}\log c_f$. 现在的问题是: 对于小的T, $N(T,f)$的表现如何?

为了使问题变得更有趣, 我们取$\mathbb{R}$上的Schwarz类测试函数, 并定义低层零点和为

$$D(f;\phi) = \sum_{\gamma_f} \phi(\gamma_f \tfrac{\log c_f}{2\pi}), \tag{25.57}$$

其中γ_f过零点的纵坐标(计算重数). 对快速衰减的函数ϕ, 这个和式专注于处理与点$s = \frac{1}{2}$的距离不超过$O(\frac{1}{\log c_f})$的零点.

因为对于单个L函数, 我们正在对极少的零点进行有效计数, 经典调和分析不能侦测它们的分布. 因此我们需要对充分大的一族L 函数加以考虑. 假设$\mathcal{F}$为由导子排序的无限族, 令

$$\mathcal{F}(Q) = \{f \in \mathcal{F} | c_f \leqslant Q\}. \tag{25.58}$$

我们现在想要知道平均密度

$$AD(\mathcal{F};\phi,Q) = \frac{1}{|\mathcal{F}(Q)|} \sum_{f \in \mathcal{F}(Q)} D(f,\phi) \tag{25.59}$$

的渐近性状. 若$\mathcal{F}$为某种谱意义下的完备族, 我们可以期待有

$$AD(\mathcal{F};\phi,Q) \sim \textstyle\int_{\mathbb{R}} \phi(x) W(\mathcal{F})(x)\, \mathrm{d}\, x, \tag{25.60}$$

其中$W(\mathcal{F})(x)$是由$\mathcal{F}$刻画的密度函数.

在20世纪70年代, 人们对Dirichlet L函数族$\{L(s,\chi)\}$展开了这方面的一些研究(见[174, 236]). 但是, 最近N. Katz与P. Sarnak[180–181]的研究远远超出这个族的范围. 通过考察各种族, 他们揭示了低层零点总是由与$\mathcal{F}$相关的对称(或单值)群$G(\mathcal{F})$控制的现象. 他们的断言对于有限域上的ζ函数和L函数特别令人信服, 不仅是因为我们已知Riemann猜想此时成立, 而且与提供更多直观的几何之间发生了联系(此时零点就是Frobenius算子的特征值, 见§11.11和[180]).

对于整体L函数族也有一些吸引人的结果, 但是进展还不如局部L函数的情形那么深刻. 我们在本节介绍几个这样的结果.

我们首先观察关于实本原特征χ_d的Dirichlet L函数族, 这里的$L(s,\chi_d)$有导子$c_d = |d|$. 因为这些$L(s,\chi_d)$有偶的函数方程, 我们可以将它们的零点$\rho_d^{(\ell)} = \frac{1}{2} + \mathrm{i}\,\gamma_d^{(\ell)}$排成数列:

$$\cdots \leqslant \gamma_d^{(-2)} \leqslant \gamma_d^{(-1)} \leqslant 0 \leqslant \gamma_d^{(1)} \leqslant \gamma_d^{(2)} \leqslant \cdots, \tag{25.61}$$

其中$\gamma_d^{(-\ell)} = \gamma_d^{(\ell)} (\ell \in \mathbb{Z}\backslash\{0\})$(人们相信$L(\frac{1}{2},\chi_d)$恒不为零). 令

$$\mathcal{F}(Q) = \{d\text{为基本判别式} | |d| \leqslant Q\}. \tag{25.62}$$

Katz-Sarnak猜想 我们有

$$\frac{1}{|\mathcal{F}(Q)|}\sum_{d\in\mathcal{F}(Q)}\sum_{\ell>0}\phi(\gamma_d^{(\ell)}\frac{\log|d|}{2\pi})\sim\int_{\mathbb{R}}\phi(x)W_{sp}(x)\,\mathrm{d}\,x, \tag{25.63}$$

其中密度函数为

$$W_{sp}(x)=1-\frac{\sin 2\pi x}{2\pi x}. \tag{25.64}$$

注记: Kart与Sarnak[181]对Fourier变换

$$\hat{\phi}(\xi)=\int_{\mathbb{R}}\phi(x)\,\mathrm{e}(-\xi x)\,\mathrm{d}\,x \tag{25.65}$$

在$(-2,2)$内支撑的任意测试函数ϕ(当然是在GRH成立的条件下)证明了猜想.

$L(s,\chi_d)$的情形是用χ_d对$\zeta(s)$缠绕得到的. 我们可以将这种情形推广, 用任意的$L(f,s)$替换$\zeta(s)$, 在用实特征χ_d作缠绕后得到L函数族$\{L(f\otimes\chi_d,s)\}$. 例如, 选取椭圆曲线$E/\mathbb{Q}$, 令$E^{(d)}/\mathbb{Q}$为相应的二次缠绕. 于是相关的L函数$L(E^{(d)},s)$是用χ_d对$L(E,s)$作缠绕得到的. Katz与Sarnak的相应的猜想预测$L(E^{(d)},s)$的低层零点的密度函数是由

$$W^+(x)=1+\frac{\sin 2\pi x}{2\pi x} \tag{25.66}$$

给出的.

许多有趣的L函数族的例子是由自守型理论提供的, Iwaniec, Luo与Sarnak[164]对它们进行了大量的研究. 我们将描述其中的一些结果. 令$\Gamma=\mathrm{SL}_2(\mathbb{Z})$, $k\geqslant 2$为偶数, $\mathrm{SL}_k(\Gamma)$为Γ的权为k的尖形式的线性空间, $H_k(\Gamma)$ 为$S_k(\Gamma)$的本原形的Hecke基. 对任意的

$$f(z)=\sum_{n=1}^{\infty}\lambda_f(n)n^{\frac{k-1}{2}}\,\mathrm{e}(nx)\in H_k(\Gamma),$$

我们联系Hecke L函数

$$L(f,s)=\sum_{n=1}^{\infty}\lambda_f(n)n^{-s}=\prod_p(1-\lambda_f(p)p^{-s}+p^{-2s})^{-1}.$$

就像第14章描述的那样, 完全L函数

$$\Lambda(f,s)=(2\pi)^{-s}\Gamma(s+\tfrac{k-1}{2})L(f,s)$$

是整函数, 且满足函数方程$\Lambda(f,s)=\varepsilon_f\Lambda(f,1-s)$, 根数$\varepsilon_f=\mathrm{i}^k=\pm1$(注意$\varepsilon_f$只依赖于$k$, 不依赖于$f$). 因为函数方程的符号对低层零点的分布有一些影响, 我们将它们分为偶的和奇的L 函数. 设

$$M^+(K)=\sum_{\substack{k\leqslant K\\ k\equiv 0\bmod 4}}|H_k(\Gamma)|, \tag{25.67}$$

$$M^-(K)=\sum_{\substack{k\leqslant K\\ k\equiv 2\bmod 4}}|H_k(\Gamma)|. \tag{25.68}$$

可知相应的密度函数是

$$W^+(x)=1+\frac{\sin 2\pi x}{2\pi x}, \tag{25.69}$$

$$W^-(x)=1-\frac{\sin 2\pi x}{2\pi x}+\delta_0(x). \tag{25.70}$$

定理 25.7 (Iwanieck-Luo-Sarnak) 假设ϕ为$\mathbb{R}$上在$(-2,2)$内有紧支集的光滑函数, 则当$K\to\infty$时, 有

$$\frac{1}{M^+(K)}\sum_{\substack{k\leqslant K\\ k\equiv 0 \bmod 4}}\sum_{f\in H_k(\Gamma)} D(f;\phi)\sim\int_{\mathbb{R}}\phi(x)W^+(x)\,\mathrm{d}\,x, \tag{25.71}$$

$$\frac{1}{M^-(K)}\sum_{\substack{k\leqslant K\\ k\equiv 2 \bmod 4}}\sum_{f\in H_k(\Gamma)} D(f;\phi)\sim\int_{\mathbb{R}}\phi(x)W^-(x)\,\mathrm{d}\,x. \tag{25.72}$$

令$L(\mathrm{Sym}^2 f,s)$为与f相关的对称平方L函数, 回顾: 由§5.12可知它是下面的式子给出的3次L函数:

$$L(\mathrm{Sym}^2 f,s)=\zeta(2s)\sum_{n=1}^{\infty}\lambda_f(n^2)n^{-s}=\prod_p(1-\lambda_f(p^2)p^{-s}+\lambda_f(p)p^{-2s}-p^{-3s})^{-1}. \tag{25.73}$$

Shimura[298]证明了完全L函数

$$\Lambda(\mathrm{Sym}^2 f,s)=\pi^{-\frac{3s}{2}}\Gamma(\tfrac{s+1}{2})\Gamma(\tfrac{s+k-1}{2})\Gamma(\tfrac{s+k}{2})L(\mathrm{Sym}^2 f,s) \tag{25.74}$$

是整函数, 且满足函数方程$\Lambda(\mathrm{Sym}^2 f,s)=\Lambda^2(\mathrm{Sym}^2 f,1-s)$(注意根数总是1). 在这种情形, 我们有

定理 25.8 (Iwaniec-Luo-Sarnak) 假设ϕ为$\mathbb{R}$上在$(-\frac{4}{3},\frac{4}{3})$内有紧支集的光滑函数, 则当$K\to\infty$时, 有

$$\frac{1}{M(K)}\sum_{\substack{k\leqslant K\\ k\equiv 0 \bmod 2}}\sum_{f\in H_k(\Gamma)} D(\mathrm{Sym}^2 f;\phi)\sim\int_{\mathbb{R}}\phi(x)W_{sp}(x)\,\mathrm{d}\,x, \tag{25.75}$$

其中$M(K)=M^+(K)+M^-(K)$, $W_{sp}(x)$由(25.64)给出.

注记: 我们强调关于定理25.7和定理25.8中的测试函数的体积允许Fourier 变换$\hat{\phi}$(见(25.65))的支撑集可以比$[-1,1]$大. 为了领会这一事实, 由Plancherel定理可以写成

$$\int_{\mathbb{R}}\phi(x)W(x)\,\mathrm{d}\,x=\int_{\mathbb{R}}\hat{\phi}(y)\hat{W}(y)\,\mathrm{d}\,y,$$

这里相应的密度分布函数的Fourier变换为

$$\begin{aligned}\hat{W}^+y) &= \delta_0(y)+\tfrac{1}{2}\eta(y),\\ \hat{W}^-(y) &= \delta_0(y)-\tfrac{1}{2}\eta(y)+1,\\ \hat{W}_{sp}(y) &= \delta_0(y)-\tfrac{1}{2}\eta(y),\end{aligned}$$

其中$\delta_0(y)$是Dirac分部函数, $\eta(y)$是区间$[-1,1]$的特征函数. 这些Fourier变换在$y=1$和$y=-1$处有间断点, 因此这些结果只有在$\hat{\phi}$的支撑集包含点$y=1$ 和$y=-1$时才能识别.

第 26 章　L函数的中心值

§26.1　引言

我们已经多次提到关于L函数的广义Riemann猜想, 并且从各个角度对L函数的令人着迷的零点的许多方面进行了讨论(见第5章和第24 章).

近来, 大部分L函数的解析理论研究集中在对L函数在中心临界点$s = \frac{1}{2}$处的值的估计上. 中心特殊值出现在各种背景下, 是否为零成为主要的问题. Mazur研究某种模曲线及其对Diophantus方程的应用而发展的代数技巧要求完全有效地证明存在某种在中心点处不为零的模形式(最近的例子见[78]). 另一个非常不同的情况是Iwaniec与Sarnak发现的各种L函数族的非零比例与Gauss类数问题之间令人惊奇的联系(见下面的定理26.1).

下面是对近年来所取得的部分成就的综述, 强调一下它们是来自解析数论的最强结果.

第一个是上面提到的Iwanieck-Sarnak结果[167], 在各种版本中我们选择了下面的

定理 26.1　对$k \equiv 0 \bmod 4$, 令H_k为$\mathrm{SL}(2,\mathbb{Z})$上权为$k$的Hecke形的集合. 对任意的本原特征$\psi \bmod q$ $(q \leqslant k^{\vartheta})$, 当$k \to \infty, \vartheta \to 0$时有

$$\left|\{f \in H_k \big| |L(f\otimes\psi, \tfrac{1}{2})| \geqslant \tfrac{1}{\log^2 k}\}\right| \geqslant (\tfrac{1}{2} - o(1))|H_k|. \tag{26.1}$$

他们还对任意的实本原特征$\chi \bmod D$证明了: 当$k \to \infty, \vartheta \to 0$时,

$$\sum_{f\in H_k} L(f,\tfrac{1}{2})L(f\otimes\chi,\tfrac{1}{2}) \sim L(\chi,1)|H_k|$$

对$D \leqslant k^{\vartheta}$一致成立. 因此要是(26.1)中的常数$\frac{1}{2}$在$\psi = 1$时能够替换成$\frac{1}{2}+\delta$, 其中$\delta > 0$为任给的数, 使得隐性常数是实效的, 那么对任意的实本原特征$\chi \bmod D$就有

$$L(1,\chi) \gg \frac{1}{\log^2 D},$$

其中隐性常数是绝对的, 并且是实效的.

注意像(26.1)中那样得到一个下界比仅仅得到$L(f,\frac{1}{2}) \neq 0$更重要, 所以可以想象所有的特殊值非零, 但是太小就不能沿着这个思路解决Gauss类数问题. 从解析数论的观点看, 像(26.1)中那样的下界与仅仅得到非零通常是没有区别的. 部分原因是与Birch-Swinnerton-Dyer猜想的关系, 权为2的尖形式在$s = \frac{1}{2}$处的零点阶数特别引人注意. 回顾在一种情形, 即当$L(f,s)$是自对偶的L函数, 并且函数方程的符号是-1的时候, 我们容易保证中心点是零点. 我们有理由假设这个零点的阶数会是与该限制相容的最小值, 即对一般的偶形式有$L(f,\frac{1}{2}) \neq 0$, 对一般的奇形式有$L'(f,\frac{1}{2}) \neq 0$. Brumer作出了这一猜想, 并且利用GRH给出了一些证据(Murty也独立地做了这件事).

Iwaniec与Sarnak证明了偶形式的一半特殊值不为零(并且像(26.1)中那样不太小). Kowaski与Michel[188], 以及VanderKam(他是独立研究的)考虑了高阶导数. 我们引用两个结果.

定理 26.2 (Kowaski-Michel) 令$S_2(q)^*$是权为2, 级为q的本原形的集合, 则当素数$q \to \infty$时,

$$|\{f \in S_2(q)^* | \varepsilon_q = -1, L'(f, \tfrac{1}{2} \neq 0\}| \geqslant (\tfrac{7}{16} - o(1)) S_2(q)^*.$$

定理 26.3 (Kowalski-Michel-VanderKam) 对任意的$k \geqslant 0$, 当素数$q \to \infty$时, 有

$$|\{f \in S_2(q)^* | \varepsilon_f = -1, L^{(k)}(f, \tfrac{1}{2}) \neq 0\}| \geqslant \tfrac{1}{2}(p_k - o(1)) S_2(q)^*|,$$

其中$p_0 = \frac{1}{4}, p_1 = \frac{7}{16}, p_2 = 0.482\,5, p_3 = 0.495$, 此外$p_k = \frac{1}{2} - \frac{1}{32k^2} + O(\frac{1}{k^3})$.

尽管误差项依赖于k, 我们可能由这个结果与q为素数时的均值界

$$\sum_{f \in S_2(q)^*} (\operatorname*{ord}_{s=\frac{1}{2}} L(f,s))^2 \ll 1$$

一起推出(这两个结果见[192])

推论 26.4 当素数$q \to \infty$时, 有

$$\sum_{f \in S_2(q)^*} \operatorname*{ord}_{s=\frac{1}{2}} L(f,s) \leqslant (c + o(1)) |S_2(q)^*|,$$

其中$c = 1.189\,1$.

因为$1.189\,1 < \frac{3}{2}$, 这个结果特别有趣, 后者是Brumer在GRH的条件下得到的值.

我们在下面的几个小节中给出定理26.2 的证明的大量细节. 这个结果推广了B. Duke[64]之前的结果, 他得到的比例是$\frac{q}{\log^4 q}$.

§5.14已经提到那些非零的结果可以用算术几何得到很好的解释. 事实上, 与曲线$X_0(q) = \Gamma_0(q)\backslash\mathbb{H}$相关的是它的Jacobi簇, 它是一个Abel簇, 记为$J_0(q)$, 其维数为$\dim J_0(q) = \dim S_2(q) = |S_2(q)^*|$(后者只是对素数$q$ 成立). 这个Jacobi簇定义于$\mathbb{Q}$上, 由Mordell-Weil定理可知它的有理点群是有限生成的. Eichler与Shimura在q为素数时用模形式计算了$J_0(q)$的Hasse-Weil ζ函数, 得到

$$L(J_0(q), s) = \prod_{f \in S_2(q)^*} L(f, s).$$

若关于Abel簇的Birch-Swinnerton-Dyer猜想对$J_0(q)$成立, 则有

$$\operatorname{rank} J_0(q)(\mathbb{Q}) = \operatorname*{ord}_{s=\frac{1}{2}} L(J_0(q), s) = \sum_{f \in S_2(q)^*} \sum_{s=\frac{1}{2}} L(f, s),$$

所以关于零点阶数的下界给出关于$J_0(q)$的秩的下界. 事实上, 由关于任意的权为2的尖形式的Gross-Zagier公式(定理23.4)的一般形式, 可以证明若零点的阶数恰好是1, 则f对秩的贡献值为1(由Heegner点的共轭可知). 所以定理26.2意味着

定理 26.5 当素数$q \to \infty$时, 有

$$\operatorname{rank} J_0(q)(\mathbb{Q}) \geqslant (\tfrac{7}{16} - o(1)) \dim J_0(q).$$

推论26.4基于Birch-Swinnerton-Dyer猜想对rank $J_0(q)$给出了相应的非常好的上界, 当前还没有可与之相比的无条件界.

回顾由命题5.21可知: 在GRH下, 导子为q的d次L函数在中心临界点处的零点阶数的最大值大约是$\frac{\log q}{\log \frac{3}{d}\log q}$. 假设Birch-Swinnerton-Dyer猜想成立, 我们可以将它转换为关于$\mathbb{Q}$上的一个Abel簇的极大秩的上界的乘猜想. 可以看到最好是取秩为正数的椭圆曲线的幂. 但是, 更让人信服的是$J_0(q)$的情形(猜想它是“几乎”不可约的). 对素数q, 我们由GRH和Peterson公式可得稍好的估计(5.94). 导子是$N_q = q^{\dim J_0(q)}$, 因此由$\dim J_0(q) \sim \frac{q}{12}$ 可知$\dim J_0(q) \sim \frac{\log N_q}{\log\log N_q}$. 所以定理26.5说明基于GRH的上界不可能再改进(除了隐性常数).

当然, 我们也可以研究经典Dirichlet L函数, Michel与VanderKam[228]对模q的本原特征族研究了定理26.3的类似结果. 面临的不同挑战是只考虑模$q \leqslant Q$的实特征. Soundarajan[304]在这方面已经证明了

定理 26.6 令$\mathcal{Q}$为无平方因子计数的集合, 对$q \in \mathcal{Q}$, 令$\chi_{8q}(n)(\frac{8q}{n})$为模$8q$的偶二次特征, 则当$Q \to +\infty$时, 有

$$|\{q \leqslant Q | q \in \mathcal{Q}, L(\tfrac{1}{2}, \chi_{8q}) \neq 0\}| \geqslant (\tfrac{7}{8} - o(1))|\{q \leqslant Q | q \in \mathcal{Q}\}|.$$

注意这里的比例$\frac{7}{8}$与定理26.2中的一致(其中因子$\frac{1}{2}$实际上来自对奇形式的考虑). 事实上, Soundarajan的证明像定理26.2中那样用到了缓和剂$M(\chi)$(见§26.2及其后面的内容), 尤其令人意外的是用了长为Q^{Δ}的缓和剂, 得到的比例是$1-(2\Delta+1)^{-3}$, 与定理26.9中得到的一样! Katz-Sarnak的L函数族的单值群思想可以很好地解释这一现象.

族的单值群的概念, 尽管还没有正式的定义, 已经被用于解释非常显著的结果. 例如, Conrey与Soundarajan[44]已经能够首次证明存在无限多个实特征的L函数在临界带中(不仅在$s = \frac{1}{2}$处)没有零点. 他们的方法(依赖于最终证实为正数的常数)的成功是由猜想的实特征族的对称性“预测”到了的.

定理 26.7 令$\mathcal{Q}$如定理23.6中定义, 则当$Q \to +\infty$时有

$$|\{q \leqslant Q | L(\chi_{-8q}, s) \neq 0, \forall s \in [0,1]\}| \geqslant (\tfrac{1}{5} - o(1))|\{q \leqslant Q | q \in \mathcal{Q}\}|.$$

我们在本节结束之际提出一个更有挑战性的问题: 对于给定的模形式(设权为2, 级为q), 证明存在正比例的二次特征χ使得$L(f \otimes \chi, \frac{1}{2}) \neq 0$. 这是Doldfeld的一个至今没有得到证明的猜想. 最好的结果是Ono[249]利用代数方法(半整权模形式的同余和Fourier系数)给出的, 去掉了因子$\log^{\delta} Q$, 其中$\delta \in (0,1)$. Perelli与Pomykala[250]用关于实特征的Heath-Brown的大筛法不等式解析地证明了最佳结果, 去掉了因子$Q^{-\varepsilon}$.

注记: 临界线上的其他特殊点是那些与同余子群的Maass尖形式φ_j的Laplace算子的特征值相关的点$s_j = \frac{1}{2} + \mathrm{i}\, t_j$. Phillips与Sarnak的形变理论证明了Rankin-Selberg L函数的特殊值$L(f \otimes \varphi_j, \frac{1}{2} + \mathrm{i}\, t_j)$(其中$f$ 为权为4的全纯尖形式)为零可以由存在非算术群的尖形式的问题来解释. W. Luo[218] 证明了对于固定的$f \in S_4(p)^*$, 其中p为素数, 有正比例的特殊值$L(f \otimes \varphi_j, \frac{1}{2} + \mathrm{i}\, t_j)$ 非零.

§26.2 定理26.2的证明原则

因为q是素数, $k = 2 < 12$, 我们可以应用关于推论14.23以及此后描述的由$S_2(q)$的本原形组成的基$S_2(q)^*$(适当标准化)的Peterson公式. 令$f \in S_2(q)^*$, 记它的Fourier 展开式为

$$f(z)=\sum_{n\geqslant 1}\lambda_f(n)\sqrt{n}\,\mathrm{e}(nz),$$

在此回顾乘性性质(14.50)与(14.51). 要证明定理26.2, 我们首先推导权的类似结果.

定理 26.8 当$q\to\infty$时有

$$\sum_{\substack{f\in S_2(q)^*\text{奇}\\ L'(f,\frac{1}{2})\neq 0}}^{h} 1\geqslant \tfrac{7}{16}-o(1).$$

回顾由(14.60)可知, 上标中的h表示插入了用于标准化的因子$(4\pi)^{-1}\|f\|^{-2}$.

证明的方法是建立在特殊值$L'(f,\frac{1}{2})$的一阶矩与二阶矩的基础上. 因为$L'(f,\frac{1}{2})$的"大值"对二阶矩的影响大, 我们像第24章Selberg定理的证明那样利用缓和剂. 令

$$M_1=\sum_{f\in S_2(q)^*}^{h}\tfrac{1}{2}(1-\varepsilon_f)M(f)L'(f,\tfrac{1}{2}),$$

$$M_2=\sum_{f\in S_2(q)^*}^{h}\tfrac{1}{2}(1-\varepsilon_f)|M(f)L'(f,\tfrac{1}{2})|^2,$$

其中$M(f)\in\mathbb{C}$. 比较M_2的上界和M_1的下界, 由Cauchy不等式可得我们要研究的量的下界:

$$\sum_{\substack{\varepsilon_f=-1\\ L'(f,\frac{1}{2})\neq 0}}^{h} 1\geqslant \frac{M_1^2}{M_2}. \tag{26.2}$$

为了得到最佳估计, 我们要找到M_1,M_2的渐近式. 注意若忽略缓和剂(取$M(f)=1$), 最终的估计将少一个因子$\log q$.

要得到适合用Peterson公式的和式, 我们去寻找关于$\lambda_f(m)$的线性型作为缓和剂:

$$M(f)=\sum_{m\leqslant M}\frac{x_m}{\sqrt{m}}\lambda_f(m), \tag{26.3}$$

其中$M=q^{\Delta}(0\leqslant\Delta<\frac{1}{2})$, 实系数$x_m$支撑于不超过$M$的无平方因子数, 且满足

$$x_m\ll\tau(m)\log^3 q, \tag{26.4}$$

其中隐性常数是绝对的.

在下面的结果中令$\Delta\to\frac{1}{2}$即得定理26.8.

定理 26.9 设$0\leqslant\Delta<\frac{1}{2}$, 对所有用$\Delta$表示的足够大的素数$q$有

$$\sum_{\substack{f\in S_2(q)^*\text{奇}\\ L'(f,\frac{1}{2})\neq 0}}^{\flat} 1\geqslant \tfrac{1}{2}\left(1-\tfrac{1}{(2\Delta+1)^3}\right).$$

§26.3 关于一阶矩与二阶矩的公式

矩M_1,M_2可以简化为$L'(f,\frac{1}{2})$或$L'(f,\frac{1}{2})^2$用Hecke特征值缠绕的均值的组合. 对$m\geqslant 1$, 令

$$D(m)=\sum_{f\in S_2(q)^*}^{h}\tfrac{1}{2}(1-\varepsilon_f)\lambda_f(m)L'(f,\tfrac{1}{2}), \tag{26.5}$$

(26.6) $$H(m) = \sum_{f\in S_2(q)^*}^h \tfrac{1}{2}(1-\varepsilon_f)\lambda_f(m)L'(f,\tfrac{1}{2})^2,$$

我们有

(26.7) $$M_1 = \sum_m \tfrac{x_m}{\sqrt{m}} D(m),$$

由(26.3)有

(26.8) $$M_2 = \sum_{\varepsilon_f=-1}^h L'(f,\tfrac{1}{2})^2 \sum_{m_1,m_2} \tfrac{x_{m_1}x_{m_2}}{\sqrt{m_1m_2}}\lambda_f(m_1)\lambda_f(m_2) = \sum_b \tfrac{1}{b} \sum_{m_1,m_2} \tfrac{x_{m_1}x_{m_2}}{\sqrt{m_1m_2}} H(m_1m_2).$$

我们将得到$D(m), H(m)$在m关于q充分小时成立的渐近公式.

我们首先用围道积分和函数方程将$L'(f,\frac{1}{2})$和$L'(f,\frac{1}{2})^2$表示成快速收敛级数的和. 通过微分可能从(5.12)推出它, 但是我们还是重新做一遍计算.

令$N \geqslant 2$, G为固定的多项式满足$G(-s) = G(s), G(-N) = \cdots = G(-1) = 0, G(0) = 1$. 特别地, $G'(0) = G^{(3)}(0) = 0$. 考虑

$$I = \tfrac{1}{2\pi \mathrm{i}} \int_{(2)} \Lambda(f, s+\tfrac{1}{2})G(s)\tfrac{\mathrm{d}s}{s^2}.$$

我们可以将积分围道平移到直线$\mathrm{Re}(s) = -2$上, 从而得到$s = 0$处的二重极点, 因此

$$I = \operatorname*{res}_{s=0} \Lambda(f, s+\tfrac{1}{2})\tfrac{G(s)}{s^2} + \tfrac{1}{2\pi \mathrm{i}} \int_{(-2)} \Lambda(f, s+\tfrac{1}{2})G(s)\tfrac{\mathrm{d}s}{s^2}.$$

由函数方程(定理14.17), 其中符号为$-\bar{\eta} = \varepsilon_f$, 在$\mathrm{Re}(s) = -2$上的积分等于$\varepsilon_f I$, 所以

$$(1-\varepsilon_f)I = \operatorname*{res}_{s=0} \Lambda(f, s+\tfrac{1}{2})\tfrac{G(s)}{s^2}.$$

写出0附近的Taylor展开式, 计算留数得到

$$2(1-\varepsilon_f)I = (1-\varepsilon_f)(\tfrac{\sqrt{q}}{2\pi})^{\frac{1}{2}} L'(f,\tfrac{1}{2}).$$

另一方面, 我们能够通过用直线$\mathrm{Re}(s) = 2$上绝对收敛的Dirichlet级数拓展L函数计算I, 得到

$$I = (\tfrac{\sqrt{q}}{2\pi})^{\frac{1}{2}} \sum_{l\geqslant 1} \tfrac{\lambda_f(l)}{\sqrt{l}} V(\tfrac{2\pi l}{\sqrt{q}}),$$

其中

$$V(y) = \tfrac{1}{2\pi \mathrm{i}} \int_{(\frac{3}{2})} \Gamma(s+1)G(s)y^{-s}\tfrac{\mathrm{d}s}{s^2}.$$

因此, 比较两个等式可知

(26.9) $$(1-\varepsilon_f)L'(f,\tfrac{1}{2}) = 2(1-\varepsilon_f)\sum_{l\geqslant 1} \tfrac{\lambda_f(l)}{\sqrt{l}} V(\tfrac{2\pi l}{\sqrt{q}}).$$

我们将围道平移到左边或右边容易估计V得到

(26.10) $$V(y) = -\log y - \gamma + O(y),$$

(26.11) $$V(y) \ll y^{-j},\ \forall j \geqslant 1.$$

同理, 我们考虑积分

$$J=\frac{1}{2\pi\mathrm{i}}\int_{(2)}\Lambda(f,s+\tfrac{1}{2})^2G(s)\frac{\mathrm{d}s}{s^2},$$

像对I那样进行估计. 将围道平移到$\mathrm{Re}(s)=-2$上, 并应用L函数的平方的函数方程

$$\Lambda(f,s)^2=\Lambda(f,1-s)^2$$

(其中符号为$\varepsilon_f^2=1$), 得到

$$2J=\operatorname*{res}_{s=0}\Lambda(f,s+\tfrac{1}{2})^2\frac{G(s)}{s^2}.$$

进一步, 从Hecke特征值的乘性(见(14.50))可推出Dirichlet级数展开式

$$L(f,s)^2=\zeta_q(2s)\sum_{n\geqslant1}\tau(n)\lambda_f(n)n^{-s},$$

所以由逐项积分得到

$$J=\frac{\sqrt{q}}{2\pi}\sum_{n\geqslant1}\frac{\lambda_f(n)}{\sqrt{n}}\tau(n)W(\tfrac{4\pi^2n}{q}),$$

其中

$$W(y)=\frac{1}{2\pi\mathrm{i}}\int_{(\frac{1}{2})}\zeta_q(1+2s)\Gamma(s)^2G(s)y^{-s}\frac{\mathrm{d}s}{s}. \tag{26.12}$$

因此

$$\frac{\sqrt{q}}{\pi}\sum_{n\geqslant1}\frac{\lambda_f(n)}{\sqrt{n}}\tau(n)W(\tfrac{4\pi^2n}{q})=\operatorname*{res}_{s=0}\Lambda(f,s+\tfrac{1}{2})^2\frac{G(s)}{s^2}.$$

对奇的f, 我们有$L(f,\frac{1}{2})=\Lambda(f,\frac{1}{2})=0$, 所以从$\Lambda(f,\frac{1}{2})$和$G(s)$的Taylor展开式可知上述留数等于$\Lambda'(f,\frac{1}{2})^2=\frac{\sqrt{q}}{2\pi}L'(f,\frac{1}{2})^2$. 所以对奇的$f$有

$$L'(f,\tfrac{1}{2})^2=2\sum_{n\geqslant1}\frac{\lambda_f(n)}{\sqrt{n}}\tau(n)W(\tfrac{4\pi^2n}{q}). \tag{26.13}$$

函数W满足界:

$$y^iW^{(j)}(y)\ll\log^3(y+y^{-1}),\ \forall i\geqslant j\geqslant0, \tag{26.14}$$

$$y^iW^{(i)}(y)\ll y^{-j},\ \forall i\geqslant0,j\geqslant1 \tag{26.15}$$

(其中的隐性常数依赖于i,j), 并且存在次数最多为2的不依赖于q的多项式P, 使得

$$W(y)=-\tfrac{1}{12}\log^3y+P(\log y)+O(q^{-1}\log^2y+y). \tag{26.16}$$

最后这个事实可以通过围道平移写成

$$W(y)=\operatorname*{res}_{s=0}\frac{G(s)\Gamma(s)^2\zeta_q(1+2s)}{sy^s}+O(y),$$

然后计算留数得到.

利用(26.5)和(26.9)可得

$$D(m)=\sum_{\ell}\frac{1}{\sqrt{\ell}}\Delta'(\ell,m),$$

其中

$$\Delta' = \sum_f{}'(1-\varepsilon_f)\lambda_f(l)\lambda_f(m).$$

我们现在利用推论14.26中的(14.65)可知Δ'是Kronecker δ函数的强逼近:

$$\Delta'(l,m) = \delta(l,m) + O(\tfrac{\tau_3((l,m))}{\sqrt{q}}(\tfrac{lm}{q})^{\frac14}\log^{\frac14}.$$

我们也许能用(14.64), 保留Kloosterman和, 但是这在M_1和定理26.2的应用中是不必要的. 因此由(26.10)和(26.11)可得

$$D(m) = \tfrac{1}{\sqrt{m}}V(\tfrac{2\pi m}{\sqrt{q}}) + O(q^{-\frac38}m^{\frac14}\log^2 q),$$

其中隐性常数是绝对的. 由(26.7), (26.10)和(26.4)得到

命题 26.10 对$m\geqslant 1$有

$$D(m) = \tfrac{1}{\sqrt{m}}\log\tfrac{\hat{q}}{m} + O(q^{-\frac38}m^{\frac14}\log^2 q + mq^{-\frac12}), \tag{26.17}$$

其中$\hat{q} = \frac{\sqrt{q}}{2\pi\,\mathrm{e}^{\gamma}}$, 且若$M = q^{\Delta}$, 则

$$M_1 = \sum_{m\leqslant M}\tfrac{x_m}{m}\log\tfrac{\hat{q}}{m} + O(q^{-\delta}\log^7 q), \tag{26.18}$$

其中$\delta = \frac34(\frac12-\Delta)$.

以下当我们写形如$O(q^{-\delta})$的误差项时, 表示δ为仅依赖于Δ的正数, 并且δ 在各行间出现时值可能改变.

我们现在要将M_2表示成关于x_m的二次型. 这个想法与上面的一样, 但是我们不能仅由Weil界估计Peterson公式中Kloosterman和的和的贡献值, 而是需要展开Kloosterman和式, 作进一步变换推出所需的表达式.

给定$m\geqslant 1$, $m\leqslant q^{2\Delta} < q$. 我们现在开始计算$M_2$. 由(26.6)和(26.13)有

$$H(m) = \sum_{m\geqslant 1}\tfrac{\tau(n)}{\sqrt{n}}W(\tfrac{4\pi^2 n}{q})\sum_f{}^h(1-\varepsilon_f)\lambda_f(m)\lambda_f(n) = \sum_{n\geqslant 1}\tfrac{\tau(n)}{\sqrt{n}}W(\tfrac{4\pi^2 n}{q})\Delta'(m,n).$$

我们之前用$\delta(m,n)$对$\Delta'(m,n)$的逼近不够强, 我们从推论14.26可以得到更确切的公式

$$\Delta'(m,n) = \delta(m,n) - \tfrac{2\pi}{\sqrt{q}}\sum_{(r,q)=1}\tfrac1r S(m\bar{q},n;r)J_1(\tfrac{4\pi}{r}\sqrt{\tfrac{mn}{q}}) + O(\tau_3((m,n))\tfrac{(mn)^{\frac14}}{q}\log q).$$

因此由(26.14), (26.15)有

$$H(m) = \tfrac{\tau(m)}{\sqrt{m}}W(\tfrac{4\pi^2 m}{q}) + X(m) + O((\tfrac{m}{q})^{\frac14}\log^5 q), \tag{26.19}$$

其中$X(m)$是Kloosterman和的级数的和:

$$X(m) = \tfrac{2\pi}{\sqrt{q}}\sum_{(r,q)=1}r^{-1}X_r(m), \tag{26.20}$$

$$X_r(m) = -\sum -n\geqslant 1\tfrac{\tau(n)}{\sqrt{n}}S(m\bar{q},n;r)J_1(\tfrac{4\pi}{r}\sqrt{\tfrac{mn}{q}})W(\tfrac{4\pi^2 n}{q})\xi(n). \tag{26.21}$$

出于技术上的原因, 我们在和式中插入了因子$\xi(n)$, 其中ξ为固定的C^∞函数$\xi:\mathbb{R}^*\to[0,1]$, 满足

$$\xi(x)=0(0\leqslant x\leqslant \tfrac{1}{2},\ \xi(x)=1(x\geqslant 1).$$

显然这个添加的因子对和式并没有影响(所有的正整数至少为1!), 但是它对后面出现的某些级数的收敛将起到作用.

我们首先估计(26.20)中那些$r>R$的项的贡献值, 其中$R>0$为后面将选定的数($R=q^2$). 利用$J_1(x)\ll x$, Kloosterman 和的Weil界, (26.14)和(26.15)可得

$$\frac{2\pi}{\sqrt{q}}\sum_{\substack{r>R\\(r,q)=1}}\frac{1}{r}X_r(m)\ll\sqrt{\frac{m}{R}}\log^{11}q.$$

我们现在即$X''(m)$为$X(m)$中和式的剩余部分, 即

$$X''(m)=\frac{2\pi}{\sqrt{q}}\sum_{\substack{r\leqslant R\\(r,q)=1}}r^{-1}X_r(m). \tag{26.22}$$

令$r\leqslant R$. 我们可以用关于Kloosterman和的求和公式(4.56)来计算$X_r(m)$, 由此得到

$$\begin{aligned}X_r(m)=&-\tfrac{2}{r}S(m,0;r)\textstyle\int_0^{+\infty}(\log\frac{\sqrt{x}}{r}+\gamma)t(x)\,\mathrm{d}\,x\\&+\tfrac{2\pi}{r}\sum_{h\geqslant 1}\tau(h)S(hq-m,0;r)\textstyle\int_0^{+\infty}Y_0(\frac{4\pi\sqrt{h\pi}}{r})t(x)\,\mathrm{d}\,x\\&-\tfrac{4}{r}\sum_{n\geqslant 1}\tau(h)S(hq+m,0;r)\textstyle\int_0^{+\infty}K_0(\frac{4\pi\sqrt{hx}}{r})t(x)\,\mathrm{d}\,x,\end{aligned}$$

其中

$$t(x)=J_1(\tfrac{4\pi}{r}\sqrt{\tfrac{mx}{q}})W(\tfrac{4\pi^2x}{q})\tfrac{\xi(x)}{\sqrt{x}}. \tag{26.23}$$

因此

$$\begin{aligned}X'(m)=&\frac{4\pi}{\sqrt{q}}\sum_{\substack{r\leqslant R\\(r,q)=1}}\frac{1}{r^2}S(m,0;r)L(r)+\frac{4\pi^2}{\sqrt{q}}\sum_{\substack{r\leqslant R\\(r,q)=1}}\frac{1}{r^2}\sum_{h\geqslant 1}\tau(h)S(hq-m,0;r)y(h)\\&-\frac{8\pi}{\sqrt{q}}\sum_{\substack{r\leqslant R\\(r,q)=1}}\frac{1}{r^2}\sum_{h\geqslant 1}\tau(h)S(hq+m,0;r)k(h)+O(\frac{\log^5q}{\sqrt{q}}),\end{aligned} \tag{26.24}$$

其中

$$L(r)=\int_0^{+\infty}(\log\frac{\sqrt{x}}{r}+\gamma)J_1(\frac{4\pi}{r}\sqrt{\frac{mx}{q}})W(\frac{4\pi^2x}{q})\frac{\mathrm{d}\,x}{\sqrt{x}}, \tag{26.25}$$

$$y(h)=\int_0^{+\infty}Y_0(\frac{4\pi\sqrt{hx}}{r})t(x)\,\mathrm{d}\,x, \tag{26.26}$$

$$k(h)=\int_0^{+\infty}K_0(\frac{4\pi\sqrt{hx}}{r})t(x)\,\mathrm{d}\,x, \tag{26.27}$$

利用$t(x)\ll\log^3qx^{-\frac{1}{2}}(0\leqslant x\leqslant 1)$在第一项中去掉函数$\xi(x)$, 以及$|S(m,0;r)|\leqslant r$得到误差项.

令$X''(m)$为$X'(m)$的第一项, 作变量变换: $x\to\frac{r^2qy}{4\pi}$, 由(26.12)可得

$$\begin{aligned}X''(m)&=-2\sum_{\substack{r\leqslant R\\(r,q)=1}}\tfrac{1}{r}S(m,0;r)\textstyle\int_0^{+\infty}(\log\frac{\sqrt{qx}}{2\pi}+\gamma)J_1(2\sqrt{mx})W(r^2x)\frac{\mathrm{d}\,x}{\sqrt{x}}\\&=\tfrac{1}{2\pi\mathrm{i}}\textstyle\int_{(\frac{1}{2})}Z_m^R(1+2s)\zeta_q(1+2s)s^{-1}\Gamma(s)^2G(s)L(s)\,\mathrm{d}\,s,\end{aligned}$$

其中

$$Z_m^R(s)=\sum_{\substack{r\leqslant R\\(r,q)=1}} S(m,0;r)r^{-s},$$

$$L(s)=-2\int_0^{+\infty}(\log\tfrac{\sqrt{qx}}{2\pi}+\gamma)J_1(2\sqrt{mx})x^{-s-\frac{1}{2}}\,\mathrm{d}\,x.$$

将对r的和式延拓到所有的$r\geqslant 1$上, 由关于Ramanujan和的公式(3.2)可知当$\mathrm{Re}(s)=2$时有

$$Z_m^R(s)=\zeta_q(s)^{-1}\sum_{d|m}d^{1-s}+O(\tau(m)R^{-1}).$$

此外, 对所有满足$\frac{1}{4}<\mathrm{Re}(s)<1$的$s$有

$$L(s)=m^{s-\frac{1}{2}}\Gamma(-s)\Gamma(s)^{-1}(\log\tfrac{\hat{Q}}{m}+2\gamma+\psi(1+s)+\psi(1-s)),\tag{26.28}$$

其中$\psi=\frac{\Gamma'}{\Gamma},\hat{Q}=\frac{q}{4\pi^2}$. 事实上, [105]中的公式14.561.14(对$-2<\mathrm{Re}(s)<-\frac{1}{2}$)给出了

$$\int_0^{+\infty}J_1(x)x^s\,\mathrm{d}\,x=2^s\tfrac{\Gamma(1+\frac{s}{2})}{\Gamma(1-\frac{s}{2})},$$

$$\int_0^{+\infty}(\log x)J_1(x)x^s\,\mathrm{d}\,x=2^s\tfrac{\Gamma(1+\frac{s}{2})}{\Gamma(1-\frac{s}{2})}(\log 2+\tfrac{1}{2}\psi(1+\tfrac{s}{2})+\tfrac{1}{2}\psi(1-\tfrac{s}{2})),$$

经过简单的计算即得(26.28). 由此得到

$$X''(m)=\tfrac{1}{2\pi\mathrm{i}}\int_{(\frac{1}{2})}(-2)\sigma_{-2s}(m)s^{-1}\Gamma(s)^2G(s)L(s)\,\mathrm{d}\,s+O(\tfrac{\tau(m)}{R}\log q),$$

因为(在$\mathrm{Re}(s)=\frac{1}{2}$上)

$$\zeta_q(1+2s)\Gamma(s)^2G(s)L(s)\ll|\Gamma(s)\Gamma(-s)s^{-1}|(\log q+|\psi(1+s)|+|\psi(1-s)|).$$

被积函数$F(s)$可以写成

$$F(s)=m^{-\frac{1}{2}}s\eta_s(m)^{-1}G(s)\Gamma(s)\Gamma(-s)(\log\tfrac{\hat{Q}}{m}+2\gamma+\psi(1+s)+\psi(1-s)),$$

其中

$$\eta_s(m)=\sum_{ab=m}(\tfrac{a}{b})^s$$

(关于$\mathrm{SL}(2,\mathbb{Z})$的非全纯Eisenstein级数的Fourier系数). 因此, $F(s)$是关于s 的奇函数. 此外, 它在带形域$|\mathrm{Re}(s)|<1$ 内全纯(除了在$s=0$处有三重极点), 并且在竖直带内呈指数型递减. 将围道平移到$\mathrm{Re}(s)=-\frac{1}{2}$ 上, 然后将s变为$-s$可得

$$X''(m)=\tfrac{1}{2}\sum_{s=0}F(s)+O(\tfrac{\tau(m)}{R}\log q).$$

在$s=0$附近展开有

$$s^{-1}\Gamma(s)\Gamma(-s)=-s^{-3}+(\gamma^2-\Gamma''(1))s^{-1}+O(s),$$

$$G(s)=1+\tfrac{1}{2}G''(0)s^2+O(s^3),$$

$$2\gamma+\psi(1+s)+\psi(1-s)=\psi''(0)s^2+O(s^4),$$

$$\eta_s(m)=\tau(m)+\tfrac{1}{2}T(m)s^2+O(s^3),$$

其中

$$T(m)=\sum_{ab=m}\log^2\tfrac{a}{b}. \tag{26.29}$$

综合这些式子可得

$$X''(m)=-\tfrac{T(m)}{4\sqrt{m}}\log\tfrac{\hat{Q}}{m}+\alpha\tfrac{\tau(m)}{\sqrt{m}}\log\tfrac{\hat{Q}}{m}+O(\tfrac{\tau(m)}{R}\log q), \tag{26.30}$$

其中$\alpha=\frac{1}{2}(\gamma^2-\Gamma''(1)-\frac{1}{2}G''(0)-\psi''(0))$.

对于(26.24)中的另外两项, 我们断言对任意的$\varepsilon>0$, 当$q<m, R\leqslant q^2$时有

$$\tfrac{1}{\sqrt{q}}\sum_{r\leqslant R}^{*}\tfrac{1}{r^2}\sum_{h\geqslant 1}\tau(h)S(hq-m,0;r)y(h)\ll m^{\frac{1}{2}}q^{-1+\varepsilon}, \tag{26.31}$$

$$\tfrac{1}{\sqrt{q}}\sum_{r\leqslant R}^{*}\tfrac{1}{r^2}\sum_{h\geqslant 1}\tau(h)S(hq+m,0;r)k(h)\ll (m^{\frac{1}{2}}q^{-1}+q^{-\frac{1}{2}})q^{\varepsilon}, \tag{26.32}$$

其中隐性常数仅依赖于ε.

选择$R=q^2$. 综合(26.20), (26.22), (26.24), (26.30), (26.31), (26.32)即推出

$$X(m)=-\tfrac{T(m)}{4\sqrt{m}}\log\tfrac{\hat{Q}}{m}+\alpha\tfrac{\tau(m)}{\sqrt{m}}+O((\tfrac{\sqrt{m}}{q}+\tfrac{1}{\sqrt{q}})q^{\varepsilon}). \tag{26.33}$$

将它代入(26.19), 并利用(26.16)可得

命题 26.11 缠绕均值(26.6)由

$$H(m)=\tfrac{1}{12}\tfrac{\tau(m)}{\sqrt{m}}\log^3\tfrac{\hat{Q}}{m}-\tfrac{1}{4}\tfrac{T(m)}{\sqrt{m}}\log^3\tfrac{\hat{Q}}{m}+\tfrac{\tau(m)}{\sqrt{m}}P_1(\log\tfrac{\hat{Q}}{m})+O(m^{\frac{1}{4}}q^{-\frac{1}{4}+\varepsilon}), \tag{26.34}$$

其中$\hat{Q}=\frac{q}{4\pi^2}, P_1(X)=P(X)+\alpha X(1\leqslant m\leqslant q^{2\Delta},\Delta<\frac{1}{2})$, 隐性常数仅依赖于$\varepsilon$与$\Delta$.

注记: 特别地, 对$m=1$, (26.17)和(26.34)对导数的特殊值$L'(f,\frac{1}{2})$的一阶矩和第二阶矩给出了渐近公式:

$$\sum_{f\in S_2(q)*}^{h}\tfrac{1}{2}(1-\varepsilon_f)L'(f,\tfrac{1}{2})=\tfrac{1}{2}\log q-\gamma\log 2\pi+O(q^{-\frac{1}{2}}), \tag{26.35}$$

$$\sum_{f\in S_2(q)*}\tfrac{1}{2}(1-\varepsilon_f)L'(f,\tfrac{1}{2})^2=\tfrac{1}{12}\log^3\tfrac{q}{4\pi^2}+P_1(\log\tfrac{q}{4\pi^2})+O(q^{-\frac{1}{4}+\varepsilon}). \tag{26.36}$$

最后, 由(26.8)和(26.34)可将特殊值的二阶矩表示成缓和剂系数的二次型.

定理 26.12 假设$M=q^{\Delta}(\Delta<\frac{1}{2})$, 则

$$M_2=\tfrac{1}{12}M_{21}-\tfrac{1}{4}M_{22}+M_{23}+O(q^{-\delta}),$$

其中M_{21}, M_{22}, M_{23}是下面给出的关于变量x_m的二次型:

$$M_{21}=\sum_b\frac{1}{b}\sum_{m_1,m_2}\frac{\tau(m_1m_2)}{m_1m_2}x_{bm_1}x_{bm_2}\log^3\frac{\hat{Q}}{m_1m_2}, \tag{26.37}$$

$$M_{22}=\sum_b\frac{1}{b}\sum_{m_1,m_2}\frac{T(m_1m_2)}{m_1m_2}x_{bm_1}x_{bm_2}\log\frac{\hat{Q}}{m_1m_2}, \tag{26.38}$$

$$M_{23}=\sum_b\frac{1}{b}\sum_{m_1,m_2}\frac{\tau(m_1m_2)}{m_1m_2}x_{bm_1}x_{bm_2}P_1(\log\frac{\hat{Q}}{m_1m_2}), \tag{26.39}$$

其中δ是仅依赖于Δ的整数. 回顾$\hat{Q}=\frac{q}{4\pi^2}$.

注记: 事实上, 我们只是对$\Delta < \frac{1}{4}$给出完整的证明. 这个限制来自(26.19)中的误差项, 所有的其他部分在$\Delta < \frac{1}{2}$时是适用的. 要完全推广到这一情形, 可以通过本质上与其他部分相同的推理进行, 所以我们略去了这些细节.

(26.31)和(26.32)的证明只需要关于积分$y(h)$和$k(h)$的上界, 我们可以通过标准的分部积分估计它们. 将它们和关于Ramanujan和的界$|S(hq \pm m, 0; r)| \leqslant (hq \pm m, r)$综合起来即可推出结果(细节见原始论文[188]).

§26.4 缓和剂的优化

现在(26.18)将M_1表示成了线性型, 定理26.12将M_2表示成了关于系数x_m的二次型. 由于二次型不是对角型, 我们不容易清楚地说明如何选取最佳的x_m使得$\frac{M_1^2}{M_2}$最大(见(26.2)). 我们的策略是将M_2分解成二次型的和, 使得其中的一个, 设为M_2', 易于对角化. 然后选择x_m使得$\frac{M_1^2}{M_2'}$最大, 并且简单地估计关于这个选定的向量的另一个二次型. 我们后面可以对该方法甚至对整个二次型是渐近最佳的进行合理地解释. 我们会发现定理26.12中的M_{21}和M_{22}有相同数量级的贡献值, 而M_{23}的数量级较小.

我们通过公式

$$\tau(m_1 m_2) = \sum_{a|(m_1,m)2)} \mu(a)\tau(\tfrac{m_1}{a})\tau(\tfrac{m_2}{a})$$

将(26.37)中的m_1, m_2分离, (在通过Möbius函数将所得的互素条件放松后)得到

$$M_{21} = \sum_b \frac{1}{b} \sum_a \frac{\mu(a)}{a^2} \sum_{m_1,m_2} \frac{\tau(m_1)\tau(m_2)}{m_1 m_2} x_{abm_1} x_{abm_2} \log^3 \frac{\hat{Q}}{a^2 m_1 m_2}.$$

将对数展开可知M_{21}为二次型

$$\Pi(t,u,v,w) = (\log^u \hat{Q}) \sum_k \nu_t(k) y_k^{(v)} y_k^{(w)}$$

的线性组合, 其中

$$\begin{aligned} y_k^{(i)} &= \sum_m \frac{\tau(m)}{m} (\log^i m) x_{km}, \\ \nu_t(k) &= \frac{1}{k} \sum_{ab=k} \frac{\mu(a)}{a} \log^t a, \end{aligned}$$

t, u, v, w是非负整数使得$t+u+v+w = 3$. 事实上, M_{23}也是这样的线性组合, 但是满足$t+u+v+w \leqslant 2$.

对选取的向量$\{x_m\}$, 显然通过直接估计可知

$$\Pi(t,u,v,w) \ll \Pi(0,u,v,w) \frac{\log\log^{t+2} q}{\log q},$$

所以我们可以将注意力集中到$\Pi(u,v,w) = \Pi(0,u,v,w)$. 相应地, 我们将$\nu_0(k)$记为$\nu(k)$. 注意对$k \leqslant M$有$\nu(k) = \varphi(k)k^{-2}$.

那些二次型$\Pi(u,v,w)$对M_{21}的贡献值为

$$m_{21} = \Pi(3,0,0) - 6\Pi(2,1,0) + 6\Pi(1,1,1) + 6\Pi(1,2,0) - 6\Pi(0,1,2) - 2\Pi(0,0,3)$$

(利用显然的对称性$\Pi(u,v,w) = \Pi(u,w,v)$). 我们选择二次型$\Pi = \Pi(3,0,0)$ 作为参考, 选择$\{x_m\}$使得$\frac{M_1^2}{\Pi}$最大, 然后估计关于该向量的其他二次型$\Pi(u,v,w)$和M_{22}.

由定义, Π已经对角化为

$$\Pi = (\log^3 \hat{Q}) \sum_k \nu(k) y_k^2.$$

这些x_m可以由公式

$$x_m = \sum_k \frac{g(k)}{k} y_{km} \tag{26.40}$$

重新得到, 其中$g = \mu * \mu$是τ的Dirichlet卷积. 因此线性型M_1可以写成

$$M_1 = \sum_m \frac{x_m}{m} \log \frac{\hat{q}}{m} = \sum_k j(k) y_k,$$

其中

$$j(k) = \frac{1}{k} \sum_{ab=k} g(a) \log \frac{\hat{a}}{b}.$$

因为

$$\sum_{k \geqslant 1} g(k) k^{-s} = \zeta(s)^{-2},$$

我们有

$$\sum_{k \geqslant 1} j(k) k^{-s} = \zeta(s+1)^{-2}((\log \hat{q})\zeta(s+1) + \zeta'(s+1)) = \frac{\log \hat{q}}{\zeta(s+1)} - (\zeta^{-1})'(s+1),$$

这说明

$$j(k) = \frac{\mu(k)}{k} \log \bar{q} k. \tag{26.41}$$

由Cauchy不等式可得

$$M_1^2 \leqslant \Big(\sum_k \frac{j(k)^2}{\nu(k)}\Big)\Big(\sum_k \nu(k) y_k^2\Big),$$

若对$k \leqslant M$有$y_k = \frac{\nu(k)}{j(k)}$时等式成立. 因此缓和剂的最佳选择是

$$y_k = \begin{cases} \frac{\mu(k)k}{\varphi(k)} \log \hat{q} k, & 若k \leqslant M, \\ 0, & 若k > M. \end{cases}$$

特别地, y_k, 从而x_m(见(26.40))在无平方因子的数上支撑, 并且可以很快验证增长条件(26.4). 因为$j(k)$大约是$\frac{\log k}{k}$, ν大约是k^{-1}, 从各个相关的表示显然可以看出: 对于任意的$\Delta > 0$, 我们在$M = q^{\Delta}$时将得到正的(调和)比例, 使得M_1^2, M_2的大小为$\log^6 q$.

对M_1, M_2, M_3的估计结果如下.

命题 26.13 令$M = q^{\Delta}, x_m$如上, 则有

$$\begin{aligned} M_1 &= \Delta\Big(\frac{\Delta^2}{3} + \frac{\Delta}{2} + \frac{1}{4}\Big) \log^3 q + O(\log^2 q), \\ M_{21} &= \Big(\frac{4}{3}\Delta^6 + \frac{28}{5}\Delta^5 + \frac{33}{4}\Delta^4 + \frac{35}{6}\Delta^3 + 2\Delta^2 + \frac{1}{4}\Delta^4\Big) \log^6 q + O(\log^5 q), \\ M_{23} &\ll (\log^5 q)(\log\log^4 q). \end{aligned}$$

证明: 对于M_1, 由y_k的定义和(26.41)可知

$$M_1 = \log^{-3} \hat{Q} \Pi = \sum_k \frac{j(k)^2}{\nu(k)} = \sum -k \frac{\mu(k)^2}{\varphi(k)} \log^2 \hat{q} k,$$

从而利用分部求和公式由

$$\sum_{k\leqslant K}\frac{\mu(k)^2}{\varphi(k)}=\log K+O(1)$$

即得结论.

对M_{21}有

$$\Pi(u,v,w)=\log^u\hat{Q}\sum_k\nu(k)y_k^{(v)}y_k^{(w)},$$

并且我们将利用高次von Mangoldt函数$\Lambda_i=\mu*\log^i$把$y_k^{(i)}$用y_k表示出来. 确切地说, 我们有

$$y_k^{(i)}=\sum_{\ell\leqslant\frac{M}{k}}\frac{\tau(\ell)}{\ell}\Lambda_i(\ell)y_{k\ell}. \tag{26.42}$$

关于我们需要的Λ_i的性质, 见§1,4((1.43)和之后的内容).

因此(26.42)中的和式是关于最多有$i\leqslant 3$个素因子的无平方因子数ℓ的和. 为了对它进行估计, 我们可以去找相关的Dirichlet级数, 或者用更初等的方法将和式分成有固定素因子个数的部分. 它们是关于素数的多重和, 并且是Mertens型, 因为对这样的素因子个数为$\omega(\ell)=j$的ℓ有$\tau(\ell)\ell^{-1}=2^j\ell^{-1}$, 从而容易得到渐近估计. 我们引用结果(细节见[188]的2.5.2)可得

$$y_k^{(i)}=c_i\frac{k\mu(k)}{\varphi(k)}(\log^i\tfrac{M}{k})(\log\hat{q}^{i+1}M^ik)+O(\tfrac{k}{\varphi(k)}(\log^i q)(\log\log q))(i=1,2,3),$$

其中$c_1=-1,c_2=\frac{1}{3},c_3=0$. 于是各个$\Pi(u,v,w)$的计算就变成简单地用分部求和的事情. 例如,

$$\begin{aligned}\Pi(0,1,2)&=-\frac{1}{3}\sum_{k\leqslant M}\frac{\mu(k)^2}{\varphi(k)}(\tfrac{M}{k})^3(\log\hat{q}^3M^2k)(\log\hat{q}^2MK)+O((\log^5 q)(\log\log^3 q))\\&=\int_1^M(\log^3\tfrac{M}{x})(\log\hat{q}^3M^2x)(\log\hat{q}^2Mx)\frac{\mathrm{d}\,x}{x}+O((\log^5 q)(\log\log^3 q))\\&=\int_0^{\log M}y^3(3\log\hat{q}M-y)(2\log\hat{q}M-y)\,\mathrm{d}\,y+O((\log^5 q)(\log\log^3 q))\\&=(-\tfrac{2}{9}\Delta^6-\tfrac{1}{3}\Delta^5-\tfrac{1}{8}\Delta^4)\log^q+O((\log^5 q)(\log\log^3 q)).\end{aligned}$$

(回顾$\log\hat{q}=\log\sqrt{q}+O(1)$). 当所有的计算完成后, 就得到想要的$M_{21}$ 的值. □

我们还需要讨论(26.38)定义的二次型M_{22}. 回顾(26.29)定义的$T(n)$, 可知

$$T(m_1m_2)=\sum_{d|(m_1,m_2)}\mu(d)(\tau(\tfrac{m_1}{d})T(\tfrac{m_2}{d})+\tau(\tfrac{m_2}{d})T(\tfrac{m_1}{d})). \tag{26.43}$$

我们用它将m_1,m_2分离, 从而得到等式:

$$\begin{aligned}M_{22}&=2\sum_b\frac{1}{b}\sum_a\frac{\mu(a)}{a^2}\sum_{m_1,m_2}\frac{\tau(m_1)T(m_2)}{m_1m_2}x_{abm_1}x_{abm_2}\log\frac{\hat{Q}}{a^2m_1m_2}\\&=2\sum_k\nu(k)\sum-m_1,m_2\frac{\tau(m_1)T(m_2)}{m_1m_2}x_{km_1}x_{knm_2}\log\frac{\hat{Q}}{m_1m_2}\\&\quad-4\sum_k\nu_1(k)\frac{\tau(m_1)\tau(m_2)}{m_1m_2}\frac{\tau(m_1)T(m_2)}{m_1m_2}x_{abm_1}x_{anm_2}.\end{aligned}$$

将它改写为

$$M_{22}=2(\tilde{\Pi}(1,0,0)-\tilde{\Pi}(0,1,0)-\tilde{\Pi}(0,0,1))-4\sum_k\nu_1(k)y_kz_k, \tag{26.44}$$

其中

$$z_k=z_k^{(0)}=\sum_m\frac{T(m)}{m}x_{km},$$

$$z_k^{(1)} = \sum_m \frac{T(m)}{m}(\log m)x_{km},$$

$$\tilde{\Pi}(a,b,c) = (\log^a \hat{Q})\sum_k \nu(k)y_k^{(b)}z_k^{(c)}.$$

像前面那样, 我们将这些新的变量用y_k表示:

$$z_k = 2\sum_{\ell\leqslant\frac{M}{k}} \frac{\Lambda(\ell)\log\ell}{\ell}y_{k\ell}, \tag{26.45}$$

$$z_k^{(1)} = \sum_{\ell\leqslant\frac{M}{k}} \frac{\tau(\ell)\Lambda(\ell)}{\ell}z_{k\ell} + \sum_{\ell\leqslant\frac{M}{k}} \frac{T(\ell)\Lambda(\ell)}{\ell}y_{k\ell}. \tag{26.46}$$

要看清这一点, 注意由(26.40)有

$$z_k = \sum_\ell\Big(\sum_{mn=\ell}\frac{T(m)}{m}g(n)\Big)y_{k\ell},$$

ℓ的系数的Dirichlet生成级数是$L(s+1)$, 其中

$$L(s) = \zeta(s)^{-2}\sum_n T(n)n^{-s}.$$

易见

$$\sum_n T(n)n^{-s} = 4\zeta\zeta'' - 2(\zeta\zeta')' = 2(\zeta\zeta'' - \zeta'^2),$$

所以$L(s) = 2(\zeta\zeta')'$, 从而给出(26.45). 于是我们由(26.43)推出(26.46)如下:

$$z_k^{(1)} = \sum_m \frac{T(m)}{m}\sum_{\ell n=m}\Lambda(\ell)x_{km} = \sum_\ell \frac{\Lambda(\ell)}{\ell}\sum_{m\leqslant\frac{M}{\ell}}\frac{T(\ell m)}{m}x_{k\ell m} = \sum_{\ell\leqslant\frac{M}{k}}\frac{\tau(\ell)\Lambda(\ell)}{\ell}z_{k\ell} + \sum_{\ell\leqslant\frac{M}{k}}\frac{T(\ell)\Lambda(\ell)}{\ell}y_{k\ell}.$$

由(26.45)和(26.46), 我们可以很像之前估计$y_k^{(i)}$那样估计$z_k, z_k^{(1)}$, 得到

$$z_k = -\frac{1}{3}\frac{k\mu(k)}{\varphi(k)}(\log^2\tfrac{M}{k})(\log\hat{q}^2M^2k) + O(\tfrac{k}{\varphi(k)}\log^2 q) = -y_k^{(2)} + O(\tfrac{k}{\varphi(k)}(\log^2 q)(\log\log q)),$$

$$z_k^{(1)} \ll \frac{k}{\varphi(k)}\log^3 q.$$

由此我们容易估计(26.44)中出现的二次型:

$$\begin{aligned}
\tilde{\Pi}(1,0,0) &= -(\log\hat{Q})\sum_k \nu(k)y_ky_k^{(2)} + O(\log^5 q) = -\Pi(1,2,0) + O(\log^5 q),\\
\tilde{\Pi}(0,1,0) &= -\sum_k \nu(k)y_k^{(1)}y_k^{(2)} + O(\log^5 q) = -\Pi(0,1,2) + O(\log^5 q),\\
\tilde{\Pi}(0,0,1) &\ll \log^5 q.
\end{aligned}$$

此外, 由直接估计可得

$$\sum_k \nu_1(k)y_kz_k \ll (\log^5 q)(\log\log^3 q).$$

现在由(26.44)得到

命题 26.14 令$m = q^\Delta, x_m$如上, 则有

$$M_{22} = (-\tfrac{4}{9}\Delta^6 - \tfrac{4}{5}\Delta^5 - \tfrac{7}{12}\Delta^4 - \tfrac{1}{6}\Delta^3)\log^6 q + O((\log^5 q)(\log\log^3 q)).$$

从定理26.12, 命题26.13和命题26.14, 我们能够计算得到: 对$\Delta < \frac{1}{2}$有

$$\frac{M_1^2}{M_2} = \frac{1}{2}\left(1 - \frac{1}{(2\Delta+1)^3}\right) + O\left(\frac{\log\log^4 q}{\log q}\right)$$

(由部分分式展开, 这里相当神奇地出现了非常简单的分式). 于是不等式(26.2)意味着定理26.9成立, 从而定理26.8成立.

习题26.1 由同样的方法证明: 当素数$q \to \infty$, 有

$$\sideset{}{^h}\sum_{\substack{f \in S_2(q)^* \\ L(f, \frac{1}{2}) \neq 0}} 1 \geqslant \frac{1}{6} - o(1).$$

§26.5 定理26.2的证明

可以通过不同的方式从定理26.8(关于“和谐”均值的非零性)过渡到定理26.2(“自然”均值的非零性). 利用Shimura公式

$$4\pi\|f\|^2 = \frac{|S_2(q)^*|}{\zeta(2)} L(\operatorname{Sym}^2 f, 1) + O(\log^3 q) \tag{26.47}$$

(其中q为素数), 我们它将Peterson范数与f的对称平方L函数在$s = 1$处的特殊值联系起来. 后者对$\operatorname{Re}(s) > 1$有

$$L(\operatorname{Sym}^2 f, s) = \sum_{n \geqslant 1} \rho_f(n) n^{-s} = \zeta_q(2s) \sum_{n \geqslant 1} \lambda_f(n^2) n^{-s},$$

见§5.12. 该级数在$s = 1$处刚好不能绝对收敛, 但是它能用很短的和式表示. 我们引用[189]中一个基于对称平方L函数的大筛法型估计的有用的一般性结果(见定理7.28).

命题 26.15 对$f \in S_2(q)^*$, 令α_f为复数满足: 存在$\delta > 0$使得

$$\alpha_f \ll q^{1-\delta}; \tag{26.48}$$

存在$A > 0$使得

$$\sideset{}{^h}\sum_{f} |\alpha_f| \ll \log^A q, \tag{26.49}$$

则有

$$\sum_f \alpha_f = \frac{|S_2(q)^*|}{\zeta(2)} \sum_{n \leqslant x} \sideset{}{^h}\sum_{f} \alpha_f \frac{\rho_f(n)}{n} + O(q^{1-\gamma}),$$

其中$x = q^\kappa$, κ是任意的整数, γ是仅依赖于δ, κ的正数, 隐性常数仅依赖于κ, δ, A.

我们像(26.3)那样利用长度为$M = q^\Delta (\Delta < \frac{1}{2})$的缓和剂$M(f)$, 定义

$$N_1 = \sum_{\varepsilon_f = -1} M(f) L'(f, \tfrac{1}{2}),$$

$$N_2 = \sum_{\varepsilon_f = -1} |M(f) L'(f, \tfrac{1}{2})|^2,$$

然后在命题26.15中分别取α_f为$M(f)L'(f,\frac{1}{2}$和$|M(f)L'(f,\frac{1}{2})|^2$. 由凸性界$L'(f,\frac{1}{2}) \ll q^{\frac{1}{4}}\log^2 q$(利用(26.9) 再次证明它)容易得到(26.48)和(26.49).

由此得到

$$N_1 = \frac{|S_2(q)^*|}{\zeta(2)} \sum_{\varepsilon_f=-1}^{h} \sum_{\substack{d\ell^2 \leqslant x \\ (\ell,q)=1}} \frac{1}{d\ell^2}\lambda_f(d^2)M(f)L'(f,\tfrac{1}{2}) + O(q^{1-\delta}),$$

$$N_2 = \frac{|S_2(q)^*|}{\zeta(2)} \sum_{\varepsilon_f=-1}^{h} \sum_{\substack{d\ell^2 \leqslant x \\ (\ell,q)=1}} \frac{1}{d\ell^2}\lambda_f(d^2)|M(f)L'(f,\tfrac{1}{2})|^3 + O(q^{1-\delta}),$$

其中$x = q^\kappa$, $\kappa > 0$为任意选择的数.

将公式(26.9)和(26.13)代入, 并利用§26.3中的结果, 我们得到关于N_1的线性型表示和关于N_2的二次型表示, 它们与定理26.12中的那些公式非常相似. 重要的是能够取κ任意小以便保留渐近式. 利用与§26.4中相同的原理找到缓和剂并估计N_1, N_2, 但是由于相关的系数缺乏完全乘性, 所以存在许多技术上的复杂性.

注记: 若我们愿意接受稍弱的结果:

$$|\{f \in S_2(q)^* | \varepsilon_f = -1, L'(f,\tfrac{1}{2}) \neq 0\}| \gg |S_2(q)^*|, \tag{26.50}$$

其中q为素数, 但是常数不确定(类似于Selberg关于$\zeta(s)$的临界线上的结果), 则可以找到某些捷径. 首先, 我们没有理由像§26.4那样去寻找最佳的缓和剂, 那里的计算可以大为简化. 然后不必利用命题26.15, 并对N_1, N_2进行计算, 我们可以用Cauchy 不等式推出

$$\sum_{\substack{f\in S_2(q)^* \text{奇} \\ L'(f,\frac{1}{2})\neq 0}}^{h} 1 = \sum_{\substack{f\in S_2(q)^* \text{奇} \\ L'(f,\frac{1}{2})\neq 0}} \frac{1}{4\pi\|f\|^2} \leqslant \Big(\sum_{f} \frac{1}{16\pi^2\|f\|^4}\Big)^{\frac{1}{2}} \Big(\sum_{\substack{f\in S_2(q)^* \text{奇} \\ L'(f,\frac{1}{2})\neq 0}} 1\Big)^{\frac{1}{2}}.$$

于是由渐近式: 存在常数$c > 0$使得

$$\sum_{f} \frac{1}{16\pi^2\|f\|^4} \sim cq^2 (q \to \infty), \tag{26.51}$$

以及定理26.8可得(26.50). 公式(26.51)是E. Royer[269]关于$f \in S_2(q)^*$的函数$L(\mathrm{Sym}^2 f, 1)$的矩的一个结果的特殊情形. 注意由(26.47)可知这相当于$L(\mathrm{Sym}^2 f, 1)$的负二阶矩. (26.51)的证明中用到了关于L函数族的零点的密度定理将求和限制到对满足"拟Riemann猜想"的f进行.

注记: 除了用于构造缓和剂, 形如(26.5), (26.6)的关于L函数族的缠绕均值在构造"放大器", 即如下形式的和式

$$A_k = \sum_{f\in\mathcal{F}} A(f)|L(f,\tfrac{1}{2})|^k,$$

其中$A(f) \geqslant 0$, 例如

$$A(f) = |\sum_{\ell\leqslant L} c_\ell \lambda_f(\ell)|^2$$

时也起到强大的作用, 但是这一次$A(f)$对某个固定的形式$f = f_0 \in \mathcal{F}$很大, 所以由正值性可以从关于均值A_k的上界推出单个上界

$$|L(f_0,\tfrac{1}{2})| \leqslant A_k^{\frac{1}{k}} A(f_0)^{-1}. \tag{26.52}$$

在最好的情形, 关于A_k的界可以在L为$|\mathcal{F}|$的小的幂次时取得, 并且与从Lindelöf猜想和正交性得到的界

$$A_k \ll |\mathcal{F}|^{1+\varepsilon}(\sum_{\ell}|c_\ell|^2)^{\frac{1}{2}}$$

相匹配, 所以在c_ℓ的均值的大小与$A(f_0)$的峰值可比时, (26.52)是我们的收获. 想想导子为q的本原Dirichlet特征的情形, 我们能取$c_\ell = \bar{\chi}(\ell)$(见命题14.22中取适当的经典模形式的情形).

这个放大法在证明次数不低于2的L函数, 特别是其他技巧(Weyl平移, 约化平均族)对于导子无能为力时的亚凸性界中已经成为最成功的方法. 但是在实施这些办法时, 所有的情形都相当微妙(要求分析非对角元), 所以我们请读者参考论文[68–69, 191], 以及综述文章[226]以便了解关于这个重要课题的更多信息.

参考文献

[1] ADOLPHSON A, SPERBER S. On twisted exponential sums [J]. Math. Ann. 1991(290):713-726.

[2] ADOLPHSON A, SPERBER S. Character sums in finite fields [J]. Compositio Math. 1984(52):325-354.

[3] ADOLPHSON A, SPERBER S. Newton polyhedra and the total degree of the L-function associated to an exponential sum [J]. Invent. Math. 1987(88):555-569.

[4] AHLFORS L. Complex Analysis [M]. McGraw Hill, 1978.

[5] ATIYAH M, MACDONALD I G. Introduction to commutative algebra [M]. Addison-Wesley, 1969.

[6] ATKIN A O L, LEHNER J. Heche operators on $\Gamma_0(m)$ [J]. Math. Ann. 1970(185):134-160.

[7] ATKINSON F V. The mean value of the zeta-function on the critical line [J]. Proc. London Math. Soc. (2) 1941(47):174-200.

[8] BAKER A. Transcendental Number Theory [M]. Cambridge Univ. Press, Cambridge, 1990.

[9] BAKER R, HARMAN G, The difference between consecutive primes [J]. Proc. London Math. Soc. 1996(72), 261-280.

[10] BANKS W. Twisted symmetric-square L-functions and the nonexistence of Siegel zeros on GL(3) [J]. Duke Math. J. 1997(87):343-353.

[11] BARBAN M B. The "large sieve" method and its application to number theory [J]. UspehiMat. Nauk, 21(1966):51-102; English transl. in Russian Math. Surveys 1966(21):49-103.

[12] BERSTEIN J, GELBART S. An introduction to the Langlands program [M]. Birkhauser, 2003.

[13] BOHR H, LANDAU E. Sur les zéros de la fonction $\zeta(s)$ de Riemann [J]. Compte Rendus de l'Acad. des Sciences (Paris) 1914(158):106-110.

[14] BOMBIERI E. Maggiorazione del resto nel "Primzahlsat" col metodo di Erdös-Selberg. [J]. Ist. Lombardo Accad. Sci. Lett. Rend. A 1962(96):343-350.

[15] BOMBIERI E. Le grand crible dans la théorie analytique des nombres, S.M.F, 1974.

[16] BOMBIERI E. Counting points on curves over finite fields (d'après S. A. Stepanov) [J]. Lecture Notes in Math. 1974(383):234-241.

[17] BOMBIERI E. On exponential sums in finite fields, II [J]. Invent Math. 47(1978):29-39.

[18] BOMBIERI E. On the large sieve [J]. Mathematika 1965(12):201-225.

[19] BOMBIERI E. DAVENPORT H. Some inequalities involving trigonometrical polynomials [J]. Ann. Scuola Norm. Sup. Pisa (3) 1969(23):223-241.

[20] BOMBIERI E, FRIEDLANDER J, Iwaniec H. Primes in arithmetic progressions to large moduli [J]. Acta Math. 1986(156):203-251.

[21] BOMBIERI E, IWANIEC H, Some mean-value theorems for exponential sums [J]. Ann. Scuola Norm. Sup. Pisa CI. Sci. 1986(13):473-486.

[22] BOURGAIN J. Remarks on Montgomery's conjectures on Dirichlet sums [J]. Lecture Notes in Math. 1991(1469):153-165.

[23] BREUIL C, CONRAD B, DIAMOND F, TAYLOR R, On the modularity of elliptic curves over $\mathbb{Q}$: wild 3-adic exercises [J]. J. Amer. Math. Soc. 2001(14):843-939.

[24] BRIGGS W E, CHOWLA S. On discriminants of binary quadratic forms with a single class in each genus [J]. Canad. J. Math. 1954(6):463-470.

[25] BRUGGEMAN R W. Fourier coefficients of cusp forms [J]. Invent. Math. 45(1978):1-18.

[26] BRUN V. Über das Goldbachsche Gesetz und die Anzahl der Primzahlpaare [J]. Archiv for Math. og Naturv. 1915(8):3-19.

[27] BRUN V. Le crible d'Eratosthène et le théorème de Goldbach [J]. C. R. Acad. Sci. Paris 1919(168):544-546.

[28] BUMP D. Automorphic forms and representations [M]. Cambridge Univ. Press, 1996.

[29] BUMP D, DUKE W, HOFFSTEIN J, IWANIEC H. An estimate for the Hecke eigenvalues of Maass forms [J]. Internat. Math. Res. Notices 1992(4):75-81.

[30] BURGESS D A. On character sums and L-series, I [J]. Proc. London Math. Soc.(3) 1962(12):193-206.

[31] BURGESS D A. On character sums and L-series, II [J]. Proc. London Math. Soc.(3) 1963(13):524-536.

[32] BUSHELL C J, HENNIART G, An upper bound on conductors for pairs [J]. J. Number Theory 1997(65):183-196.

[33] BYKOVSKY V A. Spectral expansion of certain automorphic functions and its number theoretical applications [J]. Proc. Steklov Inst. (LOMI) 134(1984):15-33; English transl. in J. Soviet Math. 1987(36):8-21.

[34] CARLSON F. Über die Nullstellen der Dirichletschen Reihen und der Riemannschen ζ-Funktion [J]. Arkiv. für Mat. Astr. och Fysik 15, 1921(20).

[35] CASSELS J W S, FRÖLICH A. Algebraic Number Theory [M]. Academic Press, 1990.

[36] CHAMIZO F, IWANIEC H. On the sphere problem [J]. Rev. Mat. Iberoamericana 1995(11):417-429.

[37] CHEN J. R. On the representation of a larger even integer as the sum of a prime and the product of at most two primes [J]. Sci. Sinica 1973(16):157-176.

[38] CHOWLA S, SELBERG A. On Epstein's zeta-function [J]. J. Reine Angew. Math. 1967(227):86-110.

[39] CONREY B. Zeros of derivatives of Riemann's ζ-function on the critical line [J]. J. Number Theory. 1983(16):49-74.

[40] CONREY B. More than two fifths of the zeros of the Riemann zeta function are on the critical line [J]. J. Reine Angew. Math. 1989(399): 1-26.

[41] CONREY B, GHOSH A, GONEK S M. A note on gaps between zeros of the zeta function [J]. Bull. London Math. Soc. 1984(16): 421-424.

[42] CONREY B, IWANIEC H. The cubic moment of central values of automorphic Injunctions [J]. Ann. of Math. (2) 2000(151):1175-1216.

[43] CONREY B, IWANIEC H. Spacing of zeros of Hecke L-functions and the class number problem [J]. Acta Arithmetica 2002(103):259-312.

[44] CONREY B, SOUNDARARAJAN K, Real zeros of quadratic Dirichlet L-functions [J]. Invent. Math. 2002(150):1-44.

[45] VAN DER CORPUT J G. Zahlentheoretische Abschdtzungen [J]. Math. Ann. 1921(84):53-79.

[46] VAN DER CORPUT J G. Verscharfung der Abschdtzungen beim Teilerproblem [J]. Math. Ann. 1922(87):39-65.

[47] VAN DER CORPUT J G. Sur l'hypothèse de Goldbach pour presque tous les nombres premiers [J]. Acta Arithmetica 1937(2): 266-290.

[48] COX D. Primes of the form $x^2 + ny^2$ [M]. Wiley, 1989.

[49] CRAMER H. On the order of magnitude of the difference between consecutive prime numbers [J]. Prace Mat.-Fiz. 1937(45):51-74.

[50] DAVENPORT H. On some infinite series involving arithmetical functions. II [J]. Quart. J. Math. Oxf. 1937(8):313-320.

[51] DAVENPORT H. Analytic methods for Diophantine equations and Diophantine inequalities [M]. Ann Arbor Publishers, 1963.

[52] DAVENPORT H, HALBERSTAM H. The values of a trigonometrical polynomial at well spaced points [J]. Mathematika 1966(13):91-96.

[53] DAVENPORT H, HALBERSTAM H. Primes in arithmetic progressions [J]. Michigan Math. J. 1966(13):485-489.

[54] DAVENPORT H, HEILBRONN H. On the class-number of binary cubic forms, I, II [J]. J. London Math. Soc. 1951(26):183-192, 192-198.

[55] DELIGNE P. La conjecture de Weil, I [J]. Inst. Hautes Etudes Sci. Publ. Math. 1972(43):206-226.

[56] DELIGNE P. La conjecture de Weil, II [J]. Inst. Hautes Etudes Sci. Publ. Math. 1980(52):137-252.

[57] DELIGNE P. Cohomologie etale, SGA $4\frac{1}{2}$ [M]. Lecture Notes. Math. 569, Springer Verlag, 1977.

[58] DELIGNE P. J-P. SERRE J-P. Formes modulaires de poids 1, Ann. Sci. École Norm. Sup. (4)1974(7):507-530.

[59] DESHOUILLERS J M, IWANIEC H. Kloosterman sums and Fourier coefficients of cusp forms [J]. Invent, Math. 1982/83(70):219-288.

[60] DIAMOND H, STEINIG J. An elementary proof of the prime number theorem with a remainder term [J]. Invent. Math. 1970(11):199-258.

[61] DIRICHLET J P G L. Démonstration d'une propriété analogue à la loi de réciprocité qui existe entre deux nombres premiers quelconques [J]. J. Reine Angew. Math. 1832(9): 379—389.

[62] DUKE W. The dimension of the space of cusp forms of weight one [J]. Internat. Math. Res. Notices 1995(2):99-109.

[63] DUKE W. Hyperbolic distribution problems and half-integral weight Maass forms [J]. Invent. Math. 92(1988):73-90.

[64] DUKE W. The critical order of vanishing of automorphic L-functions with large level [J]. Invent. Math. 1995(119):165-174.

[65] DUKE W. Some problems in multidimensional analytic number theory [J]. Acta Arithmetica 1989(52):203-228.

[66] DUKE W. Elliptic curves with no exceptional primes [J]. C. R. Acad. Sci. Paris Sér. I Math. 1997(325):813-818.

[67] DUKE W, FRIEDLANDER J, IWANIEC H, A quadratic divisor problem [J]. Invent. Math. 1994(115):209-217.

[68] DUKE W, FRIEDLANDER J, IWANIEC H, Bounds for automorphic L-functions, II [J]. Invent. Math. 1994(115):219-239.

[69] DUKE W, FRIEDLANDER J, IWANIEC H, The subconvexity problem for Artin Injunctions [J]. Invent. Math. 2002(149):489-577.

[70] DUKE W, FRIEDLANDER J, IWANIEC H, Bilinear forms with Kloosterman fractions [J]. Invent. Math. 1997(12):23-43.

[71] DUKE W, FRIEDLANDER J, IWANIEC H, Equidistribution of roots of a quadratic congruence to prime moduli [J]. Ann. of Math.(2)1995(141):423-441.

[72] DUKE W, IWANIEC H. Bilinear forms in the Fourier coefficients of half-integral weight cusp forms and sums over primes [J]. Math. Ann. 1990(286):783-802.

[73] DUKE W, IWANIEC H. Estimates for coefficients of L-functions, I [A]. Automorphic forms and analytic number theory (Montreal, P Q , 1989), CRM, 1989:43-47.

[74] DUKE W, IWANIEC H. Estimates for coefficients of L-functions, II [A]. Proceedings of the Amain Conference on Analytic Number Theory, Univ. Salerno, Salerno, 1992:71-82.

[75] DUKE W, IWANIEC H. Estimates for coefficients of L-functions, IV [J]. Amer. J. Math. 1994(116):207-217.

[76] DUKE W, KOWALSKI E. A problem of Linnik for elliptic curves and mean-value estimates for automorphic representations [J]. Invent. Math. 2000(139):1-39.

[77] DYSON F J. Statistical theory of the energy levels of complex systems, I [J]. J. Mathematical Phys. 1962(3), 140-156.

[78] EILENBERG J. Galois representations attached to Q-curves and the generalized Fermat equation $A^4 + B^2 = C^p$ [J]. Amer. J. Math, 2004(126):763-787 .

[79] ELLIOTT P D T A. On inequalities of large sieve type [J]. Acta Arithmetica 1971(18):405-422.

[80] ERDÖS P, KAC M. The Gaussian law of errors in the theory of additive number theoretic functions [J]. Amer. J. Math. 1940(62):738-742.

[81] ESTERMANN T. On Goldbach's Problem: Proof that Almost All Even Positive Integers are Sums of Two Primes [J]. Proc. London Math. Soc. (2) 1938(44):307-314.

[82] FONTAINE J M. Il n'y a pas de variétés abéliennes sur $\mathbb{Z}$ [J]. Invent. m<th. 1985(81):515-538.

[83] FOUVRY É, KATZ N. A general stratification theorem for exponential sums, and applications [J]. J. Reine Angew. Math. 2001(540):115-166.

[84] FOUVRY É, IWANIEC H, Gaussian Primes [J]. Acta. Arithmetica 79(1997):249-287.

[85] FOUVRY É, MICHEL P. Sur le changement de signe des sommes de Kloosterman [J]. Ann. Math. (2) 2007(165):675-715

[86] FRIEDLANDER J. Primes in arithmetic progressions and related topics [A]. Analytic Number Theory and Diophantine problems, Birkhaiiser, 1987:125-134.

[87] FRIEDLANDER J, GRANVILLE A. Limitations to the equi-distribution of primes, III [J]. Compositio Math. 1992(81):19-32.

[88] FRIEDLANDER J, IWANIEC H. The polynomial $X^2 + Y^4$ captures its primes [J]. Ann. of Math. (2) 1998(148):945-1040.

[89] FRIEDLANDER J, IWANIEC H. Summation formulae for coefficients of L-functions [J]. Can. J. Math. 2005(57):494-505.

[90] FRIEDLANDER J, IWANIEC H. A Note on Character Sums [J]. Contemporary Math. 1994(166):295-299.

[91] FRIEDLANDER J, IWANIEC H. Incomplete Kloosterman sums and a divisor problem [J]. Ann. of Math. 1985(121):319-350.

[92] GALLAGHER P X. A large sieve density estimate near $\sigma = 1$ [J]. Invent. Math. 1970(11):329-339.

[93] GALLAGHER P X. Primes in progressions to prime-power modulus [J]. Invent. Math. 1972(16):191-201.

[94] GALLAGHER P X. Bombieri's mean value theorem [J]. Mathematika 15(1968):1-6.

[95] GALLAGHER P X. The large sieve and probabilistic Galois theory [A]. Proc. Sympos. Pure Math., Vol. XXIV, Amer. Math. Soc, 1973:91-101.

[96] GAUDIN M L, MEHTA M. On the density of eigenvalues of a random matrix [J]. Nuclear Phys. 1960(18):420-427.

[97] GERTH F. Extension of conjectures of Cohen and Lenstra [J]. Expositiones Math. 1987(5):181-184.

[98] GELBART S, JACQUET H. A relation between automorphic representations of GL(2) and GL(3) [J]. Ann. Sci. Ecole Norm. Sup. (4)1978(11):471-542.

[99] GODEMENT R, JACQUET H. Zeta functions of simple algebras [M]. Lecture Notes Math. 260, Springer Verlag, 1972.

[100] GOLDFELD D. A simple proof of SiegeVs theorem [J]. Proc. Nat. Acad. Sci. U.S.A. 1974(71):1055.

[101] GOLDFELD D. The class number of quadratic fields and the conjectures of Birch and Swinnerton-Dyer [J]. Ann. Scuola Norm. Sup. Pisa CI. Sci. (4)1976(3):624-663.

[102] GOLDFELD D, SARNAK P. Sums of Kloosterman sums [J]. Invent. Math. 1983(71):243-250.

[103] GOLDFELD D, HOFFSTEIN J, Lieman D. [J]. Annals of Math. (2)1994(140):161-181.

[104] GOLDFELD D, HEATH-BROWN D R. A note on the differences between consecutive primes [J]. Math. Ann. 1984(266):317-320.

[105] GRADHSTEYN I S, RIZHIK I M. Table of integrals, series and products, 6th Edition [M]. Academic Press, 2000.

[106] GRAHAM S. An asymptotic estimate related to Selberg's sieve [J]. J. Number Theory 1978(10):83-94.

[107] GRAHAM S. On Linnik's constant [J]. Acta Arithmetica 1981(39):163-179.

[108] GRAHAM S W, KOLESNIK G. van der Corput's method of exponential sums [M]. Cambridge Univ. Press, 1991.

[109] GRAHAM S W, RINGROSE C J. Lower bounds for least quadratic nonresidues [A]. Analytic number theory (Allerton Park, IL, 1989), Birkhauser, 1990:269-309.

[110] GRANVILLE A. Unexpected irregularities in the distribution of prime numbers, [A]. Proceedings of the International Congress of Mathematicians, Vol. 1, 2 (Zurich, 1994), Birkhauser, Basel, 1995:388-399.

[111] GREAVES G. Sieves in number theory [M]. Ergebnisse der Mathematik und ihrer Grenzgebiete (3), vol. 43, Springer Verlag, 2001.

[112] GROSS B, ZAGIER D. Heegner points and derivatives of L-series [J]. Invent, Math. 1986(84):225-320.

[113] GROSS B, ZAGIER D. Points de Heegner et derivees de fonctions L [J]. C. R. Acad. Sci. Paris Sér. I Math. 1983(297): 85-87.

[114] HALASZ G, TURAN P. On the distribution of roots of Riemann zeta and allied functions, I [J]. J. Number Theory 1969(1):121-137.

[115] HALBERSTAM H, On the distribution of additive number-theoretic functions, II, III [J]. J. London Math. Soc. 1956(31):1-14, 14-27.

[116] HALBERSTAM H, RICHERT H E. Sieve methods [M]. Academic Press, 1974.

[117] HARDY G H, E. LANDAU, The lattice points of a circle, Proc. Royal Soc. A 1924(105):244-258.

[118] HARDY G H, LITTLEWOOD J E. Some Problems of 'Partitio Numerorum.' III. On the Expression of a Number as a Sum of Primes [J]. Acta Math. 1922(44):1-70.

[119] HARDY G H, LITTLEWOOD J E. The zeros of Riemann's zeta function on the critical line [J]. Math. Z. 1921(10):283-317.

[120] HARDY G H, RAMANUJAN S. Asymptotic Formulae in Combinatory Analysis [J]. Proc. London Math. Soc. 1918(17):75-115.

[121] HARDY G H, WRIGHT E M. An introduction to the theory of numbers, 5th edition [M]. Oxford University Press, 1979.

[122] HARRIS M, TAYLOR R. The geometry and cohomology of some simple Shimura varieties [M]. Princeton Univ. Press, 2002.

[123] HARTSHORNE R. Algebraic Geometry [M]. GTM52, Springer Verlag, 1977.

[124] HEATH-BROWN D R. A mean value estimate for real character sums [J]. Acta Arithmetica 1995(72): 235-275.

[125] HEATH-BROWN D R. An estimate for Heilbronn's exponential sum [A]. Analytic number theory, Vol. 2 (Allerton Park, IL, 1995), Birkhauser, 1995:451-463.

[126] HEATH-BROWN D R. Prime numbers in short intervals and a generalized Vaughan identity [J]. Canad. J. Math. 1982(34):1365-1377.

[127] HEATH-BROWN D R. Zero-free regions for Dirichlet L-functions, and the least prime in an arithmetic progression [J]. Proc. London Math. Soc.(3) 1992(64):265-338.

[128] HEATH-BROWN D R. Lattice points in the sphere [A]. Number theory in progress, Vol. 2, de Gruyter, Berlin, 1999:883-892.

[129] HEATH-BROWN D R. Cubic forms in ten variables [J]. Proc. London Math. Soc.(3) 1983(47):225-257.

[130] HEATH-BROWN D R, PATTERSON S J. The distribution of Kummer sums at prime arguments [J]. J. Reine Angew. Math. 1979(310):111-130.

[131] HECKE E. Über eine neue Art von Zetafunktionen [J]. Math. Zeit. 1920(6):11-51.

[132] HEEGNER K, Diophantische Analysis und Modulfunktionen [J]. Math. Z. 1952(56):227-253.

[133] Hilbert D. Beweis fur die Darstellbarkeit der ganzen Zahlen durch eine feste Anzahl n-ter Potenzen (Waringsches Problem) [J]. Math. Annalen 1909(67):281-305.

[134] HILDEBRAND A. An asymptotic formula for the variance of an additive function [J]. Math. Z. 1983(183):145-170.

[135] HILDEBRAND A. On the constant in the Pólya-Vinogradov inequality [J]. Canad. Math. Bull. 1988(31):347-352.

[136] HOFFSTEIN J. On the Siegel-Tatuzawa theorem [J]. Acta Arithmetica 38(1980/81):167-174.

[137] HOFFSTEIN J, LOCKHART P. Coefficients of Maass forms and the Siegel zero [J]. Annals of Math. 1994(140):161-181.

[138] HOHEISEL G. Primzahlprobleme in der Analysis [J]. S.-B. Preuss. Akad. Wiss. Phys.-Math. Kl. 1930:580-588.

[139] HUA L K. Introduction to number theory [M]. Springer, 1982.

[140] HUA L K. On Waring's problem [J]. Quart. J. Math. Oxford 9(1938):199-202.

[141] HUBER H. Zur analytischen Theorie hyperbolischen Raumformen und Bewegungsgruppen [J]. Math. Ann. 1959(138):1-26.

[142] HUXLEY M N. The large sieve inequality for algebraic number fields [J]. Mathematika 1968(15):178-187.

[143] HUXLEY M N. Large values of Dirichlet polynomials [J]. Acta Arithmetica 1973(24):329-346.

[144] HUXLEY M N. On the differences between consecutive primes [J]. Invent. Math. 1972(15):164-170.

[145] HUXLEY M N. Area, lattice points, and exponential sums [M]. The Clarendon Press, 1996.

[146] HUXLEY M N, Watt N. Exponential sums and the Riemann zeta function [J]. Proc. London Math. Soc. 1988(57):1-24.

[147] INGHAM A E. On the estimation of $N(a,T)$ [J]. Quart. J. Math. 1940(11):291-292.

[148] IRELAND K, ROSEN M. A Classical Introduction to Modern Number Theory, 2nd Edition [M]. GTM84, Springer-Verlag, 1990.

[149] IVIĆ A. The Riemann zeta-function, Theory and applications [M]. Dover Publications, 2003.

[150] IWANIEC H. Character sums and small eigenvalues for $\Gamma_0(p)$ [J]. Glasgow Math. J. 1985(27):99-116.

[151] IWANIEC H. On zeros of DirichleVs L series [J]. Invent. Math. 1974(23):97-104.

[152] IWANIEC H. Spectral theory of automorphic functions and recent developments in analytic number theory [A]. Proceedings of the ICM Berkeley 1986, Amer. Math. Soc, 1987:444-456.

[153] IWANIEC H. Topics in Classical Automorphic Forms [M]. A.M.S, 1997.

[154] IWANIEC H. Introduction to the spectral theory of automorphic forms, 2nd edition [M]. A.M.S and R.M.I, 2002.

[155] IWANIEC H. Fourier coefficients of modular forms of half-integral weight [J]. Invent. Math. 1987(87):385-401.

[156] IWANIEC H. The spectral growth of automorphic L-functions [J]. J. Reine Angew. Math. 1992(428):139-159.

[157] IWANIEC H. The half-dimensional sieve [J]. Acta Arithmetica, 1976(29):69-95.

[158] IWANIEC H. A new form of the error term in the linear sieve [J]. Acta Arithmetica 1980(37):307-320.

[159] IWANIEC H. Almost primes represented by quadratic polynomials [J]. Invent. Math. 1978(47):171-188.

[160] IWANIEC H. Small eigenvalues of Laplacian for $\Gamma_0(N)$ [J]. Acta Arithmetica 1990(56):65-82.

[161] IWANIEC H. Prime geodesic theorem [J]. J. Reine Angew. Math. 1984(349):136-159.

[162] IWANIEC H. Nonholomorphic modular forms and their applications [A]. Modular forms (Durham, 1983), Horwood, 1984:157-196.

[163] IWANIEC H. The lowest eigenvalue for congruence groups, Topics in geometry [A]. Birkhauser, 1996:203-212.

[164] IWANIEC H, LUO W, SARNAK P. Low-lying zeros of families of L-functions [J]. Inst. Hautes Etudes Sci. Publ. Math. 2001(91):55-131.

[165] IWANIEC H, MICHEL P., The second moment of the symmetric square L-functions [J]. Ann. Acad. Sci. Fenn. Math. 2001(26):465-482.

[166] IWANIEC H, SARNAK P. Perspectives on the analytic theory of L-functions [A]. GAFA Special Volume GAFA2000. 2000:705-741.

[167] IWANIEC H, SARNAK P. The non-vanishing of central values of automorphic L-functions and LANDAU-Siegel zeros [J]. Israel J. Math. 2000(120):155-177.

[168] JACQUET H, SHALIKA J. On Euler products and the classification of automorphic representations, I and II [J]. Amer. J. Math. 1981(103):499-588, 777-815.

[169] JACQUET H, PIATETSKII-SHAPIRO I, Shalika J. Rankin-Selberg convolutions [J]. Amer. J. Math. 1983(105):367-464.

[170] JUTILA M. Lectures on a method in the theory of exponential sums [M]. Springer Verlag, 1987.

[171] JUTILA M. On character sums and class numbers [J]. J. Number Theory 1973(5):203-214.

[172] JUTILA M. On large values of Dirichlet polynomials [A]. Topics in number theory (Proc. Colloq., Debrecen, 1974), North-Holland, 1976:129-140.

[173] JUTILA M. Zero-density estimates for L-functions [J]. Acta Arithmetica 1977(32):55-62.

[174] JUTILA M. Statistical Deuring-Heilbronn phenomenon [J]. Acta Arithmetica 1980(37):221-231.

[175] KATZ N. Twisted L-functions and m,onodromy [M]. Princeton Univ. Press, 2002.

[176] KATZ N. Exponential sums over finite fields and differential equations over the complex numbers: some interactions [J]. Bull. Amer. Math. Soc. (N.S.) 1990(23):269-309.

[177] KATZ N. Gauss sums, Kloosterman sums and monodromy groups [M]. Princeton Univ. Press, 1988.

[178] KATZ N. Sommes exponentielles [M]. S.M.F, 1980.

[179] KATZ N. Sums of Betti numbers in arbitrary characteristic [J]. Finite Fields Appl. 2001(7):29-44.

[180] KATZ N, SARNAK P. Random matrices, Frobenius eigenvalues, and monodromy [M]. A.M.S, 1999.

[181] KATZ N, SARNAK P. Zeroes of zeta functions and symmetry [J]. Bull. Amer. Math. Soc. 1999(36):1-26.

[182] KHINCHINE A Y. Three pearls of number theory [M]. Dover Publications, 1998.

[183] KIM H, SARNAK P. Refined estimates towards the Ramanujan and Selberg conjectures [J]. J. Amer. Math. Soc. 2003(16):175-181.

[184] KIM H, SHAHIDI F. Cuspidality of symmetric powers with applications [J]. Duke Math. J. 2002(112):177-197.

[185] KLOOSTERMAN H D. On the representation of numbers in the form $ax^2 + by^2 + cz^3 + dt^2$ [J]. Acta Math. 1926(49):407-464.

[186] KOWALSKI E. Analytic problems for elliptic curves [J]. J. Ramanujan Math. Soc. 2006(21):19-114

[187] KOWALSKI E. On the "reducibility" of arctangents of integers [J]. Amer. Math. Monthly 2004(111):351-354.

[188] KOWALSKI E, MICHEL P. A lower bound for the rank of $J_0(q)$ [J]. Acta Arithmetica 2000(94):303-343.

[189] KOWALSKI E, MICHEL P. The analytic rank of $J_0(q)$ and zeros of automorphic L-function [J]. Duke Math. J. 1999(100):503-542.

[190] KOWALSKI E, MICHEL P, VABDERKAM J. Mollification of the fourth moment of automorphic L-functions and arithmetic applications [J]. Invent. Math. 142(2000):95-151.

[191] KOWALSKI E, MICHEL P, VABDERKAM J. Rankin-Selberg L-functions in the level aspect [J]. Duke Math. J. 2002(114):123-191.

[192] KOWALSKI E, MICHEL P, VABDERKAM J. Non-vanishing of high derivatives of automorphic L-functions at the center of the critical strip [J]. J. fur die Reine und Angew. Math. 2000(526):1-34.

[193] KOROBOV N M. Estimates of trigonometric sums and their applications [J]. Uspehi Mat. Nauk. 1958(13), 185-192.

[194] KUBILIUS J. Probability methods in number theory [J]. Usp. Mat. Nauk. 1956(68), 31-66.

[195] KUBILIUS J. Sharpening of the estimate of the second central moment for additive arithmetical functions [J]. Litovsk. Mat. Sb. 1985(25):104-110.

[196] KUZNETSOV N V. The Petersson conjecture for cusp forms of weight zero and the Lmnik conjecture [J]. Mat. Sb. (N.S.) 111(1980):334-383; Math. USSR-Sb. 1981(39):299-342.

[197] LAGARIAS J, ODLYZKO A. Effective versions of the Chebotarev Density Theorem, Algebraic number fields: L-functions and Galois properties [A]. Proc. Sympos., Univ. Durham, Durham, 1975, Academic Press, 1977:409-464.

[198] LANDAU E. Über die Einteilung der positiven ganzen Zahlen in vier Klassen nach der Mindestzahl der zu ihrer additiven Zusammensetzung erforderlichen Quadrate [J]. Arch. der Math. u. Phys. (3)1908(13):305-312.

[199] LANDAU E. Bemerkungen zum Heilbronnschen Satz [J]. Acta Arithmetica, 1936(1):1—18.

[200] LANDAU E. Über die Nullstellen der Dirichletschen Reihen und der Riemannschen ζ-Funktion [J]. Arkiv. fur Mat. Astr. och Fysik. 1921(16).

[201] LANG S. Algebraic Number Theory, 2nd edition, GTM110 [M]. Springer-Verlag, 1994.

[202] LANG S, TROTTER H. Frobenius distribution in GL_2 extensions [M]. Lecture Notes in Math. 504, Springer Verlag, 1976.

[203] LAUMON G Exponential sums and l-adic cohomology: a survey [J]. Israel J. Math. 2000(120):225-257.

[204] LAVRIK A F. Approximate functional equations of Dirichlet functions [J]. Izv. Akad. Nauk SSSR Ser. Mat. 1968(32):134-185.

[205] LEBEDEV N N. Special functions and their applications [M]. Dover Publications, 1972.

[206] LEVINSON N. More than one-third of the zeros of the Riemann zetafunction are on $a = 1/2$ [J]. Adv. Math. 1974(13):383-436.

[207] LI W. L-series of Rankin type and their functional equations [J]. Math. Ann. 1979(244):135-166.

[208] LINNIK Y K. The large sieve (in Russian) [J]. Dokl. Akad. Nauk SSSR 1941(30):292-294.

[209] LINNIK Y K. The dispersion method in binary additive problems [M]. AMS, 1963.

[210] LINNIK Y K. Additive problems and eigenvalues of the modular operators [C]. Proc. Internal Congr. Mathematicians (Stockholm), 1962:270-284.

[211] LINNIK Y K. On the least prime in an arithmetic progression, I [J]. The basic theorem, Rec. Math. [Mat. Sbornik] N.S. (15)1944(57):139-178.

[212] LINNIK Y K. On the least prime in an arithmetic progression. II [J]. The Deuring-Heilbronn phenomenon, Rec. Math. [Mat. Sbornik] N.S. (15)1944(57):347-368.

[213] LINNIK Y K. On Dirichlet's L-series and prime-number sums [J]. Rec. Math. [Mat. Sbornik] N.S. 151944(57):3-12.

[214] LINNIK Y K. New versions and new uses of the dispersion methods in binary additive problems [J]. Dokl. Akad. Nauk SSSR 1961(137):1299-1302.

[215] VAN LINT J H, RICHERT H E. On primes in arithmetic progressions [J]. Acta Arithmetica, 1965(11):209-216.

[216] LITTLEWOOD J E. On the zeros of the Riemann Zeta-function [J]. Cambridge Phil. Soc. Proc. 1924(22):295-318.

[217] VAN DE LUNE J, TE RIELE H J J, Winter D T. On the zeros of the Riemann zeta function in the critical strip [J]. IV, Math. Comp. 1986(174):667-681.

[218] LUO W. Nonvanishing of L-values and the Weyl law [J]. Ann. of Math. (2) 2001(154):477-502.

[219] LUO W., RUDNICK Z, SARNAK P. On Selberg's eigenvalue conjecture [J]. Geom. Funct. Anal. 1995(5):387-401.

[220] MAASS H. Über eine neue Art von nichtanalytischen automorphen Funktionen und die Bestimmung Dirichletscher Reihen durch Funktionalgleichungen [J]. Math. Ann. 1949(121):141-183.

[221] MAIER H. Primes in short intervals [J]. Michigan Math. J. 1985(32):221-225.

[222] MARGULIS G. Discrete Subgroups of Semisimple Lie Groups [M]. Ergebnisse der Math, und ihrer Grenzgebiete 68, Springer Verlag, 1991.

[223] MAZUR B, SWINNERTON-DYER P. Arithmetic of Weil curves [J]. Invent. Math. 1974(25):1-61.

[224] MESTRE J-P. Formules explicites et minorations de conducteurs de variétés algébriques [J]. Compositio Math. 1986(58):209-232.

[225] MICHEL P. The subconvexity problem for Rankin-Selberg L-functions and equidistribution of Heegner points [J]. Ann. Math. (2)2004(160):185-236.

[226] MICHEL P. Analytic number theory and families of automorphic L-functions [A]. Sarnak, Peter (ed.) et al., Automorphic forms and applications. Providence, RI: American Mathematical Society (AMS) 2007:181-295.

[227] MICHEL P. Autour de la conjecture de Sato-Tate pour les sommes de Kloosterman, I [J]. Invent. Math. 1995(121):61-78.

[228] MICHEL P, VANDERKAM J. Non-vanishing of high derivatives of Dirichlet L-functions at the central point [J]. J. Number Theory 2000(81):130-148.

[229] MIYAKE T. Modular forms, Springer Verlag, 1989.

[230] MOEGLIN C, WALDSPURGER J-L. Pôles des fonctions L de paires pour GL(N), app. to Le spectre résiduel de GL(N) [J]. Ann. Sci. ENS (4ème série) 1989(22):605-674.

[231] MOLTENI G. Upper and lower bounds at $s = 1$ for certain Dirichlet series with Euler product [J]. Duke Math. J. 2002(111):133-158.

[232] MONTGOMERY H L. The analytic principle of the large sieve [J]. Bull. Amer. Math. Soc. 1978(84):547-567.

[233] MONTGOMERY H L. Topics in multiplicative number theory [M]. Lecture Notes in Math. 227, Springer Verlag, 1971.

[234] MONTGOMERY H L. Mean and large values of Dirichlet polynomials [J]. Invent. Math. 1969(8):334-345.

[235] MONTGOMERY H L. Zeros of L-functions [J]. Invent. Math. 1969(8):346-354.

[236] MONTGOMERY H L. The pair correlation of zeros of the zeta function [A]. Analytic number theory (Proc. Sympos. Pure Math., Vol. XXIV), Amer. Math. Soc, 1972:181-193.

[237] MONTGOMERY H L, VAUGHAN R C. The large sieve [J]. Mathematikia 20(1973):119-134.

[238] MONTGOMERY H L, VAUGHAN R C. Hilbert's inequality [J]. J. London Math. Soc. (2)1974(8):73-82.

[239] MONTGOMERY H L, VAUGHAN R C. The exceptional set in Goldbach's problem [J]. Acta Arithmetica, 1975(27):353-370.

[240] MORENO C. Prime number theorems for the coefficients of modular forms [J]. Bull. Amer. Math. Soc. 1972(78):796-798.

[241] MORENO C. Algebraic curves over finite fields [M]. Cambridge Univ. Press, 1991.

[242] MORENO C. Analytic proof of the strong multiplicity one theorem [J]. Amer. J. Math. 1985(107):163-206.

[243] MOTOHASHI Y. Spectral theory of the Riemann zeta-function [M]. Camdridge Univ. Press, 1997.

[244] MOTOHASHI Y. An induction principle for the generalization of Bombieri's prime number theorem [J]. Proc. Japan Acad. 1976(52):273-275.

[245] NAKAZATO H. Heegner points on modular elliptic curves [J]. Proc. Japan Acad. Ser. A Math. Sci. 1996(72):223-225.

[246] NEKOVÀR J. On the parity of ranks of Selmer groups, II [J]. C. R. Acad. Sci. Paris Sér. I Math. 2001(332):99-104.

[247] ODLYZKO A M. Some analytic estimates of class numbers and discriminants [J]. Invent. Math. 1975(29):275-286.

[248] OESTERLÉ J. Nombres de classes des corps quadratiques imaginaires [J]. Astérisque 1985(121-122):309-323.

[249] ONO K. Nonvanishing of quadratic twists of modular L-functions and applications to elliptic curves [J]. J. Reine Angew. Math. 2001(533):81-97.

[250] PERELLI A, POMYKALA J. Averages over twisted elliptic L-functions [J]. Acta Arithmetica 1997(80):149-163.

[251] PETRIDIS Y, SARNAK P. Quantum unique ergodicity for $\mathrm{SL}\,2(\mathcal{O})\backslash\mathbb{H}^3$ and estimates for L-functions [J]. Journal of Evolution Equations 2001(1):277-290.

[252] PHILLIPS E. The zeta-function of Riemann; further developments of van der Corput's method [J]. Quart. J. Math. 1933(4):209-225.

[253] PHILLIPS R, SARNAK P. On cusp forms for co-finite subgroups of $\mathrm{PSL}(2, R)$ [J]. Invent. Math. 1985(80):339-364.

[254] PITT N. On shifted convolution of $\zeta^3(s)$ with automorphic L-functions [J]. Duke Math. J. 1995(77):383-406.

[255] POITOU G. Sur les petits discriminants [M]. Séminaire Delange-Pisot-Poitou, 18e année 1976-77.

[256] PÓLYA G. Über die Verteilung der quadratischen Reste und Nichtreste [J]. Nachr. Konigl. Gesell. Wissensch. Göttingen, Math.-phys. Klasse 1918:21-29.

[257] POSTNIKOV A G. On Dirichlet L-series with the character modulus equal to the power of a prime number [J]. J. Indian Math. Soc. (N.S.) 1956(20):217-226.

[258] POSTNIKOV A G, ROMANOV N P. A simplification of A. Selberg's elementary proof of the asymptotic law of distribution of prime numbers [J]. Uspehi Mat. Nauk (N.S.) 1955(10):75-87.

[259] RADEMACHER H. On the Partition Function $p(n)$ [J]. Proc. London Math. Soc. 1937(43):241-254.

[260] RAMAKRISHNAN D. Modularity of the Rankin-Selberg L-series, and multiplicity one for SL(2) [J]. Annals of Math. (2) 2000(152):45-111.

[261] RANKIN R A. Van der Corput's method and the theory of exponent pairs [J]. Quart. J. Math. (2) 1955(6):147-153.

[262] RANKIN R A. The difference between consecutive prime numbers, V [J]. Proc. Edinburgh Math. Soc.(2) 1962/1963(13):331-332.

[263] RANKIN R A. Contributions to the theory of Ramanujan's τ function and similar arithmetical functions, II [J]. Proc. Camb. Phil. Soc. 1939(35):351-372.

[264] RENYI A. On the representation of an even number as the sum of a single prime and single almost-prime number [J]. Izvestiya Akad. Nauk SSSR. Ser. Mat. 1948(12):57-78.

[265] REYSSAT É. Quelques aspects des surfaces de Riemann [M]. Progress in Math. 77, Birkhaiiser, 1989.

[266] RIEMANN B. Über die Anzahl der Primzahlen unter einer gegebenen Grösse [J]. Monatsber. Berlin. Akad. 1859:671-680.

[267] RODRIGUEZ-VILLEGAS F, Square root formulas for central values of Hecke L-series, II [J]. Duke Math. J. 1993(72):431-440.

[268] ROTH K F. On the large sieves of Linnik and Renyi [J]. Mathematika 1965(12):1-9.

[269] ROYER E. Statistique de la variable aleatoire $L(Sym^2 f, 1)$ [J]. Math. Ann. 2001(321):667-687.

[270] RUDIN W. Real and complex analysis [M]. McGraw-Hill, 1987.

[271] RUDNICK Z, SARNAK P. Zeros of principal L-functions and random matrix theory [J]. Duke Math. J. 1996(81):269-322.

[272] SALIE H. Über die Kloostermanschen Summen $S(u, v, q)$ [J]. Math. Z. 1931(34):91-109.

[273] SARNAK P. Estimates for Rankin-Selberg L-Functions and Quantum Unique Ergodicity [J]. J. Funct. Anal. 2001(184):419-453.

[274] SARNAK P. Class Numbers of indefinite binary quadratic forms [J]. Journal of Number Theory 1982(15):229-247.

[275] SARNAK P. Some applications of modular forms [M], Cambridge Univ. Press, 1990.

[276] SARNAK P. Arithmetic quantum chaos [C]. Bar-Ilan Univ., 1995.

[277] SCHMIDT W. Equations over finite fields. An elementary approach [M]. Lecture Notes in Math. 536, Springer Verlag, 1976.

[278] STEARS D B, TITCHMARSH E C. Some eigenfunction formulae, Quart. J. Math. Oxford, 1950(1):165-175.

[279] SELBERG A. The general sieve method and its place in prime number theory, Proc. ICM, vol. 1, Cambridge, MA., 1950:286-292.

[280] SELBERG A. On the estimation of Fourier coefficients of modular forms, Proc. Sympos. Pure Math., Vol. VIII, Amer. Math. Soc., 1965:1-15.

[281] SELBERG A. Lectures on sieves, Collected Papers Vol. II, Springer Verlag, 1991:66-247.

[282] SELBERG A. On the zeros of Riemann's zeta-function [J]. Skr. Norske Vid. Akad. Oslo I 1942(10):1-59.

[283] SELBERG A. Bemerkungen über eine Dirichletsche Reihe, die mit der Theorie der Modulformen nahe verbunden ist [J]. Arch. Math. Naturvid. 1940(43):47-50.

[284] SELBERG A. Harmonic analysis and discontinuous groups in weakly symmetric Riemannian spaces with applications to Dirichlet series [J]. J. Indian Math. Soc. (N.S.) 1956(20):47-87.

[285] SELBERG A. On the estimation of Fourier coefficients of modular forms [J]. Proc. Symp. Pure Math. 1965(8):1-8.

[286] SELBERG A. On the zeros of the zeta function of Riemann [J]. Der Kong. Norske Vidensk. Selsk. Forhand. 1942(15):59-62.

[287] SERRE J-P. Cours d'arithmétique, 2nd edition [M]. P.U.F, 1977.

[288] SERRE J-P. Modular forms of weight one and Galois representations, Algebraic number fields: L-functions and Galois properties [A]. Proc. Sympos., Univ. Durham, Durham, 1975, Academic Press, 1977:193-268.

[289] SERRE J-P. Congruences et formes modulaires (d'après H.P.F. Swinnerton-Dyer) [A]. Seminaire Bourbaki, 24e année(1971/1972), Exp. No. 416, Lecture Notes in Math. 317, Springer Verlag, 1973:319-338.

[290] SERRE J-P. Corps locaux [M]. Hermann, 1968.

[291] SERRE J-P. Representations linéaires des corps finis [M]. Hermann, 1971.

[292] SERRE J-P. Quelques applications du théoreme de densité de Chebotarev [J]. Publ. Math. IHES. 1981(54):123-201.

[293] SERRE J-P. Minorations de discriminants [A]. Oeuvres, Vol. Ill, Springer-Verlag, 1986:240-243.

[294] SERRE J-P. Letter to J.M. Deshouillers.

[295] SHAHIDI F. Symmetric power L-functions for GL(2) [A]. Elliptic curves and related topics, CRM Proc. Lecture Notes 4, Amer. Math. Soc , 1994:159-182.

[296] SHANKS D. Class number, a theory of factorization, and genera [A]. 1969 Number Theory Institute (Proc. Sympos. Pure Math., Vol. XX), Amer. Math. Soc, 1971:415-440.

[297] SHIMURA G. On modular forms of half-integral weight [J]. Annals of Math. 1973(97), 440-481.

[298] SHIMURA G. On the holomorphy of certain Dirichlet series [J]. Proc. London Math. Soc. (3) 1975(31), 79-98.

[299] SHIMURA G. Introduction to the arithmetic theory of automorphic functions [M]. Princeton Univ. Press, 1971.

[300] SIEGEL C L. Über die Classenzahl quadratischer Zahlkorper [J]. Acta Arithmetica 1936(1):83-86.

[301] SIEGEL C L. On the theory of indefinite quadratic forms [J]. Ann. of Math. 1944(45):577-622.

[302] SIEGEL C L. Lectures on quadratic forms [M]. Tata Institute, 1967.

[303] SILVERMAN J. The arithmetic of elliptic curves [M]. GTM106, Springer-Verlag, 1986.

[304] SOUNDARARAJAN K. Nonvanishing of quadratic Dirichlet L-functions at $s = \frac{1}{2}$ [J]. Ann. of Math. (2) 2000(152):447-488.

[305] STARK H. A complete determination of the complex quadratic fields with class-number one [J]. Michigan Math. J. 1967(14):1-27.

[306] STARK H. A transcendence theorem for class-number problems II [J]. Annals of Math. (2) 1972(96):174-209.

[307] STARK H. Some effective cases of the Brauer-Siegel theorem [J]. Invent. Math. 1974(23):135-152.

[308] STEPANOV S A. The number of points of a hyperelliptic curve over a finite prime field [J]. Izv. Akad. Nauk SSSR Ser. Mat. 1969(33):1171-1181.

[309] TATE J. Fourier analysis in number fields and Heche's zeta functions [A]. Algebraic Number Theory, Academic Press, 1990:305-347.

[310] TATE J. Number theoretic preliminaries [A]. Proceedings of Symposia in Pure Math. 33, vol 2, A.M.S, 1979:3-26.

[311] TAYLOR R, WILES A. Ring-theoretic properties of certain Hecke algebras [J]. Ann. of Math. (2) 1995(141):553-572.

[312] TCHUADAKOV N G. Sur le probleme de Goldbach [J]. C. R. (Dokl.) Acad. Sci. URSS, n. Ser. 1937(17):335-338.

[313] THUE A. Über Anndherungswerte algebraischer Zahlen [J]. J. Reine Angew. Math. 1909(135):284-305.

[314] TITCHMARSH E C. The theory of functions, 2nd Edition [M]. Oxford Univ. Press, 1939.

[315] TITCHMARSH E C. The theory of the Riemann zeta-function, 2nd edition [M]. Oxford Univ. Press, 1986.

[316] TITCHMARSH E C. Eigenfunction expansions associated with second-order differential equations [M]. Clarendon Press, 1962.

[317] TOTH A. Roots of quadratic congruences [J]. Internat. Math. Res. Notices 2000(14):719-739.

[318] TURAN P. Über einige Verallgemeinerungen eines Satzes von Hardy und Ramanujan [J]. J. Lond. Math. Soc. 1936(11):125-133.

[319] TURAN P. Über die Primzahlen der arithmetischen Progression [J]. Acta Litt. Sci. Szeged 1937(8):226-235.

[320] VANDERKAM J. The rank of quotients of $J_0(N)$ [J]. Duke Math. J. 1999(97):545-577.

[321] VAN DER PUT M. Grothendieck's conjecture for the Risch equation $y' = ay + b$ [J]. Indag. Mathem. N.S. 2001(12):113-124.

[322] VAUGHAN R C. Sommes trigonometriques sur les nombres premiers [J]. C. R. Acad. Sci. Paris Sér. A-B 1977(285):A981-A983.

[323] VINOGRODOV I M. A new estimate for $\zeta(1 + it)$ [J]. Izv. Akad. Nauk SSSR, Ser. Mat. 1958(22):161-164.

[324] VINOGRODOV I M. On Weyl's sums [J]. Mat. Sbornik. 1935(42):521-530.

[325] VINOGRODOV I M. A new method of estimation of trigonometrical sums [J]. Mat. Sbornik (1) 1936(43):175-188.

[326] VINOGRODOV I M. Perm. Univ. Fiz.-Mat. ob.-vo Zh [J]. 1918(1):18-24.

[327] VINOGRODOV I M. Some theorems concerning the theory of primes [J]. Math. Sb. 1937(244):179-195.

[328] VINOGRODOV I M. Representation of an odd number as a sum of three primes [J]. Dokl. Akad. Nauk SSSR. 1937(15):291-294.

[329] VINOGRODOV A I. The density hypothesis for Dirichet L-series [J]. Izv. Akad. Nauk SSSR Ser. Mat. 1965(29):903-934.

[330] VORONOI G. Sur une fonction transcendante et ses applications à la sommation de quelques séries [J]. Ann. Sci. École Norm. Sup. (3) 1904(21):207-267, 459-533.

[331] WASHINGTON L. Introduction to cyclotomic fields [M]. GTM83, 2nd edition, Springer Verlag, 1997.

[332] WATSON T. Rankin triple products and quantum chaos, PhD thesis [D]. Princeton University, 2001.

[333] WEIL A. On some exponential sums [J]. Proc. Nat. Acad. Sci. U.S.A. 1948(34):204-207.

[334] WEIL A. Über die Bestimmung Dirichletscher Reihen durch Funktionalgleichungen [J]. Math. Ann. 1967(168):149-156.

[335] WEYL H. Über die Gleichverteilung von Zahlen mod. Eins [J]. Math. Ann. 1916(77):313-352.

[336] WEYL H. Zur Abschätzung von $\zeta(l + t\mathrm{i})$ [J]. Math. Zeit. 1921(10):88-101.

[337] WILES A. Modular elliptic curves and Fermat's last theorem [J]. Ann. of Math.(2) 1995(141):443-551.

[338] WIRSING E. Das asymptotische Verhalten von Summen über multiplikative Funktionen, II [J]. Acta Math. Acad. Sci. Hungar. 1967(18):411-467.

[339] WIRSING E. Elementare Beweise des Primzahlsatzes mit Restglied, II [J]. J. Reine Angew. Math. 1964(214/215):1-18.

[340] WIRSING E. Growth and differences of additive arithmetic functions, Topics in classical number theory, Vol. I, II (Budapest, 1981), Colloq. Math. Soc. János Bolyai, 34, North-Holland, Amsterdam, 1984:1651-1661.

索 引

刘培杰数学工作室
已出版(即将出版)图书目录——高等数学

书　　名	出版时间	定　价	编号
距离几何分析导引	2015－02	68.00	446
大学几何学	2017－01	78.00	688
关于曲面的一般研究	2016－11	48.00	690
近世纯粹几何学初论	2017－01	58.00	711
拓扑学与几何学基础讲义	2017－04	58.00	756
物理学中的几何方法	2017－06	88.00	767
几何学简史	2017－08	28.00	833
微分几何学历史概要	2020－07	58.00	1194
解析几何学史	2022－03	58.00	1490
曲面的数学	2024－01	98.00	1699

书　　名	出版时间	定　价	编号
复变函数引论	2013－10	68.00	269
伸缩变换与抛物旋转	2015－01	38.00	449
无穷分析引论(上)	2013－04	88.00	247
无穷分析引论(下)	2013－04	98.00	245
数学分析	2014－04	28.00	338
数学分析中的一个新方法及其应用	2013－01	38.00	231
数学分析例选:通过范例学技巧	2013－01	88.00	243
高等代数例选:通过范例学技巧	2015－06	88.00	475
基础数论例选:通过范例学技巧	2018－09	58.00	978
三角级数论(上册)(陈建功)	2013－01	38.00	232
三角级数论(下册)(陈建功)	2013－01	48.00	233
三角级数论(哈代)	2013－06	48.00	254
三角级数	2015－07	28.00	263
超越数	2011－03	18.00	109
三角和方法	2011－03	18.00	112
随机过程(Ⅰ)	2014－01	78.00	224
随机过程(Ⅱ)	2014－01	68.00	235
算术探索	2011－12	158.00	148
组合数学	2012－04	28.00	178
组合数学浅谈	2012－03	28.00	159
分析组合学	2021－09	88.00	1389
丢番图方程引论	2012－03	48.00	172
拉普拉斯变换及其应用	2015－02	38.00	447
高等代数.上	2016－01	38.00	548
高等代数.下	2016－01	38.00	549
高等代数教程	2016－01	58.00	579
高等代数引论	2020－07	48.00	1174
数学解析教程.上卷.1	2016－01	58.00	546
数学解析教程.上卷.2	2016－01	38.00	553
数学解析教程.下卷.1	2017－04	48.00	781
数学解析教程.下卷.2	2017－06	48.00	782
数学分析.第1册	2021－03	48.00	1281
数学分析.第2册	2021－03	48.00	1282
数学分析.第3册	2021－03	28.00	1283
数学分析精选习题全解.上册	2021－03	38.00	1284
数学分析精选习题全解.下册	2021－03	38.00	1285
数学分析专题研究	2021－11	68.00	1574
实分析中的问题与解答	2024－06	98.00	1737
函数构造论.上	2016－01	38.00	554
函数构造论.中	2017－06	48.00	555
函数构造论.下	2016－09	48.00	680
函数逼近论(上)	2019－02	98.00	1014
概周期函数	2016－01	48.00	572
变叙的项的极限分布律	2016－01	18.00	573
整函数	2012－08	18.00	161
近代拓扑学研究	2013－04	38.00	239
多项式和无理数	2008－01	68.00	22
密码学与数论基础	2021－01	28.00	1254

刘培杰数学工作室

已出版(即将出版)图书目录——高等数学

书　　名	出版时间	定　价	编号
模糊数据统计学	2008－03	48.00	31
模糊分析学与特殊泛函空间	2013－01	68.00	241
常微分方程	2016－01	58.00	586
平稳随机函数导论	2016－03	48.00	587
量子力学原理.上	2016－01	38.00	588
图与矩阵	2014－08	40.00	644
钢丝绳原理:第二版	2017－01	78.00	745
代数拓扑和微分拓扑简史	2017－06	68.00	791
半序空间泛函分析.上	2018－06	48.00	924
半序空间泛函分析.下	2018－06	68.00	925
概率分布的部分识别	2018－07	68.00	929
Cartan 型单模李超代数的上同调及极大子代数	2018－07	38.00	932
纯数学与应用数学若干问题研究	2019－03	98.00	1017
数理金融学与数理经济学若干问题研究	2020－07	98.00	1180
清华大学"工农兵学员"微积分课本	2020－09	48.00	1228
力学若干基本问题的发展概论	2023－04	58.00	1262
Banach 空间中前后分离算法及其收敛率	2023－06	98.00	1670
基于广义加法的数学体系	2024－03	168.00	1710
向量微积分、线性代数和微分形式:统一方法:第 5 版	2024－03	78.00	1707
向量微积分、线性代数和微分形式:统一方法:第 5 版:习题解答	2024－03	48.00	1708
受控理论与解析不等式	2012－05	78.00	165
不等式的分拆降维降幂方法与可读证明(第 2 版)	2020－07	78.00	1184
石焕南文集:受控理论与不等式研究	2020－09	198.00	1198
实变函数论	2012－06	78.00	181
复变函数论	2015－08	38.00	504
非光滑优化及其变分分析(第 2 版)	2024－05	68.00	230
疏散的马尔科夫链	2014－01	58.00	266
马尔科夫过程论基础	2015－01	28.00	433
初等微分拓扑学	2012－07	18.00	182
方程式论	2011－03	38.00	105
Galois 理论	2011－03	18.00	107
古典数学难题与伽罗瓦理论	2012－11	58.00	223
伽罗华与群论	2014－01	28.00	290
代数方程的根式解及伽罗瓦理论	2011－03	28.00	108
代数方程的根式解及伽罗瓦理论(第二版)	2015－01	28.00	423
线性偏微分方程讲义	2011－03	18.00	110
几类微分方程数值方法的研究	2015－05	38.00	485
分数阶微分方程理论与应用	2020－05	95.00	1182
N 体问题的周期解	2011－03	28.00	111
代数方程式论	2011－05	18.00	121
线性代数与几何:英文	2016－06	58.00	578
动力系统的不变量与函数方程	2011－07	48.00	137
基于短语评价的翻译知识获取	2012－02	48.00	168
应用随机过程	2012－04	48.00	187
概率论导引	2012－04	18.00	179
矩阵论(上)	2013－06	58.00	250
矩阵论(下)	2013－06	48.00	251
对称锥互补问题的内点法:理论分析与算法实现	2014－08	68.00	368
抽象代数:方法导引	2013－06	38.00	257
集论	2016－01	48.00	576
多项式理论研究综述	2016－01	38.00	577
函数论	2014－11	78.00	395
反问题的计算方法及应用	2011－11	28.00	147
数阵及其应用	2012－02	28.00	164
绝对值方程—折边与组合图形的解析研究	2012－07	48.00	186
代数函数论(上)	2015－07	38.00	494
代数函数论(下)	2015－07	38.00	495

刘培杰数学工作室

已出版(即将出版)图书目录——高等数学

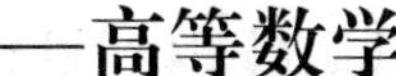

书　　名	出版时间	定　价	编号
偏微分方程论:法文	2015—10	48.00	533
时标动力学方程的指数型二分性与周期解	2016—04	48.00	606
重刚体绕不动点运动方程的积分法	2016—05	68.00	608
水轮机水力稳定性	2016—05	48.00	620
Lévy 噪音驱动的传染病模型的动力学行为	2016—05	48.00	667
时滞系统:Lyapunov 泛函和矩阵	2017—05	68.00	784
粒子图像测速仪实用指南:第二版	2017—08	78.00	790
数域的上同调	2017—08	98.00	799
图的正交因子分解(英文)	2018—01	38.00	881
图的度因子和分支因子:英文	2019—09	88.00	1108
点云模型的优化配准方法研究	2018—07	58.00	927
锥形波入射粗糙表面反散射问题理论与算法	2018—03	68.00	936
广义逆的理论与计算	2018—07	58.00	973
不定方程及其应用	2018—12	58.00	998
几类椭圆型偏微分方程高效数值算法研究	2018—08	48.00	1025
现代密码算法概论	2019—05	98.00	1061
模形式的 p—进性质	2019—06	78.00	1088
混沌动力学:分形、平铺、代换	2019—09	48.00	1109
微分方程,动力系统与混沌引论:第 3 版	2020—05	65.00	1144
分数阶微分方程理论与应用	2020—05	95.00	1187
应用非线性动力系统与混沌导论:第 2 版	2021—05	58.00	1368
非线性振动,动力系统与向量场的分支	2021—06	55.00	1369
遍历理论引论	2021—11	46.00	1441
动力系统与混沌	2022—05	48.00	1485
Galois 上同调	2020—04	138.00	1131
毕达哥拉斯定理:英文	2020—03	38.00	1133
模糊可拓多属性决策理论与方法	2021—06	98.00	1357
统计方法和科学推断	2021—10	48.00	1428
有关几类种群生态学模型的研究	2022—04	98.00	1486
加性数论:典型基	2022—05	48.00	1491
加性数论:反问题与和集的几何	2023—08	58.00	1672
乘性数论:第三版	2022—07	38.00	1528
交替方向乘子法及其应用	2022—08	98.00	1553
结构元理论及模糊决策应用	2022—09	98.00	1573
随机微分方程和应用:第二版	2022—12	48.00	1580
吴振奎高等数学解题真经(概率统计卷)	2012—01	38.00	149
吴振奎高等数学解题真经(微积分卷)	2012—01	68.00	150
吴振奎高等数学解题真经(线性代数卷)	2012—01	58.00	151
高等数学解题全攻略(上卷)	2013—06	58.00	252
高等数学解题全攻略(下卷)	2013—06	58.00	253
高等数学复习纲要	2014—01	18.00	384
数学分析历年考研真题解析.第一卷	2021—04	38.00	1288
数学分析历年考研真题解析.第二卷	2021—04	38.00	1289
数学分析历年考研真题解析.第三卷	2021—04	38.00	1290
数学分析历年考研真题解析.第四卷	2022—09	68.00	1560
硕士研究生入学考试数学试题及解答.第 1 卷	2024—01	58.00	1703
硕士研究生入学考试数学试题及解答.第 2 卷	2024—04	68.00	1704
硕士研究生入学考试数学试题及解答.第 3 卷	即将出版		1705
超越吉米多维奇.数列的极限	2009—11	48.00	58
超越普里瓦洛夫.留数卷	2015—01	48.00	437
超越普里瓦洛夫.无穷乘积与它对解析函数的应用卷	2015—05	28.00	477
超越普里瓦洛夫.积分卷	2015—06	18.00	481
超越普里瓦洛夫.基础知识卷	2015—06	28.00	482
超越普里瓦洛夫.数项级数卷	2015—07	38.00	489
超越普里瓦洛夫.微分、解析函数、导数卷	2018—01	48.00	852
统计学专业英语(第三版)	2015—04	68.00	465
代换分析:英文	2015—07	38.00	499

刘培杰数学工作室

已出版(即将出版)图书目录——高等数学

书　　名	出版时间	定　价	编号
历届美国大学生数学竞赛试题集.第一卷(1938—1949)	2015－01	28.00	397
历届美国大学生数学竞赛试题集.第二卷(1950—1959)	2015－01	28.00	398
历届美国大学生数学竞赛试题集.第三卷(1960—1969)	2015－01	28.00	399
历届美国大学生数学竞赛试题集.第四卷(1970—1979)	2015－01	18.00	400
历届美国大学生数学竞赛试题集.第五卷(1980—1989)	2015－01	28.00	401
历届美国大学生数学竞赛试题集.第六卷(1990—1999)	2015－01	28.00	402
历届美国大学生数学竞赛试题集.第七卷(2000—2009)	2015－08	18.00	403
历届美国大学生数学竞赛试题集.第八卷(2010—2012)	2015－01	18.00	404
超越普特南试题:大学数学竞赛中的方法与技巧	2017－04	98.00	758
历届国际大学生数学竞赛试题集(1994－2020)	2021－01	58.00	1252
历届美国大学生数学竞赛试题集(全3册)	2023－10	168.00	1693
全国大学生数学夏令营数学竞赛试题及解答	2007－03	28.00	15
全国大学生数学竞赛辅导教程	2012－07	28.00	189
全国大学生数学竞赛复习全书(第2版)	2017－05	58.00	787
历届美国大学生数学竞赛试题集	2009－03	88.00	43
前苏联大学生数学奥林匹克竞赛题解(上编)	2012－04	28.00	169
前苏联大学生数学奥林匹克竞赛题解(下编)	2012－04	38.00	170
大学生数学竞赛讲义	2014－09	28.00	371
大学生数学竞赛教程——高等数学(基础篇、提高篇)	2018－09	128.00	968
普林斯顿大学数学竞赛	2016－06	38.00	669
高等数学竞赛:1962—1991年米克洛什·施外策竞赛	2024－09	128.00	1743
考研高等数学高分之路	2020－10	45.00	1203
考研高等数学基础必刷	2021－01	45.00	1251
考研概率论与数理统计	2022－06	58.00	1522
越过211,刷到985:考研数学二	2019－10	68.00	1115
初等数论难题集(第一卷)	2009－05	68.00	44
初等数论难题集(第二卷)(上、下)	2011－02	128.00	82,83
数论概貌	2011－03	18.00	93
代数数论(第二版)	2013－08	58.00	94
代数多项式	2014－06	38.00	289
初等数论的知识与问题	2011－02	28.00	95
超越数论基础	2011－03	28.00	96
数论初等教程	2011－03	28.00	97
数论基础	2011－03	18.00	98
数论基础与维诺格拉多夫	2014－03	18.00	292
解析数论基础	2012－08	28.00	216
解析数论基础(第二版)	2014－01	48.00	287
解析数论问题集(第二版)(原版引进)	2014－05	88.00	343
解析数论问题集(第二版)(中译本)	2016－04	88.00	607
解析数论基础(潘承洞,潘承彪著)	2016－07	98.00	673
解析数论导引	2016－07	58.00	674
数论入门	2011－03	38.00	99
代数数论入门	2015－03	38.00	448
数论开篇	2012－07	28.00	194
解析数论引论	2011－03	48.00	100
Barban Davenport Halberstam 均值和	2009－01	40.00	33
基础数论	2011－03	28.00	101
初等数论100例	2011－05	18.00	122
初等数论经典例题	2012－07	18.00	204
最新世界各国数学奥林匹克中的初等数论试题(上、下)	2012－01	138.00	144,145
初等数论(Ⅰ)	2012－01	18.00	156
初等数论(Ⅱ)	2012－01	18.00	157
初等数论(Ⅲ)	2012－01	28.00	158

刘培杰数学工作室
已出版(即将出版)图书目录——高等数学

书　　名	出版时间	定　价	编号
Gauss,Euler,Lagrange 和 Legendre 的遗产:把整数表示成平方和	2022-06	78.00	1540
平面几何与数论中未解决的新老问题	2013-01	68.00	229
代数数论简史	2014-11	28.00	408
代数数论	2015-09	88.00	532
代数、数论及分析习题集	2016-11	98.00	695
数论导引提要及习题解答	2016-01	48.00	559
素数定理的初等证明.第2版	2016-09	48.00	686
数论中的模函数与狄利克雷级数(第二版)	2017-11	78.00	837
数论:数学导引	2018-01	68.00	849
域论	2018-04	68.00	884
代数数论(冯克勤　编著)	2018-04	68.00	885
范氏大代数	2019-02	98.00	1016
高等算术:数论导引:第八版	2023-04	78.00	1689
新编 640 个世界著名数学智力趣题	2014-01	88.00	242
500 个最新世界著名数学智力趣题	2008-06	48.00	3
400 个最新世界著名数学最值问题	2008-09	48.00	36
500 个世界著名数学征解问题	2009-06	48.00	52
400 个中国最佳初等数学征解老问题	2010-01	48.00	60
500 个俄罗斯数学经典老题	2011-01	28.00	81
1000 个国外中学物理好题	2012-04	48.00	174
300 个日本高考数学题	2012-05	38.00	142
700 个早期日本高考数学试题	2017-02	88.00	752
500 个前苏联早期高考数学试题及解答	2012-05	28.00	185
546 个早期俄罗斯大学生数学竞赛题	2014-03	38.00	285
548 个来自美苏的数学好问题	2014-11	28.00	396
20 所苏联著名大学早期入学试题	2015-02	18.00	452
161 道德国工科大学生必做的微分方程习题	2015-05	28.00	469
500 个德国工科大学生必做的高数习题	2015-06	28.00	478
360 个数学竞赛问题	2016-08	58.00	677
德国讲义日本考题.微积分卷	2015-04	48.00	456
德国讲义日本考题.微分方程卷	2015-04	38.00	457
二十世纪中叶中、英、美、日、法、俄高考数学试题精选	2017-06	38.00	783
博弈论精粹	2008-03	58.00	30
博弈论精粹.第二版(精装)	2015-01	88.00	461
数学 我爱你	2008-01	28.00	20
精神的圣徒　别样的人生——60 位中国数学家成长的历程	2008-09	48.00	39
数学史概论	2009-06	78.00	50
数学史概论(精装)	2013-03	158.00	272
数学史选讲	2016-01	48.00	544
斐波那契数列	2010-02	28.00	65
数学拼盘和斐波那契魔方	2010-07	38.00	72
斐波那契数列欣赏	2011-01	28.00	160
数学的创造	2011-02	48.00	85
数学美与创造力	2016-01	48.00	595
数海拾贝	2016-01	48.00	590
数学中的美	2011-02	38.00	84
数论中的美学	2014-12	38.00	351
数学王者　科学巨人——高斯	2015-01	28.00	428
振兴祖国数学的圆梦之旅:中国初等数学研究史话	2015-06	98.00	490
二十世纪中国数学史料研究	2015-10	48.00	536
数字谜、数阵图与棋盘覆盖	2016-01	58.00	298
时间的形状	2016-01	38.00	556
数学发现的艺术:数学探索中的合情推理	2016-07	58.00	671
活跃在数学中的参数	2016-07	48.00	675

刘培杰数学工作室
已出版(即将出版)图书目录——高等数学

书　　名	出版时间	定　价	编号
格点和面积	2012－07	18.00	191
射影几何趣谈	2012－04	28.00	175
斯潘纳尔引理——从一道加拿大数学奥林匹克试题谈起	2014－01	28.00	228
李普希兹条件——从几道近年高考数学试题谈起	2012－10	18.00	221
拉格朗日中值定理——从一道北京高考试题的解法谈起	2015－10	18.00	197
闵科夫斯基定理——从一道清华大学自主招生试题谈起	2014－01	28.00	198
哈尔测度——从一道冬令营试题的背景谈起	2012－08	28.00	202
切比雪夫逼近问题——从一道中国台北数学奥林匹克试题谈起	2013－04	38.00	238
伯恩斯坦多项式与贝齐尔曲面——从一道全国高中数学联赛试题谈起	2013－03	38.00	236
卡塔兰猜想——从一道普特南竞赛试题谈起	2013－06	18.00	256
麦卡锡函数和阿克曼函数——从一道前南斯拉夫数学奥林匹克试题谈起	2012－08	18.00	201
贝蒂定理与拉姆贝克莫斯尔定理——从一个拣石子游戏谈起	2012－08	18.00	217
皮亚诺曲线和豪斯道夫分球定理——从无限集谈起	2012－08	18.00	211
平面凸图形与凸多面体	2012－10	28.00	218
斯坦因豪斯问题——从一道二十五省市自治区中学数学竞赛试题谈起	2012－07	18.00	196
纽结理论中的亚历山大多项式与琼斯多项式——从一道北京市高一数学竞赛试题谈起	2012－07	28.00	195
原则与策略——从波利亚"解题表"谈起	2013－04	38.00	244
转化与化归——从三大尺规作图不能问题谈起	2012－08	28.00	214
代数几何中的贝祖定理(第一版)——从一道 IMO 试题的解法谈起	2013－08	18.00	193
成功连贯理论与约当块理论——从一道比利时数学竞赛试题谈起	2012－04	18.00	180
素数判定与大数分解	2014－08	18.00	199
置换多项式及其应用	2012－10	18.00	220
椭圆函数与模函数——从一道美国加州大学洛杉矶分校(UCLA)博士资格考题谈起	2012－10	28.00	219
差分方程的拉格朗日方法——从一道 2011 年全国高考理科试题的解法谈起	2012－08	28.00	200
力学在几何中的一些应用	2013－01	38.00	240
高斯散度定理、斯托克斯定理和平面格林定理——从一道国际大学生数学竞赛试题谈起	即将出版		
康托洛维奇不等式——从一道全国高中联赛试题谈起	2013－03	28.00	337
西格尔引理——从一道第 18 届 IMO 试题的解法谈起	即将出版		
罗斯定理——从一道前苏联数学竞赛试题谈起	即将出版		
拉克斯定理和阿廷定理——从一道 IMO 试题的解法谈起	2014－01	58.00	246
毕卡大定理——从一道美国大学数学竞赛试题谈起	2014－07	18.00	350
贝齐尔曲线——从一道全国高中联赛试题谈起	即将出版		
拉格朗日乘子定理——从一道 2005 年全国高中联赛试题的高等数学解法谈起	2015－05	28.00	480
雅可比定理——从一道日本数学奥林匹克试题谈起	2013－04	48.00	249
李天岩一约克定理——从一道波兰数学竞赛试题谈起	2014－06	28.00	349
受控理论与初等不等式:从一道 IMO 试题的解法谈起	2023－03	48.00	1601

刘培杰数学工作室
已出版(即将出版)图书目录——高等数学

书　　名	出版时间	定　价	编号
布劳维不动点定理——从一道前苏联数学奥林匹克试题谈起	2014－01	38.00	273
伯恩赛德定理——从一道英国数学奥林匹克试题谈起	即将出版		
布查特－莫斯特定理——从一道上海市初中竞赛试题谈起	即将出版		
数论中的同余数问题——从一道普特南竞赛试题谈起	即将出版		
范·德蒙行列式——从一道美国数学奥林匹克试题谈起	即将出版		
中国剩余定理:总数法构建中国历史年表	2015－01	28.00	430
牛顿程序与方程求根——从一道全国高考试题解法谈起	即将出版		
库默尔定理——从一道 IMO 预选试题谈起	即将出版		
卢丁定理——从一道冬令营试题的解法谈起	即将出版		
沃斯滕霍姆定理——从一道 IMO 预选试题谈起	即将出版		
卡尔松不等式——从一道莫斯科数学奥林匹克试题谈起	即将出版		
信息论中的香农熵——从一道近年高考压轴题谈起	即将出版		
约当不等式——从一道希望杯竞赛试题谈起	即将出版		
拉比诺维奇定理	即将出版		
刘维尔定理——从一道《美国数学月刊》征解问题的解法谈起	即将出版		
卡塔兰恒等式与级数求和——从一道 IMO 试题的解法谈起	即将出版		
勒让德猜想与素数分布——从一道爱尔兰竞赛试题谈起	即将出版		
天平称重与信息论——从一道基辅市数学奥林匹克试题谈起	即将出版		
哈密尔顿－凯莱定理:从一道高中数学联赛试题的解法谈起	2014－09	18.00	376
艾思特曼定理——从一道 CMO 试题的解法谈起	即将出版		
一个爱尔特希问题——从一道西德数学奥林匹克试题谈起	即将出版		
有限群中的爱丁格尔问题——从一道北京市初中二年级数学竞赛试题谈起	即将出版		
糖水中的不等式——从初等数学到高等数学	2019－07	48.00	1093
帕斯卡三角形	2014－03	18.00	294
蒲丰投针问题——从 2009 年清华大学的一道自主招生试题谈起	2014－01	38.00	295
斯图姆定理——从一道“华约”自主招生试题的解法谈起	2014－01	18.00	296
许瓦兹引理——从一道加利福尼亚大学伯克利分校数学系博士生试题谈起	2014－08	18.00	297
拉姆塞定理——从王诗宬院士的一个问题谈起	2016－04	48.00	299
坐标法	2013－12	28.00	332
数论三角形	2014－04	38.00	341
毕克定理	2014－07	18.00	352
数林掠影	2014－09	48.00	389
我们周围的概率	2014－10	38.00	390
凸函数最值定理:从一道华约自主招生题的解法谈起	2014－10	28.00	391
易学与数学奥林匹克	2014－10	38.00	392
生物数学趣谈	2015－01	18.00	409
反演	2015－01	28.00	420
因式分解与圆锥曲线	2015－01	18.00	426
轨迹	2015－01	28.00	427
面积原理:从常庚哲命的一道 CMO 试题的积分解法谈起	2015－01	48.00	431
形形色色的不动点定理:从一道 28 届 IMO 试题谈起	2015－01	38.00	439
柯西函数方程:从一道上海交大自主招生的试题谈起	2015－02	28.00	440

刘培杰数学工作室
已出版(即将出版)图书目录——高等数学

书　　名	出版时间	定　价	编号
三角恒等式	2015－02	28.00	442
无理性判定:从一道 2014 年“北约”自主招生试题谈起	2015－01	38.00	443
数学归纳法	2015－03	18.00	451
极端原理与解题	2015－04	28.00	464
法雷级数	2014－08	18.00	367
摆线族	2015－01	38.00	438
函数方程及其解法	2015－05	38.00	470
含参数的方程和不等式	2012－09	28.00	213
希尔伯特第十问题	2016－01	38.00	543
无穷小量的求和	2016－01	28.00	545
切比雪夫多项式:从一道清华大学金秋营试题谈起	2016－01	38.00	583
泽肯多夫定理	2016－03	38.00	599
代数等式证题法	2016－01	28.00	600
三角等式证题法	2016－01	28.00	601
吴大任教授藏书中的一个因式分解公式:从一道美国数学邀请赛试题的解法谈起	2016－06	28.00	656
易卦——类万物的数学模型	2017－08	68.00	838
“不可思议”的数与数系可持续发展	2018－01	38.00	878
最短线	2018－01	38.00	879
从毕达哥拉斯到怀尔斯	2007－10	48.00	9
从迪利克雷到维斯卡尔迪	2008－01	48.00	21
从哥德巴赫到陈景润	2008－05	98.00	35
从庞加莱到佩雷尔曼	2011－08	138.00	136
从费马到怀尔斯——费马大定理的历史	2013－10	198.00	Ⅰ
从庞加莱到佩雷尔曼——庞加莱猜想的历史	2013－10	298.00	Ⅱ
从切比雪夫到爱尔特希(上)——素数定理的初等证明	2013－07	48.00	Ⅲ
从切比雪夫到爱尔特希(下)——素数定理 100 年	2012－12	98.00	Ⅲ
从高斯到盖尔方特——二次域的高斯猜想	2013－10	198.00	Ⅳ
从库默尔到朗兰兹——朗兰兹猜想的历史	2014－01	98.00	Ⅴ
从比勃巴赫到德布朗斯——比勃巴赫猜想的历史	2014－02	298.00	Ⅵ
从麦比乌斯到陈省身——麦比乌斯变换与麦比乌斯带	2014－02	298.00	Ⅶ
从布尔到豪斯道夫——布尔方程与格论漫谈	2013－10	198.00	Ⅷ
从开普勒到阿诺德——三体问题的历史	2014－05	298.00	Ⅸ
从华林到华罗庚——华林问题的历史	2013－10	298.00	Ⅹ
数学物理大百科全书.第 1 卷	2016－01	418.00	508
数学物理大百科全书.第 2 卷	2016－01	408.00	509
数学物理大百科全书.第 3 卷	2016－01	396.00	510
数学物理大百科全书.第 4 卷	2016－01	408.00	511
数学物理大百科全书.第 5 卷	2016－01	368.00	512
朱德祥代数与几何讲义.第 1 卷	2017－01	38.00	697
朱德祥代数与几何讲义.第 2 卷	2017－01	28.00	698
朱德祥代数与几何讲义.第 3 卷	2017－01	28.00	699

刘培杰数学工作室
已出版(即将出版)图书目录——高等数学 

书　　名	出版时间	定　价	编号
闵嗣鹤文集	2011－03	98.00	102
吴从炘数学活动三十年(1951～1980)	2010－07	99.00	32
吴从炘数学活动又三十年(1981～2010)	2015－07	98.00	491
斯米尔诺夫高等数学.第一卷	2018－03	88.00	770
斯米尔诺夫高等数学.第二卷.第一分册	2018－03	68.00	771
斯米尔诺夫高等数学.第二卷.第二分册	2018－03	68.00	772
斯米尔诺夫高等数学.第二卷.第三分册	2018－03	48.00	773
斯米尔诺夫高等数学.第三卷.第一分册	2018－03	58.00	774
斯米尔诺夫高等数学.第三卷.第二分册	2018－03	58.00	775
斯米尔诺夫高等数学.第三卷.第三分册	2018－03	68.00	776
斯米尔诺夫高等数学.第四卷.第一分册	2018－03	48.00	777
斯米尔诺夫高等数学.第四卷.第二分册	2018－03	88.00	778
斯米尔诺夫高等数学.第五卷.第一分册	2018－03	58.00	779
斯米尔诺夫高等数学.第五卷.第二分册	2018－03	68.00	780
zeta 函数,q-zeta 函数,相伴级数与积分(英文)	2015－08	88.00	513
微分形式:理论与练习(英文)	2015－08	58.00	514
离散与微分包含的逼近和优化(英文)	2015－08	58.00	515
艾伦·图灵:他的工作与影响(英文)	2016－01	98.00	560
测度理论概率导论,第 2 版(英文)	2016－01	88.00	561
带有潜在故障恢复系统的半马尔柯夫模型控制(英文)	2016－01	98.00	562
数学分析原理(英文)	2016－01	88.00	563
随机偏微分方程的有效动力学(英文)	2016－01	88.00	564
图的谱半径(英文)	2016－01	58.00	565
量子机器学习中数据挖掘的量子计算方法(英文)	2016－01	98.00	566
量子物理的非常规方法(英文)	2016－01	118.00	567
运输过程的统一非局部理论:广义波尔兹曼物理动力学,第 2 版(英文)	2016－01	198.00	568
量子力学与经典力学之间的联系在原子、分子及电动力学系统建模中的应用(英文)	2016－01	58.00	569
算术域(英文)	2018－01	158.00	821
高等数学竞赛:1962—1991 年的米洛克斯·史怀哲竞赛(英文)	2018－01	128.00	822
用数学奥林匹克精神解决数论问题(英文)	2018－01	108.00	823
代数几何(德文)	2018－04	68.00	824
丢番图逼近论(英文)	2018－01	78.00	825
代数几何学基础教程(英文)	2018－01	98.00	826
解析数论入门课程(英文)	2018－01	78.00	827
数论中的丢番图问题(英文)	2018－01	78.00	829
数论(梦幻之旅):第五届中日数论研讨会演讲集(英文)	2018－01	68.00	830
数论新应用(英文)	2018－01	68.00	831
数论(英文)	2018－01	78.00	832
测度与积分(英文)	2019－04	68.00	1059
卡塔兰数入门(英文)	2019－05	68.00	1060
多变量数学入门(英文)	2021－05	68.00	1317
偏微分方程入门(英文)	2021－05	88.00	1318
若尔当典范性:理论与实践(英文)	2021－07	68.00	1366
R 统计学概论(英文)	2023－03	88.00	1614
基于不确定静态和动态问题解的仿射算术(英文)	2023－03	38.00	1618

刘培杰数学工作室
已出版(即将出版)图书目录——高等数学

书　名	出版时间	定　价	编号
湍流十讲(英文)	2018－04	108.00	886
无穷维李代数:第3版(英文)	2018－04	98.00	887
等值、不变量和对称性(英文)	2018－04	78.00	888
解析数论(英文)	2018－09	78.00	889
《数学原理》的演化:伯特兰·罗素撰写第二版时的手稿与笔记(英文)	2018－04	108.00	890
哈密尔顿数学论文集(第4卷):几何学、分析学、天文学、概率和有限差分等(英文)	2019－05	108.00	891
数学王子——高斯	2018－01	48.00	858
坎坷奇星——阿贝尔	2018－01	48.00	859
闪烁奇星——伽罗瓦	2018－01	58.00	860
无穷统帅——康托尔	2018－01	48.00	861
科学公主——柯瓦列夫斯卡娅	2018－01	48.00	862
抽象代数之母——埃米·诺特	2018－01	48.00	863
电脑先驱——图灵	2018－01	58.00	864
昔日神童——维纳	2018－01	48.00	865
数坛怪侠——爱尔特希	2018－01	68.00	866
当代世界中的数学.数学思想与数学基础	2019－01	38.00	892
当代世界中的数学.数学问题	2019－01	38.00	893
当代世界中的数学.应用数学与数学应用	2019－01	38.00	894
当代世界中的数学.数学王国的新疆域(一)	2019－01	38.00	895
当代世界中的数学.数学王国的新疆域(二)	2019－01	38.00	896
当代世界中的数学.数林撷英(一)	2019－01	38.00	897
当代世界中的数学.数林撷英(二)	2019－01	48.00	898
当代世界中的数学.数学之路	2019－01	38.00	899
偏微分方程全局吸引子的特性(英文)	2018－09	108.00	979
整函数与下调和函数(英文)	2018－09	118.00	980
幂等分析(英文)	2018－09	118.00	981
李群,离散子群与不变量理论(英文)	2018－09	108.00	982
动力系统与统计力学(英文)	2018－09	118.00	983
表示论与动力系统(英文)	2018－09	118.00	984
分析学练习.第1部分(英文)	2021－01	88.00	1247
分析学练习.第2部分.非线性分析(英文)	2021－01	88.00	1248
初级统计学:循序渐进的方法:第10版(英文)	2019－05	68.00	1067
工程师与科学家微分方程用书:第4版(英文)	2019－07	58.00	1068
大学代数与三角学(英文)	2019－06	78.00	1069
培养数学能力的途径(英文)	2019－07	38.00	1070
工程师与科学家统计学:第4版(英文)	2019－06	58.00	1071
贸易与经济中的应用统计学:第6版(英文)	2019－06	58.00	1072
傅立叶级数和边值问题:第8版(英文)	2019－05	48.00	1073
通往天文学的途径:第5版(英文)	2019－05	58.00	1074

刘培杰数学工作室
已出版(即将出版)图书目录——高等数学

书　　名	出版时间	定　价	编号
拉马努金笔记.第1卷(英文)	2019—06	165.00	1078
拉马努金笔记.第2卷(英文)	2019—06	165.00	1079
拉马努金笔记.第3卷(英文)	2019—06	165.00	1080
拉马努金笔记.第4卷(英文)	2019—06	165.00	1081
拉马努金笔记.第5卷(英文)	2019—06	165.00	1082
拉马努金遗失笔记.第1卷(英文)	2019—06	109.00	1083
拉马努金遗失笔记.第2卷(英文)	2019—06	109.00	1084
拉马努金遗失笔记.第3卷(英文)	2019—06	109.00	1085
拉马努金遗失笔记.第4卷(英文)	2019—06	109.00	1086
数论:1976年纽约洛克菲勒大学数论会议记录(英文)	2020—06	68.00	1145
数论:卡本代尔1979:1979年在南伊利诺伊卡本代尔大学举行的数论会议记录(英文)	2020—06	78.00	1146
数论:诺德韦克豪特1983:1983年在诺德韦克豪特举行的Journees Arithmetiques数论大会会议记录(英文)	2020—06	68.00	1147
数论:1985—1988年在纽约城市大学研究生院和大学中心举办的研讨会(英文)	2020—06	68.00	1148
数论:1987年在乌尔姆举行的Journees Arithmetiques数论大会会议记录(英文)	2020—06	68.00	1149
数论:马德拉斯1987:1987年在马德拉斯安娜大学举行的国际拉马努金百年纪念大会会议记录(英文)	2020—06	68.00	1150
解析数论:1988年在东京举行的日法研讨会会议记录(英文)	2020—06	68.00	1151
解析数论:2002年在意大利切特拉罗举行的C.I.M.E.暑期班演讲集(英文)	2020—06	68.00	1152
量子世界中的蝴蝶:最迷人的量子分形故事(英文)	2020—06	118.00	1157
走进量子力学(英文)	2020—06	118.00	1158
计算物理学概论(英文)	2020—06	48.00	1159
物质,空间和时间的理论:量子理论(英文)	即将出版		1160
物质,空间和时间的理论:经典理论(英文)	即将出版		1161
量子场理论:解释世界的神秘背景(英文)	2020—07	38.00	1162
计算物理学概论(英文)	即将出版		1163
行星状星云(英文)	即将出版		1164
基本宇宙学:从亚里士多德的宇宙到大爆炸(英文)	2020—08	58.00	1165
数学磁流体力学(英文)	2020—07	58.00	1166
计算科学:第1卷,计算的科学(日文)	2020—07	88.00	1167
计算科学:第2卷,计算与宇宙(日文)	2020—07	88.00	1168
计算科学:第3卷,计算与物质(日文)	2020—07	88.00	1169
计算科学:第4卷,计算与生命(日文)	2020—07	88.00	1170
计算科学:第5卷,计算与地球环境(日文)	2020—07	88.00	1171
计算科学:第6卷,计算与社会(日文)	2020—07	88.00	1172
计算科学.别卷,超级计算机(日文)	2020—07	88.00	1173
多复变函数论(日文)	2022—06	78.00	1518
复变函数入门(日文)	2022—06	78.00	1523

 刘培杰数学工作室
已出版(即将出版)图书目录——高等数学 

书　　名	出版时间	定　价	编号
代数与数论:综合方法(英文)	2020—10	78.00	1185
复分析:现代函数理论第一课(英文)	2020—07	58.00	1186
斐波那契数列和卡特兰数:导论(英文)	2020—10	68.00	1187
组合推理:计数艺术介绍(英文)	2020—07	88.00	1188
二次互反律的傅里叶分析证明(英文)	2020—07	48.00	1189
旋瓦兹分布的希尔伯特变换与应用(英文)	2020—07	58.00	1190
泛函分析:巴拿赫空间理论入门(英文)	2020—07	48.00	1191
典型群,错排与素数(英文)	2020—11	58.00	1204
李代数的表示:通过 gln 进行介绍(英文)	2020—10	38.00	1205
实分析演讲集(英文)	2020—10	38.00	1206
现代分析及其应用的课程(英文)	2020—10	58.00	1207
运动中的抛射物数学(英文)	2020—10	38.00	1208
2—扭结与它们的群(英文)	2020—10	38.00	1209
概率,策略和选择:博弈与选举中的数学(英文)	2020—11	58.00	1210
分析学引论(英文)	2020—11	58.00	1211
量子群:通往流代数的路径(英文)	2020—11	38.00	1212
集合论入门(英文)	2020—10	48.00	1213
酉反射群(英文)	2020—11	58.00	1214
探索数学:吸引人的证明方式(英文)	2020—11	58.00	1215
微分拓扑短期课程(英文)	2020—10	48.00	1216
抽象凸分析(英文)	2020—11	68.00	1222
费马大定理笔记(英文)	2021—03	48.00	1223
高斯与雅可比和(英文)	2021—03	78.00	1224
π与算术几何平均:关于解析数论和计算复杂性的研究(英文)	2021—01	58.00	1225
复分析入门(英文)	2021—03	48.00	1226
爱德华·卢卡斯与素性测定(英文)	2021—03	78.00	1227
通往凸分析及其应用的简单路径(英文)	2021—01	68.00	1229
微分几何的各个方面.第一卷(英文)	2021—01	58.00	1230
微分几何的各个方面.第二卷(英文)	2020—12	58.00	1231
微分几何的各个方面.第三卷(英文)	2020—12	58.00	1232
沃克流形几何学(英文)	2020—11	58.00	1233
彷射和韦尔几何应用(英文)	2020—12	58.00	1234
双曲几何学的旋转向量空间方法(英文)	2021—02	58.00	1235
积分:分析学的关键(英文)	2020—12	48.00	1236
为有天分的新生准备的分析学基础教材(英文)	2020—11	48.00	1237

刘培杰数学工作室

已出版(即将出版)图书目录——高等数学

书　　名	出版时间	定　价	编号
数学不等式.第一卷.对称多项式不等式(英文)	2021－03	108.00	1273
数学不等式.第二卷.对称有理不等式与对称无理不等式(英文)	2021－03	108.00	1274
数学不等式.第三卷.循环不等式与非循环不等式(英文)	2021－03	108.00	1275
数学不等式.第四卷.Jensen 不等式的扩展与加细(英文)	2021－03	108.00	1276
数学不等式.第五卷.创建不等式与解不等式的其他方法(英文)	2021－04	108.00	1277

书　　名	出版时间	定　价	编号
冯·诺依曼代数中的谱位移函数:半有限冯·诺依曼代数中的谱位移函数与谱流(英文)	2021－06	98.00	1308
链接结构:关于嵌入完全图的直线中链接单形的组合结构(英文)	2021－05	58.00	1309
代数几何方法.第1卷(英文)	2021－06	68.00	1310
代数几何方法.第2卷(英文)	2021－06	68.00	1311
代数几何方法.第3卷(英文)	2021－06	58.00	1312

书　　名	出版时间	定　价	编号
代数、生物信息和机器人技术的算法问题.第四卷,独立恒等式系统(俄文)	2020－08	118.00	1119
代数、生物信息和机器人技术的算法问题.第五卷,相对覆盖性和独立可拆分恒等式系统(俄文)	2020－08	118.00	1200
代数、生物信息和机器人技术的算法问题.第六卷,恒等式和准恒等式的相等 问题、可推导性和可实现性(俄文)	2020－08	128.00	1201
分数阶微积分的应用:非局部动态过程,分数阶导热系数(俄文)	2021－01	68.00	1241
泛函分析问题与练习:第2版(俄文)	2021－01	98.00	1242
集合论、数学逻辑和算法论问题:第5版(俄文)	2021－01	98.00	1243
微分几何和拓扑短期课程(俄文)	2021－01	98.00	1244
素数规律(俄文)	2021－01	88.00	1245
无穷边值问题解的递减:无界域中的拟线性椭圆和抛物方程(俄文)	2021－01	48.00	1246
微分几何讲义(俄文)	2020－12	98.00	1253
二次型和矩阵(俄文)	2021－01	98.00	1255
积分和级数.第2卷,特殊函数(俄文)	2021－01	168.00	1258
积分和级数.第3卷,特殊函数补充:第2版(俄文)	2021－01	178.00	1264
几何图上的微分方程(俄文)	2021－01	138.00	1259
数论教程:第2版(俄文)	2021－01	98.00	1260
非阿基米德分析及其应用(俄文)	2021－03	98.00	1261

刘培杰数学工作室

已出版(即将出版)图书目录——高等数学

书　　名	出版时间	定　价	编号
古典群和量子群的压缩(俄文)	2021—03	98.00	1263
数学分析习题集.第3卷,多元函数:第3版(俄文)	2021—03	98.00	1266
数学习题:乌拉尔国立大学数学力学系大学生奥林匹克(俄文)	2021—03	98.00	1267
柯西定理和微分方程的特解(俄文)	2021—03	98.00	1268
组合极值问题及其应用:第3版(俄文)	2021—03	98.00	1269
数学词典(俄文)	2021—01	98.00	1271
确定性混沌分析模型(俄文)	2021—06	168.00	1307
精选初等数学习题和定理.立体几何.第3版(俄文)	2021—03	68.00	1316
微分几何习题:第3版(俄文)	2021—05	98.00	1336
精选初等数学习题和定理.平面几何.第4版(俄文)	2021—05	68.00	1335
曲面理论在欧氏空间 En 中的直接表示	2022—01	68.00	1444
维纳一霍普夫离散算子和托普利兹算子:某些可数赋范空间中的诺特性和可逆性(俄文)	2022—03	108.00	1496
Maple 中的数论:数论中的计算机计算(俄文)	2022—03	88.00	1497
贝尔曼和克努特问题及其概括:加法运算的复杂性(俄文)	2022—03	138.00	1498
复分析:共形映射(俄文)	2022—07	48.00	1542
微积分代数样条和多项式及其在数值方法中的应用(俄文)	2022—08	128.00	1543
蒙特卡罗方法中的随机过程和场模型:算法和应用(俄文)	2022—08	88.00	1544
线性椭圆型方程组:论二阶椭圆型方程的迪利克雷问题(俄文)	2022—08	98.00	1561
动态系统解的增长特性:估值、稳定性、应用(俄文)	2022—08	118.00	1565
群的自由积分解:建立和应用(俄文)	2022—08	78.00	1570
混合方程和偏差自变数方程问题:解的存在和唯一性(俄文)	2023—01	78.00	1582
拟度量空间分析:存在和逼近定理(俄文)	2023—01	108.00	1583
二维和三维流形上函数的拓扑性质:函数的拓扑分类(俄文)	2023—03	68.00	1584
齐次马尔科夫过程建模的矩阵方法:此类方法能够用于不同目的的复杂系统研究、设计和完善(俄文)	2023—03	68.00	1594
周期函数的近似方法和特性:特殊课程(俄文)	2023—04	158.00	1622
扩散方程解的矩函数:变分法(俄文)	2023—03	58.00	1623
多赋范空间和广义函数:理论及应用(俄文)	2023—03	98.00	1632
分析中的多值映射:部分应用(俄文)	2023—06	98.00	1634
数学物理问题(俄文)	2023—03	78.00	1636
函数的幂级数与三角级数分解(俄文)	2024—01	58.00	1695
星体理论的数学基础:原子三元组(俄文)	2024—01	98.00	1696
素数规律:专著(俄文)	2024—01	118.00	1697

书　　名	出版时间	定　价	编号
狭义相对论与广义相对论:时空与引力导论(英文)	2021—07	88.00	1319
束流物理学和粒子加速器的实践介绍:第2版(英文)	2021—07	88.00	1320
凝聚态物理中的拓扑和微分几何简介(英文)	2021—05	88.00	1321
混沌映射:动力学、分形学和快速涨落(英文)	2021—05	128.00	1322
广义相对论:黑洞、引力波和宇宙学介绍(英文)	2021—06	68.00	1323
现代分析电磁均质化(英文)	2021—06	68.00	1324
为科学家提供的基本流体动力学(英文)	2021—06	88.00	1325
视觉天文学:理解夜空的指南(英文)	2021—06	68.00	1326

刘培杰数学工作室
已出版(即将出版)图书目录——高等数学

书　名	出版时间	定　价	编号
物理学中的计算方法(英文)	2021－06	68.00	1327
单星的结构与演化:导论(英文)	2021－06	108.00	1328
超越居里:1903 年至 1963 年物理界四位女性及其著名发现(英文)	2021－06	68.00	1329
范德瓦尔斯流体热力学的进展(英文)	2021－06	68.00	1330
先进的托卡马克稳定性理论(英文)	2021－06	88.00	1331
经典场论导论:基本相互作用的过程(英文)	2021－07	88.00	1332
光致电离量子动力学方法原理(英文)	2021－07	108.00	1333
经典域论和应力:能量张量(英文)	2021－05	88.00	1334
非线性太赫兹光谱的概念与应用(英文)	2021－06	68.00	1337
电磁学中的无穷空间并矢格林函数(英文)	2021－06	88.00	1338
物理科学基础数学. 第 1 卷,齐次边值问题、傅里叶方法和特殊函数(英文)	2021－07	108.00	1339
离散量子力学(英文)	2021－07	68.00	1340
核磁共振的物理学和数学(英文)	2021－07	108.00	1341
分子水平的静电学(英文)	2021－08	68.00	1342
非线性波:理论、计算机模拟、实验(英文)	2021－06	108.00	1343
石墨烯光学:经典问题的电解解决方案(英文)	2021－06	68.00	1344
超材料多元宇宙(英文)	2021－07	68.00	1345
银河系外的天体物理学(英文)	2021－07	68.00	1346
原子物理学(英文)	2021－07	68.00	1347
将光打结:将拓扑学应用于光学(英文)	2021－07	68.00	1348
电磁学:问题与解法(英文)	2021－07	88.00	1364
海浪的原理:介绍量子力学的技巧与应用(英文)	2021－07	108.00	1365
多孔介质中的流体:输运与相变(英文)	2021－07	68.00	1372
洛伦兹群的物理学(英文)	2021－08	68.00	1373
物理导论的数学方法和解决方法手册(英文)	2021－08	68.00	1374
非线性波数学物理学入门(英文)	2021－08	88.00	1376
波:基本原理和动力学(英文)	2021－07	68.00	1377
光电子量子计量学. 第 1 卷,基础(英文)	2021－07	88.00	1383
光电子量子计量学. 第 2 卷,应用与进展(英文)	2021－07	68.00	1384
复杂流的格子玻尔兹曼建模的工程应用(英文)	2021－08	68.00	1393
电偶极矩挑战(英文)	2021－08	108.00	1394
电动力学:问题与解法(英文)	2021－09	68.00	1395
自由电子激光的经典理论(英文)	2021－08	68.00	1397
曼哈顿计划——核武器物理学简介(英文)	2021－09	68.00	1401

刘培杰数学工作室

已出版(即将出版)图书目录——高等数学

书　　名	出版时间	定　价	编号
粒子物理学(英文)	2021—09	68.00	1402
引力场中的量子信息(英文)	2021—09	128.00	1403
器件物理学的基本经典力学(英文)	2021—09	68.00	1404
等离子体物理及其空间应用导论.第1卷,基本原理和初步过程(英文)	2021—09	68.00	1405
伽利略理论力学:连续力学基础(英文)	2021—10	48.00	1416
磁约束聚变等离子体物理:理想 MHD 理论(英文)	2023—03	68.00	1613
相对论量子场论.第1卷,典范形式体系(英文)	2023—03	38.00	1615
相对论量子场论.第2卷,路径积分形式(英文)	2023—06	38.00	1616
相对论量子场论.第3卷,量子场论的应用(英文)	2023—06	38.00	1617
涌现的物理学(英文)	2023—05	58.00	1619
量子化旋涡:一本拓扑激发手册(英文)	2023—04	68.00	1620
非线性动力学:实践的介绍性调查(英文)	2023—05	68.00	1621
静电加速器:一个多功能工具(英文)	2023—06	58.00	1625
相对论多体理论与统计力学(英文)	2023—06	58.00	1626
经典力学.第1卷,工具与向量(英文)	2023—04	38.00	1627
经典力学.第2卷,运动学和匀加速运动(英文)	2023—04	58.00	1628
经典力学.第3卷,牛顿定律和匀速圆周运动(英文)	2023—04	58.00	1629
经典力学.第4卷,万有引力定律(英文)	2023—04	38.00	1630
经典力学.第5卷,守恒定律与旋转运动(英文)	2023—04	38.00	1631
对称问题:纳维尔—斯托克斯问题(英文)	2023—04	38.00	1638
摄影的物理和艺术.第1卷,几何与光的本质(英文)	2023—04	78.00	1639
摄影的物理和艺术.第2卷,能量与色彩(英文)	2023—04	78.00	1640
摄影的物理和艺术.第3卷,探测器与数码的意义(英文)	2023—04	78.00	1641
拓扑与超弦理论焦点问题(英文)	2021—07	58.00	1349
应用数学:理论、方法与实践(英文)	2021—07	78.00	1350
非线性特征值问题:牛顿型方法与非线性瑞利函数(英文)	2021—07	58.00	1351
广义膨胀和齐性:利用齐性构造齐次系统的李雅普诺夫函数和控制律(英文)	2021—06	48.00	1352
解析数论焦点问题(英文)	2021—07	58.00	1353
随机微分方程:动态系统方法(英文)	2021—07	58.00	1354
经典力学与微分几何(英文)	2021—07	58.00	1355
负定相交形式流形上的瞬子模空间几何(英文)	2021—07	68.00	1356
广义卡塔兰轨道分析:广义卡塔兰轨道计算数字的方法(英文)	2021—07	48.00	1367
洛伦兹方法的变分:二维与三维洛伦兹方法(英文)	2021—08	38.00	1378
几何、分析和数论精编(英文)	2021—08	68.00	1380
从一个新角度看数论:通过遗传方法引入现实的概念(英文)	2021—07	58.00	1387
动力系统:短期课程(英文)	2021—08	68.00	1382

刘培杰数学工作室
已出版(即将出版)图书目录——高等数学

书　　名	出版时间	定　价	编号
几何路径:理论与实践(英文)	2021—08	48.00	1385
广义斐波那契数列及其性质(英文)	2021—08	38.00	1386
论天体力学中某些问题的不可积性(英文)	2021—07	88.00	1396
对称函数和麦克唐纳多项式:余代数结构与 Kawanaka 恒等式	2021—09	38.00	1400
杰弗里・英格拉姆・泰勒科学论文集:第 1 卷.固体力学(英文)	2021—05	78.00	1360
杰弗里・英格拉姆・泰勒科学论文集:第 2 卷.气象学、海洋学和湍流(英文)	2021—05	68.00	1361
杰弗里・英格拉姆・泰勒科学论文集:第 3 卷.空气动力学以及落弹数和爆炸的力学(英文)	2021—05	68.00	1362
杰弗里・英格拉姆・泰勒科学论文集:第 4 卷.有关流体力学(英文)	2021—05	58.00	1363
非局域泛函演化方程:积分与分数阶(英文)	2021—08	48.00	1390
理论工作者的高等微分几何:纤维丛、射流流形和拉格朗日理论(英文)	2021—08	68.00	1391
半线性退化椭圆微分方程:局部定理与整体定理(英文)	2021—07	48.00	1392
非交换几何、规范理论和重整化:一般简介与非交换量子场论的重整化(英文)	2021—09	78.00	1406
数论论文集:拉普拉斯变换和带有数论系数的幂级数(俄文)	2021—09	48.00	1407
挠理论专题:相对极大值,单射与扩充模(英文)	2021—09	88.00	1410
强正则图与欧几里得若尔当代数:非通常关系中的启示(英文)	2021—10	48.00	1411
拉格朗日几何和哈密顿几何:力学的应用(英文)	2021—10	48.00	1412
时滞微分方程与差分方程的振动理论:二阶与三阶(英文)	2021—10	98.00	1417
卷积结构与几何函数理论:用以研究特定几何函数理论方向的分数阶微积分算子与卷积结构(英文)	2021—10	48.00	1418
经典数学物理的历史发展(英文)	2021—10	78.00	1419
扩展线性丢番图问题(英文)	2021—10	38.00	1420
一类混沌动力系统的分歧分析与控制:分歧分析与控制(英文)	2021—11	38.00	1421
伽利略空间和伪伽利略空间中一些特殊曲线的几何性质(英文)	2022—01	48.00	1422
一阶偏微分方程:哈密尔顿—雅可比理论(英文)	2021—11	48.00	1424
各向异性黎曼多面体的反问题:分段光滑的各向异性黎曼多面体反边界谱问题:唯一性(英文)	2021—11	38.00	1425

刘培杰数学工作室
已出版(即将出版)图书目录——高等数学

书　　名	出版时间	定　价	编号
项目反应理论手册.第一卷,模型(英文)	2021－11	138.00	1431
项目反应理论手册.第二卷,统计工具(英文)	2021－11	118.00	1432
项目反应理论手册.第三卷,应用(英文)	2021－11	138.00	1433
二次无理数:经典数论入门(英文)	2022－05	138.00	1434
数,形与对称性:数论,几何和群论导论(英文)	2022－05	128.00	1435
有限域手册(英文)	2021－11	178.00	1436
计算数论(英文)	2021－11	148.00	1437
拟群与其表示简介(英文)	2021－11	88.00	1438
数论与密码学导论:第二版(英文)	2022－01	148.00	1423
几何分析中的柯西变换与黎兹变换:解析调和容量和李普希兹调和容量、变化和振荡以及一致可求长性(英文)	2021－12	38.00	1465
近似不动点定理及其应用(英文)	2022－05	28.00	1466
局部域的相关内容解析:对局部域的扩展及其伽罗瓦群的研究(英文)	2022－01	38.00	1467
反问题的二进制恢复方法(英文)	2022－03	28.00	1468
对几何函数中某些类的各个方面的研究:复变量理论(英文)	2022－01	38.00	1469
覆盖、对应和非交换几何(英文)	2022－01	28.00	1470
最优控制理论中的随机线性调节器问题:随机最优线性调节器问题(英文)	2022－01	38.00	1473
正交分解法:涡流流体动力学应用的正交分解法(英文)	2022－01	38.00	1475
芬斯勒几何的某些问题(英文)	2022－03	38.00	1476
受限三体问题(英文)	2022－05	38.00	1477
利用马利亚万微积分进行 Greeks 的计算:连续过程、跳跃过程中的马利亚万微积分和金融领域中的 Greeks(英文)	2022－05	48.00	1478
经典分析和泛函分析的应用:分析学的应用(英文)	2022－05	38.00	1479
特殊芬斯勒空间的探究(英文)	2022－03	48.00	1480
某些图形的施泰纳距离的细谷多项式:细谷多项式与图的维纳指数(英文)	2022－05	38.00	1481
图论问题的遗传算法:在新鲜与模糊的环境中(英文)	2022－05	48.00	1482
多项式映射的渐近簇(英文)	2022－05	38.00	1483
一维系统中的混沌:符号动力学,映射序列,一致收敛和沙可夫斯基定理(英文)	2022－05	38.00	1509
多维边界层流动与传热分析:粘性流体流动的数学建模与分析(英文)	2022－05	38.00	1510

刘培杰数学工作室
已出版(即将出版)图书目录——高等数学

书　　名	出版时间	定　价	编号
演绎理论物理学的原理:一种基于量子力学波函数的逐次置信估计的一般理论的提议(英文)	2022－05	38.00	1511
R^2 和 R^3 中的仿射弹性曲线:概念和方法(英文)	2022－08	38.00	1512
算术数列中除数函数的分布:基本内容、调查、方法、第二矩、新结果(英文)	2022－05	28.00	1513
抛物型狄拉克算子和薛定谔方程:不定常薛定谔方程的抛物型狄拉克算子及其应用(英文)	2022－07	28.00	1514
黎曼-希尔伯特问题与量子场论:可积重正化、戴森-施温格方程(英文)	2022－08	38.00	1515
代数结构和几何结构的形变理论(英文)	2022－08	48.00	1516
概率结构和模糊结构上的不动点:概率结构和直觉模糊度量空间的不动点定理(英文)	2022－08	38.00	1517
反若尔当对:简单反若尔当对的自同构(英文)	2022－07	28.00	1533
对某些黎曼一芬斯勒空间变换的研究:芬斯勒几何中的某些变换(英文)	2022－07	38.00	1534
内诣零流形映射的尼尔森数的阿诺索夫关系(英文)	2023－01	38.00	1535
与广义积分变换有关的分数次演算:对分数次演算的研究(英文)	2023－01	48.00	1536
强子的芬斯勒几何和吕拉几何(宇宙学方面):强子结构的芬斯勒几何和吕拉几何(拓扑缺陷)(英文)	2022－08	38.00	1537
一种基于混沌的非线性最优化问题:作业调度问题(英文)	即将出版		1538
广义概率论发展前景:关于趣味数学与置信函数实际应用的一些原创观点(英文)	即将出版		1539

书　　名	出版时间	定　价	编号
纽结与物理学:第二版(英文)	2022－09	118.00	1547
正交多项式和q一级数的前沿(英文)	2022－09	98.00	1548
算子理论问题集(英文)	2022－03	108.00	1549
抽象代数:群、环与域的应用导论:第二版(英文)	2023－01	98.00	1550
菲尔兹奖得主演讲集:第三版(英文)	2023－01	138.00	1551
多元实函数教程(英文)	2022－09	118.00	1552
球面空间形式群的几何学:第二版(英文)	2022－09	98.00	1566

书　　名	出版时间	定　价	编号
对称群的表示论(英文)	2023－01	98.00	1585
纽结理论:第二版(英文)	2023－01	88.00	1586
拟群理论的基础与应用(英文)	2023－01	88.00	1587
组合学:第二版(英文)	2023－01	98.00	1588
加性组合学:研究问题手册(英文)	2023－01	68.00	1589
扭曲、平铺与镶嵌:几何折纸中的数学方法(英文)	2023－01	98.00	1590
离散与计算几何手册:第三版(英文)	2023－01	248.00	1591
离散与组合数学手册:第二版(英文)	2023－01	248.00	1592

刘培杰数学工作室
已出版(即将出版)图书目录——高等数学

书　　名	出版时间	定　价	编号
分析学教程.第1卷,一元实变量函数的微积分分析学介绍(英文)	2023—01	118.00	1595
分析学教程.第2卷,多元函数的微分和积分,向量微积分(英文)	2023—01	118.00	1596
分析学教程.第3卷,测度与积分理论,复变量的复值函数(英文)	2023—01	118.00	1597
分析学教程.第4卷,傅里叶分析,常微分方程,变分法(英文)	2023—01	118.00	1598
共形映射及其应用手册(英文)	2024—01	158.00	1674
广义三角函数与双曲函数(英文)	2024—01	78.00	1675
振动与波:概论:第二版(英文)	2024—01	88.00	1676
几何约束系统原理手册(英文)	2024—01	120.00	1677
微分方程与包含的拓扑方法(英文)	2024—01	98.00	1678
数学分析中的前沿话题(英文)	2024—01	198.00	1679
流体力学建模:不稳定性与湍流(英文)	2024—03	88.00	1680
动力系统:理论与应用(英文)	2024—03	108.00	1711
空间统计学理论:概述(英文)	2024—03	68.00	1712
梅林变换手册(英文)	2024—03	128.00	1713
非线性系统及其绝妙的数学结构.第1卷(英文)	2024—03	88.00	1714
非线性系统及其绝妙的数学结构.第2卷(英文)	2024—03	108.00	1715
Chip-firing 中的数学(英文)	2024—04	88.00	1716
阿贝尔群的可确定性:问题、研究、概述(俄文)	2024—05	716.00(全7册)	1727
素数规律:专著(俄文)	2024—05	716.00(全7册)	1728
函数的幂级数与三角级数分解(俄文)	2024—05	716.00(全7册)	1729
星体理论的数学基础:原子三元组(俄文)	2024—05	716.00(全7册)	1730
技术问题中的数学物理微分方程(俄文)	2024—05	716.00(全7册)	1731
概率论边界问题:随机过程边界穿越问题(俄文)	2024—05	716.00(全7册)	1732
代数和幂等配置的正交分解:不可交换组合(俄文)	2024—05	716.00(全7册)	1733

联系地址:哈尔滨市南岗区复华四道街10号　哈尔滨工业大学出版社刘培杰数学工作室
邮　　编:150006
联系电话:0451—86281378　　13904613167
E-mail:lpj1378@163.com